气藏动态描述和试井

（第三版）

庄惠农　韩永新　孙贺东　刘晓华　编著

石油工業出版社

内 容 提 要

本书基于试井分析基本理论，以中国近40年来不同类型气藏大量的实测数据为例，从储层动态描述的新视角，详细讲述了不同储层类型的流动特征及如何应用试井资料研究储层。

本书可供从事油气藏工程、油气田开发工程、采油气工程、油气藏管理等方面的专业人员以及高等院校相关专业的师生参考，也可作为专业技术人员的培训教材。

图书在版编目（CIP）数据

气藏动态描述和试井 / 庄惠农等编著 .—3 版 .—北京：石油工业出版社，2021.1

ISBN 978-7-5183-4035-4

Ⅰ . ① 气… Ⅱ . ① 庄 … Ⅲ . ①气田动态 – 动态分析②气井试井 Ⅳ . ① TE3

中国版本图书馆 CIP 数据核字（2020）第 084657 号

出版发行：石油工业出版社
（北京安定门外安华里 2 区 1 号　100011）
网　址：www.petropub.com
编辑部：（010）64523541　　图书营销中心：（010）64523633
经　　销：全国新华书店
印　　刷：北京中石油彩色印刷有限责任公司

2021 年 1 月第 3 版　2021 年 1 月第 5 次印刷
787 × 1092 毫米　开本：1/16　印张：36　印数：7501—10500 册
字数：810 千字

定价：260.00 元
（如出现印装质量问题，我社图书营销中心负责调换）

第一版序言

本书作者庄惠农 1962 年毕业于北京大学，学习的专业是航空空气动力学。当时正值大庆油田发现、我国石油工业蓬勃发展的形势下，作者毕业后被分配到大庆油田，随即投身于油气田勘探开发的行列之中，并在童宪章院士等老一辈专家的感召下，开始研究石油试井。多年来持之以恒，锲而不舍，在专业领域取得了可喜的成绩。从天上到地下，变化不可谓不大。以学校中扎实的理论训练为基础，加上在现场取得的实践知识，终于结出了丰硕的果实。

本书从新的视角——“储层动态描述”来看待试井研究，把动态分析工作提升到一个新的层次。作者长期以来工作在油田现场，坚持理论联系实际。到中国石油勘探开发研究院工作以后，积极投入到我国大中型气田的开发过程之中。特别是近十年来，在对靖边气田、克拉 2 气田、千米桥气田、苏里格气田等多个气田试井资料分析研究中，提出了许多仅从静态地质资料未能认识到的气田重要特征，为推动这些气田合理开发做出了贡献。这些珍贵的资料和经验融入本书，将对今后的油气田开发提供很好的借鉴。

该书涉及油气藏动态研究及现代试井分析的各个方面，是一本指导和规范油气田动态研究，特别是气藏动态研究的有实用价值的好书。

邱中建

2003.9.

前言

21世纪以来，中国天然气工业进入快速发展阶段，现已成为石油工业的主营核心业务。天然气产量快速增长，由2001年的$302 \times 10^8 m^3$迅速攀升到2019年的$1740 \times 10^8 m^3$，气藏动态描述和试井技术在不同类型气藏开发中发挥了重要的作用。

2004年本书第一版出版之际，正值我国天然气跨越式发展的起步阶段，结合笔者从事气藏试井工作多年的体会，率先提出了“气藏动态描述”的理念，并着重介绍了两个气区的成功实例，即在靖边气田和克拉2气田前期评价阶段的应用情况，从中已可看到本书着力倡导的动态描述方法的实际意义。

2008年本书第二版出版时，气藏动态描述方法已在更多的大中型气田得到应用。笔者所在团队有幸持续参加国内一些大中型气田的动态研究工作，对气藏动态描述的理解又加深了一步，在此基础上，对该书第一版中的一些重要内容做了补充和修改，提出了“气井动态产能”的新概念，建立了“稳定点产能二项式方程”，阐述了用此方程确立气井的初始产能和动态产能的方法，着重介绍了气藏动态描述在苏里格气田、榆林南气田、东方气田等已开发气田的应用情况。

近十年来，中国天然气开发取得一系列重大突破，深层、低渗透—致密、复杂碳酸盐岩、火山岩等成为新增储量的主体，开发难度不断加大，气藏动态描述作用凸显。笔者所在团队有幸参加了这些复杂气藏的前期评价、开发方案编制及后续动态研究工作，在实践中逐步形成针对不同气藏类型的气藏动态描述技术，提高了气田开发的科学性、预见性和经济效益。在此基础上，对本书第二版中的一些重要内容做了补充和修改，全书几乎涵盖了近40年来在中国已发现的各种类型的特殊岩性气田。第八章中补充了以四川盆地安岳气田磨溪龙王庙组气藏为代表的深层颗粒滩型碳酸盐岩气藏（由刘晓华撰写），以塔里木盆地克深气藏为代表的超深层裂缝性致密砂岩气藏，以塔中Ⅰ号为代表的超深层缝洞型复杂碳酸盐岩气藏（由孙贺东撰写），以及以松辽盆地徐深气田为代表的火山岩气藏动态描述实例（由韩永新撰写）。此外，还改正了本书第二版中一些不妥之处。全书由孙贺东统稿并重新绘制了所有图件。

感谢中国石油天然气股份有限公司重大科技专项“库车坳陷深层—超深层气田开发关键技术研究与应用（编号 2018E—1803）”的资金资助；感谢曹雯、贾连超、罗瑞兰等人在文字撰稿和文字校对等方面提供的帮助；感谢石油工业出版社的各位编辑人员在本书出版过程中的辛勤劳动！

本书是笔者 40 多年来科研工作的总结和提炼，体现了气藏工程理论与现场实践的结合、提升和再发展，希望本书的出版能对各类复杂气藏开发工作有所裨益。

由于笔者水平有限，书中难免有不妥之处，敬请读者批评指正。

笔者

2020 年 11 月

第二版前言

《气藏动态描述和试井》一书第一版于2004年出版后，目前已售罄。各位专家和热心的读者在赐读本书过程中，对第一版内容及印刷错误提出多处改进意见。另外初稿完成后至今4年多来，作者有幸进一步参加国内一些大中型气田的动态研究工作，对气藏动态描述的理解又加深了一步，期间提出了“气井动态产能”的新概念，推导了“稳定点产能二项式方程”，用此方程确立气井的初始产能和动态产能，并在多个气田推广应用。在此基础上，对该书第一版中的一些重要内容做了补充和修改。

第一章概论中增加了关于气藏动态描述方法的综合论述，提出了以确定气井产能为核心内容的“气藏动态描述的新思路”。从而把气井初始的和动态的产能分析，气井动态模型的建立和追踪分析，气藏初始静压力梯度和后续的动态地层压力的追踪分析，以及解读地质基础条件对地下渗流的影响等几个方面结合在一起，形成气藏动态描述研究的完整体系，用于气田开发过程中气藏研究。

第三章增加了第六节：稳定点产能二项式方程。这一部分针对目前产能试井资料录取、产能分析及产能指标应用于气田研究时出现的种种困扰，提出了针对气田区内每一口气井的，用投产初期的一个稳定产能测点，建立一种简单而实用的二项式方程方法，并以此为基础推导和建立后续的动态产能方程，追踪研究每一口气井的动态IPR曲线，动态无阻流量和动态的供气边界地层压力。这一方法已在多个气田现场，针对直井和水平井推广应用。

第六章内容做了部分调整，增加了苏里格气田苏6加密井区最新取得的干扰试井成果，这是在该地区已投产的千余口生产气井中，首次观测到井间压力干扰，由此确认了这一上万亿立方米储量含气区的临界连通井距。同时删去了较早录取的部分油藏实测例。

第八章全面改写，充实了近年来运用动态描述方法进行气藏研究的现场实例，是全面体现气藏动态描述新思路的重要内容。这一章除原有的靖边气田和克拉2气田以外，还收入了苏里格气田、榆林南气田和东方气田的气藏动态描述及追踪研究成果。这些内容同时也记录了这些气田的领导和专家，与作者服务的廊坊分院及作者本人，就气田开发中遇到的种种疑难问题合作攻关的成果，凝结了我们共同的心血与友谊，令作者终生难忘。

除上面的主要补充内容以外，还改正了本书第一版中一些公式和图件的不妥之处。在此再一次感谢关心、爱护本书的各位专家，感谢他们的鼓励与帮助。

笔者

2008 年 8 月

第一版前言

用试井方法，或者说用动态分析方法评价一个油气层，早在20世纪40年代就已在国外得到了应用。在我国，老一代的试井专家童宪章院士于1960年曾带领工作组亲临大庆油田现场，用国外发明不久的“Horner方法”分析早期勘探井的测压资料，准确计算了储层的原始压力、渗透率、表皮系数等参数，开辟了我国油气田试井研究的先河。

作者本人于1962年毕业后来到大庆油田，被老一辈专家的科学精神所感动，把自少年时代即萌生的献身航空事业的梦想，落实到了地下渗流研究，并转而做起了地下渗流研究中最接近油田实际的试井，不想一做就是40年。这40年不知爬了多少次井口，读了多少张测压卡片，作了多少口井的试井分析，也不知走了多少路。但终于有一天，悟出了一个简单的道理，所有这一切忙碌，就是要在地质研究以外，能够对油气储层另作一番描述，发现那些地质家们用静态方法看不到的东西，这就是本书名称的前半部分——“气藏动态描述”的由来。

40年来试井本身也发生了很大的变化，从简单的压力恢复曲线分析，发展成了目前的“现代试井”。生产了高精度的电子压力计，发表了大量的理论研究成果，开发了完善的试井解释软件，从而形成了从动态角度描述储层的新理念，而且在认识油气储层方面屡试不爽。

天然气藏的勘探开发与油藏有所不同，天然气的开发强调上下游一体化，早期的评价研究更突显其重要性，对动态描述的需求也更迫切。作者近10年来一直参与其中，体会也就更为深切。通过动态描述把气藏内部地质结构了解清楚了，开发的效益就会更好一些，否则将会给下一步的开发工作埋下隐患。

本书介绍的内容，大多是作者本人40年来对试井方法的解读和参与现场试井工作的体会。特别那些用来验证理论模型的现场实例，大多是作者本人实地参与录取和分析的。像早年在胜利油田录取的干扰试井和脉冲试井实例，20世纪90年代靖边气田试采井的动态资料分析研究，近年来克拉 2 气田勘探和开发准备工作中的动态描述研究，鄂尔多斯盆地上古生界气藏的试采井动态模型评价研究，都是作者本人学习试井、理解试井的最好的课堂。

在编写这本书的过程中，得到了各方面的热情支持和帮助。油气田勘探开发方面老一辈的专家王乃举、沈平平、孟慕尧、潘兴国、朱亚东、刘能强、陈元千、袁庆丰等，都耐心地给予指点，帮助改正了初稿中的许多不妥之处。中国石油天然气股份有限公司勘探生产分公司的李海平副总工程师及中国石油长庆油田分公司的老领导金忠臣同志（原副总经理）、闵祺总地质师和塔里木油田的张福祥、长庆油田的谭中国等许许多多同志，帮助提供并完善了相关实例，在此一并表示感谢。这里还要感谢中国石油勘探开发研究院廊坊分院，感谢李文阳院长，正是他努力构建的科学研究氛围，使我在晚年得以发挥余热，在为油气田开发研究尽力做出贡献的同时，产生了写作这本书的决心和构想。另外还要特别提到的是，近 10 年来，作者本人所参与的有关气藏试井方面的研究工作，大都是由韩永新博士协助共同完成的，在针对靖边气田、克拉 2 气田、千米桥气田、苏里格气田、和田河气田、涩北气田等大中型气田的研究工作中，在解读气藏特征的同时，共同形成了新的理念。在此深表谢意。

这里还要说到的是，作者 40 年来仅仅就作了这么一件小事。在回顾以往、总结过去，把切身体会融入本书的过程中，不由得时时想起培育过我的各位老师，是他们教给我做学问时要实事求是、谨慎求证，处世时要诚信待人。虽然这些老师大多已过世，但我仍然以此微薄的成果奉献给他们。

最后还要感谢我的家人，我的夫人石彩云审阅了初稿的全部文字，并把它们转化成电子版文档，帮助我跨越了晚年这个小小的台阶。

笔者

2003 年 8 月

目 录

第一章 概论……1

第一节 编写宗旨……1
第二节 气田研究中试井所发挥的作用……3
一、气田勘探阶段……3
二、气田开发准备阶段……7
三、气田开发阶段……9
第三节 试井研究中的关键环节及运作方式……10
一、试井研究中的正问题和反问题……10
二、如何理解试井研究中的正问题……12
三、试井分析方法描述气藏——解反问题……14
四、试井解释软件支持下的气田试井研究……17
第四节 现代试井技术的特色……17
一、现代试井技术是解读储层特征的三大支柱技术之一……17
二、气藏动态描述方法……19

第二章 试井的基本概念和气体渗流方程式……23

第一节 基本概念……23
一、稳定试井和不稳定试井……23
二、试井分析模型和试井解释图版……24
三、无量纲量和试井解释图版中的压力导数……25
四、井筒储集效应和井筒储集效应在图版曲线上的特征……27
五、天然气在地层中的几种典型的渗流状态及在解释图版上的特征……29
六、表皮效应、表皮系数和有效半径……38

七、开井时的压力影响半径 …… 38
八、层流和湍流 …… 45
第二节　气体渗流方程式 …… 48
一、储层作为连续介质的定义 …… 48
二、流动方程式 …… 49

第三章　气井产能试井方法及实例 …… 61

第一节　气井产能及无阻流量 …… 61
一、气井产能的含义 …… 61
二、气井产能指标的理解 …… 63
三、气井的初期产能、延时产能和配产产量 …… 64
第二节　3 种经典的产能试井方法 …… 65
一、回压试井法 …… 65
二、等时试井法 …… 66
三、修正等时试井法 …… 67
四、简化的单点试井 …… 68
五、各种测试方法压差计算示意图 …… 69
第三节　产能试井资料整理方法 …… 70
一、两种产能方程 …… 70
二、两种产能方程的差别 …… 72
三、产能方程的 3 种不同压力表达形式 …… 74
第四节　影响气井产能的参数因素 …… 77
一、均质无限大地层的产能方程中系数 *A* 和 *B* 的表达式 …… 78
二、流动进入拟稳态时的产能方程 …… 79
第五节　结合修正等时试井进行的气井短期试采 …… 81
一、试采井的压力模拟 …… 81
二、修正等时试井无阻流量计算方法的改进 …… 83
第六节　稳定点产能二项式方程 …… 85
一、提出稳定点产能二项式方程的背景 …… 85
二、稳定点产能二项式方程特点及理论推导和建立方法 …… 90
三、现场应用实例 …… 96
四、动态产能方程的建立方法 …… 100

五、水平井稳定点产能二项式方程 …… 102
第七节 气田开发方案设计中的产量预测 …… 111
一、具备试气资料井的产能预测 …… 111
二、开发方案设计井的产能预测 …… 113
第八节 产能试井中几个问题的讨论 …… 120
一、产能测试点的设计 …… 120
二、为什么计算的无阻流量有时会低于井口实测产量 …… 124
三、回压试井法测算无阻流量时存在的问题 …… 125
四、单点法产能计算方法及误差分析 …… 128
五、免去稳定流动点的产能试井 …… 135
六、关于井口产能 …… 136
七、用手工方法计算产能方程系数 *A* 和 *B* 及无阻流量 …… 137
第九节 本章小结 …… 139

第四章 压力梯度法分析气藏特征 …… 140

第一节 勘探井早期压力梯度分析及实测例 …… 140
一、压力数据的采集及资料整理 …… 140
二、压力梯度分析 …… 142
第二节 地层条件下天然气密度及压力梯度计算 …… 143
第三节 气田开发后的压力梯度分析 …… 145
第四节 压力梯度分析的要点 …… 146
一、测压资料录取的准确性 …… 146
二、压力梯度分析与地质开发研究的结合 …… 146
第五节 气田投入开发后动态地层压力的获取 …… 147
一、气田生产过程中的动态生产指标 …… 147
二、几种不同含义的地层压力 …… 147
三、用动态地层压力进行气藏分析 …… 150

第五章 气藏动态模型和试井 …… 151

第一节 概述 …… 151
一、气藏的静态模型和动态模型 …… 151

二、气井的压力历史标志着气井的生命史 …… 156
三、用不稳定试井曲线的图形特征研究储层的动态模型特征 …… 163
第二节 压力的直角坐标图——压力历史图 …… 173
一、气井压力历史图的内容和画法 …… 173
二、压力历史展开图中显示的地层和井的信息 …… 178
第三节 压力单对数图 …… 180
一、用直线段特征计算参数的几种单对数图 …… 180
二、单对数图用于试井软件分析 …… 187
第四节 压力和压力导数的双对数图版及模式图 …… 188
一、双对数图和现代试井分析图版 …… 188
二、典型的特征图形——试井分析模式图 …… 207
第五节 不同储层类型不稳定试井特征图及实例 …… 210
一、均质地层的特征图（模式图形 M–1）及实例 …… 210
二、双重介质地层的特征图（模式图形 M–2，M–3）及实例 …… 218
三、具有压裂裂缝的均质地层特征图（模式图形 M–4，M–5）及实例 …… 227
四、部分射开地层的特征图（模式图形 M–6）及实例 …… 237
五、复合地层的特征图（模式图形 M–7，M–8）及实例 …… 242
六、带有不渗透边界地层的特征图（模式图 M–9～M–13）及实测例 …… 250
七、带有边界的裂缝发育带特征图（模式图形 M–14，M–15）及实例 …… 263
八、凝析气井的特征图及实例 …… 274
九、水平井试井的特征图（模式图形 M–16）及实例 …… 286
第六节 本章小结 …… 289

第六章 干扰试井和脉冲试井 …… 291

第一节 多井试井的用途及发展历史 …… 291
一、多井试井的用途 …… 291
二、多井试井方法的历史发展 …… 294
三、如何做好干扰试井的测试和分析 …… 296
第二节 干扰试井和脉冲试井原理 …… 300
一、干扰试井 …… 300
二、脉冲试井 …… 311

三、多井试井设计 …………………………………………………………… 318
第三节　用多井试井法研究油气田的现场实测例………………………………… 321
一、靖边气田（陕甘宁中部气田）干扰试井研究 ……………………………… 322
二、苏里格气田的干扰试井研究 ……………………………………………… 328
三、胜利油田营 8 断块气井干扰试井研究 …………………………………… 336
四、油田注采井之间连通性及断层密封性的测试研究 ………………………… 338
五、古潜山油田的多井试井综合评价研究 …………………………………… 344
第四节　本章小结……………………………………………………………… 353

第七章　煤层气井试井分析

第七章　煤层气井试井分析…………………………………………355
第一节　煤层气井试井………………………………………………………… 355
一、煤层气井试井在煤层气层研究中的作用 ………………………………… 355
二、煤层气试井与一般油气井试井的差别 …………………………………… 356
第二节　煤层气层的渗流机理及试井模型…………………………………… 358
一、煤岩层的结构特征及煤层甲烷气的渗流 ………………………………… 358
二、7 种典型的煤层气试井动态模型………………………………………… 359
三、单相水裂缝均质流的特征及试井资料解释方法 ………………………… 360
四、甲烷气解吸条件下的单相流动及试井分析方法 ………………………… 360
第三节　煤层气井注入 / 压降试井方法 ……………………………………… 364
一、注入 / 压降试井装备及工艺……………………………………………… 364
二、注入 / 压降试井设计……………………………………………………… 365
三、注入 / 压降试井资料的测评分析方法…………………………………… 366
第四节　煤层气井注入 / 压降试井实测资料分析解释 ……………………… 372
一、解释方法 …………………………………………………………………… 372
二、实测例分析 ………………………………………………………………… 372
第五节　本章小结……………………………………………………………… 375

第八章　气田试采和气藏动态描述

第八章　气田试采和气藏动态描述……………………………………376
第一节　中国特殊岩性气田的试采…………………………………………… 377
一、中国的特殊岩性气田 ……………………………………………………… 377
二、解决特殊岩性气藏开发的有效途径 ……………………………………… 378

三、试采气井的工作制度安排 …… 380
四、以气井试采资料为依据的储层动态描述 …… 383
第二节　靖边气田开发准备中的气藏动态描述 …… 384
一、靖边气田的地质概况 …… 384
二、焦点问题 …… 384
三、开发准备阶段的动态研究 …… 385
第三节　克拉 2 气田短期试采和气藏特征评价 …… 389
一、地质概况 …… 390
二、克拉 2 气田试井分析研究步骤及取得的认识 …… 390
三、对克拉 2 气田的气藏描述 …… 422
第四节　苏里格气田气藏动态描述追踪研究 …… 423
一、综合情况 …… 423
二、苏里格气田的地质概况 …… 424
三、苏里格气田的动态描述过程 …… 425
四、典型井的动态描述结果 …… 428
五、从苏里格气田动态描述中取得的认识 …… 434
第五节　榆林南气田气藏动态描述 …… 436
一、综合情况 …… 436
二、主力产区生产气井的产能分析 …… 438
三、建立气井动态模型并进行追踪研究 …… 439
四、榆林南气田的压力梯度分析 …… 442
五、榆林南气田与苏里格气田储层特征比较 …… 445
第六节　海上东方气田气藏动态描述 …… 446
一、综合情况 …… 446
二、初始产能和动态产能的评价 …… 448
三、气井和气藏的动态描述研究 …… 449
四、东方气田长期生产动态资料变化规律分析 …… 451
五、对于东方气田的综合认识 …… 451
第七节　磨溪区块龙王庙组大型碳酸盐岩气藏动态描述 …… 452
一、综合情况 …… 452
二、静态对气藏基本地质认识 …… 453
三、气藏储层动态描述思路 …… 454

四、前期评价阶段对产能主控因素动态认识 …… 455
五、试井跟踪分析对滩体展布特征的精细描述 …… 457
六、结论和认识 …… 463
第八节　克深气田超高压裂缝性致密砂岩气藏动态描述 …… 464
一、综合情况 …… 464
二、气藏基本特征 …… 464
三、气藏动态描述思路 …… 465
四、气井和气藏动态描述研究 …… 465
五、气井和气藏动态描述认识 …… 478
六、结论及认识 …… 483
第九节　塔中Ⅰ号缝洞型复杂碳酸盐岩气藏动态描述 …… 483
一、综合情况 …… 483
二、气藏基本特征 …… 484
三、气藏动态描述思路 …… 485
四、气井和气藏动态描述研究 …… 486
五、气井和气藏动态描述认识 …… 492
六、有关双重介质问题和讨论 …… 496
七、结论及认识 …… 498
第十节　徐深气田火山岩气藏动态描述 …… 498
一、综合情况 …… 498
二、气田基本地质与开发特征 …… 498
三、主力区块储层动态特征描述 …… 499
四、结论与认识 …… 514
第十一节　本章小结 …… 514

第九章　试井设计 …… 518

第一节　试井设计的步骤和资料录取 …… 518
一、试井设计的步骤 …… 518
二、资料录取的基本要求 …… 522
第二节　针对不同地质目标的不稳定试井模拟设计要点 …… 523
一、均质地层试井设计 …… 523
二、双重介质地层试井设计 …… 524

三、均质地层压裂井试井设计 …… 525
四、具有阻流边界地层的试井设计 …… 525
五、气井产能试井设计 …… 526
六、多井试井设计 …… 526
七、试井设计师的责任和理念 …… 526

参考文献 …… 527

附录 …… 535

附录 1　符号意义及单位（法定） …… 535
附录 2　不同单位制下常用量的单位（不包括无量纲量） …… 543
附录 3　法定单位与其他单位的换算关系 …… 544
附录 4　法定单位下试井常用公式 …… 547
附录 5　不同单位制下公式系数的转化方法 …… 555

第一章　概论

第一节　编写宗旨

一般认为，现代试井技术发展于20世纪80年代初。在我国，随着改革开放的进展，差不多是同步引进了现代试井的方法、软件和先进的测试仪表及工具。回顾近40年的进展，可以看到：一方面，在许多重大气田的发现、前期评价及开发生产中，已成功运用了这门新兴学科的知识，这是十分可喜的；但另一方面，也必须看到，在某些地区、某些时候，现代试井应用得还不是那么理想，还有需要改进的地方。

发展到现阶段的现代试井技术，已不同于40年前的试井技术。正如其他学科那样，由于计算机软件的应用，如今的科技人员已很少依赖于手工的计算。因此，试井分析人员和气藏工程师，已不再需要频繁查阅试井书籍中的那些复杂的公式，也不再用计算器去进行繁琐的计算。往往只需点击一些菜单项，即可得到所需的结果。

那么是不是说试井工作就变得很容易了呢？正相反，随着研究工作的深入，试井工作不是更容易了，而是遇到了更大的挑战。

首先，试井分析已不仅仅要求解释诸如储层渗透率等简单的参数，而且还要求提供介质类型、边界情况等有关深入储层内部的信息，最终要得到一个关于气井和气藏的“动态模型”——一个真实反映气井和气藏情况的动态模型，将用于气田评价和动态预测。

在我国，由于储层类型多样，工作的难度显得更为突出。在介质类型上，有砂岩孔隙性储层，碳酸盐岩的裂缝性、缝洞型储层，生物礁块状灰岩储层，火山岩团块状不规则分布储层；在储层平面结构上，有延伸较好的大面积均匀分布的储层，有断层切割的具有复杂边界的储层，还有河流相沉积形成的条带状岩性储层；从流体类型上看，有干气气藏、凝析气藏，还有带有油环和边底水的气顶气藏；从储层压力上看，有正常压力系数的气藏，也有超高压的巨厚气藏，欠压实的气藏。可以说是五花八门、丰富多彩，这无疑给试井分析人员和气藏工程师提出了新的挑战。

另外，压力资料的质量已不是40年前的情况。那时的压力资料是用机械式压力计录取，从压力卡片上读出的压力数据，多则上百个点，少的不过十几个点，以这样的压力资料解释出的结果，不但内容简单，而且在解释上不会有什么争议。目前，以电子压力计录取的资料，动辄数万，多者有上百万个数据点。不但测出压力恢复段，而且还要测出多次开井、关井情况下的压力变化“历史”。如果通过分析得到的“试井模型”与实际地层稍有差别，马上从检验过程中显示出来，来不得半点马虎。

因此可以说，现在的试井工作，已不单是气藏工程师手中的几个公式和简单的运算，而是一个系统工程。这个系统工程包含着以下几个内容：

（1）勘探开发的主管人员必须适时提出恰当的测试项目。

（2）优化的试井设计。

（3）优质的现场压力、产量资料录取。

（4）运用试井分析软件解释压力资料，并综合地质和施工工艺资料进行储层参数评价。

（5）结合气井试采时录取的压力、产量历史资料，进行气井和气藏的动态描述。

（6）必要时研究新的试井模型，充实到试井软件中加以应用。

以上这几方面的内容，分属不同的环节和部门，但又彼此关联，影响着最终成果：

（1）只有当主管部门的领导深刻认识试井资料在描述气藏特征、指导气田开发中的作用，才能及时安排测试项目，给予资金支持，使项目得以实施。

（2）只有执行一个优化的设计，才能事半功倍，录取到能够说明问题的压力资料。

（3）压力资料的录取，往往是雇请测试队完成。测试队虽然是照合同办事，但他们应熟知什么是好资料，如何才能达到设计要求。试井监督必须按设计要求验收资料，保证资料的录取成功率。

（4）资料分析最终体现测试结果的应用价值，本书把这种分析归纳为“气藏动态描述”，它是指，以气井中录取到的压力、产量等动态资料为主要依据，对气井的产气潜力做出评价，同时对供气范围内的储层结构、储层参数、边界分布状况、单井控制的动储量等影响产气能力及产能稳定性的地质条件做出描述，从而指导气田产能规划和开发方案设计。这往往是由动态分析人员和气藏工程师协作完成的，而且这种分析结果只有取得主管部门的认可，才能发挥应有的作用。

编著本书的宗旨就是，从研究气田出发，讲解如何站在各个不同环节的不同角度，共同去认识试井资料，认识气藏，开发好气藏。

编写本书采取的做法是：

（1）应用试井方法不仅着眼于气井，更要着眼于气藏。从气田和气藏的研究出发来分析试井资料，这是作者力图达到的目标。

（2）建立一种图形分析方法。图形分析方法的基础是，从渗流力学基本理论出发，给出一套试井曲线的模式图，将储层中的渗流特征与试井曲线特征建立有机的联系，从而可以便捷地从测得的试井曲线了解储层的情况。

（3）实例分析将是本书的又一重要特点。本书不但介绍气井的试井分析应用实例，还要介绍应用试井进行气田研究的实例；不但介绍一些成功的实例，也会介绍通过不断摸索，从失败的教训中总结经验，最终取得成功的实例。

（4）虽然书中也会用一章的篇幅介绍一些基本公式，但本书不会讲解如何计算和应用每一个公式，更不会去加以推导。有关这些公式的推导和应用，有一些很好的专著可以参考（姜礼尚，1985；刘能强，2008）。本书的出发点是，读者在了解这些公式的前提下，应用试井解释软件进行实测数据的解释。本书将帮助读者，把握正确的解释分析技术，特别是针对气田的研究方法。

因此，本书是一本现代试井应用的参考书。希望读者能在本书的帮助下，理解现代试井的精髓，取好、用好试井资料，以试井为手段建立并确认气田的动态模型。

第二节 气田研究中试井所发挥的作用

在气田整个勘探开发过程中，试井发挥着不可或缺的作用。从一个新气区的发现井开始，到落实气田的储量，进行开发建设，直至气田开发生产的整个过程中，在确认气层的存在、测取气井的产能、了解储层的地层参数、进行气田的开发方案设计和开发后的动态分析等方面，无一不依靠试井。在表 1–1 中，详细标明了勘探开发不同阶段试井所能发挥的作用。

一、气田勘探阶段

（一）勘探井的 DST 测试

当一个新探区发现了有利的构造以后，部署了首批勘探井。在钻井过程中，通过气测或随钻测井，有可能发现油气显示。这时，这些油气显示是否意味着找到了能够产出工业气流的油气层，是没有把握的。若要确认油气层的存在，必须采取 DST（Drill Stem Test，又称钻杆测试）测试的方法。通过 DST 测试，如果测试层表现出旺盛的产气能力，则要进一步测试储层的压力和产量，并用不稳定试井方法，初步评估储层的渗透性，以及钻井时有没有对储层造成伤害。

旺盛的产气能力，预示着一个新的气田的诞生，而 DST 测试取得的产量、压力数据，则是新气田诞生的直接证据（表 1–1）。

（二）勘探井的完井试气

进一步核实气田的规模及产气能力，一般要等到完井测试时进行。完井测试是在勘探井钻穿目的层并完钻以后，采取下套管或用其他方式完井，并进行逐层的完井试气。此时井壁稳定，测试条件较为完备，测试时间也更充裕，因此能够更确切地核实储层的各项参数。特别是可以选择不同的流量试气，以推算气井的初始无阻流量 q_{AOF}。

有一些低渗透的储层，例如鄂尔多斯盆地石炭系、二叠系储气层和奥陶系的气层，有时单靠射孔完井方法，达不到工业产气量，常常采取压裂或酸压的方法，经过改造措施来重新完井。此时重新评价表皮系数 S 及对压裂裂缝指标的分析，就显得十分重要（参见表 1–1）。

一口井、一个测试层，射孔后达不到预期的产气量，有可能是储层的含气饱和度低，或者就是没有气。也有可能是有气，但是由于储层物性差，或钻井完井时对井底附近储层有伤害，形成了堵塞，造成气产不出来。区分产量偏低的原因，对于评价储层来说是至关重要的。

表 1-1　试井在气田勘探开发中发挥的作用

实施项目	测试分析内容	了解储层含气情况	测试储层地层压力	产能测试确认井的无阻流量	不稳定试井解释储层渗透率	表皮系数评价钻井完井质量	压裂裂缝长度及导流能力	确定裂缝性储层的双重介质参数	提供气井生产时的湍流系数	确定储层的不渗透边界分布	干扰试井测定储层的横向连通性	推测气藏气井控制的动储量	核实气藏的动储量
气田勘探阶段	勘探井钻探过程的DST 测试	★	★	☆	★	★							
	勘探井完井试气	★	★	★	★	★	☆						
	详探井的 DST 测试及完井试气	★	★	★	★	★	☆	☆					
	含气区块的储量评价	■	■	■	■	■	□	□					
气田开发准备阶段	开发评价井的产能试井和其他不稳定试井	★	★	★	★	★	★	★	★	☆	☆	☆	
	酸化压裂措施改造		★	★	★	★	★	☆	★	☆			
	开发评价井的试采和延长试井		★	★	★	★	★	★	★	★	★	★	★
	气田储量核实		■	■	■	■	□	■		■	■		■
	气田数值模拟制订开发方案		■	■	■	■	■	■	■	■	■	□	■
气田开发	气田动态监测		★	★	★	★	☆	☆	☆	☆	☆		★
	调整井的完井试气	★	★	★	★	★	★	★	★	☆			★

注：★—必须实施的项目；☆—可能实施的项目；■—必须使用的参数；□—可能使用的参数。

表皮系数是标志气井是否受到伤害的重要参数。只要有条件录取到不稳定压力资料的测试层，必须重视这一环节。特别是对于高渗透储层，若钻井液相对密度大，浸泡时间长，储层压力低时，形成的表皮伤害会比较严重，影响产能的发挥。如果产层条件允许，可通过酸化来解堵；但是，如果通过试井，了解到储层的渗透性很低，譬如低到0.1mD或者更小，有时需要通过压裂措施来提高产能。

是否需采取强化措施，措施的效果如何，都要通过试井来作出判断。

（三）储量评估

一旦勘探井提供的产量资料及储层压力、储层渗透率等资料证实了气田的存在，随后便需进行储量评估。

1. 储量评估时值得注意的几个问题

目前储量评估中更多的是应用静态资料，也就是物探、测井、岩心分析提供的数据，采用容积法计算地质储量，然后类比给定一个采收率，进而推算可采储量。

但是通过近年来的实践，已看到仅靠静态参数评估的储量，是有很大风险性的。至少有以下几点值得引起注意：

（1）对于成组系的裂缝性储层，采用容积法计算的储量误差非常大。

这里所说的组系性裂缝储层是指古潜山类型的、非均匀分布的裂缝性储层，其特点是，油气存在于区域分布的、成组成系的、局部渗透性很高的裂缝系统中。基质岩块致密，用试井的专业语言说，就是双重介质中的储能参数 ω 值很大，达到0.3～0.5。

从试井曲线形态上，最能识别这类储层的存在：

① 这种储层的压力恢复双对数曲线形态，特别是导数曲线的形态，往往都很怪异，经常没有明显的径向流段，表现为大起大落，并在后期趋向于急剧的上倾；

② 从开井压降曲线看，往往下降速率很快，并且关井后井底压力恢复不到初始的水平；

③ 如果兼有凝析油存在的话，压力恢复曲线早期的形态会更趋复杂。

（2）河流相沉积形成的岩性气藏可采储量的评估。

20世纪90年代，国外很多研究证实，一些河流相沉积的低渗透储层常常出现采收率偏低的现象。通过进一步研究发现，岩性边界的存在阻碍了常规井网下天然气采出程度的提高（Junkin，1995）。通过钻加密井，有可能改善这类储层的采出程度。

（3）压力分布所显示的储层整体性的特征。

对于一个气田，如果所有的气井钻开的层位处于一个整体连通的储层内，那么测试这些气井的初始地层压力，并折算到相应的海拔深度，则压力点的分布与在同一口静止的气井内所测到的压力梯度是一致的。用这样一个简单的原则，可以判断气田的整体特性。

如果气田是整体连通的气藏，那么储量的计算较为简单；如果不是，则要综合地质特征加以分析，找出其中的原因并体现在储量计算中。有时测压资料的准确性差，给分析辨别曲线特征带来困难，甚至失去了研究的意义。因此，重视资料录取这一方面的工作，录取好原始资料，无疑是一切研究工作的基础。但是如果探井所打开的同一层位地层确实不在同一压力系统内，则储量计算必须作深一层次的评估。

2. 试井方法在储量评估中所起的作用

在勘探阶段，不能用试井资料直接计算储量，只能在一定程度上对储量评估作出补充或校正。具体说来，有以下几个方面：

（1）为储量计算提供产能依据。

目前评估的气藏地质储量，是指气井达到工业气流标准的储量。而是否达到此标准，则须通过测试加以评估。有的井完井后井底受到伤害，表皮系数 S 值很高，使得产量较低或很低。这些井经过措施后，解除了伤害，达到工业气流标准。气井是否受到伤害，措施后的无阻流量是多少，均须通过试井来确定。

（2）为双重介质储层提供储层的稳产特征系数。

目前，在地质研究中常常把具有裂缝的碳酸盐岩储层统称为“双重介质”储层。但在储量评估时，并未把这种双重介质与均质砂岩区别开来。

双重介质这一专用术语是苏联学者 Barenblatt（1960）在研究天然裂缝性储层的试井数学模型时提出来的，并给出了流动模式图。 Barenblatt 提出了标志流动特征的两个参数，即储容比（ω）和窜流系数（λ）。所谓储容比是指裂缝中储存的油气在整体的（裂缝加基质）储存中所占的比例。ω 越大，则裂缝中的油气越多。由于裂缝中的油气极易流入井中并采出，因而造成开井初期表现出旺盛的生产能力的就是裂缝。但时间稍长，如果没有基质中更多的油气补充，就会表现出产能的急剧下降；相反，如果 ω 值很小，例如 ω=0.01 或更小，表明更多的油气储存在基质中，因此，这种储层的产能会是很稳定的。

另一个参数，即窜流系数也很重要。窜流系数是指从基质向裂缝供应油气时的导流能力。如果 λ 较大，则当裂缝中的油气采出后压力下降时，基质中的流体会及时加以补充，使气井得以稳定生产。否则，如果 λ 值很小，即使基质中存在一定数量的油气，在裂缝压力极度下降后的很长时间，甚至数年内，基质也不能充分供应油气，那么这样的储量是没有什么工业价值的。

由此可以看出，对于确实存在双重介质特征的储层，用试井求出的 ω 和 λ 参数，对于辨别储量本身的稳产特征是十分重要的指标。ω 和 λ 只能用试井方法求得，而且在求出这些参数时，对测试条件的要求十分苛刻。在后文的第五章第五节还会专门加以讨论。

中国有相当多的裂缝性碳酸盐岩储层油气藏。有的油气井在开井初期产能十分旺盛，现场管理人员被这一现象所鼓舞，以为找到了金娃娃。但他们并未冷静地分析上述 ω 和 λ 参数所起的作用。有的井，以日产 $10 \times 10^4 m^3$ 天然气开井，但仅延续几天就告枯竭。这的确应引以为戒。

（3）为储量评估提供储层平面分布信息。

如果一个气田在平面上是连片延伸的，储量计算时只需划定外边界，而且在开发布井上也有更大的回旋余地。当勘探初期井距较大时，地质上用井点插值所划定的有效厚度分布图，往往不能真正反映储层的真实分布特征，而试井资料、特别是延长试井资料，却常常真实反映储层的延伸变化情况。例如对于断块油气田，可以通过试井资料分析确认所在区块的面积和形状；对于具有边水分布的气田，了解边水的距离。本书后面的章节，将详细介绍利用探井短期试采所得到的压力恢复曲线和干扰试井曲线，研究得出靖边气田奥陶系储层在平面结构上属于连片分布但非均质性严重的结论，为储层平面分布特征提供了有力的证据，从而为储量通过审批解除了最后的疑虑。

（4）为储量评估提供原始压力资料。

气藏储量除与储层的面积、厚度、孔隙度、含气饱和度等静态参数有关以外，还与气藏原始地层压力成正比。特别对于高压、超高压气藏，原始压力值的影响更显突出。因此在气藏储量评估前，要求准确测定原始地层压力。

曾经有一段时间，某些地区曾要求用每一次测试曲线计算单井控制的储量。这种作法是把试井方法用于储量评估简单化了，是不妥的，也不会取得真正有用的结果。

对于气田来说，到了开发中后期，若压降已进入拟稳态，可以应用更多的方法复核储量，关于这一点，后面的章节还会详细谈到。

二、气田开发准备阶段

这一阶段对于试井资料的依赖性，无疑更为突出。

曾经有一个外国公司，在决定与中国合作开发一个气田后，对于一个已通过储量评审，实实在在摆在那里的气田，却要花上一年的时间，耗费大量的人力、财力，对全部十几口井开展动态测试和分析研究。起初这一作法被怀疑是否必要，但后来证明是十分有效的。正是这些动态研究结果，成为制订开发方案的决定性的依据。

中国近年发现的整装气田，比以往任何时候都要多，开发准备阶段的动态研究，也逐渐提到日程上来。结合以往的经验和教训，重视动态研究，显得尤为重要。

（一）开发评价井的产能试井

单井产能值，被认为是制订开发方案的主要依据。实践中常用绝对无阻流量来标示产能大小，进一步还要画出初始产能的流入动态曲线图（IPR 曲线）。

正如本书第三章介绍的，现场采用多种方法测定无阻流量。与勘探阶段不同的是，一些用于测定勘探井无阻流量的简单方法，例如一点法，只是初步了解气井产能是否达到工业气流标准，用于储量评价时划定下限；而开发准备阶段的产能试井，不但要准确标定初始产能指标，以及在气田中的平面分布情况，而且还要了解产能的长时间稳定特征。

在本书第三章，对于一些河流相沉积形成的低渗透的岩性气藏，由于单井控制的有效泄流面积有限，加上储层本身流动性差，使得勘探初期评价的无阻流量，与通常所说的稳定生产条件下的产量差距非常大。有时会达到 10∶1，甚至更多。如果证实储层确实属于这种情况，国内外一些研究结果建议，应采取新的开发策略。另外，对于存在组系性裂缝的古潜山气田，显然也不可能按常规设计的稳产条件投产。

因此，对于一个气田，特别是大面积分布的气田来说，在开发准备阶段，针对开发评价井的、系统的、严格的产能测试是必不可少的。通过测试和分析评价，不但要给出初始无阻流量值，还要评价出生产过程中动态的产能指标；必要时还可以通过试井软件的分析和产能预测，给出合理的“全程产量安排”。

（二）开发评价井的不稳定试井

目前国内气田的开发评价井，常常采用短期试采的方法进行研究。在短期试采时，用高精度电子压力计，跟踪测试全程的井底压力（流动压力和关井压力）。这种测试方法除能测定气井产能以外，还可以得到关井压力恢复曲线及全程的压力历史。正如表 1–1 所显示的，通过测试，可得到大量的关于气藏的重要信息：

（1）气田含气区和含气层分布情况。

（2）储层的初始地层压力 p_{i}。

（3）主力产气层的初始无阻流量、动态无阻流量，产能在平面上和纵向上的分布情况。

（4）产气层的有效渗透率，以及有效渗透率与测井渗透率的关系。

（5）气井完井的表皮伤害，是否需要酸化压裂改造，改造后的表皮系数情况。

（6）对于压裂过的井，评价压裂效果，如裂缝长度，裂缝的导流能力，以及裂缝面的伤害情况。

（7）对于存在天然裂缝储层，当测到具有明显的双重介质特征曲线时，分析储容比和窜流系数值的大小，评估储量特质及稳产特征。

（8）提供气井生产的非达西流系数值。在气田开发方案设计中，涉及产量与生产压差之间关系的选值，必须用到非达西流系数（D）值。D 值是由于井底附近非达西流动形成的，是组成拟表皮的主要部分。产生湍流的原因很复杂，用理论方法估算存在较大的不确定性，只有通过测试得到的才可靠。

（9）如果压力恢复测试时间足够长，可以得到有关储层边界的信息。不过，如果在不算很长的测试期间，就得到了有关边界的信息，则预示着边界距井不远。

目前一些较为完善的试井软件，都包含有边界组合类型各异的试井模型。数值试井软件，更可以参考具体气层的地质特征，组合出适合本地区特点的储层边界形态和地层参数分布，并提供相应的试井曲线理论形态。通过与实测曲线的拟合对比，可以得到关于具体测试对象形象的描述。特别值得注意的是，这种描述来自气层在生产过程中的生动表现，因而所反映出的特质更接近于真实情况。

（10）如果条件许可，可以通过干扰试井研究储层平面上及纵向上的连通性。

气田内的干扰试井，在现场实施时存在很大的难度。原因就是天然气的压缩性远大于石油或水，而且气层的渗透性往往又很低，井距又大，因此测试常常需要延续较长时间才会有结果。比如在靖边气田，林 5 井组的干扰试井前后延续了 10 个月。这一测试，取得了极为珍贵的成果：证实了气田内井间的连通性，同时也看到了明显的非均质特征。

在上述测试取得成功的基础上，原则上可以对气井的和气田的动态储量进行预测。这里说“原则上”，是因为从动态测试结果所预测的动态储量，只能是针对动态影响所波及的范围内情况加以预测，未反映动态影响范围以外的情况。

如果气井所处的位置是在一个封闭的或接近封闭的岩性区块中，则通过动态特征的分析，可以估计该井所涉及区域内的储量情况。但对于距离很近却被边界分割的另一区域，这口井的资料不能做出任何判断。如果井所处的位置是一个连片分布的储层的一部分，则动态资料无法切割与邻近井所控制区域的边界，因而它只提供了彼此连通的信息。

（三）试采井的试井

对于已与管网连接，可连续数月生产的试采井，所提供用于开发方案设计的信息会更为丰富，特别是可以通过压力历史拟合检验，完善气井的动态模型。

（1）长期试采使气井周围的边界影响逐渐显现在井底流动压力的下降之中，通过压力历史拟合检验，参考静态地质研究提供的认识，修改或添加边界影响，调整边界的距离和位置，完善气井的动态模型。

（2）完善的动态模型不但核实、确认了井附近地层参数，同时也可得到井所控制的区块面积和动态储量，进而可以进行动态预测。

（3）作为定容区块中气井的完善的动态模型，可以用来推算生产过程中的平均地层压力，推算动态产能指标变化。

（四）对改造措施的选择和评价

开发方案中对气井储层改造工艺措施的选择，是一个十分关键的环节。但是，气井是否需要措施改造，以及措施改造的效果评价，要靠试井分析来完成。在国外，当业主雇请服务公司进行气井措施改造时，首先必须提供该井的地质、完井工艺参数，以及试井评价参数，以便进行措施设计；当施工完成以后，在评定措施效果时，还必须聘请作为第三者的试井服务公司和相应的咨询公司，通过试井测试分析来加以评定。

（五）储量核实和开发方案的制订

经过上述动态分析研究以后，制订正式开发方案的时机才能算是趋于成熟：

（1）储量经过动态研究核实，核实时使用了不稳定试井提供的参数。

（2）储层参数经过了校正。例如渗透率，已不仅是测井解释的渗透率，而是有效的渗透率；表皮系数 S、非达西流系数 D 以及双重介质参数 ω 和 λ 等，也是实际地层试井分析获取的参数；特别是关于储层边界的描述，对于数值模拟来说，更是十分关键的条件。

（3）具有一段试采的生产历史，可以用于数值模拟的参数拟合校正。

具备以上条件，可以进行数值模拟研究，并制订切实可行的开发方案。

三、气田开发阶段

与油井不同的是，在气田整个开发过程中，几乎全程都可以采取常规的试井方法进行气井的动态监测，并不存在油井转抽以后，在试井测试时遇到的诸多难题。

但是，对于正常生产的气井，除非井下安装有永久式的压力计，否则显然不适于频繁地起下压力计，同时开关井进行试井。实际上，由于在早期研究工作中已对地层情况具有深刻了解，只需在气井生产出现异常情况时，才需要进行重复试井。

以下的测试项目是必不可少的：

（1）定期的井下流压、静压监测，推算气井的动态产能指标。

（2）对于新打的调整井，投产前必须对基本地层参数做必要的测试分析，建立这些井的初始产能方程。

通过以上分析可以理解，为何在表 1–1 中右上角位置，所列项目是空白的。也就是说，这些项目无法进行。只有随着气田勘探开发进程的不断深化，才能通过试井对地层取得深一步了解。不能指望从勘探早期的试井，就可以把这些参数全部取得。例如，不可能从勘探井短期的 DST 测试，就得到了关于气井确切的初始无阻流量；也不能从勘探井试气，就对气层边界做全面分析，或求出储层的双重介质参数等。如果进行试井分析的操作人员解释出了上述参数，那也只是推测性质的，不足以作为依据。反之，随着气井的试采和投入生产，气井开井时间的延长，影响半径的增大，并进行延长的压力恢复试井，研究工作的不断深入，一些早期录取不到的参数，诸如初始的和动态的产能指标、边界距离和形态、区块大小、双重介质参数、双渗地层参数、复合地层参数、非达西流系数、储层的连通参数以及区块的动态储量等，均可能、而且应该从试井分析中得到。有了这些认识，气藏动态模型也就建立了起来，并可有效地用于气井和气藏的动态分析。这就是试井的阶段性和全面特征。

第三节　试井研究中的关键环节及运作方式

试井研究开始于 20 世纪 30 年代，到了 70—80 年代发展为“现代试井”。随着渗流力学理论研究的深入及试井软件的不断完善，它对气田勘探开发所起的作用不断扩大和深化。

什么是试井研究的关键环节，是什么推动着试井研究不断深化和发展，试井又是如何服务于气田研究的，从图 1–1 中可以大致有所了解。

一、试井研究中的正问题和反问题

试井研究大致归结为解决两类问题：一类是正问题，另一类是反问题。

所谓正、反问题，是从信息论的角度来定位的。正问题讲的是，对于一个已知的地层，如何从渗流力学理论出发，描述它在产气量和地层压力上的表现；而反问题讲的是，如果已测知了一口气井或一个气田中的多口气井，在开关井过程中产气量和井底压力的变化，如何通过分析，反过来了解气层的静态情况——地层参数值，储层的渗透部位结构、储层的平面展布等。

本书在这里介绍试井研究的解题过程，是希望读者，特别是有兴趣参与到试井研究中的读者，能够对于自己所参与的那部分工作，或者说是感兴趣的那一部分，有一个“定位”，并且理顺试井研究与地质研究的关系。

早期的试井研究，并没有对不同类型地层加以区分，或者说认为地层都是同样的“均匀介质”。20 世纪 50 年代初期发明的单对数直线法（MDH 法，Horner 法）发现，当井筒储存效应影响消失后，进入反映地层情况的径向流段。此时在压力和时间（取对数）

的坐标中，压力变化呈直线段。而且直线的斜率 m 与地层的渗透率 K 之间，形成反比关系：

$$K=\frac{0.00121q\mu B}{mh}$$

这就是用试井法反求地层参数“常规方法”的基础（Miller，1950；Horner，1951）。

但是，实测曲线远不是如此简单，特别当遇到碳酸盐岩地层、多层地层，以及复杂边界地层时很难找到合适的直线段，而且仅凭直线段，也难以描述储层的其他特征参数。于是到 20 世纪 70 年代，图版法应运而生（Agarwal，1970；Gringarten，1979；Bourdet，1980；Earlougher，1977）。

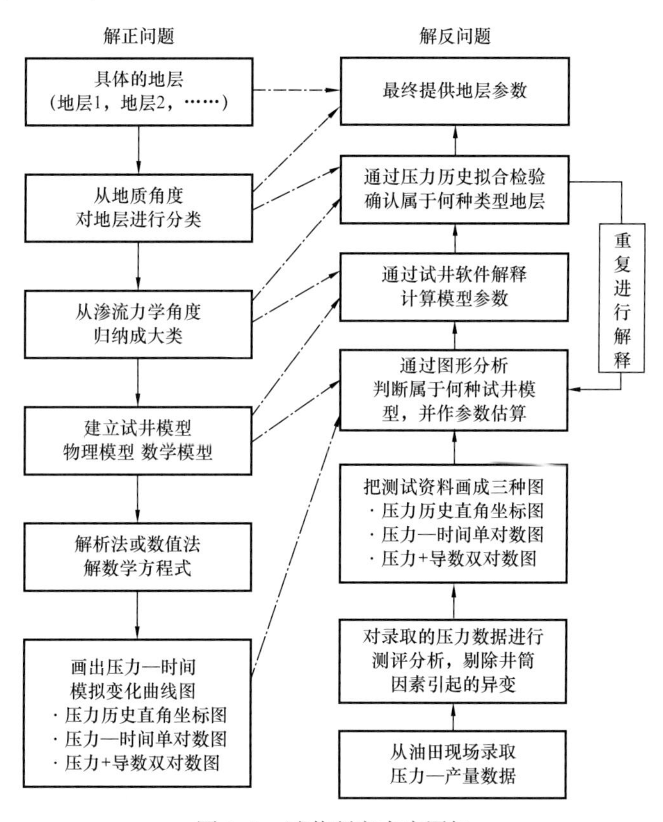

图 1-1　试井研究内容图解

特别是到 20 世纪 80 年代初，Bourdet（1983）发明了导数图版。在导数图版上，地层中的每一种流动，都与导数图版上的特征图形相对应，而每一种流动的产生，又都是由具体地层的地质条件所决定的。从而在地质特征与图形特征之间，建立起了有机的联系。

到目前为止，双对数图版法加上单对数分析方法，已形成了“现代试井”主导的理论分析基础，也是现代试井解释软件主导的分析方法。过去曾应用过的形形色色的计算公式及分析图，如果能够纳入这种分析模式，就可以加入分析软件中，被广泛应用。而有一些方法，例如判断断层存在的 Y 函数法，计算地层参数的 Muskat 法（1937），进行干扰试井分析的各种特征点法等，则在人们更多依赖现代试井软件的情况下，越来越失去使用的机会。

二、如何理解试井研究中的正问题

在建立地层特征与试井图形特征关系的过程中，首先必须从解正问题入手。解正问题的研究工作，归纳为以下 4 个板块。

（一）分析油气井所处的地层，从地质上进行分类

中国气田所处的地质体是十分复杂的，在表 1–2 中大致给出了分类。表 1–2 还对照举出典型的气田实例。现场实际中的气藏类型远不止这些，而且一个气田中又可能同时存在多种多样的类型。

表 1–2　产气层的类别和举例

气层类别	典型气田举例
较大面积的均质砂岩	台南气田、涩北气田、崖 13–1 气田、东方气田
断层切割的局部均质砂岩	胜利油田、辽河油田和中原油田的断块气田，呼图壁气田
部分区域的均质砂岩	盆 5 气田
部分区域表现为均质的碳酸盐岩	靖边气田南区部分地区
非均质变化明显的碳酸盐岩	靖边气田大部分地区
双重介质特征明显的裂缝性碳酸盐岩	靖边气田中区林 5 井区
巨厚的河流相沉积砂岩	克拉 2 气田、迪那 2 气田
河流相沉积形成的具有岩性边界薄层砂岩	鄂尔多斯盆地石炭—二叠系气田
断层切割的砂岩凝析气田	塔里木地区牙哈、羊塔克等气田
具有油环和边底水的砂岩气顶	丘陵、兴隆台气田
存在组系性裂缝的碳酸盐岩	千米桥、苏桥、川南永安场等气田
生物礁灰岩体	平方王、双龙等气田
喷发相的火山岩体	大庆深层徐深气田

（二）从渗流力学角度对地层分类和模拟再现

可以看到，由于这些储层的生成条件各异，若要用渗流力学方程加以描述，必须加以简化，归成大类，并限制在某种范围内加以应用。例如，对于砂岩储层，常常简化成无限大均质砂岩储层。严格地说，这在自然界是不可能存在的。但是，由于我们在进行试井研究时，测试时间是有限的，压力影响范围是有限的，因而在这有限的时间和空间范围内，被分析的对象可以与无限大均质地层大体一致。

基于以上的认识基础，可从渗流力学角度，进一步对储层简化分类。

1. 基本介质类型

通常分为以下 3 类，并假定为成层状的空间二维分布：
（1）均匀介质，包括砂岩、表现为均质的裂缝性碳酸盐岩等；
（2）双重介质，包括带有天然裂缝的砂岩和碳酸盐岩；
（3）双渗介质，多层的砂岩。

2. 井底边界条件

通常分为以下 4 类：
（1）具有井储和表皮的一般完井条件；
（2）具有压裂裂缝贯通井底的完井条件；
（3）部分射开的完井条件；
（4）水平井或斜井的完井条件。

3. 外边界条件

通常分为以下 6 类：
（1）无限大的外边界；
（2）单一直线的不渗透外边界或组合成某种图形的不渗透外边界；
（3）封闭的外边界，封闭的小断块或岩性圈闭；
（4）由于岩性或流体性质变化形成的非均质边界；
（5）半渗透的边界，河流相沉积不同时期河道叠合边界；
（6）对油层来说的定压边界。

4. 流体性质的假定

通常分为以下两类：
（1）油、气、水或凝析气；
（2）油、气和水的组合。

按以上这些条件互相搭配，构成对某一特定气藏的物理模拟，从而形成研究过程中的气田再现。

（三）建立试井模型并求解

所谓试井模型应包含两种概念：一种是物理模型，另一种是数学模型。

本节中“从渗流力学角度对地层分类和模拟再现”部分所列出的内容，就是对物理模型的描述，同时这些物理模型也可以用数学形式表达。例如，不同的介质类型，表达为不同的微分方程；不同的边界条件，也有不同的数学表达式。这就是所谓的数学模型。

在 20 世纪 60 年代，在研究试井问题时，曾经把前面所说的物理模型实物化。在实验室内用人造的砂岩体实现一个微缩的地层。砂岩体内饱和油或水，并通过钻孔施以产量变化。测量模型上各点的压力变化。但这种做法不但工艺难度高，资金耗费巨大，而且也难以模拟弹性不稳定过程，因此早已弃置不用。

数学方程的正确建立，在解正问题的过程中还只是开始，更重要的是去解这些方程。

由于在达西定律的假设前提下，这些方程大多是偏微分方程，因此过去基本上是采取解析方法求解，诸如采取拉普拉斯变换等数学变换的方法，将其转化为拉氏空间的常微分方程并求解，再把解反演到实空间。而且求解时，往往针对的是一些边界条件相对简单的情况。例如圆形、方形等。目前针对这些方程，也可以直接采用数值方法求解，但是求解时间相对较长，有时不能在瞬间完成模型调整。

在试井的理论研究中，许多著名的研究人员，如 Van Everdingen（1949），Ramey 和 Agarwal（1970），Earlougher（1977），Gringarten（1979），Bourdet（1989）等，以及他们的研究成果，大都是针对上述的工作内容进行的。概括起来就是：确定典型的地质模型 → 形成试井模型（列出数学方程）→ 解析法或数值法求解 → 画出压力变化曲线 → 做出分析图版，这就是求解正问题的全过程。

（四）试井正问题研究结果的表达形式

上面所说的正问题研究成果最终的表达形式，就是试井分析所用的图版。图版内容是压力和压力导数与时间关系图。例如，对于均质地层，图版如图 1–2 所示。

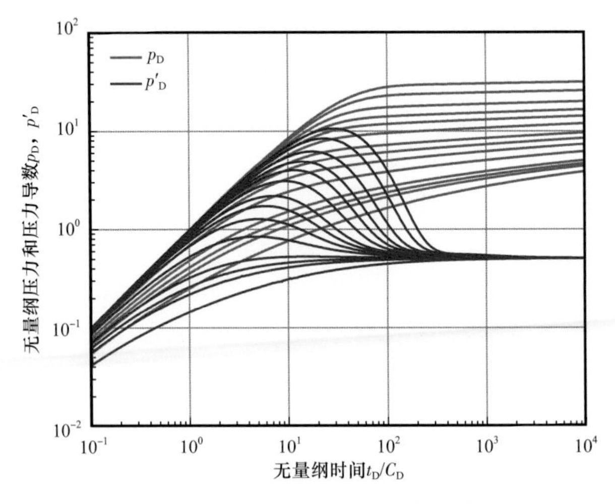

图 1–2　均质地层试井解释图版示意图

不同的地层，得到不同的图版。通过图版拟合，可以得到实际地层所对应的理论模型，并求出地层参数。这就是用试井方法认识地层的理论基础。

三、试井分析方法描述气藏——解反问题

对于大多数参与试井工作的工程师来说，他们所做的工作，并非是前面所说的解正问题，而是解反问题。所谓解反问题所做的工作就是：

根据气田勘探开发要求，作出测试安排和试井设计 → 从气田现场录取压力 / 产量数据 → 对录取到的数据进行分析解释 → 确定气藏特征，求出储层参数→ 建立气藏动态模型，用于气藏描述。

以下分别对这一过程加以描述。

（一）试井设计

就像盖一栋大楼以前必须有一套完整的设计图纸一样，在进行气田试井研究以前，也必须进行认真仔细的设计。设计内容包括：

1. 测试目的

针对气田研究需求确定通过试井方法要解决的问题。例如，测试气井的产能，解释气层参数，了解边界情况，了解井间连通情况等；参见表1–1。

2. 时间安排

对于现有的气井和预计完成的气井，合理安排测试项目和大致的时间安排。

3. 测试设计

主要步骤如下：

（1）收集地质、测井数据；

（2）收集钻井、完井数据；

（3）用试井软件进行测试曲线的模拟；

（4）制订测试井施工计划，包括时间安排，仪表类型，下入方式及深度，数据录取要求等；

（5）测试井开关井时间及产量的安排，计量要求等。

（二）现场压力 / 产量数据录取

现场压力、产量资料的录取，是现代试井最重要的组成部分，是现代试井分析的基础。在现代试井概念下进行的井下压力录取，必须采用高精度的电子压力计，一般精度可达到0.02%FS（满量程的万分之二），分辨率0.01psi（0.00007MPa），可一次记录上百万个数据点，记录间隔小到1s。这样可以一次就把长达几个月的井底压力变化精确地、详细地记录下来，以满足导数图版分析的需要。

这里所指的压力，从原来的意义上说，就是地层中井点位置的压力。因此，理论上压力计要下放到气层中部位置测压，而且所测的压力应是“压力变化的全过程”，而不只是针对某一个开井或关井分析段。

测得的压力，应画成3种图，即：

（1）压力历史—时间直角坐标图；

（2）开井压降或关井压力恢复段的压力及导数—时间双对数图；

（3）开井压降或关井压力恢复段的压力—时间单对数图。

以上这3种图是前述介绍解正问题时的结果，也是解反问题时的出发点。不过这时的这3种图不是理论上的，而是从现场录取的。这里要提到的是，在目前条件下，作图过程是用试井软件完成的，已不再会有人用手工方法来完成这件事。有时为了学习的目的，每一位工程师，应尝试着用手工去做一做。

（三）试井解释中的图形分析

试井研究或者说试井解释，说到底就是一种“图形分析”：

（1）通过图形特征对比，判断试井模型的类型；

（2）通过图形拟合，确认最优的适配模型；

（3）通过最优适配模型的选定，确认地层类型，并求解相应的参数。

正如前面反复提到的，所谓“试井模型”，本质上是对实际地层的一种理想化的复制品。如果试井模型的表现——压力/产量随时间的变化关系，与实际地层的表现完全一致，那么就可以用试井模型来代表实际地层，模型参数也就是实际地层参数。

（四）结合实际地层的试井解释

运用现代试井软件进行的试井解释，可以说已经简化到便捷的屏幕操作。但试井解释过程决不能只是单纯的点击鼠标，原因在于目前的试井软件，还没有解决试井解释中的“多解性”的问题。也就是说，有可能两种或几种完全不同的地层，在压力和导数双对数图上，表现出类似的图形样式。特别是当测压资料质量较差，数据点出现跳动，而且测压时间不够长时，更难以判断。

试井工程师和参加试井分析的气藏工程师的作用就是，要使每一项试井分析的运作紧密结合气田地质情况和气井的实际条件，包括生产条件和施工工艺条件。如果通过试井软件的运作得出的结论偏离了气田实际，那么试井解释操作人员就要推翻已有的结果，重新分析，从头做起。

在图 1–1 中用点画线连线的几个箭头，示意了这种结合气田实际的运作过程。在运作试井软件解反问题过程中，还必须通过压力历史拟合的检验。这种检验是把依据理论模型画出的压力历史，与实际测量的压力历史相对比。如果一致，则认为所选模型是正确的；如果不一致，则仍须对参数作必要的调整。

如果某口井进行了较长时间的试采，那么压力历史拟合检验就更为有效。这里特别要提到的是，若要进行这种检验，首先必须要录取到真实可靠的压力史。这种压力史，对于关键的分析段，必须是高精度录取的，而且应该是连续的。特别对于开井流动段的流动压力录取是必不可少的。对于较长时间的其他的压力监测，应安排足够的压力点控制。

（五）把试井解释得到的认识推荐到气田开发中应用

试井解释的目的不仅是求得个别井的参数，而是要着眼于解决气田开发问题。例如，壳牌公司在合作开发长北气田中，用试井方法分析气田情况，从不稳定试井中认识到：

（1）气层的渗透率较低（K=0.6mD），导致气井具有较低的初始产气能力；

（2）作为河道沉积形成的储层，存在 600m×2000m 的岩性边界，部分边界为阻流边界；

（3）单井控制含气面积 2.2km^2，储量 1×10^8～$5\times10^8m^3$；

（4）气井在压裂改造后具有半长 70m 的压裂裂缝，裂缝表皮系数 S_f=0.5。

这些结果一经确认，马上为进行开发方案设计的工程师所接受，在数值模拟中采用了上述参数，并在模型中设定了矩形的网格状阻流带。为了克服阻流边界对采出程度的影响，在钻井方案设计中优选出水平井的设计方案。

可以说这是把动态研究成果直接用于开发设计的典型实例。

四、试井解释软件支持下的气田试井研究

正如其他学科技术一样，现代试井研究完全是在计算机及软件的支持下进行的。目前常见的试井专业参考书，在讲解一些公式的应用时，常常附加一些计算实例，这对于理解公式的作用和提供结果参数是非常必要的。但是在目前，这些公式成为运行计算机软件的背景参考资料。试井工程师一般情况下并不直接用手工方法使用这些公式进行计算。因此他们应把更多的精力放在以下几个方面：

（1）协助主管部门做好气田勘探开发过程中试井研究的规划，确定不同时期应该针对哪些问题，不失时机地录取哪些资料。

（2）在试井软件支持下，做好录取资料前的试井设计。

（3）监管好压力资料的录取。不失时机地、不间断地录取好压力数据。特别应提醒的是，这些资料的录取时机几乎是不能再现的。录取的失误，将会导致失去通过这口井、这个测试层认识储层的机会。

（4）对录取到的资料进行测评分析，剔除工艺条件及井筒因素形成的异变。

（5）以压力资料为依据，运用试井解释软件结合储层地质特征进行试井分析，对测试井的产能、储层的平面结构、储层参数、完井效果等加以评价。对于重点井，特别是用直读式电子压力计读取的压力资料，评价过程往往不是一次完成的。在与地质、气藏工程相结合的过程中，建立气井和气藏的完善的动态模型，从而形成气藏工程研究的一个有机的组成部分。

（6）提供数值模拟和开发方案设计应用。必要时也可应用目前正在逐渐完善的数值试井软件，对气井及气田未来的生产情况，和平面上尚未钻井的地区加以预测。这一预测被一些研究人员称为空间延拓和时间推移的试井研究。

（7）在气田的开发阶段，对整个气田的动态进行监测。在气田生产到达一定阶段，对气田储量进行核实。

可以说对气田开发整个过程的研究，就是一个以试井为主导的，采用试井软件为主要手段的，气田动态特征的研究。

第四节　现代试井技术的特色

一、现代试井技术是解读储层特征的三大支柱技术之一

这里所说的三大技术是指：地球物理勘探技术、测井技术和试井技术。试井是指通过油气井的压力 / 产量的测试分析，即所谓的对动态资料的测试和分析，来取得地层静态参数，并对地层加以描述，同时确认和预测油气井产能指标的变化。在广义的试井含义下，还包括流体样品的采集及分析、温度的测量，以及含砂、含水、含凝析油等动态指标的测量和分析。图 1–3 概括介绍了气田开发方案制订过程中的重要环节。

比起物探和测井，试井不及物探在地层平面及纵向上的广泛覆盖率，也不及测井对小层的详细分辨，而且只对产出一定量流体的井才能发挥作用。但是，试井对于产出油

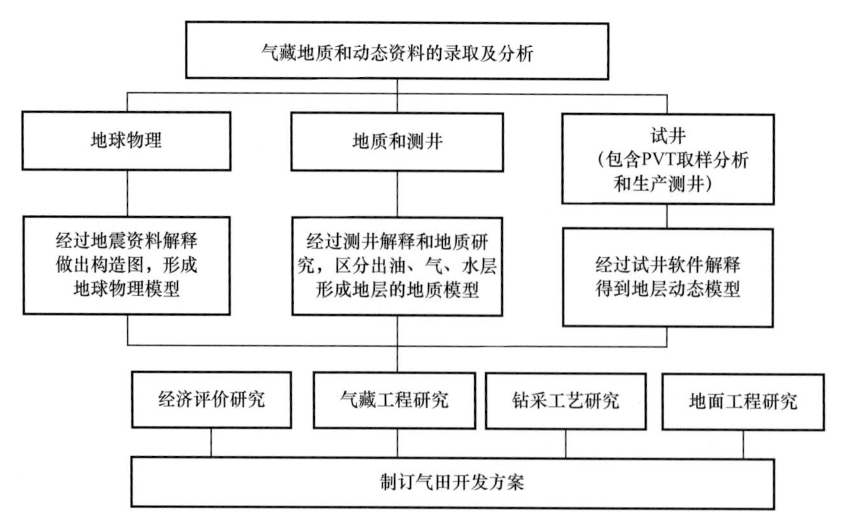

图 1-3　气田开发方案制订过程框图

气储层的了解却是更真切，更能反映地层深部情况。特别地，物探和测井，只能在勘探阶段和气田投入开发以前录取到必要的资料，而试井的资料录取和分析研究，则伴随着气田开发的全过程。这里所说的对地层了解的真切性，包含着以下内容：

（1）物探和测井是通过声波反射和电—磁及其他物理量指标的间接反映，来推断油气层的存在，以及地层渗透率等参数。这些参数虽经岩心分析资料校正，但与实际的有效值常常有差距，特别是对于裂缝性储层，则更是相去甚远。试井则不同，它直接测量油气的产出量和压力，并从产量与压力的关系得知地层的实际导流能力（渗透率等）。如果补充录取了重复地层测试资料和生产测井资料，则更可以区分出小层的情况。因而用试井值，可以校正测井值。

（2）测井在解释储层参数时得到的是井筒附近很小范围的情况；而试井方法随着测试时间的延长，压力波及范围不断扩大，所研究的范围也逐渐扩大。因此所求出的参数，代表了宽广面积上的地层深部情况，这是测井所不能比的。

（3）试井方法可以判断储层在数十米、甚至数百米以外的不渗透边界。测井方法则无能为力。物探方法对于断层虽可根据落差大致判别其存在，但却不能判断对于流体流动是否起封隔作用；对于岩性边界，特别对于薄层的岩性边界，甚至对于其是否存在也难以确认。

（4）试井方法可以确定气井的产能，推算无阻流量，这是其他方法不能替代的。

（5）试井方法通过关井压力变化规律可以评价完井效果，判断井底附近储层是否被钻井液完井液堵塞，还可以分析压裂后的裂缝半长和裂缝面的污染情况。而测井或物探对此则无能为力。

（6）试井方法在经过资料深入解释，确认储层的理论模型以后，可直接用来预测往后的动态变化，特别是应用数值试井还可进行整个气田或区块生产动态的预测。而测井和物探仅能为数模做参数准备。

综上所述，3 种现场技术，彼此之间是不可替代的。而试井可以更清楚地勾画出储层在流动状况下的特征，因而具有更加突出的特色。特别在气田勘探开发中后期，将愈加显现出其特色优势。当然，试井方法也存在着不足的地方。例如：

（1）只有产出油气的井，才可进行测试，而且不是每一次测试都可以录取到典型的资料并做出满意的解释。

（2）气井测试时，特别是早期的测试，要求连接测试管网，否则必然要放空天然气，造成一定的经济损失。

（3）要想了解储层内幕，必须延长测试时间，这只有在油气井连接地面管网投入试采时才能做到。

（4）测试过程必须由多个工程部门协作配合，增加了资料录取的难度。

但是，不管如何，气田的试井研究有其独有的特色，是不可或缺的，是其他方法不能替代的。对照目前国内某些气田的开发方案，这类基础研究还显得非常薄弱。

二、气藏动态描述方法

（一）以气井产能为核心的气藏动态描述研究

多年以来，在包括现代试井在内的试井研究中，注意力集中在压力恢复曲线的分析和研究上：

（1）渗流力学理论研究方面，花费大量精力建立各种不稳定试井模型；

（2）试井分析方法方面，针对不同地层地质特征研究各类图版，发展了各种图版分析方法；

（3）开发了功能完备的试井解释软件等。

但是，压力恢复试井解释取得的主要成果是对储层参数的进一步确认，仅仅是对静态地质认识的补充和完善，是给开发方案设计提供一些更为可靠的素材。这是远远不够的。

气田开发中最关心的问题是什么？是气井和气藏的产能：气井的初始产量有多大，能不能稳定，稳定产量是多少，稳定时间有多长，通过储层改造能不能进一步提高产量，提高的潜力有多大，气井在工业开采条件下预计累计采出量有多少，等等一系列与产能有关的答案。

以往的试井研究恰恰忽略了这一点。以致在产能分析方面，多年来仍然沿用一些20世纪中期开发的经验方法。即使这些方法早已显现出各种瑕疵，有时推算出的产能指标非常离谱，甚至给气田开发决策带来了虚假指向，也还是在原有方法基础上修修补补凑合着使用。应该在气藏研究中对产能试井分析重新定位，提出动态研究中的新的理念和新的思路，使之与生产需求更紧密地结合。

（二）气藏动态描述研究的新思路

气藏动态描述研究应包含4个主要部分，即：气藏地质结构对天然气渗流过程影响的解读；气井和气藏动态模型的建立和动态预测；气井初始产能和衰减规律研究；气藏区内压力分布规律及动储量研究。图1–4表明了以气井产能为中心的气井和气藏动态描述的新思路和运作流程。

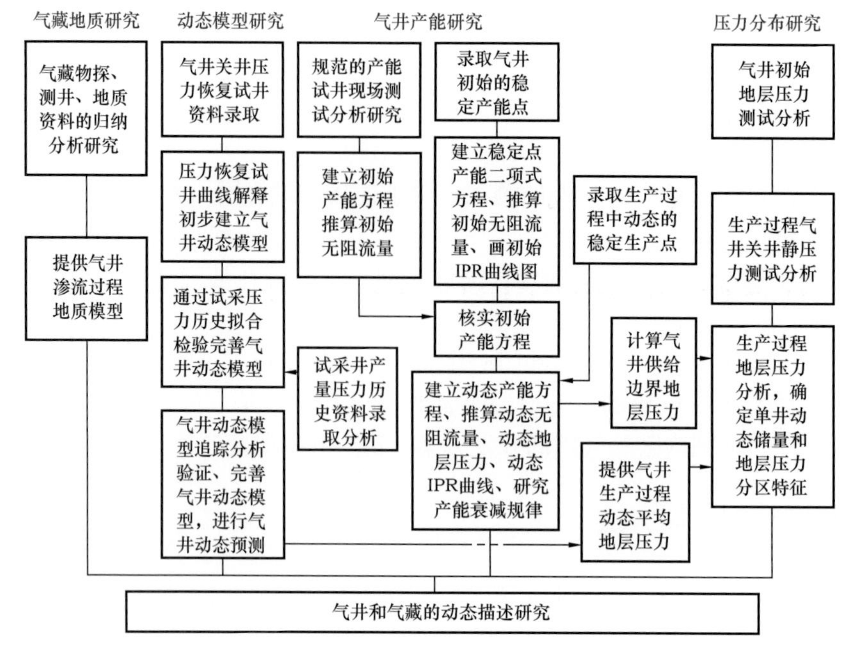

图 1-4　气藏动态描述的新思路和运作流程

1. 气井产能评价和预测是气藏动态描述的核心

作为一个投入开发承担着供气任务的气田，上下游之间有着紧密的产量供需关系，作业者最为关心的当然是气井和气藏的产能状况：

（1）认知气井的初始极限产能和合理的稳产产量；

（2）如何监测和评价气井的动态产能，即产能的衰减过程；

（3）在下游市场需求的产量规模下，预测气井和气藏的承受能力，以便切实做好产量规划；

（4）预测气井何时必须转入增压开采阶段，以及增压开采条件下的产量指标和衰减过程。

自 20 世纪中期就已进行了大量的有关气井产能评价方法的研究，产生了诸如回压试井、等时试井、修正等时试井等经典的方法，至今仍被纳入行业标准，在现场广泛应用。但是，这些方法产生于 70 多年前，限于当时的技术条件和对气藏的认知水平，存在许多不适应目前现场需求的方面：

（1）资料录取受井筒积水等因素影响，成功率较低，即使一些看似正常的资料，所解释出的无阻流量值，其可信度也会受到质疑。

（2）受施工条件和施工成本的限制，在一个气田中，能够采取规范产能试井方法进行测试的气井，所占比例较低，有的气田测试井数还不到总井数的一成。对于其他多数生产气井的产量规划，缺乏必要的依据。

（3）作为规范的产能试井方法，只能测取开井初期的初始无阻流量，但气井产能是不断衰减的，对于一些特殊岩性气藏中的气井，所谓初始产能有可能是“稍纵即逝”的。

因此提出一种“气井动态产能”的新的概念，也就是指生产过程中的当前实际产能指标。而过去已有的方法，对于确定动态产能指标是无能为力的。

为此，通过多年来的研究和现场实践，提出了一种“稳定点产能二项式方程”方法，它是通过现场录取气井投产后初期的稳定生产点，代入经过严格理论推导的产能方程表达式，确认其中相关参数，取得初始产能方程，画出初始的 IPR 曲线，推算初始的无阻流量。这种方法还可以在气井生产过程中，选取适当的稳定生产时段，录取当时的产气量和流动压力，建立动态产能方程，推算出动态无阻流量，动态的供气边界地层压力，画出动态 IPR 曲线，从而对衰减后的产能指标做出评价。

不难看出，用上述方法可以对气田区范围内的所有气井，一一作出评价研究，从而达到对整个气藏的全面评价。本书第三章将对这些问题进行详细的讨论。

2. 气藏动态模型研究

以上气井和气藏产能研究，只是对气井当前产气能力作出评价，但对于深层的问题，例如：是什么样的地质因素造成了这种产能表现，引起产能衰减的原因是什么，单靠产能试井分析本身是无法判断的。因为不论哪一种产能分析方法，都不能预测下一步产能衰减过程。

要想解决这些问题，必须借助气井动态模型的研究，本书第五章、第六章和第八章对此有详细的讨论。大致可以归纳为以下两个方面：

（1）通过压力恢复曲线分析建立井附近储层的初步动态模型。

初步动态模型包含有如下内涵：井附近储层的地层系数 Kh、渗透率 K 等渗流力学参数；表皮系数 S、压裂井压裂裂缝半长 x_f、裂缝导流能力 F_{CD}、裂缝表皮系数 S_f 等气井完井参数；距气井很近的不渗透或非均质边界等。这种单靠短时间压力恢复曲线分析建立的储层模型是不完善的，特别对于井所在区域周边较远的边界分布，往往是无法确认的。

（2）通过气井试采建立气井完善的动态模型。

气井通过试采或较长时间生产，井底流动压力下降过程中将会逐渐显现边界影响。此时运用压力历史拟合检验方法，结合对储层地质结构的解读，逐渐修正模型的边界参数，使动态模型得以完善。或者采用目前国际上最新发展的方法，对于气井开井压降历史进行产量反褶积运算，同样可以建立起气井完善的动态模型（Gringarten，2008）。此时在试井解释软件中形成的模型，不但描述了井附近的相关地质参数、完井参数，特别是边界条件参数，而且还具备了动态预测的功能，在设定气井未来一段时间产气量指标条件下，可以预测出井底流动压力的变化。这实际上已经可以理解为预测出了届时的产能指标。

3. 压力分布研究

地层压力值是决定气井产能大小的 3 个要素之一，而且是三要素中唯一随着生产历史延续不断衰减的因素，正是地层压力的衰减决定了产能的衰减。

在传统的气田开发过程动态研究中，一直重视地层压力的测试与分析。像中国四川气田区，通常在天然气处理厂设备检修期间，采取气藏区块内全部气井同时关井的办法，测试每一口气井关井静压力，用来分析地层压力下降情况与分布，研究井间连通关系，以及单井控制的动储量。

对于一个新探区测得的原始地层压力，可以采取压力梯度分析方法，判断气藏区的整装特性。本书第四章对此有详细的讨论。但是对于一个投产后正在向下游供气的大中型气田，用整体关井的方法测试地层压力往往是不现实的，是现场无法承受的。有两种方法可以在不关井情况下，有效地推算出气井的地层压力值：一是动态模型推算法，这种方法可以随时推算定容区块的平均地层压力，推算情况将在第八章介绍；二是产能方程推算法，这种方法可以推算生产气井供气边界地层压力，推算方法将在第三章加以介绍。

在取得了气区内各井地层压力以后，可以进行以下研究：气田区内地层压力分布及变化，了解其对于产能衰减的影响；推算单井控制的动储量；分析气井间的连通关系。

4. 解读气藏地质条件对于天然气渗流过程的影响

所有的气藏动态表现均源于气藏地质结构，例如：

（1）连片分布的均质砂岩地层。

连片分布的均质砂岩地层中的生产气井，开井后流动压力下降平缓，产气能力稳中有降，常规的、用于均质地层的气井产能试井分析方法和压力恢复曲线分析公式，如回压试井、修正等时试井分析方法，Horner、MDH 方法的径向流直线分析公式等均可适用。在开发方案设计和数值模拟研究中，各种井网条件下计算出的开发指标，也基本符合储层实际条件。

（2）河流相沉积地层中被曲流河亚相控制的砂岩地层。

有效的含气储层被分隔呈条带状的薄层低渗透区带，当气井打开这样的地层时，不但特低的渗透性抑制了气井产能的提高，更为严峻的问题是，岩性边界限制了单井控制的动储量，造成开采过程中地层压力和井底流动压力迅速下降，产能也随之快速衰竭。

（3）一些特殊岩性的储层。

如千米桥气田潜山型的碳酸盐岩地层，或是徐深气田徐深 1 区块营城组火山岩地层，均以各种类型的裂缝为主要的储气空间和渗流通道，结构复杂，非均质性强，并且在井点外围存在着形态各异的不渗透边界，所分隔的渗流区域往往范围有限。要想建立这些类型地层的全井和气藏动态模型，将遇到更为严峻的挑战。

要做好以上各类气藏的动态描述，没有对储层静态地质特征的深入解读是无法进行的。综上所述，在做好以上 4 方面研究工作的基础上，有机地融合从各个角度取得的认识，才能从动态表现出发，对于气井和气藏取得深入一层的了解。这就超出了单纯的不稳定压力资料的试井解释和分析，跨越了仅仅为开发方案设计提供少量的基础参数，而是提出并完善一种气藏投入开发后的以产能表现为核心的全面的动态图像，并且是可以预知气藏今后走势的动态图像。

第二章 试井的基本概念和气体渗流方程式

本章简要介绍了试井的基本概念和气体渗流方程式。基本概念部分，把从事试井解释工作时遇到的各种名词的含义，各种渗流状态存在的地质条件，及在解释图版上的特征，一一作了介绍。这些内容，都是笔者多年从事试井工作以来，深感重要的内容，也是最后形成“试井解释图形分析方法”的主要依据。

至于流动方程式部分，则遵循试井书籍惯常的做法，从基本方程出发，简单推导了天然气的渗流方程。这不是本书的侧重点，因为那是在解正问题时，为建立数学模型所做的理论准备。多数在校攻读试井方向学位的研究生，正是从这些基本方程出发开展研究的。本书的主要读者群体，设想是进行现场试井资料分析及气藏工程研究的工程师，他们的主要任务是解反问题，是从实测压力资料出发，分析地层参数，进而研究气田。但是不管是哪一方面的读者，了解这些知识，对于理解试井学科的内涵，都是十分必要的。

第一节 基本概念

一、稳定试井和不稳定试井

油气井的试井，若以测试时工作制度的稳定条件来划分，有稳定试井和不稳定试井。

(一) 稳定试井

稳定试井的英文名称是“Static Well Testing”。进行稳定试井时，在每一个工作制度下，油气井的产量（产气量、产油量、产水量等）和压力（井底流动压力、井口油压等）都要求达到稳定。或者从工程上来说，就是波动值小于某一限定的值，达到基本稳定。这样就得到了如图 2–1 显示的稳定试井曲线。

图 2–1 常常作为稳定试井的基本测试成果图。从图中可以显示出：

（1）所选择各个产量值的延续时间；

（2）在所选择的时间间隔中，产量是否达到了稳定？ 稳定值是多少？

（3）在所选产量条件下，生产压差大致是多少？ 占地层压力值的比例是多少？

气井的稳定试井，又称回压试井，是用来确定气井产能的重要方法。用稳定试井值，可以画出流压或生产压差（地层压力与流动压力之差）与产量的关系图，如图 2–2 所示。与气井不同的是，通过油井的稳定试井，得到的是采油指数 J_o，或比采油指数 J_{oR}；而通过气井的稳定试井，通常是求出气井的绝对无阻流量 q_{AOF} 和流入动态曲线（IPR）。

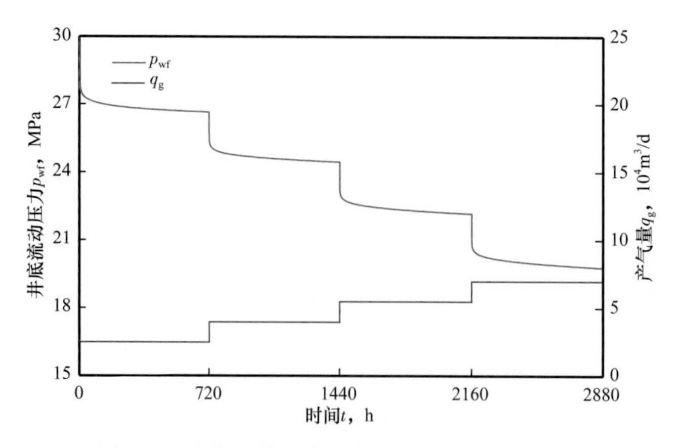

图 2–1 稳定试井压力和产量与时间关系示意图

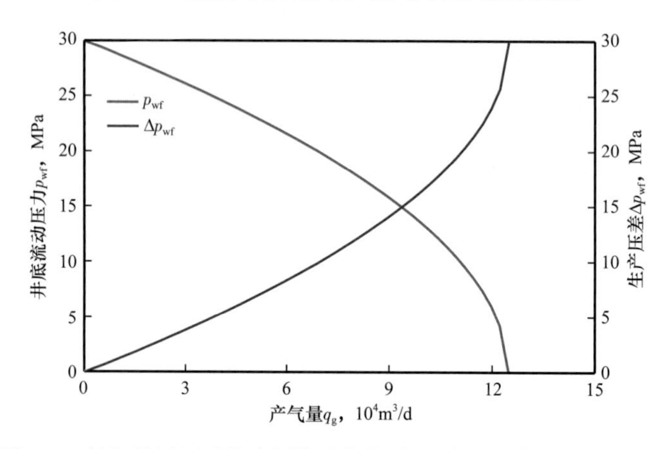

图 2–2 某气井回压试井流压指示曲线（IPR）和生产压差指示曲线

（二）不稳定试井

不稳定试井是油气田勘探开发过程中广泛使用的试井方法。它的做法是，改变油井、气井和水井的工作制度，例如从关井状态下把井打开，或把一口生产着的井瞬间关闭，以引起地层中的压力重新分布，同时测量井底压力随时间的变化。根据这一变化，结合该井产量和油气性质等资料，研究测试井和测试层在压力影响范围内的特性参数。这些参数有：地层的渗透率 K、流动系数 Kh/μ、地层压力 p_R、完井后的表皮系数 S 以及内外边界特性等。

常用的不稳定试井方法有：压力降落试井（简称压降试井，英文名称为 Pressure Drawdown Test），压力恢复试井（Pressure Buildup Test），注入试井（Injection Test），压力回落试井（Pressure Falloff Test），变流量试井（Multiple Flow Rate Test）等。

二、试井分析模型和试井解释图版

正如第一章中所描述过的，所谓试井分析模型，就是指用物理方法或数学方法，对实际地层中油气渗流过程的再现。

试井的物理模型，是对油气层渗流的物理再现。这种再现，首先是对油气层物理条件及流体（油、气或水）状况的一种物理描述，同时也可以在实验室内以实物形态再现。例如用人造的或天然的岩心，拼接成地层模型，饱和进油、气、水，用泵模拟注入和采出，并测量各点的压力变化。物理模型还可以做成电模型或垂直管模型。

试井的数学模型则是用偏微分方程，加上井底的内边界和地层外边界条件、试井时的初始条件，用它们所反映的压力随时间变化的数学解，来再现储层中的渗流状态。对于试井分析来说，压力随时间的变化，常常以图形的方式来加以展示，画成压力与时间的直角坐标图、单对数图、压力及其导数的双对数图等。由于双对数图最能表现出储层的渗流特征，因而在现代试井中，常常用双对数图代表试井分析的模型。

当把试井分析模型用于实际地层参数解释时，也就是求解反问题时，把分析模型的双对数图称之为试井解释图版。不同的地层具有不同的图版。例如：

（1）以地层类型划分。

均质地层图版，双重介质地层图版，双渗介质地层图版等。

（2）以井底条件划分。

具有井筒储集效应和表皮效应的图版，具有压裂裂缝的图版，部分射开地层的图版，水平井图版等。

（3）以地层外边界条件划分的图版。

无限大外边界的图版，具有各种形状不渗透外边界或供给边界的图版，具有地层非均质变化的图版等。

基于以上地层条件和内外边界条件互相组合，可以得到类型众多的图版。这些图版，在20世纪70年代末至80年代初，曾印刷成彩色的图，用来进行手工解释。目前这些图版均内含在试井解释软件中，或者更多的是在应用时，直接由试井解释软件随时产生（图2–3）。

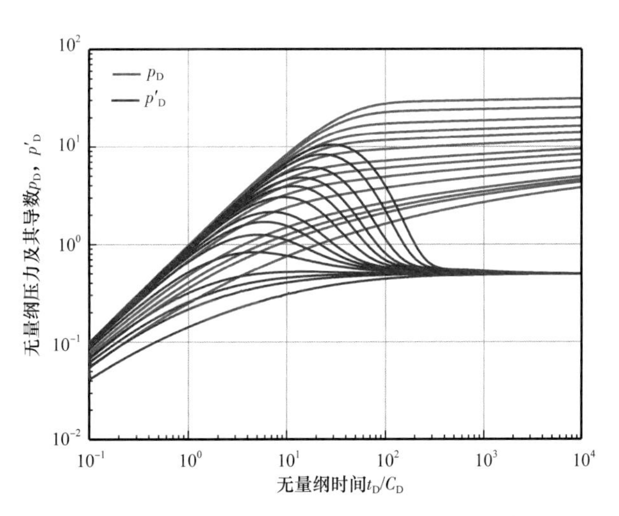

图2–3 印制成硬拷贝的试井解释图版举例

三、无量纲量和试井解释图版中的压力导数

前面提到的图版，其纵横坐标均取无量纲量，又称无因次量。例如，无量纲时间表

示为 t_D 或 t_D/C_D，无量纲压力表示为 p_D，无量纲压力导数表示为 p'_D。

一般的物理量都具有量纲。例如，用 m 表示的长度量纲是［L］，用 m^2 表示的面积量纲是［L^2］，用 m^3/d 表示的产气量量纲是［L^3/t］，等等。但是，也有一些量没有量纲，例如含气饱和度 S_g、孔隙度 ϕ、表皮系数 S 等。

为了运算的方便，常常把一些有量纲的量进行无量纲化，例如，时间 t 经过无量纲化后其表达式 t_D 为：

$$t_D = \frac{3.6\times10^{-3}K}{\phi\mu C_t r_w^2}t \tag{2-1}$$

在式（2–1）的右端，不但包含了时间 t，还包含了渗透率 K，孔隙度 ϕ，黏度 μ，压缩系数 C_t 和井底半径 r_w。如果时间单位是 h（小时），则公式中 K，ϕ，μ，C_t 和 r_w 的单位经过运算后刚好是 h^{-1}。这样一来，t_D 就成为一个无量纲的量了。

定义物理量无量纲量的方法不是唯一的。人们往往根据不同的需要，用不同的公式定义同一个量的无量纲量。例如，在不同的场合，不同的公式中，使用不同的无量纲时间。在定义的公式中，除使用井底半径 r_w 外，还可应用供给半径 r_e、油气藏面积 A，或压裂裂缝半长 x_f 等来加以定义。分别表示为：

$$t_{De} = \frac{3.6\times10^{-3}K}{\phi\mu C_t r_e^2}t \tag{2-2a}$$

$$t_{DA} = \frac{3.6\times10^{-3}K}{\phi\mu C_t A}t \tag{2-2b}$$

$$t_{Dx_f} = \frac{3.6\times10^{-3}K}{\phi\mu C_t x_f^2}t \tag{2-2c}$$

$$\frac{t_D}{C_D} = 2.261\times10^{-2}\frac{Kh}{\mu C}t \tag{2-2d}$$

压力 p 和压力导数 p' 经过无量纲化后表示为 p_D 和 p'_D，其表达式为，

$$p_D = \frac{0.5428Kh\Delta p}{q\mu B} \tag{2-3a}$$

$$p'_D = \frac{0.5428Kh\Delta p'}{q\mu B} \tag{2-3b}$$

这里特别要提到的是，在试井分析中压力导数的定义是：压力对于取过对数的时间进行微分。压力导数的特征对于试井分析来说是至关重要的，其表达式为：

$$\Delta p' = \frac{\mathrm{d}\Delta p}{\mathrm{d}\ln t} = \frac{\mathrm{d}\Delta p}{\mathrm{d}t}t \tag{2-4a}$$

因此有：

$$p'_D = \frac{\mathrm{d}p_D}{\mathrm{d}\ln t_D} = \frac{\mathrm{d}p_D}{\mathrm{d}t_D}t_D \tag{2-4b}$$

或

$$p'_{\mathrm{D}}=\frac{\mathrm{d}p_{\mathrm{D}}}{\mathrm{d}\ln(t_{\mathrm{D}}/C_{\mathrm{D}})}=\frac{\mathrm{d}p_{\mathrm{D}}}{\mathrm{d}(t_{\mathrm{D}}/C_{\mathrm{D}})}\frac{t_{\mathrm{D}}}{C_{\mathrm{D}}} \tag{2-4c}$$

本书后续内容中，写作 p'_{D} 或 $\Delta p'$ 的压力导数，其含义均为式（2-4）所表达的内容，将不再一一重复解释。

引入无量纲量最大的好处就是，用无量纲量表示的图版，其表现形式可以大大简化。对于同一种类型的地层，不管参数值的大小，也不管使用何种单位制，可以共用一张图版，使其具有普遍的适用性。有关无量纲量的表示方法，在附录中还将专门介绍。

四、井筒储集效应和井筒储集效应在图版曲线上的特征

（一）井筒储集效应的含义

当油气井刚刚开井或关井的瞬间，井口产量并不等于井底的产量。以气井为例，开井前井筒中充满天然气，开井瞬间，靠井筒中天然气的膨胀作用流出井口，使产量达到 q_{g}。此时井底产量仍为 0。随着产出量的增加，井底压力开始下降，与地层压力之间产生压差，从而使井底流量逐渐增加，最终达到与井口流量一致（图 2-4）。

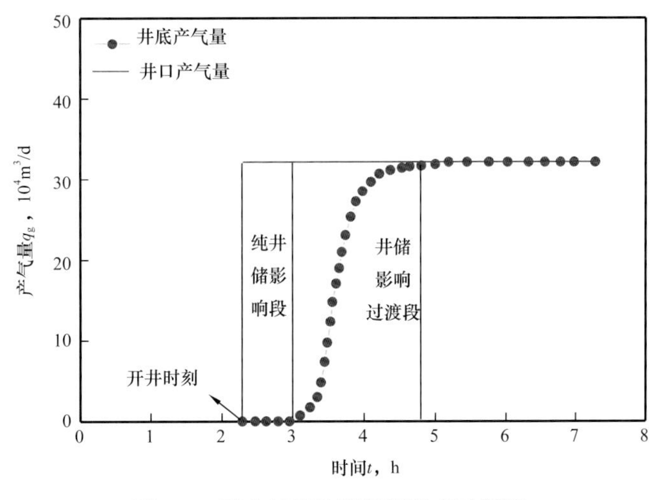

图 2-4 开井过程井筒储集效应示意图

关井过程刚好相反。如果采取地面（井口）关井，当采气树阀门关闭之后，地面产量立即降为 0。井筒中由于通过压缩过程可容纳更多的天然气，因而仍旧有天然气不断从地层流入井筒中，直到井底压力与地层压力平衡为止，此时井底的产量才降为 0，如图 2-5 所示。

井筒储集效应的强弱程度用井筒储集系数 C 来表示。其定义是：

$$C=\frac{\mathrm{d}V_{\mathrm{w}}}{\mathrm{d}p}\approx\frac{\Delta V_{\mathrm{w}}}{\Delta p} \tag{2-5}$$

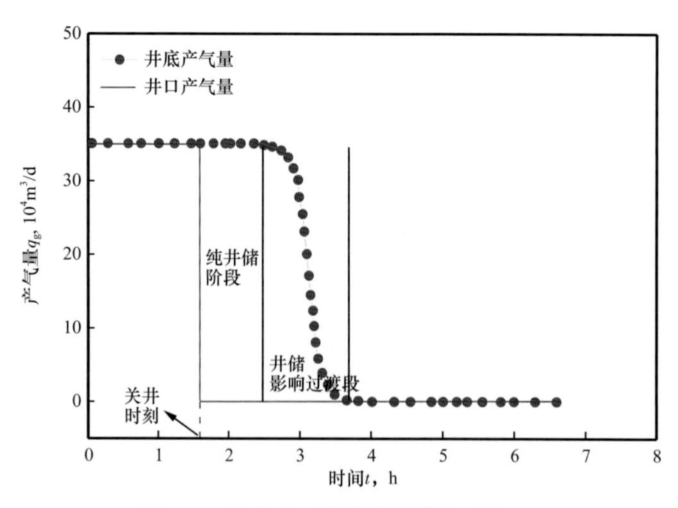

图 2–5　关井过程井筒储集效应示意图

其物理意义是：在井筒充满天然气或其他流体情况下，靠压缩所能增加储存流体的能力，或靠膨胀产生压降所排出流体的能力。或者具体地说，当关井压缩过程中使井筒压力升高单位压力时所增加的流体体积（地面体积）。

显然，井筒储集效应的影响延缓并干扰了从井底压力变化中认识地层的过程。为了降低或消除井筒储集效应的影响，提出并研制成井下开关井的工具和方法。但使用这种工具时对井身结构和操作工艺，提出了特殊的要求。对于纯气井，计算 C 值的公式为：

$$C=\frac{q_{g}B_{g}}{24\Delta p}\Delta t \tag{2-6}$$

$$B_{g}=\frac{p_{sc}\overline{Z}T}{\overline{p}T_{sc}}$$

（二）井筒储集系数的数量级

井筒储集效应并非来自地层反映，但试井解释离不开对井筒储集效应的分析。正确分析井筒储集效应的影响，可以保证正确解释地层参数。反过来，如果在解释地层参数时一同得到的井筒储集系数值，显示着与井身结构、测试工艺等条件严重不符，则预示着对地层参数的解释也是错误的。表 2–1 中显示了不同测试条件下井筒储集系数的数量级范围。

表 2–1　井筒储集系数数量级估算表

分类	C 值量级 m^3/MPa	井身结构及测试工艺
特高	＞10	极深气井，地层压力正常或较低，井口开关井
高	1～10	深气井，地层压力接近正常，井口开关井
中等	0.1～1	浅气井或深气井但地层超高压，井口开关井
低	＜0.1	井下开关井的气井

由于气井在关井过程中，井底可能会产生积水，或者凝析气井在关井时井筒中产生相态变化现象，那么井筒储集系数就有可能不是一个常数，产生了所谓变井筒储集效应。此时 C 值有可能由大变小，例如反凝析时的情况；也可能由小变大，例如出水情况增加了液面恢复项。试井软件中可以采用变井筒储集的选项加以拟合。

（三）井筒储集效应在试井解释图版上的特征

井筒储集效应出现在图版的早期段，如图 2–6 所示。井筒储集影响段又可分为两级。Ⅰ为完全井筒储集影响段。这一段反映出开井与关井过程中，井口产量基本上由井筒内流体的压缩性所决定，也就是说开井时地层产量接近 0，关井时地层的产量尚未发生变化。这时在图版上，压力对时间的斜率等于 1，即 $\dfrac{\Delta \lg p_{\rm D}}{\Delta \lg\left(t_{\rm D}/C_{\rm D}\right)}\approx 1$；或者压力导数对时间的斜率也等于 1，即 $\dfrac{\Delta \lg p_{\rm D}'}{\Delta \lg\left(t_{\rm D}/C_{\rm D}\right)}\approx 1$。Ⅱ为过渡段。在这一段中，井底产量逐渐接近井口产量。也就是说，开井时井底产量逐渐达到井口产量（图 2–4），关井时井底产量逐渐减为 0（图 2–5）。当井底产量值等于井口产量值后（对于关井来说产量达到 0），完全建立起反映地层情况的流动，即达到了径向流。

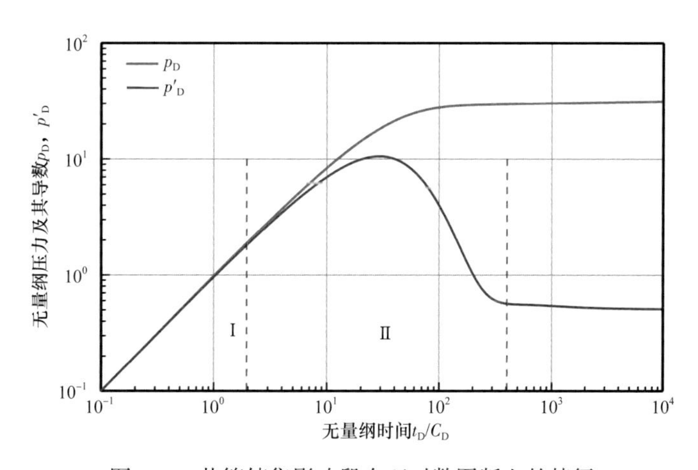

图 2–6 井筒储集影响段在双对数图版上的特征

五、天然气在地层中的几种典型的渗流状态及在解释图版上的特征

（一）平面径向流

平面径向流是最常见的一种不稳定流动状态。

假设气层是均质、等厚的，而且油气井打开了整个地层，则在开井生产以后地层中的流体将沿水平面从四周流向井底。在地层中任何一个与井筒垂直的水平面上，流线总是从四面八方向井筒汇集的射线；而地层中水平面上的等压线，则是以井筒为圆心的圆，如图 2–7 所示，这种流动称平面径向流，简称径向流。径向流段在图版上的对应位置，如图 2–8 所示。

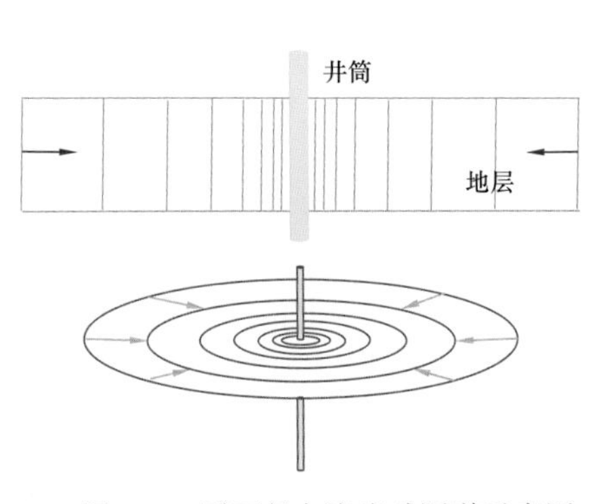

图 2-7　平面径向流流动图谱示意图

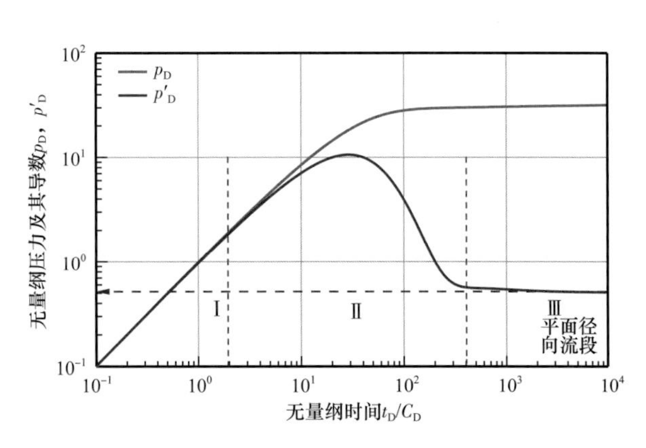

图 2-8　平面径向流在图版上的特征线段示意图

平面径向流在图版上的主要特征是，导数线段表现为水平直线，而且在无量纲坐标上，水平线的纵向坐标值刚好是 0.5。平面径向流是一种典型的不稳定流动状态，随着时间的延长，虽然流线总是向着井底的射线，但等压线却是不断变化着的。事实上，从井一打开，即使是在早期的续流段或过渡段，流线也一直是向着井底分布的射线，但那时的等压线却是相对较为密集的同心圆。直到产量从 0 逐渐到达稳定值 q_g，此时的流动图谱也从“径向的流动”，过渡到“平面径向流”。

（二）平面稳定流动

一口以稳定的产量生产的油井，如果在晚期段，整个井周围的压力分布保持恒定，这种流动状态称为平面稳定流动。稳定流动开始的时间记作 t_{ss}，当 $t>t_{ss}$ 时，在油藏中任何一点均有 $\frac{\partial p}{\partial t}=0$。

对于水体非常大的天然水驱油藏，或者是注水开采的油藏，油 / 水边界有可能形成“定压边界”，使井的生产处于稳定流动状态，或近似地达到稳定流动状态，这种井附近的压力分布如图 2-9 所示。

这里要特别指出的是，对于气井，一般不会出现这种稳定流动状态，也不存在所谓的“定压边界”。

（三）拟稳定流动

所谓拟稳定流动，实质上是一种不稳定流动。在一个封闭的区块内生产的一口油气井，当以稳定的产量生产时，到后期，压力波及周围的所有边界。自此以后，封闭区块中各点的压力将以相同的速度下降，达到拟稳态流动，如图 2-10 所示。

如果达到拟稳态流动的开始时间为 t_{ps}，当 $t>t_{ps}$ 时，对于地层中任何一点，$\frac{\partial p}{\partial t}=$常数。可以从图 2-10 中看到，此时的压力分布曲线形态保持不变，且不同时刻的压力分布曲线彼此平行，只是高低不同。

图 2-11 表示了拟稳定段压力变化特征曲线图。在这一段，压降曲线上的压力导数呈斜率为 1 的直线。而压力恢复曲线，压力导数在时间超过 t_{ps} 后，迅速下降，趋向于 0。

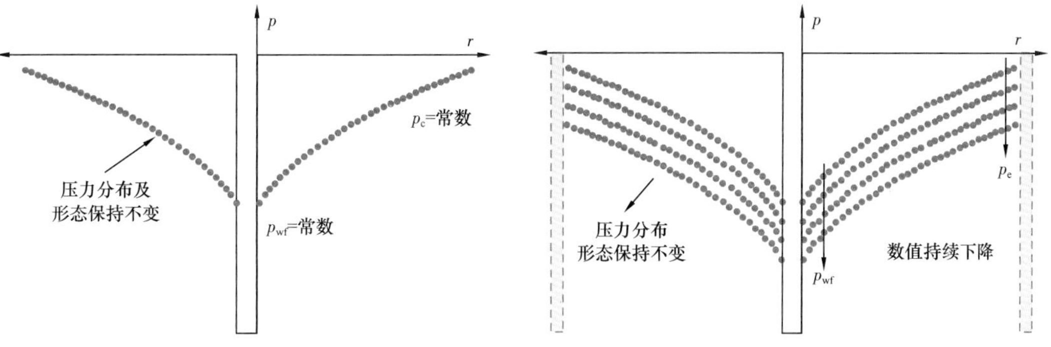

图 2-9 稳定流动压力分布示意图　　图 2-10 拟稳定流动压力分布示意图

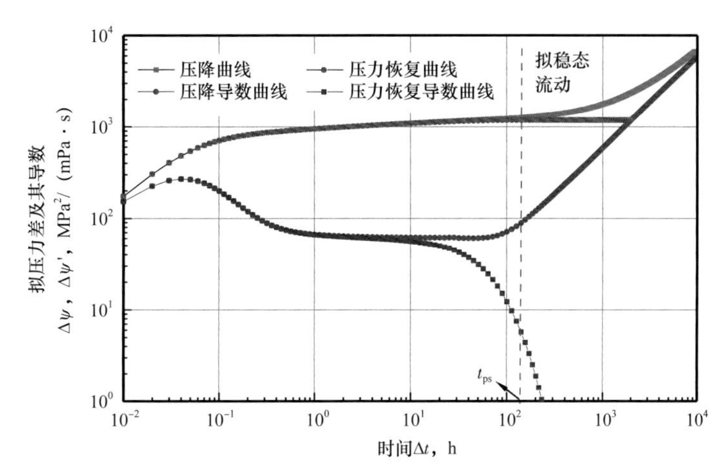

图 2-11 拟稳定流段在图版上的特征线段示意图

（四）球形流动和半球形流动

当一口井部分打开厚层的顶部，或部分打开厚层的中间一小部分时，流动图谱如图 2-12 和图 2-13 所示。

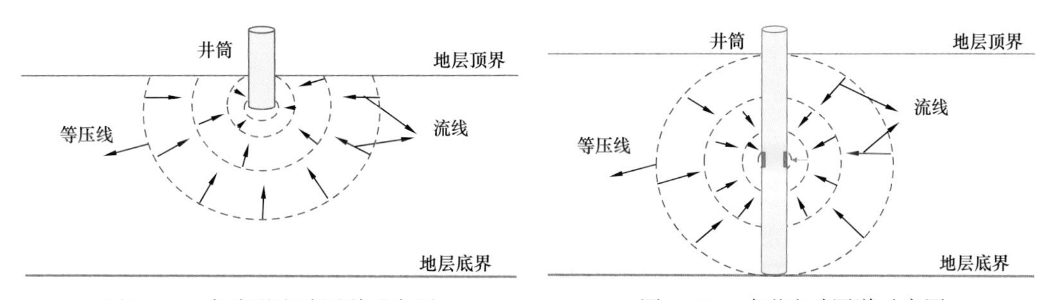

图 2-12 半球形流动图谱示意图　　图 2-13 球形流动图谱示意图

图 2-12 和图 2-13 显示的是通过井的纵向的剖面，而横向的剖面则仍显示类似于图 2-7 的径向流动的图形。球形流或半球形流，是这种“部分射开”地层开井生产后的一个短暂的流动阶段，随着生产时间的延长，在距井较远的部位，流动逐渐与地层的顶 / 底趋于平行，球形流动在井底测试压力变化曲线上的影响将逐渐消失。

球形流或半球形流在试井分析图版上的特征线如图 2–14 所示。在图版上的这段特征线段，显示斜率为 –1/2 的直线。在此之前为部分层径向流段，之后为全层径向流段，如图 2–15 所示。

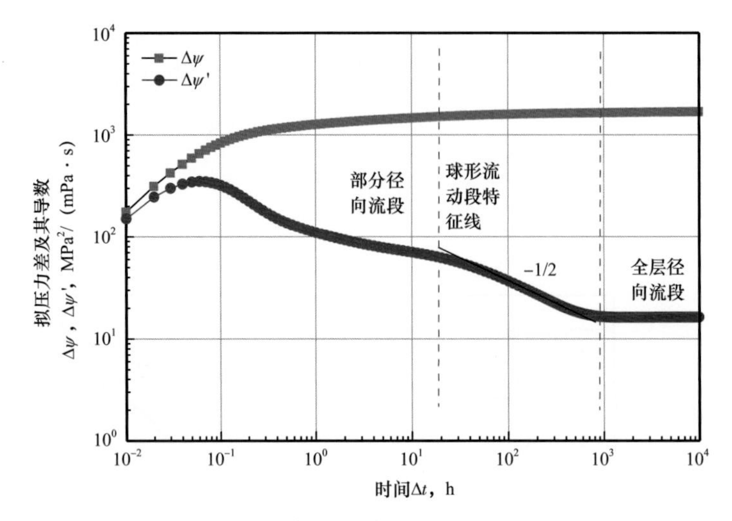

图 2–14　部分射开的球形流特征线段示意图

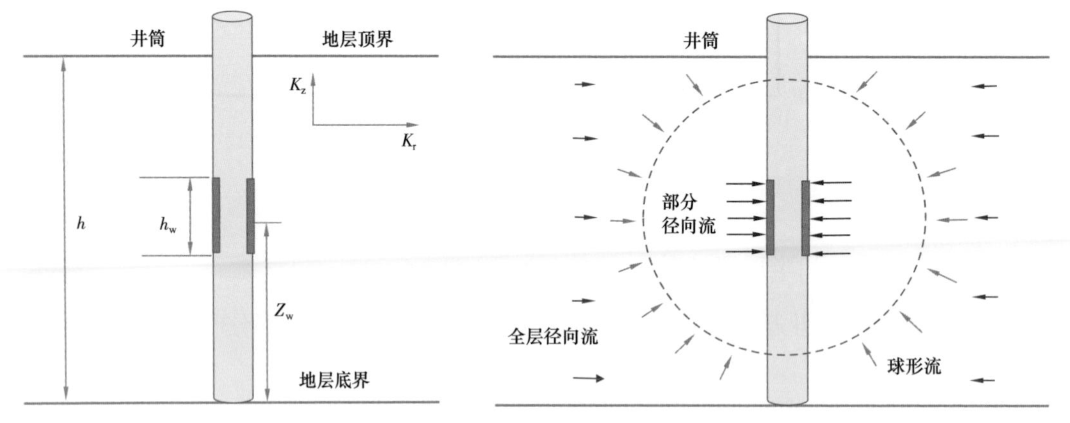

图 2–15　径向流和球形流的过渡流动图谱示意图

（五）线性流动

地层中常常会出现线性流动。所谓线性流动是指流线的方向，在地层平面上某一局部地区，大体上是平行的，从而等压线显示为平面。形成线性流动的地层及完井条件大致有以下几种。

1. 地层中平行的不渗透边界形成的线性流动

例如断层形成的地堑，河流相沉积形成的窄条的河道砂岩等。如示意图 2–16 和 2–17 所示。

在上述条带形地层中的线性流动如图 2–18 所示。

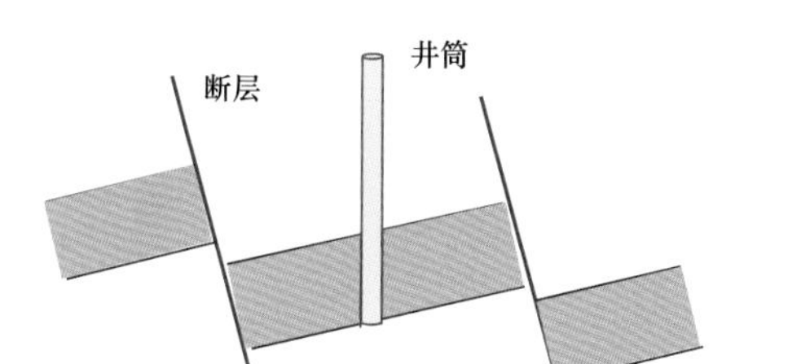

（a）纵剖面图

断层
井位

（b）构造平面图

图 2-16　断层形成的条带形地堑示意图

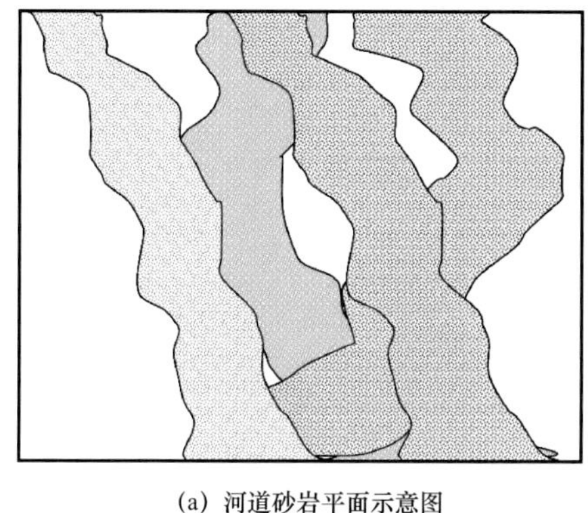

（a）河道砂岩平面示意图

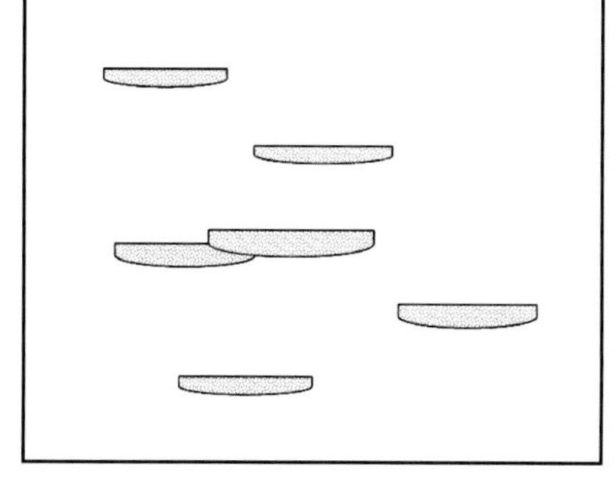

（b）河道砂岩纵剖面示意图

图 2-17　河流相沉积形成的条带砂岩示意图

线性流动在试井解释图版上的特征线段如图 2-19 所示。图 2-19 中看到，在线性流动段，压力导数呈 1/2 斜率的直线。但是注意到，这种线性流动由于是边界影响造成的，因而应出现在不稳定试井曲线的晚期。

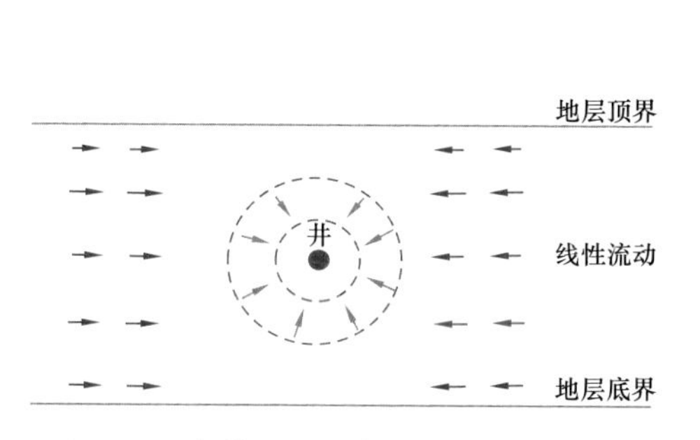

图 2-18　条带形地层线性流动图谱示意图

图 2-19　地层中平行边界形成的线性流动特征图

2. 水力压裂裂缝形成的线性流动

对于一口储层埋藏较深的经过水力压裂的井，往往在井底形成一条过井的单一的垂直裂缝，缝的半长 x_f，高度与地层厚度大体一致。裂缝内的渗透率一般都很大，形成所谓的“无限导流裂缝”，此时的流动图谱如图 2-20 所示。

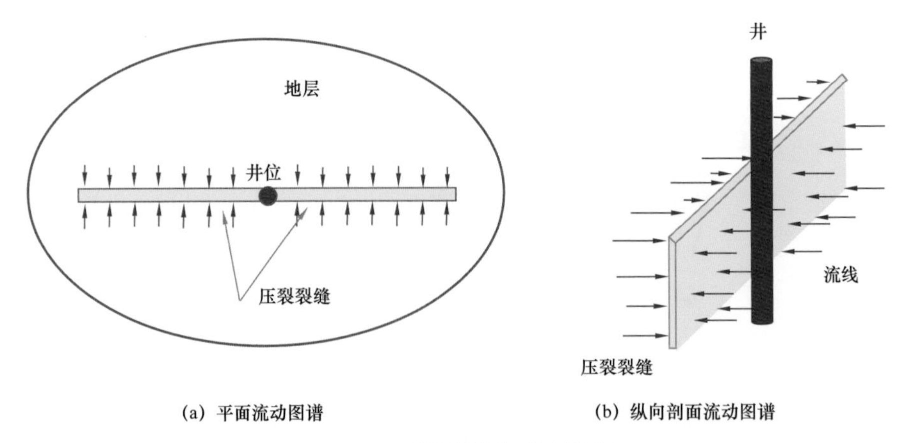

图 2-20　压裂裂缝井流动图谱

从图 2-20 中看到，如果压裂裂缝是足够长的，那么在裂缝附近将会产生垂直于裂缝面的线性流动。不论从图 2-20（a）或图 2-20（b）看，都会看到形成平行的流线，因而等压面应是平面。在线性流状态下，在图版上的特征图如图 2-21 所示。

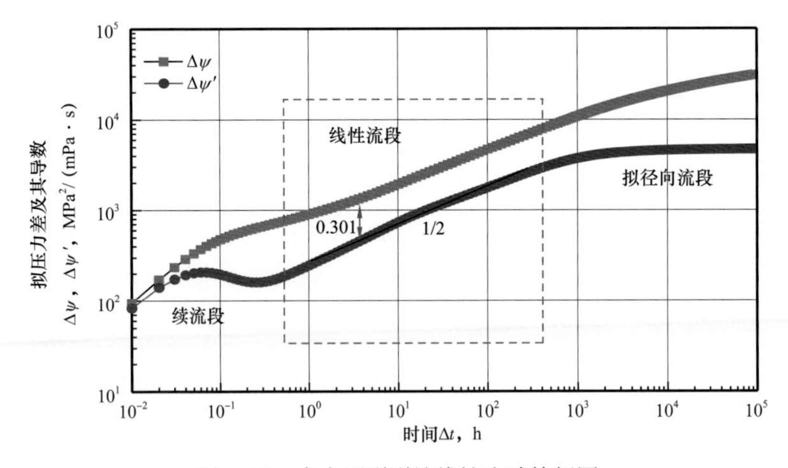

图 2-21　水力压裂裂缝线性流动特征图

在线性流动段，有如下特点：

（1）压力导数为 1/2 斜率的直线；

（2）压力亦呈 1/2 斜率的直线；

（3）压力与导数的纵坐标高差与纵坐标的一个对数周期长之比为 0.301；

（4）由于压裂裂缝紧连着井筒，因而这种线性流是紧接着续流段出现的，这一点与图 2-19 显示的平行边界形成的线性流段，在出现的时间段上是不同的。

3. 水平井形成的线性流

从储层中间位置穿过的水平井开井后，其流动图谱大致分成 3 个主要阶段：

（1）垂直地层平面的径向流；

（2）垂直于井筒、平行于储层顶底界的线性流；

（3）拟径向流。

其流动图谱示意图如图 2-22 所示，在试井图版上对应的特征曲线段如图 2-23 所示。

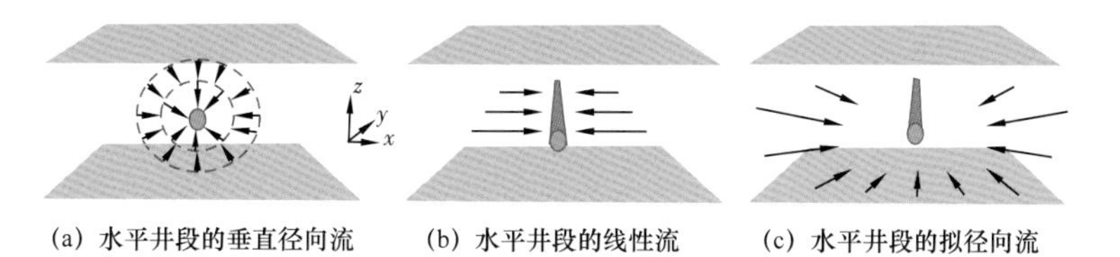

图 2-22 水平井开井流动图谱示意图

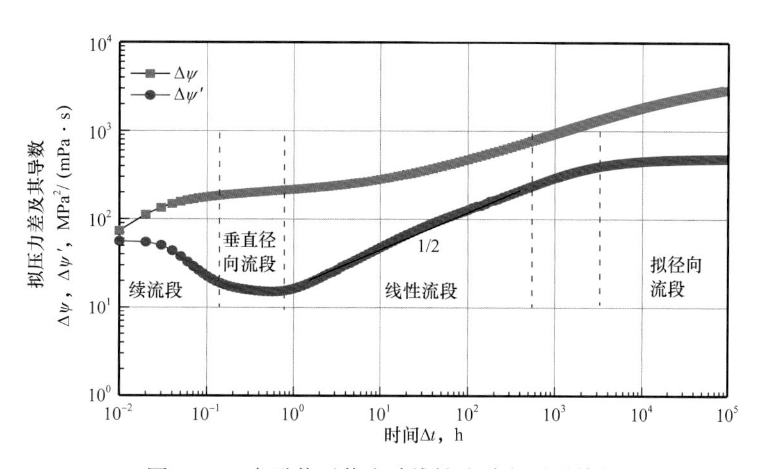

图 2-23 水平井开井流动线性流动段图形特征

水平井的线性流动段存在的条件是：

（1）水平井段足够长；

（2）整个水平段基本上都钻遇了有效的储层；

（3）水平井段所钻遇的储层大体上是均质的；

（4）测试时间足够长。

水平井线性流动段的特征与第 2 条所述的压裂裂缝情况大体是一致的。所不同的是，由于水平井线性流开始以前还存在着垂直径向流段，因此它在图形特征上介于平行不渗透边界（情况 1）和压裂裂缝（情况 2）两种情况之间，特别是对于厚度较大的层更像是平行边界形成的线性流的特征。

（六）拟径向流动

拟径向流是一种出现于晚期的径向流，对于压裂裂缝井，如果裂缝半长不是很长，延长测试时可能会出现拟径向流，如图 2-24 所示。对于水平井段不是很长的水平井也有可能在晚期出现拟径向流，如图 2-25 所示。

从图 2-24 和 2-25 看到，在从距离井较远的位置来看，不论是压裂裂缝或是不长的水平井段，都可被视为是一口影响范围扩大了的直井，因而在距井较远的位置显示的是近似的径向流，这种径向流，其压力导数曲线应趋于水平线，如前面图 2-21 和图 2-23 所示，都是出现在流动的晚期。

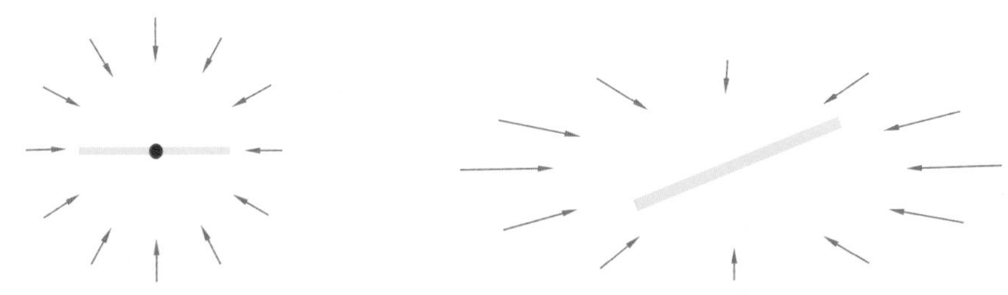

图 2–24　拟径向流平面流动图谱示意图 1（压裂裂缝井）

图 2–25　拟径向流平面流动图谱示意图 2（水平井）

（七）受阻和变畅的地层渗流

由于地层的均质特性只是在某种局部范围存在，而非均质的特征是绝对的、普遍的。因此油气在地层中的渗流，总是在某种程度上出现受阻或变畅。例如：

（1）井附近存在一条或多条不渗透边界，对流动形成阻隔（图 2–26）；

（2）井附近存在渗透性变差的阻流带，对渗流形成阻滞（图 2–27）；

（3）储层外围存在渗透性变好的区域，使渗流的压力梯度减小（图 2–28）；

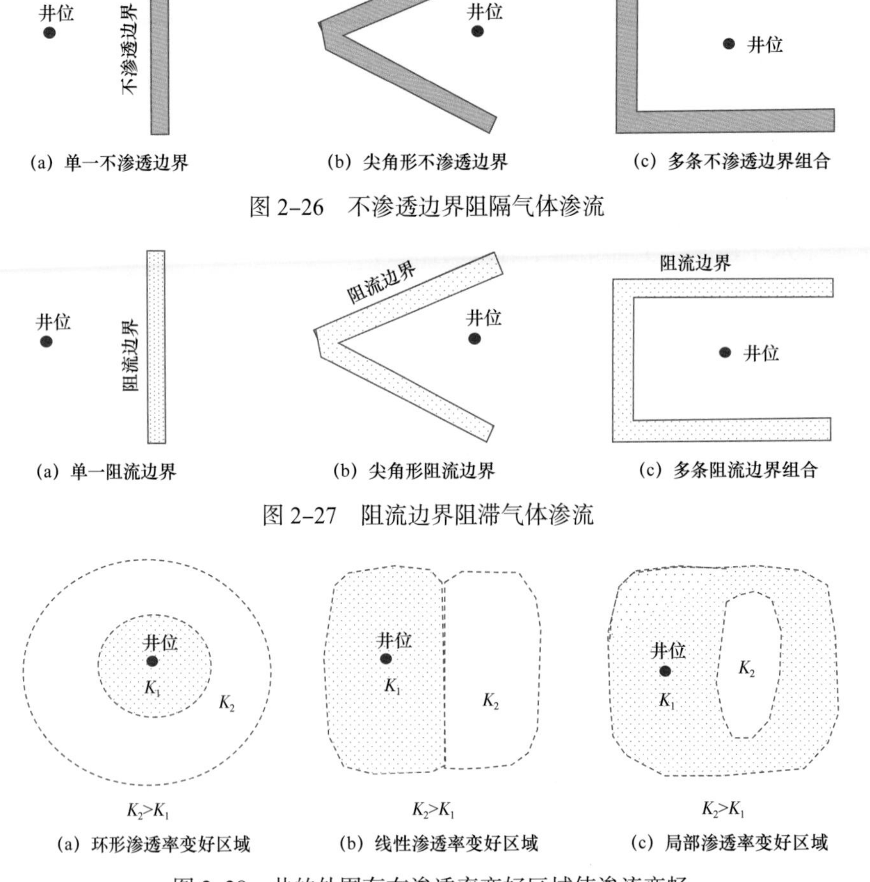

图 2–26　不渗透边界阻隔气体渗流

图 2–27　阻流边界阻滞气体渗流

图 2–28　井的外围存在渗透率变好区域使渗流变畅

（4）储层外围存在渗透性变差的区域，使渗流的压力梯度变大（图 2–29）；

（5）处在气顶位置的井，外围存在油环或边水，使气体渗流受阻（图 2–30）等。

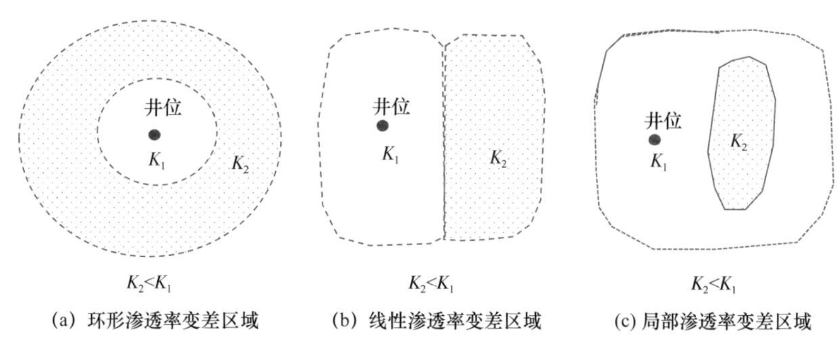

图 2–29 井的外围存在渗透率变差区域使渗流受阻

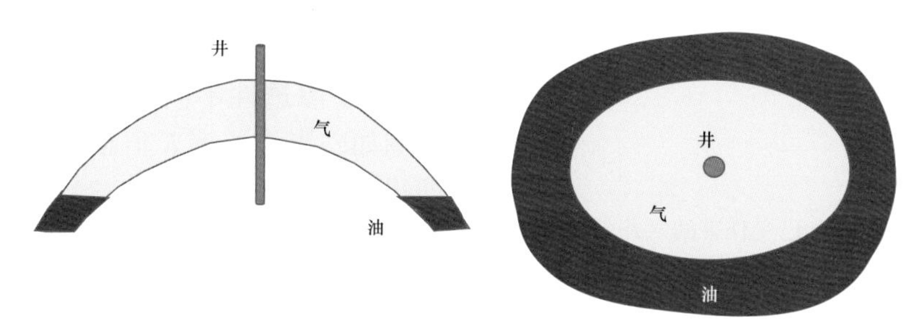

图 2–30 气井外围存在油环使气体渗流受阻

图 2–26、图 2–27、图 2–29、图 2–30 大体可归结为外围变差，或有不渗透边界阻挡，使流动受阻的情况，只有图 2–28 是外围变好使渗流更加顺畅的情况。

（1）当外围变差流动受阻时，地层渗流受阻的部位，压力梯度将会增大，从而使图版曲线中的导数曲线偏离径向流直线向上翘起。

（2）当外围变好，渗流顺畅时，这些部位的压力梯度将会减小，从而使压力导数下倾。

图 2–31 显示渗流受阻或变畅时，图版曲线上的特征。

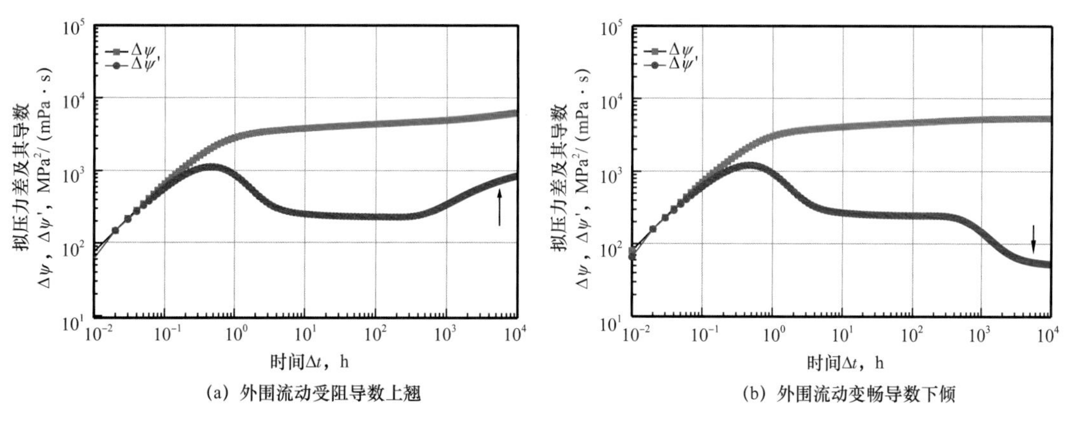

图 2–31 外围渗流受阻或变畅双对数曲线特征

可以看到，造成渗流受阻的原因是多方面的，但却表现出类似的特征，在确认产生的原因时，必须结合地质特征进行分析。

六、表皮效应、表皮系数和有效半径

对于一口正常钻开地层并固井、完井的油气井，压力分布如图 2–32 中实线所示。但是，由于钻井过程中钻井液浸入地层，固井时水泥的浸入以及射孔不完善等原因，使得完井后的井壁附近受到某种程度的伤害，这样在油气井开井后，压力梯度加大，如图 2–32 中双点划线所示。

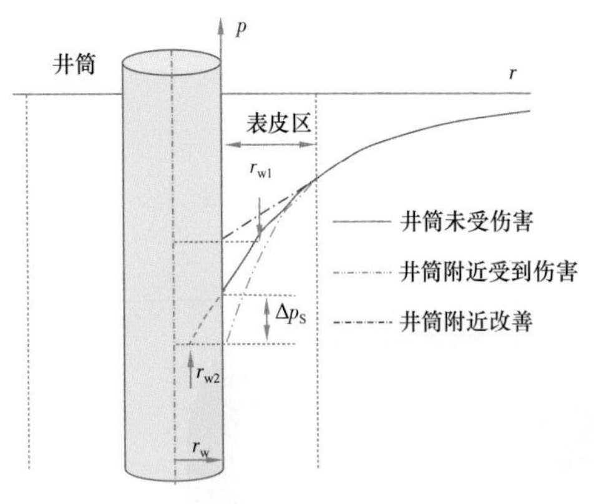

图 2–32　未受伤害和已受伤害的气井表皮区压力分布示意图

受到伤害的区域称为表皮区。在表皮伤害区内，由于储层伤害造成的井底附加压降为 Δp_S。

Δp_S 对于渗透性不同的地层，具有不同的含义。例如，当渗透率 K 值很低时，生产压差本身即很大，此时如果存在一个数量值不大的 Δp_S，对于气井的生产不一定造成多大的影响。相反，如果 K 值很高，那么对于一个同样量值的 Δp_S，也可能造成产气量成倍的变化。因此需要对 Δp_S 加以无量纲化，才能显示受伤害的真实程度，无量纲化后的系数，称为表皮系数 S，定义为：

$$S=\frac{542.8Kh}{qB\mu}\Delta p_S \tag{2-7}$$

可以看到：$\Delta p_S=0$ 时，$S=0$，井未受伤害；$\Delta p_S>0$ 时，$S>0$ 时，井受到伤害；$\Delta p_S<0$ 时，$S<0$ 时，井底得到了改善。

对于一口受到伤害的井，就如同井筒被缩小了一样，从而引出井底有效半径的概念，定义为：

$$r_{we}=r_w e^{-S} \tag{2-8}$$

r_{we} 的含义从示意图 2–32 中可以看出，当 $r_{we}=r_w$ 时，即 $S=0$ 或 $\Delta p_S=0$，井未受伤害；当 $r_{we}<r_w$ 时，即 $S>0$ 或 $\Delta p_S>0$，井受到伤害；当 $r_{we}>r_w$ 时，即 $S<0$ 或 $\Delta p_S<0$，井底得到了改善。

七、开井时的压力影响半径

一口油气井开井生产后，井底压力开始下降。与此同时，压力降还要向地层深部逐渐扩展，形成一个压降漏斗，随着时间的推移，压降漏斗不断扩大，如图 2–33 所示。

从图 2–33 看到，按照影响半径的定义，在 t_i 时刻，压降漏斗的边界扩展到 r_i 位置，也就是说，当 $r<r_i$ 时，地层中的这些部位已受到生产井的扰动；而对于 $r>r_i$ 的部位，地层尚未受到任何扰动，压力未发生变化。

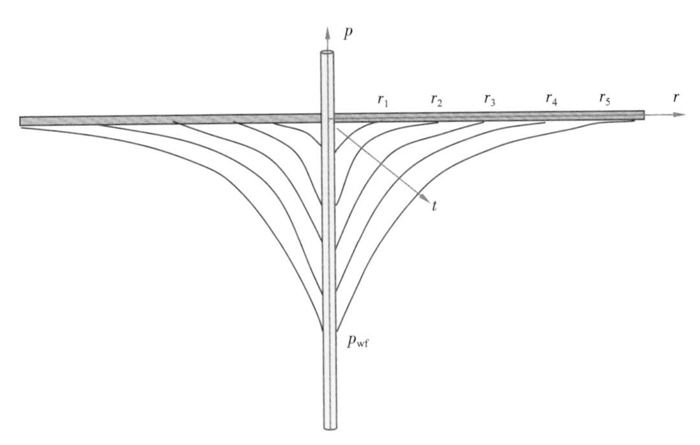

图 2-33 压力影响半径示意图

按照 Earlouger（1977）的介绍，计算影响半径的公式为：

$$r_i = 0.12\sqrt{\frac{Kt}{\phi\mu C_t}} \tag{2-9}$$

例如，当 K=10mD，μ=0.02mPa·s，$\phi=0.1$，$C_t=1.674\times10^{-2}\text{MPa}^{-1}$ 时，应用式（2-9）得到影响半径 r_i 与时间的关系值见表 2-2。

表 2-2 影响半径与开井生产时间关系举例

开井时间 h	50	100	150	200	250	300
影响半径 m	463.7	655.8	803.2	927.4	1036.9	1135.9

但是上述概念存在着一些有待量化的含义：

（1）所谓影响半径，应指受到波及和扰动的位置，而区分是否受到扰动，应以是否能检测到为准，可是该定义并未量化这个“可检测到的压力值”到底是多少。

（2）从压力分析可知，对同样的地层，作为扰动源的生产井，其产量值是影响扰动量的重要因素，但从式（2-9）看到，其变量中并未包含产量 q 的值。因此公式的推导者并未考虑产量 q 的因素。

（3）“可检测到的量值”本身，随着测试仪表的现代化，分辨率和精确度的提高，也在不断改善。

运用试井解释软件进行模拟分析，可以很容易地得到在前面提到的参数条件下，不论开井时间长短，其影响半径前缘上的压力扰动值为：当产气量 $q_g=10\times10^4\text{m}^3/\text{d}$ 时，扰动压力 $\Delta p=0.1128$MPa；当产气量 $q_g=1\times10^4\text{m}^3/\text{d}$ 时，扰动压力 $\Delta p=0.01128$MPa。

对于 0.1128MPa 的压力降，已经是可观的数值；但对于 0.01128MPa 的压力变化，仅仅是早期的机械压力计可以记录到的最小压力变化。当然用目前应用的电子压力计性能来衡量，其分辨率达到 0.00007MPa，相比之下 0.01128MPa 已是非常大的数值。

由此看来，影响半径的概念，只是一个定性地描述压力影响范围扩展的、相对模糊的概念，不能确切地用来作量化的分析。另外，影响半径的英文原意为 Radius of Influence，更不应与调查半径 Investigation Radius 相混淆。一个明显的例子是，如果要从井的不稳定压力测试中，了解储层深部的信息，例如：测知距井为 L_b 的断层边界的存在，那么所需的时间不应是对应 $r_i=L_b$ 的时间 t_1，即：

$$t_1 = \frac{\mu \phi C_t}{0.0144K} L_b^2$$

而是用来代替断层存在的镜像井的影响到达该井的时间 t_2：

$$t_2 = \frac{\mu \phi C_t}{0.0144K} \left(2L_b\right)^2 = 4t_1$$

也就是说，如果影响半径到达断层的时间为 t_1，那么要想测知断层的存在，也就是调查距井 L_b 的断层信息，必须花去 4 倍 t_1 的时间才能达到，并且即使在 $4t_1$ 时刻，这种信息也只是刚刚出现。

有一个模拟的实测例，清楚地反映了压力动态与图版曲线特征的关系。示例的地质条件是，在矩形封闭区块的一端，钻有一口生产井，如图 2–34 所示。当该井从静止状态开始生产时，测试了井底压力动态。示例的动态特征示意图分两个部分：一部分表示了压降漏斗波及范围，以及范围的扩展情况；另一部分则用箭头指出测试资料在双对数图版上对应的位置及特征。

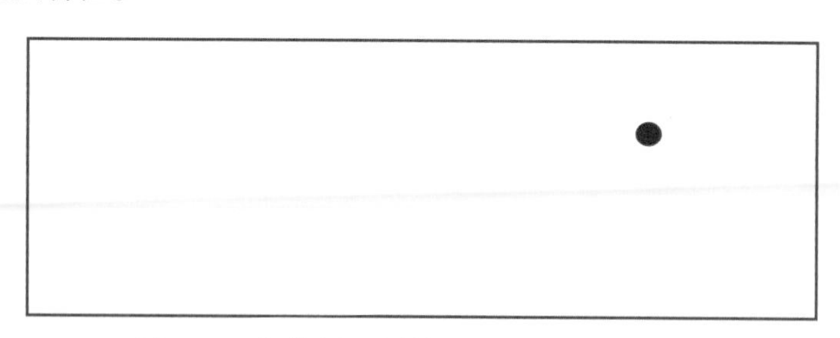

图 2–34　气井在矩形封闭边界中的位置示意图

（1）续流段（a）。

气井开井瞬间，井口产量虽已达到 q_g，但这主要是井筒内的高压气体膨胀造成的。之后，随着井筒内压力的降低，地层内的气体开始向井内流动，在井的周围产生压降漏斗。对应双对数曲线上的特征线段为斜率为 1 的直线，和导数呈现一个峰值的过渡段，如图 2–35 所示。

（2）径向流段（b）。

随着测试时间的延长，流动进入径向流段。此时压降漏斗已扩展到第一条不渗透边界，但此时的边界影响还没有来得及返回到井底。因此流动一直维持着平面径向流状态。在双对数特征曲线上，压力导数为水平直线，显示出典型的径向流特征，如图 2–36 所示。

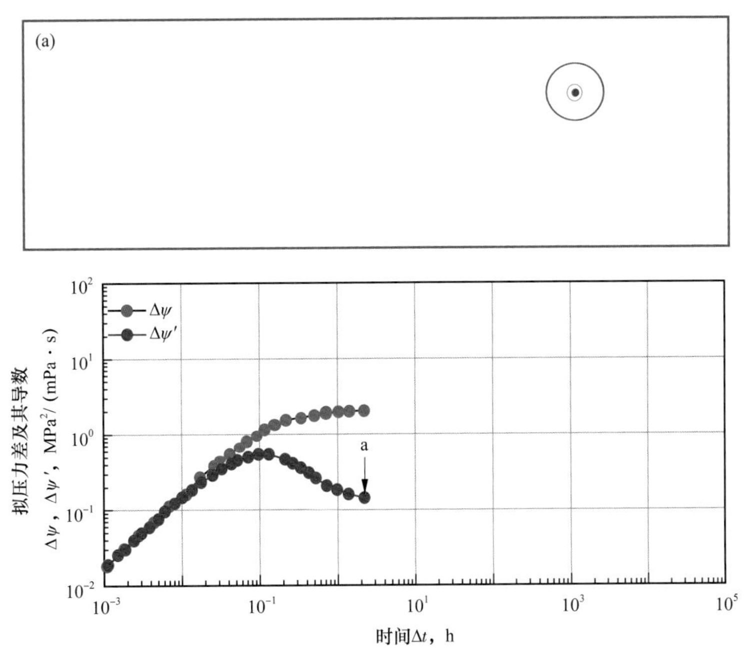

图 2-35　续流段（a）压降漏斗及双对数曲线特征

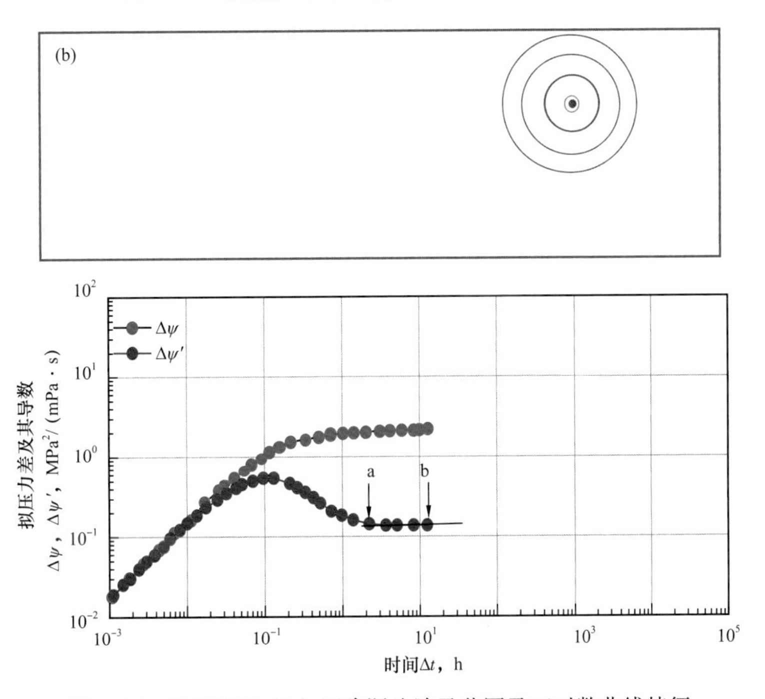

图 2-36　径向流段（b）压降漏斗波及范围及双对数曲线特征

（3）第一条边界反映段（c）。

压降漏斗的影响范围到达第一条边界以后，压力影响将向相反方向反射，最后回到井底。此时井底压力将出现边界反映。在图版的特征线上，压力导数偏离平面径向流水平线而向上抬升，在纵坐标刻度上，上升约 0.5，并趋向于水平，如图 2-37 所示。

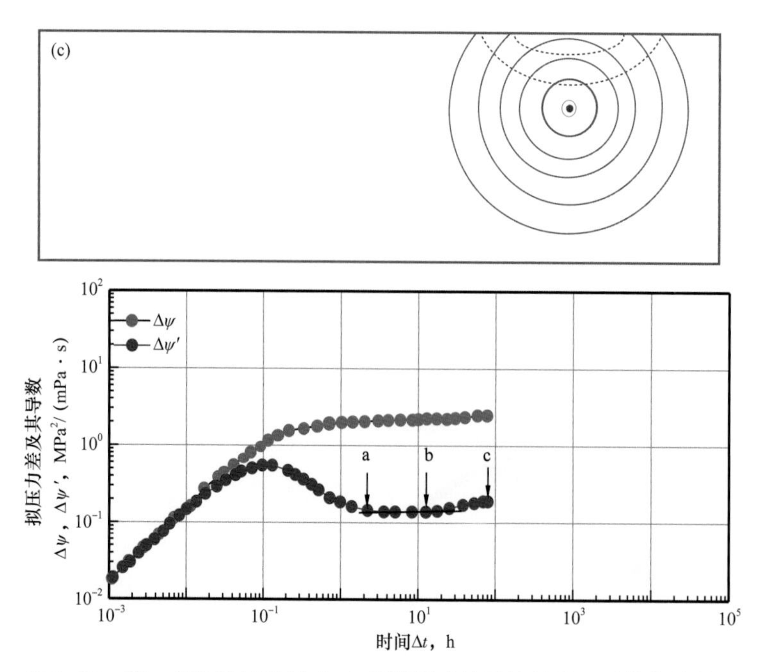

图 2-37　第一条边界反映段（c）压降漏斗波及情况及双对数曲线特征

（4）第一条边界反映维持段（d）。

压降漏斗继续扩展中，到达了第二条和第三条边界。但是除去第一条边界影响外，后续的边界影响尚未到达井底。在双对数曲线上，压力导数线停留在另一条较高的（高于径向流线 0.5 刻度）水平线上，仍显示单一不渗透边界的影响，如图 2-38 所示。

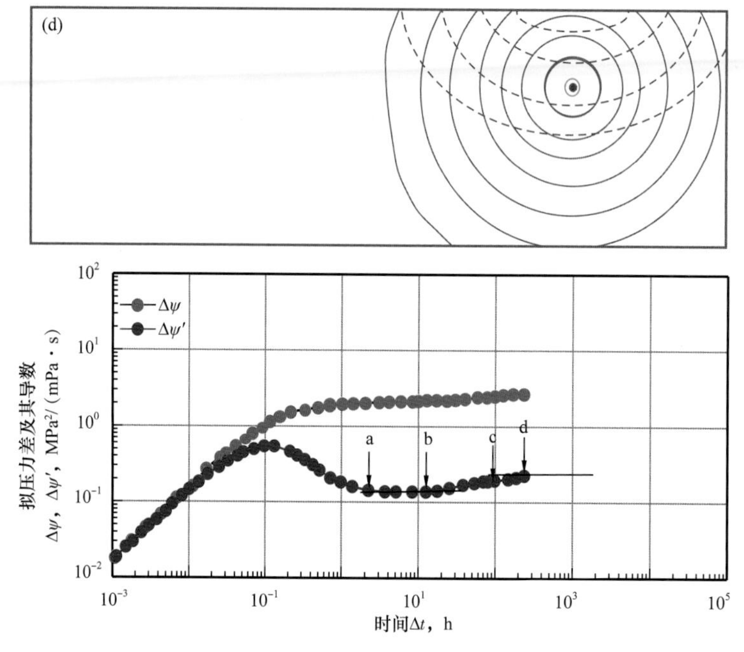

图 2-38　第一条边界反映维持段（d）情况下双对数曲线特征

（5）三条边界反映段（e）。

从井位看到，由于第二条和第三条边界是等距离的，因而压力反映同时到达第二条和第三条边界后，又同时向回反射，并到达井底。此时井底压力将再一次受到扰动影响。在双对数曲线上，压力导数偏离第一条边界影响形成的水平线，再一次向上翘起，反映边界的进一步影响，如图 2–39 所示。

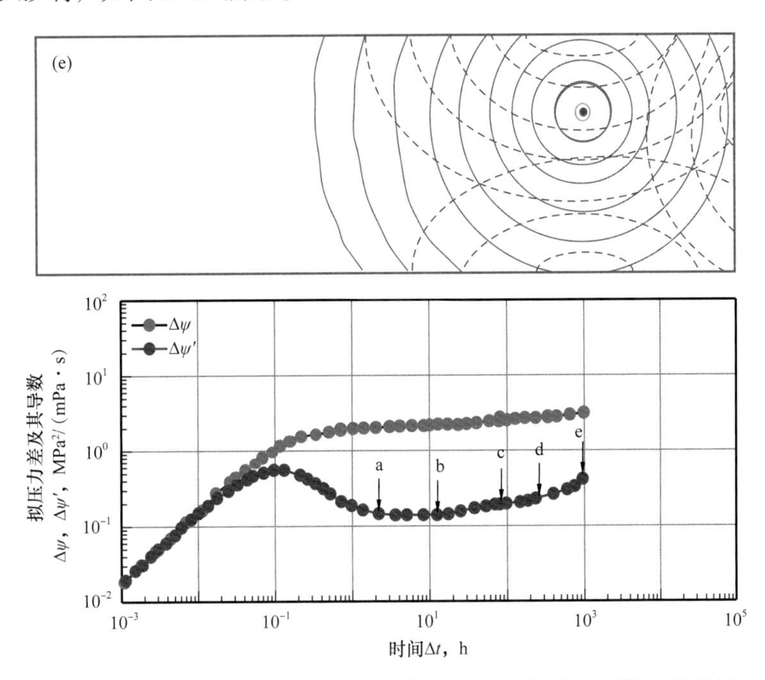

图 2–39　三条边界反映段（e）压降漏斗波及情况及双对数曲线特征

（6）三条边界持续反映段（f，g，h）。

从流动图谱上看，第一、第二和第三条边界的影响将一直持续。虽然，压降漏斗将逐渐到达第四条边界，但短时间内不会对测试井的井底压力形成扰动影响。从图 2–40 中看到，如果测试资料持续录取的话，已达到近 8000h，折合为 333 天。对于多数测试井来说，这已是难于到达的时段。在双对数曲线上，显示后期压力导数的斜率在逐渐接近 1/2。

如果综合地质、试采等方面的资料，已基本确认了矩形的边界形态以及相应的尺寸。由此可以进一步向前预测压力的变化。但严格地来说，仅从已录取的压力资料，是不能最终全面确认储层类型和参数的。

（7）三条边界反映持续但第四边界反映尚未返回段（i）。

在压降漏斗到达最远的第四边界以后，相当长时间里，边界反映并未返回到井底。在这一时间段里，压力和导数基本维持了 1/2 斜率的直线。从图 2–41 中看，这一时间段延续的时间很长，从 10^4～10^5h，计算起来，大约有 10 年的时间，这当然已不是不稳定试井所能承受的时间，只能用理论模型进行推测。第四边界压力扰动的加入，将使井底压力进入封闭区块的拟稳态压降之中。在双对数曲线上，压力导数的斜率在末端将受到封闭边界影响，进一步向上翘起，逐渐进入斜率为 1 的情况。

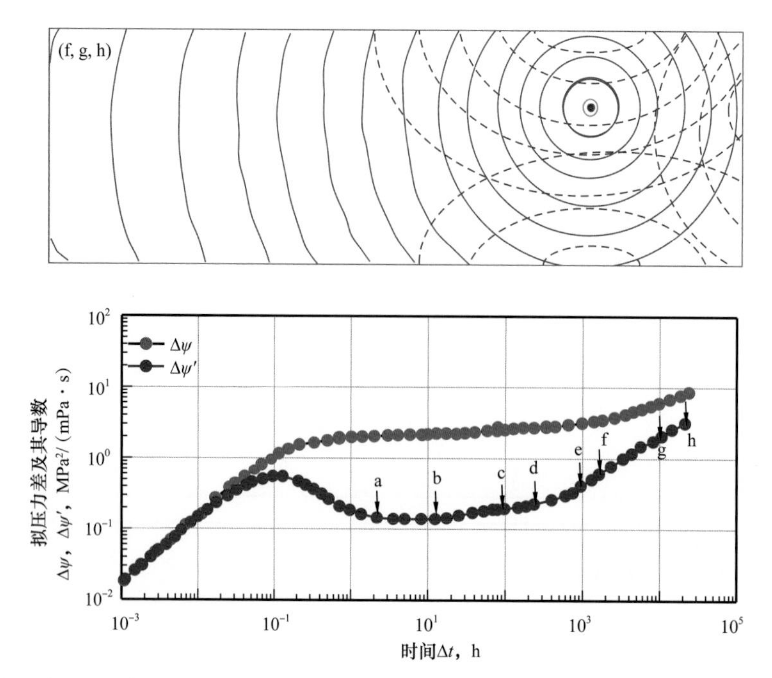

图 2-40　三条边界持续反映段（f，g，h）情况下流动图谱及双对数曲线特征

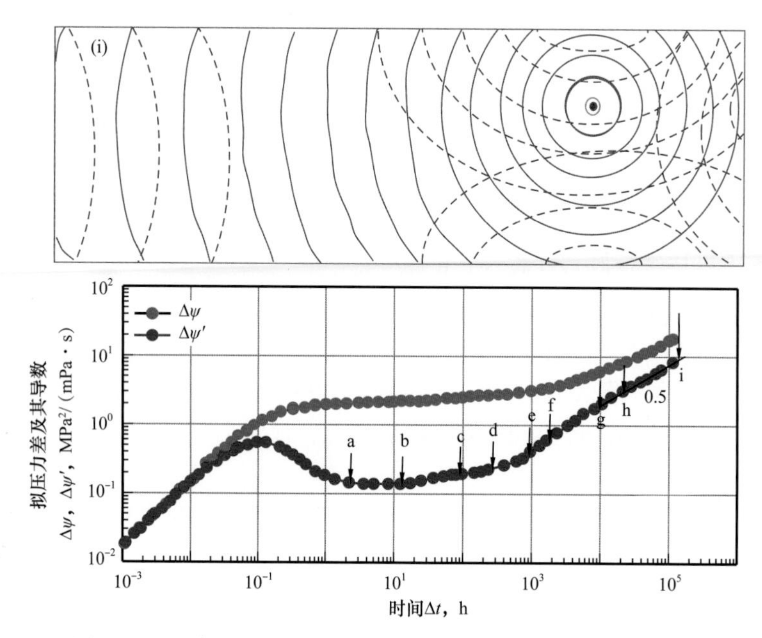

图 2-41　三条边界反映持续但第四边界尚未返回段（i）情况

（8）封闭边界反映段（j）。

在这一流动段，整个区块的压降过程进入拟稳态。区块内部的压力呈均匀下降的态势。在双对数曲线上，压降导数的斜率显示为 1。此时的时间坐标延续到 10^5～10^6h。也就是从 11.4 年，延续到 114.2 年。这已超出单个油气田的开发年限，是没有什么现实意义的，只能从理论上做一些探讨，如图 2-42 所示。

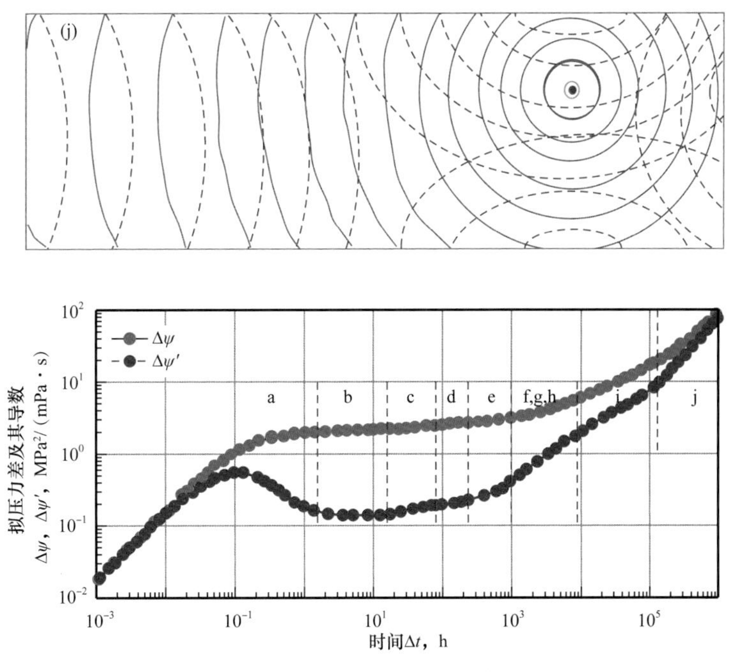

图 2-42 封闭边界反映情况及双对数曲线特征

从上述示例可以清楚地看出，一口处在封闭区块中的开发井，开井后如果能保持稳产，而且没有其他因素干扰时，其压力动态所表现出的特征，对于我们理解油气田的压力影响半径，以及对于不渗透边界的探测分析，也许会有所帮助。

八、层流和湍流

对于黏滞性的流体，包括天然气、石油和水，在流动时常常表现为两种不同的状态：层流状态和湍流状态。所谓层流状态，是指流动空间内各点的流动速度，具有稳定的分布剖面；而湍流状态，各点的速度分布往往是杂乱无章的，没有稳定的速度分布剖面。图 2-43 和图 2-44 示意性地画出了一维管流中的层流和湍流速度分布情况。

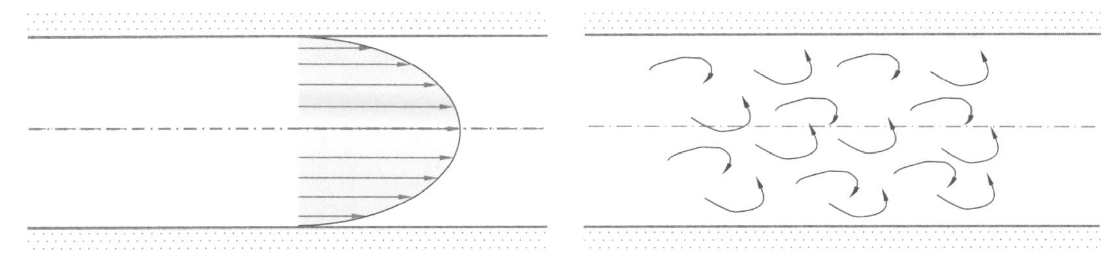

图 2-43 管道层流状态速度分布示意图

图 2-44 管道湍流状态速度分布示意图

层流状态与湍流状态的形成，与流体的黏度 μ 和速度 v 有关，同时也与流体通过的截面积 A 及管道内表面的粗糙度等参数有关。由 μ，v 和 A 等参数组成一个特征参数组，称之为“雷诺数”。当雷诺数低于某个临界值时，流动表现为层流；当雷诺数超过这个临界值时，流动转化为湍流。由于湍流流动将损失更多的能量，因而比起层流具有更大的摩阻。

对于多孔介质中的渗流流动，具有类似于管道流动时从层流流动到湍流流动的转化。只不过这时的流动空间，比起管道流动要复杂得多。这是由于孔隙结构本身就是十分复杂的，不但找不到一个单一的特征尺寸，而且流动单元在流动中所经过的孔径也是变化的。所以一般认为，在地层中的渗流，低速时表现为层流，并符合达西定律；随着流速的增长，在流动中首先加入了惯性流的影响，使流动偏离了达西定律。并且随着流速的进一步增加，逐步过渡到湍流。

Cornell 和 Katz（1953）将渗流时的摩阻系数和雷诺数分别定义为：

$$f_{\mathrm{CK}}=\frac{64\Delta p}{\beta\rho v^{2}\Delta x} \tag{2-10}$$

$$Re_{\mathrm{CK}}=\frac{\beta K\rho v}{1.0\times10^{9}\mu} \tag{2-11}$$

并通过实验，得到两者的关系如图 2-45 所示。

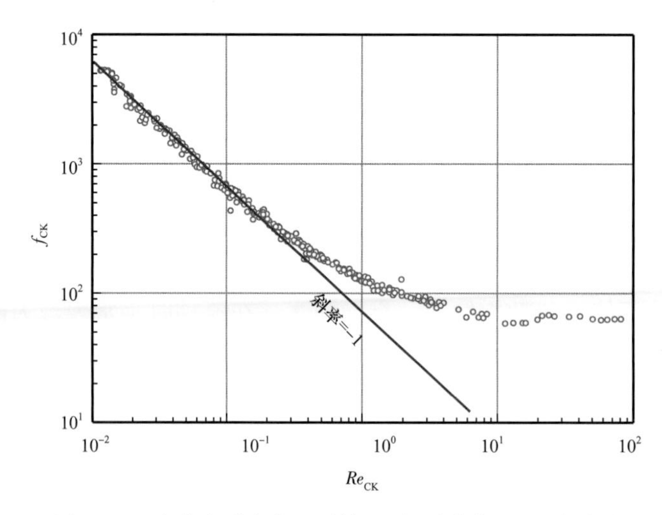

图 2-45　多孔介质中摩阻系数 f_{CK} 与雷诺数 Re_{CK} 关系图

从图中看到：

（1）当雷诺数 $Re_{\mathrm{CK}}<1$ 时，即流速较低时，f_{CK} 与 Re_{CK} 大致呈直线关系。即压力梯度 $\frac{\Delta p}{\Delta x}$ 与流速 v 呈正比关系。说明此时流动符合达西定律，渗流为层流状态。

（2）当雷诺数 $Re_{\mathrm{CK}}>1$ 时，实验点偏离直线。此时呈现出惯性流影响。此时的流动，虽有惯性流影响，但研究者（Hubbert 等）认为，从层流到湍流的过渡，包括了一个很宽的流速范围，直到雷诺数 Re_{CK} 超过 600 以后，才有可能观察到湍流现象。

对湍流影响起决定作用的是湍流系数 β。Jones（1987）在对 355 块砂岩和 29 块石灰岩进行实验研究的基础上，导出了计算湍流速度系数 β 的经验公式：

$$\beta = 1.88 \times 10^{10} K^{-1.47} \phi^{-0.53} \tag{2-12}$$

另外，从式（2–11）还可以看到，影响雷诺数值的，还有流体的黏度 μ 和流动速度 v。对于天然气层，往往存在较小的黏度和较大的流速。同时，也只有在气井的井底附近，这种高速流动才显得重要。因此，Lee（1982）在研究工作中，把这种湍流影响并入到表皮系数中，给出了包含湍流影响的拟表皮系数 S_a：

$$S_a = S + Dq_g \tag{2-13}$$

D 可以表达为：

$$D = \frac{7.18 \times 10^{-16} \beta KMp_{sc}}{hr_w T_{sc} \mu_g} \tag{2-14}$$

式中 β——湍流速度系数，m^{-1}；

K——储层渗透率，mD；

M——气体的摩尔质量，$M = \gamma_g \times 28.96$，kg/kmol；

γ_g——气体的相对密度；

p_{sc}——气体在标准状态下的压力，p_{sc}=0.101325MPa；

T_{sc}——气体在标准状态下的温度，T_{sc}=293.15K；

r_w——井底半径，m；

h——储层的有效厚度，m；

μ_g——气体在井底附近的黏度，mPa·s。

把有关参数及 β 的表达式（2–12）代入以后，式（2–14）简化为：

$$D = \frac{1.35 \times 10^{-7} \gamma_g}{K^{0.47} \phi^{0.53} hr_w \mu_g} \tag{2-15}$$

非达西流系数 D 对于气井生产是非常重要的特性参数，原则上可以通过式（2–15）加以计算。例如对于某一口气井，地层和井的参数为：K=57mD，γ_g=0.85，r_w=0.09m，μ_g=0.0244mPa·s，h=12.2m，ϕ=0.1。此时可以计算出非达西流系数为：

$$D = \frac{\left(1.35 \times 10^{-7}\right) \times 0.85}{57^{0.47} \times 0.1^{0.53} \times 12.2 \times 0.09 \times 0.0244} = 2.17 \times 10^{-6} \left(m^3/d\right)^{-1}$$

或者按照常用的单位表示，$D = 2.17 \times 10^{-2}$（$10^4 m^3/d$）$^{-1}$。

在进行非达西流系数 D 的计算时，由于一些不确定因素，例如不能准确确定地层渗透率和有效厚度，往往使得用公式计算的 D 值存在一定的误差。最终的解决办法，是用不稳定试井法，对 D 值进行实测。

实测 D 值所依据的原理是，每一次不稳定试井分析所得到的表皮系数，都只是如式（2–13）所表示的拟表皮。这种拟表皮，是与产气量有关的。只要在不同的产量条件下，测得不同的拟表皮 S_a，画出 S_a 与 q_g 的关系直线，即可推导出真表皮系数 S 和非达西流系数 D。如图 2–46 所示。在本书的后续章节，还将对非达西流系数 D 的测试分析专门进行讨论。

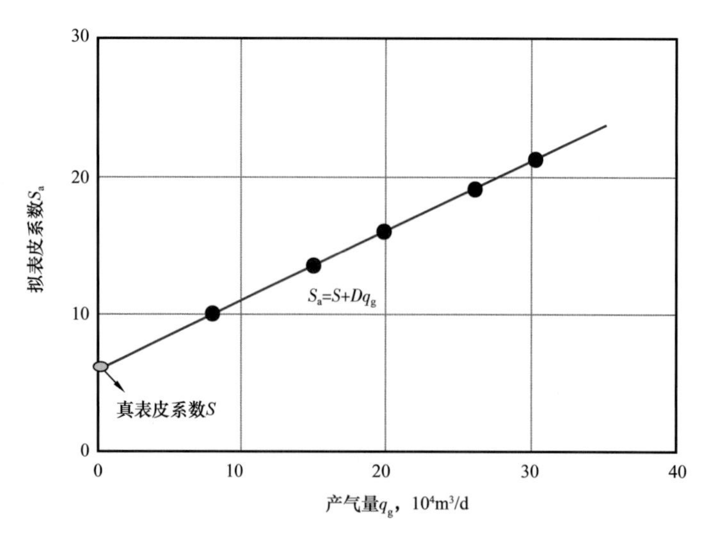

图 2–46　用不同产气量下的拟表皮求非达西流系数 D 示意图

第二节　气体渗流方程式

一、储层作为连续介质的定义

我们所要研究的赋存天然气的地层，从“细观”的角度看，是一个复杂的对象：对于砂岩来说，天然气存在于大小各异的、众多的孔隙中，并通过连通的孔隙流动，这些孔隙不但大小不一，而且作为通道，又会从较大直径的孔隙连接到微细的孔喉，甚至连通到盲端。对于碳酸盐岩来说，天然气不但赋存于基岩孔隙中，还存在于微细的裂缝、溶孔、溶洞，甚至成片的裂缝系统中。

研究天然气的流动，如果着眼于“细观”的角度，一般来说，既无必要，也无可能。人们所要了解的是天然气在地层中流动的宏观性质。从而在渗流力学中，引进了一般流体力学中常用的“连续介质”的假设。

在地层中（例如普通的砂岩地层），任取一个小的单元体积 ΔV，其中包含有孔隙体积 ΔV_p，也包含有岩石颗粒的体积 ΔV_R，孔隙度定义为：

$$\phi=\frac{\Delta V_p}{\Delta V}$$

当 ΔV 取得足够大，大于临界值 ΔV_0 时，例如图 2–47 中的 ΔV_1 和 ΔV_2，ϕ 值大致是一个常数，即 ϕ= 常数。但是，当把 ΔV 取得太小，则要么取在孔隙中，则 ϕ 接近 1；要么取在岩石颗粒上，则 ϕ 接近 0。如图 2–47 所示。

在研究地层中的渗流过程时，人们把体积 ΔV_0 取做典型的单元体体积，也就是地层中的一个点。关于流动状态的描述，都是以单元体为单位进行的。像单元体的孔隙度 ϕ、单元体的渗透率 K、单元体内的流体压力 p、流体流动速度 v 等，都是描述渗流状况的物

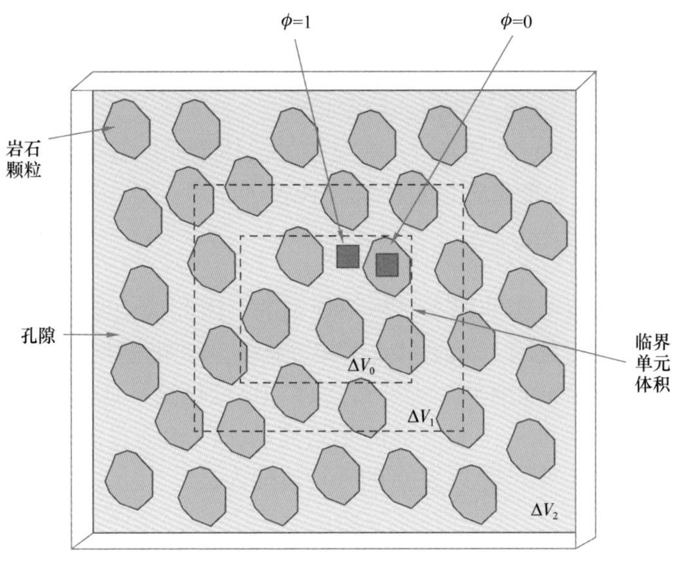

图 2-47 地层单元体示意图

理参数。相邻的单元体，其物理量（p，v，ϕ，K）是连续的，因而形成连续介质。有关单元体临界体积取值，如图 2-48 所示。

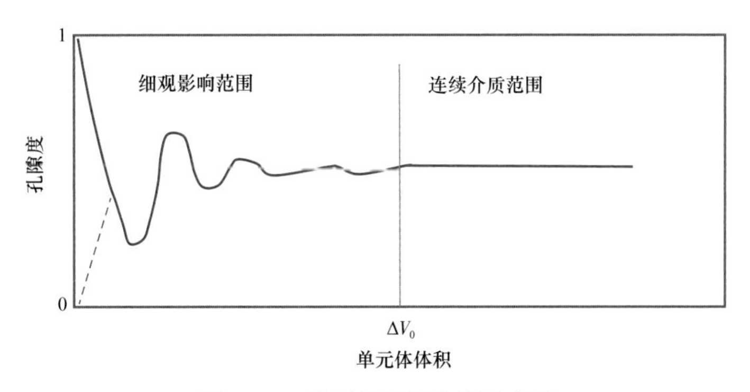

图 2-48 地层单元体取值示意图

通常，对于分布面积很大的砂岩储层来说，在一定的范围内，各单元体的性质，大体是一致的，此时称这种储层为均匀介质。

二、流动方程式

（一）流体流动状态的基本方程式

通常情况下，描述流体流动特性的基本方程式有 3 个，即动量方程、连续性方程和状态方程。有时在考虑流体的流变性质时，增加结构方程；在非等温系统中，增加能量方程。

动量方程（The Momentum Equation）：在一般的流体力学中，动量方程表达为牛顿定律。它是描述施加到流体单元上的力，与流体单元质量及运动速度之间的关系式。在渗流力学中，动量方程表达为达西定律。

连续性方程（The Continuity Equation）：它是质量守恒定律的一种表达形式。它描述了我们所研究的流体单元，与相邻单元之间，流动参数的关系。也就是地层作为“连续介质”，流体单元的压力、流速是如何连续变化的。

状态方程（The Equation of State）：它是描述流体单元内各参数之间，即压力、温度和密度之间关系的方程，是能量守恒定律的一种表达形式。

（二）单元体流动的平均速度和渗流速度

由于多孔介质中孔隙结构的形态是极不规则的，因此谈论某一个具体的孔隙内流体的实际流动速度是没有意义的。为此引入了单元体平均速度的概念。所谓 K 点的平均速度，就是以 K 点为中心的单元体内，整个孔隙体积速度场的平均值。

在 K 点的单元体内，取一个与流体的平均流动方向相垂直的截面 ΔA_0，单位时间流过截面 ΔA_0 的流量为 Δq，则可定义 K 点的平均流速为：

$$v' = \frac{\Delta q}{\phi \Delta A_0} \tag{2-16}$$

但是，v' 对于研究渗流过程也是不方便的。从多孔介质外部所观测到的流体流入/流出过程，所得到的流体通过多孔介质的渗流流速 v 表达式为：

$$v = \frac{\Delta q}{\Delta A_0} \tag{2-17}$$

当 ϕ=10% 时，渗流速度 v 只有平均流速 v' 的 1/10。本书后续所有有关渗流过程的讨论中，一律使用渗流速度。

（三）黏滞性流体渗流时的达西定律

石油开采中所讨论的所有流体—天然气、原油和水，都属于黏滞性流体。黏滞性流体都具有一定的黏度，常用符号 μ 表示流体的黏度值。当黏滞性流体流过固体表面时，例如管道的内壁，或是多孔介质的孔隙表面，紧贴表面的一层，会附着于固体表面，速度为零。从而与孔隙中心流速之间存在速度差，形成切向拉力，并最终造成流动的阻力。在较低的流速下，流动是层流状态，如图 2-43 所示；在较高的流速下，流动呈湍流状态，如图 2-44 所示。达西（Darcy）于 1856 年通过实验发现了在层流状态下的流动定律，称为达西定律，表示为：

$$v = -\frac{K}{\mu}\frac{\mathrm{d}p}{\mathrm{d}x} \tag{2-18}$$

或

$$-\frac{\mathrm{d}p}{\mathrm{d}x} = \frac{\mu}{K} v \tag{2-19}$$

如果流动在 x 方向、y 方向和 z 方向各有速度的分量，那么达西定律可以表达为：

$$\left.\begin{aligned}v_x&=-\frac{K_x}{\mu}\left(\frac{\partial p}{\partial x}\right)\\v_y&=-\frac{K_y}{\mu}\left(\frac{\partial p}{\partial y}\right)\\v_z&=-\frac{K_z}{\mu}\left(\frac{\partial p}{\partial z}\right)\end{aligned}\right\}\tag{2-20}$$

当气体的渗流速度增大时，流动规律开始偏离达西方程。一般认为，首先是惯性作用引起这种偏离，此时的雷诺数大约是 1～600；继而当渗流速度更高时，湍流影响将占主导地位（Wright，1968）。此时达西方程表示为：

$$-\frac{\mathrm{d}p}{\mathrm{d}x}=\frac{\mu}{K}v+\beta\rho v^2\tag{2-21}$$

式（2–21）还可以改写为：

$$-\frac{\mathrm{d}p}{\mathrm{d}x}=\frac{\mu v}{K}\left(1+\frac{K\beta\rho v}{\mu}\right)=\frac{\mu v}{\delta K}\tag{2-22}$$

或

$$v=-\delta\frac{K}{\mu}\frac{\mathrm{d}p}{\mathrm{d}x}\tag{2-23}$$

式中 $\delta=1/\left(1+\frac{K\beta\rho v}{\mu}\right)$ 称为层流—惯性流—湍流（LIT）系数（Wattenbarger，1968）。

对于各向异性介质，达西定律表示为：

$$v=-\frac{K}{\mu}\delta\nabla p\tag{2-24}$$

其中

$$\delta=\begin{bmatrix}\delta_x&0&0\\0&\delta_y&0\\0&0&\delta_z\end{bmatrix}$$

式（2–24）即是广义的动量平衡方程式，也就是广义的达西定律。

（四）连续性方程

对于如图 2–47 中所描述的地层中的一个单元体，其中的流体处在运动之中，具有渗流速度 v，v 具有方向性，是一个“向量”，处在向量场中。在直角坐标中，速度 v 的分量表示为 v_x，v_y 和 v_z；在柱坐标中具有分量 v_r，v_θ 和 v_z；在球坐标中具有分量 v_r，v_θ 和 v_σ。

连续性方程代表的是质量守恒定律。它的含义是，对于地层中任意的单元体，其中的流体，在一定的时间间隔 Δt 过后，流入的量减去流出的量，等于单元体内增加的量。写成广义坐标形式为：

$$-\frac{\partial}{\partial t}(\phi\rho)=\nabla(\rho v) \tag{2-25}$$

在直角坐标下，散度的表达式为：

$$\nabla(\rho v)=\frac{\partial(\rho v_x)}{\partial x}+\frac{\partial(\rho v_y)}{\partial y}+\frac{\partial(\rho v_z)}{\partial z}$$

因而连续方程表示为：

$$-\frac{\partial}{\partial t}(\rho\phi)=\frac{\partial(\rho v_x)}{\partial x}+\frac{\partial(\rho v_y)}{\partial y}+\frac{\partial(\rho v_z)}{\partial z} \tag{2-26}$$

单元体流动连续性示意图如图 2–49 所示。

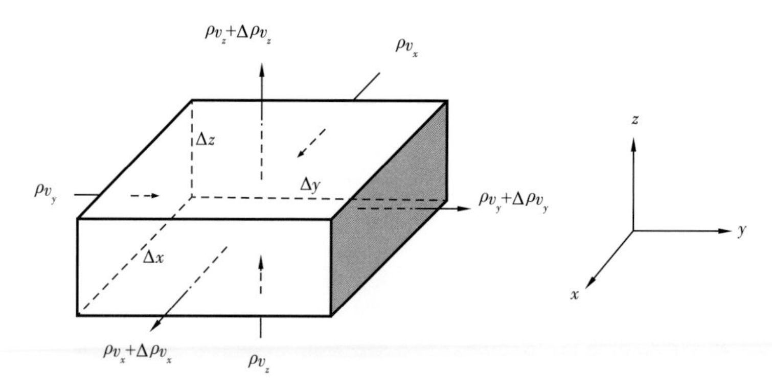

图 2–49　单元体流动连续性示意图

在柱坐标下，式（2–25）表示为：

$$-\frac{\partial}{\partial t}(\phi\rho)=\nabla(\rho v)=\frac{1}{r}\frac{\partial}{\partial r}(r\rho v_r)+\frac{1}{r}\frac{\partial(\rho v_\theta)}{\partial\theta}+\frac{\partial(\rho v_z)}{\partial z} \tag{2-27}$$

在球坐标下，式（2–25）表示为：

$$-\frac{\partial}{\partial t}(\phi\rho)=\nabla(\rho v)=\frac{1}{r^2}\frac{\partial}{\partial r}(r^2\rho v_r)+\frac{1}{r\sin\theta}\frac{\partial}{\partial\theta}(\rho v_\theta\sin\theta)+\frac{1}{r\sin\theta}\frac{\partial(\rho v_\sigma)}{\partial\sigma} \tag{2-28}$$

在一维流动情况下，上述方程得以简化。对于直角坐标形式表达为：

$$-\frac{\partial}{\partial t}(\phi\rho)=\frac{\partial}{\partial x}(\rho v) \tag{2-29}$$

径向流时的形式：

$$-\frac{\partial}{\partial t}(\phi\rho)=\frac{1}{r}\frac{\partial}{\partial r}(r\rho v) \quad (2\text{–}30)$$

（五）气体的状态方程

在气层中的每一个点，即前面所说的每一个单元体内，气体的密度随压力变化，这种变化用真实气体的状态方程加以描述。状态方程将由密度表示的连续方程［式（2–26）至式（2–30）］和由压力表示的达西定律［式（2–23）］结合起来，形成描述地层渗流的流动方程。

描述真实气体压力 p、温度 T 和体积 V（或密度 ρ）关系的状态方程，早已被许多科学家加以研究。但最常用的形式，如公式（2–31）和（2–32）所示。该式中各参数应指某一被研究的单元体，或包含被研究单元体的某一容积，而该容积内状态是均一的。

$$pV=nZRT=\frac{m}{M}ZRT \quad (2\text{–}31)$$

或写作：

$$\rho=\frac{m}{V}=\frac{Mp}{ZRT} \quad (2\text{–}32)$$

对于气体的流动方程，常常要用到气体的压缩系数 C，C 定义为：

$$C=-\frac{1}{V}\frac{\partial V}{\partial p} \quad (2\text{–}33)$$

由式（2–32）可知，式（2–33）可以变换为：

$$C=\frac{1}{\rho}\frac{\partial\rho}{\partial p} \quad (2\text{–}34)$$

或

$$C=\frac{1}{p}+Z\frac{\partial}{\partial p}\left(\frac{1}{Z}\right)=\frac{1}{p}-\frac{1}{Z}\frac{\partial Z}{\partial p} \quad (2\text{–}35)$$

偏差系数 Z 是一个修正系数。由 Z 定义了真实气体与理想气体之间的偏差。对于一个具体的气层，在确知 p_{pr} 和 T_{pr} 以后，Z 的数值通过经验公式计算（Standing 和 Katz，1942），p_{pr} 和 T_{pr} 的表达式如下：

$$p_{\mathrm{pr}}=\frac{p}{p_{\mathrm{pc}}} \quad (2\text{–}36)$$

$$T_{\mathrm{pr}}=\frac{T}{T_{\mathrm{pc}}} \quad (2\text{–}37)$$

p 和 T 为气层的压力和温度，p_{pc} 和 T_{pc} 称为气体的拟临界压力和拟临界温度，可以根据天然气的组分，及各组分的摩尔含量值计算得到。计算方法可参考文献（ERCB，1979）的附录 A。

（六）天然气地下渗流方程

把天然气地下渗流的动量方程——达西定律［式（2-23）］和连续性方程［式（2-25）］相联立，就可以得到地下渗流方程［式（2-38）］。式（2-38）是包含有密度 ρ、孔隙度 ϕ、黏度 μ、渗透率 K 以及层流—惯性流—湍流系数 δ 的方程式。

$$-\frac{\partial}{\partial t}(\phi\rho)=\nabla(\rho v)=\nabla\left(\rho\frac{K}{\mu}\delta\nabla p\right) \tag{2-38}$$

在式（2-38）中，自变量是时间 t，因变量是压力 p。但在方程中，作为参变量的密度 ρ 等，也是随压力而变化的。因此，必须加入描述 ρ—p 关系的状态方程，才可以得到一个可以用来求解的偏微分方程。

这个偏微分方程对于因变量 p 来说是非线性的，只有在某些特定条件下，进行线性化后，才可以用解析方法求解。

1. 液体及高压条件下气体的渗流方程

对于高压条件下的气体，如同常温条件下的液体一样，可以认为压缩系数 C 是一个常数。即：

$$\rho=\rho_0 e^{C(p-p_0)} \tag{2-39}$$

这样，式（2-38）可以变化为：

$$C\phi\frac{\partial p}{\partial t}+\frac{\partial\phi}{\partial t}=\nabla\left(\frac{K}{\mu}\delta\,\nabla p\right)+C\left(\frac{K}{\mu}\delta\,\nabla p\right)\nabla p \tag{2-40}$$

2. 通常条件下的气体渗流方程

将真实气体通常情况下的状态方程式（2-32）代入式（2-38），可以得到一般情况下的气体渗流方程：

$$\frac{\partial}{\partial t}\left(\phi\frac{M}{RT}\frac{p}{Z}\right)=\nabla\left(\frac{M}{RT}\frac{p}{\mu Z}K\delta\nabla p\right) \tag{2-41}$$

对于等温条件，$\frac{M}{RT}$ 可以认为是常数，因而式（2-41）可以进一步简化为：

$$\frac{\partial}{\partial t}\left(\phi\frac{p}{Z}\right)=\nabla\left(\frac{p}{\mu Z}K\delta\,\nabla p\right) \tag{2-42}$$

3. 关于气体渗流方程的基本假定

在前面的方程推导中，已经引入若干基本假定：

（1）假定气层是等温的。

这在推导状态方程式（2-33）、式（2-34）、式（2-35）和式（2-39）时已经应用。并把这一假定延续到广义渗流方程式（2-40）和式（2-42）中。有关气层等温的假定，在一般气田开发情况下，是符合实际地层条件的。

（2）假定气层是水平的或接近水平的，从而在渗流过程中忽略重力影响。

这一假定已在推导连续性方程式（2–26）至式（2–30）时应用到。关于这一点，对于多数气层来说是可以接受的。

（3）假定气体是单相的。

这一假定在推导达西定律和状态方程时已经用到，并体现到渗流式（2–40）和式（2–42）中。关于这一点，在气田勘探阶段及气田开发初期，是完全适用的；但是对于凝析气田和具有油环、底水的气田，在应用时要考虑适用条件。

（4）假定赋存气体的多孔介质是均匀的、各向同性的和不可压缩的，孔隙度 ϕ 为常数。

关于这一点，对于均质砂岩储层来说，在测试时间较短时，对某一有限范围内的地层仍是适用的。

（5）假定渗透率 K 是常数，不随压力 p 的变化而改变。

这一点对于多数地层也是可以满足的。除非是针对特低渗透性地层，并有足够的实验室或现场资料证明，存在所谓“启动压力”及“非达西流效应”。

（6）假定流动是层流，即 $\delta=1$。

这一点除去井底附近的小区域，对于地层内的绝大部分区域是满足的。在井底附近，常常用附加拟表皮模拟湍流影响。

有了上述基本假定，常常还不足以使渗流方程线性化并顺利求解。为此，还需根据不同情况，针对流体黏度 μ、流体的压缩系数 C 以及流场中的压力梯度等条件，分别做出进一步的假定，并对方程加以简化。

4. 关于气体渗流条件的进一步假定及对渗流方程的进一步简化

1）针对弱压缩性流体渗流方程的简化

如果进一步假定：

（1）流体的压缩系数 C 很小，且为常数；

（2）流场中压力梯度 ∇p 很小；

（3）流体黏度 μ 不随压力变化，是常数。

根据以上 3 条假定，可以忽略含有 $\frac{\partial \phi}{\partial t}$ 及 $C\left(\nabla p\right)^2$ 的项，式（2–40）简化为：

$$\nabla^2 p = \frac{\phi \mu C}{K}\frac{\partial p}{\partial t} \tag{2–43}$$

这虽是针对气藏的偏微分方程，但变量用压力表示，与针对油藏的方程一致。因此作为试井分析来说，取得的结果也是一样的。这也就是油井与气井试井通常统称为试井，不加区分的原因。

2）参数组 $\frac{p}{\mu Z}$ 为常数时的方程简化

当气体处于高压条件时，可假定 $\frac{p}{\mu Z}=$ 常数，如图 2–50 所示。图 2–50 应用了一个具体的气

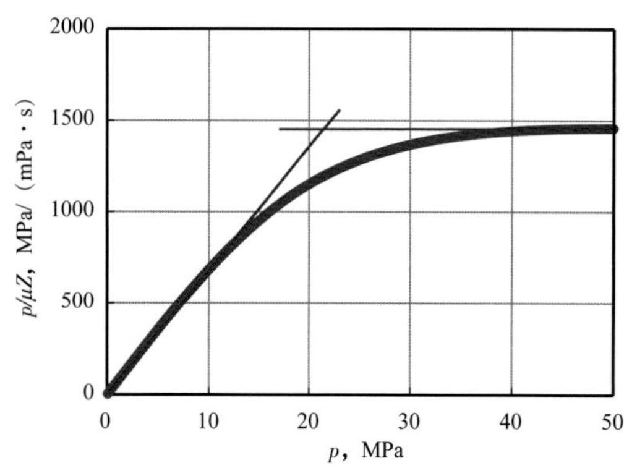

图 2–50　$p/\mu Z$ 与压力 p 变化关系示意图

样分析实例：气体摩尔质量 M=17.5315kg/kmol，气体相对密度 γ_g=0.605，拟临界压力 p_{pc}=4.581MPa，拟临界温度 T_{pc}=198.33K。可以看到，当压力 p 大于 35MPa 时，$\dfrac{p}{\mu Z}\approx$常数。

在前述（1）～（6）条基本假定条件下，作为高压缩性的气体，式（2–42）可以改写为：

$$\frac{\partial}{\partial t}\left(\frac{p}{Z}\right)=\frac{K}{\phi}\nabla\left(\frac{p}{\mu Z}\nabla p\right) \tag{2–44}$$

该式左边可以展开为：

$$\frac{\partial}{\partial t}\left(\frac{p}{Z}\right)=\frac{1}{Z}\frac{\partial p}{\partial t}+p\frac{\partial}{\partial t}\left(\frac{1}{Z}\right)=\frac{p}{Z}\frac{\partial p}{\partial t}\left(\frac{1}{p}-\frac{1}{Z}\frac{\mathrm{d}Z}{\mathrm{d}p}\right)$$

进一步整理，有：

$$\frac{\partial}{\partial t}\left(\frac{p}{Z}\right)=\frac{pC}{Z}\frac{\partial p}{\partial t} \tag{2–45}$$

式（2–44）与式（2–45）联立后，有：

$$\frac{K}{\phi}\nabla\left(\frac{p}{\mu Z}\nabla p\right)=C\frac{p}{Z}\frac{\partial p}{\partial t} \tag{2–46}$$

按分部微分法，对式（2–46）等号左方的项进行分解，有：

$$\nabla^2 p-\frac{\mathrm{d}}{\mathrm{d}p}\left[\ln\left(\frac{\mu Z}{p}\right)\right](\nabla p)^2=\frac{\mu\phi C}{K}\frac{\partial p}{\partial t} \tag{2–47}$$

由于假定 $\mu Z/p$ 是常数，因而式（2–47）中左方第 2 项为 0，方程同样可以简化为与式（2–43）一样的形式，即：

$$\nabla^2 p=\frac{\mu\phi C}{K}\frac{\partial p}{\partial t} \tag{2–48}$$

5. 关于气体渗流条件的另一种假定以及渗流方程作为 p^2 的表达式

（1）地层压力较低时，μZ 值为常数（Al–Hussainy，1967）。

如图 2–51 所示，可以看到，在压力小于 20MPa 时，μZ 值接近于常数，而后趋于上升。这一点从图 2–50 的早期段呈直线也可以清楚看到。

（2）假定压力梯度很小，此时（∇p^2）$^2\rightarrow 0$。

注意到 $p\nabla p=\dfrac{1}{2}\nabla p^2$ 和 $p\partial p=\dfrac{1}{2}\partial p^2$。由式（2–46），有：

$$\nabla^2 p^2 - \frac{d}{dp^2}\left[\ln(\mu Z)\right]\left(\nabla p^2\right)^2 = \frac{\mu\phi C}{K}\frac{\partial p^2}{\partial t} \tag{2-49}$$

结合 $(\nabla p^2)^2 \to 0$ 的假定，式（2-49）可以简化为（Al-Hussainy，1967）：

$$\nabla^2 p^2 = \frac{\mu\phi C}{K}\frac{\partial p^2}{\partial t} \tag{2-50}$$

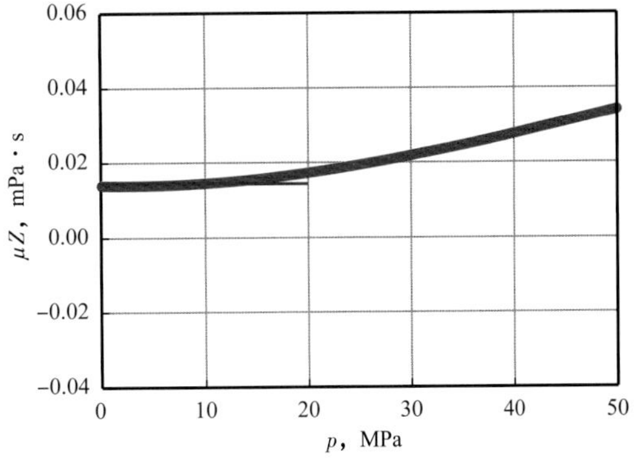

图 2-51　μZ 值接近常数情况的示意图

从式（2-50）看到，它与式（2-43）或式（2-48）在形式上是相同的，只是用 p^2 代替了 p，得到方程的压力平方表示式。根据假定条件，这一方程是在压力较低的情况下适用的。

6. 渗流方程的拟压力表达式

前面介绍的气体渗流方程，除去（1）～（4）条基本假定外，为了线性化而求解析解，又做出了一些附加的假定。在这些假定条件下，限制了方程的使用范围。例如，压力表达式（2-43）和式（2-48），适用于地层高压力条件；压力平方表达式（2-50），则适用于地层低压力情况。但是，在某些现场测试条件下，特别像产能试井，其压力变化的跨度往往很大。这样一来，以上的压力或压力平方方程，就不能在全程测试中适用了。为此，Al-Hussainy（1965）定义了气体的拟压力 ψ（Pseudo-pressure）。在拟压力 ψ 表达下，可以使气体的渗流方程适用于整个的压力变化范围。

按定义，拟压力表示为：

$$\psi = \int_{p_0}^{p} \frac{2p}{\mu Z} dp \tag{2-51}$$

式中，p_0 是某一特定的参考压力。于是有：

$$\nabla \psi = \frac{\partial \psi}{\partial p}\nabla p = 2\frac{p}{\mu Z}\nabla p \tag{2-52}$$

$$\frac{\partial \psi}{\partial t} = 2\frac{p}{\mu Z}\frac{\partial p}{\partial t} \tag{2-53}$$

则，式（2-44）可以表示为：

$$\nabla^2 \psi = \frac{\mu\phi C}{K}\frac{\partial \psi}{\partial t} \tag{2-54}$$

可以看到，在式（2-54）中，除用拟压力 ψ 代替了式（2-43）和式（2-48）中的压力 p，或式（2-50）中的压力平方 p^2 以外，其表达形式是完全一样的，解法也是一样的。但在拟压力方程式（2-54）中，完全免去了除基本假定（1）～（6）条以外的其他附加假定，因而具有广泛的适用性。

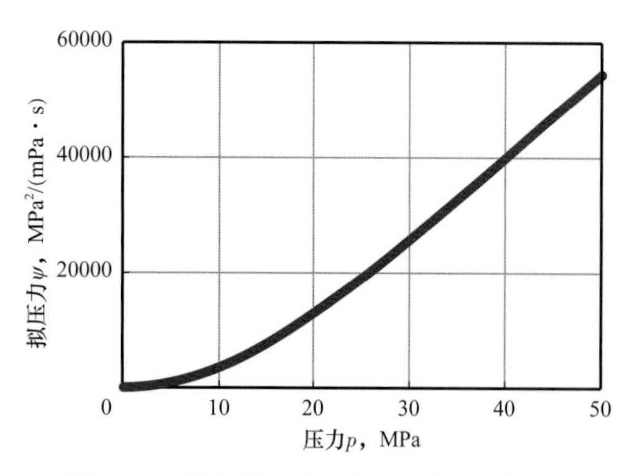

图 2–52　拟压力 ψ 与压力 p 关系示例图

拟压力具有多个不同的名称，例如：

（1）真实气体的势函数；

（2）改进的压力平方——来源于它的量纲是 $\frac{p^2}{\mu}$ 的量纲。

在确知针对某一具体的气体成分后，例如确知气体的组分，并确知其所处的压力和温度环境，就可以得到 Z、μ 与压力 p 的关系，进而通过式（2–51）的积分，得到 ψ—p 的关系。图 2–52 画出了这种关系的典型图形。拟压力的单位见表 2–3。

表 2–3　不同单位制下压力和拟压力单位表

项目	法定单位	SI 单位	英制矿场单位
压力 p	MPa	kPa	psi
拟压力 ψ	$MPa^2/(mPa\cdot s)$	$kPa^2/(\mu Pa\cdot s)$	$10^6\ psi^2/cP$

读者如果有兴趣用手工方法试着从压力计算拟压力，可参见文献（ECRB，1979）中的计算示例 2–1。通过对拟压力定义式（2–51）的分析，也可以得到简化的压力和压力平方表达式。

（1）假定 μZ 值为常数，即 $\mu Z=\mu_0 Z_0$。μ_0 和 Z_0 为参考条件下的黏度和偏差系数。则式（2–51）可以改写为：

$$\psi=2\int_{p_0}^{p}\frac{p}{\mu Z}\mathrm{d}p=\frac{2}{\mu_0 Z_0}\int_{p_0}^{p}p\mathrm{d}p=\frac{1}{\mu_0 Z_0}\left(p^2-p_0^2\right) \tag{2–55}$$

从而使式（2–54）直接转换为式（2–50）。

（2）另外，如果假定 $\frac{p}{\mu Z}$=常数，则有 $\frac{p}{\mu Z}=\frac{p_0}{\mu_0 Z_0}$。式中 p_0、μ_0 和 Z_0 均为参考条件下的值。此时式（2–51）可以改写为：

$$\psi=\frac{2p_0}{\mu_0 Z_0}\int_{p_0}^{p}\mathrm{d}p=\frac{2p_0}{\mu_0 Z_0}\left(p-p_0\right) \tag{2–56}$$

代入式（2–54），即可直接转换为式（2–43）或式（2–48），也就是压力的表达式。

关于这一点，从图 2–53 也可以清楚地看到。图 2–53 中的粗实线，是针对某一具体成分的天然气所做的拟压力与压力关系曲线。在压力较低的区域，显然存在形式为 $\psi=a_1p^2$ 的二次方相关关系；而在压力较高的区域，

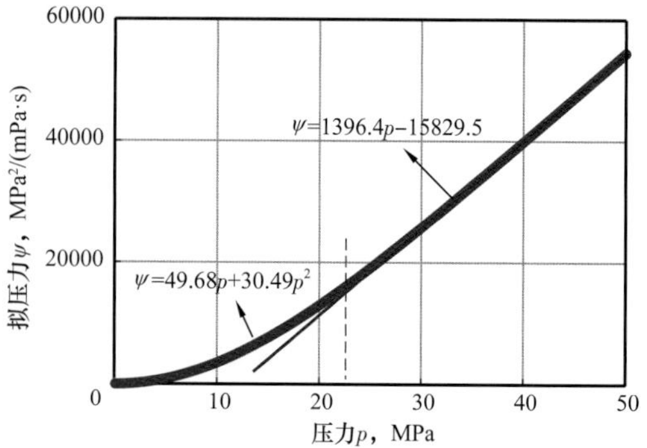

图 2–53　气体拟压力近似表达为压力、压力平方示意图

则明显存在 $\psi=a_2 p+b_2$ 的直线关系。以此更为形象地证明，上述从拟压力简化为压力 p 或压力平方 p^2 的可行性。

从式（2–56）中可以看到，拟压力的量纲已不再是单纯压力的量纲，而是压力平方除以黏度的量纲，在法定单位制下其单位是 $\mathrm{MPa}^2/(\mathrm{mPa\cdot s})$，在作图分析时，有时会令人觉得概念模糊。为此一些商业化的试井解释软件，使用了“规整化的拟压力（Normalized Pseudopressure）”，如：

$$\psi_{\mathrm{N}}=\frac{\mu_0 Z_0}{p_0}\int_{p_0}^{p}\frac{2p}{\mu Z}\mathrm{d}p$$

从而使拟压力的单位回归到 MPa。

（七）气体渗流方程的无量纲表达式

前面介绍的压力、压力平方和拟压力表达的渗流方程，可以表示为通用的形式：

$$\nabla^2\Phi=\frac{1}{\eta}\frac{\partial\Phi}{\partial t} \tag{2–57}$$

式中 Φ 的含义是：在压力表示式下，$\Phi=p$；在压力平方表示式下，$\Phi=p^2$；在拟压力表示式下，$\Phi=\psi$。公式中 $\eta=\dfrac{K}{\mu\phi C}$。关于参数 η 在解方程时的计算方法，许多研究者提出各自的建议，这里不作详细介绍，可参见文献（ECRB，1979）。

上述方程式（2–57）在不同坐标系中，对于特定的流动模型，还有更为具体的表示形式。例如，对于直角坐标下的一维线性流动，表达式为：

$$\frac{\partial^2\Phi}{\partial x^2}=\frac{1}{\eta}\frac{\partial\Phi}{\partial t} \tag{2–58}$$

这种流动相当于压裂裂缝井的早期流动，或是针对河流相沉积形成的通道形岩性地层的晚期流动情况（图 2–18 和图 2–20）。

对于极坐标中的平面径向流，表达式为：

$$\frac{1}{r}\frac{\partial}{\partial r}\left(r\frac{\partial\Phi}{\partial r}\right)=\frac{1}{\eta}\frac{\partial\Phi}{\partial t} \tag{2–59}$$

这种流动是最常见的、等厚地层正常完井的气井流动状态（参见图 2–7）。

对于极坐标中的球形流动，表达式为：

$$\frac{1}{r^2}\frac{\partial}{\partial r}\left(r^2\frac{\partial\Phi}{\partial r}\right)=\frac{1}{\eta}\frac{\partial\Phi}{\partial t} \tag{2–60}$$

这种流动状态发生在部分打开地层的早期流动（参见图 2–12 和图 2–13）。

式（2–57）在进行求解时，往往由于应用的单位制不同，产生不同的系数，从而给研究者和使用者，带来不必要的麻烦。为此，对变量进行了无量纲化。在用无量纲量表示后，气体渗流方程表达为非常简单的形式：

$$\nabla^2 p_D = \frac{\partial p_D}{\partial t_D} \tag{2-61}$$

本章开头部分已经介绍了无量纲变量的定义，并在式（2–1）至式（2–4）中举例说明了无量纲表达式。本书第五章中的表 5–3，将介绍各种变量的无量纲量表达形式和系数。因此在这里不作重复叙述。

（八）解气体渗流方程时的边界条件和初始条件

正如读者所熟知的，在解微分方程时，必须给定初始条件和边界条件。以极坐标表示的平面径向流为例，其流动方程为式（2–59），初始条件和边界条件如下。

1. 初始条件

一般认为，所要研究的地层，初始时地层内各点的压力相等，且为常数。即：

$t=0$ 时，$p=p_i$（对于任意的 r）

2. 内边界条件

内边界条件指井底的边界条件。在井底处，以流过井筒的流量（产出气量或注入气量）为确定条件。按达西定律：

$$r\frac{\partial p}{\partial r}\bigg|_{r=r_w} = \frac{q\mu}{2\pi Kh} \tag{2-62}$$

若把产气量折算到标准状态下，有：

$$r\frac{\partial p}{\partial r}\bigg|_{r=r_w} = \frac{q_{sc}\mu}{2\pi Kh}\frac{p_{sc}}{\overline{p}}\frac{T\overline{Z}}{T_{sc}} \tag{2-63}$$

3. 外边界条件

外边界条件是指距井较远的地层边缘，对于流动的限制条件。在无限远处，压力维持原始压力。表达为：

$$p = p_i\big|_{r\to\infty}$$

在 $r = r_1$ 处，存在不渗透的边界：

$$r\frac{\partial p}{\partial r}\bigg|_{r=r_1} = 0$$

在 $r = r_1$ 处，存在定压边界：

$$p\big|_{r=r_1} = C$$

对于复杂的外边界，边界条件的设定也要做出相应的调整。

第三章　气井产能试井方法及实例

在本书第一章概论中提出了气藏动态描述新思路。这一新思路明确指出，对于气藏的动态描述研究，是以气井产能评价为核心内容。也就是说，对于一个已投入开发的或即将投入开发的气藏，作业者最为关心的事情莫过于每一口气井单井日产能力是多少，初始的绝对无阻流量是多少，合理产量是多少，能不能稳定，如何随时间衰减等。

过去的气井试井研究偏重于不稳定试井分析，求解针对各类地层的偏微分方程，作出各种不稳定试井分析模型；而对于现场生产中急需的产能试井方法及分析，至今仍沿用着20世纪50年代以前产生的半经验方法。现场实践显示，这些方法已远远不能满足生产实际需要：（1）经现场产能试井推算的产能方程，常常出现$B<0$和$n>1$的反常情况，以致花费大量人力物力得到的资料，也无法建立可用的产能方程。（2）由于经典的产能试井方法现场施工工作量大，导致测试井数在全部生产井中所占比例很低，对于未测试气井的产量规划，缺乏有效的方法。（3）所有的经典产能试井方法只能求得气井初始的产能指标，要想了解产能的衰减过程，不但没有提供可用的方法，甚至没有定义相应的概念。

本章在详细介绍这些纳入我国规范的经典方法的同时，又针对以往产能试井方法的这些缺点和不足，介绍了一种“稳定点产能二项式方程”。从影响气井产能的三个要素出发，推导了相应的公式，详细介绍了方程的建立过程，并结合在克拉2气田、苏里格气田、榆林南气田、东方1-1气田等大中型气田的应用，验证了应用于直井和水平井的可行性。另外，以气井初始的稳定点二项式方程为基础，本章又提出了“动态产能方程”和“动态产能指标——动态无阻流量和动态IPR曲线”的新概念，并结合现场实际资料，讲解了如何进行资料录取和分析应用。

第一节　气井产能及无阻流量

正如本书第一章所介绍的，气井产能是气藏动态描述中的核心问题。作为一个已经投产的或正在进行规划准备投产的气田，管理人员最为关心的问题，莫过于气井初始单井产能的大小，气井投产后合理配产是多少，全气田的合理产能规模，需要打多少口井才能达到方案设计的产能，从而在开发方案实施后能够保证向下游安全平稳地供气。

一、气井产能的含义

说到气井产能，顾名思义就是指一口气井的产气能力。早期的气田，在测定这种产气能力时，常采取敞开井口放喷的办法，得到的产气量可以说是“实测无阻流量”。用这种方法不但浪费了大量可贵的天然气，也容易造成气井出砂、出水，甚至损坏了气井。另外，由于试气时始终存在着采气管柱的摩阻，因而得到的仍然不是真正意义的（井底压力降为 1atm=0.101325MPa 时的）最大流量。

到 20 世纪 20 年代末，美国矿业局的 Pierce 和 Rawlines（1929）提出了回压试井法，于 30 年代末被进一步完善（Rawlines，1936），已在气田广泛应用。回压试井法采用不同的气嘴，按一定的顺序开井生产，同时监测产气量和井底流动压力，得到“稳定的产能曲线”，用来推算气井的无阻流量。

采用回压试井，需要在施工时使产气量和井底流动压力同时达到稳定，因而所需测试时间较长，放空气量较多。特别是对于低渗透地层的勘探气井，过长的测试时间，往往使施工者难以承受。为此，发展了等时试井和修正等时试井法。

Cullender 于 1955 年提出的等时试井法，在现场测试时不必要求气井每次开井达到稳定，既节省了测试时间，又减少了放空气量。但这一方法在测试时要多次开关井，并且每次关井压力都要恢复到原始地层压力，因此在操作程序上较回压试井麻烦，所需时间仍然较长。特别对于井底积液的气井，还带来许多测试工艺上的问题。

Katz 等于 1959 年对等时试井法进一步改进，得到修正等时试井法。使用这种测试方法，在关井时不必恢复到原始地层压力，所需测试时间较等时试井短，特别对于低渗透气层更为适用。

在分析表达方式上，从早期的单纯用压力进行分析，发展到 20 世纪 60 年代，考虑到真实气体的压缩性，由 Russell 等提出了求解偏微分方程时的压力平方表示方法，由 Al-Hussainy 等提出真实气体拟压力表示法（参见本书第二章），并在此基础上产生了二项式产能方程。二项式产能方程更好地表述了气体在地层中流动时的湍流影响，从而可以更为准确地推算气井的无阻流量。

但是，纵观产能试井法的发展不难发现，所有这些方法都是源于生产规划的需要。从方法本身来说，带有试验和估算的性质，理论上并非是十分严格的。

另外一点特别要指出的是，在中国近年来发现的大、中型气田中，储层特征表现出许多特殊性，例如：有的是低渗透或特低渗透的砂岩地层，须经压裂改造才具有工业产量；有的是石灰岩裂缝性地层，储层的渗透性发育具有方向性和区域性；有的是巨厚的异常高压气层，并在砂岩中发育有裂缝；有的是喷发相的火山岩储层，不论从构造特征、储层岩相及裂缝发育特征看都非常复杂；还有相当多的储量储存在河流相沉积的砂岩地层中，从动态特征看，存在着明显的条带形不渗透或特低渗透边界。像鄂尔多斯盆地的石炭系—二叠系，其储层的特殊性主要表现在：

（1）低渗透砂岩储层。气层的有效渗透率多数不足 1mD，部分产气量高的井，达到 2～3mD，但低的却只有百分之几 mD。

（2）井底具有压裂裂缝。由于渗透性低，必须进行压裂改造，才能进行正常试气。因此动态评价工作基本上都是针对压裂井进行的。

（3）河流相沉积，具有条带形不渗透边界。

对于这样的特殊岩性气藏，如何通过产能试井，加深对于气田的认识，作好下一步的开发规划，存在许多有待进一步深入研讨的问题。

针对这些特殊岩性气田，仅仅依据已有的经典的产能试井方法，已难于全面描述气井和气田的情况。本章将根据这些年来国内积累的经验，对产能试井方法的发展和存在的问题，以及相应的研究成果，做出进一步的叙述。

二、气井产能指标的理解

气井的产能、气井的井口产量、气井的无阻流量等指标虽已被广泛应用，但对它们的理解却有待进一步深入。

（一）气井的产能

气井产能泛指气井的产气能力。它既可以指某一特定油嘴下的气井井口产量，也可以用气井无阻流量或气井的流入动态曲线（IPR 曲线）等加以表征。如果从更广义的角度来说，它也可以用限定一定的井底压力或井口压力，例如令井口压力不低于外输压力时，气井的井口产量值及其变化来表征。

（二）气井的无阻流量

无阻流量（q_{AOF}），顾名思义是指气井的极限产量，按英文直译称为绝对无阻流量（absolute open flow）。它一般被定义为井底流动压力——指产气层层面上的表压力降为零时，或者绝对压力降为大气压力（1atm）时的气井产量。显然由于井筒摩阻的存在，所设定的条件在现场是无法达到的。也就是说，从工艺条件看无阻流量是无法检测的，从目前技术条件看是一个无法用现场实测值验证的指标。

（三）气井无阻流量的真确性

正是因为气井的无阻流量在现场无法直接检测，因此用现有的各种产能试井方法所推算出的无阻流量就没有一种现实而可靠的方法去评定其真确与否。同一口气井用不同的测试方法，同一次测试用不同的分析方法，同一类分析方法采用不同的压力变量，推算出的无阻流量各不相同，有时还相去甚远。一些管理人员有倾向性地选用适合自己需求的指标作为决策的依据，难免出现不真实的指向。

（四）初始无阻流量和动态无阻流量

目前按行业标准所测定的气井无阻流量，是指气井刚刚投产时推算的无阻流量，它是气井的“初始无阻流量”。按以往国内气田开发方案设计所惯用的原则，取该数值的 $^1/_5$～$^1/_4$ 作为气井投产时的产量。经查找相关文献，没有发现具有说服力的依据。根据作者本人多年来对现场实际资料的分析，经过进一步的理论研究证实，这种对气井合理配产的理解是不确切的，有时甚至是不妥当的。

决定气井产能有 3 个要素，即：井附近地层系数 Kh 值，气井的完井状态（射孔完井时的表皮系数 S、措施完井时的各种井底条件改造指标）和地层压力 p_R 值。由于地层压力值随气井生产是不断衰减、降低的，因此气井的产能不会是一成不变的，表现为不断衰减的“动态产能”——动态的 IPR 曲线，动态的无阻流量。

动态产能的衰减过程，直接由井所在区块控制的有效面积和动态储量决定，动态储量越小，产能衰减越快。

三、气井的初期产能、延时产能和配产产量

描述一口气井的产气能力，有多个方面的指标，特别是随着开井时间的延长，产能指标的含义都不同。

（一）初期产能指标

这是指气井刚刚打开，短时间内（例如一两天或两三天内）达到的产气能力。由于此时地层压力还处于较高的原始水平，流动压力有可能仍处在不稳定下降过程，未达到稳定状态，从而使计算出的产能值较高。

在探井的现场测试中，特别是采用单点法测试，得到的往往就是这种不稳定的无阻流量。

决定初期产能高低的主要因素是：井底附近地层系数（Kh），井筒的钻井完井质量（S），同时也与测试点选取时间关系密切。关于这一点，将在后面详细讨论。

（二）延时产能指标

在运用等时试井法或修正等时试井法进行产能测试时，在不稳定测点后，还要安排一个延时点（或称拟稳定点）的测试，得到“延时无阻流量”，或称拟稳态的无阻流量。这样得到的产能指标，即是延时的产能指标。由于在延时测试时（往往延续十几天甚至几十天），井底流动压力已低于初始测试时的不稳定压力，即使延时点产量保持稳定，与初期不稳定测试点产量持平，但计算出的 q_{AOF} 却大大低于初期的无阻流量。

延时产能指标不仅仅取决于井底的地层参数，更重要的还取决于近井边界形状及单井控制的可动储量。

如果采用回压试井法测试，每个测试点延续时间很长时，也可以得到类似于延时产能的指标。

（三）配产产量指标

配产产量是一个经济指标。它既取决于气井的产气能力，又可以在允许的产能范围内根据经济需求调配。

同样一个气田，可以安排气田中每一口气井，连续多年以较低的产量保持较稳定生产；也可以安排其中一些井，以高得多的产量生产，当这些井产量自然递减后，再新钻一些井接替。重要的是经济上的回报率，以及最终的采收率。另外，气井的实际产量安排，还取决于市场的需求，季节变化对商品气量的影响，以及储气库的调节能力等。

具有相同初期无阻流量的两口气井，其自然递减情况可以是完全不同的，这取决于供气边界的远近。如果单井控制范围大，则自然递减慢；否则将随着实际控制区块有效体积的减小而趋快。只有通过地质研究和动态研究，确认了每口井所控制的动态储量情况，才有可能对稳产产量和递减情况做出预测，从而达到合理配产。对于低产气井，可以通过酸化压裂等措施改造，提高单井产量，提高产气能力，甚至把非工业气流井，改造为工业气流井。但以目前的工艺条件，不可能指望通过这种改造，改变单井的稳产能力，达到稳产的目的。除非采用特殊的钻井技术，例如水平井或多分支井，配合可靠的地质研究，连通和动用更多的可动储量，才有可能改变单井和气田的稳产条件。

第二节 3种经典的产能试井方法

3种经典的产能试井方法是指20世纪中期产生的现场常用的产能试井方法，即回压试井法、等时试井法和修正等时试井法。

一、回压试井法

回压试井法产生于1929年，并于1936年由Rawlines和Schellhardt加以完善。其具体做法是，用3个以上不同的气嘴连续开井，同时记录气井生产时的井底流动压力。其产量和流压对应关系如图3–1所示。对应的数据表列在表3–1上。

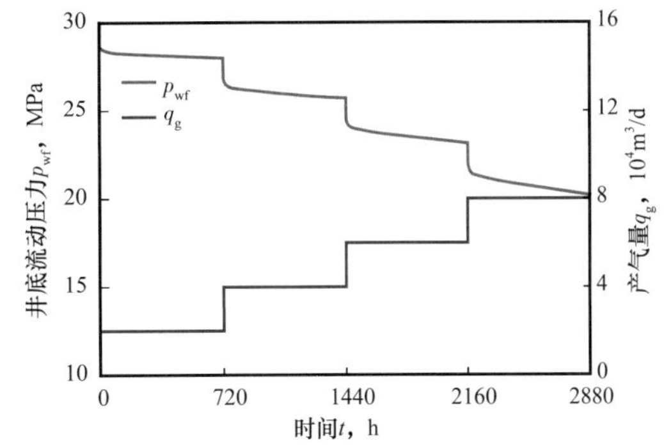

图3–1 回压试井产量和井底流动压力对应关系示意图

表3–1 回压试井压力与产量对应关系举例

开关井顺序	开井稳定时间 h	地层压力 p_R MPa	井底流动压力 p_{wf} MPa	产气量 q_g $10^4m^3/d$
初始关井		30		
开井1	720		27. 9196	2
开井2	720		25. 6073	4
开井3	720		23. 0564	6
开井4	720		20. 2287	8

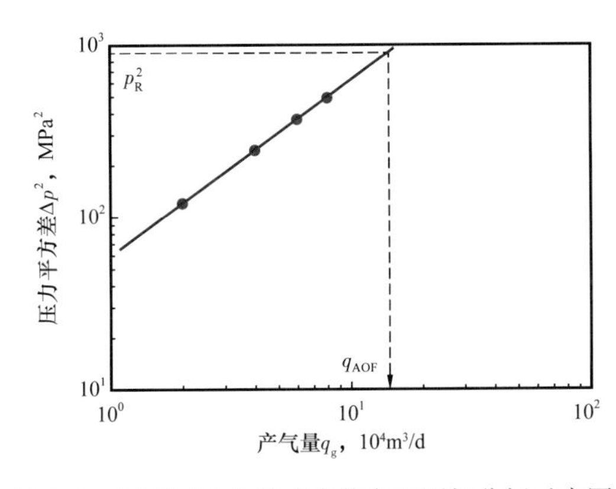

图3–2 回压试井指数式产能方程图解分析示意图

把上述数据，画在如图3–2所示的产能试井分析图上，可以用图解法推算出无阻流量。

在上述产能试井分析图中，纵坐标为以压力平方表示的生产压差，$\Delta p_i^2=p_R^2-p_{wfi}^2$。其中$p_R$为地层压力，$p_{wfi}$为井底流动压力。正常情况下，4个测试点可以回归成一条直线，当取p_{wf}=0.1MPa时，相当于井底放空为大气压力（1atm）时的情况，此时产气量将达到极限值，称这时的气井产量为“无阻流量”，表示为q_{AOF}。一般来说，无阻流量q_{AOF}是不可能直接测量到的，因为井底压力不可能放空到大气压力。q_{AOF}只能通过公式或用图解法加以推算。

回压试井在测试时的要求是，每个气嘴开井生产时，不但产气量是稳定的，井底流动压力也已基本达到稳定。同时应该要求地层压力也是基本不变的。但是，现场实施时，达到流动压力稳定是很困难的，为了达到稳定，采取长时间开井，而长时间开井后，对于某些井层，又造成地层压力同时下降。这也就限制了回压试井方法的应用。

二、等时试井法

由于回压试井存在着以上不足之处，到 1955 年，由 Cullender 等提出了一种“等时产能试井法”。这种方法仍采取 3 个以上不同工作制度生产，同时测量流动压力。实施时并不要求流动压力达到稳定，但每个工作制度开井生产前，都必须关井并使地层压力得到恢复，基本达到原始地层压力。在产量和压力不稳定点测试后，再采用一个较小的产气量延续生产达到稳定。其产量和压力的对应关系如图 3–3 所示。

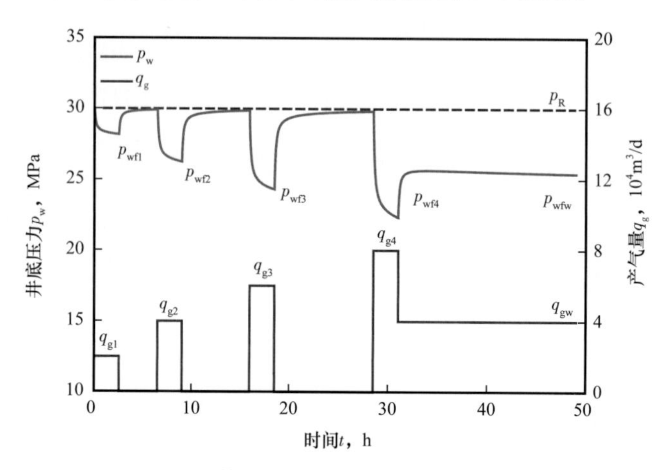

图 3–3　等时试井产量和压力对应关系图

在表 3–2 上举例给出实测的压力和产气量值。

表 3–2　等时试井压力与产量对应关系举例

开关井程序	开关井时间间隔 h	地层压力 p_R MPa	井底流动压力 p_{wf} MPa	产气量 q_g $10^4m^3/d$
初始关井		30		
开井 1	2.5		28.1873	2
关井 1	4	30		
开井 2	2.5		26.1575	4
关井 2	7	30		
开井 3	2.5		23.9153	6
关井 3	10	30		
开井 4	2.5		21.4440	8
延时开井	18		25.5044	4

等时试井法的采用，大大缩短了开井流动时间，使放空气量大为减少。但是，由于每次开井后都必须关井恢复到地层压力稳定，因此并不能有效地减少测试时间。

对于每一个工作制度下的产气量 q_{gi}，对应于生产压差 $\Delta p_i^2=p_R^2-p_{wfi}^2$，得到产气量与生产压差的对应关系。对于最后一个稳定的产能点，产气量为 q_{gw}，生产压差为 $\Delta p_w^2=p_R^2-p_{wfw}^2$。

图 3–4 显示了等时试井法产能分析方程图。图中从 4 个不稳定产能点，可以回归出一条不稳定的产能方程线。为了找到稳定的产能方程，通过延续生产的稳定产能点，做不稳定产能线的平行直线，得到稳定的产能线，同样可以用图解法推算出无阻流量。

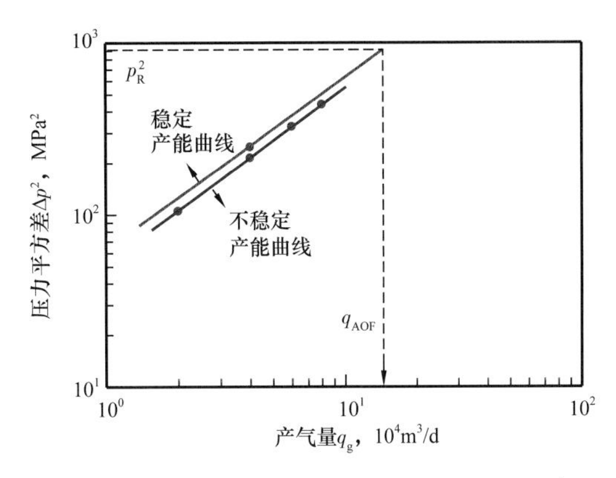

图 3–4　等时试井指数式产能方程图解分析示意图

三、修正等时试井法

Katz 等于 1959 年提出了修正等时试井法，这一方法克服了等时试井的缺点，从理论上证明了可以在每次改换工作制度开井前，不必关井恢复到原始地层压力，从而大大地缩短了不稳定测试的时间。它的产量和压力对应关系如图 3–5 所示。

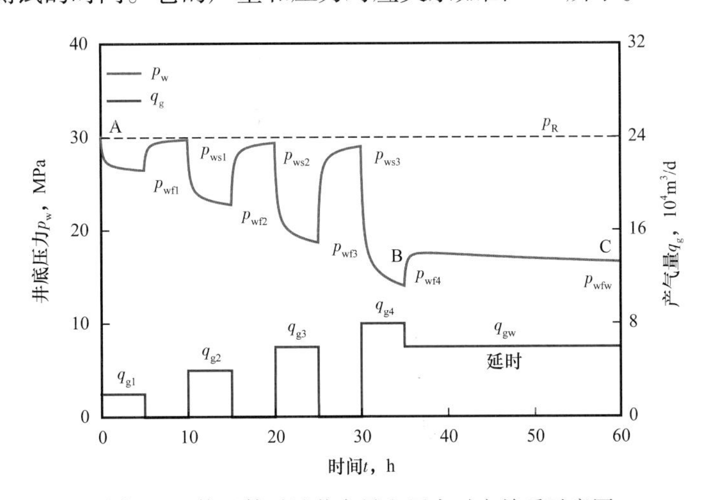

图 3–5　修正等时试井产量和压力对应关系示意图

对应的数据示例见表 3–3。

表 3–3　修正等时试井压力与产量对应关系举例

开关井顺序	开关井时间间隔 h	关井井底压力 p_{ws} MPa	开井流动压力 p_{wf} MPa	产气量 q_g $10^4m^3/d$
初始关井		30（p_R）	—	
开井 1	5	—	27.9145	2

续表

开关井顺序	开关井时间间隔 h	关井井底压力 p_{ws} MPa	开井流动压力 p_{wf} MPa	产气量 q_g $10^4m^3/d$
关井 1	5	29.7657	—	
开井 2	5	—	24.7785	4
关井 2	5	29.4564	—	
开井 3	5	—	20.3950	6
关井 3	5	29.1471	—	
开井 4	5	—	14.0560	8
延时开井	25	—	19.3545	6

从图 3–5 中看到，修正等时试井法不但大大减少了开井时间和放空气量，而且总的测试时间也可减少。这时在用测点数据作图时，对应产气量 q_{gi} 的压差的计算方法是：

$$\Delta p_i^2=p_{wsi}^2-p_{wfi}^2 \tag{3-1}$$

具体的计算方法是：

$$\Delta p_1^2=p_R^2-p_{wf1}^2 \quad （对应\ q_{g1}）$$
$$\Delta p_2^2=p_{ws1}^2-p_{wf2}^2 \quad （对应\ q_{g2}）$$
$$\Delta p_3^2=p_{ws2}^2-p_{wf3}^2 \quad （对应\ q_{g3}）$$
$$\Delta p_4^2=p_{ws3}^2-p_{wf4}^2 \quad （对应\ q_{g4}）$$
$$\Delta p_w^2=p_R^2-p_{wfw}^2 \quad （对应\ q_{gw}）$$

应用上述的对应关系，可以作出修正等时试井的产能分析图，图的形式与等时试井（图 3–4）类似。同样可以推算出无阻流量 q_{AOF}。

结合我国的实际情况，国内在现场应用修正等时试井时，在测试程序及无阻流量计算方法上进行了某些改进。与经典方法不同之处是：

（1）在第 4 次开井后，增加了一次关井，可以多录取一个关井压力恢复资料。

（2）延时开井后，增加了终关井测试，不但可以了解储层的参数及边界分布，而且可以判断地层压力是否下降，用以校正延时生产压差，得到关井稳定压力 p_{wss}。

改进的修正等时试井如图 3–6 所示。

四、简化的单点试井

简化的单点试井包含有两种不同的分析方法。

（一）稳定点产能二项式方程

有关利用气井投入试采或投入生产后的稳定生产点，建立二项式产能方程的方法，将在本章第六节详细讨论。这也是本书作者经过多年来的研究和现场实践，首次提出来

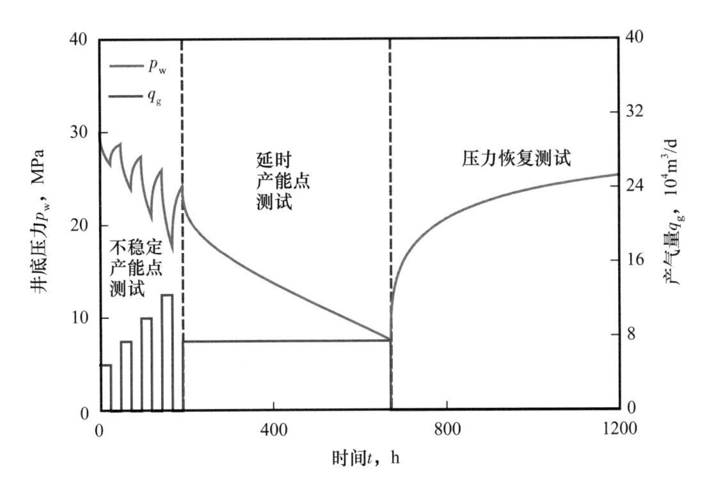

图 3-6 改进的修正等时试井产量和压力对应关系

的一种新方法。它既可以用于气井初始产能方程的建立，画出初始的 IPR 曲线，推算初始无阻流量值，也可以用于气井投产后动态产能指标和气井产能衰减过程的追踪研究。

（二）一点法无阻流量计算

对于一个已经进行了大量产能试井的气田区，统计出产能方程系数的变化规律，建立起适合本气田的无阻流量计算公式；或者借用文献资料中已有的无阻流量计算公式，选取气井投产后单一的产能测点进行无阻流量计算。有关这方面的公式及应用情况讨论，参见本章第八节。

五、各种测试方法压差计算示意图

为了避免产能分析时计算压差的错误，用图 3-7 示意性地标明了不同压差与测点压力之间的关系。

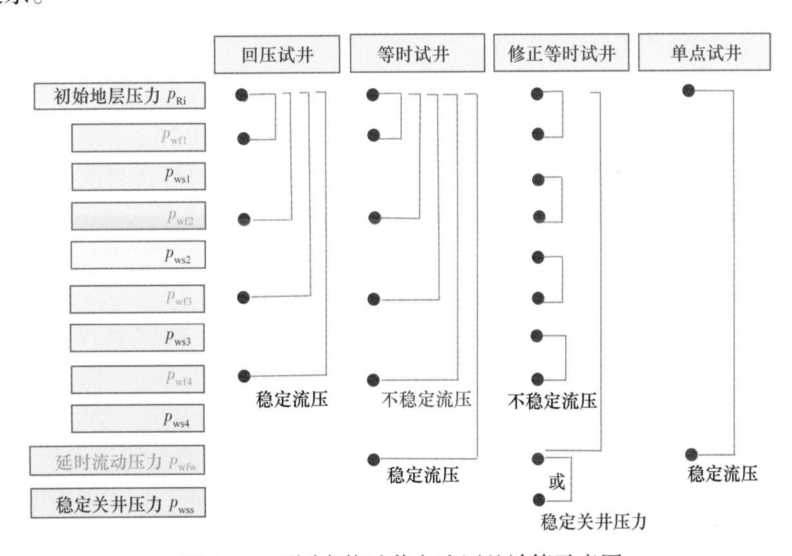

图 3-7 不同产能试井方法压差计算示意图

第三节　产能试井资料整理方法

一、两种产能方程

目前常用的产能方程有两种，即：（1）指数式产能方程，又称“简单分析”；（2）二项式产能方程，又称“层流、惯性—湍流分析”或“LIT 分析”。

以下用压力平方表达式对产能方程进行讨论。

（一）指数式产能方程分析

Rawlins 和 Schellhardt 于 1936 年经过大量的现场观察，根据经验提出了产量与压差的关系式：

$$q_g = C\left(p_R^2 - p_{wf}^2\right)^n \tag{3-2}$$

式中　q_g——产气量，$10^4m^3/d$；

p_R——地层压力，MPa；

p_{wf}——井底流动压力，MPa；

C——产能方程系数，$(10^4m^3/d)/(MPa^2)^n$；

n——产能方程指数，为 0.5～1.0 的小数。

把方程等号两边取对数，则有：

$$\lg q_g = n\lg\Delta p^2 + \lg C \tag{3-3}$$

其中，$\Delta p^2 = p_R^2 - p_{wf}^2$。

从式（3-3）可以看到，如果把产气量 q_g 和压力平方差 Δp^2 画在对数坐标中，则可得到一条直线，直线的斜率为 n，截距为 $\lg C$。

按照通常的习惯，常把方程中的产气量 q_g 取作横坐标，压力差 Δp^2 取作纵坐标，因此式（3-3）可改写作：

$$\lg\left(\Delta p^2\right) = \frac{1}{n}\lg q_g - \frac{\lg C}{n} \tag{3-4}$$

此时 Δp^2–q_g 仍为直线关系，但斜率为 $1/n$（图 3-8）。可以看到，图 3-8 与图 3-2 在画法上是一致的。

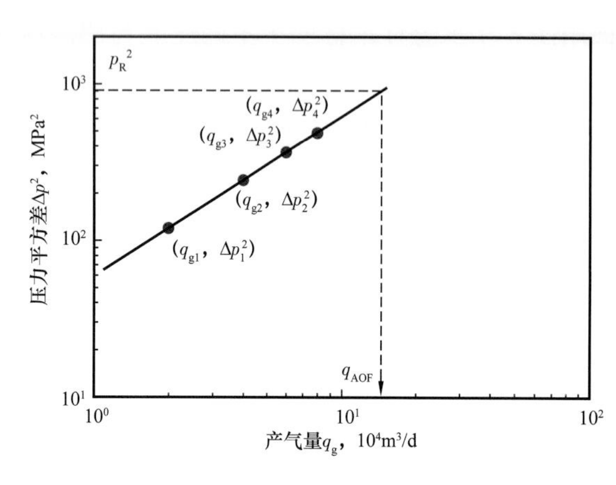

图 3-8　产能分析指数方程示意图

图 3-8 是在应用指数式方程进行产能分析时常用的作图法。通过分析可以得到表示为式（3-2）的产能方程。当令 p_{wf}=0.101325MPa 时，则有 $\Delta p^2 = p_R^2 - 0.101325^2$，代入方程可以计算无阻流量 q_{AOF}，即：

$$q_{AOF}=C(p_R^2-0.101325^2)^n \quad (3-5)$$

现代试井分析软件中，多数都有产能分析部分，只要输入对应的产气量及流动压力值，软件即可自动产生分析图，并计算出 q_{AOF} 值。方程中的指数 n 被称为“湍流程度指数”，因为当 n=1 时，表明地层中气体流动完全呈层流状态；而当 n=0.5 时，则显示完全的湍流。一般来说，0.5＜n＜1.0，表示地层中部分为层流，部分为湍流。

（二）二项式产能方程分析

除北美洲以外，其他多数地区都较侧重于使用二项式方程分析产能。二项式方程又可称之为 LIT 分析，即“层流、惯性—湍流分析”（Laminar-inertial-turbulent Flow Analysis）。这是由 Forchheimer 和 Houpeurt 提出来的，是一种根据流动方程的解，经过较为严格的理论推导而得出的产能方程（ERCB，1979）。具体表示为：

$$p_R^2-p_{wf}^2=Aq_g+Bq_g^2 \quad (3-6)$$

式（3-6）中的系数 A 和 B 是分别标明储层中层流和湍流流动部分的系数。

为了便于进行直线回归，常常把式（3-6）表示为：

$$\frac{p_R^2-p_{wf}^2}{q_g}=A+Bq_g \quad (3-7)$$

式（3-7）中左边的项 $\frac{p_R^2-p_{wf}^2}{q_g}$ 又可称之为“规整化的压力平方差”（Normalized Pressure Squared），表示为 Δp_N^2。用 Δp_N^2 与 q_g 作图，可以得到直线方程，如图 3-9 所示。

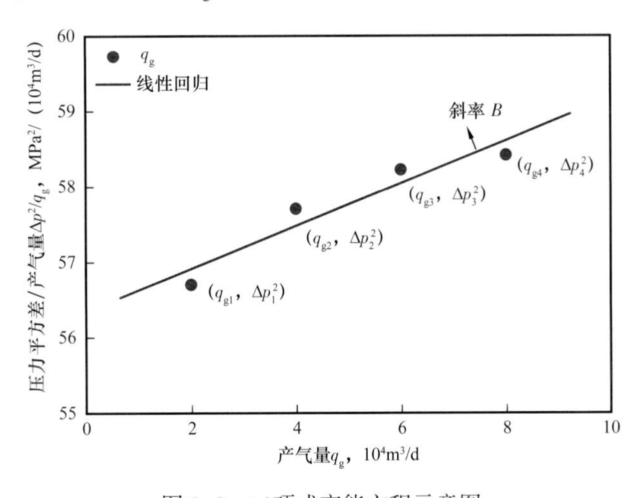

图 3-9　二项式产能方程示意图

二项式产能方程建立之后，同样可以令 p_{wf}=0.101325MPa，即 $\Delta p^2=\Delta p_{max}^2$，代入式（3-6），得到无阻流量值：

$$q_{AOF}=\frac{-A+\sqrt{A^2+4B\Delta p_{max}^2}}{2B} \quad (3-8)$$

二、两种产能方程的差别

指数式或二项式产能方程，都是用数学表达式拟合实测点的压力与产量关系，然后用来预测其他生产条件下产量值的方程式。当流动压力降为大气压力时，产气量即是无阻流量。

由于二项式产能方程是从渗流力学方程推导而来，它对不同地层的适用性及准确程度要高一些；关于这一点在本章的第四节还将专门讨论。相反地，指数式方程只是一种经验公式，准确程度相对较差。下面将详细讨论。

（一）测点产气量超过无阻流量一半以上时，两种方程计算结果差别不大

表 3–4 给出一组产能试井数据，这是一口在均质砂岩地层中的气井产能试井数据，用 4 个工作制度进行回压试井，选择的测试点产量是 $2\times10^4m^3/d$、$4\times10^4m^3/d$、$6\times10^4m^3/d$ 和 $8\times10^4m^3/d$。

表 3–4 回压试井测试结果举例（1）

开关井程序	地层压力 p_R MPa	井底流动压力 p_{wf} MPa	产气量 q_g $10^4m^3/d$
初始关井	30		
开井 1		28.046	2
开井 2		25.868	4
开井 3		23.465	6
开井 4		20.799	8

从以上测试数据，得到指数式和二项式方程如下：

$$q_g=0.0194(p_R^2-p_{wf}^2)^{0.978} \tag{3-9}$$

$$p_R^2-p_{wf}^2=56.07q_g+0.282q_g^2 \tag{3-10}$$

式（3–9）还可改写为：

$$p_R^2-p_{wf}^2=56.327q_g^{1.022}$$

通过计算得到：

二项式

$$q_{AOF}=14.90\times10^4m^3/d$$

指数式

$$q_{AOF}=15.03\times10^4m^3/d$$

可以看到，不同的方程计算出的无阻流量值虽有差别，但差别不大。以上示例是均质地层，而且实测产气量达到了无阻流量的一半，压力平方差也达到地层压力平方值的一半左右。图 3–10 画出两种不同的产能方程所表示的压力—产量关系图。这种图通常称

之为 IPR 曲线，即所谓的“流入动态曲线”，表示了不同井底流动压力下的产气量。

从图中看到：

（1）在测点范围内，两条曲线重合得很好；

（2）在测点范围以外，指数方程曲线开始偏离二项式曲线，但偏离不大；

（3）当 $\Delta p=\Delta p_{max}$ 时，即井底流动压力降为 1atm（=0.101325MPa）时，对应的无阻流量值。此时对于指数方程，取值 $q_{AOF}=15.03\times10^4m^3/d$，只偏离二项式方程曲线值（$q_{AOF}=14.90\times10^4m^3/d$）约 2%。差别很小。

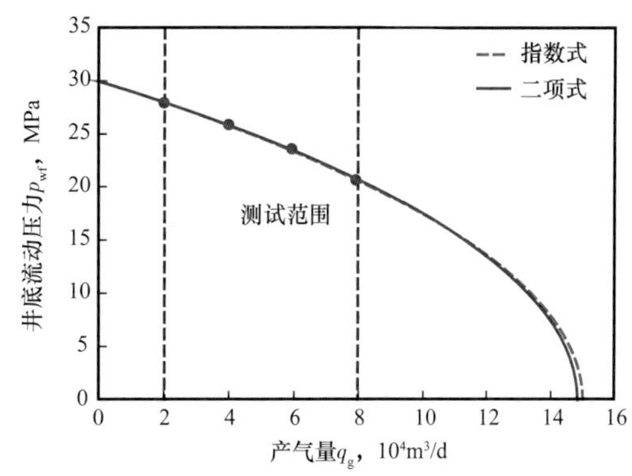

图 3–10 不同形式产能方程的 IPR 曲线对比图（1）

（二）测点压差较小时，指数方程产生较大误差

表 3–5 列出的实例，测点最大压力平方差（128.5MPa²）不足地层压力平方（900MPa²）的 15%，这样产生的指数式方程，在生产压差较大时，偏离了二项式产能方程。

表 3–5 回压试井测试结果举例（2）

开关井程序	地层压力 p_R MPa	井底流动压力 p_{wf} MPa	产气量 q_g $10^4m^3/d$
初始关井	30		
开井 1		29.663	2
开井 2		29.164	4
开井 3		28.529	6
开井 4		27.776	8

从以上测试数据，得到指数式和二项式产能方程如下：

$$q_g=0.2122\left(p_R^2-p_{wf}^2\right)^{0.748} \tag{3-11}$$

和

$$p_R^2-p_{wf}^2=8.1599q_g+0.9961q_g^2 \tag{3-12}$$

式（3–11）还可写作：

$$p_R^2-p_{wf}^2=7.945q_g^{\ 1.3369}$$

通过计算得到：

二项式

$$q_{AOF}=26.24\times10^4m^3/d$$

指数式

$$q_{AOF}=34.40\times10^4 m^3/d$$

明显看到差别非常大。图 3–11 画出两种产能曲线的差别情况。

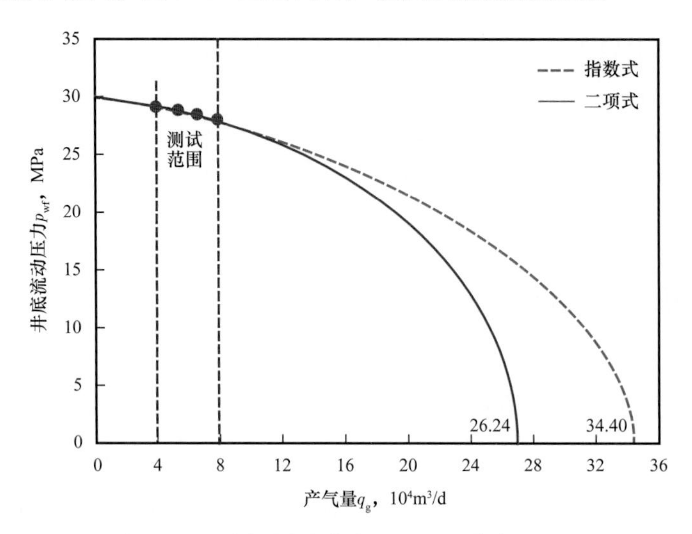

图 3–11　不同形式产能方程的 IPR 曲线对比图

从图 3–11 看到，在测点范围内，两条曲线重合得很好，说明方程的产生是正常的。但在井底流压降低时，指数式方程明显偏离了二项式方程，以至推算的无阻流量偏大约 30%。

三、产能方程的 3 种不同压力表达形式

正如第二章所介绍的，在描述气体流动过程中，最恰当的压力表示形式为拟压力 ψ。拟压力的表示式如式（2–51）所示，即$\psi=\int_{p_0}^{p}\frac{2p}{\mu Z}dp$。在拟压力表示式下指数式产能方程表示为：

$$q_g=C_\psi\left(\psi_R-\psi_{wf}\right)^n \tag{3-13}$$

而二项式产能方程拟压力表示式为：

$$\psi_R-\psi_{wf}=A_\psi q_g+B_\psi q_g^2 \tag{3-14}$$

应该说，产能方程的拟压力表示式，对于各种不同组分的气体，或者对于各种不同地层的压力 / 温度环境，都是适用的。但是在采用拟压力进行产能分析时，首先要把压力转化为拟压力，也就是按照表达式（2–51）进行积分运算。积分运算时，必须收集气体的组分或相关参数，取得 μ 和 Z 值与压力 p 的相关关系。初看起来，这一运算过程略显麻烦。但是在普遍采用试井分析软件的今天，这种运算是不需分析人员用手工操作的。

正如第二章所介绍的，当地层压力较低时，拟压力可以近似为压力平方的线性表达

式，即表示为 $\psi=a_1p^2$（参见图 2-53）。所以，这时如改用压力平方进行分析，也可保持分析的精度；而当压力较高时，拟压力可以近似为压力的线性表示式，即 $\psi=a_2p+b_2$（参见图 2-53）。此时如直接用压力进行分析，也可保持分析的精度。

但是对于许多产能测试来说，测点的压力变化范围有可能是很宽的。既包含了低压范围，又包含了高压范围。这时不论是采取压力平方（p^2）或压力（p）形式，都可能在某些范围超出了精度要求，产生较大的偏差。在这种情况下，只有使用拟压力分析，才能保证分析的精度，有效地避免异常现象的发生。图 3-12（a）是一个现场实测例，当应用压力平方法进行分析时，出现式（3-6）中系数 $B<0$ 的情况，无法进行无阻流量 q_{AOF} 的计算。试井软件在作图时，一律按照 $B=0$ 处理，画出了水平的产能分析线。用这种图不能进行正确的产能分析。但是，当改用拟压力进行分析后，同一个实例，便可得到表达形式正常的分析图如图 3-12（b）所示。

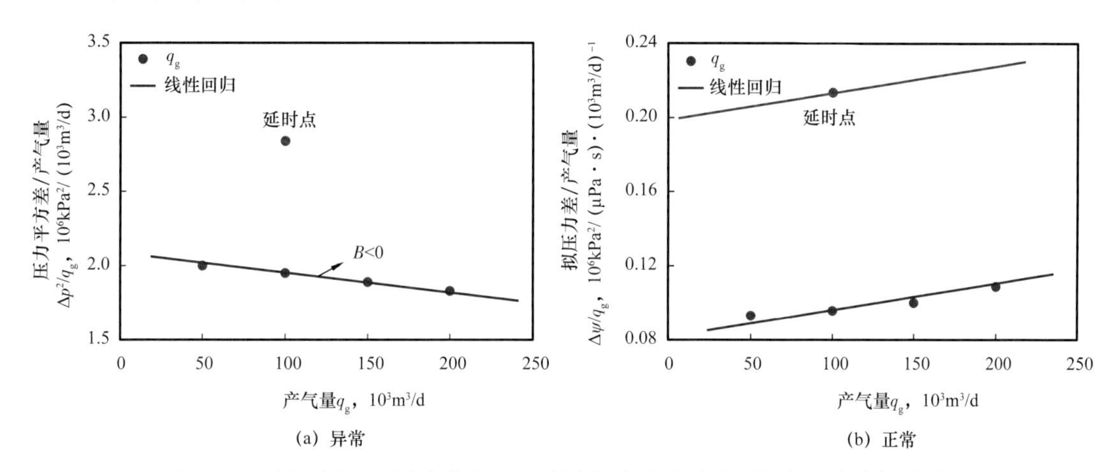

图 3-12 压力平方二项式产能方程显示异常（a）和改进后的拟压力分析图（b）

从图 3-12(b）看到，拟压力下的二项式产能方程是正常的，可以用来进行产能分析。产能方程表达式为：

$$\psi_R-\psi_{wf}=0.2019q_g+1.061\times10^{-4}q_g^2$$

应用上面的方程计算无阻流量，得到 $q_{AOF}=131.98\times10^3\text{m}^3/\text{d}$，使用的单位是：$p_F$—压力，kPa；$q_F$—产气量，$10^3\text{m}^3/\text{d}$；$\psi_F$—拟压力，kPa²/（μPa·s）；$C_F$—指数式产能方程系数，（$10^3\text{m}^3/\text{d}$）/[kPa²/（μPa·s）]^n；$A_F$—二项式产能方程系数，[10^6kPa²/（μPa·s）]/（$10^3\text{m}^3/\text{d}$）；B_F—二项式产能方程系数，[10^6kPa²/（μPa·s）] /（$10^3\text{m}^3/\text{d}$）^{2}。

以上表示的是国外应用的 SI 单位，与中国国内使用的法定单位有所区别。在法定单位下，上述参变量的单位表示为：$p_{法}$—压力，MPa；$q_{法}$—产气量，$10^4\text{m}^3/\text{d}$；$\psi_{法}$—拟压力，MPa²/（mPa·s）；$C_{法}$—指数式产能方程系数，（$10^4\text{m}^3/\text{d}$）/ [（MPa²/（mPa·s）]^n；$A_{法}$—二项式产能方程系数，[（MPa²/（mPa·s）] /（$10^4\text{m}^3/\text{d}$）；$B_{法}$—二项式产能方程系数，[（MPa²/（mPa·s）] /（$10^4\text{m}^3/\text{d}$）^{2}。

在法定单位与 SI 单位之间，n 值是相同的，C，A 和 B 系数值，在拟压力的公式中有如下变换关系：

$$C_{法}=10^{3n-1}C_F \tag{3-15}$$

$$A_{法}=10^4A_F \tag{3-16}$$

$$B_{法}=10^5B_F \tag{3-17}$$

经过单位转化后，在法定单位下，上述实测例推导的产能方程转化为：

$$\psi_R-\psi_{wf}=2.019\times10^3q_g+10.610q_g^2$$

式中　ψ——拟压力，$MPa^2/(mPa\cdot s)$；

q_g——产气量，$10^4m^3/d$。

应该说，$B<0$ 的情况，并不都是上述原因（未能使用拟压力）造成的。有时由于井下积水，或井底伤害的不断改善，也会造成产能曲线的异常显示，本章第六节将会详细讨论。有关不同单位制下方程系数的转化，读者可以参考附录 5 中有关内容，这里不再赘述。

综上所述，产能方程在不同的压力表达形式下，具体的表达式归纳如下。

（一）指数式产能方程

拟压力形式［式（3–13）］：

$$q_g=C_\psi(\psi_R-\psi_{wf})^n$$

压力平方形式［式（3–2）］：

$$q_g=C_2(p_R^2-p_{wf}^2)^n$$

压力形式：

$$q_g=C_1(p_R-p_{wf})^n \tag{3-18}$$

（二）二项式产能方程

拟压力形式［式（3–14）］：

$$\psi_R-\psi_{wf}=A_\psi q_g+B_\psi q_g^2$$

压力平方形式［式（3–6）］：

$$p_R^2-p_{wf}^2=A_2q_g+B_2q_g^2$$

压力形式：

$$p_R-p_{wf}=A_1q_g+B_1q_g^2 \tag{3-19}$$

分析人员可以根据具体的现场测试条件，对于上述公式选择应用。但是如果应用了试井分析软件，建议优先选用拟压力方程式（3–13）和式（3–14）进行分析，这样分析结果的精度较高，而且可以避免某些异常现象的出现。

（三）现场实测例分析

下面的现场实测的示例，采用的是回压试井法，得到的是产量和流动压力的关系。

该示例同时用拟压力法和压力平方法回归出产能方程。这一示例充分显示了两种计算方法之间计算结果的差别。其中拟压力法的产能方程为：

$$\psi_R-\psi_{wf}=37.290q_g+0.07634q_g^2$$

压力平方法得到的产能方程为：

$$p_R^2-p_{wf}^2=2.229q_g+3.859\times10^{-3}q_g^2$$

把两种产能方程得到的 IPR 曲线，同时画在一张图上，得到图 3-13。

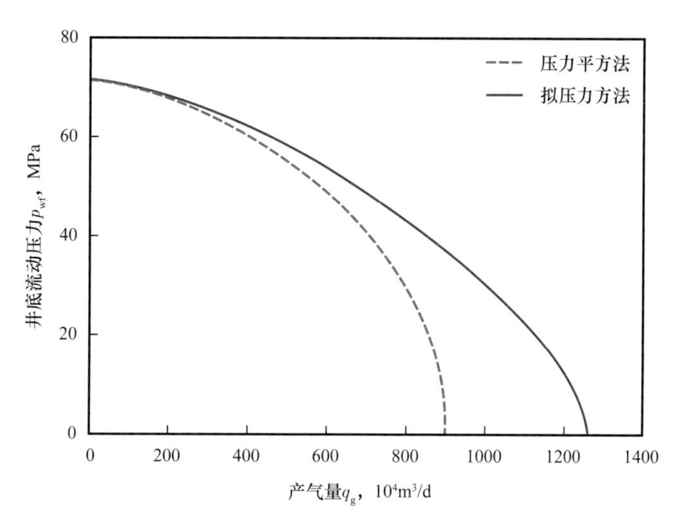

图 3-13 KL205 井拟压力法和压力平方法 IPR 曲线对比图

图 3-13 中，实线表示由拟压力法得到的 IPR 曲线，点划线表示由压力平方法得到的 IPR 曲线。可以看到，两者相差是很大的。由于拟压力法充分考虑了不同压力条件下气体性质的影响因素，因而其准确度较高，所以在具备条件时，应尽量采用拟压力法得到的结果。压力平方法取得的结果可以作为参考对照。如果测试时产量变化范围较宽，测试产气量达到无阻流量的一半以上，两种结果的差别将缩小。但正如前面所讨论的，压力平方法对于高压力的范围，误差仍将是不可避免的。

第四节 影响气井产能的参数因素

建立产能方程，就是确认一口井产气量与生产压差之间的关系。通过现场测试，得到了产气量 q_g 与流压之间的实际对应值，也就得到了两者之间的数值关系。这一关系，从渗流力学理论上，同样可以推导出来。而且从理论关系式中，还可以分析地层参数和流体参数如何对产能造成影响。

归纳起来，影响气井产能的主要因素有 3 个，即：（1）井附近的地层系数值（Kh）；（2）地层压力（p_R）和生产压差（Δp）；（3）以表皮系数 S 表示的完井质量。下面分别加以讨论。

一、均质无限大地层的产能方程中系数 *A* 和 *B* 的表达式

对于均质无限大地层中一口直井，求解渗流力学方程（2–50），可以得到在不稳定状态下，以压力平方表示的产量与压力关系式：

$$p_{\mathrm{Ri}}^2 - p_{\mathrm{wf}}^2 = \frac{42.42\times10^3\overline{\mu}_{\mathrm{g}}\overline{Z}Tp_{\mathrm{sc}}}{KhT_{\mathrm{sc}}}q_{\mathrm{g}}\left(\lg\frac{8.091\times10^{-3}Kt}{\phi\overline{\mu}_{\mathrm{g}}C_{\mathrm{t}}r_{\mathrm{w}}^2}+0.8686S_{\mathrm{a}}\right) \tag{3–20}$$

式中 p_{Ri}——地层原始静压，MPa；

p_{wf}——井底流动压力，MPa；

q_{g}——气井井口产量，$10^4\mathrm{m}^3/\mathrm{d}$；

K——地层有效渗透率，mD；

h——地层有效厚度，m；

$\overline{\mu}_{\mathrm{g}}$——气层平均状态下的参考黏度，mPa·s；

$\overline{Z}$——地层条件下的平均气体偏差系数；

T——地层温度，K；

p_{sc}，T_{sc}——标准状态下的压力和温度，$p_{\mathrm{sc}}=0.101325\mathrm{MPa}$，$T_{\mathrm{sc}}=293.15\mathrm{K}$；

ϕ——气层孔隙度；

C_{t}——地层综合压缩系数，MPa^{-1}；

t——时间，h；

S_{a}——视表皮系数，$S_{\mathrm{a}}=S+Dq_{\mathrm{g}}$；

S——真表皮系数；

D——非达西流系数，$(10^4\mathrm{m}^3/\mathrm{d})^{-1}$；

r_{w}——井底半径，m。

若按已有的二项式产能方程表示，则式（3–20）可化为：

$$p_{\mathrm{Ri}}^2 - p_{\mathrm{wf}}^2 = Aq_{\mathrm{g}} + Bq_{\mathrm{g}}^2 \tag{3–21}$$

比较式（3.20）和式（3.21），得到 *A* 和 *B* 表示式为：

$$A = \frac{42.42\times10^3\overline{\mu}_{\mathrm{g}}\overline{Z}Tp_{\mathrm{sc}}}{KhT_{\mathrm{sc}}}\left(\lg\frac{8.091\times10^{-3}Kt}{\phi\overline{\mu}_{\mathrm{g}}C_{\mathrm{t}}r_{\mathrm{w}}^2}+0.8686S\right) \tag{3–22}$$

$$B = \frac{36.85\times10^3\overline{\mu}_{\mathrm{g}}\overline{Z}Tp_{\mathrm{sc}}}{KhT_{\mathrm{sc}}}D \tag{3–23}$$

在式（3–21）中，系数 *A* 和 *B* 与产量值处于乘积位置，即：在相同的生产压差下，*A* 和 *B* 值越小，则相应的产量值越大。因此对于一口高产能的井，*A* 和 *B* 值必定是很小的。由此判断，如果式（3.22）和式（3.23）中的参数，影响 *A* 和 *B* 值使其变小，则相应会使产能增大。

（一）对于 A 值的表达式（3–22）的分析

（1）$\dfrac{Kh}{\mu_g}$（流动系数）值越大，则 A 值越小。

（2）$\dfrac{K}{\mu_g \phi C_t}$（导压系数）值越小，则 A 值越小。这与第（1）条似乎有所抵触，但注意到 $\dfrac{K}{\mu_g \phi C_t}$ 在对数符号下，因而其影响相对较小。$\dfrac{K}{\mu}$ 的影响，以第（1）项为主。也就是说，$\dfrac{K}{\mu}$ 值越大，则气井的产能越大。

（3）S 值越小，即井的伤害越小，则 A 值越小，从而使产能增大。

（4）在开井后的不稳定条件下，A 值随时间变化。随着时间 t 值的增大，A 值也会随之变大，从而导致产能值不断减小。这也说明，即使井底压力值基本不变，得到的产能值也是随时间不断减小的。图 3–14 画出了一口气井的产能方程系数 A 值随时间变化曲线。这口气井位于河流相沉积形成的条带形岩性地层中，随着天然气的采出，产能不断降低。图中 A 值用实测的流动压力资料计算得到。可以看出，A 值随时间逐渐增大，从而影响产能，使之不断下降。这也就是用短期开井不稳定压力资料计算产能带来误差的主要原因。

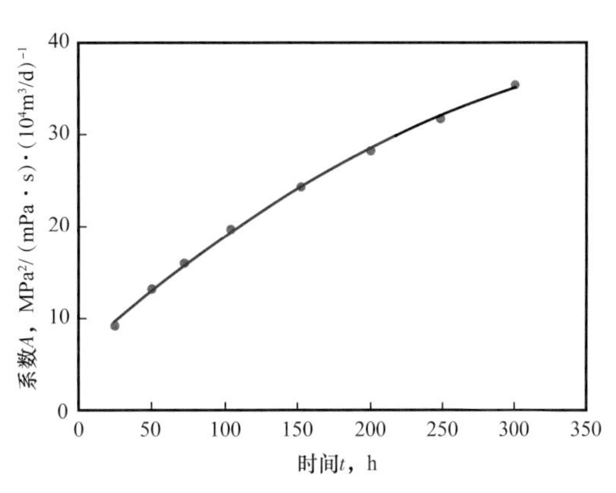

图 3–14 产能方程系数 A 值随时间变化图

（二）对于 B 值表达式（3–23）的分析

B 值与 $\dfrac{Kh}{\mu_g}$ 值成反比，即流动系数越大，B 值越小，这一点与对 A 值的影响是一致的；B 值与非达西流系数 D 值成正比，即 D 值越大，使产能越小。D 值是与气体在地层中的流动状态有关的参数，储层的孔隙结构，打开程度等对 D 值都有影响。D 值又是一个不易用通常方法估算的参数，只有经过现场产能测试，才能有效地估算出来。

二、流动进入拟稳态时的产能方程

对于具有圆形封闭边界的一口气井，当压力变化波及边界以后，或者说地层压力变化进入拟稳态以后，压差与产量关系表达为：

$$p_R^2 - p_{wf}^2 = \frac{36.846\times10^3 \overline{\mu}_g \overline{Z} T p_{sc} q_g}{KhT_{sc}}\left(\ln\frac{0.472r_e}{r_w} + S_a\right) \tag{3–24}$$

其中

$$S_a = S + Dq_g \tag{3–25}$$

把式（3-24）表达为二项式产能方程：

$$p_R^2-p_{wf}^2=Aq_g+Bq_g^2$$

则有：

$$A=\frac{29.22\overline{\mu}_g\overline{Z}T}{Kh}\left(\lg\frac{0.472r_e}{r_w}+\frac{S}{2.303}\right) \tag{3-26}$$

$$B=\frac{12.69\overline{\mu}_g\overline{Z}T}{Kh}D \tag{3-27}$$

从以上两式看到：

（1）A 和 B 值同样受流动系数 $\frac{Kh}{\overline{\mu}_g}$ 影响，当 $\frac{Kh}{\overline{\mu}_g}$ 值越大，则 A 和 B 值越小，从而在相同的压差下，可以获得较大的产气量和无阻流量。

（2）A 值受表皮系数 S 的影响，S 值增大，则会降低产能值。

（3）B 值受非达西流系数 D 的影响，湍流严重，同样会降低产能。但由于 D 处于与 q_g^2 相乘积的位置，因而较之 A 值影响要小些。

（4）由于已假定进入拟稳态生产，因而生产压差应不受时间的影响。所以从公式中看，产能的计算与时间无关。但现场实际情况往往是，近距离的边界影响虽已起作用，但较远距的边界随着时间的推移，逐渐进入影响范围，因而测试井往往并未马上进入拟稳态，所以真实的产能值仍会有所降低，或者说依据实例数据推算出的产能是偏高的。

以上分析，虽然借助压力平方的公式加以表达，如果改用拟压力形式，其结果是完全类似的。以下分别予以列出。

对于拟稳态的圆形有界地层：

$$\psi(p_R)-\psi(p_{wf})=A_\psi q_g+B_\psi q_g^2 \tag{3-28}$$

其中

$$A_\psi=\frac{29.22T}{Kh}\left(\lg\frac{0.472r_e}{r_w}+\frac{S}{2.303}\right) \tag{3-29}$$

$$B_\psi=\frac{12.69T}{Kh}D \tag{3-30}$$

对于不稳态的均质无限大地层：

$$\psi(p_R)-\psi(p_{wf})=A'_\psi q_g+B'_\psi q_g^2 \tag{3-31}$$

其中

$$A'_\psi=\frac{14.61T}{Kh}\left(\lg\frac{8.09\times10^{-3}Kt}{\phi\overline{\mu}_gC_tr_w^2}+0.8686S\right) \tag{3-32}$$

$$B'_\psi=\frac{12.69T}{Kh}D \tag{3-33}$$

以上的公式，都是针对相对较简单的均质地层中常规完井的直井。对于压裂井，折算的表皮为负值，如果测试点时间足够长，已进入拟径向流，则以上的分析方法基本上是适用的。

第五节　结合修正等时试井进行的气井短期试采

目前中国中西部地区油田现场，经常把产能试井过程适当延长，达到短期试采的目的。在求得气井产能的同时，还可检验气井生产的稳定情况。

一、试采井的压力模拟

为了说明问题，选取了一组与现场条件相近的参数进行压力历史的模拟，在模拟的基础上进行分析。模拟的条件是：K=3mD，h=5m，μ=0.02mPa·s，S=0，x_f=60m（对于压裂井），S_f=0.1（对于压裂井），L_{b1}=L_{b2}=70m（对于具有条带形边界地层的边界距离）。图 3-15、图 3-16 和图 3-17 分别画出了均质地层、均质地层压裂井和均质条带形岩性边界地层压裂井 3 种不同条件下产能试井压力历史。

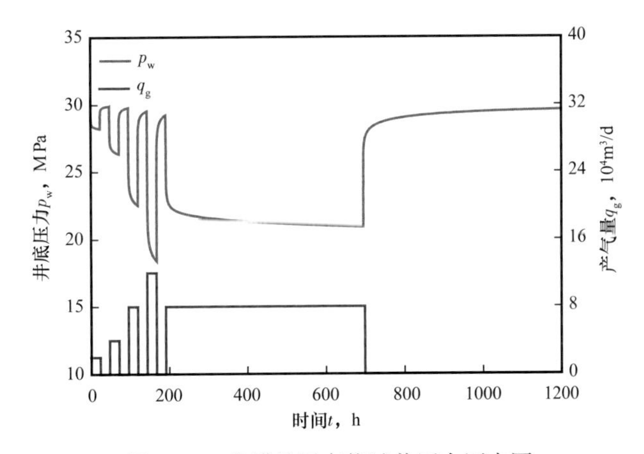

图 3-15　均质地层产能试井压力历史图

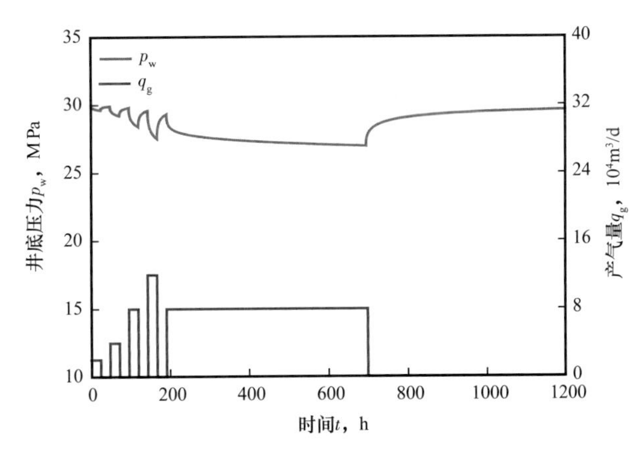

图 3-16　均质地层压裂井产能试井压力历史图

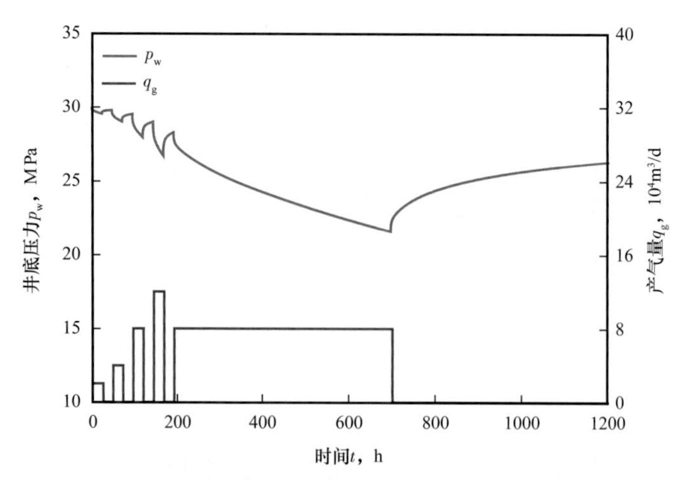

图 3-17　均质条带形岩性边界地层压裂井产能试井压力历史图

图 3-18 把 3 种不同条件下的压力历史画在同一张图中加以比较。

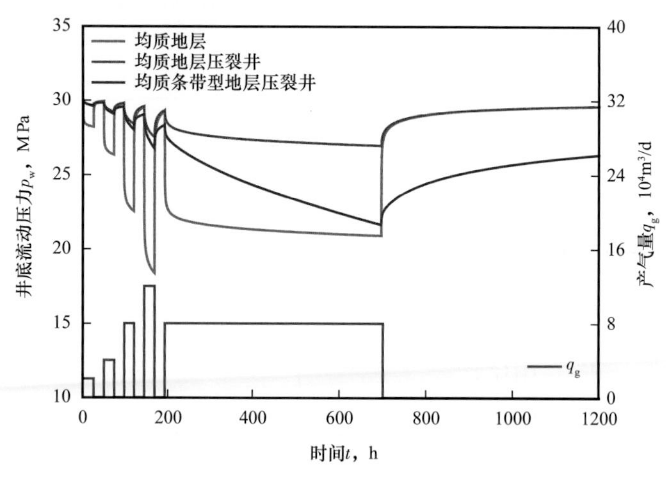

图 3-18　3 种不同地层条件下的压力历史对比图

从图 3-18 中看到：

（1）对于均质地层，由于模拟时采用的渗透率较低，所以开井生产压差较大。在以 $8\times10^4m^3/d$ 延时生产时，生产压差接近 8MPa，但是终关井 500h 后，井底压力基本恢复到原始地层压力水平，因而在进行产能计算时，地层压力可以应用原始压力，也可以用长时终关井实测的地层压力，或者是推算的长时终关井压力，差别不是很大。

（2）对于均质地层压裂井，地层渗透率虽然仍然很低，但由于压裂后井底条件得到了改善，因而生产压差大为降低，在以 $8\times10^4m^3/d$ 生产时，生产压差仅为 1MPa 左右。当终关井 500h 时，压力已基本恢复到原始压力。因此在产能计算时，仍然可以应用原始地层压力。

（3）对于带有条带形岩性边界的地层，情况大不一样。一方面井底裂缝使生产压差减小，短期生产时与通常的压裂井的情况类似；另一方面，边界的影响又使井底流压持续下降，并且在延时生产一段时间后，关井恢复时，压力恢复不到原始地层压力的水平。

对于带有边界地层的这种压力持续下降的情况，给产能计算带来两个问题：

（1）不管花费多少时间进行延时测试，始终也测不到稳定的产能点，相反延时越长，流压越低，导致计算的无阻流量也越小。

（2）从关井恢复测试看到，在长时间开井后，地层压力同时下降。用于产能计算的原始压力已不合适，而应代之以开采井影响半径范围内的平均地层压力。

针对这种特殊岩性地层，应采用专门的产能分析方法。

二、修正等时试井无阻流量计算方法的改进

（一）经典方法

在应用修正等时试井方法测试无阻流量时，按照文献上介绍的方法，如图 3–5 所示。测试包括不稳定产能测试段 AB 和延时测试段 BC。

对于不稳定点的生产压差计算，采用下面公式：

$$\Delta p_1^2=p_R^2-p_{wf1}^2$$

$$\Delta p_i^2=p_{ws(i-1)}^2-p_{wfi}^2 \quad (i=2,\ 3,\ \cdots) \tag{3-34}$$

式中 p_{wsi}——第 i 次关井末的关井压力，MPa；

p_{wfi}——第 i 次开井末的流动压力，MPa；

Δp_i^2——生产压差，MPa^2。

对于稳定的产能点，有：

$$\Delta p_{wf}^2=p_R^2-p_{wfw}^2 \tag{3-35}$$

式中 p_R——地层压力，MPa；

p_{wfw}——延时产能点 C 的流动压力。

由于经典的修正等时试井测试，在延时开井后，并无关井恢复测试段，因而在计算延时点的生产压差时，只能应用测试开始时的地层压力 p_R。这种分析方法，对于无限大均质地层，或者压裂后的无限大均质地层，是适用的，从图 3–15 和图 3–16 看到，即使对于渗透率只有 3mD 的地层，关井后 500h 它们的压力基本上恢复到原始压力。但是对于具有条带形岩性边界的地层，情况就不是这样了。从图 3–17 看到，对于均质 + 边界 + 压裂的气井，同样关井 500h 后，井底压力只恢复到 26.32MPa，与原始压力比相差 3.7MPa。因此在延时点产能计算时，如仍旧采用原始地层压力显然是不合适的。

（二）改进的计算方法

这里提出一种“改进的计算方法”，即在计算延时点生产压差时，地层压力值采用当时的实测地层静压。

考虑到影响范围，关井 500h 后，影响半径可以达到 $r_i\approx 630m$，基本代表了供给边界上的压力。选择此处的压力为延时开井时地层压力进行生产压差的计算，可以使计算的结果更接近实际情况。

（三）两种计算方法的比较

用经典方法和改进方法得到无阻流量对比情况，见表 3–6。

表 3–6　不同计算方法下无阻流量对比表

储层类型	计算无阻流量值，$10^4m^3/d$		相对差 %
	改进方法 （用实测关井压力）	经典方法 （用原始地层压力）	
均质	18.9	18.8	0.6
均质 + 压裂	46.0	44.0	4.6
均质 + 压裂 + 边界	27.0	16.8	37.5

注：表中所列数据为二项式产能方程计算结果。

从表 3–6 中可以看到：

（1）对于均质地层或均质 + 压裂气井，用经典方法或用改进方法计算的无阻流量相差不多，误差在 5% 以内。

（2）对于具有条带边界的气井，经典方法计算值普遍偏低，两者相差 37% 以上。

（3）特别应指出的是，用经典方法计算的具有边界的无阻流量，随着延时测试点的延长，流压值不断降低，而静压仍取原始压力，因而计算值将是一个变量，随时间的延长而不断减少。

（4）用改进的计算方法，当测试接近拟稳态后，流压值虽仍然会不断降低，但地层压力值也会相应减小，从而将大大减少无阻流量计算时的误差。

关于改进后的产能计算方法，有以下几点必须引起注意：

（1）这一方法是在特定条件下对经典方法的一种补充。它是针对在测试过程中，由于井所在的区块具有强烈的边界影响，或具有定容地层的特征，导致地层压力快速下降时，对测试结果的一种修正。另外，在本章的图 3–7 中，也已把这种计算方法列入修正等时试井方法之中。当然对于其他的产能试井方法，也可以考虑做这样的修正。国内曾经有这样的气井，当采用由大到小的不同油嘴进行回压试井时，发现施工后期小油嘴条件下的流压反而比早期时的大油嘴条件下的流压还要低（图 3–19）。从图 3–19 所示情况看到，如用经典方法计算产能，一定会出现反常现象——早期高产气量对应小生产压差；后期低产气量却对应大生产压差，以致无法计算无阻流量。出现这一现象的主要原因是，在测试过程中，地层压力已产生衰竭现象。从图 3–19 中明显看到，测试开始时地层压力值约为 41MPa，测试结束关井测恢复压力时，地层压力已降为 36.335MPa，大约降低了 4.6MPa。降低过程大致沿着图中双点划线的趋势。如果用降低了的地层压力值校正产能分析结果，可以得到一个粗略的产能估计值。

（2）产能测试后地层压力的测定。产能测试后地层压力的测定，应以得到供气边界上的压力为目的。若开井产能测试后实施了较长时间的关井压力恢复测试，则可将实测的压力视为地层压力；若关井压力恢复测试时间较短，则需要通过推算得到地层压力。

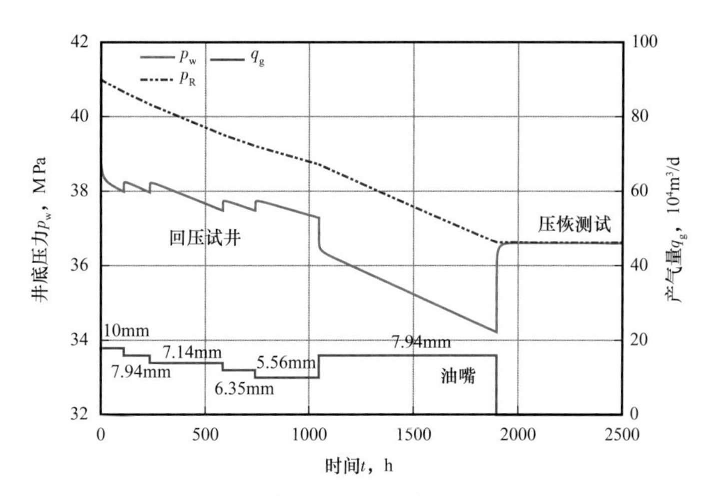

图 3-19 定容性气藏回压试井实测流压曲线示例图

此时，如果地质上已明确划定井所控制的边界，则以划定的面积，折算一个半径。再按第二章关于影响半径 r_i 的计算公式 $r_i=0.12\sqrt{\dfrac{Kt}{\phi\mu C_t}}$，反推出公式 $t_s=\dfrac{70\phi\mu C_t r_i^2}{K}$。推算一个关井恢复时间，确定该时刻的关井压力，视为实测地层压力。如果没有划定测试井控制的边界，则可粗略地以 $1km^2$ 为单井控制的影响范围，按 $r_i\approx600m$ 推算关井时间，得到即时的关井压力，视为实测地层压力。

（3）正如前面几节所讲到的，对于体积有限的定容气藏，随着生产过程地层压力的衰竭，产能是不断下降的。因而不存在“精确的”或“绝对的” q_{AOF} 值。甚至对于气田开发来说，是否需要求得所谓的稳定 q_{AOF} 指标，也是值得商榷的。

以下几项内容，对于定容气藏开发来说是至关重要的：简单的用单点法测定初期 q_{AOF}；通过现场试采了解单井动态，确认不同采气速率下的压降速率；动态法确定单井控制的有效供气体积或动态储量；确定开发策略和经济上的回报率。有了以上指标，即可决定合理的产量。是否必须用完善的方法，例如修正等时试井法来确定稳定的无阻流量，可根据开发生产的需要，通过研究分析来决定。

第六节 稳定点产能二项式方程

一、提出稳定点产能二项式方程的背景

（一）经典方法确定气井产能时的困扰

经典的产能试井方法在现场应用已有 90 年的历史，到目前为止，仍然是现场确定气井产能的主要方法。但是从中国国内数十年来应用情况看，确实遇到了各种各样的困扰。例如在青海涩北气田，由于地层中气层与水层交互存在，绝大多数气井产水，产能测试时压力计又未能下到积液液面以下，导致半数以上气井的产能测试资料建立不起正常的

产能方程。在有的地区，虽然根据现场录取资料形式上可以建立产能方程，但对比地层条件和投产后实际生产情况，总感到推算的无阻流量数值偏离了正常值，可信度差。

用产能试井方法推算无阻流量，可以形象地比喻为用一支枪打靶。这“枪”就是测试资料的录取和分析，而要打的“靶”就是气井的无阻流量。枪的质量、枪的准确度固然会影响打靶的效果，但用一般的枪，射手只要看清靶子瞄准，总可以中靶。但用产能方程推算无阻流量时，恰恰缺乏这一瞄准过程，是蒙着眼睛打靶。一旦举起的“枪”受到环境因素干扰而摆错方向，要想打兔子却打下了天上的鸟，直到这时才发现脱靶了。如果打靶时即使看不清猎物的全貌，起码看到了局部或轮廓，那么击中的准头就会完全改观。这也就是推导“稳定点产能二项式方程”的出发点和总体思路。

（二）经典方法存在问题分析

经典的产能试井方法存在哪些问题呢？现场中常见的有以下几种：

（1）产能方程出现 $B<0$ 和 $n>1$ 的异常情况。

在现场实测资料的分析中，有时会出现指数式产能方程中的指数 $n>1$ 的情况。按指数方程原有的定义，n 指数称为湍流指数。当 $n=0.5$ 时，表明地层中的流动基本表现为湍流；当 $n=1$ 时，表明地层中的流动为层流；一般情况下，$0.5<n<1$，也就意味着地层中的流动一部分表现为层流，另一部分表现为湍流。

如果出现 $n>1$ 的情况，说明测试资料出现了异常，如图 3–20 所示。

同样的问题表现在二项式产能方程中，则会出现 $B<0$ 的情况。在产能方程图中，表现为回归的直线向下倾，如图 3–21 所示。

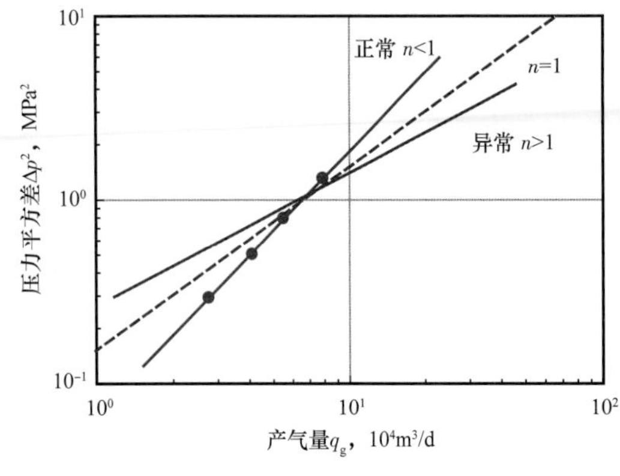

图 3–20　出现异常情况的指数式产能测试资料示意图

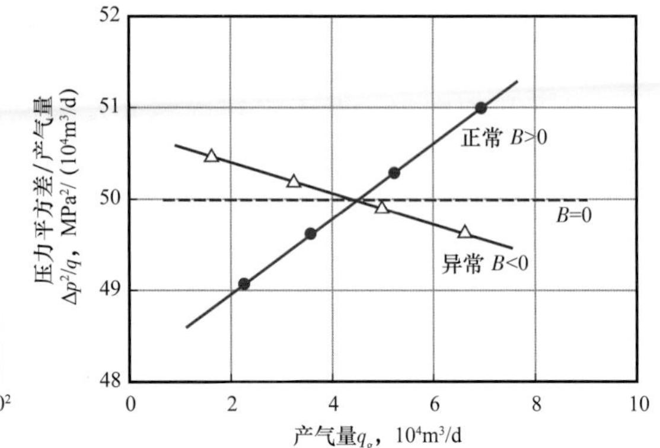

图 3–21　出现异常情况的二项式产能方程测试资料示意图（$B<0$）

像这样的现场实测例是不鲜见的。图 3–22 和图 3–23 就是典型的代表。

（2）回压试井流压测点未达稳定或间隔长短不等。

这种问题常常是资料录取时安排不当造成的，其结果就是导致产能方程系数 $B<0$、$n>1$。对于低渗透地层，如果测点间隔过短，则流动压力仍处在不稳定下降过程，特别对于存在不渗透边界影响的低渗透地层，这种情况出现的概率更大。图 3–24 展示了此类情况。如果测点间隔长短不一，同样会导致产能方程的异常（图 3–25）。

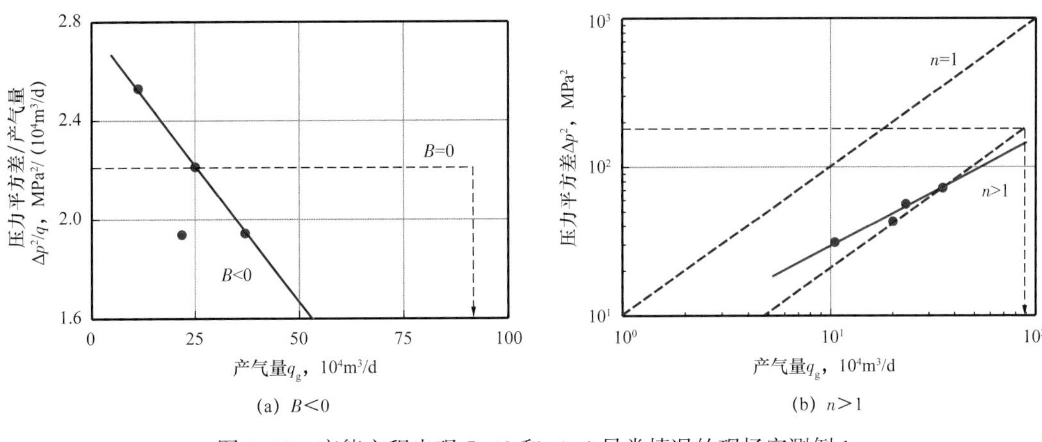

图 3-22 产能方程出现 $B<0$ 和 $n>1$ 异常情况的现场实测例 1

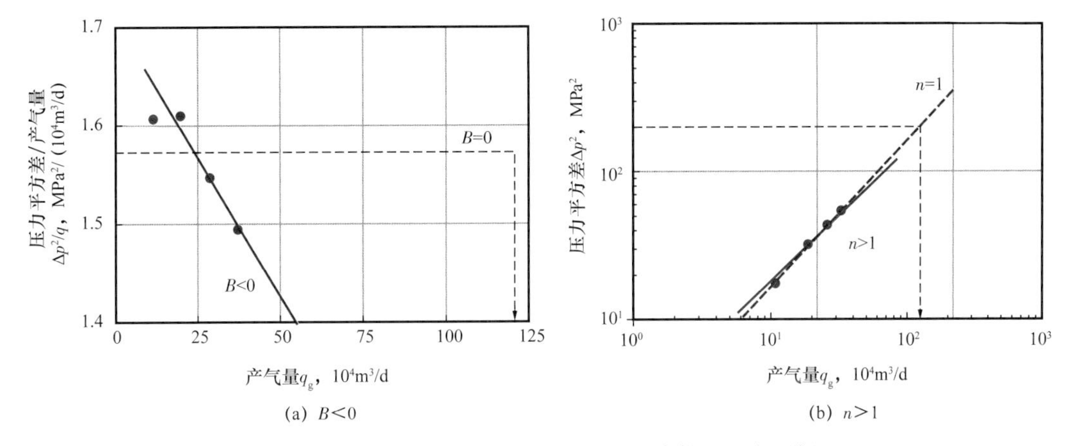

图 3-23 产能方程出现 $B<0$ 和 $n>1$ 异常情况的实测例 2

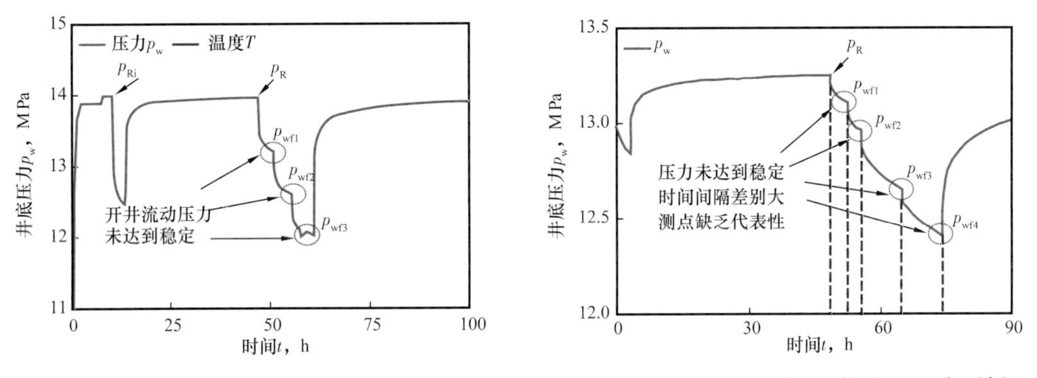

图 3-24 回压试井测点间隔过短流压未达稳定实测例　　图 3-25 回压试井测点间隔长短不一实测例

（3）测试井井底积水形成流压曲线倒尖峰。

如果产能测试井井底积水，而由于井身结构原因未能使压力计下到积液液面以下时，常常会出现产能方程异常，甚至出现 $B<0$、$n>1$ 现象，以致建立不起正常产能方程。

井底积水时，常常会在产能测试流压曲线上显示异常的倒尖峰，如图 3-26 所示。

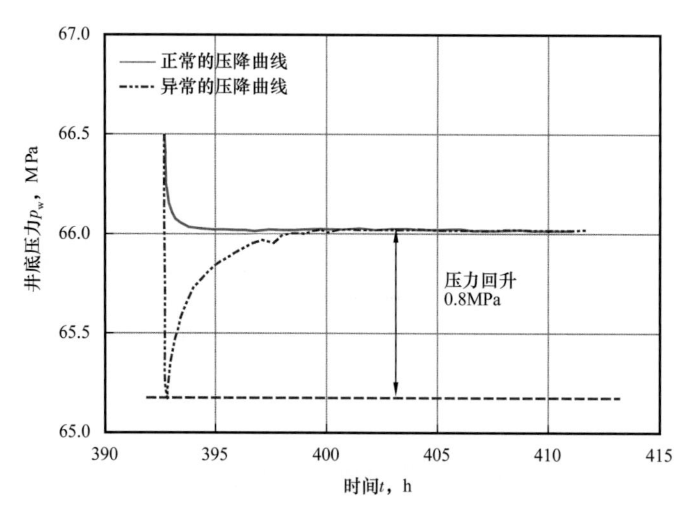

图 3-26　井底积水气井开井时的流压异常倒尖峰

在图 3-27 和图 3-28 中，展示现场录取的具有流动压力倒尖峰的实测例。

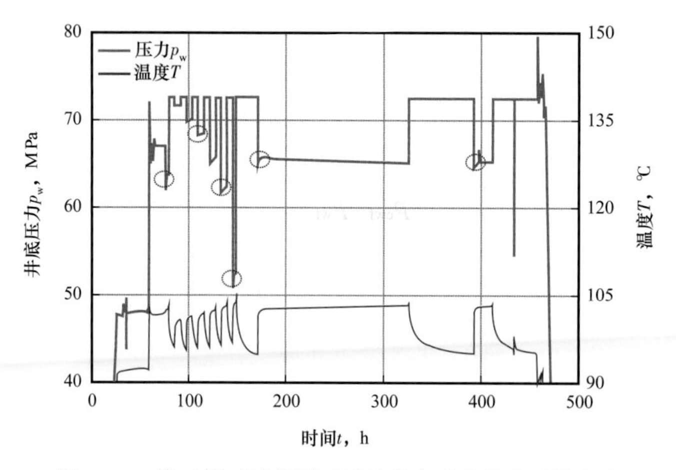

图 3-27　修正等时试井测试显示积水形成的流压倒尖峰

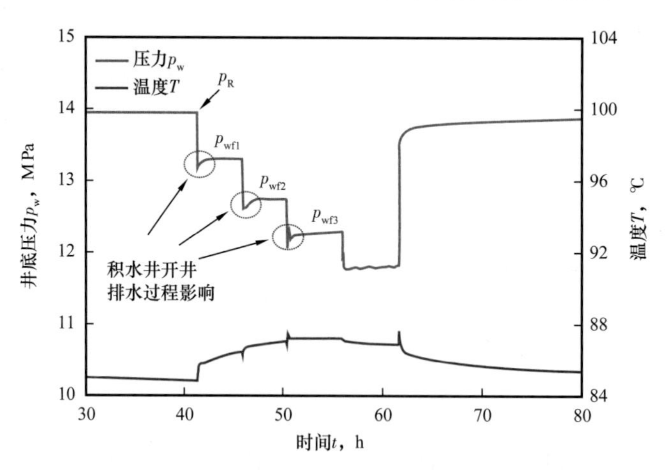

图 3-28　回压试井测试显示积水形成的流压倒尖峰

有关测点压力因井底积水而形成偏移的分析如下：首先分析测点压力与井底压力之间的折算关系。图 3–29 展示了测点压力 p_{cwf} 与井底流动压力 p_{wf} 之间的折算关系及影响偏移的因素。

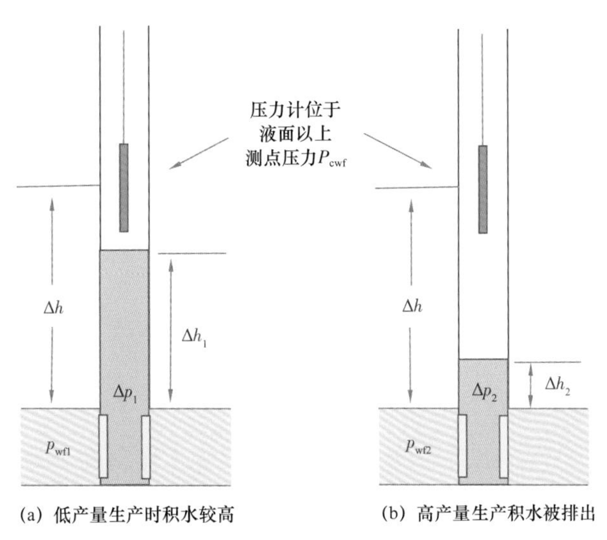

图 3–29 测点压力与井底流动压力折算关系示意图

测点压力 p_{cwf} 与井底流压 p_{wf} 及偏移压力 Δp 之间，可以表示为下面的关系式：

$$p_{cwf}=p_{wf}-\Delta p \tag{3-36}$$

在开井瞬间，积水液柱高 Δh_1，此时：

$$p_{cwf1}=p_{wf1}-\Delta p_1=p_{wf1}-\rho_g g\Delta h-(\rho_w-\rho_g)g\Delta h_1 \tag{3-37}$$

经过 Δt 时间后，部分积水被气流携带采出，液面高度减小为 Δh_2，此时测点压力与井底压力的关系为：

$$p_{cwf2}=p_{wf2}-\Delta p_2=p_{wf2}-\rho_g g\Delta h-(\rho_w-\rho_g)g\Delta h_2 \tag{3-38}$$

气井开井 Δt 时间后，测点显示的压力变化为：

$$\Delta p_{cwf}=p_{cwf2}-p_{cwf1}=(p_{wf2}-p_{wf1})-(\rho_w-\rho_g)g(\Delta h_2-\Delta h_1) \tag{3-39}$$

式（3–39）中右边第 1 项$(p_{wf2}-p_{wf1})$表示井底实际流动压力的变化，一般应该是负值；

式（3–39）中右边第 2 项压力偏移部分“$-(\rho_w-\rho_g)g(\Delta h_2-\Delta h_1)$”表示积水变化造成的压力偏移部分，由于 $\Delta h_2<\Delta h_1$，因此这一项总是呈现为正值。

对于不同的气井，由于地质条件不同，可能有完全不同的表现：

① 通常情况下，井底流动压力在开井后一直处于不断下降过程（表现为负值），积水影响虽然会扭曲测点流压下降的形态，使之向上偏移，但当偏移量不够大时，测点流动压力仍然是不断下降的；

② 若地层系数 Kh 值较高，开井后流动压力很快趋于稳定，使式（3–39）中第 1 项

$(p_{wf2}-p_{wf1})$变得很小，甚至逐渐趋近于 0，则第 2 项“$-(\rho_w-\rho_g)g(\Delta h_2-\Delta h_1)$”的影响很快显现出来，显示 Δp_{cwf} 为正值，表现为测点流压降到一个最低值后，接着转为上升，形成倒尖峰，这就是排出积水所造成的典型影响特征。

当产能试井多个测点均出现倒尖峰时，说明积水随产气量提高而不断排出，不同测点积水高度不相同，这显然会扭曲产能试井的分析结果。

（4）不同的产能试井方法，不同的分析方法，推算出的无阻流量差异大。

在试井行业标准中，对回压试井、等时试井和修正等时试井大致推荐了不同的适用条件，但是并没有、也不可能有明确适用范围的界定，这就导致现场实施时的无所适从。例如，曾在克拉 2 这样的高地层系数气田采用修正等时试井方法测试，得到的无阻流量只有 $350\times10^4m^3/d$，与期望值相差近 10 倍。同样的测试资料，采用指数法或二项式法产能方程，推算的无阻流量相差 1/3（参见本章图 3-11）；甚至针对同样的测试数据，选用拟压力或压力平方进行分析，所得结果也相差很大（图 3-13）。

（5）经典的产能试井在生产井中实施概率低。

由于经典的产能试井方法要求测试井频繁地改变工作制度，并要求实时下入井下压力计连续监测流动压力变化，导致现场施工工作量大，资金投入多，陆上气田常常只能在比例很少的评价井中开展，而生产井实施的比例低，对于这些生产井的产量规划，只是靠测井资料推算，或等投产后逐渐摸索。

（6）经典的产能试井方法不能推算气井动态产能指标。

从石油工业行业标准看到，经典的产能试井都是针对气井试采初期或投产初期进行的，推算的产能指标是气井的初始产能指标。在陆上气田，未曾见到气田管理者会在气井生产几年以后，再去重复测试衰减后的气井无阻流量。

在国内某海上气田，为了配产需要，的确曾花费相当多的技术力量和资金，在生产过程中重复进行回压试井，但经过一段时间实践后认识到，这类测试已失去了产能试井所要求的初始平稳地层压力的条件，因而所得出的结果不但不能正确显示衰减后的气井产能指标，有时还会得出超出初始产能值非常离谱的结果。

上面提到的经典产能试井方法存在的种种问题，的确给气田产能确定带来种种困扰。

二、稳定点产能二项式方程特点及理论推导和建立方法

（一）新型产能方程的特点

为了解决前面提到的诸多问题，有必要寻找一种切实可行的新方法，进一步做好生产气井产能评价。本书推荐的新方法称为“稳定点产能二项式方程”方法，它具备以下几个特点：

（1）普遍适用。不但对于评价井适用，也对绝大多数生产井适用；对于已经录取了经典产能试井资料的气井，还可应用已有的数据直接建立这种新的产能方程，并经彼此间的比对，核实其可信度。通过建立这种初始的稳定点产能二项式方程，画出初始 IPR 曲线，推算初始无阻流量。

（2）理论严谨。从下面介绍的稳定点产能二项式方程建立过程可以看到，这种方程是经过严格理论推导的，对于其中一些参数的定义、数据选值及获取途径，都经过反复研讨，力求缜密。

（3）产能追踪。前面曾讨论过，经典的产能试井方法只能用来确定气井的初始产能，而新方法不但可以用来建立初始产能方程，而且在初始产能方程基础上，还可以进一步推导“动态产能方程”，通过这种动态产能方程，可以推算生产过程某一时段的动态无阻流量，取得该时段的动态 IPR 曲线等动态产能特征参数。

（4）便于操作。新方法不要求现场增加多余的测试施工工作量，不对正常生产气井采取关井措施，或频繁改变工作制度，造成产量安排方面的困难。新方法只要求按通常的动态监测要求，定期测试稳定生产状态下的井底流动压力，如果生产管柱外未下入封隔器，还可以用准确监测的井口套压折算出井底流动压力，进行产能追踪。

新方法的应用和推广，并非设计用来完全替代已有的产能试井方法，而是对原有经典方法的补充和提高。只有当经典方法无法建立可用的产能方程时，才用来替换原有的方法。其运用方法和应用的时段参见示意图 3-30。

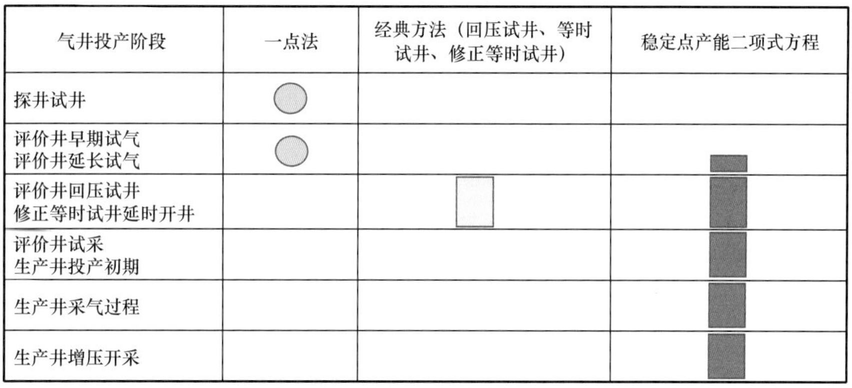

气井投产阶段	一点法	经典方法（回压试井、等时试井、修正等时试井）	稳定点产能二项式方程
探井试井			
评价井早期试气 评价井延长试气			
评价井回压试井 修正等时试井延时开井			
评价井试采 生产井投产初期			
生产井采气过程			
生产井增压开采			

图 3-30　不同产能试井方法应用条件和时段分布示意图

从图 3-30 中看到：

（1）探井试气阶段用一点法估算产能。由于探井开井时间一般都较短，流动压力尚未稳定，有的井还需要对井底进一步清井，只能用一点法这样简单的方法，对于不稳态条件下的气井产能做初步估算。

（2）评价井试气段。评价井试气时，在开井初期也可以用一点法初步估算无阻流量。与探井不同的是，对于某些已连接生产管线的评价井，或特别重要的评价井，也可以把试气时间适当延长到拟稳态。

（3）评价井产能试井段。评价井一般都需要在开井初期按行业规范要求进行产能试井，采用的是经典的产能试井方法：可以采用回压试井方法，要求每一个产能测试点流动压力均达到稳定；也可以采取修正等时试井方法，在不稳定点测试以后，录取一个延时生产时段的拟稳态生产点。

（4）稳定点产能二项式方程的应用。作为一种新方法，稳定点产能二项式方程在气井投产后的各个阶段都可以发挥作用，建立这种方程只需要一个条件，那就是气井存在一个相对稳定的生产点。因此以下简称这种新方程为“稳定点方程”。

① 在试气阶段，只要开井时间相对较长，产量和流动压力基本稳定，稳定点方程即可应用。例如在克拉 2 气田，气井开井后几个小时流压即可达到稳定，此时可以利用短时间测点建立起符合现场需求的产能方程。从本节后面的示例，可以证明此点。

② 利用产能试井阶段稳定点可以建立稳定点方程。对于采用修正等时试井测取的资料，包含一个延时开井阶段，在延时开井末期，认为气井应表现出拟稳态特征，可以应用此点为稳定产能点，建立起稳定点方程。对于采用回压试井方法开展的产能试井，按要求每一个测点产量和流动压力均应达到稳定，因此应用任意一个测点，都可以建立起稳定点方程。在后面推导稳定点方程过程中，选用了 KL205 井回压试井测点作出示例，从方程画出的 IPR 曲线及推算的无阻流量看，与回压试井给出结果十分接近。由于一些井积水，因此在应用回压试井测点建立稳定点方程时，常常会选用最后一个测点，即排出积水影响效果最佳的测点。笔者曾参与东方气田的此类研究工作，正是采用这种方法建立稳定点方程。

③ 评价井试采和生产井投产初期。对于一个大中型气田，投产气井总数至少有几十口，多的甚至几百口、上千口，不可能对每一口气井都进行规范的产能试井。据统计，在陆上气田中，开展规范产能试井的气井数，不足总井数的 1/10，有的甚至更少。那么对于其他的生产气井，如何规划投产后的产量呢？在缺乏可靠依据的情况下，只好应用试气时一点法估算的无阻流量，实践证明这种早期数据误差太大，有时与实际产能相差数倍，不可避免会给投产后的方案调整带来很大麻烦。应用稳定点方程可以很好地解决这一问题。只要在试采初期或生产井投产初期，选择一个产量稳定的生产时段，测试这一时段的平均井底流动压力，即可建立起可靠的初始稳定点产能方程，并推算初始无阻流量，画出初始 IPR 曲线。如果气井井底下入了永久压力计，这种新型产能方程的建立将会更为方便。

④ 生产井采气过程建立动态产能方程。生产井投产几年后，其产气能力明显下降，表现在虽可维持初始产量生产，但井底流动压力和井口压力明显下降。对于生产条件较差的气井，这种明显的衰减过程也许不到一年，甚至只有几个月，导致初始的气产量值也无法维持，跟着一起下降。如何对此时的产能情况进行评价，这时稳定点产能二项式方程可以发挥其独特的作用。只要测取生产过程中的稳定的生产点，代入方程后，可以推算出动态的供气边界地层压力，建立起这一时段的“动态产能方程”，推算出动态的无阻流量值，画出动态的 IPR 曲线图。

⑤ 生产井增压开采阶段。在增压开采阶段，由于工艺措施影响，将会给井底流压监测带来一定的困难，只要妥善解决测压问题，新的产能分析方法同样适用。

图 3–31 把不同产能分析方法和适用情况进行了对比。可以看到，新方法不但对于直气井适用，而且对于水平井同样适用，只不过在方程表达形式上略有不同。本章将用专门的一节加以介绍。

产能分析方法	垂直井初始产能分析			垂直井动态产能分析				水平井动态产能分析		
	推算初始无阻流量	建立初始产能方程	绘制初始IPR曲线	推算动态无阻流量	建立动态产能方程	绘制动态IPR曲线	推算供气边界压力	推算初始无阻流量	推算动态无阻流量	绘制IPR衰减过程图
回压试井	√(不宜低渗)	常出现 $B<0$, $n>1$ 的情况	√	×	×	×	×	√(不宜低渗)	×	×
修正等时试井	√	√	√	×	×	×	×	√	×	×
一点法	√	×	×	×	×	×	×	√(借用)	×	×
稳定点产能	√	√	√	√	√	√	√	√	√	√

注: √表示适用;×表示不适用

图 3-31 不同产能试井方法适用范围对比示意图

(二)稳定点产能二项式方程理论推导和建立方法

根据本章第四节的推导，流动压力进入拟稳态时，二项式产能方程在压力平方表示下写作式（3-6）形式，即：

$$p_R^2-p_{wf}^2=Aq_g+Bq_g^2$$

其中

$$A=\frac{29.22\bar{\mu}_g\bar{Z}T}{Kh}\left(\lg\frac{0.472r_e}{r_w}+\frac{S}{2.303}\right)$$

$$B=\frac{12.69\bar{\mu}_g\bar{Z}T}{Kh}D$$

1. 影响 A 和 B 系数值的参数分类

上述产能方程中，一旦系数 A 和 B 值确定下来，产能方程也就建立了起来。影响 A 和 B 值的参数可作如下分类：

（1）地层系数 Kh；

（2）地层压力 p_R 和生产压差（$p_R^2-p_{wf}^2$）；

（3）气井的完井参数，通常表示为视表皮系数 S_a；

（4）地层的物性参数：地层温度 T、天然气地下黏度 μ_g、天然气偏差系数 Z；

（5）气井的供气半径 r_e 和井底半径 r_w。

以下除地层系数 Kh 将专门予以讨论外，其余分别加以讨论。

（1）地层压力 p_R 是决定气井产能的三大关键因素之一，初始地层压力是在气井完井时实测的，现场必须适时予以准确测定。

（2）地层的物性参数 T,μ_g 和 Z 等是现场测定的或通过现场取样后，在实验室测定的，对于每一个气田应及时收集。

（3）气井的视表皮系数 S_a。视表皮系数 S_a 表示为：

$$S_a=S+q_gD$$

机械表皮系数 S 出现在产能方程系数 A 中，它一般用压力恢复曲线分析方法确定。

在一个地区、一个气田，在特定的完井工艺条件下，是一个大致相同的数值。例如，对于鄂尔多斯盆地打开上古生界低渗透砂岩地层，经过压裂改造后的气井，产生的压裂裂缝半长大致在 60～80m，此时的机械表皮系数一般为 −5.5；

影响非达西流系数 D 的参数因素比较多，因而确定的过程也比较复杂。首先，由于天然气通过地层流入气井，所以 D 值受地层渗透率 K、孔隙度 ϕ、天然气地下黏度 μ_g 和相对密度 γ_g 的影响。其次，D 值还受完井状态的影响，例如打开地层的有效厚度 h 和井底半径 r_w 等。因此，一些研究者把 D 值表达为上述参数的关系式。例如 Jones（1987）把 D 值表达为式（2–14）的样式，该公式在法定单位下写作：

$$D=\frac{1.35\times10^{-7}\gamma_g}{K^{0.47}\phi^{0.53}hr_w\mu_g}$$

国外另一些学者和国内一些专家也曾对此进行过研究，所归纳出的表达式大致相近。这里的问题是：首先，地层内影响天然气渗流的具有代表性的参数 K 和 ϕ 等本身即是很难确定的；其次，完井工艺条件对 D 值影响非常大，远远不是有效厚度 h 和井底半径 r_w 等简单数值可以表达的。因此式（2–14）计算出的 D 值常常不能很确切地表达实际情况。那么如何确定 D 值呢，目前有效的方法有 3 个：

① 压力恢复曲线分析结果回归法。在不同关井产量条件下测到的压力恢复曲线，解释得到的视表皮系数 S_a 值是不同的，通过对 S_a 值与天然气产量 q_g 回归，可以求得机械表皮系数 S 值和 D 值（图 2–46）。

② 试井解释软件变表皮处理法。在一些商品化的试井解释软件中，具备变表皮选项，这一选项允许在压力历史拟合过程中，通过调节视表皮，达到不同产气量条件下的流动压力拟合一致，此时软件同时提供非达西流系数 D 值。

③产能分析结果对比法。该方法是指，在一个成规模的气区，大都进行了规范的产能试井，例如苏里格气田，曾进行过数十口井的修正等时试井，每一次都建立了初始产能方程，推算了初始无阻流量。对这些井，同时用延时开井测到拟稳态生产点，建立稳定点产能二项式方程，同样可以求得这些井的初始无阻流量。调节稳定点产能二项式方程中的 D 参数，使两者趋于一致，可以用这种方法确定该地区的有效的 D 参数值。关于这一点，将在后面的应用实例中加以介绍。

（4）气井的供气半径 r_e 和井底半径 r_w。r_e 值的确定取决于单井控制的有效区块面积，但是对于一个形态复杂的岩性区块，或由裂缝发育决定的有效连通区域，往往在产能试井时并不能确定它的有效面积，因而 r_e 值是难以直接给出的。但是 r_e 值在公式中存在于对数坐标下，因而它的取值对于解释结果的影响不大，经常的做法是，根据气井所处地层的结构情况，选取 500～1000m 的某一经验值。后面还要讨论到，选值误差造成的影响会在确定地层系数时予以对冲。至于井底半径 r_w 值，由于其变化影响已在完井表皮系数中予以考虑，所以一般选取储层段套管半径。

2. 地层系数 Kh 值的确定和初始产能方程的建立

地层系数 Kh 值是影响产能方程 A 和 B 系数的最关键的因素，把它放在最后确定，并把确定出来的值称为“等值的地层系数”。一旦前面提到的诸多参数选定之后，在产能方程中待定的参数就只剩地层系数 Kh 值。把产能方程表示为：

$$p_R^2 - p_{wf}^2 = \frac{A_2'}{Kh}q_g + \frac{B_2'}{Kh}q_g^2 \tag{3-40}$$

其中

$$A_2' = 29.22\overline{\mu}_g \overline{Z}T\left(\lg\frac{0.472r_e}{r_w} + \frac{S}{2.303}\right) \tag{3-41}$$

$$B_2' = 12.69\overline{\mu}_g \overline{Z}TD \tag{3-42}$$

然后把式（3–40）做一下变换，得到等值的地层系数表达式：

$$Kh = \frac{A_2'q_g + B_2'q_g^2}{p_R^2 - p_{wf}^2} \tag{3-43}$$

选定一个初始稳定产能点（q_{g0}，p_{wf0}），加上初始地层压力 p_{R0}，代入式（3–43），立即求出气井的等值的地层系数 Kh 值。把求得的等值的地层系数 Kh 值代回式（3–40），可以得到所要求的初始稳定点产能二项式方程：

$$p_R^2 - p_{wf}^2 = A_2q_g + B_2q_g^2$$

从而推算出初始的无阻流量 q_{AOF}，初始的 IPR 曲线。

这里特别要指出的一点是，用式（3–43）计算的等值的地层系数 Kh 值只是稳定点二项式方程推导过程中的中间值，不建议把这个值用在其他场合的参数计算中，理由如下：

（1）等值 Kh 值不但反映井底附近储层的实际渗透率和有效厚度情况，同时由于造成井底流动压力下降的因素，还有地层非均质影响、不渗透边界的影响等，因此从压差反求出的 Kh 值，综合反映了以上这些地层因素。

（2）在反推等值 Kh 值时，先行确定了其他影响参数，包括供气半径 r_e、井底半径 r_w 和机械表皮系数 S 等，而这些参数选定时的误差，都会在反推 Kh 值时被植入，这一方面对冲了选值误差带来的不利影响，另一方面也使 Kh 值本身与真值之间产生了距离。

正是由于产能方程本身建立在均质地层的假定前提下，所以面对复杂的储层条件，使 Kh 值在一定程度上反映了多种地层因素的综合影响。

也许读者会提出一个问题，如何能够证明这样建立的产能方程是可靠的，是符合油田现场实际情况的呢？这里作出下面的简单说明。最能反映产能方程特征的就是 IPR 曲线，通过稳定点产能二项式方程给出的 IPR 曲线，其特征如图 3–32 所示。

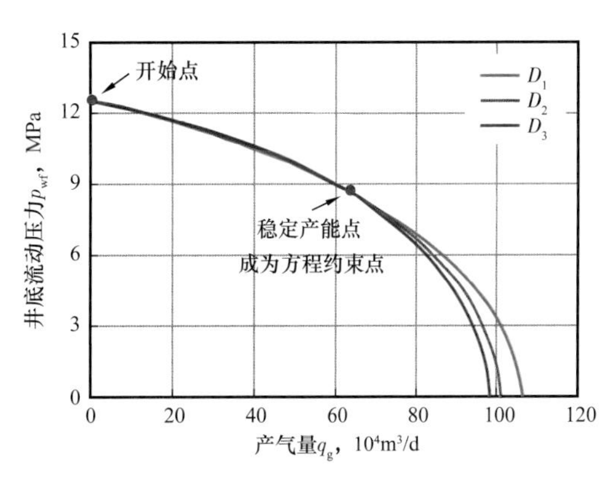

图 3–32 不同 D 值情形稳定生产点约束 IPR 曲线示意图

在图中有两个关键点：

（1）地层压力 p_R 是由现场准确测定的，

它是在 q_g=0 时的初始点，是唯一确定的 IPR 曲线的起始点。

（2）稳定生产点（q_{g0}，p_{wf0}）。稳定生产点是在气井投产后，经过清井过程解除了井底堵塞，也已基本排出积水条件下的实测值，是本井实际生产过程中的一个稳定值。这是一个约束 IPR 曲线走势的关键点，如果仍用本节开始时提到的“打靶”来比喻无阻流量推算过程，它就是射击时的准星，但这是一个安放在枪口和靶子之间的准星。也可以比喻做射手部分看到了“靶的”进行瞄准，然后进行的射击。

在图 3-32 中，试着改变建立方程时的 D 值，由于有实测产能点约束，对推算的无阻流量影响相对较小。

三、现场应用实例

（一）KL205 井试用初始稳定点二项式方程

KL205 井在投产前曾采用短期试采对气井进行研究，试采开始时进行了回压试井，取得的产量和压力关系列在表 3-7 上，测试过程流压变化曲线画在图 3-33 上。

表 3-7　KL205 井回压试井产量与流动压力数据表

油嘴 mm	井口油管压力 MPa	井底压力 MPa	产气量 $10^4m^3/d$
0		74.5083	0
7.94	61.95	73.3818	69.2750
11.11	59.64	72.4816	106.1368
13.04	57.95	71.6997	148.5733
14.63	56.41	70.9776	175.4265
16.34	54.21	70.1467	206.7129
17.96	51.69	69.1387	244.1955

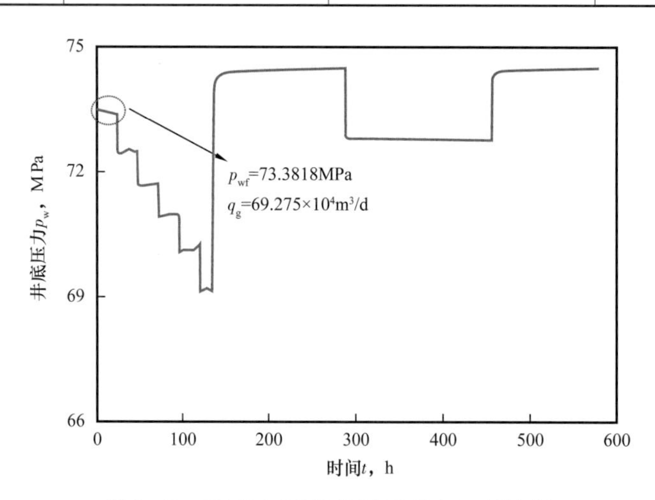

图 3-33　KL205 井回压试井井底压力历史图

对于 KL205 井，建立稳定点产能二项式方程时选取的物性参数和其他相关参数为：天然气地下黏度 μ_g=0.025mPa·s；天然气偏差系数 Z=1；地层温度 T=376K；气井的供气半径 r_e=500m；井底半径 r_w=0.09m；机械表皮系数 S=0；非达西流系数 D=0.018（$10^4m^3/d$）$^{-1}$。

代入式（3–41）和式（3–42）后得到：

$$A_2' = 29.22 \times 0.025 \times 376 \left(\lg \frac{0.472 \times 500}{0.09} + 0 \right) = 939.00$$

$$B_2' = 12.69 \times 0.025 \times 376 \times 0.018 = 2.147$$

选择图 3–33 和表 3–7 中回压试井第 1 个测点为初始稳定产能点，即：

$$p_R = 74.5083\text{MPa}$$

$$p_{wf} = 73.3818\text{MPa}$$

$$q_g = 69.2750 \times 10^4 m^3/d$$

代入式（3–43）反求等值的地层系数 Kh 值：

$$Kh = \frac{939.0q_g + 2.147q_g^2}{p_R^2 - p_{wf}^2} = \frac{939.0 \times 69.275 + 2.147 \times 69.275^2}{74.508^2 - 73.3818^2} = 452.424\text{mD}\cdot\text{m}$$

最后确认 KL205 井稳定点产能二项式方程为：

$$p_R^2 - p_{wf}^2 = 2.075q_g + 4.746 \times 10^{-3} q_g^2$$

产能方程确认以后，也就得到了相应的产能方程图和 IPR 曲线（图 3–34 和图 3–35）。

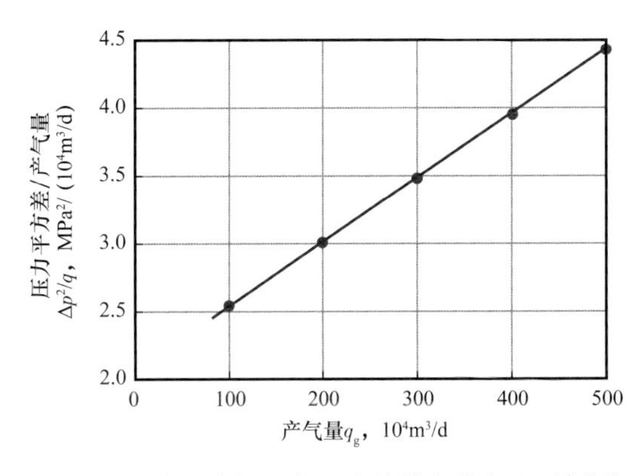

图 3–34 实测点校正的理论计算产能方程示例图

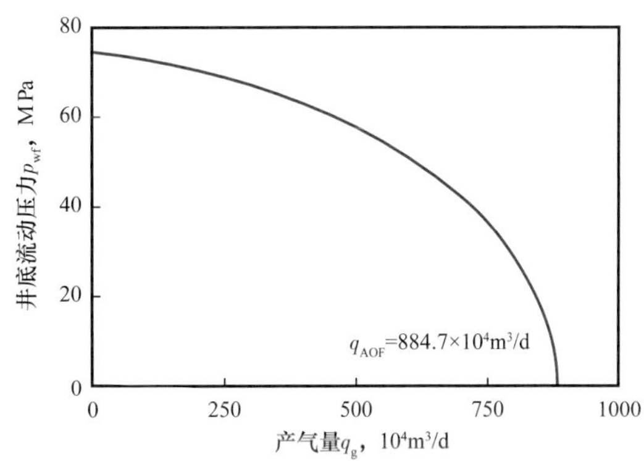

图 3–35 实测点校正的理论计算 IPR 曲线示例图

该井进行了成功的回压试井，从回压试井求得的 IPR 曲线如图 3–36 所示，把回压试井的 IPR 曲线与稳定点产能二项式方程的 IPR 曲线放在一起对比，如图 3–37 所示。

从图 3–37 看到，两种方法求得的结果是十分接近的，这就证实了对于这种接近均质的高渗透储层，完全可以用一个早期的稳定生产点建立起符合气田实际情况的产能方程。

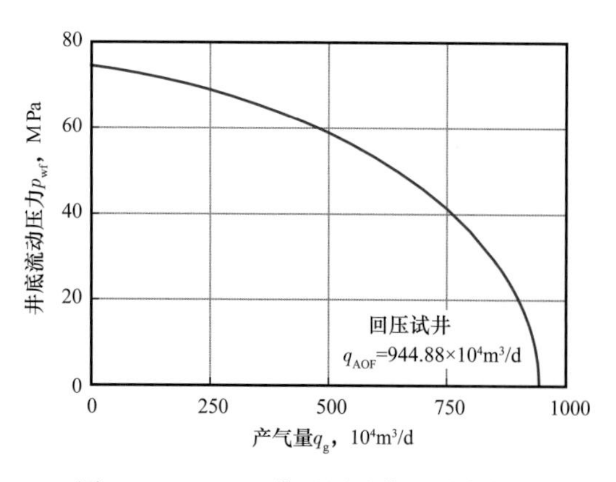

图 3-36　KL205 井回压试井二项式产能方程 IPR 曲线图

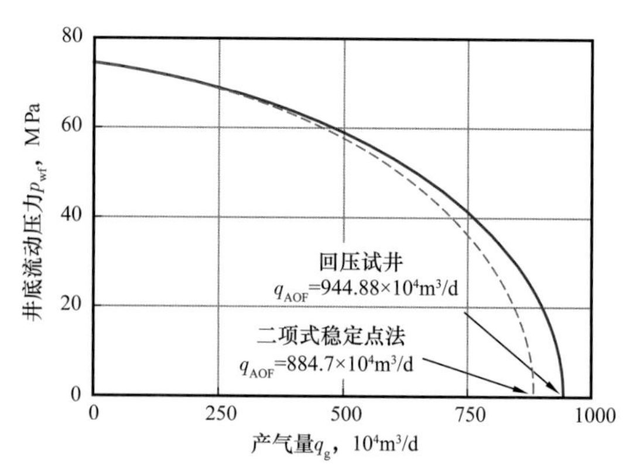

图 3-37　KL205 井不同产能方程 IPR 曲线对比图

（二）苏里格气田建立稳定点产能二项式方程

在苏里格地区，安排早期探井进行了试采，在试采初期大都开展修正等时试井。笔者收集到 11 口井的测试资料，进行了全面的产能试井研究。

（1）规范的修正等时试井分析。对于 11 口气井，现场录取了完整的修正等时试井的压力和产量资料，用试井解释软件进行了仔细的分析，画出初始 IPR 曲线，推算了初始无阻流量，其结果列在表 3-8 中。

表 3-8　苏里格气田不同产能分析方法参数及分析结果对比表

井号	延时开井末期稳定的产能点			等值 Kh mD·m	A	B	推算无阻流量，$10^4m^3/d$	
	p_R MPa	p_{wf} MPa	q_g $10^4m^3/d$				稳定点方程	压力平方二项式方程
S4	28.4000	15.2300	14.926	6.408	38.279	0.01460	20.9034	20.6733
S5	28.8149	19.3147	10.031	5.402	45.409	0.01732	18.1589	17.4771
S6	27.9975	15.4312	15.131	6.840	35.879	0.01368	21.6791	21.7128
S10	27.5100	10.3500	15.049	5.714	42.925	0.01637	17.5136	17.4243
S20	29.6080	16.9390	5.310	2.213	110.84	0.04227	7.8852	7.7305
S25	27.1370	21.5780	4.063	3.686	66.545	0.02538	11.0199	10.2518
T5	29.3400	9.0000	10.025	3.165	77.493	0.02955	11.0618	11.0204
S16-18	26.7142	22.1887	0.802	0.889	275.73	0.1051	2.5857	2.5793
S14	29.7615	26.2307	1.502	1.865	131.51	0.05016	6.7178	6.6909
S37-7	30.3476	25.9552	1.200	1.190	205.99	0.07857	4.4633	4.4556
S40-10	30.8743	29.0633	3.011	6.811	36.011	0.01373	26.2079	26.4358

（2）稳定点产能二项式方程分析。选取苏里格气田主要产气井物性参数和其他相关参数的平均值，作为建立全气田稳定点产能二项式方程的基础参数：天然气地下黏度 μ_g=0.02mPa·s；天然气偏差系数 Z=0.9753；地层温度 T=378K；机械表皮系数 S= –5.5；气井的供气半径 r_e=500m；井底半径 r_w=0.07m；非达西流系数 D=0.001（$10^4m^3/d$）$^{-1}$（用产能分析结果对比法求得）。

从而得到适用于苏里格气田的稳定点产能二项式方程的通用的表达式，写作：

$$p_R^2 - p_{wf}^2 = \frac{245.4}{Kh}q_g + \frac{0.09357}{Kh}q_g^2 \tag{3-44}$$

式中地层系数 Kh 值对于每一口气井各不相同，结合各井修正等时试井时的延时开井末期实测点，用式（3–45）计算：

$$Kh = \frac{245.4q_{g（实测）} + 0.09357q_{g（实测）}^2}{p_{R（实测）}^2 - p_{wf（实测）}^2} \tag{3-45}$$

从而得到表 3–8 所列的结果。

上述结果表示为柱状对比图，如图 3–38 所示。

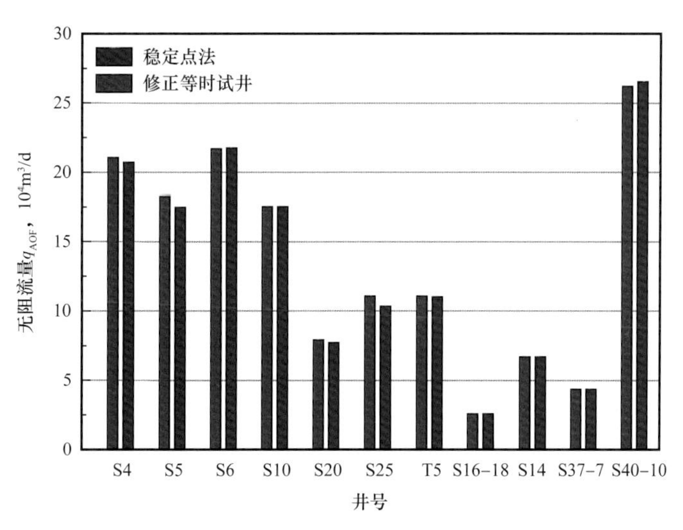

图 3–38　苏里格气田不同产能分析方法推算无阻流量柱状对比图

从表 3–8 和图 3–38 看到，稳定点产能二项式方程推算的无阻流量与规范的修正等时试井方法是十分接近的。由此得出下面的认识：

（1）除非有特别的需要，今后在苏里格气田的其他投产井，不必再重复地开展修正等时试井，只要延时开井一段时间后，选择一个稳定的生产点，代入式（3–44）和式（3–45），即可建立起可靠的初始产能方程，推算初始无阻流量。

（2）采用类似的方法，还可以针对鄂尔多斯盆地榆林南、子洲—米脂、乌审旗等气田，以及今后发现的其他气田，同样建立适合那些地区的稳定点产能二项式方程，这将大大简化产能测试过程。事实上，这类工作已经在苏里格西区气田开展。

四、动态产能方程的建立方法

（一）首先建立初始稳定点方程

以苏里格气田的S6井为例。现场记录的压力和产量历史如图3-39所示。

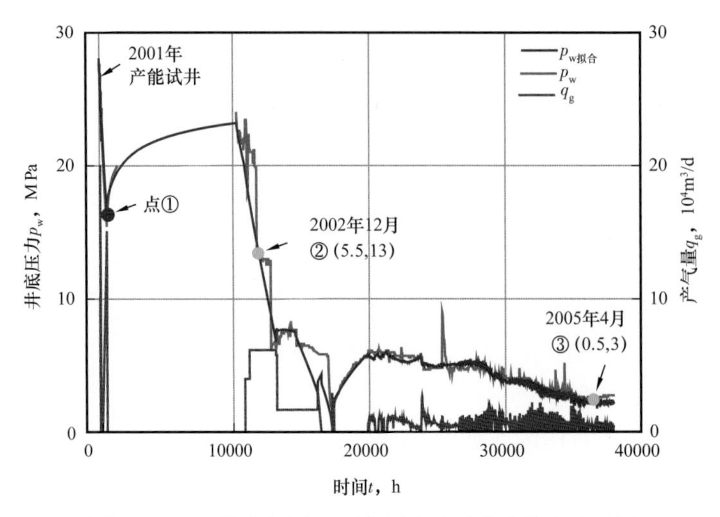

图3-39 S6井产气量、压力历史及动态产能点选取图

应用该地区盒8层物性参数，建立了初始稳定点产能二项式方程一般表达式，表示为：

$$p_R^2-p_{wf}^2=\frac{245.4}{Kh}q_g+\frac{0.09357}{Kh}q_g^2 \quad (3-46)$$

代入S6井2001年修正等时试井延时开井末点①的资料：p_R=27.9975MPa，p_{wf}=15.4312MPa，q_g=15.1311 ×$10^4m^3/d$后，反推出该井等值的地层系数Kh=6.84mD·m，从而建立起初始产能方程为：

$$p_R^2-p_{wf}^2=35.879q_g+0.01368q_g^2 \quad (3-47)$$

用上述产能方程可以画出S6井的初始IPR曲线，如图3-40所示。

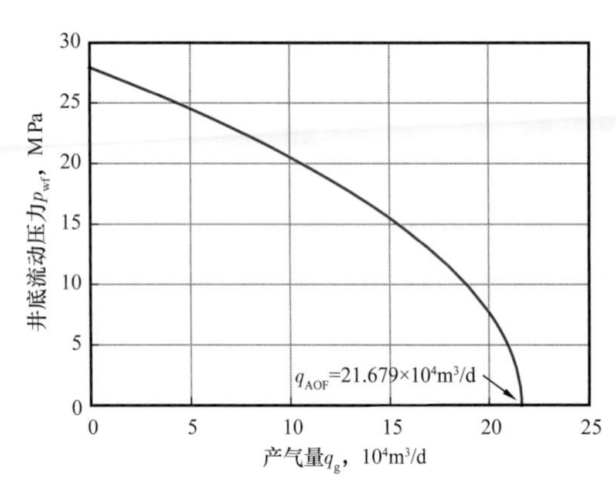

图3-40 S6井初始IPR曲线图

（二）建立动态产能方程

当S6井经过一段时间生产，到2002年12月，产能出现衰减。此时选用动态产能点②的资料p_{wf}=13MPa，$q_g=5.5\times10^4m^3/d$，代入式（3-47），可以初步反推出此时的动态地层压力为：

$$p_R=\left(35.8791q_g+0.01368q_g^2+p_{wf}^2\right)^{0.5}=19.2477MPa \quad (3-48)$$

由于地层压力的降低，天然气物性也会随之变化，图 3–41 画出按 S6 井天然气组分得到的天然气地下黏度 μ_g 和天然气偏差系数 Z 随地层压力变化关系图。

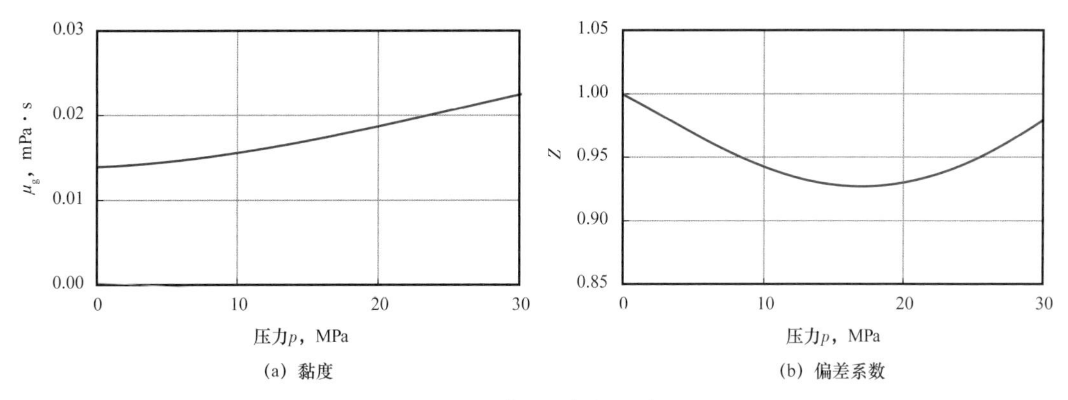

图 3–41　S6 井天然气物性关系图

地层压力下降后，从图 3–41 中查得天然气地下黏度 μ_g=0.019mPa·s，偏差系数 Z=0.8856，代入 A_2' 和 B_2' 表达式后，数值相应调整为：A_2'= 211.7182，B_2'= 0.8071。重复代入式（3–48），得到修正后的地层压力值 p_{R1} = 18.5147MPa。有时上面的迭代过程需要次数不多的重复运作。最后得到 S6 井 2002 年 12 月的动态产能方程为：

$$p_{R1}^2-p_{wf}^2= 30.9502q_g+0.1180q_g^2$$

注意新的产能方程中，地层压力已由 p_{R1} 代替，但认为地层系数维持不变，此时动态无阻流量已降为 q_{AOF1} = 10.64 ×10^4m^3/d。图 3–42 画出动态的 IPR 曲线。

用同样的方法可以得到 S6 井 2005 年 4 月的动态产能情况：动态地层压力 p_{R2} = 4.62MPa，动态无阻流量 q_{AOF2} = 0.86 ×10^4m^3/d，动态 IPR 曲线图如图 3–43 所示。

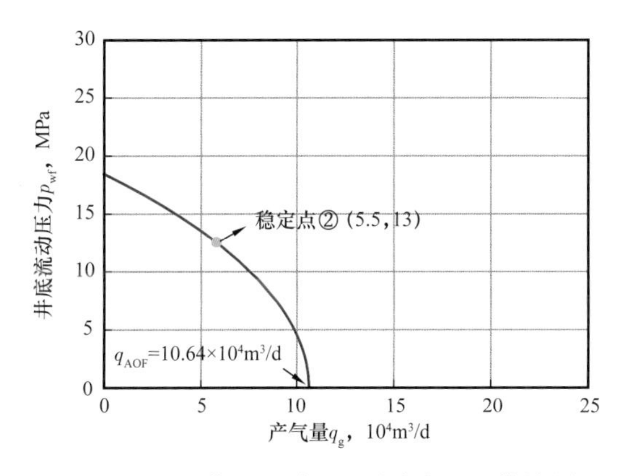

图 3–42　S6 井 2002 年 12 月动态 IPR 曲线图

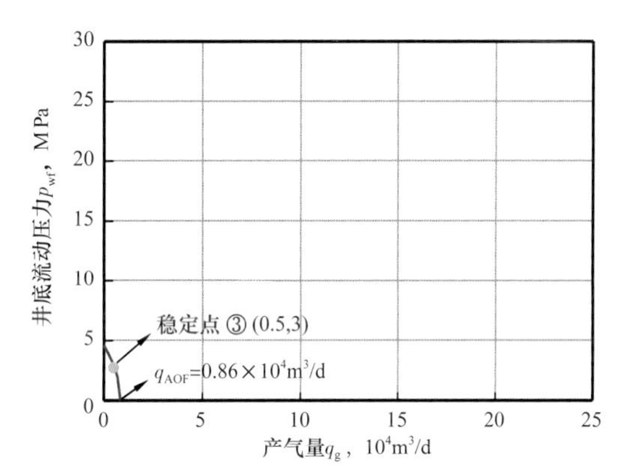

图 3–43　S6 井 2005 年 4 月动态 IPR 曲线图

（三）气井产能衰减过程分析

把初始的和动态的 IPR 曲线叠合到一张图上以后，可以明显地看到 S6 井产能衰减过程，如图 3–44 所示。同时也把不同时期的 IPR 曲线标示在 S6 井的压力历史图中，清楚地看到气井是如何趋向于衰竭的，如图 3–45 所示。

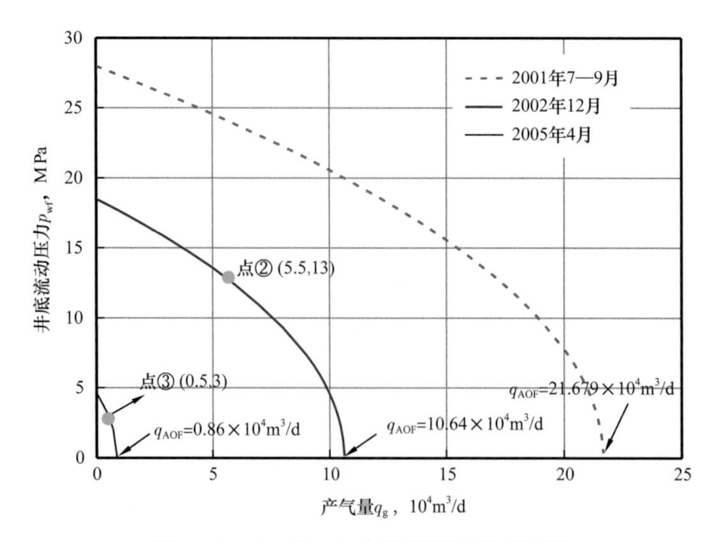

图 3-44　S6 井 IPR 曲线萎缩过程对比图

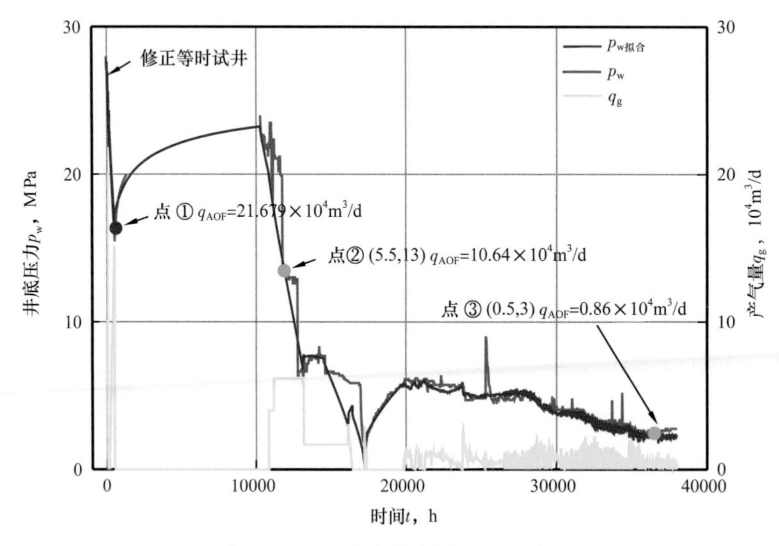

图 3-45　S6 井产能衰竭过程示意图

以上的分析过程可以编制成实用的 Excel 运算表，方便现场应用。

一些研究者认为，低渗透地层存在“压敏效应”，即地层渗透率值是随着地层压力的下降而降低的。当这方面的成果形成普遍认可的数值关系，则上面讨论的动态产能分析也可以毫无困难地纳入地层系数随压力变化的影响因素。具体的运作方法有待进一步开发。

五、水平井稳定点产能二项式方程

在国内，不论是陆上气田还是海上气田，逐渐多地采用水平井进行天然气开采。与直井不同的是，水平井打开的储层井段是接近水平设置的，从直井段到水平井段有一个造斜过程，造斜点距离水平生产层段，不论线性距离或垂直距离都较远。由于测试工艺上的原因，下入式压力计往往只下入到造斜点以上的位置，如图 3-46 所示。

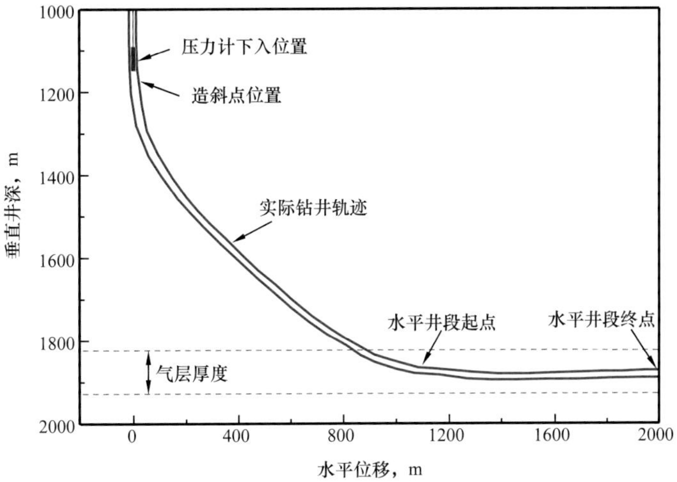

图 3-46 压力计下入水平井位置示意图

由于压力计不能直接监测到生产层的压力，而且又难以取得监测点与产气层之间的压力梯度，带来压力分析方面许多问题，其中最重要的就是积水造成测点压力偏移问题。水平井段和斜井段气水分离，容易积水，因此在水平井中开展产能试井时，更容易出现积水造成的测点压力偏移，使产能试井资料出现异常，推算出的产能指标可信度差，甚至根本建立不起可以应用的产能方程。

近年来，在对一个已投入开发的海上气田进行产能试井资料分析时，虽然录取了数量很多的回压试井现场资料，其质量也基本是可靠的，但却遭遇到半数以上井解释结果可信度差，甚至建立不起产能方程的尴尬局面。

至此，突显出在水平井产能试井中，应用稳定点产能二项式方程方法的必要性。

（一）水平井稳定点产能二项式方程的理论推导

Joshi（1990）在其论文中提供了水平井完井条件下计算产量的表达式，以其文中公式（8）为出发点，推导了水平井产能方程。原论文中公式（8）是指稳定流条件下的油井，不考虑表皮系数影响，在达西单位下的产量表达式。该式经李璗（1997）重新推导加以修改后，表达式分母加入系数 π，有：

$$q_{\mathrm{h}}=\frac{2\pi K_{\mathrm{h}}h\Delta p/\mu B}{\ln\left[\dfrac{a+\sqrt{a^{2}-\left(L_{\mathrm{e}}/2\right)^{2}}}{\left(L_{\mathrm{e}}/2\right)}\right]+\dfrac{\beta h}{L_{\mathrm{e}}}\ln\left(\dfrac{\beta h}{2\pi r_{\mathrm{w}}}\right)} \tag{3-49}$$

经推导后，气井稳定流产量表达式在达西单位下为：

$$q_{\mathrm{gh}}=\frac{2\pi K_{\mathrm{h}}hT_{\mathrm{sc}}(p_{\mathrm{R}}^{2}-p_{\mathrm{wf}}^{2})/p_{\mathrm{sc}}\mu_{\mathrm{g}}TZ}{\ln\left[\dfrac{a+\sqrt{a^{2}-\left(L_{\mathrm{e}}/2\right)^{2}}}{\left(L_{\mathrm{e}}/2\right)}\right]+\dfrac{\beta h}{L_{\mathrm{e}}}\ln\left(\dfrac{\beta h}{2\pi r_{\mathrm{w}}}\right)} \tag{3-50}$$

经过进一步推导，式（3-50）中分母的表达式可以在形式上做一些变化：

$$
\begin{aligned}
&\ln\left[\frac{a+\sqrt{a^2-\left(L_e/2\right)^2}}{L_e/2}\right]+\frac{\beta h}{L_e}\ln\left(\frac{\beta h}{2\pi r_w}\right)\\
&=\ln\frac{2a}{L_e}\left[1+\sqrt{1-\left(L_e/2a\right)^2}\right]+\frac{\beta h}{L_e}\ln\left(\frac{\beta h}{2\pi r_w}\right)\\
&=\ln\frac{2a}{L_e}\left[1+\sqrt{1-\left(L_e/2a\right)^2}\right]\left(\beta h\Big/2\pi r_w\right)^{\left(\beta h/L_e\right)}\\
&=\ln\frac{r_{eh}}{\dfrac{\left(L_e/2a\right)r_{eh}}{\left[1+\sqrt{1-\left(L_e/2a\right)^2}\right]\left(\beta h/2\pi r_w\right)^{\left(\beta h/L_e\right)}}}=\ln\frac{r_{eh}}{r_{wh}}
\end{aligned}
\tag{3-51}
$$

式中，r_{eh} 称为水平井折算供气半径，表示为：

$$
r_{eh}=\sqrt{\frac{A_{eh}}{\pi}}=\sqrt{\frac{\pi r_e^2+2r_eL_e}{\pi}}
\tag{3-52}
$$

式中，$A_{eh}=\pi r_e^2+2r_eL_e$ 为供气区泄气面积（何凯，2003）。有关水平井供气区如图 3-47 所示。

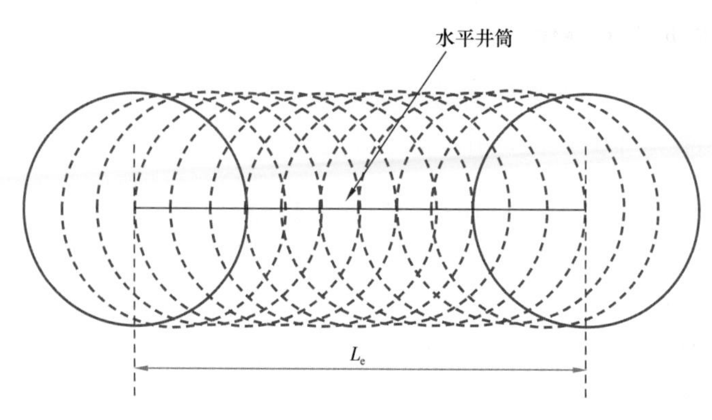

图 3-47　水平井供气区示意图

r_{wh} 称为水平井折算井底半径，表示为：

$$
r_{wh}=\frac{r_{eh}L_e}{2a\left[1+\sqrt{1-\left(L_e/2a\right)^2}\right]\left(\dfrac{\beta h}{2\pi r_w}\right)^{\left(\beta h/L_e\right)}}
\tag{3-53}
$$

以上公式中变量 a 表示为：

$$
a=\left(L_e/2\right)\left[0.5+\sqrt{0.25+\left(2r_{eh}/L_e\right)^4}\right]^{0.5}
\tag{3-54}
$$

式（3-50）在做了上面一些推导变化以后，进一步表达为气井在拟稳定流条件下的、以法定计量单位表达的公式：

$$q_g = \frac{2.714\times10^{-5} K_h h T_{sc}\left(p_R^2 - p_{wf}^2\right)}{p_{sc}\overline{\mu}_g \overline{Z} T\left(\ln\frac{0.472 r_{eh}}{r_{wh}} + S_a\right)} \tag{3-55}$$

把式（3-55）改写为二项式产能方程后，表示为：

$$p_R^2 - p_{wf}^2 = A_h q_g + B_h q_g^2 \tag{3-56}$$

其中

$$A_h = \frac{12.69\overline{\mu}_g \overline{Z} T}{K_h h}\left(\ln\frac{0.472 r_{eh}}{r_{wh}} + S\right) = \frac{A_h'}{K_h h} \tag{3-57}$$

$$B_h = \frac{12.69\overline{\mu}_g \overline{Z} T}{K_h h} D = \frac{B_h'}{K_h h} \tag{3-58}$$

这就是水平井稳定点产能二项式方程的表达式。

公式中符号意义及单位为：

A_h，B_h——水平井二项式产能方程系数；

p_R——供气边界地层压力，MPa；

p_{wf}——井底流动压力，MPa；

K_h——气层水平渗透率，mD；

h——地层有效厚度，m；

L_e——水平井段长度，m；

μ_g——地层天然气黏度，mPa·s；

T_{sc}——气体在标准状态下的温度，293.15K；

p_{sc}——气体在标准状态下的压力，p_{sc}=0.101325MPa；

Z——真实气体偏差系数；

T——气层温度，K；

S_a——视表皮系数或拟表皮系数，$S_a=S+Dq_g$；

S——井壁机械表皮系数；

D——非达西流系数，$(10^4\text{m}^3/\text{d})^{-1}$；

r_{eh}——水平井折算供气半径，m；

r_{wh}——水平井折算井底半径，m；

r_w——井底半径，m；

β——非均质校正系数，$\beta=\sqrt{K_h/K_v}$。

（二）水平井初始稳定点产能二项式方程的建立方法

以示例井为例，介绍稳定点产能二项式方程的建立方法。这又包括初始稳定点产能二项式方程和衰减过程中的稳定点产能二项式方程，又可称之为“动态产能二项式方程”。

1. 初始稳定生产点读值

示例井在储层部位下入永久式的电子压力计，全程监测井底压力历史如图 3–48 所示。

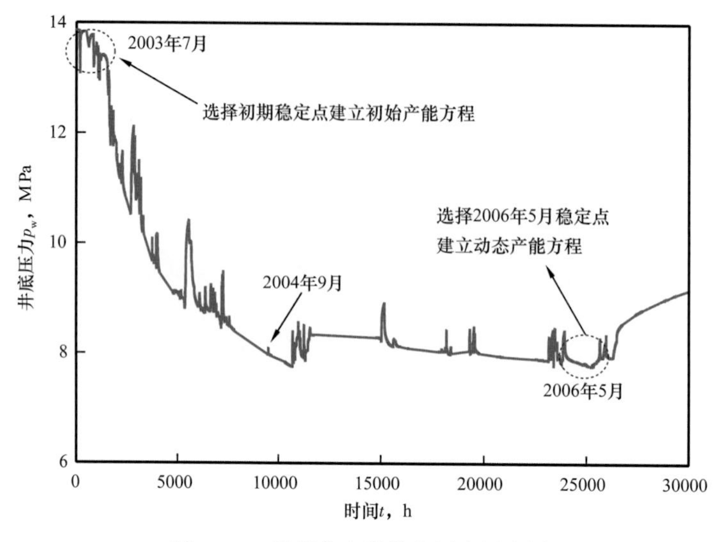

图 3–48　示例井全程井底压力历史图

从图 3–48 中看到，该井自 2003 年 7 月初投入生产以后，由于初期采用较高的产气量生产，导致井底流动压力快速下降。之后调整为较低产量生产，流动压力下降速率有所减缓；直到 2004 年 9 月，调整到约 $20\times10^4m^3/d$ 产气量生产，流动压力才逐渐稳定下来。但此时流压已逼近 8MPa，油压接近了气井外输的压力界限。选择 2003 年投产初期的稳定流压点建立初始产能方程，另外选择 2006 年的稳定生产点，建立衰减后的动态产能方程。图 3–49 展示了放大后的示例井初始阶段流动压力变化曲线。

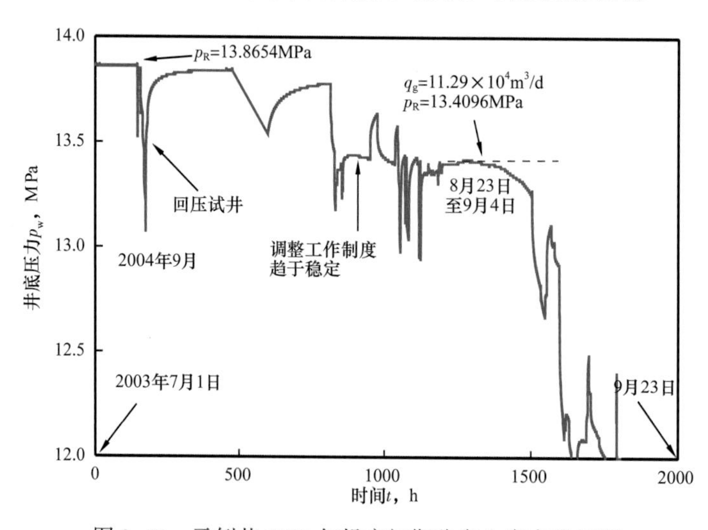

图 3–49　示例井 2003 年投产初期稳定生产点选择图

从图 3-49 中看到：示例井开井生产前进行了回压试井，然后关井测压力恢复曲线；到 2003 年 8 月，该井开井生产，开头曾频繁调整工作制度，导致井底压力波动。至 8 月下旬，有一段相对稳定的时间，选择 8 月 23 日至 9 月 4 日期间，在试井软件上读出井底流动压力值为 13.4096MPa；在记录产气量的 EXCEL 表上读出相应区段的平均产气量为 $11.29\times10^4\text{m}^3/\text{d}$。

2. 示例井参数选择

根据测井解释资料、完井工艺资料、天然气物性分析资料以及其他有关气藏的综合评价资料，初步选择示例井用于产能分析的参数如下：水平井段长 L_e=554.2m，气层垂直有效厚度（测井）h= 11.47m，水平 / 垂直渗透率比 K_h/K_v=10，井底半径 r_w=0.108m，供气半径 r_e=1000m，水平段机械表皮系数 S=0，非达西流系数 D=0.01（$10^4\text{m}^3/\text{d}$）$^{-1}$，天然气地下黏度 μ_g=0.0164mPa·s，天然气偏差系数 Z=0.9358，地层温度 T=359.15 K。

3. 水平井产能方程系数计算

根据式（3-52），得到水平井折算供气半径为：

$$r_{eh}=\sqrt{\frac{\pi r_e^{\ 2}+2r_eL_e}{\pi}}=1163.1\text{m}$$

根据式（3-54），得到参数 a 为：

$$a=\left(L_e/2\right)\left[0.5+\sqrt{0.25+\left(2r_{eh}/L_e\right)^4}\right]^{0.5}=1179.7\text{m}$$

根据式（3-53），得到水平井井底折算井底半径 r_{wh} 为：

$$r_{wh}=\frac{r_{eh}L_e}{2a\left[1+\sqrt{1-\left(L_e/2a\right)^2}\right]\left(\dfrac{\beta h}{2\pi r_w}\right)^{(\beta h/L_e)}}=99.1\text{m}$$

从而可以计算产能方程 A_h 系数和 B_h 系数：

$$A_h=\frac{12.69\times0.0164\times0.9358\times359.1}{K_hh}\left(\ln\frac{0.472\times1163.1}{106.8}+0\right)=119.73\left(K_hh\right)^{-1}$$

$$B_h=\frac{12.69\times0.0164\times0.9358\times359.1\times0.01}{K_hh}=0.6994\left(K_hh\right)^{-1}$$

从而产能方程表示为：

$$p_R^2-p_{wf}^2=119.73(K_hh)^{-1}q_g+0.6994(K_hh)^{-1}q_g^2 \tag{3-59}$$

这个公式也可以把等值的地层系数表达为：

$$K_hh=\frac{119.73q_g+0.6994q_g^2}{p_R^2-p_{wf}^2} \tag{3-60}$$

4. 建立示例井初始稳定点二项式产能方程

通过图 3–49 选定的初始稳定点参数为：供气边界地层压力 p_R =13.8654MPa；稳定点流动压力 p_{wf}= 13.4096MPa；稳定点产气量 q_g=11.29×10⁴m³/d。代入式（3–60）得到：

$$K_h h=115.86\text{mD}\cdot\text{m}$$

从而得到初始产能方程为：

$$p_R^2-p_{wf}^2= 1.0334q_g+0.006037q_g^2 \tag{3-61}$$

推算无阻流量：

$$q_{AOF} = 112.3\times10^4\text{m}^3/\text{d}$$

把上述产能方程在试井解释软件上作出图示线和 IPR 曲线，表示在图 3–50 上。

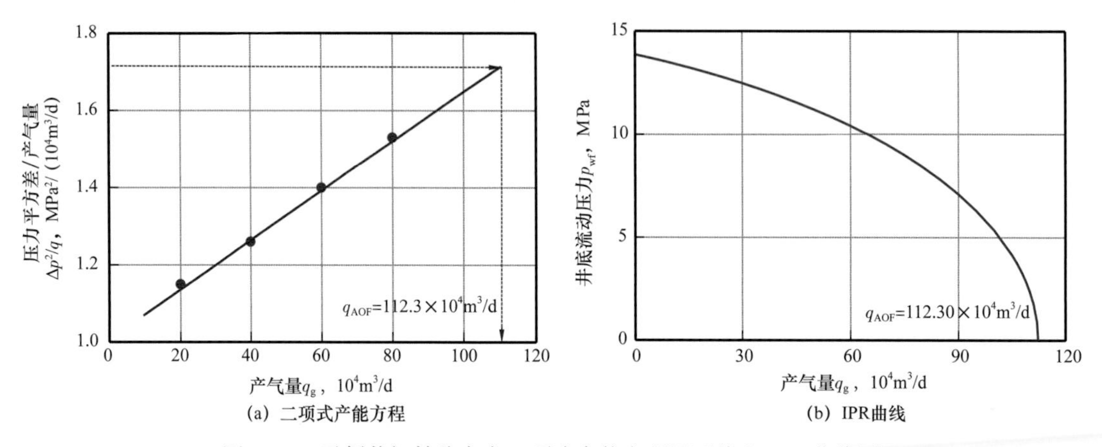

图 3–50　示例井初始稳定点二项式产能方程图示线和 IPR 曲线图

从推算出的量值为 112.3×10⁴m³/d 的无阻流量推测，该井应该能够以 20×10⁴～25×10⁴m³/d 的稳定产量生产，后来的实际生产过程也证实了这一点。

（三）动态产能方程的建立方法

1. 物性参数计算

依据式（3–59）、式（3–60）和式（3–61）建立的初始产能方程，在地层压力 p_R 衰减以后，其系数 A_h 和系数 B_h 也随之变化。在系数 A_h 和 B_h 的表达式中，影响其变化的主要因素是天然气地下黏度 μ_g 和偏差系数 Z，至于地层系数 $K_h h$ 值，除非异常高压的压敏性地层，不需要考虑其变化的影响，认为是常数。

示例井天然气物性参数随地层压力的变化，显示在图 3–51 中。建议采用 Standing（1942）的方法计算偏差系数，采用 Lee（1982）的方法，计算天然气黏度。

2. 动态产能方程系数 A_h 和 B_h 及地层压力 p_R 的计算

在式（3–57）和式（3–58）中，随着地层压力的下降，$(Z\mu_g)_{初}$变化为$(Z\mu_g)_{动}$，系数 A_h 和 B_h 也跟着变化：

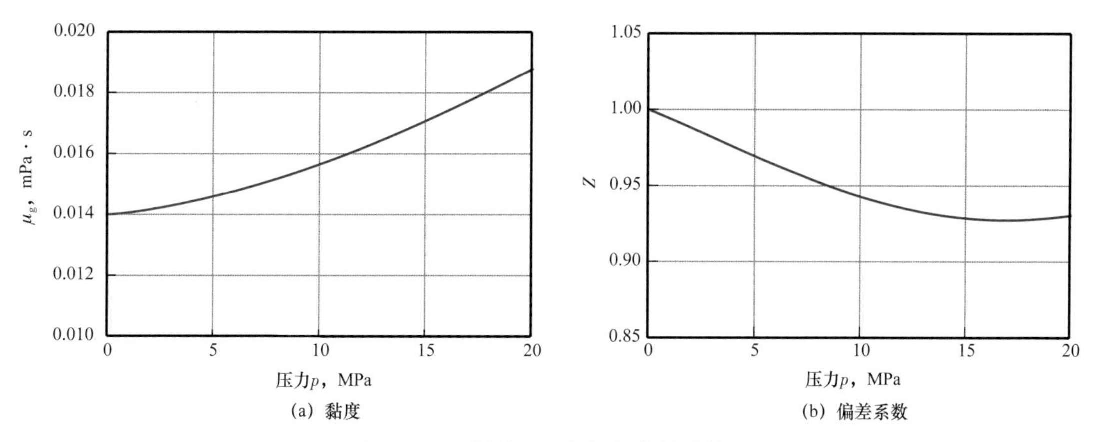

图 3-51 示例井天然气物性参数计算图

$$A_{h动}=A_{h初}\times\frac{\left(Z\mu_g\right)_{动}}{\left(Z\mu_g\right)_{初}}=0.9641$$

$$B_{h动}=B_{h初}\times\frac{\left(Z\mu_g\right)_{动}}{\left(Z\mu_g\right)_{初}}=0.005631$$

从而得到：

$$p_{R动}^2-p_{wf}^2=0.9641q_g+0.005631q_g^2 \tag{3-62}$$

此时的方程中，地层压力 $p_{R动}$已不是原始的地层压力，因此式（3-62）在应用前还必须确定新的地层压力 $p_{R动}$值。做法是，先选择一个新的稳定产能点，对于示例井来说，可以选择图 3-48 中的 2006 年 5 月时的稳定产能点，经局部放大后，表示在图 3-52 上。

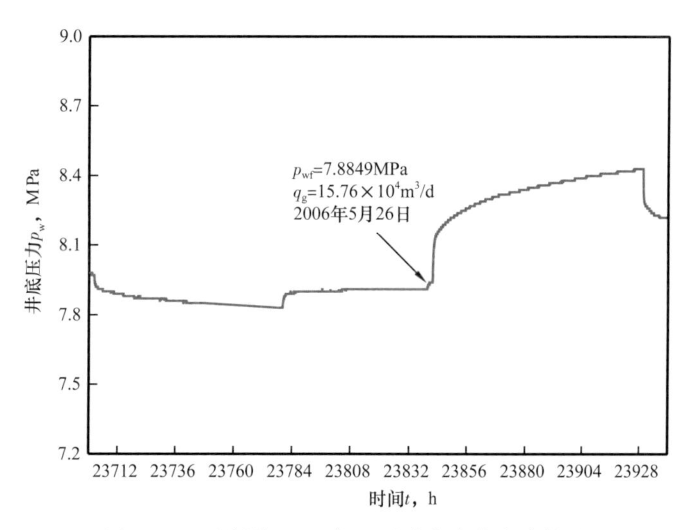

图 3-52 示例井 2006 年 5 月稳定产能点读值图

选择 5 月 7 日—20 日产量平均值为 $15.76\times10^4m^3/d$，读出此时流动压力为 7.8849MPa，代入式（3-62），得到：

$$p_{R动}=\left(p_{wf}^2+0.9641q_g+0.005631q_g^2\right)^{0.5}=8.8749\text{MPa}$$

从而得到新的 2006 年的动态产能方程为：

$$p_{R动}^2-p_{wf}^2=0.9641q_g+0.005631q_g^2 \tag{3-63}$$

推算动态无阻流量为：

$$q_{AOF}=60.4\times10^4\text{m}^3\text{/d}$$

必须指出，只有当衰减后的地层压力 $p_{R动}$值确定以后，才能确定此时的天然气物性参数（$Z\mu_g$）$_{动}$，这需要一个次数不多的迭代运算过程，在此不作赘述。

3. 示例井产能衰减分析

通过前面的运算建立起了动态产能方程，推算出了动态无阻流量，同时得到衰减后的 IPR 曲线图，如图 3-53 所示。

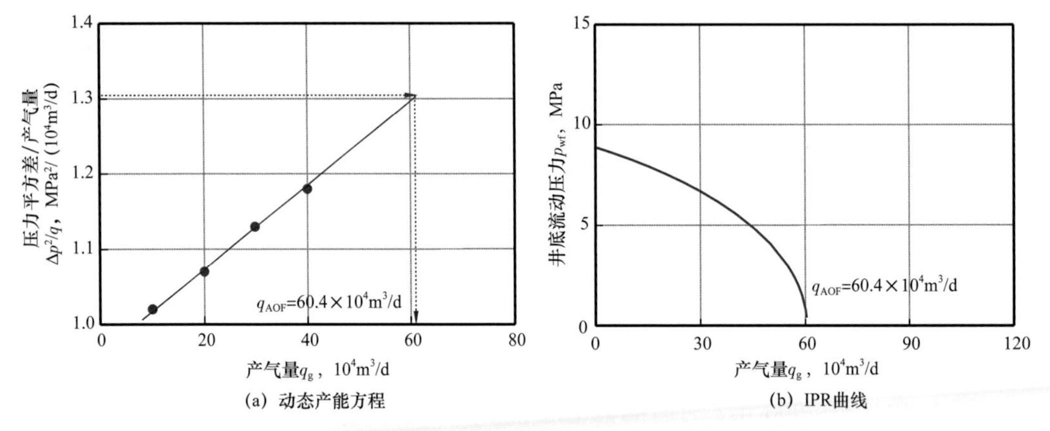

图 3-53 示例井 2006 年 5 月动态产能方程和动态 IPR 曲线图

把示例井初始的 IPR 曲线和衰减后的 IPR 曲线放在同一张图中，可以清楚地看到产能衰减的情况（图 3-54）。

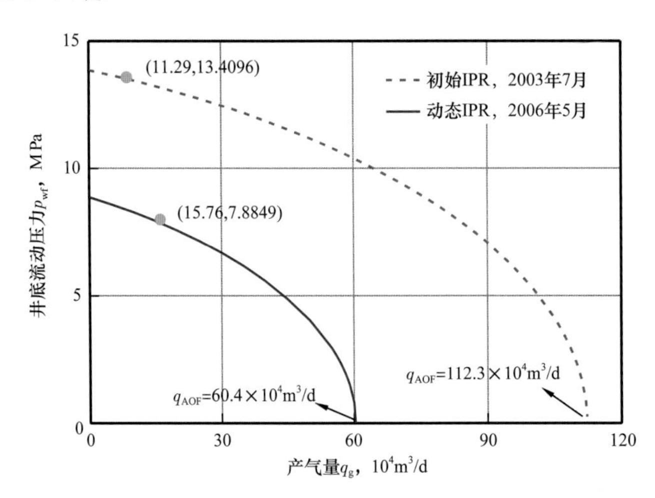

图 3-54 示例井 IPR 曲线衰减情况对比图

图 3-54 清楚显示，该井在生产 3 年以后，供气边界地层压力已从初始的 13.865MPa 降低为 8.8758MPa，无阻流量则从 $112.3\times10^4m^3/d$ 降低为 $60.4\times10^4m^3/d$。在新的条件下，应该用衰减后的 IPR 曲线规划气井的生产。

以上的分析过程也证明了，稳定点产能二项式方程在确定水平气井初始产能方程，以及测算产能衰减过程中，的确是行之有效的方法。

第七节 气田开发方案设计中的产量预测

作为气井的产能试井，最终目的是为气田中所有规划开发井，提供产量设计依据。因此，在进行了试气井的产能试井，并取得了单井的产能方程以后，一般还要做出适合于全气田情况的产能方程和相应的 IPR 曲线，以便在方案设计中，进行规划生产井的产量预测。这种预测的产气量，也是进行气田数值模拟，设置每一口井单井产量的依据。以下分不同情况，叙述通常采取的做法。

一、具备试气资料井的产能预测

对于一个新发现的气田，所有的探井和重点的开发评价井，按规范要求都要进行产能试井。通过产能试井，取得初始状态下的产能方程和 IPR 曲线（参见本章第三节），如图 3-55 所示。

从图 3-55 中看到，对于这些已获取流入动态曲线的气井，可以用以下几种方法确定合理产量。

（一）合理生产压差确定气井产量

气井开井生产时，生产压差受到多种限制。例如：出于防止气井出砂的目的，确定了气井的最大生产压差；为了控制边底水锥进，限制生产压差等。生产压差确定之后，井底流动压力也随之确定。这样，通过 IPR 曲线，可以推算相应的产量。如图 3-56 所示。

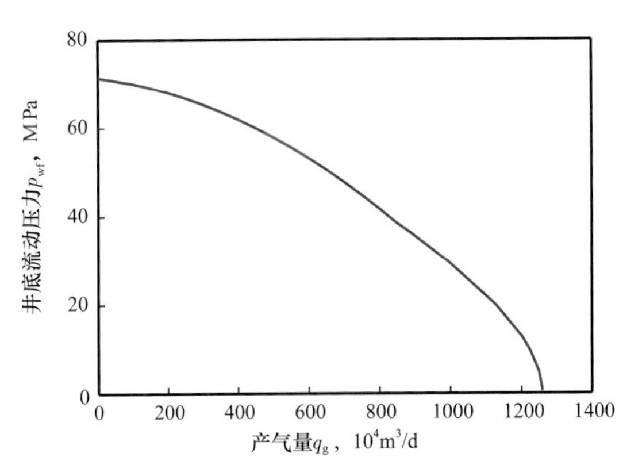

图 3-55 气井的流入动态曲线（IPR 曲线）示意图

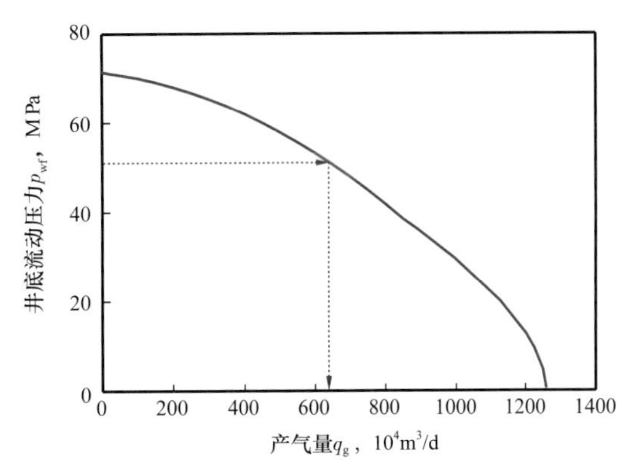

图 3-56 应用气井流入动态曲线（IPR）进行产量预测示意图

从图 3–56 中看到，以设定的生产压差和初始地层压力，可以计算流动压力，并应用曲线交点法，推算出相应的产气量。这种图示的推算方法，也可以通过产能方程式（3–2）、式（3–6）或方程式（3–13）、式（3–14）或方程式（3–18）、式（3–19），在给定流动压力 p_{wf} 以后，直接计算得到。

（二）流入 / 流出动态曲线交点法确定产气量

上面提到的 IPR 曲线，是指由地层条件确定的流入动态曲线。影响气井生产的，不仅取决于地层条件，还取决于井筒条件——井筒垂直管流形成的压力降落，这同样影响产气量。这种压力降落随气井的产量增大而增大。如图 3–57 所示。

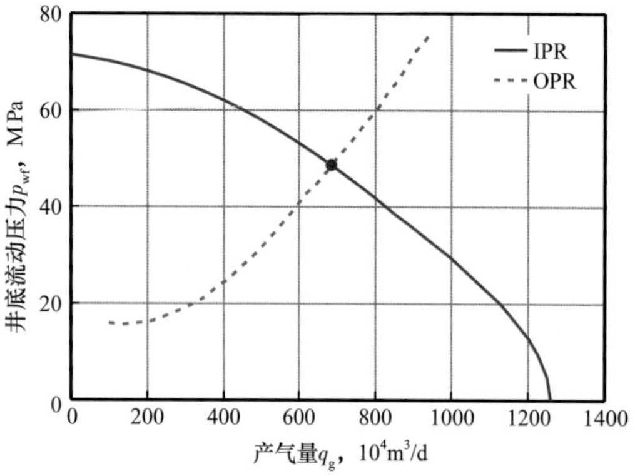

图 3–57　流入 / 流出动态曲线交点法确定产能示意图

图 3–57 中垂直管流动态曲线（流出动态的 OPR 曲线），可以从采油工艺方面的有关垂直管流流动方程得到。这一流出动态曲线，受到井口压力约束。当确定的井口压力提高时，流出动态曲线将向上方移动。流入、流出曲线的交点，即是这口井的最高产气量。

当然安排生产时，也可以采取较低的产气量采气。此时多余的井口压力通过油嘴节流加以控制。在保持较高井口压力（油嘴前压力）的同时，控制较低的产气量。

（三）地层压力衰竭过程中的产能确定

当采取衰竭方式开采气田时，地层压力不断下降，相应的产能曲线也随之变化。图 3–58 示意这种产能曲线的变化情况。

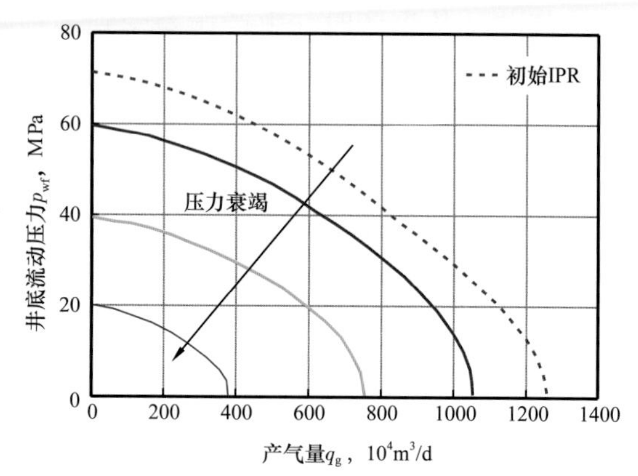

图 3–58　IPR 曲线随地层压力衰竭变化示意图

从图 3–58 看到，当地层压力下降以后，不论采取定生产压差，或定井口压力（流入 / 流出动态曲线相交），都不能维持原有的产气量。此时的产气能力，必须根据变化后的动态产能曲线确定。

因此可以清楚地看到，气井的产量不但取决于储层的参数（Kh，S，D 等），还取决于一些约束条件，以及动态地层压力和动态产能下降情况。

（四）其他对产气量的限制和设定

1. 冲蚀速度的限制

对于产气量特别高的井，高速流动的气体会对金属设备表面产生“冲蚀作用”，从而对油管、采油树及油嘴造成损害。冲蚀现象的产生，主要取决于气流速度。流速越大，冲蚀现象出现的概率越大。同时与气流的压力、温度等参数，和携带的砂、盐等固体颗粒有关。

由于压力最低的部位，也是气体流速最高的部位，因而采油树附近，特别是油嘴部位，是最容易产生冲蚀现象的地方。

通过理论计算和实验研究，可以给出最大的流速限制，例如 v_{max}=35m/s，从而确定气体的最大流量。

2. 出于稳产要求的产量限制

目前国内普遍采用的、以无阻流量 q_{AOF} 确定气井产量的方法，往往是出于稳产要求而提出来的。例如，当一口井无阻流量为 $q_{AOF}=100\times10^4\mathrm{m^3/d}$ 时，往往设定井的稳产产量为 $q_g=\frac{1}{5}q_{AOF}=20\times10^4\mathrm{m^3/d}$。通过数值模拟研究可知，这种定产方法，对于均匀分布的单一介质储层，大致稳产年限为 15～20 年。

有时，在以这种方法确定稳产产量时，忽略了一个重要的前提，即：这个产气量，应和大致 3%～5% 左右的采气速度相对应，而采气速度的确定，又必须与该井控制的动态储量相联系。在准确测定单井控制的动态储量以后，按照合理的采气速度，可以确定合理的产气量。对于单井控制面积小的气藏或区块，虽然单井的无阻流量可以很高，但气井投产以后，地层压力很快下降，显然是达不到稳产要求的。

二、开发方案设计井的产能预测

在一个大面积分布的气田中，早期的探井数量是有限的，而且往往由于初期完井条件的限制，并不一定适于作开发井使用。因而在多数开发方案中，设计的生产井都要进行产能预测。产能预测的程序大致如下：

（1）根据已有的试气井资料，建立适用于全气田的产能方程；

（2）气田的产能方程（IPR 曲线）主要以地层系数 Kh 值为约束条件，其他参数如非达西流系数 D、表皮系数 S、供给半径 r_e、井底半径 r_w 等，均认为是预知的，并且常常是大致相同的；

（3）用静态方法——物探方法、测井方法及其他地质方法，找出地层系数 Kh 值的分布规律，做出分布图；

（4）确定设计井位点的 Kh 值；

（5）从 Kh 值推算出方案设计井的产能值。

根据这样的程序，大致要做如下的分析工作。

（一）建立全气田的产能方程

产能方程中决定产气量与生产压差关系的参数，是二项式方程中的系数 A 和 B，或指数式方程中的系数 C 和 n。在流动进入拟稳态以后，从式（3–26）和式（3–27）（压力平方法）或式（3–29）和式（3–30）（拟压力法）中看到，主要影响 A 和 B 值的参数是 Kh 值。另外，A 和 B 值与完井参数也有一定的关系。这主要是指表皮系数 S 和非达西流

系数 D。作为表皮系数 S，可以通过改进完井工艺得到控制；至于非达西流系数 D，往往对于同一个气田，大体是一样的，并且已经通过现场测试得到。这样，影响 A 和 B 值的因素，主要就是 Kh 值。因此，只要得到 AB 值与 Kh 的关系式，就可得到适用于全气田的产能方程。

1. 公式计算法确定气田产能方程

把式（3–28）加以变换后得到：

$$\psi_{\mathrm{R}}-\psi_{\mathrm{wf}}=\left[29.22T\left(\lg\frac{0.472r_{\mathrm{e}}}{r_{\mathrm{w}}}+\frac{S}{2.303}\right)\right](Kh)^{-1}q_{\mathrm{g}}+12.69TD(Kh)^{-1}q_{\mathrm{g}}^{2} \tag{3-64}$$

例如，当参数选定为：$T=373.16\mathrm{K}$，$r_{\mathrm{e}}=500\mathrm{m}$，$r_{\mathrm{w}}=0.09\mathrm{m}$，$S=15$，$\mu_{\mathrm{g}}=0.025\mathrm{mPa\cdot s}$，$D=1.8\times10^{-2}$（$10^4\mathrm{m}^3/\mathrm{d}$）$^{-1}$ 时，拟压力产能方程转化为：

$$\psi_{\mathrm{R}}-\psi_{\mathrm{wf}}=1.08\times10^{5}(Kh)^{-1}q_{\mathrm{g}}+85.20(Kh)^{-1}q_{\mathrm{g}}^{2} \tag{3-65}$$

对于以压力平方表达的产能方程，同样可以得到：

$$\begin{aligned}p_{\mathrm{R}}^{2}-p_{\mathrm{wf}}^{2}&=\left[29.22\bar{\mu}_{\mathrm{g}}T\left(\lg\frac{0.472r_{\mathrm{e}}}{r_{\mathrm{w}}}+\frac{S}{2.303}\right)\right](Kh)^{-1}q_{\mathrm{g}}+12.69\bar{\mu}_{\mathrm{g}}TD(Kh)^{-1}q_{\mathrm{g}}^{2}\\&=2.707\times10^{3}(Kh)^{-1}q_{\mathrm{g}}+2.130(Kh)^{-1}q_{\mathrm{g}}^{2}\end{aligned} \tag{3-66}$$

2. 产能测试点回归法确定气田产能方程

以上推导的全气田产能方程，是针对拟稳态条件产生的。应该说从规划气田生产来说，这样的方程是适用的。但是在选择参数时，常常遇到如下问题：

（1）Kh 值的取值方式。

从上面推导的公式看到，所用到的地层系数 Kh，都应该是从不稳定试井得到的数值，是有效渗透率和有效厚度的乘积。但是在方案设计时，对于设计井点 Kh 选值，依据的是从地质、物探、测井等方法得到的，以空气渗透率为基础的分布图。这两者之间存在很大的差别。因此使用上述公式，常常会带来误差。

（2）S 值和 D 值的选择。

从现场测试资料分析得到的 S 和 D 值，有时会因某些原因确定不准，影响到公式系数，以致上述理论计算公式很少被应用。为了落实气田产能方程，可以选择统计方法得到 A 和 B 值与 Kh 的关系。例如一个气田，有 N 个井层经测试得到了产能方程，表示如下：

$$\psi_{\mathrm{R}}-\psi_{\mathrm{wf}}=A_iq_{\mathrm{g}}+B_iq_{\mathrm{g}}^{2}\quad(i=1,2,\cdots,N) \tag{3-67}$$

对于这 N 个井层，都具有从测井方法得到的地层系数（Kh）$_i$（i=1，2，…，N）。做 A_i 和 B_i 与（Kh）$_i$ 之间的关系图，即可得到它们之间的关系式（图 3–59）。

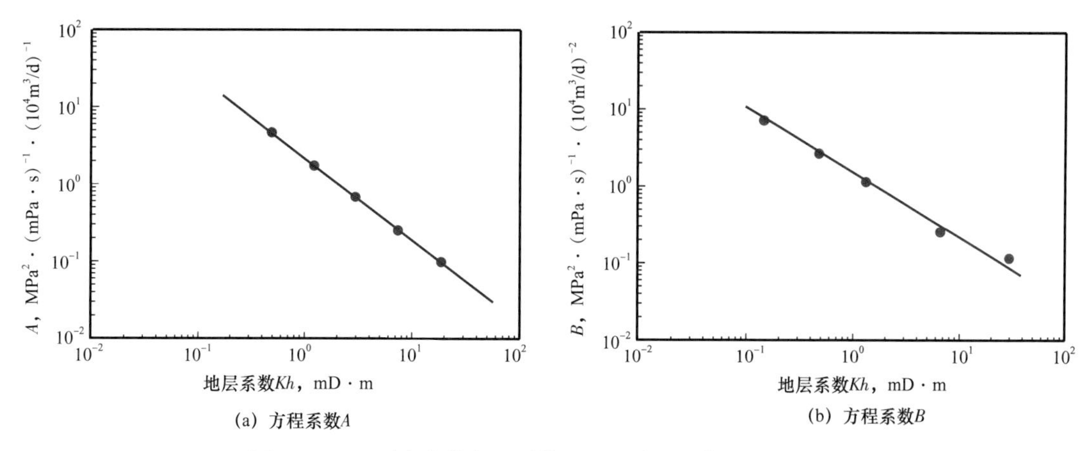

图 3-59 二项式产能方程系数 A 和 B 与 Kh 值关系回归图

从以上回归图可以得到：

$$A_{\psi}=a_{\psi}(Kh)^{-m(a,\psi)} \tag{3-68a}$$

$$B_{\psi}=b_{\psi}(Kh)^{-m(b,\psi)} \tag{3-68b}$$

代入式（3-28），得到气田的产能方程为：

$$\psi_{R}-\psi_{wf}=a_{\psi}(Kh)^{-m(a,\psi)}q_{g}+b_{\psi}(Kh)^{-m(b,\psi)}q_{g}^{2} \tag{3-69}$$

以式（3-69）为基础，代入方案设计井的 Kh 值，可以得到气田中每一口方案设计井的产能方程，并根据这些方程，画出相应的 IPR 曲线，从而进行每口井的产能预测。

同样对于压力平方法二项式产能方程，也可以通过统计方法得到系数：

$$A_{2}=a_{2}(Kh)^{-m(a,2)} \tag{3-70a}$$

$$B_{2}=b_{2}(Kh)^{-m(b,2)} \tag{3-70b}$$

推导出适用于全气田的产能方程为：

$$p_{R}^{2}-p_{wf}^{2}=a_{2}(Kh)^{-m(a,2)}q_{g}+b_{2}(Kh)^{-m(b,2)}q_{g}^{2} \tag{3-71}$$

并以式（3-71）为基础，同样得到气田中每一口井的产能方程，并进行产量预测。式（3-69）和式（3-71）中的指数 m，其绝对值范围大都在 1 左右。如果统计分析后得到的 m 值与 1 相距甚远，则有可能是分析过程有误。另外，应用上述统计分析方法时，它的参数选用前提是：

① 有数量充分的，而且质量较好的产能试井资料，从中得到了可靠的产能方程及 A_i 和 B_i 系数。

② 从测井取得的测试层段的 Kh 值具有代表性。所谓代表性是指，选取的 Kh 值与实际贡献了产气量 q_g 的层段是一致的。例如针对纵向连通较好的巨厚气层，如果采取部分射开的方式安排测试施工，就不符合这一原则。

③ 各个试气层段的完井条件基本一致。

对于经过压裂完成的井，如果与正常完成的井作为同一类型的测试资料，共同参与统计，必定会产生很大误差。

以下介绍一个示例。某气田经过现场测试，对于6个井层，取得了质量较好的产能方程。分别是：

$$\psi_R-\psi_{wf}=218.3q_g+5.69\times10^{-2}q_g^2$$

$$\psi_R-\psi_{wf}=113.0q_g+2.62\times10^{-2}q_g^2$$

$$\psi_R-\psi_{wf}=58.5q_g+1.21\times10^{-2}q_g^2$$

$$\psi_R-\psi_{wf}=24.5q_g+4.32\times10^{-2}q_g^2$$

$$\psi_R-\psi_{wf}=30.3q_g+5.54\times10^{-2}q_g^2$$

$$\psi_R-\psi_{wf}=39.8q_g+7.65\times10^{-2}q_g^2$$

上述6个井层对应的Kh值分别是：499mD·m，1002mD·m，1998mD·m，5001mD·m，4000mD·m和2998mD·m。按上面介绍的方法进行统计分析，得到A和B值的分析图，如图3-60所示。

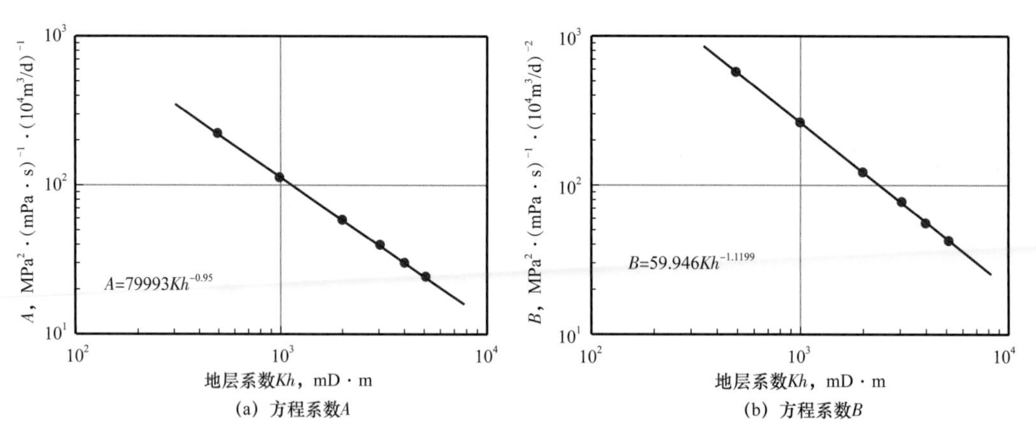

图3-60　二项式产能方程系数A和B与Kh关系统计分析示例图

经回归分析得到，气田的产能方程为：

$$\psi_R-\psi_{wf}=8.0\times10^4(Kh)^{-0.96}q_g+59.95(Kh)^{-1.11}q_g^2$$

3. 典型井类比法确定气田产能方程

当一个气田在开发方案设计前，没有足够多的产能测试资料可供统计分析时，应用上述介绍的统计分析方法，在进行运作时将会遇到比较大的困难。如果此时在气田中至少有一口井取得了质量良好的产能测试资料，推导了产能方程，则可以采取类比法，取得适用于全气田的产能方程。方法是：

（1）首先列出该优质测试井的产能方程如下：

$$\psi_R-\psi_{wf}=A_{0\psi}q_g+B_{0\psi}q_g^2$$

（2）从测井解释中确定该井打开层段的地层系数（Kh）$_0$；

（3）对于第 i 口方案设计井，从地质方面提供的 Kh 值分布图中，确认新井的地层系数（Kh）$_i$；

（4）第 i 口方案设计井的产能方程可以表达为：

$$\psi_R - \psi_{wf} = A_{0\psi}\frac{(Kh)_0}{(Kh)_i}q_g + B_{0\psi}\frac{(Kh)_0}{(Kh)_i}q_g^2 \quad (3-72)$$

利用式（3-72），可以对第 i 口方案设计井进行产能预测。类似地也可以做出压力平方法的公式：

$$p_R^2 - p_{wf}^2 = A_{02}\frac{(Kh)_0}{(Kh)_i}q_g + B_{02}\frac{(Kh)_0}{(Kh)_i}q_g^2 \quad (3-73)$$

4. 指数式产能方程

一般认为，应用指数式产能方程进行产能分析，是一种“简单分析”，意指分析时具有较大误差。因此在气田产能预测时，一般不推荐使用指数式方程。但作为一种方法，这里仍然加以介绍。

拟压力指数式产能方程，表达为：

$$q_g = C_\psi(\psi_R - \psi_{wf})^n$$

式中系数 C_ψ 可以进一步表达为：

$$C_\psi = \frac{Kh}{29.22T\left(\lg\frac{0.472r_e}{r_w} + \frac{S}{2.303}\right)} = C'_\psi Kh$$

至于 n 指数，则认为全气田是相同的。此时气田的产能方程表达为：

$$q_g = C'_\psi(Kh)(\psi_R - \psi_{wf})^n \quad (3-74)$$

其中

$$C'_\psi = \left[29.22T\left(\lg\frac{0.472r_e}{r_w} + \frac{S}{2.303}\right)\right]^{-1} \quad (3-75)$$

同样，对于压力平方表示下的全气田指数式产能方程，可以表达为：

$$q_g = C_2(Kh)(p_R^2 - p_{wf}^2)^n \quad (3-76)$$

其中

$$C_2 = \left[29.22\bar{\mu}_g\bar{Z}T\left(\lg\frac{0.472r_e}{r_w} + \frac{S}{2.303}\right)\right]^{-1} \quad (3-77)$$

对于一个特定的气田，它的产能方程同样可以采取以下几种方法确定：

（1）理论计算方法。

当确定了 μ_g，Z，T，r_e，r_w 和 S 等参数以后，可以应用式（3-75）或式（3-77），求得系数 C'_ψ 或 C_2，再通过式（3-74）或式（3-76）进行气田的产能预测。

（2）统计方法。

如果对于全气田，有 N 个井（层）进行了成功的产能测试，则可以对这些已知产层的指数式产能方程系数 C 进行统计分析。如图 3-61 所示。

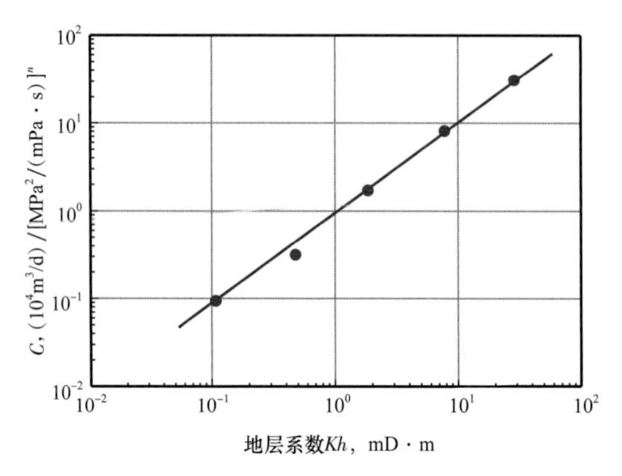

图 3-61　指数式产能方程系数 C 与 Kh 值关系回归图

从统计分析可以得到：

$$C=C_\psi(Kh)^{m(\psi,c)} \tag{3-78}$$

从而使全气田的拟压力表示下的产能方程表达为：

$$q_g=C_\psi(Kh)^{m(\psi,c)}(\psi_R-\psi_{wf})^n \tag{3-79}$$

用同样的方法，也可以得到全气田的压力平方表示下的产能方程：

$$q_g=C_2(Kh)^{m(2,c)}(p_R^2-p_{wf}^2)^n \tag{3-80}$$

通过上述式（3-79）或式（3-80），以及相应的 IPR 曲线，可以进行方案设计井的产能预测。应注意的是，指数 $m(\psi,c)$ 或 $m(2,c)$ 是 1 左右的数值，如果统计结果与 1 相差过大，应检查统计分析过程。

（3）典型井产能方程类比法。

与二项式产能方程一样，在进行上述方法（2）的统计分析时，由于测试资料本身的缺陷，有可能遇到运作上的困难。为此可以采用典型井的类比推移法。

选择一口具有优质测试资料的典型井，列出产能方程如下：

$$q_g=C_{\psi0}(\psi_R-\psi_{wf})^n \tag{3-81}$$

或

$$q_g=C_{20}(p_R^2-p_{wf}^2)^n \tag{3-82}$$

从测井解释中确定该井打开层段的地层系数 $(Kh)_0$；对于第 i 口方案设计井，从地质

方面提供的 Kh 值分布图中，确认新井的地层系数（Kh）$_i$；第 i 口方案设计井的产能方程可以表达为：

$$q_{gi}=C_{\psi 0}\frac{(Kh)_i}{(Kh)_0}(\psi_R-\psi_{wf})^n \tag{3-83}$$

或

$$q_{gi}=C_{20}\frac{(Kh)_i}{(Kh)_0}(p_R^2-p_{wf}^2)^n \tag{3-84}$$

可应用上述式（3–83）或式（3–84）进行第 i 口方案设计井的产能预测。

（二）给出全气田的 Kh 值分布图并确定井点 Kh 值

这一项工作是由开发地质师来完成的。采取的方法一般是，先用物探方法进行储层的横向预测，再经过地质研究，用井点的测井参数对物探结果加以校正，得到平面上分层段的和全井的 Kh 分布图，最后确定设计井井点的、分层段的或全井段的 Kh 值。

（三）利用产能方程计算方案设计井的合理产量

应用二项式方程式（3–64）、式（3–66）或方程式（3–69）、式（3–71）或方程式（3–72）、式（3–73）及指数式方程设计井的合理产量。可以采取以下方法。

1. 无阻流量法

国内通常采用此种方法。基本假设是储层大致为水平的均匀单一介质。当产能方程确定之后，令 $p_{wf}=0.101325\text{MPa}$，即把井底压力降至大气压，则可计算出该井理论上的最高产气量值，即无阻流量 q_{AOF} 值。一旦 q_{AOF} 值确定之后，按 q_{AOF} 值的一定比例，例如 1/5、1/4 或其他的分数值，确定为单井的稳产产量，再按 15～20 年的稳产期，进行数值模拟测算。

2. 生产压差法

一旦方案设计井的产能方程确定之后，可以立即得到相应的 IPR 曲线。应用成熟的产能试井软件，IPR 曲线的产生是即时的。如果手头没有现成的软件可供应用，可以采取如下步骤：

（1）做出拟压力 ψ 与压力 p 之间的关系曲线或关系式；

（2）通过式（3–64）、式（3–66）或方程式（3–69）、式（3–71）或方程式（3–72）、式（3–73）得到 q_g—p_{wf} 之间的关系；

（3）做出 q_g—p_{wf} 关系图，即为 IPR 曲线。

在得到如图 3–55 的 IPR 曲线之后，再应用如图 3–56 的直线相交法，可以得到合理的产气量。

3. 流入（IPR）曲线 / 流出（OPR）曲线相交法

根据生产井的井身结构，可以计算出气体从井底流到井口时的摩阻，从而产生 OPR

曲线，同样画在以 q_g 和 p_{wf} 为坐标的图上，并与 IPR 曲线相交，其交点即为该井的最大初始产气量。如图 3–57 所示。

如果通过一段时间生产，地层压力有所下降，此时该井的 IPR 曲线将向下方移动，如图 3–58 所示。此时流出动态曲线也会有所调整。将得到的新的流入、流出动态曲线，以及新的交点，并得到新的产气量上限值。

以上这些产量值，将用在数值模拟中，成为新的生产参数。

4. 其他流速限制法

从工艺角度来说，往往提出关于冲蚀速度的限制条件。冲蚀速度的条件限制了产量的上限，如果计算的产气量超过了冲蚀速度的限制，则应适当往下调整。大多数情况是，测算的产气量远远低于冲蚀速度的限制，从经济回报的角度来看，也许还有必要增大产量。具体安排还需做综合考虑。

第八节　产能试井中几个问题的讨论

正如本章开头所讨论的，产能试井方法带有试验和估算的性质，是根据生产规划需要而产生的，因此难免在现场应用时，会出现一些异常情况。本节将结合中国国内实施产能试井时遇到的问题做出分析，并对处理方法提出建议。

一、产能测试点的设计

（一）产量序列的设计

在进行气井产能试井时，首先要确定产能测试点的最高产气量和最低产气量。

1. 产能试井时的最小产气量

（1）最低产能测试点的产气量，应大于或等于最小携液气量。

（2）最低产能测试点的产气量，应足以使井口温度保持在水合物生成点以上。

（3）井底流压大约等于地层压力的 5%。

（4）产气量大约是无阻流量 q_{AOF} 的 10%。

2. 产能测试时的最大产气量

（1）最大产气量应维持井底不产生大量出砂或井壁坍塌，以免造成井的严重伤害。

（2）对底水接近地层的井，应避免测试时底水锥进到井内，造成气井严重出水。

（3）对于凝析气井，应避免过大的产气量造成过大的生产压差，形成地层中大面积反凝析，使凝析油聚集在井底附近形成两相流并造成堵塞，以致产能测试指标失去意义。

（4）产气量不应大于无阻流量的 50%。在国外（例如加拿大）曾建议最高测试点产气量为 75% q_{AOF}。通过国内的现场实践证明，那是不必要的。大量放空天然气，还会造成浪费和空气污染。

关于产气量的选择，应事先估算一个 q_{AOF} 值。估算时可以采用下列计算公式：

$$q_{\mathrm{AOF}}=\frac{2.714\times10^{-5}T_{\mathrm{sc}}Khp_{\mathrm{R}}^{2}}{p_{\mathrm{sc}}\overline{\mu}_{\mathrm{g}}\overline{Z}T\left(\ln\frac{r_{\mathrm{e}}}{r_{\mathrm{w}}}+S_{\mathrm{a}}\right)}=\frac{0.07852Khp_{\mathrm{R}}^{2}}{\overline{\mu}_{\mathrm{g}}\overline{Z}T\left(\ln\frac{r_{\mathrm{e}}}{r_{\mathrm{w}}}+S_{\mathrm{a}}\right)} \tag{3-85}$$

式中 q_{AOF}——无阻流量，$10^4\mathrm{m}^3/\mathrm{d}$；

K——地层有效渗透率，mD；

h——地层有效厚度，m；

p_{R}——实测地层压力，MPa；

$\overline{\mu}_{\mathrm{g}}$——地层条件下的平均气体黏度，mPa·s；

r_{e}——气井供给边界半径，m；

r_{w}——井底半径，m；

p_{sc}，T_{sc}——标准状态下的压力和温度；

$\overline{Z}$——地层条件下的平均气体偏差系数；

T——地层温度，K；

S_{a}——气井拟表皮系数。

公式中的参数，像 K 和 h 可以从测井资料经折算后得到，也可参考相邻井的试井数据得到；p_{R} 为实测地层压力；$\overline{\mu}_{\mathrm{g}}$ 和 $\overline{Z}$ 等可以从气体组分分析和查图表得到；S_{a} 可以从完井资料参考邻井情况估算；r_{e} 可参考井网情况估算。从而得到无阻流量 q_{AOF} 的粗略的估计值。

当然，最好的办法也是现场中最常用的办法是，在新井完井并排净完井液后，尝试用常用的油嘴，例如 8mm 或 10mm 油嘴先期开井，点测一个流动压力，并记录产气量，用这一组数据，可以粗略估算出一个 q_{AOF} 值，并以此为基础，安排以下的产能测试。

3. 产量序列的选择

产能试井方法对于产能测试点序列，是有一定要求的，特别考虑到现场实施条件，建议如下：

（1）通常采取一个递增的序列，即先安排较低产气量的测试点，然后逐渐递增。

（2）对于修正等时试井法，必须采取递增序列。因为反转过来的序列，在资料分析时会带来较大的误差。

（3）如果井底已有积液，可以在进行产能试井前先用较大气嘴开井，排出已有的积液，接着再按原订计划，继续进行产能试井。

（4）如果井内有可能形成水合物，则首先采用较高的产气量，有可能使井筒内温度处于较高水平，从而减少水合物形成的可能。

（5）对于开井后很快达到稳定的回压试井，如果开井后产气量和井底流压都能较快达到稳定，则不论是采用递增序列或是采用递减序列，甚至是高低交错的序列，测试结果差别都不很大，但现场实施时测试达到稳定的条件不容易掌握，从而有可能导致测试失败，回归不出正常的产能方程。

（6）对于等时试井或修正等时试井中的延续流量测试，通常安排在不稳定测点后进行。特别对于具有一定边界影响的区块，这一点更为必要。因为长时间延续开井，更能反映出边界影响，安排在最后可避免因压力衰竭对不稳定测点的影响。

（二）关于产气量的稳定性

国内的气井测试，特别是一些关键地区关键井的测试，在现场实施测试时，常常对产气量采取严格的控制措施。即在出气阀门后面，安装针形阀，调控通过的气量。并在井口安装流量计，及时加以调配。这样得到的产气量其波动值可以小于 1% 。

但是，如果测试井是生产井，常常把计量装置安装在集气站上，这使得调控操作变得困难。对于这种产量不能稳定的情况，Winestock 和 Colpitts（1965）导出的一种考虑产量变化的方法，是可以应用的。此时，只要产气量不是过快的变化，则应用对应的产气量和压力的瞬时值，而不是整个测点持续期的平均值，即可进行分析。但是，这就要求现场测试时，不但要加密记录井底流动压力，而且要求准确地加密记录产气量的变化曲线，并取得对应关系，用以克服产量瞬变的问题。

（三）测试点持续时间的选择

1. 回压试井测试点时间的选择

回压试井通常称之为“稳定试井”，意思是说每一个测试点均达到稳定条件。所谓稳定，一般包含两重含义：稳定的产气量和稳定的流动压力。对于前者，一般是不难做到的。许多高、中渗透地层，在附近无断层或其他不渗透边界分布时，开井后数小时即可达到稳定。如果气井本身的产量，在一个不变的工作制度下不能达到稳定，还可以采用针形阀调控的方法使之达到稳定。但是，稳定的流压就不一定能同时做到了。而且从理论上严格地来说，除非具有保持供给边界压力的机制，稳定的流压是永远不可能达到的。因此说到稳定的流压，只是指在某一误差范围内的相对稳定的流压。既然流压下滑是绝对的，那么波动值的上限是多少呢。有关这一点，在行业标准《天然气井试井技术规范》（SY/T 5440）中可以找到相应的规定，这里不再重复。

2. 不稳定测点的时间选择

在进行等时试井和修正等时试井时，一般先进行不稳定点的测试。对于不稳定测点的延续时间，要求开井流动影响已超过井筒储集和措施改造区的范围，达到地层径向流的影响范围。如图 3-62 和图 3-63 所示。

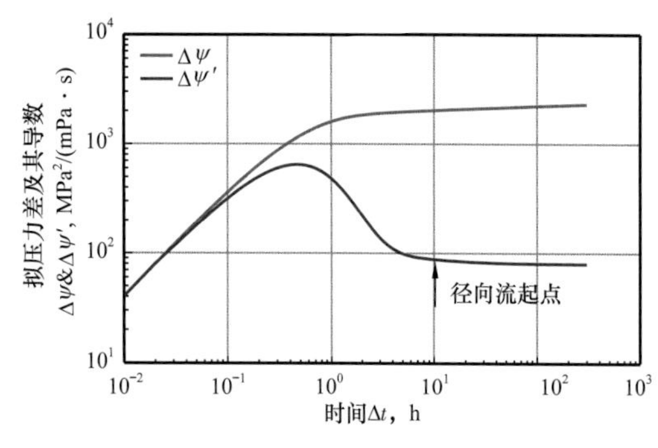

图 3-62　均质地层不稳定压力测试段压力双对数示意图

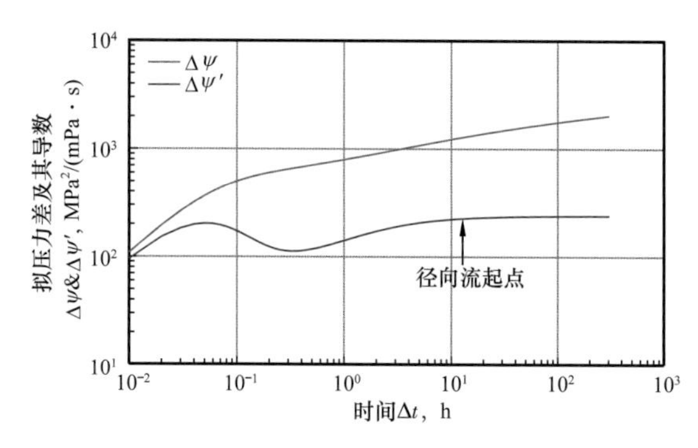

图 3-63　均质地层压裂井不稳定产能测试段压力双对数示意图

图 3-62 和图 3-63 中箭头所示位置，即为不稳定测试点的最短测试时间。在进行产能测试前的施工设计时，可根据所预测的参数：K，h，μ，S，x_f 和 S_f 等，做出不稳定开井压降模拟设计曲线，从而确定最短的不稳定点测试时间。

3. 延时开井测试时间的确定

在等时试井或修正等时试井中，需要进行延时开井的稳定点测试。所谓稳定，是出于一种实际的考虑，反映到测点时间上，认为此时压力不再有明显的变化。对于高渗透性地层，这一点是不难做到的；但是对于致密地层，开井流动压力在很长时间内，甚至数月、数年都不会稳定。尤其是对于具有多条距离很近的不渗透边界的地层，乃至区块面积不大的定容气藏，当流动进入拟稳态以后，流动压力将开始以直线趋势下降，则更谈不上流动压力的稳定了。因此，进入拟稳态的初始点，就成为确定延时开井时间的“标志点”。

按照本书第二章关于影响半径的定义，计算影响半径 r_i 的公式表达为式（2-8）。对于半径 $r=r_e$ 的定容气藏，当 $r_i=r_e$ 时，流动开始进入拟稳态，此时的时间为：

$$t_s = \frac{69.4\bar{\mu}_g \phi {r_e}^2 C_t}{K} \tag{3-86}$$

对于气层，压缩系数 $C_t=S_gC_g+S_wC_w+C_f$ 中，影响 C_t 值主要数值是 C_g，而 $C_g\approx 1/p$，因而式（3-86）可以改写为：

$$t_s \approx \frac{70\bar{\mu}_g \phi {r_e}^2}{Kp_R} \tag{3-87}$$

式中 t_s——定容气藏开井后达到拟稳态的时间，h；
$\bar{\mu}_g$——地层压力下的平均气体黏度，mPa·s；
ϕ——气层的孔隙度；
K——地层有效渗透率，mD；
r_e——气井供给边界半径，m；
p_R——实测地层压力，MPa。

对于一个连片分布的气藏，不存在天然的封闭边界。但作为一个气田，总是存在井网的，从而划定了单井控制的面积。当这些气井同时开井生产时，井间的分流线划定了单井生产时的不流动边界，它也就等同于定容气藏的封闭边界。因此 r_e 也就由于井网的划定而确定下来。此时的 t_s，即为设计延时开井时间的依据。

但是，对于一个勘探早期的低渗透地层试气井，可能既无定容气藏的显示，也未确定井网，同时又可能存在边界的影响，使井底流压在长时间开井后，仍旧不能稳定。因而对于 t_s 的确定存在困难。此时可以采取如下测试和分析方法：对于无边界影响的气层，不妨选择单井控制面积分别为 1km^2，2km^2，…，分别用来推算延时时间 t_s，得到相应的无阻流量 q_{AOF}；对于存在边界影响的气层，以最初的边界距离 L_{b1} 作为供给边界 r_e，计算 t_s，推算无阻流量 q_{AOF}。

在上述产能指标后附加说明，一同提交设计决策部门参考。

二、为什么计算的无阻流量有时会低于井口实测产量

按照定义，所谓无阻流量 q_{AOF} 应是指一口井极限的最高产量。因此理论上说，它应该高于任何的井口实际产量。但正如本章第一节所描述的，无阻流量有多种不同的指标，可以是初期的不稳定的产能指标，也可以是延时的产能指标。如果是初期的产能指标，那时的流动压力还处在不断下降的不稳定过程之中，地层压力则处于原始的、较高的情况，因此计算的 q_{AOF} 是很高的；如果是延时的产能指标，流动压力已经过下降并到达稳定。或者对于有界地层，地层压力随着天然气的采出而下降，流动压力也已大幅下降，计算无阻流量时，往往还使用初始的地层压力。此时计算的产能指标，自然要远远低于初期的不稳定的产能指标。有时还要低过初期的实测井口产量。

下面显示的一个现场实测例，就是对于这种现象的一种很好的诠释。表 3–9 记录了从现场采集的实际数据。

表 3–9　修正等时试井现场实测数据表

测试阶段	压力 MPa	拟压力 $MPa^2/(mPa\cdot s)$	产气量 $10^4m^3/d$
初始静压	29.340	54670	
一开井流压	27.560	50042	5.0232
一关井压力	28.570	52668	
二开井流压	25.100	43649	10.0057
二关井压力	27.330	49444	
三开井流压	22.100	35914	15.0297
三关井压力	25.620	44999	
四开井流压	18.220	26215	20.0182
四关井压力	—	—	
延续开井流压	9.000	7187	10.0250
终关井压力	19.150	28491	

用上述实测压力值，可以得到产能分析图，如图 3–64 和图 3–65 所示。

图 3–64 为不考虑延时测点的产能分析图。从图 3–64 得到无阻流量为 q_{AOF}=30.957 $\times 10^4m^3/d$。而考虑延时测点后，得到的产能分析图画在图 3–65 上。从图 3–65 得到的无阻流量 q_{AOF} 仅为 13.3857 $\times 10^4m^3/d$，这已低于第 3 和第 4 测点的实际产量。

产能分析图 3–65 清楚地显示了，由于稳定测点的流动压力已大大降低，因此使产能分析线上移，从而带动推算无阻流量的竖线向左边移动，越过了实际产能测点，以致使推算的无阻流量低于测点的实际产量。

以上示例说明，如果用不同时期、不同条件的产能指标进行对比，定会产生很大的误会。

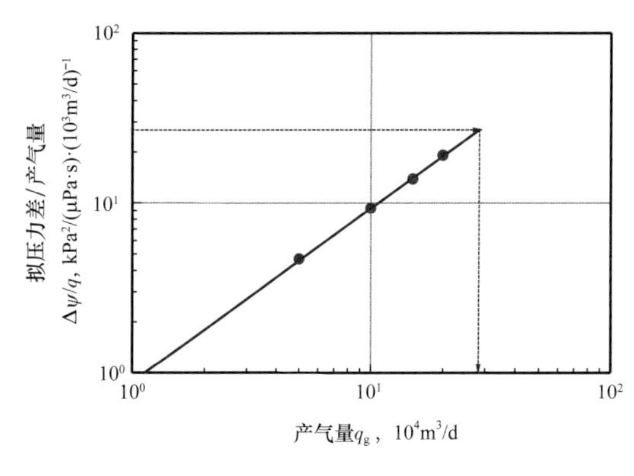

图 3-64　不稳定产能测试点产能分析图

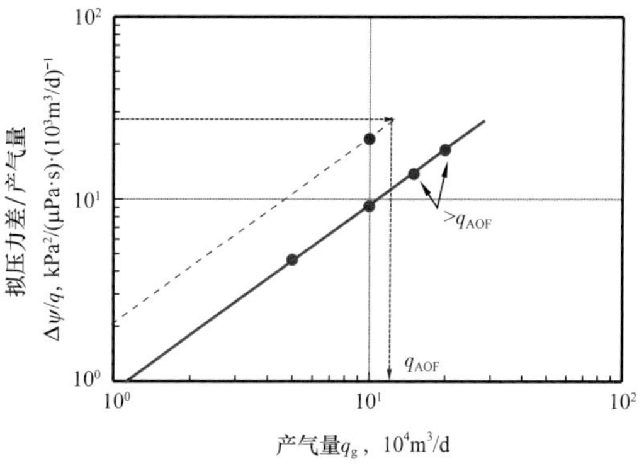

图 3-65　延时产能测试分析图

三、回压试井法测算无阻流量时存在的问题

回压试井法是现场最常应用的气井产能试井方法，一般认为适用于高渗透性气层。通过理论模拟和现场实施发现，对于中等渗透性地层，甚至某些低渗透性地层也可以应用。例如某公司曾在中国中西部地区，用回压试井法测低渗透气田的产能。但是针对特殊岩性储层，回压试井法却存在着难以克服的缺陷。作者对此专门进行了研究。研究中采用试井分析软件，针对典型地层，首先作出产能试井过程的压力历史模拟，并结合模拟结果进行各种方法的产能分析对比。最后通过现场实践，对取得的认识进行了检验。

（一）均质地层的回压试井

储层模拟参数：K=3mD，h=5m，S=0，D=0.1（$10^4m^3/d$）$^{-1}$，C=3m^3/MPa，p_R=30MPa。

1. 模拟回压试井

模拟方法采用经典的回压试井法，以产量 $2\times10^4m^3/d$，$4\times10^4m^3/d$，$6\times10^4m^3/d$ 和 $8\times10^4m^3/d$，逐渐递增测流动压力。每个油嘴又以 24h，72h，240h 和 720h 等不同的时间间隔，进行流压测试。得到的压力历史曲线举例如图 3-66 所示。

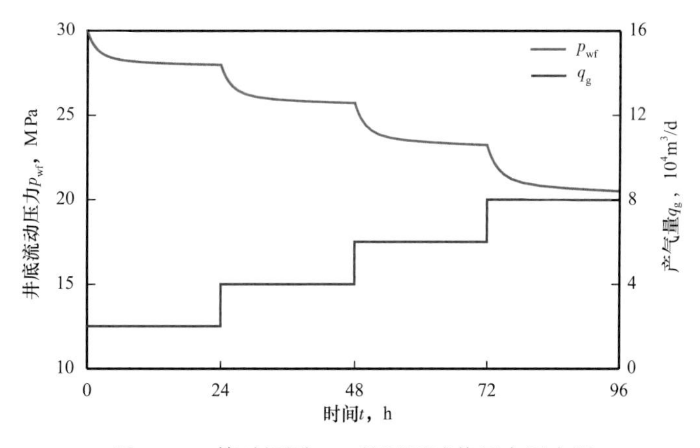

图 3-66　等时间隔 24h 的回压试井压力历史图

根据模拟的回压试井流压，应用试井解释软件进行分析，得到无阻流量 q_{AOF}，见表 3–10。

表 3–10　均质地层不同测试方法计算无阻流量对比图

<table>
<tr><th rowspan="2">测试方法</th><th rowspan="2">回压测试间隔
或延时测试时间</th><th colspan="2">无阻流量 q_{AOF}，$10^4m^3/d$</th><th rowspan="2">备注</th></tr>
<tr><th>二项式，拟压力</th><th>指数式，拟压力</th></tr>
<tr><td rowspan="4">回压试井</td><td>24h 间隔</td><td>16.67</td><td>18.41</td><td rowspan="4">K=3mD
h=5m
S=0
D=0.1（$10^4m^3/d$）$^{-1}$
C=3m^3/MPa</td></tr>
<tr><td>72h 间隔</td><td>15.95</td><td>17.37</td></tr>
<tr><td>240h 间隔</td><td>15.20</td><td>16.35</td></tr>
<tr><td>720h 间隔</td><td>14.57</td><td>15.53</td></tr>
<tr><td rowspan="2">修正
等时试井</td><td>延时 300h</td><td>16.50</td><td>17.18</td><td rowspan="2">K=3mD
h=5m
S=0
D=0.1（$10^4m^3/d$）$^{-1}$
C=3m^3/MPa</td></tr>
<tr><td>延时 500h</td><td>16.17</td><td>16.77</td></tr>
<tr><td>分点稳定的
回压试井</td><td>240h 间隔</td><td>16.45</td><td>17.45</td><td>每个测点都从稳定的
地层压力开井</td></tr>
</table>

2. 模拟修正等时试井

采用相同的地层参数，不稳定间隔为 24h 开井和关井，延时时间 300h 和 500h，得到的无阻流量值 q_{AOF} 也列于表 3–10 上。在表 3–10 中，同时列出分点稳定回压试井的模拟分析结果。模拟方法是，用不同产量分别从稳定的地层压力开井生产，得到稳定的流动压力，并用这些流压点回归计算无阻流量。

3. 模拟结果的对比分析

从表 3–10 中可以看到：

（1）对于中等偏低渗透的均质地层，应用回压试井或修正等时试井方法，都可以进行无阻流量的测试，取得的结果差别不大。

（2）用经典的回压试井法，采用 24h 或 72h 的间隔，即可得到接近分点稳定回压试井取得的 q_{AOF} 值。开井间隔越长，计算的 q_{AOF} 值越低。原因是供给边界上的地层压力，随测试的延续逐渐降低，在此基础上不断放大油嘴，即可形成低流压，从而使计算的 q_{AOF} 值偏低。

（3）用修正等时试井法，延时开井 300h 后，流压基本稳定，延时时间长短已影响不大，而且与分点稳定回压试井非常接近，误差小于 3%。且随延时时间加长，误差会进一步减小，因而修正等时试井法应是首选的方法。

（二）均质并带有条带形边界的地层压裂井的回压试井

在研究带有条带边界地层的压裂井时，除压裂参数和边界条件外，模拟时选用的基本地层参数与均质地层井完全相同。具体值为：K=3mD，h=5m，S_f=0，x_f=60m，C=3m^3/MPa，p_{Ri}=30MPa，D=0.01（10^4m^3/d）$^{-1}$，L_{b1}=L_{b2}=70m；采取的产量序列为：q_{gi}=5×10^4m^3/d，10×10^4m^3/d，15×10^4m^3/d，20×10^4m^3/d。在以上参数条件下，进行了回压试井和修正等时试井的产能试井模拟。

1. 回压试井及修正等时试井的模拟和分析

通过模拟可得到不同时间间隔条件下（24h，72h，240h，720h）的压力历史。例如当 Δt_i=240h 时压力历史曲线如图 3-67 所示。

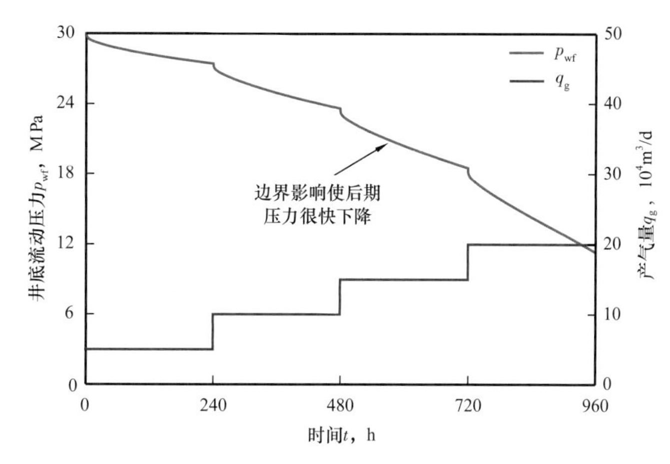

图 3-67 均质具有条带边界地层压裂井回压试井压力历史模拟图

从图 3-67 清楚看到，由于边界的存在，使开井流动压力以较快速度下降。利用模拟流动压力计算的无阻流量见表 3-11。利用同样的地层参数，进行了修正等时试井的模拟，并计算了无阻流量同样列在表 3-11 上（等时间隔 24h）。

表 3-11 均质 + 压裂 + 条带边界地层产能对比表

测试方法	回压测试间隔或延时测试时间	无阻流量，10^4m^3/d	
		二项式，拟压力	指数式，拟压力
回压试井	24h 间隔	47.94	57.87
	72h 间隔	34.62	38.56
	240h 间隔	23.80	24.74
	720h 间隔	16.26	16.53
修正等时试井	延时 300h	30.52	29.66
	延时 500h	25.20	24.50

2. 产能计算结果的对比和分析

从表 3-11 看到：

（1）用修正等时试井方法计算的无阻流量，虽然已应用了改进的方法，考虑了供给边界上地层压力的下降，但是随着测试时延时时间的加长，计算值仍然呈下降趋势。从 $30.5\times10^4m^3/d$ 下降到大约 $25.2\times10^4m^3/d$，说明边界作用极大地影响了气井的产气能力。随着开井时间的延长，此种影响将越来越显著。

（2）用回压试井法计算的无阻流量，随着测点时间间隔的加长，计算值显著降低。当选择 72h 间隔时，计算值与修正等时试井结果相当；当时间间隔 240h（10 天）时，计算值大约在 $24\times10^4m^3/d$ 左右，只相当修正等时试井计算值的 4/5。当时间间隔达到 720h（30 天），计算值只有 $16.2\times10^4m^3/d$，只相当修正等时试井值的一半。这种现象主要是由于边界影响，造成地层压力下降引起的。

特别要指出的是，在现场实施回压试井测试时，由于流动压力一直处于不断加速的下降过程中（图 3–67），难以测到稳定的流压值，这使得分析工作变得无所适从。如果试图以加长测点稳定时间来求得更为稳定的流动压力，结果却发现适得其反。业已实施的延续数月的现场实践证实了这一点。

因此，对于具有条带形边界的地层，回压试井法显然是不适用的。以上的研究结果对于其他形态的、具有不渗透边界的地层结论是类似的。特别对于具有封闭边界的定容气藏，此问题更显得突出。此前向读者介绍的一个现场实施例（图 3–20），已清楚地显示了这一点。

四、单点法产能计算方法及误差分析

（一）单点法产能试井方法

目前在气井探井的初期试气时，普遍用单点法估算一个无阻流量。由于这种方法简单，又可在试气早期即可提供有关产能的重要信息，因而被许多地方采用。但应该指出的是，单点法不是一种完善的、可靠的方法。原因如下：

（1）单点法提供的往往是瞬间的、不稳定的产能。对于均质地层，计算结果有时还是可以接受的。但对于存在不渗透边界的地层，特别是井底又连通了天然大裂缝的，或经过人工压裂的气井，这样得到的瞬时产能值，往往传递了一个过分乐观的信息。

（2）单点法不是一个独立的产能分析方法，它是前面提到的各种产能测试方法的简化版。如果在一个大范围的气田，有数量很多的产能试井资料，则可以经过统计，得到对于整个气田大体适用的指数 n 或系数 B，只要再经过一个产能点的测试，即可完成基本的产能计算。

但是对于一个新的探区，面对新的地层类型，新的井身条件，用一成不变的单点法公式进行产能计算，显然会带来一定的风险。

（二）气田开发区中单点法无阻流量计算公式举例

青海省的台南和涩北气田，各有数十口井进行了产能测试，从已有的测试资料中，对指数式产能方程进行统计分析，结果如图 3–68 和图 3–69 所示。

从图 3–68 和图 3–69 的测点回归得到

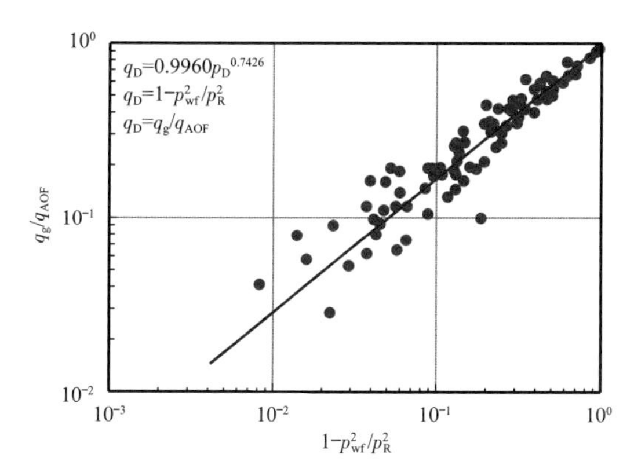

图 3–68　涩北气田单点法产能方程系数回归图

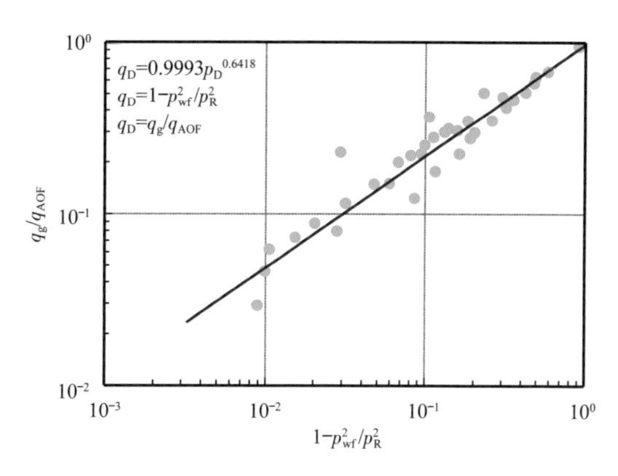

图 3–69　台南气田单点法产能方程系数回归图

$$q_{AOF}=1.004q_g\left(\frac{p_R^2-p_{wf}^2}{p_R^2}\right)^{-0.7426}$$

$$q_{AOF}=1.0007q_g\left(\frac{p_R^2-p_{wf}^2}{p_R^2}\right)^{-0.6418}$$

从上述公式看到，只要对于一口气井，测得一个工作制度下所对应的压力 p_{wf} 和产气量 q_g，代入公式后即可计算无阻流量 q_{AOF}。由于公式中的指数 n 来自实测资料，因而用这些公式计算该地区的 q_{AOF} 时，其精度是有一定保证的。

（三）探井的单点法产能计算公式

对一个新探区的新探井，或者说对于一个地层条件变化较大的气区，不存在全区一致的参数族，但的确又希望在气井刚刚被发现时，在考虑主要因素的条件下，估算气井的产量能力。为此，一些文献介绍了一些认为普遍适用的“一点法”产能计算方法（陈元千，1990），例如二项式一点法，其计算公式为：

$$q_{AOF}=\frac{6q_g}{\sqrt{1+48p_{DG}}-1} \tag{3-88}$$

或指数式一点法，计算公式为：

$$q_{AOF}=q_g\left(p_{DG}\right)^{-0.6594} \tag{3-89}$$

其中

$$p_{DG}=\frac{p_R^2-p_{wf}^2}{p_R^2}$$

在式（3–88）中，对于二项式方程系数 A 和 B 作如下假定：

$$\alpha=\frac{A}{A+Bq_{AOF}}=0.25$$

这一 α 数值是提供计算公式的作者统计了四川地区 16 口井的产能测试资料得到的。对于指数式的方程式（3–89），确定条件是 $n=0.6594$，这一 n 指数，也是有关文章作者经过当时的现场资料统计得到的。当然这些假定对于一般的地层，并不一定会得到充分满足。

另外还有长庆油田井下公司用于靖边气田的计算公式：

$$q_{\mathrm{AOF}}=\frac{q_{\mathrm{g}}}{0.007564+1.2565\sqrt{0.9816-\dfrac{p_{\mathrm{wf}}}{p_{\mathrm{R}}}}} \tag{3-90}$$

长庆油田勘探开发研究院用于上古生界的计算公式：

$$q_{\mathrm{AOF}}=\frac{q_{\mathrm{g}}}{1.1613\sqrt{1.0225-\dfrac{p_{\mathrm{wf}}^{2}}{p_{\mathrm{R}}^{2}}}-0.1743} \tag{3-91}$$

（四）单点法产能计算公式的误差分析

为了验证各种单点法公式计算无阻流量的可信度，针对不同地层条件各选取一组具有代表性的参数，在计算机软件上进行动态模拟，得到了同一地层、不同测试方法下的压力动态值。并以此为基础，比较各种不同方法测算产能值的差别。

1. 均质地层

选取的参数是：地层渗透率 K=3mD；地层厚度 h=5m；表皮系数 S=0；非达西流系数 D=0.01（$10^4\mathrm{m^3/d}$）$^{-1}$；井储系数 C=3$\mathrm{m^3}$/MPa；日产气量 $q_{\mathrm{g}}=6\times10^4\mathrm{m^3/d}$；原始地层压力 p_{Ri}=30MPa。在上述参数条件下，在试井解释软件上实际模拟了产能试井过程，一种过程是单点试井过程，另一种是修正等时试井过程。

1）单点试井模拟

模拟时间从 0 到 500h，用以验证单点产能试井计算的无阻流量随测试时间变化的情况，得到的压力随时间的变化曲线如图 3–70 所示。

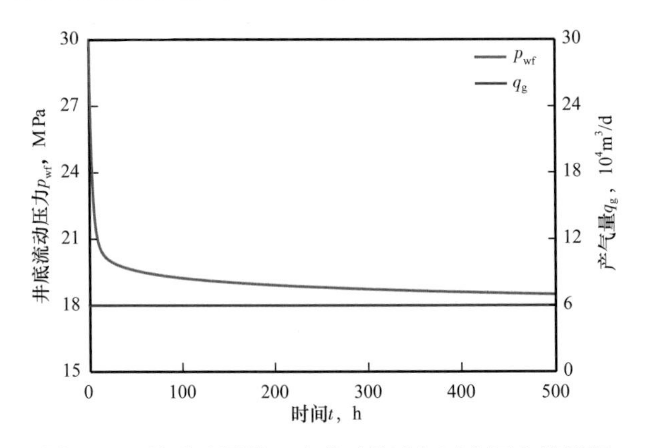

图 3–70　均质地层单一油嘴开井试气压力历史模拟图

从压力历史图中可以读出流动压力随时间变化值，表示在表 3–12 中。

表 3–12　单一油嘴开井试气流动压力变化值（均质）

时间 h	流动压力 p_{wf} MPa
10.1	21.0789
25.3	20.5143
50	20.2007
70	20.0540
100	19.9010
150	19.7300
200	19.6100
240	19.5340

由于流动压力随时间而变化，因此计算出的无阻流量也将会随之改变。

2）用单点法公式计算无阻流量

应用了前面介绍的几种单点法计算公式。这些公式产生于不同时期，所用的背景资料也不尽相同，应该说具有一定的代表性。针对表 3–12 给出的模拟参数，分别计算了无阻流量。得到的结果列于表 3–13。

表 3–13　不同计算公式推算无阻流量值（均质）

测试时间间隔 h	计算无阻流量，$10^4m^3/d$			
	二项式 ［式（3–88）］	指数式 ［式（3–89）］	靖边气田用公式 ［式（3–90）］	长庆油田上古生界用公式 ［式（3–91）］
10.1	8.9326	9.0076	8.9390	8.9527
25.3	8.6680	8.7140	8.6550	8.6859
50	8.5331	8.5642	8.5086	8.5499
70	8.4727	8.4971	8.4426	8.4890
100	8.4114	8.4290	8.3754	8.4272
150	8.3449	8.3550	8.3022	8.3601
200	8.2994	8.3045	8.2519	8.3143
240	8.2711	8.2731	8.2205	8.2858

应用表 3–13 的计算结果，画出不同计算方法推算的无阻流量值与测试时间间隔关系图（图 3–71）。

3）修正等时试井模拟

应用同样的储层参数，可以进行修正等时试井的压力历史模拟，模拟的测试程序为：

（1）24h 开井，24h 关井进行 4 点的不稳定产能测试，产量序列为：$2\times10^4m^3/d$，$4\times10^4m^3/d$，$6\times10^4m^3/d$，$8\times10^4m^3/d$。

（2）开井 500h 进行延时测试，延时测试产量为 $6\times10^4m^3/d$。

（3）关井 500h 测压力恢复，了解延时测试末期储层压力。

以上测试模拟得到的压力历史可以参见图 3-15。从以上模拟的压力历史曲线可以计算延时的稳定无阻流量值：

$$q_{AOF（延时500h）}=9.03\times10^4m^3/d$$

4）不同方法计算的无阻流量对比

以上不同单点产能计算方法得到的产能及修正等时试井测得的产能，画在同一张图上加以对比，如图 3-71 所示。

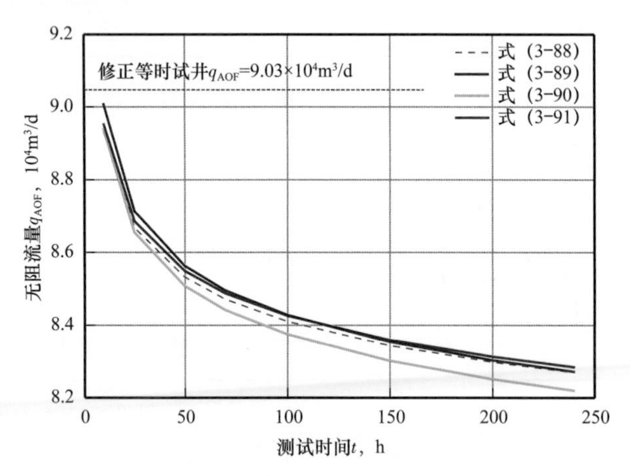

图 3-71　不同方法计算均质地层无阻流量对比图（1）

从图 3-71 看到：

（1）四种单点法计算的无阻流量，从数值上看彼此接近。有可能提供计算公式的作者在确定公式系数时，已照顾了它们之间的对比关系。

（2）当测试时间超过 2 天（48h）以后，无阻流量值大致保持在一个常数值附近。就目前所举示例看，在 8.3×10^4～$8.6\times10^4m^3/d$ 范围内。录取资料时间，对无阻流量值影响不大。

（3）单点法计算的 q_{AOF} 值与修正等时试井所测结果相差也不算大，但两条线明显偏离，相差约 10%。偏差的原因是，该模型具有非达西流动系数值 D=0.01（$10^4m^3/d$）$^{-1}$，因而从修正等时试井中得到的指数方程为：

$$q_g=0.040(p_R^2-p_{wf}^2)^{0.802}$$

也就是说，非达西流影响决定了 n=0.802。而单点法公式，不论针对何种地层，一概规定指数 $n\equiv0.6594$，显然会对计算结果带来一定差别。

如果把单点法指数方程的 n 指数值，也改为 n=0.802，得到的计算结果表示在图 3-72 上。从图中看到，此结果与修正等时试井结果趋于一致。

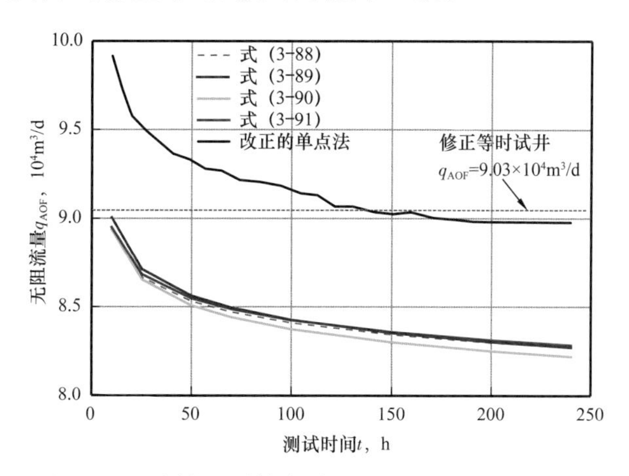

图 3-72　不同方法计算均质地层无阻流量对比图（2）

2. 均质具有条带型边界地层压裂井

同样应用试井分析软件，模拟开井时的压力变化，同时也进行 q_{AOF} 值计算，模拟时选取的参数是：地层渗透率 K=3mD，地层厚度 h=5m，具有无限导流垂直裂缝 x_f=60m，条带边界距离 L_{b1}=70m，L_{b2}=70m，裂缝表皮值 S_f=0.1，湍流系数值 D=0.015（$10^4m^3/d$）$^{-1}$，井储系数 C=3m^3/MPa，日产气量 q_g=6×10^{4}m^3/d，原始地层压力 p_{Ri}=30MPa。在上述参数条件下，用试井软件实际模拟了产能试井过程，一种过程是单点试井过程，另一种是修正等时试井过程。

1）单点试井压力历史模拟

模拟时间从 0 到 300h，但单点测试无阻流量计算，选择从 1d 到 12.5d，用以验证单点产能试井计算的无阻流量随测试时间变化的情况，得到的压力随时间的变化情况如图 3-73 所示。

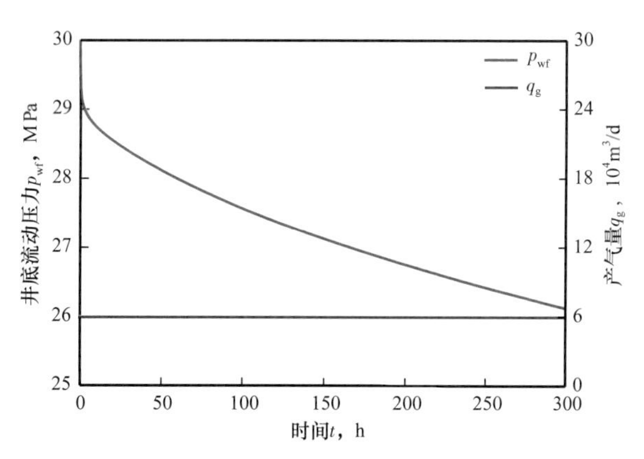

图 3-73　单一油嘴开井试气井底压力历史模拟图
（均质具有条带边界地层压裂井）

从压力历史图中可以读出流动压力随时间变化值，表示在表 3–14 中。

表 3–14　单一油嘴开井试气流动压力变化模拟值（均质具有条带边界地层，压裂井）

时间，h	25.55	50.97	72.00	104.00	152.00	200.00	248.00	300.00
流动压力 p_{wf}，MPa	28.9033	28.4802	28.1828	27.7889	27.2851	26.8490	26.4586	26.0723

由于流动压力随时间而迅速变化，因此计算出的无阻流量也将会随之改变。单点法计算无阻流量时，仍使用相同的式（3–88）至式（3–91），计算结果列于表 3–15。

表 3–15　不同计算公式推算无阻流量值（均质具有条带边界压裂井）

测试时间间隔 h	计算无阻流量，$10^4m^3/d$			
	二项式［式（3–88）］	指数式［式（3–89）］	靖边气田用公式［式（3–90）］	长庆油田上古生界用公式［式（3–91）］
25.55	31.1156	31.4294	32.0807	31.5216
50.97	25.0275	25.7351	24.8946	25.2987
72.00	22.2774	23.0554	22.0221	22.4934
104.00	19.6557	20.4332	19.4119	19.8229
152.00	17.2963	18.0146	17.1293	17.4232
200.00	15.7958	16.4471	15.6941	15.8991
248.00	14.7304	15.3203	14.6767	14.8181
300.00	13.8620	14.3935	13.8453	13.9375

应用表 3–15 计算的结果，画出不同计算方法推算的无阻流量值与测试时间间隔关系图（图 3–74）。

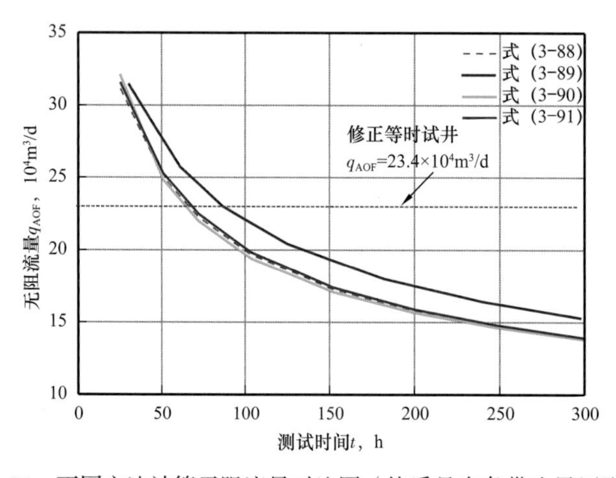

图 3–74　不同方法计算无阻流量对比图（均质具有条带边界压裂井）

2）修正等时试井模拟

应用同样的储层参数，可以进行修正等时试井的压力历史模拟，模拟的测试程序为：（1）24h 开井，24h 关井进行 4 点的不稳定产能测试，产量序列为：$2\times10^4m^3/d$，$4\times10^4m^3/d$，$6\times10^4m^3/d$，$8\times10^4m^3/d$；（2）开井 500h 进行延时测试，延时测试产量为 $6\times10^4m^3/d$；（3）关井 500h 测压力恢复，了解延时测试末期储层压力。以上模拟测试得到的压力历史如图 3–75 所示。

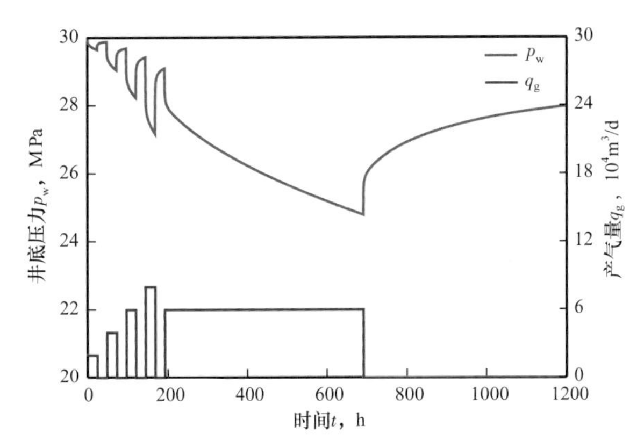

图 3–75 与单点试气对照的修正等时试井压力历史模拟图

从以上模拟的压力历史曲线同样可以计算该井的延时无阻流量：

$$q_{AOF（延时500h）}=23.38\times10^4m^3/d$$

3）不同方法计算的无阻流量对比

以上不同单点产能计算方法得到的产能，以及修正等时试井测得的产能，同时画在一张图上加以对比，如图 3–74 所示。从图 3–74 看到：

（1）对于均质、具有条带形边界的压裂井，由于开井后流动压力持续下降，因此用单点法计算的无阻流量，随着测点时间的推延而不断降低，并非是一个常数值，因而测点时间的选择对无阻流量的计算非常重要。

（2）用不同计算公式计算的结果，在图 3–74 上彼此重叠或相近，结果大体是一致的。

（3）应用修正等时试井法测算的无阻流量为 $23.4\times10^4m^3/d$，若以此为判别标准，则与常用的单点计算公式，在某一特定时刻，数值能大体一致。

因此，在特定的地层条件下，若以单点法推算产能，应在试气产量稳定后，选择特定时刻的流动压力用来计算无阻流量，可保持与修正等时试井结果大体一致。但是针对不同的地层，这种“特定的”时间显然是不会完全一致的。所以不加区别地应用单点法计算无阻流量，将会带来一定的差别。而这种差别反映了不同含义的产能特征。

五、免去稳定流动点的产能试井

本章介绍的产能试井方法，都包含着稳定流动点的测试：对于回压试井，每一个产能测试点都要求达到稳定；对于等时试井和修正等时试井，均要求进行一个延时产能点的测试。这个延时点，也就是稳定点。

进行稳定点测试，必然要进行长时间的开井。特别对致密气层，开井时间也许要延续数月，甚至更长，造成大量天然气的放空。因此，从现场实施角度出发，总是希望能免去稳定点。对于回压试井，免去稳定点是不可能的。对于等时和修正等时试井，能否免除呢？原则上是可以的。

通过不稳定测试点分析，可以从分析图中得到产能方程的斜率。也就是说，对于二项式方程，可以确定方程系数 B。

至于方程系数 A，前面的公式已经明确地加以表达。分别表示了在压力平方形式［式（3–26）］和拟压力形式［式（3–29）］下，针对圆形供给边界得到的计算公式以及针对无限大地层的公式［式（3–32）］。公式中的参数，需要从其他渠道得到。一旦确认了这些参数，即可用来计算出系数 A，得到稳定条件下的产能方程。

但是，若要准确得到上述参数，需要进行不稳定试井的测试和分析。另外像 r_e 等参数，往往难以确认。因此要想准确得到 A 系数，也并非易事。以至目前很少有人会单纯依赖这种方法。

六、关于井口产能

前面所讨论的气井产能，都是指在测量井底压力基础上得到的气井的属性。换句话来说，都是只与地层条件有关的气井的能力。这样的能力，在气藏工程设计时，是直接的和不变的特性。

在现场中，常常还可以听到有关在井口测试产能的讨论。所谓井口产能测试，具有两重含义：

（1）在井口同时测量压力和产气量，但在分析时，把井口压力折算到井下再进行分析；这样做的结果，仍然还会得到井底产能，与前面的讨论是一致的，只不过分析的精度受到压力折算的制约，是大打折扣的。

（2）在井口测量压力、产量，并直接用这个压力和产量的关系进行井口产能分析，得到井口产能指标。

所谓井口产能，初看起来更为直接地反映井的能力，但实际上，这一指标在用于气井开发设计时是可变化的：

（1）井口得到的产能方程，其斜率（n 或 B）不一定与井下测试的结果相同（Edging，1967）。因此，不能直接用于气田开发设计。

（2）除非作了校正，井筒中的流温可能随不同的产气量而不同，从而引起产能方程线不能形成直线，而向一边弯曲，使分析工作难以进行（Wentink，1971）。

（3）由于井筒积水和积液，而且在不同产气量条件下积液高度有差别，因此导致根本无法建立起正常的产能方程。

因此，井口产能只能作为一个参考值而提供给气藏生产管理者，很少在气藏工程中应用。

七、用手工方法计算产能方程系数 A 和 B 及无阻流量

我们反复提到，随着试井解释软件的普及应用，已很少再用手工方法进行产能分析。但是仍然存在这样的机会，使气藏工程师，希望针对直接录取的压力与产气量数据，结合计算器等简单的计算工具，通过手工运算，得到产能方程和无阻流量。

这里介绍一个运算顺序。所列出的示例，是一次现场实测的气井修正等时试井，计算时应用了压力平方法，推导二项式产能方程，并计算无阻流量。具体运作程序如下。

（一）数据收集

从现场录取到的产能试井的压力及产量数据，列在表 3–16 上。同时记录了该井其他的基础数据如下：地层温度 T=371.32K；地层有效厚度 h=5.6m；地层孔隙度 ϕ=6.93 %；天然气相对密度 γ_g=0.581；气体拟临界压力 p_{pc}=4.6228MPa；气体拟临界温度 T_{pc}=348.85K；气体偏差系数 Z=0.979；天然气地下黏度 μ_g=0.02226mPa·s；地下气体压缩系数 C_g=0.02617MPa^{-1}；气体体积系数 B_g=0.00433m^3/m^3；地层综合压缩系数 C_t=0.02194MPa^{-1}。

表 3–16 修正等时试井现场实测压力、产量数据

测点序号＼项目	产气量 q_g 10^{4}m^3/d	关井压力 p_{ws} MPa	流动压力 p_{wf} MPa	$\Delta p^2=p_{ws}^2-p_{wf}^2$ MPa^2	$\Delta p^2/q_g$ MPa^2/（10^{4}m^3/d）
不稳定点 1	1.6900	29.4860	28.7814	41.055	24.2929
不稳定点 2	3.1752	29.2344	27.8455	79.278	24.9679
不稳定点 3	4.3204	28.8265	26.8747	108.718	25.1639
不稳定点 4	5.7045	28.3934	25.6999	145.700	25.5412
延时开井	2.8334	29.4860	24.1757	284.960（按原始压力）	100.5718（按原始压力）
终关井	—	27.600	—	177.296（按关井压力）	62.5736（按关井压力）

表 3–16 中前 3 列为现场录取的数据，后两列为计算得到的数据。上述数据表可以输入到 EXCEL 工作表内进行运算，也可以用计算器运算得到。

（二）求不稳定的产能方程

把表 3–16 中的第 1 和第 5 两列数据进行回归，可以得到不稳定的产能方程为：

$$\frac{p_R^2-p_{wf}^2}{q_g}=23.8702+0.3012q_g$$

或写作：

$$p_R^2-p_{wf}^2=23.8702q_g+0.3012q_g^2 \tag{3-92}$$

式中，$A=23.8702$，$B=0.3012$，相关系数 0.9817。

（三）求稳定的产能方程

把上述不稳定产能方程等号左方的项 $\frac{p_R^2-p_{wf}^2}{q_g}$ 以稳定点值代入，并令系数 A 为变量，得到：

$$A=\left(\frac{p_R^2-p_{wf}^2}{q_g}\right)_{稳定}-0.3012q_g=100.5718-0.3012\times2.8334=99.7184$$

从而稳定的产能方程为：

$$p_R^2-p_{wf}^2=99.7184q_g+0.3012q_g^2 \tag{3-93}$$

对于地层压力取为产能测试后关井压力的情况，得到产能方程为：

$$p_R^2-p_{wf}^2=61.7202q_g+0.3012q_g^2 \tag{3-94}$$

（四）计算无阻流量

令 $p_R=p_{Ri}=29.486\text{MPa}$，$p_{wf}=0.101325\text{MPa}$，得到最大的压差 $p_R^2-p_{wf}^2=869.414\text{MPa}^2$，代入式（3-93），得到有关 q_{AOF} 的二次方程式：

$$0.3012q_{AOF}^2+99.7184\,q_{AOF}-869.414=0$$

解以上二次方程，得到地层压力为原始压力时的无阻流量为：

$$q_{AOF}=\frac{-99.7184+\sqrt{99.7184^2+4\times0.3012\times869.414}}{2\times0.3012}=8.500\times10^4\text{m}^3/\text{d}$$

如果令 p_R 为测试结束时的关井压力 27.600MPa，则可得到式（3-94）表示的产能方程。此时计算的无阻流量为：

$$q_{AOF}=13.232\times10^4\text{m}^3/\text{d}$$

如果已经取得了如表 3-16 列出的产能测试数据，基于用最小二乘法回归实测数据得到的结果。其表达式为：

$$A=\frac{\sum\frac{\Delta p^2}{q_g}\sum q_g^2-\sum q_g\sum\Delta p^2}{N\sum q_g^2-\sum q_g\sum q_g} \tag{3-95}$$

$$B=\frac{N\sum\Delta p^2-\sum q_g\sum\frac{\Delta p^2}{q_g}}{N\sum q_g^2-\sum q_g\sum q_g} \tag{3-96}$$

式中 N 为测点数。同样可以得到不稳定的和稳定的产能方程。

第九节 本章小结

本章讨论了气井产能的测试和分析方法。正如本书第一章所讲述的，气井产能分析是气藏动态描述的核心内容，因此需用较大篇幅加以讨论。

首先介绍了基本的分析方法：

（1）3 种产能测试方法；

（2）两种产能分析方程；

（3）产能方程的 3 种压力表示形式；

（4）产能方程的图示方法——IPR 曲线。

正如本章一开始就已提到的，上述这些经典的方法是于 20 世纪中期就已推出的方法，像回压试井法已在现场应用了 90 年之久。限于当时的技术条件和对天然气地下渗流过程的认知水平，使这些半经验的公式存在着不同程度的缺陷。为此本章在原原本本介绍已有经典方法的同时，着意推荐了一种“稳定点产能二项式方程”，对于这种方程的表达式从理论上作了推导，介绍了方程的建立方法，并对其中关键参数进行了深入分析，对它们的选取方法结合现场条件加以讨论。应用这种方法时，现场只须录取一个稳定的初始产能点，即可建立起可靠的初始产能方程，从而大大拓展了应用范围。书中针对直井和水平井都推导出了相应的表达式。特别地可以从初始稳定点产能方程出发，进一步推导动态产能方程，对气井生产过程的动态产能指标及时作出分析。本章还举出作者亲自参与分析的现场实例，介绍了这一方法在克拉 2 气田、鄂尔多斯盆地上古生界气田及海上气田水平井的应用情况，说明了方法的适用性。

在分析气井产能方程的基础上，叙述了气田开发方案设计中的产能预测方法。首先讲解了如何从实测气井的产能方程，推导和建立全气田的产能方程。接着又介绍了如何用这种方程，安排开发方案设计井的产气量，可用于数值模拟时产气量的初值设置。实际上，如果现场广泛应用稳定点产能二项式方程分析方法，建立针对每一口生产井的初始产能方程，并用来设计气田开发方案中产能指标，气田产量的预测可以在完全不同的基础上进行。不但可以针对每一口井做出符合实际情况的设计，而且还可以把这一方程应用于今后的动态产能分析工作。

本章还用较大的篇幅，结合中国的地质特征介绍了现场实施产能测试和进行资料分析时遇到的问题，并尝试作出解答：

（1）结合中国的地质特点，如何进行产能测试设计？

（2）为什么有时推算的无阻流量不及井口实测产量高？

（3）为什么用实测资料建立的产能方程会出现 $n>1$、$B<0$ 的异常现象？

（4）哪些地层不宜运用回压试井法进行产能试井？

（5）实施单点法产能试井时的误差分析。

（6）如何用手工方法分析产能试井资料等？

作为气藏动态描述的核心内容，在用本章介绍的方法实时确定气井和气藏产能的同时，还需结合气井和气藏动态模型的建立，深入一层解读影响和决定气井产能的地质背景因素，并结合气井动态模型的建立，达到对未来气井产能指标的预测。

第四章　压力梯度法分析气藏特征

利用静压梯度分析可以有效地了解气藏内部的连通性或压力系统。静压梯度分析方法大致可以分成两类：气田勘探时期的静压梯度分析和气田开发过程中的地层压力梯度分析。

在气井的完井试气时，一定要在开井早期，准确测得气井的原始地层压力。所谓早期的原始地层压力，是指气井替喷以后马上关井，保持压力稳定，在气层没有由于天然气的产出而产生明显的扰动和亏空以前，立即测得原始状态下的压力。这一点，对于打开高渗透地层的井是不难做到的；但是对于低渗透地层，在采出一定量天然气以后，往往要花费较长时间，才能恢复到原始状况。特别对于存在岩性边界的低渗透地层的压裂井，压力恢复将更为缓慢，因此把握测试时机是非常重要的。

从早期的静压梯度分析，可以得知哪些井处于同一个连通的区块中，因为处于同一连通区块中的井，虽然井深可以不同，但所测得的地层压力应按气体的静压梯度分布，或者说分布在同一“天然气静压梯度线”上。

如果在勘探阶段，一个气区内的井，其静压力点没有排列在同一个“天然气静压梯度线”上，则有几种可能：一种是，静压点排列在两个或三个天然气静压梯度线上，则这些井有可能分布在两块或三块彼此隔开的独立的气藏区；另一种可能是，静压点排列在近似于“静水柱静压梯度线”上，这说明气田在成藏运移过程中，曾经是属于同一个水力学系统，但最终形成了多个独立的含气单元。

如果气藏区中各气井，其静压力在勘探阶段处在同一个“天然气静压梯度线”上，是不是就可以说，气藏区内各井，在开发中可以认为是彼此连通了呢？回答是不肯定的。我国四川地区的一些气田，特别典型的像川南地区的一些气田，早期压力大体是一致的，但开采一段时间以后普遍关井测压时，各井的地层压力相差非常之大。有时二三十口气井，关井实测静压力各不相同。说明各井控制的区域之间，即使并不一定是完全隔断的，但在开发中却是自成体系的。

针对以上介绍的气藏压力可能出现的特征，以下分成 4 个部分介绍压力梯度分析的一般方法及示例。

第一节　勘探井早期压力梯度分析及实测例

一、压力数据的采集及资料整理

下面举出一个示例。一个典型的气藏，其中分布着 11 口井，剖面位置如图 4-1 所示。11 口井中 7 口井钻穿层段Ⅰ，6 口井钻穿层段Ⅱ。层段Ⅰ和层段Ⅱ各有自己的气水界面：层段Ⅰ气水界面海拔 -3200.0m，层段Ⅱ气水界面海拔 -3000.0m。

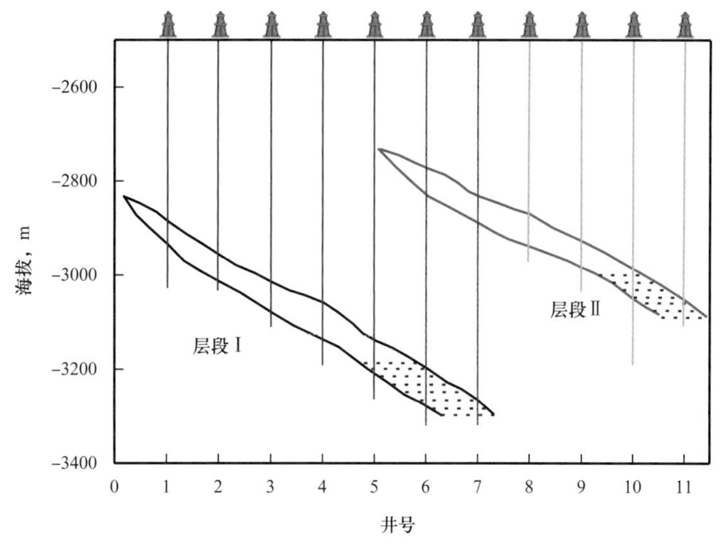

图 4-1 气藏剖面示意图

表 4-1 列出以上各井的基本钻井数据，以及所测原始地层压力。

表 4-1 气层中部静压与井深关系示例表

井号	层段	气层中部深度 m	补心海拔 m	气层中部海拔 m	原始地层压力 MPa
1	Ⅰ	3410.0	500	-2910.0	36.170
2	Ⅰ	3485.0	495	-2990.0	36.305
3	Ⅰ	3532.0	492	-3040.0	36.390
4	Ⅰ	3590.0	490	-3100.0	36.494
5	Ⅰ	3660.0	486	-3180.0	36.620
6	Ⅱ	3280.0	480	-2800.0	34.320
	Ⅰ	3729.0	479	-3250.0	37.300
7	Ⅱ	3325.0	475	-2850.0	34.410
	Ⅰ	3777.0	477	-3300.0	37.800
8	Ⅱ	3373.0	473	-2900.0	34.500
9	Ⅱ	3420.0	470	-2950.0	34.590
10	Ⅱ	3468.0	468	-3000.0	34.680
11	Ⅱ	3540.0	470	-3070.0	35.400

二、压力梯度分析

把表4–1中的地层压力与气层中部海拔做出关系图，得到压力梯度分析图如图4–2所示。

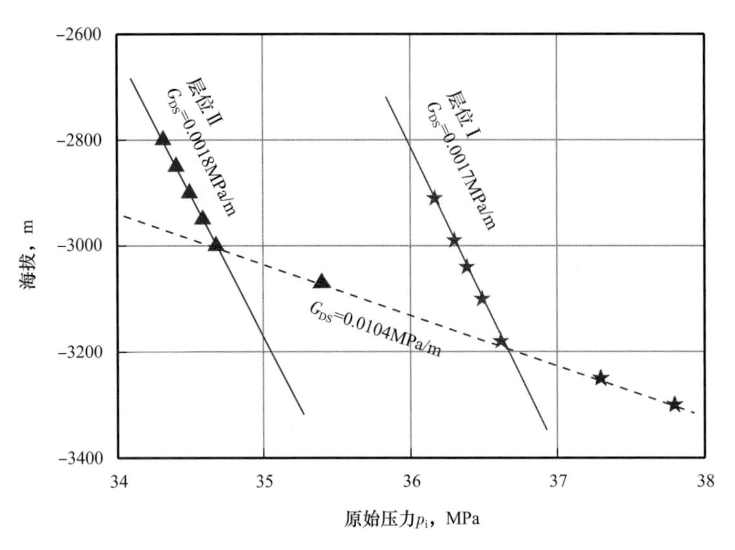

图4–2　压力梯度分析示意图

从图4–2看到：

（1）测压点被划分为两组，每组对应一个层位。

（2）对应层段Ⅰ的7个井层中，其气层部分的5个井层，压力与海拔深度的关系为：$p=31.299-0.0017h$。表明气井之间的静压力梯度为 $G_{DS}=0.0017$MPa/m，符合天然气静压梯度。说明这些气井属于同一个连通的气块。

（3）对应层段Ⅱ的另6个井层，其气层部分压力与海拔深度的关系为：$p=29.280-0.0018h$。表明气井之间的静压力梯度为 $G_{DS}=0.0018$MPa/m，也符合天然气静压梯度范围。说明这些气井同属于另一个连通的气块。

（4）属于水层的3个测试点，位置同在另一个梯度线上，其压力梯度为 G_{DS}=0.0104MPa/m，刚好是水的静压梯度。说明其水体有可能是连通的。至少其储层在沉积过程中同属一个水力学系统。

从以上示例看到，该气田的两个气层，虽然其底水压力大体都是静水柱压力，但两个气层彼此并不连通，气水界面位置存在差别。从两个气层的压力分布也清楚地看到，它们彼此之间是独立的气藏体。因而在开发中一定要区别对待。

图4–3所示为克拉2气田现场实测的静压梯度分析图。

从图4–3中清楚地看到，其气层部分的静压测试点，处在同一条梯度线上。经统计分析，其压力梯度为 $G_{DS}=0.00265$MPa/m。按照压力梯度与密度的关系式，$G_{DS}=\rho_g g$，折算流体密度为 $\rho_g=0.2702$ g/cm^3。

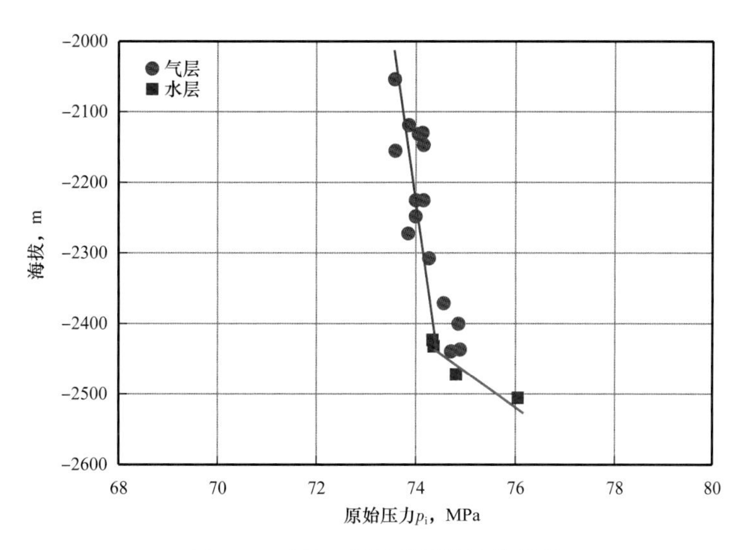

图 4-3　克拉 2 气田静压梯度分析图

另外，按照克拉 2 气田的气体相对密度及地下压力、温度条件，得到克拉 2 气田天然气平均地下密度为 ρ_g=0.268g/cm^3（计算方法参见第二节），与从梯度折算得到的天然气密度是相近的。由此证明，克拉 2 气田内部是彼此连通的，是一个整装的气田。

第二节　地层条件下天然气密度及压力梯度计算

对于一个连通的气藏，其不同深度之间的压力梯度表达为：

$$G_{DS}=\frac{p_2-p_1}{h_2-h_1}=\frac{\Delta p}{\Delta h}=\frac{\rho\Delta hg}{\Delta h}=10^{-6}\rho g \tag{4-1}$$

式中　G_{DS}——地层静压力梯度，MPa/m；

ρ——天然气地下密度，kg/m^3；

g——重力加速度，g=9.80665m/s^2；

p_1，p_2——不同深度的地层压力，MPa；

h_1，h_2——不同的气层中部深度，m。

关于天然气密度 ρ 的计算，按下列公式：

$$\rho=\frac{pM_g}{ZRT} \tag{4-2}$$

式中　p——天然气所在位置的压力，MPa；

Z——天然气偏差系数，无量纲；

R——气体常数，在不同单位制下，其单位和数值各不相同，参见表 4-2；

T——地层条件下的温度，K；

M_g——天然气的相对分子质量。

表 4-2　通用气体常数数值及单位表

单位制	R 值	R 的单位
法定单位	8.3143×10^{-3}	$MPa\cdot m^3/(kmol\cdot K)$
SI 单位	8.3143	$J/(mol\cdot K)$
	8.3143×10^{3}	$Pa\cdot m^3/(kmol\cdot K)$
cgs 单位	82.056	$atm\cdot cm^3/(mol\cdot K)$
英制矿场单位	10.732	$psi\cdot ft^3/(lbmol\cdot °R)$

由于 $M_{空气}=28.97kg/kmol$，$\gamma_g=\dfrac{M_g}{M_{空气}}$，所以有 $M_g=\gamma_g M_{空气}=\gamma_g\times28.97kg/kmol$。例如，当 $\gamma_g=0.6252$ 时，$M_g=0.6252\times28.97=18.1120kg/kmol$。

根据式（4–1）和式（4–2），可以计算出在地层条件下，不同深度气层的压力梯度。以下介绍一个实例。气藏条件如下：地层压力 $p_R=30MPa$，地层温度 $T=378K$，天然气相对密度 $\gamma_g=0.6433$，拟临界压力 $p_{pc}=4.7693MPa$，拟临界温度 $T_{pc}=205.567K$，气体偏差系数 $Z=0.962$。

从式（4–2）得到：

$$\rho=\frac{30\times0.6433\times28.97}{0.962\times8.3143\times10^{-3}\times378}=184.92kg/m^3$$

代入式（4–1）：

$$\begin{aligned}G_{DS}&=184.92kg/m^3\times9.80665m/s^2\\&=1813.4\times10^{-6}MPa/m\\&=0.00181MPa/m\end{aligned}$$

可以看到，由于气体具有很小的密度，因而在地层中的梯度也是很小的，与含油层及含水层段存在很大的差别。因此这种压力梯度分析方法，成为区别气藏整装特征的重要标志。

气藏中的压力梯度，在相当的压力和温度条件下，与静止的气井井筒中的压力梯度是一致的。但是，决不可以把井筒中测得的压力梯度直接用来作地层的压力梯度分析，这是显而易见的。地层的压力梯度，一定是在各井点分别实测产气层中部深度的静压以后，与产气层海拔深度作图得到，如图 4–2 所示。

如果从压力梯度分析中看到，各口气井处在同一个“天然气静压梯度线”中，是不是就可以完全肯定气藏是整装气田了呢？结论是，这只是一个必要条件，但还不是充分条件。以下将讨论关于气田开发阶段的压力分析。

第三节　气田开发后的压力梯度分析

对于一个大面积分布的、构造平缓的气田，在开发初期地层压力可以是大体一致的，或是按“天然气静压梯度线”分布。例如，中国的靖边气田，初期测试资料显示，44 口资料质量较好井的静压点，经回归得到深度与压力的关系为 $p=24.90+0.00193h$，表明压力梯度值为 $G_{DS}=0.00193$MPa/m，显示大致为干气的压力梯度。或者说可以认为整个气田有可能是一个整装的气田。但是当气田投入开发以后，情况就发生了变化，逐渐显示出气田划分成了压力不同的开发区，像陕 45 井区、陕 155 井区等。是什么阻碍了气田各区之间的压力平衡呢，大致有以下因素：

（1）各气区间存在断层或岩性边界，阻隔了气体的流动，造成压力不平衡。

（2）各气区间存在低渗透的区带，或者是“阻流边界”，使得区块间的压力平衡过程非常迟缓。

（3）储层本身具有很低的渗透性，延缓了压力平衡过程。

（4）作为天然裂缝性气田，各井所控制的储量，分布在一个个组系性裂缝系统之中，各个裂缝系统之间，有可能在某些部分相通，但连通部分的渗透性与裂缝系统本身相比极为有限。因此在压力恢复双对数曲线上，虽然都没有表现出定容气藏的特性（压力导数后期迅速下倾，参见第五章的分析），但当全气田普遍关井测压时，各井测得的地层压力却迥然不同。

具有上述特征的气田，在开发过程中按压力下降的程度，将被分成不同的区域。随着开发进程，逐渐离散成不同的压力梯度区，如图 4–4 所示。从而在平面上也将气田划分成不同的区域。

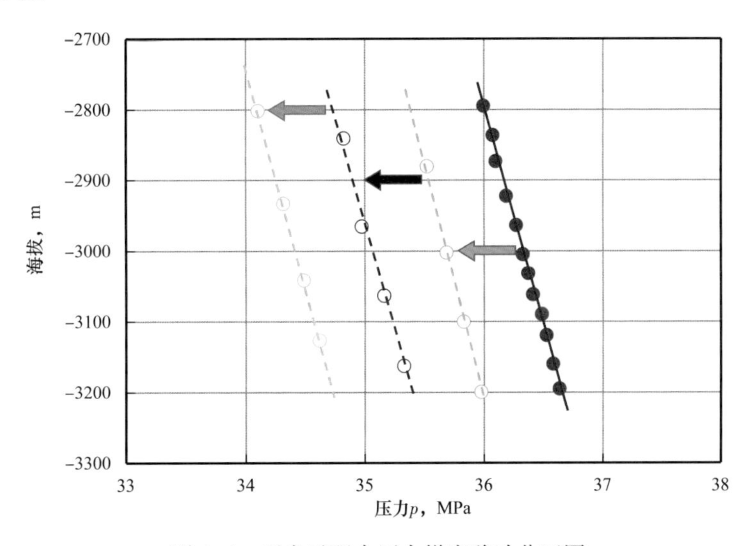

图 4–4　开发过程中压力梯度移动分区图

压力的分区，将为整个气田的开发方式，提供重要的动态依据。因此压力分析将是开发动态分析的重要内容。

第四节 压力梯度分析的要点

一、测压资料录取的准确性

应该说，准确录取的地层压力资料是压力梯度分析的基础。过去曾在现场见到这样的气井，前后几次测静压，数值最多相差几兆帕。这给分析工作带来许多不确定因素。有以下几方面的因素，影响压力资料录取的准确性：

（1）完井试气后，井底还没有“喷活”立即进行测压，所测压力不能准确反映地层情况；

（2）完井试气后井底有积液，压力计未下到气层中部，只下到液面以上测压；

（3）措施（酸化压裂等）以后测压时，井底的压升或压降漏斗尚未恢复；

（4）测压时压力计未达到气层中部，折算压力时未能实测压力计以下的压力梯度，造成折算压力不准；

（5）使用了某些品牌的低精度机械式压力计，或者测压前压力计已超过校对期限；

（6）特低渗透性地层，或其他特殊岩性地层，试气后形成的压降漏斗不能及时恢复等。

因此，把握试气过程中的测压时机，应用高精度的压力计，下入气层中部及时录取到静压资料，是一切分析工作的基础。

二、压力梯度分析与地质开发研究的结合

压力梯度分析是储层地质研究的辅助手段，是为气田开发服务的。因此一定要与开发地质研究紧密结合。

（1）由压力梯度分析提供的分区应有相应的地质依据。

经过压力梯度分析，可以对打开层位进行分区。而这些分区都应存在一定的地质背景：

① 断层切割的不同区块；

② 具有独立气水关系的不同层系；

③ 河流相沉积形成的岩性边界，划分出不同形态的砂岩区块；

④ 石灰岩地层的不同组系性裂缝系统；

⑤ 海相沉积形成的泥岩沟槽，划分出不同的渗透性区块；

⑥ 生物礁形成的石灰岩块状体等。

特殊的地质特征决定了压力分布特征。因此，在发现了某种压力梯度特征时，一定要找出其地质上产生的原因。否则，这种压力分布特征的可靠性是值得置疑的。

（2）为储量计算结果的核实提供支撑信息。

目前气藏储量计算依靠的主要方法依然是静态参数法，即通常所说的容积法。但是，以容积法计算的储量，特别是针对特殊岩性储层，例如裂缝性的石灰岩储层，往往会带来很大的误差。而动态方法，包括压力梯度法，可以及时发现探区内各井在初期的以及

开采一段时间以后的压力降落特征。找出储量分布的异常情况，从而对储量计算结果的风险性及时提出质疑，达到减少损失的作用。

（3）为开发方案设计提供基础参数。

压力梯度分析结合不稳定试井分析，为气田开发方案设计提供诸如区块划分、边界形态、渗透率分区等基础参数。

第五节 气田投入开发后动态地层压力的获取

一、气田生产过程中的动态生产指标

作为从事油气田开发的技术人员，都熟知在油气井生产过程中，井附近的地层压力是变化的、不断衰减的。在 20 世纪 80 年代，原石油工业部有关部门曾组织有关人员专门讨论地层压力的确切含义及测取方法问题，以期消除各油田在录取地层压力时的误差。

作者在从事气藏动态描述研究的过程中，对上述问题反复思考，提出了气井动态指标的概念，包括气井的动态产能、动态的 IPR 曲线、动态的无阻流量和动态的地层压力等新的概念。而且推导了公式，试图在气田现场确定这些动态指标。本书第一章的动态描述研究新思路中，已全面涉及这些动态指标的测取和分析，第三章第六节稳定点产能二项式方程的推导和应用，也对动态产能指标进行过详细的介绍。

从以上研究分析内容可以清楚地看到，我们面对的气藏从来不是静止不动的。初始测得的气井无阻流量，只能反映气井在开井后短时间内的真实情况。过了一段时间，也许是一年，也许只有几个月，甚至只有几天，这一指标已完全失去认识气井的意义。地层压力也是一样，气井产能衰减最主要的原因就是由于地层压力的衰减，一旦由于天然气的采出造成供气范围内产生了亏空，地层压力随之下降，气井的产能也就跟着下降了。这对于小块的定容气藏尤其显得突出。针对这种变化的地层压力，书中称之为“动态地层压力”。

二、几种不同含义的地层压力

看似简单的地层压力，在实际地层的渗流区域内，却有着许多不同的含义。图 4-5 为依靠弹性能量开采气井的地层压力示意图。

（一）实测平均地层压力

实测平均地层压力指有限生产区内长期关井测得的井底静压，这是现场通常采用的方法。如果关井时间足够长，则在井所控制的有限定容区域内，压力趋于平衡，测得的静压可以代表区块的平均地层压力。

但是，在油田生产现场，关井时间往往是受到限制的，例如关井一个月已算是很长的时间，这对于低渗透气藏，特别像苏里格这样的被岩性边界圈闭成窄长区域的特低渗透储层，关井一年后的井底压力仍在缓慢上升，此时测得的压力仍然未能达到平均地层压力值。

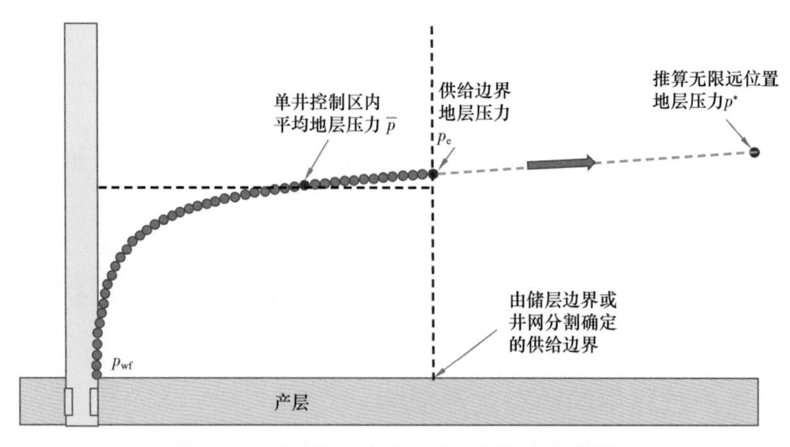

图 4–5　弹性驱动生产气井地层压力示意图

如果单井控制区域是由井网分割的，那么这种关井测压方法测得的地层压力，又要受到周围井生产历程的影响。

（二）动态模型推算法确定的地层压力

从上面的讨论可知，虽然在油田现场一直采用长时间关井测压的方法获取平均地层压力，但在实施时常常受现场条件限制不能顺利测得这一数值。

对于进行了储层动态描述分析的气井，如能确认气井处于有限定容区块内，一旦建立起完善的动态模型，则可以随时得到确切的平均地层压力值。如图 4–6 所示。

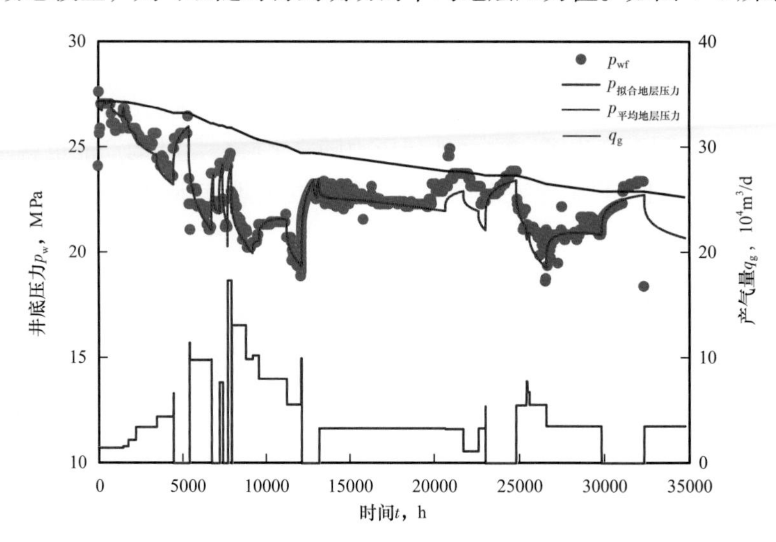

图 4–6　动态模型推算法确定平均地层压力示例图

在本书第八章所介绍的气藏实例，如苏里格气田、榆林南气田和东方气田，已将所有确认为定容区块的气井广泛进行了平均地层压力的推算。

（三）供气边界地层压力 p_e 的推算

任何一口气井，驱动天然气流向井底的能量均来自生产压差。生产压差通常表示为压力形式、压力平方形式或拟压力形式，写作：(p_R-p_{wf})，$(p_R^2-p_{wf}^2)$，$(\psi_R-\psi_{wf})$。式中的地层压力 p_R 值，即是指供气边界地层压力。对于复杂形态的非均质供气区来说，这一概念所对应的具体几何位置确定起来并非易事，但有一点是明确的，即初始状态下的生产压差在生产过程中大致会维持不变（与产气量成比例关系），此时流动压力值是可以随时测定的，相应地可推知地层压力值，从而得到供气边界地层压力。

本书第三章第六节所建立的动态产能方程，为这种动态的供气边界地层压力的确定提供了切实可行的方法。图 4-7 为不同时期动态产能方程所产生的动态 IPR 曲线，其起始点即对应着动态地层压力值。

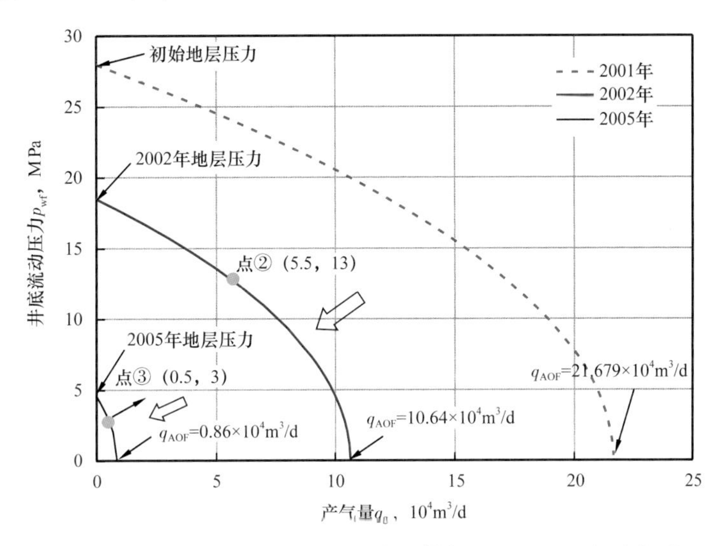

图 4-7 用动态 IPR 曲线确定动态的供气边界地层压力示意图

对于气井来说，只要追踪监测生产过程中的稳定生产点，即可随时得到动态产能方程，同时也就可以得到动态的地层压力值。所以这是一种便捷的、可以对每一口井实施的地层压力取得方法。

（四）其他经常见到的地层压力概念

1. 推算地层压力 p^*

对于大面积分布的均质砂岩地层，其中早期探井测取的压力恢复曲线要求测到径向流段，此时根据 Horner 法可以利用压力恢复曲线单对数图直线段外推地层压力 p^* 值，参见图 4-5。这个地层压力值是指储层无限远边界处的压力，其推算方法参见文献（刘能强，2008）。对于一口井附近存在不渗透边界或非均质边界的情况，这种推算方法往往是无效的，不但由于径向流直线段常常难以确定，而且无限远处的地层压力 p^* 值本身也并不存在，使推算失去意义。

2. 拟合初始地层压力 p_{R0}

在应用试井解释软件进行模型分析时，会得到一个拟合初始地层压力 p_{R0} 值。有的试井解释人员把它笼统地理解为目前地层压力是不对的。试井解释软件根据压力恢复曲线建立的初步动态模型，需要通过压力历史拟合加以验证，能否通过验证的标准是，理论模型产生的压力历史必须与实测压力历史保持一致，其中最重要的一致条件就是模型的初始压力，必须要与实测初始压力完全一致，因此解释结果专门给出了拟合初始压力 p_{R0} 值。

三、用动态地层压力进行气藏分析

一旦获取了地层压力值，可以进行下面的分析。

（一）储层分区研究

对于一个面积广大的气田区，从地质上来看，有可能被断层等不渗透边界分割成几个不同的气藏区域。对于特殊岩性气田来说，甚至有可能一口井控制一个气藏区。当生产井开采一段时间以后，由于各井区累计采出量不同，造成地层亏空不同，使地层压力产生差别。从动态地层压力的区别可以判别气井的区域划分。

（二）压力梯度线动态变化分析

如果气藏区内渗透性高，各气藏区分割明显，那么初始时处在同一条压力梯度线上的气井，其压力在一段时间以后有可能移动到不同的压力梯度线上，如本章图 4–4 所示。从这种动态的压力梯度线变化可以辅助判断气藏分区。

第五章　气藏动态模型和试井

第五章是本书重点的和关键的内容。之所以这样说是因为：

（1）本章所介绍的基本内容是不稳定试井分析（压力恢复试井分析），这是目前所有冠以"试井（Well Testing）"名称的专业书籍，或者在石油院校中讲授试井专业课时，所涉及的主要内容。这也是近40年来所谓"现代试井分析"的主要内涵。

（2）如第一章概论所述，通过压力恢复试井分析，可以初步建立气井的"动态模型"，这种动态模型包含有气井井底附近的 Kh 和 S 等储层的和完井的信息，也有离井最近的边界信息，再经过气井试采资料的验证后，模型得到进一步完善，确认了储层所有的外围边界形态及性质，从而形成能够全面描述井附近储层的、完善的动态模型。

完善动态模型的建立可以使气井和气藏真实地再现全程压力历史，不但再现已发生的动态历史，而且可以借助试井分析软件，展现气井今后的产气量和流动压力的变化状况。这无疑可以使气田管理步入到科学化的、程序化的轨道。

第一节　概　　述

一、气藏的静态模型和动态模型

目前在气田研究中，比较重视气藏数值模拟的研究，特别是气田开发以前的数模研究。在开发方案设计中，一般都带有一套数值模拟计算的产量指标。通常数值模拟研究大致遵循以下步骤：

（1）地质建模；

（2）设置初始的参数场，在给定产量变化的前提下，模拟气田压力变化；

（3）开发早期的压力历史拟合检验；

（4）开发中后期的生产指标预测。

（一）气藏的地质建模

目前地质建模所依据的是：

（1）物探方法给出的、并经地质研究确认的构造特征图；

（2）以物探的储层横向预测方法为主，经井点测井资料校正后做出的 Kh 值平面分布图；

（3）气井的初始压力、温度测试资料；

（4）流体物性分析资料。

由于气田在开发以前，还没有形成全气田的压力历史，也无法进行压力历史拟合检验，因此在开发方案设计时，主要依靠的就是以静态资料为主形成的地质模型，并在此基础上测算出各种开发指标。

但是，从气田开发现场实践中已经暴露出静态模型存在各种各样的问题：

（1）构造图中标示出的断层封闭性不落实。

一些气田，除周边为落差较大的断层所圈闭外，在其内部还被许多落差较小的断层所切割。像中国西部地区的克拉 2 气田就属于这种情况。在克拉 2 气田内部，存在着 70 余条Ⅱ类和Ⅲ类的断层，如果这些断层对气体流动起到分隔作用，那么在布井及开发指标预测时，就要考虑它们的位置及对开发的影响；反之，如果这些断层起不到分隔作用，则气田可以作为一个整体加以开发。因此，仅靠静态资料形成的模型，不能在早期可靠地预测气田的开发状况。这将给数值模拟研究带来许多不确定因素（图 5–1）。后来经过试井研究确认，气区内部的小断层对气体流动起不到封隔作用。

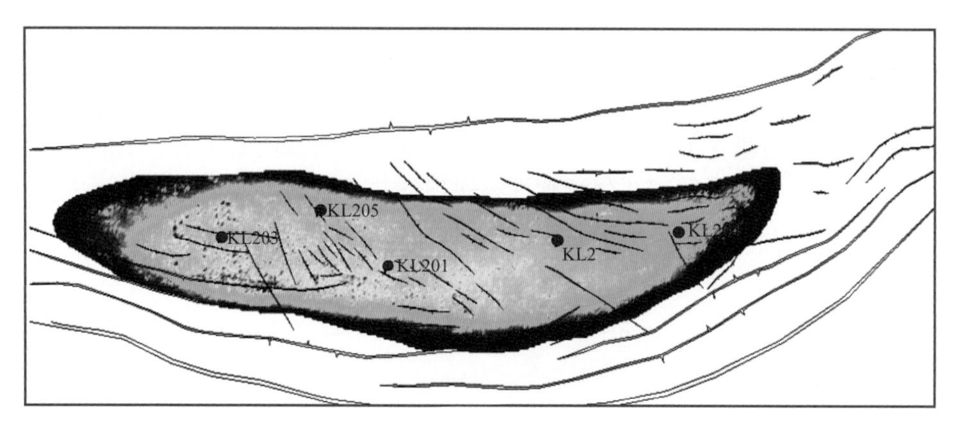

图 5–1　克拉 2 气田开发区内部断层分布图

（2）砂岩储层存在着岩性的阻流边界。

与第一种情况相反的是，一些河流相沉积形成的砂岩储层，从物探所作的横向预测看，认为整个砂层总体来看延续非常广泛而且稳定。因此在储量计算时，得到十分可观的综合指标。但是通过地质研究已预感到，控制着气体流动的有效的渗透性小层，实际上是交错分布的，彼此并不搭界，如图 5–2 所示。

这样对于一口具体的采气井，有可能只控制着沿河道方向分布的少数长条形的有效储层，而在垂直河道的方向，受到阻流边界的限制，使得单井控制的动态储量很有限。这里的问题是，地质研究只是提供了这样一种可能存在的模式，并不能确认其具体存在的位置，更不能确定其宽窄和延续的长度。同样通过试井研究，可以确认阻流边界的形态。

（3）古潜山裂缝性灰岩储层的储量和储层物性分布形态不落实。

中国曾发现了数量众多的古潜山灰岩油气藏，其中任丘油田的雾迷山油藏，曾经形成了华北油田的主体部分。但是也有许多此类油气藏，储层的平面分布形态变化非常大，导致静态方法计算的储量不落实。特别像近年来发现的千米桥气田，少数气井初期的高产，带给人们欣喜的同时，却忽视了其地质上的复杂性。对于这种以组系性裂缝为主体储集空间的地质对象，采用大面积砂岩地层的静态方法计算储量，必然导致评价结果偏高。

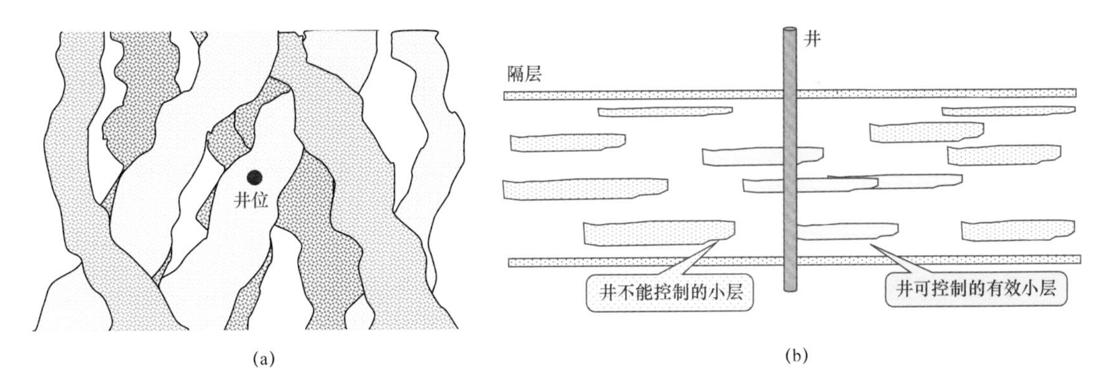

图 5-2 河流相沉积砂岩小层平面（a）和剖面（b）示意图

以如此地质认识为基础建立的地质模型，在进行数值模拟预测时，其结果自然也是非常乐观的，这就为开发方案实施埋下隐患。这也充分暴露出静态地质建模，在针对复杂气藏时的不确定性。

（4）火山岩等特殊岩性储层的形态描述。

中国近年来发现了一些特殊岩性的天然气储层，火山岩储层就是其中之一。火山岩储层的分布规律显然不同于普通的砂岩储层，但从地质上还没有可靠的描述方法。

由此看来，单以静态地质模型开展数值模拟研究，存在着不确定性，特别对于特殊岩性储层，更存在着极大的不确定性。这将给开发指标的预测和下一步的方案实施带来很大的风险。

（二）气藏和气井的动态模型

从前面的分析可以看到，目前的静态地质建模只能从一个侧面描述气藏的特征。如果形象地加以比喻，可以说这像是一张“静止的照片”，而且是一张只有少数几个点（井点）清晰的照片。而对于气田研究来说，更需要的是气藏的“活动图像”，是气藏的动态表现，是气藏的动态模型。

动态模型一般包括哪些方面呢？

1. 气田的压力历史以及相应的产量史

气田的压力历史是以气井的压力历史为表征的，这包括：

（1）观测井的压力历史。

作为观测井，反映的是气层在流动过程中的一个“点”。这样的点并不参与天然气的采出，但却反映了气层在渗流过程中的实际压力表现。在应用干扰试井或脉冲试井方法研究气田时，就是从这些观测点取得压力数据的。

（2）生产井的压力历史。

作为生产井，由于参与了储层天然气的采出，因而在流动方程中是一个“汇点”，同时也记录了开井生产和关井恢复过程中的地层压力状况。而正是这种开井压降和关井恢复过程的不稳定压力状况，反映了储层的参数分布状况——渗透率大小、是否存在边界、边界的远近和性质等。

2. 以压力分析为依据建立的储层试井模型

现代试井分析的核心是模型分析。所谓模型分析是通过不稳定试井分析，建立符合储层动态表现的“试井模型”。这里所说的试井模型，实质上也是一种地质模型，但它所包含的内容较之静态模型内容更为丰富。除去关于储层静态参数分布的描述以外，还包括关于气体在地层中流动状态的描述。具体说来有以下几个方面。

（1）储层参数分布的描述。

① 储层渗透性空间的类型——均匀介质、双重孔隙介质、双重渗透率介质。

② 储层的参数——渗透率 K、有效厚度 h、流动系数 Kh/μ、储能参数 ϕhC_t、双重介质的储容比 ω 和窜流系数 λ、双渗透介质的地层系数比 κ 等。

③ 储层的平面分布状态及参数——井周边不渗透边界的形态及距离，复合地层的流动系数 Kh/μ 和储能参数 $\phi h\,C_t$ 的变化形态及参数比，其他边界特征。

④ 完井状态及参数——井底在钻井完井过程中受到的伤害及表皮系数 S，压裂形成的裂缝形态及参数：裂缝半长 x_f、导流能力 F_{CD}、裂缝表皮 S_f 等。

（2）以井为中心流体在地层中流动状态的描述。

① 以出现时间先后为顺序的流动状态的描述，这种描述同时也是按照距离井的远近为顺序排列的。例如井筒续流、径向流、线性流、双线性流、拟径向流等。

② 流动状态的描述往往以曲线特征分析为依据进行，在不稳定试井曲线与地层流动状态之间建立了对应关系，采取图形分析方法进行。

③ 压力图形特征分析，往往又以压力导数图形为主要依据，并建立在严格的渗流力学方程式求解的基础上。

3. 综合单井模型形成的气藏动态模型

单井的试井模型是气藏动态模型的基础。一口口单井的试井模型，将勾画出整个气藏的整体的形态。

（1）单井试井模型的确定。

某石油公司准备开发的一个气田，其地层为河流相沉积的砂岩储层。初期试气的一口探井，经过不稳定试井分析后，取得如图 5-3 的压力恢复曲线。

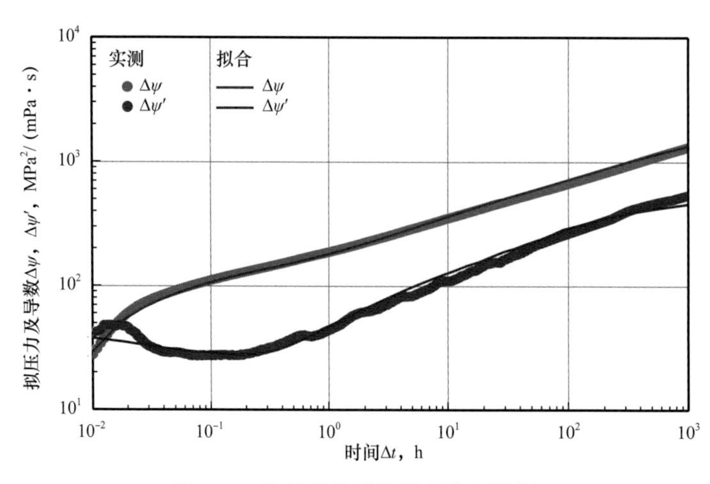

图 5-3 储层单井试井模型分析举例

从这个单井分析例中得到这口井的动态模型可以描述如下：

① 该井井底具有与井贯通的长裂缝，裂缝半长 x_f=87m——经核实，该井经过了加砂压裂措施改造，因此分析结果与完井条件一致。

② 井附近存在距离很近的、矩形的不渗透边界，近井边界距离 L_{b1}=198m，L_{b3}=250m，远井边界 L_{b2}=2000m，L_{b4}=2000m。经核实，该井钻开地层为曲流河砂岩地层，单层有效厚度为 4m 左右。按此类砂岩一般的宽厚比规律，河道砂岩单个有效层的宽度大致应为 400～500m，因此分析结果与地层特征相当。

③ 经试井解释，井附近地层渗透率 K=1.5mD，属低渗透砂岩气层。

④ 按边界条件和单井的压降速率折算，该井控制动态储量约 $3000 \times 10^4 m^3$。

从以上分析取得的结果，用示意图表示井所处的地层条件如图 5–4 所示。

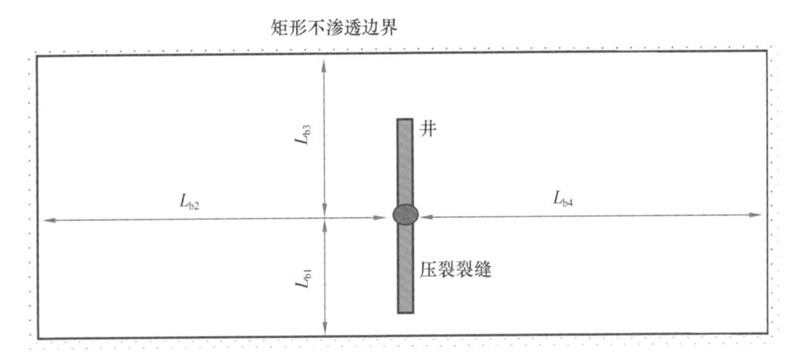

图 5–4　单井动态模型示意图

（2）气藏动态模型的确定。

在上述气区，经过近 10 口井的压力恢复试井资料分析，取得大体一致的认识。综合上述各井点的认识，得到了关于气藏的动态模型特征：

① 气田的储层被河流相沉积形成的岩性边界所切割，形成了彼此分隔的条带形局部区域；

② 单井控制的局部区域宽 400～500m、长 2000～3000m，单井控制天然气储量 3000×10^4～$5000 \times 10^4 m^3$；

③ 该项单井控制储量的指标，经另外 6 口井的静压测试资料核实，大体是一致的；

④ 分隔各区块的边界，具有极低的穿越渗透性；

⑤ 储层渗透率 K 为 0.5～3mD，各区块有所差别；

⑥ 措施后完井质量很好，表皮系数 S 达到 –5～–3；

⑦ 气井生产时的非达西流系数 D 约为 0.5（$10^4 m^3/d$）$^{-1}$。

以上通过试井分析取得的关于储层的动态模型，丰富并且具体化了地质上的认识，可以即时用于数值模拟分析。从而把地质建模与动态建模结合起来，将该气田含气区细分为长条状的小区域，这些小区之间，被阻流边界分隔，如图 5–5 所示。

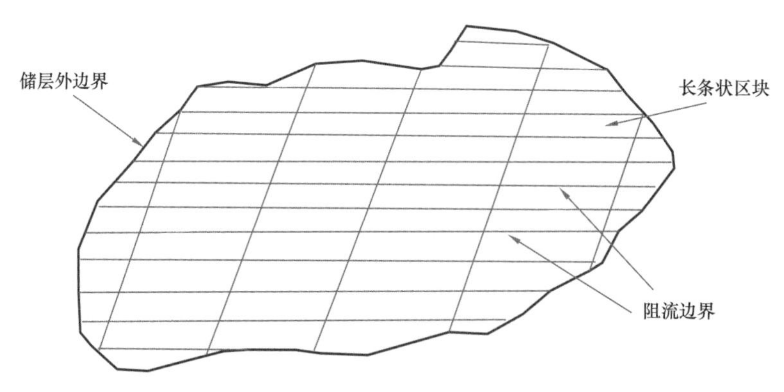

图 5–5　气藏综合建模示意图

从上面示例看到，考虑动态特征重新建立的模型，显然其开发指标远不如无边界分布的储层好，但却是更符合实际情况：

（1）单井控制的储量受到限制，其稳产指标大大低于无边界分布情况的指标。单井稳产时间短，累计采出量少。

（2）设计井网密度时，应充分考虑阻流边界的分布特征，以使得储层的各个部分均有气井控制。

（3）如果采用过稀的井网开采，则有相当一部分储量得不到有效的控制，导致储量的采出程度大大降低。因此，必须在开发过程中进一步打加密井，以提高采出程度。

二、气井的压力历史标志着气井的生命史

一口气井的投产，如同一个婴儿的诞生，它在采气状态下的压力历史，好比它的生命史。初始压力状态下，井的生产能力是旺盛的；随着压力的降低，井逐步衰老；当压力枯竭时，井也走向死亡。因此，研究井的压力历史，研究它的变化规律，将能预测它的未来。

（一）压力历史反映了不同的储层条件和完井条件

本书第三章第五节曾介绍了几种试采井的压力历史，这些压力历史反映出了井的储层条件和完井条件。这里再一次把类似的压力历史图介绍给读者，并从储层动态模型的角度，作为气井的生命史重新加以认识，如图 5–6 所示。

图 5–6 中 3 口试采井的压力历史曲线，反映着 3 种不同的地层条件和完井条件：

1. 情况 Ⅰ

（1）均匀分布的砂岩介质地层，渗透率 K=3mD，有效厚度 h=5m；

（2）井附近不存在边界；

（3）正常完井，表皮系数 S=0;

（4）井的生产情况是，开始阶段采用 $4\times10^4\text{m}^3/\text{d}$，$6\times10^4\text{m}^3/\text{d}$，$8\times10^4\text{m}^3/\text{d}$ 和 $10\times10^4\text{m}^3/\text{d}$ 的产量进行修正等时试井，之后用 $8\times10^4\text{m}^3/\text{d}$ 的产量延时生产，接着关井。

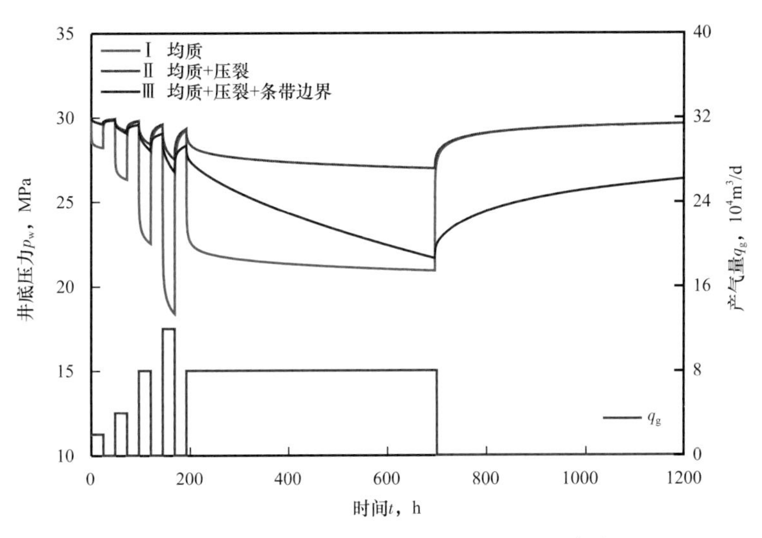

图 5–6　气井的压力历史标志着气井的生命史

2. 情况Ⅱ

（1）均匀分布的砂岩介质地层，渗透率 K=3mD，有效厚度 h=5m，与情况Ⅰ相同；

（2）井附近不存在边界，也与情况Ⅰ相同；

（3）经过压裂措施改造完井，x_f=70m，S_f=0.1；

（4）采用的生产制度与情况Ⅰ相同。

3. 情况Ⅲ

（1）均匀分布的砂岩介质地层，渗透率 K=3mD，有效厚度 h=5m，与情况Ⅰ相同；

（2）井附近分布着平行的不渗透边界，井距边界的距离 L_{b1}=L_{b2}=70m；

（3）经过压裂措施改造完井，x_f=70m，S_f=0.1，与情况Ⅱ相同；

（4）采用的生产制度与情况Ⅰ相同。

从图 5–6 的压力历史图看到的现象：

（1）生产压差不同。

虽然 3 种情况的地层渗透率 K 值相同，地层厚度也相同，但短期开井时，生产压差却不同。情况Ⅰ正常完井，生产压差较大；情况Ⅱ和情况Ⅲ经过压裂改造，在相同产气量下，生产压差大大减小，改善了井的生产条件。

（2）开井生产时压降趋势不同。

情况Ⅰ和情况Ⅱ虽然有着相差悬殊的生产压差，但开井后延续一段时间，同样表现出大体稳定的流动压力，说明地层的供给条件是一致的，预示着这两种情况下，如果采用合理的产量，都可以稳产。情况Ⅲ则不同。开井后流动压力沿一定斜率下降，而且没有出现逐渐平稳的迹象。

（3）关井后压力恢复状况不同。

情况Ⅰ、Ⅱ关井后大致可以恢复到初始的压力水平，因此具备长期稳产的条件；情况Ⅲ关井后，地层压力明显降低，随着累积采出量的增加，逐渐趋向枯竭。

总体来看，情况Ⅰ的气井产量虽不很理想，但生产稳定；情况Ⅱ气井具备了提高产量的潜力，如能采取合理的气量生产，在尽快采出更多天然气的同时，产量也可以基本达到稳定；情况Ⅲ则不同，由于供气范围受到限制，产气能力逐渐下降，不能保持长期稳定生产。这就是气井的压力历史所预示的气井的生命史。

（二）储层供气条件对气井的压力历史走势影响

前面介绍的不同井的压力历史走势，是由井所在的地层条件所决定的，主要指：（1）井所控制的动态储量。（2）动态储量分布的状态——天然气是分布在集中的块状体中，还是分布在薄层中；天然气是分布在均质砂岩中，还是分布在裂缝性的双重介质中，甚至是组系性裂缝系统中；井控供气区在平面上是接近圆形、方形，还是很长的条带状等。

不同的地层条件，决定了不同的储层动态模型；而动态模型，则决定了压力的长期走势。有一点要特别指出的是：动态模型中，虽然也包含了气井的完井条件（S，x_f，S_f 等），完井条件也影响着压力历史的形态，但那只影响开井压力的“短期形态”，影响着流动压力值或者生产压差值。完井条件不可能影响压力的长期走势。换句话说，酸化压裂措施改造只能提高单井产量，加快资金回收速度，但以目前技术条件，难以大幅度改变单井控制供气区的形态，以及提高单井控制的动态储量，也不可能改变气藏动态模型的整体形态。这一点在认识气田的动态特征时是至关重要的。

（三）验证储层动态模型的主要途径——压力历史拟合检验

1. 建立储层动态模型的主要途径

正如前面所介绍的，建立储层动态模型的主要途径是不稳定试井分析。不稳定试井的主要方法是：

（1）关井压力恢复曲线的分析；

（2）开井压降试井曲线的分析；

（3）干扰试井或脉冲试井曲线的分析；

（4）结合地质资料的综合分析。

2. 目前不稳定试井分析的主要手段

不稳定试井分析经历了半个多世纪的发展历程。第一次突破产生于 20 世纪 50 年代初。Horner（1951），Miller、Dyes 和 Hutchinson 等（1950），发现在压力与取对数时间的关系图中，存在明显的直线段。这一直线段对应着地层的径向流动，从而奠定了半对数直线段法（即半对数分析法）的理论基础。

半对数直线（也称为单对数直线）针对的只是最简单的均匀介质的砂岩储层。在进行分析后，也仅仅能取得井附近的渗透率 K 和表皮系数 S 等少数参数。随着研究对象的多样化和复杂化，不但单对数法无法一一对应做出解释，有时甚至找不出径向流直线段的位置。

在这种情况下，从 20 世纪 70 年代初到 80 年代中，以 Ramey（1970），Agarwal（1970），Gringarten（1979）和 Bourdet（1983）等为首的一大批试井和渗流力学方面的专家，发展了以“双对数图版法”为中心的“现代试井分析方法”，其特点是：建立多种多样的试井模型，模型中包含了储层的介质类型和参数、储层的边界类型和参数、油气井的完井参数等。不同的模型对应不同的图版，并以不同的图版形态表征不同的模型特征。从而通过试井分析，得到储层动态特征的精确描述。

3. 图版分析中的多解性

但是，一直困扰现代试井解释的问题是，图版拟合分析时存在多解性。不同的储层，在短期动态中，有时表现出类似的压力特征。例如对于介质间不稳定流动的双重介质储层，在压力加导数双对数图中，可以得到如图 5-7 的曲线。

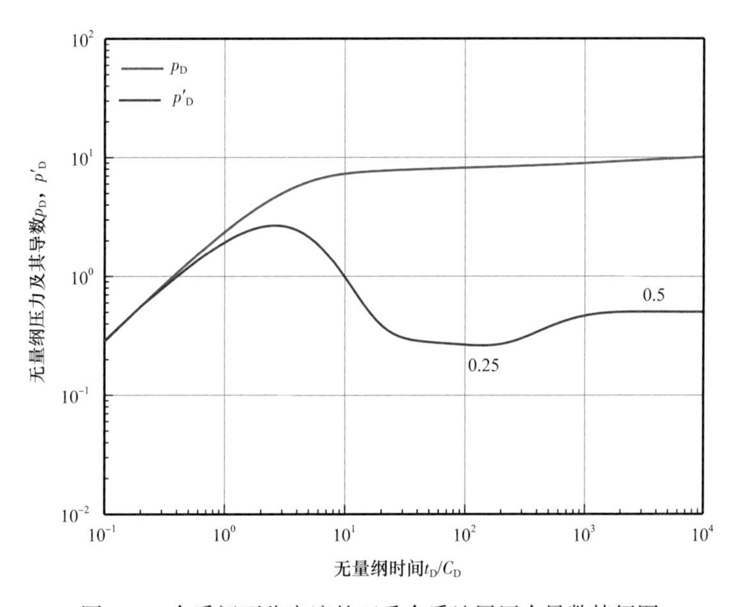

图 5-7 介质间不稳定流的双重介质地层压力导数特征图

图 5-7 的曲线特征是，导数在出现过渡流的水平直线以后，继续上升，到达径向流水平直线段。在双对数图中，压力导数上升 0.25，其对数坐标绝对值上升为 lg0.5-lg0.25=0.301。

与此相对应的是，对于均质地层，当井底附近存在单一不渗透边界时，其曲线特征形态与上述曲线图完全一致。在双对数图中，压力导数从 0.5 的水平线上升到 1.0 的水平线，其对数坐标绝对值上升为 lg1.0-lg0.5=0.301，与前者完全相同。如图 5-8 所示。

由此看来，单凭曲线形态，有可能把同一条曲线解释成两种完全不同的动态模型。这就是困扰试井分析的多解性的问题。

4. 排除多解性的最后检验

如前所述，试井解释时存在多解性。排除多解性的唯一有效的方法就是，针对图版分析中得到的试井模型，用试井解释软件生成模型的压力历史，然后与现场实测的压力历史相比较，如果两者是一致的，就确认了所取得的动态模型的可靠性；如果存在偏差，则需要通过调整模型参数，进一步改进对模型的认知。

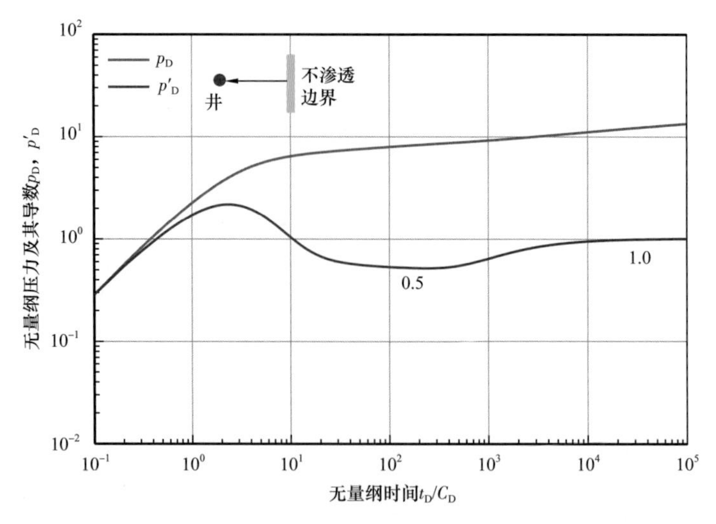

图 5-8　井附近存在单一不渗透边界的均质地层压力导数特征图

下面举出一口气井的实测例，说明压力历史拟合的重要性。

在中国西部地区，曾对一口气井进行了测试，该井所打开的地层为河流相沉积所形成的低渗透砂岩地层。地质分析已知，如果井打在河道沉积砂岩区域，则可以具有相当的产气量。但井附近可能存在渗透性极低的区域，或表现为非均质变化，或表现为阻流边界。实测的压力历史曲线如图 5-9 所示。用终关井段的压力恢复曲线进行图版分析，得到压力和压力导数的双对数拟合分析图，如图 5-10 所示。

从图 5-10 看到，图版分析时取得的曲线拟合结果是令人满意的。从分析中得到如下的动态模型：

（1）气井处在内好外差的圆形复合地层中；

（2）井附近的地层渗透率 K_1=7mD，外区渗透率 K_2=0.49mD；

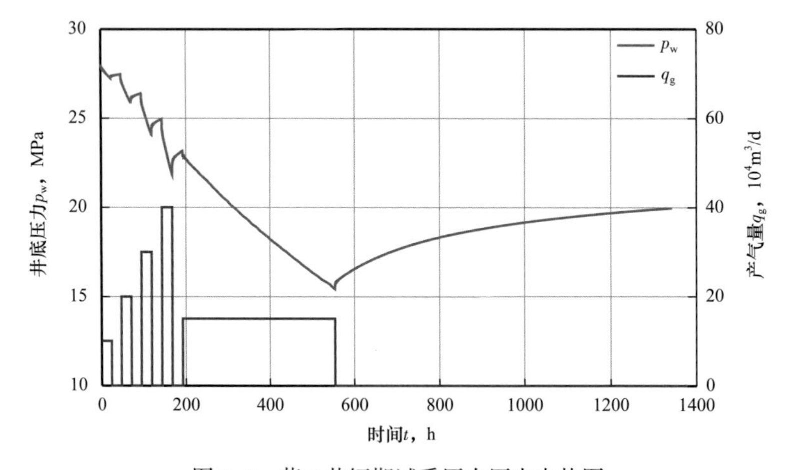

图 5-9　苏 6 井短期试采压力历史走势图

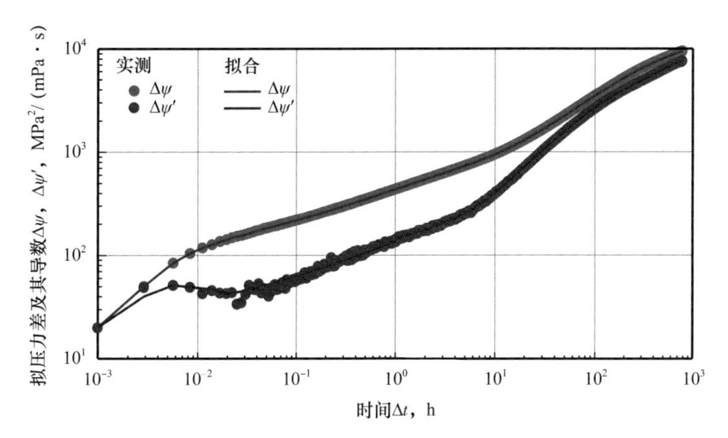

图 5-10 苏 6 井压力恢复试井图版拟合分析图

（3）外 / 内区流动系数比（Kh/μ）$_2$/（Kh/μ）$_1$=0.07；

（4）外 / 内区储能系数比（$\phi h C_t$）$_2$/（$\phi h C_t$）$_1$=0.06；

（5）内外区分区半径 $r_{1,2}$=101m；

（6）井的表皮系数 S=−5.9（存在压裂裂缝）；

（7）非达西流系数 D=0.028（$10^4m^3/d$）$^{-1}$；

（8）井筒储集系数 C=2.2m^3/MPa。

检查压力单对数图，可以看到拟合结果也不错（图 5-11）。

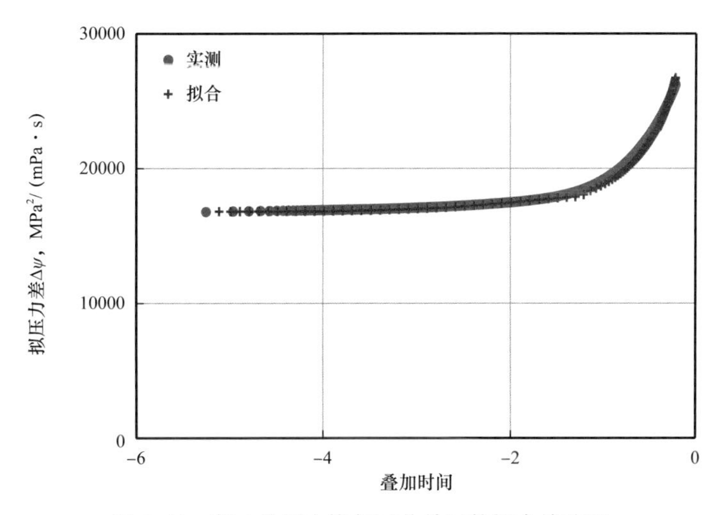

图 5-11 苏 6 井压力恢复试井单对数拟合检验图

按照目前一些试井分析报告的做法，这已完成试井解释的全过程。但是，进一步进行压力历史拟合检验却发现，上述分析所确认的模型是不妥的，特别是关于储层边界的认识是不正确的。相关的压力历史拟合检验图如图 5-12 所示。

从图 5-12 中看到，理论模型的压力变化，较之实测压力平缓得多。说明实际地层远没有理论分析所认识的那样乐观。经过进一步调整理论模型，得到了改进的分析结果如下：

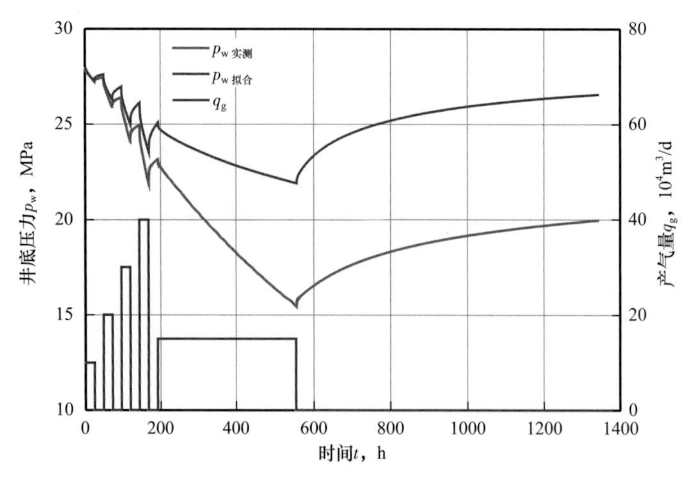

图 5-12　苏 6 井压力历史拟合检验图

（1）储层为内好外差的三重复合地层；

（2）内区渗透率 K_1=7mD，中间区域 K_2=0.15mD，外区 K_3=0.03mD；

（3）内 / 中区衔接半径 $r_{1,2}$=71m，中 / 外区衔接半径 $r_{2,3}$=240m；

（4）流动系数比（Kh/μ）$_2$/（Kh/μ）$_1$=0.02，（Kh/μ）$_3$/（Kh/μ）$_1$=0.004；

（5）储能系数比（$\phi h C_t$）$_2$/（$\phi h C_t$）$_1$=0.12，（$\phi h C_t$）$_3$/（$\phi h C_t$）$_1$=0.06；

（6）表皮系数 S=−5.9，非达西流系数 D=0.028（$10^4m^3/d$）$^{-1}$，井筒储集系数 C=2.2m^3/MPa。

改进后模型的突出特点是，外区的渗透性显示更差，供气情况显然不如前者。但却更真实地反映储层的特征。模型改进后的压力历史拟合情况如图 5-13 所示。

从图 5-13 看到，改进后的动态模型与实测数据之间，压力走势已相当接近。正是压力历史拟合检验，帮助提供了更为正确的动态模型。

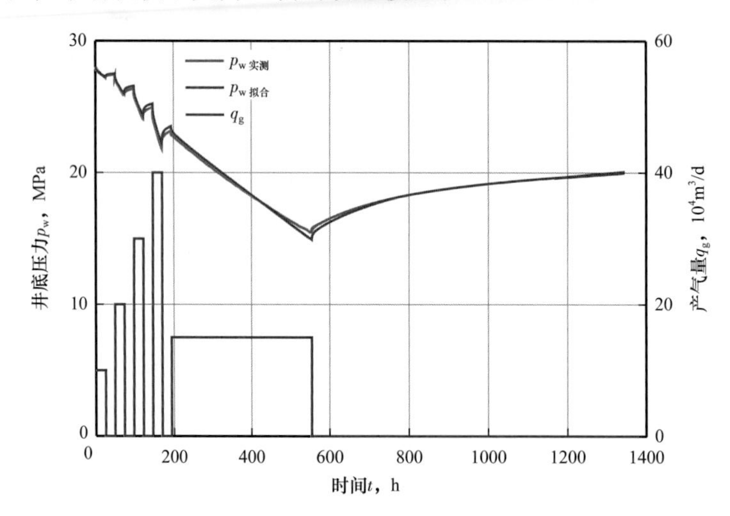

图 5-13　苏 6 井改进后的动态模型压力历史拟合检验图

但是有如下几点必须引起注意：

（1）要想进行压力历史拟合检验，必须在现场录取到质量可靠、而且时间足够长的压力历史资料。例如采用安装在井下的连续记录的存储式电子压力计，就可以得到这样的资料。

（2）压力历史中不仅包括关井压力恢复段的数据，特别重要的是必须要有开井压降段的压力历史数据。

（3）正是时间足够长的开井压降段的压力历史，更能反映地层边界的特征，对于检验地层动态模型的正确性，起着至关重要的作用。

有时关井恢复段的数据精度不是很高，或者由于储层模型特别复杂，影响了导数分析的进行，此时可采取一种“主体模型”分析方法。即，通过调整模型参数，使模型的压力历史与实测压力大体一致。这样得到的动态模型，虽然图版拟合结果并不一定十分理想，却应该更符合实际地层情况。

三、用不稳定试井曲线的图形特征研究储层的动态模型特征

（一）不稳定压力的不同变化阶段反映储层不同位置的特征

在本书第二章中曾介绍过，一口气井或油井开井时的压力具有一个影响半径。也就是说，开井后在井底形成的压降漏斗，随着时间的延长不断向周围扩展（图 2–33），其影响半径由式（2–8）计算。

从公式中看到，随着时间 t 的延长，r_i 不断增大，与 t 的平方根成正比。同时 r_i 也与渗透率 K 的平方根成正比，与（$\phi\mu C_t$）的平方根成反比。

作为一口气井或油井，上述参数不同时，不但压力向周围的波及情况不同，形成压降漏斗深度的情况也不同。当然，对于气井来说，在进行分析时压力应表示为拟压力。这反过来提示人们，只要准确测定井底压力下降过程，也就可以反算出地层的渗透率等参数。把这一现象扩展开来，可以用图 5–14 加以表示。

不稳定压力区段	Ⅰ 早期续流段	Ⅱ 近井筒影响段	Ⅲ 储层影响段（径向流段）	Ⅳ 边界影响段
影响因素	井筒储存	（1）表皮影响； （2）天然裂缝； （3）压裂裂缝； （4）部分射开	（1）地层系数（Kh）； （2）双重介质中裂缝与基质相关参数（ω，λ）	（1）断层、岩性边界等不渗透边界； （2）非均质边界
可计算的参数	C	x_f，F_{CD}，S_f，ω，λ，K，Kh，S，p^*		L_b，x_e，y_e，M_C，ω_C
影响半径示意图	井 r_{i1}	r_{i2}	r_{i3}	r_{i4}
双对数图形特征	压力 时间			

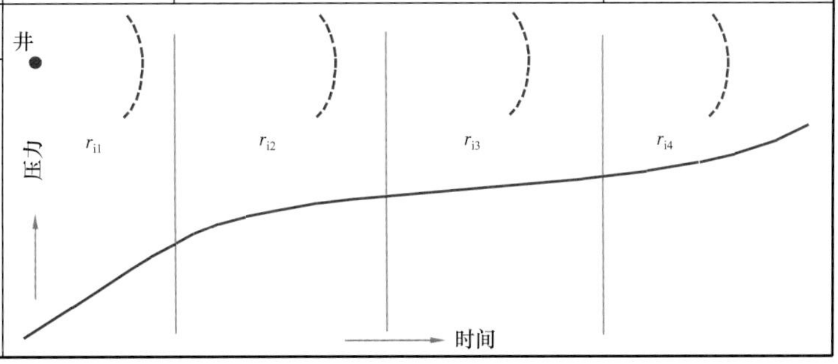

图 5–14 不稳定流动段示意图

1. 早期续流段 Ⅰ

最早出现在压降曲线或压力恢复曲线上的是续流段。有关续流段产生的原因和量值的讨论，参见本书第二章。在压力双对数图上，续流段的特征是，曲线表现为斜率为1的直线。或者可以表达为：

$$\frac{\mathrm{d}\lg\Delta p}{\mathrm{d}\lg\Delta t}=1$$

从这一段不稳定压力曲线，可以求得井筒储集系数 C。

2. 近井筒地层影响段 Ⅱ

随着时间的延长，影响压降漏斗扩展的因素也同时向外延伸。正如前面叙述的，这种扩展的含义有两方面：（1）影响半径 r_i 的增长；（2）压降漏斗深度的增加，也就是开井时流动压力 p_{wf} 随时间下降情况。后者正是我们在图中所表示的压降曲线。

影响这一段曲线的因素是多种多样的：（1）当地层被人工压裂措施改造形成大的裂缝时，裂缝的影响先于地层本身的影响到达井底，在裂缝附近形成线性流，延缓了井底流压的下降；（2）当地层中存在原生的裂缝系统时，这些裂缝以其高的导流能力，或者以组系性裂缝的形式，或者以双孔介质中裂缝系统的形式，延缓压力的下降过程；（3）如果地层是部分被射开的，或者是在钻井完井中被严重伤害的，则在近井筒部分的流动受到严重的阻碍，此时流动压力将加速下降。

虽然这一段由近井筒的众多因素所造成：如表皮伤害影响、部分射开影响、压裂裂缝影响、天然裂缝影响等，但遗憾的是，单靠这一段曲线本身的特征，只能定性发现这些现象的存在，却不足以定量确定上述影响因素的相关参数。原因说起来也很简单，例如要想确定井底伤害造成的表皮系数 S，必须首先要确定未受伤害时的地层渗透率等参数，而地层渗透率的确定，必须要等表皮伤害影响过后，由后面的第Ⅲ段曲线——储层影响段的不稳定试井曲线确定。

3. 储层影响段 Ⅲ（径向流段）

这一段曲线是不稳定试井中最为重要的一段，之所以重要是因为：曲线特征最为明显。在单对数图中表现为斜率 m 的直线，在压力导数图中表现为水平直线。该阶段可计算出有关地层和井的最重要的参数：

（1）从单对数直线斜率 m 和双对数图版拟合计算出地层渗透率 K、流动系数 Kh/μ 等；

（2）同样通过单对数直线斜率 m 和双对数图版拟合计算表明完井质量的表皮系数 S；

（3）推算出压裂裂缝的半长 x_f、裂缝导流能力 F_{CD} 和裂缝表皮系数 S_f；

（4）计算双重介质地层的储容比 ω 和窜流系数 λ；

（5）推算地层压力 p^* 等。

在现场录取不稳定试井资料时，如果录取到了这一段，认为测试基本上是成功的；如果未能录取到，一般认为测试是失败的。

20世纪70—80年代，许多研究者试图在测试资料只录取到第Ⅱ段时，就能完成第Ⅲ段资料分析中可得到的参数，目前多数人已认识到这些努力收效甚微。从测试工具发展上来看，如果采用井下关井工具可以大大减小井筒储集的影响。从而使续流段时间，缩短

2～3 个数量级。这对于那些由于井筒影响掩盖了径向流段的情况，是十分有利的。但这在测试管柱结构上带来一定难度。对于不能或难以动管柱的气井，有时难以实现。

4. 边界影响段Ⅳ

边界影响段反映了地层中存在流动受阻或流动变畅的情况时曲线形态的变化。这一段曲线是非常重要的，又是非常难以得到和难以分析的。正如本章开头所讲到的，这一段曲线对于建立气井和气藏的动态模型是至关重要的，动态方法除了可以确认储层有效渗透率等参数外，最重要的就是可以确认：

（1）静态模型中勾画出的断层等边界，是否起到分隔作用；

（2）静态模型中并未勾画出的岩性边界的位置、距离及对气井生产的影响；

（3）古潜山灰岩等组系性裂缝地层的天然气储集形态；

（4）其他特殊岩性地层的天然气储集特征。

录取到这一段资料需要足够长的测试时间。特别对于低渗透气层，该项测试常常使现场觉得难以承受而放弃了努力。

多解性的影响更为突出，从而加大了分析工作的难度。压力历史拟合检验常常可以弥补这方面的不足。

（二）辨别储层特征的主要依据——压力导数特征

自从 20 世纪 80 年代初由 Bourdet（1983）发明了导数分析方法以后，使“现代试井”具有了崭新的含义。压力曲线反映地层压力随时间的变化，而压力导数曲线反映了压力随时间变化的速率。压力导数曲线值定义为“压力对于对数时间的微分”，其表达式在第二章式（2-4）曾经介绍，表达为：

$$\Delta p' = \frac{\mathrm{d}\Delta p}{\mathrm{d}\ln t} = \frac{\mathrm{d}\Delta p}{\mathrm{d}t}t$$

储层中流体流动的特征，或者说储层动态模型的特征，在不稳定压力的导数曲线中，都存在相应的特征线，可以细致地得到描述。举例见表 5-1。

表 5-1 流动类型与导数特征线对应关系举例

流动类型	导数曲线特征
早期续流	斜率为 1 的直线
均质地层的径向流	水平直线
双重介质地层的裂缝径向流	前期水平直线
双重介质地层的总系统径向流	后期水平直线
部分射开地层局部径向流和全层径向流	水平直线，后期较前期为低
水平井的垂直径向流	早期水平直线
具有垂直或水平压裂裂缝的拟径向流	晚期水平直线
具有封闭边界的压降曲线拟稳态流	晚期斜率为 1 的直线

续表

流动类型	导数曲线特征
具有封闭边界的压力恢复曲线拟稳态流	晚期迅速下倾线
具有无限导流垂直裂缝井的线性流	早期斜率为 0.5 的直线
具有条带形边界的晚期线性流	晚期斜率为 0.5 的直线
具有有限导流垂直裂缝井的双线性流	早期斜率为 0.25 的直线
部分射开地层的球形流	斜率为 −0.5 的直线
后期受阻的流动	导数上翘
后期变畅的流动	导数下倾
双重介质地层的过渡流	导数向下凹的曲线

上述特征示意图如图 5–15 所示。

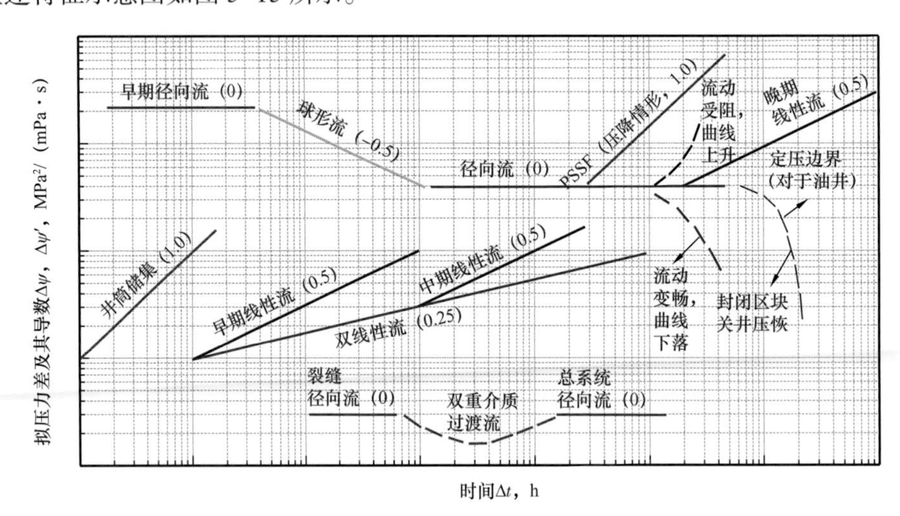

图 5–15　对数坐标中压力导数特征线段示意图

括弧内的数字表示该段特征线的斜率

1. 井筒储集

出现在开井与关井最早期，在导数曲线上显示为斜率 1 的直线。对于多数气井的不稳定试井来说，大都存在这一特征线段。除非对于渗透性特别高的地层，并且采取井下开井与关井的方法测试压降或压力恢复曲线时，有可能录取不到该直线段。

2. 早期线性流和双线性流

早期线性流显示为斜率 0.5 的直线，双线性流显示为斜率 0.25 的直线。此类特征线属于近井筒地层影响段，出现于经过大型加砂压裂改造的地层。由于压裂形成了与井相通的、长的垂直裂缝，因此在裂缝附近形成了垂直裂缝表面的线性流动。它的流动状态参见图 2–20。

3. 中期线性流

中期线性流的特征线也是0.5斜率的直线，但它出现的时间较前者晚。此类特征线出现于水平井的、垂直于水平井段的线性流动段，它也属于近井筒地层影响段，其流动图谱参见图2–22（b）。

4. 晚期线性流动

特征线同样是0.5斜率的直线，但它出现时间更晚，常常一直延续到测试结束，属于晚期的边界影响段。这类特征线是由平行的不渗透边界引起的。从地质上来说，它的成因可以是由断层形成的地堑（图2–16），可以是由河流相沉积造成的河道边界（图2–18），或是由于脆性地层折曲后，在轴部形成的条带形断裂区带等。

5. 径向流

径向流特征线为导数水平直线，斜率为0。径向流动段属于储层的影响段，它又可以分为多种不同的形式：均质地层的径向流，双重介质地层的裂缝径向流、总系统径向流，复合地层的内区径向流和外区径向流，部分射开地层的部分径向流和全区径向流，压裂地层的拟径向流，水平井的垂直径向流和拟径向流等。

径向流段的流动图谱参见图2–7、图2–15、图2–22、图2–24和图2–25等。通过径向流段的分析，可以求得径向流段本身及前后邻近流动段的参数：

（1）储层影响段本身的参数：像渗透率K、流动系数Kh/μ、地层系数Kh、双重介质地层的裂缝渗透率K_f等。

（2）作为参考点，向前反求出近井筒地层的表皮系数S。确定线性流的结束点，反求出压裂裂缝半长x_f等。

（3）向后根据导数曲线变化走向，辨认出边界影响段，帮助确认边界性质及距离。

因此说，径向流段是试井曲线中最重要的特征线段。

6. 球形流

球形流的特征线为斜率–0.5的直线。球形流动出现于地层部分射开的情况，其流动图谱参见图2–13。此种流动是一种过渡流动，有时它的特征线只是表现为从部分径向流水平线向全层径向流水平线的短暂的下落过程。球形流特征线一方面在图形分析中帮助确定总体的流动特征，另一方面从下降的高度，也可以推断出地层系数Kh部分打开的程度。

7. 拟稳定流

拟稳定流特征线是斜率为1的直线。所谓拟稳定流，是指位于封闭区块中的气井，开井后进入全区匀速压降时的流动状态。这种流态是压降曲线的终流态，它将一直持续到流动期末。其流动情况参见图2–10。

8. 关井恢复曲线的稳态线

这是一种与封闭区块开井拟稳态相对应的流态，但它与开井流态决然不同，压力导数特征线是“迅速直落”。

对于一个封闭的区块，当生产井关闭以后，区块内的压力很快达到平衡，压力导数（即压力变化率）也很快趋于零。此时在对数坐标中，曲线表现为快速跌落。

对于油井，如果外围有宽广的水区，或者有注水井，形成接近恒压的边界，也会出现导数跌落的现象，试井分析时称之为“定压边界”。但是对于气井，不存在比气区更好的流动区域，因此也不存在所谓的定压边界，导数跌落只能出现在封闭区块的压力平衡过程中。

9. 双重介质的过渡流

这是一种特殊的流态，表征了从裂缝径向流向总系统径向流过渡时的状态。在过渡流的前后，导数都是水平线，而且高度相同，表明了两种不同均匀介质的径向流。

一般来说，如果出现了这种特征线，则有可能显示存在双重介质特征。但有时这种特征线会被续流段曲线所掩盖。

10. 流动受阻或流动变畅

本书第二章，在图 2-26 至图 2-30 中显示了多种地层非均质分布的状况。这些非均质分布，会造成气体在地层中流动受阻（地层由好变差），或者使流动变畅（地层由差变好）。当流动受阻时，压力导数会从径向流水平线向上翘起；反之，压力导数将向下倾落。

由于地层中造成流动系数 Kh/μ 变好或变差的原因是多种多样的，因此对这类曲线的分析，往往要结合地质研究来进行。

（三）辨别储层动态模型的“图形分析方法”

1. 图形分析原理

正如本书前面部分所叙述的，不同储层的动态模型，具有不同的流动特征及组成，而不同的流动特征，又表现为不同的压力导数特征线。因此，解读这些特征线，即可得到对于储层动态模型的确切的认识。

本章的核心内容及大部分的文字，都将围绕这一命题展开讨论，而本章的这些论述，也将是本书的核心内容。我们将在本章第四节，结合试井解释软件的应用，详细加以讨论。

这里的问题是，如果从现场已经录取到了一条完整的压力恢复曲线，并做成了压力和导数的双对数图，能否从该图的图形特征，马上解读出储层的一些重要的信息，甚至半定量地做出一些重要的判断，回答是肯定的。

以下举几个简单的例子说明：

（1）一口井常规完井后，其压力恢复试井双对数图如图 5-16（a）所示。同样还是这口井，在经过措施改造以后，压力恢复曲线的图形变化为图 5-16（b）的样式。从图形特征可以清楚地说明，措施是见效的，判断的标准是：压力线与导数线之间的距离 A 减小了，也就是 $A_2<A_1$。如果要问能不能从 A 值的大小，判断表皮系数 S 值的大小时，回答也是肯定的。

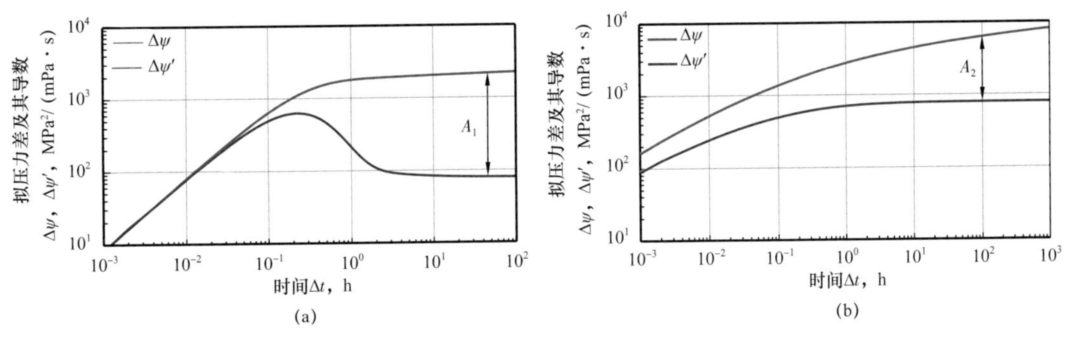

图 5–16 图形分析完井质量情况示意图

（2）一口气井经过了大型加砂压裂改造。改造前的压力恢复曲线双对数图表示于图 5–17（a），改造后表示于图 5–17（b）。可以清楚地看到，压裂已形成了长的裂缝。判断的标准是：在图 5–17（a）中，地层表现为普通的均质地层特征；而在图 5–17（b）中，则表现出很长的线性流段。线性流段越长，表明形成的支撑缝也越长，参见本书的图 2–21。

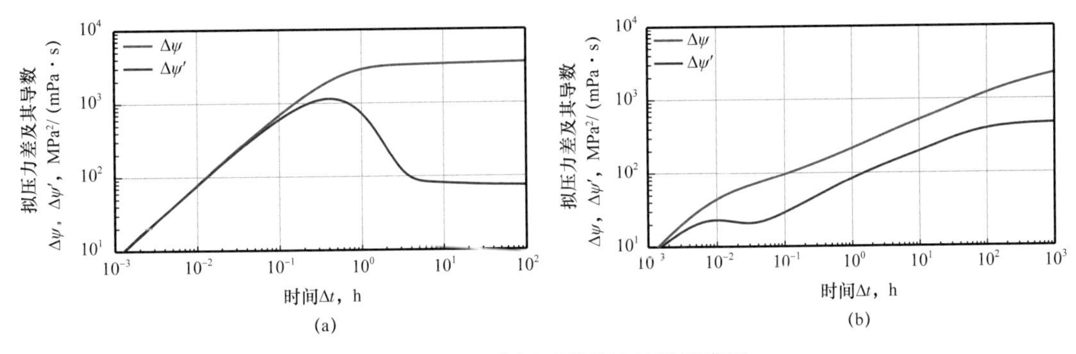

图 5–17 图形分析压裂措施效果示意图

应该说，把上述测试资料输入任何一个试井解释软件中，经过正确的运算，自然可以得到相关的答案，但是人们总还是抱有某种希望和疑问：

（1）从曲线形态本身，能否立即判断出一些有关井的和储层的重要信息，提供半定量的认识？

（2）即使从软件解释已取得某种定量的结果，这种结果真的没有错误吗？

（3）如果一位生产管理人员，一位现场监督人员，在身边没有试井软件可供应用，或没有可用的软件进行重复检验的情况下，如何迅速鉴别解释结果的可靠性，如何在现场即时决定下一步应采取的措施？

2. 一些简单的分析方法

（1）均质地层的图形特征及表皮系数 S 的估算

均质地层的双对数特征图形如图 5–18 所示。上面的实线画的是压力差 Δp（对于气井来说是拟压力差 $\Delta\psi$），下面画的是压力导数 $\Delta p'$（对于气井来说是拟压力差导数 $\Delta\psi'$）。压力加导数组合在一起，形状像一把两齿的叉子。可以分成 3 段：

① 第Ⅰ段是“叉把”部分。这一段压力双对数和导数曲线合拢到一起，是45°直线（斜率为1），表明它是井筒储集影响段，或称续流段。

② 第Ⅱ段是过渡段。导数出现峰值后向下倾斜，峰的高低用数值 H 表示，它取决于参数组 $C_\mathrm{D}e^{2S}$ 的大小。在本章后面的文字中，称 $C_\mathrm{D}e^{2S}$ 为曲线的形状参数。

③ 第Ⅲ段为径向流段。在径向流段，导数表现为水平直线。如果上述曲线是画在无量纲坐标中，即 p_D，p'_D—$t_\mathrm{D}/C_\mathrm{D}$ 坐标中，则径向流段水平的纵坐标为0.5。

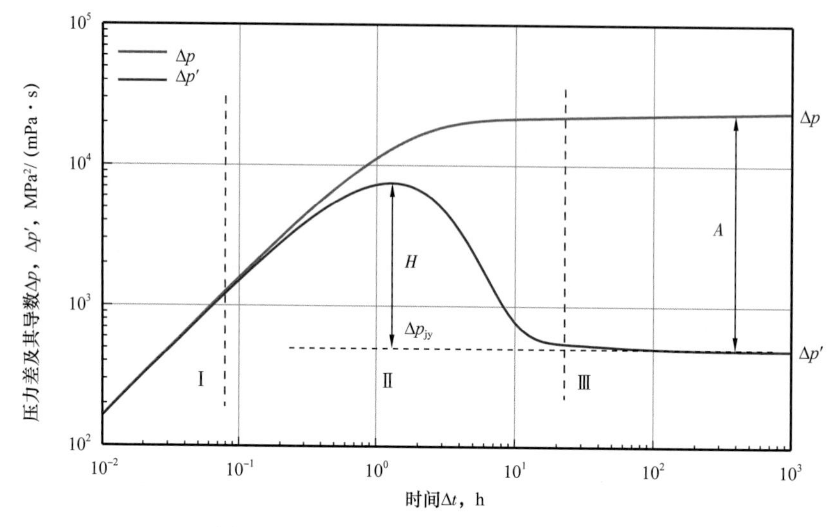

图5-18　均质地层压力双对数特征图例

从图5-18看到，除前面提到的特征值 H 以外，还有一个特征值 A，它是压力线和导数水平线间的距离。

H 值和 A 值，指实测点对数在图上示值的差（图5-18），即：

$$H=\lg\Delta p-\lg\Delta p'_{\mathrm{jy}}\ （\Delta p'_{\mathrm{jy}}\text{为径向流水平段延线}） \tag{5-1}$$

$$A=\lg\Delta p-\lg\Delta p'\ （\text{径向流段}） \tag{5-2}$$

这两个值一般并不需要用数据点精确计算，只需用一把尺子，在打印的图上进行度量，得到一个目测的长度值（单位：mm）即可。同时可以计算得到它们的无量纲值：

$$H_\mathrm{D}=H/L_\mathrm{C} \tag{5-3}$$

$$A_\mathrm{D}=A/L_\mathrm{C} \tag{5-4}$$

式中　L_C——纵坐标上一个对数周期的长度，mm。

从而得到表皮系数 S 的估算值为：

$$S=10^{\left(\sqrt{8.65H_\mathrm{D}+6.14}-2.75\right)}-0.5\ln C_\mathrm{D} \tag{5-5}$$

或

$$S=10^{\left(\sqrt{5.53A_\mathrm{D}-3.37}-1.12\right)}-0.5\ln C_\mathrm{D} \tag{5-6}$$

有以下几点须加以说明：

① 以上公式是根据图版特征，经过统计分析取得的近似表达式，特别在测量 H 和 A 值时，带有目测的环节，因此计算出的 S 值可能不是十分确切的；

② 式中的 C_D 是无量纲井筒储集系数，它的表达式为：

$$C_D = 0.15916\frac{C}{\phi h C_t r_w^2} \quad (5\text{-}7)$$

式中 C——井筒储集系数，m^3/MPa；

ϕ——孔隙度；

h——地层有效厚度，m；

C_t——地层综合压缩系数，MPa^{-1}；

r_w——井底半径，m。

其中的井筒储集系数 C 值可以通过如下途径估算：

① 应用第二章的式（2–5）计算；

② 应用第二章的表 2–1 加以估计；

③ 应用式（2–6）计算。

在式（2–6）中，$\Delta p/\Delta t$ 值，可以应用实测压力恢复或压降资料的早期续流段数据，画在直角坐标图上，直接计算得到。

这里要注意的是，由于 C_D 在式（5–5）和式（5–6）中处于对数运算符（ln）之下，因而 C_D 数值的误差，所引起的对 S 值估算的误差是很有限的。

（2）双重介质地层的图形特征及对 ω 值的估算

当地层存在裂缝系统和基质岩块两种不同的储集空间时，理论上认为，即会存在双重介质的特殊的流动状态，其压力双对数图如图 5–19 所示。当气井开井生产以后，在续流段（Ⅰ）过后，流体首先会出现从裂缝向井的裂缝流动Ⅱ；当裂缝内的压力降低以后，

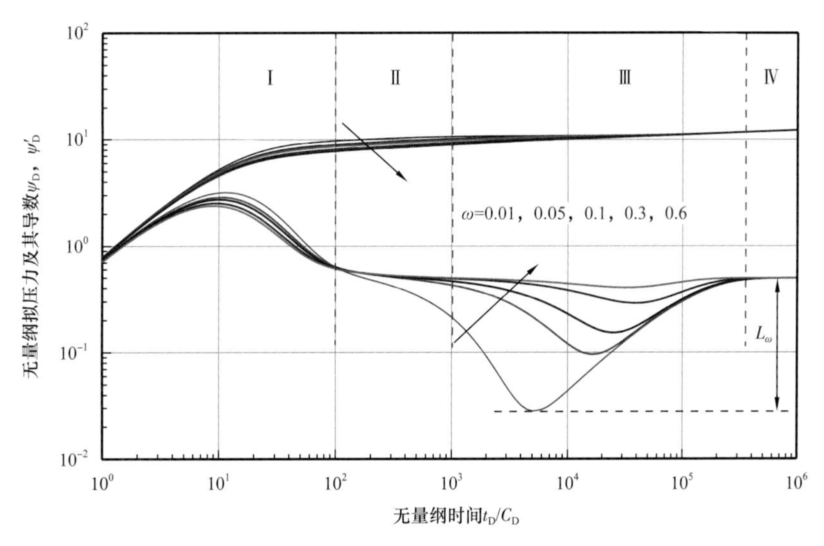

图 5–19 双重介质地层压力双对数特征图形

又会出现流体从基质向裂缝的过渡流（Ⅲ）；随着裂缝、基质之间压力达到平衡，流动将转化为总系流的径向流（Ⅳ）。

从图 5–19 中看到，作为双重介质储层，最突出的特点就是过渡流的特征线，而过渡流特征线，又是以储容比 ω 为参数加以确定的。ω 的表达式为：

$$\omega = \frac{(\phi h C_t)_f}{(\phi h C_t)_f + (\phi h C_t)_m} \tag{5-8}$$

它表征着裂缝系统中储存的流体，与总的流体（裂缝＋基质）的比值，是标志双重介质的最重要的参数。关于这一点，在本章后面的第四节中还将会详细讨论。

这里要说的是，从图 5–19 中看到，随着 ω 值的减小，过渡段下凹深度加深，两者具有简单的数值对应关系，表示为：

$$\omega=10^{-2L_D} \tag{5-9}$$

其中

$$L_D=L_\omega/L_C$$

式中 L_ω——过渡段下凹深度绝对值，mm；

L_C——纵坐标中一个对数周期的刻度长，mm。

例如，从一个实测例的双对数图中，测量得到 L_ω=12mm，而图中的纵坐标刻度 L_C=15.0mm，则有 L_D=0.8，从而得到 $\omega=10^{-2\times0.8}=10^{-1.6}=0.025$。

（3）复合地层的图形特征及对 M_C 值的估算

当近井地带的流动系数值 $(Kh/\mu)_{近}$ 与远井地带的流动系数 $(Kh/\mu)_{远}$ 不同时，会形成复合地层。标志复合地层的最重要的参数是内外流动系数比 M_C：

$$M_C = \left(\frac{Kh}{\mu}\right)_{内} \Bigg/ \left(\frac{Kh}{\mu}\right)_{外} \tag{5-10}$$

不同 M_C 值的圆形复合地层的压力双对数图如图 5–20 所示。当外区地层变差时（M_C>1），压力导数会向上翘起，并再一次形成外区径向流水平线；当外区地层变好时（M_C<1），压力导数则会下倾，并再一次形成外区径向流水平线。

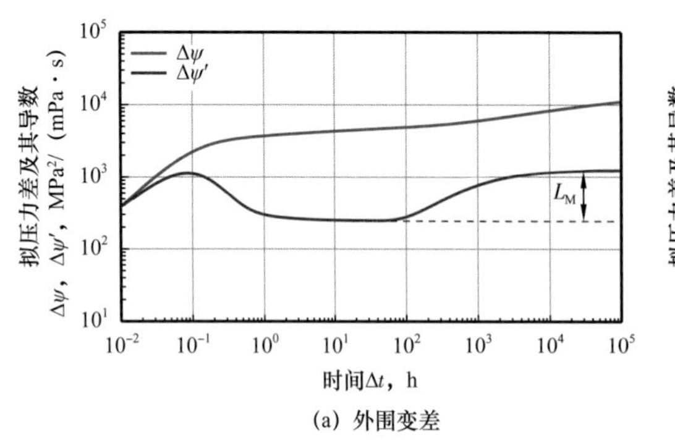

(a) 外围变差

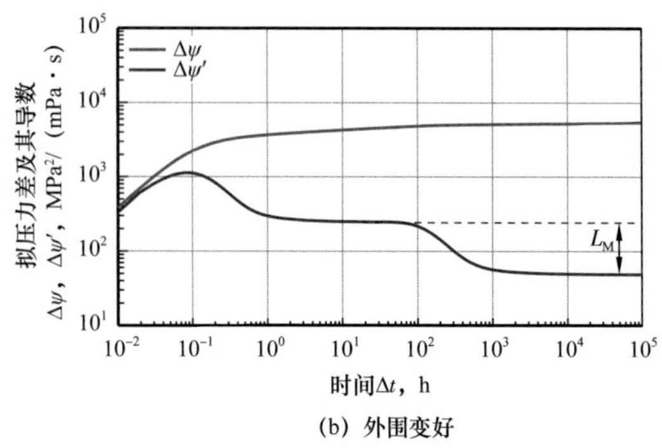

(b) 外围变好

图 5–20 复合地层压力双对数特征图形

从图形特征看到，从压力导数前后水平线段的高差，不但可以判断储层内外区的变化趋势，而且还可以大致估算内外区的流动系数比，其表达式为：

$$M_C=10^{L_{MD}} \tag{5-11}$$

其中

$$L_{MD}=L_M/L_C$$

式中 L_M——外区径向流导数水平线与内区径向流水平线的高差（当压力导数上翘时为正值，下倾时为负值），mm；

L_C——纵坐标一个对数周期刻度长，mm。

举例如下：假设内区渗透率 $K_{内}$=10mD，内、外区储层厚度 h 和流体物性相同。通过试井分析，从曲线形态中得到，压力导数水平线从内区到外区上升了 5mm，而且纵坐标一个对数周期长 L_C=15mm，则有：

$$L_{MD}=L_M/L_C=5\text{mm}/15\text{mm}=0.333$$

从而有：$M_C=10^{0.333}=2.15$，得到外区渗透率 $K_{外}$=10mD/2.15=4.65mD。

从上面的分析可以看到，前面提到的分析方法，即：图形特征→流动特征→动态模型，对于解读气田开发中的诸多问题是非常有效的，在本章的后面部分，还将针对各种类型的地层，一一做出详细描述，并举出现场实例加以验证。

第二节　压力的直角坐标图——压力历史图

一、气井压力历史图的内容和画法

（一）气井压力史记录的前处理和测评分析

许多从事试井理论及分析方法的研究者，常常不去理会一口井的压力资料是如何录取得到的，也不去深入思考它的准确性。他们觉得那是一项常规的运作，那些数据自然应该是准确的。其实不然，如果已经从现场适时地、准确地录取到了压力数据，往往意味着试井研究工作已完成了一大半。

录取一口井的压力数据，正确的做法应该是，把压力计下放到气层中部，贴近产气层的表面，在不受气流冲击的条件下，连续地记录开井流动压力或关井压力的变化，并把取得的压力记录与时间的关系，做成笛卡儿坐标下的压力史图。在做压力史图时，同时按时间顺序标明产气量值及其变化，以及地面采取措施的内容。

有下面一些因素会影响压力史的记录，需要通过“前处理”使其规范化：

（1）测试时压力计未能下放到产气层部位，因而录取到的并非是气层的压力。特别对于关井状态下的静压，往往低于实际的气层压力，为此要进行校正。

（2）由于测点深度达不到气层中部，常常要把测点压力按井筒内的压力梯度向井底、即气层中部深度折算。折算时还会出现一些新的问题：流动压力梯度与关井静压梯度不同；流动压力梯度本身还随产气量大小而变化。一般来说关井静压梯度应该是常数，但从近来一口实测井的记录显示，即使在关井以后，由于存在井筒相变的影响，梯度也是不断变化的。那么这种经常采用的折算方法，实际会带来许多不确定因素，要通过进一步的研究，选择合理的折算方法来解决。

（3）如果压力历史监测不是一次下压力计完成的，那么在两次或多次监测中间，既存在一个时间的衔接问题，也存在一个测压深度衔接的问题，应通过核实原始记录，尽量使之合理衔接。

（4）为提高解释精度，在预计产量变化前后的阶段，往往采取加密测点，有时会累积录取到数十万甚至上百万个压力点。应该通过筛选程序，在保留有效的记录段的前提下，删除多余的测点，使试井解释软件得以顺利运作。

凡此种种，使得从现场录取回放的原始压力数据，并不能直接用于试井软件的分析和解释，必然要对这些原始数据进行“前处理”，使其能够真实地、准确地反映储层的压力变化。

对于存在异常的压力历史记录，还必须进行所谓的“测评分析”。测评分析的含义是：“原始测试资料的评价分析”，常常包含如下内容：

（1）测压资料的起始、结尾或衔接部位，压力的突然上升或突然下降，往往是起、下压力计的显示，应从现场记录中找到对应的时间，并从定点监测的压力记录中删去，参见图 5-21。

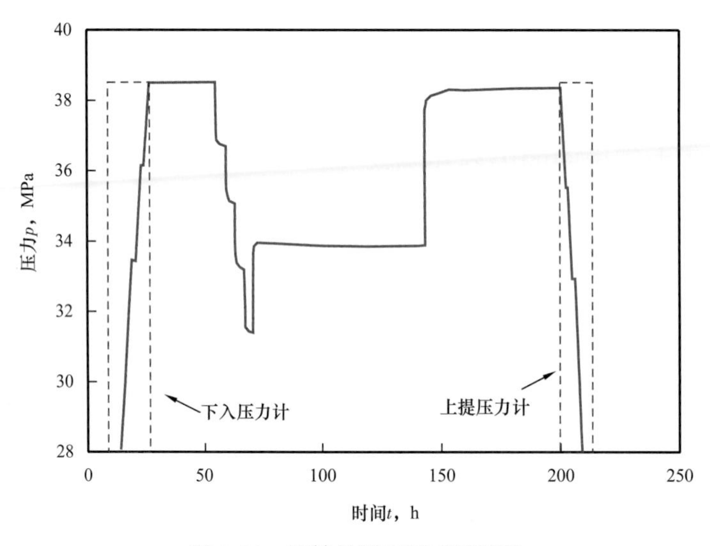

图 5-21　原始的测压记录展开图

（2）区分出测压资料中出现异常变化的区段，并从施工操作中找出产生的原因。例如：在关井压力恢复测试中，有时会出现压力突降的现象，通过查证现场记录，确认是井口漏气造成的，从而排除储层变化的影响［图 5-22（a）］；在开井压降测试中，有时记录到压力突升。有可能经查证后，发现气井井口出现水化物堵塞，影响了产量，从而导致压力上升［图 5-22（b）］等。

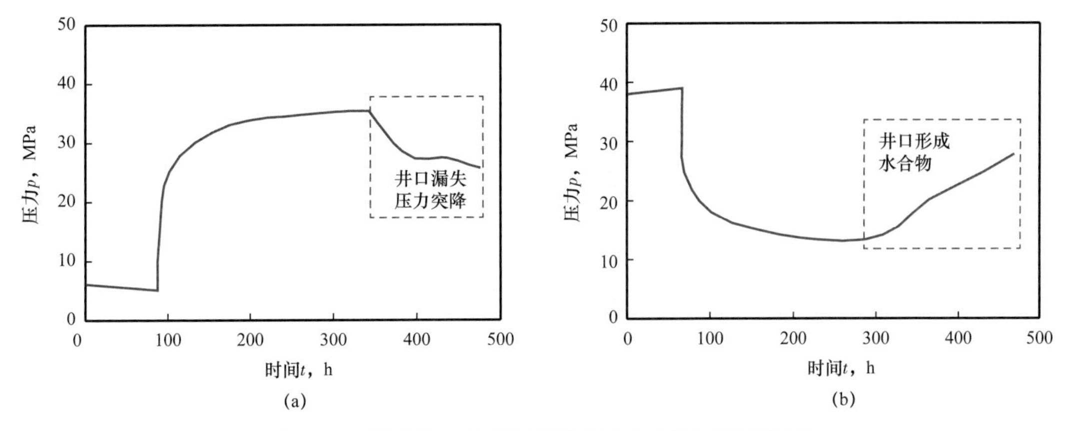

图 5-22 测试施工出现问题影响压力正常记录示意图

（3）气井井底积水，而压力计未能下到气层中部，放置到液面以上，往往在开井瞬间和关井恢复过程中，显示压力记录的异常：开井时出现向下的尖峰［图 5-23（a）］；关井压力恢复曲线后期，不但不升，反而下降［图 5-23（b）］。通过查证气井的含水记录，有时还要查证关井后的静压梯度记录，可以找出原因，参见图 5-23。

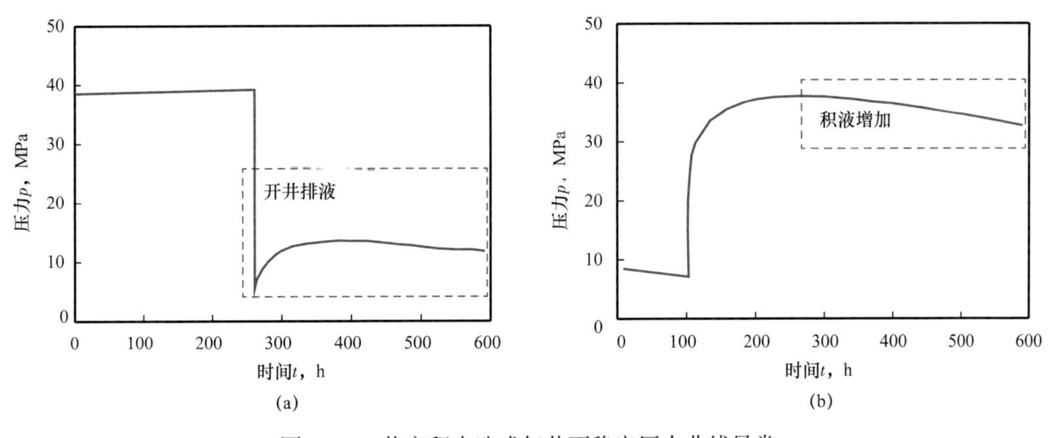

图 5-23 井底积水造成气井不稳定压力曲线异常

（4）煤层气井的注入 / 压降试井过程中，有时会出现压力导数的突然上升，经仔细查证可以发现，这往往是发生在井口压力 p_{H} 落 0 时刻。产生原因是由于变井筒储集的影响——从封闭流体的压缩过程，转变为变液面恢复过程，参见图 5-24。有关这一过程的详细叙述请参见本书第七章的相关部分。

（5）一些压力异常，起因于施工工艺影响，例如洗井循环、封隔器失效、循环阀非正常打开等。

（6）还有一些压力特征，是可以经常看到的，但如果不了解测试时的工艺条件，又会觉得不可理解。事实上一些试井分析人员，也正是对这类特殊问题作出了常规处理，其结果是显而易见的。

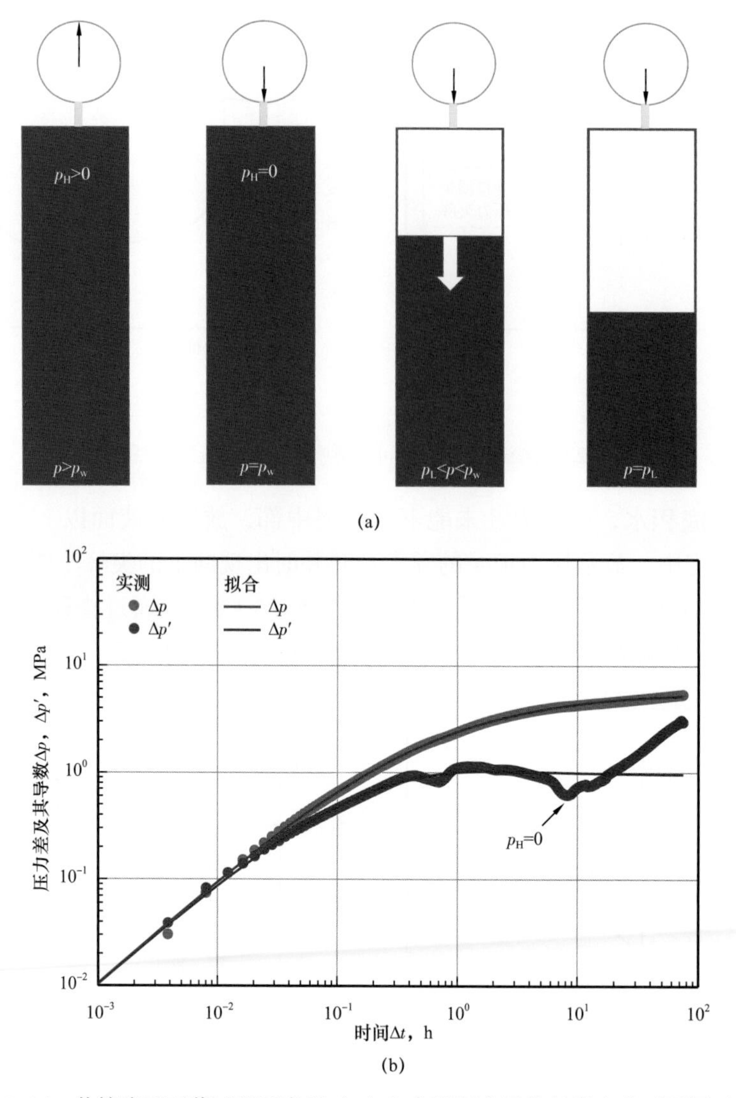

图 5-24　井筒液面下落过程示意图（a）和实测压力导数异常变化对照图（b）

图 5-25 画出了进行 DST 测试时常见的二开二关测试曲线。在开井段，特别是第二开井段，流动压力不但不降低，反而是逐渐上升的。这反映了开井初期，地层中漏失的完井液不断排出，使测试管柱中液垫液面不断上升的过程。压力计正是记录了液柱的压力。

如果分析人员不能了解测试时的工艺流程和施工工艺过程，就无法真正了解和判断压力变化的含义。

（二）气井的压力历史展开图

经过前面提到的对压力历史记录的前处理和测评分析，最后得到可用于试井解释的压力历史展开图。一口正常产气井的典型的压力历史展开图如图 5-26 所示。

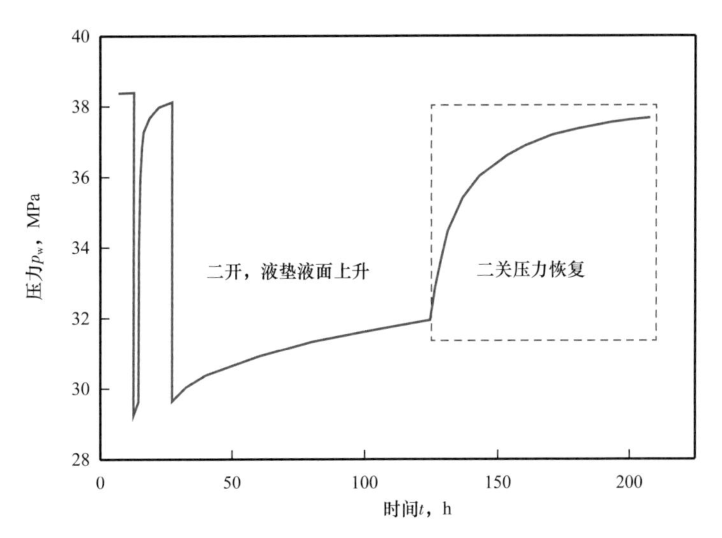

图 5-25 结合采用 DST 测试工具录取的井底压力展开图

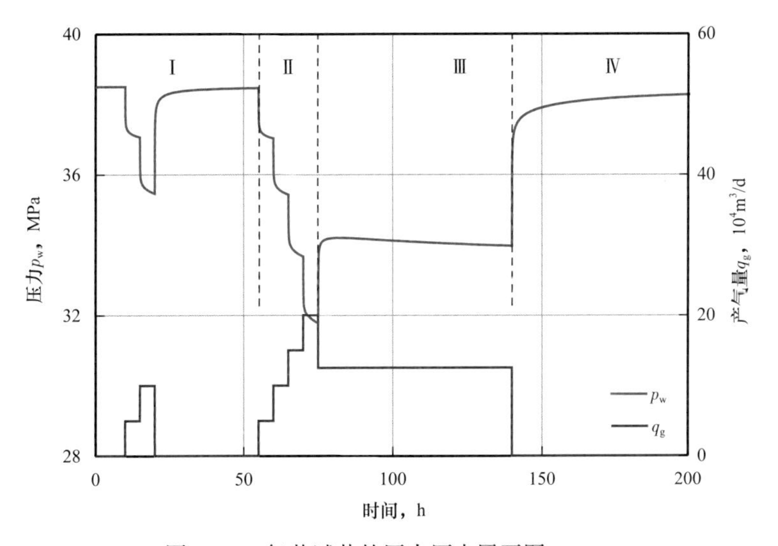

图 5-26 气井试井的压力历史展开图

从图 5-26 看到，作为测试井的气井压力历史分成 4 个阶段。

1. 开井试气段Ⅰ

发展到目前的气井完井试气工艺，常常采用射孔与测试联作方式。下入测试工具坐封后，在负压状态下射孔。对于具备一定产能的气层，天然气马上进入井底，显示的压力为地层压力。

为了初步了解气井的产气能力，往往选择一两个气嘴初测产气量，以便安排下一步的产能测试。

2. 产能试井段Ⅱ

气井的产能是决定气田开发的最重要的指标。在本书第三章，详细介绍了气井的各种产能试井方法。对于一口初次打开的气井，必须要进行产能试井，因此在图 5-26 介绍的示例中，第二阶段安排了回压试井的测试，选取了自小到大的 4 个气嘴开井生产，同时监测了流动压力的变化。用这些开井段的流动压力，选择稳定条件下的产气量 q_g 和流动压力 p_{wf}，通过作产能分析图和 IPR 图，可以求得气井的无阻流量 q_{AOF}。

针对一些简单的均质地层，现场常常用 $q_{AOF}/4$ 或 $q_{AOF}/5$ 作为该气井配产方案指标，安排气井的生产。但针对复杂气层，这种方法已被证明缺乏必要的依据。进一步的研究表明，气井的压力史，以及气井的压力预测，将是安排气井生产的最重要的依据。

3. 短期试采段Ⅲ

正如本章开头所讲的，并在本书中反复强调的，试井的最终目的是要找出并确认气井的动态模型，并用动态模型进行进一步的动态预测。开井压降段最能反映储层的动态特征，对于确认动态模型是至关重要的。因此在监测气井的压力史时，开井压降段的流动压力变化是一定要监测的。目前在某些油田的现场，对此不十分重视，以为只要测一段压力恢复曲线，一切问题就都解决了。结果是，测得了一大批井的压力恢复资料，却确定不出可靠的动态模型；或者得到的解释结果与气井的静态资料反差太大，使生产计划部门无法接受；或者由于多解性不能加以确认。唯一可以用来检验模型可靠性的压力历史，特别是开井压降史，又未能录取，结果是功亏一篑。

4. 气井的关井压力恢复段Ⅳ

开井压降和关井压力恢复，本来都是不稳定试井的基本测试段。事实上，所有的试井分析图版，都是针对初次开井的压降曲线所做的。但是由于气井开井时，产气量往往存在波动，因此在进行实测资料分析时，特别是在应用压力导数图版进行分析时，遇到了困难。这样一来，针对压力恢复曲线的分析便渐渐被重视起来。由于气井的关井压力恢复段产量是零，所测压力数据受到的干扰可减到最少，因此成为最重要的数据分析段。下一步的动态模型分析，也常常是针对关井压力恢复曲线进行的。

以上气井压力历史的各个阶段，还可以根据现场情况重复进行。实际上，由于施工工艺上的原因，开井段和关井段有可能多次重复。这些压力历史段都是十分重要的，只要有条件，都应如实记录下来，往往对分析储层动态都可起到一定的作用。

二、压力历史展开图中显示的地层和井的信息

（一）自喷产气井 DST 测试压力展开图

在现场结合采取 DST 测试工具测得的自喷产气井压力历史曲线如图 5-27 所示。

从开井段看到，试气前加入的液垫，在第二次开井后迅速被排出。之后，流动压力在较短时间即趋于稳定。然后关井测压力恢复。关井段显示了地层的不同情况：

情况 1：正常的气井。具有较高或中等地层渗透率的气井，关井后较快地恢复到地层压力。从压力的直角坐标图上，虽然不能直接做出进一步判断，但如果把这一段曲线做成压力和导数的双对数图，并进行解释，则可发现井的表皮系数较小，渗透率在毫达西级或更高。

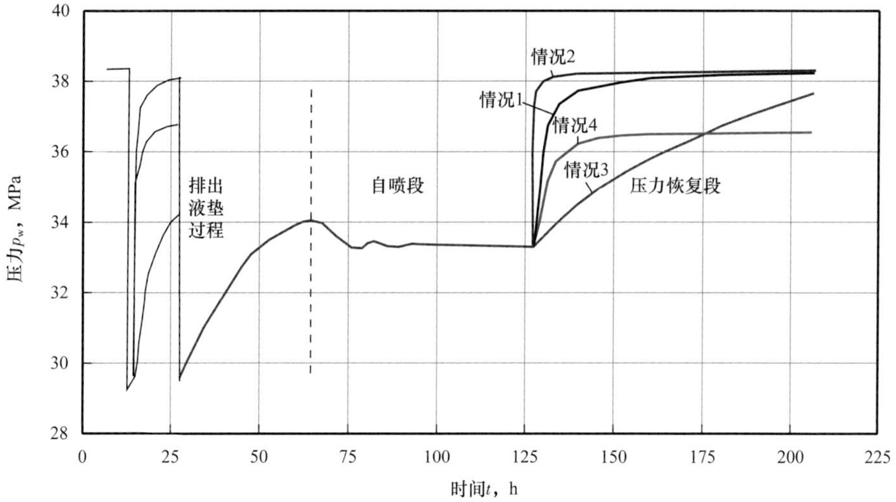

图 5-27　不同情况下自喷试气井压力历史曲线

情况 2：受严重伤害的高渗透性地层气井。这种曲线的突出特点是压力恢复很快，画出的曲线呈近似直角形态，说明生产压差集中在井底附近。

情况 3：低渗透性地层气井。曲线呈缓慢上升形态。

情况 4：能量非常有限的气井。从曲线形态看，短暂的开井生产，已经造成地层压力的损耗。每一次开井生产后，地层压力都要比开井以前为低。如果这种井能够采取短期试采，那么更可以看出地层压力的损耗情况，从而判断出单井控制的动态储量。

（二）DST 测试时低产气井压力展开图

如果作为试气井，开井后只获得数百立方米甚至更少的日产气量，此时不足以把测试施工开始时加入的液垫喷出，这时录取到的压力展开图如图 5-28 所示。

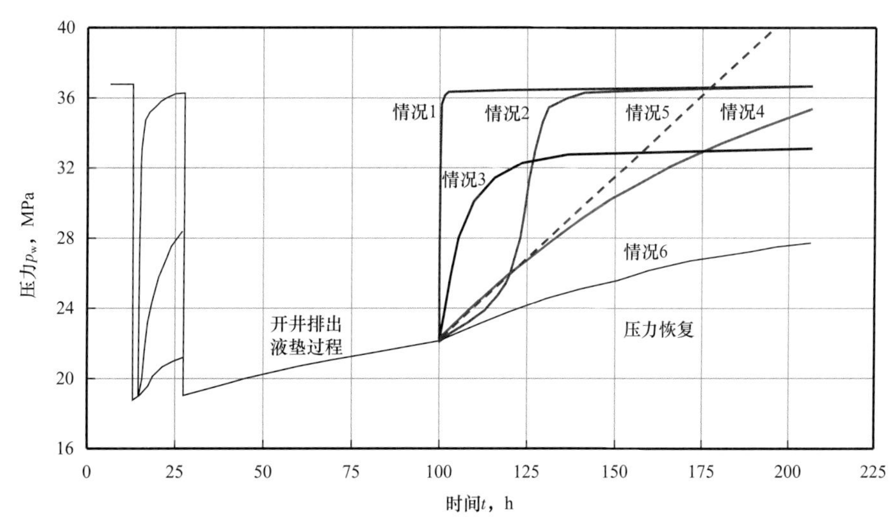

图 5-28　不同情形液垫未排出的试气井压力展开图

从图5-28看到，由于这类井的产能均较低，液垫未能排出，虽然也有天然气穿过液垫流出井口，但压力计主要记录液柱静压，反映液面上升情况。因此第二开井段所记录的缓慢上升的压力，不能真实反映天然气的流动压力。而后期的关井压力恢复在一定程度上显示了气层和气井的状态：

情况1：受到严重伤害的渗透性中等的气井。曲线特征是关井后很快上升到地层压力，几乎呈直角形态。显示形成压差的部位贴近井底附近。塔里木盆地和田河气田的裂缝性灰岩地层，初期完井大多呈现此种形态。经酸压措施改造以后，可以获得较高产气量。

情况2：受到伤害的低渗透性气井。这类井开井时压差很大，关井后虽然不像高渗透性气井那样很快恢复到地层压力，但可看出生产压差大体仍集中在离井不远的位置，只是由于渗透性低，延缓了压力恢复的过程。在塔里木油田的伊南地区，地层渗透性很低，压力系数接近2，伊南2井生产压差达到80MPa，为使井下关井阀正常工作，采取了先在井口关井，延迟进行井下关井，也测到了这样的曲线。

情况3：储层能量非常有限的气井。这类井每当采出一定量的气体以后，关井测得的地层压力明显低于开井前的压力水平。

情况4：低渗透性地层气井。这类井关井以后，压力持续缓慢上升，大体表现出续流段的特征。

情况5：高压低渗透性地层气井。与情况4类似，所不同的是，关井压力上升值，有时超过了初始测得的静液柱压力。恢复曲线基本表现出续流段的特征。

情况6：干层。气层打开后，产出极少量气体，关井后压力已显示衰竭现象，常把这种地层称为干层。

第三节　压力单对数图

一、用直线段特征计算参数的几种单对数图

单对数图也称半对数图，因为在国外文献中写做semi-lg图而得名。一般所用的横、纵坐标中，有一项是以对数形式画出。之所以在本书中常称之为单对数图，是因为在图版分析中大量应用的lg—lg图，国内习惯地称之为“双对数图”，与之相对应，在纵、横坐标中只有一项取对数的，称为单对数图显得更为恰当。

单对数图有多种画法，表5-2列出常用的几种单对数图的坐标取法。

以下分别就各种图的画法及特征加以介绍。

（一）压降分析图

压降分析图是针对压降试井的不稳定压力作出的。纵坐标是由流动压力 p_{wf} 转化的拟压力，即 $\psi(p_{wf})$，横坐标是开井时间 t，如图5-29所示。

表 5–2 单对数图坐标表达式比较表

方法	纵坐标		横坐标		应用
	表达式	坐标类型	表达式	坐标类型	
压降分析法	p_{wf}（有量纲） $p_D=\frac{2.714\times10^{-5}KhT_{sc}[\psi(p_i)-\psi(p_{wf})]}{q_g T p_{sc}}$ （无量纲） $p_D=\frac{2.714\times10^{-5}KhT_{sc}\left(p_i^2-p_{wf}^2\right)}{q_g\bar{\mu}_g\bar{Z}Tp_{sc}}$ （无量纲）	直角	t（有量纲） $t_D=\frac{3.6\times10^{-3}K}{\phi\mu_g C_t r_w^2}t$ （无量纲）	对数	分析开井压降，计算K和S等参数
Horner 法	p_{ws}（有量纲） $p_D=p_D[(\Delta t)_D]-p_D[(t_p)_D]$ （无量纲）	直角	$\frac{t_p+\Delta t}{\Delta t}$	对数	计算K，S和p^*等参数
MDH 法	p_{ws}（有量纲） $p_D=p_D[(\Delta t)_D]-p_D[(t_p)_D]$ （无量纲）	直角	Δt（有量纲） $t_D=\frac{3.6\times10^{-3}K}{\phi\mu_g C_t r_w^2}t$ （无量纲）	对数	计算K，S和p^*等参数
叠加函数法（SUPF）	p_{ws}（有量纲） $p_D=p_D[(\Delta t)_D]+\sum_{i=1}^{n}\frac{q_i-q_{i-1}}{q_{n-1}-q_n}\left\{p_D\left[\sum_{j=i}^{n}(\Delta t_j)_D\right]-p_D\left[(\sum_{j=i}^{n-1}\Delta t_j+\Delta t)_D\right]\right\}$ （无量纲）	直角	$\sum_{i=1}^{n-1}(q_i-q_{i-1})\lg(\sum_{j=i}^{n-1}\Delta t_j+\Delta t)+$ $(q_n-q_{n-1})\lg\Delta t$	直角	多次开关井，计算K，S和p^*等参数
MBH 法	$p_{DMBH}=\frac{1085.7(p^*-\bar{p})}{qB\mu}$	直角	$t_{pDA}=\frac{3.6\times10^{-3}Kt_p}{\phi\mu C_t A}$	对数	计算压力p^*
Masket 法	$(\bar{p}-p_{ws})$（有量纲） $\frac{0.54287Kh}{qB\mu}(\bar{p}-p_{ws})$（无量纲）	对数	Δt（有量纲） Δt_{DA}（无量纲）	直角	计算$\bar{p}$

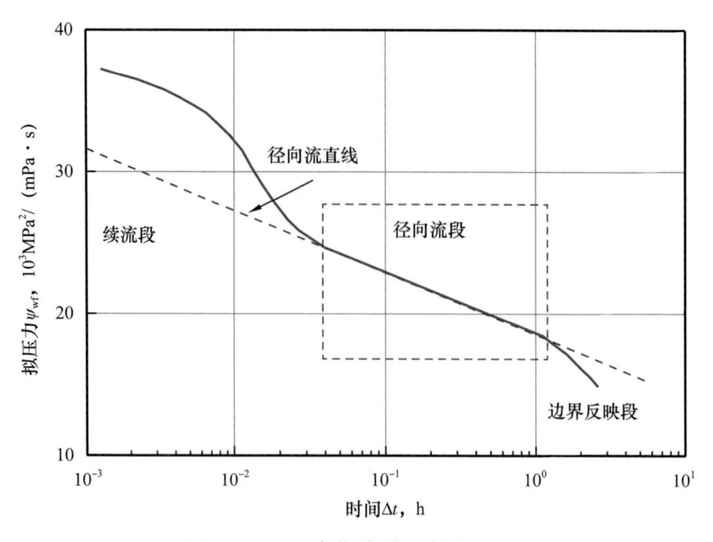

图 5-29　压降曲线单对数分析图

这种图显示压力是由大到小逐渐降落的。也有人把纵坐标表示为（p_i–p_{wf}）转化的拟压力，即流压与初始压力的拟压力差 ψ（p_i–p_{wf}），此时曲线形状与后面讲到的 MDH 图或 Horner 图一致了，参见图 5-30。

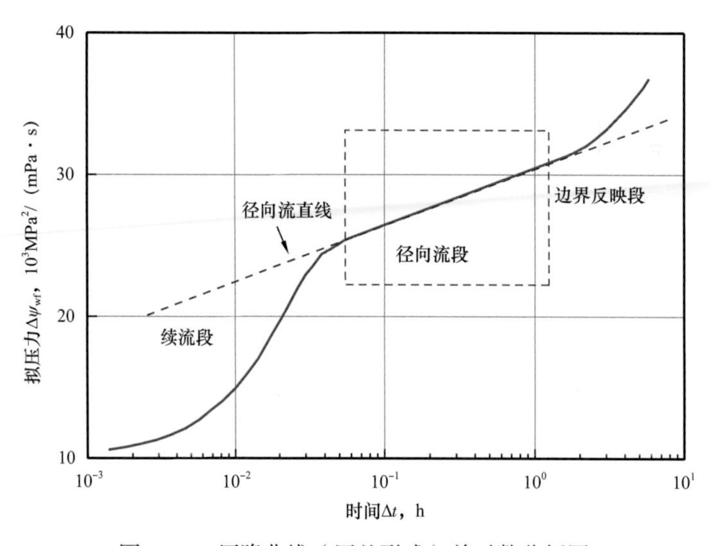

图 5-30　压降曲线（压差形式）单对数分析图

以上图 5-29 和图 5-30 的纵坐标在压力较低时，也可以画成压力平方形式。

压降分析图上最重要的特征段是斜率为 $m_{\psi d}$（拟压力图）或 m_{2d}（压力平方图）的径向流直线段。当 $m_{\psi d}$ 或 m_{2d} 值确定以后，可以用来计算气层的渗透率 K 和表皮系数 S 等参数，其表达式如下：

拟压力形式

$$K = 42.42 \times 10^3 \frac{q_g T}{m_{\psi d} h} \frac{p_{sc}}{T_{sc}} = 14.67 \frac{q_g T}{m_{\psi d} h} \tag{5-12}$$

$$S_a = 1.151\left\{\frac{\psi(p_i)-\psi\left[p_{wf}(1h)\right]}{m_{\psi d}} - \lg\frac{K}{\phi\mu_g C_t r_w^2} - 0.9077\right\} \tag{5-13}$$

压力平方形式

$$K = 42.42\times10^3\frac{\overline{\mu}_g \overline{Z} q_g T p_{sc}}{m_{2d} h T_{sc}} = 14.67\frac{\overline{\mu}_g \overline{Z} q_g T}{m_{2d} h} \tag{5-14}$$

$$S_a = 1.151\left[\frac{p_i^2 - p_{wf}^2(1h)}{m_{2d}} - \lg\frac{K}{\phi\mu_g C_t r_w^2} - 0.9077\right] \tag{5-15}$$

（二）Horner 图

对于只有一次开井和一次关井的压力恢复曲线，人们通常应用“Horner 图”，这是于 1951 年由 Horner 最早开始应用的。在 Horner 图上最有代表性的特征是表征径向流的直线段，它所使用的横坐标是 $\frac{t_p+\Delta t}{\Delta t}$，而纵坐标为拟压力 ψ_{wf}。斜率为 $m_{\psi b}$ 或 m_{2b}，如图 5-31 所示。

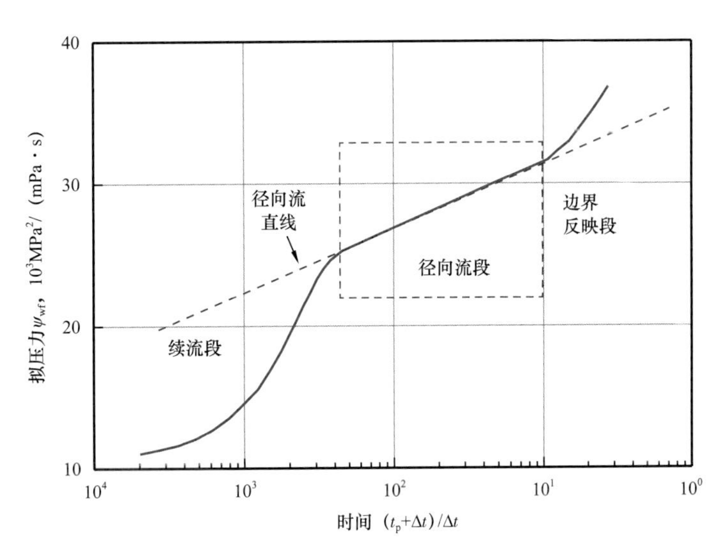

图 5-31　压力恢复曲线 Horner 图的图形示意图

Horner 图通常有两种画法：

（1）横坐标刻度采取自左至右由大到小的画法，如图 5-31 的形式，用这种画法，压力的早期点在左方，晚期点在右方，符合一般的习惯。中国早期的试井专著多采用此种画法。

（2）横坐标刻度由小到大的画法，如图 5-32 的形式。国外的文献中以及目前国外引进的计算机软件，常采取这种画法。

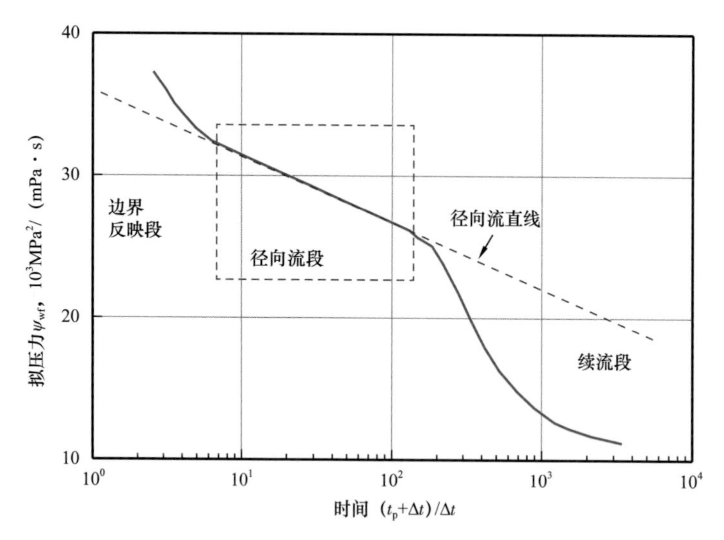

图 5-32　压力恢复曲线 Horner 图另一种画法示意图

与压降曲线类似，图 5-31 和图 5-32 的纵坐标也可以表示为压力平方形式，即 p^2_{ws}，单位是 MPa^2。得到的图形样式与拟压力的样式类似。

一旦从图中得到径向流直线段的斜率 m，则可用来计算气层的渗透率 K 和表皮系数 S，表达式为：

拟压力形式

$$K = 42.42\times10^3 \frac{q_g T}{m_{\psi b} h}\frac{p_{sc}}{T_{sc}} = 14.67\frac{q_g T}{m_{\psi b} h} \tag{5-16}$$

$$S_a = 1.151\left\{\frac{\psi\left[p_{ws}(1h)\right]-\psi(p_{wf})}{m_{\psi b}} - \lg\frac{K}{\phi\bar{\mu}_g C_t r_w^2} - 0.9077\right\} \tag{5-17}$$

压力平方形式

$$K = 42.42\times10^3 \frac{\bar{\mu}_g \bar{Z} q_g T}{m_{2b} h}\frac{p_{sc}}{T_{sc}} = 14.67\frac{\bar{\mu}_g \bar{Z} q_g T}{m_{2b} h} \tag{5-18}$$

$$S_a = 1.151\left(\frac{p^2_{ws}(1h) - p^2_{wf}}{m_{2b}} - \lg\frac{K}{\phi\bar{\mu}_g C_t r_w^2} - 0.9077\right) \tag{5-19}$$

（三）MDH 图

这种图的名称来源于 3 位作者——Miller，Dyes 和 Hutchinson（1950）的名字的首字母。MDH 图适用于关井前产量稳定，且 t_p 很长情况下的关井压力恢复曲线。所画出的图，纵坐标为 ψ_{wf}，横坐标为 Δt，如图 5-33 所示。

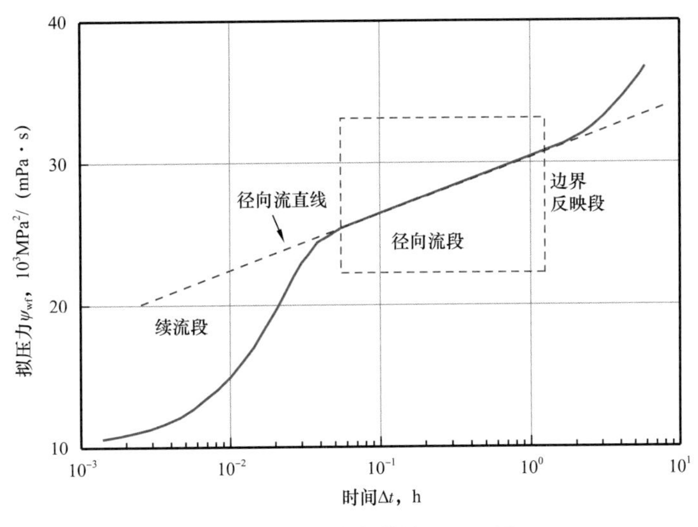

图 5–33　压力恢复曲线 MDH 图

这种图的形状与 Horner 图类似，径向流直线段是 MDH 图的重要特征，应用它的斜率 $m_{\psi b}$，也可以计算地层参数。计算公式与 Horner 图所应用的式（5–16）至式（5–19）相同。

（四）叠加函数图

当一口井多次开井又多次关井或产量改变时，对于最后一次的关井压力恢复（或开井压降），前面的开井、关井或产量改变，都会在地层中形成压力波动，也都会对最后一个阶段的压力变化产生影响，因而这时画出的单对数图，纵坐标仍可取 p_{ws}，但是横坐标变成 $SUPF$：

$$SUPF=\sum_{i=1}^{n-1}\left(q_i-q_{i-1}\right)\lg\left(\sum_{j=i}^{n-1}\Delta t_j+\Delta t\right)+\left(q_n-q_{n-1}\right)\lg\Delta t \tag{5-20}$$

式中　$SUPF$——时间叠加函数；

n——自从第一次开井开始到被分析段为止，改变工作制度的次数，例如开井 3 次，关井 3 次，而且被研究的是最后一次的关井恢复，则 n=6；

q_i——第 i 阶段的产量（例如最后一阶段是关井，则 q_n=0），m^3/d；

Δt_i——第 i 阶段持续的时间，h；

Δt—— 被分析阶段的时间变量，h。

用上面公式的 $SUPF$ 函数值作为横坐标，代替了时间 Δt，或者是 Horner 时间 $\frac{t_p+\Delta t}{\Delta t}$，称之为“叠加时间”，得到的曲线图形如图 5–34 所示。此时由于采用了时间叠加函数 $SUPF$，其表达式中已对时间 Δt 取过对数，因而图 5–34 应用的是直角坐标。虽然从形式上看其坐标已没有对数刻度，但是从本质上说，它仍然是一种单对数图。

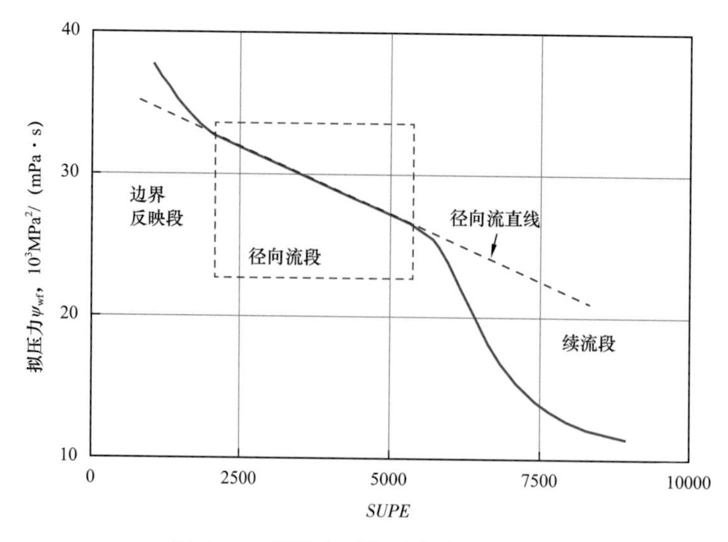

图 5-34　不稳定试井压力叠加函数图

注意到叠加时间中带有产量 q 的因子，这是与一般的时间坐标在量纲上有所区别，而且时间已取过对数，最突出特点仍是它的直线段。从理论上可以证明这种直线段的存在，反映了在无限大地层中流动的弹性流体，形成平面径向流时的不稳定压力变化。

这里要提醒读者注意的是，在目前应用试井解释软件非常普遍的情况下，几乎不再有人会用手工方法，借助上述公式进行参数计算。本书提供这些公式，只不过是要帮助读者了解试井软件计算参数的过程，特别还要提醒读者，在录取资料时一定要取得径向流直线段的数据，否则将一事无成！

虽然用单对数直线段计算参数的方法在石油工业中已应用了 70 年，但是在单对数图上准确无误地找出直线段，却一直是困扰人们的难题。对于那些渗透性异常（特高或特低）的地层和非均质地层，以及 S 值和 C 值很大的油井，常常会错误地确定和应用直线段，从而导致错误的解释结果。直到 1983 年应用了压力导数图进行判别后，才比较圆满地解决了这一问题。

除上面介绍的单对数图以外，在石油工业发展过程中，还存在过一些别的类型的单对数图。像 MBH 图（1954），是因 Matthews，Brons 和 Hazebroek 3 人名字的首字母而得名。用这种图，可以计算不同形状有界供油区的平均地层压力，但在气田开发中应用并不多。

还有一种单对数图称为 Maskat（1937），这种图的纵坐标取为 $\left(\bar{p}-p_{ws}\right)$，或表达为 $\frac{0.54287Kh}{qB\mu}\left(\bar{p}-p_{ws}\right)$ 的无量纲压差，作图时取对数；横坐标是时间 Δt_{DA}。通过调整公式中的平均地层压力，可以使这种曲线图形成直线，从而确认平均地层压力。这种图在 20 世纪 50 年代前后，在美国曾被用于油田开发中确定平均地层压力，目前已很少应用，更未在气田开发中见到实用例。

二、单对数图用于试井软件分析

现代试井分析理论认为，试井分析的过程实质上是一个确认试井模型的过程，而试井模型的压力特征，主要表现在它的压力双对数图形上，形成了以图版法为中心的分析方法。这样，自 20 世纪 50 年代以来发展的单对数图（半对数图）分析方法，被统称为“常规分析方法”，并且不再以一种独立的方法出现在试井分析的过程。它的作用体现在如下两个方面：

（一）在解释过程初期参与模型诊断

在应用一些先进的试井软件解释一口井的不稳定试井数据时，会同时画出它们的压力历史图、单对数图和双对数图，并通过模型诊断，初步判断模型类型和渗透率 K、表皮系数 S、井筒储集系数 C 等参数。

进行模型诊断时，可以应用双对数图中的导数径向流水平线确认径向流段，从斜率为 1（45°）的初期段确认续流段。这也就同时给出了单对数图中的相应线段，并初步求出了参数 K，S 和 C 值。此时用单对数图中的径向流直线段斜率 m，可以很容易地计算参数。

通过诊断过程求得的模型参数往往是初步的、粗糙的和不确切的。特别对于一些复杂的地层类型，这种诊断结果只能提供近井地带的参数初值。像针对复合地层、带有边界的地层、双重介质地层等，更繁重的分析工作还在后面。

（二）参与试井模型的拟合检验

经过进一步的试井分析研究，获取了测试井完整的动态模型，以及一整套参数，包括井筒的、近井地带储层的和外边界的各个不同区段的内容。以双对数图版法为核心的解释结果，是对这种试井模型的全面的描述。对这样的一个结果，是否符合井的和储层的实际情况，要通过各种特征图的拟合检验加以确认，其中包括压力单对数的拟合检验。

检验时画出试井模型的压力单对数图，一般这种图都是画在无量纲坐标下的，也可以用模型参数转化到实际的拟压力与时间的坐标下，它代表了理论模型的压力表现。同时，在图上以相同的坐标刻度画上实测点。通过对比，如果两者十分接近，说明解释的结果至少在这一个测试段中是与实际情况吻合，如图 5-35 所示。

从以上示例图可以看到，它的横向坐标表示为叠加函数形式，是一条完整的曲线。此时可以看到，理论模型（实线）与实测数据（圆形点）是十分接近的，由此证明模型检验结果良好。另外从图中看到，以上单对数曲线已经连成一条完整的曲线，不再去区分不同流动段，而是从曲线的整体上辨别它的一致性。

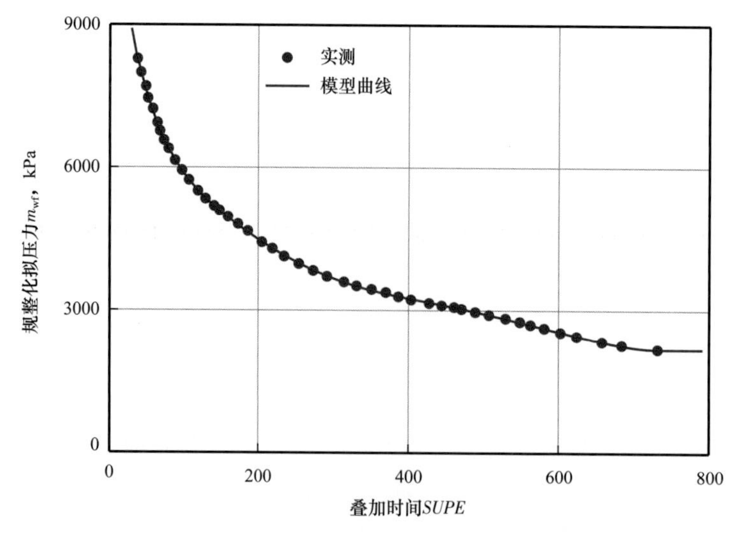

图 5-35　实测气井不稳定试井压力单对数拟合检验图

第四节　压力和压力导数的双对数图版及模式图

一、双对数图和现代试井分析图版

（一）图版分析是现代试井分析方法的核心

自 20 世纪 70—80 年代以来，取名为“现代试井”（Modern Well Test）的油气井动态研究方法在国际石油业界逐渐形成并完善。所谓现代试井，主要包括以下 3 方面内容：（1）以图版法为中心的一整套压力资料分析方法和理论；（2）高精度电子压力计录取的压力资料；（3）试井解释软件的编制和应用。正是图版法的产生，奠定了现代试井的基础，没有图版法，就没有现代试井。之所以这样说，基于以下 2 方面的理由。

1. 图版特征对储层动态模型特征的反映

正如本章第一节所描述的，从不稳定压力曲线的图形特征，从井筒到井底，到流体在地下的渗流特征，形成了解读储层动态特征非常有效的途径。这里所说的图形特征，就是指现代试井分析的“图版”的特征。在现代试井分析方法中，主要依据的就是图版拟合分析方法。几乎每一种已经被人们认识的储层结构，都可以从物理上被模型化，并建立相应的数学模型，从而形成一个表明其动态变化的动态模型，而每一种格式化后的动态模型，就是一帧图版。图版具有特征性、全程性和地质对照性。

1）特征性

本章的图 5-15 清楚表明了图版的特征性。不同阶段的不同流动状态，在压力导数图上具有不同的特征线，由此可以推断地下的流动状态，进而认识储层的结构形态。

2）全程性

图版法研究储层时的全程性是指，不稳定压力依据测试时间上的不同阶段，扫描了从井筒到井底，到近井地带，再到远井地带的全过程（图 5-14），并反映出扫描过程中所遇到的一切情况，从而也就有可能描述动态模型的整体结构。相反，对于其他方法，例如单对数直线法（Horner 图、MDH 图、压降曲线图等），主要应用了径向流直线段，只能求得井附近储层的部分参数值（K 和 S 等）。

3）对照性

现代试井理论研究中，集中了相当大的精力致力于新试井模型的开发：

（1）只要有一种新的储层类型被地质家们发现，并由钻井打开，马上就会研发出相应的数学模型，并做出相应的图版。例如曲流河形成的河道砂岩油气田的开发，导致条带形地层的试井模型；裂缝性灰岩储层的开发，导致双重介质地层的试井模型及图版的研制等。

（2）只要有新的钻井、完井方式，例如水平井、大斜度井、多分支井以及大型加砂压裂等措施改造井的出现，就会有研究者去开发相应的试井模型。

（3）数值试井软件的研制，使试井解释图版与地质模型之间的对照性，发挥到了极致，可以说不论什么样的储层结构，不论什么样的井身结构，不论什么样的流体分布，原则上都可以形成与之对应的试井模型，并做出相应的图版。

由此看来，图版法作为研究储层动态模型的手段，的确具备了充分的潜力，只要运用得当，可以在解读储层方面发挥巨大的作用。

2. 图版的拟合分析方法通用高效

前面讲到图版的特征从定性方面的确可以充分描述储层的渗流特征，但是在解读动态特征时，不但要了解储层的结构形态，还需定量评价它的具体参数。解决这个问题的方法就是利用图版的拟合来完成。

1）图版坐标的无量纲表示式

所有的图版，都是用无量纲形式表示的。例如，对于均质无限大地层，不论是对于油井或对于气井，不论是对于高渗透地层或低渗透地层，也不论其他地层参数大小如何，只要用一套图版即可加以描述，如图 5-36 所示。

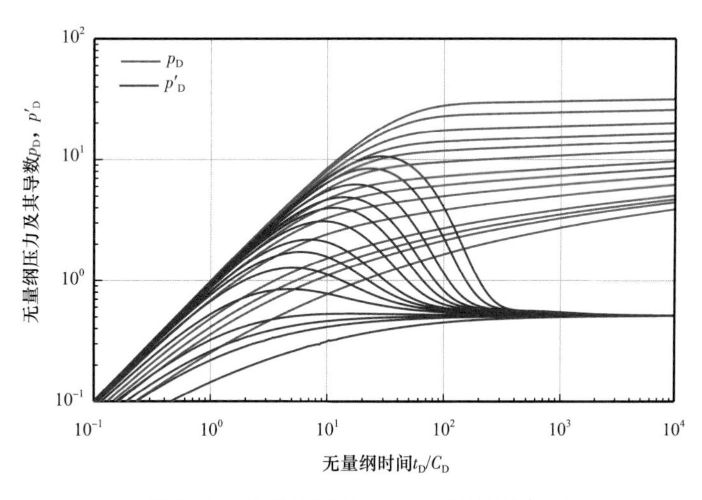

图 5-36 均质地层 Gringarten 图版示意图

这样的图版，是在求解微分方程得到的。对于气层，它的纵坐标表示为：

$$p_{\mathrm{D}}=\frac{2.7143\times10^{-5}KhT_{\mathrm{sc}}\Delta\psi}{q_{\mathrm{g}}Tp_{\mathrm{sc}}} \tag{5-21}$$

$$\frac{t_{\mathrm{D}}}{C_{\mathrm{D}}}=2.262\times10^{-2}\frac{Kh\Delta t}{\mu_{\mathrm{g}}C} \tag{5-22}$$

2）图版曲线与实测曲线形状的一致性

在对数坐标中，上述坐标刻度表示为：

$$\lg p_{\mathrm{D}}=\lg\Delta\psi+\lg\left(2.7143\times10^{-5}\frac{Kh}{q_{\mathrm{g}}T}\frac{T_{\mathrm{sc}}}{p_{\mathrm{sc}}}\right)=\lg\Delta\psi+A \tag{5-23}$$

$$\lg\frac{t_{\mathrm{D}}}{C_{\mathrm{D}}}=\lg\Delta t+\lg\left(2.262\times10^{-2}\frac{Kh}{\mu_{\mathrm{g}}C}\right)=\lg\Delta t+B \tag{5-24}$$

其中

$$A=\lg\left(2.7143\times10^{-5}\frac{Kh}{q_{\mathrm{g}}T}\frac{T_{\mathrm{sc}}}{p_{\mathrm{sc}}}\right) \tag{5-25}$$

$$B=\lg\left(2.262\times10^{-2}\frac{Kh}{\mu_{\mathrm{g}}C}\right) \tag{5-26}$$

从式（5–23）和式（5–24）的表示式可以看到，同样的地层，同样的储层模型，画出它们的不稳定压力曲线时，不论在无量纲坐标下（p_{D}—$t_{\mathrm{D}}/C_{\mathrm{D}}$）或是在有量纲坐标下（$\Delta\psi$—$\Delta t$），其形态应该是完全相同的。差别在于在纵坐标方向移动距离 A，在横坐标方向移动距离 B。

3）图版拟合法定量求参数

步骤如下：

（1）如果在现场实测到一口均质地层气井的不稳定压力曲线，把它们的 $\Delta\psi$，$\Delta\psi'$—Δt 关系画在双对数坐标中，如图 5–37 所示。

（2）把上述实测曲线与相同刻度（指相同的对数周期长）的图版曲线互相叠合，可以发现，在图版中有一条曲线刚好与实测曲线彼此重合，这条曲线就是拟合过程中的曲线，它带有参变量［$C_{\mathrm{D}}e^{2S}$］$_{\mathrm{M}}$，如图 5–38 所示。注意：这种拟合过程必须要保持两张图——实测曲线和图版的纵坐标和横坐标彼此完全平行。

（3）经过拟合，得到了两套坐标的横坐标与纵坐标差值 A 和 B，并可用来计算参数。

在具体运作过程中，采取的方法是：在图面上任选一个点 M 作为拟合点，这个点在两套坐标上都有一套纵坐标与横坐标的读数，在实测坐标上：［$\Delta\psi$］$_{\mathrm{M}}$，［Δt］$_{\mathrm{M}}$；在图版坐标上：［p_{D}］$_{\mathrm{M}}$，［$t_{\mathrm{D}}/C_{\mathrm{D}}$］$_{\mathrm{M}}$。得到 M 点的读数，立即可以用来计算储层参数：

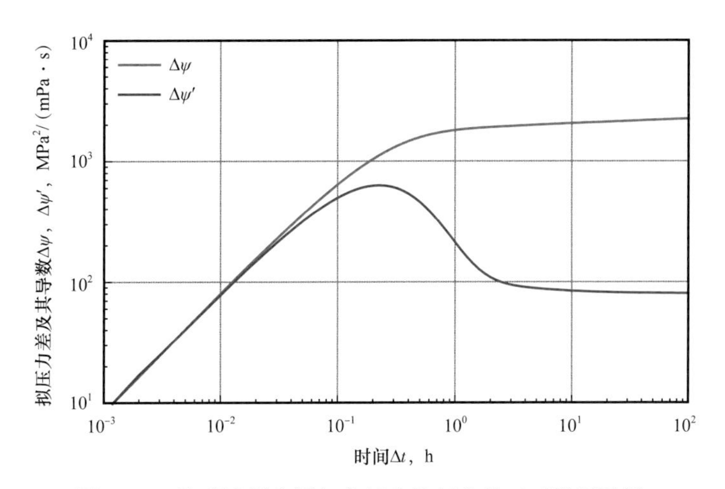

图 5-37 均质地层实测气井压力恢复曲线双对数图示例

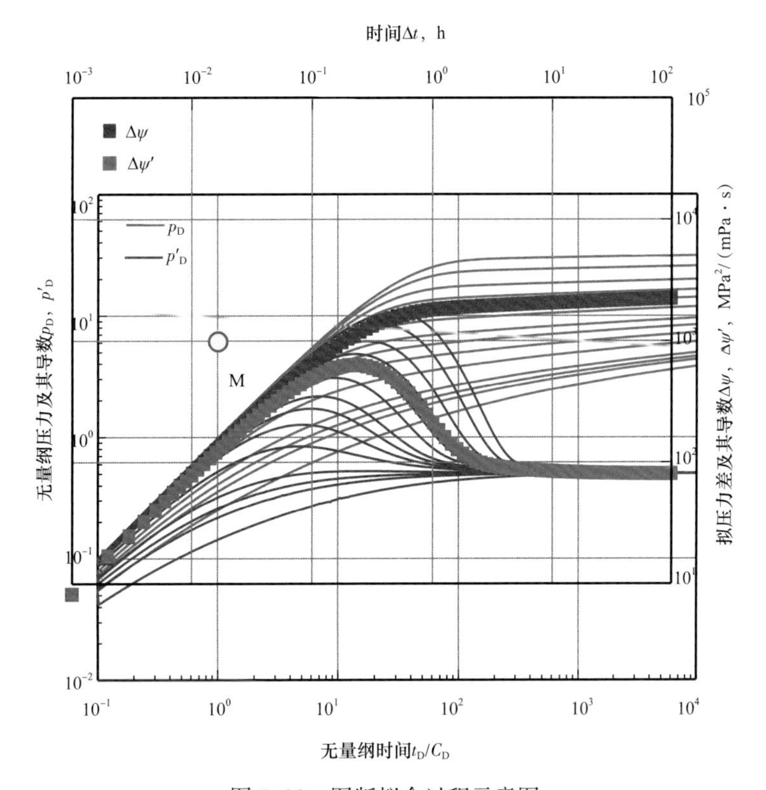

图 5-38 图版拟合过程示意图

$$K = 12.741 \frac{q_g T}{h} \frac{[p_D]_M}{[\Delta\psi]_M} \tag{5-27}$$

$$C = 2.262 \times 10^{-2} \frac{Kh}{\mu_g} \frac{[t]_M}{\left[t_D / C_D \right]_M} \tag{5-28}$$

$$S = \frac{1}{2}\ln\frac{\left[C_{\mathrm{D}}\mathrm{e}^{2S}\right]_{\mathrm{M}}}{C_{\mathrm{D}}} \tag{5-29}$$

其中

$$C_{\mathrm{D}} = \frac{0.1592C}{\phi h C_{\mathrm{t}} r_{\mathrm{w}}^{2}} \tag{5-30}$$

这样，通过图版拟合，以上几个重要参数 K，S 和 C 等，均可用公式计算得到。正如本书反复讲到的，在试井解释软件广为普及的今天，已很少有人会采取手工方法，借助印刷在纸上的图版和前面介绍的式（5-27）至式（5-30），实施参数分析。但是有两点应该提请读者注意：

① 作为一位有底蕴的油气藏工程师和试井专业工作者，应该深刻理解这一图版拟合分析的技巧和操作过程。在有条件时，不妨实际体验一番。许多接受试井软件训练的工程师，常常是从这里入手的。

② 一些早期的试井解释软件，在其界面上还可以看到这种手工图版拟合过程的痕迹。但发展到目前，这种痕迹已逐渐消失，或者说在软件界面上已见不到成组的图版。但这并不是说图版已不存在，而是代之以“有针对性的理论模型图形”。这种理论图形的产生过程是：首先储层类型选择，也就是试井模型选择；接着图形诊断，确定初选的参数（K，S，C 等）；下一步由软件计算产生特定参数下的理论模型曲线（特定的图版曲线）；然后进行双对数图的拟合对比，对模型及参数进行修正；最后进行拟合检验，对模型加以确认以取得最终解释结果。

在上述解释过程中，双对数图版拟合法始终是主导的方法。因此说，它也是现代试井分析的核心内容。

（二）一些常见的双对数图版

1. 各种图版的无量纲参数

自从 20 世纪 70 年代初由 Ramey，Agarwal 和 Gringarten 等发明了双对数图版法以后，50 年来产生了难以计数的图版。特别是 1983 年由 Bourdet 发明的导数图版，更使图版分析方法在确认储层动态模型方面产生了质的飞跃。本书为方便读者，介绍几种常见的图版，列表给出它们的坐标表示式，并简单介绍它们的图形特征和用途。

常见的图版中，除个别图版（例如 McKinley 图版）外，均以压力变量为纵坐标，时间变量为横坐标。而且作图时，纵横坐标都取对数，在表中不另作说明。参见表 5-3。

这里要提到的是，表中图版大多是针对均质地层和双重介质地层的。同一种类型的图版，其坐标表示式可以根据不同的地层，甚至是不同作者而有所变化。读者在应用时须仔细加以辨别。这里还要特别提到的是，任何图版，由于其坐标是经过无量纲化了的，因此既适用于气井，也适用于油井，并不存在专门针对气层或油层的试井分析图版。

表 5-3 常用双对数图版坐标无量纲表示式

图版名称	纵坐标	横坐标	参变量
Gringarten 均质地层图版	$p_D=\dfrac{0.5428Kh\Delta p}{q\mu B}$（油井） $p_D=\dfrac{2.714\times10^{-5}KhT_{sc}\Delta\psi}{q_g\bar{T}p_{sc}}$（气井）	$\dfrac{t_D}{C_D}=2.262\times10^{-2}\dfrac{Kh\Delta t}{\mu C}$	C_De^{2S}
Bourdet 均质地层导数图版	$p'_D=\dfrac{0.5428Kh\Delta p'}{q\mu B}$（油井） $p'_D=\dfrac{2.714\times10^{-5}KhT_{sc}\Delta\psi'}{q_gTp_{sc}}$（气井）	$\dfrac{t_D}{C_D}=2.262\times10^{-2}\dfrac{Kh\Delta t}{\mu C}$	C_De^{2S}
Agarwal & Ramey 均质地层图版	$p_D=\dfrac{0.5428Kh\Delta p}{q\mu B}$（油井） $p_D=\dfrac{2.714\times10^{-5}KhT_{sc}\Delta\psi}{q_gTp_{sc}}$（气井）	$t_D=\dfrac{3.6\times10^{-3}K}{\phi\mu C_tr_w^{\ 2}}\Delta t$	C_D S
均质地层 干扰试井图版	$p_D=\dfrac{0.5428Kh\Delta p}{q\mu B}$（油井） $p_D=\dfrac{2.714\times10^{-5}KhT_{sc}\Delta\psi}{q_gTp_{sc}}$（气井）	$\dfrac{t_D}{r_D^2}=\dfrac{3.6\times10^{-3}K}{\phi\mu C_tr^{\ 2}}\Delta t$	C_D （有井筒储集影响时）
Gringarten 双重介质干扰 试井图版	$p_D=\dfrac{0.5428Kh\Delta p}{q\mu B}$（油井） $p_D=\dfrac{2.714\times10^{-5}KhT_{sc}\Delta\psi}{q_gTp_{sc}}$（气井）	$\dfrac{t_D}{r_D^2}=\dfrac{3.6\times10^{-3}K}{\mu\left(\phi C_t\right)_fr^2}\Delta t$	ω λr_D^2
庄—朱 双重介质干扰 试井图版	$p_D=\dfrac{0.5428Kh\Delta p}{q\mu B}$（油井） $p_D=\dfrac{2.714\times10^{-5}KhT_{sc}\Delta\psi}{q_gTp_{sc}}$（气井）	$\dfrac{t_D}{r_D^2}=\dfrac{3.6\times10^{-3}K}{\mu\left[(\phi C_t)_f+(\phi C_t)_m\right]r^2}\Delta t$	ω λr_D^2
均质地层 无限导流垂直裂缝和 均匀流垂直裂缝图版	$p_D=\dfrac{0.5428Kh\Delta p}{q\mu B}$（油井） $p_D=\dfrac{2.714\times10^{-5}KhT_{sc}\Delta\psi}{q_gTp_{sc}}$（气井）	$t_{Dx_f}=\dfrac{3.6\times10^{-3}K}{\phi\mu C_tx_f^2}\Delta t$	t_{pDx_f} （对于压力恢复修正） $x_f/\sqrt{A}$ （有限封闭块）
均质地层有限导流 垂直裂缝图版	$p_D=\dfrac{0.5428Kh\Delta p}{q\mu B}$（油井） $p_D=\dfrac{2.714\times10^{-5}KhT_{sc}\Delta\psi}{q_gTp_{sc}}$（气井） p_DF_{CD}	$t_{Dx_f}=\dfrac{3.6\times10^{-3}K}{\phi\mu C_tx_f^2}\Delta t$ 或 $t_{Dr_e}=\dfrac{3.6\times10^{-3}K}{\phi\mu C_tr_{we}^{\ 2}}\Delta t$ $t_{Dx_f}F^2_{CD}$	$F_{CD}=\dfrac{K_fW}{Kx_f}$ $x_f/\sqrt{A}$ （有限封闭块）
均质地层水平压裂裂 缝井（均匀流）图版	$\dfrac{p_D}{h_D}$	$t_{Dx_f}=\dfrac{3.6\times10^{-3}K_r}{\phi\mu C_tx_f^2}\Delta t$	$h_D=\dfrac{h}{r_f}\sqrt{K_r/K_v}$

2. 气井试井常用图版介绍

（1）均质地层压力加导数综合图版。

这种图版包括两个部分：Gringarten 压力图版和 Bourdet 导数图版，参见图 5-39。虽然它们产生的时期不同，但现在人们很少单独应用。

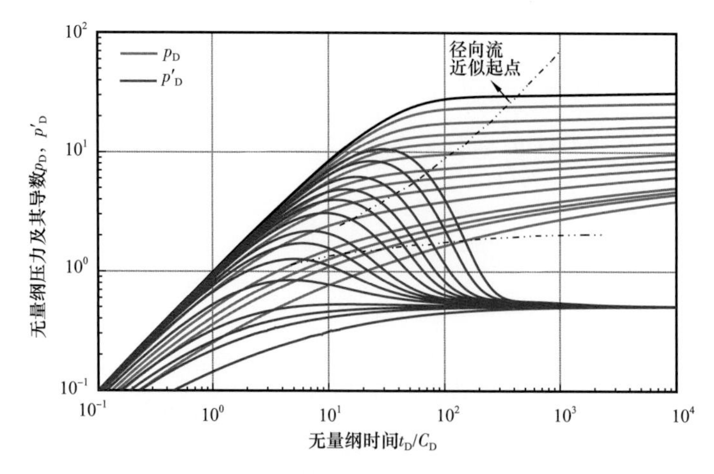

图 5-39　均质地层综合图版示意图

图 5-39 中无量纲压力和无量纲时间的表示式在表 5-3 中均已列出。图版中的压力导数 p'_D 的表达式为压力对时间对数求导：

$$p'_D=\frac{dp_D}{d\ln\left(\frac{t_D}{C_D}\right)}=\frac{dp_D}{d\left(\frac{t_D}{C_D}\right)}\left(\frac{t_D}{C_D}\right) \tag{5-31}$$

因此，它实质是压力对时间求导后，再乘以时间。

通过图版拟合分析，可以用式（5-27）至式（5-30）计算，求得地层渗透率 K、表皮系数 S 和井筒储集系数 C。

（2）双重介质地层综合图版。

与均质地层类似，这种图版也包括两个部分，即压力部分和压力导数部分。图版的压力部分又包含着两组曲线：均质流（裂缝的和总系统的）及过渡流（Bourdet，1980）；相应的导数部分也包含着两组曲线：均质流曲线和过渡流曲线（Bourdet，1983）。图 5-40（a）表示了双重介质地层图版的压力部分。

读者不难发现，图 5-40（a）中表示的图版，其压力部分的均质流，与图 5-39 均质地层图版的压力部分是完全一样的，但增加了过渡流部分。本节后面有关双重介质地层的流动特征，还将详细介绍。

除去压力图版以外，双重介质图版中还应包括导数图版。为了显示清楚，文中将其画在另一张图上，应用时应合在一起，如图 5-40（b）所示。

从图 5-40（b）中看到，除了具有与图 5-39 均质流相同的导数图以外，还增加了过渡流导数部分，它与图 5-40（a）中的过渡流压力相对应。

通过图版拟合，可以求得裂缝系统渗透率 K_f、总表皮系数 S、井筒储集系数 C 以及弹性储容比 ω 和窜流系数 λ。

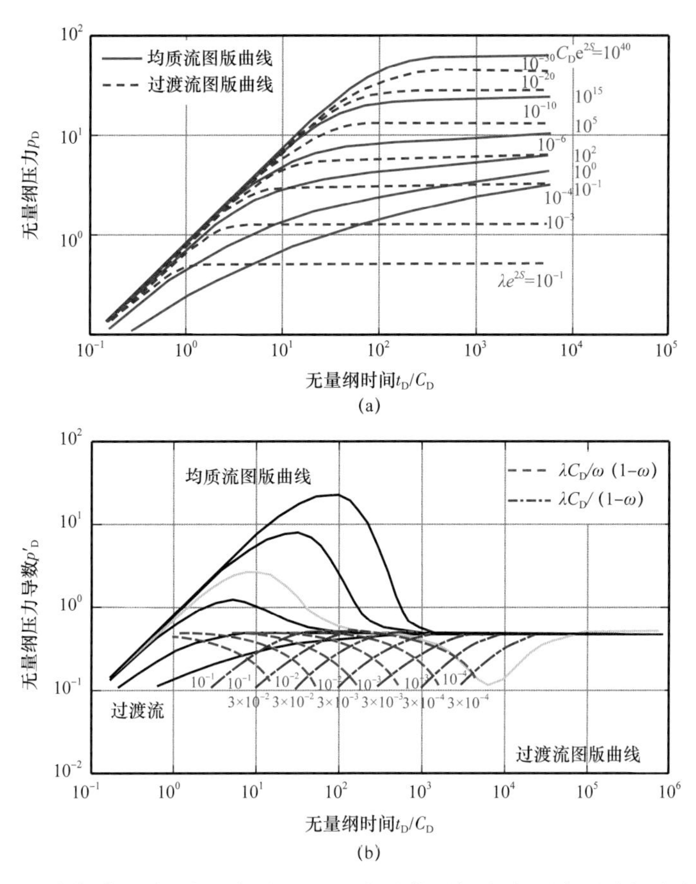

图 5-40 双重介质地层压力图版（a）和压力导数图版（b）示意图（拟稳态过渡流）

（3）Agarwal & Ramey 的均质地层图版。

这种图版出现的较早，发表于 1970 年的 SPEJ 杂志上，可以说是图版法的开拓者。该图版的示意图如图 5-41 所示。

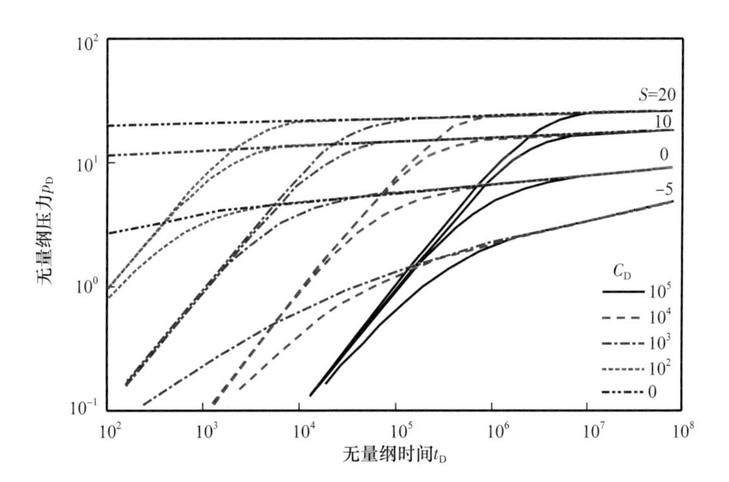

图 5-41 C_D 和 S 分别作参变量的均质地层图版（Agarwal，1970）

与前面介绍的均质地层图版不同，在图 5-41 中，把无量纲井筒储集系数 C_D 和表皮系数 S 分别选作参变量，使得曲线形成“多族”。作为试井解释的工具来说，这将在拟合分析的操作上，增加了不确定性。但作为图形分析来说，可以更清楚地看出 C_D 和 S 的不同影响。因此常常在一些书籍中被引用。但在现代试井分析软件中很少用到。通过图版拟合，可以求得地层渗透率 K、表皮系数 S 和井筒储集系数 C。

（4）均质地层干扰试井图版。

图 5-42 画出了应用时间最长的一种双对数图版——均质地层干扰试井图版。这种图版用指数积分函数（Ei 函数）作图，用来进行干扰试井分析。通过图版拟合，可以求得井间的流动系数（Kh/μ）和弹性储能系数（$\phi h\ C_t$），并可进一步分解后求得连通渗透率 K 等参数，或者进一步组合，求得导压系数 η 等参数。

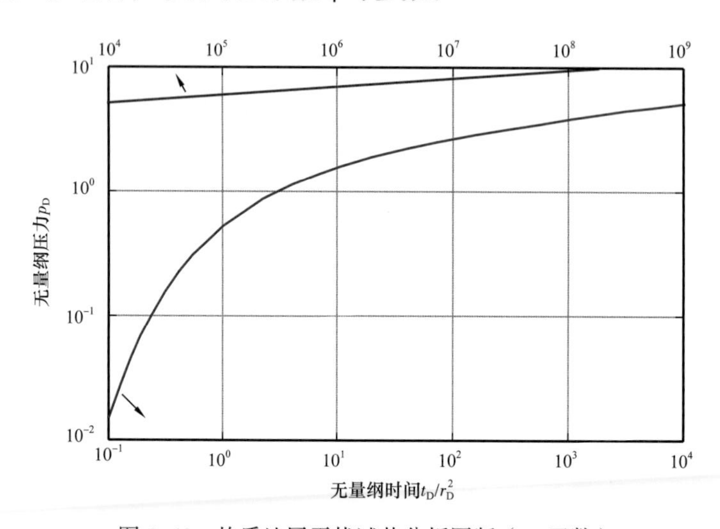

图 5-42　均质地层干扰试井分析图版（Ei 函数）

（5）Deruyck 双重介质干扰试井图版。

这种图版用于双重介质地层的干扰试井参数解释，参见图 5-43。从图 5-43 中看到，图版分成两部分，即均质流部分（实线）和过渡流部分（虚线），它们各自以 ω 和 λr_D^2 为参变量。流动是从裂缝均质流转化到过渡流，再转化到总系统（裂缝加基质）的均质流。因此实测曲线要分成 3 段，分别与上述图版曲线拟合。参见图中的点划线。经过图版拟合，可以求得井间的裂缝渗透率 K_f，储能参数（$\phi h\ C_t$）$_f$，弹性储容比 ω 和窜流系数 λ 等参数。

（6）庄 - 朱双重介质干扰试井图版。

为了更直观地进行实测曲线与理论图版的拟合，发展了一种“均质流和过渡流一体”的图版，参见图 5-44。

从图 5-44 中可以清楚地看到，干扰压力的变化是从迅速上升的裂缝干扰压力开始的，继而转化为相对平缓的过渡段，再趋于较快速上升的总系统流动。图 5-44 与图 5-43，虽然横坐标都表示为（t_D/r_D^2），但从表 5-3 可以看到，它们的表达式却是不同的。因此，这两种图版是不能重合的。这种图版所求得的参数与 Gringarten 图版相同，也可以求得井间的裂缝渗透率 K_f，储能参数（$\phi h C_t$）$_f$，弹性储容比 ω 和窜流系数 λ 等。

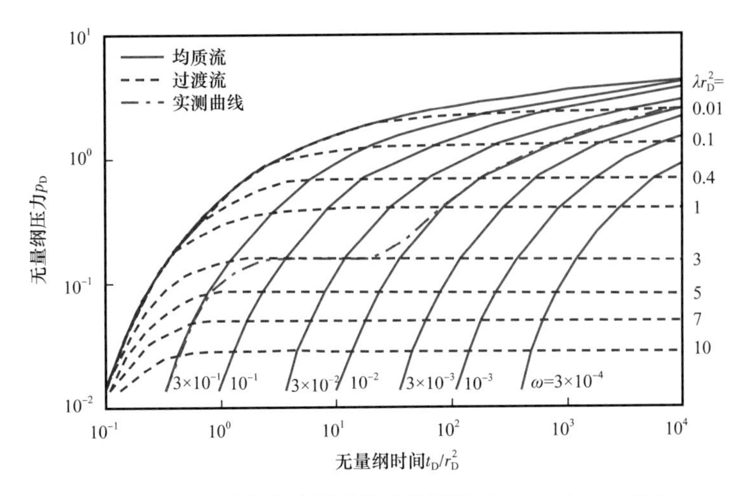

图 5-43　双重介质地层干扰试井图版（Deruyck，1982）

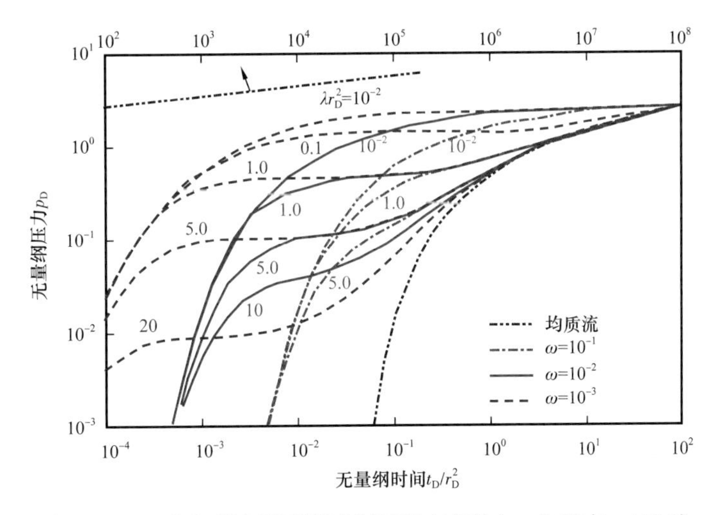

图 5-44　双重介质地层干扰试井图版（庄惠农，朱亚东，1986）

（7）双重介质干扰试井导数图版。

把图 5-43 或图 5-44 展示的无量纲压力随时间变化图求导数，得到如图 5-45 的干扰试井导数图版。在不同的参数 ω 和 λ（λr_D^2）下，压力导数从上升转化为过渡流的下凹过渡段，再向上转入径向流水平段。

这种图版往往都是和干扰压力图版一同使用的，求得的参数也相同，同样是裂缝渗透率 K_f、储能参数（$\phi h C_t$）$_f$、弹性储容比 ω 和窜流系数 λ 等。

（8）均质具有无限导流或均匀流垂直压裂裂缝井图版。

这种图版表示在图 5-46 上（Gringarten，1974）。通过用这种图版的拟合分析，可以求得地层的渗透率 K、压裂裂缝的半长 x_f 和井筒储集系数 C 等参数。

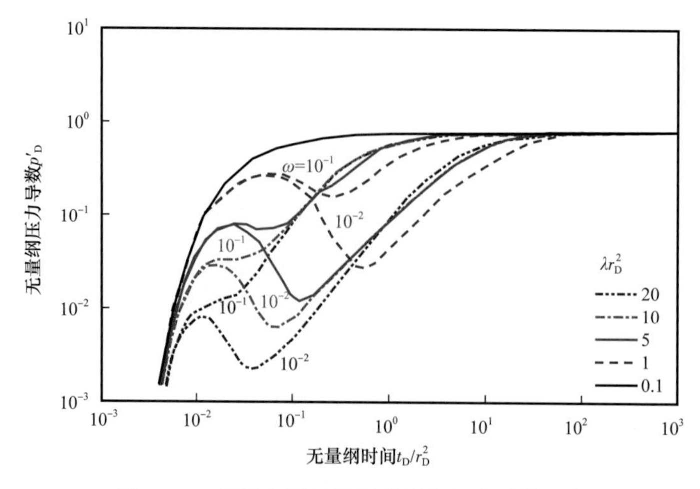

图 5–45　双重介质地层干扰试井压力导数图版

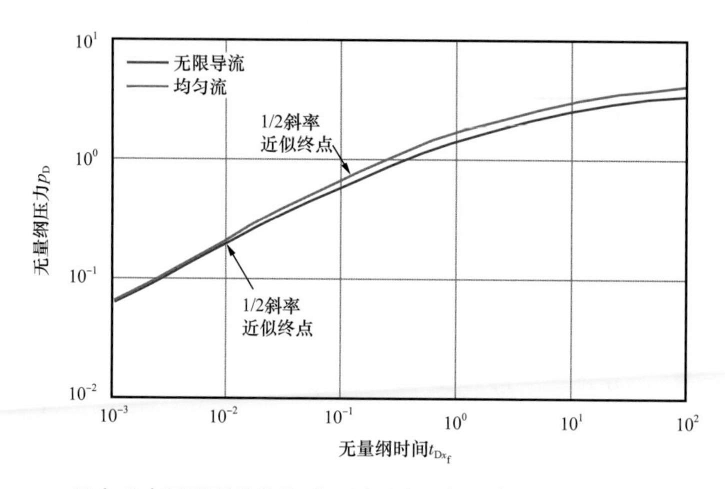

图 5–46　具有垂直压裂裂缝的均质地层压力图版示意图（无限导流和均匀流）

（9）均质具有有限导流垂直裂缝井的图版。

这种图版的形态表示在图 5–47 上（Rodriguez，1984）。通过图版拟合，可以求得地层渗透率 K、压裂裂缝半长 x_f 和裂缝导流能力 F_{CD} 等参数。

3. 一些气井试井中不常用到的图版

作为无量纲形式的双对数图版，应用范围本来是不分气井或是油井、水井的。但是，鉴于这些图版产生时的历史背景，有一些图版难得在气井分析时应用。像这样的图版，也没有被一般的试井解释软件，包括针对油井、水井的软件纳入图形库中。现举例如下，供读者参考。

（1）McKinley 图版。

McKinley 图版虽然也是一种双对数图版（1971），但它与通常的双对数图版不同：① 图版坐标没有进行无量纲化；② 纵坐标取为时间 t，单位为 min（分）；而横坐标是与压力有关的组合参数，取为$\frac{5.6146C\Delta p}{qB}$，单位为d（日）；③ 参变量取为$\frac{13.653Kh}{C\mu}$（法定单位）；④ 没有考虑表皮系数$S$的影响。由于它的坐标带有量纲，因而在应用于气层时，当压力变化为拟压力，这种图版就不能直接应用了，需随之变化（图5–48）。

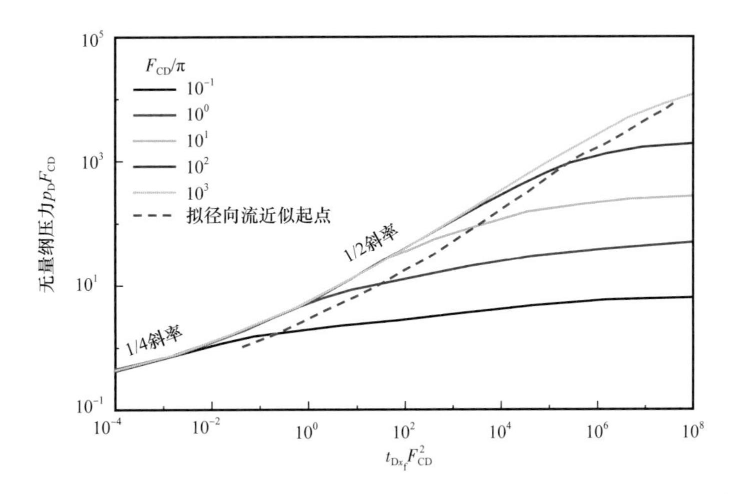

图5–47 均质地层具有有限导流垂直裂缝井的图版（Rodriguez，1984）

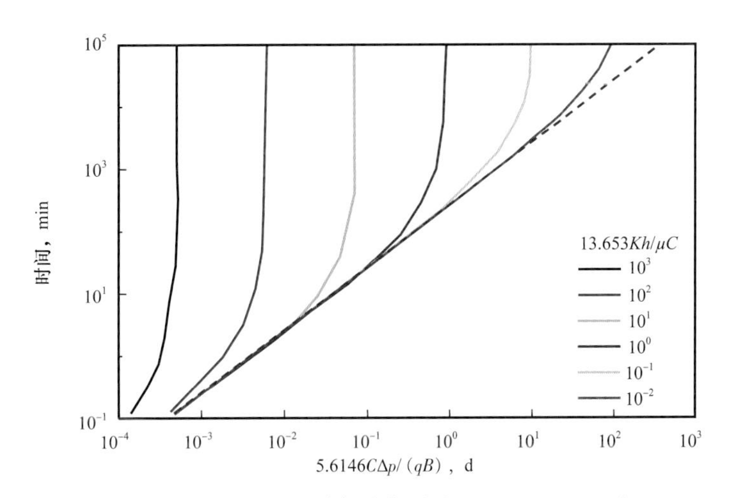

图5–48 McKinley图版示意图（McKinley，1971）

（2）段塞流图版。

对于低产气井，在用DST工具进行试气初期，有可能当井中的液柱尚未流到地面即停止了流动，形成“段塞流”。此时可以认为储层本身的流动特征尚未出现。但如果想通过此段曲线估算地层的渗透率，可以采用“段塞流图版”。Ramey等（1975）曾致力于这种图版的研究，但到目前为止，大部分试井解释软件中，并未包括这类图版。图5–49介绍了段塞流图版中的一种格式。

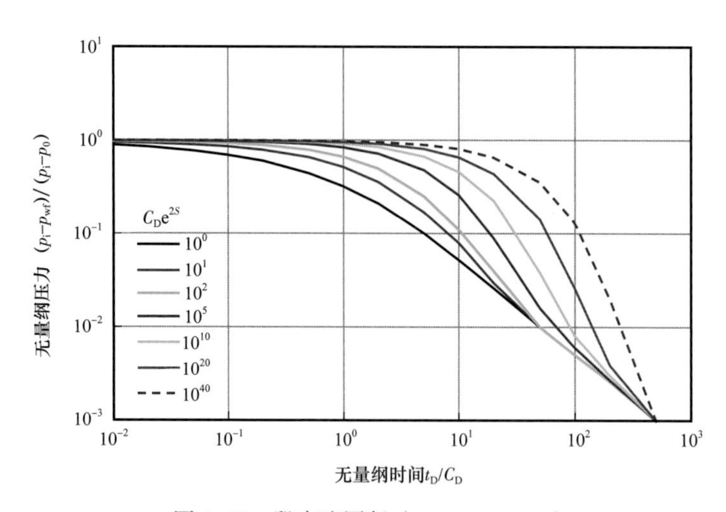

图 5-49　段塞流图版（Ramey，1975）

4. 一些新型分析图

（1）重整压力分析方法和重整压力分析图。

前面介绍的图版，目前普遍作为“标准分析图”，在现场分析和试井解释软件中普遍得到应用。但是到 20 世纪 80 年代末和 90 年代初，在试井图形分析方面又有新的发展。首先由 Agarwal，Onur，Duong 及 Reynolds 等把压力、时间和压力导数重新组合形成新的坐标变量，从而推导出许多新的图形模式，并用于压力曲线的特征分析及参数解释（Yeh，1988；Onur，1988；Duong，1989）。

在这些图上，引入新的压力变量 p_{DG}：

$$p_{DG}=\frac{1}{2}\frac{p_D}{p'_D} \tag{5-32}$$

有人称之为“重整压力”。式中 p_D 和 p'_D 表达式，对于油井有：

$$p_D=\frac{0.54287Kh\left(p_i-p_{wf}\right)}{qB\mu}=\frac{0.54287Kh\Delta p}{qB\mu} \tag{5-33}$$

$$p'_D=\frac{dp_D}{dt_D}t_D=\frac{0.54287Kh}{qB\mu}\left(\frac{d\Delta p}{dt}t\right)=\frac{0.54287Kh}{qB\mu}\Delta p' \tag{5-34}$$

其中

$$\Delta p'=\frac{d\Delta p}{d\ln t}=\frac{d\Delta p}{dt}t$$

从上面展开式可以得知，p_{DG} 同时可以表达为：

$$p_{DG}=\frac{1}{2}\frac{\Delta p}{\Delta p'} \tag{5-35}$$

式（5-35）表明，新的典型曲线与实测曲线上相应的纵坐标值是完全相同的，因而在曲线拟合时，只需做横坐标的移动，这是这类图形模式的最重要的特征。

对于气井，无量纲压力和导数的表达形式是类似的：

$$p_{\mathrm{D}} = 2.7143\times10^{-5}\frac{Kh}{q_{\mathrm{g}}T}\frac{T_{\mathrm{sc}}}{p_{\mathrm{sc}}}\Delta\psi\left(p\right) \tag{5-36}$$

$$p'_{\mathrm{D}} = 2.7143\times10^{-5}\frac{Kh}{q_{\mathrm{g}}T}\frac{T_{\mathrm{sc}}}{p_{\mathrm{sc}}}\Delta\psi'\left(p\right) \tag{5-37}$$

因此有：

$$p_{\mathrm{DG}} = \frac{1}{2}\frac{p_{\mathrm{D}}}{p'_{\mathrm{D}}} = \frac{1}{2}\frac{\Delta\psi(p)}{\Delta\psi'(p)} \tag{5-38}$$

同样得到新型的典型曲线与实测拟压力坐标的纵坐标值完全相同的特征，在拟合时只需做横坐标的移动。

另外对于均质地层，引入新的时间变量 t_{DG}：

$$t_{\mathrm{DG}} = \frac{1}{2}\frac{t_{\mathrm{D}}}{p'_{\mathrm{D}}} \tag{5-39}$$

从展开式可知：

$$t_{\mathrm{DG}} = 3.3157\times10^{-3}\frac{qB}{\phi hC_{\mathrm{t}}r_{\mathrm{w}}^{2}}\frac{t}{\Delta p'} \tag{5-40}$$

对于具有压裂裂缝的均质地层，p_{DG} 的表达式相同，但时间变量为 $t_{\mathrm{D}x_{\mathrm{f}}\mathrm{G}}$：

$$t_{\mathrm{D}x_{\mathrm{f}}\mathrm{G}} = \frac{t_{\mathrm{D}x_{\mathrm{f}}}}{2p'_{\mathrm{D}}} = 3.3157\times10^{-3}\frac{qB}{\phi hC_{\mathrm{t}}x_{\mathrm{f}}^{2}}\frac{t}{\Delta p'} \tag{5-41}$$

式中 $t_{\mathrm{D}x_{\mathrm{f}}}$ 及其他参数与前面的定义相同。另外井筒储集常数定义为：

$$C_{\mathrm{D}x_{\mathrm{f}}} = \frac{0.1592C}{\phi hC_{\mathrm{t}}x_{\mathrm{f}}^{2}} \tag{5-42}$$

目前已被发表过的新型分析图，其坐标变量及图形特征见表 5-4。

表 5-4 新型分析图坐标构成及特征表

图形模式	曲线类别	纵坐标表达式	横坐标表达式	参变量	适用地层	曲线特征
1	理论图版	p_{DG}	$t_{\mathrm{DG}}/C_{\mathrm{D}}$	$C_{\mathrm{D}}\mathrm{e}^{2S}$	均质地层	（1）在径向流段与标准图版重合； （2）井筒储集段缩拢为一点，坐标（0.5，0.5）； （3）通过横坐标拟合点M可以计算 C_{D} 值
	实测曲线	$\frac{\Delta p}{2\Delta p'}$	$\frac{t}{\Delta p'}$			

续表

图形模式	曲线类别	纵坐标表达式	横坐标表达式	参变量	适用地层	曲线特征
2	理论图版	p_{DG}	$\frac{t_D}{C_D}$	C_De^{2S}	均质地层	（1）在径向流段与标准图版重合； （2）井筒储集段为 p_{DG}=0.5 的水平线； （3）通过横坐标拟合值可以求出渗透率 K 和流动系数 Kh/μ
	实测曲线	$\frac{\Delta p}{2\Delta p'}$	t			
3	理论图版	p_{DG}	$\frac{t_D}{C_DE}$ $E=\lg(C_De^{2S})$	C_De^{2S}	均质地层	（1）井筒储集段为 p_{DG}=0.5 的水平线； （2）径向流段开始时间大致在同一个横坐标 $\frac{t_D}{C_DE}$ 值，可以用来判断径向流开始时间
	实测曲线	$\frac{\Delta p}{2\Delta p'}$	t			
4	理论图版	p_{DG}	t_{Dx_fG}	C_{Dx_f}	均质地层具有无限导流垂直裂缝或均匀流裂缝	（1）线性流段为纵坐标等于 1 的水平线； （2）井筒储集段从 E 点开始，过渡到 p_{DG}=1 的水平线。E 点纵坐标 0.5，横坐标（$C_{Dx_f}/2$）； （3）经横向移动拟合后，可求 C_{Dx_f} 和 x_f
	实测曲线	$\frac{\Delta p}{2\Delta p'}$	$\frac{t}{\Delta p'}$			
5	理论图版	p_{DG}	t_{Dx_f}	C_{Dx_f}	均质地层具有无限导流垂直裂缝或均匀流裂缝	（1）线性流段为纵坐标等于 1 的水平线； （2）从横坐标拟合点 M 可以计算渗透率值 K 和流动系数 Kh/μ
	实测曲线	$\frac{\Delta p}{2\Delta p'}$	t			
6	理论图版	p_{DG}	t_{Dx_fG}	F_{CD}	均质地层具有有限导流垂直裂缝	（1）F_{CD} 值较小时，初期为 p_{DG}=2 的双线性流水平线； （2）F_{CD} 值较大时，可过渡到 p_{DG}=1 的线性流水平线； （3）水平方向拟合后可求得 F_{CD} 和 x_f 值
	实测曲线	$\frac{\Delta p}{2\Delta p'}$	$\frac{t}{\Delta p'}$			
7	理论图版	p_{DG}	$t_{Dx_fG}F_{CD}$	F_{CD}	均质地层具有有限导流垂直裂缝	（1）双线性流 p_{DG}=2，线性流 p_{DG}=1； （2）早期过渡段合并为一条曲线； （3）水平方向拟合后可求得 F_{CD} 和 x_f 值
	实测曲线	$\frac{\Delta p}{2\Delta p'}$	$\frac{t}{\Delta p'}$			
8	理论图版	p_{DG}	$t_{Dx_fG}F_{CD}$	F_{CD} C_{Dx_f}	均质地层具有有限导流垂直裂缝	（1）双线性流段 p_{DG}=2，线性流段 p_{DG}=1 （2）井筒储集段从 E 点开始，E 点坐标（$0.5C_{Dx_f}$，0.5）； （3）水平方向拟合可求 F_{CD}，C_{Dx_f} 和 x_f
	实测曲线	$\frac{\Delta p}{2\Delta p'}$	$\frac{t}{\Delta p'}$			
9	理论图版	p_{DG}	t_{Dx_f}	F_{CD}	均质地层具有有限导流垂直裂缝	（1）双线性流 p_{DG}=2，线性流 p_{DG}=1； （2）水平方向拟合可以计算渗透率值 K 和流动系数 Kh/μ
	实测曲线	$\frac{\Delta p}{2\Delta p'}$	$\frac{t}{\Delta p'}$			

续表

图形模式	曲线类别	纵坐标表达式	横坐标表达式	参变量	适用地层	曲线特征
10	理论图版	p_{DG}	t_{Dx_f}	$\frac{x_e}{x_f}$	均质地层具有无限导流垂直裂缝（或均匀流）具有正方形边界	（1）线性流段 $p_{DG}=1$； （2）边界反映段 $p_{DG}=0.5$； （3）从横坐标拟合可求 $\frac{x_e}{x_f}$
	实测曲线	$\frac{\Delta p}{2\Delta p'}$	t			
11	理论图版	p_{DG}	t_D	L_D	水平井	（1）初始径向流动段与 $L_D=0.5$ 的样板曲线相重合； （2）线性流动段与相应的压力样板曲线相拟合； （3）拟径向流段与实测压差曲线相拟合
	实测曲线	Δp	t			
12	理论图版	$p_{DRG}=\frac{p_D}{p'_D}$	$\frac{t_D}{p_D}$	C_D S	段塞流	（1）早期段缩为一个点，坐标（C_D，0.5）； （2）用拟合方法求 S 值； （3）求 Kh/μ 时需使用另外的图版
	实测曲线	$\frac{I(\Delta p)}{t\Delta p}$	$\frac{tC_{FD}(p_i-p)}{I(\Delta p)}$			

不同的研究者，在表示变量时所使用的符号可能会有所不同，但其含义大体是一样的。这里为了前后一致，选用了 Agarwal 的表示方法。另外，有些研究者还在参数组合方面做过更多的尝试，并针对非均质地层进行了分析，这里不再一一列举。图 5-50 是针对均质无限大地层的，对应表 5-4 中的图形模式 1。

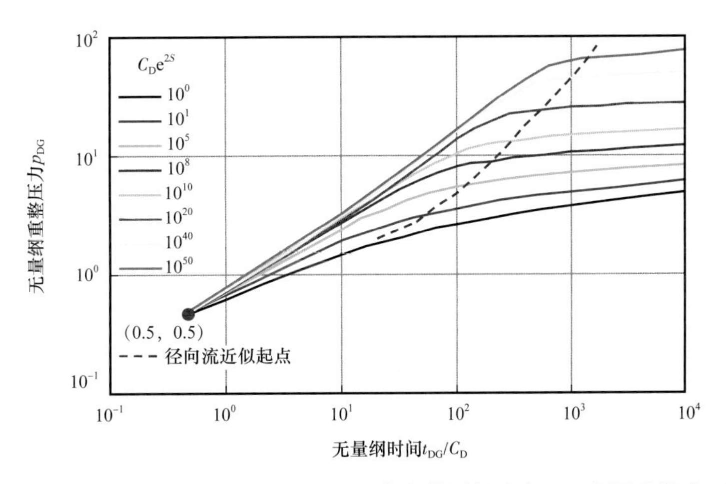

图 5-50 均质无限大地层 Agarwal 组合参数图版（表 5-4 中图形模式 1）

从图 5-50 看到，井筒储集段（即标准图版中斜率为 1 的直线段）缩拢为一个点，此点坐标（0.5，0.5）；虚线以右为径向流段，该段曲线与标准图版完全重合。

实测曲线以横坐标 $\frac{t}{\Delta p'}$ 和纵坐标 $\frac{\Delta p}{2\Delta p'}$ 绘制。由于从式（5–32）和式（5–35）看到，p_{DG} 可同时表示为 $\frac{p_{\mathrm{D}}}{2p_{\mathrm{D}}'}$ 和 $\frac{\Delta p}{2\Delta p'}$，因此实测曲线与理论图版对应点的纵坐标值完全相同。进行拟合时只做水平方向移动，从拟合点 $\mathrm{M_1}$ 坐标，可以计算 C_{D} 值：

$$C_{\mathrm{D}}=3.3157\times10^{-3}\frac{qB}{\phi hC_{\mathrm{t}}r_{\mathrm{w}}^2}\frac{\left[t/\Delta p'\right]_{\mathrm{M_1}}}{\left[t_{\mathrm{DG}}/C_{\mathrm{D}}\right]_{\mathrm{M_1}}} \tag{5-43}$$

但是从这种图版，不能计算地层渗透率值。

图 5–51 是由 Duong 等（1989）给出的另一种组合参数图版。坐标表达式见表 5–4 中图形模式 2。

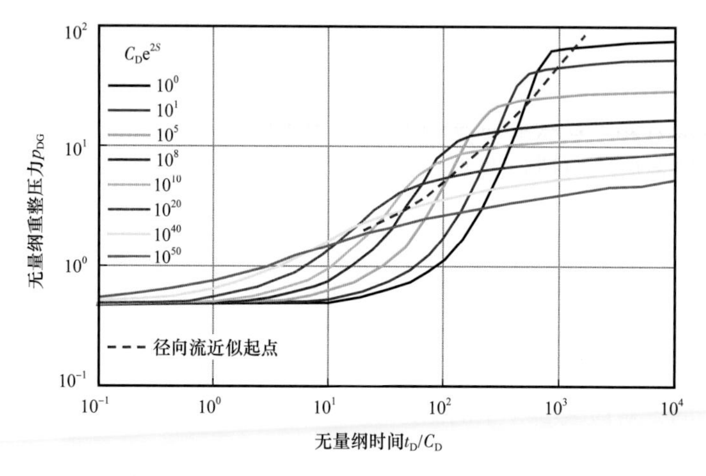

图 5–51　均质无限大地层 Duong 组合参数图版（表 5.4 中图形 2）

从图 5–51 看到，井筒储集段，即曲线为 p_{DG}=0.5 的水平线。从水平线过渡到径向流段曲线时，$C_{\mathrm{D}}e^{2S}$ 值越大，曲线位置越低，形成交叉曲线。虚线右边的径向流段曲线，与标准图版仍然重合。

理论图版与实测曲线进行水平方向移动拟合以后，可以得到拟合点 $\mathrm{M_2}$ 以及拟合坐标 $[t]_{\mathrm{M_2}}$ 和 $[t_{\mathrm{D}}/C_{\mathrm{D}}]_{\mathrm{M_2}}$，用来计算 K 值：

$$K=0.2778\frac{\mu\phi C_{\mathrm{t}}r_{\mathrm{w}}^2C_{\mathrm{D}}}{[t]_{\mathrm{M_2}}}\left[\frac{t_{\mathrm{D}}}{C_{\mathrm{D}}}\right]_{\mathrm{M_2}} \tag{5-44}$$

式中 C_{D} 值是从图 5–50 的拟合点 $\mathrm{M_1}$ 求得的，把 C_{D} 值代入后，有：

$$\frac{Kh}{\mu}=9.21\times10^{-4}qB\frac{[t/\Delta p']_{\mathrm{M_1}}}{[t_{\mathrm{DG}}/C_{\mathrm{D}}]_{\mathrm{M_1}}}\frac{[t_{\mathrm{D}}/C_{\mathrm{D}}]_{\mathrm{M_2}}}{[t]_{\mathrm{M_2}}} \tag{5-45}$$

图 5–52 是针对无限导流垂直裂缝或具有均匀流的垂直裂缝井所做的图版。

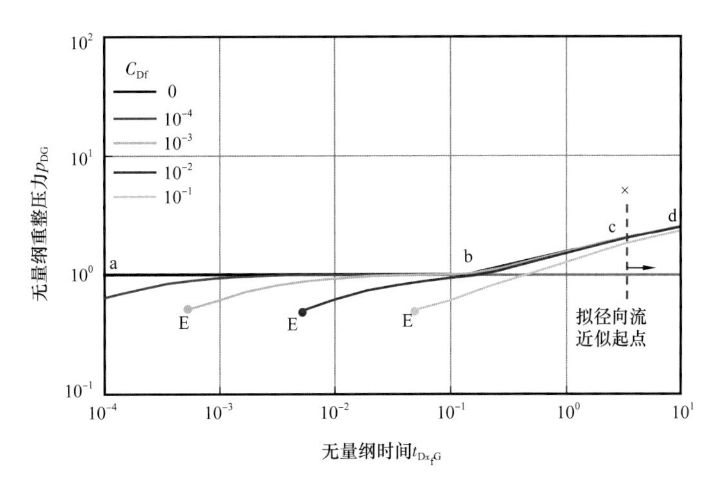

图 5-52 具有均匀流的垂直裂缝井组合参数图版（表 5-4 中图形模式 4）

从图 5-52 看到，线性流动段为 p_{DG}=1 的水平直线（a—b），过渡段为（b—c），从打有“×”记号处开始为拟径向流段。

续流段从 E 点开始，E 点坐标为：（$C_{Dx_f}/2$，0.5）。

经水平移动拟合后，由拟合点 M_1 可以求裂缝半长 x_f 值，

$$x_f = \left\{ 3.3175 \times 10^{-3} \frac{qB}{\phi C_t h} \frac{\left[t / \Delta p' \right]_{M_1}}{\left[t_{Dx_fG} \right]_{M_1}} \right\}^{1/2} \tag{5-46}$$

如果要计算渗透率 K 值，或者从拟径向流段的单对数直线斜率计算，或者从表 5-4 中图形模式 5 的横坐标拟合点 M_2 进行计算。

$$\frac{Kh}{\mu} = 9.21 \times 10^{-3} qB \frac{\left[t / \Delta p' \right]_{M_1}}{\left[t_{Dx_fG} \right]_{M_1}} \frac{\left[t_{Dx_fG} \right]_{M_2}}{\left[t \right]_{M_2}} \tag{5-47}$$

组合参数图形模式突出了试井曲线的某些特征，当使用这些曲线与标准的压力及压力导数曲线进行综合分析时，将会更确切地辨识地层的压力特征。

（2）积分压力分析方法和积分压力分析图。

Blasingame 等（1989）研究了一种分析方法，称为积分压力分析方法，或者称之为“均值压力”法。

定义无量纲积分压力：

$$p_{Di} = \frac{1}{t_D} \int_0^{t_i} p_D(T) \mathrm{d}T \tag{5-48}$$

无量纲积分压力差：

$$p_{Did} = p_D - p_{Di} \tag{5-49}$$

无量纲积分压力导数：

$$p'_{Di}=t_D\frac{dp_{Di}}{dt_D} \tag{5-50}$$

可以证明，$p_{Did}=p'_{Di}$，因此这两个表达式理论上可以通用。但由于数值计算方法不同，导致结果不同，我们一般使用 p'_{Di}。

另外定义第一类重整积分压力：

$$p_{Dir1}=\frac{p_{Di}}{2p'_{Di}} \tag{5-51}$$

第二类重整积分压力：

$$p_{Dir2}=\frac{p'_{Di}}{p'_D} \tag{5-52}$$

式中，p'_D 为通常的无量纲压力导数。

$$p'_D=t_D\frac{dp_D}{dt_D} \tag{5-53}$$

在积分压力表达式下，均质地层的压力和压力导数图如图 5-53 所示。

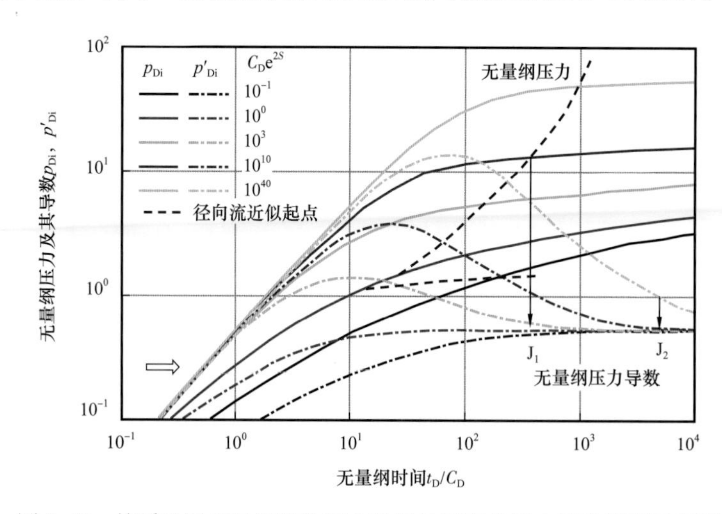

图 5-53　均质地层无量纲积分压力及无量纲积分压力导数图版示意图

从图 5-53 看到：

① 积分压力图版与压力图版，在图形样式上是类似的：在续流段表现为斜率为 1 的直线，进入径向流后压力趋于平缓；积分压力导数图版与 Bourdet 的导数图版在图形样式上也是类似的。在斜率为 1 的直线后曲线出现一个峰值，然后在径向流段同样表现为 0.5 值的水平段。

② 与标准的压力及导数图版不同的是，积分压力图版好像是把 Gringarten 和 Bourdet 的综合图版向右方做平行移动，使得续流段压力离开了通过原点、斜率为 1 的直线。

③ 积分压力导数图版与 Bourdet 图版的最大区别是，积分压力导数有一种被作者称之为“扩散”的特征，使得 $C_De^{2S}>10^{10}$ 的曲线，导数水平段的起点不完全对应径向流的起点，而偏向右方。从图 5–53 看到，径向流起点本来应该是在 J_1 位置，但这种图版导数趋于水平的位置却在 J_2 点，失去了作为径向流起点的指示作用。

④ 按式（5–48）和式（5–50）的样式，做出实测压力点的积分压力和积分压力导数，并作图，可以与图 5–53 所示的图版拟合，同样可以计算地层参数。由于压力在求积过程中，转化为均值压力，抹平了压力的波动，平抑了压力导数跳动现象，使图版拟合显得容易一些。

本节以相当大的篇幅介绍了一些把参数重新组合后产生的分析图，原因是在 20 世纪 90 年代初的一段时间里，这类分析图确实引起了许多研究者的注意，并发表了数量可观的文章。但是 20 多年以后，反观这些成果的应用时就会发现，在普遍应用的商业化试井软件中，它们几乎没有占据什么位置。究其原因不外乎以下几点：

（1）新方法并不能对储层动态模型提供新的参数、新的认识。

（2）如果编制成软件用于现场运作，在解释资料时不是更简便了，而是更麻烦了，本来通过一种图版可同时求得的参数，却常常要在两个图版中求出。有时由于图形上的变换，还会产生概念上的混淆。

（3）现场普遍应用高精度电子压力计后，旨在修补低精度压力仪表数据缺陷的积分压力方法，显得有些多余。

之所以本书仍然对这些方法进行综合并加以介绍，旨在提醒读者，特别是现场从事气田动态研究的读者，不必太过依赖根据上述所谓新方法编制的软件，以为那会为油气田动态研究提供什么新的认识。

二、典型的特征图形——试井分析模式图

正如本书反复讲到的，图版分析是现代试井分析的核心。在充分考虑了储层边界条件以后，针对特定储层所做出的双对数特征曲线，集中反映出储层中天然气（及油、水）的流动特征，我们称之为“模式图”。决定模式图的参数因素有如下几个方面：

（1）储层的基本介质类型：均质地层、双重介质地层、双渗透性介质地层。

（2）储层的外边界条件：

① 不同的边界形状——直线形、组合直线形、圆形、矩形及复杂形状等；

② 不同的边界性质——不渗透边界、定压边界（对于油井）、半渗透边界等。

（3）储层的平面分布状态：

① 储层的 Kh 值分布状态；

② 储层内流体（气、油、水）的分布状态。

（4）不同的井底条件：

① 具有井筒储集系数 C 和表皮系数 S 的影响；

② 井底连通无限导流垂直压裂裂缝；

③ 井底连通有限导流垂直压裂裂缝；

④ 井底具有水平压裂裂缝；

⑤ 井底连通天然裂缝系统；

⑥ 井底部分射开等。

（5）不同的井身结构：直井、水平井、大斜度井和分支井等。

在做出模式图时，选择了一些典型的条件，这些典型条件也是在气田现场（或部分在油田现场）已经见到的。

特别要指出的是，一些复杂地层的特征曲线，其理论上的导数特征线存在多次转折，若要完整地显示这样的特征线，有的要达到 10 个以上对数周期。按目前的仪表性能，第一个测试点以 1 秒录取，整个测试时间需时 300 年以上。显然这样的理论曲线只能具有理论价值，在现场应用中是毫无意义的。例如，在某些试井解释软件说明书中介绍的图版图形中，针对双重介质地层水平井的特征图形，前后延续超过 12 个对数周期，若要录取到相应的压力资料，需时 3 万年！因此本书不拟介绍这样的图形。

表 5-5 介绍的是目前气田开发现场经常可以遇到相应实测例的模式图形。

表 5-5　气井试井常见模式图形及特征分析

模式图编号	地层及边界条件	地层条件图示	模式图	参数及特征
M-1	均质地层 井筒储集系数 C 表皮系数 S 无限边界		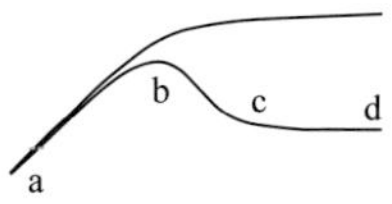 a b c d	a—b—c 续流段 c—d 径向流段
M-2	双重介质地层 井筒储集系数 C 表皮系数 S 裂缝和总系统两个径向流		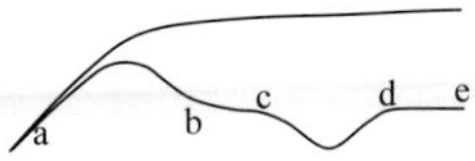 a b c d e	a—b 续流段 b—c 裂缝径向流段 c—d 过渡流段 d—e 总系统径向流段
M-3	双重介质地层 井筒储集系数 C 表皮系数 S 只有总系统径向流		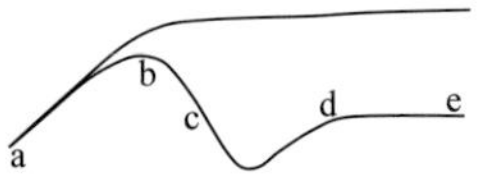 a b c d e	a—b—c 续流段 c—d 过渡流段 d—e 总系统径向流段
M-4	均质地层 井筒储集系数 C 裂缝表皮系数 S_f 无限导流垂直裂缝		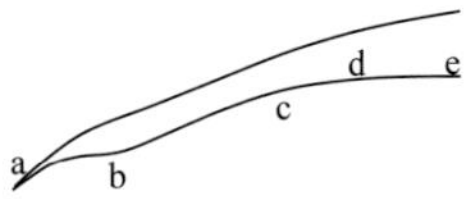 a b c d e	a—b 续流段 b—c 线性流段 c—d 过渡流段 d—e 拟径向流段
M-5	均质地层 井筒储集系数 C 裂缝表皮系数 S_f 有限导流垂直裂缝		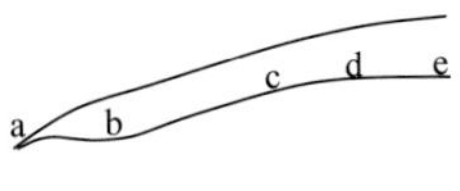 a b c d e	a—b 续流段 b—c 双线性流段 c—d 过渡流段 d—e 拟径向流段

续表

模式图编号	地层及边界条件	地层条件图示	模式图	参数及特征
M-6	均质地层 井筒储集系数 C 表皮系数 S 地层部分射开	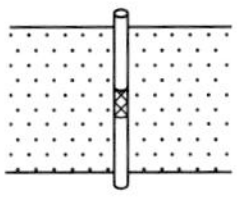	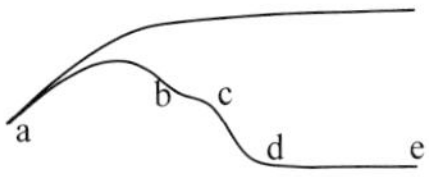 a b c d e	a—b 续流段 b—c 部分径向流段 c—d 过渡段 d—e 地层径向流
M-7	均质地层 井筒储集系数 C 表皮系数 S 复合地层（内好、外差）	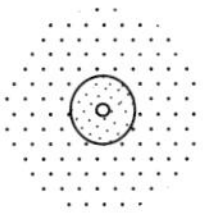	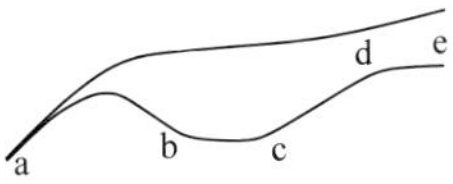 a b c d e	a—b 续流段 b—c 内区径向流段 c—d 过渡流段 d—e 外区径向流段
M-8	均质地层 井筒储集系数 C 表皮系数 S 复合地层（内差、外好）	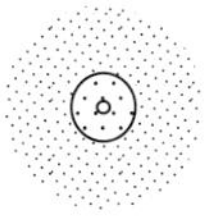	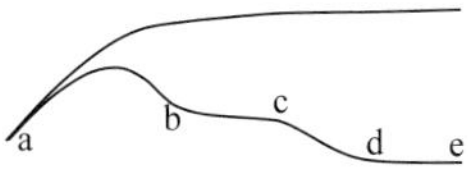 a b c d e	a—b 续流段 b—c 内区径向流段 c—d 过渡流段 d—e 外区径向流段
M-9	均质地层 井筒储集系数 C 表皮系数 S 单一直线不渗透边界	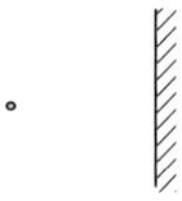	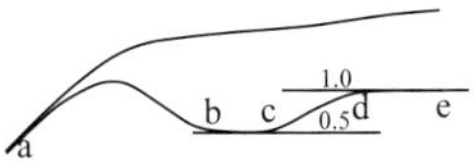 a b c 1.0 0.5 d e	a—b 续流段 b—c 径向流段 c—d 过渡流段 d—e 断层反映段
M-10	均质地层 井筒储集系数 C 表皮系数 S 直线夹角不渗透边界	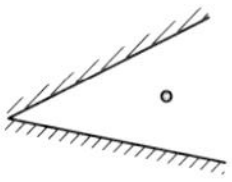	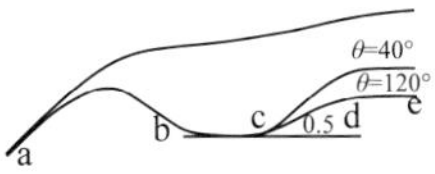 a b c 0.5 d θ=40° θ=120° e	a—b 续流段 b—c 径向流段 c—d 过渡流段 d—e 断层反映段
M-11	均质地层 井筒储集系数 C 表皮系数 S 近方形封闭边界	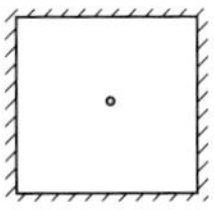	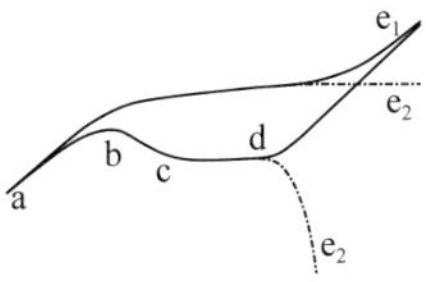 a b c d e_1 e_2 e_2	a—b—c 续流段 c—d 径向流段 d—e_1 压降曲线边界反映段 d—e_2 压力恢复曲线边界反映段
M-12	均质地层 井筒储集系数 C 表皮系数 S 条带形不渗透边界	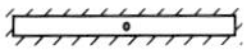	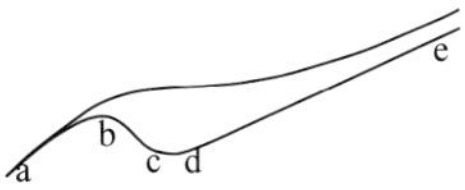 a b c d e	a—b—c 续流段 c—d 径向流段 d—e 边界线性流段
M-13	均质地层 井筒储集系数 C 压裂井 条带形不渗透边界		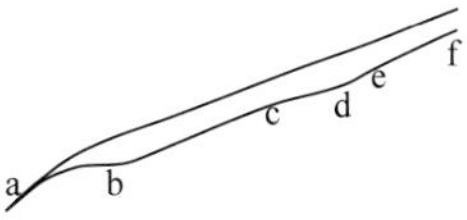 a b c d e f	a—b 续流段 b—c 线性流段 c—d 拟径向流显示段 e—f 边界反映线性流段

续表

模式图编号	地层及边界条件	地层条件图示	模式图	参数及特征
M–14	井筒储集系数 *C* 表皮系数 *S* 区带状组系性裂缝	A B C	a b c d e	a—b A 区径向流段 b—c A 区边界反映及过渡段 c—d—e C 区流动段
M–15	井筒储集系数 *C* 表皮系数 *S* 复杂组系性裂缝	A B D C	a b c d e	a—b 续流段 b—c A 区径向流段 c—d 边界反映段 d—e B、C 等外区供气段
M–16	均质地层 井筒储集系数 *C* 表皮系数 *S* 水平井		a b c d e	a—b 续流段 b—c 垂向径向流段 c—d 线性流段 d—e 拟径向流段

第五节　不同储层类型不稳定试井特征图及实例

一、均质地层的特征图（模式图形 M–1）及实例

（一）气田中的均质地层

中国的气田，储层类型是十分丰富的，举例如下：

（1）大面积分布的砂岩孔隙性储层。如柴达木盆地的台南气田、涩北气田。

（2）断层切割的普通砂岩地层。如东部渤海湾沿岸的气田、准噶尔盆地的呼图壁等气田。

（3）大面积分布的奥陶系碳酸盐岩裂缝性储层。如鄂尔多斯盆地的靖边气田。

（4）石炭系—二叠系的碳酸盐岩储层。如四川盆地的大多数气田。

（5）河流相沉积形成的曲流河，辫状河条带状砂岩储层。如鄂尔多斯盆地石炭系—二叠系砂岩气层。

（6）巨厚的河流相沉积砂岩储层。如塔里木盆地以白垩系为主力产层的克拉 2 气田。

这些气田，不但从单个储集体来看规模大小不同，而且储集条件差异也是非常之大的。这无疑给开发工作带来许多难题。但是对储层的动态特征深入研究后不难发现，虽然从地质上来看研究对象千差万别，但是它们有一个共同点，即在有限的区域，多数储层的分布形态仍然是大体均一的。

基于上述认识，在试井研究中提出了“均质地层”的概念。虽然到目前为止，有关

均质地层并没有严格的定义，但这一概念仍为气藏工程师普遍接受和应用。

如果要对均质地层加以描述的话，有如下几点人们是取得共识的：

（1）不管储层是孔隙性的或裂缝性的，在井所控制的有限范围内，储层参数（K，ϕ 等）从宏观上看都是接近均一的。

（2）从试井曲线所反映出的流动特征看，在有限区域内表现为径向流动（或拟径向流动），没有出现明显的流动受阻或变畅的现象。

既然关于均质地层的定义并不严格，就无需对其中所含流体变化加以限制。但是作为气层，如果包含了气油边界或气水边界的话，仍然会对气体流动产生影响，使之偏离均质地层的流动特征。

尽管自然界中不会存在绝对均匀的地质条件，但是，试井曲线动态特征中的“均匀介质现象”在气田现场却是屡见不鲜：

（1）在台南、涩北气田中，屡屡测到均质特征曲线，而且多表现为大范围的均质特征。

（2）在克拉 2 气田，虽然白垩系巨厚砂岩纵向上差异很大，气藏内又分布着大量的小落差断层，但在测试时间内的不稳定试井曲线中，却显现出均匀介质特征。

（3）靖边气田打开的是奥陶系的石灰岩裂缝性储层，地质家将其描述为双重介质甚至多重介质。但是，除个别井区外，多数井并未表现出双重介质特征。而且多是在数百米，甚至以千米计的范围以外，才表现出储层参数的变化。

（4）四川盆地的气井，所处地质环境更为复杂，作为碳酸盐岩储层，不但裂缝、孔、洞很发育，同时还受到复杂构造的影响，但仍有相当数量气井的试井曲线表现为均质地层的特征。

因此，分析均质地层的不稳定试井曲线，成为气田动态研究中的重要内容。

（二）定位分析

如果从气田现场录取到两条压力恢复曲线，一条如图 5-54（a）所示，另一条如图 5-54（b）所示，有的人可能会认为，这反映的是两个完全不同的地层。

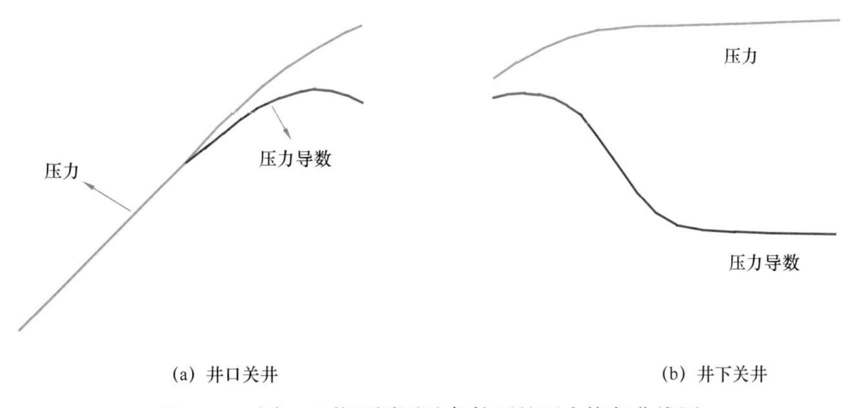

图 5-54　同一口井不同测试条件下的压力恢复曲线图

但是实际的情况是，这是同一口井的测试资料，所不同的是，图 5–54（a）曲线在测试时采用井口关井的方法，对于井深超过 3000m 的气井，井筒储集系数 C 可达 1～3m^3/MPa，当地层渗透率 K 较小时，续流段会很长，测得的是一条没有什么实用价值的曲线；而图 5–54（b）则采用了井下关井阀关井测压，因而取得了续流段很短，但径向流很长的曲线。通过后面这样一条曲线，可以准确地计算地层参数 K 和 S 等。

图 5–55 画出了一条完整录取的均质地层压力恢复曲线，它包含了续流段、过渡段和径向流段。

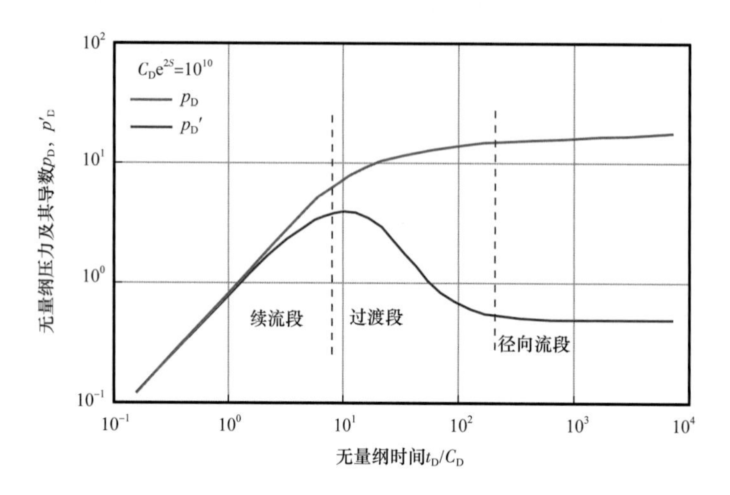

图 5–55　完整录取的均质地层压力恢复曲线图

图 5–55 所示的曲线是画在无量纲坐标下的，它以 C_De^{2S} 为参变量。当把这些曲线返回到有量纲坐标时，曲线长度是有限制的，原因是：

（1）录取时间具有下限。初期点，或者说第一点只能以秒计（电子压力计）或者以分计（机械式压力计）。

（2）录取时间有上限。机械式压力计连续工作只有数小时或数十小时，电子压力计虽可大大延长，但受现场条件限制。

（3）压力精度有下限。电子压力计约 0.0001MPa，机械压力计约 0.001～0.01MPa。

这样在图 5–55 上，实测曲线的首、尾时间为：

$$\left[\frac{t_D}{C_D}\right]_{首或尾}=2.262\times10^{-2}\frac{Kh}{\mu C}[\Delta t]_{首或尾} \quad (5\text{–}54)$$

压力下限为：

$$p_D=0.54287\frac{Kh}{qB\mu}[\Delta p]_{首} \quad (5\text{–}55)$$

若取 $[\Delta t]_{首}$=1min，$[\Delta t]_{尾}$=4h，$[\Delta p]_{首}$=0.01MPa，可以在图 5–55 中找出实测曲线所处的位置。表 5–6 举出几个例子，列出相应参数。曲线定位情况如图 5–56 所示。

表 5-6 定位分析举例

实例序号	实例参数							曲线位置		
	K/μ mD/(mPa·s)	h m	C m^3/MPa	$[\Delta t]_首$ min	$[\Delta t]_尾$ h	$[\Delta p]_首$ MPa	qB m^3/d	$\left[\frac{t_D}{C_D}\right]_首$	$\left[\frac{t_D}{C_D}\right]_尾$	p_D
1	100	10	0.1	1	4	0.01	10	3.8	905	0.453
2	1500	30	0.5	1	4	0.01	100	33.9	8140	2.44
3	50	1	0.1	1	4	0.01	10	0.19	45.2	0.027

注：本表所举参数以油井为例。

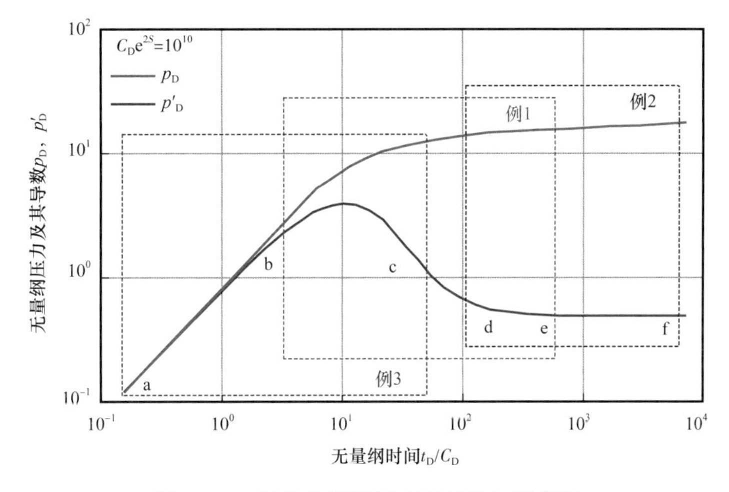

图 5-56 定位分析举例（双对数）示意图

从图 5-56 看到，例 1 可测到一条既有续流段（b—c），又有径向流（d—e）的完整曲线；例 2 只有径向流段（d—e—f），缺失续流段；例 3 则只有续流段及过渡段（a—b—c），缺失径向流。

这样的定位分析同样可以应用于半对数曲线，如图 5-57 所示。

（三）均质地层定位分类模式图

把影响不稳定试井曲线形状的参数组合成两个参数组，即：C_De^{2S}，图形参数，无量纲；$\frac{Kh}{\mu C}$，位置参数，[mD·m/（mPa·s）]/（m^3/MPa）。

并且把上述参数组各分成 7 个档次：

（1）对于图形参数 C_De^{2S}，分成 0.1，1，10，10^4，10^{10}，10^{20}，10^{30} 等间隔；

（2）对于位置参数$\frac{Kh}{\mu C}$，分成 100，300，800，2000，6000，20000，70000 等间隔。

对图版所示的标准曲线进行定位分析后，得到 49 幅模式图，其分类情况见表 5-7。表中用红色实线把模式图分为左右两个区域：

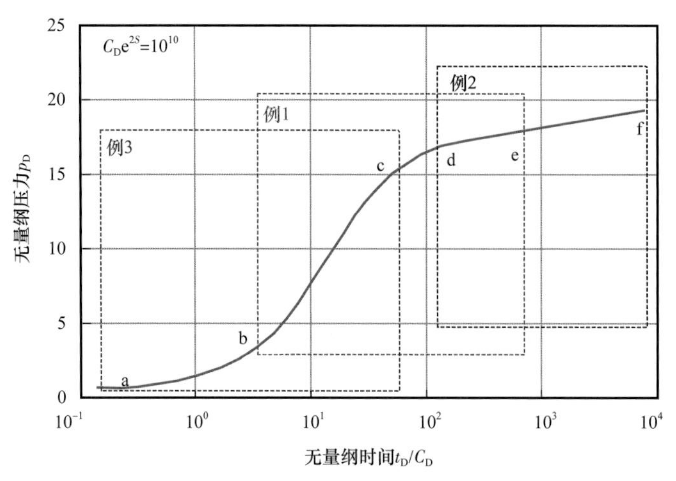

图 5–57　定位分析举例（单对数）示意图

（1）右方一类在一般条件下，用机械式压力计或电子式压力计都可以测到具有径向流直线段的曲线，顺利地用来进行图形分析并可用试井软件解释参数；

（2）在分隔线的左方，用数小时时间测压，得不到径向流直线段。

表 5–7　均质地层定位分析模式图分类表

C_De^{2S} \ $\frac{Kh}{\mu C}$	100（很低）	300（低）	800（较低）	2000（中等）	6000（较高）	20000（高）	70000（很高）
0.1（很低）	M–1–1	M–1–8	M–1–15	M–1–22	M–1–29	M–1–36	M–1–43
1（低）	M–1–2	M–1–9	M–1–16	M–1–23	M–1–30	M–1–37	M–1–44
10（较低）	M–1–3	M–1–10	M–1–17	M–1–24	M–1–31	M–1–38	M–1–45
10^4（中等）	M–1–4	M–1–11	M–1–18	M–1–25	M–1–32	M–1–39	M–1–46
10^{10}（较高）	M–1–5	M–1–12	M–1–19	M–1–26	M–1–33	M–1–40	M–1–47
10^{20}（高）	M–1–6	M–1–13	M–1–20	M–1–27	M–1–34	M–1–41	M–1–48
10^{30}（很高）	M–1–7	M–1–14	M–1–21	M–1–28	M–1–35	M–1–42	M–1–49

注：$\frac{Kh}{\mu C}$单位是 mD · m/［（mPa · s）· MPa^{-1}］。

从表 5–7 中可以看到，如果一口井从井口关井的测试中得到一条压力恢复曲线，其双对数图如表 5–7 中 M–1–11 所示，也就是说大致有如下参数：$C_De^{2S}=10^4$，$Kh/\mu C=300$。这样的曲线只测到续流段，是无法用来进行参数解释的。

对于一口采用井口关井进行测试的气井，其井筒储集系数大约为 $3m^3/MPa$，可以推算，该井流动系数值大致为 $Kh/\mu\approx900mD\cdot m/(mPa\cdot s)$。如果采用井下关井阀关井测压，可以使井筒储集系数减小，预计达到 $C=0.05m^3/MPa$。此时位置参数变化为：

$$Kh/\mu C=18000mD\cdot m/[(mPa\cdot s)\cdot(m^3/MPa)]$$

从上面得到的定位参数值可以看到，改变测试方法后，曲线将接近模式图 M–1–39 的样式。这时曲线形态大大改观，虽然续流段稍有缺失，但具有完整的径向流段，可以用来准确计算地层参数。

（四）现场实测例

气田试井中，均质地层的实例是非常之多的。既有普通砂岩地层的实测例，也有碳酸盐岩裂缝性地层的实测例，分别介绍如下。

1. 大面积均质砂岩地层

青海柴达木盆地已探明并投入开发的涩北气田，含气面积约 $190km^2$，分成 3 个背斜构造，构造宽缓，低幅度，主要含气层位是第四系涩北组砂岩。其中，含气面积和构造情况如图 5–58 所示。

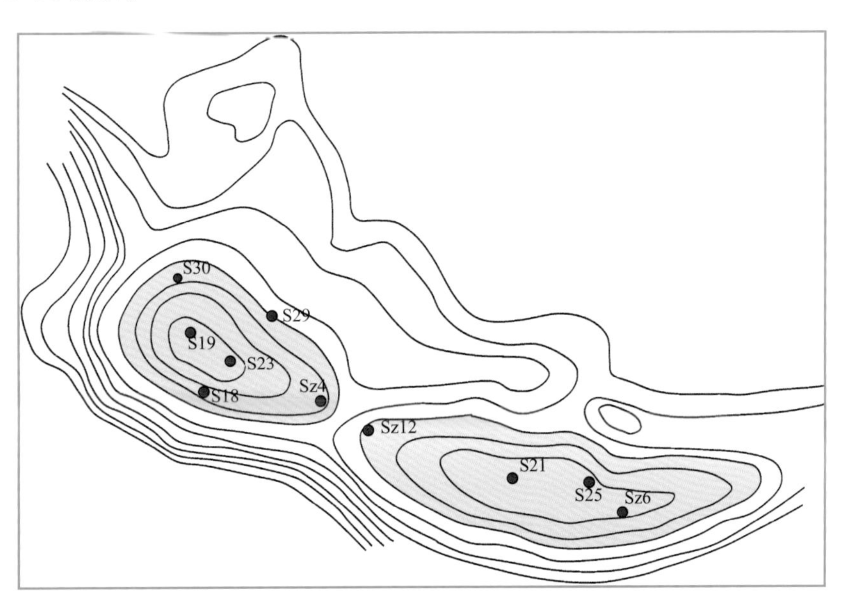

图 5–58 涩北气田构造及含气面积示意图

经试井发现，大部分压力恢复曲线表现为大面积均质地层的特征，如图 5–59 所示。

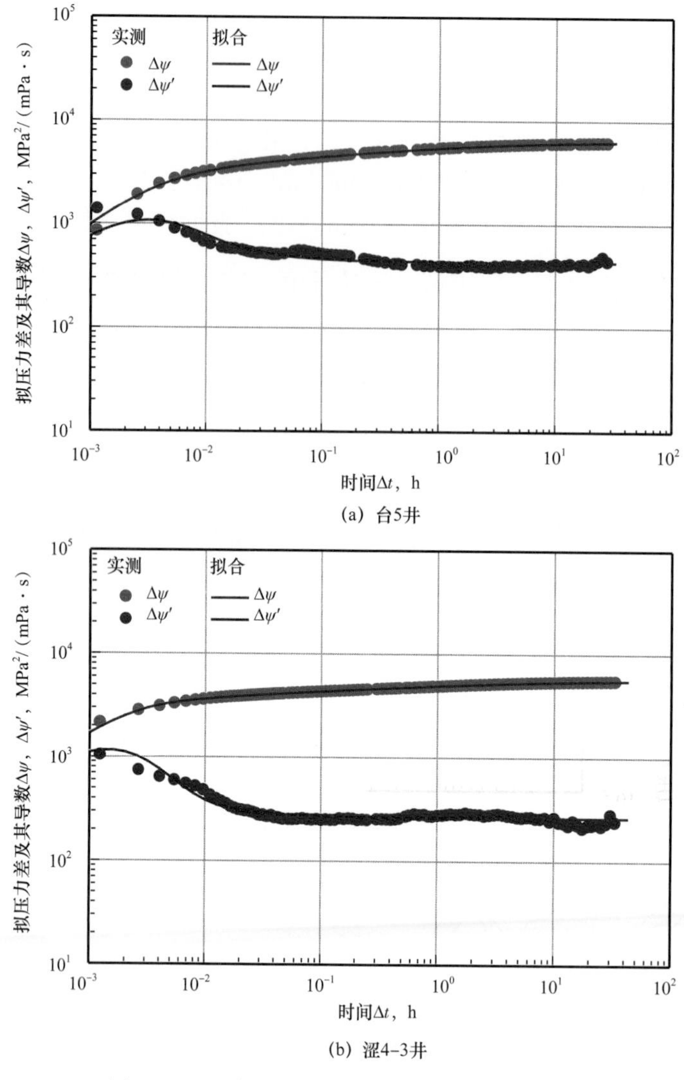

(a) 台5井

(b) 涩4-3井

图 5-59 压力恢复曲线图（大面积均质地层）

经试井软件分析后得到相关参数如下：

（1）台5井，渗透率K=4.5mD，表皮系数S=1.5，井筒储集系数C=1.73×10^{-2}m³/MPa；

（2）涩4-3井，渗透率K=5.9mD，表皮系数S=4.2，井筒储集系数C=4.99×10^{-3}m³/MPa。

从台5井图形样式看，类似于模式图中M-1-38的样式。用台5井解释的地层参数进行计算分析可以得到，$Kh/\mu C\approx$13000mD·m/[(mPa·s)·(m³/MPa)]，$C_{D}e^{2S}\approx10^{2}$。与模式图M-1-38的条件也是接近的。

从涩4-3井图形样式看，类似于模式图中M-1-39的样式。用涩4-3井解释的地层参数进行计算分析可以得到，$Kh/\mu C\approx$18000mD·m/[(mPa·s)·(m³/MPa)]，$C_{D}e^{2S}\approx3.3\times10^{4}$。与模式图M-1-39的条件也是接近的。

2. 表现为均质的碳酸盐岩地层

在中国大面积分布着以碳酸盐岩为介质的裂缝性气田。例如鄂尔多斯盆地的靖边气田，就是奥陶系海相沉积的石灰岩气田。靖边气田分布面积很广，是一个构造平缓的单斜。储集空间以裂缝—孔隙型为主。地质家将其描述为双重或多重介质，但从压力恢复曲线形态看，只有局部区域（林 5 井附近）存在明显的双重介质特征。在其他大部分区域，都表现为均匀介质。侵蚀沟槽使部分地层缺失，形成不渗透边界，或造成明显的非均质变化。但在沟槽之间区域性分布的区块内，储层分布仍然是均匀的。图 5-60 表示了陕 155 井 90h 的压力恢复测试取得的双对数曲线，表现为均质特征。

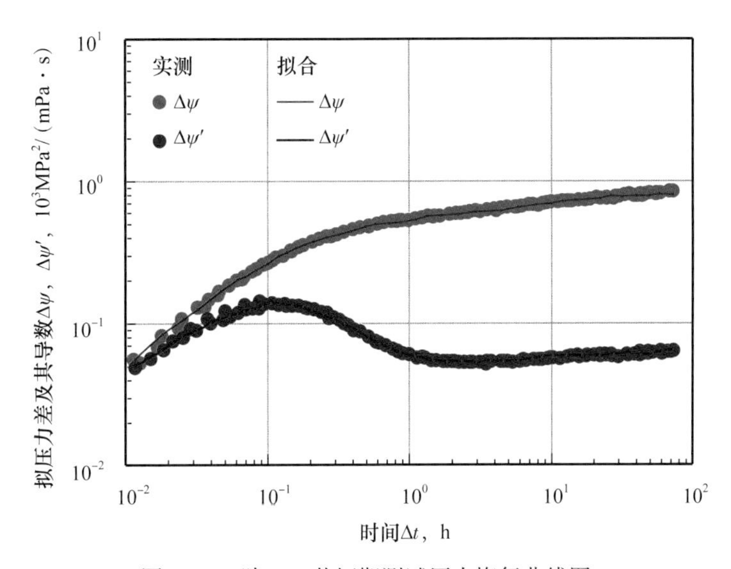

图 5-60　陕 155 井短期测试压力恢复曲线图

从陕 155 井的图形特征看，其前半段与表 5-7 中的模式图 M-1-25 大体相像，但由于测试延续时间较长，接近 100h，因而使径向流段得以大大延长。从这里也可以看出，在采用井口关井方法测压，井筒储集系数较大时，延长关井测试时间也可以较好地取得用于参数解释的径向流段。

塔里木盆地的和田河气田，是一个碳酸盐岩气田。该气田打开石炭系生物屑灰岩地层和奥陶系灰岩地层，多数气井在完井初期都不具备工业产量，但经酸化措施改造后，可达到工业采气量标准。图 5-61 画出玛 4 井的压力恢复曲线图，该井在酸化以前，产气量只有 1158m^3/d，测得曲线只显示续流段。酸化以后测试产气量提高到 13.4×10^4m^3/d，显示明显的均质地层特征。经过试井软件解释，得到渗透率 K=88.7mD，表明储层物性良好；S=8.5，显示有一定污染。

经计算，玛 4 井的图形参数 $C_De^{2S}\approx2\times10^{10}$，位置参数 $Kh/\mu C\approx$30000mD·m/[(mPa·s)·(m^3/MPa)]，大体符合模式图 M-1-40 的条件。经与表 5-7 中的模式图比较，的确与模式图 M-1-40 的图形样式基本一致。

3. 开井初期的凝析气井

塔里木盆地的牙哈气田，是一个凝析气田。主要储气层是新近系、古近系和白垩系的砂岩地层。对于凝析气田来说，当地层压力尚未降到临界凝析压力以下时，地层内尚未产生凝析油，维持气态的单相流动，与普通干气层流态是一样的。图 5-62 介绍的 YH-6 井的压力恢复曲线，就属于这种情况。YH-6 井打开新近系吉迪克组地层，测试井段 4995～4998m。从曲线形态看显示典型的均质地层特征。

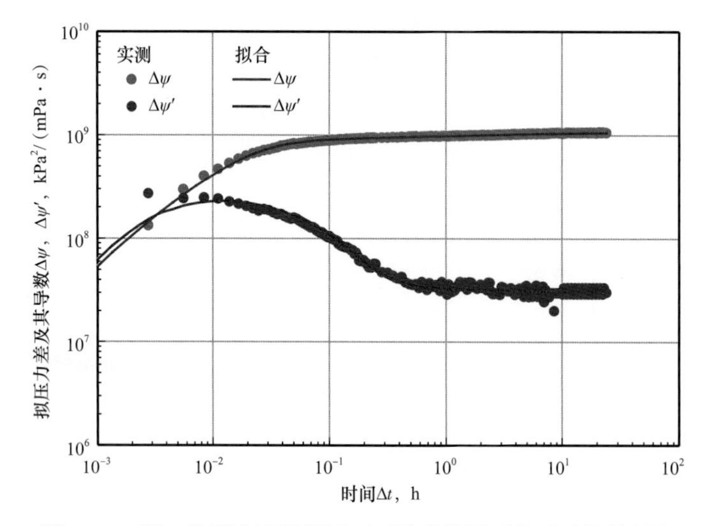

图 5-61　玛 4 井压力恢复测试双对数曲线图（均质地层特征）

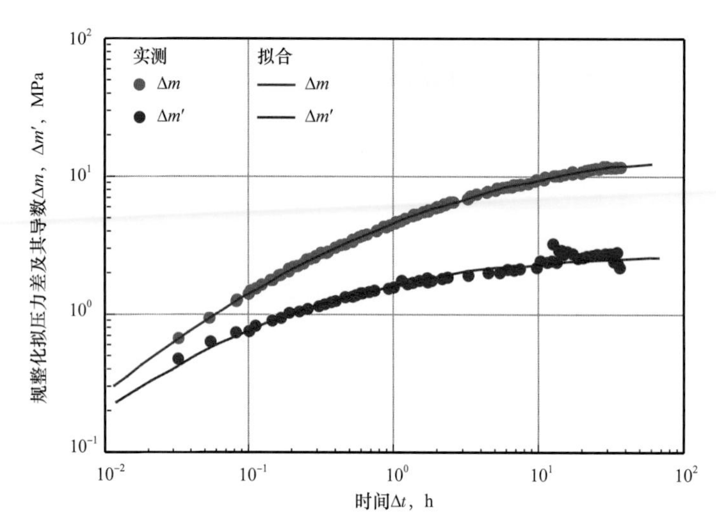

图 5-62　牙哈 6 井压力恢复曲线双对数曲线模型图

从图 5-62 中看到，曲线形态表现为表 5-7 中模式图 M-1-22 的样式，表明该井完井质量良好，表皮系数为负值。经试井软件解释得到，渗透率 K=5.94mD，S=-1。

二、双重介质地层的特征图（模式图形 M-2，M-3）及实例

（一）双重介质地层的构成和流动特征

在中国国内常常把“双重孔隙度介质”（Double Porosity Medium）简称为“双重介

质”。这里讨论的双重介质也正是这种双重孔隙度介质。实际上双重介质中还应包含有“双重渗透率介质”（Double Permeability Medium），那常常是指渗透性存在差别的多层储层。本书今后讨论双重渗透率介质时，将简称为“双渗介质”。一般认为，双重介质地层存在于裂缝性的碳酸盐岩储层。像在中国东部地区的古生代潜山地层，四川盆地的石炭系—二叠系碳酸盐岩气层，鄂尔多斯盆地奥陶系石灰岩气层等，均属于这一类地层。地质家们目前经常用到双重介质这一概念，一旦他们从岩心观察中看到储层内分布有大大小小的裂缝，以及被裂缝分隔的岩块，就说这地层是双重介质地层，甚至还用测井资料及岩心分析统计资料分别计算裂缝系统的储量和基质岩块的储量等。

但是这些用静态方法计算的储量有什么意义，它们对今后气田的开发会造成什么样的影响，却很少见到深入的现场实例分析。事实上，近年来东部地区发现的一个这样的裂缝性气田，正是由于没有搞清楚储层的结构特征，简单套用双重介质的概念，单从静态资料计算了储量，导致了不应有的失误。

1. 双重介质地层的构成

双重介质储层的单元体构成，如图 5-63 所示。这里讲到“单元体”，其定义参见本书第二章的图 2-47，其体积大小符合连续介质的定义。

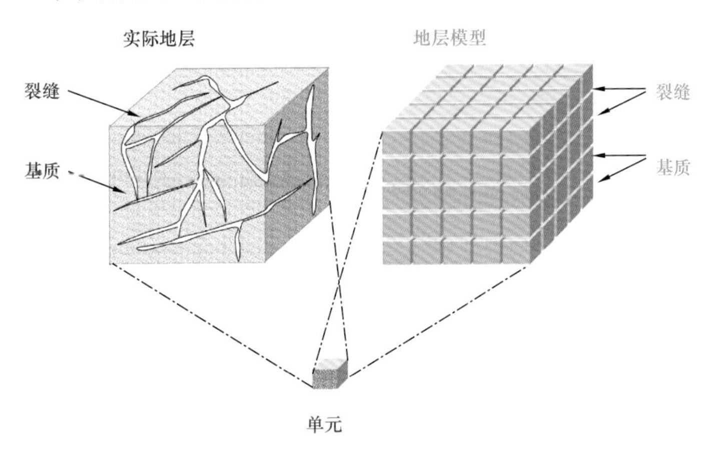

图 5-63　双重介质地层单元体构成示意图

在图 5-63 所示单元体内，既包含有裂缝，也包含有基质岩块，它们的体积分别是：

（1）裂缝系统体积比$V_{\mathrm{f}}=\dfrac{单元体内裂缝系统体积}{总单元体积}$；

（2）基质岩块体积比$V_{\mathrm{m}}=\dfrac{单元体内基质系统体积}{总单元体积}$；

（3）单元体总体积 $V_{\mathrm{f}}+V_{\mathrm{m}}=1$；

（4）裂缝系统孔隙体积比 $V_{\mathrm{f}}\phi_{\mathrm{f}}$；

（5）基质岩块孔隙体积比 $V_{\mathrm{m}}\phi_{\mathrm{m}}$；

（6）裂缝弹性储能系数 $V_{\mathrm{f}}\phi_{\mathrm{f}}C_{\mathrm{tf}}$［常写作（$V\phi C_{\mathrm{t}}$）$_{\mathrm{f}}$］；

（7）基质弹性储能系数 $V_{\mathrm{m}}\phi_{\mathrm{m}}C_{\mathrm{tm}}$［常写作（$V\phi C_{\mathrm{t}}$）$_{\mathrm{m}}$］。

从而定义了弹性储容比 ω：

$$\omega = \frac{(V\phi C_t)_f}{(V\phi C_t)_f + (V\phi C_t)_m} \quad (5-56)$$

从 ω 的定义可以看到，它反映两种不同储集空间内的流体体积的比值。ω 越大，裂缝中流体占有的比例越多，反之则越小。

2. 流体在双重介质地层中的流动

在双重介质储层中，只有裂缝系统与井筒相连通，而且具有较高的渗透性；基质岩块的渗透率是非常低的，天然气（或油）只有通过裂缝系统才能流入井内，其流动过程如图 5-64 所示。

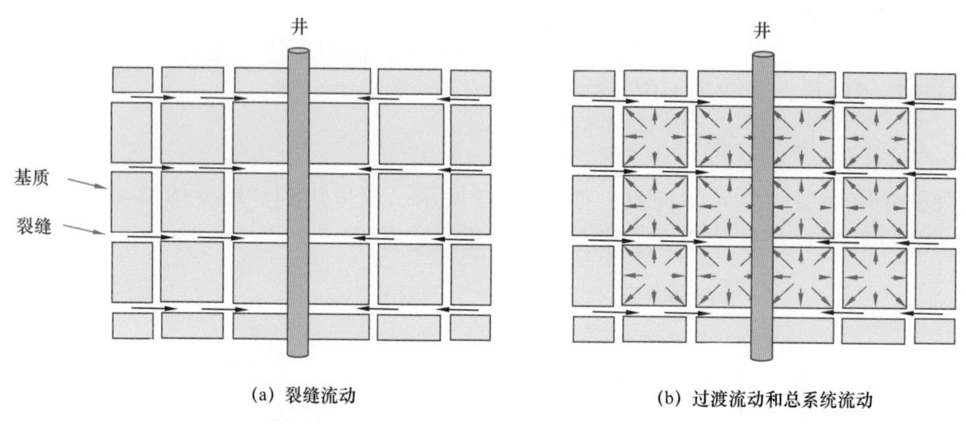

图 5-64　双重介质储层流体流动过程示意图

（1）裂缝流动。

从图 5-64（a）看到，当井打开以后，与井连通的裂缝系统压力开始下降，天然气沿着裂缝通道流向井底并采出。此时基质岩块由于渗透性非常差，还没有形成足够的压差，因此没有流体流出。

（2）过渡流动。

当裂缝系统的压力由于天然气采出而下降以后，基质压力尚未下降，基质系统与裂缝系统之间形成了压差，促使基质内的流体向裂缝过渡，补充了一部分流体，也缓和了裂缝系统的压力下降过程。

（3）总系统流动。

当裂缝系统与基质系统压力达到平衡以后，共同参与向井内供应流体。这一阶段称之为“总系统流动”。

以上的流动模式，在 1960 年由苏联的渗流力学专家 Balenblatt 提出，并设计了数学模型，求出了微分方程的解。这就是双重介质这一动态模型概念的由来。因此说，“双重介质”模型，不单单是对储层的静态描述，更重要的是它的流动特征，是它的动态模型。

3. 双重介质地层流动特征图

典型的双重介质地层双对数特征图如图 5-65 和图 5-66 所示。

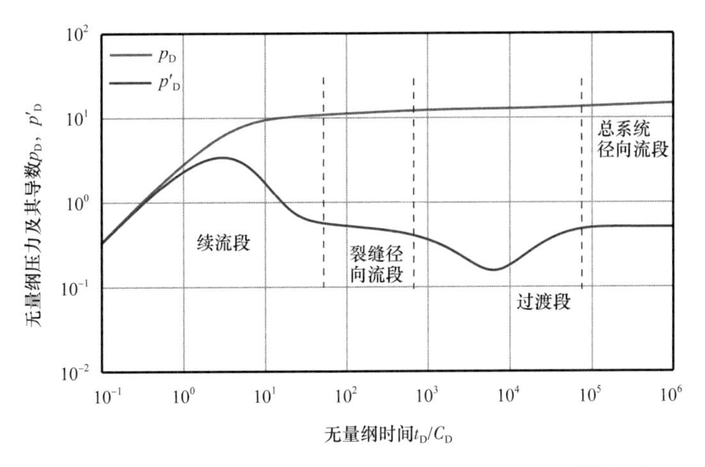

图 5-65 具有裂缝和总系统径向流的双重介质地层模式图

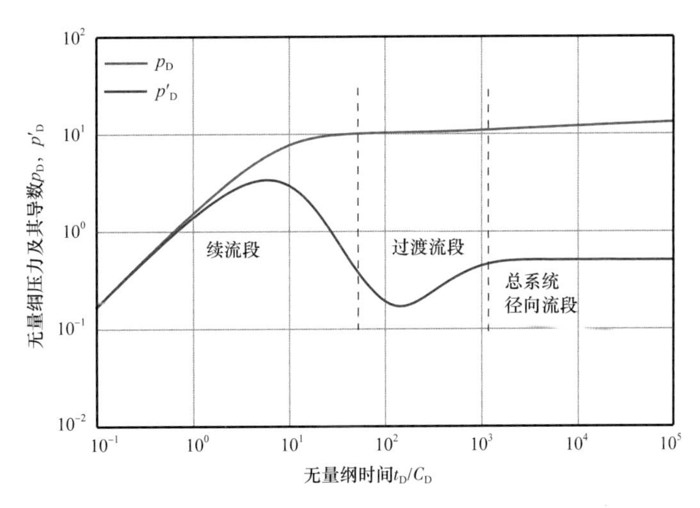

图 5-66 只有总系统径向流的双重介质地层模式图

从图 5-65 看到，与图 5-64 的流动过程相对应的曲线特征是:（1）在裂缝流动段将会产生裂缝径向流。（2）裂缝径向流之后，由于基质岩块开始向裂缝供给流体，平抑了裂缝中压力的下降，以致使压力导数向下凹，表现为过渡流段。压力导数的过渡段是双重介质地层模式图形的最重要的特征。（3）当裂缝压力与基质压力达到某种动态平衡以后，裂缝与基质一同参与压力下降，形成总系统径向流。压力导数再一次呈现水平直线段。这就是具有两个径向流段的双重介质地层流动特征。

从图 5-66 看到，缺失裂缝径向流段是这种双重介质曲线的特征：原本对应裂缝流动段的裂缝径向流水平线，由于测试井具有较大的井筒储集系数 C，使续流段右移；或者是由于地层具有较大的窜流系数 λ，使过渡段向早期（左方）移动，以致掩盖了这一段曲线。致使裂缝径向流段的导数水平线缺失。

图 5-67 反映了这种蜕变过程。原本无量纲井筒储集系数值为 $C_D=10^3$，曲线表现为具有两个径向流段。当井筒储集系数增大为 $C_D=10^5$ 以后，井筒储集影响掩盖了裂缝径向流

段，使曲线只剩下总系统径向流段。

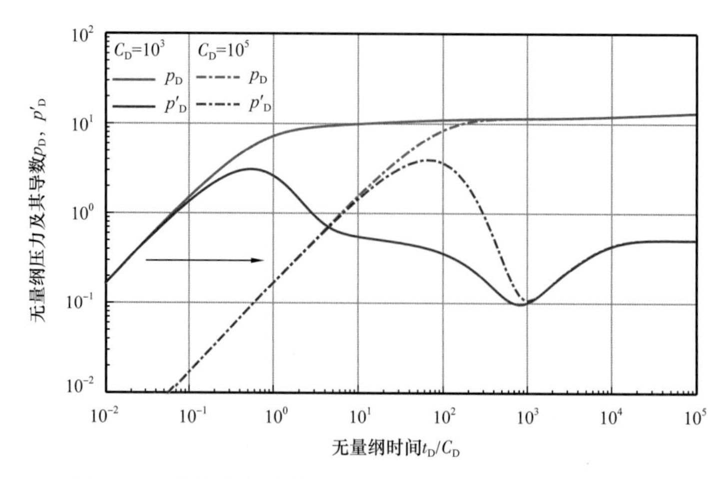

图 5-67　井筒储集系数影响双重介质地层曲线特征示意图

作为双重介质地层特征的过渡流导数曲线下凹段，仍然是这类曲线的主要特征；在过渡流段以后，呈现总系统径向流段。

4. 双重介质地层与普通均质地层的区别

正是由于双重介质地层特殊的流动特征，使它与普通均质地层有着完全不同的表现：

（1）高产稳产条件及与储层结构的关系。

如果说按地质家们目前的界定方法，把碳酸盐岩裂缝性储层一概划入双重介质储层范围的话，那么其中一部分含有大缝、大洞的储层，常常会表现出初期高产而不能稳产。有的气井，初期产气量可以达到 $100\times10^4m^3/d$，生产过程中井底流动压力每天可以下降 1MPa 以上，有的甚至可以下降 9MPa，这样不出 10 天或半月，气井就停产了。是什么因素造成上述结果呢，这主要取决于储层的结构。

① 高产的原因。

这类气井常常与储层的大缝大洞相连通，钻井时会形成放空现象，井下成像可以看到明显的大裂缝。正是良好的完井条件，再加上初期地层的高压力，所以形成高产。人们在为获得高产而欣喜的同时，却常常忽略了稳产条件。

② 稳产条件。

稳产条件取决于井所连通的动态储量。大裂缝中储存的流体（天然气、油）终究是有限的，主要靠基质岩块维持长期稳产。如果基质岩块没有足够的孔隙度 ϕ，就不能赋存足够多的流体；或者虽有一定的孔隙度 ϕ，但岩块的渗透率却非常低，低到 $10^{-8}\sim10^{-5}$mD；此时在开采时限内，在一般的压差下，流体不能从基质岩块过渡到裂缝内，也就不可能达到稳产。

由于裂缝性灰岩储层变化非常大，一般的测井资料所提供的认识是极为有限的。岩心分析资料往往缺乏代表性，常常造成静态资料中不确定因素增加。

（2）从双重介质的 ω 参数分析地层的储量分布特征。

正如前面提到的，双重介质的概念是一个储层渗流动态模型的概念，原本是由渗流力学专家，从试井分析角度提出来的，也只有用试井方法，才能界定它们的数值范围，并对储层动态特征以及高产稳产条件做出真切的分析。从现场录取的几种不同 ω 值地层的典型压力恢复（或压降）曲线，表示在图 5-68 上。

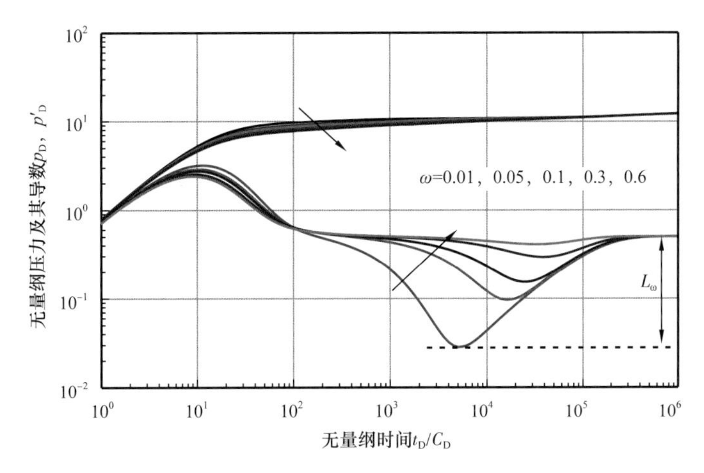

图 5-68　双重介质地层不同 ω 参数的试井模式图

从图 5-68 看到，当 ω 值较小时，例如 ω=0.01，过渡曲线的下凹深度较深，正如前面第一节式（5-9）所介绍的，在下凹深度 L_D 与 ω 值之间，存在确定的关系，$\omega=10^{-2L_D}$。在用试井解释软件进行分析时，通过图版拟合，得到下面的参数：

$$\omega=\frac{\left(C_D e^{2S}\right)_{f+m}}{\left(C_D e^{2S}\right)_f} \tag{5-57}$$

式中　$(C_D e^{2S})_f$——裂缝流动段图形参数；

$(C_D e^{2S})_{f+m}$——总系统流动段图形参数。

那么 ω 值是越大越好还是越小越好呢？答案是在同样的气井单井产气量条件下，ω 值越小越好。原因是：

① ω 值越小，储层的后备储量越大，气井越能够稳定生产。

② 相反如果 ω 值大到 0.3～0.5，虽然理论上讲还有一半以上的储量存在于基质岩块中，但是由于基质部分采收率一般都很低，而且采出过程拖延很长，因此对稳定产量是十分不利的。

由此看来，ω 参数对于双重介质地层来说是一个十分关键的参数，事关气田的前途命运，应该引起足够的重视。但可惜的是，在油田现场，这一点还没有引起气藏工程师们的足够重视。有一些现象必须引起注意：

① 一种现象就是，不去深入理解 ω 值的含义，不重视 ω 参数的录取，也不去从 ω 值的大小研究和推测油气田今后的走势。

② 在确定 ω 值时很草率，由试井分析人员很随意地做出解释。甚至得出一些很离谱的分析数据，罗列在试井分析报告中，很少有人去追究其真伪。

（3）从双重介质的 λ 参数分析储层基质部分的采出难度。

从试井曲线分析中还可以求得 λ 参数。λ 值称为窜流系数，是无量纲量，其表达式为：

$$\lambda = \alpha r_{\rm w}^2 \frac{K_{\rm m}}{K_{\rm f}} \tag{5-58}$$

式中 α——基质岩块的形状因子，按照不同基质岩块形状方面的假定，取值稍有差别，$\rm m^{-2}$；

$r_{\rm w}$——井底半径，m；

$K_{\rm m}$——基质渗透率，mD；

$K_{\rm f}$——裂缝系统渗透率，mD。

从式（5-58）看到，λ 值反映了基质岩块向裂缝系统供给油气的能力。图 5-69 表明了 λ 值对于流动动态的影响。

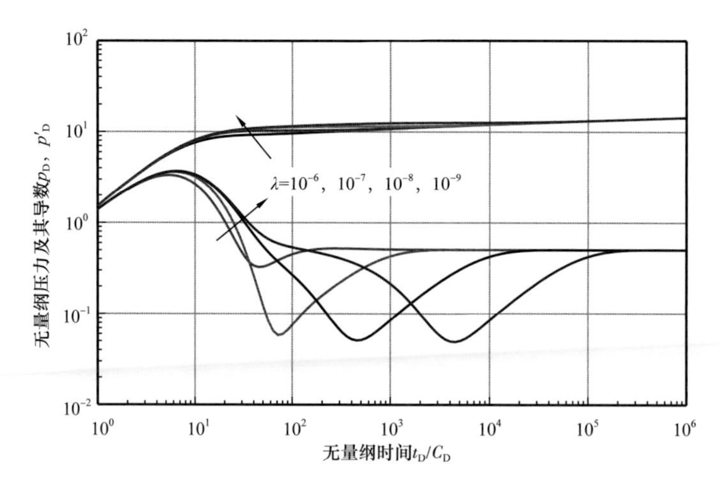

图 5-69 双重介质地层不同 λ 参数的试井模型图

从图 5-69 中看到，当 λ 减小到原值的 1/10，过渡流发生的时间向后推延 10 倍。当 $\lambda=10^{-9}$ 时，按一般的测试条件，过渡时间大约是 100d；若 $\lambda=10^{-10}$，则过渡时间为 3 年，这就意味着：

① 气井打开 3 年后，基质岩块才开始向裂缝大量供气。这对于一个正常开发的气田来说，显得太迟了。

② 从测试资料中测到这个过渡段的曲线特征，大约也需要相当的时间，这对于现场测试来说，显然是难于达到的。

（二）测取双重介质参数时的几个影响因素

从前面的分析已经可以看到，双重介质地层的确认，不仅要看储层的必要地质条件，还要看从动态特征上是否真的存在双重介质的流动表现。而确认双重介质流动的主要依据，就是能否从不稳定试井测试中，取得具有模式图中所反映的样式。

有下面几点因素影响典型图形的测取：

（1）压力恢复曲线必须测取足够长的时间。

从典型模式图看到，双重介质地层模式图的典型特征，在于径向流之间的导数曲线下凹的过渡流特征线，如果被测地层的λ值很小，那么所需的测试时间就很长。有一些情况，就是由于没有测到足够长的时间而丧失了录取到下凹特征线的机会。

（2）井筒储集对测试资料的影响。

另一个妨碍典型图形录取的因素是井筒储集的影响，从图5-69看到，当λ值较大时，与续流段的导数峰值交错，使下凹过渡段明显变形，以至当λ值更大一些时，会完全淹没了过渡段的特征。对于气井，由于井筒储集影响往往都较大，特别当采用井口关井时C值可达到3～5m^3/MPa，这也会大大妨碍双重介质特征曲线的录取。

特别要提到的是，如果采出的是凝析气，变井筒储集造成的“驼峰”，更会严重干扰曲线的形态。

（3）复杂的裂缝系统扰乱了双重介质特征。

在表5-5中的图形M-14和M-15介绍了复杂裂缝系统中可能录取到的压力恢复曲线形态。现场经验告诉我们，在这样的地层中，若想录取到可用于解释的双重介质特征线，成功的机会很少。也提示人们，如果一定要从这样杂乱的曲线中解释出ω值和λ值，往往要冒一定的风险。

（4）开井时间过短，压力恢复曲线中显示不出过渡流特征。

Gringarten（1984）在一篇有关双重介质特征曲线的论文中，详尽分析了开井时间长短对其后关井恢复曲线特征影响。正如前面分析中所讲到的，开井压降过程中，双重介质储层内的流动，从裂缝流→过渡流→总系统流动。如果开井压降时经历了这样的各个阶段，那么关井恢复时，将会按逆的方向再重复上述过程。此时测到的压力恢复曲线，将会出现完整的曲线特征。反之，如果开井时间较短，在过渡流尚未发生时即关井测压力恢复，可以想见在压力恢复曲线上也绝不可能出现过渡段特征。在四川威远气田的威34井，刚刚完井时，所测压力恢复曲线表现为均匀介质，而气井投产以后，在具备一段生产历史时再关井，测得的压力恢复曲线转而表现出了双重介质的特征，就是很好的例证。

（5）储层边界的影响。

气井外围储层渗透性的变好，会使压力导数下落；不渗透的储层边界，又会使压力导数向上翘起。这一起一落，一方面会造成双重介质的假象，另一方面又会干扰真正双重介质特征线段的录取，从而导致与地层实际不符的分析结果。

（6）测压精度的影响。

某些早年测试的资料，由于使用了低精度的机械式压力计，使得录取的压力资料质量很差。一经求导数，即出现点子跳动，当然更谈不到对双重介质特征的分析。

（三）现场录取优质资料的条件及测试实例

正如前面所介绍的，作为双重介质地层，ω和λ参数对于气田开发确实是非常重要的，但录取到质量良好的压力恢复曲线，也确实存在一定难度。正由于它的重要性，对于一个具备一定规模的裂缝性灰岩气田，应千方百计录取并分析好这类资料。

1. 录取优质双重介质压力恢复曲线的条件

必须在测试前做好试井设计，设计中把握如下几点：

（1）关井测恢复前，必须有足够长的生产时间，并且测试中要全程录取流压史。

（2）恢复曲线本身要测到足够长的时间。

（3）选用高精度的电子压力计测压。

（4）测压仪表下放到气层中部。如果有积水或积液时，要下放到液面以下，尽量减少变井筒储集的影响。

（5）作为了解双重介质特征的测试井，应选择在远离边界影响的区域。

（6）对于存在复杂裂缝系统的储层，不必勉强做 ω 和 λ 参数分析。

2. 现场应用实例

靖边气田开发的是奥陶系的裂缝性灰岩地层，从地质上来看，具备双重介质储层的物质基础。在靖边气田的中区中部，在气田投入开发前的可行性研究中，曾开展干扰试井测试研究。选择林 5 井（激动井）、林 1 井和陕参 1 井（观测井）作为一个井组进行干扰试井和压力恢复试井测试研究。其中林 1 井和陕参 1 井经过测试，取得了比较明显的具有双重介质特征的典型曲线。图 5-70 展示了林 1 井的测试结果。

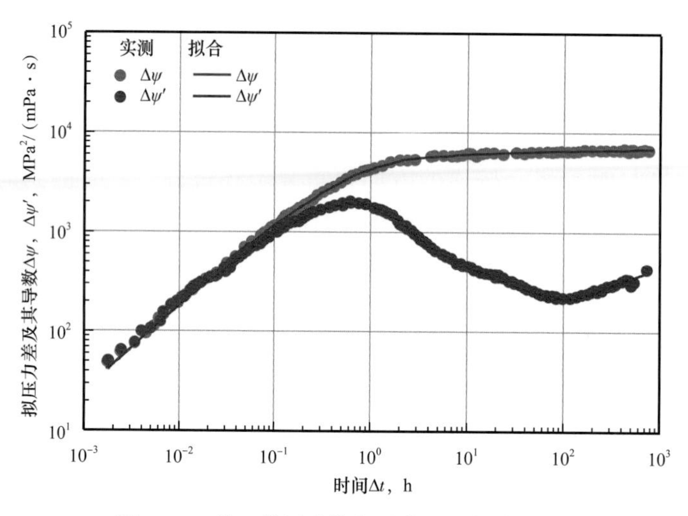

图 5-70　林 1 井压力恢复试井双对数曲线图

从图 5-70 中看到，在续流段以后，清楚显示了过渡流的特征，之后开始进入总系统径向流，可惜未能完全录取到总系统径向流段。从图 5-70 中看到，压力恢复曲线已延续测试近 1000h，对于现场施工来说已是很不容易。

经过试井软件分析，得到有关参数如下：裂缝系统渗透率 K_f=1.0mD；弹性储容比 ω=0.285；窜流系数 $\lambda=1.4\times10^{-8}$。

由此看来，该井区赋存的天然气中，约有 1/3 属于裂缝系统，其余储存在基质岩块中。应该说，地层的 ω 值较高，作为基质岩块的后备供给并不是十分充分。但是注意到，该地区的裂缝多为网状缝，密集的裂缝系统，既是流通通道，也是储集空间。特别从林 1 井的压力历史看，开采状态下的压降情况没有出现陡降的态势，因而也仍然可以形成一定条件下的稳产。

三、具有压裂裂缝的均质地层特征图（模式图形 M-4，M-5）及实例

在中国的中西部地区，发现了大面积的低渗透气田。例如，鄂尔多斯盆地的上古生界气层，地层渗透率不足 1mD，最好的气井也不到 10mD，开井试气时达不到工业气流条件。为了开发这些低产气田，必须采取加砂压裂的强化措施，改善井底流动条件，提高单井产量。

（一）压裂裂缝的生成及存留机理

经过加砂压裂后，常常形成与井贯通的垂直裂缝（深井）或与井贯通的水平裂缝（浅井）。裂缝的生成是在井底的压裂液压力高于地层岩石的最小主应力时发生的。因此裂缝总是沿着地层的最大主应力方向向外延伸的，如图 5-71 所示。

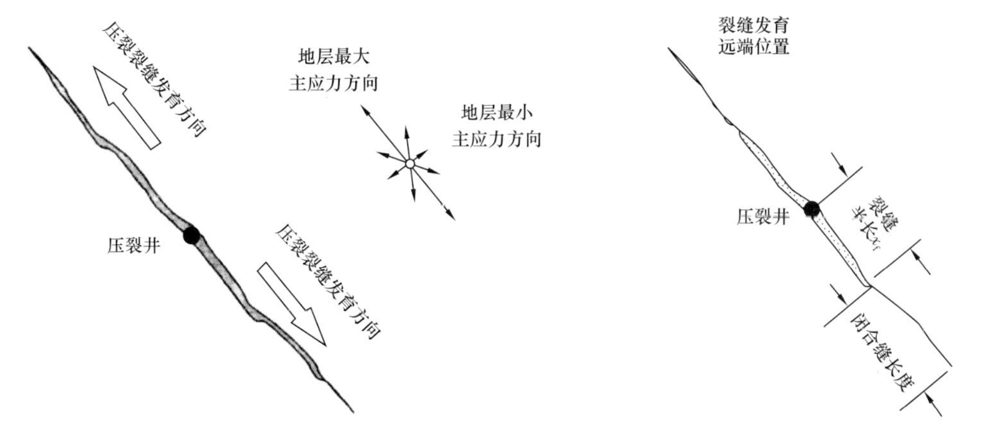

图 5-71 压裂裂缝生成和发育示意图　　图 5-72 压裂施工后支撑缝存留示意图

像前面提到的鄂尔多斯盆地，地层最大主应力呈近东西向，因而产生的裂缝也应是近东西向的，这恰与河道方向垂直。

压裂时的前置液，在生成裂缝后继续向地层深部推进，继而携砂液携带砂子，也一起进入地层。由于液体的推进总是比其中的固体物质要容易得多，因此，压裂液所到之处形成的裂缝破裂前缘，总是比压裂砂走得更远一些。

一旦停泵返排，在地应力作用下裂缝会再度闭合。只有那些被足够多的压裂砂填充的裂缝会保存下来，称之为“支撑缝”。只有这些支撑缝，才会对以后的油气采出产生畅通的作用，如图 5-72 所示。

如果掺入的压裂砂分选良好，则支撑缝内渗透性会很高。定义一个无量纲的导流系数 F_{CD} 来加以描述（Agarwal，1979）：

$$F_{\mathrm{CD}}=\frac{K_{\mathrm{f}}W}{Kx_{\mathrm{f}}} \tag{5-59}$$

当 $F_{\mathrm{CD}}>100$ 时，认为裂缝是高导流的裂缝，有人称之为无限导流裂缝。如果 F_{CD} 较小，例如 $F_{\mathrm{CD}}=5$，则认为压裂裂缝是低导流的，或称有限导流的。

如果地层是原生发育有高角度裂缝的碳酸盐岩储层，往往在钻井完井过程中会有钻井、完井液侵入，使之受到一定程度的伤害。对于这样的井，在完井后常常会采取酸压的方法加以改造。酸压会重新贯通地层原来发育的裂缝，甚至会进一步加以扩展，形成一个裂缝区。如图 5–73 所示。

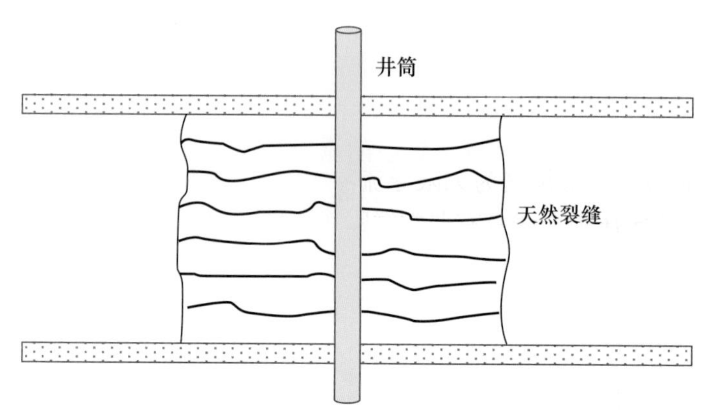

图 5–73　酸压贯通的天然裂缝区示意图

具有这样裂缝区的井，在开井生产时会在井底形成类似于无限导流裂缝的流态，称之为均匀流。在均匀流的流态下，认为垂直于裂缝区表面的流速是均匀的。

对于在井底有大裂缝与之相交的井，从 1937 年开始许多研究者即开始对其进行研究，并曾做出 40 多种理论模型。归纳起来主要有如下几种情况：

（1）由于采用水力压裂措施而形成的无限导流垂直裂缝；

（2）地层中原生的、形成均匀流的垂直裂缝；

（3）在水力压裂时，加砂充填且粒度比适当而形成的有限导流垂直裂缝；

（4）由于被压裂的油气层较浅而形成的水平裂缝；

（5）压裂过程中，裂缝表面形成一定污染伤害的垂直裂缝。

以下分不同情况加以讨论。

（二）井底连通高导流垂直裂缝时的曲线特征

1. 曲线特征

在均质地层中的压裂井，当压裂裂缝具有很高导流能力时，其典型的不稳定压力曲线画在图 5–74 上。条件如下：地层渗透率 K=1mD，厚度 h=10m；压裂裂缝半长 x_{f}=200m；导流系数 F_{CD}=150，$K_{\mathrm{f}}W$=30000mD·m；裂缝表皮系数 S_{f}=0。

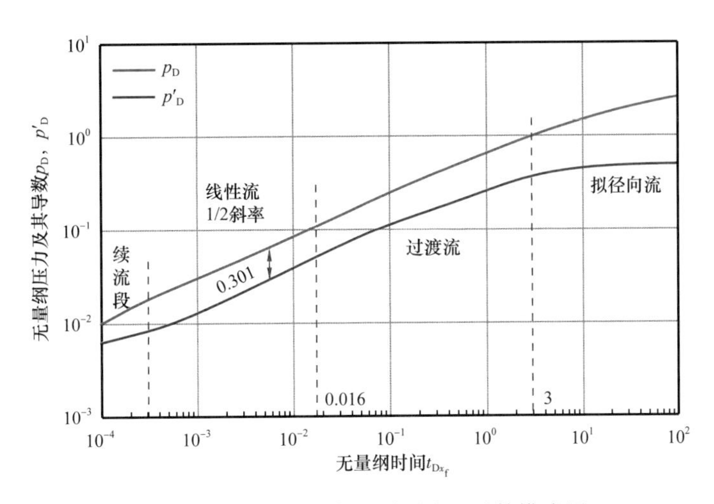

图 5-74 高导流能力压裂裂缝双对数模式图

关于高导流能力，经常称之为无限导流能力，一般指 $F_{CD}>100$，也有的作者界定为 $F_{CD}>500$。这种不稳定压力曲线具有非常鲜明的特点，整条曲线分成 4 段：续流段、线性流段、过渡段、拟径向流段。

（1）续流段。

由于一些试采气井常常采取井口开关井方法测压，因而使这些压裂气井的压力恢复曲线早期段都具有续流段。这一续流段，对于压裂的油井，特别是井下关井的油井，则常常会缺失。特别要注意的是，图中续流段的特征，由于压裂裂缝的存在而呈现出低表皮系数的样式。但是并非所有的高导流裂缝井都呈现这种样式，当裂缝表面受到污染伤害时，即 $S_f \neq 0$ 时，续流段的形态就会发生很大的变化。关于这一点，在后面将专门加以讨论。

（2）线性流段。

关于线性流流态，可参见第二章图 2-20。线性流段是最能反映压裂井特征的线段，其压力和导数均呈 1/2 斜率的直线，两线间距值与纵坐标的刻度（1 个对数周期）比为 0.301。有关上述特征可作如下证明。

在线性流态下，无量纲压力可以表达为：

$$p_D\left(t_{Dx_f}\right)=\sqrt{\pi t_{Dx_f}} \tag{5-60}$$

两边取对数后，有：

$$\lg p_D\left(t_{Dx_f}\right)=0.5\lg t_{Dx_f}+0.24857 \tag{5-61}$$

从式（5-61）可以看出，这一段曲线在双对数图上是一条斜率为 0.5 的直线。对式（5-60）求导数得到：

$$\frac{dp_D\left(t_{Dx_f}\right)}{dt_{Dx_f}}t_{Dx_f}=0.5\sqrt{\pi t_{Dx_f}} \tag{5-62}$$

等式两边求对数后，有：

$$\lg\left[\frac{\mathrm{d}p_{\mathrm{D}}\left(t_{\mathrm{D}x_{\mathrm{f}}}\right)}{\mathrm{d}t_{\mathrm{D}x_{\mathrm{f}}}}t_{\mathrm{D}x_{\mathrm{f}}}\right]=0.5\lg t_{\mathrm{D}x_{\mathrm{f}}}-0.05246 \tag{5-63}$$

可以看到，导数线在双对数坐标下依然是一条斜率为 0.5 的直线，而且与双对数线纵坐标差为 0.301，即 lg2（对数周期）。

（3）过渡段。

在这一段，两条曲线倾斜上升，大致仍维持平行。

（4）拟径向流段。

随着时间的延长，压力波向更远处传播，裂缝的影响减弱，形成拟径向流，压力导数呈现水平段，如图 5–74 所示。

在时间上，当 $t_{\mathrm{Dxf}}>3$ 时，会形成拟径向流。此时

$$p_{\mathrm{D}}\left(t_{\mathrm{D}x_{\mathrm{f}}}\right)=0.5\lg t_{\mathrm{D}x_{\mathrm{f}}}+1.100 \tag{5-64}$$

这样

$$\frac{\mathrm{d}p_{\mathrm{D}}\left(t_{\mathrm{D}x_{\mathrm{f}}}\right)}{\mathrm{d}t_{\mathrm{D}x_{\mathrm{f}}}}t_{\mathrm{D}x_{\mathrm{f}}}=0.5 \tag{5-65}$$

从式（5–65）看到，在无量纲坐标上，拟径向流段的导数呈水平线，数值为 0.5。

上述公式中的无量纲时间 t_{Dxf} 表达式为：

$$t_{\mathrm{D}x_{\mathrm{f}}}=\frac{3.6\times10^{-3}Kt}{\mu\phi C_{\mathrm{t}}x_{\mathrm{f}}^{2}} \tag{5-66}$$

由于式（5–66）中分母除以 x_{f}^2，而 x_{f} 是较大的数值，因而无量纲时间 t_{Dxf} 的量值往往是很小的。

多数研究者把压裂井情况下的无量纲井筒储集系数表达为：

$$C_{\mathrm{D}x_{\mathrm{f}}}=\frac{0.1592C}{\phi hC_{\mathrm{t}}x_{\mathrm{f}}^{2}} \tag{5-67}$$

当压裂裂缝长度较短时，例如上述图 5–74 中的 x_{f} 值减小为 20m，则标准图形蜕化为一般的超完善井（负的表皮系数 S）的形态，失去了线性流段的特征，如图 5–75 所示。

在现场解释上述图形的资料时，应了解测试井的工艺施工过程，如果的确曾进行过压裂施工，或者针对裂缝性地层的酸压措施改造，则应做出人工裂缝的分析。

另外，对无限导流压裂裂缝井，还可以通过压裂裂缝长 x_{f} 计算全井的表皮系数。公式如下：

$$S_{\mathrm{t}}=\ln\frac{2r_{\mathrm{w}}}{x_{\mathrm{f}}} \tag{5-68}$$

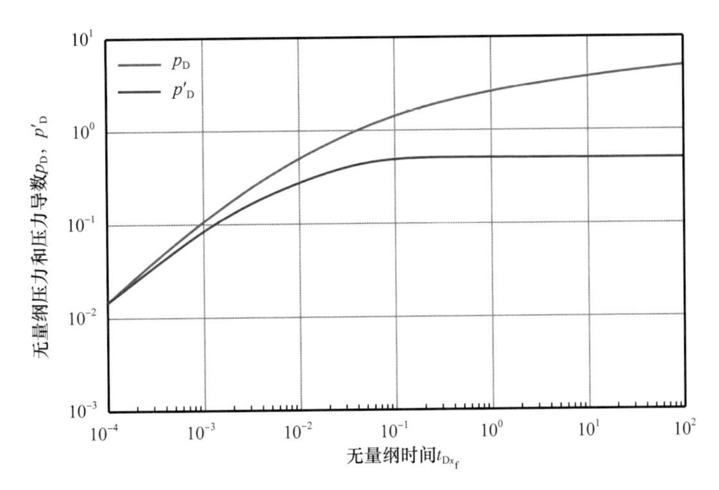

图 5-75 压裂裂缝较短时的高导流裂缝井模式图

（Kh=10mD·m，x_f=20m，S_f=0，F_{CD}=150）

例如，当 x_f=70m，r_w=0.07m 时，可以得到，S_t=−6.2。从这里也可以看到，全井表皮系数的负值是有限度的，即使 x_f=500m，S_t 值也不过是 −8.2。

2. 现场实测例

在鄂而多斯盆地的低渗透砂岩储层，多采用压裂方法完井，因此多次测到此类曲线。以下举两个实例。

（1）陕 178 井。

陕 178 井压裂后实测压力恢复曲线如图 5-76 所示。该井打开二叠系山西组，经压裂后完井，从图中看到，压力及导数在续流段过后清楚显示 1/2 斜率直线段，表明压裂形成了高导流垂直裂缝，之后曲线测得拟径向流。经试井软件分析得到储层参数为：渗透率 K=0.024mD，为特低渗透层；裂缝半长 x_f=59m，明显改善了井底附近流动状况，折算总表皮系数 S=−5.88。

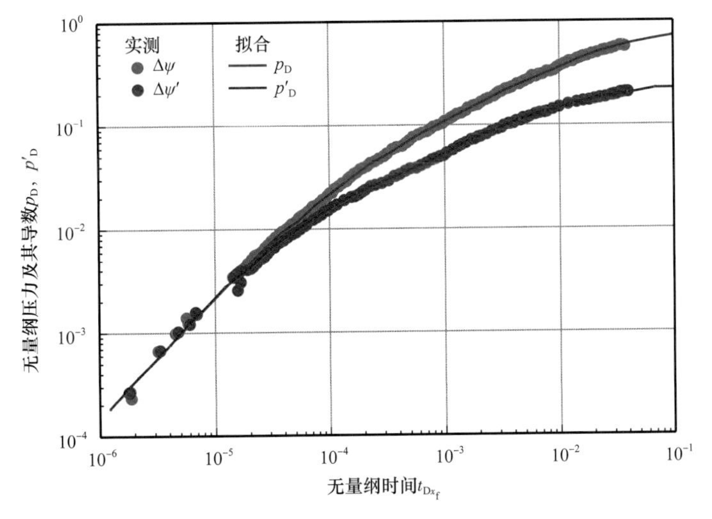

图 5-76 陕 178 井压裂后实测压力恢复曲线双对数图

（2）陕 173 井。

陕 173 井压裂后实测压力恢复曲线如图 5–77 所示。该井位于长庆油田乌审旗地区，打开二叠系石盒子组低渗透砂岩储层，经压裂后完井，压裂液总注入量 186m^3，加砂及陶粒 24m^3。压裂后返排入井液测试，日产气量 6.38×10^4m^3/d。测试过程为：修正等时产能试井，短期试采，然后关井测恢复曲线。图 5–77 即为压力恢复测试的双对数图。经试井解释后认为，压裂取得了明显效果，解释裂缝半长 x_f=70m，地层渗透率 K=3.5mD，存在条带形边界。

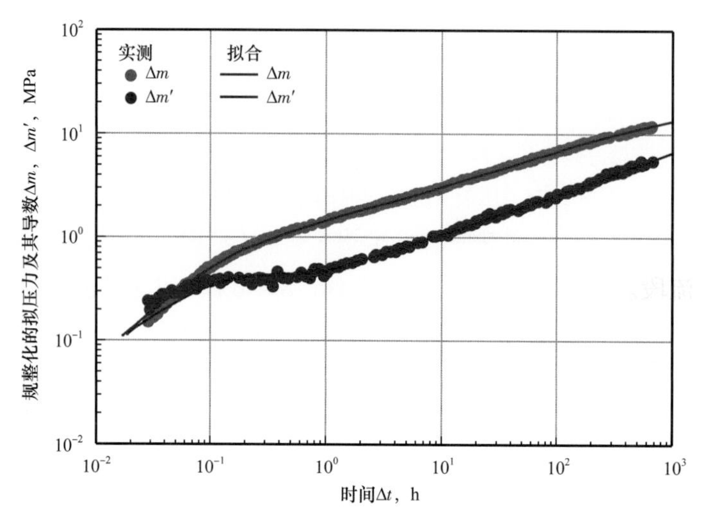

图 5–77　陕 173 井压裂后实测压力恢复曲线双对数图

（三）均匀流裂缝的流动特征

均匀流是指流入裂缝面上的各部分的流体，每单位面积流速均相等。Gringarten（1974）认为，均匀流图版适用于与井相交的天然垂直裂缝的情况。与无限导流垂直裂缝不同的是，早期段 1/2 斜率直线段延续更长，只要 $t_{\mathrm{Dx_f}}\leqslant0.16$，即满足上述条件。此时双对数线与导数线同为 1/2 斜率的直线，两者纵坐标差仍为 0.301（对数周期）。后期仍为拟径向流段，导数值为 0.5，但不同的是起始点界限为 $t_{\mathrm{Dx_f}}\geqslant2$。以上情况同样如图 5–74 所示。

（四）有限导流垂直裂缝情况

压裂裂缝中充填入砂子而且砂子的粒度混合比达到某种合适程度时，裂缝的导流能力成为能与地层的渗透性相比较的有限导流能力（Rodriguez，1984）。

1. 低导流能力的曲线形态

当 F_{CD} 值较小时，例如 F_{CD}=1，曲线形态如图 5–78 所示。

从图 5–78 看到：

（1）续流段。

对于采取井口开关井方法测压的气井，早期段常常存在续流段，如果采取井下关井工具测压，则续流段常常会缺失。

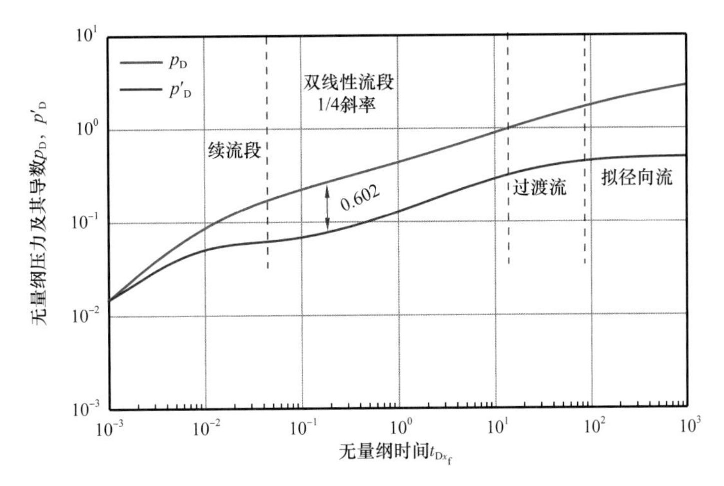

图 5-78　有限导流垂直裂缝压力双对数特征图

（Kh=10mD·m，x_f=200m，F_{CD}=1，S_f=0）

（2）双线性流段。

这是存在有限导流裂缝时的特征线段，表现为 1/4 斜率的直线。所谓双线性流是指：在裂缝内部，存在朝向井的不稳定的线性流动；在裂缝表面，存在垂直裂缝表面的地层线性流，如图 5-79 所示。

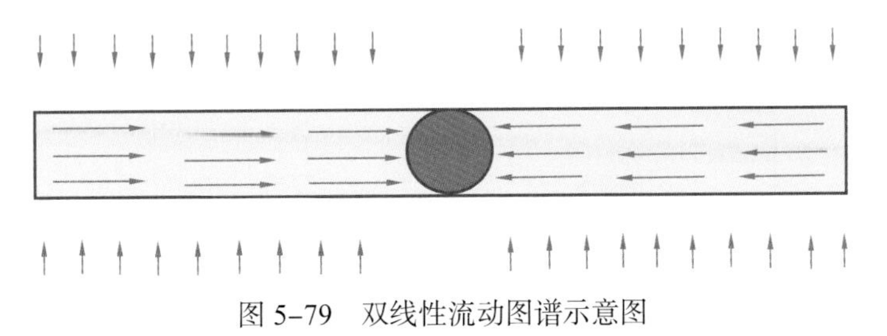

图 5-79　双线性流动图谱示意图

在双线性流段，有：

$$p_D\left(t_{Dx_f}\right)=\frac{\pi}{0.906\sqrt{2F_{CD}}}\sqrt[4]{t_{Dx_f}} \tag{5-69}$$

求对数后，有：

$$\lg p_D=\frac{1}{4}\lg t_{Dx_f}+\lg\frac{\pi}{0.906\sqrt{2F_{CD}}} \tag{5-70}$$

可以看出，这是一条斜率为 1/4 的直线。

式（5-69）的导数表达式两边同乘以 t_{Dx_f} 后，再求对数后表达为：

$$\lg\left(p'_D t_{Dx_f}\right)=\frac{1}{4}\lg t_{Dx_f}-\lg 4+\lg\frac{\pi}{0.906\sqrt{2F_{CD}}} \tag{5-71}$$

将式（5-70）和式（5-71）两式相减，得：

$$\lg\left(p_{\mathrm{D}}\right)-\lg\left(p_{\mathrm{D}}'t_{\mathrm{D}x_{\mathrm{f}}}\right)=\lg 4=0.602 \tag{5-72}$$

可以看出，在双线性流段，双对数曲线表现为平行的直线，两者纵坐标差为 0.602（对数周期）。

（3）拟径向流段。

这一段与前述无限导流垂直裂缝的情况类似，$t_{\mathrm{D}x_{\mathrm{f}}}\dfrac{\mathrm{d}p_{\mathrm{D}}}{\mathrm{d}t_{\mathrm{D}x_{\mathrm{f}}}}=0.5$，在双对数图上导数为水平直线，在单对数图上这一段表现为直线。

2. 导流能力稍大时的曲线形态

当 F_{CD} 稍大时，例如 F_{CD}=15，则在 1/4 斜率段以后，还会出现 1/2 斜率的单纯的地层线性流段，如图 5-80 所示。

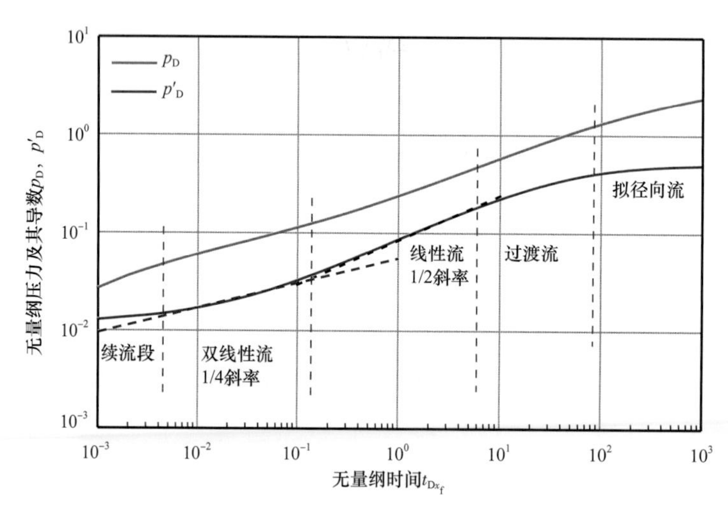

图 5-80　有限导流垂直裂缝压力双对数特征图

（Kh=10mD·m，x_{f}=250m，F_{CD}=15，S_{f}=0）

从图 5-80 中看到，流动分成 4 个阶段：（1）续流段；（2）双线性流段：压力和导数 1/4 斜率的直线，相距 0.602（对数周期）；（3）线性流段：压力和导数 1/2 斜率直线，相距 0.301（对数周期）；（4）拟径向流段。

（五）裂缝表皮系数及影响

1. 裂缝表皮区伤害机理

压裂施工时，特别是大型的压裂施工时，常常采取大泵量、高压力向地层注入数百立方米，甚至近千立方米的压裂液。这时在压开地层、产生大裂缝的同时，压裂液也会渗入裂缝的表面，对地层造成污染和伤害，如图 5-81 所示。

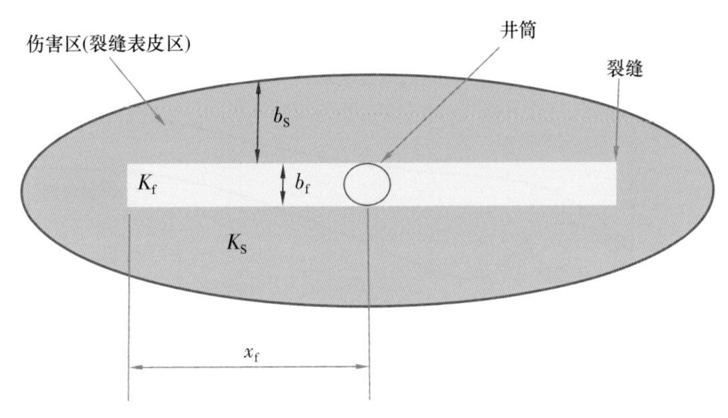

图 5-81 压裂裂缝表皮伤害机理示意图

定义一个裂缝表皮系数 S_f，用下面的公式表示：

$$S_f = \frac{\pi b_S}{2x_f}\left(\frac{K}{K_S} - 1\right) \tag{5-73}$$

式中 S_f—— 裂缝表皮系数；

K—— 地层渗透率，mD；

K_S——表皮区渗透率，mD；

b_S——表皮区厚度，m；

x_f——压裂裂缝半长，m。

式（5-73）中，影响 S_f 值的主要因素是表皮伤害区渗透率 K_S 和表皮伤害区厚度 b_S，堵塞得越严重，则 K_S 越小。表 5-8 列出当 b_S=0.1m，K=1mD，x_f=50m 时的 K_S 与 S_f 的关系。

表 5-8 裂缝表皮系数 S_f 与污染区渗透率 K_S 关系表

K_S，mD	1	0.5	0.2	0.1	0.05	0.01
S_f	0	0.003	0.013	0.03	0.06	0.3

从表 5-8 中看出，当 K_S 降为原渗透率的 1/10 时，S_f=0.03；当 K_S 降为原渗透率值的 1/100 时，S_f=0.3。因此 S_f 绝对值不大的变化，实际反映的裂缝表皮伤害区污染却是非常剧烈的。

2. 存在裂缝表皮伤害时的典型曲线及实测例

（1）裂缝表皮伤害对曲线形态的影响。

裂缝表皮区的伤害，无疑会增加流动阻力，加大生产压差，从而降低气井的产气能力。因此，虽然压裂裂缝的存在使井底流动变畅，但由于裂缝表皮伤害的存在，作为全井来说，显示总的表皮系数仍然会有所增加。由于 S_f 的增加，曲线早期段导数出现明显的下凹，与图 5-74、图 5-75、图 5-78 和图 5-80 等显示完全不同的特征，如图 5-82 所示。

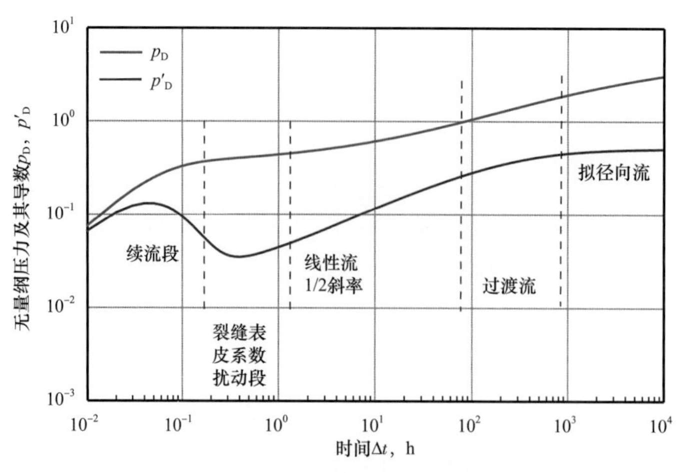

图 5-82　裂缝表皮 S_f 对压裂井模型曲线影响示意图

（Kh=10mD·m，x_f=200m，F_{CD}=15，S_f=0.3）

从图 5-82 中可以看到，原本续流段以后紧接着出现的线性流段，在这里由于裂缝表皮伤害的存在而受阻，从而导致压力导数下倾。这一特点是裂缝表皮伤害存在的最为明显的特征。

（2）现场实测例。

压裂施工以后，存在裂缝表皮伤害 S_f 的现场实测例是很普遍的。

① S117 井。

图 5-83 显示长北气田 S117 井的实测压力恢复曲线。该井打开二叠系山西组砂岩地层，经压裂后完井，关井前产气量为 $9\times10^4m^3/d$，经试井软件分析取得如下参数：渗透率 K=0.45mD；压裂裂缝半长 x_f=75.8m；裂缝表皮系数 S_f=0.90；非达西流系数 D=0。

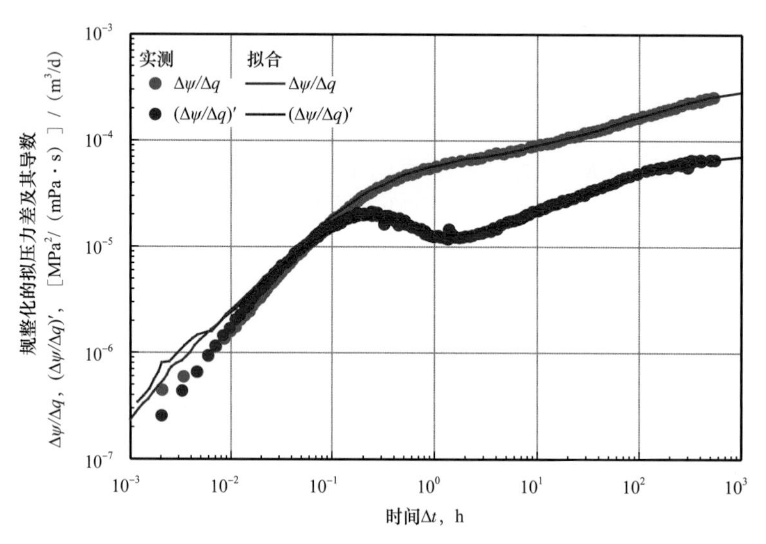

图 5-83　S117 井压力恢复曲线双对数图

② Y27-11 井。

图 5-84 显示长北气田 Y27-11 井的实测压力恢复曲线图。该井打开二叠系山西组砂岩地层，经压裂后完井。经解释，地层和井的参数如下：地层渗透率 K=0.65mD；压裂裂缝半长 x_f=74.1m；裂缝表皮系数 S_f=1.02；非达西流系数 D=0。

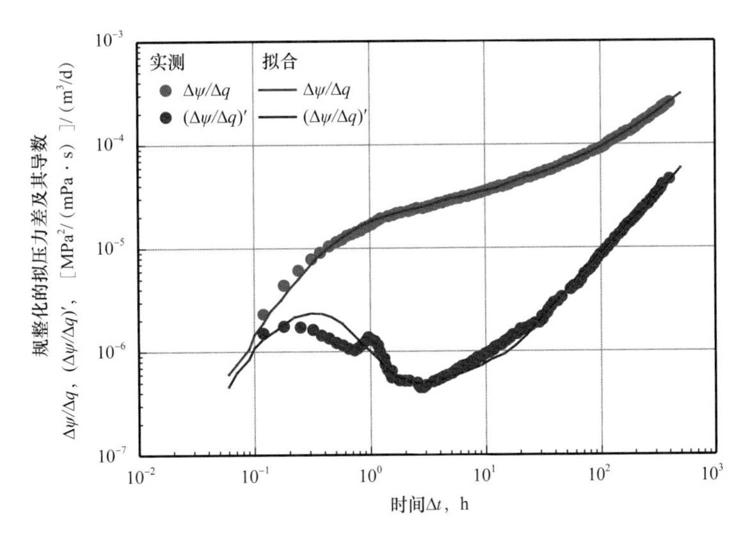

图 5-84 Y27-11 井压力恢复曲线双对数图

这些实测例，显示在那些施工现场压裂工艺仍存在某些不足，需要进一步改进。

四、部分射开地层的特征图（模式图形 M-6）及实例

（一）采取部分射开完井时的地质背景

油气井完井时采取部分打开方式，主要根据特殊的地质条件。

1. 气井的部分射开完井

气井采取部分射开，主要是在开采厚的地层，并存在底水时，为防止底水锥进造成水淹而采取的措施。

在中国，最早采取部分打开的气井是在四川盆地的威远气田。该气田主要产气层位是震旦系含底水块状气藏。气藏含气高度 244m，原始气水界面海拔 –2434m。由于储层裂缝发育，为避免底水锥进，开发井多采取完钻于气水界面以上，并且只打开上部地层的方法完井开采。这样的井，在测试时将会显示部分射开的特征。

克拉 2 气田也是一个巨厚并含有底水的断背斜气田。主要含气层位是白垩系砂岩地层，气藏含气高度约 350m，气水界面在 –2468m。为避免底水锥进，射开上部气层开发。

另外，在克拉 2 气田早期发现井试气过程中，曾采取分小层段射开的方法逐层进行测试，结果发现，压力恢复曲线明显地显示“部分射开”的特征。测试时打开的部位，不只是在顶部，也有在中间部位打开的，因此下面所讨论的模型，将针对各种可能的射开部位。

2. 油井的部分射开完井

类似于气井的情况，一些储层厚度很大的块状油藏也会采取部分射开的方法完井，或采取部分射开的条件进行测试。所不同的是，除了避免底水锥进外，还要避免气顶向下锥进发生气窜。因此射孔部位常常选择在中间部位。

（二）部分射开时的流动模型

气层的部分射开，将会产生球形流或半球形流的流动图谱，参见本书第二章的图 2–12、图 2–13 和图 2–15。不论是球形流或半球形流，其模式图形是一样的，如图 5–85 所示。

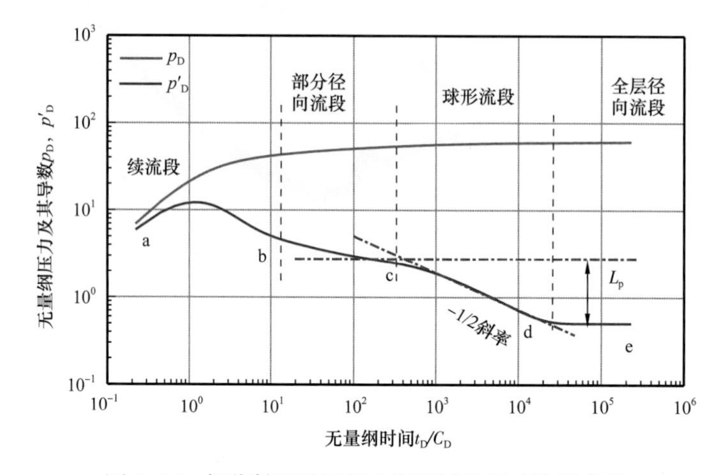

图 5–85　部分射开地层压力恢复试井双对数模式图

从图 5–85 中看到，流动分成 4 个阶段。

1. 续流段

与常规的均质地层大体类似，但这一段所显示的曲线形态中，形状参数 C_De^{2S} 值里的表皮系数 S 反映的是射开部分的伤害情况。

2. 部分径向流段

对于大多数层状地层，在厚层内部，常伴有薄的夹层，这些薄夹层虽不能隔断气体的纵向流动，却使气层的垂向渗透率远小于水平渗透率，即 $K_v \ll K_h$，从而推延纵向流动的发生。因此，在续流段以后的早期，有时会出现短时间的、发生在部分射开层段的径向流动。

如果这一流动段在测试曲线上存在，则可以通过软件分析，计算射开层段的参数值：流动系数（Kh/μ）$_{部分}$；渗透率 $K_{部分}$；表皮系数 $S_{部分}$等。

对于隔层影响不明显、层段间纵向渗透率相对较好的储层，这一流动段不一定存在。因此企图在厚气层中采取部分射开的方法，测取分小层储层参数的做法常常得不到预想的结果。

3. 球形流段

射开层段以外的较厚的层段参与流动，使平面径向流转化为球形流。其流动图谱参见图 2-15。对应球形流动，在图 5-85 中导数图上显示 -1/2 斜率的下倾的直线。这是球形流动的主要的特征线。

4. 全层径向流

球形流以后，只要测试时间足够长，一般都可以测到全层的径向流段。通过全层的径向流段，可以解释全层的参数：全层综合的流动系数（Kh/μ）$_{全层}$，全层综合的渗透率 $K_{全层}$ 和全层的表皮系数 $S_{全层}$。

这里有两点须引起注意：

（1）在计算全层的 K 值时，必须要确切知道全层的厚度。但多数情况是，到底射开部位附近有多大厚度的储层参与流动，是个未知数。有时也有可能是，随着时间的延长，更厚的层段参与流动，因此所计算出的 $K_{全层}$的含义是难以界定的。

（2）全层表皮系数 S。

关于 $S_{全层}$的含义，有两重意思：一是表明钻井、完井对地层造成的伤害；二是由于部分射开造成的井底集流，引起附加的表皮系数。后者往往影响更大，有时使表皮系数达到 100 以上。

从图 5-85 中还可以看到，部分径向流与全层径向流之间的导数水平线，有一个高差，用 L_p 表示。其数值用纵坐标的一个对数周期长度倍数表示，即 $L_{pD}=L_p/L_C$。这样，全层流动系数与射开层段流动系数之比可以表示为：

$$M_p = \frac{(Kh/\mu)_{全层}}{(Kh/\mu)_{部分}} = 10^{L_{pD}} \tag{5-74}$$

从式（5-74）中看到，L_{pD} 越大，也就是导数水平线的高度差越大，则全层流动系数与射开部分流动系数之比（M_p）越大，并且 M_p 总是大于 1 的。考虑部分射开参数的影响，模型曲线的形态发生变化，如图 5-86 所示。

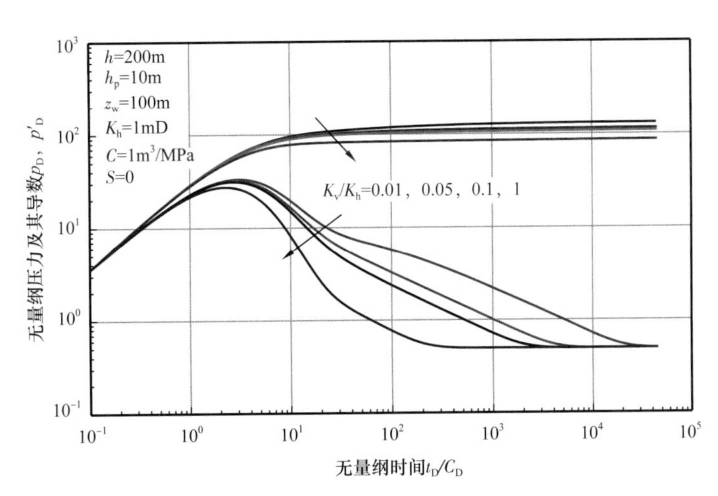

图 5-86 不同 K_v/K_h 参数的压力恢复曲线模式图

从图 5–86 中看到：

（1）射开层段百分比的影响。

总地层厚度 200m，射开部分 h_p=10m，相当于总厚度的 0.05。因此表现在部分径向流与全层径向流之间导数水平线的高差是较大的。

（2）K_v/K_h 的影响。

影响曲线形态的另一个重要因素是水平渗透率 K_h 与垂向渗透率 K_v 的比值。从曲线中看到，当 K_v/K_h=0.01 时，存在两个明显的径向流段；当 K_v/K_h=1 时，部分径向流段消失，续流段过后，直接显现球形流段（导数 –1/2 斜率）。

（三）现场实测例

1. KL201 井

KL201 井是克拉 2 气田的一口试气井。在 3600～4021m 的长 421m 的井段上，选择 9 个小层段分别试气。最长井段 30m，最短 2m，分别是总有效厚度的 1/150～1/10。由于 KL201 井主力产层白垩系巴什基奇克组是一个连续的厚层，内部并无明显的隔层，因此测得的多数曲线，清楚地显现部分射开的影响，如图 5–87 所示。

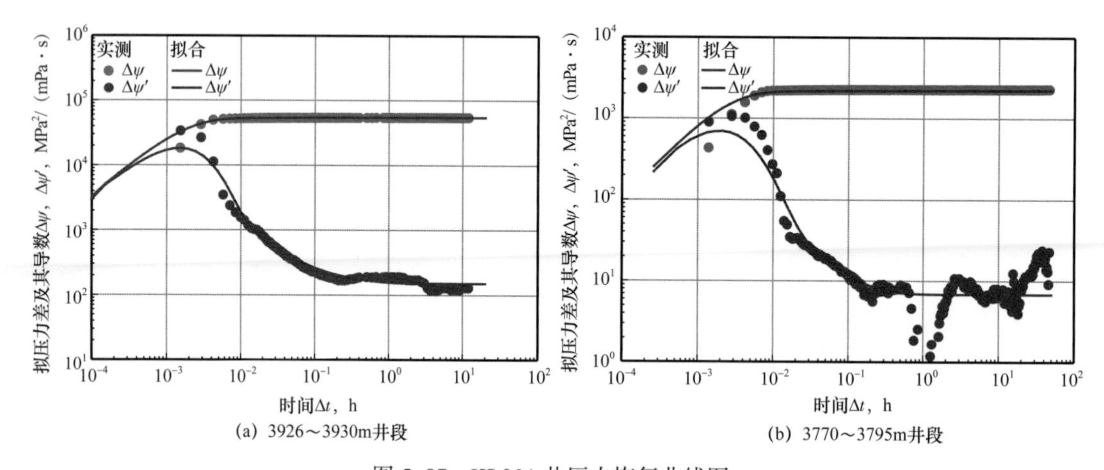

图 5–87　KL201 井压力恢复曲线图

上述测试结果，既有成功的方面，也有须改进的地方。

（1）对储层的认识。

该曲线采用电子压力计进行资料录取，测压精度高，录取数据质量好，对储层提供了如下认识：

① 曲线具有很好的径向流段，说明其主要的生产层——白垩系巴什基奇克组表现了明显的均质地层特征，井附近的小断层没有起到明显的遮挡作用。

② 曲线表现出典型的部分射开的特征。部分径向流与全层径向流导数水平线间，高度差值 L_p 达到 1～1.4。按式（5–74）粗略计算，流动系数比 M_p≈10～25。这就意味着试气时有 100m 以上的地层参与了气井生产。从动态上看，该井的主力产层白垩系，

纵向上连为整体，可以作为整体开发，不论在哪个层段打开，都可以达到较好的开发效果。

③ 从曲线形态看，对比图 5-86 的模式图形特征，球形流出现时间较早，判断 K_h/K_v 值较小。说明地层纵向连通性较好，从而为整体开发进一步提供依据。

（2）不足之处。

该井的试气安排，原设想通过分层段试气了解分层参数，从而对纵向各小层的产能贡献进行研究。但从测试结果看，不但不能解释分层参数，了解分层的产能指标，而且由于测试时的纵向流动，使各层段交织在一起，所以也无法确切计算全井的产能指标。

2. KL2 井

KL2 井是克拉 2 气田的发现井。该井同样进行分层段试气，在 3567～4071m 的含气层段内，分 14 个小层分别试气，射开厚度从 1m 到 10m 不等，平均 5m。经测试后，绝大部分测试曲线显示部分射开的特征，如图 5-88 所示。

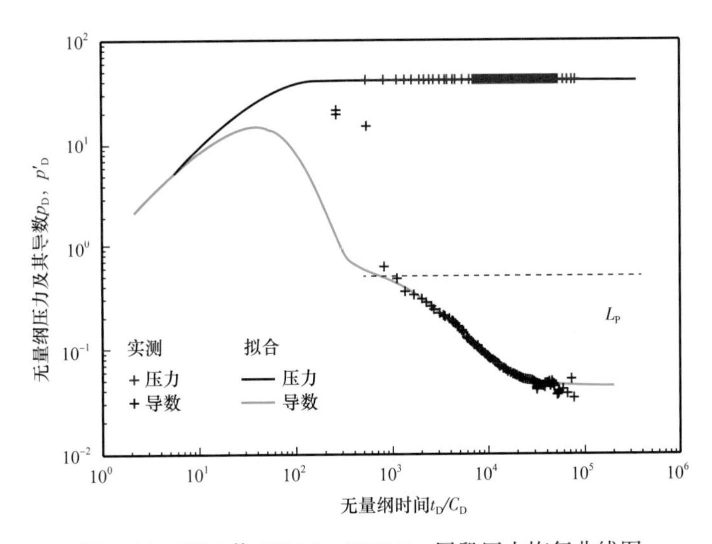

图 5-88　KL2 井 3593.5～3595.5m 层段压力恢复曲线图

KL2 井的测试是在完井试气过程中进行的，打开的层位更薄，部分射开影响更明显。当时把这部分资料作为非正常资料看待，并未解释出预计的结果。实际则不然，从这些测试曲线，同样可以取得与前面介绍的 KL201 井一样的信息。而且 KL2 井的测试施工在前，本来应该从中吸取经验，以服务于后面的测试施工，可惜 KL201 井又重复了 KL2 的做法，从而进一步看到测试施工前试井设计的重要性。

3. KL204 井

该井只测试了一个层位，测试结果如图 5-89 所示。该井打开 5m，产气量 $21.84\times10^4m^3/d$，也清楚显示部分射开特征。

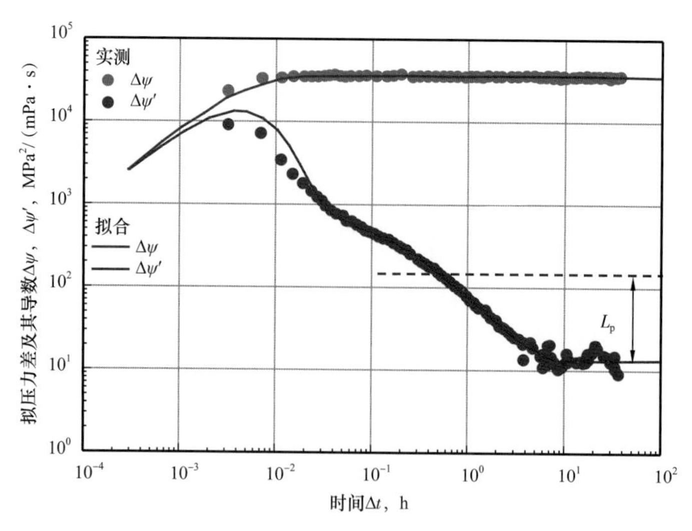

图 5–89　KL204 井压力恢复曲线图

五、复合地层的特征图（模式图形 M–7，M–8）及实例

（一）评价储层边界类型时的认知原则

本章表 5–5 中所罗列的各种典型的气层条件和气井的模式图中，在 M–6 以前介绍的气井试井资料都没有考虑外部边界条件。而从 M–7 以后，直到 M–16，都存在各种外边界的影响。边界影响往往使压力导数在晚期产生上翘或下倾。气井开井后产生的压力波动，在向外围传播遇到流动受阻时，压力导数将向上翘起，反之当流动变畅时，导数将下倾。本书第二章的图 2–26 至图 2–30，罗列了一些常见的使流动受阻和流动变畅的情况，读者可参考。

但是如果要单从导数曲线的形态反过来判断储层的结构时，就会遇到多解性的问题。因此，在这里提出几条从试井曲线分析储层动态模型的原则：

（1）地质条件为基础。

不论进行试井分析或动态模型确认，首先必须仔细了解和分析储层的条件：

① 是砂岩储层，还是碳酸盐岩储层；

② 构造图中有没有断层分布，断层的性质、落差，对储层的分割情况；

③ 如果是砂岩储层，了解各井间有效砂岩的地层对比情况、砂层的发育情况，非均质变化情况；

④ 如果是碳酸盐岩储层，了解裂缝发育规律，是否存在组系性的分区，是否具有方向性；

⑤ 对于海相沉积的石灰岩储层，是否发育有潮汐形成的、致密的泥质区带，即所谓的沟槽；

⑥ 对于河流相沉积形成的薄的砂岩储层，了解河道的宽度、长度及走向；

⑦ 对于潜山型的碳酸盐岩储层，了解地质上对裂缝发育带的评价；

⑧ 对于特殊岩性的气层，例如火山岩、礁灰岩、鲕滩灰岩气层等，通过地质研究成果，尽量了解其性状，分析对气体渗流的影响。

只有在充分了解气藏的地质条件以后，才有可能为确认储层动态模型找到正确方向。

（2）不稳定试井分析取得的模式图形是主要分析依据。

正如本书多次讲到的，不稳定试井所取得的压力变化曲线，其图形特征描述了油气在储层内的流动特征。只要做好试井设计，录取到时间足够长的精确的压力资料，那么有关储层的各种信息就真实地包含在其中了。进而要做的事就是运用合适的试井软件去分析它们，以获取这些信息。

（3）气井的生产动态将验证模型的正确性。

由于不稳定试井测试的时间是有限的。对于距离比较远的边界，常常不能充分反映。因此，试采过程中的生产动态，也就是通常所说的压力历史，将能进一步甄别初步确认的动态模型的可信度。因此压力历史拟合检验，是确认气井和储层动态模型的最有效的手段。

（二）复合地层的地质条件

大面积分布的气层，由于沉积过程的影响，会形成平面上的非均质。从地质上推测储层具备复合地层的条件，应有如下几个依据：

（1）对于孔隙性的砂岩储层，经过井间的小层对比，得到主要产层的有效单砂体平面分布图，这些单砂体应该是普遍发育的、连片的。

（2）从构造图上看，井附近不存在对生产层起到分隔作用的断层。

（3）根据沉积相的研究，对于河流相沉积形成的砂岩地层，有效砂岩体不存在阻流边界。

（4）对于石灰岩裂缝性地层，应是普遍发育的网状缝。虽然由于构造形态可能造成裂缝发育的不均匀性和方向性，但未能造成局部发育的态势。

对于造成钻井放空或大量井漏的大裂缝系统，虽然看起来连通很好，但从以往经验看，其发育常常具有局部特性，分布范围反而不一定很广泛。

在经过充分分析，目的层具备上述地质条件以后，可以初步判断，气田有可能形成连片的、但是平面非均质的分布。

（三）复合地层的模式图

复合地层模型是对地层发育非均质的一种描述。地层非均质是非常复杂的，确切加以描述非常困难。一种最简单的模型就是圆形复合地层。

所谓圆形复合地层是指：井附近区域为内区，其流动系数为 $(Kh/\mu)_{内}$，储能参数为 $(\phi hC_t)_{内}$；距井 r_M 以外为外区，其流动系数为 $(Kh/\mu)_{外}$，储能系数为 $(\phi hC_t)_{外}$，如图 5-90 所示。

图 5-90 中显示，在情况（a）条件下，内好外差，$(Kh/\mu)_{内} > (Kh/\mu)_{外}$；在情况（b）条件下，内差外好，$(Kh/\mu)_{内} < (Kh/\mu)_{外}$。

定义两个参数，流动系数比 M_C 和储能参数比 ω_c，它们的表达式为：

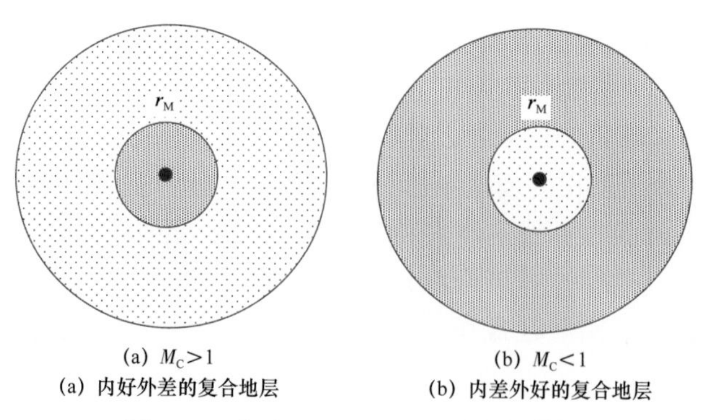

图 5-90 复合地层储层平面分布示意图

$$M_C = \frac{\left(Kh/\mu\right)_{内}}{\left(Kh/\mu\right)_{外}} \tag{5-75}$$

$$\omega_C = \frac{\left(\phi h C_t\right)_{内}}{\left(\phi h C_t\right)_{外}} \tag{5-76}$$

那么在图 5-90 的情况（a）时，$M_C>1$；情况（b）时，$M_C<1$。复合地层的形成原因可以是多种多样的：

（1）内、外区地层系数的差异形成复合地层。此时 M_C 的大小，一般也会影响 ω_C 的大小。

（2）内、外区流体性质的差异形成复合地层。例如打开气顶的气井，外围会显示油环或边、底水影响，形成内好外差的复合地层。此时 M_C 的差别与 ω_C 的差别与前者将会稍有不同。

复合地层内测试的不稳定试井曲线，其典型的特征图形如图 5-91 和图 5-92 所示，在表 5-5 中，命名为 M-7 和 M-8。

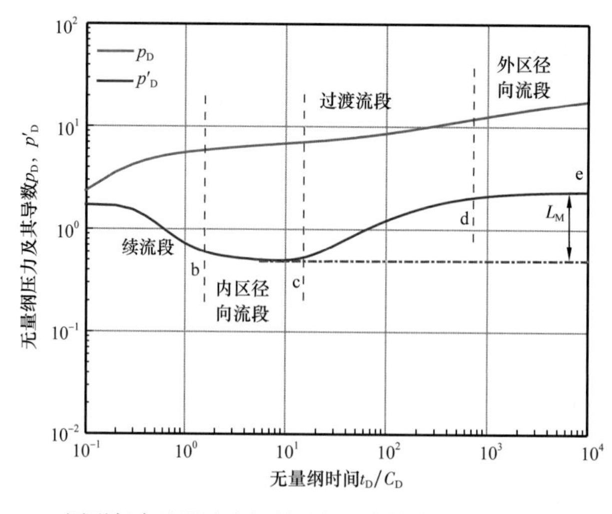

图 5-91 圆形复合地层（内好外差）压力恢复曲线模式图形（M-7）

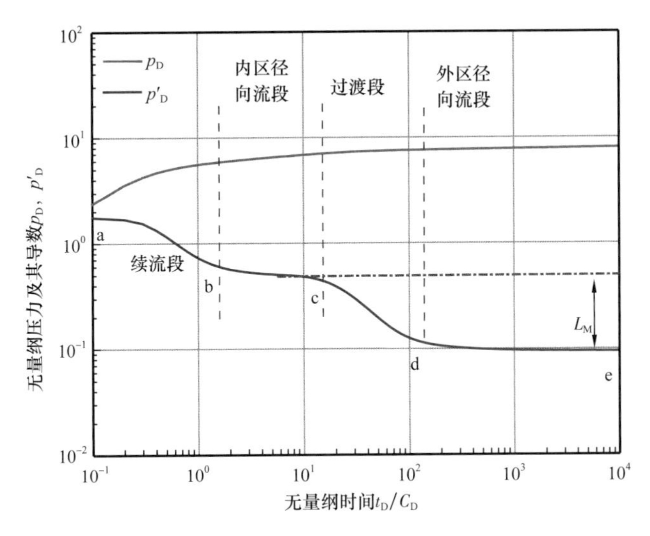

图 5-92 圆形复合地层（内差外好）压力恢复曲线模式图形（M-8）

从图 5-91 和图 5-92 中看到，流动分成 4 段：续流段；内区径向流段，表明在井底附近地层大体是表现为均质的；过渡段，由于外围地层变差（图 5-91）使流动受阻，因此压力导数上翘；或是由于外围地层变好（图 5-92），使流动变畅，引起压力导数下倾；外区径向流段，压力导数再一次呈现出水平线，表明在外围仍表现为均匀介质地层。

在图 5-91 和图 5-92 的复合地层的模式图中，有以下几点值得注意：

（1）在内、外区的径向流之间，导数水平线存在一个高度差，表示为 L_M。L_M 除以纵坐标刻度 L_C（一个对数周期长），得到无量纲数，表示为：

$$L_{MD}=\frac{L_M}{L_C} \tag{5-77}$$

用 L_{MD} 值，可以计算内外区流动系数比：

$$M_C=10^{L_{MD}} \tag{5-78}$$

式中，导数上翘时（内好外差），L_{MD} 取正值，导数下倾时（内差外好），L_{MD} 取负值。可以看到，根据式（5-78），内外区的导数高差（L_{MD}）越大，则内、外区的流动系数比越大。所以当导数越是上翘得严重，说明外围地层越是急骤变差的。

（2）复合地层的特征与地层部分射开的区别。

从井的条件看是完全不同的两种情况。部分射开是完井条件造成的，从完井记录上可找到依据；如果完井没有问题，则只能从地层的变化，即外围地层变好找到原因。另外，两种曲线的下倾段出现的时间不同：地层部分射开造成的导数下倾，产生于早期，属于完井表皮影响范围；复合地层（外围变好）的导数下倾，出现在曲线的中后期。

（四）现场实例分析

1. 靖边气田的复合地层实测例

靖边气田打开的是奥陶系的石灰岩裂缝性储层。在 20 世纪 90 年代初气田刚发现时，从现场测试的压力恢复曲线上，看到压力导数多数出现上倾。于是一些专家怀疑储层是否会被不渗透边界切割，形成区域性的局部的小区块，这样气田的储量将会大打折扣。这种对储层的认识，一时成为阻碍气田储量审批，进而投入开发的关键问题。

参与气田动态模型分析的专家组经过深入研究，否认了“气田呈小区块分布”的观点，依据有 3 条：

（1）地质依据。奥陶系石灰岩储层是一个大面积分布的海相沉积地层，构造上呈平缓的单斜。在区域内部既没有断层分布，也不存在其他侵蚀边界或岩性边界。因此，推测造成一片片的封闭区块的地质依据不足。但是从已有探井的地层参数分析，非均质性还是严重的。

（2）压力恢复曲线特征的分析。如果像一些专家推测的那样，储层呈分隔的局部小区块，则压力恢复曲线的特征图应如表 5–5 中模式图 M–11 的样式，压力导数后期会急骤下落。但实测的 30 余口井的资料中，除一口处于气区边缘位置并打开非主力产层马五 $_4$ 的陕 6 井外，没有再出现如 M–11 的情况。

更多的井，压力导数出现明显的复合地层的特征。多数井，如陕 5 井、陕 155 井、陕 52 井和陕 175 井等，表现为内好外差的复合地层；另一些井，如陕 13 井，则表现为外围变好的复合地层。产生这样的差异也存在内在的原因，主要就是被测试井多是产气能力好的井，相反一些产气能力差的井，有的因不具备工业产气量已被废弃，有的虽具工业产量，但并未参与后期的试采测试，使那些具备内差外好反映的资料难以更多地被取到。

（3）压力历史表现。从以上这些井的长期试采压力表现看，多数呈现出较为稳定的走势，在进行压力历史拟合检验时，也支持复合地层的模型走势。

经过以上分析，确认了靖边气田的奥陶系储层是大面积连片分布的，但存在一定程度的非均质变化，从而为储量计算结果的可靠性提供了有力的支持。气田开发后长期的现场生产，证实了上述判断是正确的。

具体的实例如下。

① 陕 5 井。

陕 5 井位于靖边气田中区的西南侧，从主力产层马五 $_1$ 层 Kh 等值图中看到，处于一个高值区。试气产量达 $8\times10^4\text{m}^3/\text{d}$，在产能测试后延续开井作短期试采，然后关井测压力恢复曲线，测得的双对数曲线图如图 5–93 所示。

从图 5–93 中看到，压力导数在晚期明显上翘。虽然测试近 500h，但还没有能达到外区径向流水平线位置。为了验证作为复合地层解释的可靠性，进行了压力历史拟合验证，如图 5–94 所示。可以看到，不论压降段或压力恢复段，理论模型与实测压力之间是吻合的，因此认为解释结果是可靠的。

经软件解释后得到参数如下：内区流动系数 Kh/μ=128.1mD·m/（mPa·s）；内区渗透率 K_1=2.7mD；表皮系数 S=–4.60；内外区流动系数比 M_C=16；内外区储能参数比 ω_C=16；外区渗透率 K_2=0.168mD；内区半径 r_M=225m；井筒储集系数 C=4.2m^3/MPa。

② 陕 155 井。

该井位于靖边气田北区，从 Kh 等值图上看，同样位于高值区。主力产层马五 $_1$，试气时产量 $9.84\times10^4\text{m}^3/\text{d}$。同样也是在修正等时试井后，进行短期试采，然后关井测压力恢复，取得的双对数曲线图如图 5–95 所示。

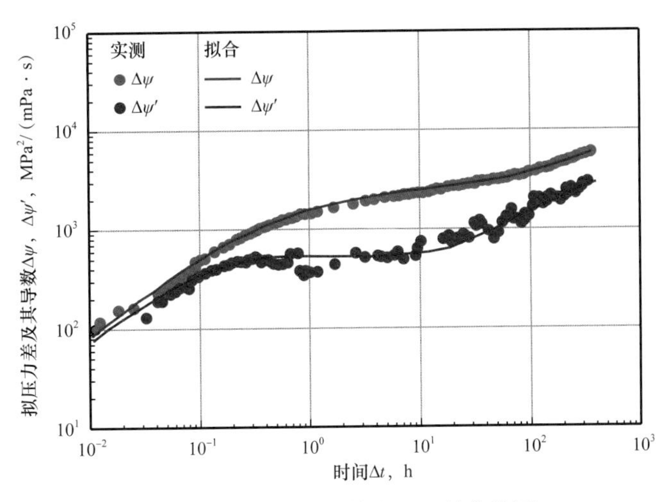

图 5-93　陕 5 井压力恢复双对数曲线图

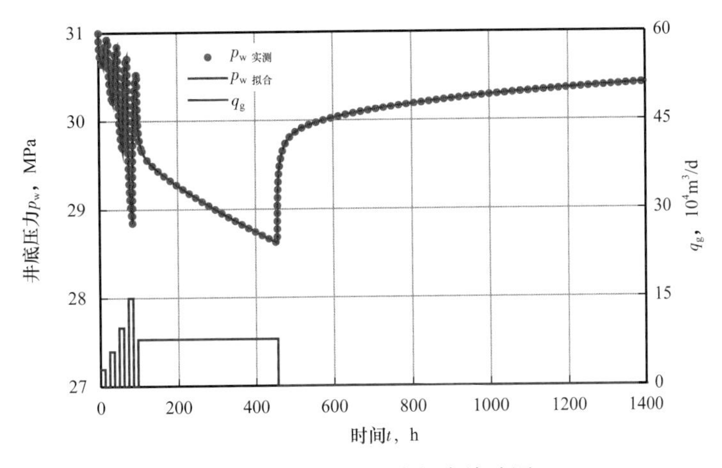

图 5-94　陕 5 井压力历史拟合检验图

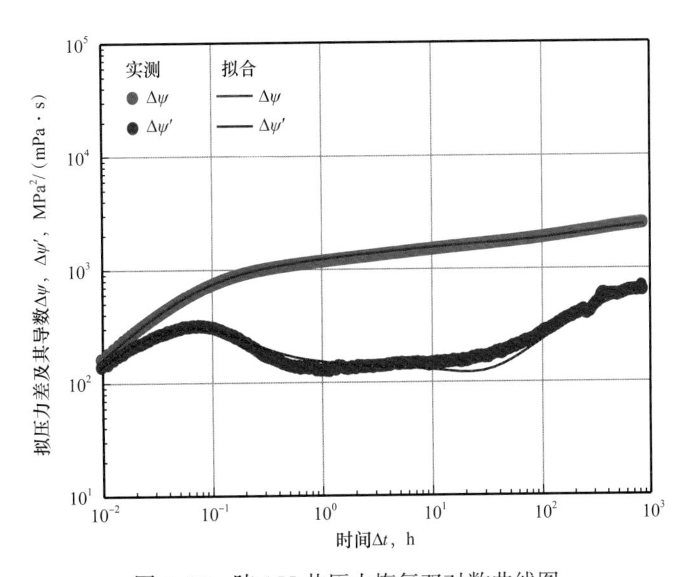

图 5-95　陕 155 井压力恢复双对数曲线图

从图 5-95 中看到，压力及导数与复合地层的特征一致，但同样在测试 1000h 左右的时间后，尚未能测到外区的径向流水平段。

经软件解释得到：内区流动系数（Kh/μ）$_1$=1229.1mD·m/（mPa·s）；内区渗透率 K_1=25.6mD；表皮系数 S=−1.7；内外区流动系数比 M_C=9.3；内外区储能参数比 ω_C=9.3；外区渗透率 K_2=2.75mD；内区半径 r_M=383m；井筒储集系数 C=2.58m^3/MPa。

图 5-96 为陕 155 井的压力历史拟合检验图，可以看到理论模型与实测点之间拟合良好，说明解释结果是可信的。

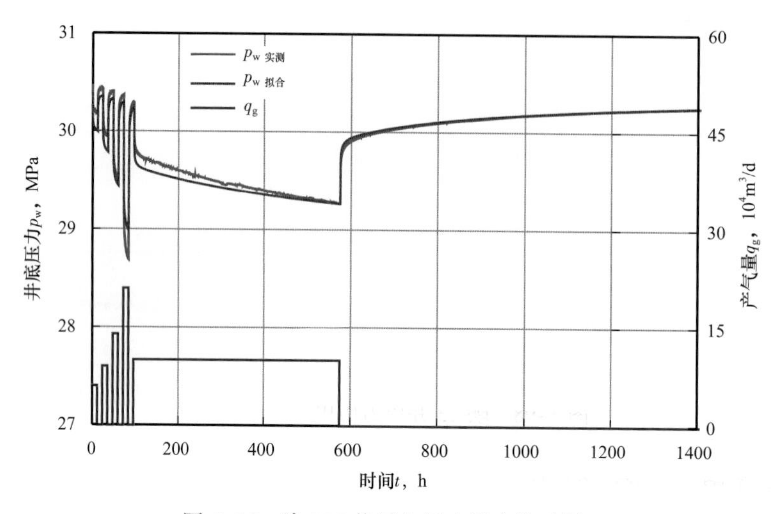

图 5-96　陕 155 井压力历史拟合检验图

③ 陕 13 井。

该井位于靖边气田南区，试气时产量 2×10^4m^3/d，属较低产的气井，按与陕 5 井和陕 155 井相同的测试方法进行测试，得到压力恢复曲线如图 5-97 所示。

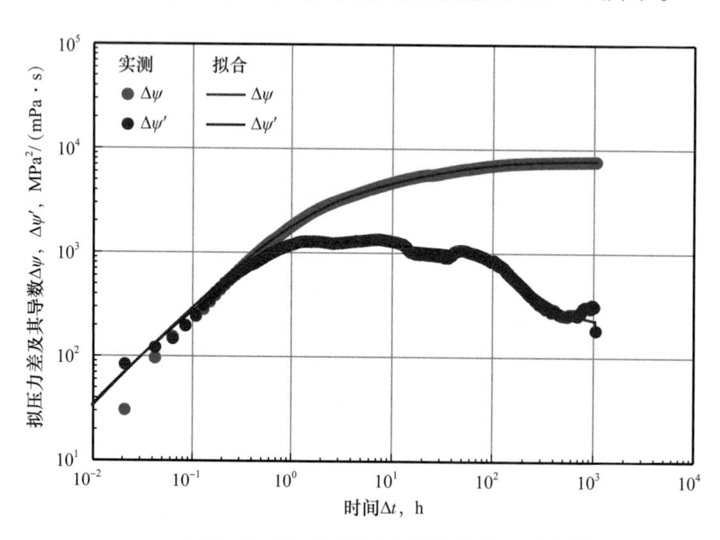

图 5-97　陕 13 井压力恢复曲线双对数图

从图 5–97 中看到，陕 13 井的图形，与内差外好的复合地层模式图形完全一致（参见图 5–91 和图 5–92）。经软件解释后得到储层参数为：内区流动系数（Kh/μ）$_1$=51.97mD·m/（mPa·s）；内区渗透率 K_1=1.09mD；表皮系数 S=–4.24；内外区流动系数比 M_C=0.2；内外区储能参数比 ω_C=0.2；外区渗透率 K_2=5.45mD；内区半径 r_M=191m。经过压力历史拟合检验符合程度良好，证实了解释结果的可靠性，如图 5–98 所示。

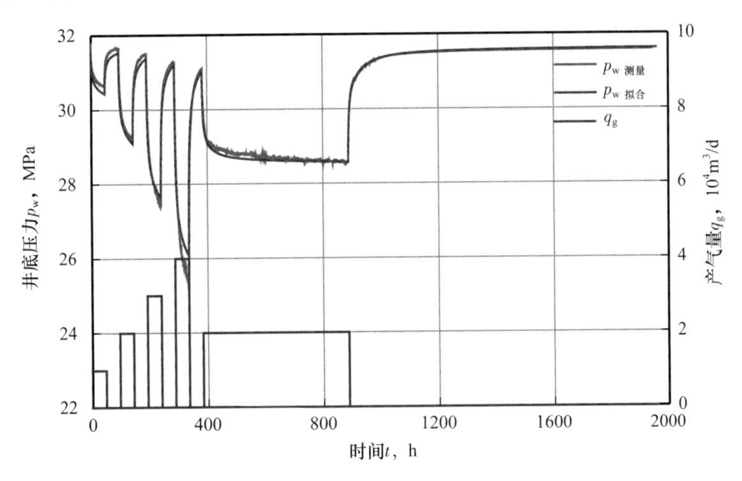

图 5–98　陕 13 井压力历史拟合检验图

2. 克拉 2 气田——KL205 井

克拉 2 气田是一个储量很大的高产气田。主力产层是白垩系砂岩地层，其中 KL205 井是取得压力资料最好的测试井之一。该井在进行回压试井求得产能以后，测压力恢复曲线了解储层情况，其双对数图如图 5–99 所示。

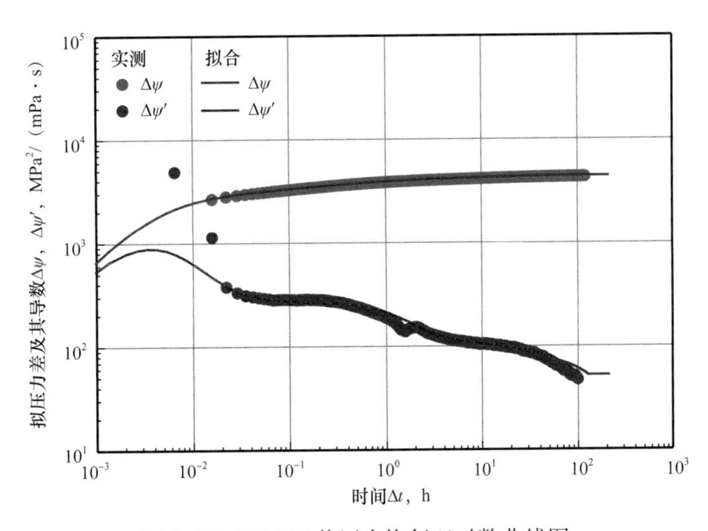

图 5–99　KL205 井压力恢复双对数曲线图

从图 5–99 中看到，压力导数在出现径向流段后，又两次呈现出下倾，表现出外围逐渐变好的 3 区复合地层特征。经试井软件分析，得到地层参数如下：内区渗透率

K_1=5.55mD；中区渗透率 K_2=14.1mD；外区渗透率 K_3=40mD；内区半径 $r_{1,2}$=40m；中区半径 $r_{2,3}$=400m；表皮系数 S=0。

以上解释结果与相邻井 KL203 井的测试结果彼此印证。KL203 井在 KL205 井西侧，解释得到渗透率为 70mD，说明在 KL205 井的外围，向西方向的渗透率是变好的。以上结果经压力历史拟合检验进一步得到了证实，参见第八章。关于 KL205 井的试井分析，曾经有关于“定压边界”的见解。这对于气井试井分析来说，存在概念上的误解。如果解释为所谓的定压边界，在一个气田中找不到相应的地质依据，不能用来确认合理的动态模型。之所以有这样的解释，是由于套用油井试井解释方法。

六、带有不渗透边界地层的特征图（模式图 M-9～M-13）及实测例

（一）地质背景

正如第二章讲到的，当井附近存在不渗透边界时，压力的传播将受阻。这种不渗透的边界，有如下几种地质背景。

1. 断层

构造图上表明的断层，不一定都是密封的断层。只有那些落差比较大，而且断层面中充填物泥质成分比较多、很致密时，才会真正成为不渗透的边界。

2. 岩性边界

河流相沉积的地层，特别是沉积过程中摆动剧烈的浅的河道，将会形成薄层的不渗透岩性边界。

3. 潮汐形成的沟槽

在靖边气田，产气层为奥陶系的海相沉积地层，潮坪相白云岩气层所在潜台四周，受潮汐侵蚀形成许多“沟槽”。沟槽下切主要储气层使之缺失，并在沟槽中沉积了泥质成分，形成了不渗透的屏障。一些沟槽附近的气井，既是高产井，又受沟槽限制，影响其动态表现。

4. 裂缝发育带的边界

一些碳酸盐岩裂缝性地层，例如古潜山的裂缝系统储层，其主要的含气部位是裂缝—溶孔—溶洞系统。这些缝、孔、洞系统，是在风化、淋滤过程中逐渐形成的。正如人们在地表目测喀斯特地形的溶洞所观察到的一样，它们的形成和存在都有一定的范围，一片片的或是一串串的，存在着明显的边界。虽然在边界的某些部位，也可以有某种通道曾与外界相连，但可以想见，在漫长地质年代中，这种通道也极有可能已被后期的构造运动所闭合。

（二）带有不渗透边界的流动模式图

对于直线的不渗透边界，沿边界的垂直方向流速为零。此时可以假定，在边界的对称一方存在着另一口“镜像井”，以相同的产量生产，并在相同的时刻开关井。其流动图

谱如图 5-100 所示。

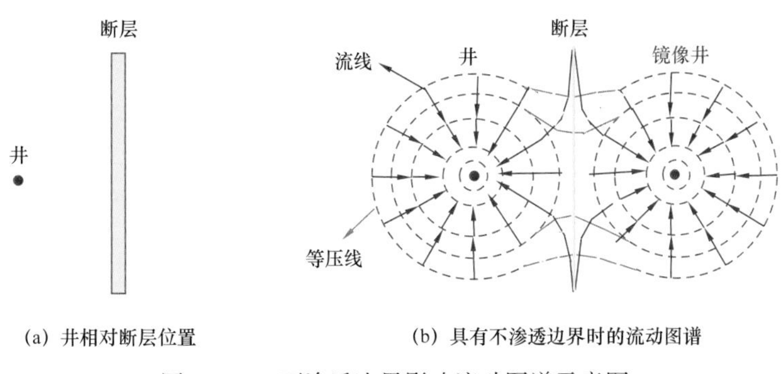

(a) 井相对断层位置　　(b) 具有不渗透边界时的流动图谱

图 5-100　不渗透边界影响流动图谱示意图

对于存在多条边界的情况，大体也可以用相同的原则，以多个镜像井加以模拟。例如，对于存在于条带形地层中的生产井，可以用一个无穷多口井组成的“井排”来加以模拟。对于夹角断层中的井可以用镜像井圈来模拟等（图 5-101 和图 5-102）。

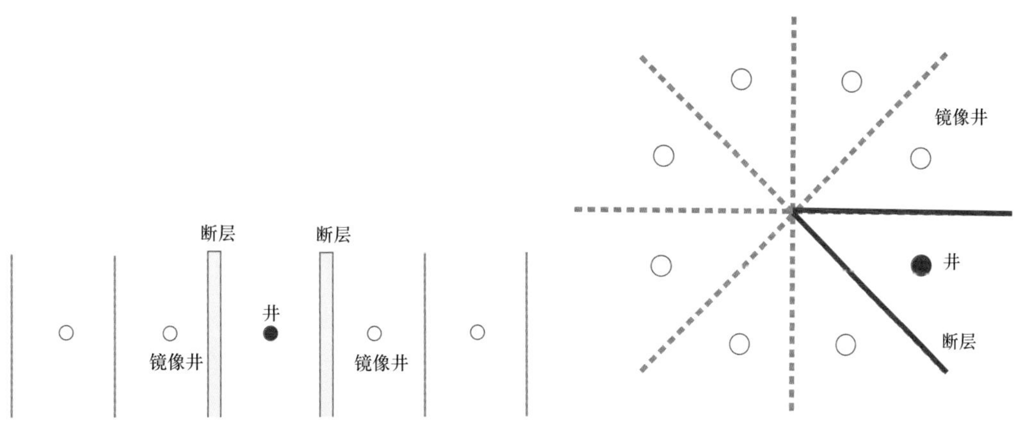

图 5-101　镜像井排模拟条带地层示意图

图 5-102　镜像井圈模拟夹角断层示意图

1. 夹角不渗透边界（M-9，M-10）

当井处在夹角断层中间时，其不稳定试井的模式图形如图 5-103 所示。

（1）流动模式图。

从图 5-103 中看到，模式图形分成 4 段：

① 续流段。与通常的均质地层相同。

② 径向流段。当不稳定压力的影响尚未到达边界时，仍符合一般的均质地层特征，其径向流段的压力导数表现为水平直线。

③ 边界反映段。这一段表现为压力导数上翘。许多测试资料正是由于测到了导数曲线的上翘，被判断为不渗透边界反映。但是对于确认不渗透边界反映及其性质来说，这是远远不够的。正如第二章所讲述的，任何造成流动受阻的地质现象，都可能引起压力导数的上翘，因此如果试井的目的是想研究断层等不渗透边界的存在及距离，必须测取下面的边界确认段的资料。

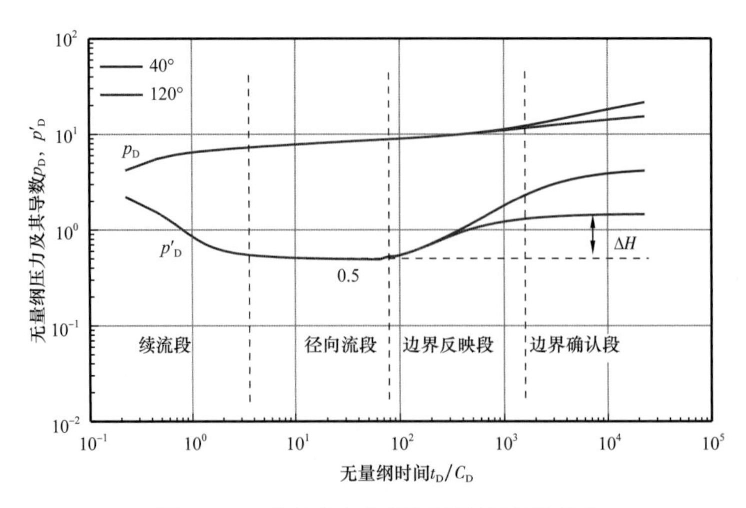

图 5-103　井处在夹角断层间的流动模式图

④ 边界确认段。边界确认段的压力导数再一次表现为水平线。第二水平线的高度，或者说第二水平线与第一水平线的高差，用符号 ΔH 表示。把 ΔH 用纵坐标刻度 L_C 除，得到无量纲的高差 $\Delta H_D=\Delta H/L_C$。这样，断层夹角 θ 可以表示为：

$$\theta=360°\times 10^{-\Delta H_D} \tag{5-79}$$

这也就意味着，如果测试井处在夹角边界中间，而且从测试曲线上取得了如图 5-103 的特征曲线，那么根据两个导数水平段的高差，立即可以估算出边界的夹角。

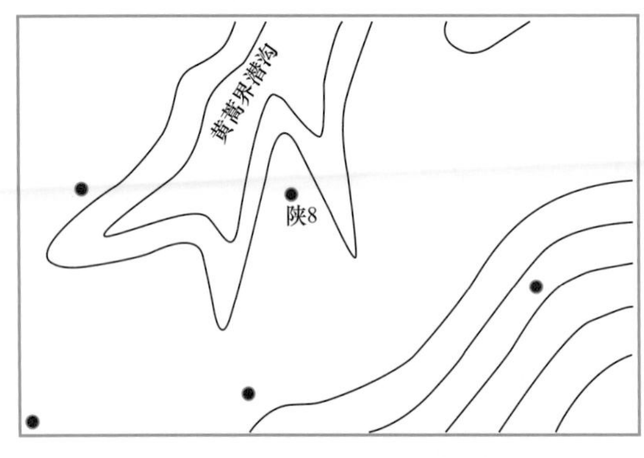

图 5-104　陕 8 井附近地质结构图

当然，包括边界夹角 θ 在内的确切的地层参数值，还是应该通过试井软件的分析来得到。

（2）现场实测例——陕 8 井。

靖边气田的陕 8 井，是一口具有夹角边界反映的典型的测试井。该井位于靖边气田中区北侧，黄蒿界潜沟附近，具体的相对位置如图 5-104 所示。

通过短期试采后，进行压力恢复试井，测得的双对数曲线图如图 5-105 所示。

从图 5-105 中看到，曲线图形完全符合图 5-103 的典型图形特征，经过试井软件解释，得到储层参数如下：流动系数 Kh/μ=160.58mD·m/（mPa·s）；地层渗透率 K=3.22mD；沟槽夹角 θ=32°；表皮系数 S=−3.9；井筒储集系数 C=3.35m³/MPa。应用式（5-79）进行估算，夹角 θ 值大致也在 30° 左右。为了验证解释结果的可靠性，进行了压力历史拟合检验，显示在图 5-106 上。

可以看到，实测压力与模型压力之间拟合比较好，证明了解释结果的可靠性。

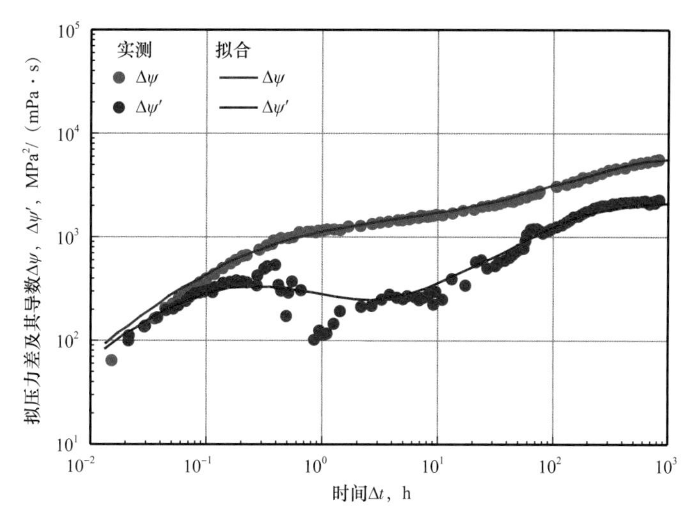

图 5-105 陕 8 井实测压力恢复曲线双对数图

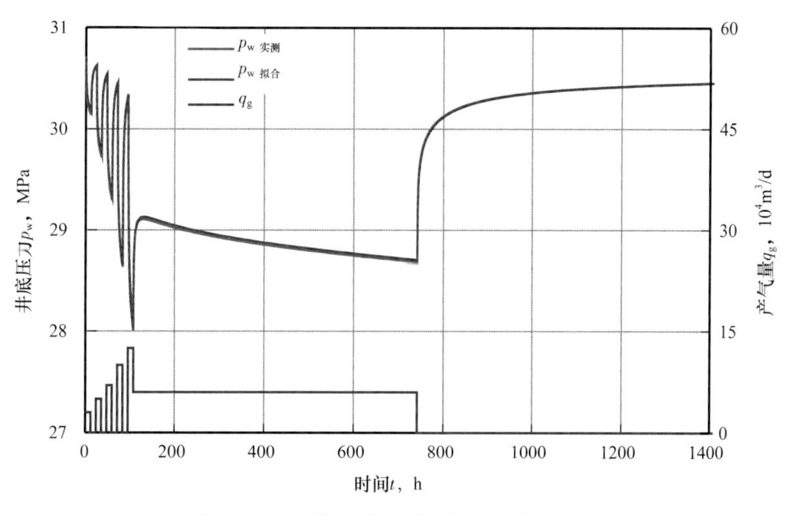

图 5-106 陕 8 井压力历史拟合检验图

2. 接近圆形的封闭不渗透边界

（1）地质背景。

如果气井是处在一个面积不大的封闭边界区块中，不论是接近圆形，或接近方形，或是不规则的多边形，对气井生产来说都没有太大的区别，其储层形态如图 5-107 所示。

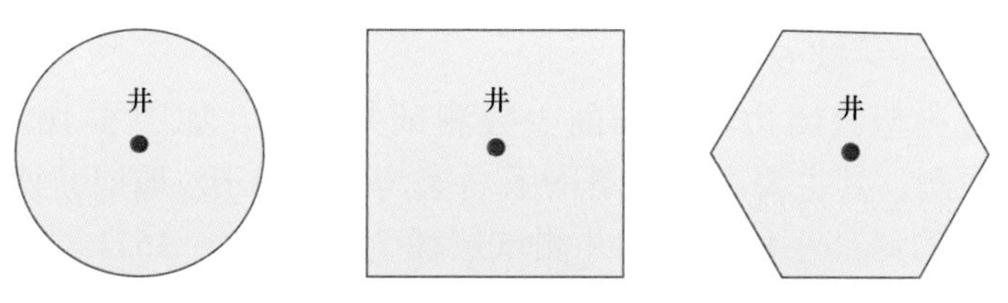

图 5-107 封闭不渗透边界储层结构示意图

（2）流动模式图。

曲线的晚期形态表现形式是：开井压降曲线压力导数呈斜率为1（45°）的直线；对于关井压力恢复曲线，当各个方向的边界反映都返回到井底时，压力导数迅速跌落。压力恢复曲线导数之所以显示迅速跌落，原因十分明了：对于封闭的区块，一旦关井后，区块内压力很快趋于平衡，压降漏斗消失，达到区块的平均压力$\bar{p}$。对于一个趋于恒定的压力值求导数，导数值接近零，在对数坐标上将迅速下落，如图5–108所示。

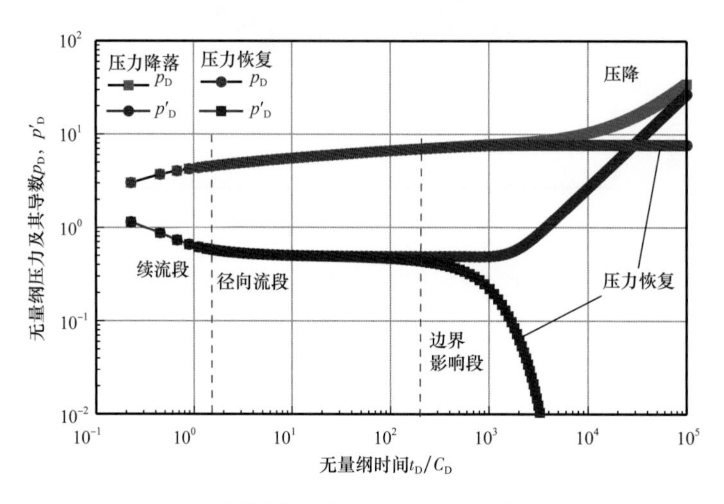

图5–108　有限封闭不渗透地层双对数曲线特征图

但是，许多地质上看似有限的封闭区块，实际并未表现出封闭区块的上述动态特征，原因如下：

① 一些封闭区块，其长宽比有时可能超过10倍以上，从而显示长条形状。比如一些河流相沉积的地层便常常是如此。如果地层渗透性较低，使最远的边界反映迟迟不能返回到井底，以至其封闭边界的特征也就长时间，也许几十天、几个月都显现不出来。

② 一些由不渗透边界圈定的区块，在某个方向、某个部位与外界相连。即使连通部位极为有限，这种压力导数的跌落现象也不会显现。

③ 某些边界是所谓的“阻流边界”，具有极低的渗透性，但不完全封闭。这种现象在河流相沉积的岩性地层中常常可以见到。

④ 一些组系性裂缝群，其中的各个单井在开采过一段时间以后，从各个井的地层压力值判断，似乎都不在一个压力系统中，但它们之间实际存在某种通道相联系。这在四川盆地的川南地区常常可以见到。这些井的压力恢复曲线，后期导数也很少表现出快速跌落等。

（3）现场实测例——陕6井。

陕6井是具有典型封闭边界特征的少数测试井之一，如图5–109所示。陕6井位于靖边气田中区西侧，其主要产层是奥陶系马家沟组的马五$_4$地层，该层段只在局部区域发育，形成分隔的局部小块。陕6井测试层段为3578.21～3621.31m，完井时产气量$10.26\times10^4m^3/d$，经酸化后达到$37.77\times10^4m^3/d$，不论酸化前后，在压力恢复曲线上都清楚地显示了封闭地层的特征。这也是靖边气田迄今唯一见到封闭地层特征的测试井。由于陕6井打开的是奥陶系的非主力产层，该层在整个储层中所占比例很小，因此这种局部分布的特征并不影响整个气田的储量计算。

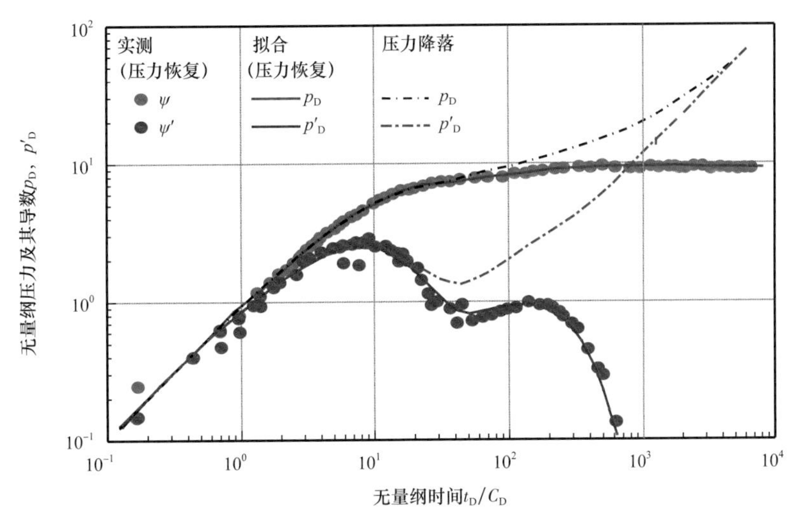

图 5-109 陕6井酸化后压力恢复曲线双对数特征图

3. 长条形的不渗透边界

（1）地质背景。

长条形的不渗透边界多存在于河流相沉积形成的地层中，特别在单层厚度薄的低渗透砂岩地层中更为常见。之所以如此是由于，地质研究认为，河道沉积中单层有效厚度与河道宽度之间具有一定相关关系，单层厚度越薄，则河道宽度越窄，如图 5-110 所示。

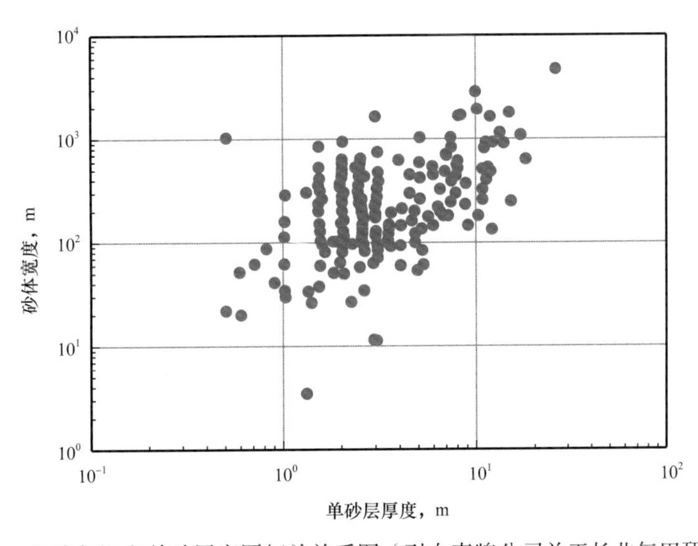

图 5-110 河流相沉积单砂层宽厚相关关系图（引自壳牌公司关于长北气田研究报告）

由此可见，如果砂层单层厚度为3m，则相应河道宽度只有300m左右，极有可能会形成长条形的砂岩储层，其结构图如图 5-111 所示。

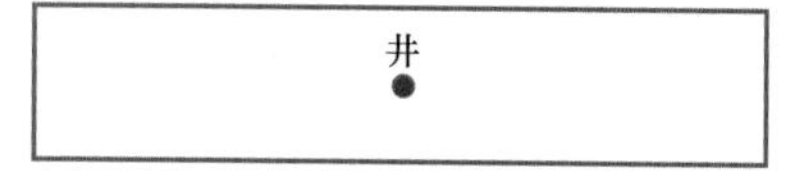

图 5-111　条带形储层结构示意图

条带形边界的储层，也有可能会出现在断层形成的地堑中。

以上地层背景的描述，请参见第二章图 2-16 和图 2-17。

（2）流动模式图。

在被条带形边界所限制的地层中，气体的流动将会形成线性流，其流动图谱请参见图 2-18，而流动特征图如图 5-112 所示。

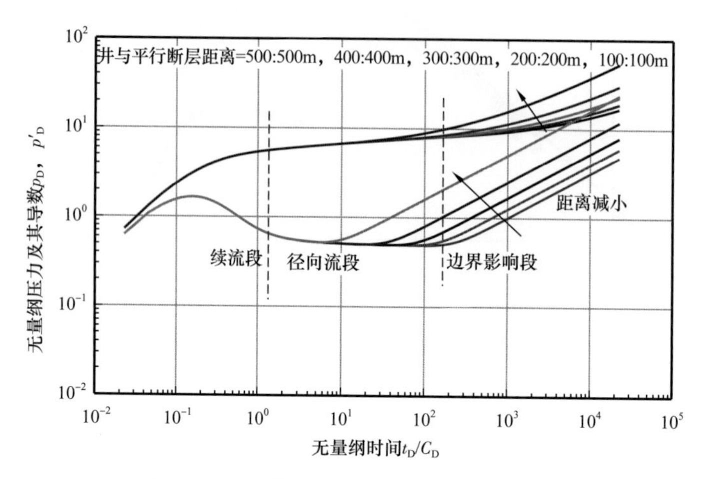

图 5-112　条带形地层中双对数曲线特征图

在图 5-112 中，对于比较窄的条带地层，其径向流段往往是很短暂的。随着条带宽度的增加，径向流段相应有所延长。1/2 斜率的线性流段是其主要的特征线段。

如果上述条带地层在长端也是封闭的，则将会出现封闭地层特征（压力导数跌落）。事实上，实践经验说明出现这种现象的机会很少。原因是：要么长端的边界很远，在有限的测试时间中难以反映；要么边界本身就是部分渗透性的，即是第二章所称的“阻流边界”。

（3）现场实测例——呼 2 井。

呼 2 井位于准噶尔盆地南缘的呼图壁气田，主要含气层为古近系紫泥泉子组砂岩地层。对两个主要含气层段 3561～3575m 和 3594～3614m，分别进行了测试。呼 2 井所在位置的构造井位图如图 5-113 所示。

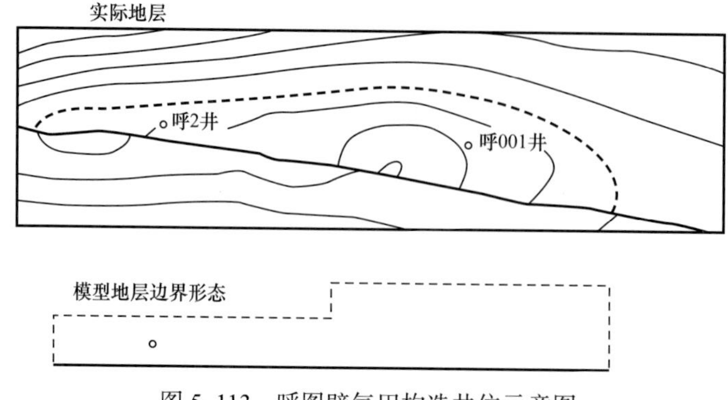

图 5-113　呼图壁气田构造井位示意图

从构造井位图中可以看到，呼 2 井的南侧为断层。由于断层对于天然气储存起到圈闭作用，因而可以认为是完全不渗透的。呼 2 井北侧是气水边界。由于气、水之间流度比很大，因而起到很强的阻流作用。在短时间内，类似于不渗透边界的动态影响。这样使呼 2 井处在类似于条带形的边界之中。从实测资料的图形特征看，证实了上述看法。以上如图 5-114 和图 5-115 所示。

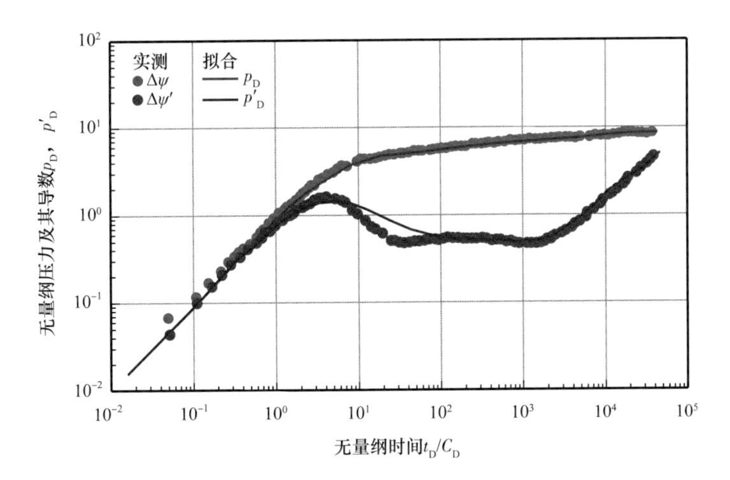

图 5-114 呼 2 井 3561～3575m 压力恢复曲线双对数图

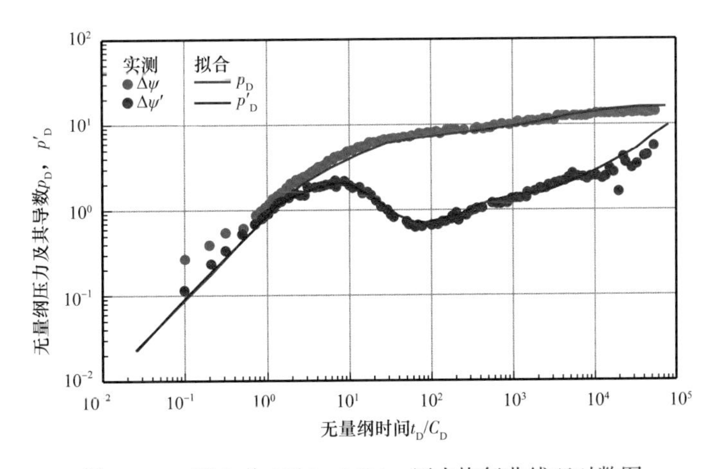

图 5-115 呼 2 井 3594～3614m 压力恢复曲线双对数图

从图 5-115 的曲线形态看，由于在呼 2 井下部层位，井筒距离断层边界更近一些。因此边界的作用时间出现的更早，径向流维持的时间也就更短。

4. 条带形地层中压裂完井的气井

（1）地质背景。

在中国中西部地区的气田中，河流相沉积形成的低渗透砂岩储层，常常伴有条带形的岩性边界，并且由于产能低，经常采取加砂压裂的方法完井。这样其地层结构和井底结构情况，与图 5-111 所示情况又有所不同，其边界示意图如图 5-116 所示。在图 5-116

的示意图中，压裂裂缝的走向与河道走向垂直。这是根据具体地层的最大地层主应力情况决定的。当然压裂裂缝方向也可以根据其他具体地层情况采取另外走向。但可以证明，对于它们的流动模式图形影响不大。

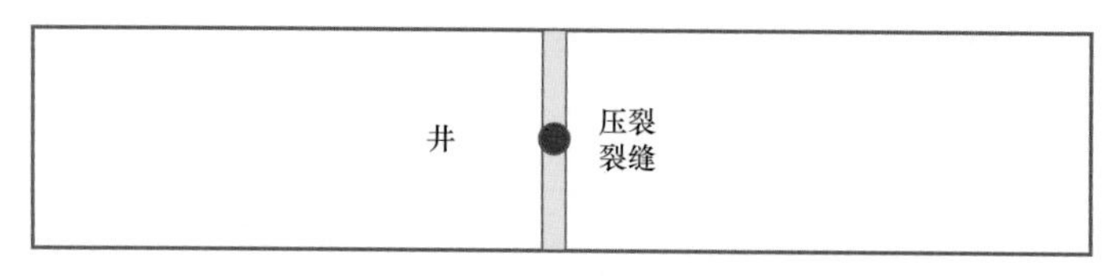

图 5-116　条带形地层压裂井模型示意图

（2）流动模式图。

在上述地层中测得的压力恢复曲线，其特征图如图 5-117 所示。

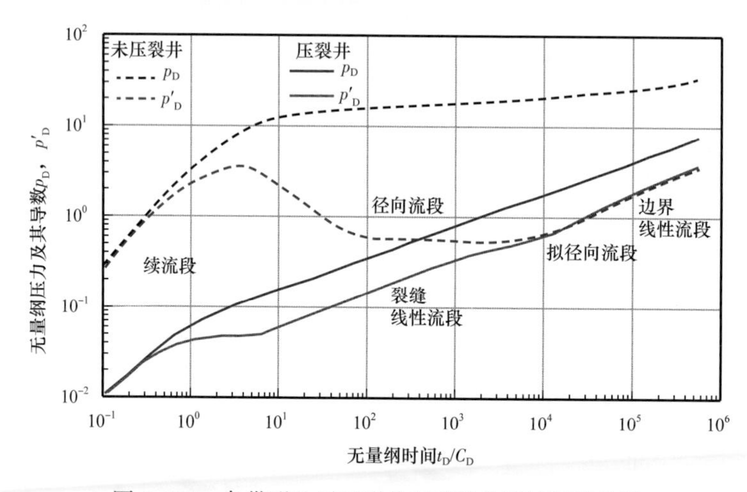

图 5-117　条带形地层压裂井双对数曲线特征演化图

从图 5-117 中看到，压裂前表现为均匀介质的流动曲线。在压裂以后，曲线早期段显示生产压差明显减小，曲线下移，使演化后的流动曲线分成 4 段：

① 续流段。对于压裂过的低渗气井，当采取井口关井时，常常会出现续流段。

② 裂缝线性流段。特征线是 1/2 斜率的直线，出现在早期。本书第五章第五节之三有关一般压裂井情况，曾进行过详细叙述。

③ 拟径向流段。关于拟径向流段，存在 3 种不同的情况：对于具备一定宽度的条带形地层，导数会出现拟径向流水平段；地层宽度较小时，拟径向流段消失，使同为 1/2 斜率的裂缝线性流段与边界线性流段衔接在一起，单从曲线特征难以区分；在图 5-117 中，显示地层宽度介于前两种情况之间。拟径向流段稍有显示，成为前后两个线性流动的分界线。在后面的现场实测例中，上述 3 种情况均有出现。

④ 地层边界线性流段。在曲线的晚期段，再一次显现 1/2 斜率的线性流段直线。而且当条带较长时，这一段将一直延续下去。

（3）现场实测例。

由于中国特殊的气田地质条件，这类测试资料是相当多的，现举例如下：

① T5井。

T5井打开二叠系，为河流相沉积形成的低渗透砂岩气层，射孔厚度3.5m，经压裂措施改造完井，关井前日产气量$5\times10^4m^3$。测得压力恢复曲线如图5-118所示。从图形特征看，与特征图（图5-117）的形态基本一致。但由于储层较窄，所以没有显示出拟径向流段。

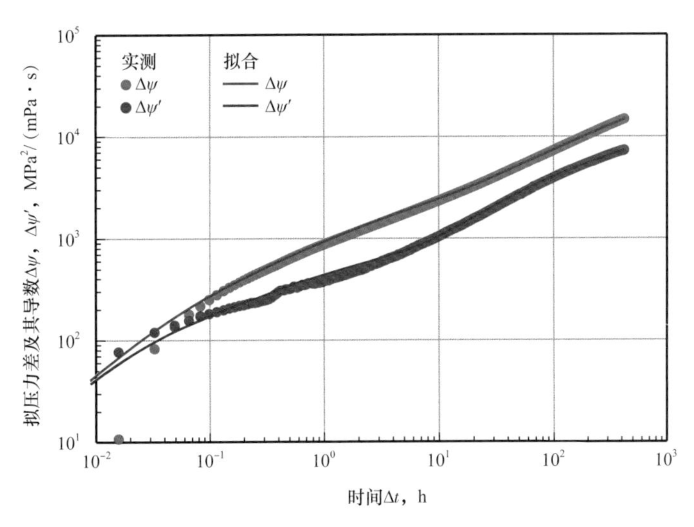

图5-118 T5井压力恢复曲线双对数图

经试井软件分析得到：地层渗透率K=0.78mD；压裂裂缝半长x_f=43m；裂缝表皮系数S_f=0.0345；全井表皮系数S=-5.7；边界距离：L_1=33m，L_2=700m，L_3=66m，L_4=1890m。解释结果显示，地层渗透性很低，而且井位于宽度不到100m的条带形地层中间，地层的长度超过2500m。以上测试结果的压力历史检验图如图5-119所示，从中看到，理论曲线与实测值拟合良好，证明解释结果是可靠的。

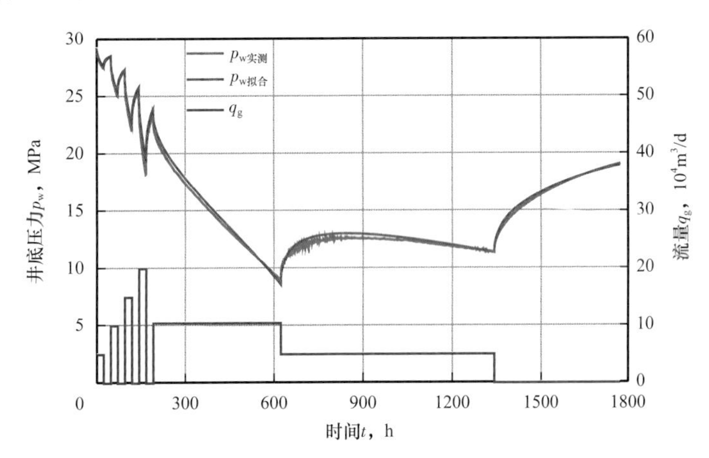

图5-119 T5井压力历史拟合检验图

② S20井。

S20井打开二叠系，为河流相沉积形成的低渗透砂岩气层，射孔厚度11.8m，经压裂措施改造完井，关井前日产气量$5.3\times10^4m^3$。测得压力恢复曲线如图5-120所示，从图形特征看，与典型特征图（图 5-117）的形态基本一致。但由于储层较窄，所以没有显示出拟径向流段。

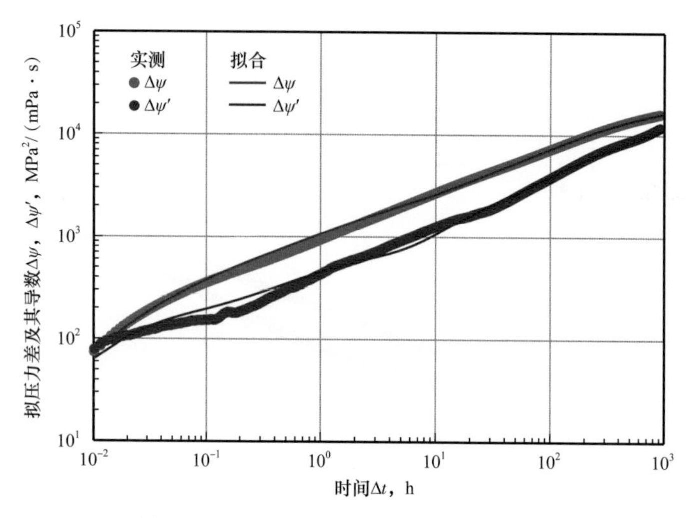

图 5-120　S20 井压力恢复曲线双对数图

经试井软件分析得到：地层渗透率 K=0.491mD；压裂裂缝半长 x_f=43m；裂缝表皮系数 S_f=0.05；全井表皮系数 S=−5.59；边界距离：L_1=46.7m，L_2=1000m，L_3=19.7m，L_4=1200m。从软件分析结果看，地层渗透性较低，气井位于宽度不到 70m 的条带形地层中间。有关解释结果的压力历史拟合检验情况如图 5-121 所示。从图中看到：在压力恢复段拟合良好；在开井压降阶段，显示理论模型曲线比实测值的下降趋势偏缓，说明实际地层比目前解释的理论模型结果，从地层规模上看可能还要差一些。

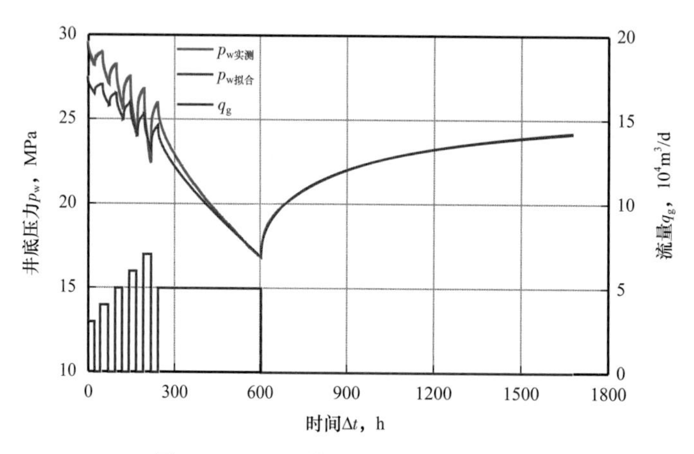

图 5-121　S20 井压力历史拟合检验图

③ S211 井。

S211 井打开二叠系山西组，为河流相沉积形成的低渗透砂岩气层，射孔厚度 37.0m，经压裂措施改造完井，关井前日产气量 26.2 × 10^4m^3。测得压力恢复曲线如图 5-122 所示，是壳牌公司的测试分析结果。从图形特征看，与特征图（图 5-117）的形态基本一致。但由于储层较窄，所以没有显示出拟径向流段。

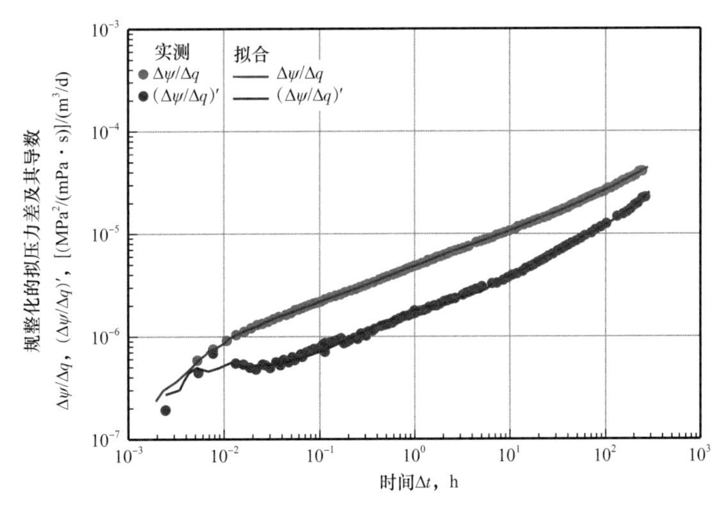

图 5-122 S211 井压力恢复曲线双对数图

经试井软件分析得到：地层渗透率 K=2.0mD；压裂裂缝半长 x_f=44.3m；裂缝表皮系数 S_f=0.17；全井表皮系数 S=−5.2；边界距离：L_1=48.0m，L_2=10000m，L_3=79m，L_4=10000m。从解释结果看，该井位于宽度约 130m，长度达到 20km 的长条形地层中。应该说，由于边界的长边并未在曲线反映中看到，因此只能认为条带的长度是很长的。具体的长度值还不能由此确定。有关解释结果的压力历史检验情况如图 5-123 所示。

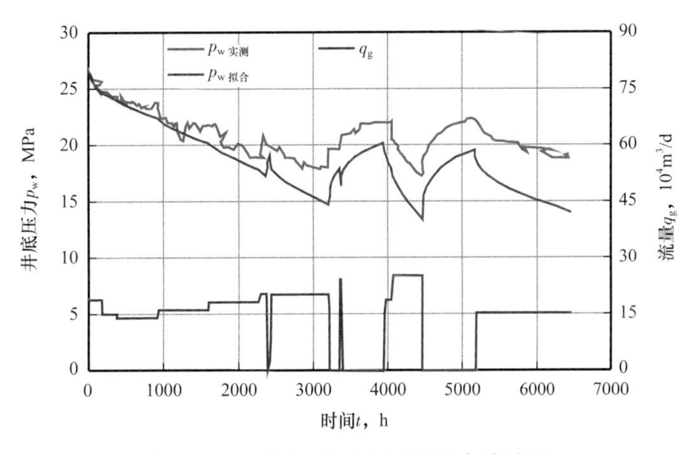

图 5-123 S211 井压力历史拟合检验图

从图 5-123 中看到：在开井压降阶段，显示实测值的下降趋势比理论模型曲线偏缓，说明实际地层比目前解释的理论模型要好一些。壳牌公司研究人员认为，这显示河道边界并非是完全密封的，而是一种半渗透的阻流边界，对气井开采时的压力稳定，起到一定的平衡作用。

④ CH141 井。

CH141 井打开二叠系山西组，为河流相沉积形成的低渗透砂岩气层，射孔厚度 24.75m，经压裂措施改造完井，关井前日产气量 $36.3\times10^4m^3$。测得压力恢复曲线如图 5-124 所示，是壳牌公司的测试分析结果。从图形特征看，与特征图（图 5-117）的形态基本一致。但由于储层较宽，所以显示出了拟径向流段。

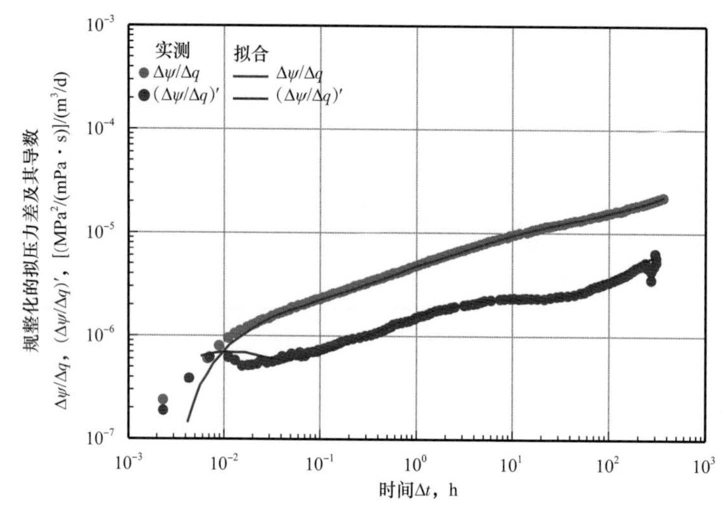

图 5-124　CH141 井压力恢复曲线双对数曲线图

经试井软件分析得到：地层渗透率 K=3.45mD；压裂裂缝半长 x_f=45m；裂缝表皮系数 S_f=0.21；全井表皮系数 S=–5.2；边界距离：L_1=205m，L_2=1700m，L_3=205m，L_4=1700m。从解释结果看，该井位于宽度约 400m，长度达到 3500m 的长条形地层中。由于条带的宽度较大，因此在裂缝线性流段以后，压力导数显示了拟径向流段曲线。有关解释结果的压力历史检验情况，类似于 S211 井，具有半渗透的边界影响。

⑤ S10 井。

S10 井位于鄂尔多斯盆地靖边气田西北，打开二叠系石盒子组，属河流相沉积形成的低渗透薄层砂岩，射开厚度 9m。测试时先采用 $7\times10^4m^3/d$，$12\times10^4m^3/d$，$20\times10^4m^3/d$，$30\times10^4m^3/d$ 的产气量进行修正等时试井法的不稳定点测试；然后以 $15\times10^4m^3/d$ 的产气量进行延时产能点测试。累计采出气量 $445\times10^4m^3$ 后关井测压力恢复。取得的压力双对数图如图 5-125 所示。

从曲线中看到：早期段显示压裂裂缝存在表皮伤害影响（参见图 5-82）；中期明显显示压裂裂缝形成的线性流特征；后期显示拟径向流特征，但存在时间较短；晚期显示边界影响。

经试井解释软件分析后得到储层参数如下：地层渗透率 K=2.08mD；压裂裂缝半长 x_f=49m；裂缝表皮系数 S_f=0.5；全井表皮系数 S=–5.85；边界距离：L_{b1}=205m，L_{b2}=281m，L_{b3}=59m，L_{b4}=1500m；井筒储集系数 C=1.21m³/MPa。经过压力历史拟合检验，证实解释结果是可靠的，如图 5-126 所示。

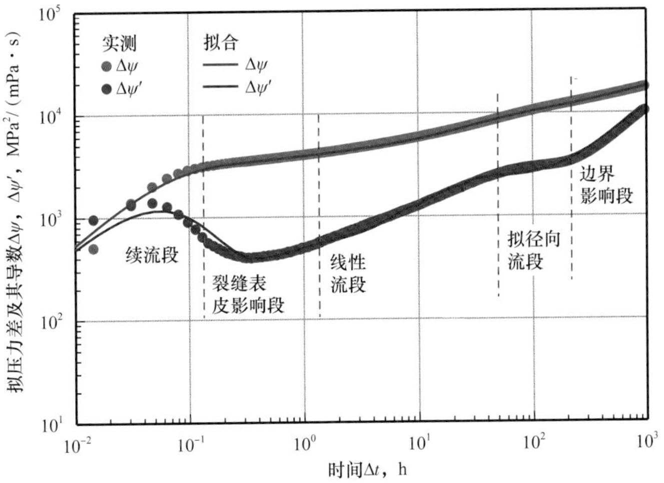

图 5-125　S10 井压力恢复曲线双对数图

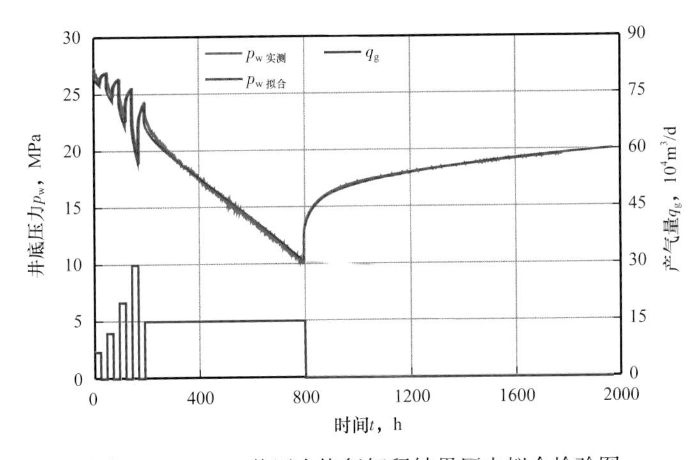

图 5-126　S10 井压力恢复解释结果历史拟合检验图

七、带有边界的裂缝发育带特征图（模式图形 M-14，M-15）及实例

正如本章在叙述不渗透边界性质时所谈到的，一些碳酸盐岩的裂缝性地层，其渗透性部位的发育形态是极为复杂的，要想写真性的加以描述是不可能的。但是通过地质研究，结合气井的动态特征分析，可以对于一些最常见的基本类型进行深入一步讨论，做出关于气井和储层动态模型的判断，从而对气井和气藏的生产动态作出预测。实践证明这种方法是有效的。有如下几种类型的地层已被初步认识。

（一）渗透率具方向性的条带形裂缝带

1. 地质背景

一些构造平缓的地层褶皱带，在其隆起的轴部，将会产生平行于轴线方向的张开缝。

这些缝的发育部位，大多局限于轴部的隆起区，随构造形态和走向而存在，如图 5-127 所示。

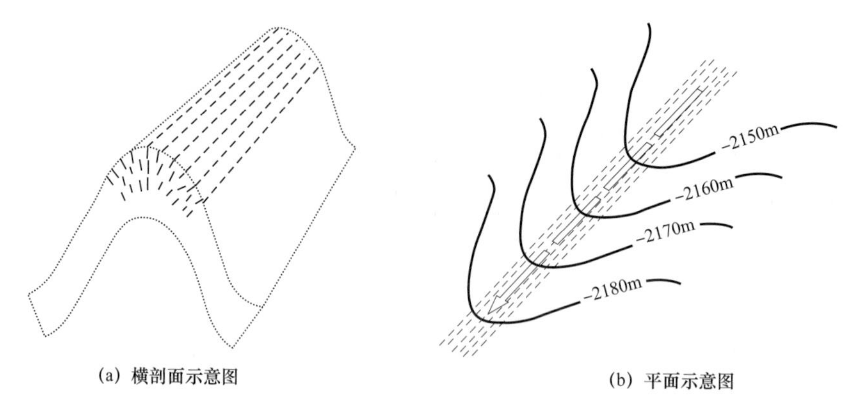

(a) 横剖面示意图　　(b) 平面示意图

图 5-127　褶皱部位裂缝发育示意图

在靖边气田，主力产层奥陶系灰岩地层是一个东高西低的单斜，自北向南发育着一系列的鼻状构造。在西部边缘地带，像陕 181 井和陕 71 井附近，就存在着形成上述裂缝发育带的地质条件。从测井关于裂缝走向的资料中，也证实了关于裂缝发育的上述判断。

另外在断层附近的碳酸盐岩地层，也常常会生成一些裂缝发育带，由于受断裂过程影响，裂缝的方向与断层的走向时常会大体一致，这在济阳坳陷的垦利古潜山地区得到了证明。在那里，曾在 10 余口井中，开展了 30 余个井组的干扰和脉冲试井研究，证实了在断层附近，沿主断裂的发育方向，具有极高的渗透性，而沿垂直断层方向，渗透性是很低的（庄惠农，1986）。

2. 试井曲线模式图

单向束状裂缝地层试井曲线模式图，如图 5-128 所示。

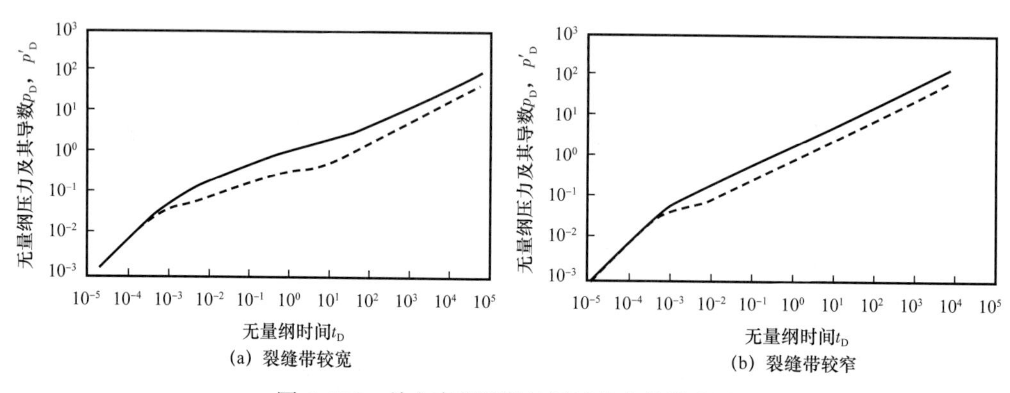

(a) 裂缝带较宽　　(b) 裂缝带较窄

图 5-128　单向束状裂缝地层试井曲线模式图

乍看起来，图 5-128 与前面介绍的压裂地层和条带形地层压裂井的模式图具有某些相似之处。实际上，从其流动特征来看也的确是类似的，但是它们却针对完全不同的地层，两种不同的完井条件：

（1）砂岩条带形地层具有河道沉积过程形成的岩性边界；而裂缝性发育带却不存在这种带有明确地质背景的边界。

（2）前面介绍的压裂井动态，针对的井是经过了大型的加砂压裂过程。从工艺设计中得知，裂缝可以深入地层数百米，支撑缝也可达到数十米。

但是像在靖边气田，只对气井进行过酸化或酸压，因此只应贯通和连接了地层中原生的裂缝系统。因此初看起来，产生如图 5-128 这样类型的曲线似乎是不可能的。

3. 现场实测例

（1）陕 181 井。

陕 181 井位于靖边气田中区西侧，是一个相对独立的小区块。从原构造图上看，位于鼻状构造的轴部位置。打开马五 $_4$ 层 3549.0～3553.4m，经酸化后进行产能和压力恢复测试。关井前产气量 $7\times10^4m^3/d$，测得压力恢复曲线如图 5-129 所示。

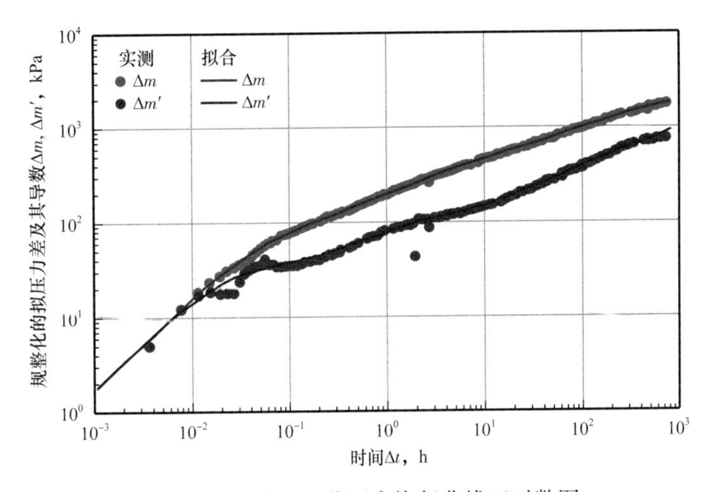

图 5-129　陕 181 井压力恢复曲线双对数图

从图 5-129 中看到，曲线形态与图 5-128 中的曲线模式图（a）一致，判断该井处在一个窄长的裂缝系统中，其稳产能力较差。以上分析已为后来的生产情况所证实。经过试井软件分析，解释参数如下：渗透率 K=4.79mD；裂缝带宽约 500m；表皮系数 S=-5.9。

（2）陕 71 井。

陕 71 井位于靖边气田南区西部边缘。从原构造图中看，同样位于鼻状构造的鼻隆位置。打开层位是马五 $_{1,2}$，厚度 6.4m，关井前产气量 $2\times10^4m^3/d$，测得压力恢复曲线如图 5-130 所示。

从图 5-130 中看到，曲线形态与图 5-128 中的典型模式图（b）类似。用试井软件解释得到：地层渗透率 K=0.0753mD；裂缝带宽度约 260m。

图 5-131 是解释结果的压力历史拟合检验图，可以看到，理论模型与实测压力值基本一致，以此证实解释结果是可信的。

从图 5-131 看到，陕 71 井开井生产时，产气量虽不高，但压降却是很快的，进一步证明其供气范围是狭窄的。

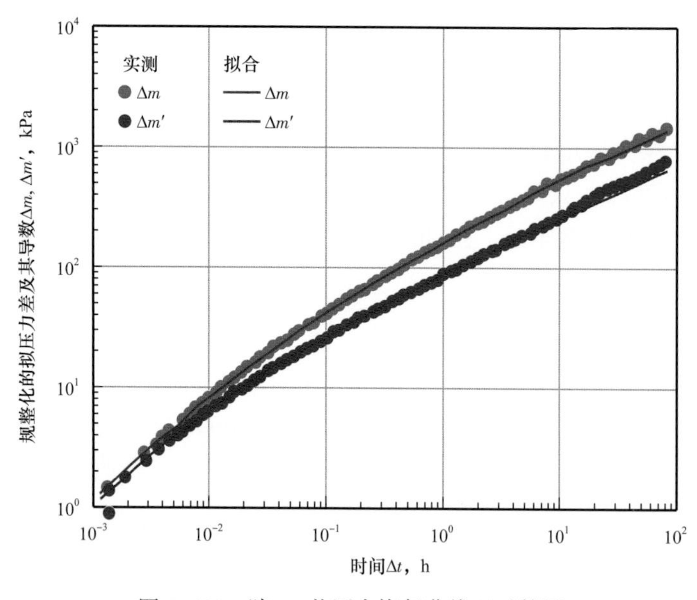

图 5-130　陕 71 井压力恢复曲线双对数图

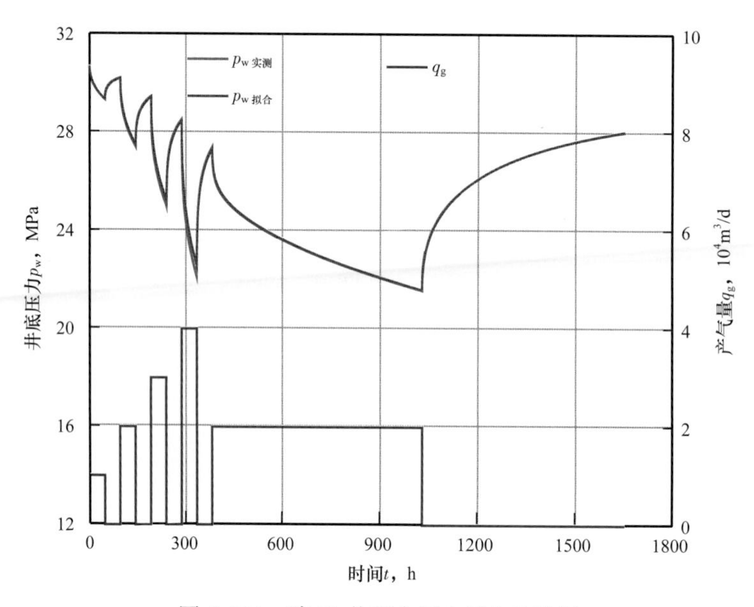

图 5-131　陕 71 井压力历史拟合检验图

（3）Q12-18 井。

Q12-18 井是千米桥凝析气田中板深 7 断块西侧的一口评价井。位于断层附近，打开奥陶系灰岩地层，其 4217.0～4250.0m 和 4180.0～4202.0m 层段分别于 2000 年 7 月中旬和下旬开井试气，然后关井。所测得的压力恢复曲线如图 5-132 所示。

从图 5-132 中看到，该井极有可能处在一个狭长的裂缝带内，使压力导数呈现近似 1/2 斜率的直线。由于裂缝带发育极不规则，加之测试中井筒相变的影响，因此表现在压力导数形态上，也出现了频繁的波动。

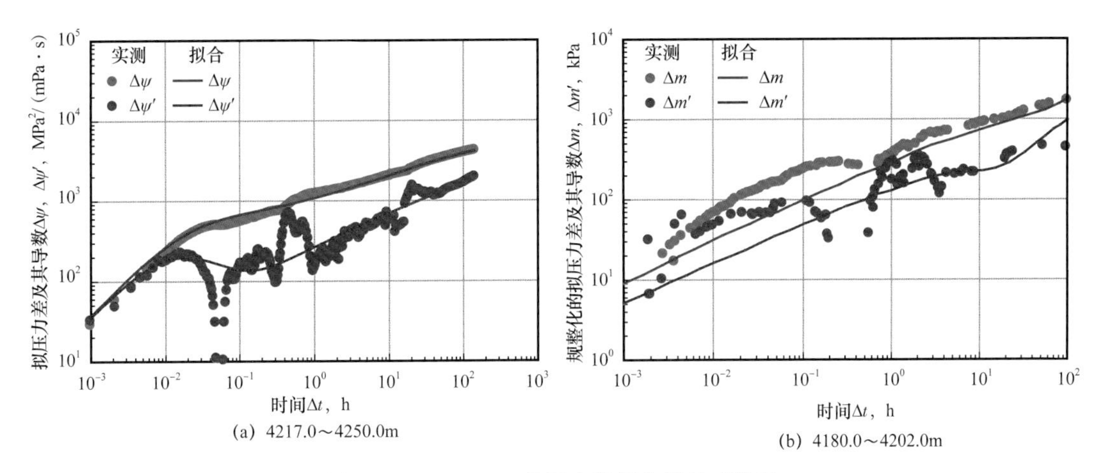

图 5-132 Q12-18 井压力恢复曲线双对数图

(二)串珠状的裂缝发育区带

1. 地质背景

一些地质上的观测显示，碳酸盐岩地层的裂缝、孔、洞发育带有时呈一片片局部区域，在这些局部区域之间，被渗透性好、但极狭窄的通道连接，形成串珠状，如图 5-133 所示。

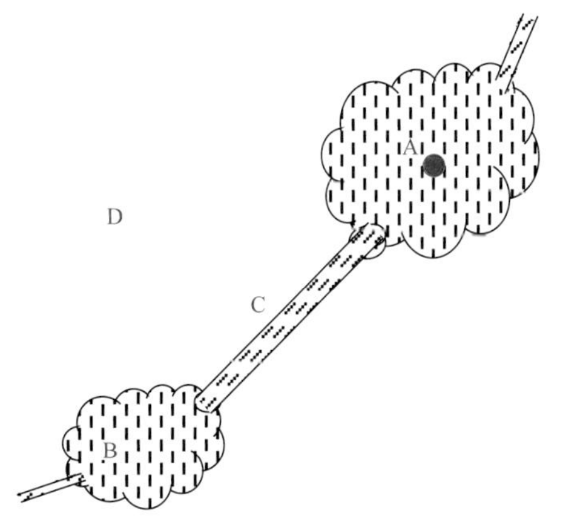

图 5-133 串珠状裂缝发育区带结构示意图

在这种类型的地层中打井，由于非均质现象特别严重，往往要承受很大的风险：

(1)裂缝发育带与地质构造特征之间，虽有一定相关关系，但初期并不一定被地质家所完全认识，因此成功率较低。

(2)当探井钻遇其中的大裂缝系统，如图中 A 区或 B 区的位置，则具有极高的产量，带给作业者极大的欣喜。但裂缝系统都具有一定的发育范围，因而当这些井转为开发井时，这类油气井的稳产将成为一大难题。

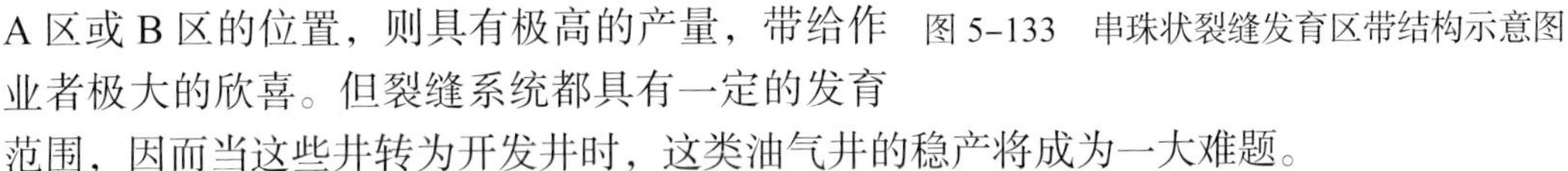

(3)如果钻井钻遇裂缝区之间的通道位置，或被酸压进一步改造所贯通的裂缝欠发育带，即 C 区的位置，则这些井表现为低产。这些井如能在强化措施中使之与裂缝发育区带连通，则它们虽然产量不一定很高，却仍然可以获取一定的稳产产量。当然前提是，这些欠发育带附近，经生产井动态研究证实，的确是与裂缝发育带相连。

(4)如在地层中 D 部位钻井，则可能完全不能钻遇任何裂缝发育带，以至完全不能获取任何工业产量。

2. 试井曲线模式图

要做出这类地层的模型曲线，靠一般解析解方法制作试井模型是做不到的。只有运用目前发展较为完善的试井软件，利用其中的数值试井部分，才能对此开展评价研究。

（1）钻井在 A 区位置。

如果钻井打在图 5-133 中 A 区位置，这些井一般都表现为很高的产能，其流动特征示意图如图 5-134 所示。

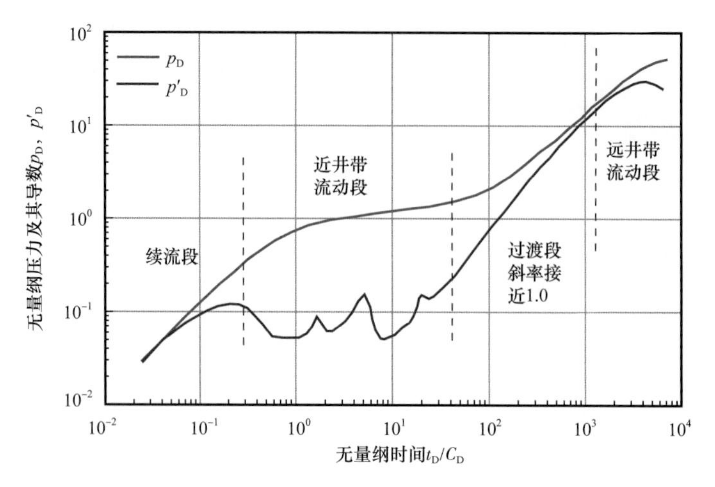

图 5-134　串珠状裂缝发育区带压力恢复曲线典型示意图 1
（钻井在 A 区位置）

从图 5-134 中看到流动模式图，流动大致分 4 个阶段：

① 续流段。

② 近井带流动段。

由于井钻在面积较为宽广的大裂缝区，因此可以造成高产。而且从近井带流动看，近似表现为径向流。但其压力导数常伴有不规则的波动。这一段维持越长，说明井附近裂缝区越宽广。在分析这一段曲线时，不必拘泥于对导数的上下波动过细分析。那样的分析，既难做到，也无必要。对于油气田生产来说重要的是，从曲线特征中看到供气（油）范围是宽广的，还是狭窄的。这对于今后的油气田开发生产具有重要的指导意义。从这一段可以计算基本的储层参数，像渗透率 K、供气区半径 r_e、表皮系数 S 等。但若要对储层有更确切认识，应运用数值试井软件，结合地质研究加以分析解释。由于根据岩心观察储层具有裂缝分布，地质上已将其叙述为双重介质地层，因而有的分析人员就执意要从中取得涉及双重介质的参数，如储容比 ω、窜流系数 λ 等。但往往由于导数的不规则波动而难以得到具有说服力的结果。这种勉强求出的参数，对于气田生产难以具有实际指导意义。

③ 过渡段。

当流动在多个方向到达不渗透边界，只有极少部分地方进入狭窄的通道时，压力导数表现为斜率接近 1 的直线。与封闭边界不同的是，这种流动特征既反映在压降曲线上，特别地也表现在压力恢复曲线上，而且两者的形态几乎一致。如果这种连通通道很长，则此种导数特征线将一直维持下去。

④ 远井带流动段。

如果像图 5-133 所描述的那样，在连通通道的另一端，连接了另外的裂缝区，将扩展为新的供气区，此时压力及导数曲线将会逐渐分开，显示新的供气部位开始平抑压力的变化。

（2）现场实测例：BS-8 井、BS-7 井。

千米桥凝析气田从地质上来看，其储层是一个典型的复杂裂缝发育区带。该气田的主要开采层位是奥陶系的马家沟组。层内裂缝、孔、洞十分发育，有的井（BS-7 井）从测井成像中看到井壁上具有规模很大的高角度裂缝群。特别由于 BS-8 井和 BS-7 井试气时获高产，很快形成了重点探区。但是通过进一步的试井资料分析却发现，其分布规律远没有试气初期所预想的那么乐观。试井资料显示，储层主要由局部的复杂裂缝系统组成，有的井虽然钻遇了大的裂缝系统，但在离开井的外围地区，裂缝发育明显变差。正是这些动态特征，及时提醒人们要进一步深入研究，以便正确而合理地安排生产规划。

① BS-8 井压力恢复曲线。

BS-8 井曾多次测试压力恢复曲线，由于井筒相变造成的“驼峰”影响，使前几次的资料均未能反映地层真实情况。最后一次成功测试的压力恢复曲线如图 5-135 所示。

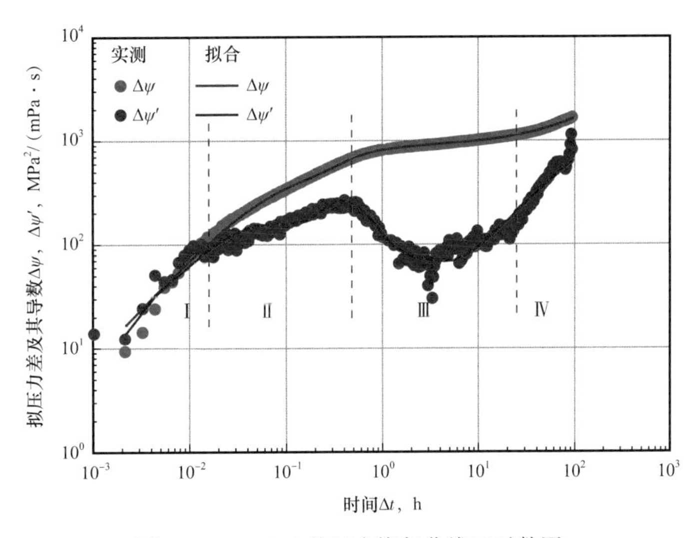

图 5-135 BS-8 井压力恢复曲线双对数图

从图 5-135 中看到，除早期多出一个线性流段外，中后期曲线形态与模式图 5-134 基本一样。曲线分成 4 段：

a. 续流段（Ⅰ）：此段持续时间很短。

b. 早期线性流段（Ⅱ）：完井时的酸压沟通了井底天然裂缝，形成如本章图 5-73 所示的与井底贯通的大的天然裂缝，形成所谓的“均匀流”的流动图谱，同样可以表现为线性流或双线性流的特征，BS-8 井的早期流动段正是显示了这种特征。

c. 近井地带裂缝区径向流动（Ⅲ）：这一段持续了近 20 个小时，导数接近水平线，近似表现为径向流动。正是这一段，表明了作为井底附近主要供气区的流动过程，如图 5-133 中 A 区所示。也正是这一区域，加上井底酸压形成的高导流缝，维持了 BS-8 井的高产和一定程度的稳产。

d. 过渡区（Ⅳ）：过渡区明显表现出高渗透供气区之外的边界影响。从压力导数上翘时间，可以估算出该区（即 A 区）半径仅有不到 300m。之后流动进入连通通道内的低

Kh 区带（C 区）。

导数末端显示稍有下落，如果此资料确系反映了地层情况，则显示连通通道之外，仍有某些供气区存在（B 区）。经软件分析，解释参数如下：主要供气区渗透率 K=20.47mD；主要供气区直径约 600m。

一个十分有趣的现象是，用这个解释结果做一年以前压降测试过程的压力历史拟合检验，发现拟合效果良好，证明解释结果是基本可靠的。

（2）BS–7 井压力恢复曲线。

BS–7 井曾在多个层段进行压力恢复试井。同样由于井筒相变造成的"驼峰"影响，以及井底的异常高温，影响了资料的正常录取。现将其中较有代表性的一次测试结果，绘于图 5–136 上。

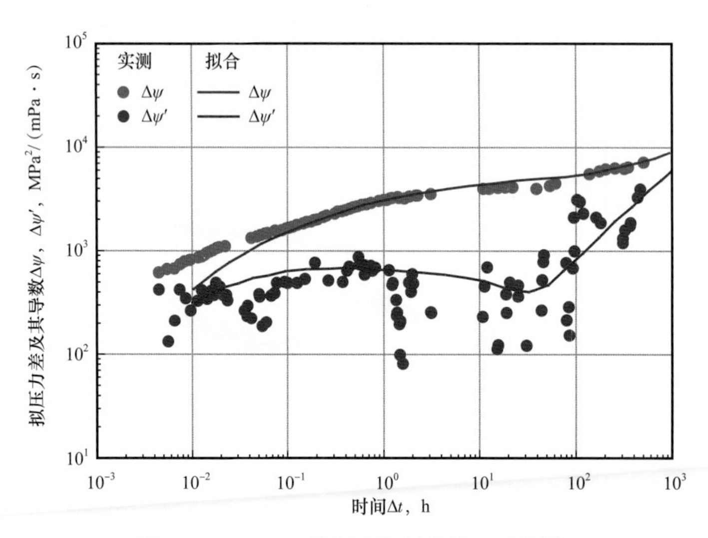

图 5–136　BS–7 井压力恢复曲线双对数图

从图 5–136 中看到：

早期段：仍然存在线性流段，说明井底经酸压贯通的大裂缝，对气体流动和气井高产起着至关重要作用。

近井地带裂缝区径向流：在 100h 以前，压力导数虽有波动，但一直大致保持在某个水平高度附近。在 10h 以前位置，导数略有降低，说明在某个邻近区域，储层裂缝更为发育。

边界反映段：从 100h 以后，压力导数明显上翘，显示外围地层变差。过渡区开始位置，离井 240m 左右，因此主要供气区的范围是十分有限的。

经软件解释取得参数如下：主要供气区渗透率 K=2.1mD；供气区半径 240m。上述解释结果的压力历史拟合检验图如图 5–137 所示，从图中看到，理论模型与实测压力值符合较好。

2）钻井在 B 区位置

（1）流动模式图。

如果钻井处在图 5–133 储层结构示意图中 B 区位置，其流动特征图如图 5–138 所示。

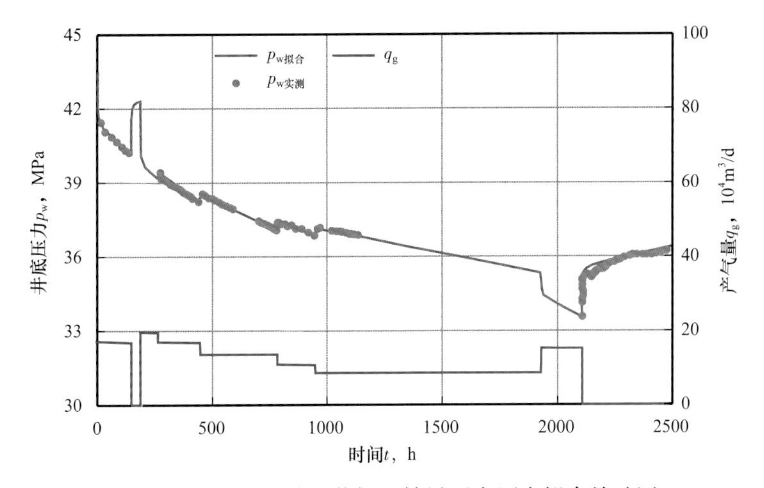

图 5-137 BS-7 井试井解释结果压力历史拟合检验图

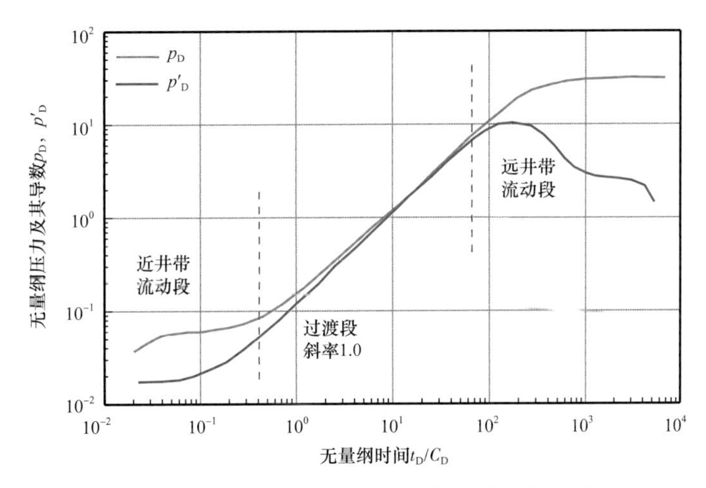

图 5-138 串珠状裂缝发育区带压力恢复曲线典型示意图 2

（钻井在 B 区位置）

与情况 1）不同的是，如果钻井位置在范围较小的裂缝发育区 B，那么近井地带的流动维持时间会很短。但是这类地层如果能与发育较好的裂缝区连通，仍然具备一定的稳产条件。

（2）现场实测例。

① 陕 44 井。陕 44 井位于靖边气田中区西北边缘，是最早完钻的评价井之一。打开层位马五 $_{1-4}$，打开厚度 7m。试采过程测试曲线，因其形状特殊而倍受注目。以目前认知程度看，属于示意图 5-133 中钻井位置在 B 区的情况，其压力恢复曲线如图 5-139 所示。

在当时认知条件下，曾以圆形复合地层解释。当然在这样复杂的地质条件下，所谓圆形复合地层的假定显然比较牵强。这类测试资料，如能以数值试井软件，结合地质分析和投产以来的生产资料验证，相信会取得更深入的认识。

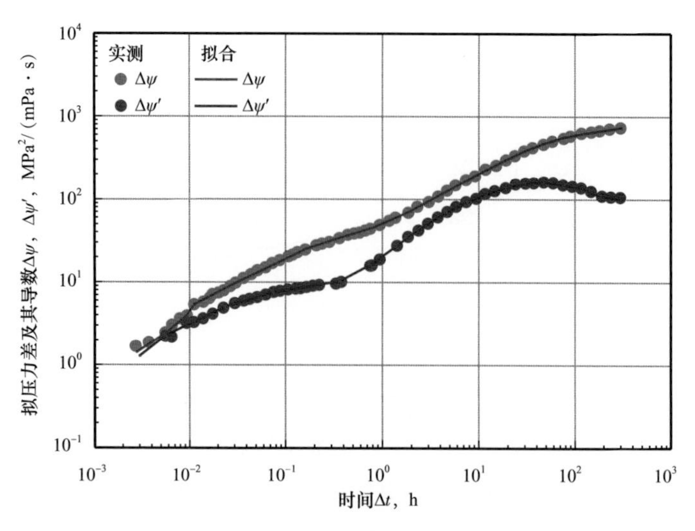

图 5–139　陕 44 井压力恢复曲线双对数图

② BS–7 井 4265～4309m 层段。BS–7 井曾打开多个层段测试。由于古潜山地层纵向上只是一些裂缝区带，并无明显的层段划分，因此彼此之间的关系并不十分清楚。单从曲线形态看，极像几个不同的渗透性区带彼此连接形成的动态特征，如图 5–140 所示。

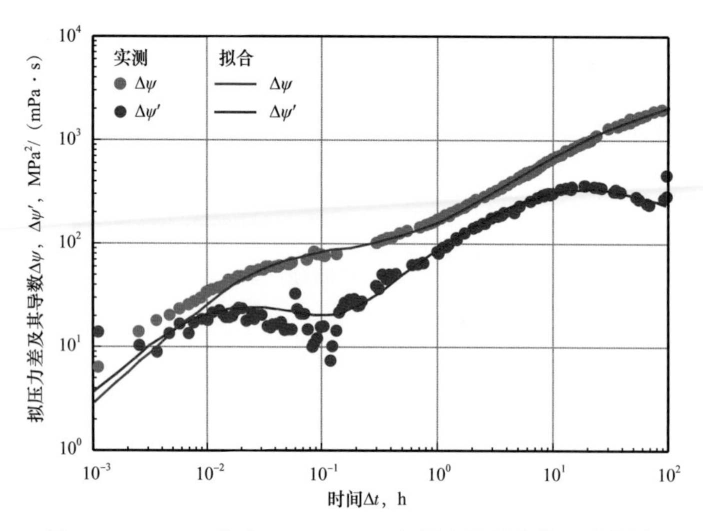

图 5–140　BS–7 井（4265～4309m）压力恢复曲线双对数图

从图 5–140 中看到，BS–7 井的图形与标准图 5–138 的样式是非常相像的。虽然某些复合地层的特征线与上述图形也类似，但是由于地层属组系性结构的裂缝地层，因而对该井的分析，应尽量考虑相应的模型，更能符合实际情况。

3）钻井在 C 区位置

（1）流动模式图。

如果钻井位置在图 5–133 中的 C 区位置，也就是被酸压改造后的高导流通道位置，那么测试曲线的模型图大致如图 5–141 所示。

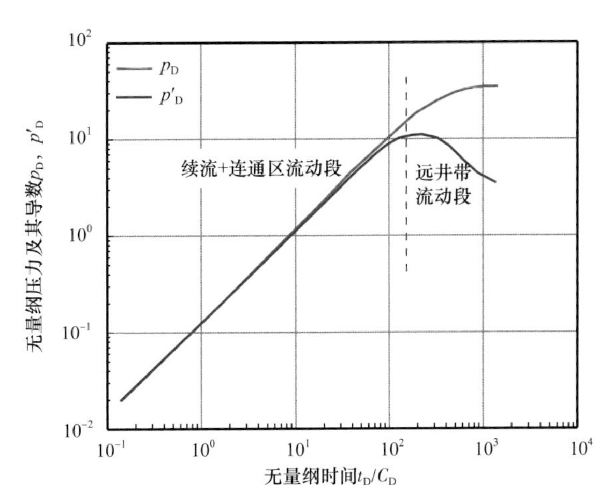

图 5-141　串珠状裂缝发育区带压力恢复典型曲线示意图 3

（钻井在 C 区位置）

初看起来，以上图形很像是续流段很长的流动曲线。经分析后发现，如果按续流段处理，则井筒储集系数有时可能超过 10m^3/MPa，这是任何井筒条件下都不可能达到的数值。

究其原因，往往这类井刚完井时，井所在位置储层均较差，经酸化或酸压完井后才获得了工业产量。酸化使井旁边出现了一个高导流的、可能是极狭窄的区带，并与井筒相连，组合成类似一个扩大了的井筒。周边储层的产气部位，渗透性仍然很差，但可以经过这个通道，向产气井供气，从而在试井解释时，得到了极高的井筒储集系数值。

（2）现场实测例——BS-6 井。

BS-6 井打开层位也是奥陶系的裂缝性储层，但从地质情况看，井所在位置裂缝发育较 BS-7 等井差。酸压后试气，连续开井两天，平均日产气 20×10^4m^3。但从产能试井和延续开井中看到，流压持续下降。测得压力恢复曲线如图 5-142 所示。

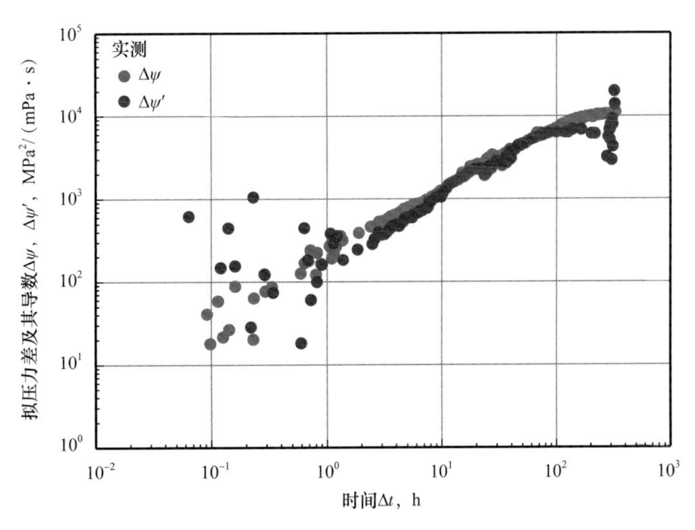

图 5-142　BS-6 井压力恢复曲线双对数图

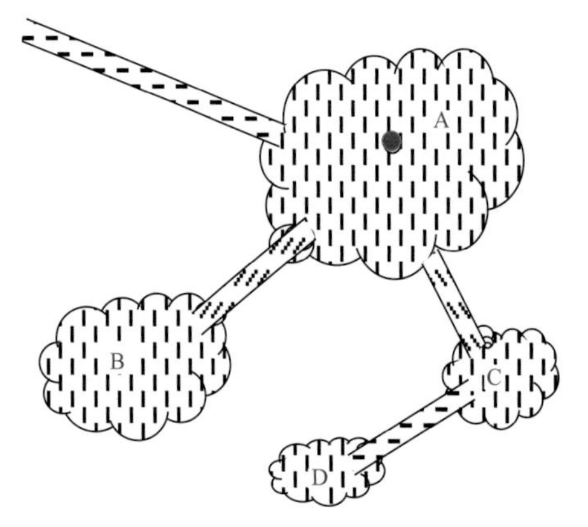

图 5-143　潜山型复杂裂缝发育区带结构示意图

从图 5-142 中看到，在 100h 以内，斜率接近于 1，类似于续流段特征。如按续流段解释，井筒储集系数可达 $10m^3/MPa$ 以上，偏离正常值范围，因此判断为连通通道流动。由于未出现径向流动，因而未能做出解释，进一步的分析可借助数值试井软件。

（三）复杂的裂缝发育区

实际的潜山型裂缝发育带储层，极有可能比上述“串珠状结构”远为复杂得多，图 5-143 示意性地表述了这种结构的可能样式。

综上所述，这种复杂的地质结构形态，有可能造成下面几种影响：

（1）从勘探上来说，常规的储层横向预测方法难以准确预测最有利的目标区带，使钻遇成功率降低。

（2）此类油气田的储量计算，隐藏着极大的不确定性。若照搬砂岩储层方法用静态参数计算储量，也许会得到很离谱的结果。

（3）由于油气储集空间的不均一性和离散性，常规的测井分析方法，难以提供储层的准确参数，以这些测井数据为主要依据的数模计算，也难以产生切合实际的认识。

（4）真正能揭示储层复杂情况的手段，也许只有动态分析方法。用动态分析方法虽不能指示出新钻井的目标区，但在这些试井曲线中，对已钻遇的油气层，已包含了有关储层结构的各种丰富的信息，据此可以做出合乎实际的评价。曲线的这些特征形态，实际也包含了勘探开发此类油气田的风险信息。如能给予足够重视，可以避免不必要的经济损失。

八、凝析气井的特征图及实例

（一）地质背景及焦点问题

凝析气田在中国分布很广泛，例如塔里木盆地南缘的柯克亚凝析气田，就是早期发现的凝析气田之一。之后像渤海湾地区的板桥凝析气田、千米桥凝析气田、中原油田的文 23 凝析气田、塔里木盆地库车地区的牙哈、吐孜洛克、雅克拉、羊塔克、玉东、英买力、吉拉克等凝析气田相继被发现，部分已投入开发。

凝析气田从地质上来说，与其他类型气田并无什么差别。在砂岩地层、碳酸盐岩地层，以及在各种边界条件下都有发现。因此单从储层结构角度来看，前面提到的各种地层模型及相应的模式图，全部都可以适用。

但是与普通干气气层不同的是，当凝析气井开井生产以后，在井筒中或在井底附近的地层中会产生凝析油，这给试井资料的录取和分析，提出许多新的问题。以下将着重针对这些问题加以讨论。

1. 凝析气的相图

凝析气的相图，清楚地说明了在不同的压力和温度条件下，气体样品的相态转化关系。以牙哈气田为例，其实测的相态关系如图 5-144 所示。

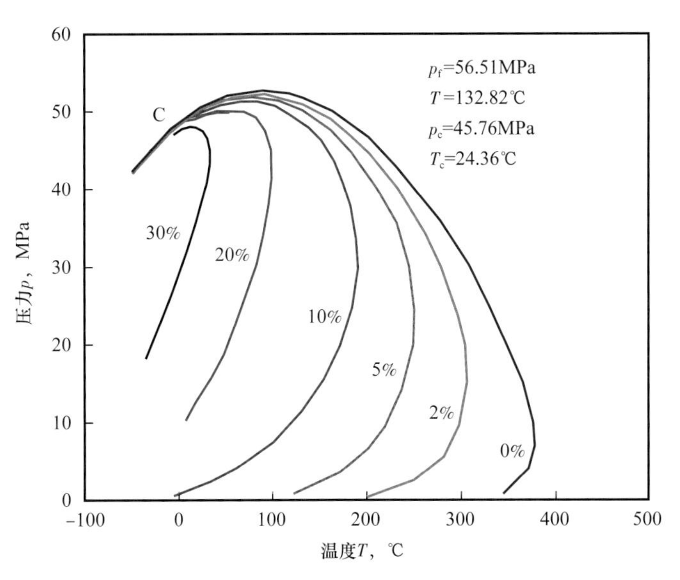

图 5-144　牙哈凝析气田典型相态关系图

对于这样一个相态关系，反映了当温度、压力发生变化时，地层中气、液转换的关系。图 5-145 示意性地画出了这种关系图中一些重要的影响点。

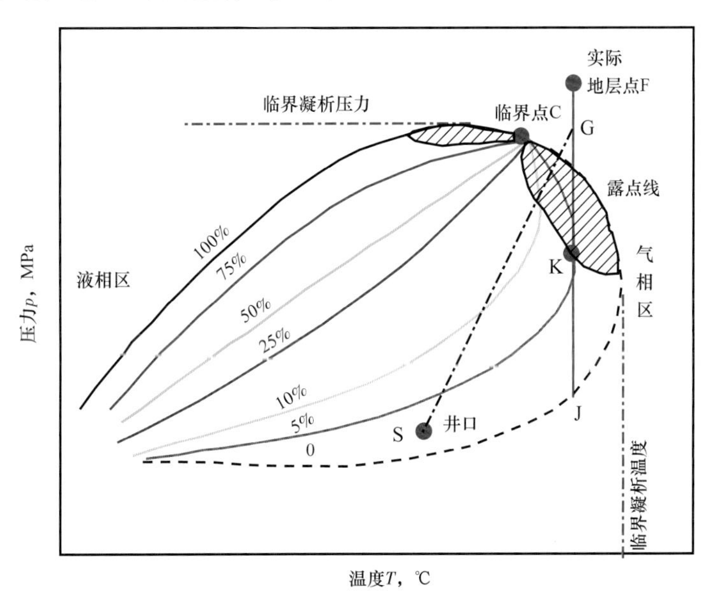

图 5-145　典型凝析气相态关系示意图

从图 5-145 中看到：

当温度较高时，流体完全表现为气态；当温度较低时，则完全表现为液态。而在这之间，凝析气处于混相区。其中凝析油的含量，随温度和压力情况而不同，从0到100%变化。在混相区的上缘为临界凝析压力。当压力高于此临界凝析压力时，不会有气相出现；在混相区的右侧为临界凝析温度，当温度大于此温度时，不会有液相（凝析油）出现。

实际地层内的压力温度点为F点。此点压力为p_F，温度为T_F。可以看到，处在F点状况下，没有任何凝析油析出，地层原始状况下为纯气态。当气井开井后，地层内的压力开始下降，相态关系将沿垂直线F—J线变化，当压力到达露点线以后，开始有凝析油析出。到达K点时凝析油比例约为5%。但是当压力进一步下降时，凝析油比例反而减少，到达J点时，又全部转化为气体。这种独特的现象称之为“反凝析现象”。

对于凝析气井试井来说，影响资料录取和测试曲线形态的另一个重要方面是发生在井筒内的相态变化。假定G点是开井时的流动压力点，S点是井口压力点，那么自井底到井口，压力温度将沿着G—S线变化。可以看到，由于从井底到井口，温度也是在逐渐降低的，因此在相变过程中，将会产生更多的凝析油，反凝析现象也更为突出。

2. 关井过程中井筒内的相态变化引起“驼峰”现象

由于关井测试压力恢复过程中，井筒内的压力是反向变化——逐渐升高的，所以压力的变化基本上是沿着图5-145中的S→G→F方向变化。可以看到，当通过凝析区向G点接近时，压力虽然不断上升，但凝析油却不断减少，即不断地从凝析油转化为天然气。这种反凝析造成气化的过程，将使流体体积不断膨胀，膨胀的过程又进一步加快了压力的上升。这种异常的反凝析现象，是造成“驼峰”的主要原因之一。

图5-146画出现场实测的带有“驼峰”的压力恢复曲线。这一资料是在千米桥凝析气田BS-8井录取到的。该井打开奥陶系潜山地层，产出凝析气。原始凝析油含量约290g/m^3。测试层位4246.0～4324.0m，但压力计下入位置在3985m，距气层中部（4285m）300m。

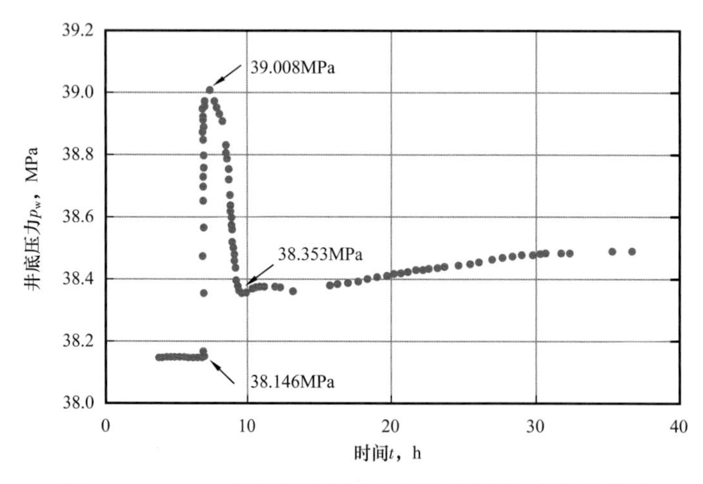

图5-146 BS-8井关井过程压力出现“驼峰”现象曲线图

从图5-146中看到：关井前流动压力38.146MPa；关井1h后，压力升至39.008MPa；压力达到最高值后12.2h，又降到38.353MPa，形成明显的“驼峰”，“驼峰”值相对高差约0.655MPa。

在压力恢复曲线中出现这种异常的现象，导致资料无法正常用于分析。产生“驼峰”的原因有两个：

（1）反凝析过程造成的井筒压力异常升高。这种异常升高对于某些凝析气井来说是难以避免的，但它并非在所有的气井都存在。由此形成“驼峰”还与地层渗透率、井身结构等因素有关。

（2）井筒积液形成的压力偏移。已经进入井筒的凝析油和天然气形成混合物，一同流向井口，在关井以后的油气分离过程中又从井筒上部沉向井底，并形成积液。积液液面的不断上升，平衡了一部分井底压力，形成测点压力的不断下降，其示意图如图 5-147 所示。

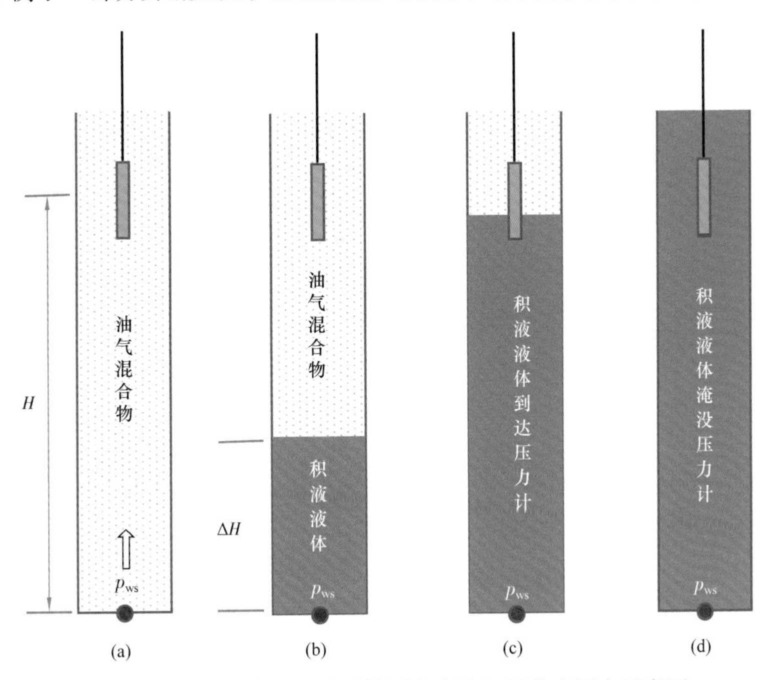

图 5-147 积液液面上升干扰测点真实记录井底压力示意图

从图中看到：

① 初始关井情况。压力计下放位置距离气层中部距离 H，因此压力录取点压力为：

$$p_1=p_{ws}-\Delta p_1=p_{ws}-HG_{Dh}=p_{ws}-H\rho_g g \quad (5-80)$$

式中 p_{ws}——井底关井压力，MPa；

Δp_1——初始状态下测点与井底的压差，MPa；

H——自测点到气层中部的距离，m；

G_{Dh}——初始关井时的井流物压力梯度，$G_{Dh}=\rho_g g$，MPa/m；

ρ_g——以气体为主的井流物密度，kg/m^3；

g——重力加速度，g=9.80665m/s^2。

② 关井过程情况。关井一段时间以后，由于井下积液，产生了高度 ΔH 的液柱，液体的密度为 ρ_L，而 $\rho_L \gg \rho_g$。此时压力计记录的压力为：

$$p_2=p_{ws}-\Delta p_2=p_{ws}-\Delta H\rho_L g-(H-\Delta H)\rho_g g$$
$$=p_{ws}-H\rho_g g-\Delta H(\rho_L-\rho_g)g \tag{5-81}$$

显然，此时的测点压力与实际井底压力之间，增加了一个附加压力差 Δp_N，称为“偏移压力”：

$$\Delta p_N=\Delta H(\rho_L-\rho_g)g \tag{5-82}$$

从式（5-82）看到，随着液面上升位置 ΔH 的不同，偏移压力值 Δp_N 是一个不断上升的变量。

③ 液面淹没压力计情况。当液面上升到压力计位置时，上述测点压力 p_3 的表示式为：

$$p_3=p_{ws}-\rho_L gH \tag{5-83}$$

式中　ρ_L——液体的密度。

由于 $\rho_L \gg \rho_g$，因此由于液柱上升造成的偏移压力值表示为：

$$\Delta p_N=H(\rho_L-\rho_g)g \tag{5-84}$$

例如，当关井初期时的气、液混合物密度 ρ_g=200kg/m^3，液柱密度 ρ_L=700kg/m^3，H=300m 时，得到：Δp_N=1.47MPa。

因此可见，由于液面上升引起的压力偏移是十分严重的。

④ 液面淹没压力计以后。一旦液面淹没了压力计，而且如果液柱是单纯凝析油的话，也就是说 ρ_L 值如果不变的话，那么上述偏移压力值将维持不变。

可以想见，如果压力计下到气层中部位置，上面讨论的偏移压力 Δp_N 就不复存在。因此克服这种积液造成压力偏移的最好方法，就是把压力计下放到气层中部。如果初始情况下井下就有积液的话，那么只要压力计下放到液面以下，虽然不能直接而准确地测到气层中部压力，至少可以消除这种压力偏移的影响。

从上面的分析可以看到，对于凝析气井压力资料的录取来说，虽然驼峰产生的第（1）种因素有时难以克服，但第（2）种因素，即积液造成的影响往往更为严重。必须想方设法予以克服，否则测得的资料完全不能反映地层的情况，甚至提供假情况。

以上 BS-8 井的测试过程中，为了验证积液的影响，曾专门测试了关井后不同时刻的井下梯度，得到的结果如图 5-148 所示。

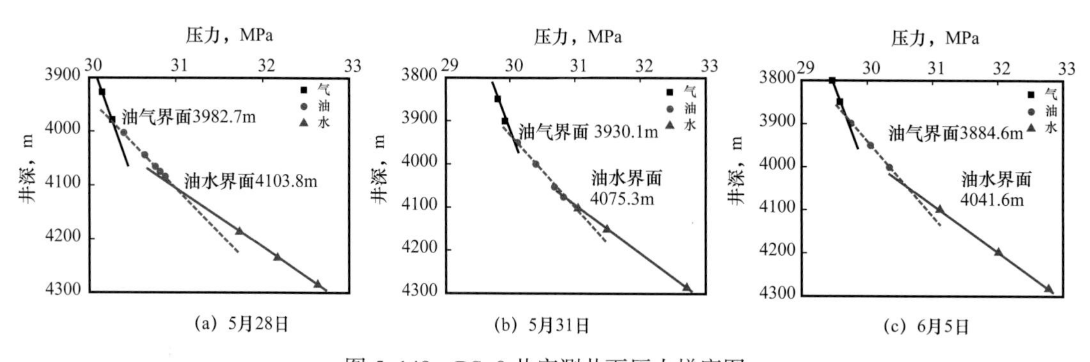

图 5-148　BS-8 井实测井下压力梯度图

该井于5月23日关井。图5–148中的3次压力梯度测试，分别是在5月28日、5月31日和6月5日进行。可以看到，井筒中存在着凝析油和水组成的液柱，而且两者的液面均有不同程度的上升，如图5–149所示。

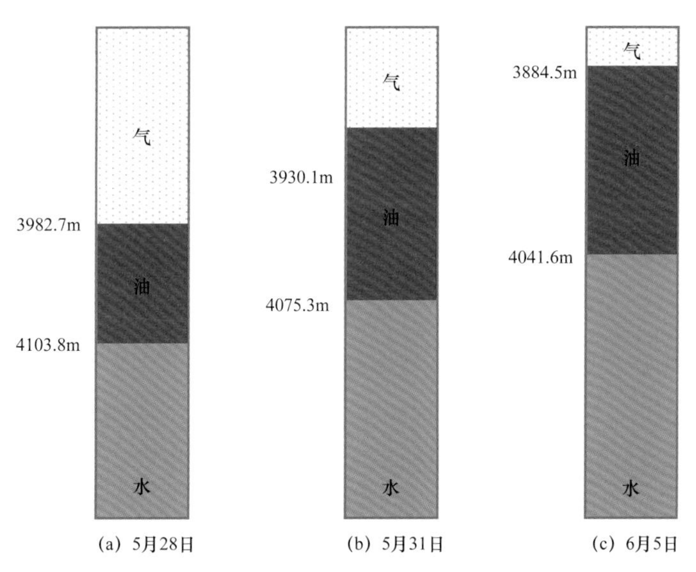

图5–149 BS–8井实测液面上升情况示意图

如果测试时把压力计下到3800m或以上位置，则上述液柱上升形成的偏移压力影响，将完全掩盖压力恢复曲线中有关地层的任何信息。

事实上，5月23日关井所测压力恢复，分3个阶段进行。下入位置分别在4285m（气层中部）、3800m（距井底485m）和4050m（距井底235m），所取得的压力恢复曲线实际示值如图5–150所示。

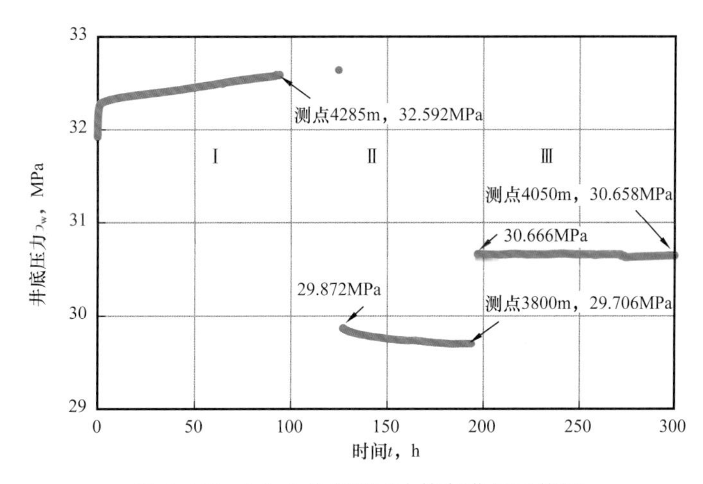

图5–150 BS–8井实测压力恢复曲线示值图

从图5–150中看到：

（1）在第一阶段，压力计下放到井底，取得了质量良好的压力恢复曲线；

（2）在第二阶段，由于压力计上提到3800m，对照图5–149看到测点在液面以上，因此测得的压力恢复曲线出现反常的压力降落，完全不能应用；

（3）在第三阶段，压力计又下深到4050m，此时压力计已下放到液面以下，显示井底压力已到达恢复晚期的接近稳定值。

3. 凝析气井试井分析时的产量折算

凝析气井试井分析时需使用产气量。产气量通常包括两个部分：产出地面的天然气部分；凝析油部分。

在气井开采初期，以上两个部分在地层中均表现为气态。其中凝析油部分须折算为地下条件的气态体积，与天然气部分的体积相加，才是总的采出体积。有关的折算方法可参见文献（陈元千，1990）。

4. 地层中凝析油聚集带给试井分析的课题

凝析气井在开井生产过程中，井底附近形成压降漏斗。在距井 $r=r_N$ 的位置，压力等于露点压力。此时在从井底到距井 r_N 之间，将会有凝析油析出，如图5–151所示。

一旦产生凝析油区，地层流动情况将发生很大变化。在凝析油区内的流度（K/μ）$_N$，由于油的黏度 μ_o 远大于气体黏度 μ_g，而且由于两相流的影响，使渗透率大大降低，从而形成两个不同流动区，如图5–152所示。

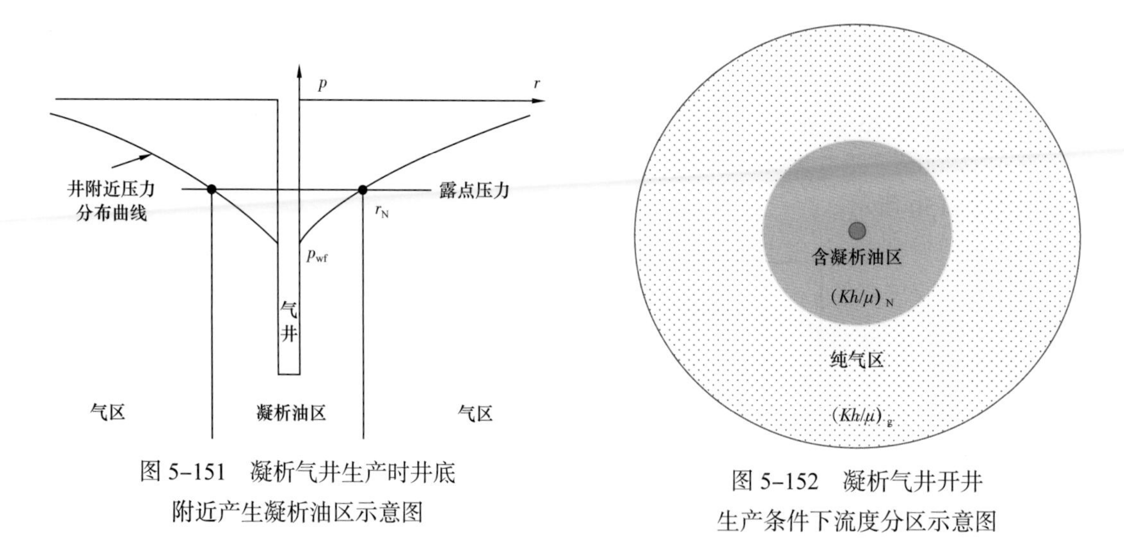

图5–151　凝析气井生产时井底附近产生凝析油区示意图

图5–152　凝析气井开井生产条件下流度分区示意图

此时的压力恢复曲线，将表现为复合地层特征。而且开井压降曲线与关井压力恢复曲线的形态，也会有所区别。

5. 解决凝析气井试井问题的两种思路

1）不同时间段的不同对策

从上面的分析看到，对于凝析气井的试井分析，可以分成两个阶段：

（1）地层中的压力高于露点压力阶段。

在这种情况下，天然气在地层中的流动，与普通干气情况完全相同。前面讨论的分析方法完全适用。所不同的是，在压力资料录取时，存在变井筒储集系数的影响。但是，只要测试方法得当，做好试井设计，减少积液造成的压力偏移，则可以在很大程度上避免“驼峰”造成的影响，成功地完成动态分析研究。

（2）地层中的压力低于露点压力的阶段。

这一阶段对于凝析气井来说，将一直延续到气井生产的晚期。它又可以分成 3 种情况：

① 只在井底有小范围凝析的情况。此时可以把井底凝析油析出的影响，当作附加表皮加以处理。试井分析方法与一般气井没有太大的差别。

② 出现局部凝析油区的情况。出现一个局部的凝析区，会形成复合地层的特征。在 $r>r_N$ 的区域为纯气区，可作一般干气层处理；在 $r<r_N$ 区域存在两相流，可按两相流来处理。

③ 整个气层压力低于临界凝析压力的情况。作为衰竭式开发的凝析气田，这是气田生命周期中大部分时间的情况。此时整个气区都是两相区，应按两相流试井问题处理。

2）解决问题的两种思路

有关凝析气井的试井分析问题，在 20 世纪 90 年代一度成为热门研究课题。有大量的研究论文发表，归纳起来大致有两种思路：

（1）从两相流理论出发的精确解答。

由于两相（或三相）渗流时流动的复杂性，要想做出解析解几乎是不可能的。比较可行的方法是数值解法。应该说，在数值模拟软件中发展的组分模型和近年来发展的数值试井方法，为凝析气地层的试井分析，奠定了方法方面的基础。

有 3 方面的问题影响这类研究课题的开展：

① 解题方法的困难。解决这样的问题要应用组分模型，按不同节点位置的压力分布，确定气和凝析油饱和度、相对渗透率及其流动状态。并且还要根据试井分析的要求，在时间间隔取值和井底流动网格划分方面，改变一般数值模拟的常规做法，与不稳定试井的资料录取和分析相适配。这就把一个简单的单井资料的分析，不论从占用研究人员的精力还是运行时间上，都推向一个更高的、更为复杂的层次。

② 录取资料的困难。与解题过程相对应，不稳定试井压力资料的录取应该是更为严格，精度更高，延续时间也更长，测试井和相邻井工作制度要求更严格。这对一个正常生产中的凝析气井，应该说也不是一件容易的事。

③ 现场的需求是否紧迫。当一个凝析气田投入开发以后，还有哪些问题需要用不稳定试井方法来解决，这是需要有关各方，特别是现场的管理人员回答的问题。如果有这样的迫切需求，投入大量的精力来做这方面的研究是值得的。如果仅仅是理论上的探讨，那就缺乏了推动力，甚至要想从现场录取用以验证理论模型正确性的实测资料都将是很困难的。

这样看来，的确有许多困难阻碍着凝析气井试井精确研究的开展。

（2）从油田现场实际需求出发的解决方法。

一个凝析气田投产以后，油田现场对试井测试和分析有哪些实际需求呢，简单来说有以下几个主要内容：

① 生产井井底流动压力 p_{wf} 和地层压力 p_R 的录取和分析。对一个用衰竭式或循环注气式开发的凝析气田，这是必须录取和分析的项目。

② 井底附近产生反凝析后，附加的流动阻力和表皮系数，以及对气井生产的影响。

③ 生产井井底附近有没有凝析油区产生，凝析区范围有多大，是如何向外扩展的？

④ 井底附近存在一定范围凝析油区的生产井，凝析油区流动系数的降低情况，与纯气区的流动系数比。

⑤ 注气井的注气压力，注入区附近的地层压力，注入井与生产井的连通关系等。

针对这样一些油田现场急需解决的问题，应用目前常规的现代试井分析方法和试井软件，都可以给出一个基本的回答。后面将作简单介绍。

（二）凝析气井不稳定试井典型模式图及实例

1. 井筒相变引起的“驼峰”

如前所述引起井筒内的相变有两类主要的因素，即：凝析气的反转凝析现象引起的“驼峰”、井筒积液引起的“驼峰”和压力偏移。

（1）反凝析过程引起“驼峰”。

对于反转凝析引起的相变过程，在是否造成“驼峰”问题上还要配合以下几种因素分析：

① 开关井过程井底压力变化幅度较大时，容易产生“驼峰”。这也就是说，气井具有较大的生产压差，以至关井过程中压力上升幅度也较大，容易引起相态变化。

② 井口关井容易引起“驼峰”。如果是采用井底关井阀关井，井筒中失去了相态交换的空间，一般不会产生“驼峰”。

③ 低渗透性地层较容易引起“驼峰”。地层渗透性低，一方面容易导致较大的生产压差，另一方面出现压力异常上升时，也不容易由地层加以吸收和平抑。

相变引起的“驼峰”，其压力恢复曲线形态如图 5-153 所示。

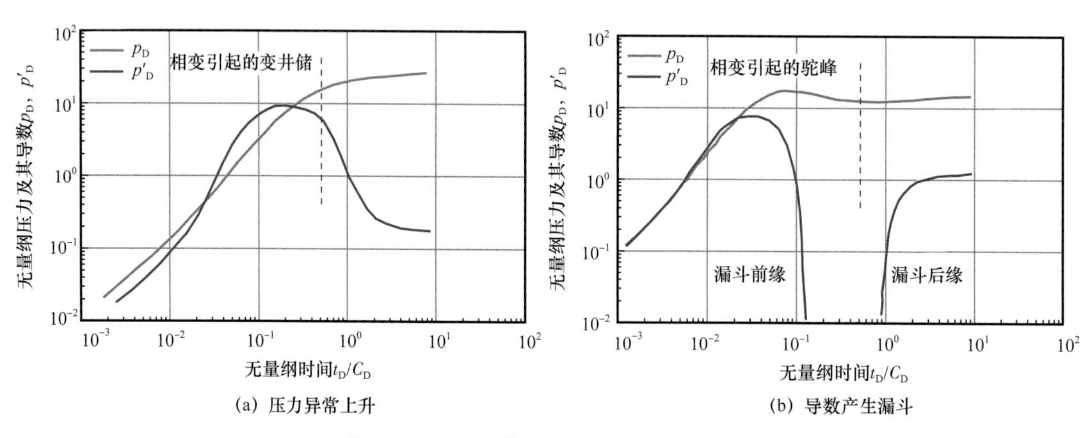

(a) 压力异常上升　　(b) 导数产生漏斗

图 5-153　反凝析引起“驼峰”示意图

图 5-154（a）显示压力异常上升时，续流段压力斜率偏离 1 的正常情况，使压力导数同时上翘，超过压力值。随着反凝析过程结束往往可返回到正常情况。

图 5-154（b）的情况，显示“驼峰”的影响较图 5-153（a）中情况要强烈。当反凝析出现时，井筒压力超过了正常值，而形成一个峰值，出现典型的“驼峰”现象。随后随着反凝析过程的结束而低于前面的值，并逐渐恢复到正常情况。在“驼峰”出现过程中，压力导数断开呈现漏斗状。

如果这类资料录取时间较短，可能只录取到导数漏斗前半段，会给解释人员带来一丝困惑，不能确定是何种反映。如果测试时间延续较长，录取到了漏斗的后半段，则结果一目了然。

（2）现场实例

图 5-154 是一个从板桥凝析气田录取到的实例。

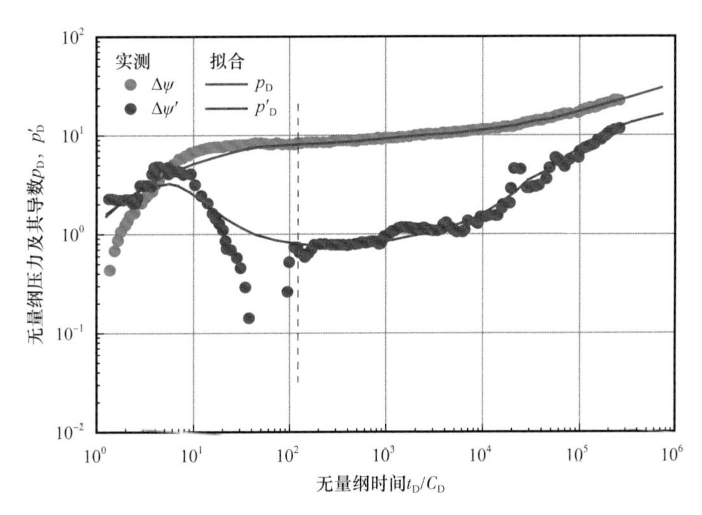

图 5-154 板深 74-1 井显示“驼峰”影响的测试曲线图

这个测试例，延续录取近 1000h，成功地度过了“驼峰”影响段以后，测到了径向流段和边界反映段，取得了有关储层的所有必需的数据。

图 5-155 则是从现场取得的，只反映“驼峰”漏斗前半段的实例。

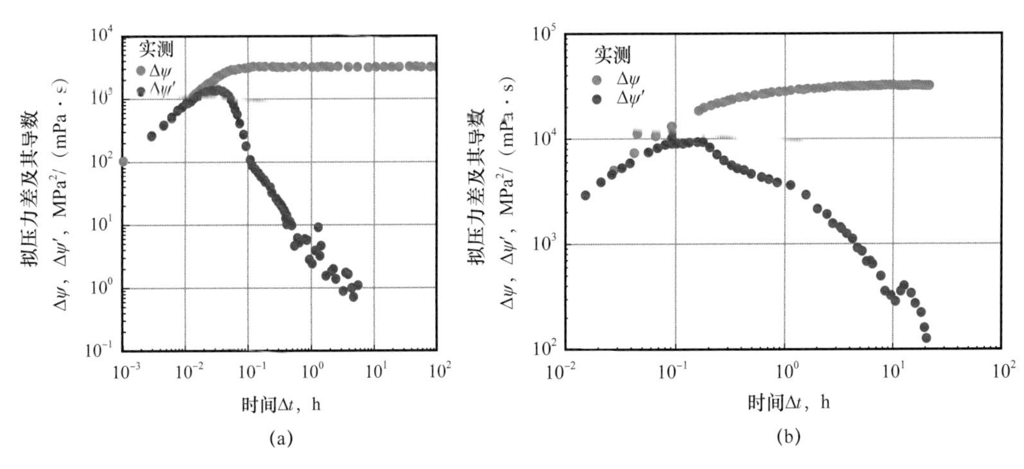

图 5-155 “驼峰”影响实测例图

上述测试资料来自牙哈凝析气田，而且测试时间较短。对比前面的典型图形（图 5-153）和板深 74-1 井实测资料（图 5-154）可清楚看到，这只是录取到“驼峰”漏斗的前半段，不能用来做任何有关地层参数的分析解释。

2. 地层未产生凝析的正常测试资料

在凝析气田中，压力尚未降到露点压力以前，可以测到与干气井无异的资料。前述图 5-154 中，除去“驼峰”段以外，也算是一个正常反映气层地层情况的资料。由于板深 74-1 井当时的测试是在地层打开早期，地层中没有任何凝析现象出现，因此试井分析完全可以按照一般干气地层加以解释。

图 5-156 画出的是在牙哈凝析气田录取到的具有均质地层反映的资料，分析方法与干气层完全一样。

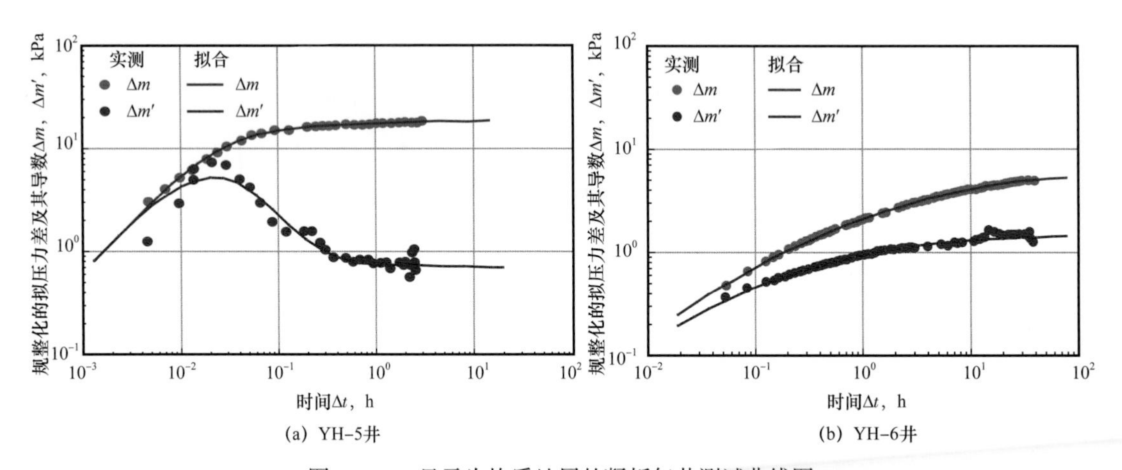

图 5-156 显示为均质地层的凝析气井测试曲线图

从图 5-156 中 YH-5 井的试井曲线，通过软件分析可以得到：流动系数 Kh/μ=47.3mD·m/(mPa·s)；地层渗透率 K=2.93mD；表皮系数 S=8.0。

从图 5-156 中 YH-6 井的试井曲线，通过试井软件分析得到：流动系数 Kh/μ=109.2mD·m/(mPa·s)；地层渗透率 K=5.93mD；表皮系数 S=-5.49。

3. 井底附近地层出现局部反凝析油区的测试资料

（1）流动模式图。

当井底附近压力低于临界凝析压力时，地层出现凝析油区，此时在地层中将会出现如图 5-152 的两相区。由于在两相区流动系数值大大低于纯气区，因此在压力恢复曲线的特征图上表现为内差外好的复合地层特征，如图 5-157 所示。

从上述曲线中，可以了解到如下参数：

① 纯气区的地层渗透率 K 和流动系数 Kh/μ；

② 气区与两相区的流动系数比：

$$M_{\mathrm{N}}=\frac{(Kh/\mu)_{\mathrm{N}}}{(Kh/\mu)_{\mathrm{g}}}=10^{\Delta H_{\mathrm{ND}}} \tag{5-85}$$

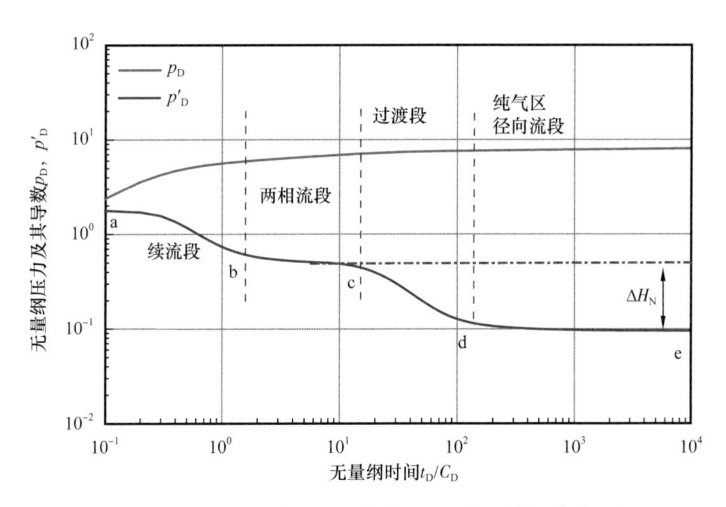

图 5-157　井底附近出现凝析油区时的特征模式图

③ 两相区的扩展半径 r_N；

④ 两相区的表皮系数 S_N 和总视表皮系数 S_a。

（2）现场实测例——YH-3 井。

该井为牙哈凝析气田中的一口早期评价井，打开第三系吉迪克组。开井生产时流动压力 p_{wf}=44.27MPa，而从相图中查到，露点压力为 p_d=51.06MPa，相差 6.79MPa。说明地层中已明显出现凝析油区。该井地层压力 55.79MPa，生产压差达到 Δp=28.24MPa，之所以如此大的重要原因是凝析油区的两相流所产生的附加生产压差。该测试层的压力恢复曲线如图 5-158 所示。

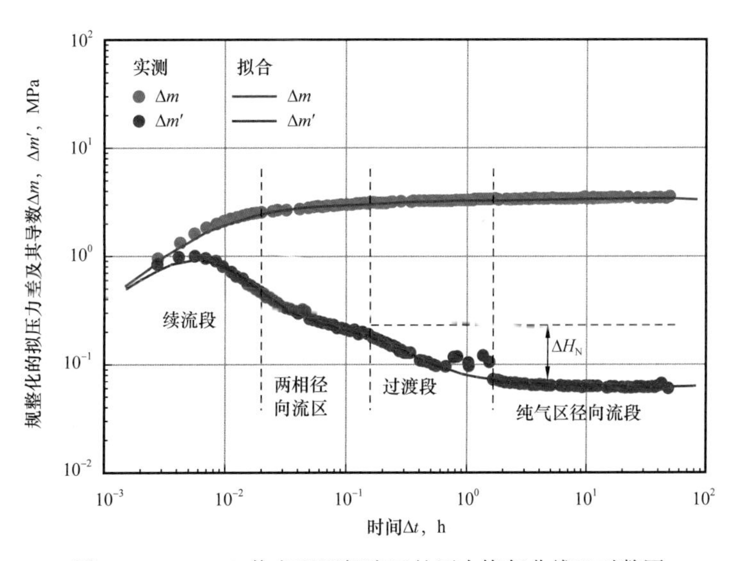

图 5-158　YH-3 井出现两相流区的压力恢复曲线双对数图

经过试井软件分析得到：纯气区流动系数 $(Kh/\mu)_g$=152.1mD·m/(mPa·s)；纯气区地层渗透率 K=8.9mD；气区与两相区流动系数比 M_N=3.38；两相区的扩展半径 50m；井

的视表皮系数 S_a=18.8；两相区的表皮系数 S=0.4。

由此看来，该井的生产情况是：地层渗透性中等，但由于凝析油析出，油气混合物综合的流动系数降低到不足原来值的 1/3，从而使生产情况明显变差。井的表皮系数大大增加，达到 19 左右，而主要影响因素仍然是凝析油区的影响。

对于生产现场来说，这些分析值足以对气井的生产状况及变化作出基本的判断。

九、水平井试井的特征图（模式图形 M-16）及实例

（一）地质工程背景

用水平井开发薄层气田、河道砂岩和特殊形态的天然气储集体，被许多世界著名石油公司宣布为主打的手段。目前钻水平井技术上的发展，也已使针对特殊目标区的中的率不断提高。但是针对水平井的试井资料录取和分析，却开展得还不够理想。究其原因，大致有以下几个方面：

（1）在水平井进行压力资料录取时，压力计一般都下放到造斜段上方的直井末端位置。这一位置距离目的层不论在垂向距离上或是井筒中的横向距离，均相距甚远。而这一段内的井流物成分很复杂，积水、积液难以排出，水平段内的起伏又造成一些气体的死区，因而难以使录取到的压力更准确地反映地层情况。

（2）储层的起伏变化，加上井眼的实际穿行轨迹都难以控制和规范，因此水平井所钻遇的地层，常常起伏不定，断断续续，甚至重复穿过多个层段，难以建立相应的解析模型。

（3）影响试井曲线的参数变量多，如果要全面确定这些参数的影响，即使针对一些简单的地层模型，也要求长达 8～10 个对数周期的录取时间，这在现场很难做到。

由于有上面一些原因，所以虽然油田现场已实际完钻了大量的水平油气井，却难以见到比较典型的实测分析例。但是，随着钻井技术的提高和测试手段的更新，相信会有更多的水平井试井资料用于现场动态分析。

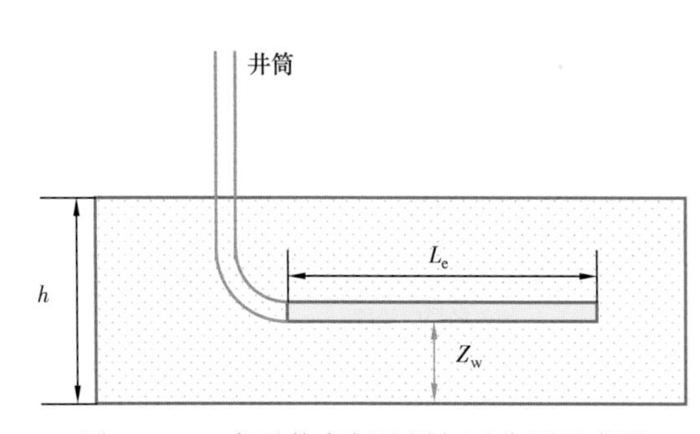

图 5-159　水平井穿行地层相对位置示意图

如果水平井按下述条件完井，则研究者已提供了相关的典型特征图：

（1）地层是水平无限大的、等厚的均质砂岩地层。水平渗透率 K_x 和 K_y，垂向渗透率 K_z；

（2）水平井穿入地层后，其水平段穿行轨迹是水平的，水平段长 L_e，井筒距离气层底部距离为常数值 Z_w。

井对地层的相对位置，如图 5-159 所示。

（二）典型的试井模式图

（1）具备典型参数的模式图。

所谓典型参数是指：

① 水平段足够长，例如 L_e=300m；

② 钻穿的气层较厚，例如 h=20m；

③ 水平井段大致位于地层中间位置；

④ 水平井段未受很大的伤害。

这时的压力恢复双对数曲线图如图 5–160 所示，对应的流动图谱参见第二章的图 2–22。

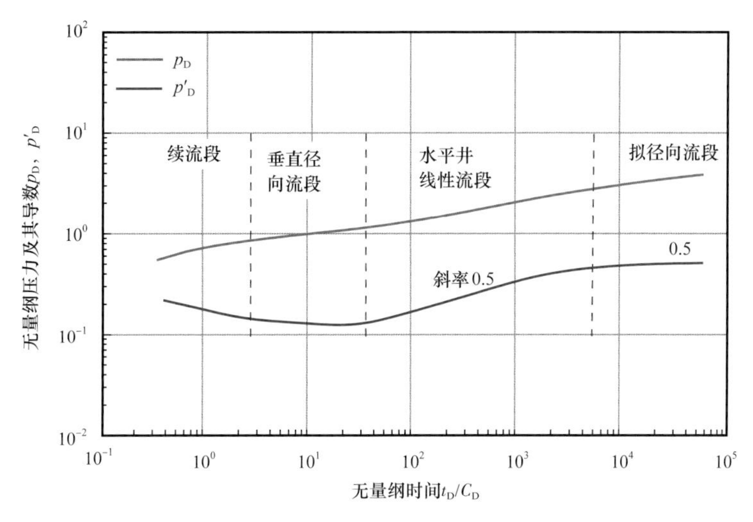

图 5–160 水平井压力恢复曲线典型流动特征图

从图 5–160 中看到有如下特征段：

① 续流段。

② 垂向径向流段。

对于较厚的地层，当水平井穿过其中时，会产生垂向径向流（见流动图谱图 2–22）。但当地层较薄时，或井的续流影响较大时，这一流动段将消失或被淹没。

③ 水平井线性流段。这是水平井试井曲线的重要特征线段。对于具有较长水平井段的井，这一流动段将更为明显。导数表现为 1/2 斜率的上升直线。

④ 拟径向流段。压力导数在这一段为水平直线。只有分布面积较大的地层，才能出现这一流动段。

（2）储层较薄时演变为类似压裂井的图形。

当储层较薄时，垂直径向流段将消失，关井后立即显示水平井线性流段，这将类似于一般压裂井的图形特征，如图 5–161（a）所示。如果水平井段在钻井完井中受到伤害，则演化为类似存在裂缝表皮污染的压裂井的特征，如图 5–161（b）所示。

（3）井筒储集系数影响较大时演变为普通超完善井的特征。

对于气井，当采取井口关井方法试井时，井筒储集系数一般都是很大的，井筒储集系数的影响常常使水平井的压力恢复曲线演变为类似一般超完善井的样式，特别对于实际有效水平井段不是很长的水平井来说，更是如此，如图 5–162 所示。

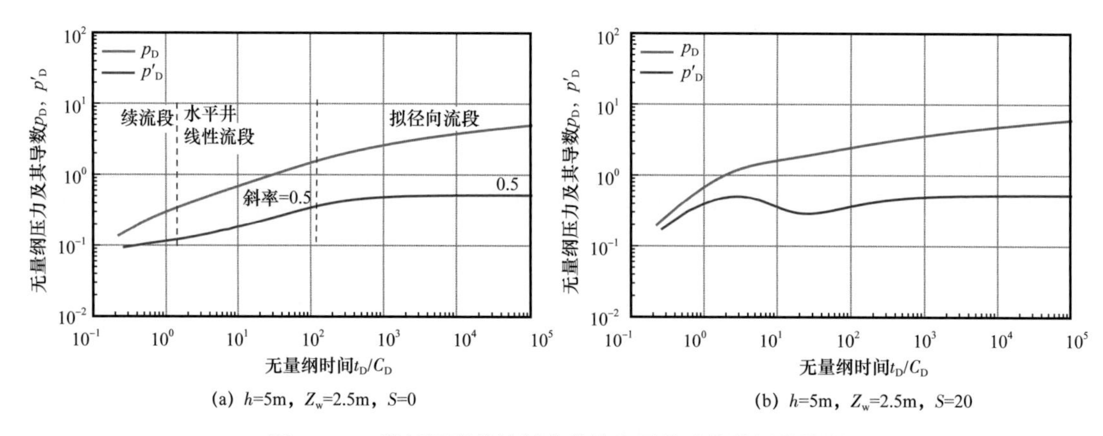

(a) h=5m，Z_w=2.5m，S=0　　(b) h=5m，Z_w=2.5m，S=20

图 5-161　类似压裂井特征曲线的水平井试井特征曲线图

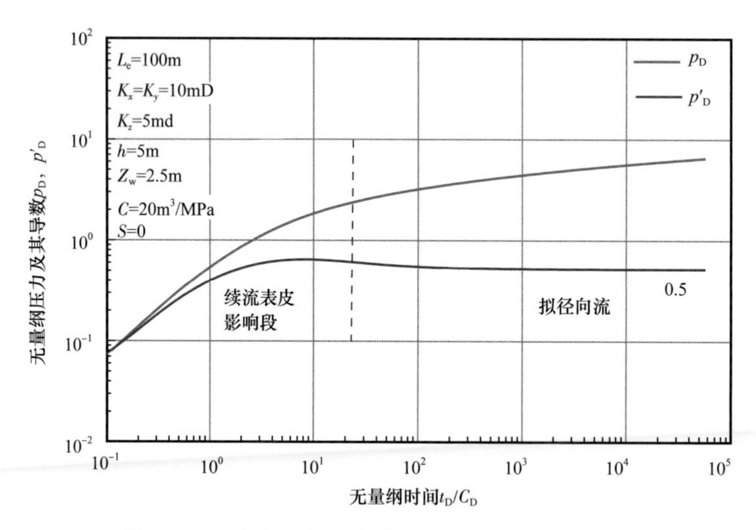

图 5-162　类似一般超完善井的水平井特征曲线图

从图 5-162 中看到，完全失去了作为水平井特征线段的水平井线性流段。

有关现场实测例，读者可以参阅本书第八章第六节图 8-67 介绍的实例井资料。在作者参与研究的东方气田中，全部用水平井开采，取得了丰富的水平井不稳定试井资料。

图 5-163 介绍了另外一口井——T111 井的测试实例。该井打开志留系砂岩地层，水平井段长 360m，有效井段 270m，层厚 0.9m，测得压力恢复曲线如图 5-163 所示。

从图 5-163 中看到，完全显示不出水平井段的垂直径向流和 1/2 斜率线性流段特征线段，仅仅表现出一般超完善井的典型曲线特征。

试井软件解释结果如下：总表皮系数 S=–6.67；水平渗透率 K_x=K_y=194mD；垂向渗透率 K_z=0.008mD；井筒储集系数 C=0.7m^3/MPa。

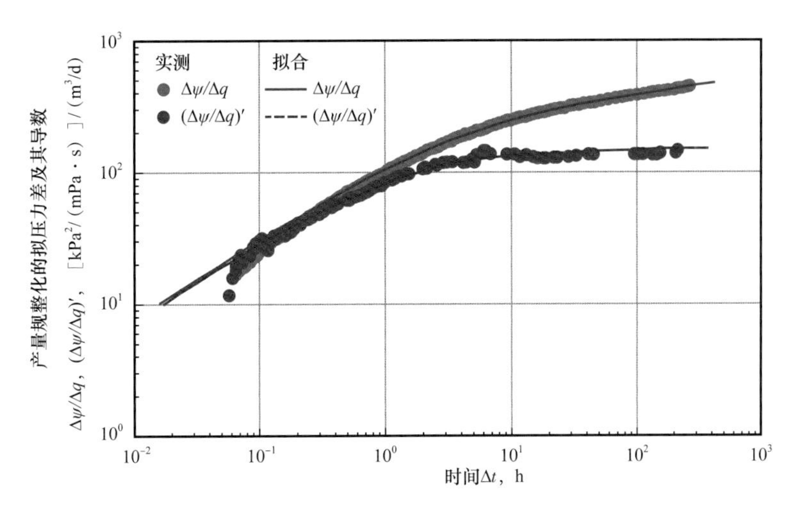

图 5-163　T111 井水平井试井压力恢复曲线双对数图（华油公司李华安分析解释）

第六节　本章小结

本章的内容，也是本书的核心内容。正如在本书第一章概论中所讲到的，气田动态研究的主要目的就是建立一个气井和气藏的动态模型。这个动态模型以地质研究成果为背景，以数学方程描述动态上的表现，并以压力和压力导数特征图的形式，形象地表现其动态特征，并最终落实到对储层结构、平面分布及地层参数值的描述。

本章介绍了 3 种动态特征图：压力历史图、压力单对数图和压力加压力导数双对数图。这 3 类图从不同的侧面描述气藏和气井的动态特征。

于 20 世纪 50 年代发展的压力单对数法（半对数法），开创了不稳定试井分析方法，这种方法直到现在仍作为一种常规方法被广泛应用。但单对数法存在一个缺点，它只能对储层渗透率和完井表皮系数等基本参数做出分析，还不能全面描述储层的动态模型特征，因而使用时有很大的局限性。

20 世纪 80 年代开发的压力加导数的双对数图及分析方法，把不稳定试井推向了全新的阶段，形成了目前所称的现代试井。在压力导数图上，包含了有关储层结构及油气在其中流动状态的丰富信息，只要认真予以解读，就会对地层的动态特征做出精确描述。

本章列举了 10 余种油气田勘探开发过程中常见的储层类型，对照双对数图形特征，一一进行介绍，并尽可能找到气田现场中实测例加以验证。这些图形的产生、应用和参数解释，都是在试井解释软件支持下完成的。试井软件是一种得力的手段，一种不可或缺的手段，但也仅仅是手段。如何从气田地质研究成果出发，结合气井完井工艺状况，对气井和气藏做出合理评价，是气藏工程师的职责和能力的体现。

不稳定试井双对数图的特征，反映的是油气井和油气藏在一个不长时间段的特征。由于测试时间所限，对于比较远的边界和油气藏中更深层的内部信息，并不能一一体现。正如不能用一个人现实表现中的一时一事去完整评价一个人一样，因而对这种解释结果的评价，要放在气井的压力历史中去验证、去完善。

作为气井、气藏动态研究来说，正确的评价往往还不是最终目的，最终的目的是要在建立正确动态模型的基础上，做出油气田今后走势的预测。通过前一阶段时间的压力历史检验被确认的模型，可以用来往后进行相当长一段时间的预测。验证的时间越长，可靠预测的时间也越长。这无疑对生产规划是十分重要的。

第六章　干扰试井和脉冲试井

多井试井的英文名称是Multiple Well Testing，一般指干扰试井（Interference Testing）和脉冲试井（Pulse Testing）。由于测试施工时至少要两口以上的井组成一个井对，参与现场操作，所以常称之为多井试井。干扰试井方法最早应用于水文地质研究，称之为"抽水实验"或"水文勘探"。施工时在一口水井中抽水，同时观测周围井里水面的变化，以此了解这些井之间的连通关系。随着石油工业的发展，干扰试井被引用到油气田研究中，在测试手段和资料分析方法上进一步完善，应用了高精度、高分辨率的井下压力计录取压力资料，并发展了相应的试井解释软件，在勘探开发中发挥了重要的作用。

20世纪60年代中期，在干扰试井的基础上发展了脉冲试井方法。脉冲试井实质上也是一种干扰试井，但在测试施工时要求激动井多次改变工作制度，使观测井中的干扰压力变化呈现一种波动的形式。这一方法初始时被认为是一种可替代干扰试井的全新的方法，但经过多年的现场实践以后，油藏工程师们认识到这种测试和评价方法在获取储层动态模型参数方面还不及干扰试井，而且现场施工方面需要占用更长的时间，要求测试激动井多次反复地开关井，所以从科学实用的角度来说还不及传统的干扰试井方法。

多井试井的重要特点是，它所反映的储层信息，已不单单是测试井周围的情况，而是涵盖测试井组范围内一定区域的参数情况，包括井和井之间真实的连通关系。多井试井对于储层的了解能力，是一般的单井不稳定试井所不具备的。

但是，以往的现场实践经验证明，在油气田勘探阶段，或者是在开发早期评价阶段，做好一次干扰试井很不容易。特别是对于气田来说，由于作为压力传播介质的天然气，具有较大的压缩性，以至压力信号较难从激动井传播到观测井，导致无结论的测试资料占据了很大比例，特别在测试设计不周全的情况下，更是如此。

因此说，干扰试井，特别是气田的干扰试井，是一个需十分谨慎对待的项目。在本章后面部分，将详细加以讨论。

第一节　多井试井的用途及发展历史

一、多井试井的用途

不论是气田的多井试井，或是油田的多井试井，其用途无外乎以下几个方面：

（1）了解井与井之间地层的连通关系。

在一些层状的砂岩地层中，钻穿相同层位的两口井，其主力产层往往是连通的，如图 6–1（a）所示；而在另一些存在岩性边界的砂岩地层内，虽然两口井之间作为砂层是对应的，但是作为有效层，并不一定能够互相对应，这就导致两口井在地下并不连通，如图 6–1（b）所示。

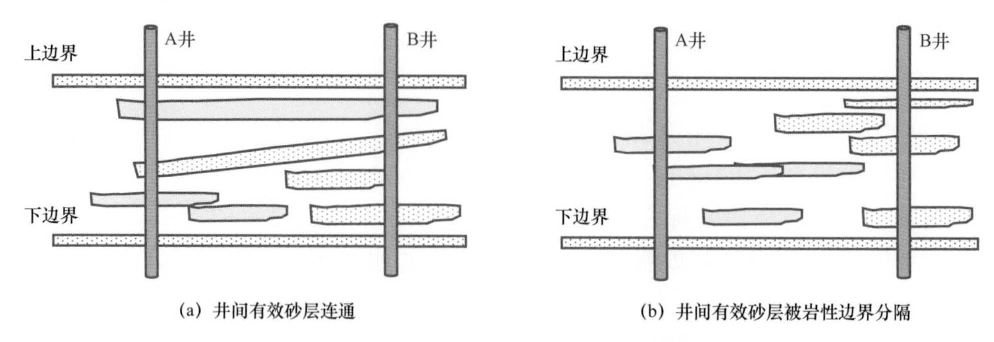

图 6–1　井间有效渗透层对比关系示意图

如果要开采的是凝析气田，而且准备采用循环注气的方式开发，设计在 A 井采出，B 井注入，那么像图 6–1（b）所示的地层，将会导致非常差的开发效果。

对于注水开发的油田，了解井间的连通关系也是非常重要的。

（2）核实断层的密封性。

在中国的东部地区，特别是渤海湾周围的几个油区，断层非常发育，有的油气田被断层切割成许许多多面积不到 1km^2 的小块，使得油气田内部井与井之间的关系十分复杂。但是构造图中画出的二三类的小断层，由于落差小，对油气流动不一定起到封隔作用。像胜利油田胜坨地区，多次发现采油井受到断层另一侧注水井的影响。若要弄清这些断层的封隔情况，干扰试井法无疑是一个非常有效的方法。

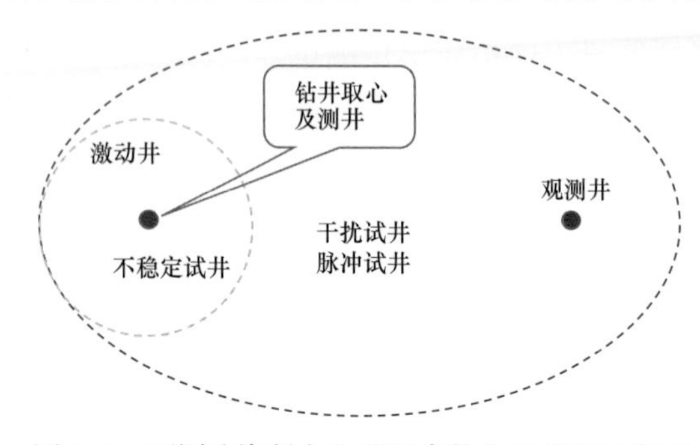

图 6–2　不同取资料方法所测参数含义范围示意图

（3）测算井间的连通参数。

测井、钻井取心等方法，取得的地层渗透率等参数是井点的参数；一般的单井不稳定试井，取得的地层参数是井周围的参数；而干扰试井取得的参数是井间一个平面范围的综合平均的参数，如图 6–2 所示。

通过多井试井，可以求得的参数是：井间区域流动系数 Kh/μ、井间区域储能参数 ϕhC_t、井间的导压系数 $\eta=\dfrac{K}{\mu\phi C_t}$、井间的连通渗透率 K、井间区域的单储系数 ϕh 等。上述参数是用其他方法无法取得的。

（4）测试储层的垂向连通性。

Bremer（1985）曾介绍用干扰试井和脉冲试井方法研究两个高渗透性地层之间的较致密层的垂向渗透率，制作了解释模型，进行了分析解释，如图 6–3 所示。

从图 6–3 中看到，层 1 与层 2 用封隔器隔开，在井筒内是不连通的，层 1 从套管开井生产，产生压力激动；在层 2 的射开部位下入压力计，监测透过致密层从层 1 传播过来的干扰压力。

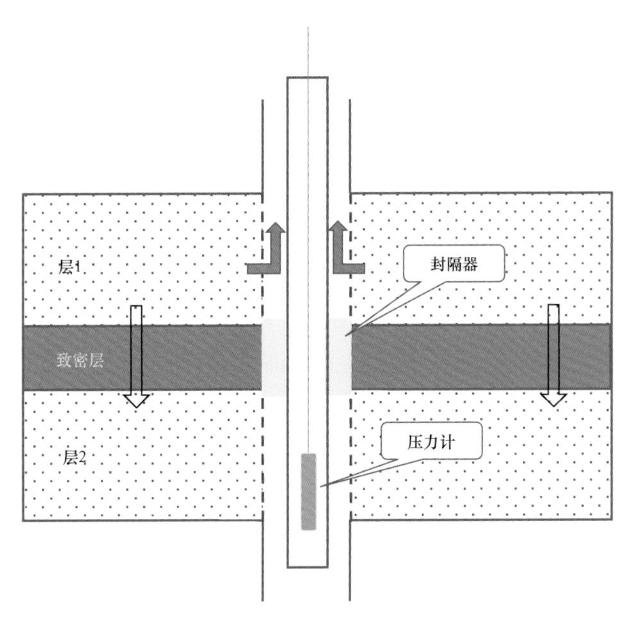

图 6-3 垂向渗透率测试示意图

应用上述方法曾在加拿大阿尔伯达省的 Bigoray Nisku B 油藏测试了垂向渗透率，用以在混相驱二次采油方案中提供设计参数（Gillund，1984）。

（5）地层各向异性的研究。

在胜利油田的垦利古潜山油田，曾开展了 28 个井组的干扰试井和脉冲试井研究，通过对测试成果的综合分析，了解到油区内地层渗透性具有强烈的方向性，如图 6-4 所示。

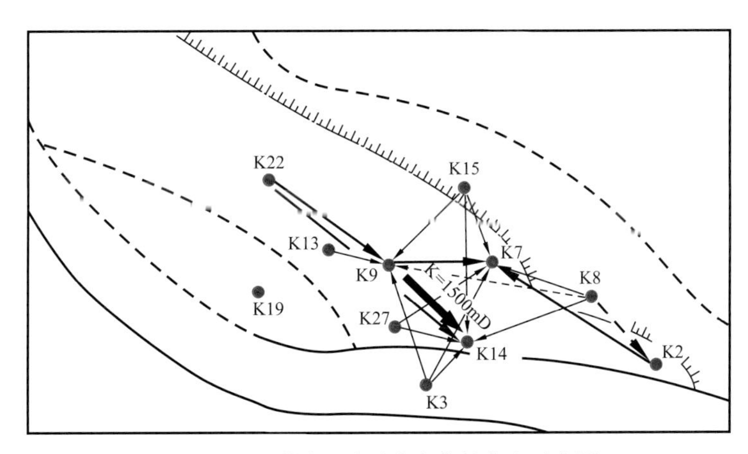

图 6-4 垦利油田渗透率方向性分布示意图

从图 6-4 中看到，在主断裂方向渗透性高达 1500mD，而在垂直断层方向，渗透率不足 1mD，从而对生产井的布置和注水开发，造成极大的影响（庄惠农，1984）。通过对实际生产情况的分析，也证实了上述结论。

（6）研究储层的平面分布状态，确认储量评估结果。

在靖边气田（陕甘宁中部气田），曾在储量评估中极为有效地应用了干扰试井资料。在气田的开发准备阶段，从压力恢复曲线的分析中，看到了低渗透边界的影响。这一现象曾引起疑虑，认为奥陶系储层有可能是局部发育的，使储层形成一片片被边界分割的小块。要消除这一疑虑的最有效方法就是干扰试井。为此在气田中区的中间地带，选择了林 5 井、林 1 井和陕参 1 井三口井组成两个测试井对，历时 10 个月进行了一组干扰试井研究。测试结果证实井间是连通的，但是在东西 4km 的范围内，储层存在严重的非均质变化。这一研究成果为储量评价结果的确认开了绿灯，最终使靖边气田顺利投入开发。有关靖边气田的干扰试井情况，后面还将用专门的篇幅加以介绍。

上述的应用研究，都从某一侧面充实了对油气田动态模型的认识。在这些研究成果的基础上所建立的油气田动态模型，必然能更真实地反映出储层的客观情况。

二、多井试井方法的历史发展

（一）多井试井在国外的发展

多井试井的发展和应用，最早可以追溯到 20 世纪 30 年代，当时是在进行水文地质研究时采用的一种方法，称为“水文勘探”，现场俗称为“抽水试验”。通过在一口水井中用泵抽水，造成液面下降，在相邻的井中观测液面变化，了解这些水井之间的连通关系。直到目前，在一些煤矿区，偶尔还有应用。

Theis（1935）提出了解释这类数据的不稳定压力解。Jacob（1941）在他的论文中把上述测试方法定名为“干扰试井”（Interference Well Test），并且应用了“典型曲线”。这里所说的典型曲线，就是本文第五章所说的无量纲的压力双对数标准图，直到现在仍然被广泛应用。这期间，King Hubbert（1941）对此研究进行了讨论。Muskat（1949）在其专著《石油开发的物理原理》中也做了介绍。

在 20 世纪 50 年代，美国和苏联把这种测试方法广泛地应用于油气田研究。也正是在这期间，苏联研制了 ДГМ 型活塞式的井下微差压力计，专门用于油田现场的干扰试井资料录取。在此期间，还发表了一些用于参数解释的特征点方法——最大值法、初始扰动点法等。Matthies（1964）发表了对 Walfcamp 油田的干扰试井研究成果。

20 世纪 70 年代到 80 年代期间，关于干扰试井方法，不断地有一些论文发表。Earlougher 和 Ramey（1973）介绍了各种不渗透边界对干扰曲线形态的影响，并制作了相应的图版。Tongpenyai（1981）和 Ogbe（1989）则研究了激动井的井筒储集和表皮效应对干扰试井曲线的影响。在井底具有压裂裂缝时，干扰试井可以用来帮助确定裂缝的方位，Monsli（1982）对此进行了研究。

关于双重介质地层的研究，20 世纪 80 年代有了较大的发展，随着双重介质地层单井试井压力和导数图版的产生，Deruyck、Bourdet 和 Ramey（1982）等制作了双重介质干扰试井图版。用这种图版，不但可以计算裂缝系统的渗透率 K_f 等参数，还可以计算井间地层的储容比 ω 和介质间的窜流系数 λ 等参数。

另外一些研究结果表明，随着观测井与激动井距离的增大，干扰压力值会比预计的值有所减小，因此引入了 r_D 为参变量，对图版加以修正。同时随井距的加大，双重介质的特征也会渐渐消失，使其与均质地层特征相似（Streltsova，1984；Chen，1984）。

Johnson（1966）提出了脉冲试井方法，后由 Kamal（1975）做出了解释图版。这些图版一度成为脉冲试井参数解释的必备工具。图版中应用的输入参数，是从实测曲线中取得的“脉冲幅度”和“滞后时间”，一般都是采取作图交会的方法，从实测资料中取得。因此说，这些方法仍旧是属于特征点法。McKinley（1968）介绍了脉冲试井油田应用实例，引起各方重视。

20 世纪 70 年代末到 80 年代初，一些作者对于是否可以把脉冲试井法应用于双重介质地层或压裂井进行了研究，结果表明，用脉冲试井法不能求出 ω 和 λ 等参数，只能定性地分析压裂裂缝的大致方位和裂缝渗透率（Ekie，1977；Tiab，1989）。

多层油藏的脉冲试井是一个很难解释的复杂问题。Prats（1986）曾就此进行了研究。Chropra（1988）则就脉冲试井应用于油藏评价方面的问题进行了综合评述。他通过对 San Andres 油藏的脉冲试井先导性试验区的分析发现，单独使用这种方法针对多层非均质地层是远远不够的，必须结合使用地质、岩石物理及单井不稳定试井资料的分析，进行综合的评价。

从以上国外在多井试井方面研究发展可以看出，多井试井方法长期以来一直是油藏工程师们十分关心和不断探索的项目。但直到目前为止，还一直是一个试验性的项目，没有进入生产性的测试系列，需要在不断实践中完善。

（二）多井试井在中国的发展

多井试井的现场实践和理论研究，在中国起步很早，并且在多个油田取得了明显的成果。

20 世纪 50 年代在玉门油田就进行过初步试验。60 年代，大庆油田曾从苏联购买了 ДГМ 型的微差压力计并进行了现场试验。

在 20 世纪 60 年代末到 70 年代初，庄惠农等根据现场多井试井的需要，自行研制成功了 CY-733 型玻璃活塞式的微差压力计，并获得了中国国家发明奖。胜利油田、江汉油田和大港油田在 70—80 年代所录取的早期干扰试井和脉冲试井现场资料，基本上都是用这种仪器录取到的（《试井手册》，石油工业出版社，1991）。

从 20 世纪 60 年代末到 80 年代中期，在胜利油田复杂断块油田中，针对注水开发注采井设计的需要，分别在胜坨油田、东辛油田、滨南油田和垦利油田等多个油区，开展了大规模的干扰试井的试验研究，并在 100 多个井组中取得了成功的测试资料，一部分成果已公开发表。

1980 年，针对垦利油田这样一个复杂的古潜山油藏，又开展了全面的干扰试井和脉冲试井的综合研究。前后测试 28 个井组，对上述地区各井间的渗透率分布规律，裂缝发育的方向性，储能参数（ϕhC_t）的分布特征，注水效果及影响因素等，提供了全面的认识（庄惠农，1984）。特别是在测试期间，首次在中国国内试验成功了脉冲试井的现场实施方法，为以后的此项研究工作，提供了难得的经验。

20 世纪 70 年代在江汉油田的钟市、王场和习家口都曾取得了多个井组的干扰试井和脉冲试井成果，用于油田开发研究。在大港油田针对复杂断层研究也进行了大量的现场试验工作，取得可喜的成果。

针对油田现场出现的裂缝性的双重介质地层干扰试井解释问题，在国内研制成了双重介质干扰试井解释图版（庄惠农，1986），这一图版与 Deruyck（1982）介绍的图版产生时间同步，但后者把裂缝反映段与总系统反映段及过渡段分别拟合处理，而庄惠农则把三者合成为一条完整的曲线，从图形上看与现场实测曲线完全一致，更能显现其双重介质的特征。

20 世纪 90 年代，靖边气田（陕甘宁中部气田）的开发准备阶段，干扰试井方法发挥了重要作用，从 1993 年 9 月至 1994 年 8 月，在靖边气田中区中部的林 5 井（激动井）、林 1 井和陕参 1 井（观测井）开展干扰试井研究。历时 10 个多月，取得了良好的成果，随后结合地质资料的分析，证实靖边气田的奥陶系储层是一个连片分布的，但存在严重非均质性的地层。这种对储层模型的描述，为储量计算结果提供了有力的支持，并为后来的开发方案设计提供了重要依据。同时，这一关于干扰试井的现场实践和分析研究，也充分反映了中国在气田动态研究方面的能力和水平（庄惠农，1996）。

三、如何做好干扰试井的测试和分析

多井试井虽然有其独特的优点，但在实施时却也存在着特别的困难，在某些新的地区，在录取了数量可观的资料后，却发现得不到任何确定的结论。原因是：在观测井连续长时间进行干扰压力观测后，有时是几十小时，有时是几十天，始终没有接收到激动井发出的确切的干扰压力讯息。观测到的井底压力有时还会时而上升，时而下降，时而出现各种波动和噪声，最后不得不草草结束。

是什么原因导致这样的结果呢，原因可能是事先对干扰压力的传播规律和现场实际情况了解不够，同时也可能是由于用干扰试井方法认识一个地区的储层，如果没有按照辨证思维的过程进行，就不能有效地辨明储层的特征。

（一）影响干扰压力录取的因素

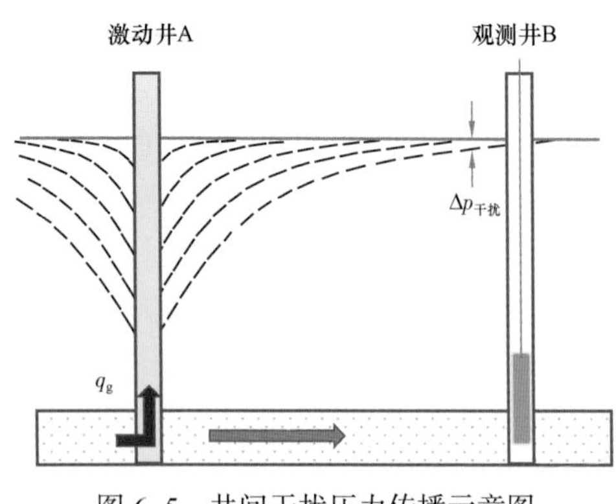

图 6–5　井间干扰压力传播示意图

1. 干扰压力

干扰压力是数量级非常小的压力值。当一口井开井时，在井底形成压降漏斗，随着开井时间的延长逐渐向外扩展，如图 6–5 所示。

从图 6–5 中看到，压降漏斗在向外扩展时，量值迅速减小，在距离 A 井为 r 的 B 井，成为非常微弱的值。关于这一值的具体数量和计算方法，后面将详细介绍。但是在数十小时内，这个压力值常常不到 0.01MPa，甚至不到 0.001MPa。

由此看来，在B井井底的压力计，能否把这样一个微弱的干扰压力变化记录下来，就成为干扰试井成功的关键。

2. 观测井井底的背景压力

观测井井底的背景压力要求足够稳定。正如在一个嘈杂的公共场所，要想听清楚对方讲话是一件很困难的事一样，在观测井录取井间干扰压力时，对“背景压力”也有一定的要求：

（1）背景压力不能存在过量的波动和噪声。

这里的波动是指以小时计的压力上下变化，变化幅度可以从百分之几兆帕到十分之几兆帕；噪声是指振幅和频率上完全无规律的震荡，幅度在0.001～0.01MPa。有下面的因素可能引起波动和噪声：

① 观测井处于开井生产状态时，井底压力会有严重的波动和噪声。这种波动和噪声来自井筒流动中湍流影响以及油气混合物在井筒中的滑脱所产生的脉动；产量本身不稳定产生的井底流压波动也是非常大的。作者曾开展一项调查，统计了百余个井组的成功的干扰试井现场实测例，无一例是在开井状态下观测到的。

② 邻井作业影响。

在观测井附近，有时还有另外的井在作业，例如进行酸化压裂施工，修井作业中的压井，注水井投注，或者仅仅是改变了生产制度，采取了开关井动作等，这些都有可能影响观测井的井底压力。

③ 观测井本身的层间交换。

对于多层合采的油气井，或者是开采纵向存在严重非均质的厚层油气层，开井生产时层间贡献不同，造成地层内部压力差异，一旦关井后将会在井筒内产生层间窜流，图6-6清楚显示了这种严重的波动和噪声。

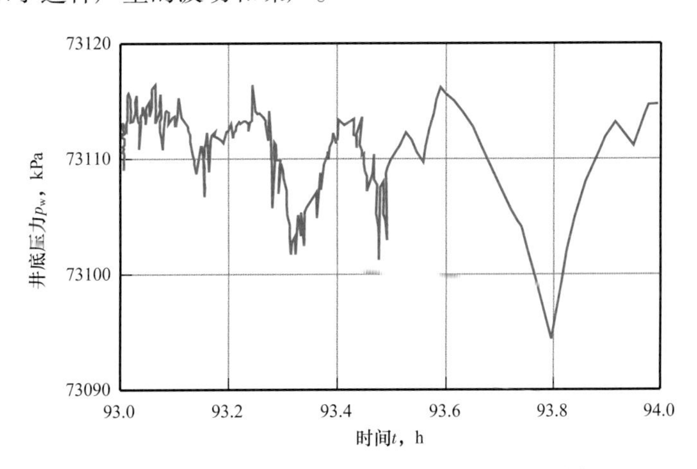

图6-6　KL203井关井后井底压力的波动和噪声

在KL203井，即存在着这种层间窜流的影响，同时还存在着由于气水分离、沉降形成的井筒内相变的影响。波动持续存在于几乎整个关井后的过程。

④ 潮汐作用对于地层压力造成的影响。

⑤ 其他不明原因产生的压力跳动。

还有一些井筒内压力的突变——突然上升一个台阶或突然下降一个台阶，大多与井筒因素有关，例如井口漏气，或偶然性的打开放空阀门等。但也确实有些波动，始终找不出产生的原因。

如果背景压力中大量存在着这种不稳定的波动因素，显然干扰试井是很难进行的。

（2）背景压力应有一定的规律，不能有过量的上升或下降趋势。

作为测试井，当关井进行干扰压力监测时，它过去的生产史会影响目前的压力变化趋势。

① 观测井于不久前关井，压力多呈上升趋势。不久前关井的观测井，井底压力 p_{ws} 为恢复压力。开始时急剧上升，随着时间的延长逐渐趋缓，近似呈对数规律。

② 油气田中长时间关井的观测井，压力多呈下降趋势。长时间关井的观测井，由于油区、气区内其他井的生产所造成的地层压力衰竭，使井底压力多呈下降趋势。

正式的干扰试井实施前，应在观测井提前下入压力计，记录这种背景压力的变化规律，以便为下一步区分“纯干扰压力”时使用。

3. 观测时间

观测时间不够长，使干扰压力值没有积累到足以进行辨别和分析的量值。干扰压力从激动井 A 传播到观测井 B，没有一个“突变的前缘”，而是随着时间的增长，从一个微小的值逐渐累积加大的。因此如果有人说，干扰压力从 A 井传到 B 井需 100h，这种说法是不很恰当的。

由于事先进行干扰试井模拟设计时，对地质参数估计的偏好，有可能在设计的测试时间间隔内，观测不到预计的压力变化，而不得不修改计划，延长观测时间。这在现场是时常会遇到的。

4. 井间连通性

如果井间根本就不连通，当然时间再延长，也不可能观测到预计的效果。这时作业者就会面对一个尴尬的局面：

（1）是否真的不连通；

（2）是否是设计的错误，以至在设计观测时间内还未录取到预计录取的干扰压力值；

（3）是否是背景压力的规律未能事先了解清楚，导致本已到达井底的干扰压力值分辨不出来。

总之，在一个看来正常录取的、延续数百甚至上千小时的压力数据面前，却有可能回答不了任何问题，这就是开展干扰试井研究的最大的难点，也是阻碍这一方法推广应用的障碍。

（二）做好一个地区多井试井研究时的辩证思维

1. 避免陷入两难境地

正如在本章开头所说的，多井试井常常是在一个地区，针对一个特定问题进行的，往往是一个带有试验、研究性质的项目。如何衡量这样一个项目的成功与否，是摆在操作者和任务计划人员面前的一个看来简单，但有时却棘手的问题。

对于连通的地层，测到了明确的干扰压力反映，计算出了连通参数，试验无疑是成功的。只有在地层条件特别有利，而且计划安排得当时，才有可能一上手就取得这样的结果。

对于地质上确认的大落差断层两侧，或物性迥异的两口井之间，或者在距离非常近的两口井之间进行测试，观测不到干扰压力反映，也大致可以认为试验是成功的，可以做出不连通的否定判断。

对于不确定的井间关系，特别是期望两口井连通，但又不敢确认的情况，遇到迟迟测不到干扰压力反映时，就会使操作者处于两难的境地：

（1）立即下结论判断为“不连通”，似乎依据不足，特别这种“不连通”的结论，有时又是安排任务的甲方本不愿意接受的结论；

（2）继续监测下去，难以预计测试需延续的时间，使施工成本提高，延误现场生产安排，也是甲方不愿接受的。

2. 分类分层次开展测试研究

（1）连通和不连通的辩证关系。

在一个油田现场，计划人员在开展多井试井研究时，往往不把井间关系明确的井组列为测试研究对象，认为那些井没有研究价值，而专门把那些存在疑问的井组，甚至那些地层条件差、产量低的井列为研究对象。其实这是一种认识上的误解。只有把一个地区连通井的特征弄明白，才有可能确认它的反面特征——不连通。

（2）井组分类。

为此建议在安排一个地区的多井试井计划时，把这个地区的井（井组）分成3类：

① 优势井组。地质上认为连通关系确定、测试条件好的井组。这里所说测试条件好是指井距小、地层渗透率高、层位对应明确；观测井井底压力稳定便于观测；激动井产量高、开关井条件好等。

② 否定井组。地质上明确认为不连通的井组。例如有大落差断层分割，具有完全不同的地层压力、流体性质不同等。

③ 疑问井组。连通关系中存在疑问的井组。

（3）合理安排测试顺序与制订测试计划。

3类井组都应有一定数量的井组入选到测试计划中，特别是第一类优势井组更是不可少的；施工顺序上应以第一类优先，通过连通井组的测试结果，认识该地区的连通规律和实际地层参数情况。

有可能在经过优选的、条件最好的优势井组中，仍然观测不到预计的干扰压力变化。此时要对整个测试计划做大的修改，或者加长测试时间，加大激动井激动强度继续试验，或者更换条件更好的优势井组补充进行测试。

在优势井组无测试结果的条件下，开展疑问井组的测试，往往会导致整个计划的失败。在优势井组顺利取得结果的前提下，进一步开展否定井组和疑问井组的测试试验研究。

以上计划安排的顺序，可以体现多井试井这种特别的动态分析项目，在认识储层中的辩证思维过程。也是作者总结多年现场工作中经验教训后的一点体会。

第二节　干扰试井和脉冲试井原理

一、干扰试井

（一）干扰试井方法

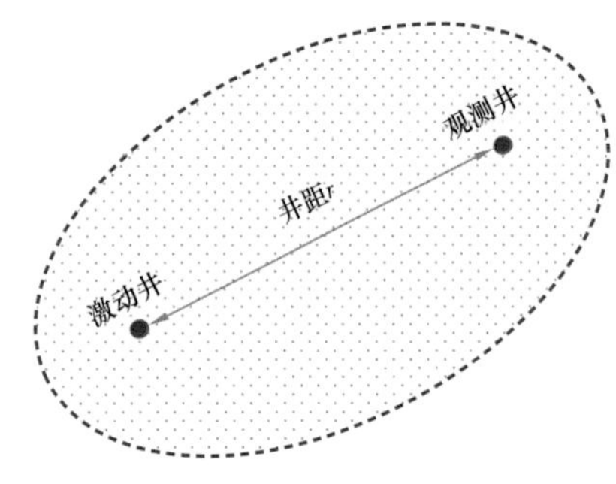

图 6-7　干扰试井“井对”示意图

干扰试井在现场施工时，可以采用两口井或两口以上的多口井，但其基本单元仍然是两口井组成的“井对”。在这个井对中，一口井称为“激动井”，在测试中改变工作制度，从开井生产改变为关井，或从关井状态以产量 q 开井生产，从而对地层压力造成“激动”；另一口井称为“观测井”，在测试中关井进入静止状态，并下入高精度、高分辨率的井下压力计，记录从激动井传播过来的干扰压力变化。图 6-7 为干扰试井“井对”示意图。

在现场实施时，常常有多口井同时参与测试施工，如图 6-8 所示。

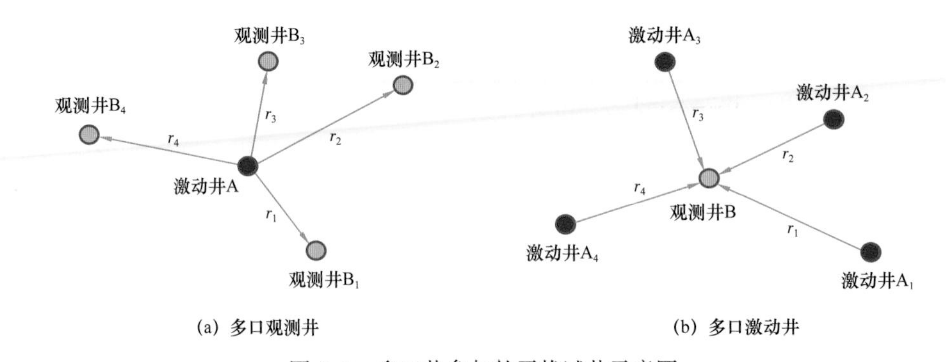

图 6-8　多口井参与的干扰试井示意图

不论有多少口井参与测试过程，但有一条基本原则必须遵守：在同一个时段中，可以有多口观测井同时进行观测，但只能有唯一的一口激动井改变工作制度产生激动信号，否则将使下一步的资料分析陷入混乱：

（1）如果有干扰压力反映，则不能够确认是从哪一口井传来的压力反映；

（2）在计算参数时，不知该用哪一口激动井的激动产量；

（3）如果计算了地层参数，不能确定是哪一个方位的地层参数。

上述简单的原则同样适用于偶然加入测试井组来的干扰源。例如相邻井进行压裂作业施工，进行试油试气的完井放喷作业，注水井的试注，甚至是机械故障造成的关井等。

假定参与测试的井组中有 4 口激动井，分别是 A_1，A_2，A_3 和 A_4；4 口观测井，分别是 B_1，B_2，B_3 和 B_4。它们的开关井激动和下入压力计观测的时间顺序如图 6-9 所示。

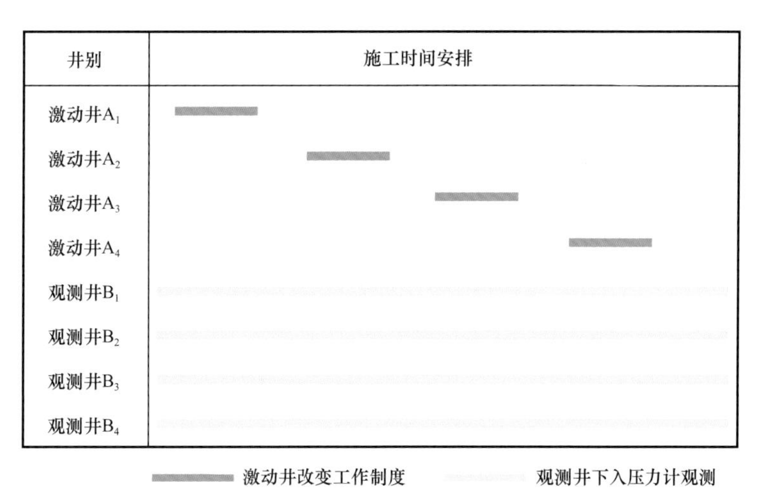

图 6-9　多口井参与的干扰试井时间安排顺序示意图

激动井的激动时间，不但时间上不能彼此重叠，而且由于干扰压力的反映具有一定的“滞后时间”，因此还要拉开一定间隔，至于间隔的大小，根据储层参数（渗透率 K、井距 r 等）数值，经过试井设计来确定。通过干扰试井，在观测井中录取到一个从激动井传播过来的“干扰压力”，如图 6-10 所示。

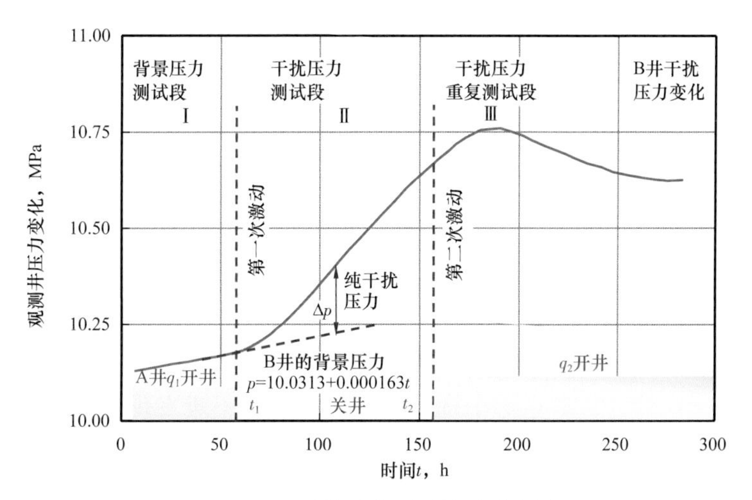

图 6-10　干扰试井测试结果示意图

从图 6-10 中看到，整个测试过程分成 3 段。

1. 背景压力测试段（Ⅰ）

作为测试井，即使在未受到激动井影响的情况下，井底压力也以某种规律变化：或者基本保持稳定，或者以某种趋势上升，或者以某种趋势下降，或者存在某种波动和噪声。这样作为观测井的B井，在正式记录干扰压力以前，必须要预先安排足够长的时间，连续监测这种背景压力。

监测背景压力的目的有两个：

（1）了解观测井B是否胜任监测干扰压力的要求。

有以下几种情况说明B井是不胜任的：

① 存在0.01～0.1MPa级的压力波动，而且不能确定其原因；

② 存在频率以秒计或以分计的噪声；

③ 存在每天超过1MPa的急剧压力上升或下降；

④ 压力偶尔出现不明原因的跳台阶等。

正如试井专家童宪章院士所描述的，在已投入开发的油气田中，油气井井底从来都是不平静的。因此在监测井观测干扰压力以前，必须要预先测试背景压力情况，排除不具备条件的观测井，或通过改进监测方式，达到合格监测井的要求。

（2）找出背景压力的变化规律。

正如图6-10所示，背景压力可以用一个解析表达式来加以表示。从实测压力与背景压力的偏离情况，可以判断是否受到干扰压力影响；另外，从实测压力与背景压力的差值，可以分离出“纯干扰压力值”。

2. 干扰压力测试段（Ⅱ）

这是干扰试井的主要数据段。从这一段，可以求出纯干扰压力值Δp。用Δp值作成压力与时间Δt的双对数图，可以通过图版拟合求出储层参数。

Δp称为纯干扰压力，它是在背景压力下，单纯由于激动井影响而产生的压力变化。

Δt称为纯干扰时间，它的0点是激动井改变工作制度的时间t_1。作为测试施工者来说，其工作场所是在B井，所以有时来不及顾及相邻数百米至上千米以外的A井的准确的开关井时间，只靠生产记录来确定时刻t_1。这有时会给解释工作带来相当的误差。

第Ⅱ段数据也是判断两井间是否有干扰影响的主要依据段。从图6-10看到，A井对B井产生了干扰压力影响：

（1）激动井A井作为生产井关井后不久，观测井B的压力偏离背景压力呈上升趋势；

（2）激动井A的关井，应该造成地层压力回升，这与B井的压力偏离趋势一致。

现场条件是复杂的，从多年的干扰试井现场实施中不难发现一些异常现象：或者在激动井A改变工作制度以前，即t_1时刻以前，B井已开始发生变化；或者A井的关井激动，对应了B井的压力下降。这是一种不合常理的反向变化；或者B井的压力开始上升后又出现突然下降。这些都说明B井中的压力变化属于假象，应从干扰压力反映中排除。

3. 干扰压力重复测试段（Ⅲ）

对于存疑的干扰试井成果，第Ⅲ段的重复测试无疑是最好的排除疑问手段。此时作为激动井，往往要恢复原有的工作制度，所以只要在监测井中延长测试时间就可以完成了。从重复测试段中，同样可分析储层参数，并可用这一段的压力历史，做整个分析结果的验证。

（二）影响干扰压力值的参数因素

1. 干扰压力预测

不论是油田或气田，在进行干扰试井以前都应对何时可以监测到干扰压力值、干扰压力值的量值等进行预测。例如对一个气田，有关测试井对的参数如下：地层渗透率 K=2mD；地层厚度 h=5m；激动井与观测井井距 r=1000m；激动井激动产气量 q_g=5×10^{4}m^3/d。把上述参数代入试井分析软件，可以计算出纯干扰压力值，如图 6–11 所示。从图 6–11 中看到，纯干扰压力值的上升，大致分 3 个阶段：

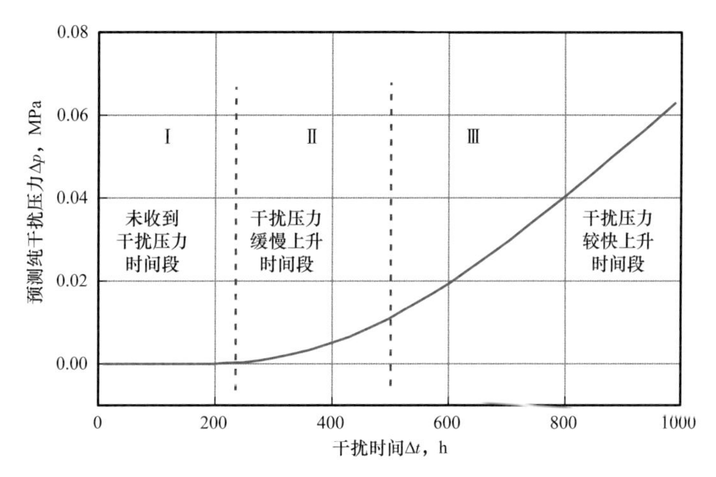

图 6–11 干扰试井井对预测纯干扰压力示值图

（1）初始段。初始近 250h 以内，干扰压力值接近为 0。也就是说，大约 10 天内观测不到任何干扰压力变化。

（2）缓慢上升段。在以后的 250h 内，干扰压力总上升值约 0.01MPa，也就是 0.1atm 左右。这一段仍属缓慢上升段。

（3）较快速上升段。在接下来的时间中，干扰压力值将以每 100h 上升 0.01MPa 的速度上升。可见上升速度明显加快。

针对不同的地层，同样存在上面的 3 个不同干扰压力上升段，但具体的上升值和每个阶段的时间都会存在差别，有时这种差别还非常大。以下将讨论不同的地层参数值情况下，对干扰压力值的影响。

2. 流度 K/μ 对干扰压力值的影响

图 6–12 给出在不同流度条件下，干扰压力值的变化情况。图 6–12 的作图条件是：地层厚度 5m，井距 1000m，激动井产气量 5×10^{4}m^3/d，K/μ 值从 30mD/（mPa·s）到 1000mD/（mPa·s）变化。

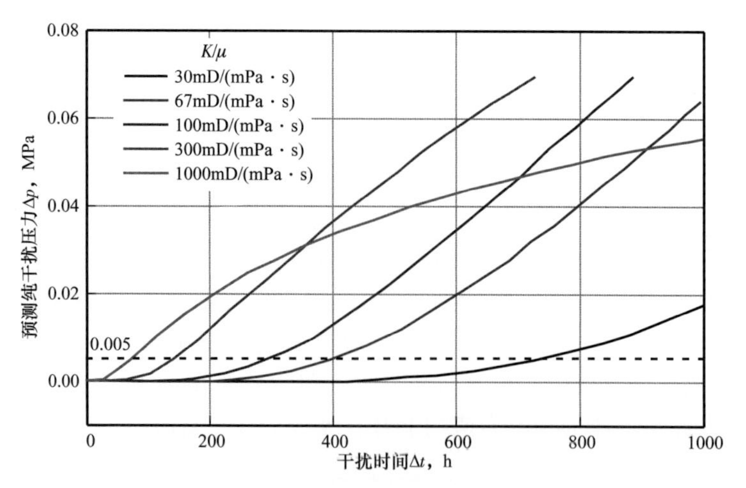

图 6-12　不同流度 K/μ 对干扰压力值的影响图

从图 6-12 中看到干扰压力的传播，具有以下几个特点：

（1）不论 K/μ 值大小如何，干扰压力的传播都没有一个突变的前缘。干扰压力值开始点是从 0 缓慢增长，后期增长逐渐加快。但总起来看该值累积起来还是一个很小的值。例如图 6-12 中示例显示，近千小时的累积干扰压力值，不足 0.1MPa。

（2）有时说到“干扰压力传到时刻”时，必须确定一个压力计可以清楚测定的值，例如 0.005MPa（图 6-12 中虚线位置），对于 K/μ=1000mD/（mPa·s）（在本例中 K=30mD），大约需要 70h；但对于 K/μ=30mD/（mPa·s）（K=0.9mD），大约需要 700h。

（3）在干扰试井中，流度 K/μ 值越大，则干扰压力传播到观测井的时间越快。但其累积的绝对值是非常有限的。原因是在 K/μ 值较大的情况下，激动井本身的压降漏斗就是很小的，所以漏斗的边缘会更小。

（4）在干扰试井中，流度 K/μ 值越小，则干扰压力传到观测井的时间越迟，但后期累积的绝对值相对可以大一些。例如当 $K/\mu>$ 300mD/（mPa·s）时，累积观测到的纯干扰压力 Δp 值可以达到 0.1MPa 或更高。

从以上分析可以看到，一般来说，要想观测到气井之间的干扰压力变化，是一件颇为困难的事，因为：

（1）需要非常精密的压力计连续观测。

（2）需要花费相当长的时间。特别对于渗透性较低的地层（例如 $K<$1mD），更需要花费数十天的时间，才能观测到 0.01～0.02MPa 的压力变化。这是很不容易的。

（3）井底的背景压力必须十分稳定，不能有超过上述干扰压力值本身的波动和噪声。

对于油井或水井来说，上述困难相对要小一些。特别对于水井，由于水的压缩性很小，地下黏度也较小，比较容易形成井间的压力干扰。这也就是为什么在早期首先在水文地质研究中得到发展的原因。

3. 井距 r 对干扰压力传播的影响

在不同的井距条件下，干扰压力传播情况如图 6-13 所示。图 6-13 的其他地层条件是：K=3mD，h=5m，μ_g=0.03mPa·s，$q_g=5\times10^4$m^3/d。

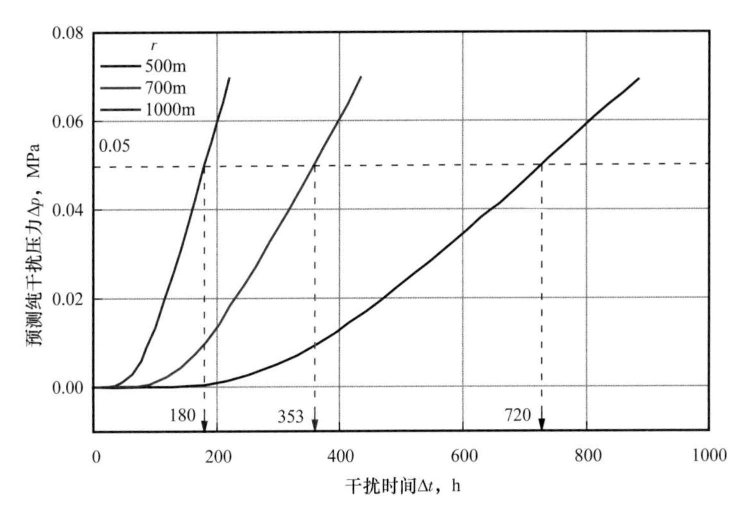

图 6-13 不同井距 r 对干扰压力到达时间影响图

从图 6-13 中看到，随着井距的增加，同样量值的干扰压力到达时间将大大延后：r=500m 时，对于 0.05MPa 的干扰压力，传到时间约为 180h；r=1000m 时，井距增加 1 倍，对于同样的 0.05MPa 的干扰压力，传到时间约为 720h，是前者的 4 倍。因此，传到时间是按井距的平方倍（r^2）向后推延的。因此在选择测试井组时，应尽量避免在过大井距的条件下进行测试，否则会使测试资料的录取变得非常困难。

4. 单位厚度激动量 q_g/h 对干扰压力值的影响

可以想见，激动井开关井的激动量 q_g 越大，在观测井的干扰压力反映值应该越大。经过模拟计算可以看到，两者大致成正比关系（图 6-14）。

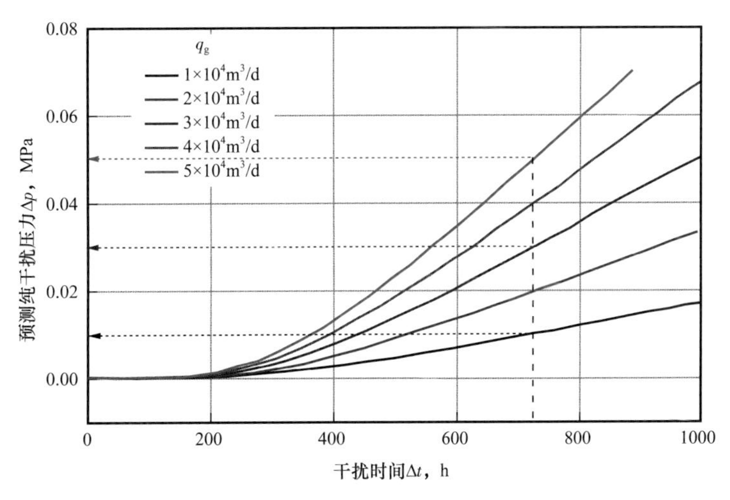

图 6-14 不同激动量 q_g 对干扰压力的影响

从图 6-14 中看到，在同样的井距、同样的地层渗透率 K 和地层厚度 h 等条件下，当激动量从 $1\times10^4m^3/d$ 变为 $5\times10^4m^3/d$ 时，同一时间的干扰压力值，也从 0.01MPa 增长到 0.05MPa。因此说，如果在同一个井对中安排干扰试井时，应选择低产井关井后作为观测井，选择相对高产的井为激动井，这样可以达到更好的观测效果。

（三）干扰试井资料的图版解释方法

1. 均质地层干扰试井解释图版

用于均质地层的干扰试井资料解释图版，是产生最早的双对数图版，制作这种图版，应用下面的公式：

$$\Delta p_{\mathrm{D}}=-\mathrm{Ei}\left[-\frac{1}{4\left(t_{\mathrm{D}}/r_{\mathrm{D}}^{2}\right)}\right] \tag{6-1}$$

其中，无量纲压力 Δp_{D}：

$$\Delta p_{\mathrm{D}}=\frac{2.714\times10^{-5}KhT_{\mathrm{sc}}}{q_{\mathrm{g}}Tp_{\mathrm{sc}}}\Delta\psi \tag{6-2}$$

$$\frac{t_{\mathrm{D}}}{r_{\mathrm{D}}^{2}}=\frac{3.6\times10^{-3}K\Delta t}{\phi\mu_{\mathrm{g}}C_{\mathrm{t}}r^{2}} \tag{6-3}$$

应用式（6–1）所作的图版如图 6–15 所示。

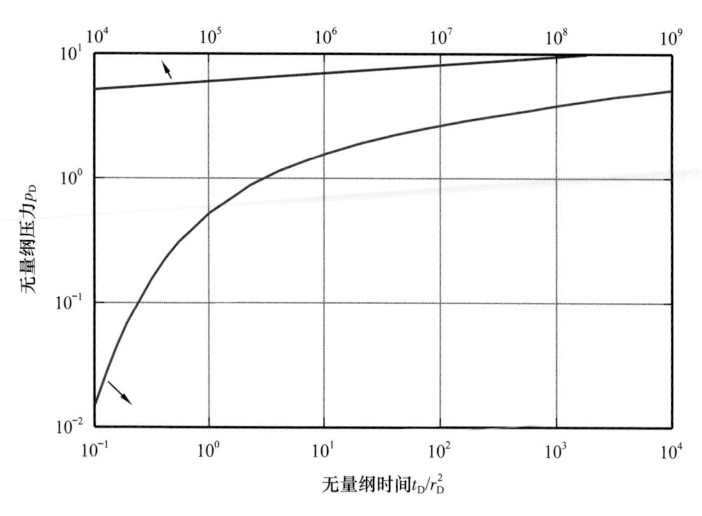

图 6–15　均质地层干扰试井解释图版

2. 纯干扰压力的分离

对于一个如图 6–10 所示的明确取得干扰压力反映的测试资料，在进行资料解释时要做两件事：

（1）做背景压力的解析表达式。

如图 6–10 所示的情况，背景压力为直线上升的样式，表达为 $p_{背}$=10.0313+0.000163t，或在通常情况下为：

$$p_{背}=a+bt \tag{6-4}$$

如果没有激动井 A 的影响，观测井 B 应大体按照此规律变化。

（2）纯干扰压力 Δp 的分离。

从图 6-10 中看到，当 $t>t_1$ 时，实测压力明显偏离式（6-4）表示的规律。可以从中得到对应时间 t 的压力差 Δp：

$$\Delta p=p_{实测}-(a+bt) \tag{6-5}$$

对应的时间也应转化为自激动计起的时间 Δt，其 Δt 的表达式为：

$$\Delta t=t-t_1 \tag{6-6}$$

把实测的纯干扰压力 Δp 与干扰时间 Δt 作图，选择坐标刻度与图版坐标一致，则可以进行图版拟合并求参数。

3. 图版拟合求参数

关于用图版拟合求参数的方法，在第五章第四节中有详细的叙述，这里不再重复。从干扰试井的图版拟合中，可以求得下面两组参数，即：

流动系数

$$\frac{Kh}{\mu_g}=\frac{3.684\times10^4 q_g T p_{sc}}{\mu_g T_{sc}}\frac{[\Delta p_D]_M}{[\Delta\psi]_M} \tag{6-7}$$

储能参数

$$\phi h C_t=\frac{3.6\times10^{-3}Kh}{\mu_g r^2}\frac{[\Delta t]_M}{\left[t_D/r_D^2\right]_M} \tag{6-8}$$

其中的 $[\Delta p_D]_M$ 和 $[\Delta\psi]_M$ 是拟合点的压力坐标。前者是在图版上的读数，后者是在实测坐标上的读数。同样 $[t_D/r_D^2]_M$ 和 $[\Delta t]_M$ 是拟合点分别在图版和实测曲线上的时间坐标。应用上述两组参数，还可以进一步求出储层的导压系数 $\eta=K/(\mu\phi C_t)$、渗透率 K、地层的单储系数 ϕh 等。

正如前面多次讲到的，虽然在 20 世纪 70—80 年代，许多技术人员反复用手工方法来完成这样的拟合分析工作，但目前已很少这样做了。试井软件可以很方便地做出拟合解释结果，而且在拟合中还同时应用了导数图版。

4. 解释结果的压力历史拟合检验

与单井不稳定试井相同，用干扰试井求得的解释结果，可以形成理论模型，用这一理论模型与实测的压力数据进行拟合检验，可以验证解释结果的可靠性。这也是在试井解释软件支持下完成的，其示意图如图 6-16 所示。

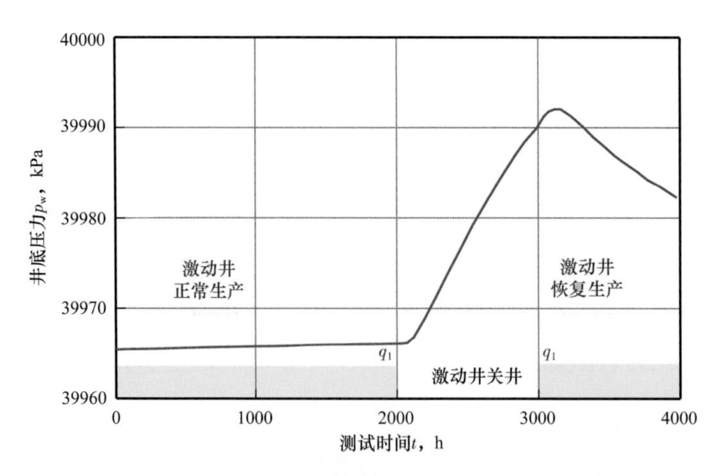

图 6–16　干扰试井解释结果压力历史拟合检验示意图

如果通过检验，发现两者的走势有差别，应反过来对解释结果进行修正。一些早期的干扰试井成果，一般都缺少这种检验过程及相应的图件。特别是用手工做出的解释，更无可能做这种检验。但在试井软件支持下进行的分析，这个步骤是不能省去的。

5. 用于干扰试井分析的其他解释图版

（1）均质地层压力加导数图版。

正如单井试井图版一样，干扰试井也应用了压力加导数的图版，如图 6–17 所示。这种图版进一步提高了拟合分析的精度。

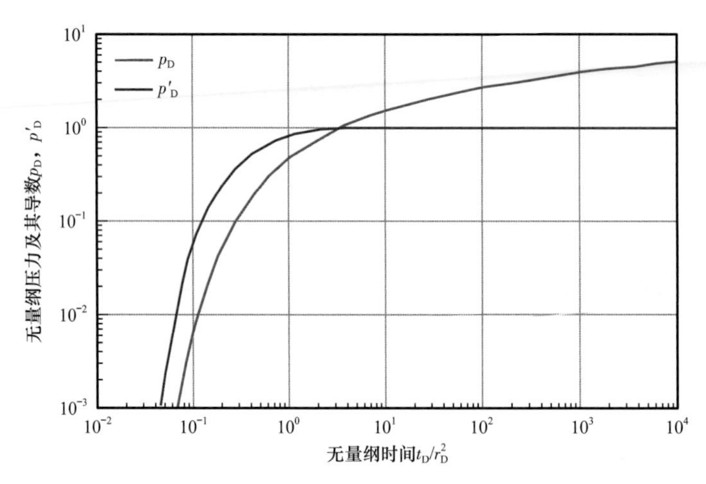

图 6–17　均质地层干扰试井压力加导数图版

（2）具有边界影响的均质地层干扰试井图版。

当测试井组附近存在矩形的不渗透边界时，Earlongher 和 Ramey（1973）等提供了相应的图版，图版的样式如图 6–18 所示。

（3）双重介质地层干扰试井图版。

图 6–19 是由 Deruyck（1982）发展的双重介质干扰试井图版，图版中包括了均质流

曲线和过渡流曲线，在本书的图 5-43 中介绍了这种图版的组合应用。

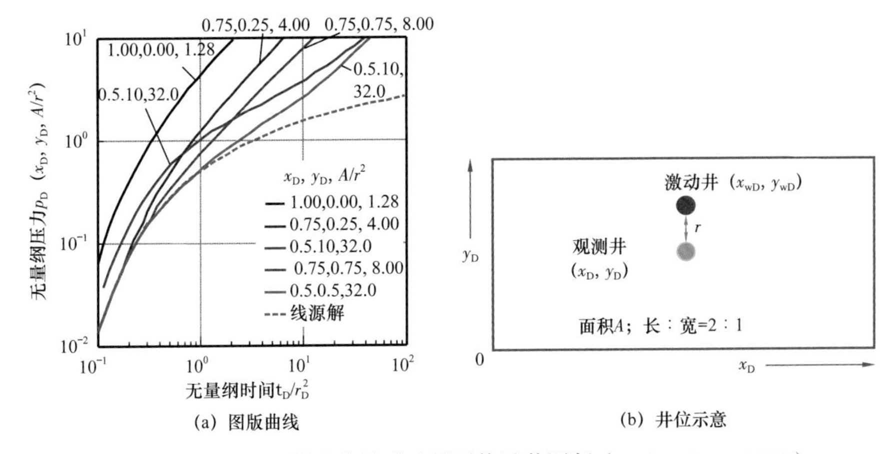

(a) 图版曲线　　(b) 井位示意

图 6-18　具有边界影响的均质地层干扰试井图版（Earlongher，1973）

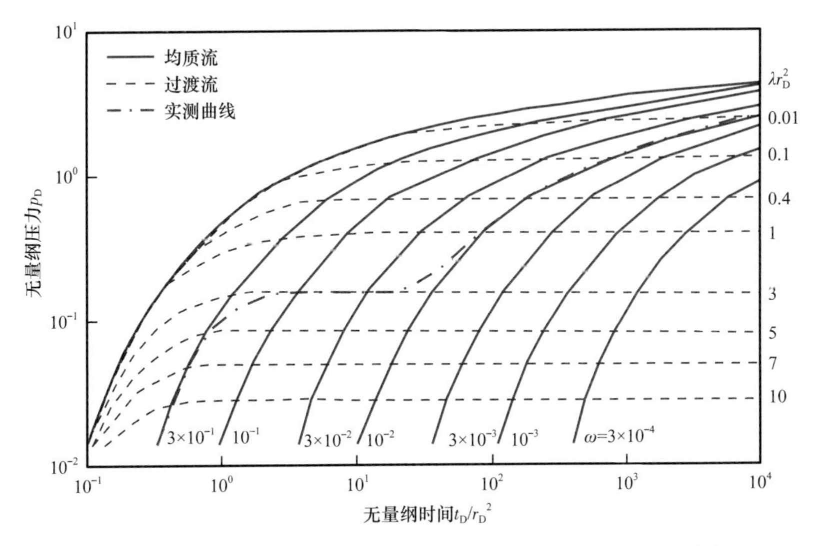

图 6-19　双重介质干扰试井图版（包括均质流和过渡流两组曲线）

（4）均质流、过渡流合为一体的双重介质干扰试井图版。

这类双重介质图版曾由庄惠农和朱亚东（1986）把均质流和过渡流制作成一体的图版曲线，如图 5-44 所示。

（5）双重介质地层压力导数图版。

与单井的双对数图版类似，双重介质的干扰试井同样制作了压力导数图版，在前面第五章的图 5-45 中已经加以介绍，这里不再重复。

（四）干扰试井资料的特征点解释方法

前面介绍的干扰试井资料解释方法，都属于图版法。这种方法的突出特点是着眼于建立一个储层的动态模型。用储层动态模型的压力表现（图版）与实际地层的表现（实测压力资料）进行对比，当两者完全一致时，确认储层的模型特征；并且还要放在整个压力历史表现中再一次验证。

在干扰试井发展的早期，还没有建立起这种理念。那时发展的许多解释方法基本上都属于一种“特征点法”。这些方法着眼于干扰压力曲线中的某个特殊的点，例如最大值点，初始压力扰动点等等，应用这些点的位置来计算地层参数。

应用特征点计算参数的缺点是：

（1）存在某些偶然性，导致误差。由于干扰压力值本身很小，常常在压力计的精度控制边缘上，从而由于部分实测点的跳动，即可导致这些特征点的偏移和难以确定。而且这些特征点的选定，往往还与通过这些测试点的作图方法有关。

（2）特征点法只能应用于均质地层。以前发表的特征点方法，都只能针对均质地层，还没有一种特征点法能够针对双重介质地层、具有边界的地层以及其他复杂地层等情况进行参数分析。

（3）难以纳入试井解释软件的分析序列。目前还没有哪种大型的、常用的试井软件，把这些方法纳入自己的框架之中。

由于这些方法曾在干扰试井分析中发挥过作用，这里仅作简单介绍。例如最大值点法的用法和计算公式表述如下。如果干扰试井采取如图 6-20 的一关、一开三段式，则可以看到，在受到干扰压力反映的曲线上，压力可以出现一个最大值点 m，其时间坐标为 t_m。

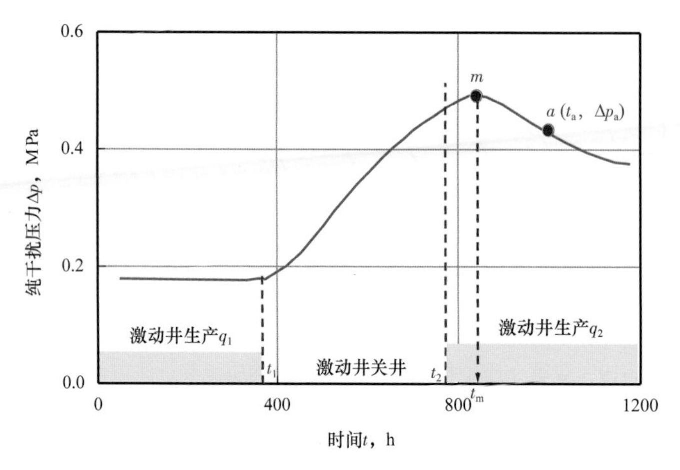

图 6-20　最大值点法计算参数示意图

这样，地层导压系数 η 用下面公式计算：

$$\eta=\frac{K}{\mu\phi C_t}=\frac{r^2 t_1}{4t_m\left(t_m-t_1\right)\ln\dfrac{q_2 t_m}{q_1\left(t_m-t_1\right)}} \tag{6-9}$$

在干扰压力段选取一点 a，它的压力值为 Δp_a，时间为 t_a。用这一点的压力 / 时间对应值，可以计算流动系数 Kh/μ：

$$\frac{Kh}{\mu}=\frac{q_2\mathrm{Ei}\left[\dfrac{-r^2}{4\eta\left(t_\mathrm{a}-t_1\right)}\right]-q_1\mathrm{Ei}\left(\dfrac{-r^2}{4\eta t_\mathrm{a}}\right)}{1.068\Delta p_\mathrm{a}} \tag{6-10}$$

除去上面介绍的最大值点法以外，还有以下几种特征点计算方法：积分方法、微分方法、初始压力扰动点法、割线法等，这里不再一一介绍。

二、脉冲试井

（一）脉冲试井的测试方法

脉冲试井实质上也是一种干扰试井，与一般的干扰试井所不同的是，作为激动井（有时称之为脉冲井），在测试期间多次改变工作制度；从开井生产到关井，再从关井到开井生产，而且各个工作制度延续时间相同。当改变 3 次以上的工作制度时，就可以在观测井观测到一次压力脉冲，如图 6–21 所示。

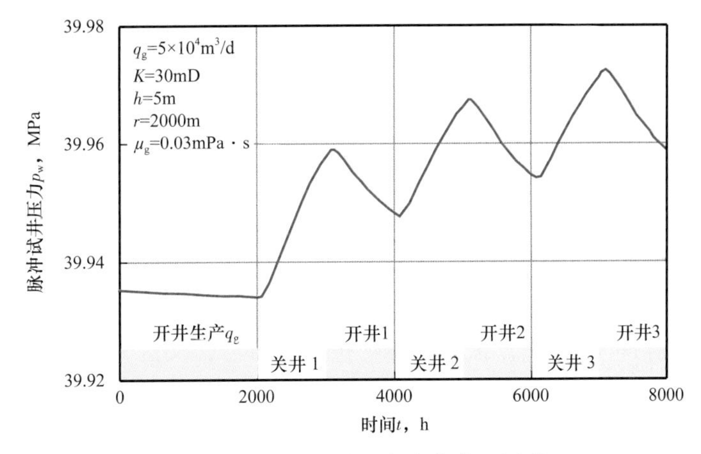

图 6–21　脉冲试井压力变化典型图形

图 6–21 中，激动井（脉冲井）在测试前一直开井稳定生产。测试开始后，在第 2000h 关井，在第 3000h 又开井。反复开关多次，在观测井中明显接收到压力变化的脉冲。从这种变化脉冲可以得到如下几点认识：脉冲井（激动井）与观测井之间地层是连通的；脉冲压力值是非常小的值，在 1000h 的关井脉冲激动下，压力反映的幅度不过是 0.02MPa；通过图 6–21 的测试曲线，可以计算地层渗透率等参数。

（二）脉冲试井的 Kamal 分析方法

自从 Johnson（1966）提出脉冲试井方法以后，研究人员曾尝试用多种方法分析。Kamal（1975）提出的方法，曾被美国石油工程师协会（SPE）收入专论丛书推荐应用。本书也将予以介绍。Kamal 方法是专门针对均匀介质地层的，而且本质上也是一种“特征点法”。正如前面在介绍干扰试井的特征点分析方法时所讲到的，在分析资料时同样存在局限性，因此会带来操作上的不便和解释结果的误差。

在目前试井软件普遍应用的情况下，脉冲试井资料同样可以采用干扰试井分析中的图版法来完成，后面还将专门介绍。

1. 几个定义

（1）脉冲编号。

图 6-22 给出了 Kamal 对于脉冲试井的脉冲序列编号。之所以要编号是由于 Kamal 在制作的图版中针对不同的脉冲，适用的图版也是不相同的。

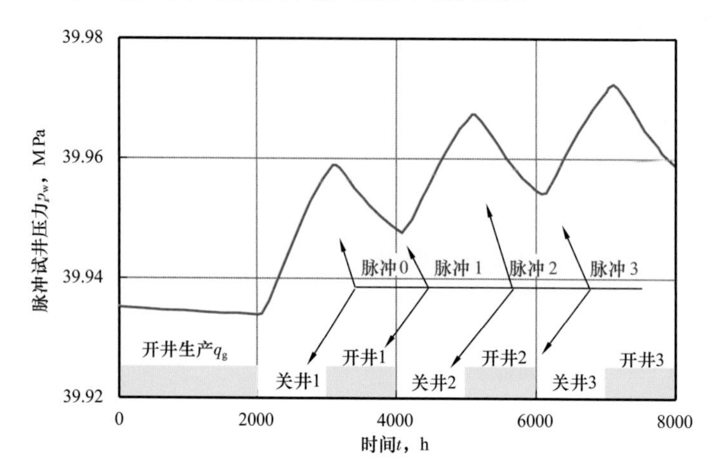

图 6-22　压力脉冲图形编号示意图（Kamal 方法）

这里所称的压力脉冲，其含义是：两个波谷中间夹有一个波峰，称为一个脉冲；两个波峰中间夹有一个波谷，也称为一个脉冲。

这样一来，图中所示由关井 1 所形成的就是第 0 个脉冲（脉冲 0），由开井 1 形成的就是第 1 个脉冲（脉冲 1）……，依此类推。按上述编号，又区分出奇数脉冲和偶数脉冲：偶数脉冲——第 0 脉冲、第 2 脉冲、第 4 脉冲、……；奇数脉冲—第 1 脉冲、第 3 脉冲、第 5 脉冲、……。不同编号的脉冲，应用不同的分析图版。

（2）压力脉冲的几个特征量。

图 6-23 给出在一个压力脉冲里的几个主要的特征量。

先在两个波谷之间画出公切线，再在中间的波峰位置，画出与公切线平行的切线。得到一个切点，通过切点画一条垂线。从而得到以下几个特征量：

① Δt_C—脉冲周期。形成上述压力脉冲的激动过程：激动井的一次关井和一次开井，其时间总长度，称为脉冲周期。

② Δt_p—关井周期。脉冲周期中形成图示中压力脉冲的关井部分，其时间长度 Δt_p 称为关井激动周期。

③ Δp—脉冲幅度。从切点向下作垂线，交于公切线的高度，称为压力脉冲幅度，简称脉冲幅度。

④ t_L—滞后时间。形成压力脉冲的关井激动结束后，到压力脉冲的峰点，具有一个时间差，此时间差称为滞后时间 t_L。

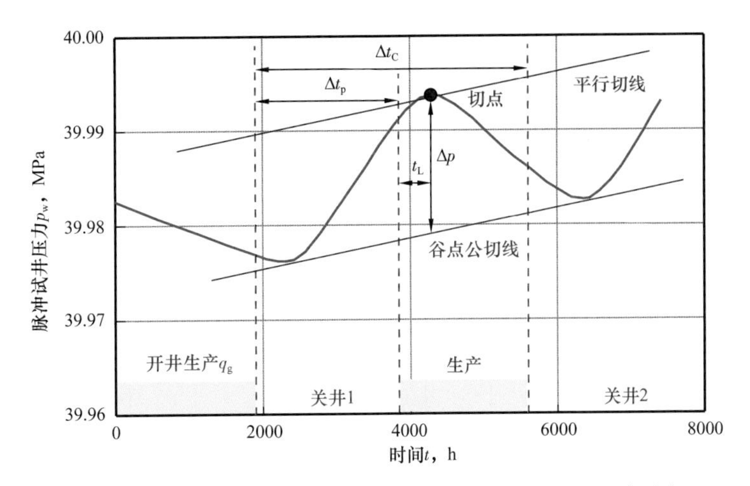

图 6–23　脉冲试井图形分析符号定义示意图（Kamal 方法）

⑤ Δp_D—无量纲脉冲幅度。

对于油井：

$$\Delta p_D = \frac{0.54287Kh}{\mu Bq}\Delta p \tag{6-11}$$

对于气井：

$$\Delta p_D = \frac{2.714\times 10^{-5}KhT_{sc}}{q_g T p_{sc}}\Delta\psi \tag{6-12}$$

⑥（t_L）$_D$—无量纲滞后时间。

$$\left(t_L\right)_D = \frac{3.6\times 10^{-3}Kt_L}{\mu\phi C_t r_w^2} \tag{6-13}$$

⑦ F'—脉冲时间比。

$$F' = \frac{\Delta t_p}{\Delta t_C} \tag{6-14}$$

2. Kamal 图版

Kamal 在他的论文中提供了 8 个图版，8 个图版分成两类。

（1）计算流动系数 Kh/μ 的图版。

这类图版的典型样式如图 6–24 所示。

从图 6–24 中看到，这种图版的纵坐标为无量纲脉冲幅度 $\Delta p_D\left(t_L/\Delta t_C\right)^2$，横坐标为滞后时间与脉冲周期比 $t_L/\Delta t_C$。

同一类的这种图版一共有 4 幅，它们分别是：

① 针对第 1 个偶数脉冲（即脉冲 0）的图版；

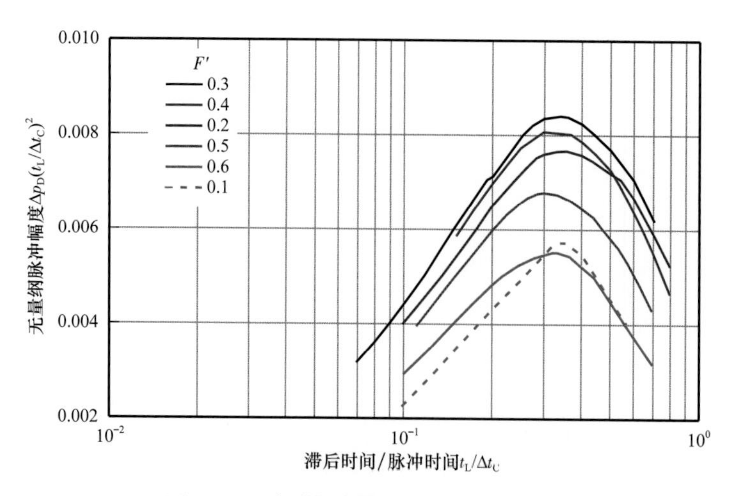

图 6–24 脉冲幅度图版（Kamal）举例

② 针对第 1 个奇数脉冲（即脉冲 1）的图版；

③ 针对其余偶数脉冲（即脉冲 2、脉冲 4、……）的图版；

④ 针对其余奇数脉冲（即脉冲 3、脉冲 5、……）的图版。

（2）计算储能参数 $\phi h C_t$ 的图版。

这类图版的典型样式如图 6–25 所示。

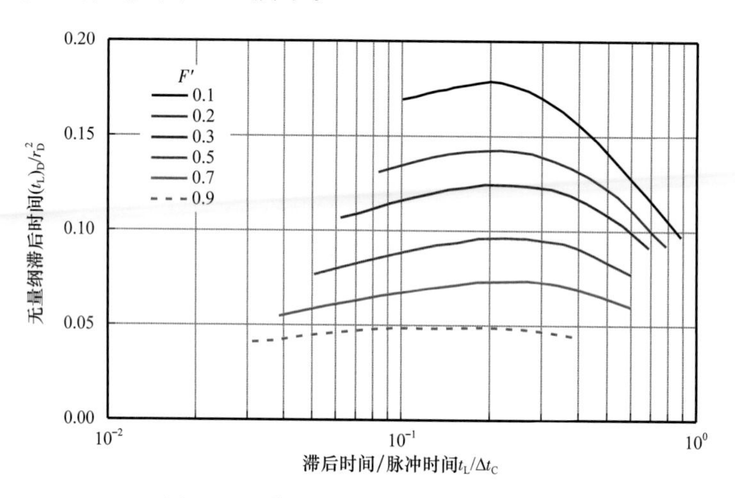

图 6–25 滞后时间图版（Kamal）举例

从图 6–25 中看到，这类图版的纵坐标为无量纲的滞后时间（t_L）$_D/r_D^2$，横坐标仍为 $t_L/\Delta t_C$。

同类图版中共有 4 幅，分别是：

① 针对第 1 个偶数脉冲（即脉冲 0）的图版；

② 针对第 1 个奇数脉冲（即脉冲 1）的图版；

③ 针对其余偶数脉冲（脉冲 2、脉冲 4、……）的图版；

④ 针对其余奇数脉冲（脉冲 3、脉冲 5、……）的图版。

3. 参数分析

在测得了一条合格的脉冲试井曲线后，具体的参数计算过程如下：

（1）选定用于分析的脉冲，确定其编号，并区分它的奇、偶分类。从而选定用于参数分析的图版。

（2）按图 6–23 的方法，做出被分析脉冲（峰或谷）前后的谷（或峰）的公切线，同时画出与之平行的脉冲峰（或谷）的切线；有时，由于测试点的分散和跳动，直接做出切线是困难的。可以借助计算机中的绘图软件，做出测试点的拟合曲线后，再选择适当的切点。

（3）Δp 和 t_L 的确定。一旦选择了切点以后，可以采用图形定位法确定滞后时间 t_L 和脉冲幅度 Δp，并同时得到滞后时间比 $t_L/\Delta t_C$；

（4）查图版，确定无量纲脉冲幅度和无量纲延后时间，并计算参数。

① 流动系数 Kh/μ 的计算方法。

用前面得到的变量 $t_L/\Delta t_C$ 查图 6–24，得到无量纲脉冲幅度 $[\Delta p_D(t_L/\Delta t_C)^2]_{查图}$，代入下面公式，可以计算流动系数：

对于油井

$$\frac{Kh}{\mu}=\frac{1.842q\left[\Delta p_D\left(t_L/\Delta t_C\right)^2\right]_{查图}}{\Delta p\left(t_L/\Delta t_C\right)^2} \tag{6-15}$$

对于气井

$$\frac{Kh}{\mu_g}=\frac{3.684\times10^4 q_g T p_{sc}}{T_{sc}}\frac{\left[\Delta p_D\left(t_L/\Delta t_C\right)^2\right]_{查图}}{\Delta\psi\left(t_L/\Delta t_C\right)^2} \tag{6-16}$$

查图版时需要注意的是，每张图版中有多条曲线，它们分别以 F' 的量值为参变量。例如对于图 6–23 所示的情况，开关井延续时间相同，则有 $t_p=(\Delta t_C)/2$，因此 $F'=0.5$。以上公式（6–15）和（6–16）均是在法定单位下的表达式。

② 储能参数 $\phi h C_t$ 的计算方法。

同样从变量 $t_L/\Delta t_C$，查图版 6–25，可以得到无量纲的滞后时间 $[(t_L)_D/r_D^2]$。查图时同样要以 $F'=\Delta t_p/\Delta t_C$ 值确定要选用的图版曲线。代入式（6–17）可以计算储能系数 $\phi h C_t$：

$$\phi h C_t=3.6\times10^{-3}\frac{Kh}{\mu}\frac{t_L}{r^2\left[\left(t_L\right)_D/r_D^2\right]_{查图}} \tag{6-17}$$

在计算得到上述流动系数（Kh/μ）和储能系数（$\phi h C_t$）以后，还可以进一步计算渗透率 K 和导压系数 η 等。

上述分析过程通常都是用手工方法进行的。由于使用的解释方法是特征点法，所以与当前普遍认可的图版拟合方法，在运行方式上并不一致。目前还没有见到包含这种分析过程的试井解释软件。

（三）脉冲试井的常规干扰试井图版分析方法

正如在前面反复提到的，脉冲试井实质上也是一种干扰试井。只不过作为激动井，多次改变工作制度重复进行激动，从而得到反复的干扰压力变化。因此，对于压力脉冲反应明显的测试资料，只要截取前面的1～2次干扰压力变化，仍旧采用干扰试井中应用的图版法加以分析，即可得到所需要的结果。这里有3点须提醒注意：

（1）如果在脉冲试井前，已监测了背景压力的变化，可分析在脉冲试井中最初的压力脉冲的前缘，即可获取全部参数。如图6–21、图6–22或图6–23中所显示的，在脉冲试井的初期阶段，录取了井底的背景压力，则分析工作变得十分简单，只需按常规的干扰试井资料分析方法，即可取得全部的所需参数。

（2）脉冲试井未能录取背景压力情况，可以把初始脉冲的前缘，当作背景压力，以其后缘作为受到干扰影响的压力进行分析，得到纯干扰压力变化值 Δp_1，也可以用来计算得到所有地层参数。如图6–26所示。

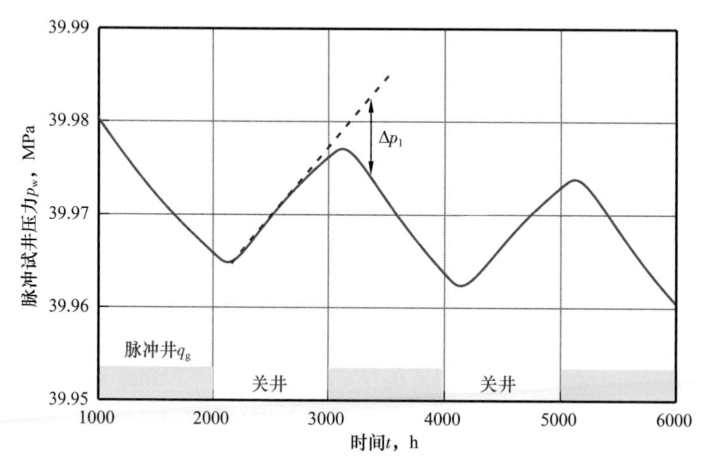

图6–26　用干扰试井法解释脉冲试井资料示意图

（3）压力历史的验证。

本书前面章节从储层描述中建立动态模型的观点，反复强调了试井分析中压力历史拟合检验的重要性。在脉冲试井资料分析中，这一点同样非常重要。不论是以何种方法，分析了脉冲试井取得的地层参数，都必须放在动态模型中，检查理论模型与实测压力之间的表现，如果一致，则分析结果是可靠的，如果不一致，则必须加以修改。

图6–27显示3种不同的解释结果：其中图6–27（a）显示解释储层渗透率偏高；图6–27（b）显示解释储层渗透率偏低；图6–27（c）储层渗透率是恰当的，与地层情况符合。通过压力历史检验，确认了参数的正确性。

特别要提到的，如果储层是双重介质的，或是存在边界的，那么前面提到的Kamal方法是不能应用的。而这里提到的“脉冲试井资料的干扰试井图版分析方法”却是可以应用的。正如前面反复讲到的，对于干扰试井来说，除均质图版外，已发展了双重介质图版，具有边界影响的图版，具有井储和表皮影响的图版等，因此可以针对这样一些储层进行分析解释。这些图版也大多已纳入常规的试井分析软件中，随时可以调出应用。

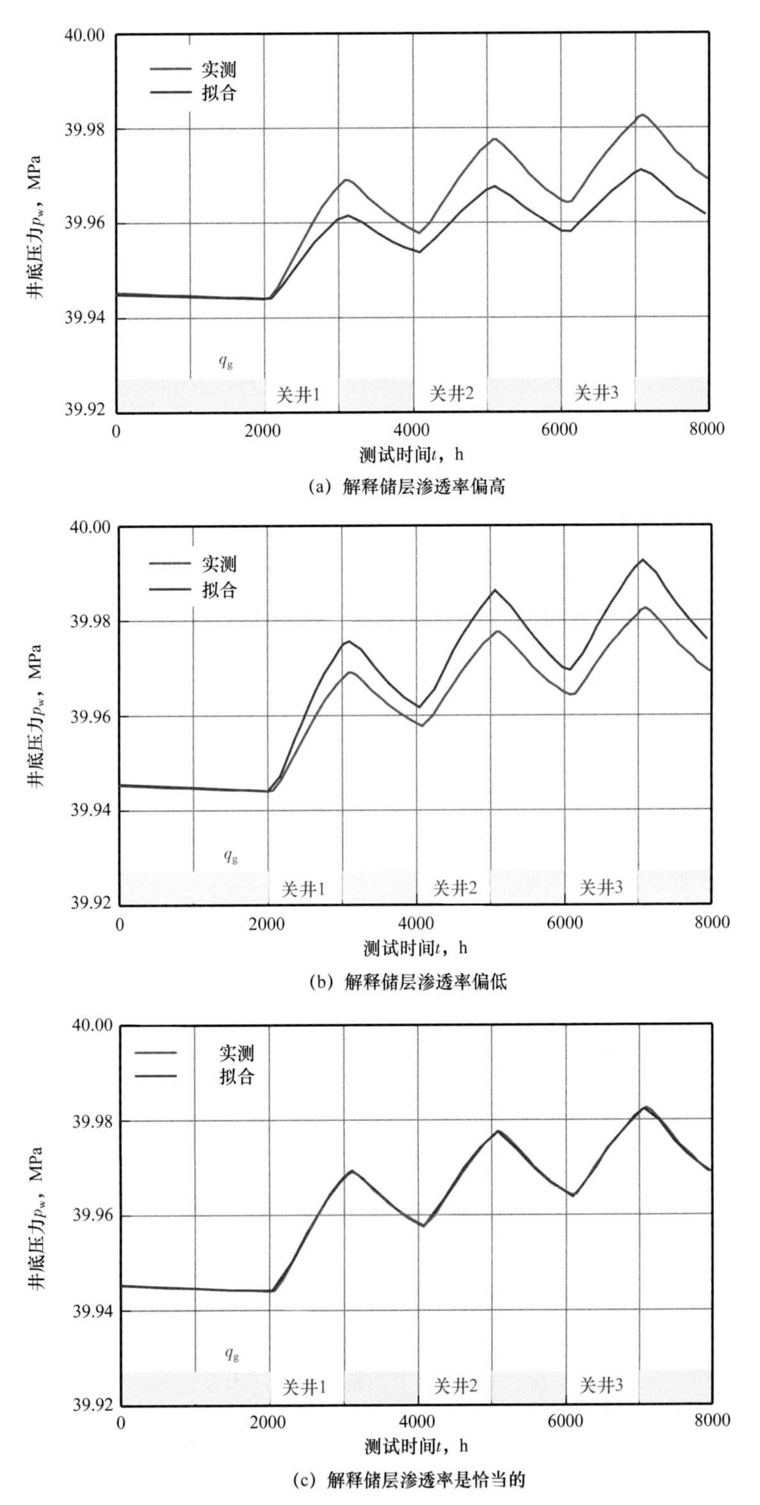

(a) 解释储层渗透率偏高

(b) 解释储层渗透率偏低

(c) 解释储层渗透率是恰当的

图 6–27 压力历史拟合检验效果图

三、多井试井设计

（一）多井试井的设计思路

正如前面谈到的，多井试井由于其测试方法的特殊性，使得成功率较低。为了提高成功率，在测试进行前，应做好试井设计。试井设计包括3方面的内容：根据油气田的地质特征和预计要解决的问题，把目标井组划分为3类，即优势井组、否定井组和疑问井组，现场实施时，采取先优势井组，后否定井组和疑问井组的顺序，辨证地、由浅入深地研究储层的特征，而且在实施时，还要根据情况不断调整，方能取得满意的效果；针对具体的地质参数，做出多种方案的模拟设计，从中选出较为稳妥的方案进行实施；安排出具体的现场实施计划。

（二）多井试井的模拟设计

举例说明如下。

1. 干扰试井

激动井和观测井均为气井，井距 r=1000m，激动井A的参数为：地层渗透率 K=4mD，地层厚度 h=6m，地层孔隙度 ϕ=10%，天然气地下黏度 μ_g=0.03mPa·s，地层压力 p_R=40MPa，产气量 $q_g=5\times10^4\text{m}^3/\text{d}$。观测井B的参数：地层渗透率 K=2mD，地层厚度 h=4m，地层孔隙度 ϕ=10%，天然气地下黏度 μ_g=0.03mPa·s，地层压力 p_R=40MPa。

在进行模拟设计时，可暂取两口井的平均参数为模拟参数：K=3mD，h=5m，ϕ=10%，μ_g=0.03mPa·s，p_R=40MPa，激动产量 $q_g=5\times10^4\text{m}^3/\text{d}$，井距 r=1000m。应用试井软件计算出干扰压力变化，如图6–28所示。

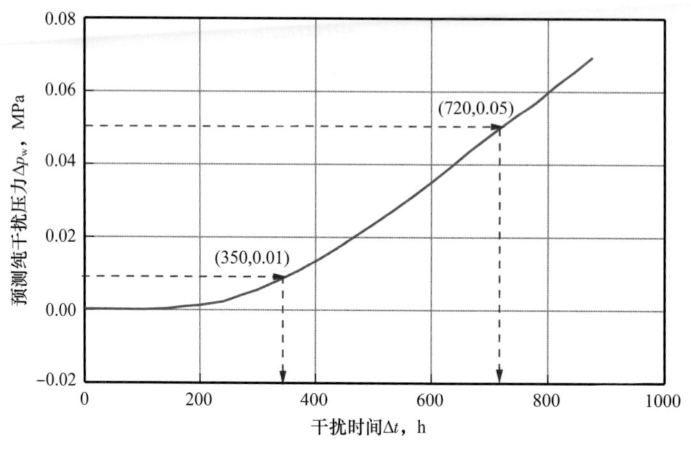

图6–28　干扰试井井组模拟干扰压力变化图

（$q_g=5\times10^4\text{m}^3/\text{d}$）

从图6–28看到：

（1）在激动井A开井后200h以内，在观测井几乎观测不到任何干扰压力变化；

（2）当激动井开井350h时，干扰压力可以累积到0.01MPa（0.1atm）；

（3）当激动井开井720h时，干扰压力可以累积到0.05MPa（0.5atm）。如果以

0.05MPa 作为干扰试井参数分析的数据下限值，则在干扰试井段的测试时间至少要达到 30 天（1 个月）的时间。

如果希望在取得相同试验效果的前提下缩短测试时间，可以采取加大激动量的方法。例如使 q_g 加大到 $10\times10^4\text{m}^3/\text{d}$，模拟结果如图 6-29 所示。

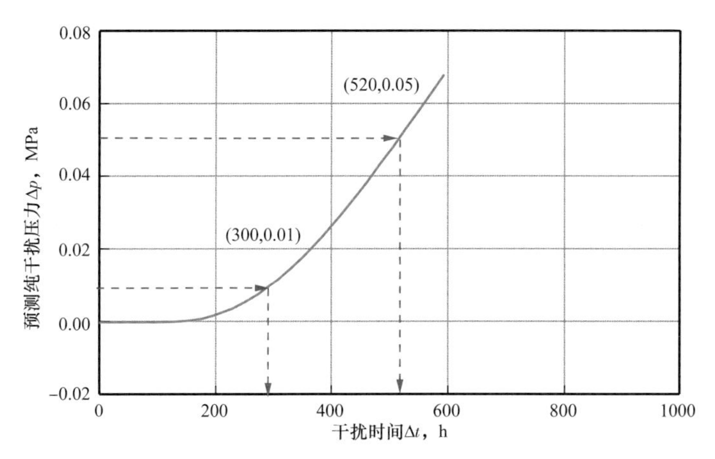

图 6-29 干扰试井井组模拟干扰压力变化图

（$q_g=10\times10^4\text{m}^3/\text{d}$）

从图 6-29 中看到，在观测井中观测到 0.01MPa 的干扰压力值时间缩短到 300h，观测到 0.05MPa 的时间缩短到 520h。

通过模拟也可以看到，即使地层连通很好，若想在很短的时间内，例如 3～5 天以内得到测试结果，显然是不可能的，如果在观测井和激动井之间地层变化很大，部分层连通而另一部分层并不对应，那么激动井的激动量只有一部分发挥效能，测试效果将大打折扣。因此在模拟设计中应把上述不确定因素，或者叫作"风险系数"考虑在内。

2. 脉冲试井

同样针对前面的地层参数（K=3mD，h=5m，ϕ=10%，μ_g=0.03mPa·s，p_R=40MPa），若想设计一次脉冲试井，取得至少 3 个压力脉冲的脉冲试井曲线图，即编号为 0，1，2 的脉冲试井成果图，必须要使激动井关井 3 次、开井两次，在设计中取 Δt_p=1000h，Δt_C=2000h，如图 6-30 所示。

从图 6-30 看到，按上述参数，在脉冲幅度 Δt_C=2000h 时，得到了效果很好的脉冲试井曲线，但设计的总测试时间是很长的，除去开始段的背景压力测试段不算，仅仅脉冲试井段仍需 8000h，即相当于 1 年时间，这当然是现场难以承受的。

若想缩短测试时间，主要方法就是缩短脉冲周期时间 Δt_C，例如缩短到 240h，其中 F' 取为 0.5，即 Δt_p=120h。此时的模拟结果如图 6-31 所示。

虽然总的脉冲试井时间仍然达到 720h，即 1 个月时间，但曲线已无法用于分析。特别当压力计的计量精度和分辨率稍有降低时，测得的只能是一条沿一定斜率上升的近似的直线。

如果总测试周期超过 1 个月的施工，对现场可以承受的话，可以安排进一步的模拟设计，例如 Δt_C=480h，Δt_p=240h，得到的模拟结果如图 6-32 所示。

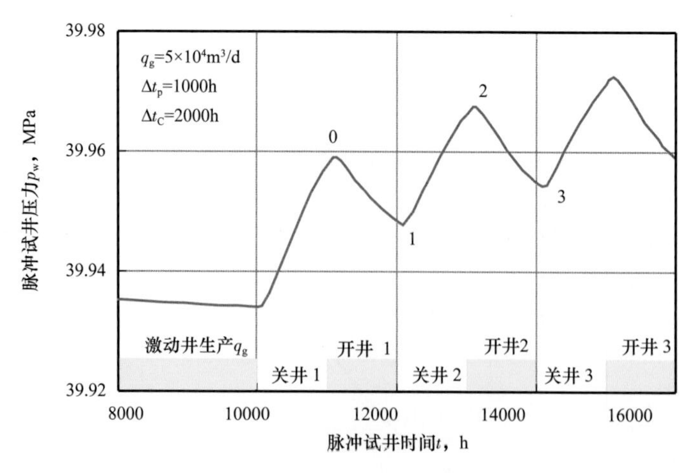

图 6-30　脉冲试井井组模拟脉冲压力变化图

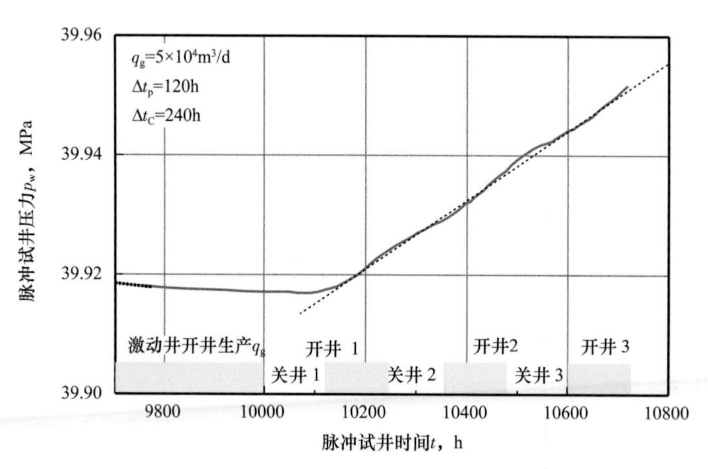

图 6-31　脉冲试井井组模拟脉冲压力变化图

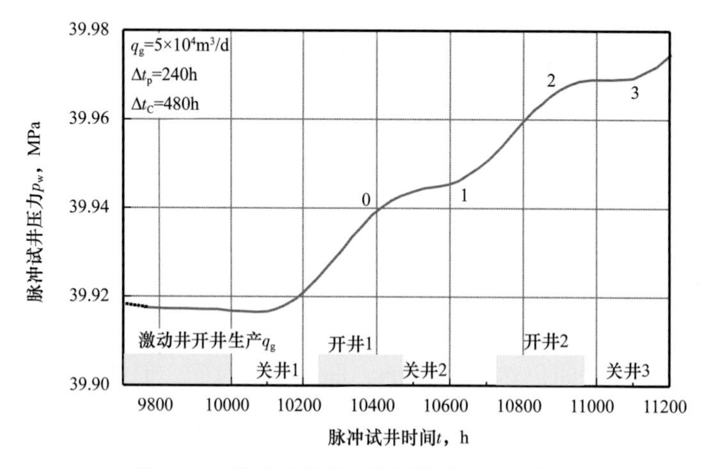

图 6-32　脉冲试井井组模拟脉冲压力变化图

从图 6-32 看到，按 Δt_C=480h 安排脉冲试井，大致可以得到可用于分析的脉冲试井曲线，但总的测试时间延长到 50 天。如果现场能够承受，则可按此时间安排施工。

（三）实施计划

经过模拟设计以后，对多井试井的可行性，各试井阶段的长短，测试井别的选择，确定了框架安排，但具体的实施，还需要有一个详细的现场实施计划，或称为施工方案。实施计划应写成文字报告，内容包括：

（1）试井地区的基本地质情况。

① 试验实施地区井位构造图；

② 标明激动井和观测井井别的多井试井井组井位图；

③ 试验层位的测井解释成果表；

④ 参与测试井之间的测试层剖面连通图；

⑤ 测试井分井的钻井完井基本数据；

⑥ 测试井试油、试气成果表；

⑦ 流体物性数据。

（2）多井试井目的。

详细叙述需要解决的问题。

（3）计划采取的试井方法。

① 干扰试井井组（具体的井组名称）；

② 脉冲试井井组（具体的井组名称）；

③ 作为激动井哪些需加测单井的压力恢复数据（测试井号）。

（4）测试井组的选择及安排顺序。

可按图 6-9 示意图形式排出顺序。

（5）测试井组的干扰或脉冲压力模拟结果曲线图。

可按本章介绍的方法，画出每个井组的模拟图，并按模拟图中提供的情况，确定测试时间，激动产量及具体的时间段落。

（6）排出测试施工程序表。

内容包括：井号、井别、观测井监测背景压力具体时间段、观测井起下压力计具体时间、激动井改变工作制度具体时间及开井产量等。

（7）施工负责单位、安全及环保要求等有关事项。

第三节 用多井试井法研究油气田的现场实测例

多井试井在中国已开展了 40 余年，现场成功实例是很多的。这里举出部分实例，展示它们的同时，着重介绍通过这些实例解决了哪些油气田中的问题，相信对于今后油气田研究工作，可以起到借鉴的作用。

在中国国内除四川省以外，过去大都把注意力放在油田开发方面，因而从多井试井成果看，也是以油井实例居多。近年来，随着中西部地区气田的大规模开发，这种情况发生了很大改变，靖边气田和苏里格气田的干扰试井研究就证明了这一点。不论是油井或气井，对于研究储层来说，其方法都是相近的。只不过在气田中进行多井试井，实施难度更大一些。

一、靖边气田（陕甘宁中部气田）干扰试井研究

1988 年，作为发现井的陕参 1 井，在奥陶系储层试气后获得工业气流。之后，在气区内完成的一批详探井，普遍获得可观的工业产气量，从而发现了陕甘宁中部气田（现称为靖边气田）。但是从录取的不稳定试井资料中也发现，有相当一部分井的压力导数后期出现上翘，在评价奥陶系的储层时，对于有效储层是否连片分布问题，专家们提出了疑虑。由于在储量计算时，是按整装气田对待的，储层的连片与否将会直接影响整个气田储量评价结果的可靠性。当然，直接回答这一问题的有效方法，就是在气田中进行干扰试井研究。

陕中气田的干扰试井，从 1993 年 9 月 21 日至 1994 年 8 月 1 日，在中区中部的发现井陕参 1 井附近，选择林 5 井（激动井）、林 1 井和陕参 1 井（观测井）组成两个井组，同时开展试验研究。前后历时 10 个月又 10 天，用高精度的电子压力计，录取到近 20 万个数据点，结合该地区的地质、物探、测井资料，运用试井软件进行了分析研究。经研究后证实：

（1）在东西约 4km 的范围内，3 口井的主力产层马五$_1^3$彼此间是连通的。因而证实奥陶系储层是连片分布的。

（2）地层存在着严重的非均质性。从中间的林 5 井，地层渗透性向西方向（陕参 1 井附近）明显好于向东方向（林 1 井附近）。

（3）测试井组附近的储层表现出双重介质的特征，但储容比 ω 值较大，表明裂缝系统在天然气的储集和流动中，仍然起着最重要的作用。

（4）同时进行的林 5 井等的单井不稳定试井结果也证实了上述观点。

以上干扰试井成果，从储层动态模型的角度，支持了储量评价成果，从而为靖边气田的储量评审开了绿灯，也为靖边气田的顺利投入开发及后来的陕气进京贡献了力量。对比国内外的许许多多干扰试井成果时可以看到，陕中气田的干扰试井在多项指标上是空前的：

（1）测试的对象是低渗透气层（K 值仅 1.5mD 左右），井距又远达 1800m，这是国内外难得见到的。

（2）测试延续时间达到 10 个月，这在国内外也是鲜见的。

（3）全程应用了高精度的电子压力计，前后录取了 20 万个压力数据点，这作为压力资料的录取量也是十分难得的。

（4）测试的开展时间是在气田勘探阶段和早期开发评价阶段，由于井距大，地下测试条件困难；且又由于没有生产流程，更增加了施工困难。但这些都一一获得解决，保证了试验的成功。

（5）测试成果提供的认识，影响了一个整装大气田的开发进程，其作用和成效可以称得上是气田干扰试井研究方面的一个范例。

（一）地质情况

干扰试井井组，位于气田中区的中南部，发现井陕参 1 井附近，如图 6–33 所示。

从构造图中看，该井组位于中区南部陕 21—陕 34—陕 48 鼻隆的北翼。试验井组中各井射开主力产层奥陶系马五 $_{1-2}$。构造位置或产层在这一地区都具有代表性。

测试井组的林 5 井为激动井，采取开井进行产能试井和试采，然后再关井，对地层压力造成激动；同时，在林 1 井和陕参 1 井下入高精度电子压力计进行连续观测。测试井组井位关系如图 6–34 所示，图中的细实线为马五 $_1^1$ 层的剥蚀线，可以看到，井组内主力产层是完整的。3 口井间的地层对比剖面情况如图 6–35 所示，井组内主力产层马五 $_1^3$ 是互相对应的。因此可以预计，通过测试取得干扰压力反映的可能性是比较大的。

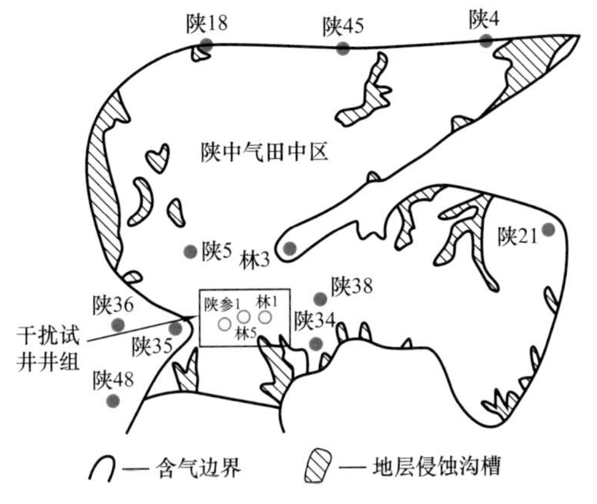

图 6–33　靖边气田干扰试井井组位置示意图

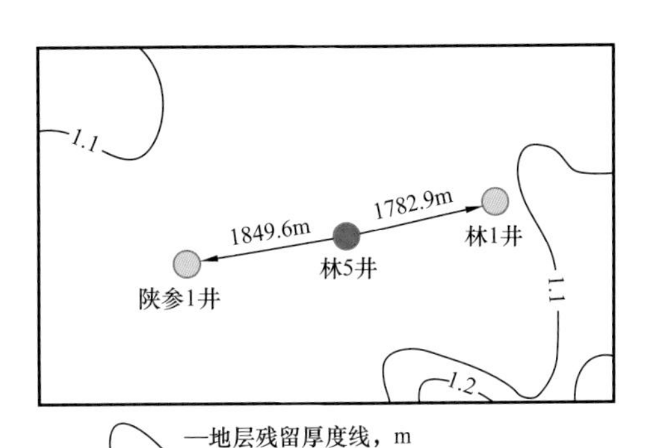

图 6–34　干扰试井井组井位关系图

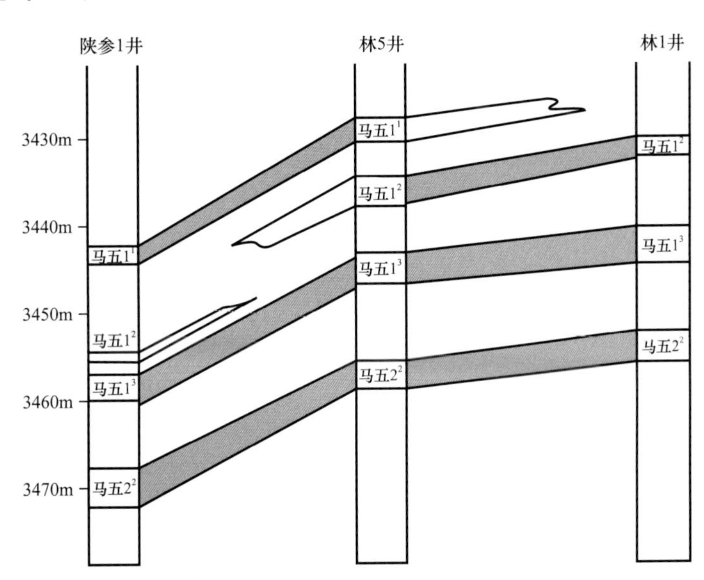

图 6–35　干扰试井井组剖面连通图

通过地质上的分析参数统计，在林 5—林 1 井组中，连通层马五 $_1^2$、马五 $_1^3$ 和马五 $_2^2$，总连通厚度 7m；在林 5—陕参 1 井组中，连通层为马五 $_1^1$、马五 $_1^3$ 和马五 $_2^2$，连通厚度

6.6m。但是通过分层试气也发现，在林5井全层合采时，并非每个层都能发挥作用，只有马五$_1^3$层是在产气的，因而使林5—林1井之间，实际连通有效厚度只有2.8m，而林5—陕参1井之间，实际连通有效厚度为3.0m。

（二）试井设计及施工

林5井、林1井和陕参1井干扰试井井组，在施工前进行了周密的设计。

1. 井组安排

3口井组成两个井组，观测井为林1井和陕参1井，共同监测激动井林5井开关井造成的干扰压力影响。林1井和陕参1井在长期关井条件下，经监测发现井底压力稳定。下入高精度电子压力计进行井底压力监测。林5井开井测产能，并接着进行试采，共延续178天，再关井50天，造成一正一反两次压力激动。整个测试过程的日程安排及施工项目如图6-36所示。

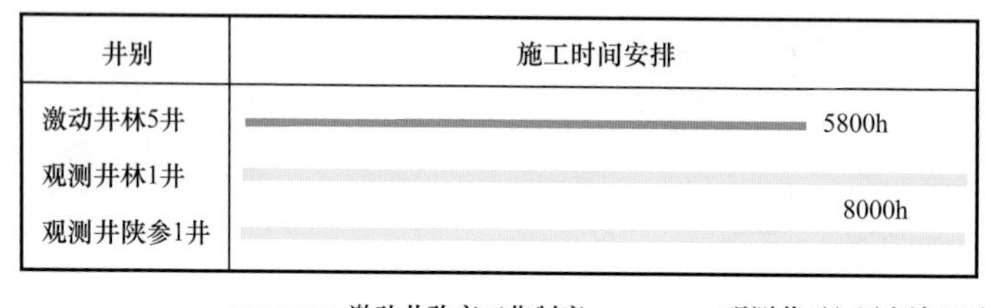

图6-36　靖边气田干扰试井日程安排示意图

2. 干扰压力模拟

根据地质研究提供的参数，选择模拟参数如下：渗透率1.734mD（林1井、陕参1井平均）；有效厚度6.6m（3口井平均对比连通值）；孔隙度0.0466（平均值）；储容比0.285（林1井实测值）；窜流系数0.44×10^{-7}（林1井）；气体相对密度0.5817（林5井）；拟临界压力4.758MPa（林5井）；拟临界温度192.15K（林5井）；井距1800m；地层压力31MPa；地层温度378.15K。模拟结果如图6-37所示。

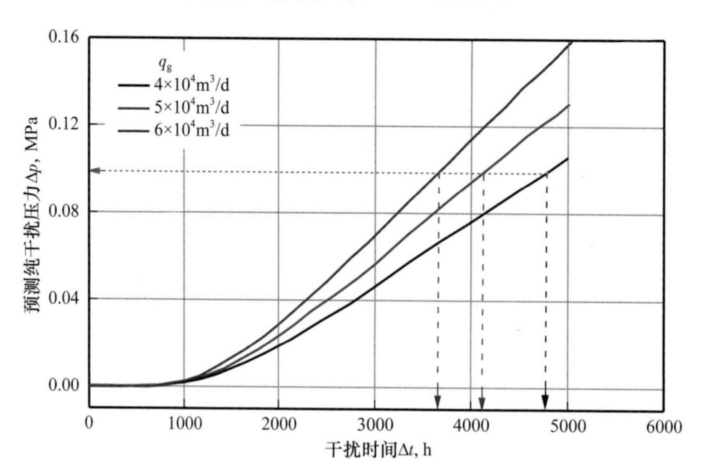

图6-37　干扰压力变化预测图

从图 6–37 中看到，若按 0.1MPa 为干扰压力录取上限的话，那么激动产量与录取时间的关系见表 6–1。

表 6–1　激动产量与干扰压力录取时间关系表

激动产量，$10^4m^3/d$	测试时间，h
6	3550（约 148 天）
5	4200（约 175 天）
4	4800（约 200 天）

最后，根据现场用气情况，选择了 $4\times10^4m^3/d$ 的激动产量开井生产，因此第一阶段的测试时间约为 200d（6～7 个月）。实际实施时，又延长至 5800h（约 8 个月）。经现场实践证实，初期的设计是符合实际情况的，保证了干扰试井测试的成功。

（三）测试成果

经现场实施以后，测得的陕参 1—林 5 井组干扰试井成果如图 6–38 所示。林 1—林 5 井组干扰试井成果如图 6–39 所示。

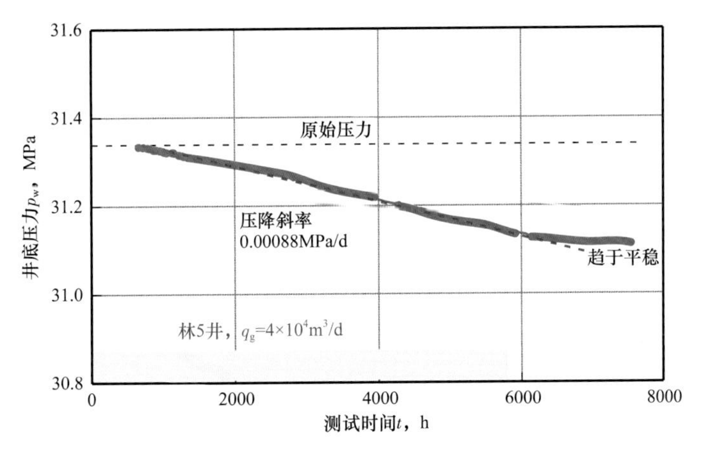

图 6–38　陕参 1—林 5 井组干扰试井成果图

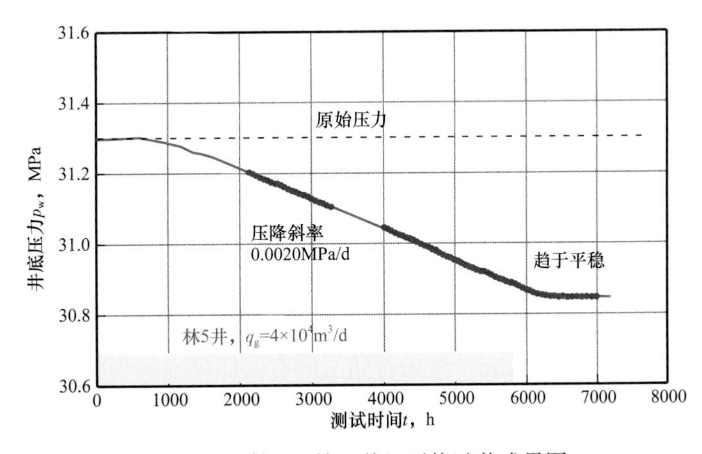

图 6–39　林 1—林 5 井组干扰试井成果图

从以上两个成果图可以清楚看到，当激动井林5井开井生产后约1000h，作为观测井的林1井和陕参1井，井底压力明显出现下降。其下降斜率为：林1井：$\Delta p/\Delta t$=0.0020MPa/d；陕参1井：$\Delta p/\Delta t$=0.00088MPa/d。

由于这两口井分别于1990年6月（陕参1井）和1992年1月（林1井）完井，之后没有再开过井，附近的气井如陕5井（1992年1月完井）、陕36井（1991年1月完井）、陕34井（1992年5月完井）和陕38井（1992年4月完井）都是在一年多以前完井的，而且也都没有再开过井，因此完全有理由认为，林1井和陕参1井的压力下降，完全是由于激动井林5井开井造成的。从下降开始的时间来看，大约在林5井开井后1000h，与图6–37的模拟计算结果吻合。

作为激动井林5井于1994年5月21日关井，再一次对地层压力造成反向激动。大约在1000h以后，林1井和陕参1井的井底压力重新又恢复到平衡状态。再一次验证了干扰试井成果。以此证明，这3口井之间是明显连通的。

（四）参数解释

按着本章第二节介绍的方法，借助试井分析软件对林5—林1、陕参1井井组的干扰试井资料进行了参数解释，应用了双重介质的压力/压力导数图版，取得成果如下：

两口测试井的纯干扰压力图，如图6–40所示，虽然压力监测中间部分时段数据略有缺失，但纯干扰压力的规律性仍然是十分清楚的。用双重介质的干扰试井双对数图版对纯干扰压力进行了解释，得到拟合图如图6–41所示，解释结果见表6–2。

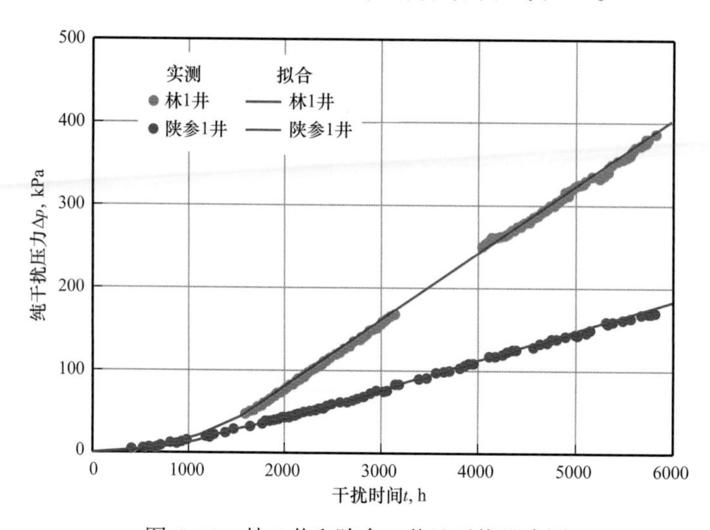

图6–40　林1井和陕参1井纯干扰压力图

从表6–2中看到：

（1）整个测试井组，地层渗透性较低。在陕参1井一边的储层渗透性较林1井一侧好，K值大约高1倍左右，说明存在着明显的非均质现象；

（2）储量参数ϕh值为0.1～0.2m，意味着储层的有效储集空间为10×10^4～$20\times10^4\text{m}^3/\text{km}^2$，也就是说，每1km^{2}气田范围内的有效孔隙体积大约具有10×10^4～$20\times10^4\text{m}^3$。按地层压力31MPa计算，将其折算到地面标准体积为3000×10^4～$6000\times10^4\text{m}^3$。这说明，干扰试

井法可以用来核实地下动态储量。

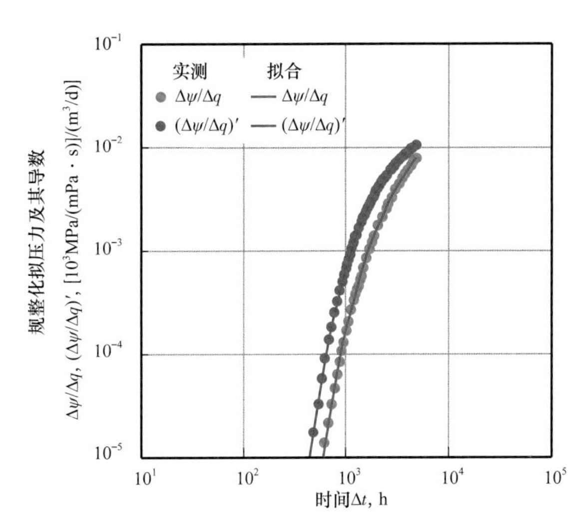

图 6–41 林 5- 林 1 井组干扰试井图版拟合分析图

表 6–2 林 5—林 1 和林 5—陕参 1 井组干扰试井解释成果表

项目及成果数据 \ 井组	林 5—陕参 1		林 5—林 1	
	对比连通层	有效层	对比连通层	有效层
流动系数 Kh/μ，mD·m/(mPa·s)	411.95	518.14	181.99	242.32
渗透率 K，mD	1.3008	3.5993	0.5514	1.8356
储量参数 ϕh，m	0.2073	0.2502	0.0925	0.1232
储容参数 ϕhC_t，m/MPa	5.1744×10^{-3}	6.2455×10^{-3}	2.2587×10^{-3}	3.0073×10^{-3}
连通孔隙度 ϕ，%	3.14	8.31	1.32	4.40
导压系数 η，m²/h	2.8661×10^{2}	2.9866×10^{2}	2.9006×10^{2}	2.9008×10^{2}
弹性储容比 ω	0.28		0.28	
窜流系数 λ	0.32×10^{-7}		1×10^{-7}	

（3）解释双重介质的弹性储容比 ω=0.28，说明有近 1/3 的天然气储存在裂缝之中。因此在靖边气田，裂缝既是流通通道，也是主要的储集空间。

以上 3 口井，全部都测试过单井的压力恢复曲线，均表现出双重介质的特征。其中林 1 井的双对数曲线图，在第五章中曾有过介绍。3 口井经试井解释求得的储层参数，列在表 6–3 中，其数值与干扰试井结果是相近的。

表 6-3 林 5 井、林 1 井和陕参 1 井压力恢复解释成果表

项目及成果数据 \ 井号	林 5 井	陕参 1 井	林 1 井
流动系数 Kh/μ，mD·m/（mPa·s）	628	538	345
渗透率（K），mD	1.47（全井） 4.06（有效层）	1.41（全井）	1.0（全井） 2.23（有效层）
弹性储容比（ω）	0.28	0.2	0.285
窜流系数（λ）	0.75×10^{-8}	1.04×10^{-6}	1.40×10^{-8}
表皮系数（S）	−4.61	−4.01	−0.98
井储系数（C），m^3/MPa	1.798	2.53	3.012

二、苏里格气田的干扰试井研究

自 21 世纪初苏里格气田发现以来，以其申报储量的规模之大，引起世人的瞩目。但是，经过深入的地质研究后发现，作为主力产层的二叠系是河流相沉积的平原亚相薄层砂岩，以河道复合体中高能水道内沉积的粗砂岩体为主要储气空间。平面上被不渗透岩性边界分隔，单个小砂体呈孤立状态，有效储层分布概率极低。纵向上同样被不渗透隔层分开，有效砂岩体间叠置连通的机会很少。这导致单井控制的可动储量非常有限。

开发这样的气田，合理的井网井距成为最关键的要素。为此，设计并实施了干扰试井研究。干扰试井井组选择在经过两次加密后，当时井距最小的苏 6 井附近井区。这一区域也是地质和动态研究开展最为深入的区域。

通过 2007 年至 2008 年近一年的现场测试和资料分析，井间干扰试井取得了成功。首先，在苏 6–j3 井和苏 38–16–2 井之间测得了完整的干扰压力变化曲线，确认了这两口井之间地层的连通性。这也是该地区 8 年来已投产的千余口井中首次观测到了井间的压力干扰，证实在相距约 400m 的相邻井间地层是具备连通条件的，创新性地确认了二叠系连通井距的临界值。

同时利用测得的干扰压力变化曲线，结合应用干扰试井双对数图版，解释了井间连通参数，计算出了井间的连通流动系数 Kh/μ 值、地层系数 Kh 值和渗透率 K 值，以及井间的弹性储能系数 ϕhC_t 值，为进一步的开发调整提供了基础参数。

（一）干扰试井井组地质概况

苏 6 干扰试井井组位于苏里格气田中部区域东侧，苏 6 井周边。这一区域经过 2003 年和 2007 年两次加密钻井后，东西向井距达到约 400m，南北向井距约 600m，其井位和井距情况如图 6–42 所示。

经地层对比研究，在苏 6 井东西一线，含气层的对比连通情况如图 6–43 所示。

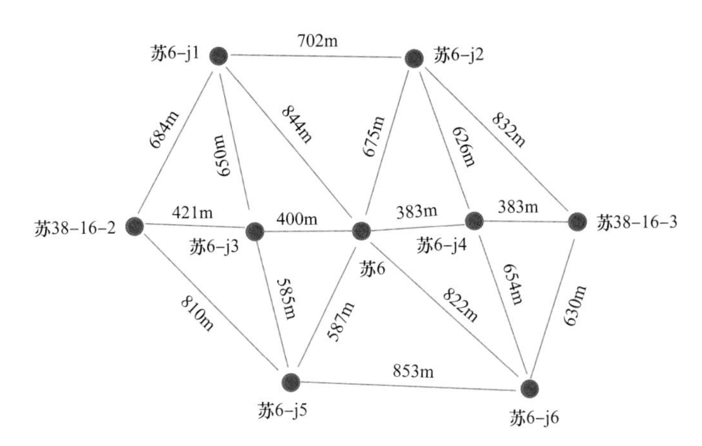

图 6-42 苏 6 干扰试井井组井位及井距示意图

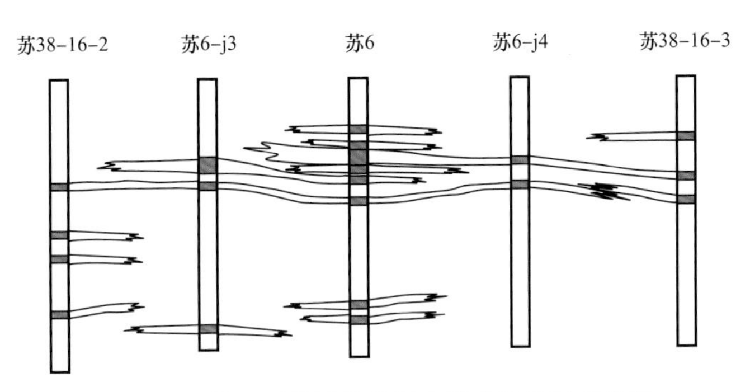

图 6-43 苏 6 干扰试井井组有效砂层连通对比图

从图 6-43 看到，地层对比结果认为，苏 6 的主力产层在东西方向延续很差，多数层在到达邻井前尖灭。另外，图 6-43 中显示某些薄的有效层有可能连续，但是鉴于河流相沉积有效砂层多呈透镜体状存在，图中的薄气层连通对比状况，从地质上并无可靠规律可循。因此对于井间的实际连通情况，必须通过干扰试井加以确认。

（二）干扰试井井组设计和施工

正如本章在开头部分所反复强调的，由于干扰试井测试方法的特殊性，使得现场施工过程成功率较低，常常会在施工过程中出现“进退两难的境地”。不但对储层连通性得不出明确的结论，甚至有可能对测试资料本身的有效性，都会产生疑问。因此，在苏 6 干扰试井井组设计前，首先对井组内 9 口井先前的动态表现，进行了深入的分析，并据此区分出优势井组、否定井组和疑问井组，进而优选出重点的干扰试井井对，进行模拟设计。

1. 苏 6 井的动态监测和分析结果

作为这一区域最早投入生产的气井，苏 6 井自 2001 年投入试采以来，进行了长时间的动态监测：

（1）2001 年的修正等时试井，用以建立了初始的产能方程，推算了初始无阻流量；

（2）2001 年产能试井后测试了初始的压力恢复曲线，采用数值试井方法建立了苏 6 井初步动态模型，解释了井附近储层参数；

（3）经过对 2002—2003 年试采资料的分析，完善了苏 6 井的动态模型，确认苏 6 井处于矩形的有限封闭区块中，区块长 800m、宽 320m、面积约 $0.26km^2$，控制天然气储量 $0.29 \times 10^8 m^3$；

（4）经过延续到 2005 年的动态监测资料追踪研究，进一步确认了动态模型的可信度，并确认苏 6 井控制的区块面积仅为 $0.22km^2$，控制储量约 $0.26 \times 10^8 m^3$。

以上研究成果，在第八章第四节有详细介绍。

2. 第 2 批加密井投产时的静压分析

苏 6 井附近于 2007 年完成了加密井，即苏 6–j1 井、苏 6–j2 井、苏 6–j3 井、苏 6–j4 井、苏 6–j5 井和苏 6–j6 井。以上加密井的井位如图 6–42 所示。在上述井完井投产后，大体同一时间测试了井组内 9 口井的井底静压，得到的结果列在表 6–4 中。

表 6–4　苏 6 加密井组静压测试成果表

测试压力类型	井号	测压日期	关井恢复时间，d	地层中深，m	中深静压，MPa
加密井完井后初始地层压力	苏 6–j1	2007.10.10	26	3347.80	30.72
	苏 6–j2	2008.3.12	92	3336.50	30.46
	苏 6–j3	2008.4.24	187	3356.00	11.10
	苏 6–j4	2008.3.8	121	3329.00	21.82
	苏 6–j5	2008.3.8	96	3347.75	30.36
	苏 6–j6	2008.5.15	45	3346.50	30.68
原有老井当时地层压力	苏 6	2008.3.6	73	3323.90	4.99
	苏 38–16–2	2008.3.4	71	3355.50	9.35
	苏 38–16–3	2008.3.2	69	3326.50	13.78

从表 6–4 中清楚看到：

（1）苏 6 井东西两侧的加密井苏 6–j3 井和苏 6–j4 井，初始静压远低于静水柱压力，表明受到了早期生产井苏 6 井、苏 38–16–2 井和苏 38–16–3 井的影响；

（2）进一步分析发现，加密井苏 6–j3 井井底压力 11.10MPa，与西侧的苏 38–16–2 井井底压力 9.35MPa 是相近的，表明这两口井之间较有可能存在关联，但与东侧的苏 6 井井底压力（4.99MPa）相差悬殊，连通的可能性很小；

（3）与苏 6–j3 井不同的是，苏 6–j4 井初始井底压力虽然在从未开井生产的条件下，也明显降低到 21.82MPa，但却远高于东侧相邻井苏 38–16–3 井（9.35MPa），更高于西侧相邻井苏 6 井（4.99MPa），表明它们之间即使在某种程度上有关联，其连通程度也是极为有限的；

（4）离开苏 6 井东西一线井排，向北约 600m 的苏 6–j1 井和苏 6–j2 井，向南约

600m 的苏 6–j5 井和苏 6–j6 井，初始压力均维持在 30MPa 以上的地层原始压力水平，表明这些井未受到老井苏 6 井、苏 38–16–2 井和苏 38–16–3 井的长期生产影响，与这些老井都不连通。

以上静压资料分析，为苏 6 加密井组的干扰试井研究，以及干扰试井井组选择，提供了重要的依据。

3. 干扰试井井组的选择

依据本章第一节关于干扰试井实施过程中分类的原则，对苏 6 加密井组的潜在干扰试井井对分类如下：

（1）优势井组——苏 6–j3 和苏 38–16–2 井对。

之所以确定为优势井组原因有 3 个：

① 相近的井底静压条件预示着有效储层有可能连通。

② 苏 6–j3 井具备观测井的现场测压条件。该井自从 2007 年 10 月压裂完井并排液试气后，一直关井监测压力变化。

③ 相邻井苏 38–16–2 井具备激动井条件，可以通过采气生产和关井，对地层压力造成激动。

由此把苏 6–j3 和苏 38–16–2 井对选择为重点的干扰试井实施井组，测试前针对这一井组进行了干扰压力预测，作出干扰试井设计。

（2）否定井组。

否定井组的观测井为苏 6–j1 井、苏 6–j2 井、苏 6–j5 井和苏 6–j6 井等，从它们的初始压力监测情况看，与周边任何一口曾采过气的生产井不存在任何的关联。因此，虽然在整个干扰试井计划中，仍然可以继续监测压力变化，但既然早期生产井（苏 6 井、苏 38–16–2 井和苏 38–16–3 井）连续多年的采气生产都未能造成这些井井底压力的下降，也就难以指望在短短的一两个月的干扰试井期间，观测到任何干扰压力影响。

（3）疑问井组。

苏 6–j4 和苏 38–16–3 井对可选择为疑问井组。在这两口井之间，或者还可以加上西侧的苏 6 井，既显示有连通的可能性，又表现出动态方面的差异，可以列为干扰试井井组，进行连通关系监测，同时可与优势井组苏 6–j3 和苏 38–16–2 井对的测试结果进行对比分析。

4. 干扰试井模拟设计

（1）模拟设计的目标井组。

以苏 6–j3 井为观测井、苏 38–16–2 井为激动井，组成干扰试井目标井组进行干扰试井设计，在图 6–44 中列为 I 号井对。

（2）干扰试井模拟设计。

根据苏 6–j3 井和苏 38–16–2 井地层参数，取平均值后，选择模拟设计参数为：渗透率 0.5mD、有效厚度 10m、井距 421m、天然气地下黏度 0.015mPa·s、天然气偏差系数 0.913、地层孔隙度 10%、含气饱和度 60%、地层温度 378K、激动井产气量 $0.4\times10^4\mathrm{m^3/d}$。目标井组的模拟干扰压力变化图，如图 6–45 所示。

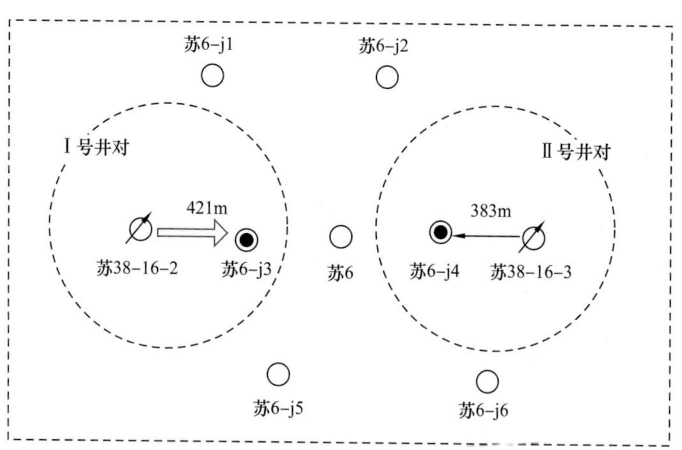

图 6-44　苏 6 加密井区干扰试井井组井位图

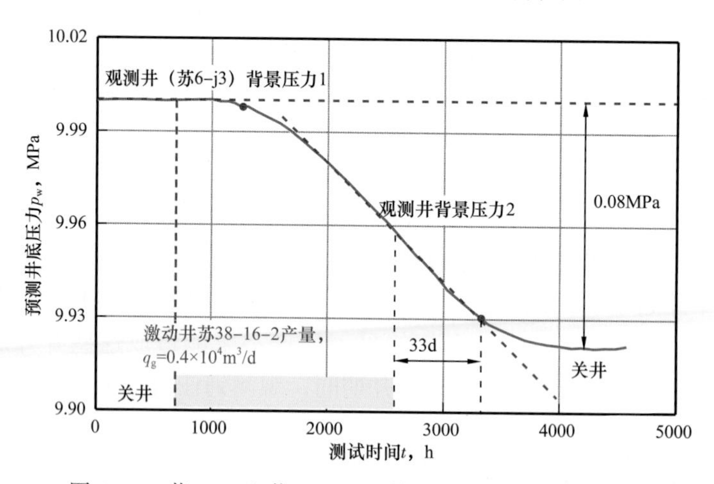

图 6-45　苏 6-j3 和苏 38-16-2 井组干扰试井模拟设计图

从图 6-45 中看到，测试约需延续近 7 个月时间。由于干扰压力变化的量值很小，要求观测井苏 6-j3 井连续用高精度电子压力计进行压力监测；激动井苏 38-16-2 井则要求在测试期间改变工作制度，从关井到开井生产，再从开井生产到关井，造成井间地层内压力波动。

（3）运行程序安排。

依据干扰试井模拟设计，可以作出现场施工运行程序计划，参见表 6-5。

在油田现场，用了近一年的时间完成了苏 6 加密井组干扰试井的测试施工，取得了成功的测试数据。

（三）干扰试井资料解释

1. 干扰试井测试结果

从苏 6-j3 井录取到的干扰压力变化曲线如图 6-46 所示。

表 6-5　苏 6 加密井组干扰试井运行程序计划表

时间 井号	2月	3月	4月	5月	6月	7月	8月
苏6-j3	▥	▥	▥	▥	▥	▥	▥
苏38-16-2		■	■	■	■	■	
苏6-j4	▥	▥	▥	▥	▥	▥	▥
苏38-16-3		■	■	■	■	■	
苏6	░	░	░	░	░	░	░
苏6-j1	░	░	░	░	░	░	░
苏6-j2	░	░	░	░	░	░	░
苏6-j5	░	░	░	░	░	░	░
苏6-j6	░	░	░	░	░	░	░

注：▥ 观测井，安装电子压力计，连续进行干扰压力监测；■ 激动井，开井产气或关井，产生地层压力激动；░ 辅助观测井，安装井口电子压力计，监测压力变化。

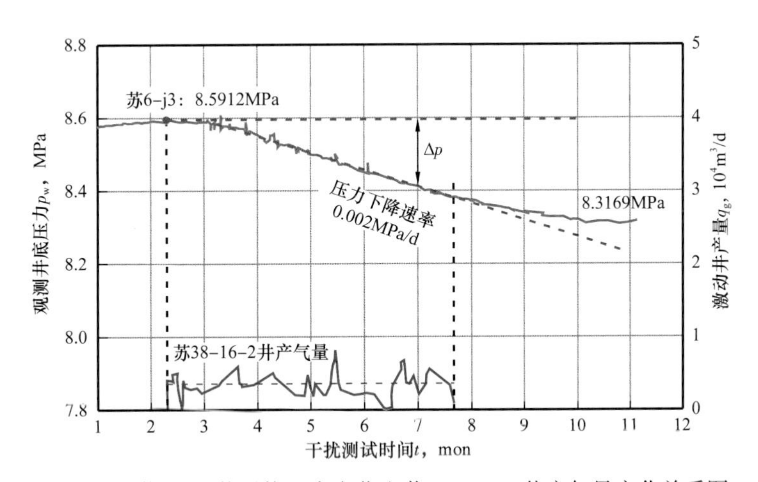

图 6-46　苏 6-j3 井干扰压力变化和苏 38-16-2 井产气量变化关系图

从图 6-46 中看到，苏 6-j3 井明显受到了苏 38-16-2 井开井生产和关井的影响：

（1）在苏 38-16-2 井初始关井过程中，苏 6-j3 井压力趋于平稳，压力值后期约为 8.591MPa；

（2）当苏 38-16-2 井开井生产以后约 20 天，苏 6-j3 井压力明显出现下降趋势，一直延续近 100 天，每天下降约 0.002MPa，其下降趋势近似为直线，可以表达为：

$$p=8.568-8.888\times10^{-5}(t-3121.3)$$

（3）当苏 38-16-2 井关井后，苏 6-j3 井压力下降趋势转为平缓，最后趋于水平状态，但压力值降为 8.317MPa，较苏 38–16–2 井开井激动以前下降了约 0.274MPa。

从以上干扰压力变化趋势可以明确无误地做出判断：干扰试井井组中的苏 6–j3 井与苏 38–16–2 井所打开的储层是连通的。这也是自从 21 世纪初苏里格气田发现以来，在千余口探井和生产井中首次观测到井间连通关系。这无疑对苏里格气田的开发和合理井距的选择都具有创新性的指导意义。

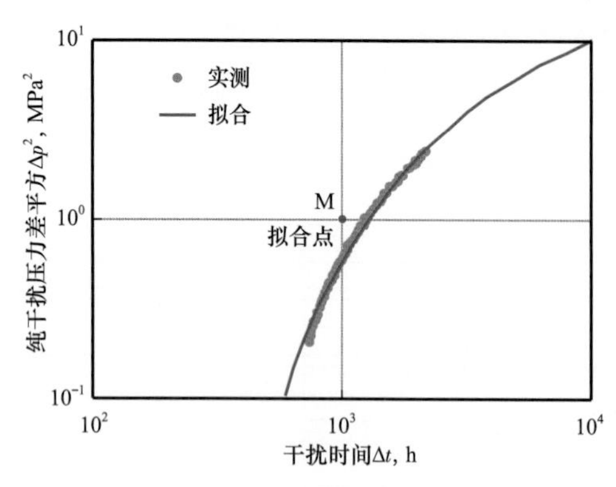

图 6–47　苏 6–j3 井纯干扰压力平方图版拟合分析图

2. 干扰试井资料解释

采用常规的图版分析方法，对上述干扰试井资料进行参数解释。由于苏 6–j3 井压力测点受环境温度影响，存在某些跳动，因而截取“纯干扰压力值”时，用干扰压力变化曲线的直线近似式代替实测点，计算出纯干扰压力值 Δp，画在双对数图中，并通过图版曲线拟合求参数，如图 6–47 所示。

图 6–47 中标出了拟合点 M 在实测干扰压力图上的坐标是：$[\Delta t]_M=1000$，$[\Delta p^2]_M=1$；在干扰压力图版上的坐标是：$[p_D]_M=0.07$，$[t_D/r_D^2]_M=0.15$。

应用了干扰试井分析连通流动系数计算公式：

$$\frac{Kh}{\mu}=\frac{q_g ZT}{7.8523\times10^{-2}}\frac{[p_D]_M}{\left[\Delta\left(p^2\right)\right]_M}=12.74q_g ZT\frac{[p_D]_M}{\left[\Delta\left(p^2\right)\right]_M}$$

选择井组物性参数如下：Z=0.913，T=378K，$q_g=0.59\times10^4\mathrm{m^3/d}$。从而得到井间连通参数如下：

连通流动系数

$$\frac{Kh}{\mu}=181.58\frac{\mathrm{mD\cdot m}}{\mathrm{mPa\cdot s}}$$

连通地层系数

$$Kh=2.724\mathrm{mD\cdot m}$$

连通渗透率

$$K=0.27\mathrm{mD}$$

另外，计算弹性储能系数的公式为：

$$\phi hC_t=\frac{3.6\times10^{-3}Kh}{\mu_g r_g^2}\frac{[\Delta t]_M}{\left[t_D/r_D^2\right]_M}$$

通过计算得到，连通弹性储能系数值：$\phi hC_t=2.459\times10^{-2}\mathrm{m/MPa}$。

3. 其余观测井的压力监测结果

在干扰试井设计中涉及的其他观测井，也同时录取到了连续的压力变化曲线。

（1）苏 6–j4 井与苏 38–16–3 井的干扰压力监测结果

苏 6–j4 井监测到的压力，自始至终呈直线缓慢下降，下降速率约 0.00374MPa/d，折合 1.36MPa/a，如图 6–48 所示。

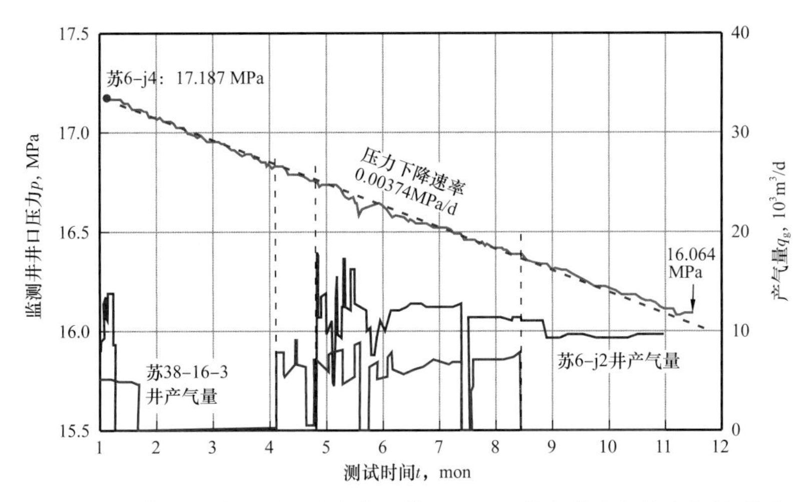

图 6–48　苏 6–j4 井监测压力变化和苏 38–16–3 等邻井产气量变化关系图

从图 6–48 中看到，一方面苏 6–j4 井与相邻的生产井确实存在某种连通关系，才导致压力下降；但是从另一方面看到，延续 10 个月测试过程中，苏 38–16–3 井以及苏 6–j2 井多次开井和关井并未对苏 6–j4 井压力下降趋势造成明显变化，说明这种连通关系是受到极大阻碍的。

（2）其余辅助观测井的监测结果。

正如苏 6 加密井组干扰试井设计中所预测的，苏 6–j1 井、苏 6–j2 井、苏 6–j5 井和苏 j6 井等没有观测到任何邻近的早期生产井影响，说明它们之间是互不连通的。

（四）透过干扰试井结果判断苏里格气田合理井距界限

1. 判断合理井距的依据

（1）储层的地质研究成果。

储层的地质研究成果主要是指关于储层的沉积方面的研究成果，在本段文字的开头部分已有简单的描述。可以归纳为，主要的含气储层平面上被岩性边界分隔，形成众多孤立的、面积极为有限的含气砂岩体。正是这种岩性边界的存在，导致气井单井控制的有效储层彼此间不能搭界，井和井之间无法连通。甚至在井距过大时，井和井之间还可能存在未能被井控制的含气砂岩体。这将大大降低气田的最终采收率。

（2）加密井初始静压资料。

正如表 6–4 所示，在加密井组的 9 口井中，苏 6–j1 井、苏 6–j2 井、苏 6–j5 井和苏 6–j6 井等 4 口井完井后所测初始压力，仍维持在原始压力水平，因此可以判断，这些井与井组中早先投产的苏 6 井、苏 38–16–2 井和苏 38–16–3 井等是不连通的，各自处在彼此孤立的含气砂岩体中。也就是说，在苏 6 井区的南北方向 600m 范围内，井和井之间是不连通的。

（3）苏 6 井的长期动态描述研究成果。

正如后面第八章详细介绍的，并在干扰试井设计中简单提到的，苏 6 井是处在加密井组中心部位的关键井。经历了长达 5 年的动态追踪研究，确认该井控制了 750m × 320m 的矩形封闭区块。由于长期采气生产，当前井底附近静压已降低到 4.99MPa，远低于周围井的静压水平。

（4）苏 6 加密井组的干扰试井研究。

这是判断合理井距的最为直接、最具说服力的依据。经长时间现场测试和缜密的分析确认，苏 6–j3 井和苏 38–16–2 井是连通的，苏 6–j4 井和苏 38–16–3 井看似连通，但连通关系受到极大阻碍。其余的苏 6–j1 井、苏 6–j2 井、苏 6–j5 井和苏 6–j6 井等 4 口井，与井组内老井不具备任何连通条件。

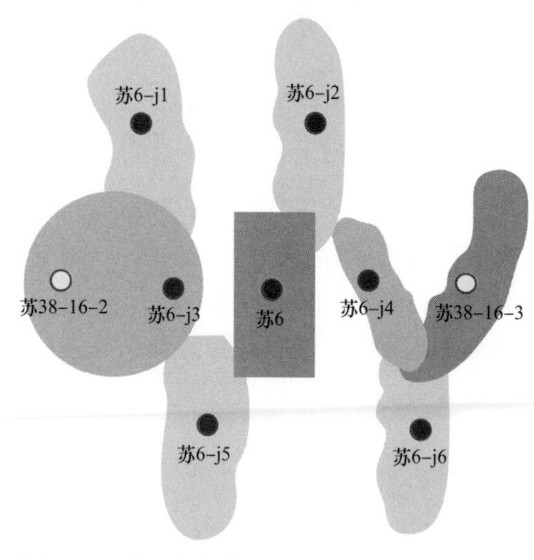

图 6–49　苏 6 加密井组各井推测含气区域示意图

2. 对苏里格气田合理井距的认识

根据以上 4 方面的资料依据，得到苏 6 加密井组中各井可能控制的含气区域，以及井间的关系，如图 6–49 所示。

图 6–49 所示单井控制区域，可以说是整个苏里格气田的一个缩影。由此可以看到，在苏里格气田的石盒子组气藏，单井控制的有效含气面积不过只有 0.2～0.25km^2，每平方千米气田面积上至少要钻 4～5 口井，才能达到较有效的开发。在井网布置上，东西向连通井距的临界值大约是 300～400m，南北向井距不应大于 600m，否则就会影响气田的最终采收率。

三、胜利油田营 8 断块气井干扰试井研究

营 8 断块气层的干扰试井开展于 1969 年 3 月，是在胜利油田第一次取得干扰试井成果的区块，也是第一次在气田中取得干扰试井成果的区块，同时也是中国国内首次取得干扰试井成果的区块之一。必须提到的是，这次测试的成功依赖于激动井营 8–12 井的事故井喷。

为落实营 8 断块古近系沙河街组一段气层的井间连通关系，也为了落实营 8–12 井与营 8–11 井间断层的密封性，计划开展这个井组的测试。这是胜利油田勘探开发研究院的井间干扰试验研究组成立以后的第 3 个年头，在此以前连续两年多的现场测试一无所获，没有录取到任何一次真正的干扰压力变化。

现场测试正式开始前，营 8–12 井热水洗井作业时发生了采油树阀门破裂事故，并引起井喷，这无疑形成了一次大型的“地层压力激动”。研究组抓紧时机，在周围的井内抢下微差压力计，记录下了营 8–12 井井喷对周围地区的干扰压力影响，成为首次成功的干扰试井成果。营 8 断块的构造井位情况如图 6–50 所示。

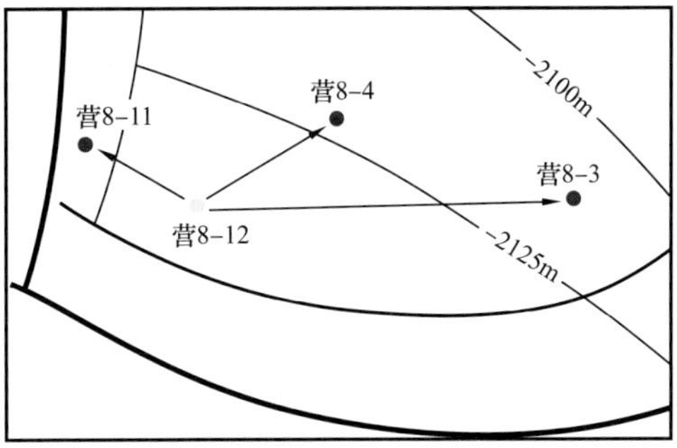

图 6–50 营 8 断块干扰试井井组构造井位图

参与测试的 4 口井的地质参数见表 6–6。

表 6–6 营 8 断块干扰试井井组地质参数表

序号	激动井情况			观测井情况			井距 m	备注
	井号	层位	射开厚度，m	井号	层位	射开厚度，m		
1	营 8–12	S_1^1—S_1^2	3.1	营 8–3	S_1 针	2.2	960	同为气井 在同一断块
2	营 8–12	S_1^1—S_1^2	3.1	营 8–4	S_1^1—S_1^2	11.3	360	同为气井 在同一断块
3	营 8–12	S_1^1—S_1^2	3.1	营 8–11	S_1 针	2.6	190	同为气井 在断层两侧

测得干扰试井曲线如图 6–51 和图 6–52 所示。

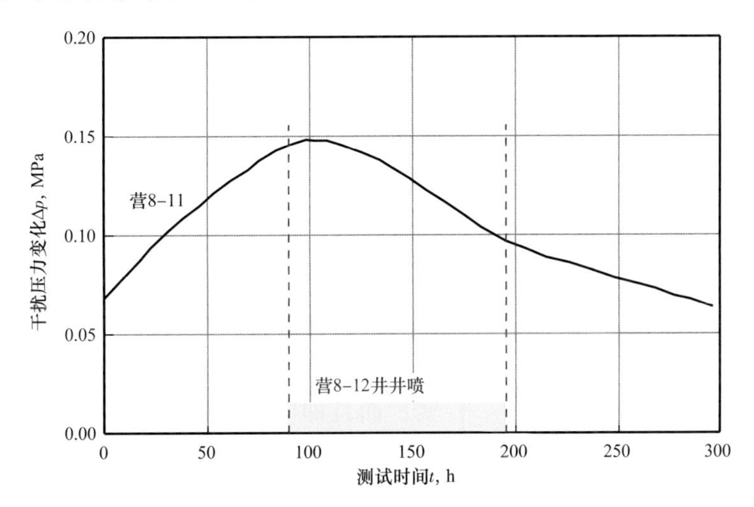

图 6–51 营 8–12 和营 8–11 井干扰试井成果图

从图 6–51 和图 6–52 中看到，不管是在同一断块的气井，或是在断层两侧的气井，都收到了明显的干扰压力反映。经过对曲线进行参数解释，得到营 8 断块干扰试井解释成果表 6–7。

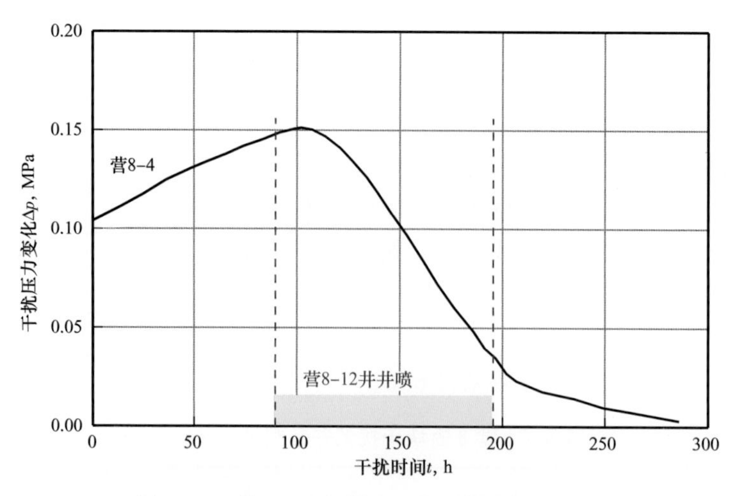

图 6-52　营 8-12 和营 8-4 井干扰试井成果图

表 6-7　营 8 断块干扰试井解释成果表

项目及成果数据 \ 井组	营 8-12—营 8-4	营 8-12—营 8-11
流动系数（Kh/μ），mD·m/（mPa·s）	56500	30400
渗透率（K），mD	156.9	217.1
导压系数（η），m^2/h	1393	1105
储能参数（$\phi h C_t$），m/MPa	0.225	0.153
储量参数（ϕh），m	6.75	4.56

四、油田注采井之间连通性及断层密封性的测试研究

（一）胜利油田胜坨三区注采井连通性研究

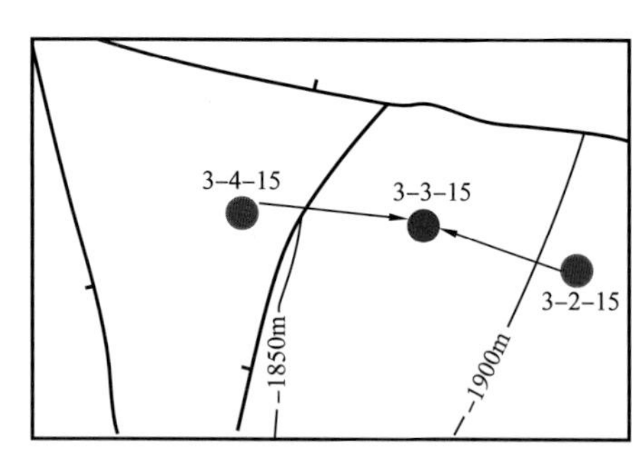

图 6-53　胜坨三区干扰试井井组验证断层密封效果井位图

在中国的东部地区，特别是渤海湾周围的油田，存在着复杂的断裂系统，断层的存在影响着注水开发的效果。物探提供的断层位置常常不落实；而且即使断层存在，有的也不一定起到封隔作用。干扰试井可以对此做出准确的判断。

胜利油田的胜坨三区是早期投入注水开发的地区之一。在注水井 3-4-15 井和 3-2-15 井与生产井 3-3-15 井之间，注水收效的关系一直存在疑问，为此开展了干扰试井研究。井组位置如图 6-53 所示。

参与测试的 3 口井中，激动井为两口注水井 3-4-15 井和 3-2-15 井；观测井为生产井 3-3-15 井。3-4-15 井和 3-2-15 井交替注水，造成地层压力波动；3-3-15 井关闭后保持井底压力稳定，监测干扰压力变化。3 口井的地层情况见表 6-8。

表 6-8 3-4-15，3-2-15 和 3-3-15 井组地质参数表

序号	激动井情况			观测井情况			井距 m	备注
	井号	层位	有效厚度，m	井号	层位	有效厚度，m		
1	3-4-15	S_21-6	22.5	3-3-15	S_21-2	10.4	480	有断层分隔
2	3-2-15	S_21-3	18.0	3-3-15	S_21-2	10.4	450	在同一断块

从表 6-8 看到，3 口井的地层层位是对应的。但从图 6-53 看到，在 3-4-15 井和 3-3-15 井之间有断层相隔。按一般常识，作为注水井的 3-4-15 井的注水，对生产井 3-3-15 井应无效果。而在同一断块中的注水井 3-2-15 井应对 3-3-15 井的生产造成影响。但干扰试井结果却出乎预料，如图 6-54 和图 6-55 所示。

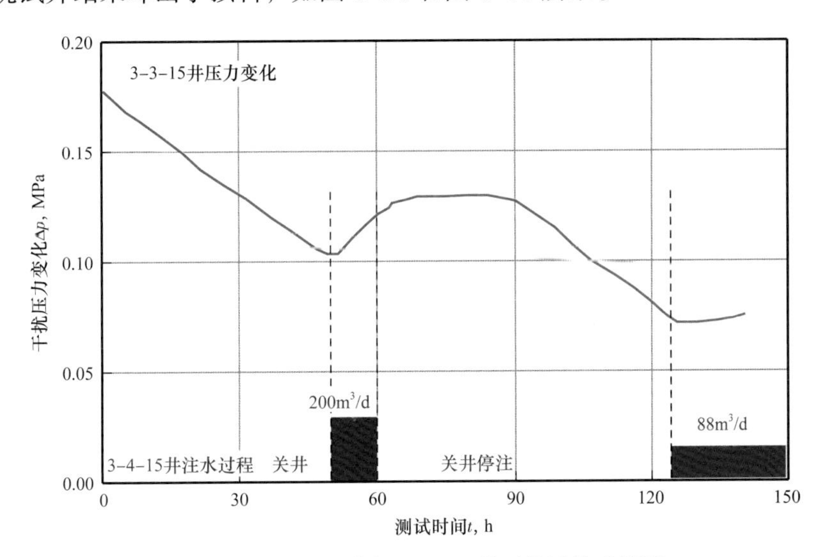

图 6-54 3-4-15 井与 3-3-15 井干扰试井成果图

从图 6-54 看到，3-4-15 井从关井到以 200m³/d 注水，几个小时后，明显使生产井 3-3-15 井井底压力迅速回升。当 3-4-15 井停注后，3-3-15 井的井底压力迅速回落，且下降速率与注水前完全一致。并且当后期以 88m³/d 注水时，同样重复了前面的过程。由此证明，断层对于注采井之间并无任何分隔作用。

相反，从图 6-55 观察到了另一种结果。这一次的干扰试井是在前面图 6-54 所示试井过程结束以后两天接着进行。可以看到，由于 3-4-15 井的注水，使 3-3-15 井井底压力呈上升趋势。在此以后，虽然注水井 3-2-15 井的注水量从 20m³/d 上升到 138m³/d，又下降并停注；后期恢复注水后曾增至 115m³/d。但多次改变注水量，并未对生产井 3-3-15 井造成任何影响，因此最后确认 3-2-15 井的注水对维持 3-3-15 井地层压力是无效的。

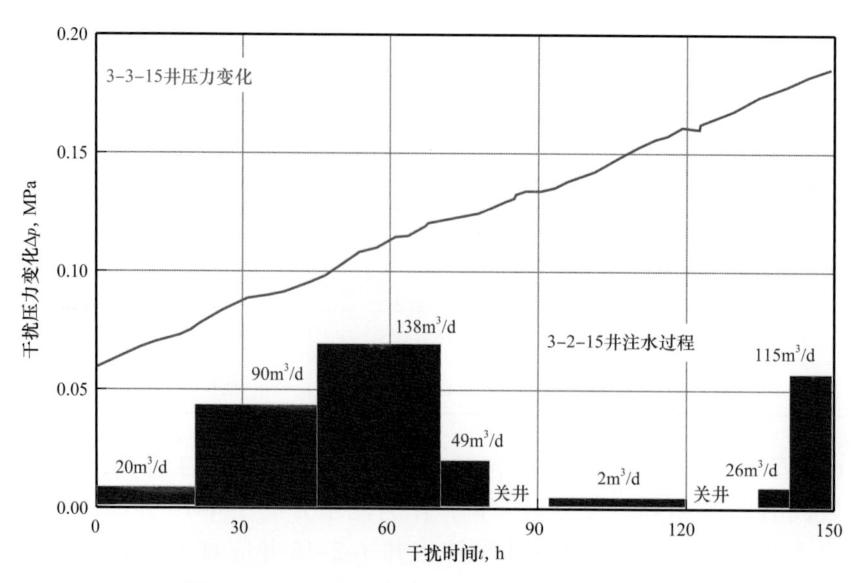

图 6-55　3-2-15 井与 3-3-15 井干扰试井成果图

正反两种测试结果彼此印证，结论是无可置疑的。

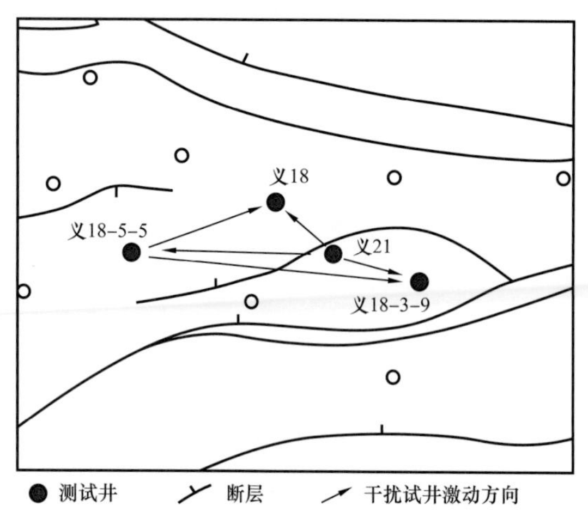

图 6-56　义 18 井区干扰试井井位构造图

用 3-4-15 井与 3-3-15 井之间的干扰试井曲线计算了参数，结果为：流动系数为 1715mD·m/（mPa·s），有效连通渗透率为 32mD，储能参数 ϕhC_t=8.3286×10^{-4}m/MPa，导压系数 η=7218m^2/h。

（二）胜利油田义 18 井区断层封隔性研究

在胜利油田河口地区的义 18 井区，开采层位是沙河街组沙 1 段石灰岩地层。采油井在酸化后试油，获得较高产量，但递减很快。为搞清井间关系和断层的分隔情况，安排了一组干扰试井，如图 6-56 所示。

参与测试 4 口井，前后开展 5 个井组试验分析，井组参数见表 6-9。

从表 6-9 看到，参与测试的 4 口井，层位是对应的。但从构造图中看到，有 2 个井组是在同一断块中，另有 3 个井组被中间的断层隔开。因此，通过这样一组试验，可以进一步弄清地层连通性、连通参数和中间断层的封隔性，从而对储层情况作出深层的了解。

经过干扰试井现场实施，表 6-9 中所有井组均取得干扰试井成果。现举其中两个井组的曲线画在图 6-57 和图 6-58 上。

表 6-9 义 18 井区干扰试井井组地质参数表

序号	激动井情况			观测井情况			井距 m	备注
	井号	层位	射开厚度，m	井号	层位	射开厚度，m		
1	义 18-5-5	S_16	10	义 18	S_16-8	12.8	1150	在同一断块
2	义 18-5-5	S_16	10	义 18-3-9	S_15-6	15.4	2200	有断层分隔
3	义 21	S_11-6	9.2	义 18-5-5	S_14	0.6	1540	有断层分隔
4	义 21	S_11-6	9.2	义 18-3-9	S_11-2	2.4	700	在同一断块
5	义 21	S_11-6	9.2	义 18	S_16-8	12.8	640	有断层分隔

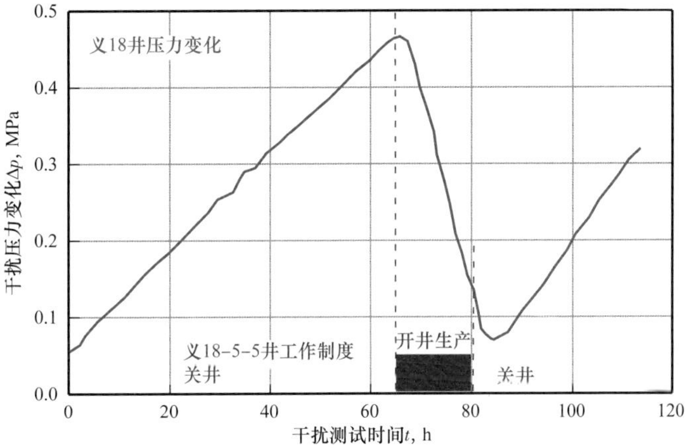

图 6-57 义 18-5-5 与义 18 井组干扰试井成果图

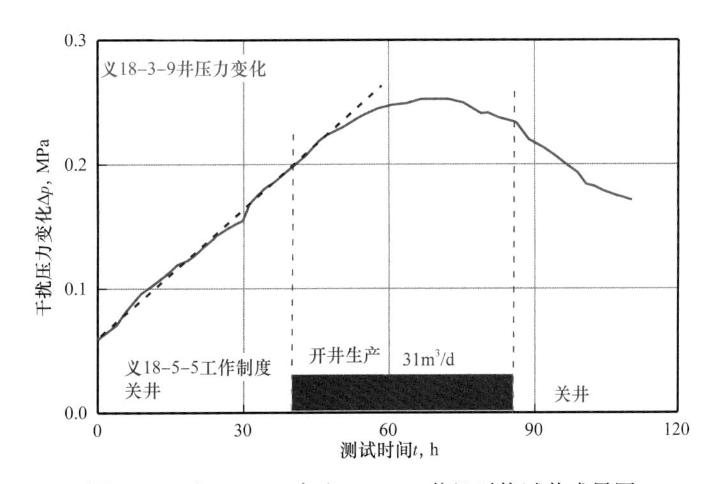

图 6-58 义 18-5-5 与义 18-3-9 井组干扰试井成果图

从干扰试井曲线图，通过解释得到井间连通参数见表 6-10。

表 6-10 义 18 井区干扰试井解释成果表

项目及成果数据 \ 井组	义 18-5-5—义 18	义 18-5-5—义 18-3-9	义 21—义 18-5-5	义 21—义 18-3-9	义 21—义 18
流动系数（Kh/μ），mD·m/（mPa·s）	85	120	19.5	19.1	17.0
渗透率（K），mD	22.3	28.8	11.9	9.9	4.6
导压系数（η），m^2/h	84600	41040	42840	14330	8100
储能参数（$\phi h C_t$），m/MPa	3.570×10^{-6}	1.039×10^{-5}	1.617×10^{-6}	4.736×10^{-6}	7.457×10^{-6}
储量参数（ϕh），m	2.38×10^{-3}	6.927×10^{-3}	1.078×10^{-3}	3.157×10^{-3}	4.971×10^{-3}

从解释结果看到如下几点：

（1）以上各个井组都表现出井间是连通很好的，因而中间的分隔断层对流动没有起到明显的分隔作用；

（2）井间的渗透性中等偏高，这也是获得较高产油量的主要原因；

（3）解释得到井间的储量参数 ϕh 值普遍都是很小的，平均 $\phi h=3.7\times10^{-3}$m，折合每 $1km^2$ 的地下孔隙体积为 $3700m^3$。这也就是开井后产量迅速下降的主要原因。

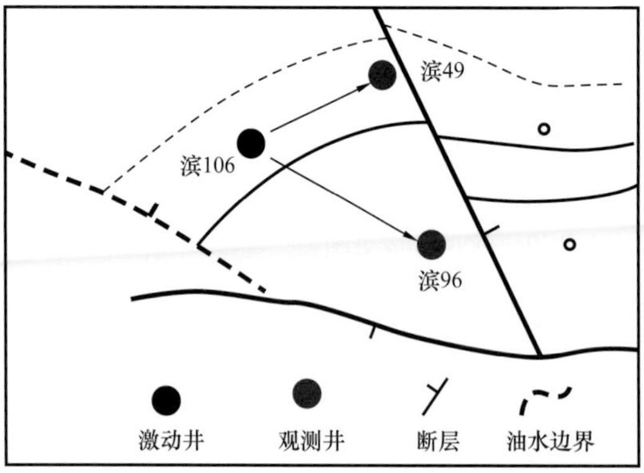

图 6-59 滨 96 断块区干扰试井井位示意图

（三）滨 96 断块的注水见效分析

在胜利油田滨南油区的滨 96 断块，含油区呈三角形，两边被断层遮挡，一边是边水。3 口井打开的同为古近系沙河街组二段的同一层段。注水井滨 106 井，它与两口生产井滨 96 和滨 49 井间的井距相差不大，其井位情况如图 6-59 所示。

测试开展了两个井组，其相应的地层情况参见表 6-11。

表 6-11 滨 96 断块区干扰试井地质参数表

序号	激动井情况			观测井情况			井距 m	备注
	井号	层位	射开厚度，m	井号	层位	射开厚度，m		
1	滨 106	S_2	6.9	滨 96	S_2	7.6	650	在同一断块
2	滨 106	S_2	6.9	滨 49	S_2	14.7	500	在同一断块

从图 6-59 和表 6-11 看到，共安排了两个测试井组。激动井都是滨 106 井，观测井分别为滨 49 井和滨 96 井。测试结果分别画在图 6-60 和图 6-61 上。

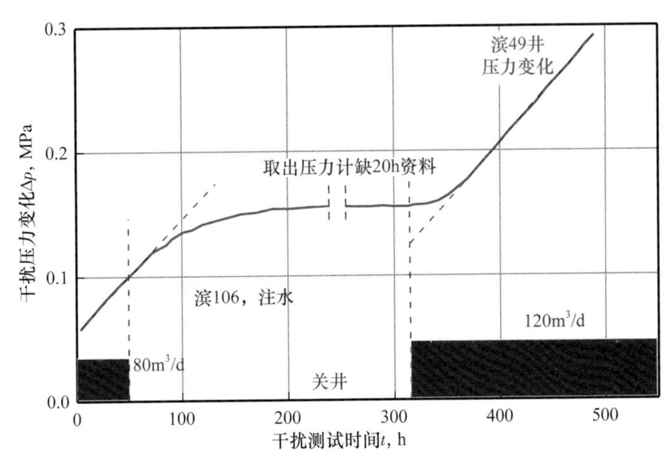

图 6-60 滨 106 与滨 49 井组干扰试井成果图

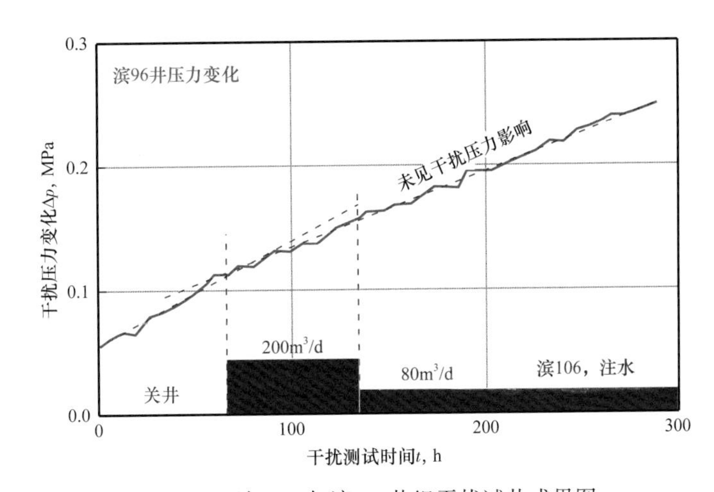

图 6-61 滨 106 与滨 96 井组干扰试井成果图

从图 6-60 看到，在滨 106 井正常注水情况下，滨 49 井的井底压力是一直在上升的，上升斜率约为 0.024MPa/d。然后注水井滨 106 井关井，滨 49 井压力大约 30h 后趋于平稳。到 150～250h 时，压力完全不变。

测试中断约 20h 后，重新下入压力计监测干扰压力变化。开始时滨 49 井压力仍旧是稳定的。但当滨 106 井以 $120m^3/d$ 注水后，过了 20h，滨 49 井井底压力又以约 0.02MPa/d 的速率上升，明显表现两口井是连通的，说明滨 49 井受到滨 106 井的注水影响。

通过对干扰试井曲线进行分析，得到解释结果如表 6-12。

从图 6-60 和表 6-12 看到：一方面，在滨 106 与滨 49 之间，渗透率达 40mD，注水收效情况良好；两口井间的储量参数 ϕh 值 3m 左右，意味着两井间的储层，每 $1km^2$ 的孔隙体积约为 $30\times10^4m^3$；另一方面，在滨 106 与滨 96 井之间（图 6-61）却完全见不到注水见效的迹象。该井压力持续呈上升趋势，推测是由于测试前关井，该井控制范围内的地层压力仍不断上升所致。滨 106 井的注水，不但没有使滨 96 井压力更快上升，反而显示趋势变缓，这实际反映了恢复压力后期逐渐趋缓的表现。

表 6-12　滨 106 和滨 49 井组干扰试井解释成果表

项目及成果数据 \ 井组	滨 106—滨 49（前段）	滨 106—滨 49（后段）	滨 106—滨 96
流动系数（Kh/μ），mD·m/(mPa·s)	430	435	—
渗透率（K），mD	39.8	40.3	—
导压系数（η），m^2/h	802	652	—
储能参数（$\phi h C_t$），m/MPa	4.465×10^{-4}	5.557×10^{-4}	—
储量参数（ϕh），m	2.98	3.70	—

五、古潜山油田的多井试井综合评价研究

在胜利油田的垦利油田，应用干扰和脉冲试井方法，对一个裂缝性的油藏进行综合分析评价，从而对储层结构特征提出全新的认识，并建立起相应的动态模型。

（一）垦利油区的地质概况

垦利油田是济阳坳陷孤岛油区中的一个小油藏，打开奥陶系潜山石灰岩裂缝性地层。油藏西南界是垦古 2 断层，地层向东北方向倾没，形成断鼻构造。油区面积约 $4km^2$，一半在黄河河道中。实施干扰试井时，该区有生产井 8 口，注水井 3 口，井位情况如图 6-62 所示。

该油田经过 3 年开发，日产原油从 $500m^3$ 下降到 $60m^3$，特别是注水以后两三个月时间，生产井普遍见水，含水率上升到 50%～90%，而采出程度仅 3.6%，此时急需对开采方式进行调整。因此设计了一组干扰试井和脉冲试井的测试分析工作，目的是研究石灰岩裂缝性地层的井间连通性，渗透率的发育方向，井间的储量参数分布等，为下一步的油田调整提供依据。

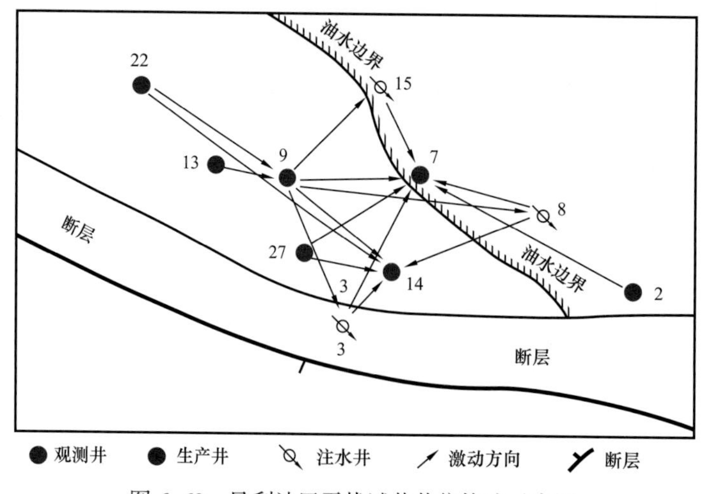

图 6-62　垦利油田干扰试井井位构造示意图

（二）施工安排及取得的测试成果

1. 施工安排

整个测试分成 6 个阶段，共延续 40 天。以垦古 7 井、垦古 9 井和垦古 14 井为观测井，其余 5 口井交替为激动井，开展了共 28 个井次的干扰和脉冲试井。日程安排如图 6–63 所示。

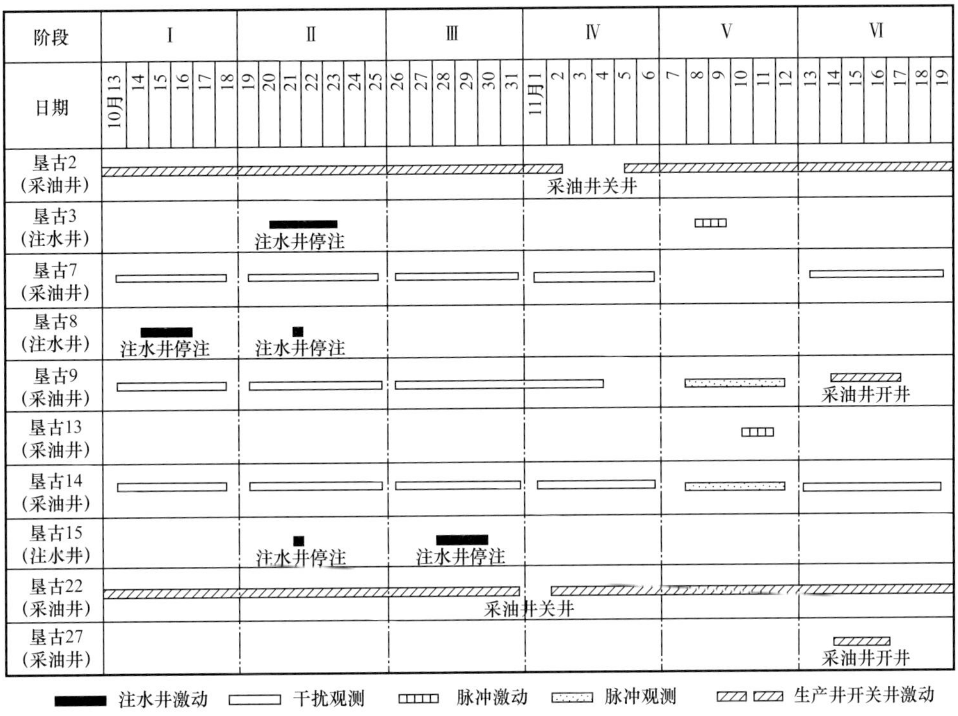

阶段	Ⅰ	Ⅱ	Ⅲ	Ⅳ	Ⅴ	Ⅵ
日期	10月13 14 15 16 17 18	19 20 21 22 23 24 25	26 27 28 29 30 31	11月1 2 3 4 5 6	7 8 9 10 11 12	13 14 15 16 17 18 19
垦古2（采油井）				采油井关井		
垦古3（注水井）		注水井停注				
垦古7（采油井）						
垦古8（注水井）	注水井停注	注水井停注				
垦古9（采油井）						采油井开井
垦古13（采油井）						
垦古14（采油井）						
垦古15（注水井）		注水井停注	注水井停注			
垦古22（采油井）				采油井关井		
垦古27（采油井）						采油井开井

注水井激动　干扰观测　脉冲激动　脉冲观测　生产井开关井激动

图 6–63　垦利油田干扰及脉冲试井现场实施程序示意图

从图 6–63 中看到：

（1）第Ⅰ阶段观测井是垦古 7 井、垦古 9 井和垦古 14 井，激动井是注水井垦古 8 井，用停注然后恢复注水的方法造成地层压力激动。

（2）第Ⅱ阶段观测井依旧，激动井改为垦古 3 井，激动方式与第Ⅰ阶段一样。这一阶段中由于泵站的故障，垦古 8 和垦古 15 井也曾短暂停注。

（3）第Ⅲ阶段激动井又改换为垦古 15 井。

（4）第Ⅳ阶段是交错进行的。对于观测井垦古 9 井来说，延续了第Ⅲ阶段的观测。激动井改由垦古 2 井和垦古 22 井，以采油井的关井和开井，造成地层压力的激动。

（5）第Ⅴ阶段开展了脉冲试井。由垦古 3 井和垦古 13 井前后进行多次的注水量的脉冲变化，同时在垦古 9 井及垦古 14 井中进行观测。

（6）第Ⅵ阶段测试目的是为验证原先作为观测井的垦古 7 井、垦古 9 井和垦古 14 井 3 口井之间的彼此关系。其中仍由垦古 7 井和垦古 14 井进行干扰压力观测，而垦古 9 井改为激动井，从关井状态开井采油，然后再关井，造成地层压力的激动。执行期间，由于采油队对测试计划理解方面的偏差，把垦古 27 井也打开生产，同时形成激动，给资料分析带来一定的困难；但同时却也在干扰压力曲线形态上提供了一些有趣的现象。

2. 测试成果

（1）第 I 阶段测试成果。

第 I 阶段测试的结果如图 6–64 所示。

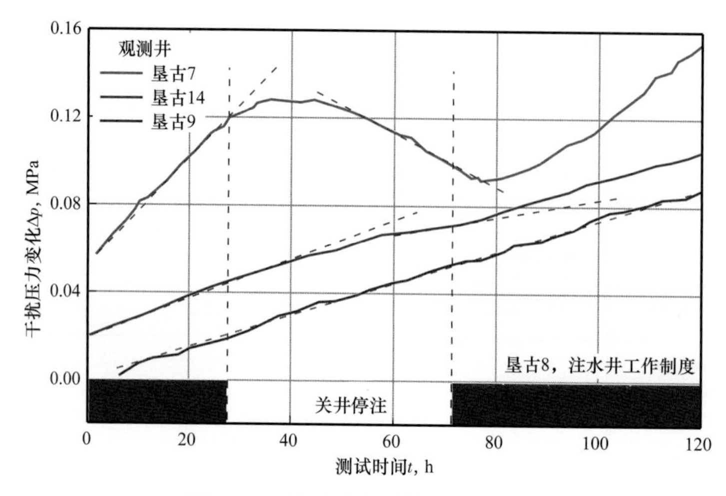

图 6–64　第 I 阶段干扰试井曲线图

从图 6–64 中看到：

① 测试开始时，垦古 7 井压力以 0.055MPa/d 的速率上升，显然是受周围注水井影响。当垦古 8 井停注以后，2h 左右时间，压力波及垦古 7 井，使其由上升转为平缓，而后下降。当垦古 8 恢复注水以后，垦古 7 井压力又从下降转为上升。

② 与此形成明显对照的是图 6–64 中垦古 9 井曲线。垦古 9 井的压力在测试过程中一直按 0.018MPa/d 的速率上升，垦古 8 井的停注，并未明显影响垦古 9 井的压力变化趋势。此两口井本应是连通的，但井距（1050m）过远和井间渗透性差，影响了干扰压力的录取。

③ 对于井距较近的垦古 14 井和垦古 8 井，虽然观测到了干扰压力影响，但比较微弱。在垦古 8 井的开关井激动中，压力上升斜率有比较小的变化，从 0.02MPa/d 改变为 0.013MPa/d。

由此可见，注水井垦古 8 井主要作用于垦古 7 井，而对垦古 9 井和垦古 14 井的影响是微弱的。在 3 个井组中，均计算了连通参数，见表 6–13。

（2）第 II 阶段测试成果。

第二阶段的测试成果曲线如图 6–65 所示。

从图 6–65 中看到，这组曲线与第一阶段大不相同。垦古 3 井的注水影响明显作用于垦古 9 井和垦古 14 井，而对垦古 7 井的影响较弱。垦古 7 井初始时压力以 0.055MPa/d 的斜率上升，垦古 3 井的停注只稍微影响了上升斜率，使其改变为 0.033MPa/d。中途的泵站停电造成垦古 8 井和垦古 15 井 3.37h 的停注，却使垦古 7 井压力猛然下降，形成一次转折。垦古 9 井和垦古 14 井的压力却由于垦古 3 井的停注而造成一降、一升的明显变化，而且其形态和量值，就如在同一口井中监测到的压力相似。

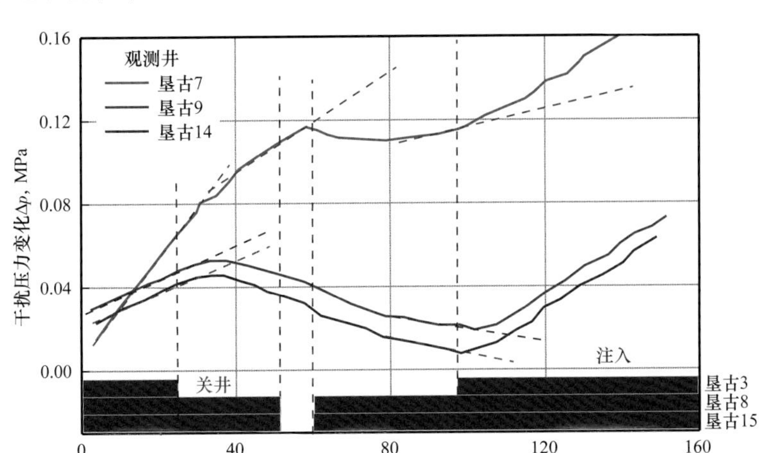

图 6-65 第Ⅱ阶段干扰试井成果图

（3）第Ⅲ阶段和第Ⅳ阶段的测试成果

从图 6-63 可以看到，第Ⅲ和第Ⅳ阶段的测试是交错进行的。对于垦古 9 井来说，压力计在井下连续监测，第Ⅲ阶段测试结束后又延续测试 4 天，进入第Ⅳ阶段；对于垦古 7 井和垦古 14 井，第Ⅲ阶段结束后压力计起出，并在第二天又下入，接着进行第Ⅳ阶段的监测。在第Ⅳ阶段中，生产井垦古 2 井和垦古 22 井相继进行关井，产生压力激动。但垦古 22 井的关井并未按原计划进行，以至与垦古 2 井的关井过程形成交错重叠。第Ⅲ阶段和第Ⅳ阶段的测试结果，如图 6-66 所示。

从图 6-66 中看到：垦古 9 井是第Ⅲ阶段和第Ⅳ阶段连续监测的，所受到的影响非常明确：明显受到垦古 15 井注水的影响。垦古 15 井的停注，使原本上升的地层压力转变为稳定不变。当垦古 15 井再次恢复注水时，地层压力又转变为上升。垦古 22 井的关井停产，对垦古 9 井影响非常之大。由于垦古 22 井的关井，使原本平稳的井底压力改变为

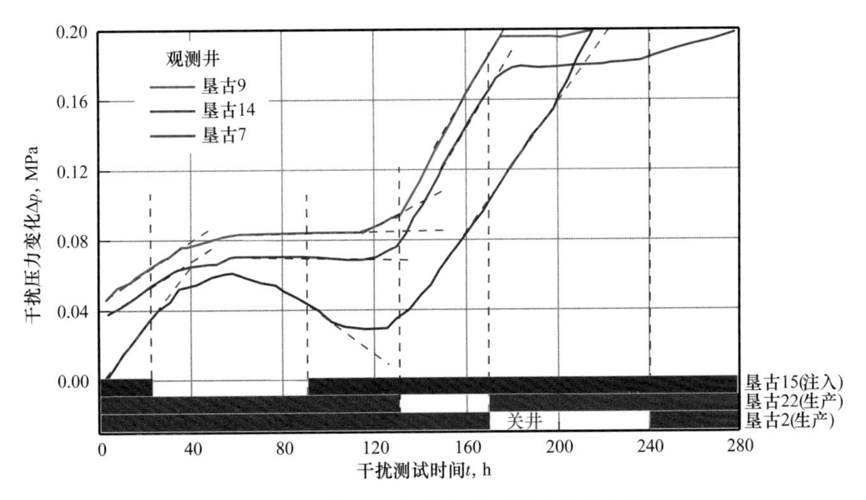

图 6-66 第Ⅲ和第Ⅳ阶段干扰试井成果图

以斜率 0.06MPa/d 上升。当垦古 22 井再次开井时，垦古 9 井压力再次转变为平稳状态。垦古 2 井的影响由于与垦古 22 井重叠而且反向，因此分析时较为困难，但从垦古 9 井末期压力又转为回升来看，似乎也对其造成了影响，但比垦古 22 井量值要差得多。

垦古 14 井的第Ⅲ和第Ⅳ阶段测试是分两次进行的，中间约中断 20h。图 6–66 把两个阶段的测试结果连接到一起。可以看到：第Ⅲ阶段的干扰压力曲线其形态和量值几乎与垦古 9 井完全相同；第Ⅳ阶段的曲线延续了第Ⅲ阶段的走势，形态与垦古 9 井仍然相似。由于后期延续时间较长，因此明显看到了垦古 2 井延迟到来的关井的影响。

与前面两口井不同的是，垦古 7 井对于垦古 15 井激动所形成的影响非常敏感。而所受到的垦古 22 井关井的影响则要差得多。特别要说到的是，垦古 22 井和垦古 2 井重叠在一起的开和关的影响，似乎在垦古 7 井达到某种平衡，直到 30h 以后，才显示出垦古 2 井影响更大些，造成了压力的上翘。而后来垦古 2 井的再一次单独开井，则在 10h 内即导致垦古 7 井压力的下倾（图中未画出）。

（4）第Ⅴ阶段的测试成果。

这一阶段录取了 4 个井组的脉冲试井资料，取得了良好的显示。这些资料是首次在中国国内取得，具有重要的意义，如图 6–67 和图 6–68 所示。

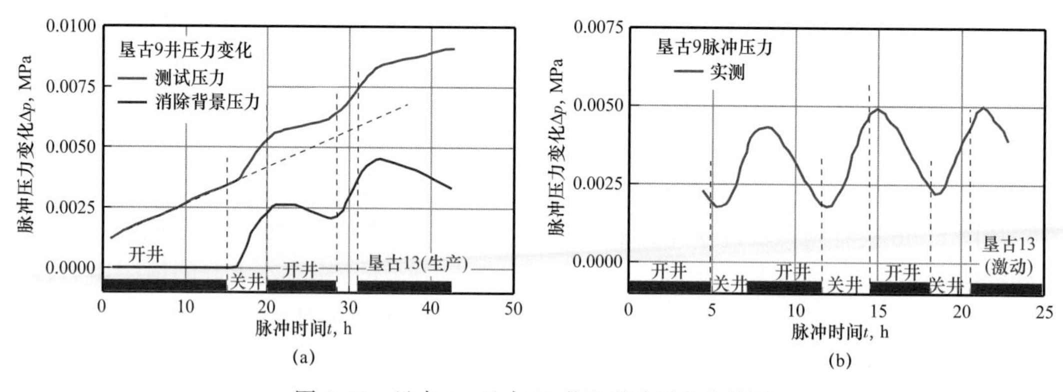

图 6–67　垦古 9—垦古 13 井组脉冲试井曲线图

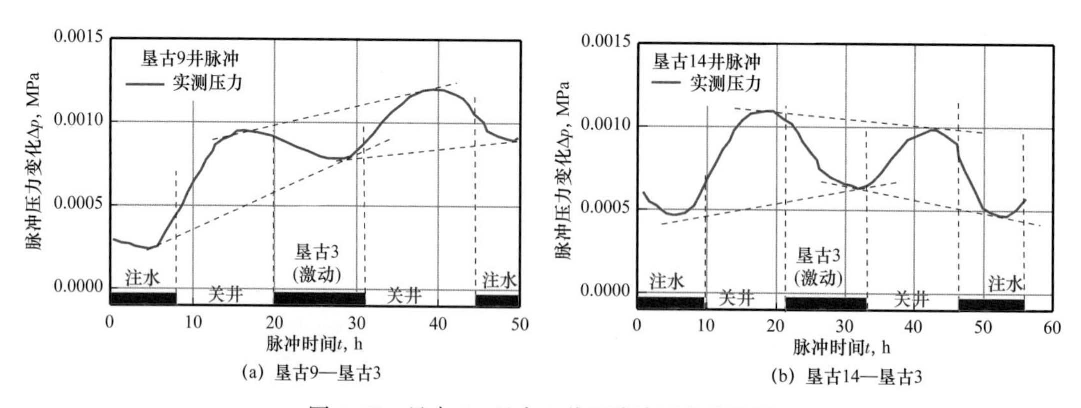

图 6–68　垦古 9—垦古 3 井组脉冲试井曲线图

（5）第Ⅵ阶段的干扰试井成果。

最后开展的这一阶段干扰试井，是为了了解 3 口观测井之间的关系而进行的。从前面的测试看到，垦古 9 井和垦古 14 井压力的表现是非常一致的，已预感到这两口井之间必定具有极好的连通性。但它们之间的渗透性到底有多高，需要通过测试来确定。图 6–69 显示了测试结果。

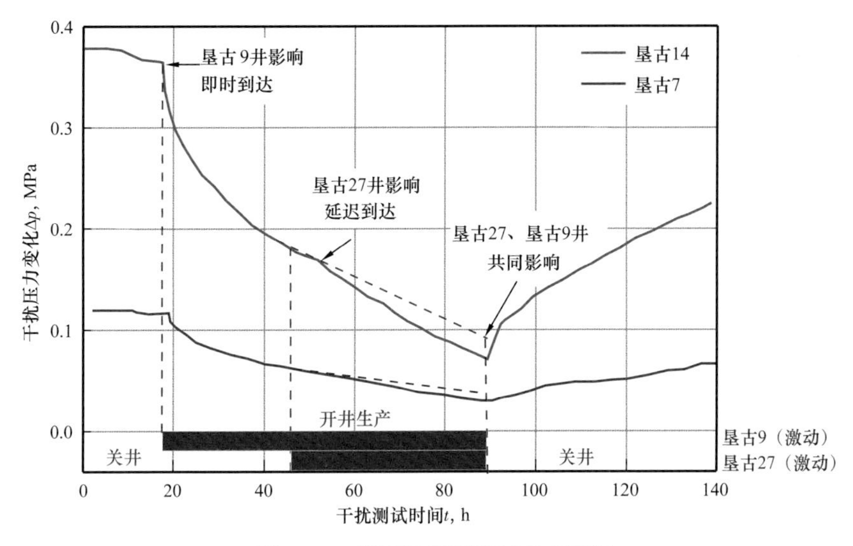

图 6–69 第Ⅵ阶段干扰试井成果图

从图 6–69 中看到：垦古 9 井的开关井，即时在垦古 14 井中引起压力的陡降，而垦古 27 井的开关井，也对垦古 14 井造成一定的影响；垦古 9 井的开关井，对于垦古 7 来说，影响也是有的，但显然其量值要小得多，也延迟许多。显示渗透率存在明显的方向性。

对以上的所有干扰试井和脉冲试井曲线，用图版方法进行了分析，成果数据表见表 6–13。

表 6–13 垦利古潜山油田多井试井解释成果表

井组 \ 项目及成果数据	井距 m	激动量 m^3/d	流动系数（Kh/μ）mD·m/（mPa·s）	流度（K/μ）mD/（mPa·s）	导压系数（η）m^2/h	储能参数（$\phi h C_t$）m/MPa	储量参数（ϕh）m
垦古 7—垦古 2	1028	170.2	3243	345.5	1.09×10^{-3}	8.26×10^{-4}	0.454
垦古 7—垦古 3	760	170	3392	164.5	0.519×10^{-3}	2.135×10^{-3}	0.998
垦古 7—垦古 8	537	248	3345	133.1	4.203×10^{-4}	2.211×10^{-3}	1.215
垦古 7—垦古 9	174	174	8139	688.8	2.174×10^{-3}	1.040×10^{-3}	0.572

续表

项目及成果数据 / 井组	井距 m	激动量 m^3/d	流动系数（Kh/μ）mD·m/（mPa·s）	流度（K/μ）mD/（mPa·s）	导压系数（η）m^2/h	储能参数（$\phi h C_t$）m/MPa	储量参数（ϕh）m
垦古 7—垦古 15	453	140	735	39.5	1.247×10^{-4}	1.637×10^{-3}	0.900
垦古 7—垦古 27	610	50	489	48.4	1.528×10^{-4}	0.889×10^{-3}	0.489
垦古 9—垦古 3	710	170	2278	169.7	5.356×10^{-4}	1.182×10^{-3}	0.650
垦古 9—垦古 3（脉冲）	710	175	2056	146.9	4.636×10^{-4}	1.232×10^{-3}	0.677
垦古 3—垦古 9（1978 年）	710	52	2023	128.0	4.039×10^{-4}	1.391×10^{-3}	0.765
垦古 9—垦古 13（1978 年）	326	199	2305	97.9	3.092×10^{-4}	2.071×10^{-3}	1.139
垦古 9—垦古 15	579	151	1510	51.3	1.619×10^{-4}	2.590×10^{-3}	1.426
垦古 9—垦古 22	765	116	1675	373.1	1.177×10^{-3}	0.395×10^{-3}	0.217
垦古 14—垦古 3	313	170	2401	33.5	1.05×10^{-4}	6.30×10^{-3}	3.464
垦古 14—垦古 8	677	225	20053	121.8	3.844×10^{-4}	14.49×10^{-3}	7.968
垦古 14—垦古 9	603	174	3472	4519.8	1.427×10^{-2}	0.68×10^{-4}	0.0372
垦古 14—垦古 15	874	151	2685	183.1	5.581×10^{-4}	1.336×10^{-3}	0.735
垦古 14—垦古 22	1360	118	2105	1385.4	4.373×10^{-3}	0.134×10^{-3}	0.073
垦古 14—垦古 27	400	50	706	51.1	1.614×10^{-4}	1.215×10^{-3}	0.669

（三）用多井试井成果分析储层的动态模型特征

通过上述全方位的多井试井测试分析，对垦利古潜山油藏储层模型的认识前进了一步：油藏内各井（生产井和注水井，生产井和生产井）之间的地层是普遍连通的；各井之间的连通渗透率存在很大差异，表现出方向性，并存在两个高流度带：一条为沿垦古 22—垦古 9—垦古 14 方向的高流度带；另一条为沿垦古 9—垦古 7—垦古 2 方向的高流度带。上述两个高流度带，大致与控制油藏生成的主断裂走向是一致的。由于潜山石灰岩地层中的裂缝对于渗透率值大小起着主导影响，因此这种渗透性的方向性与断裂过程中生成的张裂缝是有着直接的因果关系的。以上高流度带的数值分布情况见表 6-14。

按流度分类表做出流度 K/μ 分布示意图，如图 6-70 所示。

表 6–14 各测试井组按流度分类表

高流度类［K/μ>300mD/（mPa·s）］		低流度类［K/μ<300mD/（mPa·s）］	
井组号	K/μ 值，mD/（mPa·s）	井组号	K/μ 值，mD/（mPa·s）
垦古 7—垦古 2	345.5	垦古 9—垦古 8	<10
垦古 9—垦古 22	373.1	垦古 14—垦古 3	33.5
垦古 7—垦古 9	688.8	垦古 7—垦古 15	39.5
垦古 14—垦古 22	1385.4	垦古 7—垦古 27	48.4
垦古 14—垦古 9	4519.8	垦古 14—垦古 27	51.1
		垦古 9—垦古 13	97.9
		垦古 14—垦古 8	121.8
		垦古 3—垦古 9	128
		垦古 7—垦古 8	133.1
		垦古 7—垦古 3	164.5
		垦古 9—垦古 3	168.6
		垦古 14—垦古 15	183.1

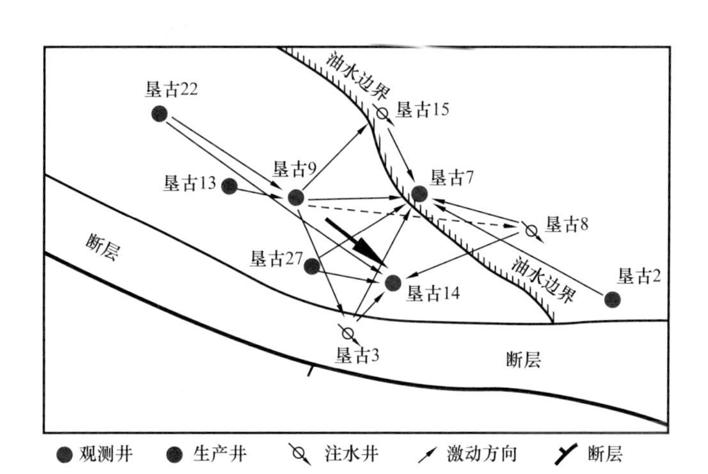

图 6–70 垦利古潜山油田流度 K/μ 分布示意图

在高流度带方向，具有极低的储量参数。表 6–15 列出高渗带方向各井组计算的储量参数 ϕh 值，可以看到，在垦古 22 井—垦古 9 井—垦古 14 井之间，ϕh<0.6m，有的只有 0.037m。也就是说，每 1km^2 面积中，可动用储量只有 10×10^4～20×10^4t，而像垦古 9 井—垦古 14 井之间，只有不到 4×10^4t。具有这样少的可动用储量，难怪产油量下降如此之快。

表 6-15 各测试井组储量参数分类表

低储量参数类（ϕh<0.6m）		高储量参数类（ϕh>0.6m）	
井组号	ϕh 值，m	井组号	ϕh 值，m
垦古 14—垦古 9	0.0372	垦古 9—垦古 3	0.650
垦古 14—垦古 22	0.073	垦古 14—垦古 27	0.669
垦古 9—垦古 22	0.217	垦古 14—垦古 15	0.735
垦古 7—垦古 2	0.454	垦古 3—垦古 9	0.765
垦古 7—垦古 27	0.489	垦古 7—垦古 15	0.900
垦古 7—垦古 9	0.572	垦古 7—垦古 3	0.998
		垦古 9—垦古 13	1.139
		垦古 7—垦古 8	1.139
		垦古 9—垦古 15	1.426
		垦古 14—垦古 3	3.464
		垦古 14—垦古 8	7.968

在垦古 9 井与垦古 3 井之间，刚投产时曾进行过干扰试井。两年后地层水淹，再进行干扰试井时，又得到了良好的测试曲线，把两次的双对数图叠合在一起如图 6-71 所示。曲线明显左移。计算的水淹前后解释结果见表 6-16。

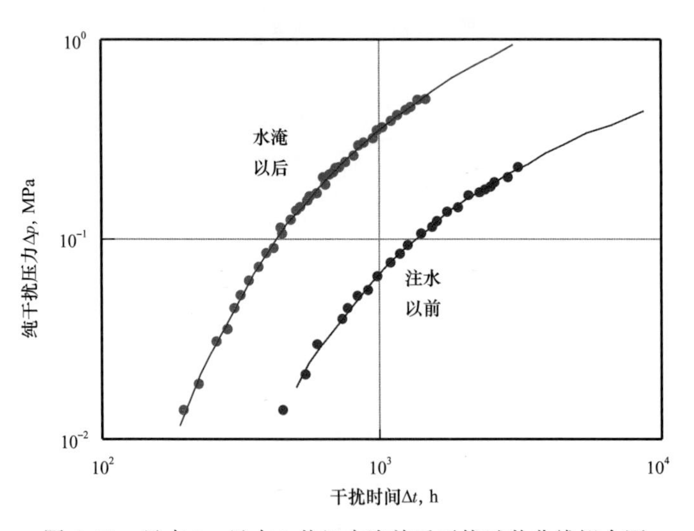

图 6-71 垦古 3—垦古 9 井组水淹前后干扰试井曲线拟合图

表 6–16 垦古 3—垦古 9 井组水淹前后干扰试井解释结果对比表

测试时间	流动系数 Kh/μ，mD · m/（mPa · s）	导压系数 η，m^2/h
1978 年 6 月	2023	4.039×10^{-4}
1980 年 10 月	2278	5.356×10^{-4}

把表 6–16 中的导压系数值代入下面公式：

$$\frac{\eta_{后}}{\eta_{前}}=\left(\frac{K}{\mu\phi C_t}\right)_{后}\Bigg/\left(\frac{K}{\mu\phi C_t}\right)_{前}=\frac{(K/\mu)_{后}}{(K/\mu)_{前}}\ \frac{(C_t)_{前}}{(C_t)_{后}}=1.326\ \frac{(C_t)_{前}}{(C_t)_{后}}=1.126 \tag{6–18}$$

从而得到：

$$\frac{(C_t)_{后}}{(C_t)_{前}}=1.178 \tag{6–19}$$

把 C_t 的表达式代入式（6–19），解出含油饱和度 S_o 的表达式：

$$S_{o后}=\frac{\left[C_oS_{o前}+C_w\left(1-S_{o前}\right)\right]\dfrac{C_{t后}}{C_{t前}}-C_w-C_f}{C_o-C_w} \tag{6–20}$$

油的压缩系数 C_o、水的压缩系数 C_w 及岩石压缩系数 C_f 取该地区的 PVT 分析值，具体取值为：原始含油饱和度 $S_{o前}$=0.72，则可计算出 $S_{o后}$=0.5。即水淹后含油饱和度已降低 22 个百分点。大量的水淹过裂缝系统形成窜流，并维持了高压力，使基质中的和微裂缝中的原油更难以采出，造成了油井的全面的水淹并停产。这就是通过多井试井对垦利古潜山油田取得的认识。

第四节 本 章 小 结

本章介绍了干扰试井和脉冲试井的用途、发展历史、施工设计方法、资料录取和分析方法以及在中国油气田现场完成的典型实测例。

干扰试井是最早在现场得到应用的不稳定试井方法。在水文地质研究中称之为“水文勘探”。脉冲试井实质上也是一种干扰试井，只不过要求激动井改变 3 次以上工作制度，使测得的干扰压力形成一个“波”，一个脉冲。从目前的认识来看，干扰试井较脉冲试井具有更广泛的适用性，可对油气藏特征进行更多方面的描述，更节省时间，现场操作也更方便。

用多井试井法可以判断井间的连通性，并对连通的地层计算井间的连通参数——连通的流动系数 Kh/μ、连通的储能参数 $\phi h\ C_t$，以及井间单位面积的储量参数 ϕh。这些参数对于描述油气藏特征来说，都是其他任何方法无法替代的。但是多井试井在现场实施时也存在着特别的困难。因此掌握辩证思维方法，做好试井设计是成功的关键。

多井试井在中国的发展已有 50 年的历史，是与中国的石油工业一同成长的。早年在东部断块油田注水开发中，干扰试井用于研究断层的封隔性、井间的连通性，以及注水开发的效果等。本书对此作了简单介绍，以供读者借鉴。所取得的成果，对于油气田开发起着至关重要的作用。书中介绍的有关垦利奥陶系石灰岩油田的多井试井综合分析评价，不论在测试资料的完整性，资料分析的严谨性，及对油田渗透率发育规律的研究和对注水开发效果的深层认识，都具有相当的深度。相关报告在第一届北京国际石油工程会议上宣读以后，被 JPT 杂志选登。

靖边气田的干扰试井研究，可以称得上是气田多井试井现场应用的典范。从测试条件来说，地层低渗透性（1.5mD）和大井距（1800m），使资料录取相当困难。但油田现场安排 10 个月的时间，用电子压力计全程监测干扰压力变化，终于取得了具有说服力的结果。经资料解释后，对储层的认识是：奥陶系是连片分布的；储层在平面上变化很大，地层具有严重的非均质性；地层具有双重介质特征，裂缝在天然气存储和流动中占有主导地位。以上分析结果，从储层的动态模型角度支持了静态的储量评价结果，从而为靖边气田的储量评审开了绿灯，为气田后来的顺利投入开发和陕气进京作出了贡献。

苏里格气田苏 6 加密井区的干扰试井研究，堪称是气田多井试井研究的又一典范。自 21 世纪初苏里格气田发现以来，在千余口生产井中，首次观测到并确认了井间连通关系，从而为气田开发中涉及的合理开发井距、单井控制区块面积等疑难问题，提供了切实有效的依据，同时也显示了干扰试井方法对气田开发研究所起到的独特作用。

第七章　煤层气井试井分析

煤层在煤化过程中，生成大量的甲烷气。一般情况下甲烷气会运移到与煤层相邻的砂岩层中，即通常所说的“煤成气”。但是也有一部分甲烷气仍旧滞留在煤层中，吸附在煤基质微孔的表面，或有少量游离气存在于煤层割理、劈理中，这些存留的在煤层中的甲烷气称之为“煤层气”。

煤层气的存在，早已在开采煤矿时被发现，即所谓的瓦斯气。瓦斯气的溢出，是造成煤矿爆炸事故的主要原因。瓦斯气实际上是一种很重要的资源，如果能在煤矿开采以前，先用小直径的钻孔将其导引出来，用管道输往用户，则是一种清洁高效的能源。这些钻孔就是煤层气井。

煤层气开采依赖于煤层气层的储集情况，除了通过钻井取心的方法对储层进行研究以外，主要是通过煤层气井的动态特征加以研究。因此煤层气井试井就成为了解储层情况的重要手段。

第一节　煤层气井试井

一、煤层气井试井在煤层气层研究中的作用

（一）煤岩裂缝（割理）的有效渗透率

虽然测取煤层渗透率的方法很多，但可以说试井方法是唯一有效的方法。针对一般岩层，通过钻井取心在室内进行测试，可以测取渗透率。这种方法对煤心原则上也可以用；但由于煤心易碎，取心过程几乎无法保存原始状态的裂缝，所以也就无法用这种方法真实有效地获取煤层割理的渗透率值。测井方法要依赖取心法做出相应的图版，由于取心法的可靠性受到限制，也就影响了测井法求取渗透率的应用。

特别应指出的是，不论取心或测井，都是在静态条件下对钻孔这一点的认识，而试井法则不同，它求得的渗透率值代表了流体通过区域在动态情况下的综合值。所以，这样求得的值是最有代表性的。

（二）评价储层压力

煤层压力是煤层气开采过程中的关键参数，压力的原始状态标志着煤层气的原始吸附条件；压力的不断变化预示着解吸条件的变化。而压力的测量和计算，只有试井工作

可以完成。

（三）煤层的伤害和改善

煤层在钻井完井过程中会受到某种程度的伤害，煤层的伤害会加大产出时遇到的阻力。试井资料提供的表皮系数 S，可以定量地给出煤层被伤害的程度。如果通过措施对煤层气井进行了改造，还可以通过 S 值的降低判断措施效果。

（四）评价压裂效果

压裂会在煤层井底形成大的裂缝。通过加砂，可以支撑住压开的缝，形成有效的流动通道。用试井法可以求出支撑缝的长度 x_f 和支撑缝内的导流能力 F_{CD}，从而对压裂效果做出评价。

（五）判断煤层的连通性，求连通参数

由于受地质条件的制约，煤岩层在各个方向的发育并非都是连续一致的；特别是其中主导甲烷气渗流的裂缝的发育更存在着差别，这使得井与井之间的连通性受到很大的影响。用干扰试井法，不但可以测出煤层的连通与否，而且还可以通过干扰曲线的定量分析，求出井和井之间的连通渗透率 K 以及连通的储能参数 ϕhC_t。由于煤岩层的 C_t 值比普通砂岩地层要大 1～2 个数量级，而且除理论推算和试井法外，几乎无法用其他方法求得，因而干扰试井法可以说是确定煤层压缩系数 C_t 值的唯一有效的方法。

（六）确定排液的孔隙体积

通过干扰试井，可以求出储能参数 ϕhC_t 值，在排除 C_t 值变化的影响后，可以确定孔隙体积值。

（七）分析裂缝发育的方向性

煤层中裂隙的发育，往往受地应力等因素的影响，从而具有方向性。在干扰试井时，采取井组的形式进行，在不同的方向布置多个干扰试井井组，求出不同方向渗透率值的差别，可以了解裂缝发育的方向性。

（八）探测煤岩层的流动边界

在煤岩层内，由于地质原因存在不渗透边界时，可以通过试井方法求得这个边界离井的距离，同时可以判断这些边界的性质及组成形态。

二、煤层气试井与一般油气井试井的差别

由于煤层气试井针对了完全不同的储层对象，因而不论从试井方法、渗流的理论模式及资料分析方法等方面都存在差别。

（一）虽然是煤层气井试井，但测试时针对的流体却常常是水

煤层气地层在初始打开时常常充满了水，且由于地层压力一般高于临界解吸压力，常常不存在游离气（在美国的部分煤层气层中也有存在游离气的情况）。此时为了测试储层的渗透率，经常采用注入/压降试井方法。因此被测井常常是水井，并按水井试井方法进行地层参数分析。

（二）煤岩结构看似双重结构，但试井时却并不表现为双孔介质流动特征

从煤层结构看，煤岩层确实包含有煤基质和割理系统两种不同的介质。但是，煤基质并非渗流介质。当排水降压开采时，从时间上看，也分成3个阶段：裂缝流动段、过渡段和气水两相总系统流动段。但不同的是，这一过程前后延续数月、数年、甚至几十年。而试井过程持续的时间只有几天，因而只能表现出均质单相流或均质两相流特征。这一点已为理论分析和实测资料所证实。某些现场测试资料虽被牵强地解释为双重介质，但就目前录取到的资料，经分析核实后发现，实际是特定的测试方法所形成的变井筒储集效应影响。

（三）不同开采阶段具有不同的试井对象和不同的试井分析方法

① 勘探时期的煤层气试井主要是寻找高产区。在煤层气井打开初期，煤层裂缝中充满了水，这些水并不能进入煤基质，煤基质中的甲烷气在未降压解吸以前也不参与裂缝中的流动，因此试井是针对“单相水的裂缝均质流”。从中国国内大量的注入、压降试井资料看，确实证实了这一现象。

从这一时期的试井研究，可以发现并确认煤层气开采区内的高导流裂缝区，这也就是高产区的主要特征，因此是煤层气区勘探井和开发评价井的主要研究内容。这一时段的试井测试和分析，也是煤层气井试井的主要时段。

② 煤层气井开采期的试井是两相流试井。在煤层气井抽水降压后，煤层气层开始有甲烷气解吸进入裂缝，煤层中的流体为气、水混合物，此时裂缝中的水仍然不能进入煤基质；而从煤基质中解吸出来的气进入裂缝后，也很少有可能再返回到煤基质中，因此关井测压力恢复时，实质上被测对象是均质地层的两相流。

作为两相流试井，至今仍是试井理论范畴的研究课题，并无成熟的方法。而且在低压开采状态下的煤层气层，既无特别的必要也较少有可能再开展大规模的试井测试研究。这从国外文献调研中已可大致有所了解。

（四）由于煤层的物理特性不同，导致测试分析中一些具体差异

① 描述渗流过程的微分方程不同；

② 甲烷气解吸使储层压缩系数中包含了解吸压缩系数 C_d，从而使其量值提高1～2个数量级；

③ 煤层一般都具有很低的渗透率；

④ 煤层气开采时具有很低的储层压力；

⑤ 常常应用一些极简单的测试方法，例如水罐测试、段塞测试等。

第二节　煤层气层的渗流机理及试井模型

一、煤岩层的结构特征及煤层甲烷气的渗流

（一）煤岩层的结构及甲烷气的赋存

典型的煤岩体单元物理结构如图 7–1 所示。

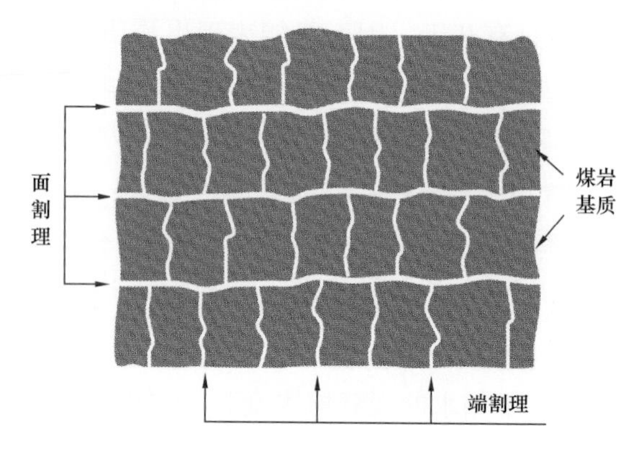

图 7–1　煤岩体单元体物理结构示意图

所谓煤岩体单元的含义，应符合本书第二章中关于流动单元的定义。从图 7–1 中看到，煤基质被面割理和端割理分割。所谓割理，就是在油气渗流中通常所指的裂缝。对于煤岩来说，面割理常常指主要发育方向的裂缝，端割理则指与之垂直方向的裂缝。它们的发育与煤级、煤岩类型、构造类型、地应力情况及煤岩中矿物成分等有关，并为后期构造运动所加强。

在割理之间的煤基质，其尺度约为 2～20mm，甲烷气被吸附在端面的微孔表面，由于微孔表面积很大，因而据资料介绍，煤基质所吸附的气量，是同等体积其他类储层的 2～7 倍。

当煤层内压力下降时，吸附在微孔表面的甲烷气开始解吸出来成为游离气，并且会沿着割理（裂缝）流向煤层气井的井底而被采出。

（二）煤层气开采中的流动过程

作为煤层气地层，从被打开排水开始到采气结束，大致分成 3 个阶段：单相水的裂缝流动段、局部地区甲烷气解吸时的过渡流段、全层解吸时的气水两相总系统流段。

煤层气地层与普通双重介质储层存在着本质的差别：甲烷气是以吸附态存储于煤基质中，而不是像普通地层那样以压缩态存储于基质孔隙中，因而在早期的裂缝流段，不参与流动；甲烷气从煤基质中解吸时，符合 Fick 扩散定律，而不是常规油气层的达西定

律；从裂缝（割理）流向总系统流过渡时，流体的成分也发生了变化。裂缝流时主要为水，而总系统流时则为气、水两相，或主要为气相。

以上3种煤岩层中的流动状态，不可能出现在同一次试井过程中。原因是：这3种流动过程，是煤层气井开采全过程中的不同阶段，前后延续数月、数年，甚至几十年。后面的流态出现以后，代替了前面的流态，前面的流态不复存在。而试井过程只有几天，只能在一种流动状态下进行：

（1）当煤层气井早期采用注入/压降测试时，裂缝中流动的是纯水，煤基质也不参与流动。因此流动属于单相水的（裂缝）均质流动。

（2）当煤层压力大范围下降后，解吸出的甲烷气与割理中的水相混合，一同流向井底，试井过程为气水两相流。由于流动只在割理中进行，煤基质作为产生甲烷气的一个"源"，并不参与流动，因而流动符合气水两相的，对气来说是有源的均质流模型。关于这一点，在本章有关解吸条件下的试井理论模型研究中，还将详细论证。

（3）排采初期，对于割理渗透性较差的煤层，有可能在井附近的局部区域形成解吸区，外部为水区，从而构成复合流动模型。

二、7种典型的煤层气试井动态模型

煤层气井试井，随着开采阶段的不同，存在着不同的试井模型，可归纳为7种最典型的模型：

（1）单相水裂缝（割理）均质流模型：当煤层气井刚刚打开进行注入/压降试井时，适用于这种试井模型；

（2）单相水线性流或双线性流模型：当煤层在早期经过压裂改造后完井，进行注入/压降试井时，适用于这种模型；

（3）气水两相裂缝（割理）均质流模型：当煤层中原生大量游离气时，适用于此种模型；

（4）有源的气、水两相流模型：当煤层气地层在全区范围压降，解吸开采时，适用于此种模型；

（5）有源的单相气试井模型：在甲烷气解吸条件下，煤层内含水饱和度很低，或者煤层含水饱和度稳定分布，接近束缚水状态时，适用于这种模型；

（6）复合地层模型：当井附近局部地区压降较大形成甲烷气解吸区时，在近井地带为解吸区，远井地带为单相水区，适用于这种模型；

（7）气水两相的线性流或双线性流模型：当甲烷气已在地层中解吸，或早期存在大量游离气时，对于压裂井，适用于此种模型。

以上7种模型中，对于第（1）、第（2）种，运用现有的试井解释软件即可很好地加以解释；对于第（5）、第（6）种模型，可以用本节介绍的近似方法，在调整了解吸区的压缩系数，增加 C_d 项以后，借助现有的试井软件，可进行参数解释。对于生产现场的需求来说，已是足够的了。据了解，国外对此也是这样处理的。

至于第（3）、第（4）和第（7）种流动类型，由于涉及两相流的问题，对于一般的试井分析方法，还没有很好的解决办法。但近年来发展的数值试井软件，可以在一定程度上加以解决。

三、单相水裂缝均质流的特征及试井资料解释方法

单相水裂缝均质流是指煤层气井打开初期时的流动状态。不论使用 DST 方法测试，或者使用注入 / 压降法测试及水罐注入法测试，均属此种流动状态。

单相均质流在普通油井、气井、水井试井及煤矿的水文试井中应用很广，也有深入的研究，其具体的分析方法在本书中已做了大量的讨论，因此不再单独介绍。其中由于测试方法引起的有所区别的部分，将在后面的注入、压降试井分析中加以讨论。

四、甲烷气解吸条件下的单相流动及试井分析方法

（一）煤层条件

甲烷气解吸后，煤层中包含有气、水两相。如果说，水相所占体积比例很小，或水相处于相对稳定的均匀分布状态，则对于气相的影响，主要表现在甲烷气流动的渗透率，是在一定的含水饱和度条件下的相对渗透率。此时在研究煤层甲烷气流动时，可以单独讨论解吸条件下的甲烷气的不稳定流动。从而做出如下假定：煤层中只包含单相甲烷气体，水相仅影响气的相对渗透率；裂缝（割理）在煤层中均匀分布；甲烷气的解吸是瞬间完成的，也就是说在解吸瞬间压力是平衡的；解吸的时间有可能随裂缝分布密度不同而有所变化，如果不能在瞬间完成，设定一个解吸时间调节系数 τ，当 τ=1 时表示为瞬间解吸；吸附气含量遵循兰格缪尔（Langmuir）等温吸附规律；在井筒附近存在某种伤害，以表皮系数 S 表示，增加一个表皮压差 Δp_s，其中包含了惯性流的影响。

（二）流动方程

在上述条件下，甲烷气流动方程表达为：

$$\frac{\partial(\rho\phi)}{\partial t}-q_r-\frac{1}{r}\frac{\partial}{\partial r}\left(r\rho\frac{K}{\mu}\frac{\partial p}{\partial r}\right)=0 \tag{7-1}$$

式中，q_r 为解吸气量，按扩散定律 q_r 表达为：

$$q_r=\left(-\frac{\partial M_d}{\partial p}\right)_p\left(\frac{\partial p}{\partial t}\right)_r \tag{7-2}$$

M_d 为单位体积煤所含吸附气质量，有：

其中

$$M_d=\rho_g^0 V_d$$

$$V_d=V_L\left(\frac{p_i}{p_i+p_L}-\frac{p}{p+p_L}\right) \tag{7-3}$$

式中 ρ_g^0——气体在标准状态下的密度；

V_d——在标准状态下的解吸气体积；

V_L——Langmuir 体积；

p_L——Langmuir 压力；

p_i——原始压力。

从而对式（7–2）做如下变换：

$$\left(\frac{\partial M_d}{\partial p}\right)_p=\rho_g^0\frac{\partial V_d}{\partial p}=\rho_g^0\frac{\partial}{\partial p}\left(\frac{V_L p_i}{p_i+p_L}-\frac{V_L p}{p+p_L}\right)=\rho_g^0\left[-\frac{V_L p_L}{\left(p+p_L\right)^2}\right] \tag{7-4}$$

代入式（7–1）得到：

$$\frac{\partial(\rho\phi)}{\partial t}-\frac{1}{r}\frac{\partial}{\partial r}\left(r\rho\frac{K}{\mu}\frac{\partial p}{\partial r}\right)+\frac{\rho_g^0 V_L p_L}{\left(p+p_L\right)^2\tau}\frac{\partial p}{\partial t}=0 \tag{7-5}$$

式中 τ——解吸时间调节系数。

对于以甲烷气为主要成分的煤层气，符合真实气体定律：

$$\rho=\frac{pM}{ZRT} \tag{7-6}$$

同时给出热力学的等温压缩系数 C，表示为：

$$C=\left(\frac{1}{p}-\frac{1}{Z}\frac{\partial Z}{\partial p}\right)_T \tag{7-7}$$

定义拟压力 $\psi(p)$，表示为：

$$\psi(p)=2\int\frac{p}{\mu Z}\mathrm{d}p$$

把式（7–6）、式（7–7）代入式（7–5），得到：

$$\frac{1}{r}\frac{\partial}{\partial r}\left[r\frac{\partial\psi(p)}{\partial r}\right]=\frac{1}{K}\left[\frac{\rho_g^0 RTV_L p_L\mu Z}{Mp\left(p+p_L\right)^2\tau}+\phi\mu C\right]\frac{\partial\psi(p)}{\partial t} \tag{7-8}$$

把 $\frac{\partial\psi(p)}{\partial t}$ 项的系数表示为：

$$ICD=\frac{\rho_g^0 RTV_L p_L\mu Z}{KMp\left(p+p_L\right)^2\tau}+\frac{\phi\mu C}{K} \tag{7-9}$$

ICD 为煤层气地层的反转扩散系数，它比起常规地层的反转扩散系数 $IHD=\phi\mu C/K$ 增加了一个依赖于压力的项，使式（7–8）成为非线性方程，给解方程带来更大的困难。

（三）运用常规的试井解释软件分析煤层气试井问题

常规的天然气试井软件，所依据的渗流方程为：

$$\frac{1}{r}\frac{\partial}{\partial r}\left[r\frac{\partial \psi(p)}{\partial r}\right]=\frac{\phi \mu C}{K}\frac{\partial \psi(p)}{\partial t} \quad (7\text{–}10)$$

与式（7–8）相比，在拟压力对时间的微分项中，其系数增加了一个依赖于解吸条件的项"C_d"。这样，压缩系数 C 在煤层气条件下演化为：

$$C'=C+C_d \quad (7\text{–}11)$$

有研究资料表明，C_d 值比起 C 值大 1～2 个数量级，而且随压力变化。作为一种近似，在煤层气的解吸区，认为地层内大部分区域内的压力，接近或等于平均地层压力 $\overline{p}$，这样 C_d 值近似为一个常数，即：

$$C_d=\frac{\rho_g^0 RTZV_L p_L}{\phi M\,\overline{p}\left(\overline{p}+p_L\right)^2\tau}=常数 \quad (7\text{–}12)$$

表 7–1 列出美国天然气研究院（Saulsberry，1996）根据圣胡安盆地的资料计算出的结果。

表 7–1　圣胡安盆地煤层压缩系数分配表

项目	内容	量值 MPa^{-1}	所占百分比 %
C_d	解吸压缩系数	0.913	93.7
C_f	煤层压缩系数	0.0478	4.9
S_gC_g	甲烷气压缩系数	0.0128	1.3
S_wC_w	煤层水压缩系数	0.000384	0.04

当压缩系数增加了解吸项以后，总压缩系数值明显增大，其数值为：

$$C_t=9.74\times10^{-1}MPa^{-1}$$

在借用上述 C_t 值的条件下，可以按照常规的方程解法，求解压力与时间的关系。同时也可以应用常规的试井解释软件，进行解吸条件下煤层气试井资料的分析解释。计算 C_d 值的公式，在英制单位下表达为：

$$C_d=\frac{B_g\rho_c V_L\left(1-\alpha-W_c\right)p_L}{32.0368\left(p_L+\overline{p}\right)^2\phi} \quad (7\text{–}13)$$

在法定单位下，式（7–13）表达为：

$$C_d=\frac{1.102B_g\rho_c V_L\left(1-\alpha-W_c\right)p_L}{\phi\left(p_L+\overline{p}\right)^2} \quad (7\text{–}14)$$

式中 ρ_c——煤的密度，g/cm^3；

α——灰分；

W_c——湿度；

p_L——Langmuir 压力，MPa；

V_L——Langmuir 体积，m^3/t；

ϕ——孔隙度；

B_g——甲烷气体积系数，m^3/m^3（标准）。

$$B_g = 3.456 \times 10^{-4} \frac{ZT}{\bar{p}} \tag{7-15}$$

（四）部分区域解吸时的试井曲线特征及试井分析

在排采初期，井底附近的地层会形成解吸区。解吸区的大小取决于临界解吸压力的大小。假定解吸区半径 r_d=50m，并同时假设在解吸区内，流动的主要是甲烷气；当 $r>r_d$ 时，煤层内流动的全部是水。而且假定外边界是无限的，其区域划分示意图如图 7–2 所示。

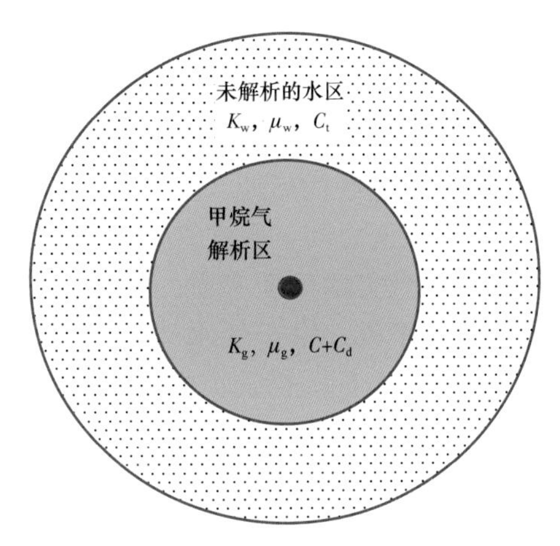

图 7–2 井底附近煤层气部分解吸时的参数示意图

特征分析所用参数见表 7–2。

按照上述参数，应用试井软件，可以计算出典型特征曲线如图 7–3 所示。

表 7–2 部分解吸压降曲线计算参数表

参数	解吸区（内区）	未解吸区（外区）
渗透率 K，mD	1	1
煤层厚度 h，m	10	10
孔隙度 ϕ	0.03	0.03
表皮系数 S	0	—
井底半径 r_w，m	0.09	—
井筒储集系数 C，m^3/MPa	0.0148	—
解吸区半径 r_d，m	50	—
综合压缩系数 C_t，MPa^{-1}	0.974	0.0482
流体黏度 μ，mPa·s	0.014	0.5
甲烷气产量 q，m^3/d	1000	—

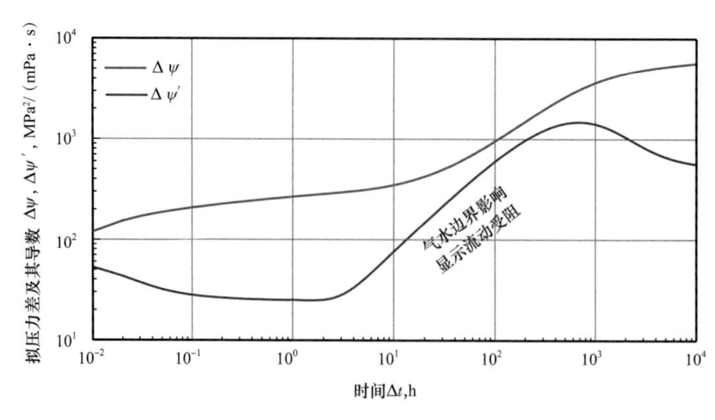

图 7–3　局部解吸的煤层气层压降曲线特征模拟图

从图 7–3 中看到：压力及压力导数初期表现为气井生产时的均质地层特征。大约在 1h 后，压降速度突然加快。这是由于解吸区边界以外的水区，限制了甲烷气的流动所引起的。压降特征曲线的后期，压力导数上升到另一个较高的水平，表明流动已波及水区。这样在气区和水区之间，形成复合地层的特征。

从现场生产实际角度考虑，这样完整的曲线是很难测到的，因为那需要很长的测试时间。一般来说，由于气水边界的限制，在 100h 以内可以显示为流动受阻的影响，使压力导数出现上翘。像这类情况的试井分析，仍可借用复合地层的试井模型加以分析解释。

第三节　煤层气井注入 / 压降试井方法

一、注入 / 压降试井装备及工艺

由于煤层气井多数为 1000m 左右的浅井，打开的煤层压力低于静水柱压力，初始完井时煤层裂缝内的流体为水，或只有少量的游离甲烷气，因而完井条件均较常规的油气井简单。但为了以后甲烷气的采出，以及注入 / 压降试井的需要，因而井口要求是密封的，并有阀门控制。

（一）测试管柱

较为完善的测试管柱，可以采用 MFE 等油气井 DST 测试管柱，并配以地面注水泵，但这必然使测试成本提高。目前有专门用于煤层气试井用的井下测试管柱，配备封隔器、开关井阀等基本部件，可以满足浅井低压水井应用。如果采用井口开关井测试，则只要采用光油管，配以地面开关井阀门及注水泵或高架的储水罐，即可进行测试。

（二）测试仪表

1. 井下压力计

通常采用井下存储式的电子压力计，也可以采用高精度的机械式压力计。

2. 井口流量计

用来记录注水量随时间变化值，用于地层参数分析。国外一般都采用电子式的自动数据采集的流量仪表。

3. 井口压力计

一般采用自动记录的电子压力表，取得的压力数据用来控制泵注压力，并可确认关井停注后井口压力降为 0 的点，用以确定变井筒储集影响开始的“压力资料异变点”，这对于下一步的资料分析是至关重要的。

（三）注水泵

进行注入 / 压降试井时需要向井内注水。对注水泵的要求是，具有较高的输出压力但较低的排量，以适应低渗透煤层测试的需要。对于吸水性较好的储层，也可以用一个高架罐代替注水泵向井内注水。

（四）测试工艺过程

将测试仪表和工具连接好，下至被测煤层部位，并且把封隔器坐封，以便尽量缩小与煤层连通的井筒体积，以便降低井筒储集效应的影响；用注水泵从井口向地层注水。注入过程中记录下流量及井口压力随时间的变化；关井停注，测井底压降曲线；起出压力计进行分析。

二、注入 / 压降试井设计

（一）关井方式选择

尽量采取井下关井方式，以减小井筒储集效应影响。特别要强调的是，如果采用井下关井，可以避免低于静水柱压力的煤层气井，关井过程中压力达到“异变点”，造成整个测试资料失去分析应用的价值。

（二）泵注压力的计算

注水泵泵注压力 p_{inj} 计算公式为：

$$p_{inj}=\sigma_{min}-0.0098\rho_w D_c \tag{7-16}$$

式中 p_{inj}——注水泵泵注压力，MPa；

σ_{min}——最小地应力值，MPa；

ρ_w——水的密度，g/cm^3；

D_c——煤层深度，m。

例如：当 D_c=1000m，ρ_w=1g/cm^3，σ_{min}=15.5MPa 时，p_{inj}=15.5 −（0.0098 × 1 × 1000）=5.7MPa。在设计的注入压力下，实施时可稍有提高：一方面，可在有效时间内增大影响半径，取得更有代表性的资料；另一方面，较高的压力也可在井底形成微裂缝，改善井底的吸水条件，降低伤害表皮系数的影响。

（三）注水速率的计算

注水速率的计算见式（7–17），公式中的单位为法定单位：

$$q_{\text{inj}}=\frac{0.471Kh\left(p_{\text{inj}}+0.0098\rho_{\text{w}}D_{\text{c}}-\overline{p}\right)}{\mu B\left(\lg\frac{8.085\times10^{-3}Kt}{\mu\phi C_{\text{t}}r_{\text{w}}^{2}}+0.8686S\right)} \tag{7-17}$$

式中，煤层渗透率 K、表皮系数 S 和平均地层压力 $\overline{p}$ 等在测试以前都是未知的，可以借用邻井的值用于设计。实际上，一旦注水压力确定以后，注入量大小也就确定了。所以所计算的 q_{inj} 值只作为测试实施前预设水量参考。

（四）注水量的确定

总注入水量 Q_{sj} 决定了注入水的推进前缘 R_{j}，通常先设定一个 R_{j} 值，则注入量按式（7–18）计算：

$$Q_{\text{sj}}=\pi R_{\text{j}}^{2}h\phi \tag{7-18}$$

（五）影响半径和注入时间的确定

按本书第二章关于一般砂岩和碳酸盐岩地层的假定，认为储层是弹性介质。当注入水进入地层以后，形成压升漏斗，其影响半径 r_{i} 按式（2–8）计算。

为了测试一定范围内储层的参数，可预先给定一个 r 值，反过来用式（7–19）计算一个时间 t。时间 t 值也可以作为确定注入时间的依据。

$$t=\frac{\mu\phi C_{\text{t}}r}{0.0144K} \tag{7-19}$$

（六）煤层的弹塑性影响

煤层介质并非通常砂岩或石灰岩储层的矿物质，其成分主要以有机质碳的化合物为主，具有弹塑性。当注入水对其加压时，部分能量被吸收而形成塑性变形，达到所谓的“平衡压力点”。特别当注入水量较少时，极易达到此种平衡压力点。图 7–4 所示现场实例资料，都是在注水量很小的情况下，由于接近平衡力点而产生的异变现象。

三、注入 / 压降试井资料的测评分析方法

本书第五章曾详细介绍了试井资料的测评分析。它的含义是：通过对测试工艺过程的分析研究，达到对试井资料中的异常现象进行评价，在评价的基础上，祛除那些由于施工工艺造成的异变，使资料真正反映储层情况。煤层气井的注入，压降施工工艺，由于其特殊性，极易出现异变。

（一）注入 / 压降过程的变井筒储集系数

图 7–5 显示注入 / 压降过程中，井筒内水面的变化情况。

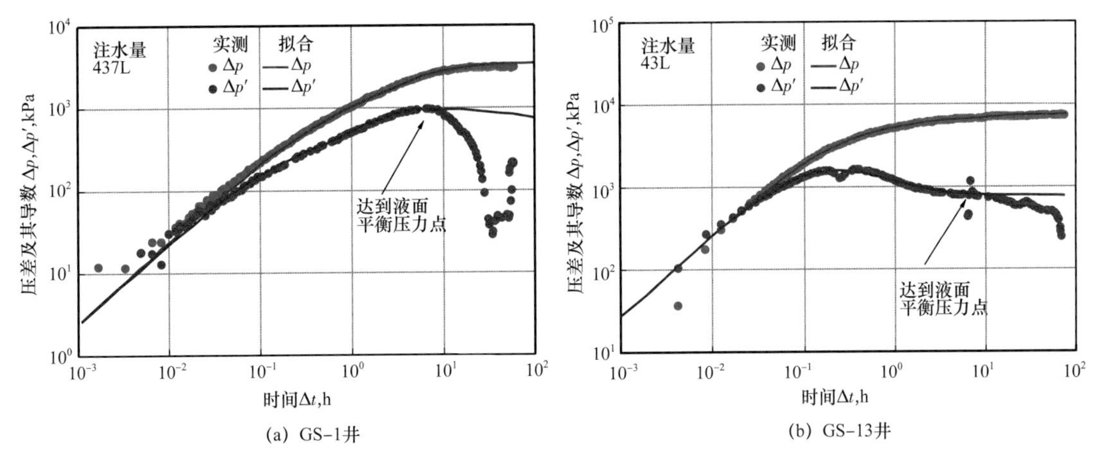

图 7–4 压降值达到平衡压力点形成的曲线异变实测例

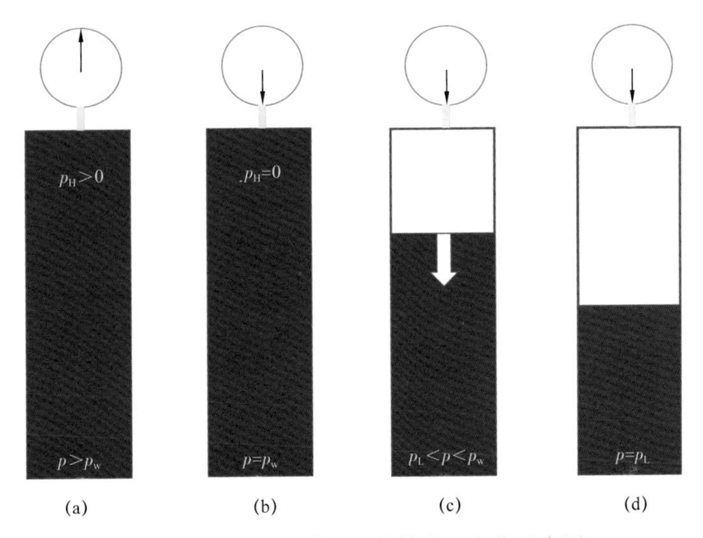

图 7–5 注入 / 压降过程井筒液面变化示意图

图 7–5（a）显示注水过程刚结束时的情况。

此时液面充满井口，井口压力 $p_H>0$。由于在井筒中充满水，仅水柱对井底造成的压力即为 p_w，其计算公式为：

$$p_w=0.0098\rho_w D_c \tag{7–20}$$

式中 ρ_w——水的密度，g/cm^3；

D_c——煤层（井底）深度，m。

由于井口压力 $p_H>0$，因此井底压力 $p=p_w+p_H>p_w$。此时的井筒储集影响，是由于液体的膨胀引起的，计算公式为：

$$C_1=V_w C_w \tag{7–21}$$

式中 C_1——流体压缩引起的井筒储集系数，m^3/MPa；

V_w——井筒内液柱体积，m^3；

C_w——水的压缩系数，MPa^{-1}。

对于1000m深的井，使用井下封隔器封隔煤层，只考虑油管（2½in）体积时，$V_w=3.02m^3$。水的压缩系数按平均5.5MPa的油管压力计算，$C_w=4.5\times10^{-4}MPa^{-1}$。用式（7–21）计算得到$C_1=1.4\times10^{-3}m^3/MPa$。

图7–5（b）显示了当井口压力降落为0时，井底压力$p=p_w$，达到“井口平衡压力点”。从此点以后，液面将离开井口向下降落，形成变液面恢复过程。

图7–5（c）变液面恢复段。当变液面恢复时，井筒储集影响的机理完全不同。井筒储集系数C_2按式（7–22）计算：

$$C_2=101.97V_u/\rho_w \tag{7-22}$$

式中 C_2——变液面井筒储集系数，m^3/MPa；

V_u——单位长度井筒的容积，m^3/m；

ρ_w——液体密度，g/cm^3。

例如：对于2½in油管，当$V_u=3.02\times10^{-3}m^3/m$、$\rho_w=1g/cm^3$时，$C_2=0.307m^3/MPa$。

对比情况（a）计算的井筒储集系数C_1，可以看到$C_2/C_1=219$，也就是说井筒储集影响突然增大200倍。井筒储集系数的突然增大，将导致本已消失的井筒储集影响突然又显现出来，从而使测试曲线出现“异变”。

图7–5（d）显示当井筒内液面进一步下降时，最后达到$p=p_L$。

p_L值为初始时的井底压力。一旦液面下降到平衡点，则井底压力也下降到极限值p_L，称之为“液面平衡点压力”。一旦到达液面平衡点，压力导数将会产生突降的异常现象。图7–4中展示的两口井，均出现此种现象。按第五章讲到的图形分析原理，导数的突降一般应显示定压边界。但是在充满水的煤层中，所谓“定压边界”是没有任何地质依据的，事实上这是由于注入量太过少，煤层的塑性特性吸收了注入量造成的变形影响，使压力达到了平衡。

（二）检测井口平衡点p_w和液面平衡点p_L造成的曲线形态异变

1.WS–1井注入/压降试井的测评分析

WS–1井是一口煤层气勘探评价井。完井后进行了注入/压降试井。为改善该井的井底状况，后来又进行了压裂改造，改造后再一次进行了注入/压降试井。

（1）压裂改造后的注入/压降试井资料测评分析。

WS–1井采用贝克公司的井下工具进行测试，但采用的是井口开关井方法。测得的曲线如图7–6所示。从图7–6中可清楚看到，井口平衡压力点p_w和液面平衡压力点p_L的位置。

A点为仪器下入油管及罐水过程中记录的套管液柱压力点，B点为测试仪器下到井底时记录的压力点。由于下入仪器过程中套管内的水不断被挤出，并保持液面在井口，因此B点所记录的压力为井口平衡点压力p_w。之后，由于井筒内的水被吸入地层，而使液面下降，压力从B点降到较低的平衡位置，到达D点，此时井底压力为液面平衡点压力p_L。

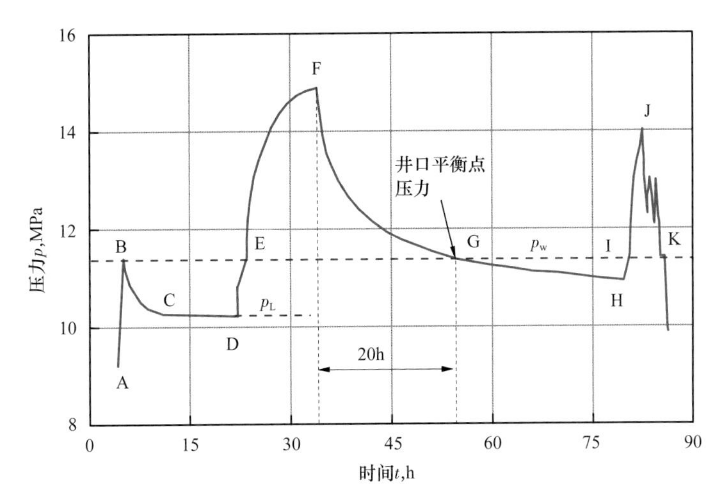

图 7–6 WS–1 井压裂后注入 / 压降试井压力展开图

注水前油管灌满水，液面又回到井口，压力上升到 E 点，与 B 点持平，等于 p_w 值。E 点—F 点为注水过程，F 点—H 点为停注压降过程。H 点以后进行地应力测试，测试前再一次向油管灌水到达 I 点，压力点与 B 点和 E 点持平，仍等于井口平衡点压力 p_w。同样，地应力测试后回到 K 点时，又回到 p_w 值。

在 B 点、E 点、I 点和 K 点间连水平线，与压降曲线相交于 G 点，可判断 G 点压力应等于 p_w，G 点时间距 F 点为 $\Delta t \approx 20h$。从双对数图 7–7 中看到，正是在这一点，压力导数开始出现异常。

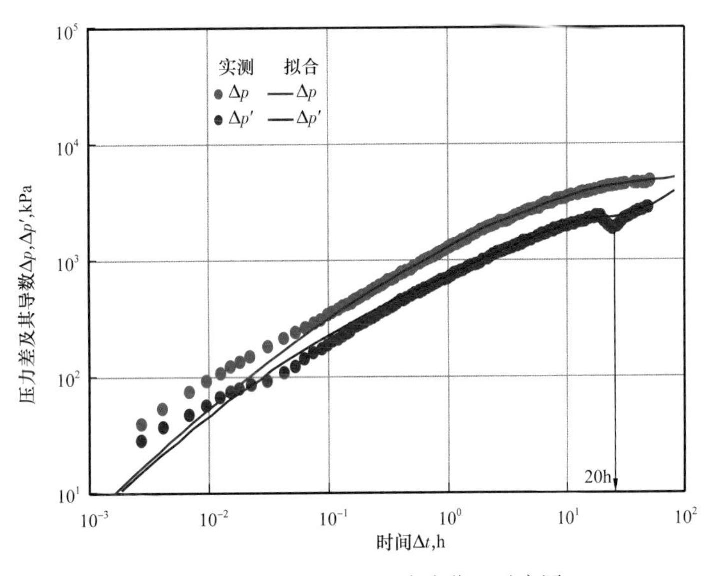

图 7–7 WS–1 井压力异变点位置示意图

（2）WS–1 井压裂改造前压力异变点测评分析。

WS–1 井压裂前测试是一个受 p_L 影响的典型实例。从图 7–8 中的注入 / 压降压力历史曲线可看到，在 Q 点以后，压力达到稳定值 p_L，与注水前的压力持平，直到压降测试结束点 R。这样，当 $t>t_Q$ 时的压力数据，在双对数坐标中必然表现出压力导数曲线下跌，造成曲线形态的异常，如图 7–9 所示。

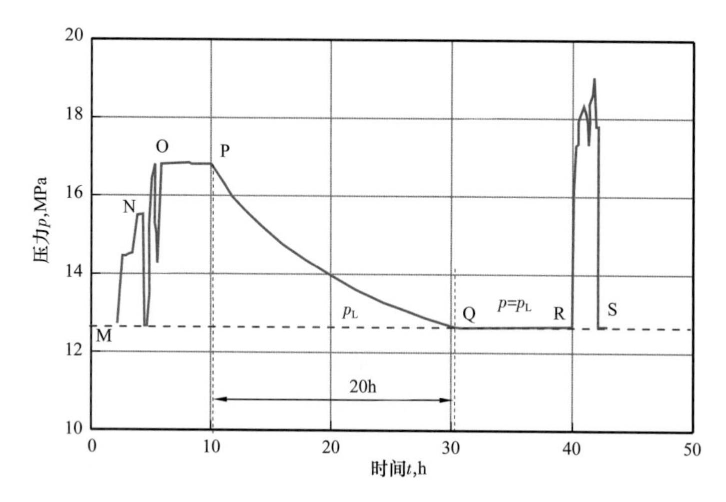

图 7–8　WS–1 井压裂前注入 / 压降试井压力展开图

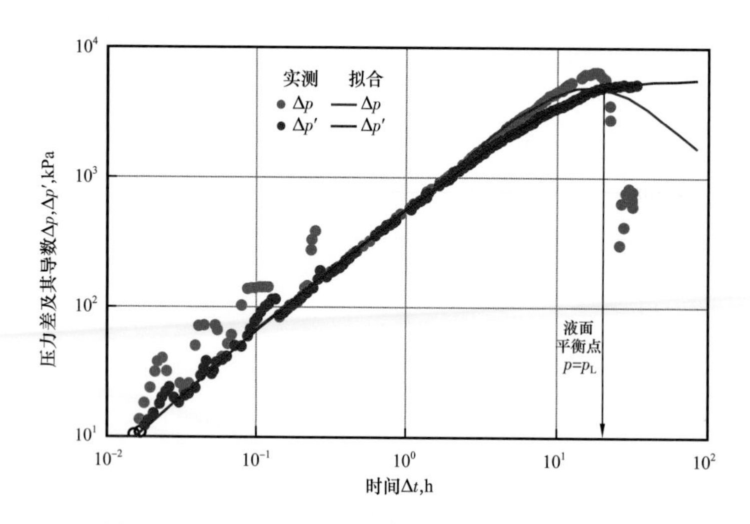

图 7–9　WS–1 井压裂前注入 / 压降试井压力双对数图

2. WS–2 井注入 / 压降试井的测评分析

从该井测试的压力历史展开图（图 7–10）中看到，在地应力测试段（T 点—U 点）的频繁的开关井中，压力每次都应落回到井口压力 p_H=0 的点，这正是井口压力平衡点，此时的井底压力 $p=p_w$。画出 $p=p_w$ 水平线，与压降曲线交于 R 点，得到 R 点距关井点 Q 点的时间差 $\Delta t\approx$10h。而此点正是压力双对数图（图 7–11）中的异变点。自 R 点以后，在压力双对数图上，导数突然显现以 $\Delta p'$=1 的斜率上翘，呈现出类似阻流边界的特征（图 7–11）。但从测评分析中认识到，这种导数曲线的特征，完全不能反映地层情况的变化。如果错误地加以解释，则会造成背离地层真实情况的认识。

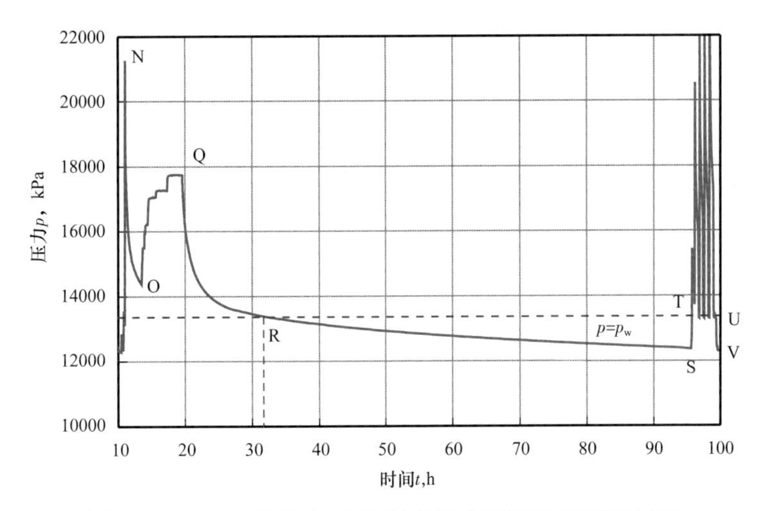

图 7-10 WS-2 井注入 / 压降试井压力展开图（测评分析）

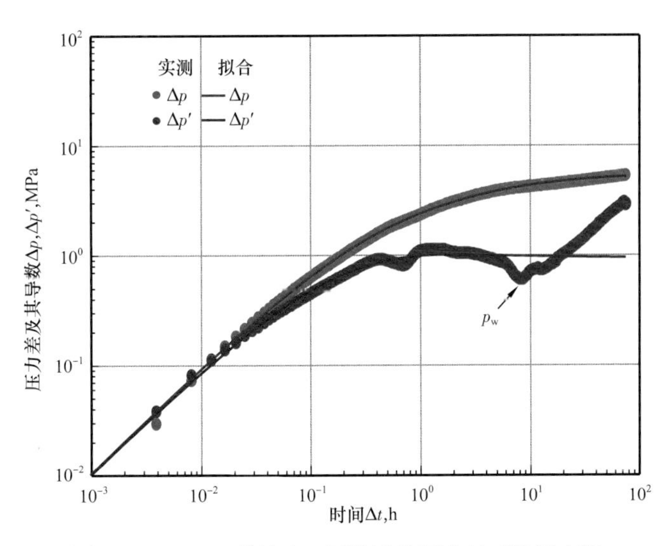

图 7-11 WS-2 井注入 / 压降试井压力双对数异变图

（三）有关测评分析几点看法

通过以上对煤层气井注入 / 压降试井的测评分析可以看到：

（1）煤层气注入 / 压降试井中，井口平衡点压力 p_w 和液面平衡点压力 p_L 是造成压力资料异变的主要因素。异变后的压降数据不能用于煤层参数的解释。

（2）测评分析方法是确认 p_w 值和 p_L 值，鉴别压力资料质量的有效方法。对于已经录取到的现场试井资料，应对照现场施工记录，把测压曲线上的每一个转折点对照相应的施工步骤，找出有机的联系，并确认出压降数值到达 p_w 值和 p_L 值的时间，找出异变的原因。连续监测井口压力，确定井口压力落 0 点，可以及时掌握 p_w 值发生的时间。

（3）采用井下关井，是克服 p_w 值影响的最好方法。当采用井下关井时，井筒储集系

数 C 值很小，而且不再会出现变液面恢复现象，从而避免了压力到达 p_w 值的情况发生。

（4）施工中的其他偶然因素，例如测试工具漏失、阀门不严造成的反复开关井、邻井作业造成的干扰、压力计故障等，都可能形成测压资料的异常。

第四节　煤层气井注入／压降试井实测资料分析解释

一、解释方法

（一）模型类型

正如在本章第二节所介绍的，在煤层气井注入/压降试井中所取得的资料，属于7种试井模型中的第1和第2种模型，在这两种模型情况下，采用常规的试井解释软件，都可以正确而有效地进行资料分析。本书第五章介绍的典型的试井模型及相关的图形分析原则，也都是适用的。

由于目前进行的煤层气试井，多属于探井或开发评价井，测试时间短，影响范围较小，因此被测的煤层多数表现出均质地层或有人工裂缝与井连通的均质地层特征，在第五章中，把这两种试井模型列为M–1和M–4。

（二）资料解释程序

根据现场实际资料分析中积累的经验，在对注入/压降试井资料加以分析解释时，应遵循如下程序：

（1）测评分析和资料的前处理。测评分析方法见本章第三节的介绍。把经过测评分析后认为由于测试工艺失误造成的异变部分删除，然后再进行软件处理。

（2）图版拟合分析。

（3）压力历史拟合检验。与常规油气井试井不同的是，某些经过措施改造的井在压力历史拟合中，不但要考虑测试过程本身的注入过程，还要考虑压裂施工过程和压裂施工后排液过程对地层压力的影响。

二、实测例分析

（一）试验1井—压裂完井的煤层气井

试验1井压裂过程及压裂后的流量史如图7–12所示。

从图7–12中看到：

（1）注入/压降试井段，共注入清水3.97m^3，折合日注水量7.92m^3，是很小的量值；

（2）在注入/压降试井前，进行压裂措施改造，压入地层流体计689.1m^3，折合日注入量8000m^3；

（3）压裂后返排液体172.72m^3，折合日排量50m^3。

可以看到，在试井解释过程中，如果仅考虑注入测试过程的流量变化，其解释结果显然是存在很大偏差的。试验井仅考虑测试段流量史的压后初步分析结果如图7–13所示。

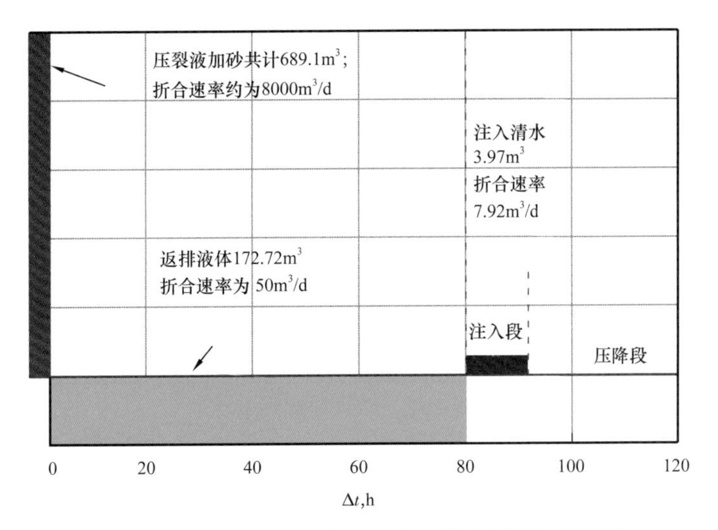

图 7–12 试验 1 井压裂过程及压裂后流量史示意图

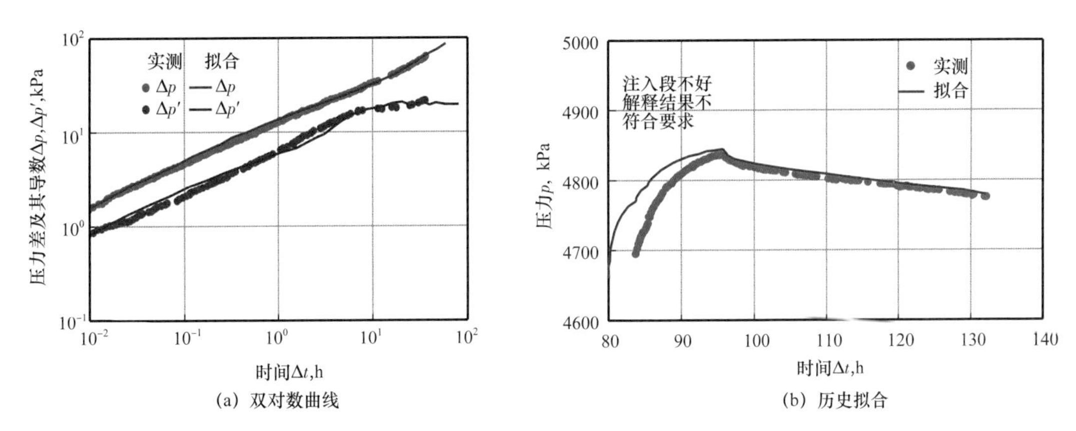

图 7–13 试验 1 井压后初步分析结果图

从图 7–13 中看到，虽然压力双对数拟合图大致符合分析要求，但压力历史拟合中的“注入段”存在很大偏差，结果是不可靠的。在考虑了图 7–12 所示全程流量史以后，得到压后最终分析结果图如图 7–14 所示。

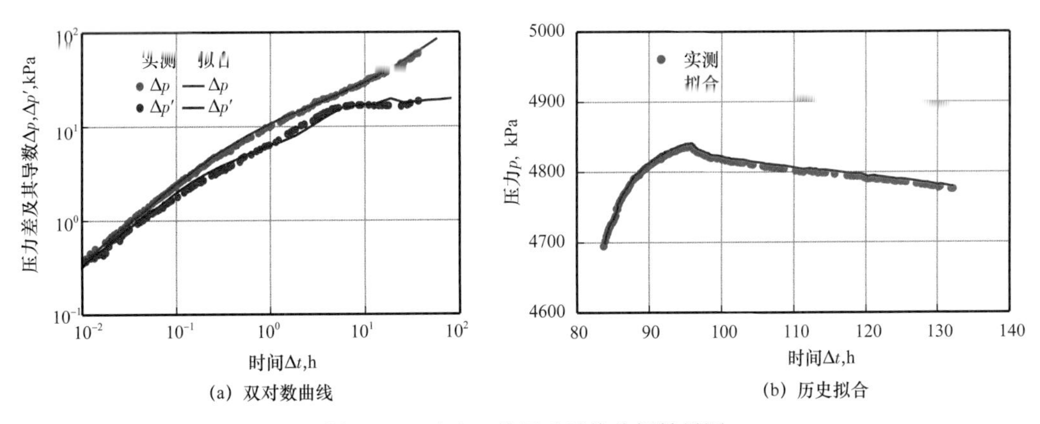

图 7–14 试验 1 井压后最终分析结果图

从图 7–14 中看到，不但图版拟合检验结果很好，而且压力历史拟合结果也十分吻合，证实结果是可靠的。图形类型与第五章中的典型模式图形（M–4）一致。最终解释参数如下：煤层渗透率 4.495mD ；表皮系数 –5.84；压裂裂缝半长 42.8m ；储层压力 4.554MPa ；井筒储集系数 0.007m^3/MPa ；影响半径 121m。

（二）试验 2 井——射孔完井的煤层气井

试验 2 井注入与压降试井压力历史如图 7–15 所示。该井是在正常射孔完井后进行的测试，地层为山西组煤层，5 层共厚 9.6m。资料录取情况良好。

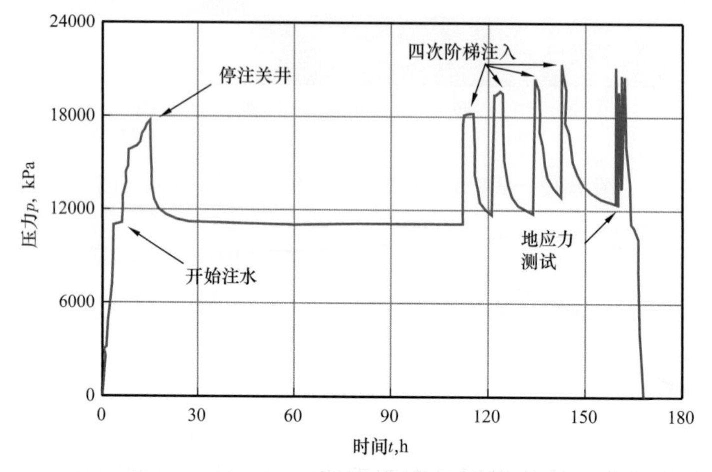

图 7–15　试验 2 井注入 / 压降试井压力历史图

从压力双对数曲线判断，地层为均匀介质，符合模式图形（M–1）的样式。试验 2 井压力双对数分析检验图如图 7–16 所示，解释结果压力历史拟合检验图如图 7–17 所示。

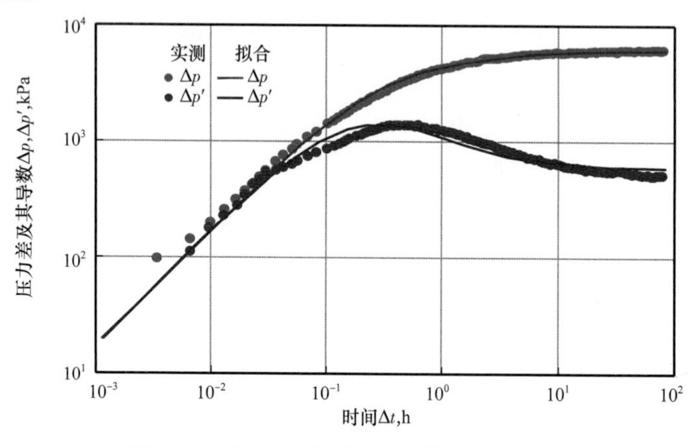

图 7–16　试验 2 井压力双对数分析检验图

从图 7–17 看到，模型曲线与实测数据符合很好，得到的解释结果是：煤层压力 11.006MPa ；煤层渗透率 0.078mD ；表皮系数 0.2；影响半径 44m ；井筒储集系数 0.002m^3/MPa。

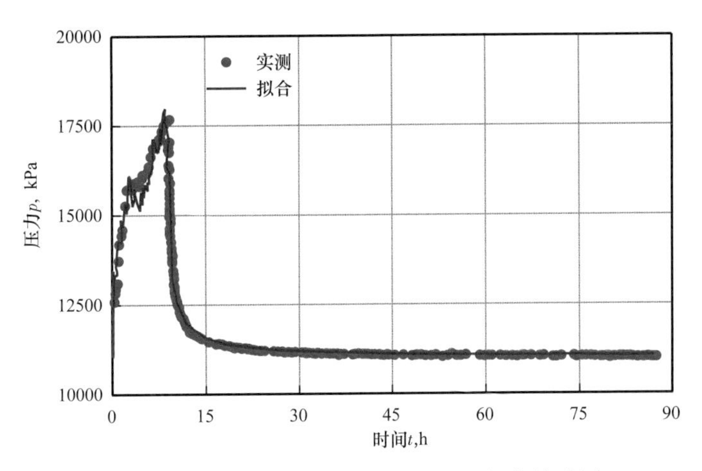

图 7-17 试验 2 井解释结果压力历史拟合检验图

第五节 本 章 小 结

本章介绍了煤层气井试井分析中的特殊问题及解决方法。煤层中的甲烷气并不像普通天然气层那样以压缩形态赋存于孔隙或裂缝中，而是吸附在煤基质微孔表面。因此大多数煤层气井打开初期并不产气，从煤的割理（裂缝）中产出的基本是水。由此决定了煤层气井试井中的一些特殊问题：虽然称为气井，但在勘探及开发评价阶段的试井，基本上进行的是水井试井；虽然煤层具有双重的结构，但在试井时却不能表现出普通裂缝性地层有时会显现出来的双重介质特征。

煤层气井的生产，从抽水降压，到部分区域解吸甲烷气产出，再到大面积解吸气井全面投产，这是一个跨越几年、十几年，甚至几十年的很长时间段。其中各个阶段是不能重复的，也是不可逆的。而试井过程只有几天，是其中某个开采段中延时很短的过程。因而试图把开采中的各阶段在试井分析中再现是不可能的。它只能在某种特定的开采状态下，观测和分析储层的特征。

因此，根据煤层气开采的不同阶段和现场实际需要，初步把煤层气试井划分成 7 种典型的模型。其中早期以水渗流为主的两种模型和晚期以甲烷气渗流为主的模型，其试井分析都可借助目前常规油井、气井、水井试井软件加以分析；而气水两相流试井分析，可以尝试用数值试井软件完成。

注入 / 压降试井分析是煤层气井试井的重点内容，也是本章讨论的主要内容。许多采用井口关井方法录取的资料，当压力降到井口平衡点压力 p_w 和达到液面平衡点压力 p_L 时，会出现严重扭曲的形态，如果不能结合施工工艺过程找出其内在的原因，就会做出离谱的解释，过去这种事例并不鲜见。本章介绍的针对注入 / 压降试井资料的“测评分析方法”，可以降低这方面的失误风险。如果在设计中考虑相关的影响因素，还可以避免此类异变的发生。

本章最后的部分，分析解释了从现场取得的典型实测例。

第八章 气田试采和气藏动态描述

本书前面几章，已经从各个侧面详细地介绍了通过研究气井动态特征，深入了解气井、气层和气藏的方法。它们的主要内容是：

（1）利用试井方法在气田开发不同阶段进行动态研究的综合介绍，以及气藏动态描述研究的新思路（第一章）；

（2）通过气井产能试井了解气井的初始产能、动态产能，现场实施产能试井的程序和分析方法，以及影响气井产能的地质方面和完井措施方面的因素，并着重介绍了一种可以普遍用于垂直井和水平井的稳定点产能二项式方程（第三章）；

（3）通过气井试气，测试储层的原始压力，用来研究天然气在储层中赋存的整装条件、生产过程中气藏动态地层压力的取得方法以及气田压力分布研究方法（第四章）；

（4）通过不稳定试井（压力恢复试井）了解井附近地层参数（渗透率 K，双重介质参数 ω 和 λ 等）和完井质量参数（表皮系数 S，压裂裂缝参数 F_{CD}，x_f 和 S_f 等），从而初步建立起井附近的储层动态模型（第五章，第七章）；

（5）通过干扰试井和脉冲试井了解储层内井与井之间、各区域之间的连通关系，计算井间地层的连通参数（第六章）。

通过这些项目的测试和分析，从多个侧面分别对井所在的储层和井本身条件有了较深入的了解，但是这还不能说是对气层的全面了解，还不是对气藏的完整描述，不能准确回答这口井所在的气藏在平面上和空间中的分布状况，例如：边界分布状态，有多少可以采出的动态储量，稳产产量是多少，稳产时间有多长，自喷期能够采出的天然气量是多少等一系列关于气藏采出能力的关键问题。

那么如何才能回答以上这些问题呢，唯一有效的方法就是通过对气藏内具有代表性的气井进行试采，通过了解试采过程中这些气井的动态表现，建立起井所控制储层和全气藏的“完善的动态模型”。这不但可以在静态地质资料之外对储层内幕情况作出补充描述和修改，同时由于由此建立的动态模型，实质上已经用偏微分方程式加以承载，从而被赋予动态预测的功能。也就是说，它不但从解释结果中展示了储层的静态物理特征，而且还可以展现出气井在生产状态下，井底压力是如何下降的，地层压力是如何下降的，地层中的压力分布是如何随时间变化的，储层中哪些部分的储量最有可能被遗留在地下不能在自喷期采出等一系列对气田生产十分重要的指标。

本章将就有关气藏动态描述方法和现场实施的成功的实例加以介绍。

第一节 中国特殊岩性气田的试采

所谓气田试采是指一个尚未全面投入开发的气田，在开发准备阶段选取一部分气井率先投入试生产，从这些气井详细监测的生产动态资料中，预先了解气田投入开发后将会出现的问题，并尽量找出解决办法。由于试采井开井生产时间较初期试气时间长得多，所以它的压力波及范围也已逐渐深入到地层内部，在压力下降趋势中，显现出了关于距井较远的非均质变化、不渗透边界分布状况或裂缝发育的有限区域等影响，从而提供了相应的储层信息。

一、中国的特殊岩性气田

在中国近年来发现并投入开发，或者虽未正式投入开发，但花费大量人力、财力进行开发前期研究的气田中，有相当多的部分公认为属于特殊岩性气田。至于存在什么样的地质条件可划分为特殊岩性气田，学术界并无定论。但从目前见到的气田实例中，的确存在许多用常规开发理论难以应对的难题。

按一般教科书上讲解的开发方案设计方法，针对的地质对象基本是均质砂岩地层，认为储层在平面上相对广阔的含气范围内均匀延伸，可以采用行列式或点阵式井网布井，每一口井按井网密度分割出单井控制的面积和储量，采用通常的数值模拟软件计算各种开发指标，按行业标准规定的采气速度规划单井日产气量，以及全气田的产量等。而现场实际情况并非如此，如下所述：

（1）千米桥凝析气田。

该气田早期完成的10余口井，产气能力参差不齐，其中产能最为旺盛的BS7井，初始开井日产气量可达数百万立方米。地质研究给这口井控制区域划分出100多亿立方米的地质储量。但是开井试生产过程中，流动压力和井口产量迅速下降，甚至无法维持回压试井期间测试点平稳流动压力的录取条件。经深入了解该井所处地质背景可知，产气层是潜山型的碳酸盐岩地层，天然气储集空间为复杂的裂缝—溶洞系统，用静态储量计算方法推算的地质储量完全不能反映气田实际情况。毫无疑问，应把此类气田划分为特殊岩性气田。

（2）苏里格气田。

鄂尔多斯盆地的上古生界气田，属于河流相沉积的岩性气田，苏里格气田是其中典型的代表。该气田评价储量时采用物探方法进行储层预测，勾画出砂岩储集体边界，确定其整体宽度和厚度，用容积法计算出数千亿立方米的地质储量，按照行列式均匀井网布井，并用常规数值模拟方法计算出了相当不错的开发指标。

但是这种初步认为广泛分布的砂岩储层，经过后期精细的沉积相研究以后发现，并非如最初设想的那么简单：控制天然气储存的有效储层主要是河流相沉积平原亚相的薄层砂岩，或是窄长的曲流河河底滞留砂体，或是星点分布的点沙坝，单个有效砂岩体储存气量很少，彼此被不渗透泥岩分割，沉积的地质年代不同，纵向上彼此互不连通。经过大量的探井试采完全证实了这一点，通过这些井的储层动态描述，确认每一口井控制的区块面积很小，动态储量不到 $0.2\times10^8\text{m}^3$。像这样的气田，显然也是一种特殊岩性气田。

（3）火山岩气田。

中国近年来在火山岩地层发现了分布广泛的气藏，由于喷发相的火山岩体中裂缝发育，探井试气时在有的井获得了可观的产量，因此这类储层被确定为重要的勘探开发对象。

但是，喷发相的火山岩储层结构复杂，有呈喇叭口状垂直分布的火山口通道相岩体，有爆发相的火山岩溅落及碎屑流堆积体，有溢流相熔浆凝固形成的流纹岩等。毫无疑问，这类储层中的气田被公认为是特殊岩性气田。

除以上几类被公认的典型类型以外，其他如川东地区的鲕滩灰岩气田，塔中地区的坡折带碳酸盐岩气田，鄂尔多斯盆地下古生界被沟槽切割的裂缝性气田，东部地区断块砂岩气田，莺歌海坳陷泥底辟构造带上的滨外浅滩和沙坝气田等，都各有其特殊的地质结构，某种程度上也可认为是特殊岩性气田。

二、解决特殊岩性气藏开发的有效途径

（一）特殊岩性气田开发中的问题

以上这些具有特殊地质结构的气田投入开发时遇到了一系列的难题：

（1）气井初始产能难以确定。

对于均质砂岩地层中的气田，往往只需选择少量的评价井进行规范的产能试井，即可确定整个气田单井的产气能力。开发方案设计则主要依据测井资料，画出渗透率 K、有效厚度 h 等参数的等值图进行地质建模，用数值模拟方法推算一系列的开发指标。

但是对于特殊岩性气田，上述运作模式完全失去效用。在地质研究划定的有效储层边界范围内，按上述方法作出方案设计并钻出的生产井，产气能力差别悬殊，有相当比例的井不具备工业产气能力，难以用常规方法确定每一口生产气井有效的工业产能。

（2）气井产能的稳定性难以捉摸。

部分特殊岩性储层中试气获得工业产量的气井，甚至包括那些推算初始无阻流量达到数百万立方米的高产气井，其产气能力常常表现为以过快的速度衰减，有的一两年，有的只有几个月，井口压力已衰减到无法维持管输，从而结束了气井正常的工业生产期。

（3）单井累计采出量低。

部分特殊岩性气藏中的气井，表现为过快的衰减速度和过短的采气周期，导致单井累计采出量过低。像苏里格气田中的垂直气井，预测的最终累积采出量平均不足 $0.2\times10^8\text{m}^3$，这就意味着开发过程中要不断地钻大量的新井，大大影响了气田开发经济效益。

（二）气藏研究的有效途径—试采

1. 气田试采的新内涵

对于形形色色的特殊岩性气田，以目前的技术条件，单靠静态地质研究手段，靠

物探所做的储层预测，靠测井和地质研究所做的地层参数分布预测，远远不能有效地解决前面提到的问题。那么，有什么办法在开发准备阶段对这类气藏开展研究呢？那就是试采。

气田试采并不是什么新方法，早在20世纪中期，就在一些关于油气田开发的专著中加以介绍。在我国的石油勘探开发行业标准，像试油试采行业标准（SY/T 5981，SY/T 6171）中也有相关的内容。但是现在重新提出来讨论，有其新的含义。

（1）针对性的试采设计。

以往所说的试采，包含内容比较简单，多从施工工艺角度对试采过程提出要求，但在气藏研究和资料录取及分析方面涉及较少，或根本没有提及。在现场出现过这样的情况，有的所谓试采井，虽已采出数亿立方米天然气，却从未录取过井底压力，甚至连井口压力数据都缺少，以致提供不出任何具有研究价值的资料。

在新的气藏动态描述研究前提下，要求试采井在实施试采以前必须做出完善的设计，对试采期间的产气量安排、以井底压力为中心的资料录取等提出全面的要求，并结合应用试井设计软件，作出全程的压力历史模拟，以便为下一步的动态分析提供完整的基础资料。

（2）严格而持续的资料录取。

试采过程要求录取的现场资料包括：

① 精确的产量计量。不但在产能试井期间对于产气量要做准确记录，而且对于整个延续的试采生产期间，也要连续而准确地记录日产气量。借助于新型的电子计量器具，可以做到每天记录详细的日产气量，即使使用普通的计量器具，起码也要做到准确提供阶段的平均日产气量。

② 精确的井底压力记录。采用电子压力计连续记录产能试井和压力恢复试井期间的井底压力数据；对于其余的试采阶段，可以采用点测方法，记录流动压力的历史变化。近年来某海上气田投入开发后，在水平井井底安装永久式电子压力计，获取了质量优良的连续压力历史资料，使气藏动态描述研究获取了非常优良的成果。

③ 定期的取样分析。定期对产出天然气采样分析，确定天然气物性成分及变化。取水样分析，确定含水量及水性变化。

2. 气井产能为核心的气藏动态描述

在本书第一章曾专门介绍了气藏动态研究新进展，即以评价气井产能为核心的气井和气藏动态描述研究新思路。要实现这样的研究，所依据的现场资料就是试采过程中所取得的产量和压力数据。由于试采过程延续时间较长，采出的天然气量较大，天然气在地下渗流过程全面扫描了气井所控制的有效储层，携带了足够多的有关储层特征的信息。所以深入分析这些信息以后可以获取气井产能、产能稳定性、井附近储层渗透率等参数，以及气井的完井参数、区块的边界参数、动用储量参数等，对储层取得全面的认识。上述研究不但对储层本身有了全面的了解，而且建立起描述这一储层的数学方程和动态模型，从而起到核实分析结果可信度，预测未来动态走势的作用。

三、试采气井的工作制度安排

根据国内近年来气田开发的经验，参考国外文献资料，试采气井的选择条件应具有典型性和代表性。也就是说，通过对于这些井的试采，的确可以回答整个气田下一步正式开发时所面临的关键问题。对于试采井投入试采后所采取的工作制度，大致如图 8–1 所示。

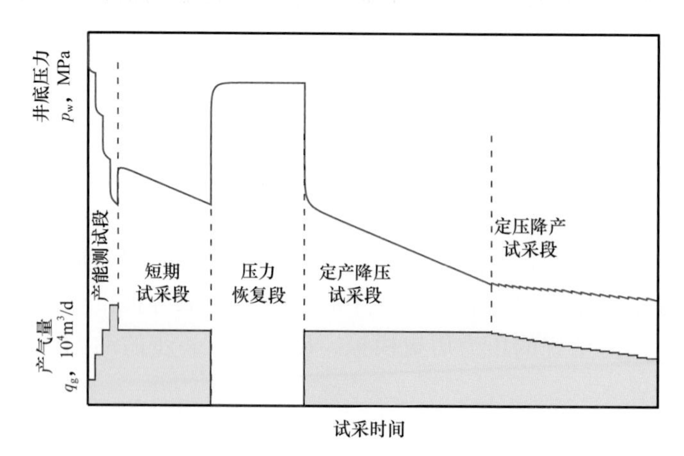

图 8–1　试采井产量阶段工作制度安排示意图

（一）试采井产量阶段工作制度安排

图 8–1 显示了现场经常采取的试采阶段工作制度安排，这种安排既是从动态研究需要出发作出的选择，也是适应气井自身产气能力变化规律的必然要求。

1. 产能试井阶段

往往采用规范化的方法，对气井试采初期的产气能力加以确认；也可以选择开井初期的稳定生产点，建立稳定点产能二项式方程。根据产能分析结果，对下一步各阶段的试采产量作出进一步推算和安排。

2. 短期试采段

大致安排一个月左右时间以稳定产量生产，初步了解气井产能的稳定情况。对于采用修正等时试井方法进行产能试井的试采井，短期试采有时与气井的延时开井连接在一起。短期试采时间较长，产量相对稳定，压力波及范围较广，这将为下一步的关井压力恢复试井段的资料录取和动态模型的建立准备好条件。

3. 压力恢复试井段

这是初步建立储层动态模型的资料来源段。可以据此解释储层参数、完井质量参数、井附近地层非均质变化信息以及井附近边界分布情况，从而初步建立起气井动态模型。

4. 定产降压试采段

这是整个试采过程最重要的阶段。这一段延续时间的长短视具体的气藏条件而定：有的试采气井在控制稳定产量生产过程中，井底流动压力也非常稳定，每采出 $1000\times10^4m^3$ 天然气，压力下降不到 1MPa，这种井单井控制储量至少在 $10\times10^8m^3$ 以上，可以按照均质地层条件进行开发方案设计；有的试采井流动压力下降非常快，采出 $1000\times10^4m^3$ 天然气后已接近停喷，或井口压力已经低于外输压力，据此已基本可以把单井控制的面积和动态储量作出估算；有的井也许介于这两种极端情况之间，短时间不能对于地层边界情况作出判断，因此这一段试采的延续时间相对较长，有时需要一年以上。

5. 定压降产试采段

当试采井井口压力降低到外输压力时，如果决定继续进行试采的话，只有允许产气量逐渐下调，此时可以进入定压降产条件生产。

有时试采井还会根据现场要求延续到间歇生产措施挖潜段。

（二）气田现场典型的试采井压力变化历史

如图 8-2 所示，这里选取一口现场实际试采井，看一看它的工作制度安排和压力历史变化。

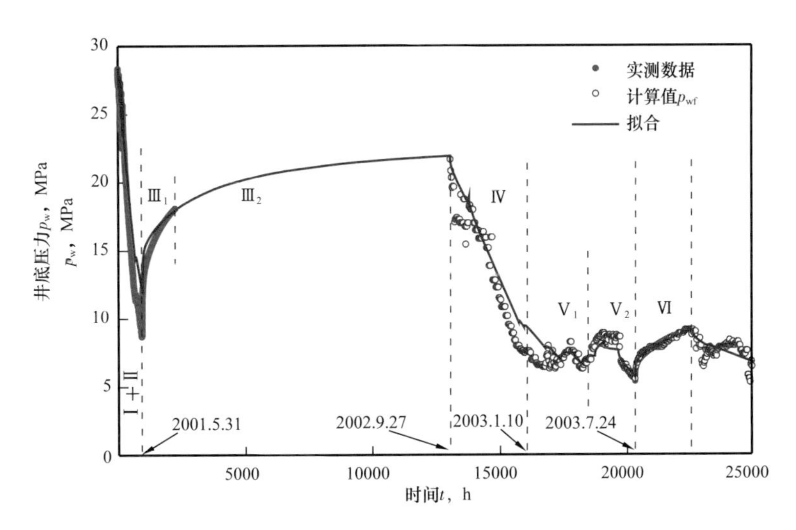

图 8-2　S4 井井底压力历史监测图

从图 8-2 看到，整个试采过程前后延续 3 年，分为Ⅰ—Ⅵ共计 6 个阶段。

（1）修正等时试井阶段。

从 2001 年 3 月底到 5 月，进行产能试井。其中Ⅰ段 + Ⅱ段为修正等时试井不稳定点和延时点产能测试段；这一阶段应用高精度井下压力计连续记录了井底压力，同时详细记录了产气量变化，如图 8-3 所示。

（2）关井压力恢复测试段。

图 8-2 中第Ⅲ段为关井压力恢复测试段。其中Ⅲ$_1$段用高精度电子压力计继续监测了井底压力变化；Ⅲ$_2$段为压力恢复的后续段，由于等待试采阶段开始前的地面流程建设，使关井压力恢复延续了 14 个月，这一阶段未能录取到井底压力。在Ⅲ$_2$段结束后，于 2002 年 9 月投产时，监测了井口油管压力和井口套管压力。

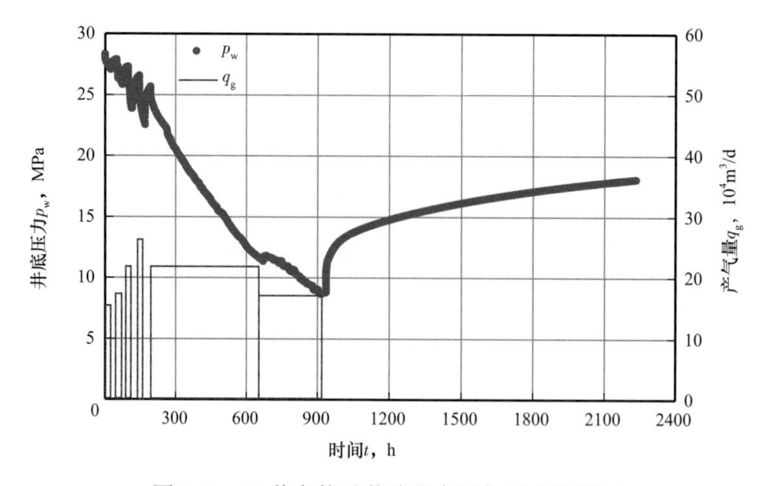

图 8–3　S4 井产能试井阶段产量与压力监测图

（3）长期试采段。

自 2002 年 9 月至 2003 年 9 月的一年时间里，S4 井进行了长期试采。这一段连续监测了日产气量、日产水量、日产油量，同时记录了井口油管压力和井口套管压力，其详细的动态变化数据如图 8–4 所示。

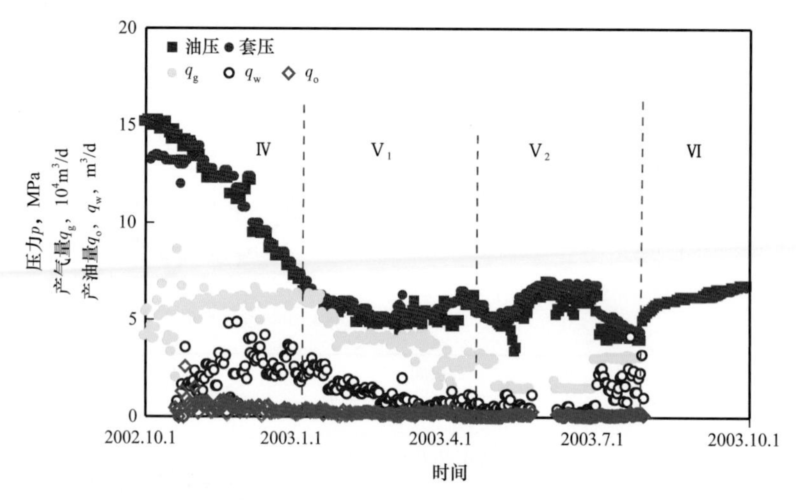

图 8–4　S4 井长期试采阶段产量与压力监测过程图

从图 8–4 中清楚地看到，S4 井的长期试采分成 3 个阶段，即：

① 定产降压试采段（第Ⅳ段）。在这一段中产气量基本维持在 $6\times10^4m^3/d$，此时看到井口油管压力和套管压力从 17MPa 成直线下降到 6MPa，达到进入外输管线的压力下限，从而结束了这一段试采。

② 定压降产试采段（第Ⅴ段）。由于前一阶段定产降压结束时井口压力已下降到外输压力下限，因此为维持试采过程继续进行，只能以调低产气量的方式维持最低的外输压力，保持气井继续自喷生产。到 2003 年 5 月下旬，由于产气量下降到 $1.5\times10^4m^3/d$ 以下，关井测恢复压力，这一段为 V_1 段。之后，再一次开井时，井口压力稍有恢复，从而把产

量调高到 $3\times10^4m^3/d$，但此时井口油管压力迅速下降到 4MPa，从而被迫关井，这一段为 V_2 段。

③ 关井压力恢复段（第Ⅵ段）。以上 6 个阶段合在一起，录取了大量的动态数据，从而对于 S4 井储层特征、边界分布状况、单井控制的动态储量等，取得了确切的认识。在后面的段落中将利用这类资料进行详细的有关储层动态描述方面的讨论。

实际上 S4 井自 2003 年长期试采以后，断断续续地一直延续开井到 2006 年，之后调整为间歇开井，如图 8-5 所示。

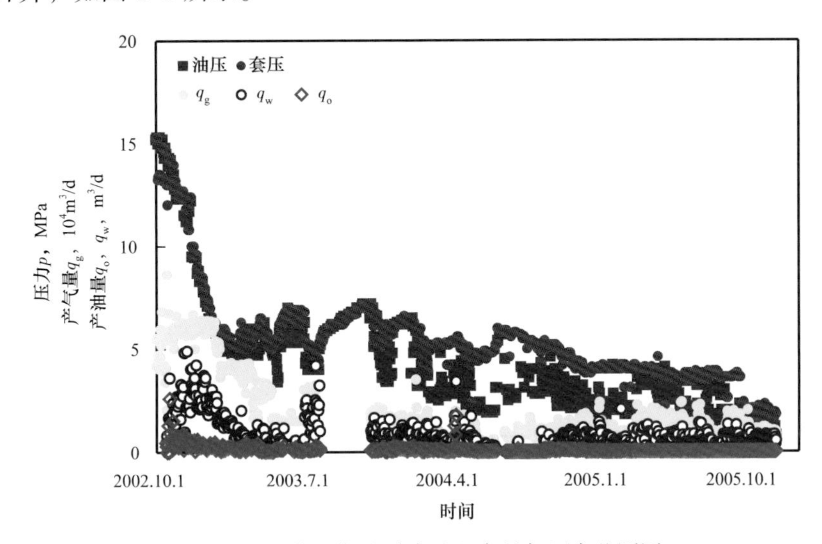

图 8-5　S4 井长期试采全过程产量与压力监测图

图 8-5 显示的 S4 井试采过程是一口气井从投产到衰竭的全过程。由于在全过程中监测了产量和压力（井底压力和井口压力），因此可以据此建立井所控制储层的完整的动态模型，不断地追踪验证模型的正确性，不断地预测今后的动态走势。事实上，在该井的动态描述中，已经结合应用数值试井方法做到了这一点。

四、以气井试采资料为依据的储层动态描述

在本书第一章已详细论述了气藏动态描述新方法，图 1-4 以框图形式介绍了这一方法的运作流程。本书所介绍的所有气田动态分析现场示例，都是依据这一思路开展的。由于这种思路是近年来不断形成和完善的，所以较早期的现场研究实施过程相对较简单，随着研究工作的深入，新思路逐渐明确，逐渐使近期的研究工作充实了框图中展示的各个方面。

这种结合气井试采进行的动态描述是从第一口勘探井完井就已开始了，贯穿于整个勘探、开发的全过程，特别是在开发准备阶段，所做的研究工作，基本上就是围绕着这种动态描述工作进行的。

动态分析工作是紧密结合地质研究工作进行的，如果没有这种结合，不了解被研究对象的地质情况，就会被解释结果的多解性所困扰。但是动态研究方法也有它的不可替代之处，可以发现和深刻了解地质研究中观察不到的东西，并可对每一个研究对象作出

定量解释，从而达到优势互补，共同完成对气藏的全面认识。

试井研究目前已发展到了更高级的层面。由于现代试井理论的发展、测试和分析手段的不断更新，应用了高精度的电子压力计和先进的试井解释软件，已完全有能力担负起这种气藏动态描述的角色。中国近年来发现并逐渐投入开发的几个重点气田，都在不同程度上应用了动态描述方法，取得了可贵的经验，也不同程度地留下了教训，这是一笔宝贵的财富。如果能够从中取得借鉴，相信不但可以加快今后的气田开发进程，而且还可以提高气田开发的效益。

现代产量递减分析是处理和解释油气井日常动态数据响应，以获取油气藏或油气井参数的过程，是近年来油气藏工程方法的一个重要发展方向。现代产量递减分析方法与试井方法各有所长，同时又有许多共性，在储层参数评价的过程中应有机结合、互相补短，尽量降低解释结果的不确定性（Sun，2015）。

前面的各章在谈到分析方法的同时，也举出了许多气田勘探开发中的单井试井分析实例，作为单井模型分析应用，在本书的各章节中已陆陆续续予以介绍，因此本章在综合介绍气田和气藏的情况时，将结合这些单井的分析资料，并且进一步从研究的步骤、录取资料的层次、确定分析内容时的思路、取得的认识，以及所发挥的作用等方面加以综合介绍。

第二节　靖边气田开发准备中的气藏动态描述

一、靖边气田的地质概况

靖边气田主力含气层是奥陶系马家沟组的海相沉积灰岩地层，储层为东北高、西南低的低倾角单斜，自北向南分布着一系列东北—西南向的低幅度鼻状构造。在构造的边缘地带，存在着潮汐形成的侵蚀沟槽，10 条主要的沟槽切割了主力产层马五$_{1-2}$，使之缺失，并对气体流动形成阻隔。另外在气田内部，部分区域还存在着穹形、盆形构造。因此总体来看，虽然储层大面积广泛分布，但也存在着较大的横向变化和深入气藏内部的不渗透边界，对气田开发来说带来了不确定性。加之从地质研究中也发现，储层薄，渗透性和孔隙度很低，储层参数在各井之间差别大，而且气区内部部分探井（陕 23 井）测试后不产气，显示对气田地质上的认识还远远不能回答今后气田开发中各项指标预测中提出的问题。

二、焦点问题

作为一个中国国内首次发现的大面积分布的大气田，在决定投入开发以前，必须回答下面一些问题：

（1）储层是否是连片分布的，用静态容积法计算的储量是否可靠；

（2）气井的准确的产能是多少，最大产能是多少，能否稳产；

（3）不同区域的不同气井，单井控制的动态储量是多少；

（4）作为开发方案设计，开发单元应如何划分，数值模拟的参数场如何设定，井网井距如何设计。

这一系列的问题如不及时地确切地回答，将会涉及上报的储量无法得到国家的审批，从而影响到整个气田开发工作的启动和实施。

三、开发准备阶段的动态研究

在靖边气田，开发评价工作早期介入。在 1991 年至 1996 年期间，对气田主体部分的 26 口探井和部分开发评价井，开展了全面的试采和动态分析研究，切实地回答了前面提到的焦点问题。在气田投入正式开发并已向北京供气以后，证实早期对气田的认识是及时的和中肯的，已被相关专家组进行的后评估所肯定。

但是，由于靖边气田在 20 世纪 90 年代初投入开发，时间相对较早，气藏动态描述研究尚处于探索过程，因此研究工作只限于对短期试采资料的分析研究，所建立的储层动态模型也只是初步的、尚未得到完善的模型。研究工作未能结合这些井后续生产过程的压力历史持续地进行模型追踪研究，所以没有能够及时提供这些井单井控制区块的形态、区块面积及动态储量资料，也未能对靖边气田各主力产气井的动态走势作出预测。

（一）产能试井和结合压力恢复试井的短期试采

在靖边气田，首次采取了延续进行短期试采的修正等时产能试井。通过 26 口早期评价井的测试，了解了如下的储层特征：

（1）通过修正等时产能试井，推算出了气井的初始无阻流量；

（2）通过不稳定产能测试点以后的延时开井，初步了解了气井产能的稳定状况；

（3）通过延时开井以后的终关井压力恢复试井，初步评估了井附近储层的模型特征，即储层的结构特征及延伸情况、边界分布及性质、储层参数量值、完井质量等；

（4）把初步评估取得的单井动态模型，用单井短期试采的压力历史加以检验，初步得到确认。

正如本书多次讲到的，油气井测试的目的，就是为了从动态角度对气井、对气藏进行描述。通过前面讲到的（1）至（4）项的研究，已经利用试井软件建立了单井的动态模型（理论模型），而且也通过了初步的确认（短期试采过程的压力历史拟合），因此，可以立即用来预测这口井在不同的产量安排条件下的短期压力动态走势，以及不同产量条件下的稳产情况预测，也就是单井动态预测。

陕 62 井是靖边气田南区的一口气井，打开层位是马五$_1^1$—马五$_1^4$，包含全部的主力产层。产层厚 13.6m，系浅灰色细粉晶云岩，裂缝发育。

测试时采取 3 段式安排：四点的修正等时试井不稳定产能点测试；延时产能点测试，相当于气井作短期试采；终关井压力恢复试井。这种安排也是所有 26 口动态测试井的一致采取的方式，得到的压力历史情况如图 8–6 所示。

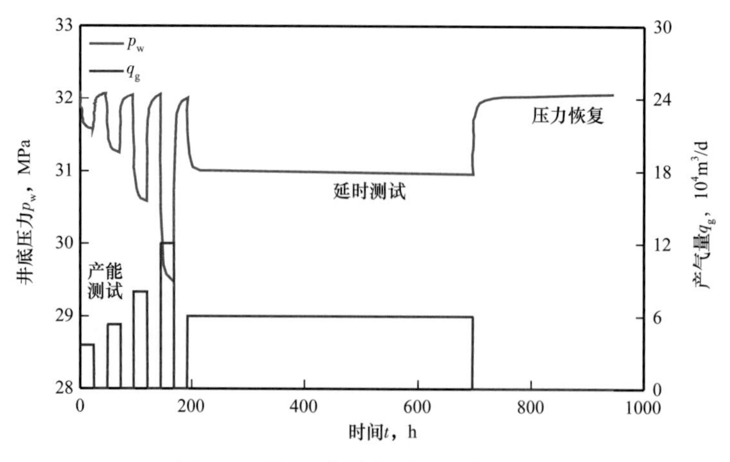

图 8–6　陕 62 井动态测试压力历史图

1. 产能分析

从图 8–6 中的第一阶段和第二阶段录取的数据中，可以得到气井的产能方程，并求得无阻流量 q_{AOF}；并且通过产量—流动压力关系，得到不同井底流压条件下的产气量—IPR 流入动态曲线，如图 8–7 所示。

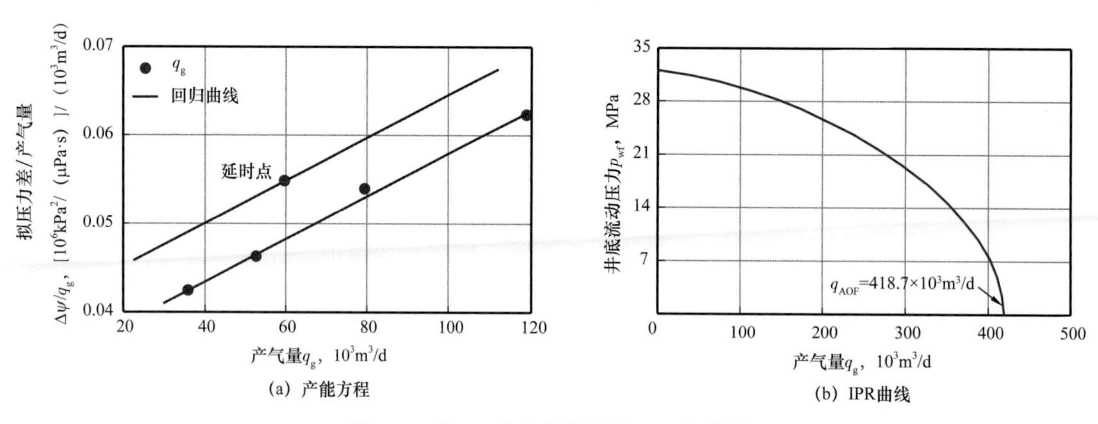

图 8–7　陕 62 井产能方程及 IPR 曲线图

由图 8–7，可以计算出无阻流量值为：

$$q_{AOF}=41.87\times10^4m^3/d$$

用同样的方法，分析了所有 26 口井的无阻流量情况，得到靖边气田的无阻流量 q_{AOF} 值，为 8×10^4～$65\times10^4m^3/d$，平均为 $28.86\times10^4m^3/d$。由修正等时试井提供的产能数据，成为气田开发中产量安排的主要依据。

2. 产能稳定性的分析

正如本书第三章反复强调的，气井的初始无阻流量是一口气井的初期的产气能力指标。至于气井能否稳产，取决于井周围的边界情况，以及井所控制的动态储量。这些指标通过后面讲到的动态模型研究，可以全面而详细地确定。但是，从开井的压力历史动态中，也可以大致地有所了解。

在靖边气田，通过短期试采后发现，大致有3种类型的单井压力历史走势：稳定型、基本稳定型和恢复较快的不稳定型，如图8-8所示。陕62井即属于稳定型。

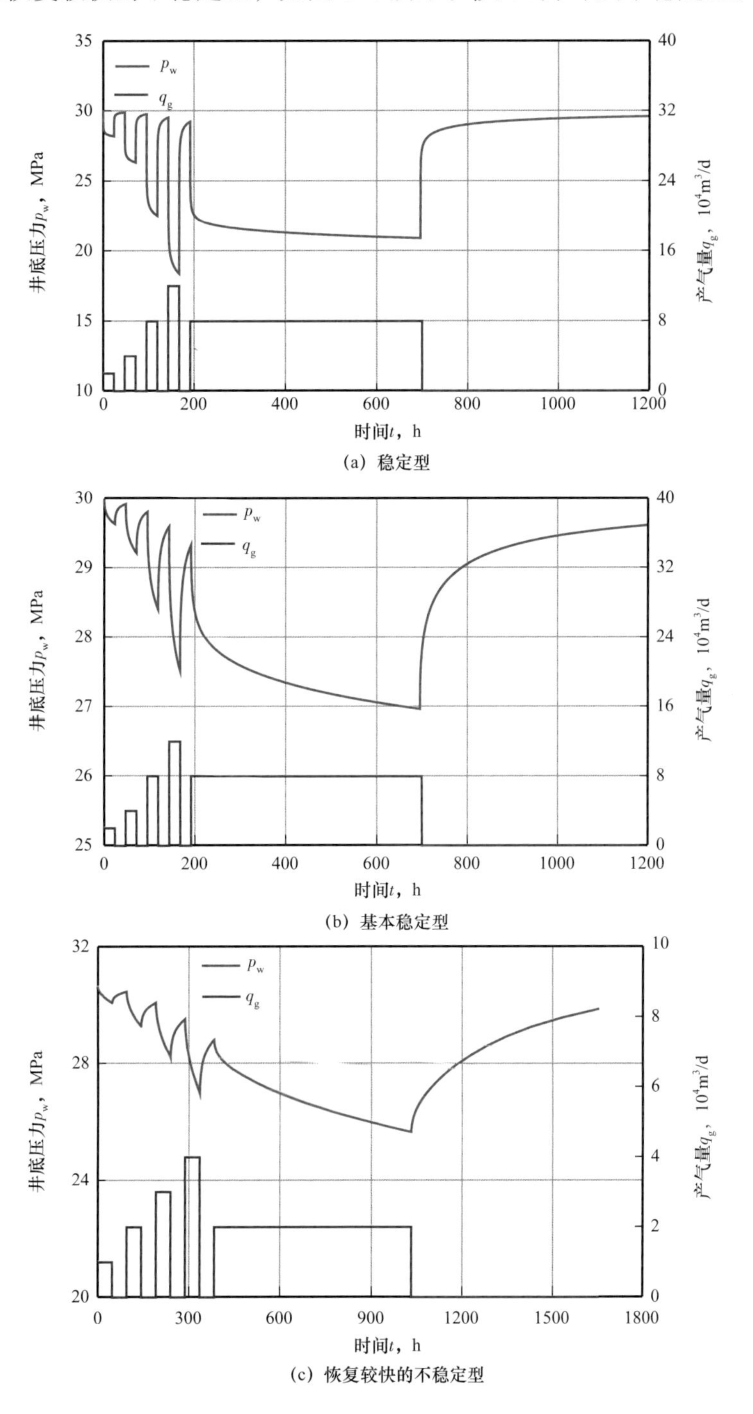

(a) 稳定型

(b) 基本稳定型

(c) 恢复较快的不稳定型

图8-8 靖边气田压力历史走势类型示意图

由此看来，靖边气田的气井产量稳定情况相对是较好的，这也为以后的生产实践所证实。

3. 储层模型特征

产能试井结束后的压力恢复试井，提供了确认储层模型的信息空间。正如第五章所介绍的，特定的压力双对数图形对应特定的流动特征，并由相应的储层类型所决定。针对靖边气田的压力双对数图形进行分析，进而用试井软件加以解释，大部分井表现为“复合地层”的特征：

（1）相当一部分高产气井，对应表 5–5 中的内好外差的复合地层（模式图 M–7）。像陕 5 井（图 5–93 和图 5–94）、陕 155 井（图 5–95 和图 5–96）、陕 81 井、陕 52 井、陕 100 井、陕 84 井以及陕 175 井等都是如此。

（2）另一部分井，对应表 5–5 中的模式图 M–8，代表着内差外好的复合地层。像陕 13 井（图 5–97 和图 5–98）、陕 62 井等。

综合起来看，这两类井占据全部 26 口试采井中的绝大多数。这就意味着，靖边气田的主力产层是连片分布的，但在横向存在着较大的变化，即所谓的非均质性。

（3）还有一部分靠近沟槽的气井流动受到不渗透边界的限制。例如陕 8 井（图 5–104，图 5–105 和图 5–106）以及 G19–11 井等。

（4）极个别的井像陕 6 井，出现了定容封闭地层的边界特征。陕 6 井打开的是非主力产层马五$_4$，从地质上已认识到该层在气区内是局部分布的，因而与地质上的研究成果完全吻合（图 5–109）。

（5）西部边缘地带井钻遇了组系性的裂缝，其压力历史形成如图 8–8 中（c）类的走势。这样的井如陕 181 井和陕 71 井等，其压力双对数图如图 5–129 和图 5–130 所示。

通过以上对短期试采资料的分析研究，对靖边气田的储层动态模型已初步做出了明确的描述，可以归纳为以下 3 方面：

（1）奥陶系的主力产层在平面上是连片分布的，但存在着非均质的变化。当气井完钻于高 Kh 值部位时，可以获得高产气井，但是在高产气井的外围，Kh 值将会变差，这对产量稳定具有一定影响。如果钻井完成于 Kh 值较低的部位，产能将稍有降低，但外围往往会变好，这为产能稳定提供了有利条件。

（2）沟槽对产能发挥起到很大的限制作用。虽然沟槽边上的井往往会高产，但不渗透边界会影响井的稳产能力。如果井打到沟槽内或潜坑中，主力层就会缺失，从而有可能完全没有产量。

（3）小块的定容区块是存在的，但气区内部这类井很少。

以上的模型分析为准确认识靖边气田的高产和稳产能力提供了资料基础。

（二）干扰试井分析

干扰试井也是确认储层动态模型的重要手段，在本书第六章中，专门以靖边气田的现场实例资料为例进行了详细的介绍。在靖边气田的林 5（激动井）、林 1 和陕参 1 井组，用 10 个月时间进行现场资料的录取，取得了气藏描述方面的可贵的认识。确认奥陶系石灰岩的主力产层大范围连通，但确实存在着严重的非均质现象。储层具有双重介质的某些特征，但 ω 值较大，说明裂缝在天然气储存和流动中具有主导地位（图 6-38 至图 6-41 和表 6-2）

（三）陕 45 井区的动态储量测试

靖边气田于 2000 年开展了主力区块陕 45 的动态储量测试评价研究。该区块含气面积 $408km^2$，探明地质储量 $256.76\times10^8m^3$，当时区内共有生产井 28 口。从动态特征看，该区块属于同一压力系统。关于压力系统分析方法，详见第四章。靖边气田在开发动态研究中，已经按压力动态关系划分出了这样的彼此相对独立的区块，陕 45 块就是其中面积最大的、储量最多的相对独立的区块。陕 45 区块的动态储量测试于 2000 年 4 月开始，全区块 28 口井同时关井测压力恢复，3 个月后达到稳定，测得各井的压力比较接近，平均 29.5MPa，较原始压力下降 1.2MPa。在此之前累计采出气量 $5.0041\times10^8m^3$。

从以上数据可以计算得到：区块单位压降采出气量 $4.17\times10^8m^3/MPa$，预测单井平均累计采出气量 $3.83\times10^8m^3$，陕 45 块预计累计采出气量 $107.2\times10^8m^3$，动态储量占探明地质储量的 42%。

可以看到，虽然仍有部分储量尚未被已钻井控制，但该区块的开发效果已经是相当不错的了。如何找出尚未被控制的区域，将是进一步动态研究的课题。

（四）靖边气田的静压梯度分析

靖边气田在勘探时期和开发准备阶段，对 44 口测压资料质量好的气井的初始静压进行回归分析，得到压力与深度的关系为：

$$p=24.90+0.00193h$$

表明压力梯度值为 $G_{Dh}=0.00193$ MPa/m，接近干气的压力梯度，由此判断气田为彼此连通的整装的气田。

通过以上 1991—1996 年的动态评价研究结果，前面提到的诸多焦点问题，一一都得到了答案。这也就为靖边气田当时通过储量评审和顺利投入开发铺平了道路。1997—1998 年年产 $12\times10^8m^3$ 的探井开发方案实施和 2000 年年产 $30\times10^8m^3$ 的开发方案实施以及 2002 年的后评估工作，证实了对气田的总体认识是恰当的。

第三节　克拉 2 气田短期试采和气藏特征评价

克拉 2 气田是一个潜质非常好的大型气田，是中国西气东输的主要气源区。对于这样一个气田的研究，将影响到此项大规模工程能否顺利实施，因而成为各方关注的焦点，同时由于试井资料本身的变异，也给气田动态描述研究提出了新的挑战。通过几口试气井短期试采资料的反反复复、不断深入分析，最终回答了投入开发前各方关注的焦点问题。

从克拉 2 气田的试井分析，取得了丰富的关于储层、气井产能和钻井完井工艺评价等各方面的信息，对克拉 2 气田做出了综合、完整的描述。

一、地质概况

克拉 2 气田位于库车坳陷北缘中部，是一个东西长（18km）、南北窄（4km）的断背斜。在构造内部分布着数十条小断层，落差 20～80m。其构造情况如图 8–9 所示。

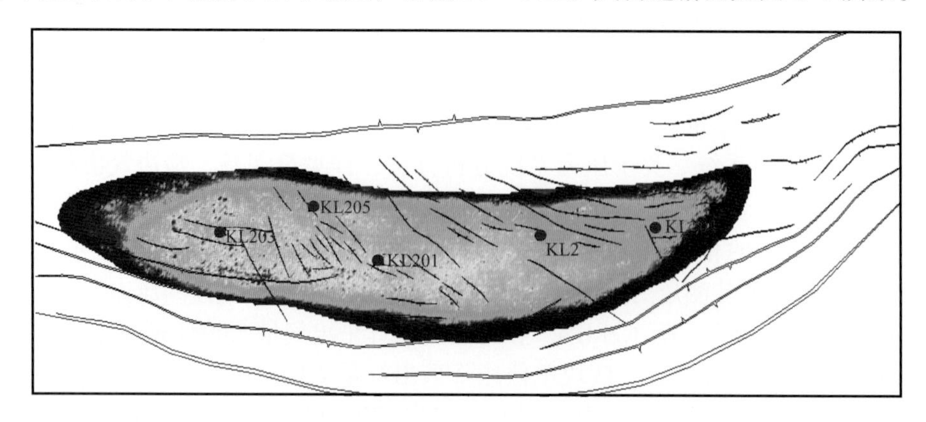

图 8–9　克拉 2 气田构造井位图

气田含气层位是古近系和白垩系砂岩地层，其中白垩系的巴什基奇克组是主力产层。整套含气层段很长，在克拉 2 井有近 500m，其中巴什基奇克组 350m；在克拉 201 井近 340m，其中巴什基奇克组 273m。层段内的夹层一般较薄，多数在 2m 以下。除巴什基奇克底部夹层外，其余夹层延伸长度一般为 60～70m。岩心分析和测井解释表明，孔隙度 ϕ 平均为 12.6%，渗透率 K 平均为 49～53mD。但是在纵向上分布很不均匀。经过试气取样分析后确认，气田产出的是干气，其中甲烷含量在 97% 以上，低含硫。

二、克拉 2 气田试井分析研究步骤及取得的认识

由于克拉 2 气田是一个深层、异常高压、巨厚的气田，因此在用动态方法对它进行研究时，遇到了前所未有的困难，经历了曲折的历程，但经过一步步调整测试分析方法，一步步加深认识，终于取得了对气田内幕的深入了解。

（一）勘探井 KL2 井试气

1.KL2 井试气取得的认识

KL2 井作为发现井，钻穿了全部的含气层，在勘探目标上取得了突破。该井分 14 个层段逐层试气，通过试气过程，在从动态特征上认识储层方面有如下收获：主要测试层段几乎层层产气，确认了巨厚产气层的存在；各个测试气层均具有较高的产能，试气产量达到 50×10^4～$70\times10^4\mathrm{m^3/d}$；储层具有异常高的地层压力，各个层段的测试资料显示，压力系数均大于 2，显示气层具有极高的潜在能量。

2. 存在的不足

但是，通过试气并没有把储层的特征完整而确切地显示出来。主要原因就是，针对纵向上连通很好的巨厚的气藏体，采取了细分小层试气的方法。气层在纵向上的相互干

扰，导致测试曲线图形的异常，出现了“部分射开”的效应，以致无法正常地解释储层参数，无法界定取得的产能（无阻流量）是代表哪个层段的，也就无法确认全井的产能到底是多少。KL2 井的试气层段如图 8-10 所示。

测试序号	层位	井段 m	射孔厚度 m	试气产量 $10^3m^3/d$	产水量 m^3/d
14	E	3456~3572	5	605	0
13	白垩系巴什基奇克组（Kbs）	3590~3591	1	664	0
12		3593.5~3595.5	2	652	0
11		3711~3713	2	553	0
10		3740~3750	10	717	0
9		3803~3809	6	682	0
8		3876~3884	8	0	0
5		3888~3895	7	238	0
6		3918~3925	7	0	0.4
4		3937~3941	4	0	33.6
3	巴西改组(Kb)	3950~3955	5	0	0.1
2		3984~4071	8	2.5	2.6
1		4066~4071	5	0	3.6

图 8-10　KL2 井试气层位划分示意图

从图 8-10 中看到，对于一个井段长达 500m 的试气井，每次射开部位只有 4～8m，个别的只有 1～2m，如同在墙壁上开一个针孔观察事物一样，是难得有确切认识的。但作为探井试气，采取这种常规的做法也是在情理之中的。取得的典型的压力恢复曲线如图 8-11 所示。

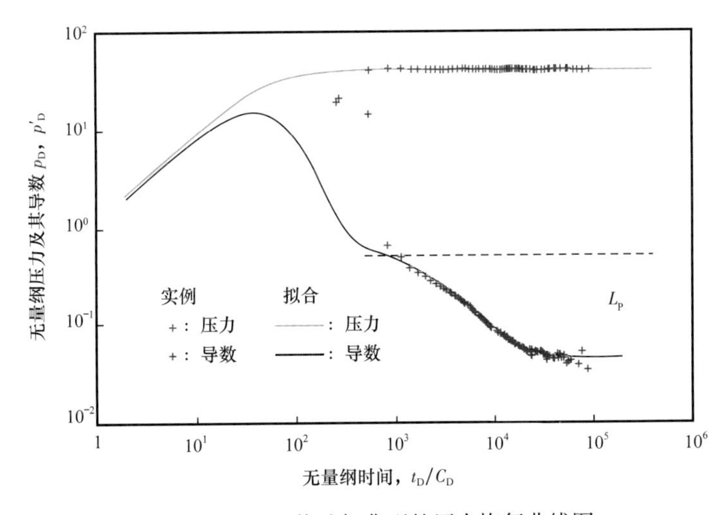

图 8-11　KL2 井试气典型的压力恢复曲线图

从图 8-11 中看到，这是一条典型的地层部分射开的特征曲线，与第五章表 5-5 所示模式图形（M-6）是非常相似的。有两点值得特别注意：

（1）从图形特征明确显示，该次测试射开层段虽然只有 2m，但它与上面和下面的层段显然在纵向上是连为整体的，验证了气层在纵向上良好的连通性，可以半定量地用来解释纵向渗透率。

（2）应避免一些偏离地层实际情况的解释和分析。在处理上述试井曲线时，曾有过如下分析结果：解释为定压边界，这显然没有地质依据，而且对于产气层，也不存在任何的所谓“定压边界”；解释气井受到伤害，虽然从曲线特征分析，有可能求得很大的表皮系数，但这主要是打开不完善造成的，并非完井质量本身的原因。

（二）评价井 KL201 井

在制订克拉 2 气田的初步开发方案以前，KL201 井计划进行试气。按说从当时对储层的认识，已倾向于全层大段合采。这样最迫切需要知道的就是全井的产能和全井的储能参数。但遗憾的是，针对 KL201 井，仍旧照搬层状地层分层试气的方法，只不过设计的单层测试时间比 KL2 井更长一些，层段更厚一些。KL201 井的试气层位如图 8-12 所示。

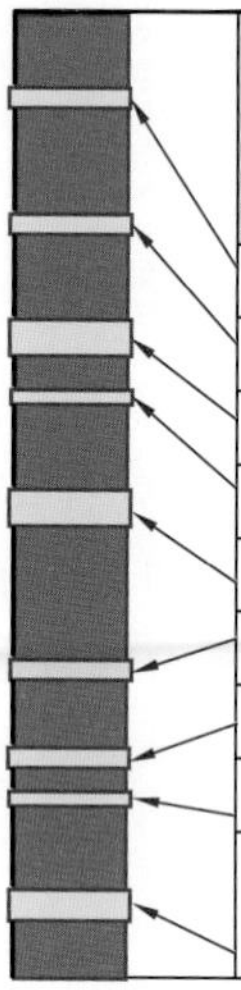

测试序号	层位	井段 m	射孔厚度 m	试气产量 $10^3m^3/d$	产水量 m^3/d
9	E	3600~3607	7	92.1	
8		3630~3640	10	158.5	
7	巴什基奇克组(Kbs)	3665~3695	30	211.0	300
6		3712~3714	2	139.0	
5		3770~3795	25	376.7	163~454
4		3883~3892	9	306.7	
3		3926~3930	4	212.2	133
1		3936~3938	2	72.5	209
2	巴西改组(Kb)	4016~4021	5	0.0	

图 8-12　KL201 井试气层位划分示意图

测得的典型的压力恢复曲线如图 8-13 所示。上述测试资料仍然反映出储层的一些重要特征：进一步证明了主力产层纵向上的良好连通性，这与地质研究成果是完全一致的。因而提示对这样的气藏，一定要采取全井合采的方式开发；由于测试的延续时间较 KL2 井长，因此压力的双对数图中导数显示了较长的径向流水平段，说明 KL 201 井附近的断层对流动并未起到明显的阻流作用。

（三）KL203 井的测试分析

吸取了前面的经验教训，针对接下来完成的 KL203 井，采取了全井试气，全井测产能和压力恢复，进行全层段分析的方法。

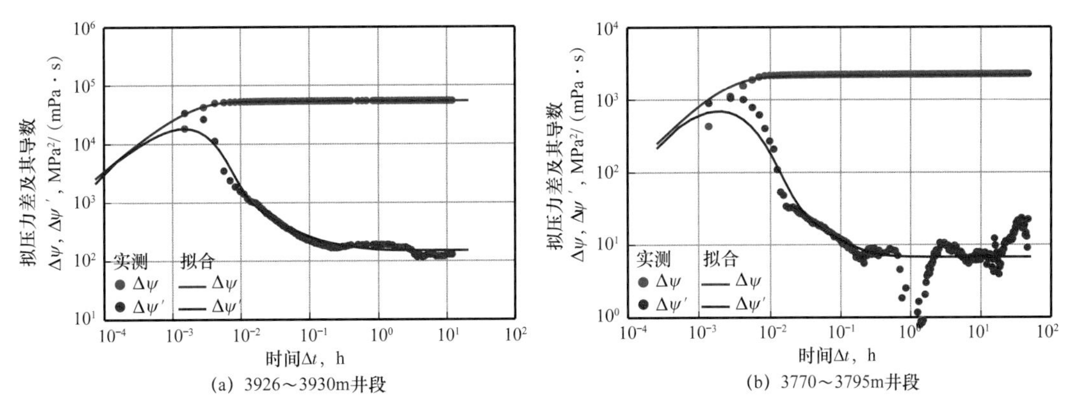

图 8-13 KL201 井分段测试压力恢复曲线图

1. 测试工艺

试井时采取 APR 全通径测试工具 + 射孔枪，进行射孔—测试联作，射孔后带枪测试。测试管柱结构如图 8-14 所示。

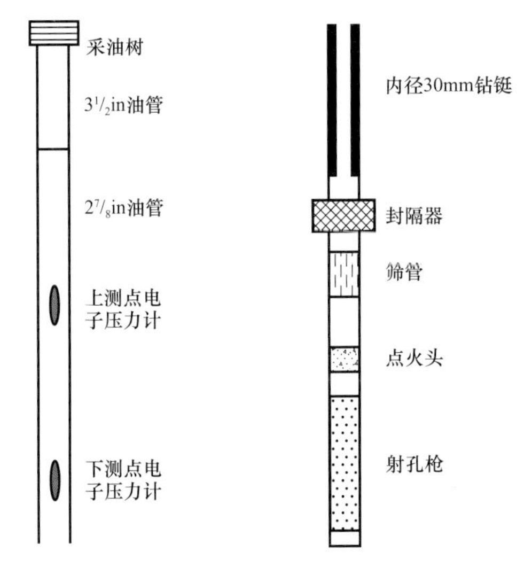

图 8-14 KL203 井测试管柱结构示意图

从图 8-14 中看到，上述测试管柱有两方面的结构影响了资料录取和分析：

（1）压力计距离测试层过远。

压力计设置在上、下两个不同录取部位，下部的压力计安置在 3520.15m，距离气层射孔段顶部（3698.5m）约 178m，距气层中部（3807.5m）约 287m；上部压力计安置在 3404.61m，距气层顶部约 294m，距气层中部约 403m。由于压力计未能下放到气层中部，将会给资料录取带来一系列的问题。

（2）小直径钻铤阻碍了产能的发挥。

在测试层和压力计之间的测试管柱中，接有一段长 106.5m、内径 38.1mm 的钻铤，目的是通过小直径内孔的阻流，在射孔过程中保护井内的压力计，使之避免振动受损。

但正是这一段长 100m 的阻流钻铤，在试气时的高产量下产生极大的摩阻，限制了产能的发挥，并使多项解释的参数失真。

2. 测试工作制度安排及压力资料录取

测试步骤见表 8–1。整个测试过程包括前面的七开七关进行修正等时试井的不稳定点测试，八开测稳定产能点，八关测压力恢复曲线，九开实施取样分析，九关重复压力恢复测试。录取到的压力历史图如图 8–15 所示。

表 8–1　KL203 井测试施工程序表

阶段	时间	地面显示描述
4 月 5 日		
坐封	18：10	正转 8 圈，加压 13tf 坐封
4 月 6 日		
一开井	17：15	正打压 34MPa 射孔，地面开井，放喷后进分离器求产
4 月 7 日		
一关井	14：00	地面关井
二开井	20：00	地面开井，6.35mm 油嘴
4 月 8 日		
二关井	2：00	地面关井
三开井	8：00	地面开井，8.73mm 油嘴
三关井	14：00	地面关井
四开井	20：00	地面开井，10.3mm 油嘴
4 月 9 日		
四关井	2：00	地面关井
五开井	8：00	地面开井，7.14mm+9.53mm 油嘴
五关井	14：00	地面关井
六开井	20：00	地面开井，10.32mm+9.53mm 油嘴
4 月 10 日		
六关井	2：00	地面关井
七开井	8：00	地面开井，15.88mm+14.29mm 油嘴
七关井	12：00	地面关井
4 月 11 日		
八开井	10：00	地面开井，7.14mm+9.53mm 油嘴
4 月 17 日		
八关井	20：00	地面关井
4 月 20 日		
九开井	15：00	地面开井，7.14mm+9.53mm 油嘴
4 月 21 日		
九关井	10：00	井下关井
4 月 22 日		
压井	8：00	环空加压 23MPa 操作 RD 阀，反循环压井
4 月 23 日		
解封	6：30	上提管柱 640kN ↓ 590kN，解封

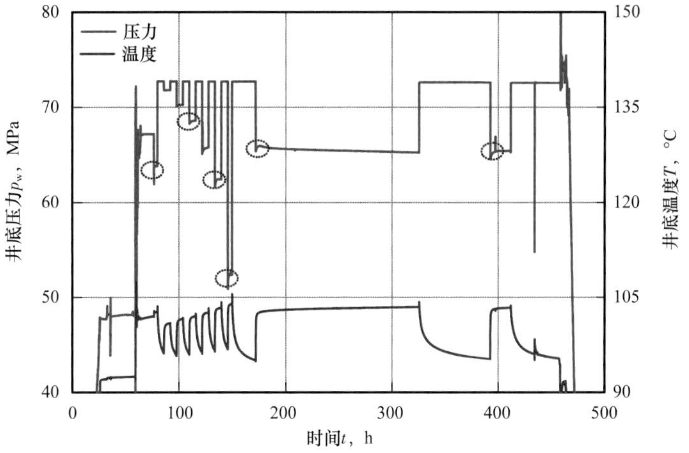

图 8-15　KL203 井全井测试压力、温度历史曲线图

测试时取得的产量记录见表 8-2。以上压力、产量记录清楚地显示了作为高压、巨厚产气层的克拉 2 气田，其气井在全井生产时的旺盛的产气能力。但是，当深入一步对测试资料进行分析时却发现，其中隐藏着许多异常现象，有的现象直接影响着参数的分析解释。

表 8-2　KL203 井产能测试产量记录

油嘴 mm	孔板 mm	油管压力 / 套管压力 MPa	流压 MPa	产量，m^3/d			生产压差 MPa	生产时间 h
				油	气	水		
11.11	101.6	54.32/15.2	67.968		925316		5.166	10
12.7	101.6	48.71/15.1	64.783	0.62	1141887	0.35	8.351	3.0
6.35	76.2	60.37/15.7	72.271	微量	418776	1.20	0.859	6.0
8.73	82.55	59.52/15.0	70.793	微量	661056	0.44	2.327	6.0
10.32	101.6	56.30/15.0	69.244	0.66	880946	4.20	3.867	6.0
11.91（9.53+7.14）	88.9/101.6	51.74/15.0	66.607	2.75	1179450	4.26	6.497	6.0
14.05（14.29+10.32）	101.6/114.3	46.01/15.0	63.444	1.73	1364336	5.00	9.651	6.0
21.36（14.29+15.88）	88.9/114.3	26.70/16.0	54.056	1.64	2010035	6.96	19.032	4.0
11.91（9.53+7.14）	88.9/82.55	52.13/14.0	65.904	0.46	1134848	2.99	6.985	15.4
11.91（9.53+7.14）	88.9/82.55	52.20/14.5	66.025	0.18	1133458	3.51	6.775	10

3. 压力资料中出现的异常现象及分析

资料中的“异常”现象，提供了气井动态，特别是井筒中动态的丰富的信息。一方面，这些异常现象阻碍了用这些压力资料正常分析储层参数；另一方面，由于应用了高精度的电子压力计，记录下了这些有趣的现象，首次揭示了高产量气井井筒中的相变过程，帮助油藏工程师采取相应措施改进施工工艺，深入地研究储层动态特征。

（1）异常的压力及温度变化。

① 关井后的井底压力出现频繁波动和“噪声”。

KL203 井每一次关井，记录到的井底静压力均呈现出频繁的波动，波动之中还叠加有更高频率的“噪声”。波动幅度最大约为 0.01MPa，噪声幅度约为 0.001MPa；波动频率在 8～10 次 /h，噪声频率可达 70～80 次 /h；波动和噪声从一关到九关持续存在；同一测点两支压力计记录的压力波动完全叠合一致，表明压力记录正常，但上、下测点间测到的压力波动形态不尽相同；当压力点录取间隔较小时（以秒计），波动和噪声可以同时观测到。当记录点间隔较大时（以分计），则只观察到波动，观测不到噪声。图 8-16 展示其中部分图形。

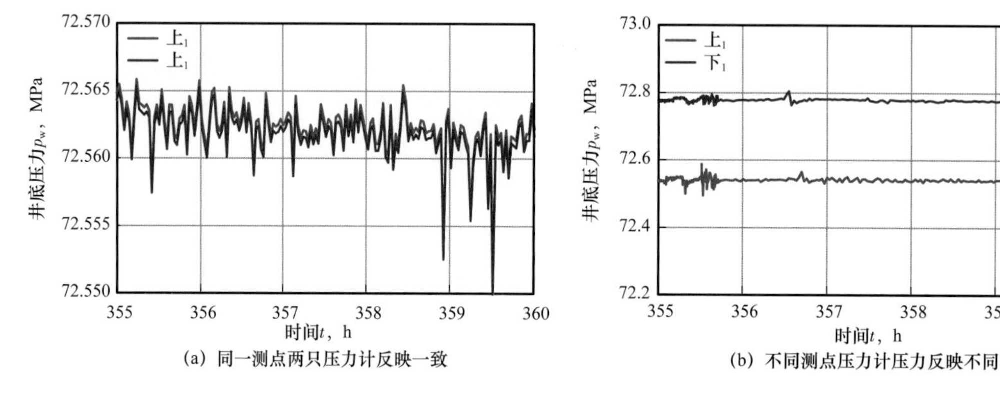

(a) 同一测点两只压力计反映一致　　(b) 不同测点压力计压力反映不同

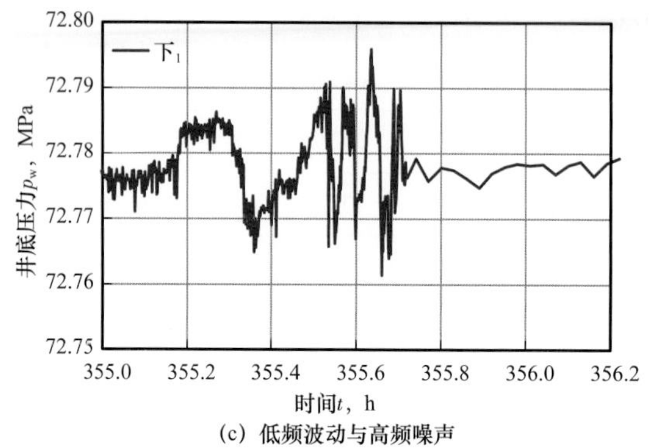

(c) 低频波动与高频噪声

图 8-16　压力恢复曲线局部放大对比图

图 8-16（a）为第 8 次关井过程中，上部测压点两支压力计同时记录的压力。可以看到记录的压力波动叠合得相当好，说明压力计的工作是正常的。图 8-16（b）为第 8 次关井中，上、下压力计同时记录的压力变化，两者形态存在差别。图 8-16（c）显示了下压力计第 2 次关井时，低频波动与高频噪声的叠合情况。

② 关井压力恢复曲线晚期出现压力回落。

图 8-17 显示 KL203 井第 8 次关井压力恢复曲线情况。从 KL203 井下部压力计记录压力看，关井时间较长的七关、八关和九关，都出现了这种反常的现象。而在上部压力计，一关—六关以至八关、九关大都存在这种倒恢复的现象。说明此种现象与压力计下入深度有关。

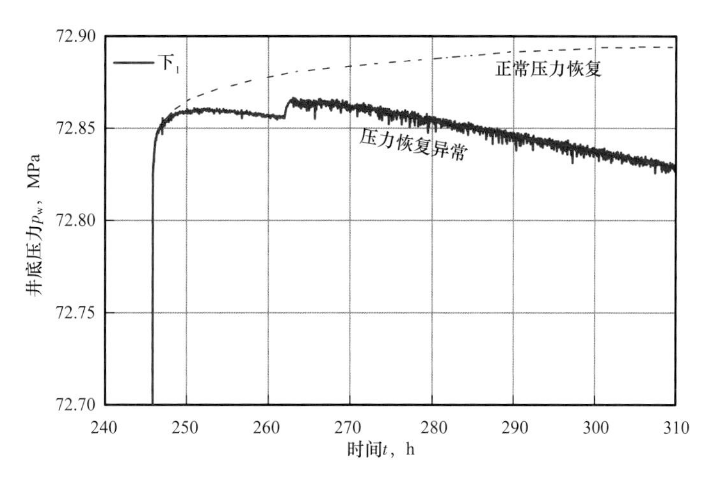

图 8-17 关井压力恢复曲线后期出现反常的下降示意图
（第 8 次关井，下测点压力计）

③ 开井压降曲线早期出现突降的倒峰值。

与压力恢复曲线的倒恢复相对照的是，压降曲线在开井瞬间，出现一个倒峰值，然后再逐渐上升（图 8-18）。

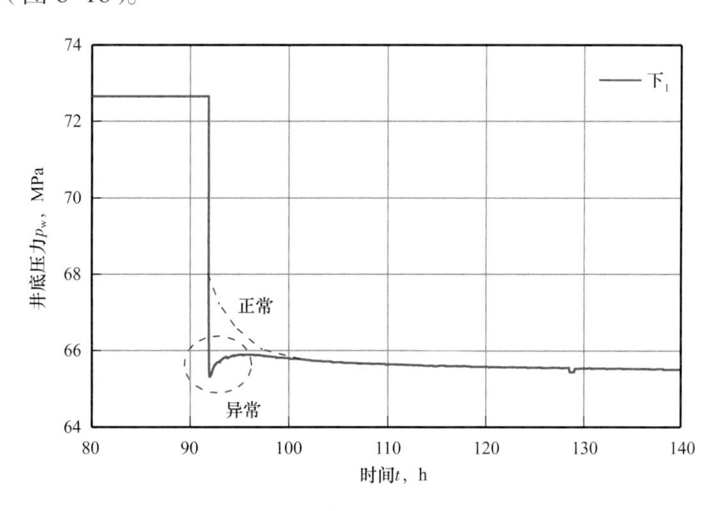

图 8-18 KL203 井压降曲线初期显示倒峰值示意图

各个开井段都是如此，而且在上、下压力计的各条测试曲线中，都可以观测到这一现象。说明这一影响因素始终存在于 KL203 井测压曲线中。

④ 从一关到九关，井筒中压力梯度不断变化。

图 8-19 显示上、下测压点记录的关井压力情况。上、下测压点相距 115.54m，从同

一时刻不同测压点记录的压力，可以折算出关井后井筒中的静压力梯度。从图 8–19 中看到，上、下压力计测得的压力并非平行变化，而是存在着明显的剪刀差。折算出的压力梯度从一关时的 0.003847MPa/m，下降到九关的 0.001909MPa/m，相差 1 倍多。

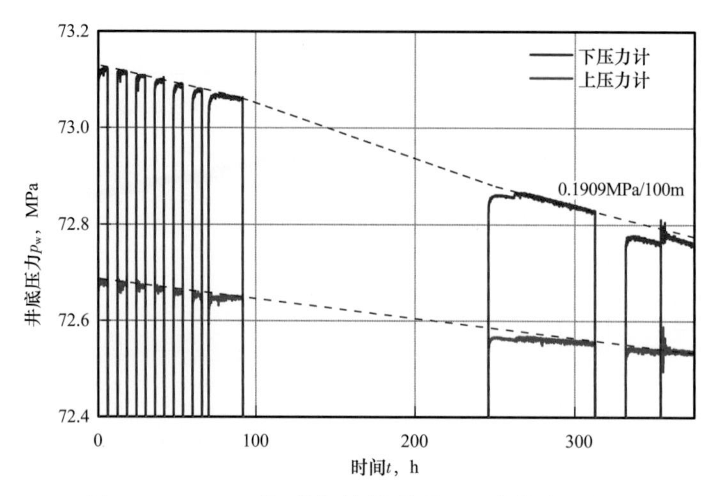

图 8–19　KL203 井不同时刻关井井下压力梯度变化图

⑤ 同一次关井的井筒静压力梯度随时间逐渐变小。

井筒静压力梯度不仅在不同的关井段间逐渐降低，在同一次关井过程中也随时间逐渐降低。以关井时间较长的第 8 次关井为例，关井初期井筒中压力梯度为 0.002535MPa/m，到关井末期时，压力梯度下降到 0.002374MPa/m，使同一次关井过程中，前后测点录取到的压力也出现了剪刀差，如图 8–20 所示。这一现象同样存在于第 9 次关井过程中。

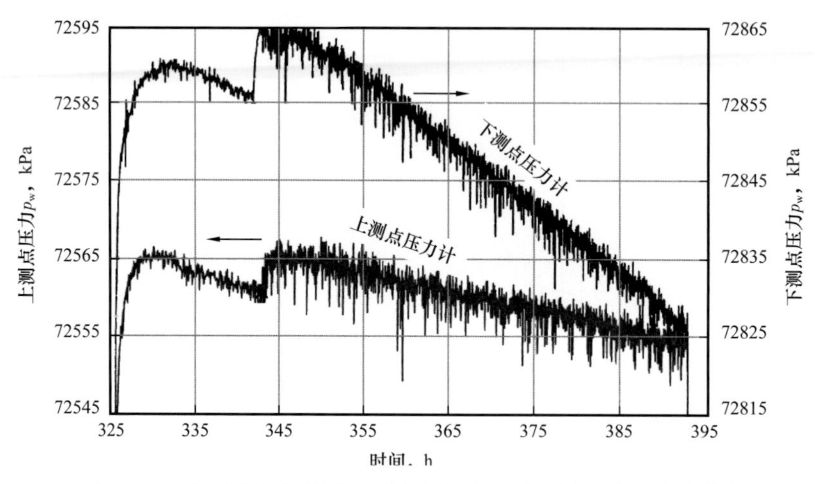

图 8–20　长时间关井情况下测点压力变化对比图（第 8 次关井）

⑥ 关井瞬间，温度出现突升的尖峰。

图 8–21 显示关井时刻温度突显向上的尖峰。整个测试过程中，每一次关井，温度曲线均会出现这种尖峰，而且开井产量越高，开井时流压越低，则这种尖峰突出的高度越大。

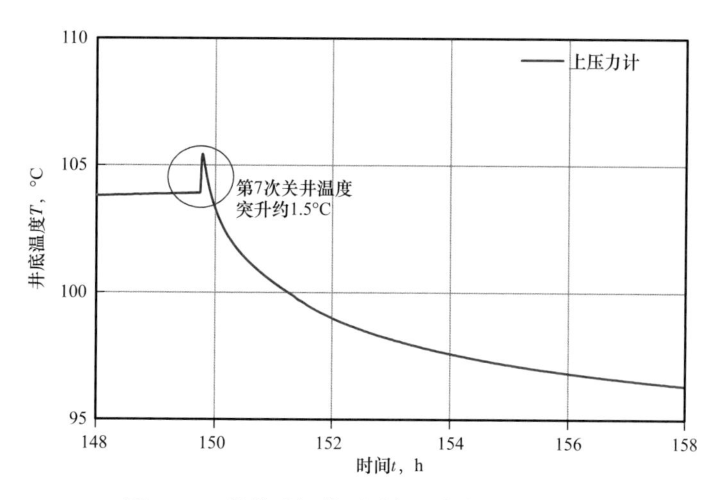

图 8–21 关井瞬间井下测点温度突现向上尖峰

（2）关井压力异常原因分析。

经结合测试工艺条件和现场测试记录加以分析后发现，引发上述现象的主要原因是开关井时井筒内的相态变化，具体来说就是：关井时井筒内流体为气、水混合物，关井后流体产生重力分离，重质的液体成份向井筒下部滑落，产生积水；开井时井底积水被气流携带向上运移，并带出井口；漏失到地层内的工作液随开井时间延长不断排出，导致井流物的密度随开井时间不断延长而不断减小；层间的非均质引发关井后的层间窜流。

这种分析过程，就是本书在多处地方提到的“测试资料的评价分析”，简称“测评分析”。现场中录取的资料，难得见到教科书中介绍的“标准形态”的曲线，多多少少都存在着由测试工艺因素或地层内部复杂因素带来的异常变化。确认产生异常的原因并排除这些因素的影响，就是资料测评分析和前处理的主要内容。

针对 KL203 井录取的资料，对这种异常现象作详细分析：

① 液体重力分异滑落，以及关井后小层间的窜流，造成测压点压力波动和噪声。

当关井后携带液体混合物的气流停止流动时，其中重质的液体成分将向井底滑落。其中一部分聚集成段塞状的液柱向下移动，其下端到达压力计时，会引起测压点压力的上升；一旦通过测压点，又会造成测点压力的下降，从而形成测压点压力的波动，如图 8–16 和图 8–20 所示。但是第 9 次关井采用井下关井，在一定程度上排除了重力分异的影响，却仍然存在波动和噪声。这就意味着此时噪声的来源主要来自下部地层。KL203 井的主力产层 K_1bs 层划分为 5 个层段，各个层段的渗透率差别很大。分层情况见表 8–3。

开井生产时，高渗透层必然贡献大，亏空也多，压力下降幅度大。关井后，层段之间存在压差，除造成地层内部沿纵向流动外，主要通过井筒进行平衡。也就是说，当关井阀关井后，井筒中砂层表面并未关井，而是通过井筒形成层段间窜流，从而产生了压力波动和噪声。

② 井筒积水高度的估算。

以第 8 次关井为例，关井后井筒中液体开始向下部滑落。也就是说，上部井流物密度减小的同时，会造成井筒下部积水。此处暂假定井筒截面上下一致，以此大致推算积水高度。

表 8-3　巴什基奇克组各层段间渗透性差异表

层位	层段号	岩性	渗透率 mD	孔隙度 %
K_1bs	Ⅰ	极细砂岩	6.27	11.45
	Ⅱ	细砂岩	48.04	13.55
	Ⅲ	细砂岩	77.79	13.10
	Ⅳ	细砂岩	9.59	9.78
	Ⅴ	泥质含量高的砾岩	极差	极差

关井初期测点附近密度：

$$\rho_1=\frac{G_{\mathrm{Dh1}}}{g}=0.2587\mathrm{g/cm^3}$$

折算到井筒中平均压力下的密度：

$$\overline{\rho}_1=\frac{69.35}{72.8}\rho_1=0.2464\mathrm{g/cm^3}$$

关井末期测压点密度 ρ_2=0.2422g/cm^3，平均密度 $\overline{\rho}_2$=0.2308g/cm^3。设积水高度 ΔH，井筒长度 H，截面 S，则有：

$$\overline{\rho}_1HS=\overline{\rho}_2(H-\Delta H)S+\rho_{水}\Delta HS$$

从而得到：ΔH=77.7m。也就是说，第 8 次关井末期，井底积水大约有 78m。

③ 井筒下部积水造成测点关井压力下降。

KL203 井关井时间较长时，后期出现倒恢复，压力出现下降，这主要是井筒下部不断积水造成的。为验证上述结论，进行下面的计算分析：以下测点压力计第 8 次关井测得的压力为例进行分析，如图 8-22 所示。

下测点压力计位置 3520.15m，上测点压力计位置 3404.61m，气层中部深度 3807.5m。因此，上测点压力计距气层中部 402.89m，下测点压力计距气层中部 287.35m；关井初期下测点压力计测得的最高压力为 72.860MPa；关井初期从上、下测点压力计折算出的压力梯度 G_{Dh0}=0.002535MPa/m，得到井流物的平均密度 ρ_1=0.2464g/cm^3。从压力梯度折算出关井初期气层中部的压力为：

$$p_{井底}=p_{测}+(3807.5-3520.15)G_{\mathrm{Dh0}}=73.598\mathrm{MPa}$$

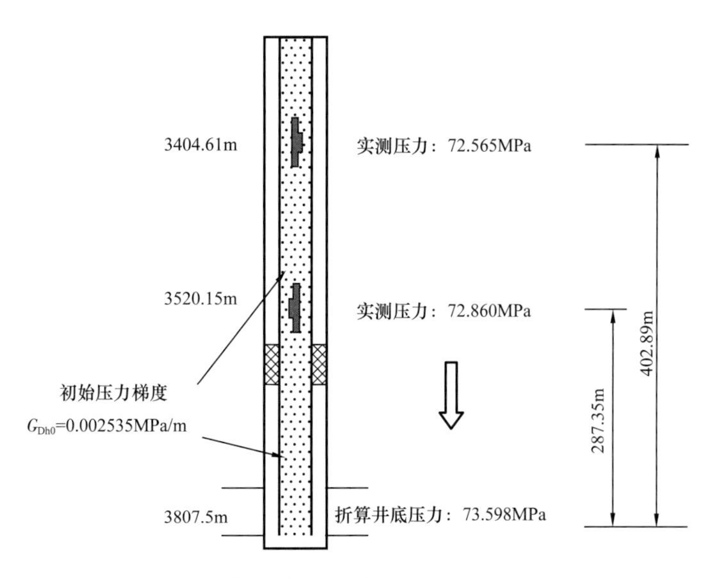

(a) 关井初期压力状态（气水混合物尚未分离）

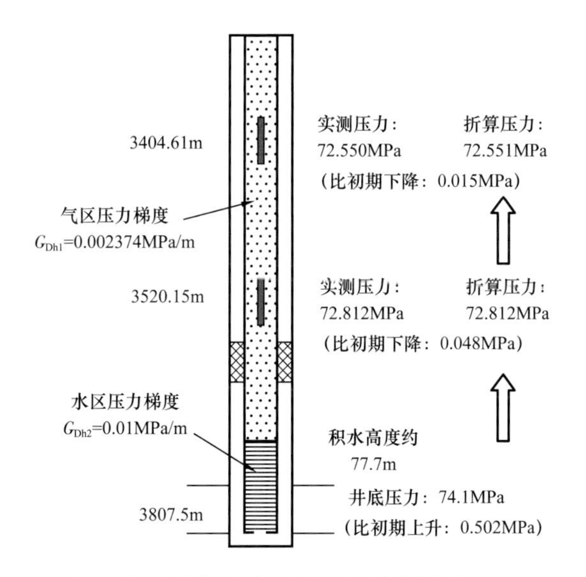

(b) 关井后期压力状态（气水混合物逐渐分离井底积水）

图 8-22　关井后积水引起测点压力下降情况示意图

假设关井 66h 后，气层中部压力正常地向上恢复，井底静压力恢复到 74.1MPa，比关井初期上升 0.502MPa。由于井筒下部积水 77.7m，从井底反过来折算到下测压点的压力应是：

$$p_{测下}=p_{井底}-0.01\text{MPa/m}\times77.7\text{m}-0.002374\text{MPa/m}\times(287.35\text{m}-77.7\text{m})$$
$$=72.812\text{MPa}$$

折算值与下压力计实测压力值基本一致，反而表现出比初始关井时的压力下降约 0.048MPa［图 8-22（b）］，证明积水的确会造成测点压力下降。对于上压力计，同样可以反转过来折算出压力：

$$p_{测上}=p_{井底}-0.01\text{MPa/m}\times 77.7\text{m}-0.002374\text{MPa/m}\times(402.89\text{m}-77.7\text{m})$$
$$=72.551\text{MPa}$$

比初期下降了 0.015MPa。可以看到：上下测点压力都会由于积水产生不同程度下降，但下测点压力计反映的压力比上测点偏移更为严重，这与图 8-20 显示的现象完全一致。从而验证了井筒积水造成测点压力倒恢复的这一结论论据是充分的。

④ 开井过程中压力异常的分析。

图 8-23 画出第 8 次开井的实测早期压力变化。八关时积到井底的水，在九开时将会被气流带出。由于积水，平衡了部分井底压力，使初始测压值偏低，待到积水基本排出后，压力将恢复到较高的正常值。这一分析与图 8-23 中的压力变化趋势是一致的。对于下测点压力计，开井瞬间压力突降到约 65.2MPa，后回升到约 66.0MPa，回升幅度约 0.8MPa，若按梯度 0.01MPa/m 的水柱折算，喷出的水柱高度至少应有 80m，这与八关时计算的积水高度值大致是相同的。

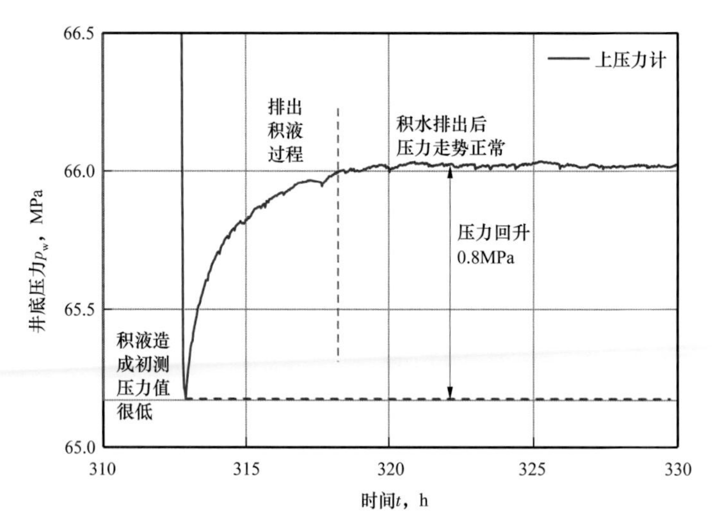

图 8-23　开井排出积水过程影响测点压力变化图（第 9 次开井）

⑤ 从一关到九关井筒中压力梯度下降原因的分析。

图 8-24 标出上、下测点压力计第 9 次关井末的实测压力值。正如图 8-19 中曾显示出的，从实测值所计算的压力梯度是不断下降的，结合图 8-24 的示值，具体下降情况见表 8-4。

关井静压梯度的变化是由于井流物密度产生了变化。表 8-4 中流体密度从 0.3923 g/cm^3 下降到九关末的 0.2036g/cm^3。换句话说，这就意味着井流物中液体含量的不断减少。KL203 井在钻井完井过程中，共损失钻井液 434.9m^3，其他洗井等完井过程中损失的液体尚未计算在内。从回收物计量结果看，仅回收水 27.71m^3，由于该井井温很高，产量很大，部分喷出井口的水有可能未计量，但总起来看该井仍处在继续排出入井液的过程中，但排出量在不断减少，由此形成井筒内流体密度的减小。而且，从七关到八关之间的第 8 次开井，延续 154h，排出液体多，使得从七关到八关之间的压力梯度变化也大，流体密度变化也大，从 0.3643g/cm³ 下降到 0.2420g/cm³，下降了 33.6%。

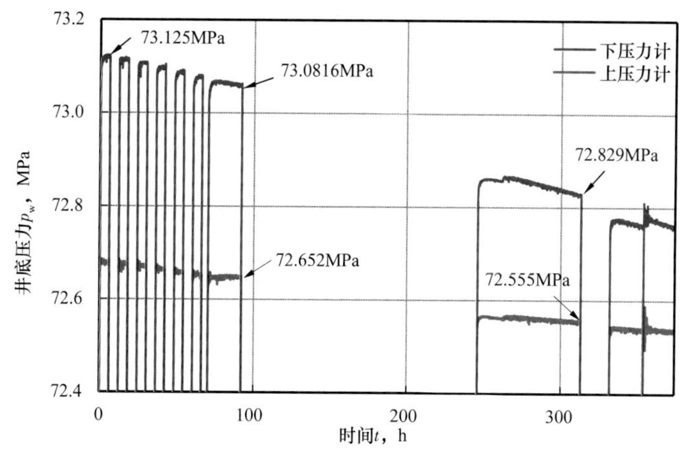

图 8-24　关井末期测点压力示值图

表 8-4　关井末期压力梯度及流体密度变化表

时间	下压力值 MPa	上压力值 MPa	静压梯度 MPa/m	流体密度 g/cm³
一关井	73.12540	72.68087	0.003847	0.3923
二关井	73.11904	72.67605	0.003834	0.3910
三关井	73.10891	72.67078	0.003792	0.3867
四关井	73.09880	72.66262	0.003775	0.3849
五关井	73.09116	72.65823	0.003747	0.3821
六关井	73.08166	72.65224	0.003717	0.3790
七关井	73.05902	72.64625	0.003573	0.3643
八关井	72.82932	72.55504	0.002373	0.2420
九关井（中）	72.76731	72.53653	0.001997	0.2036

⑥ 关井瞬间温度尖峰的分析。

正如图 8-21 所示，关井瞬间，记录的温度出现突升的尖峰。这是由于关井时流体的惯性形成的“水击”现象所造成的。关井瞬间压力突然升高，对于井筒中的定容的流体，存在下面的关系式：

$$pV=ZRT \tag{8-1}$$

式中　p——井筒中的平均压力，MPa；

V——井筒中封闭体积，m³；

T——井筒中平均温度，K；

Z——压缩因子；

R——通用气体常数。

体积 V 是不变的。在短时间内，认为接近绝热条件。当井筒中平均压力 p 从开井时的 38MPa 突然上升到关井时的 68MPa 时（七关），等式左右平衡，温度也相应地会升高。但是瞬间过后，由于井筒中的流动温度大于地层的静温，热量的散失会使井温迅速下降。因而尖峰也就消失了。

以上分析了各种异常现象产生的原因。分析原因不是最终目的，目的是把由此造成的资料异常校正过来。影响压力资料分析的突出问题是关井压力恢复曲线后期的下降。以下就此专门加以讨论。

（3）关井静压力向气层中部的折算。

关井压力恢复曲线分析，严格地来说，应是指对于气层中部砂层表面压力的分析。由于上面提到的种种原因，特别是积水造成的影响以及井筒中温度变化的影响，使得 KL203 井测点压力向气层中部折算时遇到困难。

按照前面的分析，关井压力的倒恢复，主要是关井后液体向井筒下部滑落造成积水形成的。假定积水高度 ΔH 增长与时间成正比关系，则有：

$$\Delta H=A\Delta t \tag{8-2}$$

式中 A——积水速率常数，m/h；

ΔH——积水高度，m；

Δt——关井时间，h。

这样，气层中部压力 $p_{井底}$可以表达为：

$$\begin{aligned} p_{井底}&=p_{测下}+G_{Dh}(287.35-\Delta H)+0.01\Delta H \\ &=p_{测下}+287.35G_{Dh}+(0.01-G_{Dh})\Delta H \end{aligned} \tag{8-3}$$

或

$$\begin{aligned} p_{井底}&=p_{测上}+G_{Dh}(402.89-\Delta H)+0.01\Delta H \\ &=p_{测上}+402.89G_{Dh}+(0.01-G_{Dh})\Delta H \end{aligned} \tag{8-4}$$

把式（8-2）代入，得到

$$p_{井底}=p_{测下}+287.35G_{Dh}+(0.01-G_{Dh})A\Delta t \tag{8-5}$$

或对于上测点压力，有：

$$p_{井底}=p_{测上}+402.89G_{Dh}+(0.01-G_{Dh})A\Delta t \tag{8-6}$$

对于第 8 次关井，按积水情况推算，A=1.177m/h。另外，G_{Dh} 也是随时间变化的，对于第 8 次关井，按线性关系得到：

$$G_{Dh}=0.002535-2.439\times10^{-6}\Delta t$$

代入式（8–5）和式（8–6），得到：

$$p_{井底}=p_{测下}+0.7284+8.085\times10^{-3}\Delta t+2.871\times10^{-6}\Delta t^2 \qquad (8–7)$$

或对于上测点压力，有：

$$p_{井底}=p_{测上}+1.0213+7.804\times10^{-3}\Delta t+2.871\times10^{-6}\Delta t^2 \qquad (8–8)$$

应用式（8–7）或式（8–8），可以对第 8 次关井的测点压力进行折算，得到折算后的井底压力恢复曲线，如图 8–25 所示。

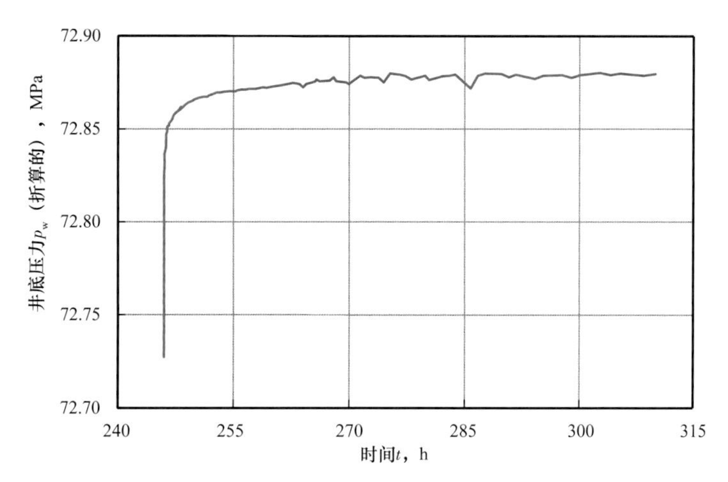

图 8–25　考虑排除积水影响后的关井压力恢复曲线图（第 8 次关井）

从图 8–25 中看到，关井压力恢复曲线的形态恢复正常，排除了图 8–17 中所显示的压力倒恢复。但是应该指出的是，上述的折算经历了多个步骤，特别是关于积水规律假定为线性累加规律，还有待于进一步研究。

（4）不同测点深度压力变化规律的预测。

正如前面所叙述的，由于井筒内流体的重力分离滑落现象，造成上部压力梯度减小，而下部积水，从而扭曲了井筒内的压力分布状态。也就是说，随着测点的不同，会录取到各种各样的，但均与气层中部压力不同的压力变化曲线。选择哪一点测压最合适呢？无疑应选择气层中部。如果井底已有积水的话，则应下放到水面以下。下面将加以论证。

首先假定积水过程为线性规律，即式（8–2）给出的 $\Delta H=A\Delta t$；再假定井筒内平均梯度的变化亦符合线性规律，即：

$$G_{\mathrm{Dh}}=B-C\Delta t \qquad (8–9)$$

可以得到：

$$p_{测}=p_{井底}-Bh-[(0.01-B)A-Ch]\Delta t-AC\Delta t^2$$

式中　h——测点距井底的距离。

以 KL203 井第 8 次关井为例，A=1.177m/h，B=0.002535MPa/m，C=2.439×10^{-6}MPa/（m·h），从而有：

$$p_{测}=p_{井底}-0.002535h-(0.008786-2.439h)\Delta t-2.870\times10^{-6}\Delta t^2 \quad (8-10)$$

为了清楚了解测点压力变化规律，这里做一个演示例，假定气层中部深度3700m，该点的压力维持不变，等于74.00MPa，预测不同深度测点录取的压力变化情况。深度选值为：3700m（到达井底深度），3680m（距井底20m），3650m（距井底50m），3500m（距井底200m），3300m（距井底400m），3100m（距井底600m）。得到如图8-26所示的压力变化曲线。

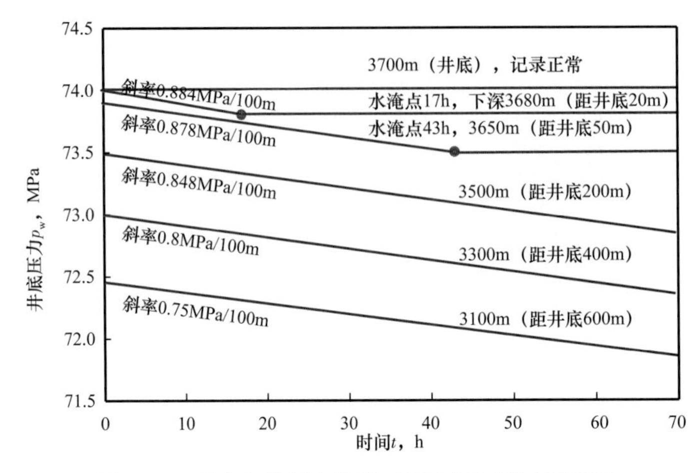

图8-26　积水气井测点深度对压力记录影响示意图

从图8-26看到：测点在3700m时，测得的压力正确反映井底恒定不变的压力74MPa；测点在3680m时，距井底20m，在Δt=16.99h时，积水淹过仪器。淹过前压力以斜率0.00884MPa/h下降，淹没后的压力恒定不变，但与井底压力存在0.2MPa的差值；测点在3650m时，测点距井底50m，在42.48h仪器被水淹，水淹前记录压力以斜率0.00878MPa/h下降，水淹后压力恒定不变，但与井底压力存在0.5MPa的差值；测点在3500m，3300m和3100m时，测点距井底200m，400m和600m，积水始终淹不到仪器，测得压力均呈下降趋势，但斜率随深度不同而异。深度越浅（3100m）、斜率越小（0.00751MPa/h），深度越大（3500m），斜率越大（0.00848MPa/h）。这一点已从KL203井的实测资料中得到旁证。

根据以上分析可以得到如下结论：对于类似KL203井这样的含水生产的气井，在设计测试工艺时，应尽量把仪表下放到气层中部以下。如果井中已有积水，则要下放到水面以下，否则由于液体滑落和积水造成的井筒中的相变，会扭曲测压资料的形态，以至无法进行正确的参数分析。

4. 压力恢复曲线解释和储层动态模型的确认

（1）用折算的井底压力数据进行解释。

前面详细分析了压力恢复曲线出现的异常及进行的折算，图8-25给出了经折算后显示正常的第8次关井恢复曲线。利用折算后的压力数据，进行试井软件分析，得到的双对数图如图8-27所示。

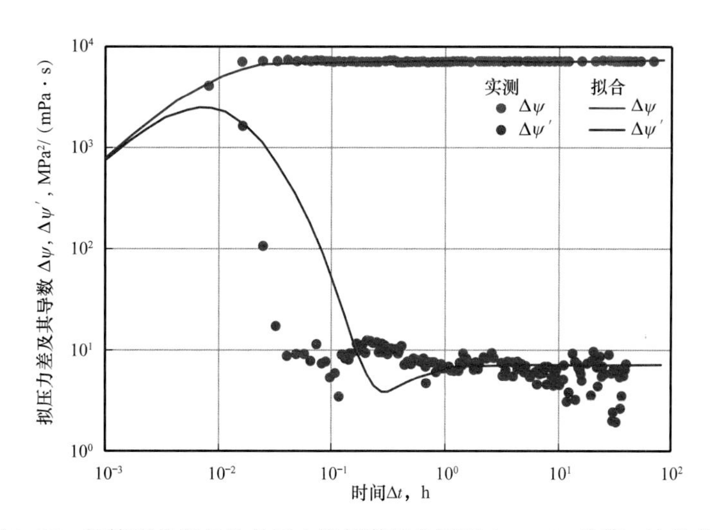

图 8–27 折算到井底的关井压力恢复资料分析图（KL203 井第 8 次关井）

从图 8–27 中看到，资料表现出典型的均质地层的特征，符合第五章所给出的模式图（M–1）的样式：径向流导数水平线一直延续到测试结束，显示气区内断层没有对流动产生任何影响；解释气层渗透率值为 75.0mD，显示气层渗透率值很高，但因此值是应用折算后的压力恢复曲线解释的，因此量值的精确性有待核实；储层总地层系数为 13990mD·m；井储系数 C=0.16m^3/MPa；解释得到极高的表皮系数，S=473.5。经分析认为，主要是由于测试管柱中小直径（ϕ=30mm）钻铤所造成的。106m 长的钻铤对气体流动造成极大的阻流，而测压点在这段阻流管之后，因此测点压力所反映出的流动阻力，被合并计入储层的湍流影响，解释出了高得离谱的表皮系数值。

（2）用测点压力解释取得的分析结果。

关井过程中井筒相态变化，影响了恢复曲线的形态，特别是对关井后期的影响更显突出。关井初期也受到影响，但是由于早期单位时间的恢复压差较大，因此测点压力仍可近似地用于解释参数。应用下测点压力计的 9 次关井的压力数据进行了参数解释，取得结果见表 8–5。

从表 8–5 中看到，解释参数为：渗透率 76.3mD（平均值）；表皮系数 159～735；井储系数约 0.16m^3/MPa（井口关井），0.0132m^3/MPa（井下关井）；推算地层压力 73.134MPa（一关）。

从解释结果看：地层渗透性较高，渗透率值达到 76.3mD，这对于气井来说是形成高产的极为有利的条件；表皮系数很高，但地层伤害并不严重。表皮系数虽然很高，但这主要是由于测试管柱中长 106.53m 的钻铤及筛管等部位的阻流及地层中的湍流造成的。图 8–28 绘出了表皮系数与产量关系图。

从测点回归结果看，真表皮系数只有 28.2，说明地层在钻井完井中所受到的伤害并不严重。而非达西流系数 D 却很高：D=3.6352（10^{4}m^3/d）$^{-1}$，说明湍流及钻铤阻流影响非常严重。

表 8–5　下测点压力恢复曲线解释数据表

参数项 解释段	渗透率 mD	外推压力 MPa	表皮系数	井储系数 m^3/MPa
第 1 次关井	74.86	73.134	565.62	0.1111
第 2 次关井	77.01	73.129	159.56	0.1987
第 3 次关井	79.97	73.123	283.55	0.1074
第 4 次关井	74.29	73.117	321.05	0.1132
第 5 次关井	76.52	73.124	427.35	0.2844
第 6 次关井	76.06	73.134	556.07	0.1551
第 7 次关井	77.00	73.126	735.18	0.1635
第 8 次关井	75.00	72.891	471.65	0.1624
第 9 次关井	76.00	72.801	463.98	0.0132

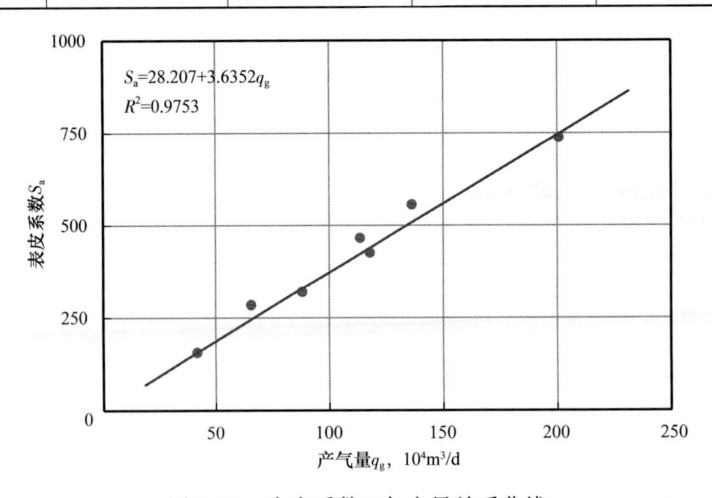

图 8–28　表皮系数 S 与产量关系曲线

地层压力下降偏快，显示异常。从表 8–5 看到，推算地层压力从一关时的 73.134MPa 下降到 72.801MPa，下降值有 Δp=0.333MPa。在采出 $0.1\times10^8m^3$ 天然气情况下，显得下降过快。但是这种下降是异常的，在某种程度上是关井后静压梯度变化和井底积水造成的假象。这里分别应用上、下测点压力计计算得到的推算地层压力见表 8–6。

表 8–6　上下测点实测压力解释结果对比表

单位：MPa

项目 测压位置	一关外推 压力	九关外推 压力	外推压力差	一关实测 压力	九关实测 压力	实测压力差
上压力计	72.700	72.565	0.135	72.681	72.537	0.144
下压力计	73.134	72.801	0.333	73.125	72.767	0.358

从表 8–6 中看到，上部测压点压力下降值明显较下部小，压力分析结果随测点而异。说明用测点压力进行的地层压力推算是不妥当的。同样是井筒积水影响造成的偏离。应用上述解释结果绘出的压力历史拟合检验图，如图 8–29 所示。

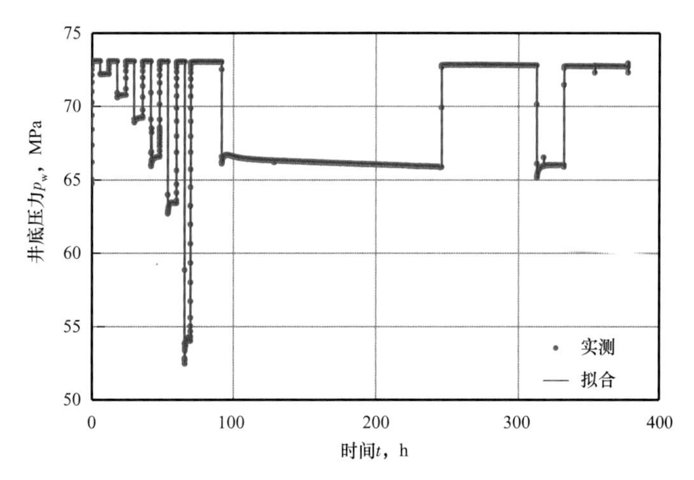

图 8–29 KL203 井试井解释结果压力历史拟合检验图

井储系数 C 值范围基本正常。C 值虽然不反映地层的情况，却可以验证解释过程有没有出现偏差。下压力计前 8 次关井得到的 C 值为 0.11～0.28m³/MPa，平均 0.16m³/MPa，这与高压气井井口关井的条件是符合的。最后一次关井（九关）采用井底关井，解释 C 值也降低了一个数量级，达到 0.0132m³/MPa，符合现场工艺条件。这也从侧面验证了解释过程软件操作的可靠性。

5. 产能分析

KL203 井进行了修正等时试井。前 7 次开井为不稳定产能测点，第 8 次开井为稳定产能点。上、下压力计分别记录了测点压力，均进行了产能分析，但是由于压力计以下接有长 106.53m、内径 38.1mm 的钻铤，起到严重的阻流作用，因而计算的产能与该井实际产能之间差别很大。为此用垂直管流计算公式计算了开井时的摩阻，折算了井底压力，并用折算后的压力进行产能分析，以下分别叙述。

（1）用测点压力进行产能计算。

地面记录的产量和下测点压力计 3520.15m 记录的压力列于表 8–7。

表 8–7 KL203 井产能试井数据（压力测点位置 3520.15m）

阶段	油嘴外径 mm	产气量 $10^4m^3/d$	开关井时间 min	井底压力 MPa
一关		0	330	73.12540
二开	6.35	43.0761	390	72.24080
二关		0	360	73.11904
三开	8.73	67.1984	360	70.79786

续表

阶段	油嘴外径 mm	产气量 $10^4m^3/d$	开关井时间 min	井底压力 MPa
三关		0	360	73.10891
四开	10.32	89.6922	360	69.25845
四关		0	360	73.09880
五开	11.91	117.9400	360	66.60292
五关		0	360	73.09116
六开	14.05	136.4300	360	63.44329
六关		0	360	73.08166
七开	21.36	201.0000	240	54.04378
七关		0	1320	73.05902
八开	11.91	113.4800	9240	65.90137
八关		0	4020	72.82932

采用拟压力法，得到二项式方程为：

$$\psi_R-\psi_{wf}=0.002219q_g+1.379\times10^{-5}q_g^2 \tag{8-11}$$

无阻流量 $q_{AOF}=354.74\times10^4m^3/d$。

指数式方程为：

$$q_g=0.236\left(\psi_R-\psi_{wf}\right)^{0.504} \tag{8-12}$$

无阻流量 $q_{AOF}=342.35\times10^4m^3/d$。以上分析如图 8-30 和图 8-31 所示。

用地面记录的产量和上测点压力计（3404.61m）记录的压力列于表 8-8。

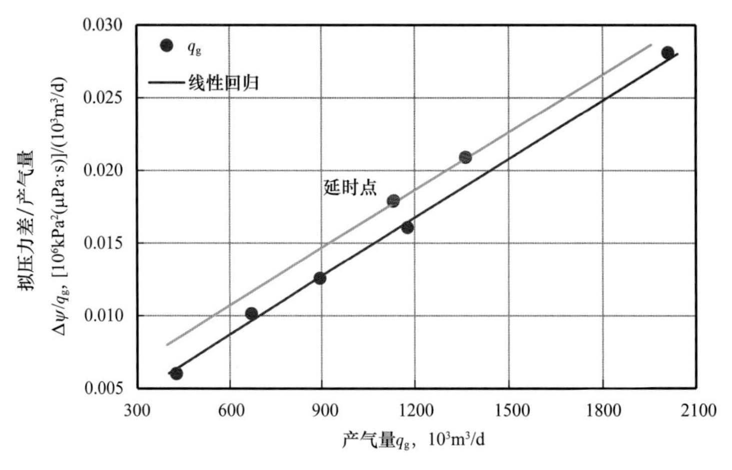

图 8-30　二项式产能分析图

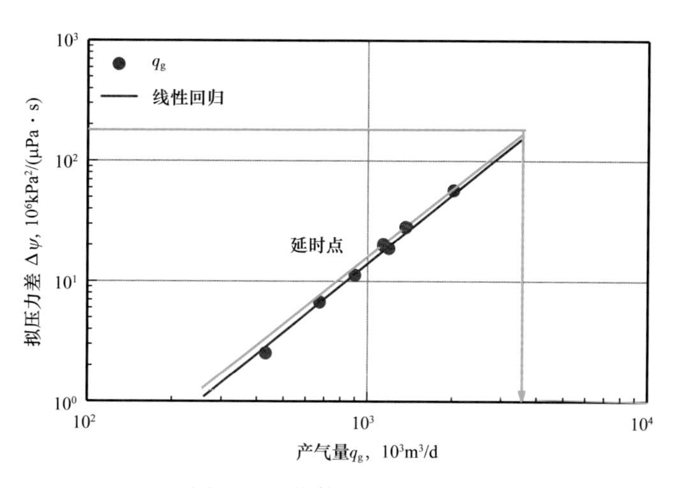

图 8-31 指数式产能分析图

表 8-8 KL203 井产能试井数据（压力测点位置 3404.61m）

阶段	油嘴外径 mm	产气量 $10^4m^3/d$	开关井时间 min	井底压力 MPa
一关		0	330	72.68087
二开	6.35	43.0761	390	71.75555
二关		0	360	72.67605
三开	8.73	67.1984	360	70.21680
三关		0	360	72.67078
四开	10.32	89.6922	360	68.54470
四关		0	360	72.66262
五开	11.91	117.9400	360	65.72894
五关		0	360	72.65823
六开	14.05	136.4300	360	62.39094
六关		0	360	72.64726
七开	21.36	201.0000	240	52.33416
七关		0	1320	72.64625
八开	11.91	113.4800	9240	65.19294
八关		0	4020	72.55504

采用拟压力法得到二项式方程为：

$$\psi_R - \psi_{wf} = 0.002219q_g + 1.481 \times 10^{-5} q_g^2 \quad (8\text{-}13)$$

无阻流量 $q_{AOF}=341.83 \times 10^4 m^3/d$。

指数式方程为：

$$q_g=0.2421\,(\psi_R-\psi_{wf})^{0.501} \tag{8-14}$$

无阻流量为 $q_{AOF}=328.74\times10^4\text{m}^3/\text{d}$。

（2）用折算井底压力进行产能计算。

受本次测试采用的生产管柱结构的限制，测试时压力计未能下放到气层中部，测点压力计算的产能偏低，需对实测压力进行校正。目前有多种用于垂直管流分析的软件可供应用，用这些软件，可以从测点压力折算出井底的静压和流动压力。但这种折算同样遇到的问题是对井流物密度、井筒摩阻系数的取值难以准确确定。经过初步折算，得到流压和静压折算值见表 8–9 和表 8–10。

表 8–9　用上下压力计间实测静压梯度折算开井前井底静压

时间	下压力值 MPa	上压力值 MPa	静压梯度 MPa/m	折算静压 MPa
一关末	73.12540	72.68087	0.003847	73.53522
二关末	73.11904	72.67605	0.003834	73.52748
三关末	73.10891	72.67078	0.003792	73.51287
四关末	73.09880	72.66262	0.003775	73.50095
五关末	73.09116	72.65823	0.003747	73.49032
六关末	73.08166	72.65224	0.003717	73.47763

表 8–10　用垂直管流软件折算井底流压

单位：MPa

时间	实测流压	平均法	Cullender 法
二开末	72.24080	73.37557	73.37556
三开末	70.79786	73.00956	73.00937
四开末	69.25845	72.92506	72.92425
五开末	66.60292	72.51286	72.50944
六开末	63.44329	71.43873	71.42966
七开末	54.15812	70.37366	70.30196
八开末	65.90137	70.87354	70.87087

采用拟压力法得到二项式方程为：

$$\psi_R-\psi_{wf}=0.004555q_g+2.00\times10^{-6}q_g^2 \tag{8-15}$$

无阻流量：

$$q_{AOF}=850.59\times10^4\text{m}^3/\text{d}$$

指数式方程为：

$$q_g=0.1210\left(\psi_R-\psi_{wf}\right)^{0.577} \tag{8-16}$$

无阻流量：

$$q_{AOF}=703.71\times10^4 m^3/d$$

（3）稳定点产能二项式方程法推算的无阻流量及对最高产能的估算。

按照本书第三章介绍的“稳定点产能二项式方程”计算方法，当流动进入拟稳态时，二项式产能方程表达为：

$$p_R^2-p_{wf}^2=Aq_g+Bq_g^2 \tag{8-17}$$

其中

$$A=\frac{29.67\bar{\mu}_g\bar{Z}T}{Kh}\left(\lg\frac{0.472r_e}{r_w}+\frac{S}{2.303}\right) \tag{8-18}$$

$$B=\frac{12.89\bar{\mu}_g\bar{Z}T}{Kh}D \tag{8-19}$$

按照 KL203 井试井时求得的参数情况，取下列参数：r_e=500m，r_w=0.09m，T=376K，$D=2\times10^{-3}$（$10^4m^3/d$）$^{-1}$［用式（2–14）计算得到］，μ_g=0.025mPa·s，p_R=73.134MPa，p_{wf}=65.90137MPa（第 8 个产能测试点，表 8–7），$q_g=113.48\times10^4m^3/d$（第 8 个产能测试点，表 8–7），$S$=471.65（第 8 个产能测试点，表 8–5）。

从而计算得到：

$$A=5.8096\times10^4\left(Kh\right)^{-1}$$

$$B=0.242\left(Kh\right)^{-1}$$

代入式（8–17），得到：

$$p_R^2-p_{wf}^2=\left(5.8096\times10^4q_g+0.242q_g^2\right)\left(Kh\right)^{-1} \tag{8-20}$$

进而把第 8 个测点的 p_R，p_{wf} 和 q_g 代入，反算出 Kh 值为：

$$Kh=\frac{5.8096\times10^4q_g+0.242q_g^2}{p_R^2-p_{wf}^2}=6559\text{mD}\cdot\text{m}$$

从而把产能方程表示为：

$$p_R^2-p_{wf}^2=8.8573q_g+3.6895\times10^{-5}q_g^2 \tag{8-21}$$

在式（8–21）中，方程系数 A 是在表皮系数 S=471.65 条件下得到的。如果改进了测试条件，去掉了钻铤的阻流作用，则表皮系数 S 将降为 28.2。代入式（8–18），系数 A 降低为：

$$A = \frac{278.89}{Kh}\left(3.419 + \frac{28.2}{2.303}\right) = 0.6663$$

系数 B 维持不变。从而得到产能方程为：

$$p_{\mathrm{R}}^2 - p_{\mathrm{wf}}^2 \quad 0.6663q_{\mathrm{g}} + 3.6895\times10^{-5}q_{\mathrm{g}}^2 \tag{8-22}$$

产能方程式（8–22）的图解曲线如图 8–32 所示，而对应的产能方程 IPR 图如图 8–33 所示。

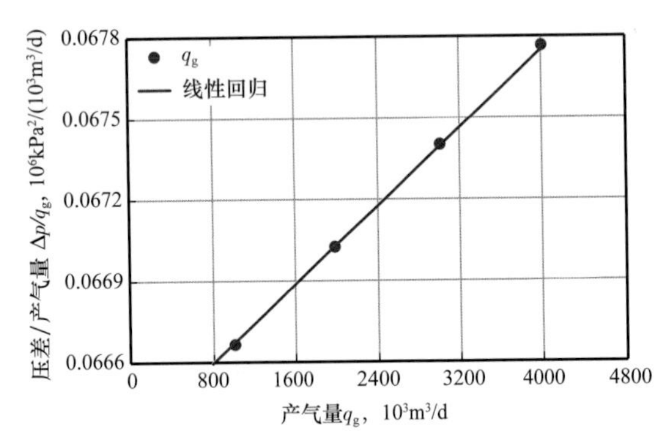

图 8–32　消除钻铤影响后预测产能图解曲线

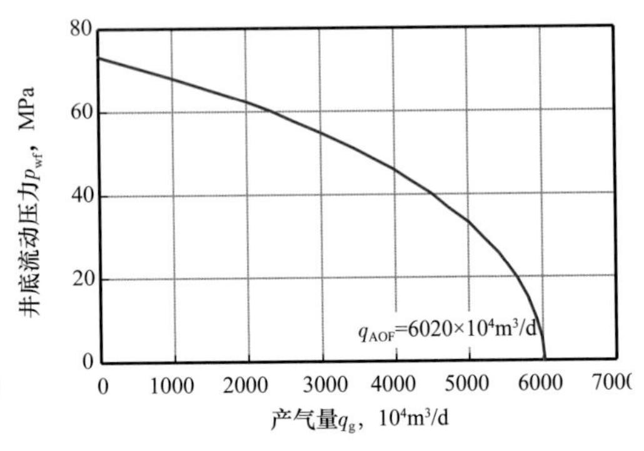

图 8–33　消除钻铤影响后预测 IPR 曲线

从以上预计结果可以看到，KL203 井的无阻流量有可能提高到 $6020\times10^4\mathrm{m}^3/\mathrm{d}$，是一个极具潜在效益的高值。这一数值远远高于实测点分析结果，也高于折算压力法计算的结果。但是从 KL203 井的储层条件看，具有 60～70mD 的渗透率，100m 以上的有效厚度，73MPa 以上的储层压力，钻井完井条件也不错，应该说 3 个影响产能的条件（高 Kh 值、高储层压力、低表皮）都极为优越，应该能够达到这样的产能指标。以上预测有待今后气田现场实践的验证。

6. 从克拉 203 井动态测试取得的认识

无疑，通过对克拉 203 井的测试，对 KL2 气田的认知程度大大提高了一步：

从压力恢复曲线上看到，在影响半径达到 1400m 的情况下，仍然没有显示断层的影响，构造井位图（图 8–9）中显示的，紧邻 KL203 井西南侧的断层，以及其他类似的构造内部的小断层对气体渗流起不到阻流作用；在消除了钻铤阻流影响后，全井段无阻流量 q_{AOF} 可达到 $6000\times10^4\mathrm{m}^3/\mathrm{d}$，这样高的产能无疑会对 KL2 气田高效开发创造极为有利的条件；经试井后认识到 KL203 井附近的地层，具有极高的地层系数，较为可靠的估计是 7000mD·m，这也是形成气井高产的主要条件；气井的全井表皮系数为 28.2，显示确有伤害，但并不十分严重，有必要进一步采取措施。

测试结果也留下了遗憾，虽然进行了全井测试，但对于储层参数的了解仍停留于半定量的程度。虽然从上百万个高精度的测压数据中认识到了鲜为人知的井筒相变中的许多有趣的现象，并了解到了有关积液沉降和层间交换中引发的奇特规律，但仍然不能最后确认储层模型。这些问题最终在对 KL205 井的测试中得到了解答。

（四）KL205 井的试井分析

1. 测试工艺的改进

在吸取了 KL2 井、KL201 井和 KL203 井的经验和教训以后，在对 KL205 井的试井设计中，对测试方法、测试程序和测试工艺做出了全面的改进：

（1）测试管柱结构方面采取了特殊的设计，在射孔 / 测试联作，对长 163m 的全井长井段一次射孔不丢枪的情况下，把压力计下放到 3771m，距气层顶部（3789m）仅 18m，基本消除了井筒积液相变的影响；

（2）产能测试改用回压试井方法，进一步避免了频繁开、关井引发的井筒相变；

（3）针对每一次开井和关井条件下的各种工作制度，测试井筒内全程压力梯度，了解气液分布情况。

2. 试井分析结果

经过上述周密的地质、工艺设计后完成的测试，完全消除了 KL203 井所出现的各种异常现象，从而对克拉 2 气田动态特征有了全面而确切的认识：

（1）KL205 井是一口中高渗透率、特高 Kh 值的高产气井。井底附近渗透率值 5.6mD，向外围变好，增加到 40mD 左右，Kh 值可达到 5940mD·m。由于 KL205 井在 KL203 井东北侧，而 KL203 井所在区域渗透率较高，用产能点反推的 Kh 值也有 6000mD·m，因此这一测试结果是合乎逻辑的。

（2）虽然 KL205 井附近也分布着一些小断层，但从压力恢复曲线分析中看到，对井的生产仍然没有起到任何阻流作用。

（3）在生产 $1900\times10^4\text{m}^3$ 天然气后，储层压力没有显示任何下降，进一步验证 KL205 井与外围地层的良好连通性。

（4）通过回压试井，测算全井无阻流量为 $1320\times10^4\text{m}^3/\text{d}$，证明是一口特高产能气井。由于钻井部位渗透率值并非最高的部位，因而井位如向外围移动后，产能还有可能进一步提高。

（5）KL205 井实测表皮系数接近 0，而且随着气井的生产和冲刷，井底是在不断改善的。

（6）试井解释的气井非达西流系数 $D=1.8\times10^{-2}$ $(10^4\text{m}^3/\text{d})^{-1}$，该项参数在该地区首次准确获得。该值的获取不但满足了开发方案设计对这一参数的需求，也为理论计算 D 值提供了对比标志。

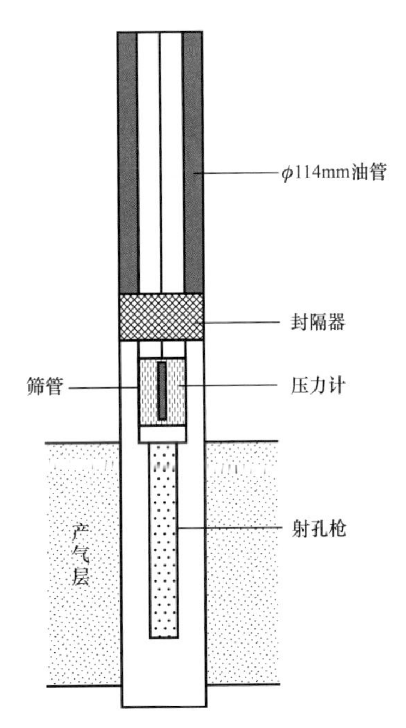

图 8-34 KL205 井测试管柱结构示意图

3. 测试施工

KL205 井测试管柱结构如图 8-34 所示。测试施工过程简述如下：下入测试与射孔联作工具至预定深度憋压坐封后，再用氮气加压打掉球座，以备测压仪表下深到筛管内；点火射孔，ϕ7.94mm 油嘴放喷，变换油嘴控制求产；下入存储式电子压力计至 3771m，下放到筛管内连续测压；开井进行回压试井，延续生产和关井压力恢复测试。测试期间，因压力温度梯度测试中压力计下放受阻，测点曾改为 3670m、3650m。

4. 压力资料录取

经过实测点校正后的 KL205 井压力历史图如图 8–35 所示。从图 8–35 中看到，测取到的压力恢复曲线没有出现在 KL203 井中所见到的各种异常情况。累计采出 $1900\times10^4m^3$ 天然气后，所测得的关井静压力从原始情况下的 74.50832MPa 变化到 74.49274MPa，相差 0.01558MPa，没有显示明显的变化。从图 8–35 中还看到，曾先后两次采用 ϕ11.11mm 油嘴生产，前后产量大致相同，但流动压力有明显差别。前一次为 p_{wf1}=72.48162MPa，后一次为 p_{wf2}=72.73945MPa，明显提高。显示通过气流冲洗，井底有明显改善。

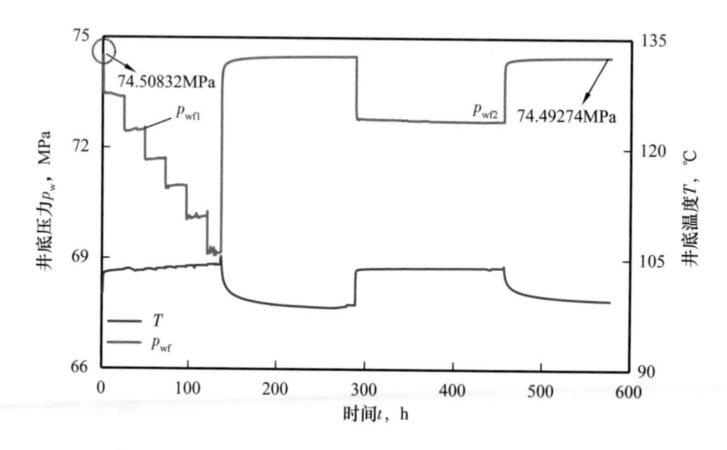

图 8–35　KL205 井产能及压力恢复试井压力历史图

测试了不同工作制度下的压力梯度，如图 8–36 所示。从图 8–36 中看到，全井静压梯度大体是 0.00273MPa/m，随时间稍有降低，说明井流物中液体含量很少，基本维持不变，参见表 8–11。这些数据对今后采气管柱设计是重要的依据。测试过程地面产量记录见表 8–12。

5. 产能评价

采取拟压力二项式法评价产能，基本的参数运算过程见表 8–13。实际上，表中的拟压力为中间数据，内含于软件分析过程中。

应用以上的压力和产量数据，得到二项式产能方程为：

$$\Delta\psi=37.29q_g+0.0763q_g^2$$

无阻流量为 $q_{AOF}=1295.2\times10^4m^3/d$，得到的产能方程图解曲线如图 8–37 所示。

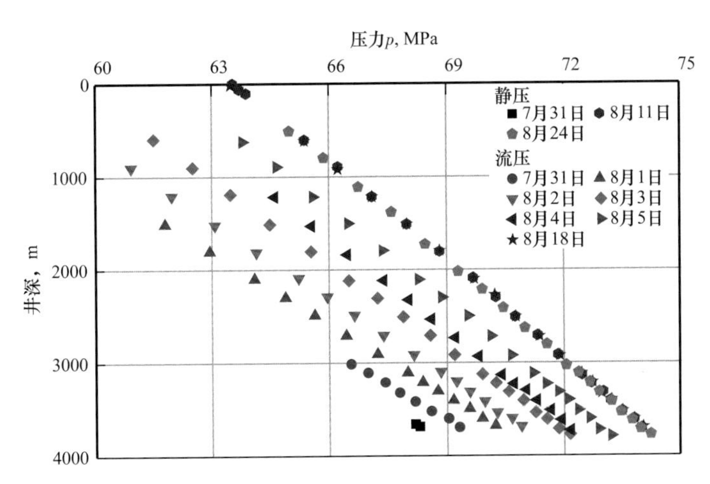

图 8-36　KL205 井流压和静压梯度图

表 8-11　KL205 井流压和静压梯度表（以测试时间为序）

产量 $10^4m^3/d$	气嘴外径 mm	时间	梯度值 MPa/100m	备注
0	0	7 月 31 日	0.273	关井静压
69.275	7.94	7 月 31 日	0.282	开井流压
106.137	11.11	8 月 1 日	0.316	开井流压
148.573	13.04	8 月 2 日	0.369	开井流压
175.427	14.63	8 月 3 日	0.384	开井流压
206.713	16.34	8 月 4 日	0.424	开井流压
244.196	17.96	8 月 5 日	0.465	开井流压
0	0	8 月 11 日	0.270	关井静压
107.586	11.11	8 月 18 日	0.314	开井流压
0	0	8 月 24 日	0.267	关井静压

表 8-12　KL205 井产能测试产量记录

油嘴外径 mm	油管压力 / 套管压力 MPa/MPa	日产气 m^3	平均流温 ℃	折算到气层中部流压 MPa
7.94	61.95/2.54	692750	103.38	73.3818
11.11	59.64/0.00	1061368	103.34	72.4816
13.04	57.95/1.69	1485733	103.63	71.6997
14.63	56.41/3.27	1754265	103.85	70.9776
16.34	54.21/0.00	2067129	—	70.1467
17.96	51.69/0.10	2441955	104.15	69.1387
21.57	46.33/0.00	3004417	—	—

表 8-13 KL205 井产能计算参数表

气嘴外径 mm	产气量 $10^4m^3/d$	井底压力 MPa	拟压力 $MPa^2/(mPa·s)$	拟压力差 $MPa^2/(mPa·s)$	$\Delta\psi/q$
0	0	74.5083	176357	—	—
7.94	69.2750	73.3818	173524	2833	40.895
11.11	106.1368	72.4816	171256	5101	48.061
13.04	148.5733	71.6997	169282	7075	47.620
14.63	175.4265	70.9776	167456	8901	50.739
16.34	206.2129	70.1467	165351	11006	53.243
17.96	244.1955	69.1387	162793	13564	55.546
11.11	108.0305	72.7395	171906	4451	41.201

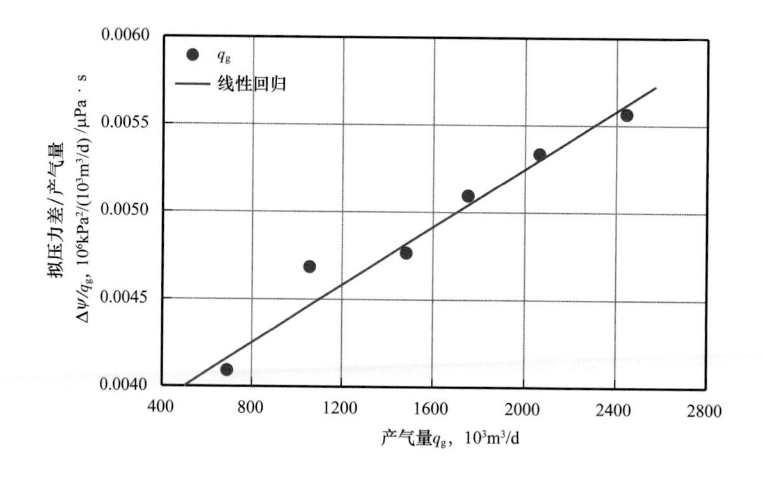

图 8-37 KL205 井拟压力二项式产能方程图

另外，从图 8-35 中看到，该井在试气晚期以 ϕ11.11mm 油嘴生产，流压较前期相同油嘴下有明显升高。说明在试气过程中完井条件得到改善，从而可以使该井的无阻流量进一步有所提高。图 8-38 中用“▲”标明改进后的产能测试点，并以此为依据，推算改善后的无阻流量值为 $1319.3\times10^4m^3/d$。另外，用拟压力指数法进行了产能计算，得到无阻流量 $1998.4\times10^4m^3/d$，远远高于二项式计算的结果（图 8-39）。

之所以产生这样大的差别，问题在于实测产能点的产量值只相当于无阻流量的不足 1/5，使得两种方法外推时出现明显偏差。图 8-40 画出用不同方法得到的 IPR 曲线，从中看出推算无阻流量时的走势差别。

由于二项式法用产量平方（q_g^2）项较好地估算了湍流的影响，因而其准确度较高，故推荐二项式计算的无阻流量值，约 $1300\times10^4m^3/d$，为实际产能值。

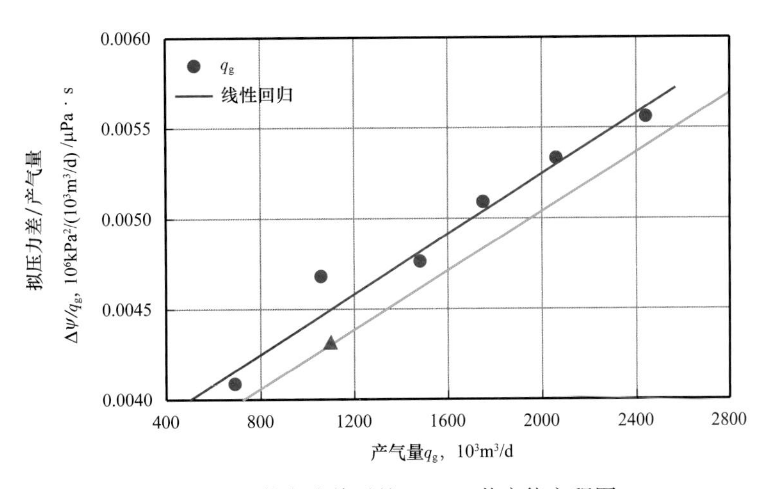

图 8-38 井底改善后的 KL205 井产能方程图

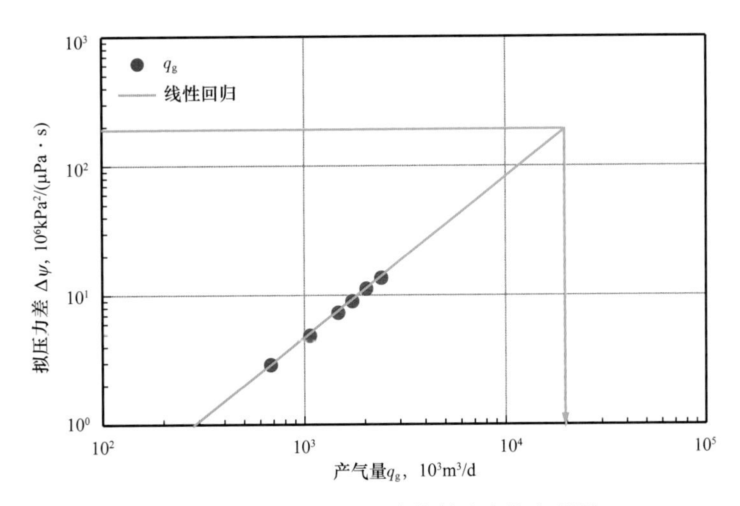

图 8-39 KL205 井拟压力指数法产能方程图

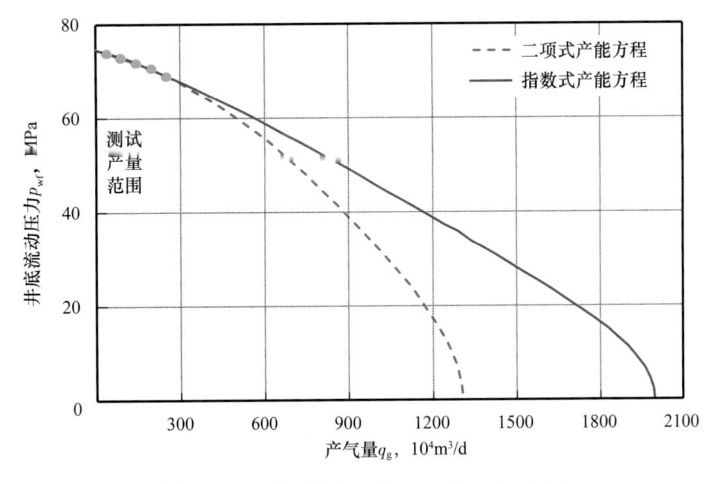

图 8-40 不同产能方程 IPR 曲线对比图

6. 压力恢复曲线的储层模型分析

针对图 8–35 表示的压力历史，进行不稳定试井分析。着重对终关井数据，运用软件进行反复的拟合解释。

（1）解释结果。

解释模型为三重的圆形复合地层，外边界为无限边界。地层参数解释结果：K_1=5.55mD，K_2=14.1mD，$K_3\approx$40mD，$r_{1,2}$=40m，$r_{2,3}$=400m，p_i=74.516MPa。表皮系数和非达西流系数值见表 8–14。以上分析结果如图 8–41 至图 8–43 所示。

表 8–14　KL205 井解释井筒参数

阶段	产量 $10^4m^3/d$	表皮系数	非达西流系数 $(m^3/d)^{-1}$	井储系数 m^3/MPa
开井 1	69.275	1.2	1.8×10^{-6}	0.108
开井 2	106.137	1.2	1.8×10^{-6}	0.108
开井 3	148.573	0.9	1.8×10^{-6}	0.108
开井 4	174.892	0.9	1.8×10^{-6}	0.108
开井 5	206.713	0.9	1.8×10^{-6}	0.108
开井 6	244.196	0.7	1.8×10^{-6}	0.108
关井 1	0	0.7	0	0.486
延续开井	108.030	0	1.8×10^{-6}	0.108
终关井	0	0	0	0.108

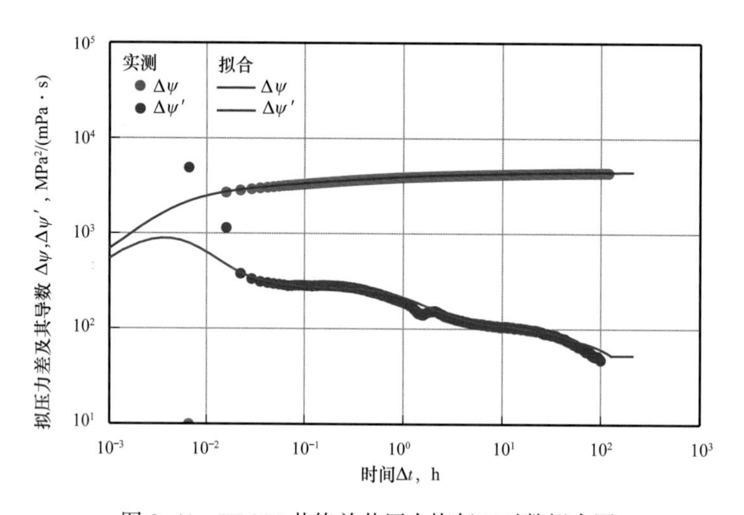

图 8–41　KL205 井终关井压力恢复双对数拟合图

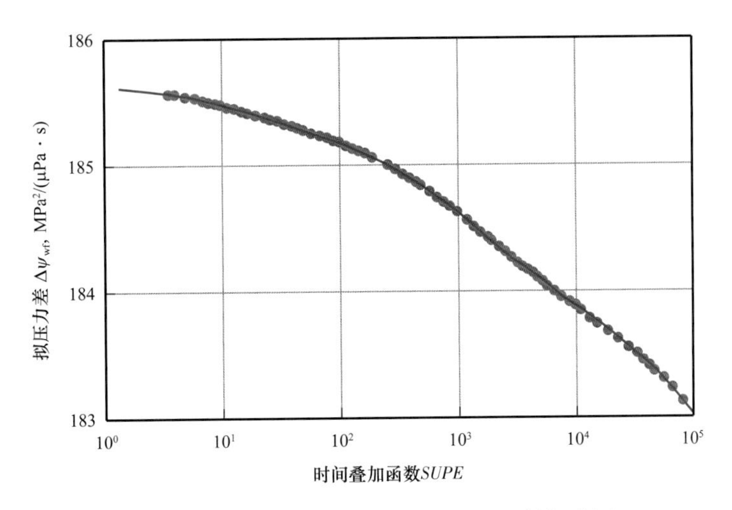

图 8-42　KL205 井终关井压力恢复单对数拟合图

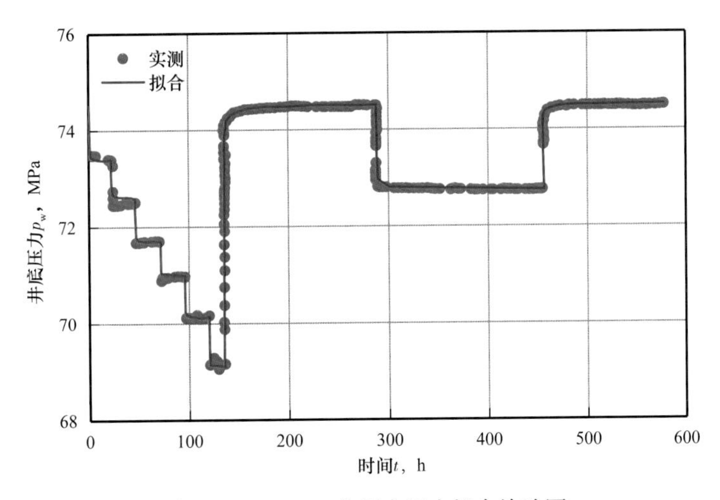

图 8-43　KL205 井压力历史拟合检验图

（2）解释结果分析。

该井打开的储层，从井底附近向远离井底的深部是逐渐变好的。外围地层渗透率约为 40mD，该值与相邻的 KL203 井持平。虽然从构造图中见到井的南侧有断层存在，但测试过程中未出现不渗透边界影响。说明这些区块内部的小断层对气体流动并未起到遮挡作用，在气田开发中可以不予考虑。

该井完井质量较好，井的真表皮系数从开井初期的 1.2 逐渐降为 0。说明随着井的采气过程，井底经过冲刷，不断得到改善。井底得到改善的另一证明是，KL205 井在产能试井中，曾两度以 ϕ11.11mm 油嘴生产。第一次是在第 2 个回压试井段，产量为 $106.14 \times 10^4 m^3$；第 2 次在延续开井段，产量为 $108.03 \times 10^4 m^3$，稍高于前者，但是后者的生产压差却低于前者。见表 8-15。

表 8–15　KL205 井产能改善情况参数表

阶段	油嘴外径 mm	产量 $10^4m^3/d$	流动压力 MPa	生产压差 MPa	表皮系数
开 2	11.11	106.17	72.4925	2.0155	1.2
延续	11.11	108.03	72.7440	1.7640	0

KL205 井开井生产时的非达西流系数较低，用本书第三章介绍的试井解释软件变表皮系数处理法，求得非达西流系数 D=0.018×（$10^4m^3/d$）$^{-1}$，相当于普通气井的水平。说明虽然高产，但由于生产层较厚，并未在井底形成严重的湍流。这与 KL203 井由于井身结构不合理形成的异常高值［D=3.6352（$10^4m^3/d$）$^{-1}$］具有明显的差别。上述参数值可用于开发方案设计。井储系数值 C=0.1m^3/MPa，属于正常高压气井的取值范围。从另一角度验证了试井解释结果的正确性。

三、对克拉 2 气田的气藏描述

对于克拉 2 气田的动态分析研究，是一个通过探井和开发评价井短期试采，回答气田开发中关键问题的典型案例。从这些单井评价，已经可以从动态角度大致勾画出气藏的特征。

（一）通过短期试采初步建立起气井的动态模型

对于发现井 KL2 井，开发评价井 KL201 井、KL203 井和 KL205 井，在试气以后进行了短期试采。在短期试采中，既包含了产能试井，也包含了短期的延续开井生产，符合本章开头介绍的试采井安排。测试初始阶段，对于 KL2 井和 KL201 井，曾尝试采取常规的分层段测试的方法，了解纵向上不同层段的储层参数。但实践后发现，非但无法分析分层参数，也无法求得全井参数。后期认识到主力产层纵向上良好的连通性，改用全井测试方法，求取全井产能和全层综合参数指标。对于全井测试的 KL203 井，由于测试工具结构上的瑕疵，造成高流量气体在生产管柱中异常受阻，导致压力资料出现异常，得不到所要求的确切的全井参数。在 KL205 井改进了测试管柱结构，采用了适合现场需求的测试方法和程序，终于取得了克拉 2 气田气井产能、储层结构和储层参数具有代表性的确切认识。归纳起来，通过短期试采资料分析，对气井和气藏的初步描述如下：

（1）克拉 2 气田背斜构造轴部所钻的气井，均具备高产能条件。无阻流量可以达到 1000×$10^4m^3/d$ 以上，有的区域还可超过 2000×10^4～3000×$10^4m^3/d$，因此可以支持少井高产的设计要求。

（2）从动态角度确定了储层的地层系数。在 KL205 井底附近，Kh 值约 1000mD·m，离开井底 400m，Kh 值可以达到 6000mD·m；在 KL203 井附近，Kh 值也可以达到 6000～7000mD·m。正是这样高的地层系数，决定了克拉 2 气田具备高产能条件。

（3）经测试，克拉 2 气田压力系数达到 2 以上，是一个异常高压的高能量气田，这也是高产能的决定因素之一。

（4）从压力梯度分析可以看到，已完钻的各气井，其地层静压处在同一个“天然气静压力梯度线”上，显示克拉2气田是一个整装的气田。

（5）虽然从物探做出的构造图中，显示气区内部存在数十条小断层，但经过不稳定试井分析后确认，这些断层对天然气流动并未起到任何阻流作用，因而整个气田从平面上可以作为一个完整的气藏加以开发。

（6）克拉2气田主力产层白垩系巴什基奇克组，纵向上跨度超过200m，中间虽有夹层相隔，但从试井动态中清楚看到，纵向上仍然显示是一个连通的厚层，隔层未起到明显的分隔作用。

（7）从动态分析中确认，最后完井的KL205井表皮系数接近0，证明不断改进的钻井完井技术已完全胜任开发如此高压巨厚气层的工艺技术要求。

（8）通过KL205井测试资料分析，确认该地区正常完井条件下，气井的非达西流系数是D=0.018（$10^4m^3/d$）$^{-1}$，这将为开发方案设计提供基础参数。

（9）动态测试中取得的各种高产量条件下的压力梯度资料，为完井工艺设计提供了可靠的依据。

以上分析结果，从各个角度提供了对气井和储层的认识。

（二）尚未建立起气井和气藏完善的动态模型

通过以上这些描述所建立起来的气井动态模型，还只能说是初始的、未经完善的动态模型，理由如下：从以上试井分析取得的成果，还不能确定气井和气藏的外围边界特征；未能确定每一口气井所控制的动态储量，更谈不到了解全气藏的动态储量；不能可靠地预测气井下一步的衰减过程，也不能预测气井今后的动态走势；评价过程中所涉及的这些早期试采井，大多未作为生产井投产，克拉2气田正式投产时重新完钻了10口生产井，它们是整个气田今后保持产能的基础。对于它们，还需要切实的动态监测安排，以便进一步进行研究。

也许克拉2气田当前正如一位年轻力壮、体格强健的小伙子，不曾想到要去医院做一做体检。但“他”应该知道任何强健的肌体总会要衰老的，更避免不了各种疾病的侵袭，如果不能及时了解并掌握这其中的变化，后果是难以预料的。

第四节 苏里格气田气藏动态描述追踪研究

一、综合情况

苏里格气田勘探早期就曾推算蕴藏有数千亿立方米地质储量，是储量规模超万亿立方米的国内最大的气田。经各方努力，于2006年部分投产，至2007年底，全气田已投产约1000口气井，产量达$1000 \times 10^4m^3/d$。自2001年至2007年，笔者曾对苏里格气田数十口重点井进行追踪研究，从这些首批试采气井投产伊始直至衰竭，全程追踪描述并进行预测。对重点研究井建立了完善的动态模型，不但逐一测算了井附近储层参数、完井参数，井所控制区块的形态和边界距离，单井控制的动态储量，同时还评价了气井的动态产能、动态地层压力等。期间还分析了整个苏里格地区气井初始静压力梯度，判断出该气田不可能形成整装的气田区。对每一口研究井，应用解析试井分析方法建立了解析试井模型；对关键井、重点井，在国内首次采用数值试井方法，建立了这些井的数值试井分析模型，解决了解析模型无法适应该地区特殊岩性地层试井分析问题。

与地质方面的沉积相研究相结合，并在静态地质研究尚无定量研究成果情况下，首次明确提出单井控制有效供气区形态和面积大小，以及单井控制储量等关键指标，并对下一步气田开发提出了建设性的意见，如今这些认识已被各有关方面普遍认可。这项研究全面实践了本书第一章（图 1–4）所提出的气藏动态描述新思路，充分显示出气藏动态描述方法与现场是紧密结合的，是科学的和具有生命力的。

二、苏里格气田的地质概况

（一）构造特征和开采层位

苏里格气田位于鄂尔多斯盆地伊陕斜坡西部，构造形态为一宽缓的西倾单斜。虽然单斜背景上发育有多排北东—南西向的低缓鼻隆，但天然气分布主要受砂体和物性控制，为岩性气藏。苏里格气田主产区主力开采层位为二叠系石盒子组砂岩地层，部分井在二叠系山西组和下古生界地层产气。

（二）地层沉积微相

苏里格气田石盒子组地层沉积相属辫状河三角洲平原亚相，其沉积微相主要发育有河底滞留沉积、心滩、河道填积、天然堤等多种。苏里格气田石盒子组地层沉积模式图如图 8–44 所示。

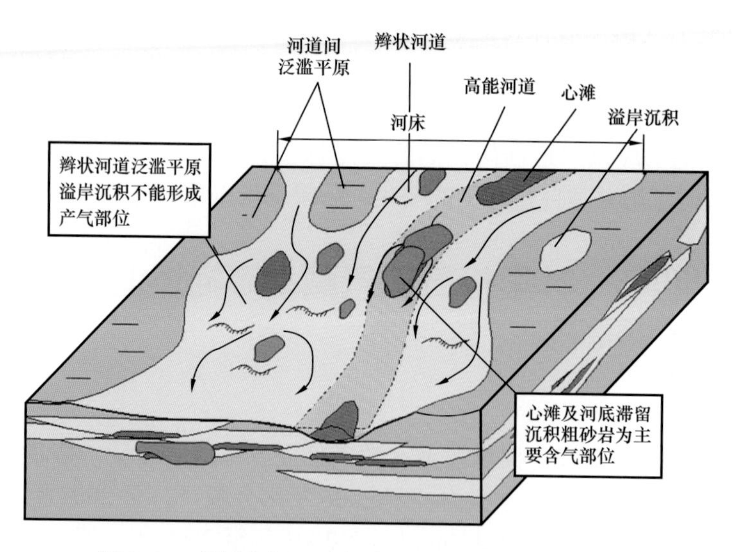

图 8–44　苏里格气田石盒子组地层沉积模式示意图

虽然辫状河三角洲有多种沉积微相，但产气层位仅限于主流河道中的心滩等粗岩相带。从图 8–44 也清楚地看到，只是在河道复合体中高能水道的中心部位，气井才钻遇了有效产气层。对于同一个沉积时期的地层，在平面上钻遇率是非常有限的，而且有效砂层很薄、很窄。处于不同地质年代的不同深度有效砂层，彼此间完全被不渗透隔层分隔。

三、苏里格气田的动态描述过程

苏里格气田区从勘探发现到初期的储量评价，再到最终投入开发，经历了艰难的认识过程。开始时根据个别井试气初期用简单方法推算的无阻流量，认为整个含气区属于高产气区。接着用物探方法划定了砂层范围，用简单的容积法估算了数千亿立方米的地质储量，并推定该地区为超大规模整装气田。

但是，之后试采井的投产和对试采井的初步分析结果对上述推断提出了异议。首先判断出该含气区不可能形成整装气田，有效砂层被切割成面积很小的碎块，由此引发出下一步投入开发时必定要面对的诸多难题。延续 7 年的试采井动态追踪研究，确认并厘清了所有有关储层结构及产能衰减规律方面的问题，并据此制订了特殊的开发策略。几经周折，终于选择适合该地区情况的合理方式着手气田的开发。

（一）2001 年和 2002 年的初步研究成果

2001 年 3—9 月，苏里格气田的苏 4 井、苏 5 井、苏 6 井、苏 10 井和桃 5 井等探井相继投入短期试采，进行了修正等时试井，并接着关井测压力恢复。结合这些井的短期试采，初步建立了这些井的动态模型，完成了一系列研究工作，取得了对苏里格地区气井的基本认识。

（1）盒 8 地层属低渗透砂岩地层。

通过以上试采井的不稳定试井分析，发现该地区除个别井外，渗透率不足 2mD，苏 6 井是一个特例，达到 7mD。直到 2007 年底统计，该地区打开盒 8 地层的气井多达千余口，还没有第二口井达到苏 6 井的渗透率水平，从而进一步验证了初期关于地层的这一认识。这也决定了该地区气井的低产能特征。

（2）中等偏低的无阻流量。

苏里格气田试采时用规范的产能试井方法，测定无阻流量一般在 $10 \times 10^4 m^3/d$ 以下，远低于试气时的无阻流量值。作为该地区特例的苏 6 井，试气时无阻流量达到 $120 \times 10^4 m^3/d$，但采用规范的方法，求得无阻流量仅有 $25 \times 10^4 m^3/d$，为试气无阻流量值的 1/5。

（3）压裂措施达到了有效增产效果。

对于特低渗透砂岩地层，采用射孔方法完井时，多数井达不到工业产气量标准，在采取了水力压裂方法完井以后，经不稳定试井分析确认，压裂裂缝半长可以达到 60m 左右，有的井可接近 100m，达到了增产效果。原指望通过超大规模压裂措施可以压出超长裂缝穿透有效砂层岩性边界，以期进一步提高单井控制储量的设想，经实践证明是不可行的。

（4）井附近存在岩性不渗透边界。

地质方面有关沉积相研究已经预示，苏里格气田二叠系石盒子组有效储层存在于河道复合体中高能水道中心位置的局部区域，单体有效砂层宽度不过数百米，钻遇有效砂岩体的气井必然距离岩性边界很近。不稳定试井结果一方面印证了这一看法，另一方面又定量地确定了边界距离。以上 5 口井测算出的河道宽度只有 100～300m，长度

1000～2000m，这也预示着单井控制的有效供气区面积和动态储量是非常有限的，对于这样的气藏必须采用非常规的方法开采。

（5）苏里格气田静压梯度研究。

在2001—2002年期间，针对上古生界的探井，开展了初始静压力梯度分析，采取的方法参考本书第四章的有关介绍。首先统计了所有探井初始静压测试资料，包括：① 苏里格气田26口早期探井；② 鄂尔多斯盆地上古生界截至2002年的162口探井；然后分别做静压力梯度图。从中取得的认识是，作为苏里格气田主力区块，虽然砂岩体是连续的，但测得的静压数据点非常分散，不能分布在同一条“天然气静压力梯度线”上，因此佐证了苏里格气田不可能属于同一个整装气藏的结论。至于全区域162口探井，经回归后大致分布在静水柱梯度线上，压力系数接近1，反映了沉积运移过程中的水动力学特征。

（二）2003年的长期试采追踪研究

1. 综合情况

正如本章一开头所阐述的，试采是解决特殊岩性气田开发中重大核心问题的最有效的方法。把具有代表性的气井连接地面管线，投入较长时间的试采，并在试采时录取好压力和产量等方面的资料，进行动态描述方面的研究，肯定可以取得关于气藏的深层次的认识，也就找到了解决气田开发方面问题的有效方法。

苏里格气田正是这样做的。从2002年9月开始，连接管线进行长期试采的气井逐渐增至16口，截至2003年8月，单井累计采出量最多达到$1700\times10^4m^3$。此时试采井多数井底压力降到6～9MPa；部分井出现枯竭迹象，采取井口放空方式生产；单井日产量普遍降到$1\times10^4m^3$左右或更低。

2. 动态追踪研究

（1）动态追踪研究的目的和做法。

动态追踪研究有两个目的，即实时了解并分析气井即时的动态状况。包括动态产能、动态无阻流量、动态的地层压力等；修改并完善气井的动态模型。通过理论推算和现场实际录取的压力拟合对比，修改并完善已建立的初步动态模型参数，使模型得以逐步完善，并可用来推算今后的动态走势。在2003年的动态追踪研究中，对苏里格地区的重点气井逐一进行了模型验证和模型参数的修改完善。

（2）数值试井分析。

数值试井方法是近年来国际上最新发展起来的试井分析方法，它可以用数值方法任意设定井所在区块的边界形态、非均质区域分布和完井状态，因而使试井模型写真式地接近实际地层的情况。运用数值试井方法对苏里格气井进行的研究，在中国国内尚属首次。

在研究王牌井苏6井过程中，鉴于苏6井井底附近特殊的非均质分布和特定的边界形态，遇到了前所未有的困难，最后采取数值试井方法使问题得以圆满解决。用数值试井方法建立了苏6井和苏4井等的动态模型，随后进行了长期动态描述验证和预测，充分证明了其有效性。

依据数值试井解释的结果，井所控制的区域被矩形不渗透边界所圈闭，东西宽320m，南北长800m。依据这样的解释结果提出，在苏6井东西两侧，以500～1000m井距打验证井，用以确认解释结果的可信度。

（三）2005年追踪研究成果

经过对苏里格气田持续不断地追踪研究，至2005年又取得了新的进展。

1. 沉积相研究结论与动态描述研究成果不谋而合

至2005年，一些针对鄂尔多斯盆地上古生界地层河流相沉积的地质研究成果，相继被人们所认知。这些成果表明，石盒子组沉积相属辫状河三角洲平原亚相，其微相有河底滞留沉积、心滩、河道填积等七八种类型。从模式图看，主要产气层的有效砂体多存在于辫状河道复合体中高能水道的有限粗岩相带，由于平原亚相的辫状河道侧向迁移性强，使这种粗岩相带平面上互不搭界，而且不同沉积年代的有效砂体散落在不同平面位置，造成单井钻遇的有效砂体数量少、厚度薄、面积小、井间分布不稳定。以上地质研究成果与几年来动态描述追踪研究成果不谋而合，从不同侧面反映了储层的结构特征，不同的是，动态描述所给出的结果更具体、更量化，具体到每一口井可以采出的天然气量。

2. 苏6井东西一线的钻井成果验证了动态描述结果

苏6井作为这一地区的王牌井，一直以来受到各方面关注。2003年的数值试井成果曾预测，苏6井处于东西窄、南北长的矩形岩性边界中，并希望通过钻井直接验证。到2005年，在苏6井东西一线新钻井10口，加上原有的苏6井和苏4井，共计钻井12口，井距平均800m。这12口井完钻后的小层对比剖面图如图8-45所示。

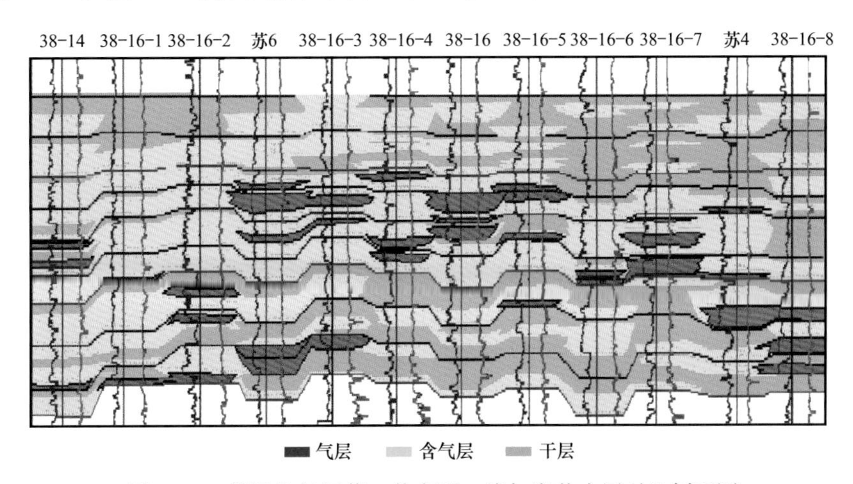

图8-45 苏里格气田苏6井东西一线加密井小层对比剖面图

从图8-45清楚看到，这些井所钻遇的含气砂层，在如此近距离上彼此并无关联，完全是不同地质年代的独立河道砂体。这证实了自2001年到2003年再到2005年，多次动态描述研究确认的、有关石盒子组储层结构特征的结论。

3. 稳定点产能二项式方程的应用

由于这一地区单井产能低，而且衰减快，造成单井累计采出量非常有限。这就决定了今后规模开发中不可能广泛地用规范的产能试井方法（修正等时试井方法）进行产能测试。那么，如何依据少花钱、多办事的原则求取每一口气井的产能指标呢？在这一段的研究中，经过仔细的理论推导，推荐了一种“稳定点产能二项式方程”方法。在本书第三章中曾对这一方法及应用详细讨论，这里不再赘述。这种方法不仅可以在录取一个初始稳定点后，准确建立起每一口生产井的初始产能方程，而且可以此为基础，继续推算该井今后的动态产能方程，动态无阻流量，动态 IPR 曲线，以及动态的供气边界地层压力等指标。

4. 动态模型的后续追踪研究

对于苏 4 井和苏 6 井等重点气井，依据新录取的产量和压力历史，继续进行追踪研究。例如针对苏 6 井，通过压力历史拟合检验，发现实测的流动压力下降趋快，在维持基本地层参数不变的前提下，调整外围边界距离，把矩形边界长度从 800m 缩减为 700m，使 2005 年末的理论模型井底压力与实测压力达成一致，确认苏 6 井所控制的动态储量较 2003 年的推算结果稍有减小。

四、典型井的动态描述结果

正如本节前面部分所介绍的，对于苏里格气田的动态描述研究，经历了几个大的阶段。通过不同阶段的研究，针对数十口井建立了完善的动态模型。下面以苏 6 井为例，了解在不同阶段如何运作。

（一）通过试采建立气井动态模型

苏 6 井短期试采压力历史如图 8–46 所示。针对图 8–46 中前一部分修正等时试井数据，建立了气井的产能方程，同时应用延时产能点，建立了初始稳定点二项式产能方程。在第三章中对此有详细介绍。试采过程的后一部分测试了压力恢复曲线，并依据压力恢复曲线分析结果，建立了气井的动态模型。

1. 压力恢复曲线图版分析得到苏 6 井模型 I

图 8–47 显示了试井解释软件双对数图版拟合分析结果。单从图 8–47 看，拟合的效果是无可指摘的。得到的模型参数是：气井处在内好外差的圆形复合地层中，无边界影响；井附近的地层渗透率 K_1=7mD，外区渗透率 K_2=0.49mD；内外区分区半径 $r_{1,2}$=101m；全井总表皮系数 S=–5.9（存在压裂裂缝）；非达西流系数 D=0.028（$10^4m^3/d$）$^{-1}$；井储系数 C=2.2m^3/MPa。

模型 I 画出的压力恢复曲线单对数图，拟合效果也很好。但是，把苏 6 井模型 I 形成的压力历史与短期试采过程实测压力对比时，发现偏差非常大，如图 8–48 所示，说明苏 6 井模型 I 不能完整地表达苏 6 井的实际地层情况，主要是边界分布情况。

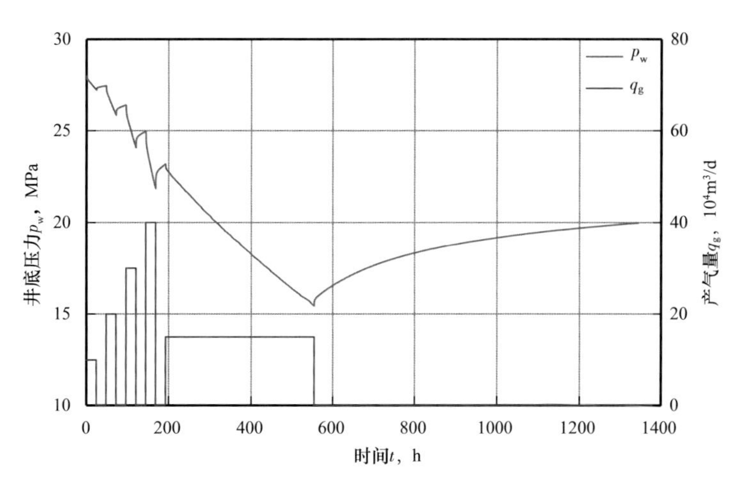

图 8–46　苏 6 井短期试采压力历史图

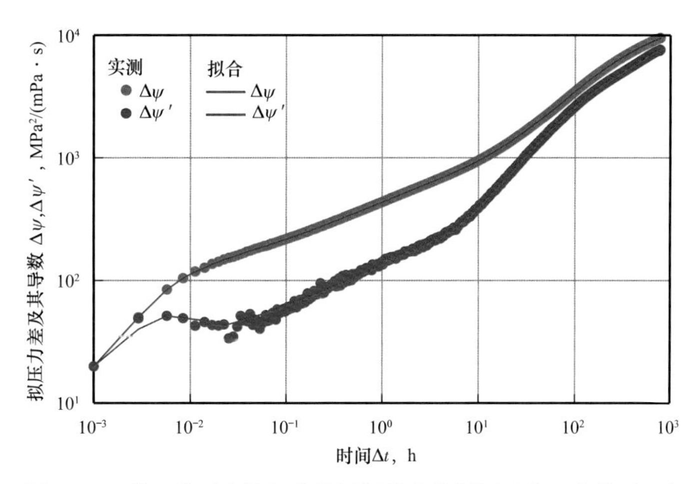

图 8–47　苏 6 井压力恢复曲线图版拟合分析图（苏 6 井模型Ⅰ）

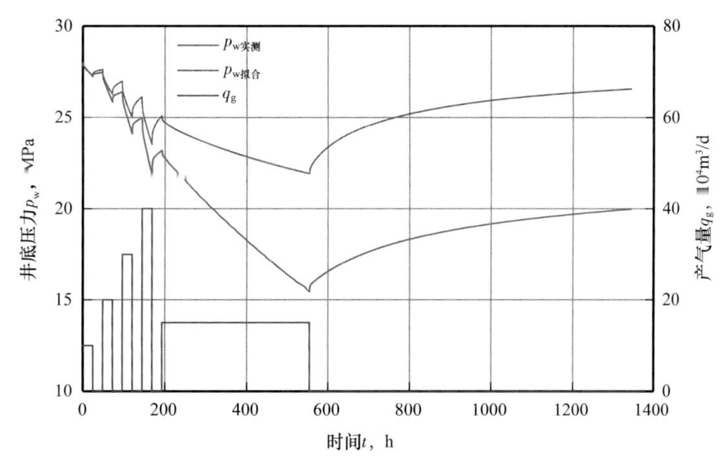

图 8–48　苏 6 井模型Ⅰ短期试采分析压力历史拟合检验图

2. 依据短期试采全程压力历史拟合检验得到改进的苏 6 井模型Ⅱ

压力历史拟合是检验模型正确性的最终标准。在无法通过调整模型Ⅰ获得更好的压力历史拟合效果情况下，为此根据流动压力下降走势，判断外围还存在更差的地层条件，从而把模型调整为三重复合地层。模型参数为：气井处于内好外差的三重复合地层中心位置，无边界影响；内区渗透率 K_1=7mD，中间区域 K_2=0.15mD，外区 K_3=0.03mD；内 / 中区衔接半径 $r_{1,2}$=71m，中 / 外区衔接半径 $r_{2,3}$=240m；总表皮系数 S_t=−5.9，非达西流系数 D=0.028($10^4m^3/d$)$^{-1}$，井储系数 C=2.2m^3/MPa。试采过程压力历史拟合图如图 8–49 所示。

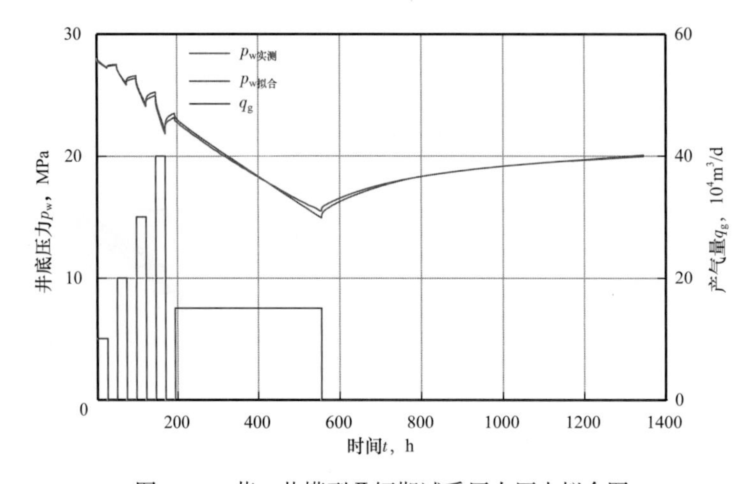

图 8–49　苏 6 井模型Ⅱ短期试采压力历史拟合图

可以看到，苏 6 井模型Ⅱ可以较好地拟合短期试采过程实测的压力历史，因此，该模型无疑较苏 6 井模型Ⅰ更接近实际地层特征。但压降与压力恢复段衔接处的拟合情况显示，对于其后生产历史较长时的压力变化，此模型仍然不一定能够适应。

3. 依据 2003 年试采资料继续完善模型得到苏 6 井模型Ⅲ

苏 6 井于 2002 年 9 月连接地面管线后重新启动试采，一直延续到 2003 年 7 月，之后由于井口压力衰减严重而关井测压力恢复曲线。把苏 6 井模型Ⅱ应用到延长后的压力历史中加以检验，得到图 8–50 所示的结果。图中终关井压力恢复阶段的井底压力用电子压力计监测，因此主要由这一段资料进行拟合检验。

从图 8–50 中看到，虽然苏 6 井压力历史初始段模型压力与实测压力拟合较好，但到测试将要结束时，模型压力远远高于实际录取的井底压力，说明苏 6 井模型还没有适配实际的储层条件，必须进一步调整模型Ⅱ参数。

但是，单靠解析试井方法已显得无能为力，明显地表现在，苏 6 井井底附近显然存在内好外差的复合地层非均质条件，另外从沉积相研究成果了解到，其外围极有可能存在着大致呈窄长矩形的不渗透岩性边界。而这两种条件无法在解析试井模型中同时满足，为此，启用了数值试井模型，称为苏 6 模型Ⅲ。经数值试井确认苏 6 井处于局部复合地层的中心部位，外围有矩形不渗透岩性边界圈闭，如图 8–51 所示。

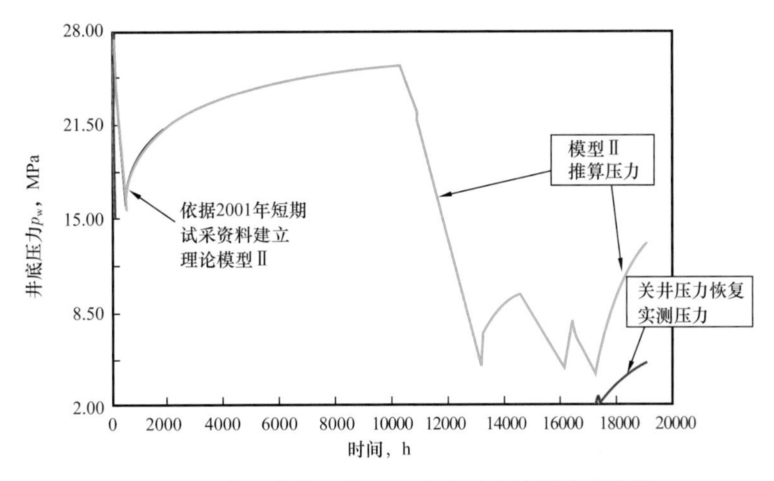

图 8-50　苏 6 井模型Ⅱ 2003 年压力历史拟合检验图

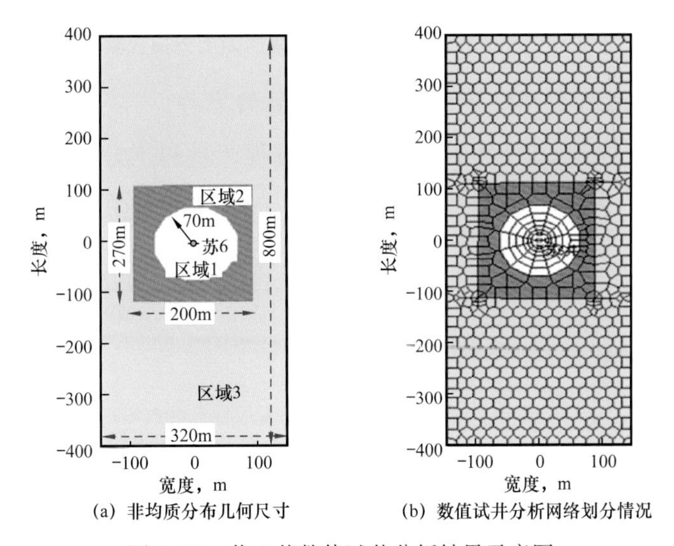

图 8-51　苏 6 井数值试井分析结果示意图

苏 6 井井底附近存在如心滩的局部高渗透区，K 值可达 5.81mD；高渗透区外围迅速变差，K 值降低为 0.0387mD，再外围更降低为 0.0116mD；井所控制的区域被矩形不渗透边界所圈闭，东西宽 320m，南北长 800m；井附近的非均质区域：内区半径 70m，中间区外边界 200m×270m；气井总表皮系数 S_t=−5.9，非达西流系数 D=0.028（$10^4m^3/d$）$^{-1}$，井储系数 C=2.2m^3/MPa。以上的解释结果被苏 6 井的压力历史拟合验证所确认（图 8-52）。

从图 8-52 中看到，模型压力与实测压力从头至尾都能较好拟合。中间部分虽未录取井底压力，但用井口压力折算的井底压力与模型压力之间大体取得了一致。可以看到，苏 6 模型Ⅲ已较前两个模型更能反映苏 6 井周边的地层结构情况，可以称之为较完善的气井动态模型：它既描述了井附近地层的渗透率 K 等参数、井的完井参数，也包含了距井较远部位的非均质变化参数，特别还包含了外部边界性质及距离的参数。因此可以用它来预测今后的压力变化。

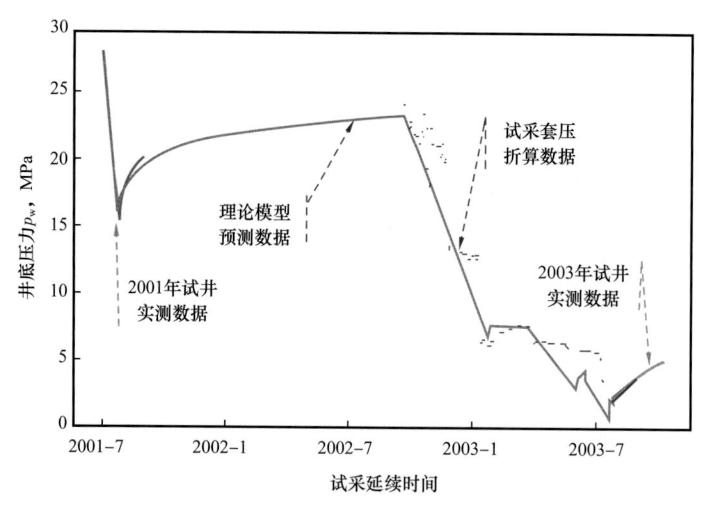

图 8-52 苏 6 井数值试井分析结果压力历史拟合验证图

4. 依据 2005 年试采资料对苏 6 井模型Ⅲ参数的完善

苏 6 试采过程延续到 2005 年时，得到试采过程产量和压力历史如图 8-53 所示。从图 8-53 中看到，该井在后期以间歇方式开井生产，产气量约为 $1\times10^4\mathrm{m}^3/\mathrm{d}$，油压低于外输压力以致放空，至 2005 年底，累计采气约 $0.19\times10^8\mathrm{m}^3$。

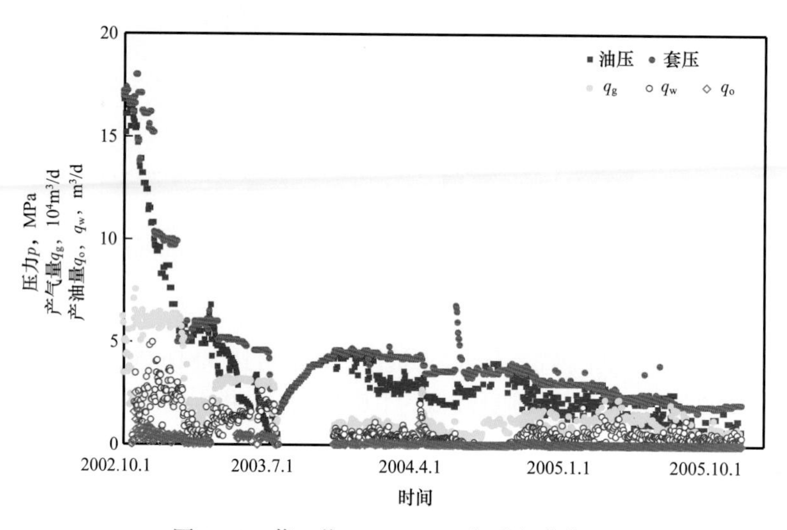

图 8-53 苏 6 井 2002—2005 年采气曲线图

根据这一段压力历史变化，继续对苏 6 井动态模型跟踪研究，得到修正后的储层模型如图 8-54 所示。

从图 8-54 看到，此时修改后的苏 6 井动态模型III_1，井附近地层参数无任何变化，仅对外部不渗透边界进行了少许改动：原模型Ⅲ矩形外边界长 800m，修改后模型III_1缩减为 700m。用新的苏 6 井动态模型III_1得到压力历史拟合检验图如图 8-55 所示。

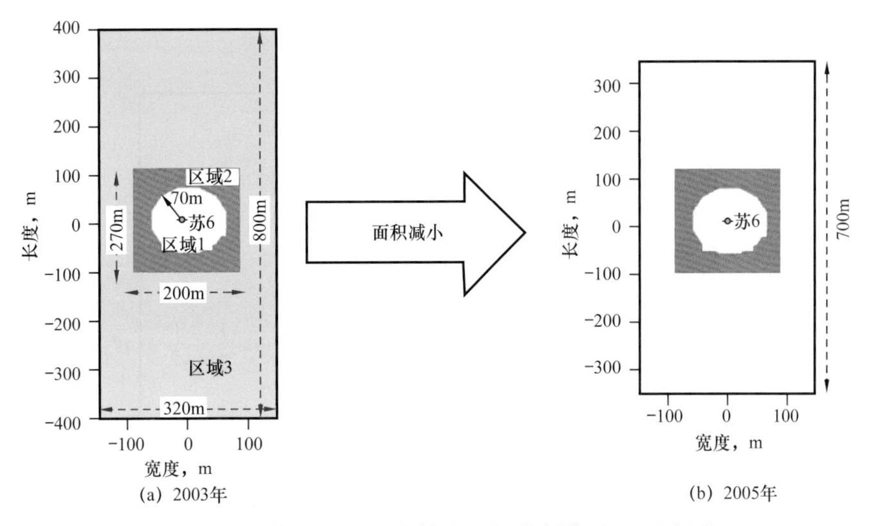

图 8-54　苏 6 井 2005 年修改后的动态模型Ⅲ$_1$ 示意图

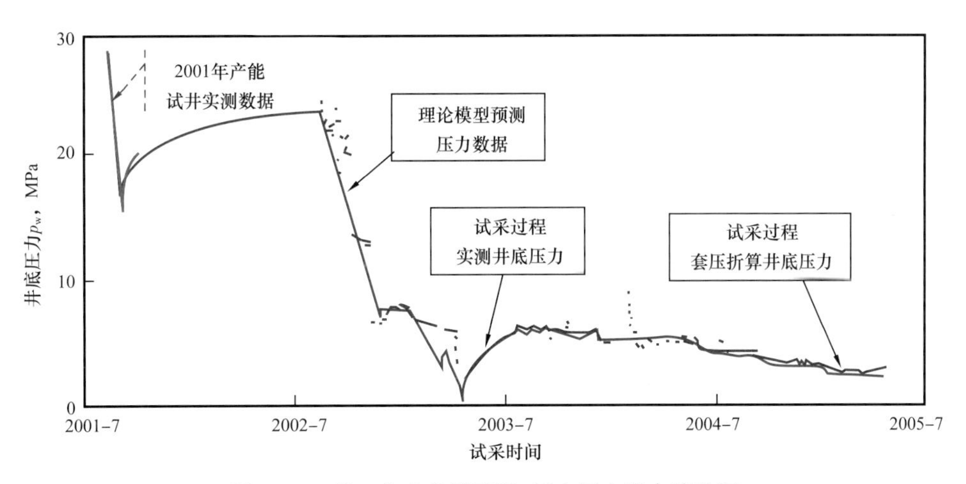

图 8-55　苏 6 井动态模型Ⅲ$_1$ 压力历史拟合检验图

可以看到，在苏 6 井动态模型Ⅲ$_1$ 支持下，理论模型压力与实测压力自始至终达成拟合一致。可以说苏 6 井模型Ⅲ$_1$ 能够基本准确地再现苏 6 井周边的地层结构情况，真实地描述了地层特征。至此，苏 6 井已接近枯竭。虽然还可以断断续续放空采气，但已失去工业开采价值。

（二）苏 6 井平均地层压力的测算及动态储量的推算

依据苏 6 井作为有限定容气藏动态模型的确认，随着天然气不断采出，试井解释软件可以随时计算出区块内平均地层压力值，并显示在压力历史图中，如图 8-56 所示。

在得到了定容区块平均地层压力以后，与累计采出气量之间作关系图，可以推算出苏 6 井控制的动态储量，如图 8-57 所示。

经回归后，从图 8–57 中得到，苏 6 井控制的动态储量为 $2612.3\times10^4\mathrm{m}^3$，已累计采出 $1887\times10^4\mathrm{m}^3$，占总量的 72%。

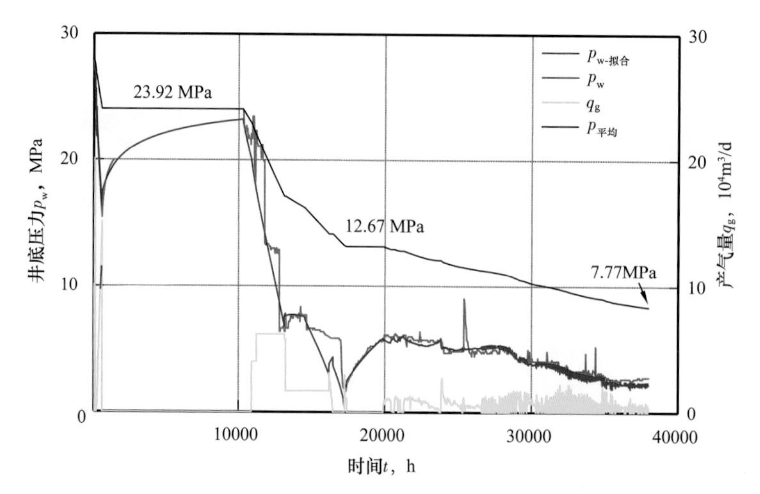

图 8–56　苏 6 井 2001—2005 年平均地层压力计算结果图

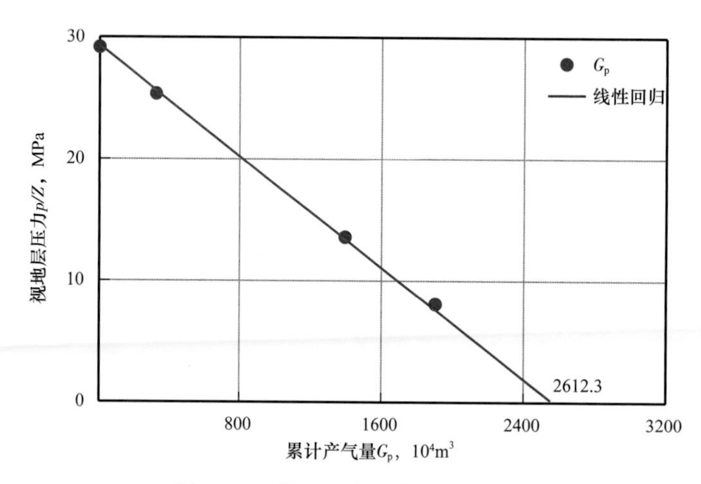

图 8–57　苏 6 区块压降储量计算图

五、从苏里格气田动态描述中取得的认识

笔者对苏里格气田的动态描述研究自 2001 年一直延续到 2008 年，其主要的研究工作集中在 2001—2005 年。2001 年以苏里格气田核心区域试采井短期试采资料为基础，建立了一批井的初步动态模型，对储层结构提出了基本结论。到 2003 年，经过一年多试采资料验证，进一步确认和完善了这批井的动态模型。这一时期又收集到更多井的试采资料，逐渐认识到所取得的结论不只是针对少数井的个案，而是具有代表性的普遍规律。苏里格气田具有代表性的气井动态模型参数见表 8–16 和表 8–17。

从表 8–16 和表 8–17 罗列的数据中可以得出如下结论：

（1）初始地层压力值接近 30MPa，作为决定气井产能 3 大要素之一的地层压力是正常的。

表 8-16 苏里格气田试采井动态模型参数（一）

井号	拟合初始压力 p_i MPa	解释地层系数 Kh mD·m	解释地层渗透率 K mD	解释压裂裂缝半长 x_f m	解释全井表皮系数 S
苏 4	28.329	24.5	1.63	151	–6.56
苏 5	28.740	28.5	1.7	5.1	–3.59
苏 10	27.350	25.8	2.08	48.6	–5.85
苏 5	29.330	6.97	0.78	43	–5.73
苏 14	29.766	15.3	1.1	63	–6.11
苏 20	28.906	5.5	0.466	40	–5.26
苏 25	28.300	6.45	1.17	93	–6.36
苏 16–18	26.680	1.19	0.143	64	–6.13
苏 37–7	32.477	1.15	0.12	35	–5.52
苏 39–17	31.657	1.57	0.094	17	–4.8
苏 37–15	29.950	3.6	0.391	11	–4.36
苏 33–18	30.324	2.45	0.302	56	–5.99
苏 38–16	33.400	4.2	0.276	11	–4.36
平均值	29.631	9.74	0.784	49.0	–5.17

表 8-17 苏里格气田试采井动态模型参数（二）

井号	解释地层类型	矩形定容区块边界，m					定容区块面积 km²	注释
		L_{b1}	L_{b2}	L_{b3}	L_{b4}	长宽比		
苏 4	矩形定容区块	20	505	100	995	12.5 : 1	0.18	数值试井
苏 5	矩形定容区块	33	338	91	561	7.25 : 1	0.111	
苏 10	矩形定容区块	68	281	59	1500	14.0 : 1	0.226	
T5	矩形定容区块	33	700	66	1890	26.2 : 1	0.256	
苏 14	矩形定容区块	29.5	480	25.5	92	10.4 : 1	0.031	
苏 20	矩形定容区块	14.1	210	49.5	1000	19.0 : 1	0.077	
苏 25	矩形定容区块	111	1000	52.5	1000	12.2 : 1	0.327	
苏 16–18	矩形定容区块	50	1500	50	1500	30.0 : 1	0.300	
苏 37–7	矩形定容区块	20	90	250	2500	12.6 : 1	0.699	
苏 39–17	矩形定容区块	60	1000	40	1000	20 : 1	0.200	
苏 37–15	矩形定容区块	42	1000	67	1000	18.3 : 1	0.218	
苏 33–18	矩形定容区块	17	400	37	400	14.8 : 1	0.043	
苏 38–16	矩形定容区块	50	1000	23	1000	27.4 : 1	0.146	
平均值		42.1	654.1	70.0	1111	15.7 : 1	0.217	

（2）气井完井质量指标是作为另一个决定气井产能的要素。从表 8–16 和表 8–17 看到，压裂措施后裂缝半长达到近 50m，表皮系数达到 –5.2，在当时的工艺技术条件下都是上乘的指标。

（3）决定气井初始产能的最为关键的要素——气井的地层系数 Kh 值很低，不到 10mD·m，有效砂层平均渗透率 K 值不到 0.8mD，也是很低的值。由于参与统计的试采井都是气田区内优质的气井，从大范围看，多数气井的气层有效渗透率 K 值还要更低些，甚至只有百分之几毫达西，这决定了该地区气井的初始产能是很低的。

（4）作为影响气井产能稳定性的关键因素是气井控制的有效供气区面积及动态储量。从表 8–16 和表 8–17 看到，平均单井控制的有效面积约 0.2km^2，折算动态储量约为 0.2×10^8m^3。考虑到表中所列试采井是区块中优选的气井，这一指标实际上反映了该地区的上限值。

这就不难理解，从苏里格气田的现场统计数据看，气井在达到近乎枯竭的条件下，单井累计采出量平均值不到 0.2×10^8m^3。针对这样被岩性边界切割得很零碎的气田，宽不过 110m，长有 1.7km，如果依旧采用均质砂岩地层的行列布井方式作开发方案，按照连片气藏进行数值模拟分析，虽然会得到十分乐观的开发指标，但对指导气田开发却是不适用的。

在 2001—2003 年苏里格气田发现初期，正处在舆论焦点和热点的时候，提出上述结论和看法，无疑要冒相当大的风险，需要承受很大的压力。但是科学的魅力正在于它源于严格的理论计算和推理，只要多一点实事求是和责任心，得出正确的结论本不是什么难事，这些结论最终会被理解和接受。随着苏里格气田的逐步投入开发，一步一步地验证了最初的判断。

对于这样的特殊岩性气田，必须采取特殊的方式进行开采，越早正视这一问题，越能为国家挽回更多不必要的损失。

第五节　榆林南气田气藏动态描述

一、综合情况

（一）地理位置和地质概况

榆林南气田位于鄂尔多斯盆地伊陕斜坡东侧，在苏里格气田以东，长北合作区以南。根据储层平面发育情况，大致划分 6 个区块。榆林南气田主力生产层位是中生界二叠系的山西组，主力生产层段山 2 段产出干气，基本不含地层水。地质研究认为，地层属辫状河三角洲河流相沉积前缘亚相，其微相主要发育有水下分流河道、河口沙坝、水下分流间湾等。粗砂岩厚度一般在 15m 以上。总体来看天然气赋存条件较上游平原亚相要好，砂层钻遇率相对较高，砂层中有效厚度所占比例相对也较高。但是河道砂岩普遍具有的被岩性边界切割的特点同样存在，只不过有效渗透层的几何尺寸与苏里格气田的石盒子组有所区别。从静态地质资料分析得到，山 2 段平均孔隙度 6%，平均渗透率为 3～5mD，含气饱和度约70%，属于低孔隙度、中低渗透率砂岩岩性气田。

以上气藏地质特征在气井动态变化中充分反映出来。反过来，通过气藏动态描述进一步充实和量化了对气藏地质特征的确认。

（二）气田投产和试采情况

榆林南气田天然气地质储量近千亿立方米，至2004年已全面建成投产。2005年该气田动态描述研究工作中收集到30口主要生产井早期采气情况，并作为试采井加以研究。其中有21口井进行了一年以上较长时间生产，用其压力历史确认了完善的动态模型参数；另外的气井进行了产能试井，测试了压力恢复曲线，建立了初步的气井动态模型。

由于生产过程记录了详细的井口油管压力与套管压力资料，而且生产管柱未下入封隔器，因此可以方便地从井口套管压力折算出井底压力，建立了全程的压力历史。为了验证从井口压力折算井底压力的可行性，特别地选择了一口榆17井，分别用电子压力计监测井底压力、井口套管压力和井口油管压力，通过对比验证确认了从井口套管压力折算井底压力是准确、可信的。

截至2005年底，21口长期试采井平均单井累计采出气量$0.34\times10^8m^3$，最高单井累计采出量$1.03\times10^8m^3$，具备了较充分的气藏动态描述研究的条件。

（三）气藏动态描述过程

榆林南气田的动态描述工作起始于苏里格气田动态描述研究之后。由于这两个气田同属于鄂尔多斯盆地上古生界，因而充分借鉴了在苏里格气田研究中取得的经验教训。从研究工作一开始，随即按照本书第一章总结出的“气藏动态描述研究新思路”，全方位地展开了深入的研究工作：

（1）气井产能研究。

产能研究是动态描述研究的核心内容，主要包含3个方面：

① 产能试井资料精细分析。收集了全部9口井的修正等时试井资料，建立了它们的产能方程，推算了无阻流量。但是分析后发现，这9口井分别打开山2、马五、石千峰等不同层段，多数为外围探井，且部分井资料录取质量存在瑕疵，针对已投产近90口生产气井的气田区来说，不能用来确认主力产区、主力产层的产能情况，不能适应现场气藏研究的需要。

② 普遍建立生产井稳定点产能二项式方程。选择气田主力产区内37口生产井，建立了每一口井的初始稳定点二项式方程，并由此归纳出适用于该地区的“产能方程通式”。对于往后投产的生产井，只要摘取开井初期的稳定生产点，读出该点的流动压力和对应的产气量，立即可以得到这口井的初始产能方程。

③ 动态产能的追踪研究。根据2006年的生产井流压监测数据，研究建立了气井的动态产能方程，推算出动态无阻流量和动态地层压力，画出动态的IPR曲线。

（2）建立气井动态分析模型。

针对气藏区内21口重点试采井，分别建立了完善的气井动态模型，并于2006年和2007年继续进行了追踪研究。

（3）数值试井研究。

为了落实榆46-9、榆45-10、陕215和榆47-10所在区域的井间连通性和区块的整装性，开展了数值试井分析。最后结论是，即使地质上把这些井划归到连片的砂层内，但从动态表现看，它们之间连通的可能性微乎其微。

（4）压力梯度分析。

利用气井初始静压资料，开展了榆林南区静压梯度分析。不但在全区范围，而且细分到6个主要区块，分别画出静压梯度图。最后确认，榆林南气田不论是全气田，或者分成区块，都不会形成整装的气藏。

二、主力产区生产气井的产能分析

（一）初始稳定点产能二项式方程

建立了榆林南气田针对主力产层山2段的初始稳定点产能二项式方程一般表达式：

$$p_{\mathrm{R}}^2 - p_{\mathrm{wf}}^2 = \frac{198.943}{Kh} q_{\mathrm{g}} + \frac{0.9377}{Kh} q_{\mathrm{g}}^2 \qquad (8\text{–}23)$$

在推导上述方程时，应用了气区内的平均物性参数，并确定了相应的完井参数：地层温度 T=378K，天然气地下黏度 μ_{g}=0.022mPa·s，天然气偏差系数 Z=0.933，表皮系数 S_{t}=-5.5，气井的供气半径 r_{e}=500m，井底半径 r_{w}=0.07m，非达西流系数 D=0.01（$10^4\mathrm{m}^3/\mathrm{d}$）$^{-1}$。

依据式（8-23），对每一口生产井选择开井初期的稳定的生产点，摘取 p_{R}，p_{wf} 和 q_{g} 值，即可建立该井初始的二项式产能方程。例如：对于榆47-5井，取 p_{R}=26.75MPa，p_{wf}=22.74MPa，$q_{\mathrm{g}}=16\times10^4\mathrm{m}^3/\mathrm{d}$，即可得到该井的产能方程为：

$$p_{\mathrm{R}}^2 - p_{\mathrm{wf}}^2 = 11.547 q_{\mathrm{g}} + 0.0544 q_{\mathrm{g}}^2$$

推算出无阻流量 $q_{\mathrm{AOF}}=50.13\times10^4\mathrm{m}^3/\mathrm{d}$，画出初始IPR曲线图如图8-58所示。

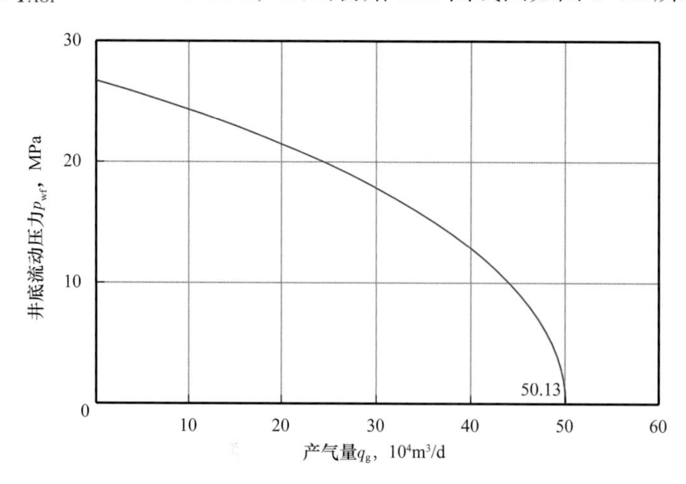

图8-58 榆47-5井初始产能IPR曲线图

像这样建立产能方程的气井有37口，涵盖了主产区的生产气井。

（二）动态产能方程和动态产能

仍以榆47-5井为例，该井投产后追踪分析了动态产能变化，选择2006年和2007年的稳定生产点，分别是2006年：p_{wf06}=21.05MPa，q_{g06}=9.3141×$10^4m^3/d$；2007年：p_{wf07}=20.58MPa，q_{g07}=9.0233×$10^4m^3/d$。得到动态产能方程和动态产能指标为：

2006年

$$p_{R06}^2 - p_{wf}^2 = 10.61q_g + 0.050q_g^2$$

$$p_{R06}=23.37\text{MPa}，q_{AOF06}=42.8275\times10^4\text{m}^3/\text{d}$$

2007年

$$p_{R07}^2 - p_{wf}^2 = 10.43q_g + 0.050q_g^2$$

$$p_{R07}=22.84\text{MPa}，q_{AOF07}=41.7816\times10^4\text{m}^3/\text{d}$$

对应的动态IPR曲线如图8-59所示。

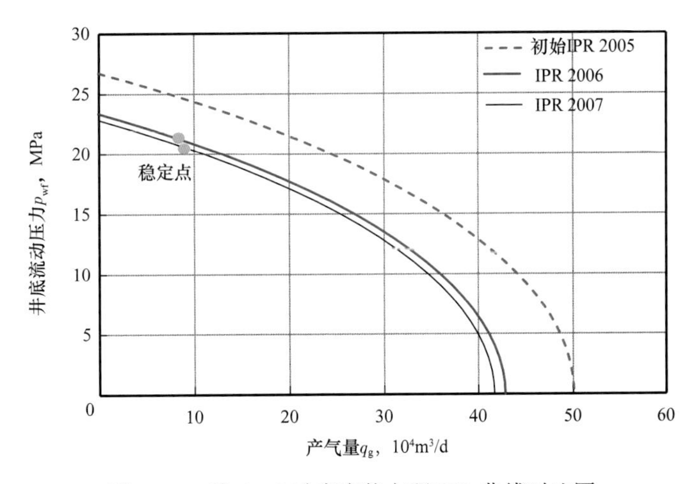

图8-59 榆47-5动态产能方程IPR曲线对比图

对于其余生产井，也可逐一建立类似的产能方程，得到对应的IPR曲线追踪对比图，从而作为现场产量安排的依据。

三、建立气井动态模型并进行追踪研究

（一）建立气井生产历史档案

全程的高精度压力历史和全程准确的产量史是建立气井动态模型的基础。

1. 建立气井压力史方法

在某海上气田，采用永久式井下高精度电子压力计，从气井投产开始，连续数年记录了气井全程的压力历史，包含了流动压力变化和每一次关井压力恢复曲线数据，再加

上自动记录的产气量历史，成为目前现场见到的最佳动态描述研究基础资料。

一般情况下，现场会采用电子压力计记录产能试井过程的流压变化曲线和压力恢复试井过程数据，而其余的长期生产过程，则点测井底流压，并连续记录井口油管压力与套管压力，用来折算为井底压力，这种折算的压力与实测井底压力衔接到一起，形成完整的压力历史。榆林南气田正是这样做的。

2. 井口套管压力折算井底压力的过程和验证

长期以来，采气工程方面一直使用多种计算公式，从井口压力折算井底压力。杨继盛和刘建仪等编写的《采气实用计算》一书，介绍了这类计算方法以及适用条件。在油田现场，常常把这些公式编制成计算机软件，直接加以应用。对于气井来说，特别针对干气井，这些公式大致分为两类：一类是指关井条件下的折算。此时只要根据井的条件，按照气体状态方程，分段确定天然气的相对密度，折算出井筒中天然气柱压力梯度，即可比较准确地进行井口压力向井底压力的折算；另一类是在天然气流动状态下的折算，此时不但要考虑井筒中天然气的重力梯度，还必须考虑天然气在流动状态下的摩擦阻力。后者在计算过程中需要确定的影响因素很多，干扰了计算结果的准确度。

在榆林南气田，进行了井口压力折算井底压力的验证。图 8-60 显示了榆 49-3 井用电子压力计连续监测的 3 种压力值：① 实测井底压力；② 实测井口油管压力；③ 实测井口套管压力。作为对比，图中还展示了用井口套管压力折算的井底压力。

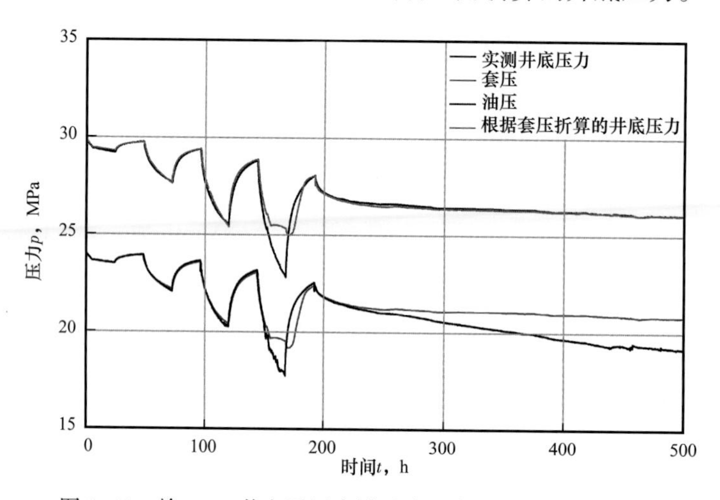

图 8-60　榆 49-3 井电子压力计录取压力及折算压力对比图

从图 8-60 看到，监测到的 3 种压力的连续性都很好，精度也很高；井底压力与井口套管压力变化在形态上非常相似，但数值上大致相差一个常数；在关井后垂直管流停止时，井口油管压力与套管压力彼此重合一致；在开井流动过程，由于井筒摩阻影响，油管压力与套管压力产生差异，表现为油管压力偏低于套压值；应用垂直管流公式，选择流动停止时的条件，把井口套压折算为井底压力，得到的折算压力与实测压力完全一致。

在榆林南气田，正是应用此种折算方法，建立了生产气井的全程井底压力历史。

（二）建立气井动态模型

以榆46-9井为例，借助2002年至2005年的压力历史和2003年初测试的压力恢复曲线资料，建立了该井的动态模型，解释取得的模型参数如下：井储系数C=3.48m^3/MPa；地层系数Kh=18.9mD·m；井附近地层渗透率K=1.28mD；压裂裂缝半长x_f=77.4m；压裂裂缝表皮S_f=0.1；全井总表皮系数S_t=−6.0；拟合初始压力p_i=26.8916MPa；边界类型：矩形定容区块；边界距离：L_{b1}=500m，L_{b2}=1800m，L_{b3}=500m，L_{b4}=1800m；定容区块面积：3.6km^2。压力双对数图版拟合图和压力历史拟合检验图如图8-61所示。

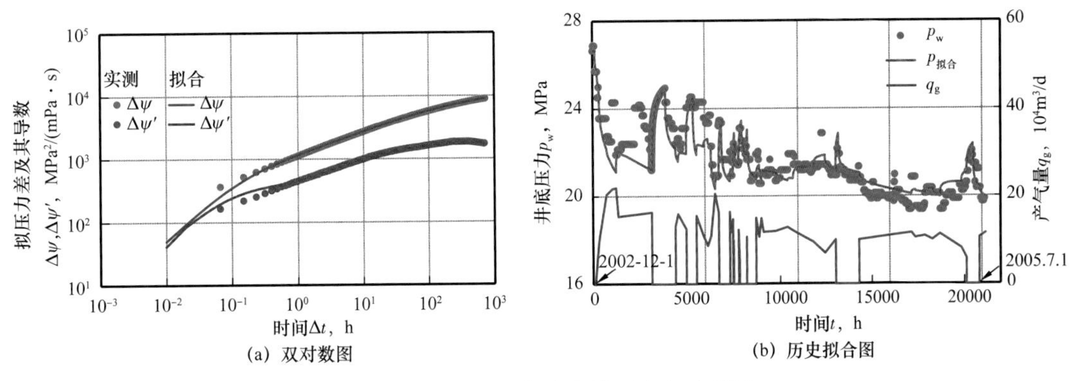

图8-61　榆46-9井动态模型建立过程图

其余20口主力产气井都按上面的做法一一建立了动态模型，从而为榆林南气田下一步的动态分析打下基础。

（三）气井动态模型的追踪研究

一旦建立起每一口气井完善的动态模型，可以继续开展如下的研究。

1. 气井未来的动态走势预测

按照规划的产量，代入试井解释软件中已建立的动态模型，可以预测气井未来一年或几年的流动压力变化，从而为下一步生产决策提供依据。

2. 动态模型追踪验证及改进

依据随后监测的压力历史，可以进一步验证动态模型的适用性。做法是，把随后生产过程录取到的产量史输入模型，可以推算出这一段时间理论模型压力变化，把它与随后监测到的压力相比较，如果仍然一致，则说明原创建的模型是正确的、可信的；如果出现偏离，则应进一步修改模型参数，以完善动态模型。如图8-62所示。

从图8-62看到，对于延长到2010年的压力历史，模型压力偏低于实测压力，据此修改了榆46-9井动态模型的边界参数，变化后的边界距离参数为：L_{b1}=550m，L_{b2}=2100m，L_{b3}=600m，L_{b4}=2100m。其余的井附近模型参数维持不变，从而得到改进后的如图8-63所示的动态模型压力历史拟合验证图。

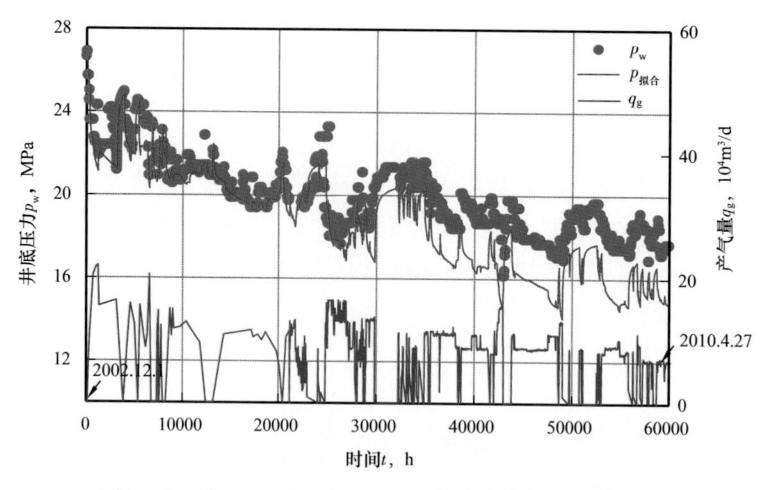

图 8–62　榆 46–9 井 2005—2010 年动态模型追踪检验图

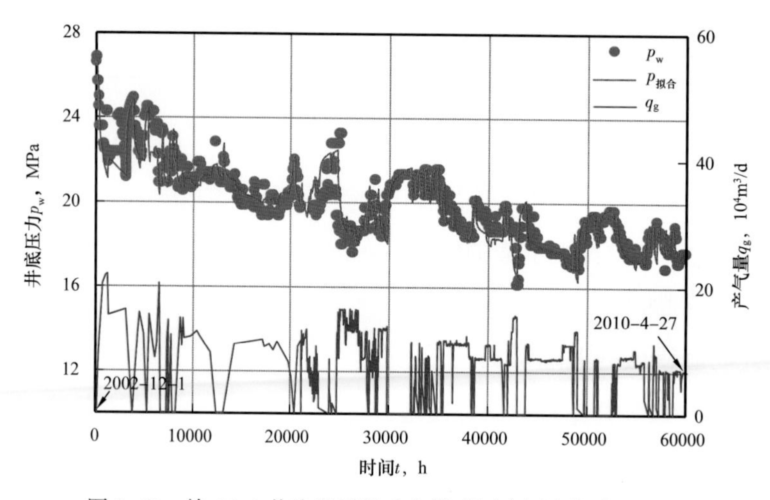

图 8–63　榆 46–9 井改进后的动态模型压力历史拟合验证图

从图 8–63 看到，依据修改后的模型稍稍放大了边界距离，理论模型压力与实测压力更趋于一致，说明它更真确地反映了榆 46–9 井所控制储层的条件。此类动态追踪研究可以成为该地区今后动态分析研究的主流模式。随着气田的开采，不断验证、不断完善模型，并用它来预测气区内各井的未来动态变化。

四、榆林南气田的压力梯度分析

（一）原始静压力梯度分析

统计了山 2 段 78 口生产气井初始静压力情况，按照本书第四章提供的方法，做压力梯度分析图，如图 8–64 所示。

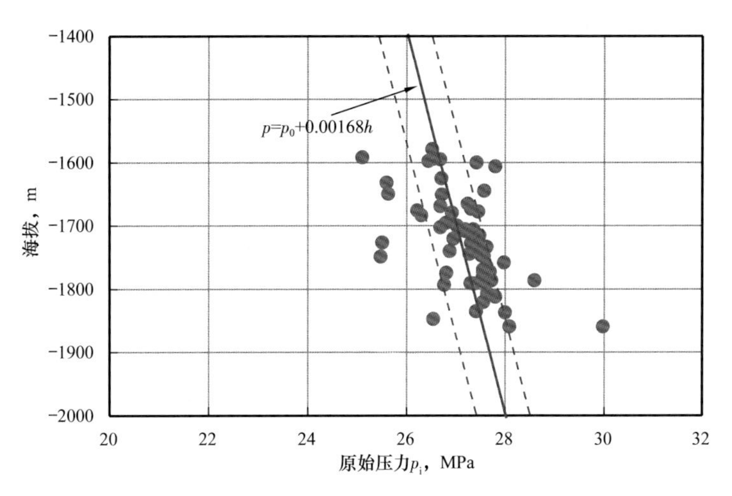

图 8-64 榆林南气田静压力梯度分布图

从图 8-64 看到，实测点的分布相对较分散。为此，首先从该地区天然气物性出发，找出整装气田应具有的静压梯度线特征。该地区具有代表性的气体物性为：平均地层压力 p_R=27MPa，地层温度 T=353K，天然气相对密度 γ_g=0.59，气体偏差系数 Z=0.94。从而计算得到天然气地下密度为：

$$\rho_g = \frac{27\times0.59\times28.97}{0.94\times8.3143\times10^{-3}\times353} = 170.98\text{kg/m}^3$$

地层中天然气静压力梯度为：

$$G_{DS}=170.98\text{kg/m}^3\times9.80665\text{m/s}^2=0.00168\text{MPa/m}$$

以上述压力梯度值为依据得到的静压力梯度线方程为：

$$p=p_0-0.00168h$$

把上述静压力梯度线画在图 8-64 中，用实线标明。同时以静压力梯度线为中心，以 ±0.25MPa 范围画出分布区域，可以看到：在虚线标明的条带形区域内，虽然包含了绝大多数测点，但仍然不能回归成单一的天然气静压梯度线，说明整个榆林南区不可能是一个单一的整装气藏；如果在方程中选择不同的 p_0 值，可以得到多条平行的静压梯度线，每条线穿过多口测试井，提供了这些井具有连通可能的必要条件；按地质图上标明气井的 6 个平面分布区域，进一步进行上述静压梯度分析，经反复落实气井井位和平面上的相邻关系后，确认榆林南区分区块的气层连通可能性仍然不大。

（二）气井和气藏动态地层压力

动态地层压力的确定和分析是气藏动态研究的重要内容。在榆林南气田，除去应用实测法取得生产过程中的动态地层压力外，还采用动态模型推算法以及动态产能方程推算法取得动态地层压力。

1. 动态模型法推算平均地层压力

在榆林南上古气藏，通过气井动态描述，已经有相当数量气井建立了完善的动态模型，并经过较长时间的压力历史拟合检验，确认了气井附近不渗透边界分布，其中有21口气井确认为存在有限封闭边界。这时所建立的动态模型，在画出模型压力的同时，还会自动产生平均地层压力值随时间变化曲线。如图8-65所示。

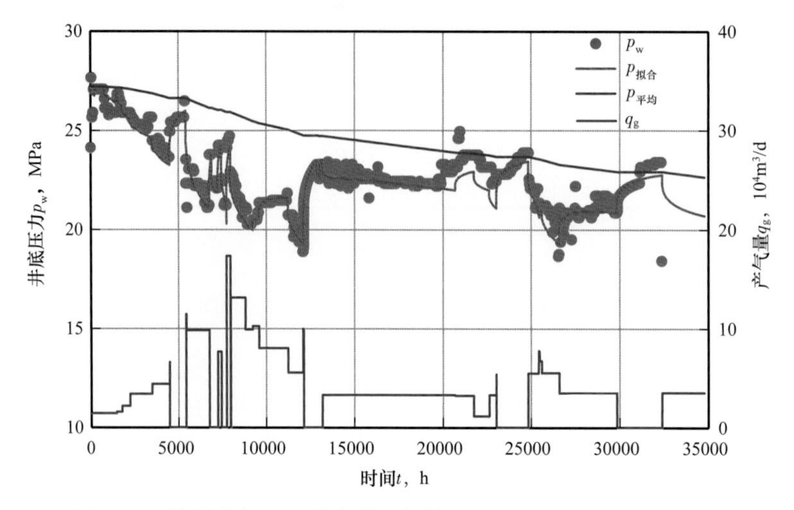

图8-65 榆林南气田用动态模型推算法推定平均地层压力示意图

选取一定的时刻，提取平均地层压力值，可以用于地层压力分布研究；同时提取相对应的累计采出量，可以进行单井控制动态储量的研究。

2. 动态产能方程法推算供气边界地层压力

在第三章中介绍了动态产能方程的建立方法。它是在初始稳定点产能二项式方程的基础上，在选定了后续生产过程的动态稳定产能点时，用公式推算出来的。同时也画在IPR曲线衰减对比图上，如图8-66所示。

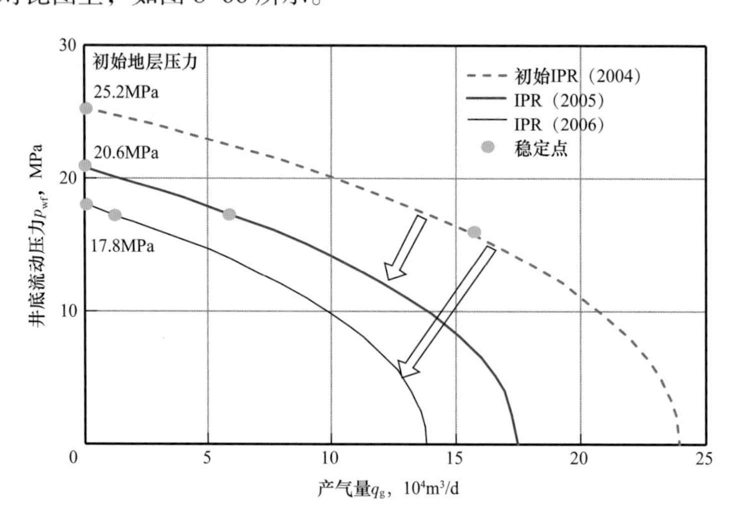

图8-66 用产能方程推算法确定供气边界地层压力示意图

从图 8–66 可以看到，动态产能方程图中，可以推算出每一个时期的供气边界动态地层压力，在榆林南气田正是采取这种方法得到了一批气井的动态地层压力。由于采取此种方法不要求建立完善的气井动态模型，因此可以针对更多的气井进行此类分析。

一旦取得了气井和气藏在生产过程中的动态地层压力，则可以应用物质平衡法进行动态储量的推算。在第四节关于苏里格气田的研究中，对其运作方法已有清楚展示，读者可详细参考，这里不再赘述。

五、榆林南气田与苏里格气田储层特征比较

榆林南气田与苏里格气田同处鄂尔多斯盆地，同为开采上古生界的大气田，各有千亿立方米以上的地质储量，几乎同期投产。但是，从动态描述中看到了它们之间的差别。表 8–18 对于它们的特征作出了定量描述。

表 8–18 鄂尔多斯盆地上古生界气田单井控制储层参数对比表

参数内容 \ 气田名称	榆林南气田	苏里格气田
主力产气层位	二叠系山西组山 2 段	二叠系石盒子组盒 8 段
参与统计测试井数，口	21	13
初始地层压力 p_i，MPa	27.5587	29.631
平均地层系数 Kh，mD·m	21.9	9.74
平均地层有效厚度 h，m	11.7	12.4
平均解释渗透率 K，mD	1.863（单井 K 值平均）	0.784
平均压裂裂缝半长 x_f，m	62.2	49.0
平均裂缝表皮系数 S_f	0.3（多数井在 0～0.1 之间）	0.15
平均全井表皮系数 S	–6.0	–5.2
平均区块宽度，km	1.372	0.112
平均区块长度，km	3.425	1.765
平均区块面积，km^2	4.70	0.22
平均宽长比	1:2.5	1:15.7
推算单井控制动态储量，10^8m^3	5.05	0.22

从表 8–18 中看到：

（1）两个气田虽然同为上古生界地层，但打开的具体层位不同：榆林南气田为下二叠统山西组，苏里格气田为中二叠统石盒子组，不同的层位、不同的沉积年代，造成沉积条件的差异。

（2）决定气井初始产能的3个重要条件之一是地层压力值，这两个气田地层压力均接近静水柱压力，量值大体相同。上古生界为西倾单斜，苏里格气田在榆林南气田以西，因而苏里格气田打开的石盒子组气层虽然在山西组之上，但深度反而更大，初始地层压力相对也较高。

（3）榆林南气田的平均地层系数 Kh 值是苏里格气田的1倍以上。从表8-18看到，榆林南气田 Kh 值为21.9mD·m，而苏里格气田只有9.74mD·m，相差1倍多，而地层有效厚度大体相同，使解释得到的地层渗透率也相差1倍以上。这决定了榆林南气田初始产能相对也较高。

（4）两个气田完井质量大体相当。不论榆林南气田还是苏里格气田均采用压裂完井，压裂裂缝半长为50～60m，使得完井表皮系数均小于–5，达到了低渗透砂岩气田储层改造提高产能的目的。

（5）单井控制面积和动态储量相差悬殊。榆林南气田单井控制有效供气区面积近5km^2，因而动态储量达到5×10^8m^3；而苏里格气田单井控制面积只有0.2km^2，因而动态储量也只有0.2×10^8m^3。从形态看，苏里格气田长宽比达到12.5，形成渗流条件更差的长条形。这决定了两个气田的稳产能力及单井累计采出量也会存在巨大差异：榆林南气田能够达到一定程度的稳产要求，平均单井经济效益也较好，目前已建成一定规模的气田区，正常投入生产；苏里格气田则很难达到单井稳产条件，特别考虑到参与动态描述研究的试采井都是这一区域条件较好的气井，因而平均指标还要低一些，这就是为什么针对苏里格气田必须采取特殊的开采方式和运营方式的最主要的原因。

以上针对这两个气田的研究，完全按照本书第一章介绍的“动态描述研究新思路”来运作，是很具代表性的研究范例。

第六节　海上东方气田气藏动态描述

一、综合情况

东方气田的气藏动态描述研究，堪称是此类研究工作的典范。之所以这样评价有两个原因：首先，这项研究成果在气田动态分析中，具有国内其他气田不具备的突出特点；其次，在对气藏进行全方位描述时，展现出多个创新点，不但确切回答了气田开发中遇到的种种疑难问题，同时也充实和丰富了气藏动态描述方法本身。这再一次证明了，作为气藏研究的三大支柱技术之一的现代试井和气藏动态描述技术，是与油田现场紧密结合的，不可或缺的，具有生命力的。

（一）东方气田开发过程中的特点和难点

（1）全部采用水平井进行开采。

东方气田是位于莺歌海坳陷内的中型气田，构造受断层切割，有效砂岩储层平面分布非均质性强，天然气物性平面上和纵向上变化大，是一个难以应对的开发对象。可以说是又一类特殊岩性气田。由于是海上气田，所以设计采用少数钻井平台，向周围引伸出数十口水平井，进行整个气田的开采。水平井的试井资料录取和分析，特别是如此多数量水平井的动态资料分析，在中国国内可以说是空前的，带来的挑战是不言而喻的。

（2）全程高精度井底压力资料的录取。

正因为面对的是这样一个复杂的研究对象，所以决策部门从一开始就采取了重要的、而且非常有效的动态资料监测措施：在全气田近一半气井的水平段位置，下入了高精度的永久式压力计，连续不断地全程监测并录取了井底压力资料，既有生产过程中的流动压力数据，也有关井压力恢复过程中的不稳定压力变化数据，从而把这些井的压力历史档案一览无余地展现在管理人员和研究人员面前。这就为下一步的气藏动态描述工作打下了坚实的基础。

（3）复杂的后续配产要求。

以往在陆上投产的气田，依据开发方案设计，大致预测生产井的单井产量和气区产量。气田投产以后，总会对产量有一个调节过程，依据各气井的实际表现，填平补齐总体产量的不足。由于气区内各井产出天然气组分大体一致，下游用户要求也一致，所以产量调节过程相对简单。

在东方气田，各井产出气体组分差异很大，而下游用户对天然气组分的需求也各不相同，这就给配产带来相当大的难度。为此，从气田投产伊始就安排了频繁的产能试井，不但每口井投产前进行回压试井，而且生产过程中仍然安排回压产能试井，试图了解每口井衰减过程中的产能指标。但是反复实践后证明，用常规的回压试井方法，不但难以测定衰减过程中的产能指标，甚至确定初始产能指标也存在着诸多问题，这就满足不了后续配产的要求，更谈不到规划下一年度或今后的产量安排。

（4）水平井不稳定试井分析中的多解性。

在东方气田生产井全部是水平井，根据对试井分析的经验，针对水平井的试井解释存在着多个难点：

① 资料录取困难。在水平井中，起下式压力计难以下放到储层部位，这样一来，井底的积水往往扭曲了压力恢复过程，而且往往由于资料录取时间不够长，难以全面反映出水平井不稳定渗流的各个关键的流动段。特别地，中国国内过去还没有见到一口水平井录取过全程的压力历史。但是这些问题在东方气田取得了突破，有10余口气井录取到全程的井底压力历史，包括这些井多次完整的压力恢复数据。这在为解释工作提供良好前提条件的同时，也对解释结果的可信度提出了更严格的要求。

② 试井分析中的多解性。有了好的资料，仍然需要解决水平井试井解释时的多解性的问题。在东方气田，通过反复实践后，采取本书第一章和之后反复提到的储层动态描述新思路，初步解决了这一问题。

（二）动态研究中的创新点

针对东方气田自2003年至2007年连续4年的开发过程，开展了深层次的动态分析研究，回答了困扰气田开发的多个难题，其中有3点是以往在中国国内没有解决的。

（1）提出并推导针对水平气井的“稳定点产能二项式方程”。

这种方程的建立，不但克服了传统回压试井在资料录取和分析时的种种困扰，重新确定了东方气田全部水平气井的初始产能方程，画出每一口气井初始 IPR 曲线，推算了它们初始无阻流量值 q_{AOF}，并通过与投产后的气井实际生产动态对比，验证、确认了其合理性。

（2）提出并推导水平气井动态产能方程。

明确提出针对水平气井的动态产能方程概念，同时推导了每一口井不同时期的动态产能方程，画出动态 IPR 曲线，推算动态无阻流量，以及为测定这种动态产能所应采取的方法和步骤。这就为这些气井在不同时期的配产提供了可靠的依据。

（3）尝试解决了水平井不稳定试井解释和动态描述问题。

所建立的水平井动态模型，从井数之多，对于气井控制区域地质特征描述的全面性和可信度，对于气井今后动态走势预测的实用性等方面来看，都还没有可比的先例。

二、初始产能和动态产能的评价

（一）回压试井测试分析

在东方气田，针对所有的水平井，投产前均开展了初始回压试井测试。从录取到的数十口井产能试井资料看，数据是完整的。但令人遗憾的是，当把这些资料通过多种试井解释软件进行整理和分析时，却惊讶地发现，有一半以上井的资料不能回归出可供应用的产能方程。其中，部分二项式方程系数 B 小于 0，指数式方程出现指数 n 大于 1。导致这样异常现象的原因很复杂，目前已了解到的主要有：（1）井底积液，压力计又未能下放到积液液面以下，导致不同产气量条件下测点流压偏移不同；（2）有的井测点时间间隔过短或不等，流动压力未达稳定；（3）测试过程中地层压力已出现衰减等。以上分析可参见第三章。

初始产能方程的测试是不可重复的，机会的错失带来的结果是后续的研究工作难以开展，必须另辟蹊径解决产能评价问题。

（二）建立“初始稳定点产能二项式方程”重新评价气井初始产能

正如本书第三章所介绍的，不论对于垂直井或水平井，均可建立稳定点产能二项式方程，所要求的现场实测参数，除初始地层压力外，仅仅就是开井初期的一个稳定的生产点——（p_{wf0}，q_{g0}）。

由于在东方气田有接近半数的气井录取了全程的压力历史，只要选择并读出开井初期的稳定生产点，马上就可以找回该井的初始产能规律，建立起如第三章式（3-56）所表达的初始产能方程。在接下来的段落，详细地介绍了方程的建立方法。对于未能记录全程压力历史的气井，选择初始回压试井时的实测产能点，例如产气量最高的末个测点，也可以建立起这种产能方程。

在东方气田，对数十口生产井一一建立起了这种初始稳定点二项式方程，画出了它们的初始 IPR 曲线，重新推算了初始无阻流量。第三章以示例井为例进一步做出了说明，如式（3-61）和图 3-55 所示。

（三）推导动态产能方程

东方气田由于地质条件复杂，各井之间产量和组分的差异很大，迫切需要掌握每一口气井生产过程中衰减后的产能情况，也就是本书中提出的动态产能方程及其推算出的各项指标。前面建立的初始稳定点二项式方程，正好可以成为推导动态产能方程的基础和出发点。

第三章介绍了水平井动态产能方程的建立方法，这正是针对东方气田所研究和应用的，见第三章式（3–63）和图 3–53。通过动态产能方程的建立，还可以求得动态地层压力和动态无阻流量，正是这些指标才能正确反映气井开井生产一段时间以后的实际产气能力，这也是当前条件下对气井进行配产的依据。

（四）动态监测条件下的产能试井设计

在东方气田，有了每一口井的初始稳定点二项式方程和以此为基础的动态产能方程，据此可对气田往后的产能指标进行动态监测。其具体的运作方法是：

（1）根据气田产量规划的要求，选择具体气井需要确定动态产能的具体时间段；

（2）在被确定的时间段，对监测井安排一个 5～10 天的稳定生产段，保持产气量波动不大于 5%，下入井下压力计测试此时的稳定流动压力值；

（3）对于具备永久监测压力计的气井，选择适当时间段，读出该段的稳定产量和稳定的流动压力；

（4）按本书第三章提供的方法，建立动态产能方程，推算动态产能指标，供现场应用。

在东方气田，正是按照这一新思路，有条不紊地开展着今后的产能监测工作。

三、气井和气藏的动态描述研究

气井动态描述是气藏动态描述的基础。首先对所有水平气井一一进行了动态描述研究。针对存在井间干扰的井组，还开展了数值试井的研究。以示例井 1 为例，展示研究过程。

（一）依据压力恢复试井资料建立气井动态模型

示例井 1 全程监测了压力历史。该井开井后 3 年多曾多次关井，期间每一次压力恢复曲线均被记录。选择最早而且测试时间最长的一次压力恢复试井资料进行解释，解释结果画在图 8–67 上。

通过图 8–67 所示图版拟合，初步求得该井附近地层及完井参数为：井储系数 C=5.0m^3/MPa；井筒表皮系数 S=0.03；有效水平井段长 L_e=318m；水平井段距气层底距离 Z_w=20m；地层有效厚度 h=36m；拟合初始压力 p_R=13.96MPa；地层系数 Kh=402mD·m；地层渗透率 K=11.2mD；纵横渗透率比 K_z/K_r=0.389；气井控制区块类型：方形有限定容区块，边长 1600m。由此推算该井控制的动态储量约为 60×10^8m^3。

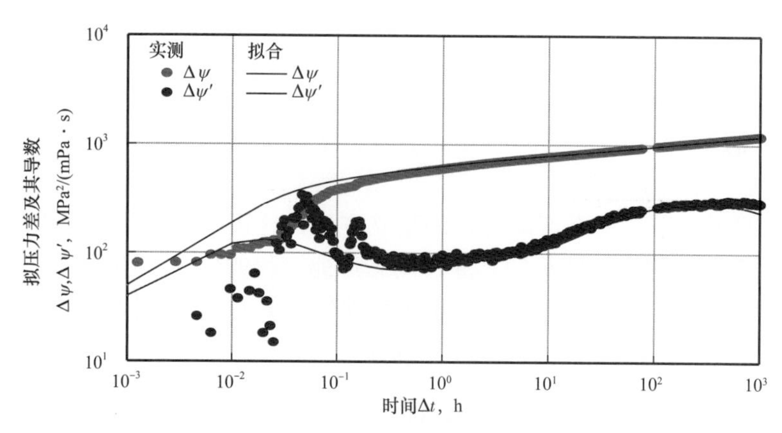

图 8-67　水平示例井 1 压力恢复曲线双对数图版分析图

从图 8-67 看到，该井展示的动态模型曲线，与第五章图 5-160 所介绍过的水平井典型流动特征曲线是很相近的，它包含了续流段、垂直径向流段、线性流段和拟径向流段等全部特征流动段。对于一般的水平井来说，这是难得一见的。有时由于所钻开地层延伸范围有限，或水平井段以不规则的轨迹穿过地层，或各种参数的不得当组合，使曲线形态产生了种种异变，有的类似于超完善井，有时又类似于压裂井。读者可参阅第五章相关章节所作的叙述，或可自己动手在试井软件上做一些演示。

（二）压力历史拟合验证确认模型的可信度

图 8-68 展示了水平示例井 1 通过不稳定试井解释得到的动态模型进行压力历史拟合检验过程图。

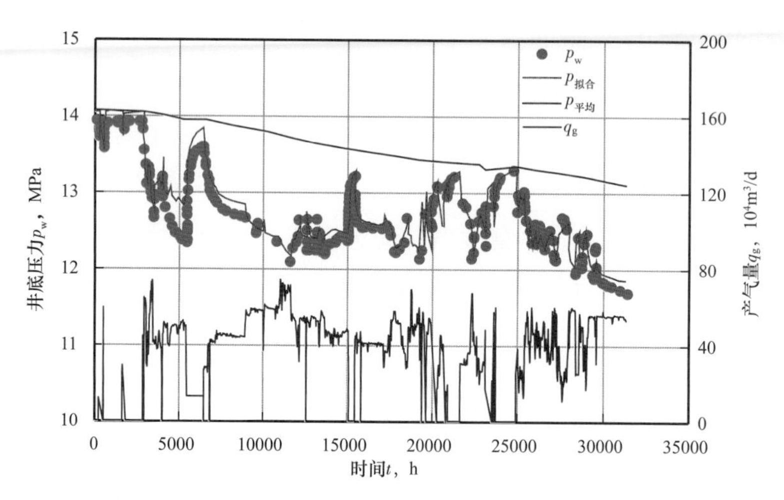

图 8-68　水平示例井 1 解释动态模型压力历史拟合验证图

从图 8-68 看到，该井通过解释求得的模型压力与实测地层压力达成近乎完美的一致，从而证实了模型参数的可信度。

（三）从动态描述取得的认识

通过对东方气田长期生产气井的动态描述，特别是其中具备永久压力计井的动态描述，对储层取得了明确的认识。

（1）地层系数 Kh 值。正是地层系数的高低，决定了气井初始无阻流量的大小。从各井 Kh 量值来看，多数在 100～700mD·m，使东方气田具备了中等偏高的产气能力。

（2）存在定容边界。从动态描述中确认，多数井控制了有限的地层区域，彼此间相对独立，平均单井控制约 $20\times10^8m^3$ 的动态储量。这决定了气井今后的衰减速率。

（3）少数井存在井间干扰。应用数值试井方法研究存在井间干扰的气井，定量地确认了这些井之间的相关关系、生产过程中天然气的运移方向，以及井组所控制的区域大小和动态储量。

（4）动态预测。正是经过压力历史验证的动态模型，将成为预测这些井今后动态走势的依据。建立在试井解释软件中的这些模型，不但提供了每一口气井所处地质条件和完井条件的文字描述，更重要的是，它是一个被数学方程所支持的、再现这口井采气过程中地下渗流图谱的工具。据此可以预知今后一段时间井底流动压力的下降情况，产气量的衰减规律，并可从中找出生产上应对的方法。

（5）动态模型的修正和完善。以上建立的动态模型并非是十分完善的，通过进一步的压力历史拟合验证，将会发现它总会存在某些瑕疵。例如最初确定的边界距离，特别是距井较远的边界距离，或边界形态，有可能不尽合理，通过修正这些参数，使模型不断得到完善。

四、东方气田长期生产动态资料变化规律分析

在东方气田，应用现代试井分析方法开展研究的同时，也应用现代产量递减分析方法（Sun，2015）进行了长期生产动态资料的分析研究。例如对于水平示例井 1，把动态描述取得的模型参数，在现代产量递减分析方法软件加以拟合验证，结果如图 8-69 所示。

从图 8-69 看到，在用现代试井方法确定的模型条件下，不论是从实测压力反算的产量与实测产量之间，或是从实测产量反算的压力与实测压力之间，或是反算的累计产量与实测累计产量之间，都达成了一致。这说明，原有的模型参数，通过现代产量递减分析方法验证后，同样得到了确认。

五、对于东方气田的综合认识

至此可以看到，针对东方气田这样一个复杂的地质对象，通过应用多种动态研究手段，取得了全方位的认识：

（1）建立了每一口气井的初始产能方程，和随后每一个关键阶段的动态产能方程，研究了气井产能的衰减过程；

（2）以不稳定试井分析为基础，建立了每一口气井的动态模型，确认了气井周边和气藏的地质特征，同时还可以预测气井今后的动态走势；

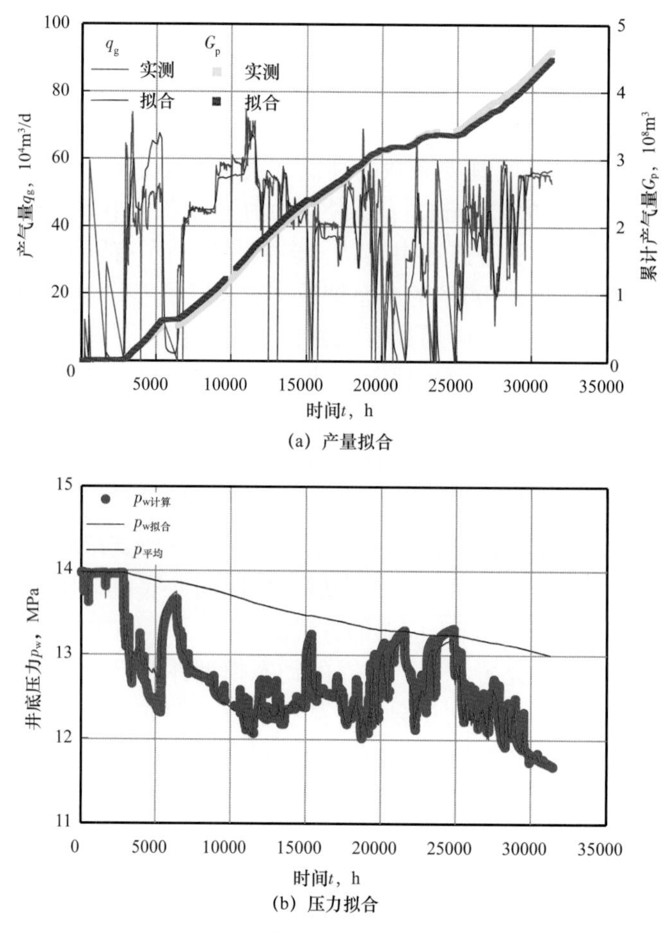

图 8-69　水平示例井 1 现代产量递减分析产量、压力拟合检验图

（3）对于存在井间干扰的气井，通过数值试井研究，定量地确认了井间关系，并作为区块建立了动态模型；

（4）借助现代产量递减分析方法再一次从动态分析角度确认了动态模型参数的可信度。

这就令人信服地做到对气田深层次的了解，同时也印证了本节开头所提到的，堪称是此类气田研究工作的典范，可以为今后气田开发动态研究工作所借鉴。

第七节　磨溪区块龙王庙组大型碳酸盐岩气藏动态描述

一、综合情况

四川盆地安岳气田磨溪区块下寒武统龙王庙组气藏（以下简称磨溪龙王庙组气藏）是我国迄今探明的最大规模单体整装颗粒滩相白云岩气藏，具有储量规模大、单井产能高等一系列优势，同时也存在着诸多影响高效开发的复杂情况，如中含硫化氢、缝洞储层低孔隙度及强非均质性、气水赋存形式多样等，中国石油仅用3年时间高质量、高效率、高效益地将其建成为年产能力超过$100\times10^8m^3$的现代化大型气田（马新华，2016）。截至2019年8月，累计产量已经超过$400\times10^8m^3$，生产规模和开发指标均达到预期效果，成为中国大型气藏高效开发的新典范。

磨溪龙王庙组气藏原始地层压力为75.83MPa，压力系数为1.64，地层温度为413.4K，其主体区具有统一的气水界面，气水界面海拔为−4385m，属于存在边水的岩性—构造气藏。从方案编制、产能建设到目前的稳产开发，以压力测试资料分析为主的储层动态跟踪描述，为这类大面积裂缝—孔洞型颗粒滩相白云岩气藏产能主控因素认识和滩体展布特征精细刻画起到至关重要的作用，为产能建设阶段井位部署和稳产阶段开发优化提供了依据。

二、静态对气藏基本地质认识

（一）沉积和滩体展布特征

四川盆地磨溪地区龙王庙组埋深超过4500m，为局限台地相沉积，以颗粒滩沉积为主，垂向上发育四期叠置的颗粒滩，在平面上形成2个北东—南西向发育的颗粒滩体，滩主体彼此分隔，滩边缘叠置连片，呈现“两滩一沟”分布格局（图8-70）。高渗储集体主要分布在颗粒滩主体部位，以溶蚀孔洞型储层为主。开发井钻遇储层有效厚度17.4～64.5m，平均43.0m（李熙喆，2017）。

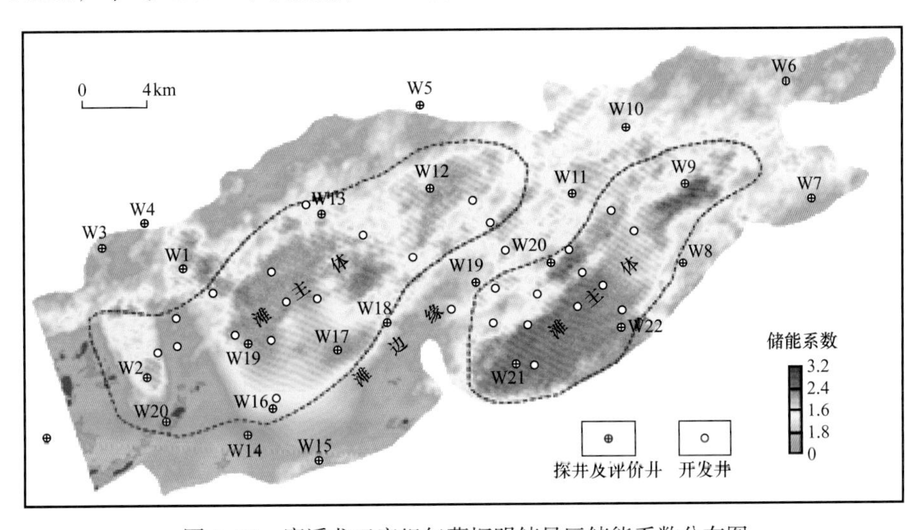

图8-70 磨溪龙王庙组气藏探明储量区储能系数分布图

（二）气藏储集空间类型

磨溪龙王庙组气藏构造裂缝十分发育，以高角度缝为主，在岩心和成像测井中均可以见到未充填的高角度缝，取心井岩心描述统计高角度缝密度为0.17～1.24条/m，平均0.69条/m，观察到的裂缝最大长度1～2m。此外，储层微裂缝也十分发育，在薄片分析中，40% 的薄片发育微裂缝，以溶蚀缝为主。

储层岩性以砂屑白云岩和细晶白云岩为主，发育 2～5mm 级孔隙扩容型小溶洞，是储层的主要储集空间，同时还发育粒间溶孔和晶间溶孔。根据溶蚀孔、洞的发育程度，储层划分为 3 种类型，分别为溶蚀孔洞型、溶蚀孔隙型和基质孔隙型。储层孔隙度范围 2%～16%，但整体上孔隙度较低，岩心分析有效储层段平均孔隙度 2.48%～6.05%，总体平均孔隙度为 4.81%，测井解释单井平均孔隙度范围 3.1%～7.1%，与国内大多数碳酸盐岩气藏类似，整体上属于低孔隙度储层。

（三）岩心分析储层物性及非均质性特征

磨溪龙王庙组气藏受溶蚀孔洞和裂缝非均匀发育影响，不同尺度下储层渗流能力差异大，宏观渗透率明显高于基质渗透率。小柱塞样岩心物性分析有效储层渗透率主要分布区间 0.001～10mD，大于 0.1mD 样品占 34.5%。而全直径样品分析渗透率主要分布在 0.01～100mD，大于 0.1mD 样品占 63%，比小柱塞样渗透率高 1～2 个数量级。

三、气藏储层动态描述思路

（一）气藏动态描述需要解决的关键问题

从地质特征上来看，磨溪龙王庙组气藏是一个分布面积大，储层相对较薄，具有强非均质性的大型碳酸盐岩气藏。针对磨溪龙王庙组这一新发现的大型气田，试井和储层动态描述需要解决的关键问题包括：

（1）在裂缝、毫米级溶洞和孔隙 3 种储集空间存在情况下，表现出来的流动介质特征；

（2）整体孔隙度较低，溶蚀孔洞、裂缝发育情况下储层物性和产能特征及主控因素；

（3）纵向上多期叠置、平面上大面积分布的颗粒滩体动态上表现出来的滩体展布范围和内部连通性。

（二）气藏储层动态描述思路

从方案编制阶段仅有 14 口井的测试资料和 2～3 口井的短期试采，到目前气藏全面投产开发，试井分析和储层动态描述根据不同阶段开发需求和资料情况，主要研究思路包括：

（1）在单井分析的基础上，突破仅对井点局部认识，扩展到对整个气藏的认识。比如对于储层物性和非均质性认识，由井点扩展到颗粒滩主体、滩边缘，从而建立起大型气田整体渗流特征的概念。

（2）动态描述分析结果与地质认识相互验证，降低由于井数少而带来的认识风险。在建产期产能主控因素认识中，突破对裂缝—孔洞型储层裂缝渗流能力占主导作用的传统认识，认为溶蚀孔洞发育是决定龙王庙组气藏在基质低孔隙度、低渗透率情况下达到中—高渗透和高产的决定因素，为产能建设阶段有利目标区优选提供依据。

（3）分析结果的继承性和认识的不断深化。从初期短期试采井控范围和井控储量的确定，到全面投产后结合静压下降趋势，在地质上“两滩一沟”的滩体总体展布特征认识基础上，划分不同井组，细化对不同井组滩体展布范围和内部连通性描述，为稳产开发阶段不同井组均衡开采和非均匀水侵规避提供依据。

四、前期评价阶段对产能主控因素动态认识

（一）不稳定试井表现出的储渗特征

从地质断裂分析、岩心描述和成像测井解释来看，磨溪龙王庙储层裂缝、溶蚀孔洞普遍发育，但从不稳定试井压恢曲线形态来看（表 8–19），储层表现出单一流动介质储层特征，未表现如前面第五章表 5–5 中给出的典型双重介质或多个缝洞体系的流动特征。这是由于龙王庙储层历经多期岩溶作用，沿裂缝和易溶储集体大面积顺层溶蚀，在滩主体部位形成大面积的溶蚀、洞，而且溶蚀孔洞本身具有一定的渗透性；此外，天然裂缝与溶蚀孔、洞匹配关系好，形成整体连通的缝洞体系，使得压力恢复曲线表现出单一介质储层流动特征。

表 8–19　磨溪龙王庙组气藏典型井不稳定试井解释结果表

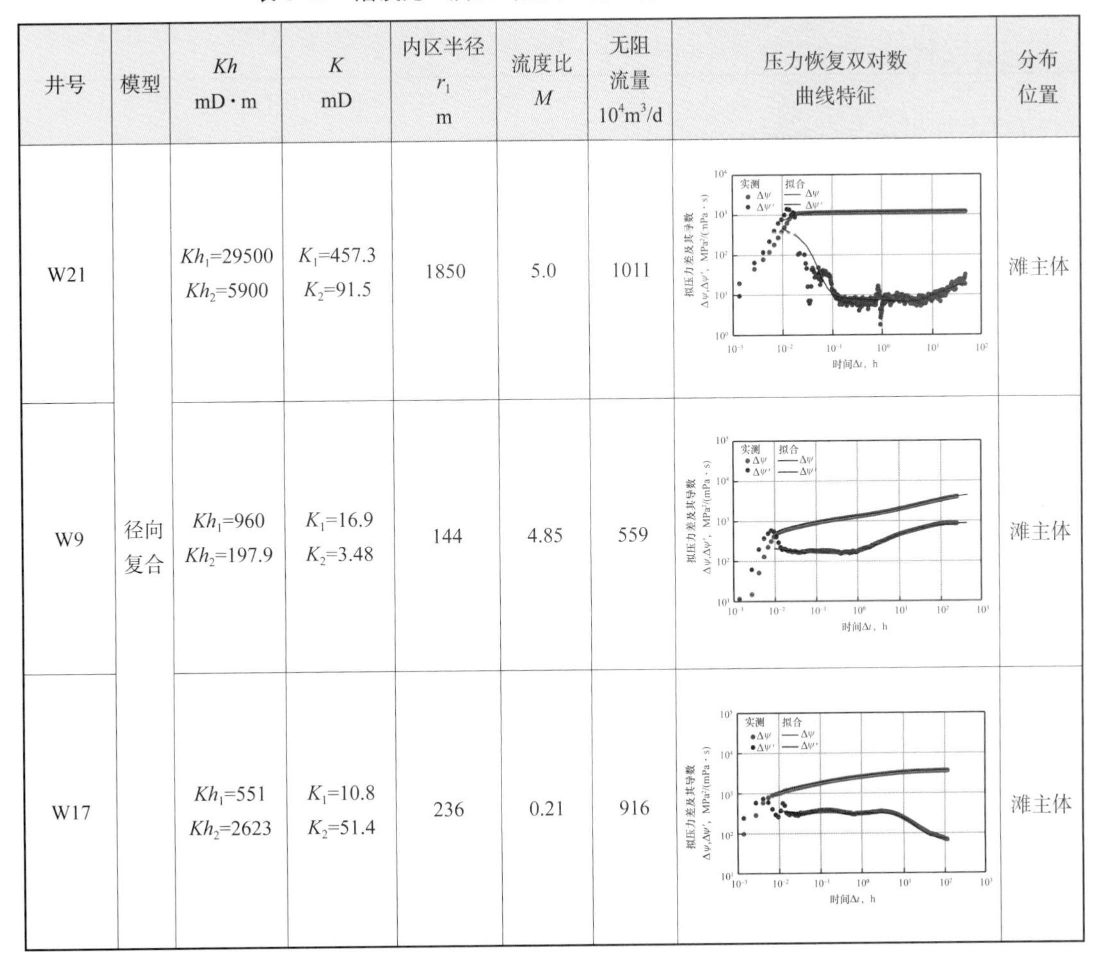

井号	模型	*Kh* mD·m	*K* mD	内区半径 r_1 m	流度比 *M*	无阻流量 $10^4m^3/d$	压力恢复双对数曲线特征	分布位置
W21	径向复合	Kh_1=29500 Kh_2=5900	K_1=457.3 K_2=91.5	1850	5.0	1011		滩主体
W9		Kh_1=960 Kh_2=197.9	K_1=16.9 K_2=3.48	144	4.85	559		滩主体
W17		Kh_1=551 Kh_2=2623	K_1=10.8 K_2=51.4	236	0.21	916		滩主体

续表

井号	模型	Kh mD·m	K mD	内区半径 r_1 m	流度比 M	无阻流量 $10^4m^3/d$	压力恢复双对数曲线特征	分布位置
W16-X1	径向复合	Kh_1=2250 Kh_2=642	K_1=107 K_2=30.65	781	3.5	995	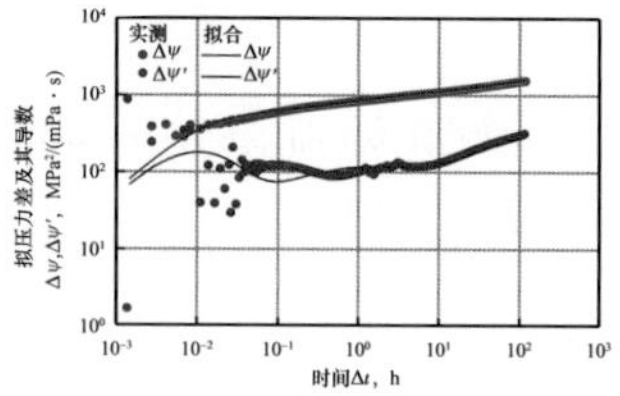	滩主体
W10		Kh_1=1.63 Kh_2=16.3	K_1=0.03 K_2=0.3	50	0.1	19.8	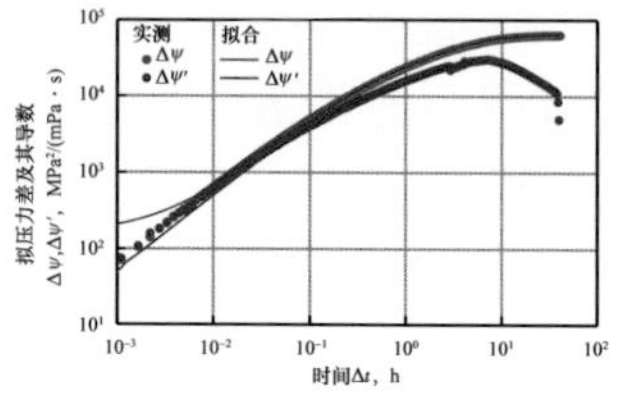	滩边缘

（二）动态描述对气藏物性和非均质性的认识

从不稳定试井解释压力恢复曲线特征和不同部位渗透率解释结果来看，磨溪龙王庙组气藏储层的非均质性主要表现在两个方面：一是井控范围内的储层的物性差异，如表 8-19 中所示，多数井的压力恢复双对数曲线都表现出复合地层特征，说明在井控范围内，储层具有非均质性；二是滩主体与滩边缘的物性差异，不稳定试井解释颗粒滩主体部位渗透率范围 3.0～457mD，以中—高渗为主，渗透率主要分布区间 5～100mD，Kh 值主要分布区间 200～2000mD·m，气井无阻流量 400×10^4～$1000\times10^4m^3/d$（平均 $500\times10^4m^3/d$）；颗粒滩边缘部位渗透率较低，介于 0.01～1.0mD，Kh 值主要分布区间 10～50mD·m，气井无阻流量范围 10×10^4～$50\times10^4m^3/d$。

（三）动态上对产能主控因素的认识

四川盆地已开发的碳酸盐岩气藏普遍发育裂缝，多为裂缝—孔隙型或裂缝—孔洞型，而且开发实践已证实裂缝是天然气主要渗流通道，高产靠裂缝；孔隙（孔洞）是主要的储集空间，稳产靠孔隙（孔洞）（廖仕孟，2016）。从磨溪龙王庙组气藏产能和不稳定试井分析结果来看，认为尽管裂缝起到了提高单井渗流能力的作用，但溶蚀孔洞发育是决定磨溪龙王庙组气藏在整体孔隙度较低的情况下能够达到中—高渗透和高产的关键。

利用单井不稳定试井解释确定的动态渗透率和测井解释单井平均孔隙度，建立了磨溪龙王庙组气藏动态渗透率—孔隙度关系图（图 8-71），二者具有非常好的正相关性。数据点的条带状分布特征体现了由于裂缝发育不均衡而形成的渗透率差异，尤其是裂缝对于改善孔隙度较低的基质孔隙型储层（$2\%<\phi\leqslant 4\%$）的渗流能力贡献。但从整体上来看，要使储层达到中—高渗透的级别，单井平均孔隙度要达到 5%～6%，说明溶蚀孔洞普遍发育是储层高渗的关键原因，如表 8–19 中的 W21 井，多次压力恢复解释渗透率达到几百毫达西，测井解释显示该井部分储层段溶蚀孔洞十分发育，层段孔隙度达到 16%。此外，溶蚀孔洞型储层（孔隙度大于 4%）的厚度决定了气井产能的级别。统计气井无阻流量与储层有效厚度比例关系显示（图 8–72），气井无阻流量与孔隙度大于 4% 的储层厚度具有正相关性，并且无阻流量大于 $400\times10^4 m^3/d$ 的高产气井溶蚀孔洞段储层相对厚度普遍大于 70%，说明储层溶蚀孔（洞）发育是气井高产的物质基础。

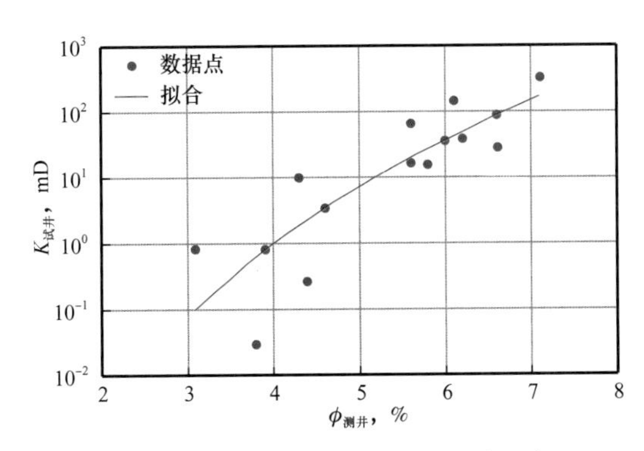

图 8–71 磨溪龙王庙组气藏试井渗透率—单井测井解释平均孔隙度关系图

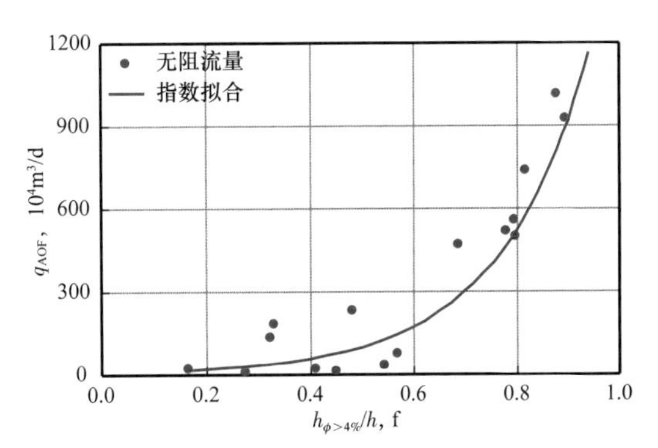

图 8–72 气井无阻流量与孔隙度 $\phi>4\%$ 的储层厚度比例关系图

磨溪龙王庙组气藏从勘探发现到全面建成具备上百亿立方米每年生产能力的大气田，仅用了 3 年的时间，气藏评价时间短，测试资料少，对气藏整体产能分布特征认识有限，在前期评价阶段，根据对产能主控因素认识，结合地质建模中储层分布预测结果，开展了全气藏产能分布预测，划分了Ⅰ类、Ⅱ类和Ⅲ类产能分布区，为方案中井位部署和合理配产等关键指标的确定提供了依据。后期从方案实施跟踪结果来看，新完钻开发井平均测试产量 $150\times10^4 m^3/d$，井均配产 $80\times10^4 m^3/d$，部分井在高产配产条件下（100×10^4～$150\times10^4 m^3/d$）生产平稳，证实了滩主体溶蚀孔洞普遍发育情况下高产和稳产能力。

五、试井跟踪分析对滩体展布特征的精细描述

磨溪龙王庙组气藏纵向上由多期颗粒滩叠加组成，平面分布面积大，整体上呈北东—南西向“两滩一沟”分布格局。从不稳定试井压恢双对数曲线特征来看，无论是短期测试井还是已投产的开发井，均未表现出明显的封闭边界特征。但针对这类面积大，裂缝溶蚀孔洞发育不均衡，储层非均质性较强的岩性构造气藏，多期颗粒滩叠置后动态上表现出来的储层展布范围和内部连通性认识，关系到气藏不同部位的井网控制程度和储量动用。在动态描述过程中，以短期压力恢复测试为基础，结合井间静压变化趋势和气井长期稳产能力，开展了不同部位滩体展布规模和连通性分析，确定了不同井组控制范围。在滩主体部位，主要表现为两种储层动态特征，即视均质型和外围补给型。下面

以典型井组为例，说明对不同部位滩体展布特征描述过程和认识。

（一）视均质型——W21井组

1. 试采阶段W21井控范围确定

W21井在连续4个月试采中共进行了2次井下压力计试井，取得了3段压力恢复测试资料（图8-73）。从不稳定试井解释结果来看，3段压力恢复双对数曲线形态基本一致（图8-74），均表现出径向复合（两区，外围变差）特征，外区/内区流度比为5～8.5，内区半径1510～1850m（表8-20），3次压力恢复双对数曲线均未表现出封闭边界特征，根据解释结果采用无限大储层模型进行压力预测，仅能实现本次压力恢复段压力历史拟合完好，无法拟合整体压力变化趋势。从整个试采压力历史来看，与前两次关井压力恢复程度相比，第3次关井显示井控范围内压力有一定的衰竭。为了进一步了解气井的控制范围，采用反褶积的方法对整个压力历史（主要是3次关井压力恢复段）进行了解释，具体反褶积模型解释结果见表8-20，反褶积结果及所用模型在恒定产量下的压降特征曲线拟合如图8-75（a）所示，压力历史拟合如图8-75（b）所示，可以看出，通过反褶积确定的解释模型能够拟合包括3个压力恢复段在内的整个试采期间压力历史，根据反褶积模型压降导数曲线后期斜率为1的直线段，确定井控半径4360m，也就是说W21井在短期试采期间压降波及范围为59.7km^2。

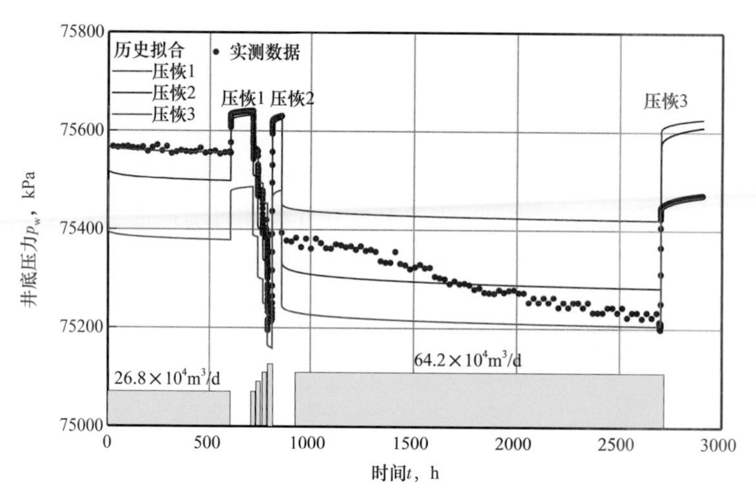

图8-73 W21井试采生产历史及3次压力恢复解释模型拟合

2. 后期邻井压力测试对井组范围内滩体展布认识

气藏全面投产后，根据W21井及邻井静压下降趋势来看，且各井静压下降的趋势和幅度一致（图8-76），后投产井地层压力明显低于原始地层压力，尽管井组内其他井压力恢复曲线也表现出复合地层特征，但整体渗透率以中—高渗透为主，井组内部连通性好，压降均衡。根据W21井组控制范围，确定该部位滩体展布为长约17km、宽约7km的近似长方形（图8-77），滩体面积约100km^2，展布方向与整体展布方向一致，呈北东—南西向。

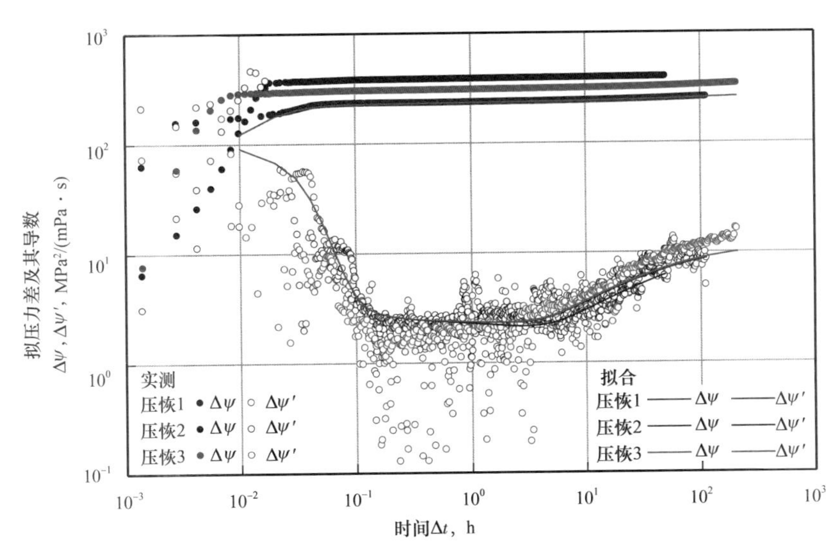

图 8–74 W21 井 3 次压恢双对数曲线拟合图

结合地质特征和滩体展布特征动态认识来看，这类井组由于多期滩体叠置厚度大，整体连片分布，内部连通性好，压降均衡，形成一个具有层状气藏特征的视均质体。

（二）外围补给型——W19–H2 井组

位于滩主体的部分井压力恢复双对数曲线表现出长时间的线性流特征，是典型的条带状储层的反映。下面以 W19–H2 井组为例，说明这类井反映的滩体展布特征和压力连通性。

表 8–20 W21 井 3 次关井压力恢复解释结果表

阶段	模型	p MPa	S	Kh mD·m	K mD	流度比 M	内区半径 r_1 m	井控半径 r_e m
一关井	径向复合 无限大边界	75.647	41.4	Kh_1=31600 Kh_2=6320	K_1=489.9 K_2=98.0	5.0	1850	
二关井	径向复合 无限大边界	75.642	36～68 （变表皮）	Kh_1=29500 Kh_2=5900	K_1=457.3 K_2=91.5	5.0	1850	
三关井	径向复合 无限大边界	75.497	79	Kh_1=42600 Kh_2=5011	K_1=660.5 K_2=77.7	8.5	1510	
全过程 反褶积	径向复合 封闭边界	75.671	28 D=0.35 （$10^4m^3/d$）$^{-1}$	Kh_1=28700 Kh_2=1181	K_1=445.0 K_2=18.3	24.3	1760	4360

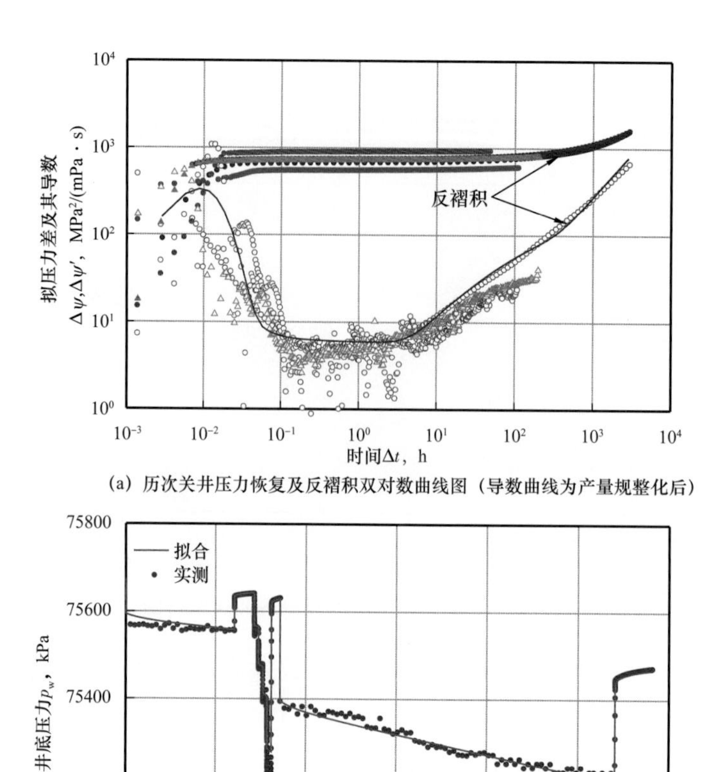

(a) 历次关井压力恢复及反褶积双对数曲线图（导数曲线为产量规整化后）

(b) 反褶积压力历史拟合

图 8-75　W21 井反褶积压降双对数曲线及压力历史拟合图

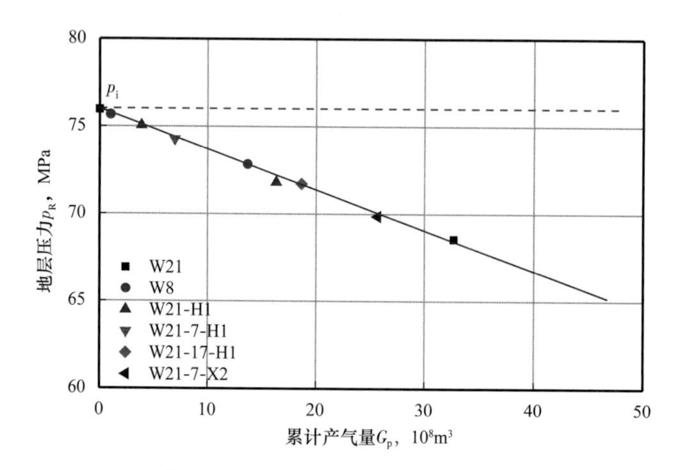

图 8-76　W21 井组单井静压下降趋势

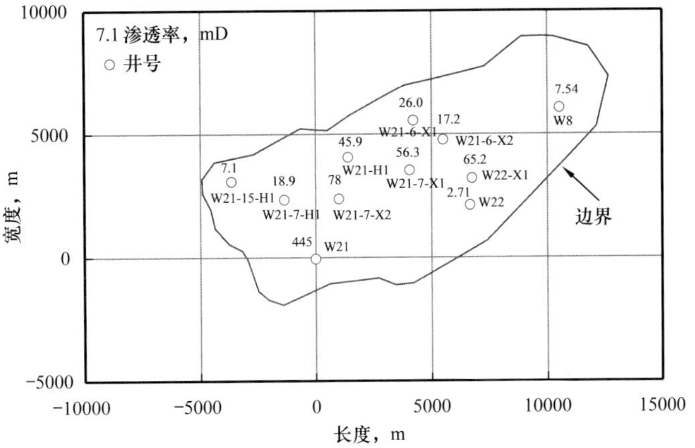

图 8-77　W21 井组滩体展布范围

W19-H2 井为一口水平井，水平段长度 985m，累计钻遇溶蚀孔隙 + 溶蚀孔洞段储层长度 91m，水平井轨迹方向垂直滩主体展布方向，为北西—南东方向。该井整体孔隙较低（平均 3.4%），同井场其他井试井解释渗透率为 5.7～37.3mD，属于中等渗透率级别。从 W19-H2 井压力恢复双对数曲线来看（图 8-78），早期表现出 1/2 斜率直线的无限大导流能力裂缝特征，后期导数曲线表现出 1/2 斜率条带状地层边界特征。从气井的生产历史来看，短期内生产制度变化能引起压力的明显变化，但从长期生产过程中流压变化趋势来看，气井能够在日产 70×10^4～$80\times10^4m^3$ 的情况下，流压年降幅 2.5MPa，说明气井具有一定的连通范围和稳产能力，而且该井初始静压明显低于原始地层压力，但比同井场的 W19 井和 W19-X2 井同期静压高 2.7MPa（图 8-79），表明该井与周围井具有连通关系，但并非全连通。根据地质特征和稳产能力认识，设定该井钻遇的条带状滩体方向与主体方向一致，为北东—南西向，通过数值试井分析，采用水平井 + 条带状储层模型进行了双对数曲线拟合和生产历史拟合，确定该井主要参数如下：

储层 Kh=260mD·m，渗透率 K=10.4mD，钻遇的条带状滩体长度 2600m，宽度 120～150m（图 8-80），两个长轴端不封闭，短轴端为封闭边界（滩边缘岩性边界）。通过长期压力变化趋势拟合确定该井组的控制范围约 $14km^2$（生产过程中的动态控制范围），与井组动态储量评价结果认识一致。图 8-81 给出滩体展布方向和井轨迹方向。由于未表现出明显的径向流段特征，因此渗透率解释存在不确定性，通过多次拟合，确定渗透率 10.4mD，成像测井解释该井发育构造缝 134 条，因此认为解释的渗透率体现了酸压沟通井附近裂缝的综合效应。

通过对 W19-H2 井和类似的线性流动段时间较长的井的动态描认识到，这类井纵向上滩体发育期次有限，叠置厚度较薄，平面上表现出明显的具有方向性的条带状储层渗流特征，但与外围具有一定的连通性（部分连通），也就是具有外围补给特征。针对这类井，在高配产条件下容易形成压降漏斗，不利于均衡开采。地质上通过大量水平井和大斜度井的分析认为，复合滩体（即滩主体）由多个单滩体叠加而成，非均质较强。单滩体规模最大为长 190m，宽 50m 左右，多数长不到 20m，宽不到 10m，单滩体主体上呈北东—南西向。通过动态描述，进一步验证了地质认识。

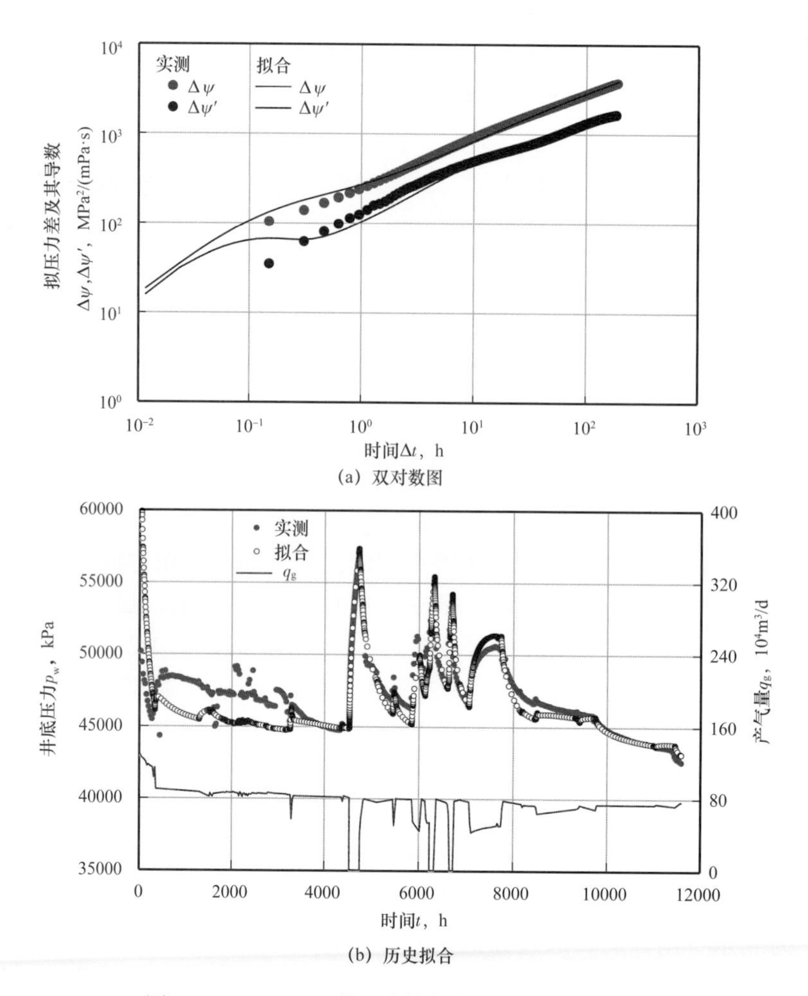

图 8-78　W19-H2 井压力恢复曲线及压力历史拟合

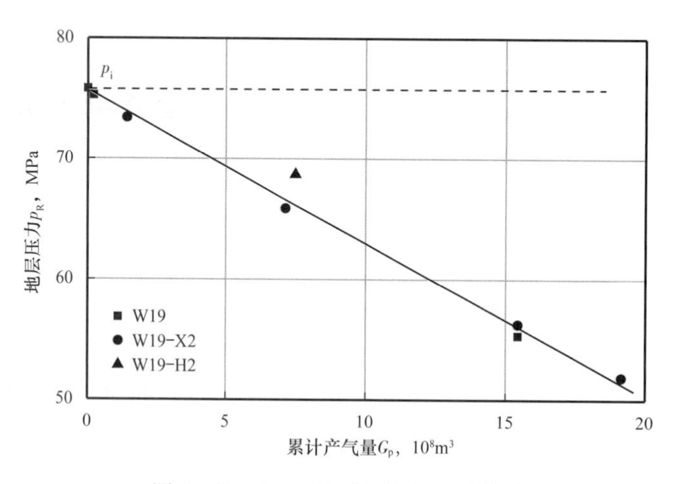

图 8-79　W19-H2 井组静压变化趋势

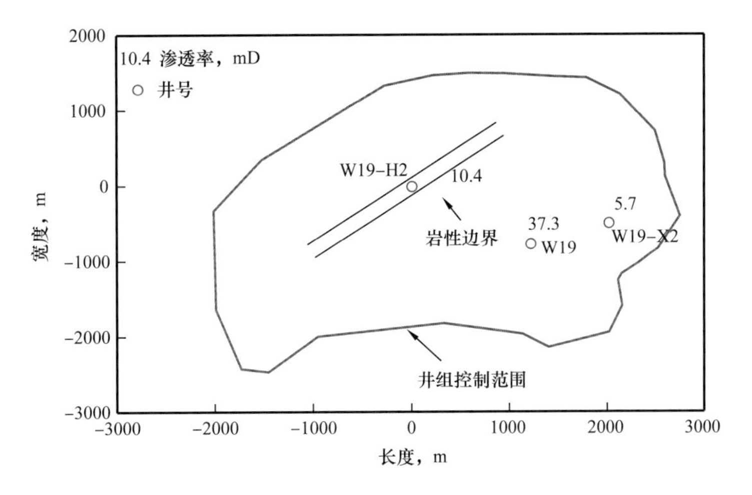

图 8-80 W19-H2 井钻遇滩体展布与井组控制范围

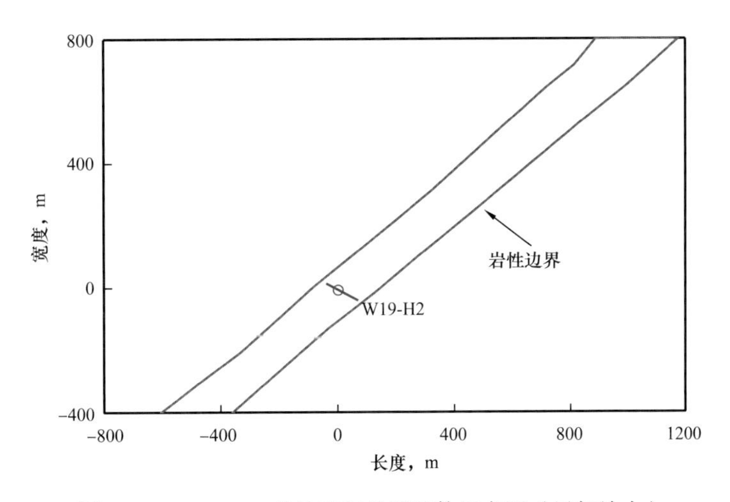

图 8-81 W19-H2 井轨迹与钻遇滩体展布图（局部放大）

六、结论和认识

通过对磨溪龙王庙组气藏的产能主控因素分析和滩体展布特征动态描述，可以得到以下认识：

（1）大面积连片分布的溶蚀孔洞型储层是龙王庙组气藏在基质低孔隙度情况下表现出中—高渗透、高产的关键因素。

（2）滩体展布分为两种模式：一是纵向上多期叠置，厚度大，平面上形成连片分布的内部连通性好、压降均衡的视均质层状气藏，这种模式在磨溪龙王庙组气藏中占主导地位；另一种是纵向上滩体发育期次有限，叠置厚度薄，平面上表现出具有方向性和外围补给的条带状气藏特征，这类气藏在单井高配产条件下容易形成压降漏斗，不利于均衡开采。

（3）通过动态描述，逐步深化了对滩体展布特征的认识，根据井间的压力连通关系，将气藏在地质上“两滩一沟”认识的基础上按压力连通关系划分了井组，并确定了不同井组内部滩体展布规模和方向性。

第八节　克深气田超高压裂缝性致密砂岩气藏动态描述

一、综合情况

克深气田是我国第一个成功开发的深度超过 8000m 的气藏，为天然气开发不断挑战深度极限积累了丰富的经验。克深气田位于塔里木盆地库车坳陷克拉苏构造带，具有构造复杂、埋藏超深、高温超高压、储层巨厚、基质致密、断层裂缝发育、气水分布复杂、平面上压力均衡下降等特点，已建成天然气产能规模 $93\times10^8m^3/a$，累计产气量超过 $385\times10^8m^3$。

由于气藏地层压力高，开发机理研究和动态监测困难，早期仅有少量井在完井阶段进行了井下压力测试，但取得的数据并不理想，难以确定储层动态特征；2014 年以来，通过改进投捞绞车、高防腐钢丝、井口防喷设备、井下坐落工具、抗震压力计等工艺设备，形成了超深超高压气井动态监测技术，实现了井深超 7000m、井口压力 90MPa 条件下的井下温压资料录取，为储层动态特征评价起到至关重要的作用，为产能建设阶段井位部署和稳产阶段开发优化提供了依据。

二、气藏基本特征

（一）气藏地质典型特征

克深气田目的层为下白垩统巴什基奇克组，属于扇三角洲—辫状河三角洲前缘沉积，砂体厚度大（280～320m），横向叠置连片，隔 / 夹层不发育。储层基质物性较差，岩心孔隙度介于 2%～8%，平均值为 4.1%；基质渗透率介于 0.001～0.10mD，平均值为 0.05mD；储集空间以粒间溶蚀孔为主，其次为粒内溶孔；裂缝发育，以半充填—未充填高角度缝为主，其次为斜交缝及网状缝。目前已发现的气藏埋深普遍超过 6500m，原始地层压力 90～136MPa，压力系数 1.60～1.85，地层温度 125～182℃，属超深超高压高温气藏。其中克深 2 区块原始地层压力为 116.06MPa，压力系数为 1.79，地层温度为 168℃；克深 8 区块原始地层压力为 122.86MPa，压力系数为 1.84，地层温度为 442.4K。气藏整体受构造控制，气藏高度一般较大，多发育层状边水，水体普遍较活跃。

（二）气藏开发典型特征

克深 2 区块借鉴致密气和连续型油气藏的概念，按照非常规气藏的开发思路，采用面积井网加体积压裂技术进行开发，设计生产规模 $35\times10^8m^3/a$。由于方案设计和井位部署时缺少地震资料可靠性评价，没有意识到地震资料偏移归位不准造成的断层偏移、构造变陡等风险，导致失利井、低效井较多。方案共实施新井 28 口，其中失利井 5 口、低效井 6 口，初期建成产能只有 $22\times10^8m^3/a$（江同文，2018）。克深 2 区块投产后地层压力均衡下降，但下降快，气藏动态储量与静态储量存在较大偏差，实际开发指标与方案设计偏差大：（1）气藏投产后见水快，投产3年该区块产水井达到12口，气藏具有裂缝、基质两套气水系统，发育较厚的气水过渡带，两相渗流区较窄，沿断裂、裂缝水侵速度快；（2）自然产能低，改造后产能递减快，投产3年该区块气井无阻流量总和仅为投产初期的30%，表明基质向裂缝系统补给的速度较慢。

三、气藏动态描述思路

（一）气藏描述面临的挑战

克拉苏构造带地表复杂，地震资料信噪比低，使深层圈闭、断裂的落实十分困难。裂缝分布规律复杂，开发过程中对裂缝活动性变化的评价与预测难。地层压力超高，且基质致密，已有的实验装置无法满足地层条件下渗流实验要求，造成研究渗流机理的难度大。由于气藏裂缝发育，地层水在裂缝和基质中流动的差异大，受裂缝尺度、裂缝与基质的渗透率级差、水体大小、配产高低等因素综合影响，水侵规律复杂，已有的数值模拟软件难以真实反映裂缝性水侵的“水封气”效应及其对气藏采收率的影响，造成对水侵的预测难，治理对策制订难（王振彪，2018）。由于缺乏成熟、可靠的动态监测技术，气藏开发过程中动态资料录取困难，因此准确评价气藏动态的难度非常大。

（二）气藏储层动态描述思路

针对以克深2气藏为代表的裂缝性致密砂岩气藏在建设过程中面临构造落实程度低、高效井部署难，投产后又面临产能下降快、水侵迅速等难题，以强化动态监测为抓手，谋求录取可靠的动态资料，以动补静，从动态描述入手，解答储层特征、井控储量、基质供气能力等关键技术问题，为后续气藏的高效开发提供依据。

四、气井和气藏动态描述研究

（一）井下“投捞式”测试工艺技术

目前超深高压气井井下温压资料录取工艺主要有以下几种：（1）井口高精压力计测试工艺。该工艺具有操作简单、作业成本低、井口安全等优点，但折算误差较大，无法真实有效地反映地层压力动态。在没有更安全、准确的资料录取工艺前，该工艺为超深高压气井资料录取的最常用手段。（2）毛细管测压工艺。利用毛细管将测压点压力变化情况通过惰性气体传递到地面，再折算得出测压点资料。该工艺具有井口安全的优点，但由于其作业成本高、维护复杂、压力资料精度不高等特点，故使用率较低，只在少数井进行过试验。（3）绳缆管内悬挂测试工艺。该工艺具有操作简单、作业费用低等优点，但中长期悬挂测试期间，井口一直承受高压、绳缆一直处于介质流通通道内，容易造成井控风险以及绳缆落井事故。（4）永久式温压监测工艺。在完井过程中下入光纤压力计或电子压力计，通过油管外固定的光纤或者钢管电缆将测试点资料传送到地面。

该工艺具有井口安全、资料精度高等优点，但作业成本高、在超深高压井中使用不太成熟。

自 2014 年 8 月起，塔里木油田公司逐渐摸索形成一套高压气井压力计投捞测试技术，运用于高难、复杂井的井下长期监测，投捞方式有坐落式和悬挂式两种。该技术是通过钢丝机械投放方式将压力计悬挂或坐放在产层附近的生产管柱内，对井底压力、温度进行长期监测。投放完成后，起出投放工具和钢丝，拆除钢丝作业井口防喷设备，待资料录取完成后通过钢丝作业工艺捞取压力计，下载存储数据，取得地层压力、温度随时间变化的动态监测数据，如图 8–82 所示。

(a) 常规测压现场

(b) 普通投捞现场

(c) 三超井投捞现场

图 8–82　测试现场对比图

该工艺具有作业周期短、作业成本低等特点，将井口承压和钢丝与介质接触时间压缩至最短，有效降低了井控风险、工具顶钻及钢丝腐蚀断裂等风险，经历最大下深超过 7000m，地层温度 160℃、地层压力 110MPa、井口压力 90MPa 以及高产量等复杂工况，成功进行了 30 余井次的测试作业，积累了大量宝贵的超深、超高压、超高温气井试井作业经验，使得该项技术逐渐趋于完善。

（二）井下测试资料录取的经验与教训

克深 2 气藏从 2014 年 8 月起，在 6 口井进行了 14 井次的压力恢复测试，测试工艺均获成功，录取到了可靠的井下测试数据。下面以 KeS2–2–4 井为例，说明井下测试资料录取的经验和教训。

1. 2014 年 8 月测试

2014 年 8 月，KeS2–2–4 井生产 426 天后关井进行压力恢复测试。这是克深气田投产后的首次井下压力测试，压力恢复测试过程中邻井一直生产，如图 8–83 所示。双对数曲线观测到“双重介质”特征，如图 8–84 所示。

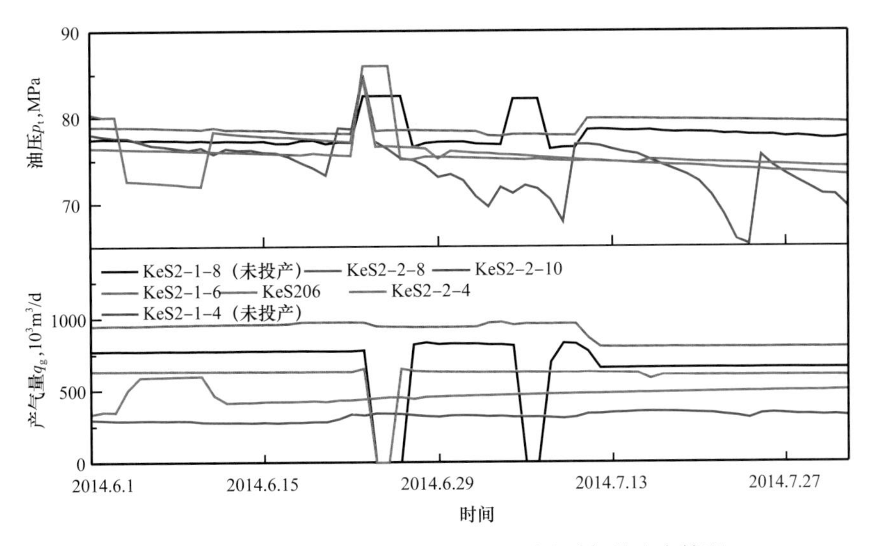

图 8-83　KeS2-2-4 井 2014 年 8 月测试时邻井生产情况

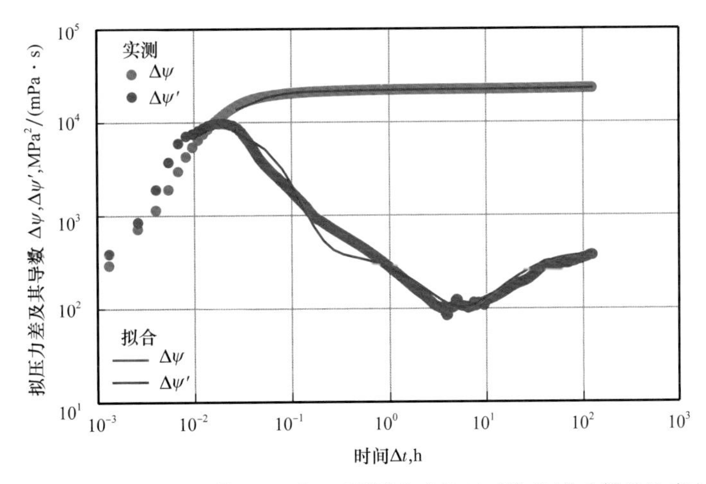

图 8-84　KeS2-2-4 井 2014 年 8 月测试时的双对数曲线（邻井生产）

2. 2015 年 5 月测试

2015 年 4 月 30 日，KeS2-2-4 井进行第 2 次压力恢复测试。此时，KeS2-1-8 井和 KeS2-1-4 井都已投产，压力恢复过程中只有 KeS206 井处于关井状态，该井于 5 月 9 日开井进行干扰测试；其余邻井一直生产，如图 8-85 所示。

KeS206 井开井后，KeS2-2-4 井测试曲线反映明显，如图 8-86 所示，说明两口井井间连通性好，进一步证实气藏裂缝系统存在压力传播的高速通道。双对数曲线如图 8-87 所示，由于受到邻井干扰导数曲线“下掉”，不能进行解释。

3. 2015 年 8 月测试

2015 年 8 月 22 日，KeS2-2-4 井进行第 3 次压力恢复测试。吸取了前两次测试的教训，邻井同时关井，如图 8-88 所示。

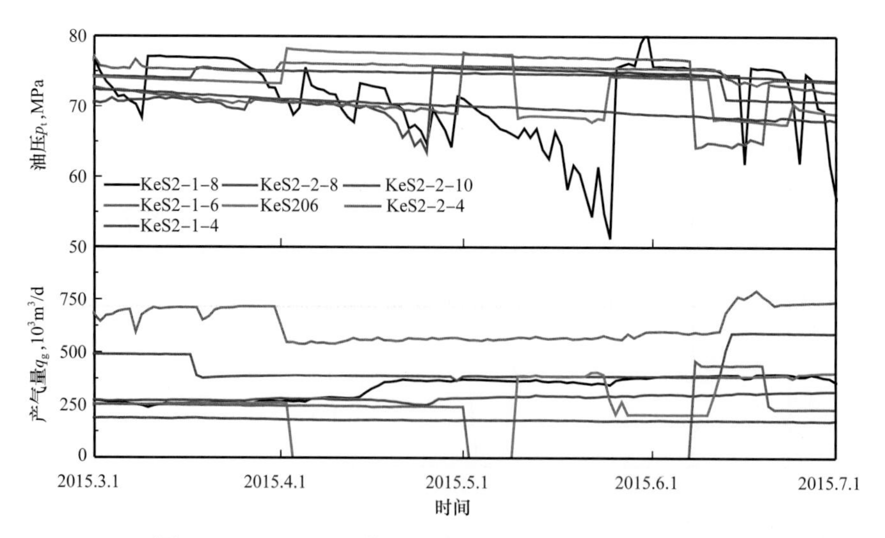

图 8-85　KeS2-2-4 井 2015 年 5 月测试时邻井生产情况

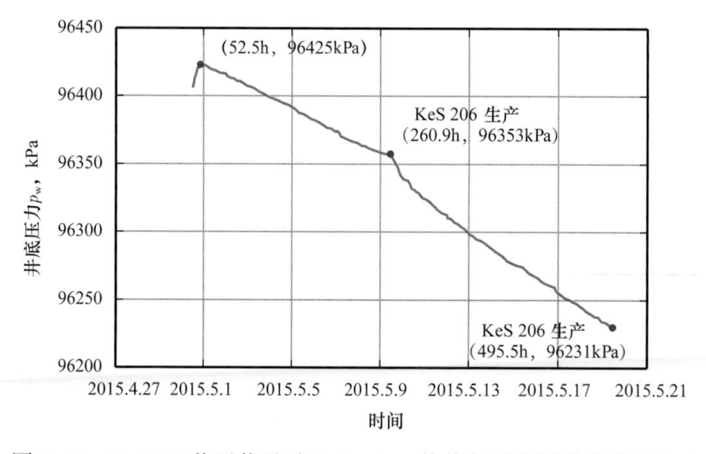

图 8-86　KeS206 井开井后对 KeS2-2-4 井井底压力测试曲线的影响

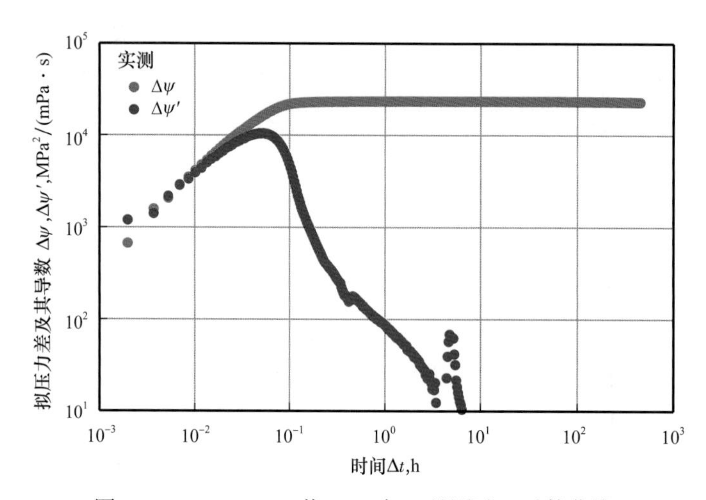

图 8-87　KeS2-2-4 井 2015 年 5 月测试双对数曲线

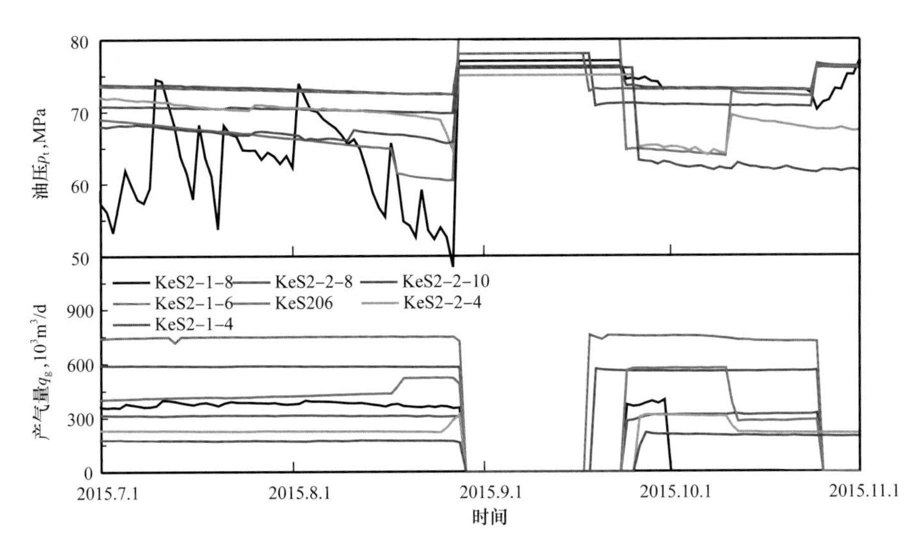

图 8-88 KeS2-2-4 井 2015 年 8 月测试时邻井生产情况

测试数据双对数曲线如图 8-89 所示，尽管关井时间长达 440h，是 2014 年 8 月关井时间的 4 倍，但是并未出现径向流特征，后期压力导数呈现 1/2 斜率，显示大裂缝系统特征。同时表明，2014 年 8 月测试出现的所谓“径向流”特征其实是由于邻井生产所形成的假象。

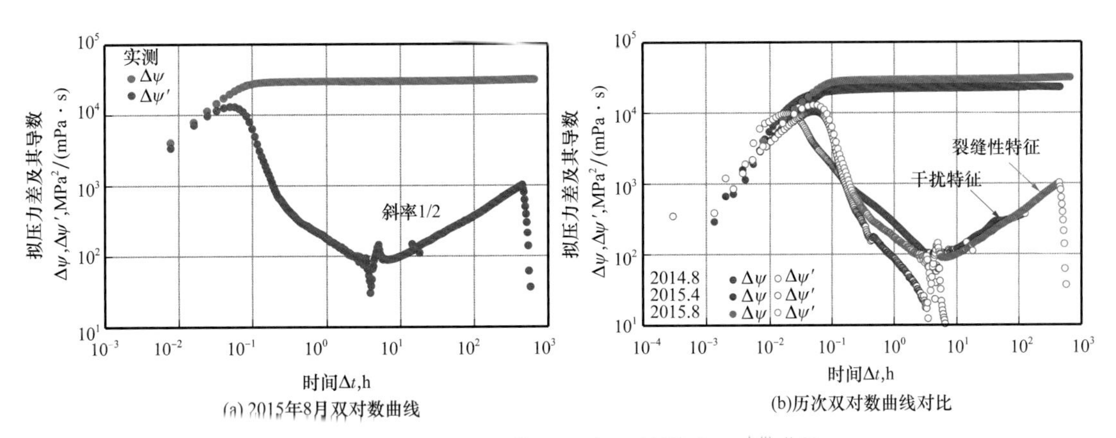

图 8-89 KeS2-2-4 井 2015 年 8 月测试双对数曲线

4. 2016 年 5 月测试

2016 年 5 月 1 日，KeS2-2-4 井进行第 4 次压力恢复测试。KeS2-1-6 井与 KeS2-1-4 井关井，5 月 6 日后 KeS2-1-8 井、KeS206 井、KeS2-2-8 井、KeS2-1-6 井和 KeS2-1-4 井相继开井，如图 8-90 所示。测试数据如图 8-91 所示，尽管关井时间长达 360h，但由于邻井开井干扰影响，120h 之后的压力恢复数据止升变平直到出现下降趋势。

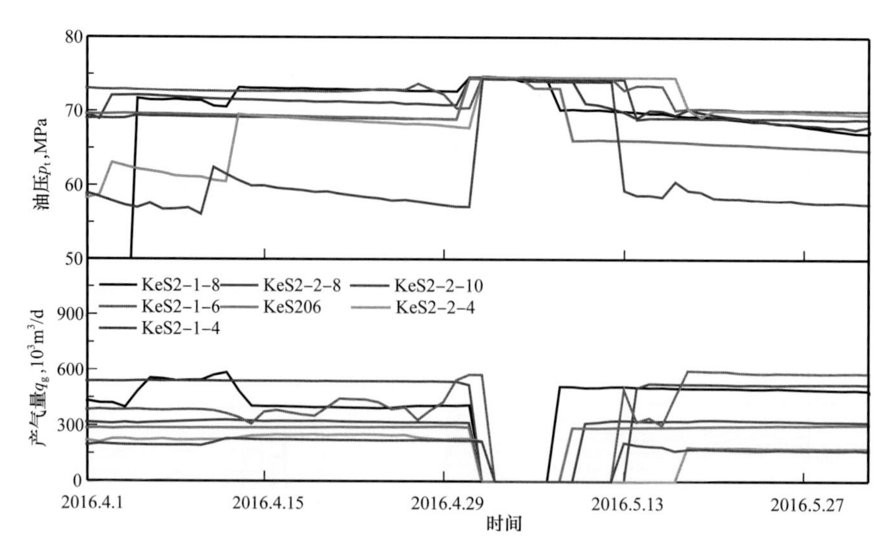

图 8–90　KeS2–2–4 井 2016 年 5 月测试时邻井生产情况

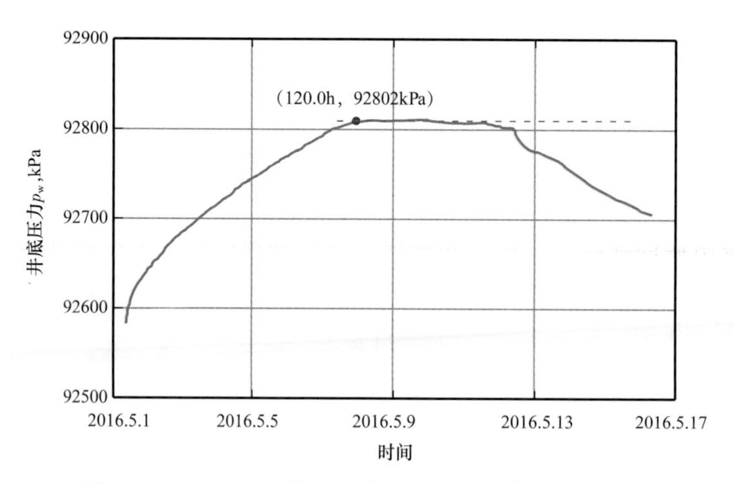

图 8–91　KeS2–2–4 井 2016 年 5 月测试时邻井干扰情况

双对数曲线如图 8–92（a）所示，导数曲线后期斜率为 1/2，仍表现为裂缝特征。这次测试再次印证了 2014 年 8 月测试所谓“径向流”其实是由于邻井生产所造成的假象。因此，对于裂缝性储层或连通性好的井组，试井分析应立足全气藏或连通井组，若只分析单井数据，可能会对开发决策产生误导。

5. 经验与教训

KeS2–2–4 井历次测试结果表明（表 8–21）：对于裂缝性气藏，试井测试前，应基于全气藏生产动态分析初步判断井间连通性；在测试时间窗口内全气藏（连通井组）关井；为了降低井间干扰，选井时应优先两翼，兼顾中间；推荐采用关井压恢 + 回压试井（开井）+ 压恢试井 + 静梯测试的测试程序。

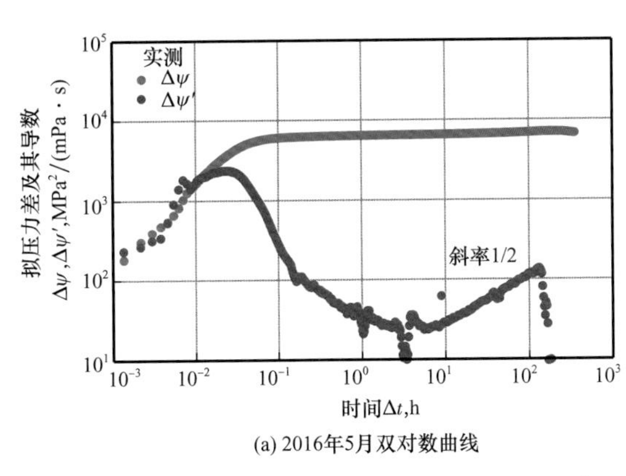

(a) 2016年5月双对数曲线

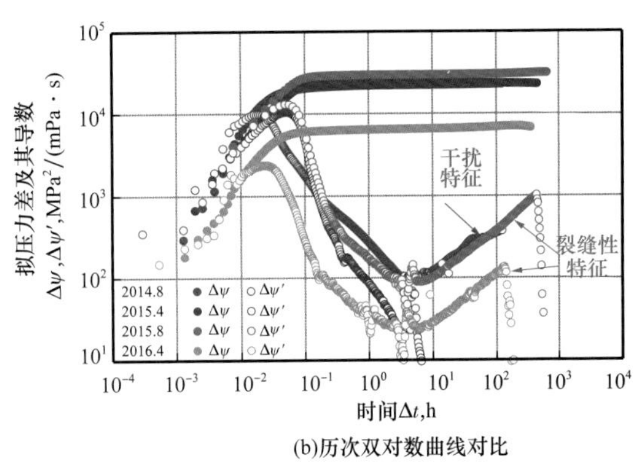

(b)历次双对数曲线对比

图 8-92 KeS2-2-4 井 2016 年 5 月测试双对数曲线

表 8-21 KeS2-2-4 井历次测试经验与教训

序号	测试时间	全气藏关井	成果	教训
1	2014 年 8 月	否	工艺成功	双重介质假象
2	2015 年 5 月	否	“高速公路”特征	井间干扰严重
3	2015 年 8 月	是	“裂缝性 + 多井”特征	400h 未见径向流
4	2016 年 5 月	是	裂缝性 + 基质致密	未见径向流

克深 2 气田群试井解释表现出非连续裂缝性储层特征，未出现径向流，基质渗透性低。压力导数后期“上翘”原因与大北气藏存在显著的差异。大北 101 气藏储层平面连通性好，试井解释表现出（视）均质储层特征，压力导数“上翘”由多井干扰造成；克深气田压力导数后期“上翘”为裂缝特征。

基于克深投捞式井下压力测试及分析的经验和教训，编制了《超深、超高压裂缝性砂岩气藏投捞式试井工艺及试井技术规范》（Q/SYT Z0541，2019），该规范规定了超高压裂缝性砂岩气藏天然气井动态分析、试井任务和作用、试井设计、试井资料录取技术要求、试井工艺技术、试井分析及报告编写要求。适用于库车超深、超高压砂岩气藏天然气井的试井，其他地区的超深、超高压天然气井可参照执行。

6. 克深 2 气藏试井设计

根据时间窗口，选井顺序为先中间，后两翼，最后中间；KeS2-2-10 井近期开井激动 12h，然后关井二次压力恢复 10 天；KeS3-1 井下井，开井激动 12h，关井压力恢复 10 天；KeS201 下井，开井激动 12h，关井压力恢复 10 天；KeS2-2-10 井再激动一次，如图 8-93 所示。这样既保证了气藏平面压力的监测又降低了井间干扰的影响。2017 年 7 月测试的 KeS3-1 井、KeS2-2-10 井、KeS2-1-6 井和 KeS201 井，均测得了基质径向流特征，地层系数介于 20～60mD·m，平均为 39mD·m；基质渗透率介于 0.15～0.35mD，平均为 0.24mD。

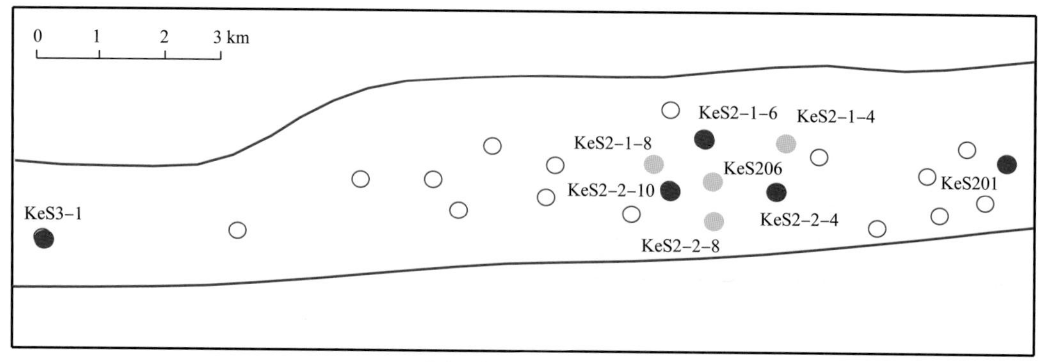

(a)井位示意图（王洪峰，2018）

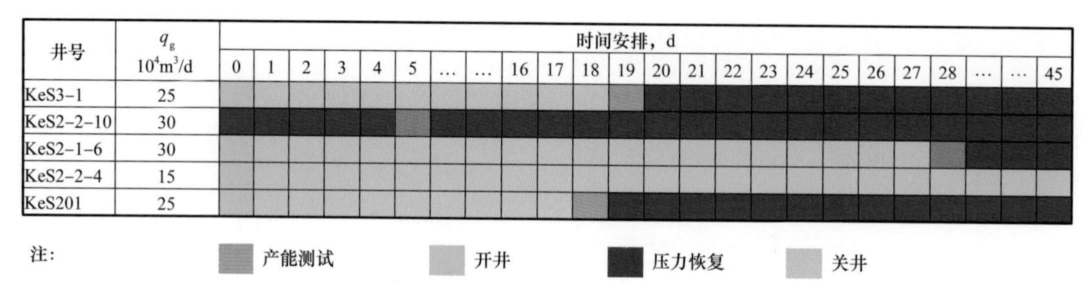

井号	q_g $10^4m^3/d$	时间安排，d																							
		0	1	2	3	4	5	…	…	16	17	18	19	20	21	22	23	24	25	26	27	28	…	…	45
KeS3-1	25																								
KeS2-2-10	30																								
KeS2-1-6	30																								
KeS2-2-4	15																								
KeS201	25																								

注：产能测试 开井 压力恢复 关井

(b) 试井设计安排

图 8-93　克深 2 区块 2017 年测试开关井顺序示意图

（三）高压、超高压气藏动态储量评价方法研究

1. 高压、超高压气藏物质平衡储量计算方法

高压（压力系数介于 1.3～1.8）、超高压（压力系数大于 1.8）气藏几乎遍布于世界各地，埋深从只有几百米到 8000m 不等。大量的实际资料表明高压、超高压气藏的油藏工程意义特殊，沿用过去的方法计算储量，误差竟达 100%（Hammerlindl，1971）。常压封闭气藏压降曲线为直线（Havlena，1963）；当有地层水侵入气藏时，压降曲线上翘；不带水域的高压、超高压气藏压降曲线为两条斜率不同的直线段，且第 1 直线段的斜率明显低于第 2 直线段的斜率（Hammerlindl，1971；Duggan，1972）。但是，第 2 直线段一般出现较晚，可能需要采出气藏真实地质储量的 20%～25%（陈元千，1993），拐点出现的早晚既与岩石压缩特性及其应力敏感性有关，也与天然气物性有关，拐点出现的时刻尚无理论计算公式。对于实际高压、超高压气藏，岩石和束缚水的变形是随储层压力下降而连续变化的，所以压降曲线为拟抛物线（李大昌，1985），且岩石压缩系数和束缚水饱和度对压降曲线的形态有重要影响，两直线段的处理方式仅仅是对曲线的近似处理。

高压、超高压气藏物质平衡法可划分为两类，第 1 类需要岩石和流体压缩系数等参数，主要有 Hammerlindl 修正压缩系数法（1971）、Ramagost-Farshad 修正线性回归法（1981）、Bourgoyne 二元回归法（1991）、Fetkovich 曲线拟合法（1998）等，由于岩石和流体压缩系数很难准确确定，且物质平衡曲线（$p/Z—G_p$ 关系曲线）应采用累积有效压缩系数表示，因此，该类方法的应用受到较大限制；第 2 类则无需岩石和流体压缩系数等参数，仅需生产历史数据就能确定累积有效压缩系数和储量等，主要有 Roach 直线回归法（1981）（对原始压力参数敏感）、Ambastha 典型曲线拟合法（1991）、Gan 二段式多图版曲线拟合法（2001），Gonzalez 抛物式多图版曲线拟合法（2008），Gonzalez 假设储量和累积有效压缩系数呈线性关系。在 Gonzalez 方法的基础上，建立了储量和累积有效压缩系数呈幂函数形式的高压、超高压气藏物质平衡方程（孙贺东，2019），并结合 20 个国外已开发高压、超高压气藏实例，确定幂指数经验值。

2. 天然气储量和累积有效压缩系数近似关系

若不考虑水侵量及注气量，高压、超高压气藏物质平衡方程（Fetkovich，1998）可以表示为：

$$\frac{p}{Z}\left[1-\bar{C}_{\mathrm{e}}(p)(p_{\mathrm{i}}-p)\right]=\frac{p_{\mathrm{i}}}{Z_{\mathrm{i}}}\left(1-\frac{G_{\mathrm{p}}}{G}\right) \tag{8-24}$$

其中

$$\bar{C}_{\mathrm{e}}(p)=\frac{1}{1-S_{\mathrm{wi}}}\left[S_{\mathrm{wi}}\bar{C}_{\mathrm{w}}+\bar{C}_{\mathrm{f}}+M(\bar{C}_{\mathrm{w}}+\bar{C}_{\mathrm{f}})\right]$$

式中 p——储层平均压力，MPa；

Z——天然气偏差系数；

$\bar{C}_{\mathrm{e}}(p)$——累积有效压缩系数，MPa^{-1}；

p_{i}——原始状态下储层平均压力，MPa；

Z_{i}——原始状态下天然气偏差系数；

G_{p}——累计天然气采出量，$10^8\mathrm{m}^3$；

G——天然气储量，$10^8\mathrm{m}^3$；

S_{wi}——束缚水饱和度；

$\bar{C}_{\mathrm{w}}$——累积束缚水有效压缩系数，MPa^{-1}；

$\bar{C}_{\mathrm{f}}$——累积储层有效压缩系数，是压力和原始压力的函数，MPa^{-1}；

M——水体倍数。

Gonzalez（2008）基于一组干气气藏模拟数据提出线性近似关系式，即：

$$\bar{C}_{\mathrm{e}}(p)(p_{\mathrm{i}}-p)\approx\omega G_{\mathrm{p}} \tag{8-25}$$

式中，ω 表示影响因子，$(10^8\mathrm{m}^3)^{-1}$。将式（8-25）代入式（8-24），引入无量纲视储层压力 p_{D}，变换为：

$$p_{\mathrm{D}}=\frac{\frac{p}{Z}}{\frac{p_{\mathrm{i}}}{Z_{\mathrm{i}}}}=\frac{1-\frac{G_{\mathrm{p}}}{G}}{1-\omega G_{\mathrm{p}}}=\frac{1-aG_{\mathrm{p}}}{1-bG_{\mathrm{p}}} \tag{8-26}$$

式（8–26）中的系数 a 和 b 可通过非线性回归的方式得到。若 $bG_p \ll 1$，根据泰勒级数展开式有：

$$\frac{1}{1-bG_p}=1+bG_p+b^2G_p^2+\cdots \tag{8-27}$$

将式（8.27）代入式（8.26），即可得到抛物型及三次型关系式，分别为：

$$p_D=1+(b-a)G_p-abG_p^2 \tag{8-28}$$

$$p_D=1+(b-a)G_p+b(b-a)G_p^2-ab^2G_p^3 \tag{8-29}$$

式（8–26）是抛物型及三次型关系式的极限形式，当 $bG_p \ll 1$ 条件不成立时，式（8–28）和式（8–28）计算的储量结果偏大。

根据式（8–24），有

$$\bar{C}_e(p)(p_i-p)=1-\frac{p_i}{Z_i}\frac{1-\frac{G_p}{G}}{\frac{p}{Z}} \tag{8-30}$$

将 20 个已开发高压、超高压气藏 $\bar{C}_e(p)(p_i-p)$ 与 $\frac{G_p}{G}$ 绘制在一张双对数坐标图上，结果如图 8–94 所示，线性回归得到幂指数经验值为 1.02847，其上限值为 1.11567。

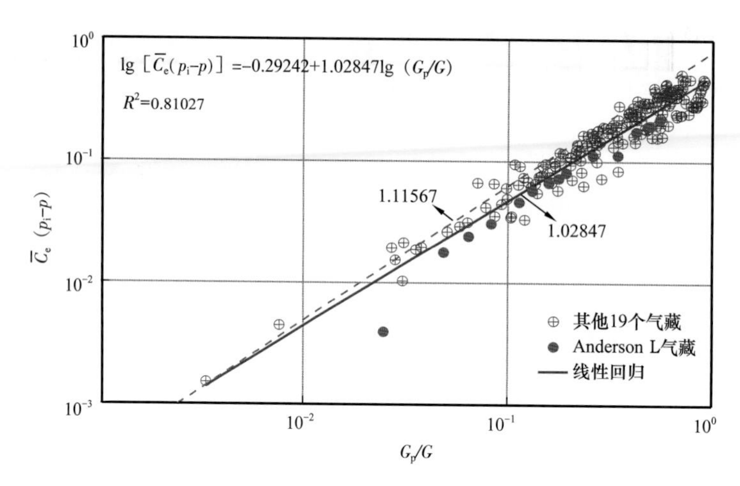

图 8–94　20 个气藏 $\bar{C}_e(p)(p_i-p)$ 与 $\frac{G_p}{G}$ 双对数曲线线性回归拟合图（孙贺东，2019）

因此，可假设 $\bar{C}_e(p)(p_i-p)$ 与 G_p 满足幂函数关系，即：

$$\bar{C}_e(p)(p_i-p)\approx bG_p^{1.02847} \tag{8-31}$$

将式（8–31）代入式（8–24），结合 p_D 与系数 a 和 b 的定义，有：

$$p_{\mathrm{D}}=\frac{1-aG_{\mathrm{p}}}{1-bG_{\mathrm{p}}^{1.02847}} \tag{8-32}$$

式（8–32）即为幂函数形式的高压、超高压气藏物质平衡方程。

3. 视储层压力衰竭程度关键节点分析

偏离早期直线段的起始点无解析解，无法通过理论计算得到，用图解法确定的拐点处对应的视地层压力衰竭程度区间为 0.06～0.38（孙贺东，2020）。

以 Gan（2001）方法为代表的直线两段式方法，拐点处对应的视储层压力衰竭程度介于 0.14～0.38，平均为 0.23，如图 8–95（a）所示；第 2 直线段可计算天然气储量时间点对应的视储层压力衰竭程度介于 0.23～0.50，平均为 0.33，如图 8–95（b）所示；采用该方法计算气藏储量，采出程度介于 0.33～0.65（平均为 0.45）时，储量计算误差小于 10%。

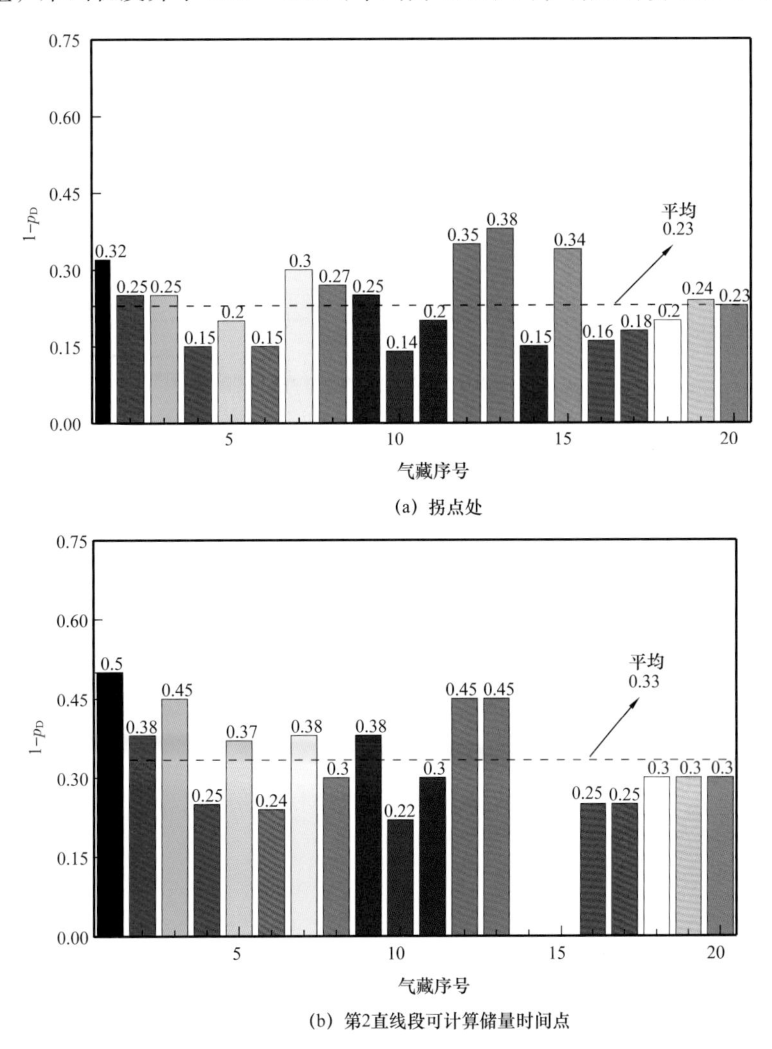

(a) 拐点处

(b) 第2直线段可计算储量时间点

图 8–95 Gan 方法直线段拐点及第 2 直线段可计算天然气储量时间点对应的视储层压力衰竭程度统计图

采用式（8–32），以采用前期部分点计算的天然气储量与采用生产历史所有点计算的天然气储量误差低于 10% 为统计标准，视储层压力衰竭程度介于 0.16～0.62，平均为 0.33，如图 8–96 所示，采出程度介于 0.28～0.62，平均为 0.48，如图 8–97 所示。与图解法范围基本一致。

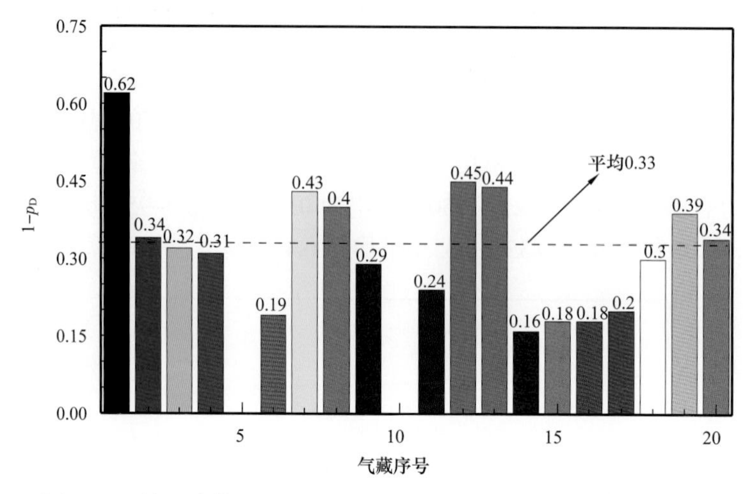

图 8–96　储量计算误差小于 10% 对应视储层压力衰竭程度统计图

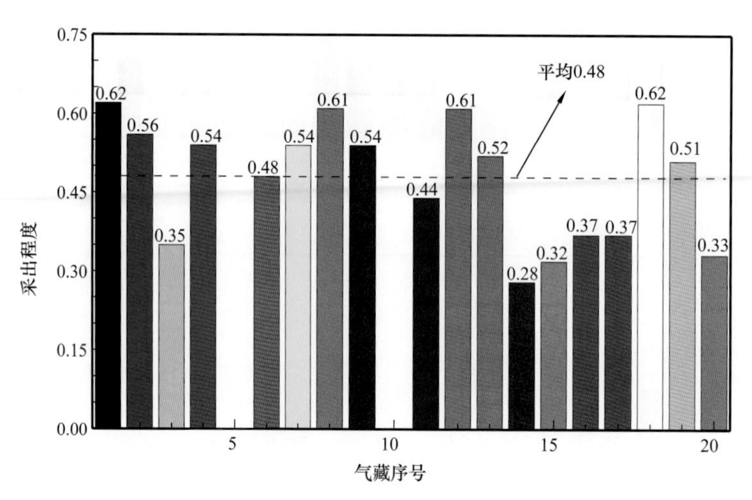

图 8–97　储量计算误差小于 10% 对应采出程度统计图

4. 动态储量与视地质储量关系

动态储量（OGIP）与视地质储量（$OGIP_{app}$）（出现拐点前数据外推储量）关系如图 8–98 所示，两者比值的平均值为 0.56；若仅考虑大于 $20\times10^8m^3$ 储量气藏，平均值为 0.55，如图 8–99 所示。该参数比 Hammerlindl 修正压缩系数法（1971）的比值 0.70 偏小 20% 左右；若按 50% 概率中值，此系数为 0.47。此系数仅是笼统的统计结果，它是 ω 的函数。该参数可以通过图版拟合的方法获得（孙贺东，2020）。

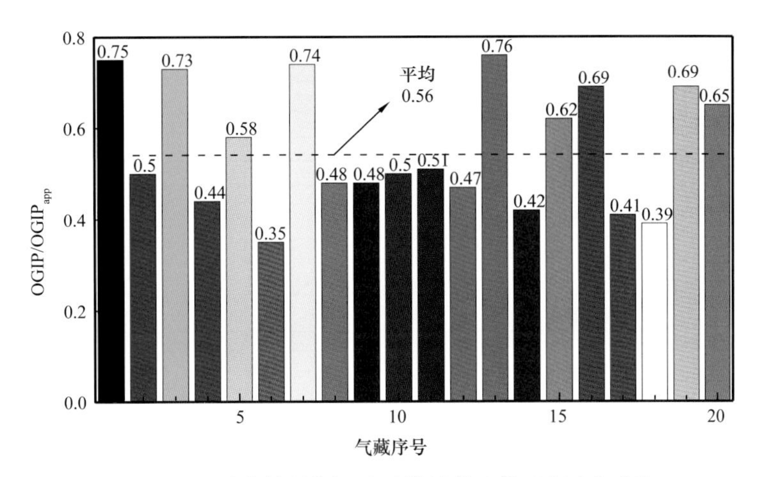

图 8–98 动态储量与视地质储量的比值（所有气藏）

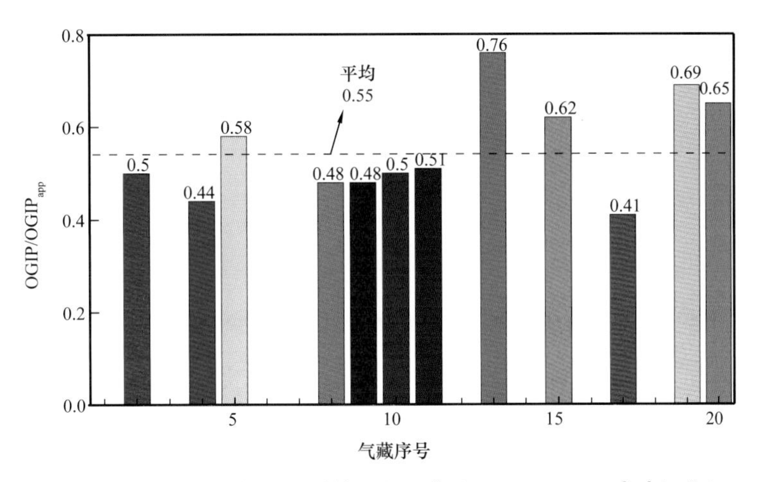

图 8–99 动态储量与视地质储量的比值（OGIP＞$20\times10^8m^3$ 气藏）

5. 实例分析

算例选自本书参考文献（Aguilera，2008），基质束缚水饱和度为 0.25，裂缝含水饱和度为 0，水相压缩系数为 $4.35\times10^{-4}MPa^{-1}$，基质压缩系数为 $2.90\times10^{-3}MPa^{-1}$，裂缝孔隙度为 0.01，裂缝储容比为 0.5。基于气藏实际生产数据，采用式（8–28）、式（8–26）和式（8–32）进行非线性回归，结果依次为 $45.6\times10^8m^3$，$46.7\times10^8m^3$ 和 $45.3\times10^8m^3$，与文献（Aguilera，2008）计算结果 $48.14\times10^8m^3$ 接近；若忽略裂缝压缩系数的影响，对前面 4 个数据点进行线性回归并外推，得到天然气储量为 $58.3\times10^8m^3$，天然气储量计算值过高（图 8–100）。如图 8–101 所示，当视储层压力衰竭程度大于 0.35 后，采用式（8–32）计算的储量结果则较接近，此临界点与前述统计结果 0.33 基本一致。

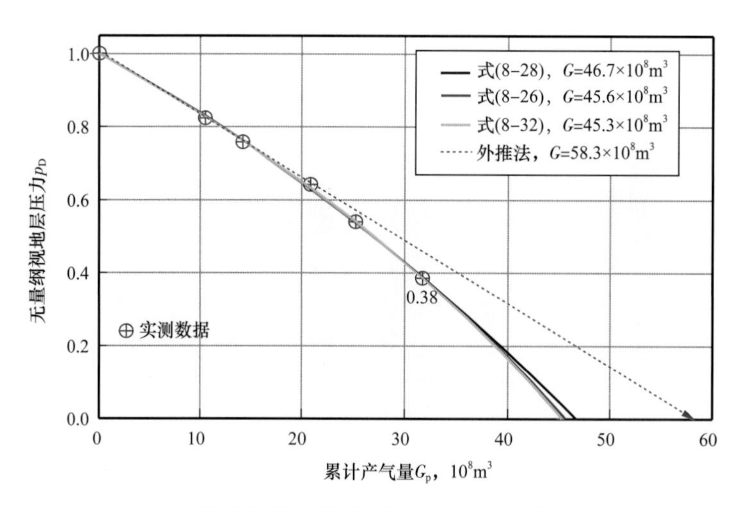

图 8-100　裂缝性应力敏感气藏 p_D—G_p 回归拟合曲线图

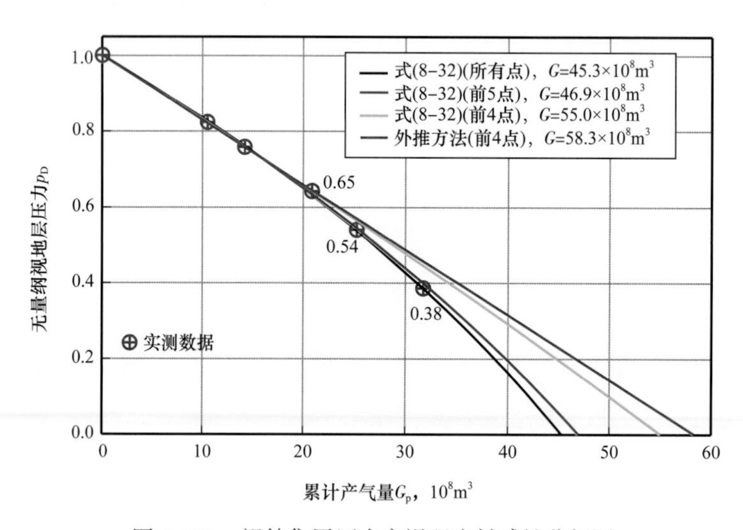

图 8-101　视储集层压力衰竭程度敏感性分析图

五、气井和气藏动态描述认识

（一）储层动态特征认识

不同区带发育不同构造样式，不同构造样式裂缝发育特征不同。由于南天山隆升过程中挤压应力的差异，克拉苏构造带表现出较强的分带变形特征。北部区带（克深 2 区块—克拉 2 区块）为斜向挤压变形区，发育一系列基底卷入式逆冲断层，多个断片垂向叠瓦状堆垛，形成楔形冲断构造；南部区带（克深 2 区块以南）为水平收缩变形区，发育一系列滑脱断层，形成滑脱冲断构造和突发构造。受强烈的挤压作用影响，储层普遍发育裂缝，不同的构造样式具有不同的裂缝发育特征：（1）楔形冲断和滑脱冲断形成的单断背斜上的裂缝，裂缝性质从上到下变化明显，上部主要发育高角度张性缝，中部发育张剪缝，下部主要发育低角度剪切缝，逆冲前缘裂缝更发育；（2）突发构造从上到下裂缝性质无明显变化，均发育高角度张剪缝，轴线部位裂缝更发育（江同文，2018）。

试井解释结果表明，克深气田是裂缝性致密储层，发育不同级别裂缝。克深2区块方向性裂缝发育，导数曲线后期为斜率1/2直线；克深8区块缝网发育，导数曲线后期为斜率1.0直线；克深13东裂缝不发育，导数曲线中期为斜率1/4直线，裂缝发育程度与构造特征息息相关，如图8-102所示。2017年以前历次测试出现的“双重孔隙特征”及“径向流特征”是邻井生产造成的假象；2017年7月测试基质地层系数介于20～60mD·m，平均为39mD·m，基质渗透率介于0.15～0.35mD，平均为0.24mD。

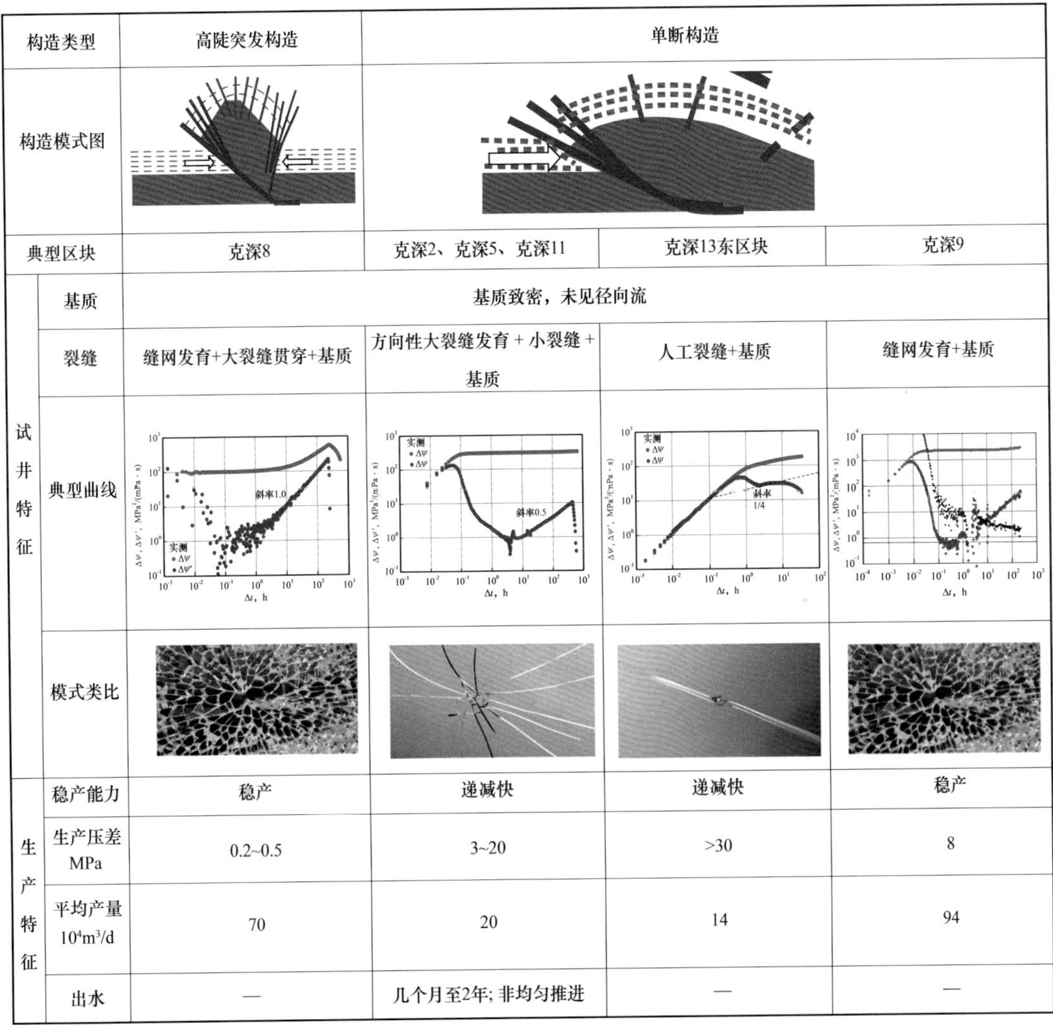

构造类型		高陡突发构造	单断构造		
构造模式图					
典型区块		克深8	克深2、克深5、克深11	克深13东区块	克深9
试井特征	基质	基质致密，未见径向流			
	裂缝	缝网发育+大裂缝贯穿+基质	方向性大裂缝发育＋小裂缝＋基质	人工裂缝+基质	缝网发育+基质
	典型曲线				
	模式类比				
生产特征	稳产能力	稳产	递减快	递减快	稳产
	生产压差 MPa	0.2~0.5	3~20	>30	8
	平均产量 $10^4m^3/d$	70	20	14	94
	出水	—	几个月至2年；非均匀推进	—	—

图8-102　克深气田群不同区块试井与生产特征对比

气藏整体连通性好，但不同裂缝发育模式生产特征不同。井间干扰测试结果表明，气藏内井间干扰强，干扰信号在十几分钟内就能影响到1km外的邻井，相距10km以上的两口井之间的干扰信号响应时间仅为7～10h；在开发过程中，气藏内不同部位的地层压力基本保持同步下降。方向性裂缝发育的克深2气藏，压力波可以在短时间内波及整个裂缝系统，但基质系统向裂缝供气能力有限，造成压力、产量递减快的现象；克深8气藏，裂缝发育相对均匀，表现出产量高、稳产能力强等特征。

（二）基质供气能力认识

关井压力关于时间的一阶导数dp/dt，又称为PPD导数，该曲线可用来判断井筒与储层特征（Mattar，1992）。正常情况下，不管是均质储层还是双重孔隙介质储层，关井压力随关井时间延长逐渐达到平均地层压力，压力恢复速度逐渐变慢，因此dp/dt导数是个减函数，如图8–103所示。

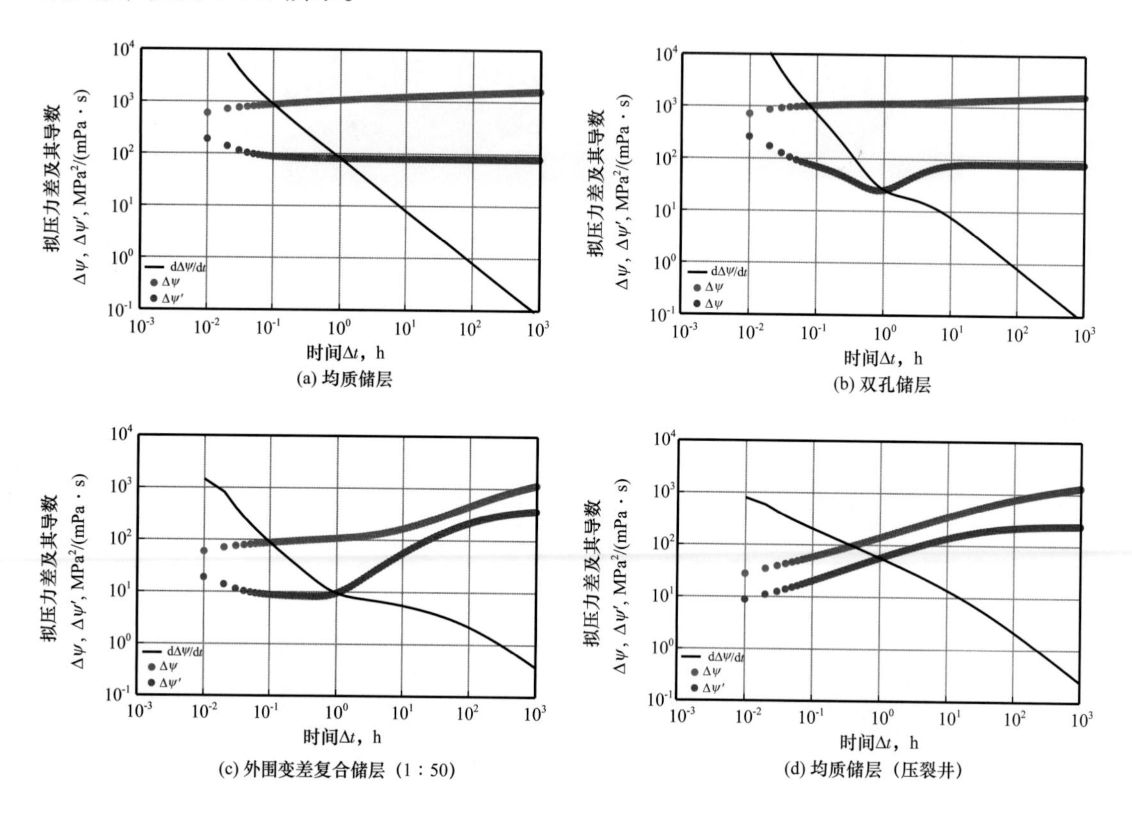

图8–103　不同储层类型PPD导数特征（黑线）

生产过程中是否存在基质供气现象，是克深2气藏投产初期的一个焦点问题。克深2区块2017年度测试的4口井PPD导数曲线均呈现出后期变平特征，说明基质对裂缝系统有能量补给，如图8–104所示。

若将克深2区块上述4口井测试数据的PPD导数画在一张图上，如图8–105所示，达到稳定后PPD导数数值基本稳定在1.0MPa²/（mPa · s）。如图8–93（a）所示，这4口井分布在气藏的不同位置，说明整个气藏范围内基质系统对裂缝系统的补给能力基本相同。

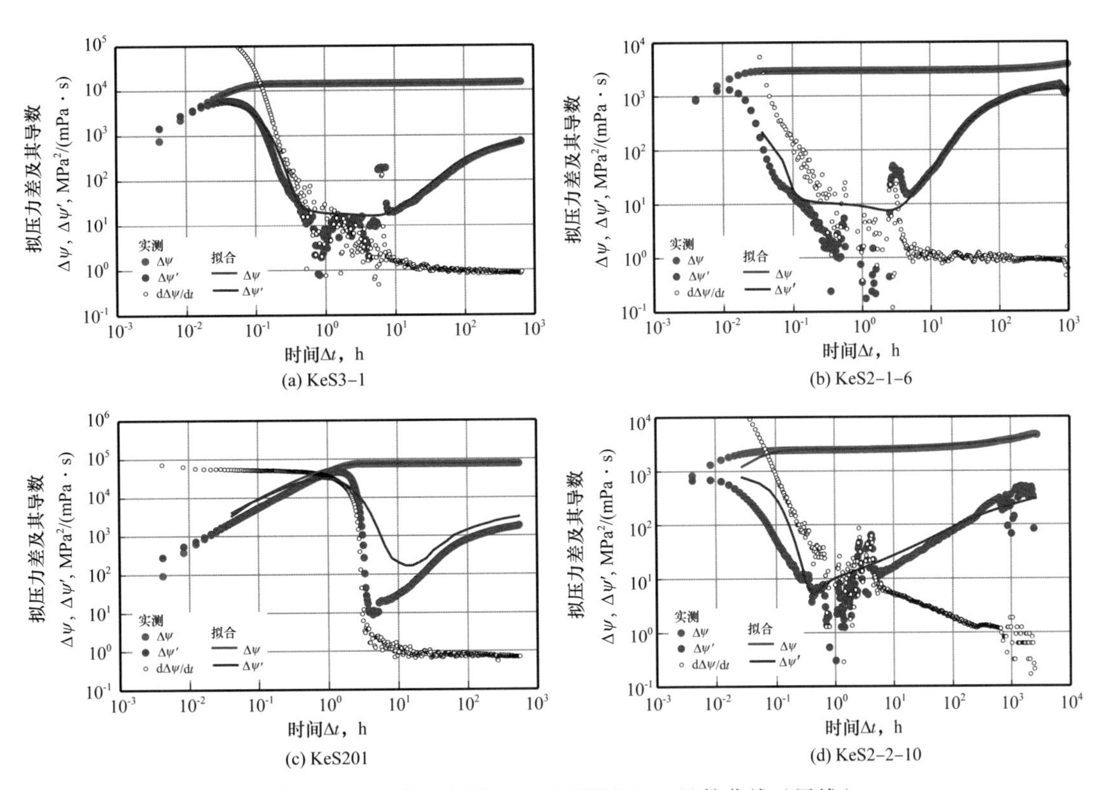

(a) KeS3-1

(b) KeS2-1-6

(c) KeS201

(d) KeS2-2-10

图 8-104 克深 2 区块 2017 年测试 PPD 导数曲线（黑线）

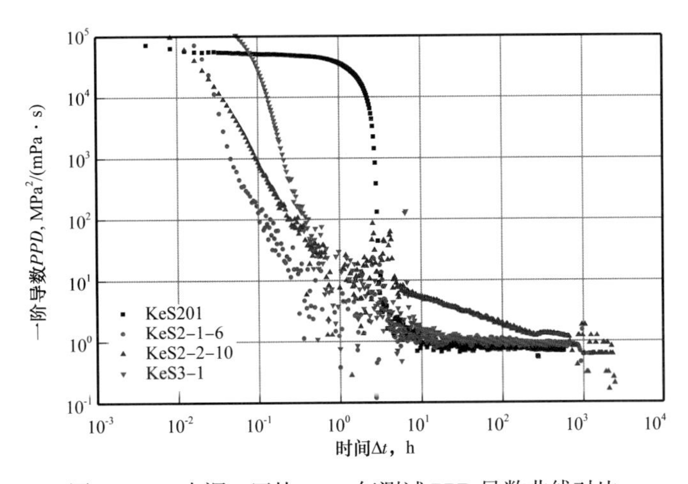

图 8-105 克深 2 区块 2017 年测试 PPD 导数曲线对比

当忽略岩石和流体的压缩性时，定容封闭气藏的物质平衡方程式为：

$$G_pB_g=G(B_g-B_{gi}) \tag{8-33}$$

式（8-33）可以转换为压降形式：

$$\frac{p}{Z}=\frac{p_{\mathrm{i}}}{Z_{\mathrm{i}}}\left(1-\frac{G_{\mathrm{p}}}{G}\right) \tag{8-34}$$

在关井压力恢复阶段，忽略偏差系数随压力的变化，将式（8-34）对时间求导，有：

$$\frac{\mathrm{d}p}{\mathrm{d}t}=\frac{Z(p)}{G}\left(\frac{p_{\mathrm{i}}}{Z_{\mathrm{i}}}\right)\left(\frac{\mathrm{d}G_{\mathrm{p}}}{\mathrm{d}t}\right)=-\frac{Z(p)}{G}\left(\frac{p_{\mathrm{i}}}{Z_{\mathrm{i}}}\right)q_{\mathrm{c}} \tag{8-35}$$

进一步整理，有：

$$q_{\mathrm{c}}=\frac{Z_{\mathrm{i}}G}{p_{\mathrm{i}}Z(p)}\frac{\mathrm{d}p}{\mathrm{d}t} \tag{8-36}$$

初步估算克深 2 气藏 4 口代表井及整个区块的日供气能力见表 8-22。

表 8-22　克深 2 气藏供气能力评价

参数	KeS201	KeS3-1	KeS2-1-6	KeS2-2-10	平均值
动态储量 G，$10^8\mathrm{m}^3$	60.04	28.44	52.91	57.24	49.66
$\mathrm{d}p/\mathrm{d}t$，kPa/h	0.2648	0.3215	0.3339	0.4269	0.3368
偏差系数 Z	1.63	1.62	1.63	1.62	1.63
基质供气量 q_{c}，$10^4\mathrm{m}^3/\mathrm{d}$	34.6	19.9	38.5	53.2	36.6
目前产量 q，$10^4\mathrm{m}^3/\mathrm{d}$	20.9	27.5	49.7	38.2	34.1

（三）动态储量认识

截至 2019 年 8 月，克深 2 气藏累计产气 $90\times10^8\mathrm{m}^3$，视地层压力下降只有 11.2%，未表现出明显的向内弯曲的拐点（如前所述，出现拐点对应的视地层压力衰竭程度经验值为 23%），p/Z 曲线如图 8-106 所示。2017 年长期关井后曲线表现出明显的基质供气特征（台阶上升），按照具有补给气藏物质平衡方法（Sun，2011），视地质储量为 $820\times10^8\mathrm{m}^3$，如图 8-107 所示；若按照本节 0.55 修正系数，保守估计真实动态储量为 $450\times10^8\mathrm{m}^3$ 左右；若按中值系数 0.47 计算，保守估计真实动态储量为 $385\times10^8\mathrm{m}^3$ 左右（考虑基质供气能力的话，为 $430\times10^8\mathrm{m}^3$）。

如前所述，高压、超高压气藏物质平衡法可划分为两类，第 1 类需要岩石和流体压缩系数等参数；第 2 类则无需岩石和流体压缩系数等参数，仅需生产历史数据就能确定累积有效压缩系数和储量等。对于高压、超高压裂缝性气藏来说，物质平衡方程所用的岩石和流体压缩系数不是一个常数，而是与原始压力和某一时刻压力相关的一组曲线；目前实验分析数据难以满足计算需求，因此第一类方法的应用受到很大的限制。不管是第一类还是第二类方法，只有当视地层压力衰竭到一定程度，计算结果才相对准确（视地层压力衰竭程度经验值为 23%）。

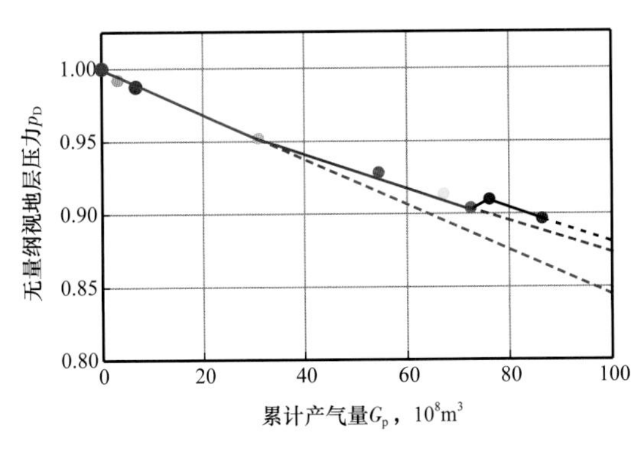

图 8-106　克深 2 区块 p/Z 曲线

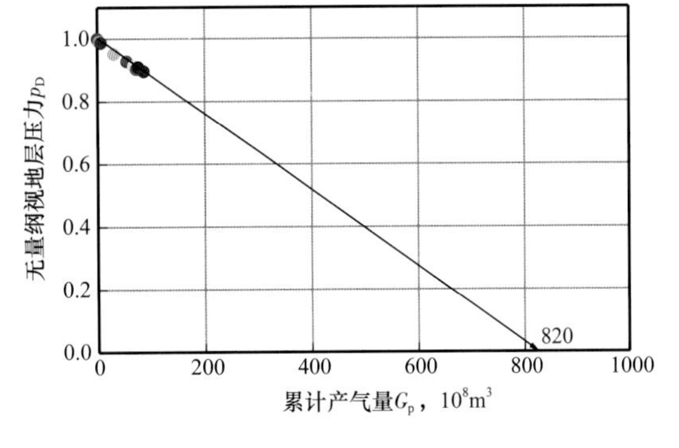

图 8-107　克深 2 区块补给物质平衡 p/Z 曲线

六、结论及认识

裂缝性砂岩气藏试井模型可分为连续性裂缝模型和非连续性（离散）裂缝模型两种。对于连续性裂缝模型：裂缝是渗流通道，基质是储集空间；裂缝互相连通，呈网状分布，可用经典的双重孔隙介质模型进行解释。对于离散裂缝模型：基质与裂缝是渗流通道，基质是储集空间；只有部分裂缝互相连通，不宜用经典的双重孔隙介质模型进行解释。裂缝性砂岩气藏试井设计应基于全气藏生产动态分析和检修时间窗口内进行全气藏关井。根据测试目的优选测试井、优化开关井顺序，设计测试程序。对于裂缝性或连通性好的气藏，试井分析应立足全局。结合国外 20 个已开发高压、超高压实例气藏，经典二段式拐点对应的视储层压力衰竭程度介于 0.14～0.38，平均为 0.23；第二直线段外推点对应的视储层压力衰竭程度介于 0.23～0.50，平均为 0.33；对应的采出程度介于 0.33～0.65，平均为 0.45；动态储量与视地质储量（出现拐点前数据外推储量）比值平均值为 0.55，比 Hammerlindl 修正压缩系数法修正系数 0.70 偏小 20% 左右；若按中值计算，系数为 0.47。这仅是粗略的估算，实际上是一个变量，取决于储层性质。

克深气田群为裂缝性致密砂岩储层，局部构造控藏、应力控储、裂缝控产、断裂控水侵等特征，开发过程中气藏具有整体连通、井间干扰明显和存在基质供给逐级动用等特点。通过长期规模试采落实构造的连通关系、气藏的可动用储量、气井的稳产能力、水体的活跃程度等，是深化气田认识、实现气田高效开发的根本保障。优选高部位甜点区布井、适度改造、见水排水将是超深、超高压裂缝性致密砂岩气藏高效开发的主要对策。

第九节　塔中 I 号缝洞型复杂碳酸盐岩气藏动态描述

一、综合情况

本章前面几节详细讨论的几个实例，就气田本身规模和影响力看，在中国近年来天然气上游工业的发展中有着举足轻重的作用。因而关于它们的动态描述研究为多方关注，对它们的评价，有的也曾引起过争议。现在这些气田大多已投入开发，对它们的认识逐渐加深、逐渐成熟。但是，还有一些气田，以其岩性特殊程度来看，规律性更难捉摸，可称之为特别复杂的特殊岩性气田，它们给气田开发带来的难度更大，以致不得不在投入开发以前，花费更多的人力和财力长期对其进行前期研究，该类油气田的勘探开发无论在开发理念、开发技术和开发方式上，均与传统的砂岩油气藏、裂缝—孔隙性碳酸盐岩油气藏完全不同。本节及下节将分别介绍复杂碳酸盐岩和火山岩气藏的动态描述研究成果。

我国缝洞型碳酸盐岩油气藏资源丰富。在塔里木盆地发现了塔河、塔中、哈拉哈塘、轮古、英买力等多个大型缝洞型碳酸盐岩油气田，含油气面积超过 $2.0\times10^4km^2$；在四川盆地川中、川南等地区二叠系、寒武系、震旦系发现了多个缝洞型碳酸盐岩气田；在渤海湾盆地也发现了奥陶系缝洞型碳酸盐岩天然气田。该类油气田的勘探开发无论在开发理念、开发技术和开发方式上，均与传统的砂岩油气藏、裂缝—孔隙型碳酸盐岩油气藏完全不同。本节以塔中Ⅰ号气田为例介绍缝洞型复杂碳酸盐岩气藏动态描述问题。

塔中Ⅰ号气田是我国首个探明的亿吨级缝洞型碳酸盐岩凝析气藏，是近年来开发难度最大、技术要求最高的油气田。该气田地表为沙漠，埋藏深（>6000m）、储层分布非均质性极强，储集渗流介质复杂多样、流体性质复杂，气藏静态描述工作难度非常大，为储量评价、开发方案设计及开发动态分析带来了诸多挑战。以动态补静态，静态与动态紧密结合提高气藏描述精度，是这类气藏科学开发的重要技术手段。通过多年的攻关，突破了强非均质碳酸盐岩气藏储层动态评价、储量动态评价、产能评价等难题，形成了动态评价技术系列，较好满足了这类复杂气藏有效开发的迫切需求。中国石油用近 10 年时间将此公认的沙漠边际油气田建成为年产能力超过 150×10^4t 油气当量的现代化大型气田，在世界范围内首次实现了该类气藏的规模效益开发。本节以缝洞型碳酸盐岩气藏典型特征为切入点，系统介绍以全生命周期试井分析和现代产量递减分析为核心的气藏动态描述技术及其在储层动态评价、动态储量评价、开发指标预测等方面的应用。

二、气藏基本特征

（一）气藏基本地质特征

塔里木盆地海相碳酸盐岩地层分布以下古生界为主，主力层系主要为奥陶系和寒武系，目的层常常超过 6000m，有些地区更是达到了 7700m。储层演化非常复杂，基质孔隙度低，原生孔隙损失殆尽，受多期不整合面和断裂系统控制的岩溶储层和白云岩储层是主要的有效储层。早期的断层和裂缝对溶洞的发育具有明显的促进和控制作用，由此决定了缝洞型储层沿断裂裂缝带发育并呈带状甚至线状展布，沿断裂带或断裂的拐点、交点往往发育大型溶洞；断裂发育深度及其规模控制了岩溶的发育深度和规模，构造运动的阶段性决定了岩溶发育的多期性等特点；断裂裂缝控制了高产工业油气流井和富集高产区块的分布。储集空间有洞穴、孔洞和裂缝 3 大类，不同储集空间成因复杂多样；洞穴、孔洞和裂缝的尺度、级别空间跨度巨大；储集空间组合复杂多样，分为洞穴型、孔洞型、裂缝型和裂缝—孔洞型 4 种类型；储层非均质性强，储集体内部结构复杂多样。

（二）气藏开发典型特征

碳酸盐岩基质物性差，基本不含油气，油气主要赋存在洞穴、孔洞和裂缝中，不同介质系统间渗透率和孔隙度级别相差巨大，以致整个油气藏呈现出严重的非均质性和各向异性。缝洞型碳酸盐岩气藏独特的成藏特征使得其在空间上储层非均质性强，决定了流动特征的复杂性，既有管流特征，也有渗流特征，多数情况下是两者共同作用。这种复杂性导致开发特征的巨大差异，产量、含水率、气油比等参数不仅井间差异大，甚至同一口井在生命周期生产过程中差异大，规律性不强。主要表现为压力忽高忽低，流体性质忽油、忽气、忽水。

三、气藏动态描述思路

（一）气藏描述面临的挑战

（1）储层埋藏深，精细描述难。

碳酸盐岩储层地下溶洞发育及分布非均质性极强，储层的充填程度、充填物类型及流体性质复杂多变，而且井点与井周附近储层发育差别大，使得碳酸盐岩储层的岩心分析和测井评价成为一大难点，远远不能满足碳酸盐岩储集空间描述的需求。地震波响应特征复杂多变，很难获得储层定量参数。地表为沙漠，降低了地震分辨率，也降低了储层识别精度。

（2）储集体分散且形态各异，储量评价难。

碳酸盐岩油气藏普遍具有准层状分布、大面积含油、局部富集的特征，井点与井周附近储层发育差别大，储层厚度、孔隙度及油水界面都难以定量描述。利用井控法计算的碳酸盐岩储量呈现出含油气面积大、地质储量大、可采储量低、动用程度低的特点，针对均质砂岩储层的储量研究方法及思路均不适用于非均质性极强的碳酸盐岩。

（3）流动机理复杂，开发指标预测难。

应用地震资料对缝洞体的识别、预测及刻画难度极大，缝洞的内部结构及充填特征更难以准确描述，为后续三维地质建模带来了极大的困难。即使缝洞型储层建模结果可用，由于流动机理复杂，缝隙流、洞穴流和孔隙流并存，现有的基于多孔连续介质储层数值模拟方法与技术难以满足现场的需求。

（二）气藏储层动态描述思路

缝洞型碳酸盐岩油气藏与常规砂岩油气藏不同，油气分布不受局部构造控制，而受岩溶缝洞体发育程度控制，表现为整体含油气、局部富集特征，单个气藏规模较小，宏观上没有统一的气水界面。储层非均质性强、内部结构复杂，基质孔隙不发育、物性极差，次生溶蚀改造形成的洞穴、孔洞、裂缝是主要的储集空间。针对上述难题，形成以全生命周期试井分析、现代产量递减分析相结合的缝洞型碳酸盐岩气藏动态描述技术，如图 8-108 所示，该技术可弥补静态描述的不足，较好解决此类气藏的储层评价、储量评价以及产能评价 3 大核心问题，实现有效开发。

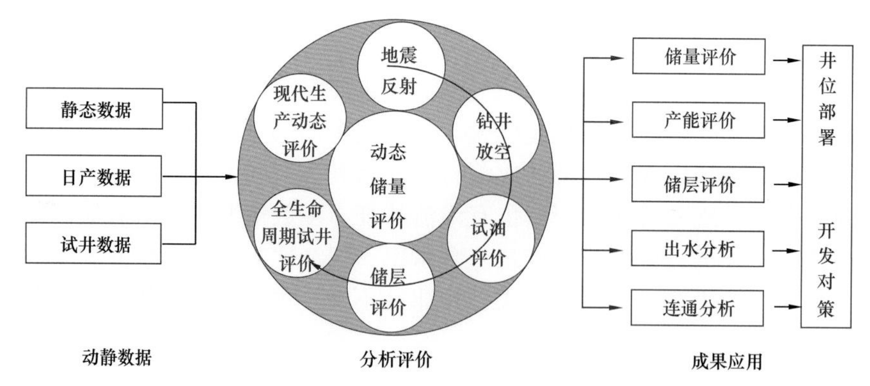

图 8-108　缝洞型碳酸盐岩气藏动态描述技术示意图

四、气井和气藏动态描述研究

（一）缝洞体形态动静迭代识别刻画

针对沙漠覆盖区能量衰减强、地震资料品质差等问题，研发了强衰减强干扰沙漠地表潜水面下激发和小面元接收的地震采集方法，形成了以宽频、宽方位、高密度为核心的沙漠强衰减区三维高精度地震成像技术，较大幅度提升了地震资料品质与缝洞体成像精度，为缝洞体的刻画奠定了基础。

应用试井技术可以进一步精准刻画储集体的形态和体积大小，对于强非均质性的缝洞型碳酸盐岩来说，常规解析试井、二维数值试井难以满足储层动态描述的要求。为此在缝洞体成像的基础上，提出三维数值试井分析思想，形成缝洞体形态动静迭代识别刻画技术，分析流程如下：

（1）首先进行地震属性体与地震反演体相结合的缝洞雕刻，结合波阻抗与孔隙度的相关性建立地震反演孔隙度模型。

（2）根据孔隙度模型将储层在平面上分区（m 区），纵向上分层（n 层），将缝洞体分为储层物性不同的 $m \times n$ 个区域。纵向上的非均质性由地震反演属性控制，结合全区试井渗透率与孔隙度关系，确定分层参数的初值。

（3）根据缝洞体体积或单井 / 井组生产动态初步确定模型动态储量的大小。

（4）基于动态储量和平面分区情况，采用二维数值试井方法初步确定分区参数。

（5）以双对数曲线拟合及长期生产历史拟合为约束，基于二维数值试井初拟合参数，进行三维数值试井分析。

（6）通过动静迭代拟合，不断完善三维模型，确定储层参数、动态储量，预测生产动态，如图 8-109 所示。动静迭代三维数值试井分析既考虑了储层平面的非均质性又考虑了纵向的非均质性，问题的数学描述更加接近实际。纵向多层、横向非均质气藏模拟数据表明：较解析试井分析和二维数值试井分析，三维数值试井分析结果更为可靠。

将长期生产数据与短期试井联合起来进行试井分析，大大提高了试井分析、动态分析的准确性。如图 8-110 所示，（a）图未充分考虑生产史，造成双对数曲线异常，压力导数曲线与压力曲线出现了交叉；而（b）图将前期生产史考虑进去以后，双对数曲线恢复正常，该井表现出典型的有限导流垂直裂缝井特征。

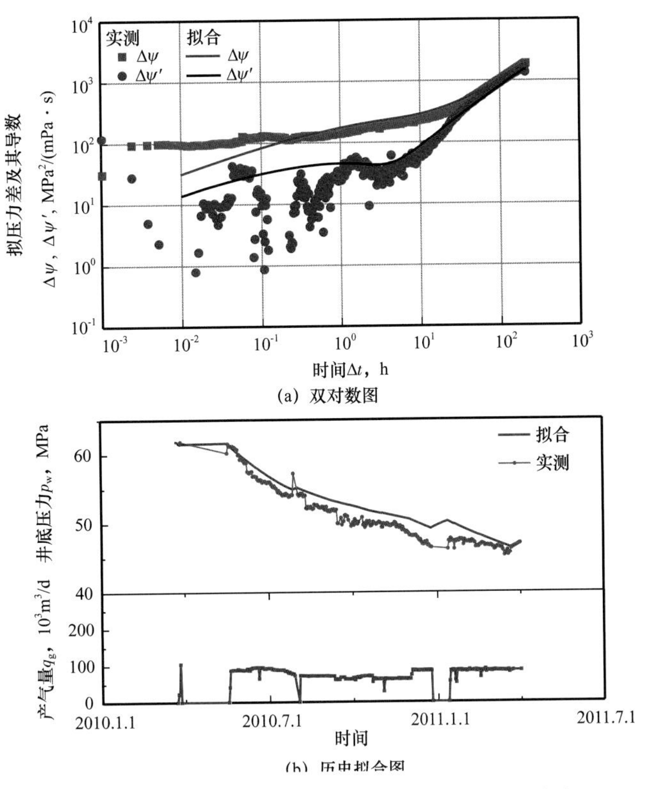

(b) 历史拟合图

图 8-109 塔中典型井双对数及全程历史拟合曲线

利用试井方法建立的生产动态模型，对单井的生产动态进行预测，将产能评价技术从传统的无阻流量经验法提升到基于物质平衡配产的新水平，大大降低了配产的风险性，为开发方案的编制提供了科学依据。

（二）缝洞体油气动态储量评价

通过缝洞体动静迭代识别刻画技术，比较精准地找到了缝洞体，刻画了缝洞体的形状，但是缝洞体体积多大，也就是动态储量的大小，只能通过动态方法进行评价。

动态储量顾名思义，就是利用动态方法计算得到的累计产气量，它是在现有工艺技术和井网开采方式不变的条件下，以单井或气藏的产量和压力等生产动态数据为基础，用气藏工程方法计算得到的“当气井产量降为零、波及范围内的地层压力降为 1 个标准大气压时”的累计产气量。它具有以下特征：① 它是依据动态数据计算得到的，是相对于容积法静态储量的一个概念；② 理论上是容积法储量中动态已波及的那部分储量，等于或小于容积法地质储量；③ 与目前工艺水平及井网控制程度密切相关，其数值大于现井网条件下的技术可采储量；④ 具有时效性，尤其对于裂缝性和低渗致密等具有基质或外围供气能力的气藏；⑤ 物质平衡法是最为准确和可靠的计算方法。

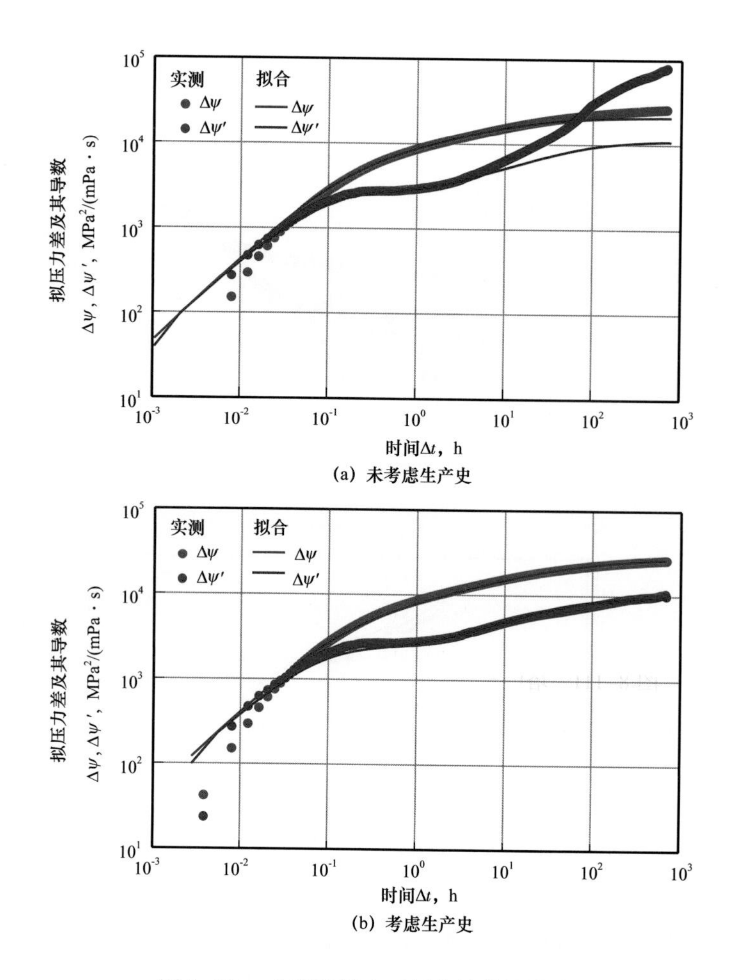

图 8–110　全程流量史对压力导数的影响

全生命周期三维数值试井分析和现代产量递减分析相结合的缝洞体油气动态储量评价技术可以解决这类难题。若有试井数据，利用三维数值试井分析技术，可以较准确地确定单井动态储量，其本质也是物质平衡法；若仅有生产数据，可应用 Blasingame 方法为代表的现代产量递减分析方法分析缝洞型碳酸盐岩气井变流动压力、变产量的复杂数据，进而计算单井或井组动态储量。将上述两种方法有机结合能够有效解决塔中 I 号气田动态储量评价这一难题，技术流程如图 8–111 所示。由于综合压缩系数与动态储量结果成反比，因此计算过程中应注意该系数的取值。

下面以 ZG14-1 井为例，阐述动态储量评价分析流程，如图 8–112 所示：

（1）产量折算：高气液比情形，将凝析油折算为凝析气；开井时间不足 24h 时，将产量折算为日产量。

（2）流压折算：用油压或套压和产量数据折算流压数据，折算过程中以实测静压、流压梯度数据为约束条件，降低流压折算的误差。本例有流压点 9 个。

（3）建立全程压力流量史。

（4）若有试井数据，进行三维数值试井分析，确定井控缝洞体体积。将此体积折算到地面条件，即为动态储量的大小。

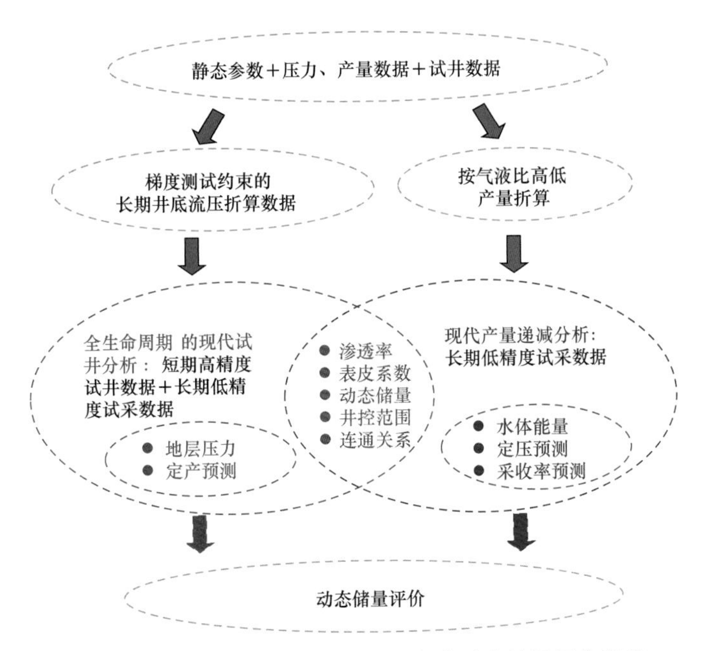

图 8–111　塔中复杂碳酸盐岩凝析气藏动态储量评价流程

（5）进行现代产量递减分析，确定动态储量。

（6）两种方法有机结合、互相约束，相辅相成，综合确定该井最终动态储量为 $1.8 \times 10^{8} m^{3}$。

（三）单井开发指标预测

动态储量确定后，下一步核心工作就是单井产能和稳产能力评价，并在此基础上进行单井动态预测。如前所述，基于现代试井分析和现代产量递减分析技术为核心的气藏动态描述技术可以较好解决单井开发指标的预测问题，如确定油气产量、地层压力、可采储量等开发关键指标。首先，确定单井或井组单元的油、气动态储量，以此作为开发指标预测的基础；然后，视资料录取情况分别采用单井或单元的数值试井 + 模拟方法、现代产量递减分析方法及气藏工程方法进行预测分析；最后，以废弃压力为约束条件，确定天然气和凝析油的可采储量。

塔中 ZG14–1 井 2011 年 3 月压力恢复测试数据解释采用变井储 + 径向复合模型，根据构造、断层认识及解析试井成果，构建动态数值模型，指标预测曲线如图 8–113 所示。

塔中 ZG162–1H 井，该井于 2009 年 11 月 10 日投产，初期以 ϕ6mm 油嘴生产，3 个月后更换为 ϕ5mm 油嘴，初期日产油 81.5t，日产气 $3.01 \times 10^{4} m^{3}$，无水产油 54 天后，后期生产间歇性产水。截至 2014 年 12 月，累计产油 7.4×10^{4}t，累计产气 $0.56 \times 10^{8} m^{3}$，累计产水 $0.88 \times 10^{4} m^{3}$，试采曲线如图 8–114 所示。应用现代产量递减分析方法，曲线拟合如图 8–115 所示，原油动态储量为 65.8×10^{4}t。以停喷压力 23.7MPa 为约束条件，根据现代产量递减分析法得到的动态模型结合产量递减分析进行开发关键指标预测，预测期末可采储量为 9.3×10^{4}t，采出程度为 14.13%。

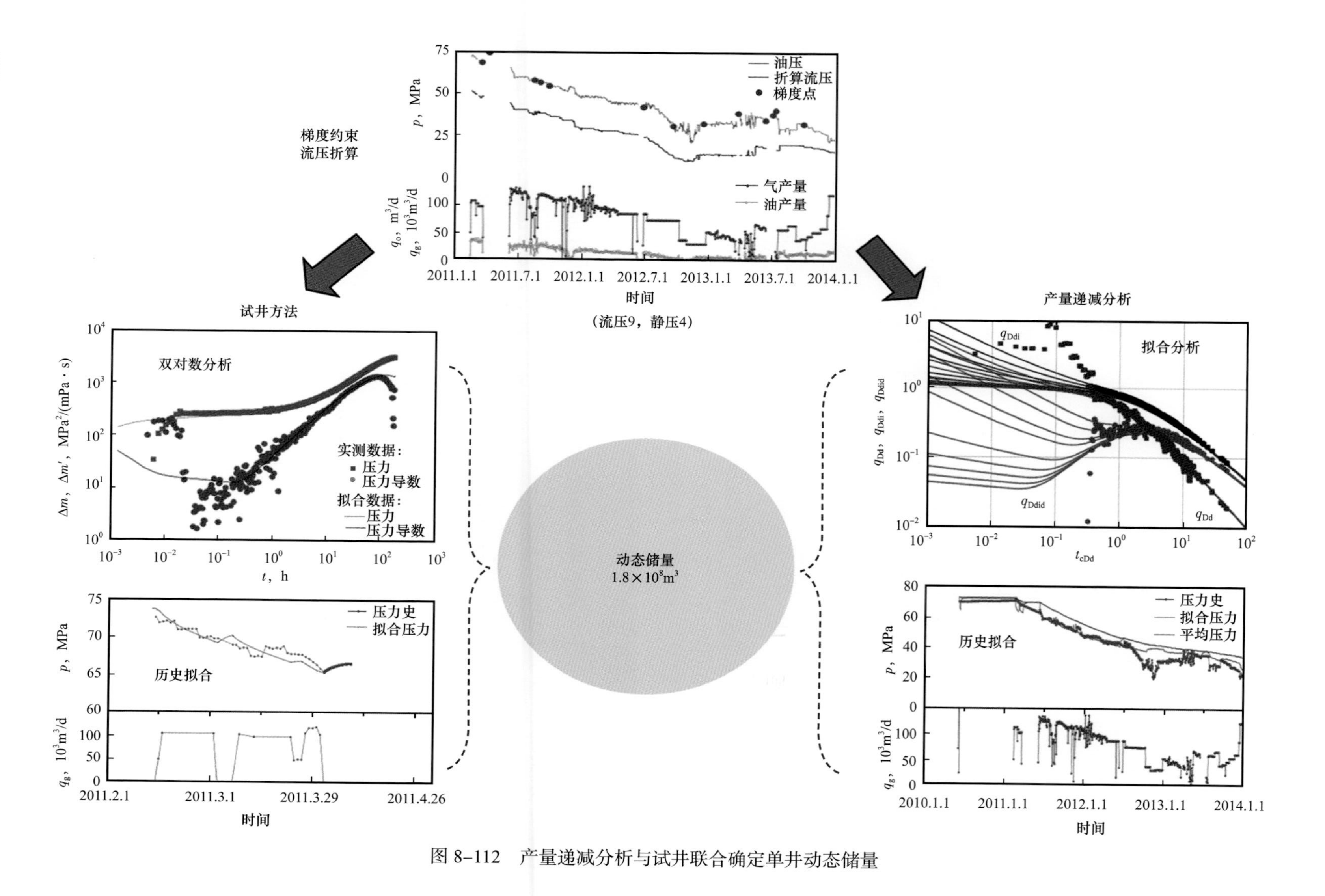

图 8-112　产量递减分析与试井联合确定单井动态储量

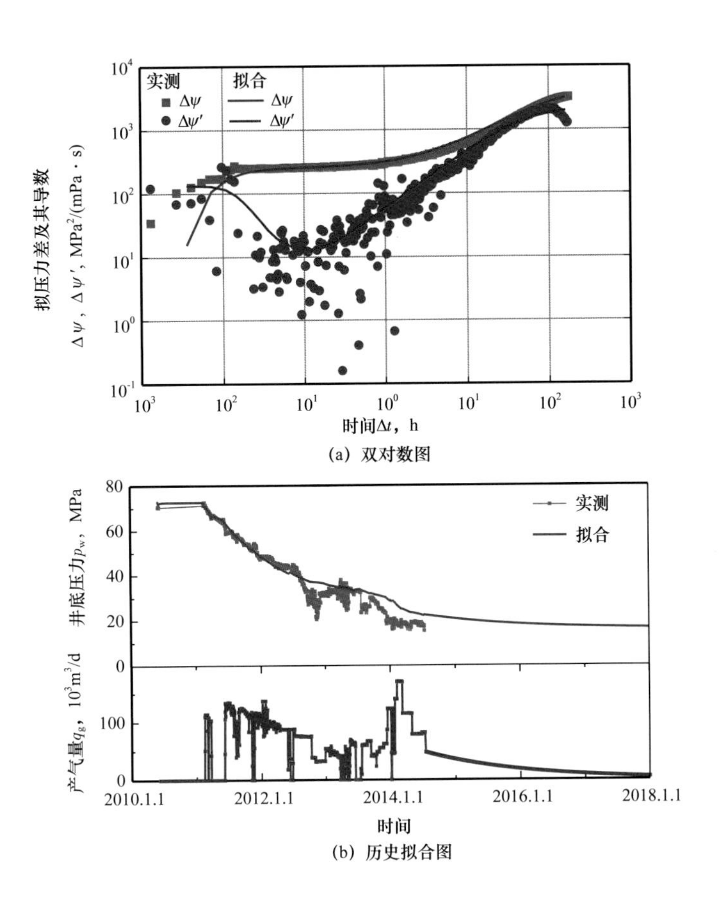

(a) 双对数图

(b) 历史拟合图

图 8-113 ZG14-1 井数值试井双对数及指标预测曲线

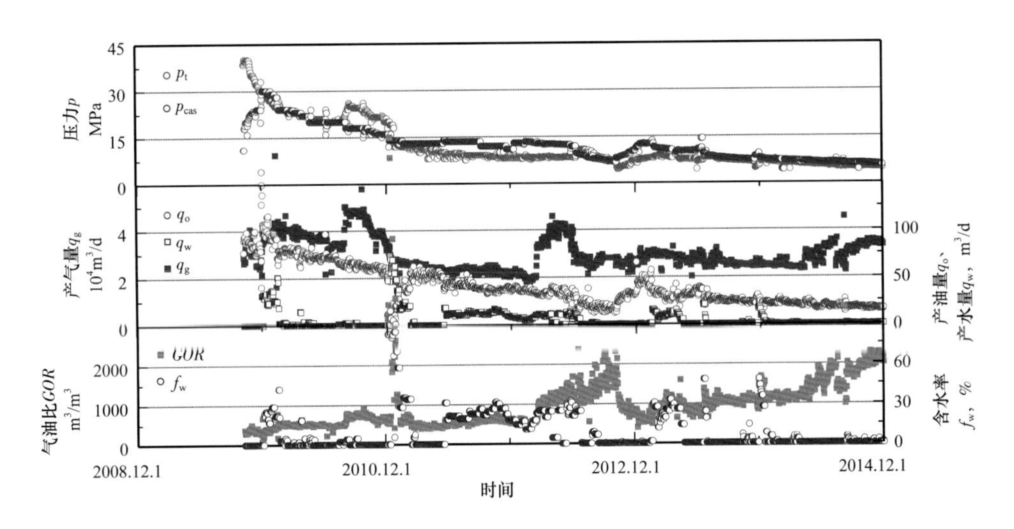

图 8-114 ZG162-1H 井试采曲线

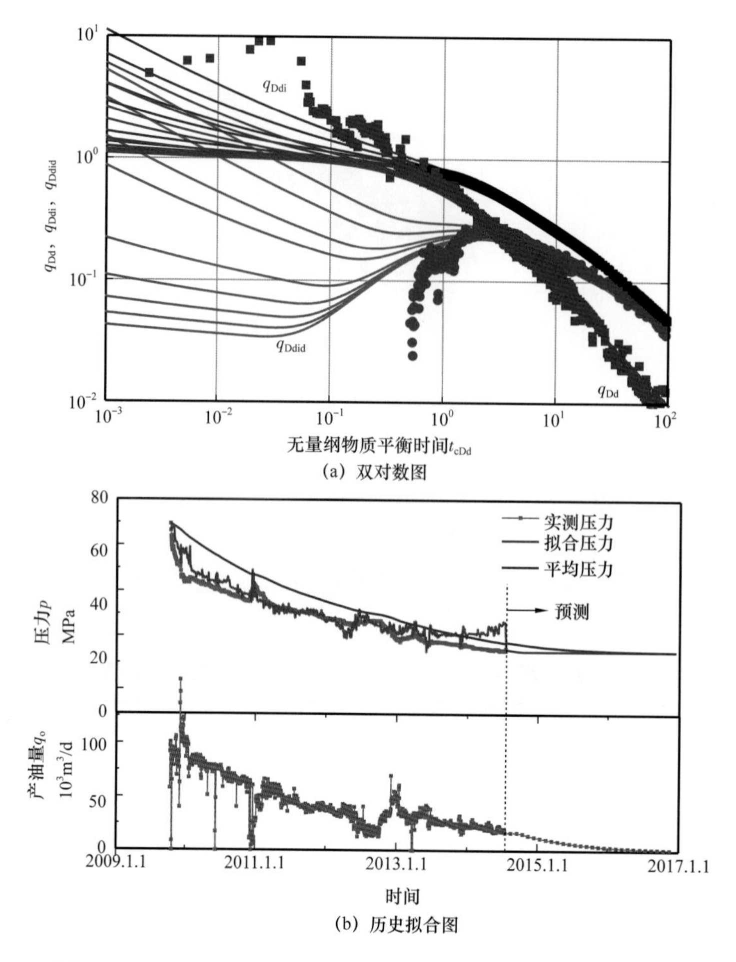

(a) 双对数图

(b) 历史拟合图

图 8-115 ZG162-1H 井 Blasingame 拟合曲线和指标预测曲线

五、气井和气藏动态描述认识

(一) 储层动态评价认识

塔中气田部分典型井全生命周期试井拟合曲线都得到了较好的拟合，表现出外围变差复合、有界、大裂缝等多种特征或呈现上述类型的随机组合特征。塔中典型井试井解释及动静态资料统计见表 8-23。试井解释地层系数平均为 415mD·m，渗透率平均为 13.1mD，属于中低渗透油气藏。另外从试采平均产量及生产压差、试油生产指数来看，该区也表现出中低渗透的特征。

缝洞型碳酸盐岩储层通常划分为 3 类：洞穴型、裂缝—孔洞型、孔洞型储层，各类储层在测井解释、地震反射、钻完井工程、试油、试采、酸压及试井等方面会表现出不同的特征，通过对塔中 I 号气田典型区块 257 口投产井动静态资料分析，储层类型汇总见表 8-24，洞穴型储层占比超过 82%。

表 8-23　塔中典型井试井解释与动静态资料统计情况表

井号	放空 m	储层 类型	试井解释			试油			试油生产 指数 10^4m^3/MPa	试采 1 年	
			模型	*Kh* mD·m	表皮 系数	油嘴 mm	油管 压力 MPa	产气量 10^4m^3/d		产气量 10^4m^3/d	压差 MPa
ZG14-1		洞穴型	复合	1620	1.8	5	49.1	15	3.2	10.8	6.2
ZG12	2.3	小洞穴	均质	100.3	11.3	6	43.4	17	1.5	5.2	4.8
ZG11C	4.7	小洞穴	双孔边界	44	30	5	30	9.5	0.4	5.6	8.6
ZG462		洞穴型	双孔边界	194	−0.9	4	39.9	7.4	18.5	6.9	4.0
ZG10		洞穴型	复合	3540	−2.3	6	49.6	21.9	166.7	13.4	5.5
ZG43		洞穴型	复合	583	−6.4	6	39.2	14	81.9	7.7	10.0
TZ201C		洞穴型	复合	27.8	1.5	4	35	7.6	0.7	8.8	4.5

表 8-24　塔中 I 号气田典型区块储层类型识别汇总表

区块	储层类型	亚类	井数，口	占比，%
I	洞穴型	单储集体	54	70
		多储集体		
	裂缝—孔洞型		23	35
Ⅱ	洞穴型	单储集体	115	85
		多储集体		
	裂缝—孔洞型		21	15
Ⅲ	洞穴型	单储集体	42	95
		多储集体		
	裂缝—孔洞型		2	5

（二）单井动态储量认识

塔中 I 号气田 200 多口井动态储量计算结果表明高效、有效、低效井的地震均方根振幅 RMS、雕刻体积依次呈变小趋势，如图 8-116 所示：动态储量与 RMS 基本成正比，与雕刻体积呈线性关系（异常点除外）。RMS＞4000 时，高效、有效井的概率是 88%。

塔中气田可采储量与动态储量关系如图 8-117 所示，单井动态储量天然气平均为 $1.0\times10^8m^3$，可采储量平均为 $0.62\times10^8m^3$；单井动态储量凝析油为 7.0×10^4t，可采储量平均为 2.0×10^4t。天然气采出程度为 57.3%，凝析油采出程度为 28.8%。

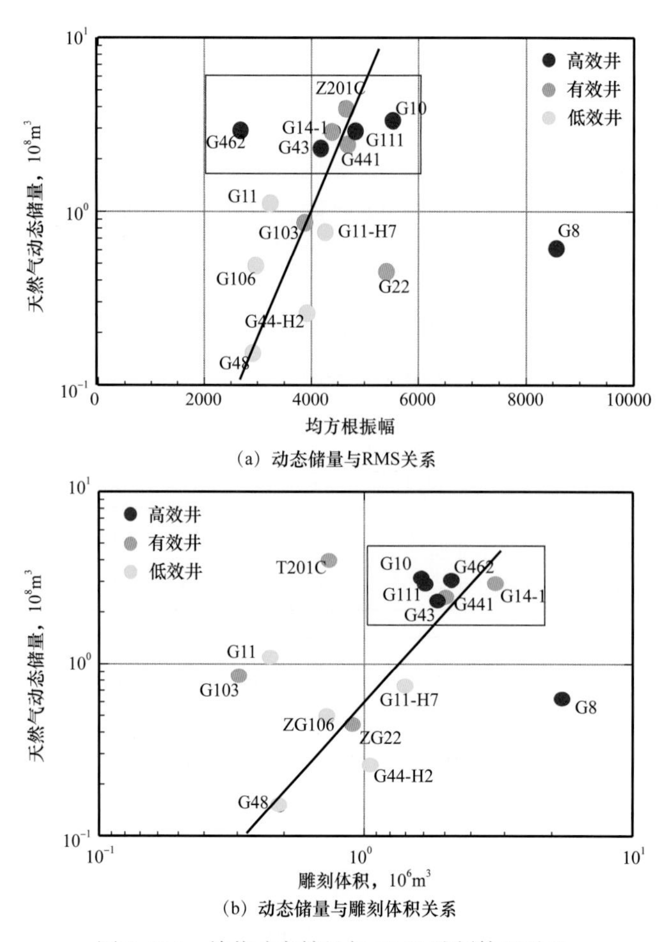

（a）动态储量与RMS关系

（b）动态储量与雕刻体积关系

图 8-116　单井动态储量与 RMS 雕刻体积关系

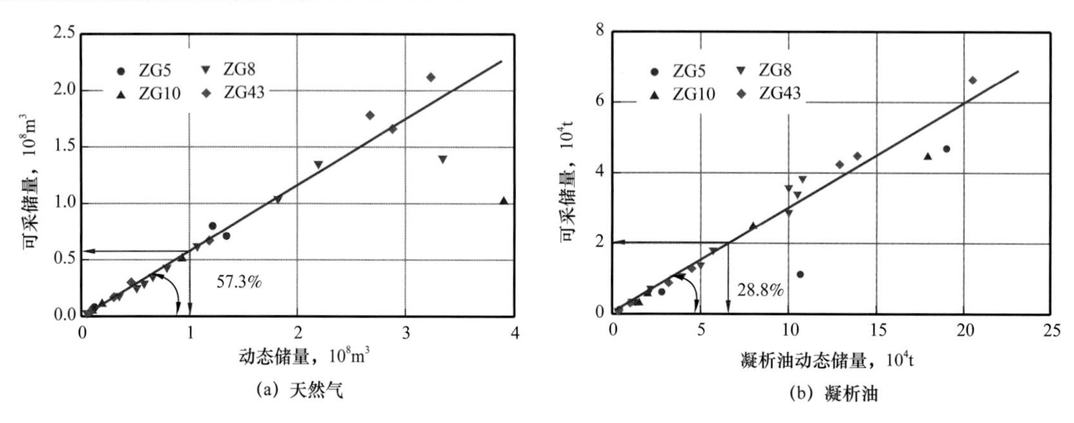

(a) 天然气

(b) 凝析油

图 8-117　单井动态储量与预计可采储量关系曲线

塔中气田气井初期产能与可采储量关系较差，如图 8-118，反映了碳酸盐岩的生产特点，即高产不一定高效。

塔中不同区块递减率、可采储量与初期产量的关系，如图 8-119 所示，高效井具有初期产量高、递减率低、可采储量大的特点，主要分布在图的左上角部分，低效井具有递减率大、可采储量小的特点，主要分布在图的右下角部分，有效井则分布在图的中部。因此，可根据生产数据初步判断，初期产能高且产量递减慢的井基本为高效井；初期产量高但递减快或初期产能低且产量递减快的井基本属于有效或低效井。

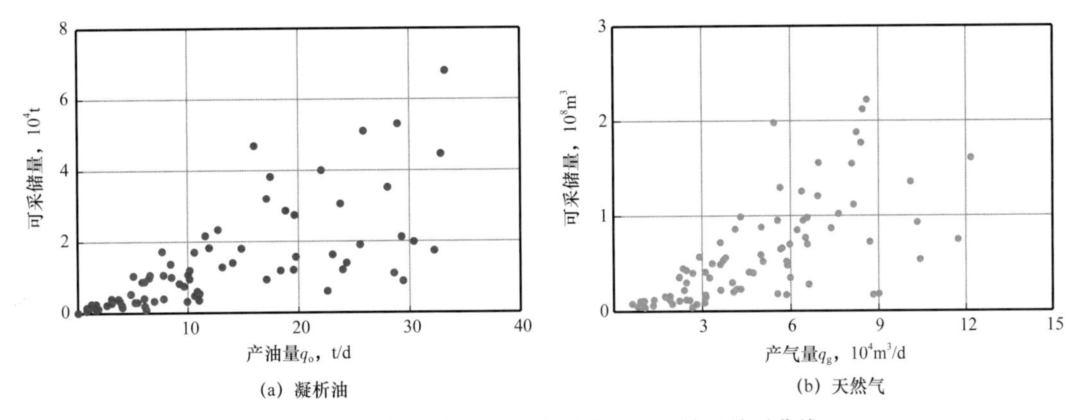

图 8-118 塔中气田气井初期产能与可采储量关系曲线

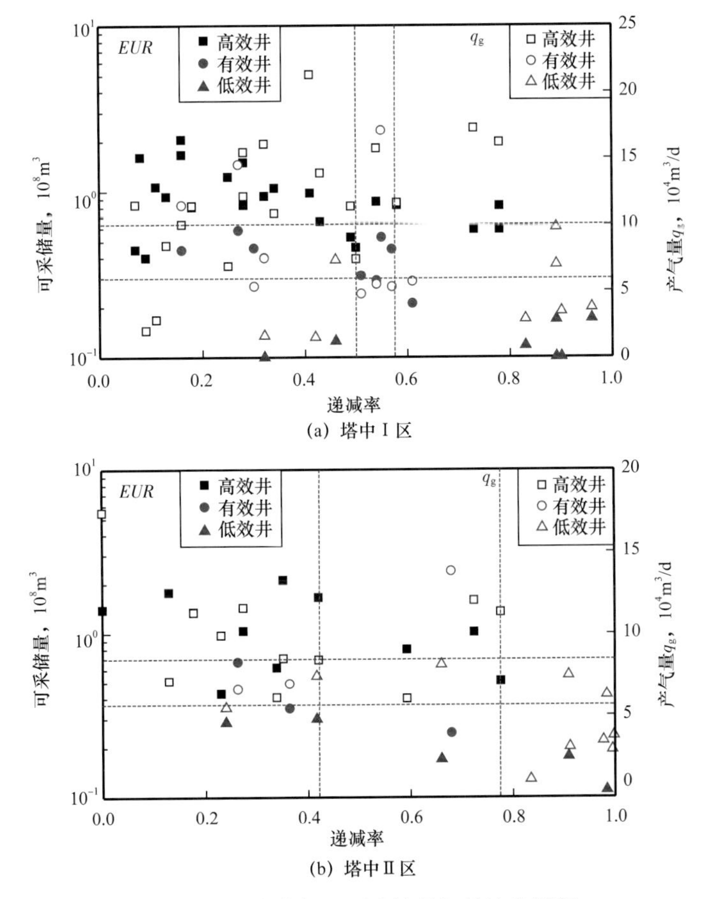

图 8-119 塔中气田可采储量相关性分析图

塔中Ⅰ区开采时间较长，生产井递减率相对稳定，单井递减率与可采储量关系如图8-120所示，气井单井产量递减率与天然气可采储量基本呈负相关线性关系，即单井产量递减率越大，则单井井控可采储量越小。塔中Ⅲ区油井的产量递减率与可采储量关系如图8-121所示，与Ⅰ区气井规律一致，产量递减率与原油可采储量基本呈负相关线性关系。

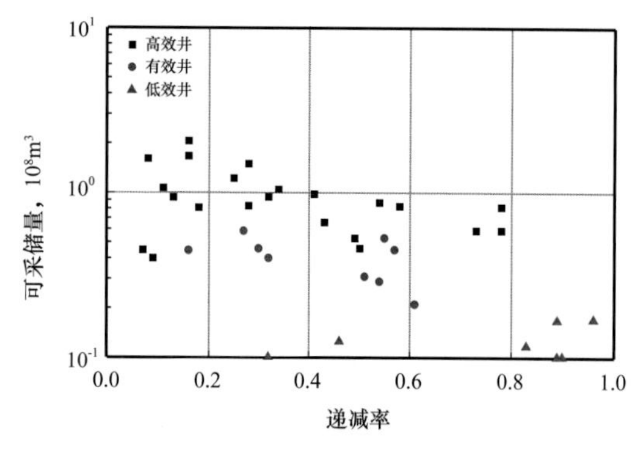

图8-120　塔中Ⅰ区气井递减率与可采储量关系

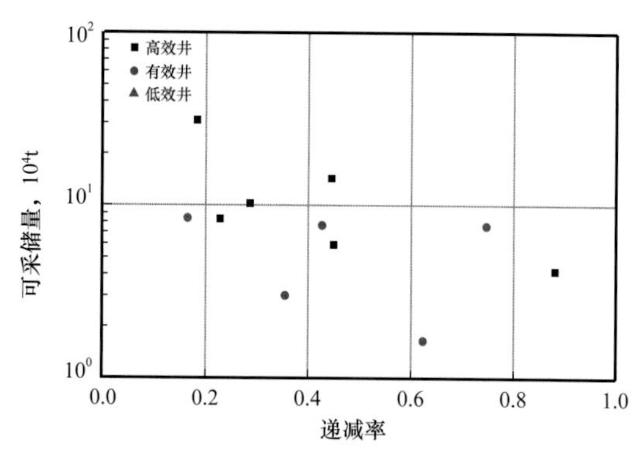

图8-121　塔中Ⅲ区油井递减率与可采储量关系

塔中Ⅰ号气田动态描述结果表明：缝洞体极度分散，基本上是一井一藏；单井动态储量小，平均为$1.0\times10^8m^3$，一井多靶点、靶点接替建产立体开发模式是此类气藏高效开发的必由之路。基于对大断裂带及羽状破碎带储层的精细描述，探索形成“短半径、穿断裂、多靶点、微侧钻”的不规则立体井网开发模式，使得有效及高效井成功率提高了26个百分点，使5500万吨难动用储量得到有效动用，油气产量跃上$150\times10^4/a$，已稳产5年。

六、有关双重介质问题和讨论

与塔中Ⅰ号气田类似，千米桥凝析气田所钻遇的地层属古生界奥陶系海相碳酸盐岩地层，天然气储存在距潜山顶面200m内的上马家沟组和峰峰组的风化壳内，其中裂缝、溶洞发育，储层非均质性严重。虽经过了三维地震处理，钻井取心验证及国内外常规测井和特殊项目测井等前沿的地质手段深入研究，仍然不能对探区内储层发育规律做出确切评价，一直到准备投入开发时仍无法确定合适的开发井位。另外，该气田还存在一些开采难点，例如，从流体物性看是一个凝析气田、产气层位深、地层压力高、地层温度特高（达到180℃）、存在底水及部分井结垢等。最终导致暂缓气田开发，重新开展深入的前期研究。

（一）地质家们使用的双重介质概念

地质家们针对碳酸盐岩复杂的地质对象，试图用双重介质概念来应对。他们从岩心观察中发现，千米桥凝析气田的碳酸盐岩储层中广泛分布着裂缝，就把这类地层认定为双重介质地层，接着用数量不多的岩心分析统计资料确定基质岩块中储量及裂缝中储量，两者相除计算出ω值，再乘以划定的含气区面积，得到全气区的储量。进而用双重介质模型做数值模拟分析，得到了不错的开发指标。但是，到如今20年过去了，千米桥气田的开发历程已清楚显示了这种研究方法带来的严重后果：主要产气井通过试采确认的动态储量与初期推算的地质储量之间相差数十倍，正式实施开发方案时，却找不到可以钻井的井位。

（二）从试井和渗流力学角度认知的双重介质

在第五章第五节，通过模式图形 M–2 和 M–3 介绍了双重介质的定义和反映出的渗流力学概念，供读者参考。这一概念是 20 世纪 60 年代初，由苏联学者 Barenblatt（1960）提出的，他还设计了数学模型，做出了偏微分方程解析解，对其流动特征进行了详细而透彻的描述。决定双重介质流动特征的有两个重要参数，即弹性储容比 ω 和介质间窜流系数 λ。其定义和表示方法参见第五章第五节式（5–57）和式（5–58）。对于 ω 值和 λ 值，从基本概念上还应该有几个重要的认知。

1. ω 值和 λ 值的确定

在一个具体气藏的描述过程中，例如对于千米桥气田或塔中 I 号气田，如何认定它确实是双重介质气藏呢，从它的定义可知，这是由其渗流过程所决定的，或更具体地说，是由气井的不稳定试井压力变化曲线形态，由其压力双对数图中的导数曲线形态所体现出来的。做个通俗的比喻，评价一个人的能力，不是看他的长相，而是根据工作表现，根据他的业绩。到目前为止，还没有录取到任何一条足以证明是双重介质地层的压力恢复曲线，这如何能确认储层是双重介质地层呢。

（1）ω 值的大小如何决定气田的开发效果。

有这样一个事例反映出少数研究人员对 ω 值认知中的偏差。在一个潜山型的超深层碳酸盐岩气田，在做试井解释时遇到一个难题：录取的压力恢复曲线质量不好，不但全部没有测到双重介质曲线中导数从基质向裂缝的过渡段典型特征线，甚至只录取到早期续流段。个别操作人员借用了试井解释过程中多解性的机会，把每一口井都赋予了 ω 和 λ 值，并且有意把地质上认为较好的一类气井赋予较高的 ω 值，较差一类赋予较低的 ω 值。这刚好与 ω 值的含义相悖。研究人员起码应该知道，在双重介质地层中，ω 值越小的是品质更好的地层。这就如同一个人银行里存款越多越富有一样。那些没有条件从基质取得足够多后续天然气供应的气井，肯定是衰减很快的、累计采出量很低的气井，不可能被划归为较好一类。

（2）λ 值对于双重介质地层渗流的影响。

相对于弹性储容比 ω 值，窜流系数 λ 值更少为人们关注，实际上这也是一个非常关键的参数。在千米桥气田的碳酸盐岩地层，地质家们在用岩心统计方法算出 ω 值的同时，似乎并未特别关注 λ 值。从式（5–58）中看到，λ 值定义为基质渗透率 K_m 与裂缝渗透率 K_f 的比值，再乘以形状因子 α。当基质渗透率过低时，λ 值也跟着变得很小，此时天然气从基质岩块向裂缝的过渡将变得非常困难，有时甚至可能延迟到若干年之后，此时即使在基质中确实存储有天然气，也很难在工业开采期内采出。在数值模拟分析时必须要设定 λ 值，但由于试井解释时没有品质好的、典型的双重介质资料支持，又难以找到其他更充分的选值依据，所选定的数值将对开发指标的预测带来不确定因素。

2. 双重介质的设定无助于特殊岩性气藏的顺利开发

面对特殊岩性气田，地质家们过去一直从地质成因、演化过程及其他静态描述手段找出天然气分布有利区域，这是解决勘探开发问题的关键。如果针对更复杂的特殊岩性气田，试图以设定为双重介质的方法求得问题的解决，既缺乏依据，也使问题更加混淆不清。

七、结论及认识

缝洞型碳酸盐岩油气藏油气分布受岩溶缝洞体发育程度控制，具有整体含油气、局部富集特征，单个气藏规模较小，宏观上没有统一的气水界面。气田试采和气藏动态描述是有效的研究手段，动静结合，以动补静，可较好解决开发面临的关键技术难题。

第十节　徐深气田火山岩气藏动态描述

一、综合情况

火山岩气藏是以火山岩为储层的特殊类型气藏，广泛分布于全球多个国家的沉积盆地中，但因该类气藏成因特殊、单个气藏储量规模一般较小、储集与渗流机理复杂等原因，其有效开发一度面临诸多挑战。进入21世纪以来，中国先后在松辽盆地、准格尔盆地等勘探发现了资源丰富的该类气藏，并通过持续的综合攻关研究与现场实践，成功实现了规模有效开发，2011年中国火山岩气藏年产气量达到了$40 \times 10^8 m^3$。气田开发实践表明，针对受构造和岩性双重控制的火山岩气藏，充分利用气井测试及生产动态资料，跟踪评价储层动态特征，尽早认识气藏开发中储层供气产气机理，揭示影响气井产能与井控储量大小的主控因素等，是实现该类气田规模有效建产和快速上产的最佳途径。

二、气田基本地质与开发特征

松辽盆地徐深气田是中国较早实现规模开发的火山岩气藏，气田区域构造位于松辽盆地北部徐家围子断陷区中部、西部斜坡带与古中央隆起衔接部位。该区在白垩纪经历了多旋回多期次的火山喷发，受盆地深部控陷断裂的控制，火山口沿大断裂呈串珠状分布，火山岩体平面上呈条带展布、纵向上多期叠合，形成了不同的火山机构，而晚侏罗世—早白垩世沉积地层中的泥质岩和煤层为其提供了丰富气源（冯子辉等，2010，2014；王凤兰等，2019）。气田主要产气层为下白垩统营城组火山岩，有效储层平面展布与火山岩相、距火山口的相对位置有关，可划分为多个规模大小不等相对独立的区块。

该气田自2002年发现后，通过开展火山岩露头勘测、密井网解剖、重点评价井长井段取心、气井试气试采跟踪评价等综合研究，逐步深化认识了火山岩气藏地质与开发动态特征。受火山喷发期和后喷发期多期构造作用与成岩作用等因素的影响，徐深气田火山岩储层岩性、岩相类型复杂多样、横向变化快，储层中发育有多种不同类型、不同尺度的孔、洞和喉道，孔、洞、缝组合关系复杂（徐正顺等，2010）。据徐深1区块8口长井段取心井（取心总长1600m）岩心分析统计结果：$K \leqslant 0.1$mD、$\phi \leqslant 4\%$ 样品数占总样品数近80%，$0.1\text{mD} < K < 1.0\text{mD}$、$4\% < \phi < 8\%$ 样品数占比15%，$K \geqslant 1.0$mD，$\phi \geqslant 8\%$ 样品数占比5%，总体以致密低渗透为主。空间上不同岩性和岩相、不同规模和形态的火山岩体组合，导致徐深火山岩气藏表现出了极强的非均质性特征，气井的产能及井控储量差异大。

截至2018年底，徐深气田已开发区块内先后投产气井110余口，2018年产气量接近 $19 \times 10^8 m^3$，累计产气约 $130 \times 10^8 m^3$。随着气田开发的不断深入，对气井产能与井控动态储量的主控因素逐步形成共识：一是气田主体区块属于低渗透致密气藏，多数气井需要经过压裂改造才能获得工业气流；二是气井产能受储层物性、天然裂缝及压裂改造措施规模等多因素控制，水力压裂虽可大幅提高气井初期产能，但对气井稳产能力的影响有限；三是多数气井动态储量随生产时间延长逐步增加，反映了火山岩储层复杂的产供气机理。

三、主力区块储层动态特征描述

正如本章前几节所述，徐深气田在开发前期评价中开展了周密的试采动态资料录取与评价研究，并在后期开发产能建设与生产管理中持续追踪深化。多井统筹实施、重点井重复验证的高精度压力资料录取，滚动强化的气井生产动态分析，逐步修正完善了气井动态模型，揭示了火山岩储层内幕特征，为气田开发井位部署与调整提供了可靠依据。

下面重点讨论徐深1区块储层动态特征，对升深2-1区块只做简要介绍。

（一）徐深1井区块

XS1井是该区块的发现井，钻遇营城组火山岩地层约470m厚（测井解释含气层约240m），钻井过程中多次发生强烈井涌，进行了3次钻杆测试，最高日产气 $6.8 \times 10^4 m^3$（钻至井深3710m）。2002年5月该井套管完井后，先后对营城组的3个层段进行了射孔压裂试气。其中，营一段火山岩3460～3470m井段日产气 $19.6 \times 10^4 m^3$，3592～3600m和3620～3624m井段日产气 $53.3 \times 10^4 m^3$；营四段砂砾岩3364～3379m井段日产气 $5.5 \times 10^4 m^3$。该井完井试气喜获高产，拉开了松辽盆地火山岩气藏勘探开发的序幕。

2004年5月，XS6井营四段砂砾岩3561～3570m井段射孔压裂后日产气 $52.3 \times 10^4 m^3$，进一步落实了本区块的含气性。此后，在XS1井和XS6井周边，又先后部署完钻了多口评价井和开发井（图8-122）。其中，XS1-1井最先完钻试气，2004年11月在营一段火山岩3416～3424m井段射孔压裂后日产气 $46.6 \times 10^4 m^3$。

针对区内不同火山机构复杂的地质特征，为尽快摸清不同岩性和岩相火山岩储层有效含气层的分布规律，认识气井产能及稳产能力，2004年12月起，对XS1-1井、XS1井和XS6井3口试气高产井，按“产能试井＋短期试采＋压力恢复试井＋定产降压/定压降产”的设计模式先行开展储层动态评价描述，后续又将该模式推广应用到其他气井。

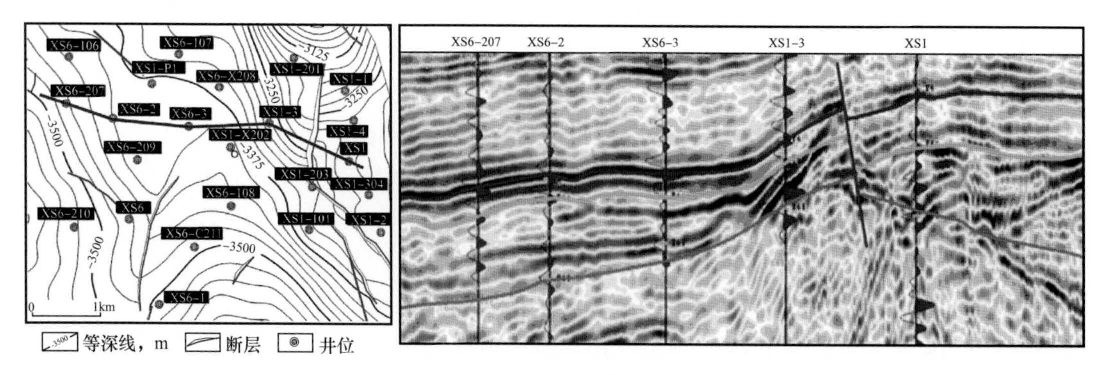

图 8-122　徐深 1 区块局部构造井位及井间地震剖面图

1. XS1-1 井分析

XS1-1 井试采动态评价是在其试气求产后不久实施，通畅的井筒状况为高品质压力测试资料录取创造了良好条件。根据早期试采后首次关井 3 个月的压力恢复试井双对数曲线（图 8-123）特征判断，该井供气区形态为狭窄的线性条带（1/2 斜率），产能试井阶段快速的流压下降，以及定产试采阶段中持续的产量下滑（图 8-124），反映储层向井底压裂裂缝供气能力不足。

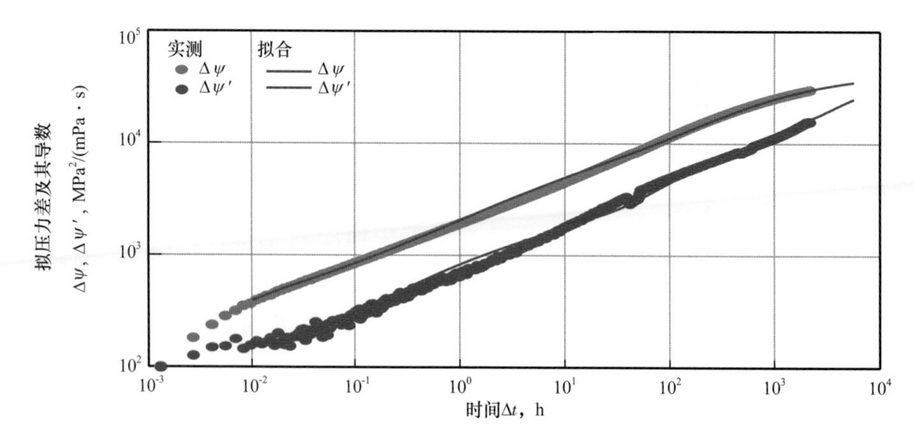

图 8-123　XS1-1 井早期试采压力恢复试井双对数曲线拟合图

由于该井压力恢复试井中没有观测到拟径向流，因此试井解释中对地层系数 Kh 的定量解释存在多解性，并直接影响了供气边界距离的确定。采用均质地层 + 无限导流垂直压裂裂缝 + 平行边界模型进行参数解释，得到的一组参数结果为：裂缝半长 x_f=34m，裂缝污染表皮 S_f=0.02，地层系数 Kh=13.5mD·m，渗透率 K=0.179mD（取测井解释的气层厚度 74.5m），平行条带边界 L_{b1}=L_{b3}=49m。图 8-123 和图 8-124 显示出理论模型曲线与实测数据拟合较好，初步认为该动态模型代表了早期试采阶段供气范围内的储层情况。

该井早期试采结束后，2005 年 12 月利用冬季下游市场取暖用气量大的有利时机，再次开井试采，并于 2006 年 6 月又进行关井压力恢复试井资料录取。此后，根据下游市场用气的需求按定产方式进行试采（图 8–125），并在 2009 年 8 月实施第 3 次关井压力恢复试井资料录取。

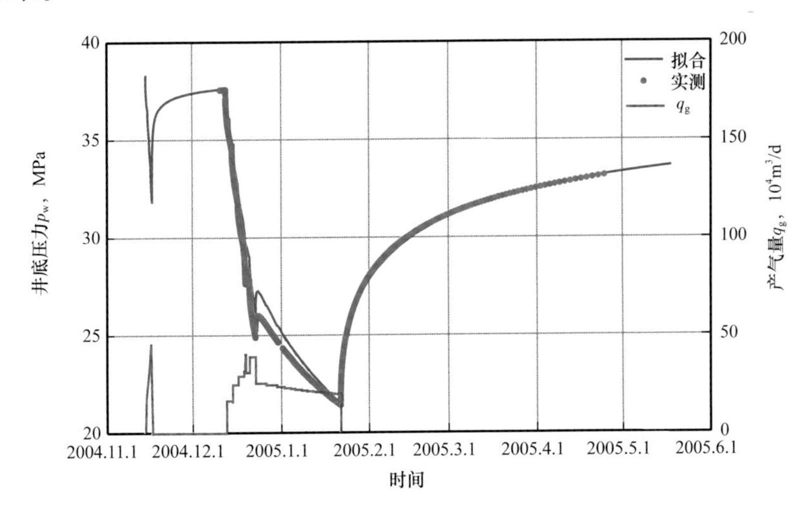

图 8–124 XS1–1 井试气与早期试采压力历史拟合曲线

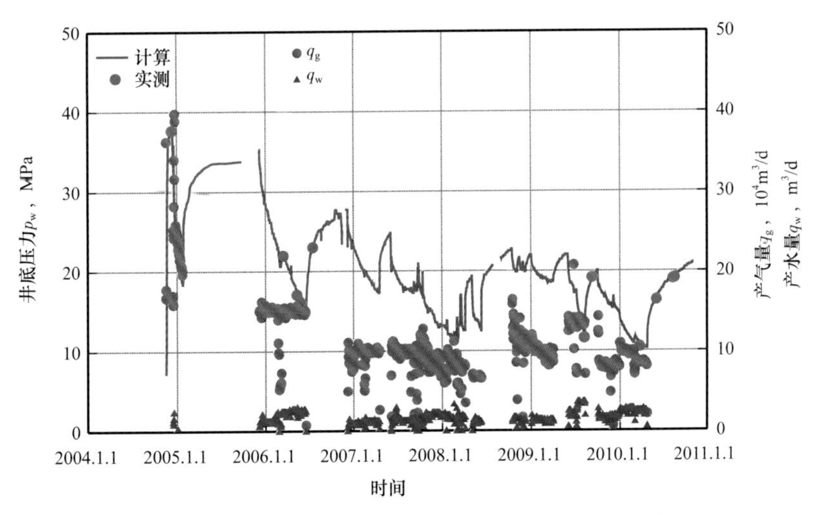

图 8–125 XS1–1 井早期试采与长期生产动态曲线

对比 3 次关井压力恢复试井双对数曲线形态（图 8–126）看出，条带型线性流的总特征没有改变，只是曲线斜率略有变缓；2009 年 8 月测试时井筒储集影响变大与地层压力下降有关，同时气井少量产水也一定程度影响到了压裂裂缝的导流能力。

然而，利用该井早期试采分析建立的初始动态模型，对后期试采动态进行预测时，模型给出的井底压力远远低于实际值（图 8–127），模拟流压一度为零。这说明：早期动态模型对该井控范围内含气总量的描述过于悲观，实际生产中参与供气的储层孔隙体积要大得多。在假定储层厚度和孔隙度不变的前提下，只可能是模型中平行条带边界过于狭窄所致。

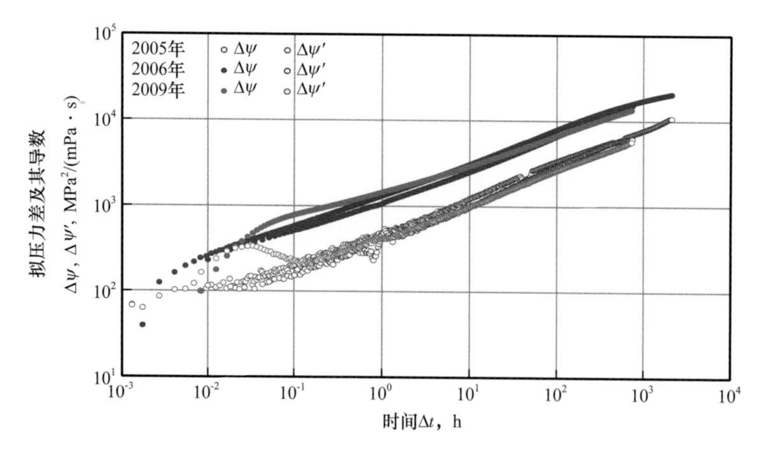

图 8-126　XS1-1 井 3 次压力恢复试井双对数曲线特征对比

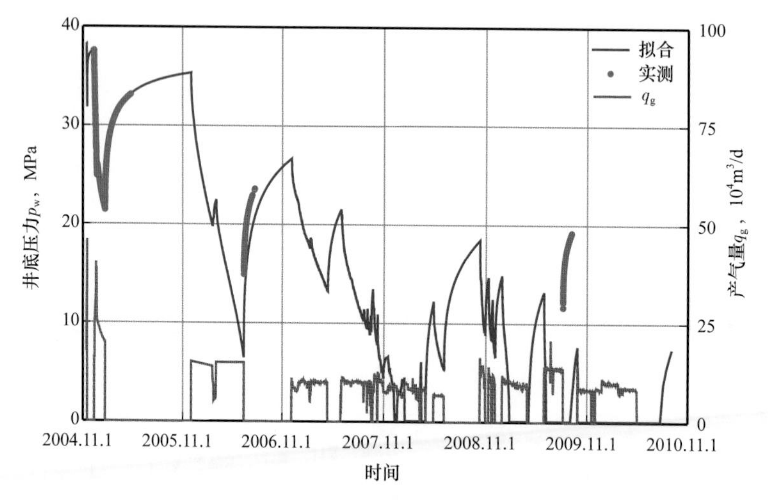

图 8-127　利用 XS1-1 井早期试采动态模型对压力变化的预测

基于上述认识，在 2006 年和 2009 年试井解释时，对早期动态模型参数进行了修正调整，调整的原则是：锚定原始压力，以当期压力恢复试井曲线的良好拟合为目标，并尽最大可能实现该井全程压力历史的拟合。以 2009 年为例，图 8-128 至图 8-130 是经过反复参数调整后得到的曲线拟合成果图，模型参数为：地层系数 Kh=5.42mD·m，渗透率 K=0.072mD，压裂裂缝半长 x_f=83m，裂缝污染表皮 S_f=0.05，条带边界 L_{b1}=85m，L_{b3}=135m。

对比调整前后模型参数变化可知，调整前的渗透率是调整后的 2.49 倍，调整后压裂裂缝半长是原来的 2.44 倍，这与裂缝半长和渗透率变化理论上成反比关系相符；调整后的供气范围是原来的 2.24 倍，反映出该井有效供气范围的逐步扩展。

从图 8-128 和图 8-129 可以看出，修正模型对 2009 年 8 月压力恢复试井数据的拟合比较好。就全程压力历史拟合而言，2008 年 10 月是一个分界线，如图 8-130 所示，此前的模拟压力明显高于实际压力，特别是当气井在 $15\times10^4m^3/d$ 以上产量生产时，此后的模拟压力则与实际动态基本一致。这也就是说：修正后的理想均质模型，仍然不能完成代表供气范围内储层真实情况，实际储层的非均质性变化要复杂得多。

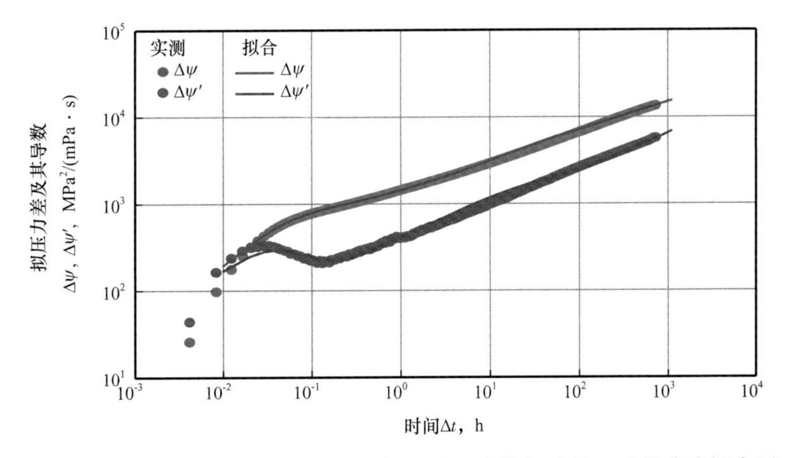

图 8–128 XS1–1 井 2009 年 8 月压力恢复试井双对数曲线拟合图

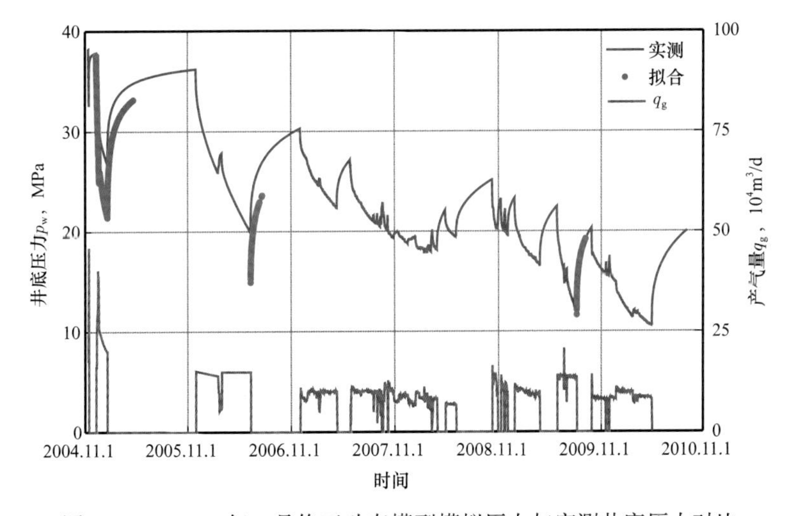

图 8–129 2009 年 8 月修正动态模型模拟压力与实测井底压力对比

鉴于该井历次压力恢复试井都未观测到拟径向流，有关渗透率和裂缝半长的定量解释本就存在多解性，加之火山岩储层厚度和孔隙度横向变化快，即使采用非均质的数值试井模型也难做到可靠的定量描述。因此，定性认识模型参数变化趋势背后暗藏的机理更为重要。

图 8–131 是利用 XS1–1 井的生产动态数据，应用流动物质平衡方法得到的井控动态储量评价图。可看出：视流动压力 p/Z 变化呈现出了两条截距明显不同的趋势直线，但细究每条趋势线还可进一步细分为多个不同的子趋势线，每个子趋势均对应着一次关井停产，关井的时间越长，重新开井后的初期压力点偏离上一次趋势线越明显。两条截距明显不同趋势线的转折点，对应着 2008 年 6—10 月的关井期。

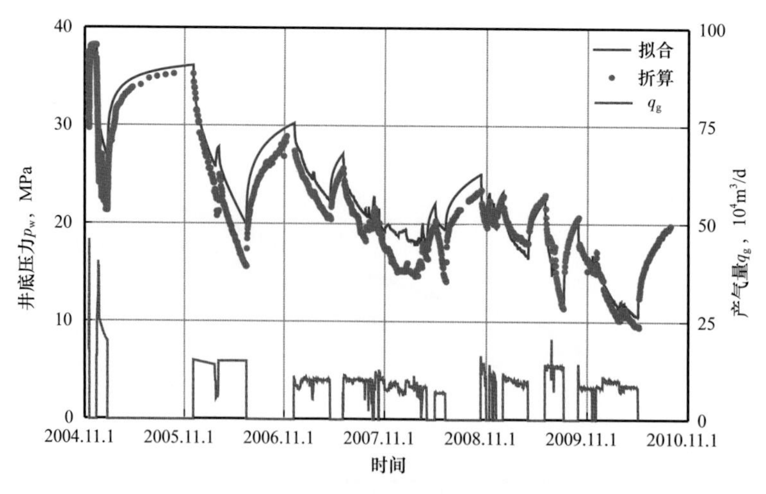

图 8–130　2009 年 8 月修正动态模型模拟压力与油压折算井底压力对比

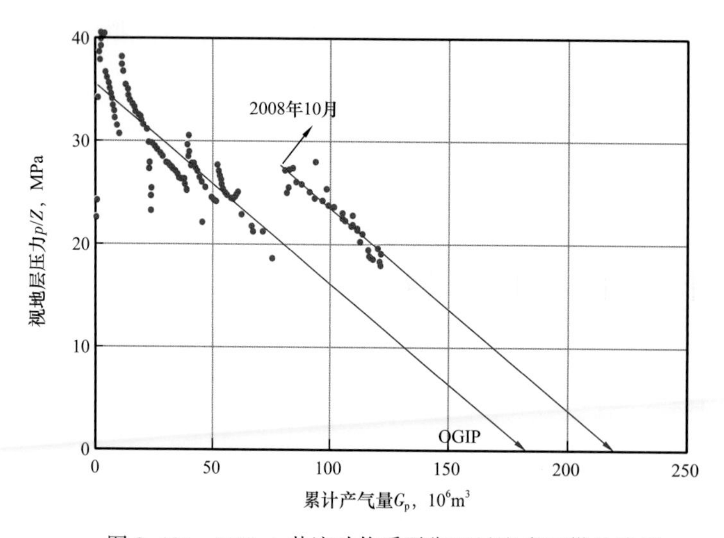

图 8–131　XS1–1 井流动物质平衡显示出多区供给特征

综合静态地质研究、XS1–1 井及周边气井试气试采动态等多方面信息，分析认为：

XS1–1 井试采层段火山岩储层中致密基质与天然裂缝组合共存，以高角度构造缝为主的天然裂缝分布特性，决定了储层渗透率各向异性显著，平面上沿裂缝发育方向渗流能力好，气井有效供气区呈条带状或椭圆状的几何形态，使得试井压力双对数曲线表现出了 1/2 斜率的线性流或近线性特征；

水力压裂措施有效改进了井筒与周边储层中天然裂缝的沟通，在近井筒附近形成了相对高渗透的改造区，为气井初期高产创造了条件。然而，由于火山岩储层厚度大、天然裂缝离散分布，在射孔井段长度短、水力压裂规模不够大的情况下，近井筒高渗透改造区的空间展布有限，满足不了气井连续高产下的稳定供气需求，井底压力快速下降。当气井间断性生产时，关井期间远井致密储层中天然气持续向近井低压区汇聚，气井重新开井生产时又可获得短时高产。储层分区分时供气特性，是井控动态储量随时间延续逐步增大的内在原因。

值得注意的是：由于该井生产长期处于不稳定流动状态，并不严格满足流动物质平衡分析中需要达到拟稳定生产状态的理论假设，因此，图 8-131 外推估算的 $2.2\times10^8\text{m}^3$ 井控动态储量也只是一个下限值。

XS1-1 井火山岩体为一独立火山机构，其生产层段与周边 XS1-3 井、XS1-4 井和 XS1-201 井不连通（图 8-122）或者说连通性非常差，不存在大裂缝沟通可能。原因有以下 3 点：

一是与其相距 1.2km、0.9km 的 XS1-3 井和 XS1-201 井分别于 2006 年 5 月、2007 年 5 月射孔压裂试气，实测地层压力均保持在本区块原始压力的水平，说明此前 XS1-1 井的试采并未波及这两处井点。

二是与其相距 0.5km 的 XS1-4 井，虽然 2006 年 9 月射孔试气时实测压力较原始地层压力低约 2MPa，2008 年 9 月投产前实测压力又下降了 3.5MPa，看似与 XS1-1 井连通，但从 2009 年 4 月实施的干扰试井测试看，XS1-1 井的开井激动并未引起 XS1-4 井压力恢复趋势出现明显改变（图 8-132），这至少说明两井间不存在大裂缝沟通，与前面介绍的克深 2 裂缝性致密气藏截然不同。

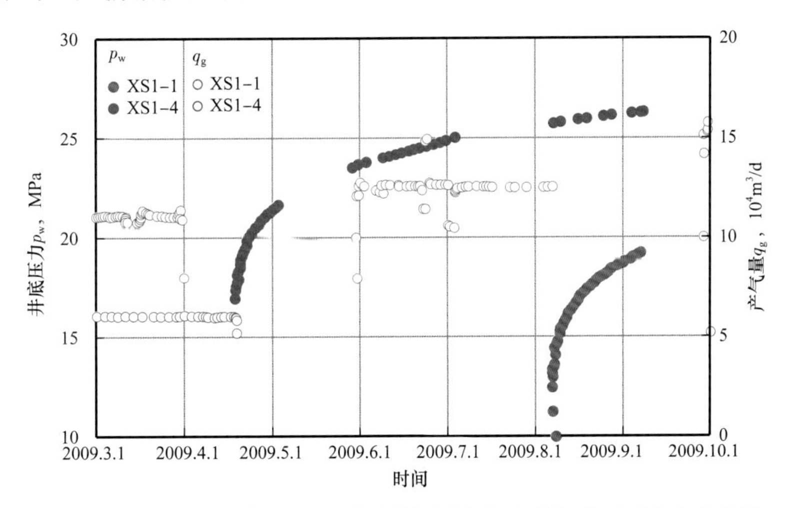

图 8-132 XS1-1 井与 XS1-4 井干扰测试期间产量与井下压力变化曲线

三是，XS1-1 井修正模型给出的 2008 年 10 月以后模拟压力，与其实际压力吻合度非常好（图 8-130），说明 2008 年 9—11 月周边 3 口井的投产，并未对其以后的生产造成明显的干扰。这也反证，XS1-4 井投产前的压力衰竭非 XS1-1 井生产所致。

综上所述，XS1-1 井与周边 3 口井不连通，XS1-4 井的压力衰竭是由与其相距 0.52km 处的 XS1 井生产造成的。

2. XS1 井分析

XS1 井与 XS1-1 井相距 1.0km，静态地质研究认为两井分属不同的火山机构。该井钻遇的营城组地层岩性以巨厚火山岩为主，主要产气层为下部营一段火山岩储层，上部营四段砂砾岩储层也产气。因该井分层试气时井下留有失效桥塞，导致井筒不畅，于

2004 年 12 月投入试采后，历次试井测试都无法将压力计下入至最下部主力产层。其中，2005 年早期试采测试时压力计下入深度为 3379m，2006 年只下深到 3000m，2009 年 4 月下深到 3050m，2010 年 4 月下深到 3079m，历次测试实测压力与该井试采产量变化如图 8-133 所示。可看出，与 XS1-1 井相比，该井得益于巨厚的含气储层，产能及稳产能力均有显著提高。

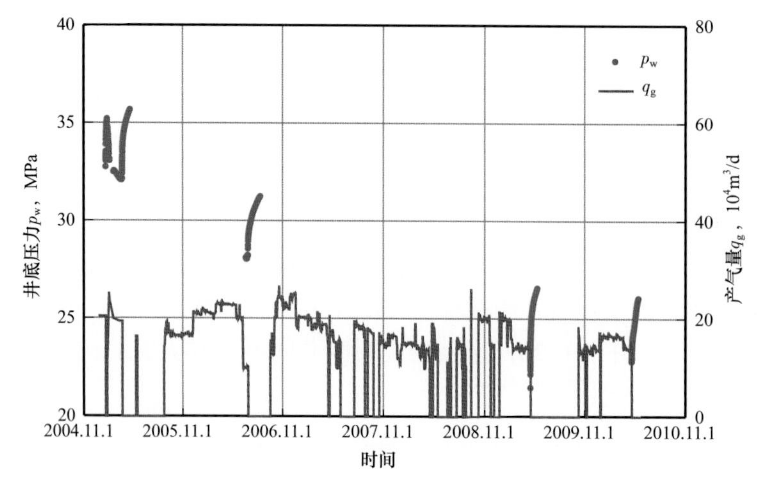

图 8-133　XS1 井试采中产量变化与历次试井实测压力曲线

图 8-134 是 XS1 井 2005 年、2006 年和 2009 年 4 次压力恢复试井双对数曲线（2010 年测试受井筒相变影响未作对比），可看出：前 3 次试井双对数曲线的形态基本接近，只是测试末期的形态稍有不同；2009 年 4 月测试双对数曲线斜率明显变缓，类似于压裂裂缝导流能力下降，这可能与井底附近储层中含水增加、不同射孔层段间井筒窜流倒灌效应加剧，以及周边投产井的干扰有关。

考虑该井测试中实测压力受井下桥塞节流影响大，且 3 个射孔层段跨度达 260m，很难将历次实测数据精准折算到同一深度。因此，试井解释时有关全程压力历史拟合的检验，主要看模型压力是否与利用井口套压折算的井底压力变化趋势保持一致。

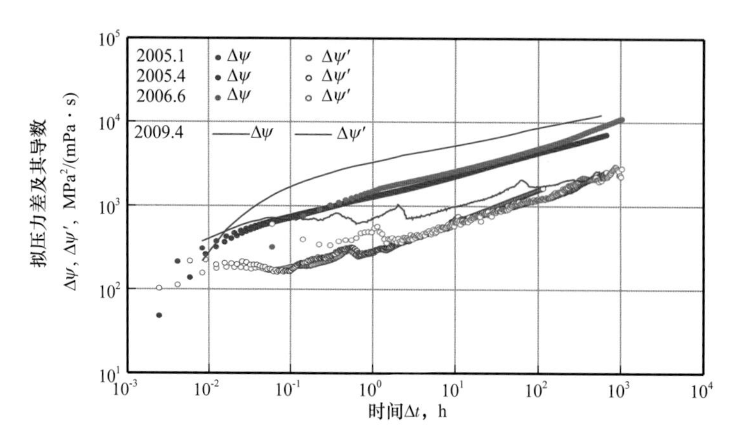

图 8-134　XS1 井 4 次关井压力恢复试井双对数曲线特征对比

2005年早期试采测试资料分析时，根据试井压力双对数曲线特征，采用有限导流垂直裂缝+平行边界模型进行了解释（气层厚度取测井解释的火山岩储层93.2m，忽略砂砾岩储层），2006年试井分析时仍延用该模型。

与XS1-1井一样，由于试井双对数曲线未出现拟径向流水平段，参数定量解释结果存在多解性，表8-25给出了这两次解释参数结果。如果只按各次试井压力恢复数据拟合效果作为评判解释可靠与否的标准，那么从图8-135和图8-136看，2005年4月和2006年6月两次试井解释拟合效果都比较好。然而，从全程压力历史曲线拟合看，2005年的模拟压力整体低于实际（图8-137），2006年的全程模拟压力与实际比较接近（图8-138）。

表8-25 XS1井2005年与2006年两次压力恢复试井解释关键参数对比

测试时间	地层系数 Kh mD·m	渗透率 K mD	裂缝半长 x_f m	裂缝导流能力 F_C mD·m	平行边界距离 m	
2005年4月	55	0.59	35	22	85	33
2006年6月	23.1	0.25	77	28	145	90

对比表8-25中两次试井解释参数结果大小，其变化规律与XS1-1井相似，即随着气井生产时间的延长，估算的储层有效渗透率变小，供气范围则呈现逐渐扩大的趋势，试采早期评价估算的井控储量偏于保守。

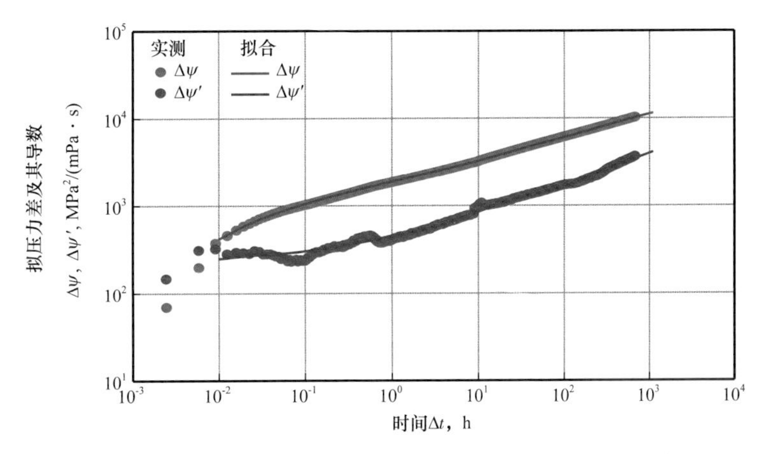

图8-135 XS1井2005年4月压力恢复试井双对数曲线拟合图

由图8-138还可看出，以2008年末为分界点，此后的折算流压总体低于模拟流压，推测与XS1-4井2008年9月投产后引起的附加压降有关。有关XS1井与XS1-4井之间的连通性推断（两口井相距0.52km），在前面XS1-1井分析时已讨论。

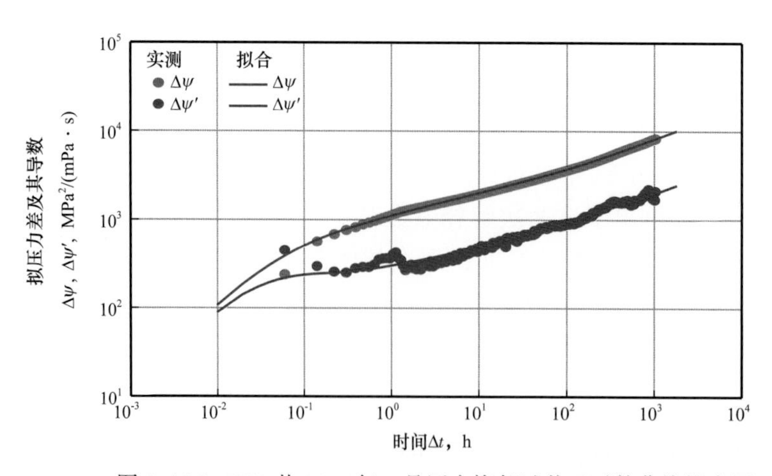

图 8-136　XS1 井 2006 年 6 月压力恢复试井双对数曲线拟合图

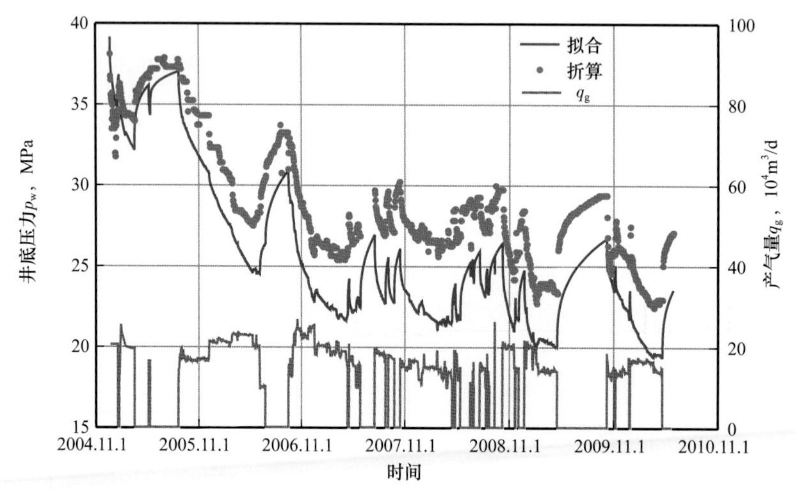

图 8-137　XS1 井 2005 年 4 月试井解释模拟压力与折算压力对比图

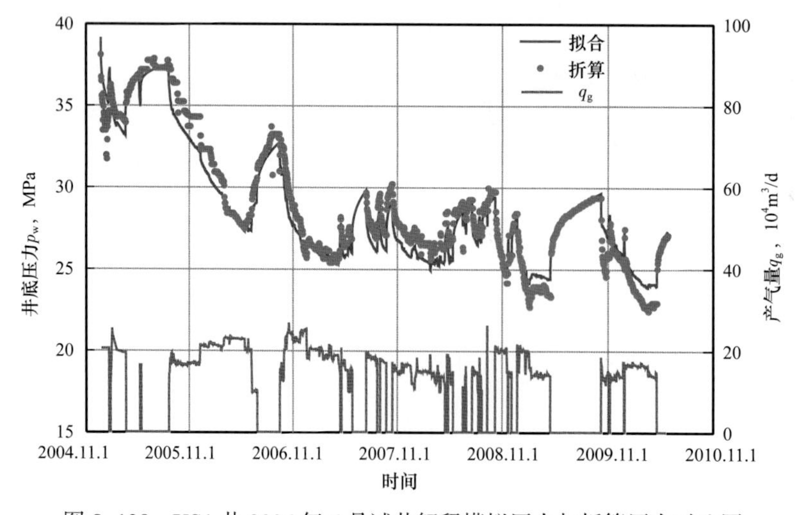

图 8-138　XS1 井 2006 年 6 月试井解释模拟压力与折算压力对比图

至于XS1井与周边XS1-304井、XS1-203井的连通性（分别相距0.53km和0.68km），由两井试气及投产前实测压力推断，与XS1井不连通：一是XS1-304井于2007年3月试气及关井7个月后的实测压力相同，且均保持在本区原始压力水平，说明XS1井试采未波及至此，2008年9月投产前实测压力下降2MPa，是由与其相距0.6km的XS1-2井2007年11月投产所致；二是XS1-203井于2008年9月投产前实测压力与其2006年11月试气压力相同，表明XS1井试采、2007年11月XS1-101井的投产，并未对其产生影响。

基于多井间连通性的分析，XS1井于2009年4月的压力恢复试井数据已受到XS1-4井干扰。因此，既不能将该次测试双对数曲线斜率的变缓，简单地归结于压裂裂缝导流能力的下降，也不能主观臆断认为生产中储层应力敏感性强。

若忽略井间干扰的影响，通过修改先前模型参数，可得到较好的2009年4月测试压力双对数曲线拟合（图8-139）。修改后的参数为：地层系数 Kh=15mD·m，渗透率 K=0.161mD，压裂裂缝半长 x_f=77m，裂缝导流能力 F_C=8mD·m，条带边界 L_{b1}=145m，L_{b3}=150m。

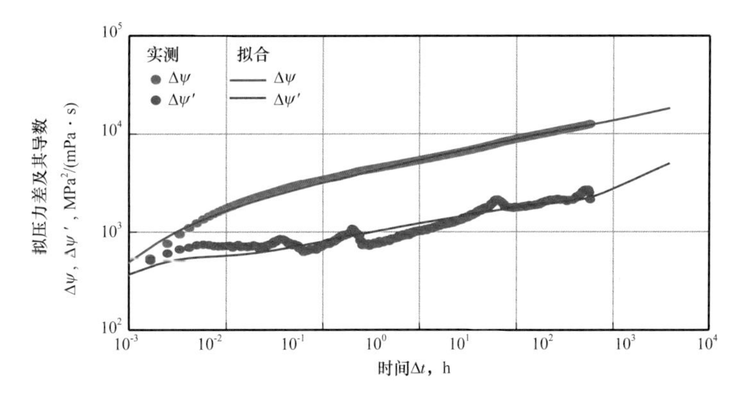

图8-139 XS1井2009年4月压力恢复试井双对数曲线拟合图

与前面2006年解释参数相比，压裂裂缝半长未变，但导流能力仅为原来的30%，储层渗透率下降为原来的65%，但供气条带宽度增大了60m。然而，该修改模型对全程压力历史的拟合效果很差，如图8-140所示。

由图8-140看出，该修改模型给出的流动压力整体偏低，特别是对2009年4月测试之前拟合，模拟的流压远低于利用井口套压折算值。究其本质，一味地调低供气区渗透率和压裂裂缝导流能力，抹杀了水力压裂沟通近井筒天然裂缝形成的高渗透缝网改造体（SRV）作用。

3. 其他井特征分析

除前述XS1-1井和XS1井外，该区块内还有其他20多口井实施了压力恢复试井测试，所有井的双对数曲线均表现出了类似的线性流或双线性流特征，下面仅简要展示XS1-304井5次压力恢复试井反映出的储层动态特征，其他井不再赘述。

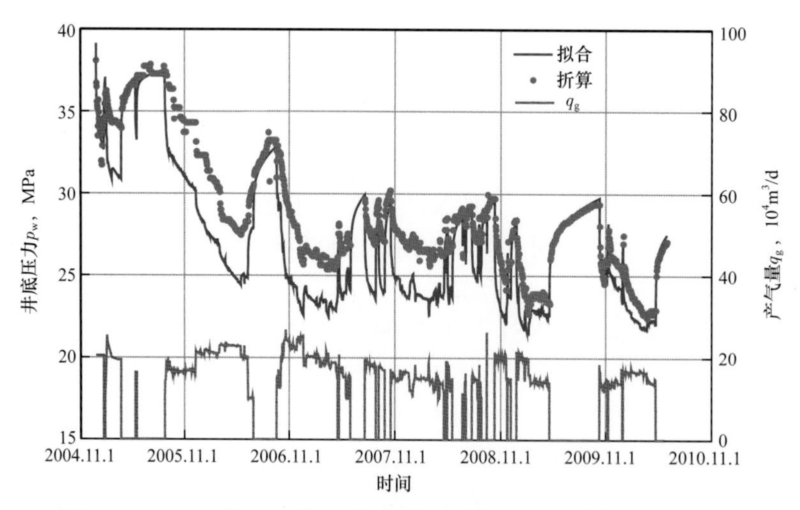

图 8-140　XS1 井 2009 年 4 月测试解释模型压力与折算压力对比图

XS1-304 井 3551～3554m 和 3557～3563m 井段营一段火山岩储层在 2007 年 3 月射孔后获低产气，压裂改造后求产最高日产气 $41 \times 10^4m^3$。图 8-141 是该井于 2008 年 9 月投入试采后的生产动态曲线，期间先后实施 4 次关井压力恢复试井测试。

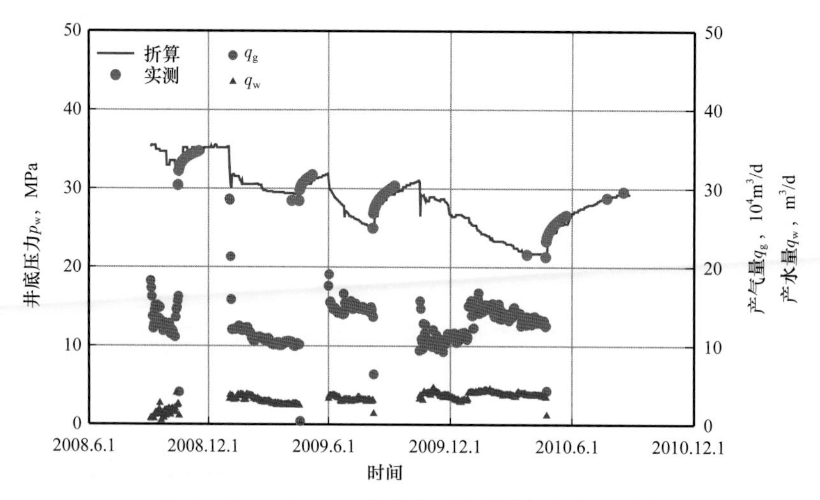

图 8-141　XS1-304 井投产后产量及压力变化动态

图 8-142 给出了 XS1-304 井压裂改造返排求产后的关井测试，以及试采中 4 次关井压力恢复试井双对数曲线对比。可看出，2007 年 4 月测试时该井仍处于压裂返排清井期，试井双对数曲线显示出较重的裂缝伤害，利用该测试资料评价储层参数及压裂改造效果存在较大的不确定性；而试采中 4 次压力恢复试井双对数曲线形态基本一致，为典型的有限导流压裂裂缝 1/4 斜率双线性流特征，说明经过长期的关井扩散，储层及裂缝的伤害大幅度消除。

需要补充一点，图 8-142 中 2008 年 10 月曲线后期略微变缓，实际上是 XS1-2 井同期生产引起的井间干扰所致（前面 XS1 井分析中已提及），并非裂缝和储层渗流特征的反映。2009 年 4 月、8 月及 2010 年 4 月的试井曲线几乎重合，是因为 X1-2 井于 2008 年 12 月末关井后直至 2010 年 1 月才重新开井生产，而 2010 年 4 月这两口井同时关井，彼此间的压力干扰相对比较弱，所以压力恢复试井曲线特征未作改变。由此可以推断，XS1-304 井生产中压裂裂缝和储层的渗流特性基本没有改变，渗透率应力敏感影响可以忽略。

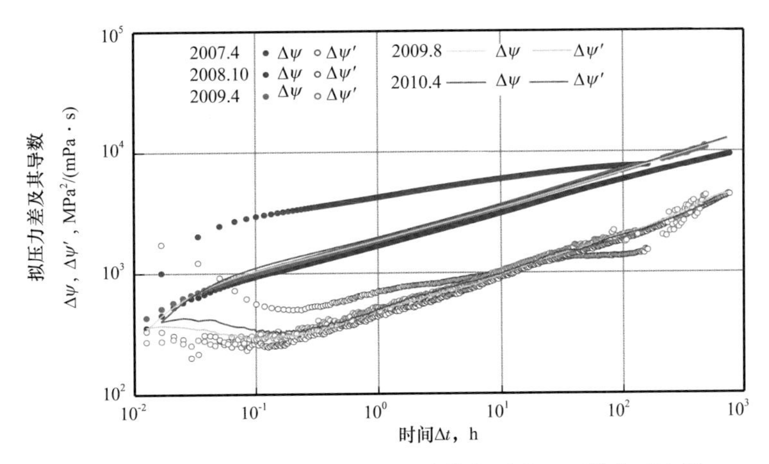

图 8-142 XS1-304 井 5 次关井压力恢复试井双对数曲对比图

总之，紧密结合静态地质与工程信息，在综合分析单井及邻井生产动态资料基础上，充分利用全程压力历史拟合检验这一手段，是破解试井解释结果多解性困扰，实现压裂措施改造效果准确评价、储层动态特征精准描述的有效方法。

（二）升深 2-1 区块

与徐深 1 区块不同，升深 2-1 区块的主要产气层段为营城组三段的火山岩，储层物性相对较好。据区内 12 口井 282 个火山岩岩心样品分析资料，储层平均孔隙度为 8.6%，平均渗透率值为 1.2mD。因此，该区块大多数气井射孔完井后即可获得较高的天然气产量，试井反映出的储层动态特征也与徐深 1 区块截然不同。

由于该区块气藏边底水比较活跃，为了防止开发中底水过快锥进，区块内所有的开发井都采取了部分射孔的完井方式，少数气井射孔后又实施了规模受控的水力压裂或酸压改造，以解除钻完井过程中对储层的伤害。图 8-143 是该区 2 口典型气井（只部分射孔，未进行增产改造）试采中获取的压力恢复试井曲线，可看出，压力导数曲线均显示 -1/2 斜率的下倾直线，为典型的球形流或半球形流动特征。

正如本书第五章所述，由于无法确切判断有多大厚度的储层参与流动，特别是完井试气时还会受到清井不彻底的影响，因此试井解释给出的渗透率 K、表皮系数 S 的含义难以界定。但从球形流出现时间较早的特征判断，该区块火山岩储层的水平渗透率 K_h 与垂向渗透率 K_v 比值不大，高角度天然裂缝有效地提高了储层的垂向连通性，气井生产中必须控制生产压差，以防止底水沿天然裂缝快速锥进。

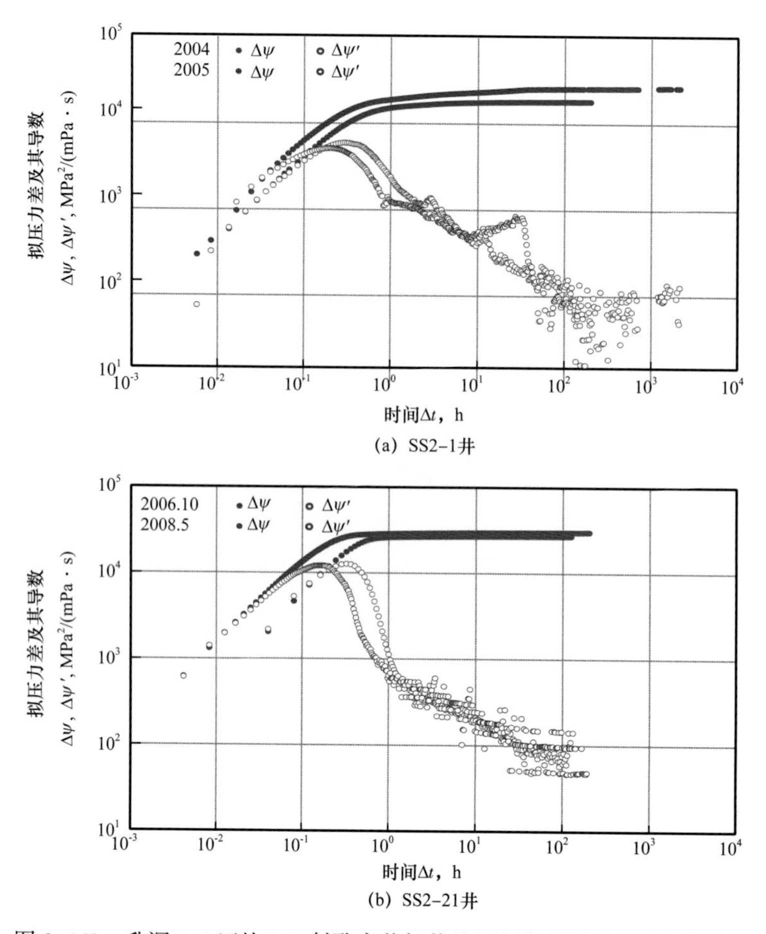

图 8-143　升深 2-1 区块 2 口射孔完井气井的压力恢复测试双对数曲线图

以 SS2-21 井为例，2006 年 8 月对 2930～2960m 井段射孔，打开厚度约为气层总厚度的 1/3。开井生产测试中，气井日产气量与井底流压逐渐上升，最高日产气 $17.55\times10^4m^3$，清井特征显著（图 8-144）。采用均质地层模型进行粗估，地层系数 *Kh* 约为 155mD·m 左右，全层视表皮系数 *S* 约为 59 左右；同时，依据早期试采中压力恢复曲线特征［图 8-143（b）］，采用外围流动性变好的复合地层模型进行评价，远井区的地层系数 *Kh* 可达 600mD·m，显示出了良好储层渗透性。长期生产动态证实：以控制生产压差为导向的生产制度优化，确保了该井长期稳定生产，并有效地避免了底水锥进、气井水淹的风险（图 8-145）。

综合分析区块内 12 口开发井生产动态，除 1 口井的压力下降幅度偏大外，其他 11 口井的压力均随时间同步下降，显示了良好的储层连通性，区块动静态储量基本一致。但由于区块边底水比较活跃，目前 50% 的气井受产水影响大，进一步深化气藏动态描述研究，制定并实施有效的区块整体治水措施，是增加可采储量、提高天然气最终采收率的必由之路。

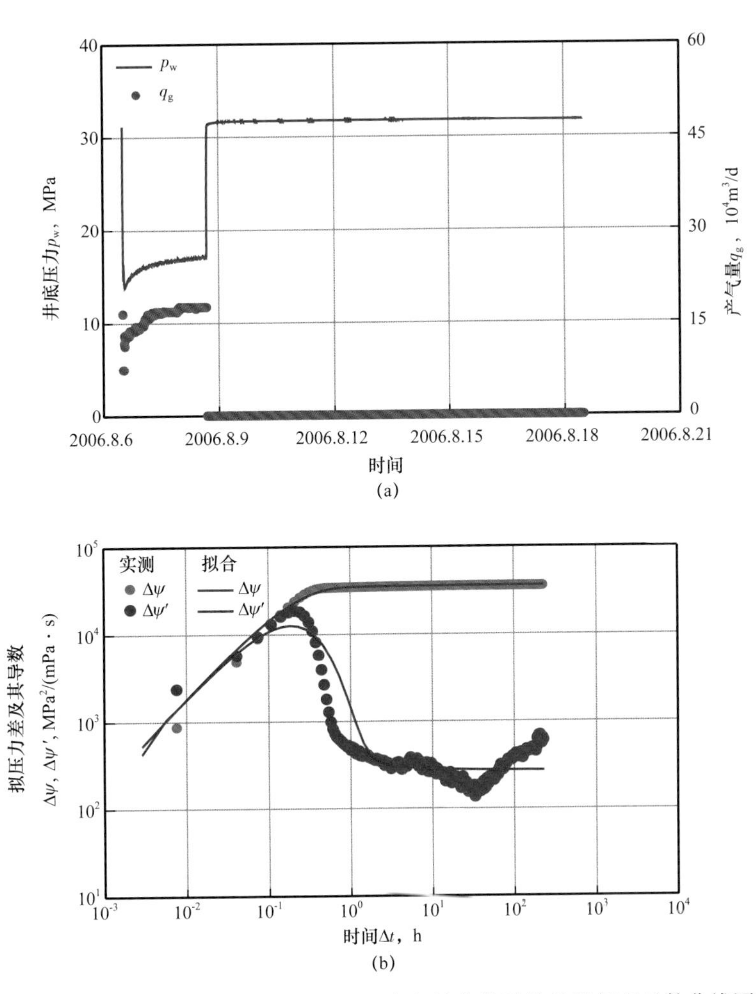

图 8-144 SS2-21 井射孔完井测试压力产量变化及关井恢复双对数曲线图

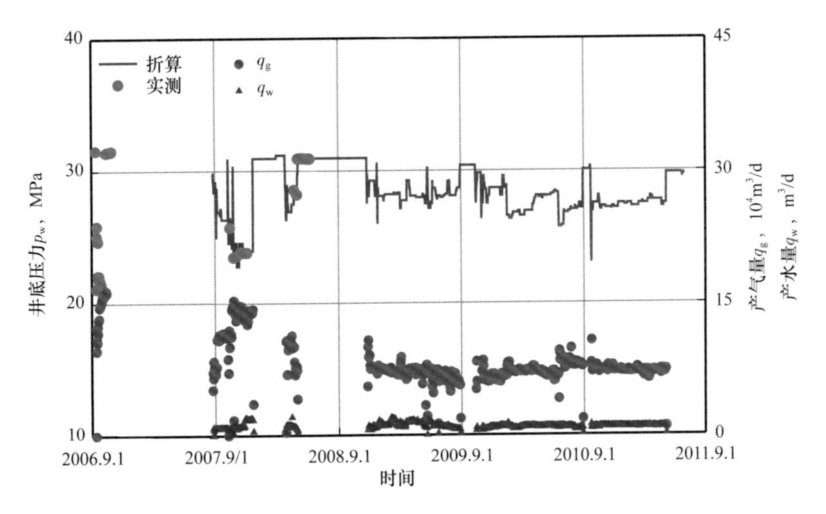

图 8-145 SS2-21 井短期试采与长期生产动态曲线图

四、结论与认识

受多火山口、多期次喷发和后期改造等因素的影响，徐深气田火山岩储层非均质性极强，气藏气水关系复杂。通过全面系统地跟踪分析不同区块气井试气、试采及长期生产中的压力动态变化特征，对火山岩储层开发动态特征、气井产能主控因素及井控储量变化，取得了较为全面的认识：

（1）虽然火山岩储层中都发育有天然裂缝，但当井钻遇的储层中裂缝离散分布，不能形成连续有效的缝网时，其储集性能和渗流能力大打折扣，即使进行大规模的压裂改造仍难获得高产，这是火山岩气藏高、低产井并存，稳产能力差异大的根本原因。

（2）方向性发育的天然裂缝导致火山岩储层渗透率各向异性强，压裂改造进一步加剧了各向异性的程度造成气井有效供气区呈条带状形态扩展。平面供气范围受限，是有些气井高产，但不稳产的原因。适当间歇性生产，有助于气井产能恢复，特别是当气井产水积液后。

（3）纵观对比多口井各自多次压力恢复试井双对数曲线的特征发现，除了因早期压裂返排不彻底、后期产水引起的曲线形态有所不同外，其他历次曲线形态都表现出了很好的重复性，这说明压裂裂缝的导流能力并未因地层压力下降而降低，气田开发中应力敏感效应对气井产能的影响不大。

（4）在储层厚大、天然裂缝离散分布、气井射孔打开程度低，以及压裂改造规模不够大等多方因素的共同作用下，徐深Ⅰ区块火山岩储层呈现出了明显的分区、分时供气特性，表现在气井控制动态储量随时间延续逐步增大，与前述苏里格致密砂岩气藏截然不同。因此，应加强地质与工程一体研究，不断改进压裂改造工艺技术，在提产的同时提高储量的动用，进而提高气井的稳产能力。

（5）低产、低效并非火山岩气藏的本性，已开发的升深2-1区块以及吉林长岭断陷长深1火山岩气藏，均属物性较好的优质气田，影响其开发效果的主要风险是气井水淹，充分利用试井手段开展气藏动态描述研究，尽早揭示影响不同类型火山岩气藏开发的主控因素，并制定针对性的地质与工程一体化技术对策和开发策略，是实现此类气藏高效开发的唯一途径。

第十一节　本章小结

本章的标题对应着全书的标题，它也是编写本书主旨的全面体现。在中国，天然气作为清洁的能源正在快速得到开发、利用，天然气藏开发工艺技术必然要随之提高到一个新的水平。这中间对气藏的动态描述是认识气藏，从而开发好气藏的关键环节。过去的成功实践已显现出动态描述的重要作用。

本章第一版着重介绍了两个气区的成功实例，即在靖边气田和克拉2气田的应用情况，从中已可看到本书着力倡导的动态描述方法的实际意义；本书第二版出版时动态描述方法已在更多的大中型气田得到应用，像苏里格气田、榆林南气田、东方气田、千米桥气田等；本书第三版补充了气藏动态描述技术在安岳气田磨溪龙王庙组气藏、克深气田、塔中Ⅰ号气田、松辽盆地的火山岩气田开发中的应用，全书几乎涵盖了近20年来在中国已发现的各种类型的特殊岩性气田。

近年来应用动态描述方法加以研究的气田，大都在现场运作中体现了第一章所介绍的，并表示在图1–4中的动态描述研究新思路。这一新思路是以气井产能评价和预测为核心内容的，不但要测试和评价气区内每一口气井的初始产能——初始产能方程、初始的无阻流量值和初始的IPR曲线，同时要在后续的动态描述研究中，评价气井的动态产能——动态的产能方程、动态的IPR曲线、动态无阻流量和动态的供气边界地层压力。正是这些动态的产能指标，才是研究气田当前生产状况的可靠依据。气井和气藏动态描述中另一重要的、不可或缺的内容，是建立气井的动态模型。动态模型的建立，在计算机软件上真实地再现了气井和气藏的存在，这种存在不但从储层参数、完井参数、储层边界、单井或井组控制的储层规模及动态储量方面，对地层实际情况作出真实的描述，而且它是“活动的”，可以从头至尾真实再现气井在开井生产过程中的全部渗流过程。不但再现已发生的过程，还可以预测未来的动态变化过程。这种产量和压力变化的预测内容，与动态产能评价相结合，还可以预知未来的产能变化规律。

靖边气田是一个大面积分布的、低丰度的石灰岩裂缝性气田。如何开发好这样的气田，以往没有类似的参照经验。由于开发工作早期介入，管理层与气藏开发工程师从一开始就把动态描述当作头等大事来抓。从1991年开始，历时6年开展动态测试分析研究，把储层的结构特征、地层连通情况、静态法计算储量的落实情况、单井的产能和产能稳定性等初期被认为制约气田开发的焦点问题，一一做出了回答，从而使气田能够顺利投入开发，并取得了良好的开发效果。经过有关专家组于2002年进行“后评估”，肯定了上述成果。作为靖边气田开发的动态描述，不仅成果本身具有重要价值，而且作为一种程式、一种理念，具有更为深远的意义。

克拉2气田是本章介绍的另一个典型的现场实例，它是通过短期试采就已对气藏情况基本了解的典型案例。克拉2气田是一个难得遇到的好气田，它几乎拥有优质气田的所有特质：高丰度、高地层压力、高渗透性、巨厚的储层和高产能。针对这样一个过去在中国从未遇到的情况，初始采取的测试方法并未奏效。KL2井和KL201井的分小层试气，虽然定性地了解到储层高产能的特征，以及纵向上良好的连通性，但却确定不了全井的产气能力，也确定不了储层的具体参数；从KL203井开始采取了全井试气，但是由于测试工艺设计上考虑不周，以致仍然不能确认储层的基本地层参数。总结了前面的经验教训以后，针对KL205井的测试进行了周密的设计，使测试取得了全面的成功：确认了主力产层是一个平面上连片分布，纵向上合为整体的块状气藏。全井Kh值可以达到1000～7000mD·m。无阻流量可以达到1000×10^4～$6000\times10^4\mathrm{m^3/d}$。区块内小断层起不到阻流作用。完井质量好，在试采一段时间经过气流冲刷后，表皮系数降到了0。这就为气田下一步顺利投入开发打下了基础。但是，也许正是克拉2气田素质太好了，所以10口生产井投产以后，并未把深入一步的动态追踪研究放在足够关注的位置，这不能不引起格外的担心。

苏里格气田是一个深入运用动态描述研究新思路的典型案例。从最初的探井开始到开发评价井，全面进行了试采，并全面开展了动态描述追踪研究。苏里格气田地质基础特殊，储层为平原亚相的河流相沉积，有效砂层薄、渗透性低，特别地被岩性边界切割成长条形的碎块，这给天然气开采带来很大困难。最初的静态地质评价把砂层笼统地拼合在一起当作有效层，并计算出极高的储量。但是气井投产以后的动态变化很快显示出单井控制的有效储层面积极为有限。接下来全气田成规模的试采及延续 7 年的动态描述追踪研究，一步步全面揭示了气藏整体特征，读者从中一定会吸取有用的经验教训。

榆林南气田和苏里格气田同样开采鄂尔多斯盆地上古生界，但是平面位置和具体层位有所不同。榆林南气田借鉴了苏里格气田的经验，从一开始就依照动态描述新思路，开展了全方位的研究。最后证实，虽然从地质基础上两者有许多相似之处，但由于“榆”气田单井控制的储层面积较“苏”气田大得多，形状上长宽更接近，因而总体开发效果将要好得多。

东方气田的动态描述研究堪称是此类研究的典范。这是一个打开海相沉积地层的海上气田，全部采用水平井开发。对这类气田的研究无疑存在着相当大的困难。但是东方气田的管理层从投产伊始即非常重视动态资料的录取和分析，在近一半的水平井产层部位，安装了高精度的永久压力计，不但记录了全部的开井流动压力，也记录了历次关井的压力恢复曲线，把气井的生产历史，一览无余地展现在管理人员和研究人员面前。以此为基础进行的全方位的动态描述研究，不论从研究内容的全面性、研究方法的创新性及描述井数之多，是以往历次研究中未能做到的。

磨溪龙王庙组气藏是国内大型深层碳酸盐岩气田开发的典型。该气田储层埋藏深，地层压力高，中含硫化氢，动态资料录取安全环保要求高，无论是在开发评价阶段地面配套尚未完善情况下，还是在完全建成投产后，气藏均按行业规范要求开展了相应井下压力测试，为认识这类新发现的大型颗粒滩相白云岩气藏的储渗特征提供了可靠的动态资料。动态描述从气藏评价、建产、稳产一直开展跟踪研究，不断验证和深化认识。通过动态描述认为磨溪龙王庙组气藏纵向上多期颗粒滩叠置，平面上溶蚀孔洞型储层大面积、连片分布，整体上形成内部连通性好、压降均衡的视均质层状气藏特征，是龙王庙组气藏表现出中—高渗透、高产的关键。但在某些部位也存在一定的流动方向性，反映出溶蚀孔洞型储层的非均质。今后在动态跟踪描述中，针对气藏存在的水侵风险，结合滩体展布的方向性，进一步开展水侵优势通道刻画。

克深气藏是国内首个成功开发的深度大于 8000m 的大型裂缝性致密砂岩气田开发的典型。该气田储层埋藏深，地层压力高，动态资料录取安全环保要求高，在开发评价阶段未能取得有效的井下压力测试，加之地震资料品质差，高效开发面临前所未有的挑战。克深 2 气藏正式投产一年后，产能、储量、出水暴露出一系列问题，亟待录取井下资料回答这些关键技术问题。攻克了井口超 90MPa 的井下投捞式试井工艺，录取到了可靠的压力资料，通过动态描述认为克深气藏为裂缝性致密砂岩储层，不同级别裂缝发育，具有局部构造控藏、应力控储、裂缝控产、断裂控水侵等特征，开发过程中气藏具有整体连通、井间干扰明显和存在基质供给等特点，为后续类似气藏的高效开发奠定了基础。优选高部位甜点区布井、适度改造、见水排水将是超深、超高压裂缝性致密砂岩气藏高效开发的主要对策。

塔中Ⅰ号气田是国内近年来成功开发的开发难度最大、技术要求最高的油气田，具有埋藏深、储层非均质性极强，储集渗流介质复杂多样、流体性质复杂（高含硫化氢），气藏静态描述工作难度非常大。以动态补静态，静态与动态紧密结合提高气藏描述精度，是这类气藏科学开发的重要技术手段。通过多年的攻关，突破了强非均质碳酸盐岩气藏储层动态评价、储量动态评价、产能评价等难题，较好满足了这类复杂气藏有效开发的迫切需求，世界范围内首次实现了该类气藏的规模效益开发。

火山岩气藏成因特殊、单个气藏储量规模一般较小、储集与渗流机理复杂，其有效开发一度面临诸多挑战，松辽盆地徐深气田是中国早期实现规模开发的火山岩气藏。徐深气田在开发前期评价中开展了周密的试采动态资料录取与评价研究，并在后期开发产能建设与生产管理中持续追踪深化。多井统筹实施、重点井重复验证的高精度压力资料录取，滚动强化的气井生产动态分析，逐步修正完善了气井动态模型，揭示了火山岩储层内幕特征，为气田开发井位部署与调整提供了可靠依据。

第九章　试井设计

试井设计的重要性是不言而喻的，就如同盖一栋楼房，事先必须有一套精心设计的图纸一样。没有图纸的建筑物是不可想象的，没有经过精心设计的试井施工，特别是针对特殊的井的施工，不可能取得好的成果。试井设计又是一门学问，只有深入了解油气田地质情况，明确需要用试井方法解决的问题，并且对试井方法本身十分谙练，才能做好试井设计。

现场中，不乏优质的试井资料和用这些资料解决油气田开发问题的实例，像本书第八章举出的靖边气田和克拉 2 气田就是很好的例证。特别是克拉 2 气田，针对一个全新类型的大型高压巨厚气田，从开始时对它不了解，采取了层状气层的分层测试方法；到后来，改为全井测试，但又在试井工艺和工具选择上有所疏失；最后在 KL205 井，完善了试井方法，采取了合适的测试工艺，终于录取到了成功解决气田开发储层描述的优质资料。

但是在有些时候，在现场试井施工计划方面，却又习惯于程式化的安排，导致反复地录取无效的资料。虽然数量上达到了指标要求，但相当一部分资料进入了资料室再也无人过问。在市场经济条件下，这种现象是不应该再继续下去了。

之所以产生这些现象，除去管理方法上的原因外，从技术上来说，是对试井设计方法了解得还不够，因此本章将就如何做好试井设计，结合现场实施经验谈一点体会。

第一节　试井设计的步骤和资料录取

一、试井设计的步骤

（一）收集相关地质资料和测试井的井身结构数据

有以下几方面的资料必须详细而准确地了解（以 KL205 井为例）。

1. 测试井的基本数据

（1）井号：KL205。

（2）井别：评价井。

（3）地理位置：新疆拜城县东北 50km，KL201 井西北 2.5km。

（4）构造位置：库车坳陷北部克拉苏构造带 KL2 构造西北翼。

（5）井位坐标：纵（X）#######.40，横（Y）########.70。

（6）地面海拔：1520.38m。

① 补心海拔：1529.52m，

② 补心高：9.14m。

（7）钻井数据。

① 开钻时间：2000 年 10 月 6 日；

② 完钻时间：2001 年 6 月 16 日；

③ 完井时间：2001 年 7 月；

④ 完钻井深：4050.0m；

⑤ 完钻层位：白垩系。

（8）井身结构（附：井深结构图）。

① 表层套管：20in × 147.46m，$13^3/_8$in × 2589.30m；

② 技术套管：$9^5/_8$in × 3753.14m；

③ 油层套管：7in × 4050m；

④ 人工井底：4033.64m。

2. 测试井基本地质参数

（1）测井解释成果表（附表）。

（2）测试层段井深：4026.0～4029.5m（测气、水界面）；4011.0～4015.5m（测气、水界面）；3789.0～3952.5m（产能试井和压力恢复试井）。

（3）测试层中部深度：3870.75m。

（4）射孔层位：古近系和白垩系（E+K）。

（5）射孔层段：3789.0～3952.5m。

（6）产层有效厚度：163.1m；射开有效厚度：147.1m。

（7）产层岩性：砂岩。

（8）射孔密度：10 孔 /m。

（9）射孔枪型，弹型：127 枪，127 弹。

（10）测试层平均孔隙度：13.64%（岩心）。

（11）测试层平均渗透率：13 mD（测井）。

（12）产层中部温度：约 100℃。

（13）原始地层压力：约 74.35 MPa。

（14）原始含气饱和度：69.0%（岩心）。

（15）原始含水饱和度：31.0%（岩心）。

（16）综合压缩系数：约 1.35×10^{-2}MPa^{-1}。

（17）气、水边界距离：约 500m。

3. 测试井试气资料

如果测试井具有 DST 测试资料或探井试气资料，则应予以收集。对于 KL205 井来说，事先未经过试气，所以此项资料未列。

（二）确定测试目的

测试目的一般均由甲方业主确定。对于克拉 205 井来说，测试目的为：

（1）测试全井产能，计算主要生产层段的无阻流量，为克拉 2 气田开发设计提供依据。

（2）通过产能试井，了解井身结构对高产井产能的适应能力，检验单井日产 $200\times10^4m^3$ 以上采气井的井身结构对采气工艺的适应性。

（3）测试气藏的气水界面。

（4）测试储层原始静压力。

（5）测试储层的有效渗透率 K。

（6）测试井的表皮系数 S，评价钻井完井过程中的伤害，为钻井完井工艺改进及下一步的储层改造提供依据。

（7）了解井附近的断层及气水界面对流动所起的遮挡作用。

（8）分析试气过程中储层压力下降情况。

（9）取样分析气水性质。

（10）在条件允许时安排其他测试：采气剖面，层间干扰等。

对于其他类型的油气井还可能有如下测试目的：

（1）干扰试井和脉冲试井，测取井间的连通性，确定井间连通参数及断层的密封性，层间的干扰等；

（2）通过静压测试，确认单井控制的动储量；

（3）静压梯度测试，了解气田内部开发区块及开发层系划分条件，等等。

（三）用试井软件进行压力走势及压力双对数曲线的模拟设计

以 KL205 井为例，由于相邻井 KL203 井测试中了解到储层 Kh 值很高，建议采取回压试井法测产能，经多种测试条件模拟后，建议选择如下模拟条件和参数：从 $50\times10^4m^3/d$ 到 $250\times10^4m^3/d$，以 $50\times10^4m^3/d$ 为一个间隔，进行回压试井；每一个油嘴稳定时间 24h；最后一个油嘴测试后，关井测恢复曲线；以 $100\times10^4m^3/d$ 开井延续生产，同时取样化验；终关井测压力恢复曲线；储层地质模型确定为均质地层。

模拟参数取值：渗透率取值 30mD；Kh 值取为 4500mD·m；有效厚度 h =147.1m；井储系数 C=0.2 m^3/MPa；表皮系数 S=0；非达西流系数 $D=3\times10^{-3}\,(10^4m^3/d)^{-1}$。经模拟计算得到压力历史图如图 9–1 所示。压力双对数模拟图如图 9–2 所示。

产能方程图解曲线及 IPR 曲线模拟图如图 9–3 和图 9–4 所示。

通过模拟以后，预测 KL205 井的无阻流量值为：$q_{AOF}=6900\times10^4m^3/d$。

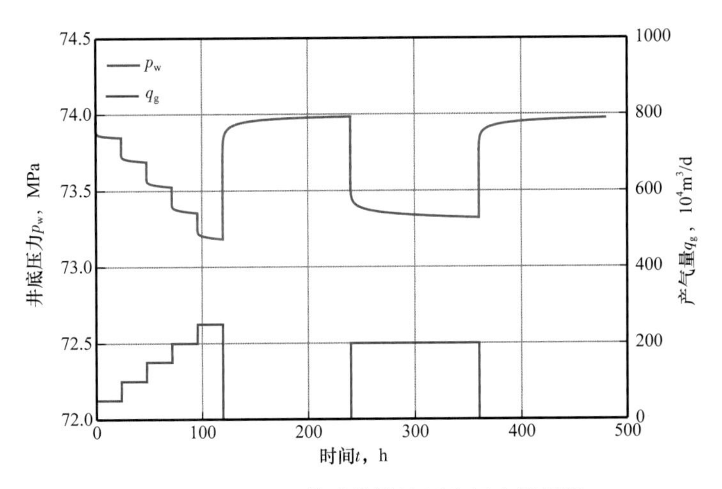

图 9-1 KL205 井试井设计压力历史模拟图

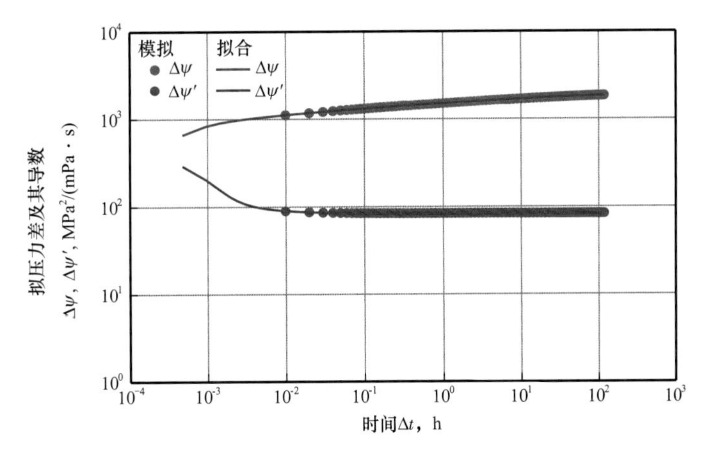

图 9-2 KL205 井试井设计终关井压力双对数模拟图

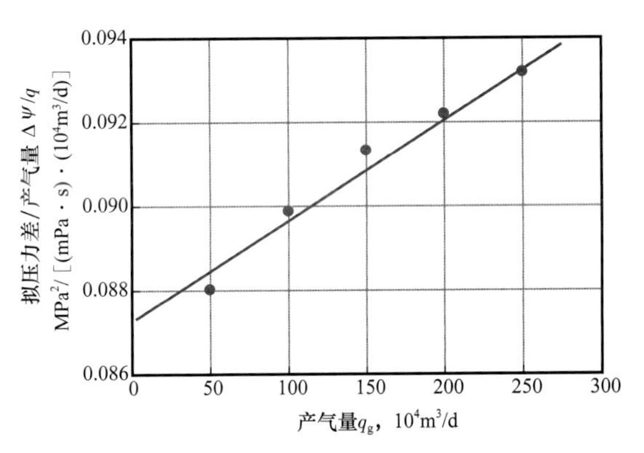

图 9-3 KL205 井产能方程模拟图解曲线（二项式拟压力）

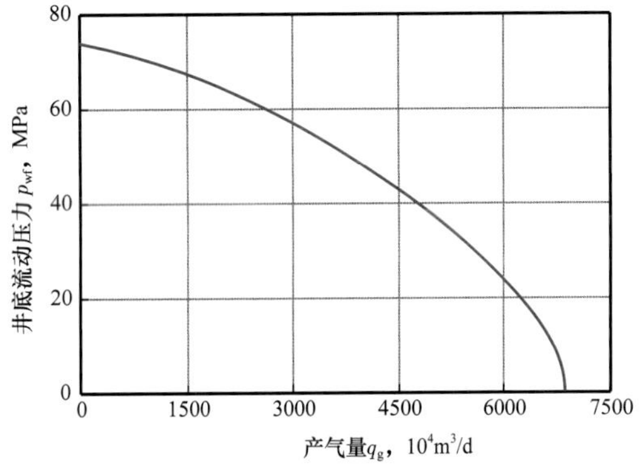

图 9-4 KL205 井产能试井 IPR 曲线图（二项式拟压力）

（四）提出试井地质设计报告

综合上述测试井基本情况，测试目标要求及模拟结果，写出试井项目的地质设计报告，并交有关单位审批后实施。

（五）试井施工设计

施工工具及工艺是决定测试成功与否的关键环节。正如在 KL203 井试井时所看到的，只是由于工具配置中加入了一段小直径的钻铤，虽然保证了施工的安全，却失去了直接认识气井无阻流量的可能，同时引发了许多压力资料的异常。

施工装备及工艺设计是专业性极强的技术，特别对于高压、大产量的气井，含有腐蚀性气体的气井，更要求一些特殊的装备、特殊的工艺设计，在此不可能全面叙述。在工艺设计时应尽量注意以下几个方面。

（1）压力计的精度及分辨率。

目前电子压力计的性能应达到如下指标：

① 精确度 0.02%FS；

② 分辨率 0.01psi（0.00007MPa）；

③ 压力录取的稳定性和回差＜0.001%FS；

④ 数据录取最小间隔 1s；

⑤ 一次录取的压力、温度数据点大于 5×10^5 点；

⑥ 压力量程根据测试井的井下条件选择，一般比关井静压大 50%；

⑦ 耐温条件可根据测试井要求确定，一般应稍高于地层最高静温。

对于重点的试气井，必须选用质量优良的电子压力计。这些压力计应事先进行性能检测，并于近期进行过参数标定，有相应的标定证书。

（2）仪表下入井内测压的位置。

应设定在主要的产油、气层中部。如有积液，应放置在液面以下。特别对于凝析气井，更应达到此项要求。

（3）应尽量采用井下关井工具测取压力恢复曲线。

特别对于存在严重井筒相变的气井，以及特低渗透性气层，更应尽量采取井下关井方式测压。

二、资料录取的基本要求

一段时间以来，在某些油田现场习惯了“孤立的压力恢复试井”，也就是缺失开井压降段流动压力的不稳定试井。现场测试施工人员把压力计带到测试井井场后，一旦把压力计下放到井底，立即关井测恢复。这种做法是片面的，常常带来许多难以解释的问题。

正确的做法应该是：先在开井条件下监测油气井的流动压力，监测时间应尽量长，时间段至少不应短过关井压力恢复段，以记录下开井—关井的压力历史。只有录取到了

“压力历史”，才能通过压力历史拟合检验，确认模型分析的正确性，这在本书第二章、第五章都已有详细的解释，在此不再赘述。因此基本的压力资料录取要求应该是：

（1）压力计在井底连续录取开井生产和关井恢复条件下的连续的压力历史。

（2）加密录取压力恢复段，特别是关井初期段的压力数据。

（3）详细而准确的全程产量记录，包括测试施工以前生产历史中的产量记录。

（4）详细而及时的现场施工日志，内容包括：仪器编程情况；仪器起、下井时间；井下工具起下井时间和坐封、开关阀等重要的操作步骤；井口开关阀门时间及井口压力记录；异常情况，例如井口漏失及排除、其他偶发事件等。

第二节 针对不同地质目标的不稳定试井模拟设计要点

一、均质地层试井设计

均质地层是最常见到的储层。均质地层看似简单，却又常常忽视其设计的重要性。本书第五章专门讲到均质地层的图形特征及“定位分析方法”。对于均质地层来说，一个成功的资料，主要特征就是检查它有没有测到径向流段。有径向流段的曲线就可以用来解释各项地层参数；如果没有，基本上就可以确定是一个无用的资料。

例如，对于一个气层，其基本参数是：p_R=40MPa，K=3mD，h=5m，C=0.65m^3/MPa，S=1，得到模拟曲线如图 9–5 所示。

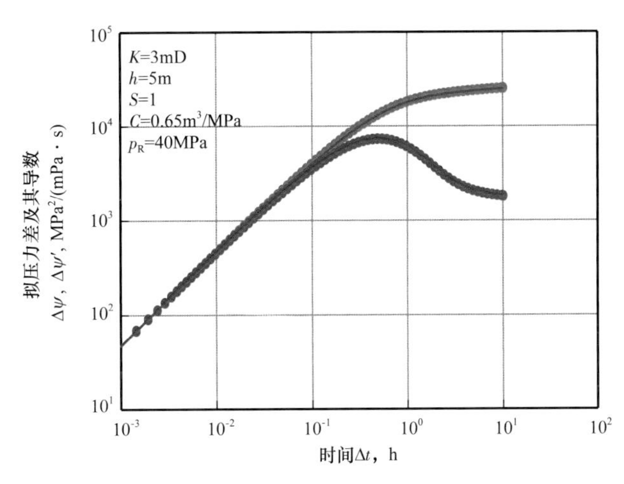

图 9–5 均质地层设计模拟图 1（具备径向流测试段）

如果能测到这样的双对数曲线图，显然用作参数解释是正常的。但是，如果地层渗透性更低些，例如：K=0.1mD，其他参数相同，则预计测得的曲线形态如图 9–6 所示。

这种类型的曲线，对于特低的渗透层，即使采用井下关井工具，使井储系数减小到 0.03 m^3/MPa，仍然不能测到径向流段，如图 9–7 所示。

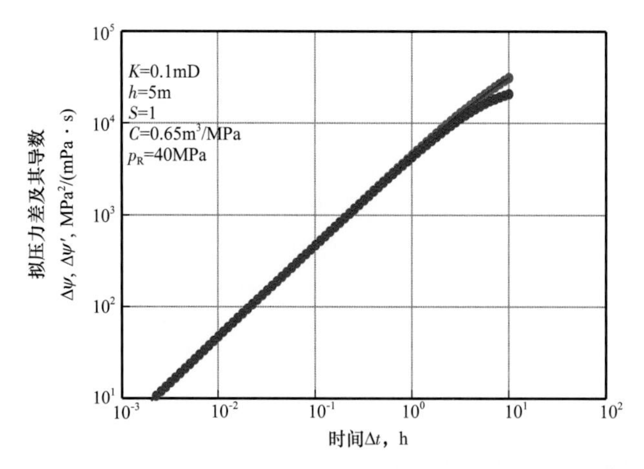

图 9-6 均质地层设计模拟图 2（只具有续流段的模拟实测曲线）

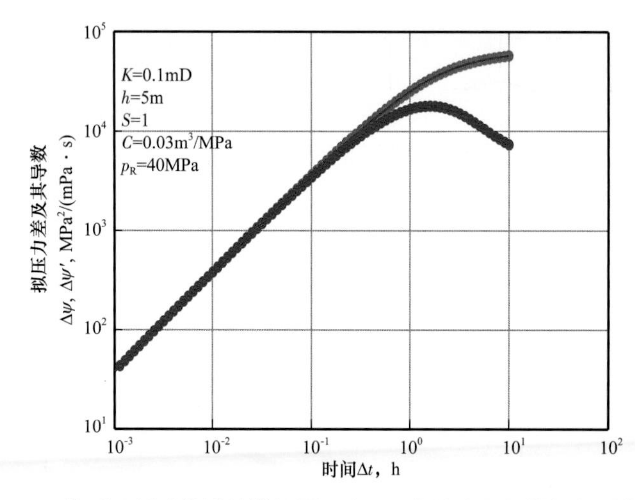

图 9-7 均质地层试井设计模拟图 3（只具有续流段的模拟实测曲线）

以上图 9-6 和图 9-7 所显示的情况，正是目前常常困扰现场试气时一些低渗储层难以评价参数的问题。对于图 9-7 的情况，只有大大延长测试时间的方法，有时可在一定程度上得到改进。

二、双重介质地层试井设计

双重介质地层测试的设计是较为困难的一项操作。之所以说困难，是由于对于双重介质参数 ω 和 λ 的事先预计具有很大的不确定性。甚至对裂缝性地层是否会形成双重介质流动，也存在很大的不确定性。

正如本书第五章第四节所详细介绍的，一幅典型的双重介质地层的特征图，应具有模式图形 M-2 或 M-3 的样式，图形中最突出的特点就是向下凹的过渡段。影响过渡段曲线录取的主要因素有：

（1）关井测压力恢复曲线前，要有足够长的开井生产时间，使前面的压降曲线上已经显示了过渡段和总系流径向流段。

（2）窜流系数 λ 值取值要适中。λ 值过大，则过渡段超前，过渡曲线会淹没于续流段中；λ 值过小，则过渡段出现太过晚，以至所需时间超过了资料录取时限，或被晚期的边界反映所淹没。

（3）ω 值不能过大，例如 ω 在 0.32～0.5，或大于 0.5 时，过渡段太平缓，以至难以分辨。

（4）测试井井储系数 C 值不能过大，否则极有可能掩盖了过渡段特征。

因此，测试时机的掌握较为困难。这也是自从现代试井方法产生以来，在中国国内极少取得有关双重介质地层典型实例的主要原因。图 9–8 介绍了一个设计例供参考，读者可在今后实践中进一步探索。图 9–8 中显示，测试关井时间至少应延续到 200h 以上。

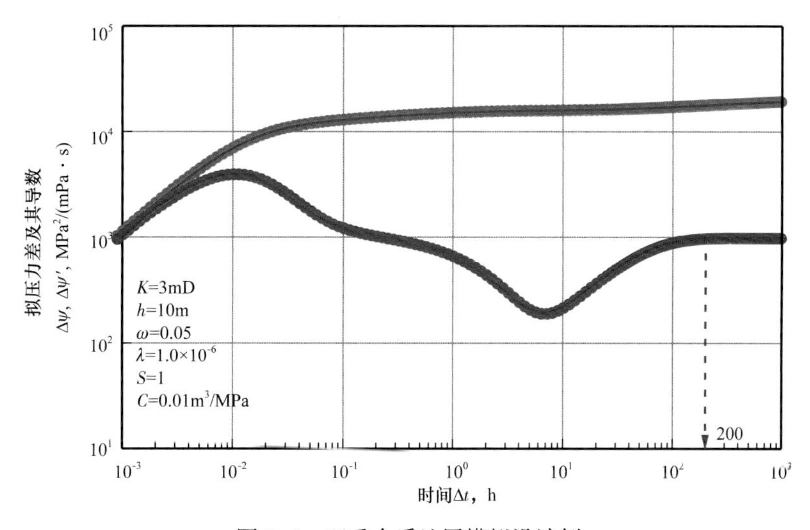

图 9–8 双重介质地层模拟设计例

三、均质地层压裂井试井设计

对于压裂井的试井，一般要求得到标志压裂效果的裂缝半长 x_f 和地层渗透率 K，以及裂缝表皮系数 S_f，因此设计的测试时间应使测试曲线达到拟径向流段。

例如，对于如图 9–9 所示地层和工艺参数的井，关井时间至少应延续到 20～100h，才可以清楚地记录下拟径向流段的压力导数水平段曲线，以便进行地层和完井参数的分析。

四、具有阻流边界地层的试井设计

具有阻流边界的地层，其边界类型是多种多样的。首先要从地质方面详细了解可能存在的边界的性质、形态、距离等要素，以便用来进行设计模拟。

运用试井设计软件进行模拟设计时，应模拟足够长开井时间的压力历史情况。只有开井压降的波及范围到达了需要了解的边界，再进行压力恢复试井时，才有可能测到真正的边界反映。同时只有足够长的压力历史资料，才能在压力历史拟合检验时，尽量排除多解性的影响，用压力走势最后确认解释结果的可靠性。

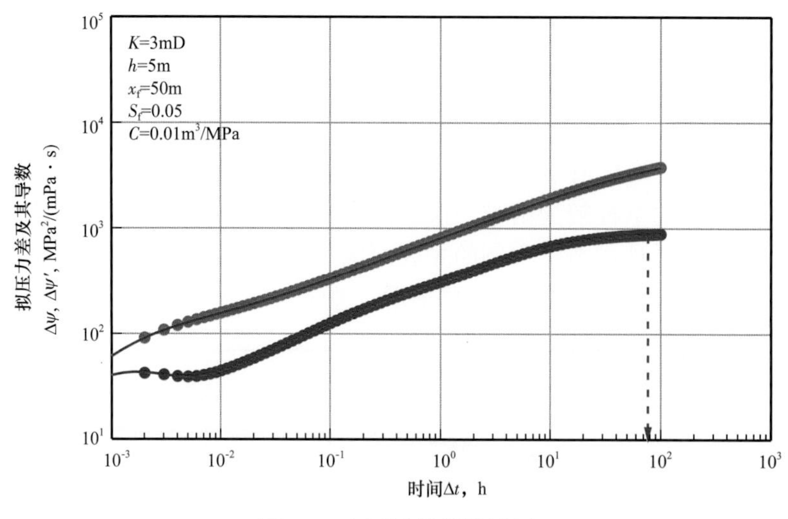

图 9–9　压裂井模拟设计例

五、气井产能试井设计

在第三章中已有详细的介绍。

六、多井试井设计

在第六章中已有详细的介绍。

七、试井设计师的责任和理念

由于储层类型多种多样，不可能以简单的原则加以囊括，因此进行试井设计时，往往需要设计者对现场地质条件深入了解，并对以往取得的资料反复研究，才能找到切实可行的方案。

过短和过于简单的试井，一般得不到所需了解的储层内幕信息。延时过长的试井方案，有时又是现场所不能容许的。

如何界定最为合适的方案，往往是衡量一次试井水平的关键内容。只有深入研究、反复摸索，才能取得成功。能够成功设计复杂油气田试井方案的油藏工程师，可以称为“试井设计师”，而目前在油田现场最缺乏这种试井设计师。培育试井设计师，需要甲方和乙方作业者共同付出努力。

参考文献

Agarwal R G, Al–Hussainy R, Ramey H J, 1970. An investigation of wellbore storage and skin effect in unsteady liquid flow: I. analytical treatment [J] . Society of Petroleum Engineers Journal, 10 (3) : 279–290. https://doi.org/10.2118/2466–PA

Agarwal R G, Carter R D, Pollock C B, 1979. Evaluation and performance prediction of low permeability gas wells stimulated by massive hydraulic fracturing [J] . Journal of Petroleum Technology, 31 (3) : 362–372. https://doi.org/10.2118/6838–PA

Aguilera R, 2008. Effect of fracture compressibility on gas in place calculations of stress sensitive naturally fractured reservoirs[J]. SPE Reservoir Evaluation & Engineering, 11 (2) : 307–310. https://doi.org/10.2118/100451–PA

Al–Hussainy R, 1967. Transient flow of ideal and real gases through porous media [Ph.D] .Texas : Texas A & M Univ.

Ambastha AK, 1991. A type curve matching procedure for material balance analysis of production data from geopressured gas reservoirs [J] . Journal of Canadian Petroleum Technology, 30 (5) : 61–65. https://doi.org/10.2118/91–05–05

Barenblatt G E, Zheltov I P, Kochina I N, 1960. Basic concepts in the theory of homogeneous liquids in fissured rocks [J] . Journal of Applied Mathematics and Mechanics, 24 (5) : 852–864.

Blasingame T A, Johnston J L, Lee W J, 1989. Type curve analysis using the pressure integral method [C] // Paper SPE 18799–MS presented at the SPE California Regional Meeting, 5–7 April, Bakersfield, California. https://doi.org/10.2118/18799–MS

Bourdet D, Gringarten A C, 1980. Determination of fissure volume and block size in fractured reservoirs by type curve analysis [C] // Paper SPE 9293–MS presented at the SPE Annual Technical Conference and Exhibition, 21–24 September, Dallas, Texas. https://doi.org/10.2118/9293–MS

Bourdet D, Whittle T M, Douglas A A, et al, 1983. A new set of type curves simplifies well test analysis [J] . World Oil, 196 (6) : 95–106.

Bourdet D, Ayoub J A, Pirard Y M, 1989. Use of pressure derivative in well test interpretation [J] . SPE Formation Evaluation, 4 (2) : 293–302. https://doi.org/10.2118/12777–PA

Bourgoyne, Jr A T. 1990. Shale water as a pressure support mechanism in gas reservoirs having abnormal formation pressure [J] . Journal of Petroleum Science & Engineering, 3 (4) : 305–319.

Bremer R E, Winston H, Vela S, 1985. Analytical model for vertical interference test across low permeability zones [J] . SPE Journal, 25 (3) : 407–418. https://doi.org/10.2118/11965–PA

Chen C C, Yeh N, Raghavan R, et al, 1984. Pressure response at observation wells in fractured reservoirs [J] . Society of Petroleum Engineers Journal, 24 (6) : 628–638. https://doi.org/10.2118/10839–PA

陈元千, 1990. 油气藏工程计算方法 [M] . 北京 : 石油工业出版社 .

陈元千, 胡建国, 1993. 确定异常高压气藏地质储量和有效压缩系数的新方法 [J] . 天然气工业, 13 (1):

53–58+8.

Chopra A K，1988. Reservoir descriptions via pulse testing: a technology evaluation［C］// Paper SPE 17568–MS presented at the International Meeting on Petroleum Engineering，1–4 November，Tianjin，China. https://doi.org/10.2118/17568–MS

Cornell D，Katz D L，1953. Flow of gases through consolidated porous media［J］. Industrial & Engineering Chemistry，4（10）: 2145–2152.

Cullender M H，1955. The isochronal performance methods of determining the flow characteristics of gas wells［J］. Transactions of the AIME，204: 137–142.

Deruyck B G，Bourdet D P，DaPrat G，et al，1982. Interpretation of interference tests in reservoirs with double porosity behavior theory and field examples［C］// Paper SPE 11025–MS presented at the SPE Annual Technical Conference and Exhibition，26–29 September，New Orleans，Louisiana. https://doi.org/10.2118/11025–MS

Duggan J O，1972. The Anderson "L" –an abnormally pressured gas reservoir in South Texas［J］. Journal of Petroleum Technology，24（2）: 132–138. https://doi.org/ 10.2118/ 2938–PA

Duong A，1989. A new set of type curves for well–test interpretation with the pressure/pressure derivative ratio［J］. SPE Formation Evaluation，4（2）: 264–272. https://doi.org/10.2118/16812–PA

Earlougher R C，Ramey H J，1973. Interference analysis in bounded systems［J］. Journal of Canadian Petroleum Technology，12（4）: 33–45. https://doi.org/10.2118/73–04–04

Earlougher R C，1977. Advances in well test analysis［M］. New York，Dallas: Monograph Series. Society of Petroleum Engineers of AIME.

试井手册编写组，1991. 试井手册（上册）［M］. 北京：石油工业出版社.

Edgington A N，Cleland N E，1967. Gas field deliverability predictions and development economics［J］. Australian Petroleum Production & Exploration Association Journal，7（1）: 115–119. https://doi.org/10.1071/AJ66015

Ekie S，Hadinoto N，Raghavan R，1977. Pulse testing of vertically fractured wells［C］// Paper SPE 6751–MS presented at the SPE Annual Fall Technical Conference and Exhibition，9–12 October，Denver，Colorado. https://doi.org/10.2118/6751–MS

ERCB of Canada，1979. Gas Well Testing——Theory and Practice. 4th ed.（Metric）［M］. Alberta，Canada: Energy Resources Conservation Board.

Fetkovich M J，Reese D E，Whitson C H，1998. Application of a general material balance for high pressure gas reservoirs（includes associated paper 51360）［J］. SPE Journal，3（1）: 3–13. https://doi.org/10.2118/22921–PA

冯子辉，印长海，齐景顺，等，2010. 大型火山岩气田成藏控制因素研究——以松辽盆地庆深气田为例［J］. 岩石学报，26（1）: 21–32.

冯子辉，印长海，刘家军，等，2014. 中国东部原位火山岩油气藏的形成机制——以松辽盆地徐深气田为例［J］. 中国科学：地球科学，57（12）：2221–2237.

Gan R G，Blasingame T A，2001. A semianalytical p/Z technique for the analysis of reservoir performance from abnormally pressured gas reservoirs［C］// Paper SPE 71514–MS presented at the SPE Annual Technical Conference and Exhibition，30 September–3 October，New Orleans，Louisiana，USA. https://doi.org/10.2118/71514–MS

Gillund G N，Kamal M M，1984. Incorporation of vertical permeability test result in vertical miscible flood design and operation［J］. Journal of Canadian Petroleum Technology，23（2）：54–59. https://doi.org/10.2118/84–02–02

Gonzalez F E，Ilk D，Blasingame T A，2008. A quadratic cumulative production model for the material balance of an abnormally pressured gas reservoir［C］// Paper SPE 114044–MS presented at the SPE Western Regional and Pacific Section AAPG Joint Meeting，29 March–4 April，Bakersfield，California，USA. https://doi.org/10.2118/114044–MS

Gringarten A C，Ramey H J，Raghavan R，1974. Unsteady state pressure distributions created by a well with a single infinite–conductivity vertical fracture［J］. Society of Petroleum Engineers Journal，14（4）：347–360. https://doi.org/10.2118/4051–PA

Gringarten A C，Bourdet D P，Landel P A，et al，1979. A comparison between different skin and wellbore storage type–curves for early time transient analysis［C］// Paper SPE 8205–MS presented at the SPE Annual Technical Conference and Exhibition，23–26 September，Las Vegas，Nevada. https://doi.org/10.2118/8205–MS

Gringarten A C，1984. Interpretation of tests in fissured and multilayered reservoirs with double–porosity behavior: theory and practice. Journal of Petroleum Technology［J］，36（4）：549–564. https://doi.org/10.2118/10044–PA

Gringarten A C，2008. From straight lines to deconvolution: the evolution of the state of the art in well test analysis［J］. SPE Reservoir Evaluation & Engineering，11（1）：41–62. https://doi.org/10.2118/102079–PA

Hammerlindl D J，1971. Predicting gas reserves in abnormally pressured reservoirs［C］// Paper SPE 3479–MS presented at the Fall Meeting of the Society of Petroleum Engineers of AIME，3–6 October，New Orleans，Louisiana，USA. https://doi.org/10.2118/3479–MS

Havlena D，Odeh A S，1963. The material balance as an equation of a straight line［J］. Journal of Petroleum Technology，15（8）：896–900. https://doi.org/10.2118/559–PA

何凯，2003. 气井产能评价资料在水平井优化设计中的应用［J］. 天然气工业，2003（S1）：118–119+14–15.

Horner D R，1951. Pressure build–up in wells［C］// 3rd World Petroleum Congress，28 May–6 June，The Hague，the Netherlands，503–523.

Hurst W，Goodson WC，Leeser RE，1963. Aspects of gas deliverability［J］. Journal of Petroleum

Technology，15（6）：668–676. https://doi.org/10.2118/262–PA

Jacob C E，1941. Coefficients of storage and transmissibility obtained from pumping tests in the houston district，Texas［J］. Trans Am Geophys Union，22（3）：744–756. https://doi.org/10.1029/TR022i003p00744

姜礼尚，陈钟祥，1985. 试井分析理论基础［M］. 北京：石油工业出版社.

江同文，滕学清，杨向同，2016. 塔里木盆地克深 8 超深超高压裂缝性致密砂岩气藏快速、高效建产配套技术［J］. 天然气工业，36（10）：1–9.

江同文，孙雄伟，2018. 库车前陆盆地克深气田超深超高压气藏开发认识与技术对策［J］. 天然气工业，38（6）：1–9.

Jiang T W，Sun H D，Deng X L. Dynamic description technology of fractured vuggy carbonate gas reservoirs. Elsevier，2019.

Johnson C R，Greenkorn R A，Woods E G，1966. Pulse testing: a new method for describing reservoir flow properties between wells［J］. Journal of Petroleum Technology，18（12）：1599–1604. https://doi.org/10.2118/1517–PA

Jones S C，1987. Using the inertial coefficient，b，to characterize heterogeneity in reservoir rock［C］// Paper SPE 16949–MS presented at the SPE Annual Technical Conference and Exhibition，27–30 September，Dallas，Texas. https://doi.org/10.2118/16949–MS

Joshi S D，1988. Augmentation of well productivity with slant and horizontal wells（includes associated papers 24547 and 25308）［J］. Journal of Petroleum Technology，40（6）：729–739. https://doi.org/10.2118/15375–PA

Junkin J E，Cooper K J，Sippel M A，1995. Identification of linear flow geometries and implications for natural gas reservoir development: Technical Summary of Research conducted for the Gas Research Institute，the U.S. Department of Energy，and The State of Texas Bureau of Economic Geology［R］. Report no. GRI–95/0162，11 p.

Kamal M M，Brigham W E，1975. Pulse testing response for unequal pulse and shut in periods［J］. Society of Petroleum Engineers Journal，15（5）：399–410. https://doi.org/10.2118/5053–PA

Katz D L，Cornell D，Kobayashi R，et al，1959. Handbook of Natural Gas Engineering［M］. New York: McGraw–Hill Book Co.，Inc..

King Hubbert M，1941. Discussion of papers by Messers. Jacob and Guyton［J］. Trans Am Geophys Union，22（3）：770–772. https://doi.org/10.1029/TR022i003p00770

Kong X Y，Lu D T，1991. Pressure falloff analysis of water injection well［C］.SPE 23419，Unsolicited.

Lee W J，1982. Well testing［M］. Richardson TX: Society of Petroleum Engineers.

李璗，王卫红，王爱华，1997. 水平井产量公式分析［J］. 石油勘探与开发，24（5）：76–79，123.

李大昌，林平一，1985. 异常高压气藏的动态模型、压降特征及储量计算方法［J］. 石油勘探与开发，12（2）：56–64.

李熙喆，郭振华，万玉金，等，2017. 安岳气田龙王庙组气藏地质特征与开发技术政策［J］. 石油勘探与开发，44（3）：398–406.

廖仕孟，胡勇，2016. 碳酸盐岩气田开发［M］. 北京：石油工业出版社.

刘能强，2007. 反褶积及其应用［J］. 油气井测试，16（5）：1–4，75.

刘能强，2008. 实用现代试井解释方法（第五版）［M］. 北京：石油工业出版社.

马新华，2016. 创新驱动助推磨溪区块龙王庙组大型含硫气藏高效开发［J］. 天然气工业，36（2）：1–8.

Mattar L，Hawkes R V，Santo M S，et al，1993. Prediction of long–term deliverability in tight formations［C］// Paper SPE 26178–MS presented at the SPE Gas Technology Symposium，28–30 June，Calgary，Alberta，Canada. https://doi.org/10.2118/26178–MS

Mattar L，Santo M，1992. How wellbore dynamics affect pressure transient analysis［J］. Journal of Canadian Petroleum Technology，31（1）：32–40.

Matthews C S，Brons F，Hazebroek P，1954. A method for determination of average pressure in a bounded reservoir［J］. Trans，AIME，201: 182–91.

Matthies E，1964. Practical application of interference test［J］. Journal of Petroleum Technology，16（3）：249–252. https://doi.org/10.2118/627–PA

McKinley R M，Vela S，Carlton L A，1968. A field application of pulse testing for detailed reservoir description［J］. Journal of Petroleum Technology，20（3）：313–321. https://doi.org/10.2118/1822–PA

McKinley R M，1971. Wellbore transmissibility from afterflow dominated pressure buildup data［J］. Journal of Petroleum Technology，23（7）：863–872. https://doi.org/10.2118/2416–PA

Miller C C，Dyes A B，Hutchinson C A，1950. The estimation of permeability and reservoir pressure from bottom hole pressure buildup characteristics［J］. Journal of Petroleum Technology，2（4）：91–104. https://doi.org/10.2118/950091–G

Mousli N A，Raghavan R，Cinco–Ley H，1982. The Influence of vertical fractures interference active and observation wells on interference tests［J］. Society of Petroleum Engineers Journal，22（6）：933–944. https://doi.org/10.2118/9346–PA

Muskat M，1937. Use of data oil the build up of bottom hole pressures［J］. Transactions of the AIME，123（1）：44–48. https://doi.org/10.2118/937044–G

Muskat M，1949. Physical principles of oil production［M］. New York：Mc Graw–Hill Book Co..

Ogbe D O，Brigham W E，1989. A model for interference testing with wellbore storage and skin effects at both wells［J］. SPE Formation Evaluation，4（3）：391–396. https://doi.org/10.2118/13253–PA

Onur M，Reynolds A C，1988. A new approach for construction derivative type curve for well test analysis［J］. SPE Formation Evaluation March，3（1）：197–206. https://doi.org/10.2118/16473–PA

Pierce H R，Rawlins E L，1929. The study of a fundamental basis for controlling and gauging natural–gas wells，part 1—computing the pressure at the sand in a gas well：rept. of investigations of 2929［R］. Washington DC：US Bureau of Mines.

Prats M，1986. Interpretation of pulse tests in reservoir with crossflow between contiguous layers［J］. SPE Formation Evaluation，1（5）: 511–520. https://doi.org/10.2118/11963–PA

Q/SY TZ 0541—2019　超深、超高压裂缝性砂岩气藏投捞式试井工艺及试井技术规范［S］.

Ramagost B P，Farshad F F，1981. *p/Z* abnormally pressured gas reservoirs［C］// Paper SPE 10125–MS presented at the SPE Annual Technical Conference and Exhibition，4–7 October，San Antonio，Texas，USA. https://doi.org/10.2118/10125–MS

Ramey Jr H J，Agarwal R G，Martin I，1975. Analysis of 'slug test' or DST flow period data［J］. Journal of Canadian Petroleum Technology，14（3）: 37–42. https://doi.org/10.2118/75–03–04

Rawlins E L，Schellhardt M A，1935. Back pressure data on natural–gas wells and their application to production practices［R］. Washington DC : US Department of the Interior Bureau of Mines.

Roach R H，1981. Analyzing geopressured reservoirs – a material balance technique［C］// SPE 9968，Unsolicited.

Rodriguez F，Horne R N，Cinco–Ley H，1984. Partially penetrating vertical fractures : pressure transient behavior of a finite conductivity fracture［C］// Paper SPE 13057–MS presented at the SPE Annual Technical Conference and Exhibition，16–19 September，Houston，Texas. https://doi.org/10.2118/13057–MS

Saulsberry J I，Schafer P S，Schraufnagel R A，1996. A guide to coalbed methane reservoir engineering［R］. Chicago，Ⅲ : Gas Research Institute，No. GRI–94/0397.

Seidle J P，Kutas G M，Krase L D，1991. Pressure falloff tests of new coal wells［C］// Paper SPE 21809–MS presented at the SPE Low Permeability Reservoirs Symposium，15–17 April，Denver，Colorado. https://doi.org/10.2118/21809–MS.

Standing M B，Katz D L，1942. Density of natural gases［J］. Trans，AIME，146（1）: 140–149.https://doi.org/10.2118/942140–G

Streltsova T D，1984. Buildup analysis for interference tests in stratified formation［J］. Journal of Petroleum Technology，36（2）: 301–310. https://doi.org/10.2118/10265–PA

孙贺东，2011. 具有补给的气藏物质平衡方程及动态预测［J］. 石油学报，32（4）: 683–686.

Sun H D. Advanced Production Decline Analysis and Application［M］. Elsevier，2015.

孙贺东，2018. 库车超深裂缝性致密砂岩气藏试井技术与实践［C］// 全国天然气学术年会，11.1-3.

孙贺东，王宏宇，朱松柏，等，2019. 基于幂函数形式物质平衡方法的高压、超高压气藏储量评价［J］. 天然气工业，39（3）: 56-64.

孙贺东，曹雯，李君，等,2020. 提升超深层超高压气藏动态储量评价可靠性的新方法［J］. 天然气工业，40（7）: 49–56.

SY/T 5440—2009　天然气井试井技术规范［S］.

SY/T 5981—2012　常规试油试采技术规程［S］.

SY/T 6171—2016　气藏试采地质技术规范［S］.

Theis C V，1935. The relation between the lowering of the piezometric surface and the rate and duration of discharge of a well using groundwater storage［C］// Eos，Transactions American Geophysical Union，1935：519–524. https://water.usgs.gov/ogw/pubs/Theis–1935.pdf

Tiab D，Abobise E O，1989. Determining fracture orientation from pulse testing［J］. SPE Formation Evaluation，4（3）：459–466. https://doi.org/10.2118/11027–PA

Tongpenyai J，Raghavan R，1981. The effect of wellbore storage and skin on interference test data［J］. Journal of Petroleum Technology，33（1）：151–160. https://doi.org/10.2118/8863–PA

Van Everdingen A F，Hurst W，1949. The application of the laplace transformation to flow problems in reservoirs［J］. Journal of Petroleum Technology，1（12）：305–324. https://doi.org/10.2118/949305–G

王洪峰，李晓平，王小培，等，2018. 多井干扰试井技术在克深气田勘探开发中的应用［J］. 油气地质与采收率，25（1）：100–105.

Wang F L，Wang Y Z，Zhou X M，et al，2019. Reservoir forming conditions and key exploration & development techniques for Xushen gas field in Northeast China［J］. Petroleum Research，4（2）：125–147.

王振彪，孙雄伟，肖香姣，2018. 超深超高压裂缝性致密砂岩气藏高效开发技术——以塔里木盆地克拉苏气田为例［J］. 天然气工业，38（4）：87–95.

Wattenbager R A，Ramey Jr H J，1968. Gas well testing with turbulence，damage，and wellbore storage. Journal of Petroleum Technology，20（8）：877–87. https://doi.org/10.2118/1835–PA

Wentink J J，Goemans J G，Hutchinson C W，1971. Deliverability forecasting and compressor optimization for gas fields［J］. Oilweek，22（31）:50–54.

William D，McCain Jr，2017. The Properties of Petroleum Fluids，3rd Edition［M］. PennWell.

Winestock A G，Colpitts G P，1965. Advances in estimating gas well deliverability［J］. Journal of Canadian Petroleum Technology，4（3）：111–119. https://doi.org/10.2118/65–03–01

Wright D E，1968. Nonlinear flow through granular media［J］. Journal of the Hydraulics Division，94（4）：851–872.

徐正顺，王渝明，庞彦明，等，2006. 大庆徐深气田火山岩气藏储集层识别与评价［J］. 石油勘探与开发，33（5）：521–531.

徐正顺，2010. 火山岩气藏开发技术［M］. 北京：石油工业出版社.

Yeh M，Agarwal R G，1988. Development and application of new type curve used for transient well test analysis［C］// Paper SPE 17567–MS presented at the SPE International Meeting on Petroleum Engineering，1–4 November，Tianjin，China. https://doi.org/10.2118/17567–MS

杨继盛，刘建议，1994. 采气实用计算［M］. 北京：石油工业出版.

朱亚东，1991. 如何在公式中作单位换算［J］. 古潜山，第 1 期，86–95.

Zhuang H N，1984. Interference testing and pulse testing in the Kenli carbonate oil pool––a case history. Journal of Petroleum Technology，36（6）：1009–1017. https://doi.org/10.2118/10581–PA

庄惠农，朱亚东，1986. 双重孔隙介质井间干扰样板曲线研究［J］. 石油学报，7（3）：63-72.

Zhuang H N，Liu N Q，1995. Application of pressure transient test normalized graph analysis in China' s oilfields［C］// Paper SPE 30003-MS presented at the SPE International Meeting on Petroleum Engineering，14-17 November，Beijing，China. https://doi.org/10.2118/30003-MS

庄惠农，韩永新，谭中国，等，1996. 陕甘宁中部气田干扰试井研究［C］// 试井理论与实践. 北京：石油工业出版社，51-67.

附录

附录 1　符号意义及单位（法定）

A——面积，m^2；

A——双对数图中压力与导数曲线的纵坐标差，mm；

A_D——双对数图中压力图版上曲线张开程度，$A_D=A/L_C$；

A——积液速率系数，m/h；

A——二项式产能方程层流项系数；

A_h——水平井稳定点产能二项式方程层流项系数；

B——体积系数，m^3/m^3；

B——二项式产能方程湍流项系数；

B_h——水平井稳定点产能二项式方程湍流项系数；

B_g，B_o，B_w——地层气、油、水的体积系数，m^3/m^3；

B_{gi}，B_{oi}——原始的气、油体积系数，m^3/m^3；

C——常数；

C——指数式产能方程系数；

C——井筒储集常数（系数），m^3/MPa；

C——压缩系数，MPa^{-1}；

C_g——气体压缩系数，MPa^{-1}；

C_o——油压缩系数，MPa^{-1}；

C_r——岩石压缩系数，MPa^{-1}；

C_f——岩石有效压缩系数，MPa^{-1}；

C_w——水压缩系数，MPa^{-1}；

C_t——地层总压缩系数，MPa^{-1}；

C_d——煤层的解吸压缩系数，MPa^{-1}；

C_D——无量纲井筒储集常数（系数）；

C_{Dx_f}——压裂裂缝井以 x_f 无量纲化的井筒储集常数（系数）；

C_De^{2S}——压力双对数图的形状参数；

D——非达西流系数，$(10^4m^3/d)^{-1}$ 或 $(m^3/d)^{-1}$；

e=2.71828

Ei——幂积分函数；

E_{go}——气油比，m^3/m^3 或 m^3/t；
f_{CK}——渗流时的摩阻系数；
F_{CD}——压裂裂缝导流能力，$F_{CD}=K_{fD}W_{fD}$；
FE——流动效率，无量纲；
F'——脉冲试井的脉冲时间比；
g——重力加速度，m/s^2；
G——天然气地质储量，10^8m^3；
G_p——累计产气量，10^8m^3；
G_{Dh}——井筒静压力梯度，MPa/m；
G_{Dfl}——井筒流动压力梯度，MPa/m；
G_{DS}——地层静压力梯度，MPa/m；
h——储层厚度，m；
h_b——部分射开井射孔底界距油层底界距离，m；
h_p——部分射开井射孔厚度，m；
h_{top}——部分射开井射孔部位距气层顶界距离，m；
h_{wD}——部分射开地层的无量纲厚度；
H——导数峰值与径向流水平线的距离，mm；
H_D——导数峰值与径向流水平线的无量纲距离；
ΔH_N——凝析气井内外区导数高差，mm；
ICD——煤层气地层的反转扩散系数，（mPa·s）/（MPa·mD）；
J_o，J_w，J_L——采油、采水、采液指数，m^3/（MPa·d）；
K——地层渗透率，mD；
K_a——空气渗透率，mD；
K_f——裂缝渗透率，mD；
K_{fD}——无量纲裂缝渗透率，$K_{fD}=K_f/K$；
K_h——地层水平渗透率，mD；
K_v 或 K_z——地层垂向渗透率，mD；
K_v/K_h——地层纵横渗透率比；
K_o——油有效渗透率，mD；
K_r——地层径向渗透率，mD；
Kh——地层系数，mD·m；
Kh/μ——地层流动系数，（mD·m）/（mPa·s）；
$Kh/\mu C$——流动储集比（位置参数），（mD·MPa）/［m^2·（mPa·s）］；
lg——常用对数；
ln——自然对数；
L_b——井到断层的距离，m；
L_C——双对数坐标中纵坐标对数周期长，mm；
L_e——水平井段长度，m；

L_M——复合地层内外区导数水平线高差，mm；
L_{MD}——复合地层内外区导数无量纲高差，$L_{MD}=L_M/L_C$；
L_p——部分射开地层导数前后水平线高差，mm；
L_{pD}——部分射开地层导数无量纲高差，$L_{pD}=L_p/L_C$；
L_θ——夹角地层导数前后水平线高差，mm；
$L_{\theta D}$——夹角地层导数无量纲高差，$L_{\theta D}=L_\theta/L_C$；
m—— 规整化的拟压力，MPa，定义为$\left(\frac{\mu Z}{p}\right)_i\int_p^{p_i}\left(\frac{p}{\mu Z}\right)dp$；
m——物质的质量，g 或 kg；
m——不稳定压力在单对数图上的直线斜率，MPa/cycle；
m_g，m_o——气井、油井压力恢复曲线直线段斜率，MPa/cycle；
m'——均质地层单对数图上续流段的最大斜率，MPa/cycle；
m^*——压力降拟稳定段斜率，MPa/h；
M——流度比；
M_C——复合油藏流度比，$M_C=\lambda_1/\lambda_2$；
M_d——单位体积煤所含吸附气质量，kg；
M_g——气体的摩尔质量，$M_g=\gamma_g\times 28.96$，kg/kmol；
M_N——凝析气井内外区流度比；
n——气体的指数式产能方程指数或湍流程度指数；
n_g——被研究气体物质的量，kmol；
N——原始原油地质储量，10^4m^3 或 10^4t；
N_p——累积产油量，10^4m^3 或 10^4t；
p——压力，MPa；
p_L——煤层气层的 Langmuir 压力，MPa；
p_L——煤层气井注入 / 压降试井过程中井筒液面平衡点压力，MPa；
p_D——无量纲压力；
p'_D——无量纲压力导数；
p_{DG}——重整压力（Normalized Pressure），$p_{DG}=p_D/p'_D$；
p_{DG}——单点法计算产能公式中的无量纲压力平方差；
p_{Di}——无量纲积分压力或均值压力；
p'_{Di}——无量纲积分压力导数；
p_{Did}——无量纲积分压力差；
p_{Did1}——第一类重整积分压力；
p_{Did2}——第二类重整积分压力；
$[p_D]_M$——图版拟合点的无量纲压力值；
p_{DMDH}——MDH 图上的无量纲压力；
p_{DMBH}——MBH 图上的无量纲压力；
p_e——外边界压力，MPa；

p_H——井口压力，MPa；
p_i——原始地层压力，MPa；
p_c——气体的临界压力，MPa；
p_{pc}——气体的拟临界压力，MPa；
p_R——供气边界地层压力，MPa；
p_r——气体的对比压力；
p_{pr}——气体的拟对比压力；
p_{sc}——气体在标准状态下的压力，p_{sc}=0.101325MPa；
p_w——井底压力，MPa；
p_w——煤层气井注入 / 压降试井过程中井口油压落 0 条件下的井底压力，MPa；
p_{wf}——井底流动压力，MPa；
p_{ws}——井底关井压力，MPa；
$\bar{p}$——平均压力，MPa；
p^*——Horner 图上外推得到的地层压力，MPa；
Δp——压力差，MPa；
Δp_n——井筒积液造成的压力偏移，MPa；
Δp_p——双重介质地层单对数图上两直线段的纵坐标差，MPa；
Δp_S——表皮效应产生的附加压力降，MPa；
Δp_{1h}——压力恢复单对数图直线上 1h 的压力，MPa；
q——日产量，m^3/d 或 t/d；
q_{AOF}——气井的无阻流量，$10^4m^3/d$；
q_f——井底产量（地层产量），m^3/d；
q_h——井口产量，m^3/d；
q_g——日产气量，$10^4m^3/d$；
q_L——日产液量，m^3/d；
q_o——日产油量，m^3/d 或 t/d；
q_w——日产水量，m^3/d；
q_r——煤层气解吸气量，m^3/d；
q_{sc}——气井标准条件下产量，$10^4m^3/d$；
q_n，q_N——第 n、第 N 段产量（变产量测试），m^3/d；
r——距井的径向距离，m；
r_d——排液半径，m；
r_D——无量纲半径，$r_D=r/r_w$；
r_e——供给半径，m；
r_{eh}——水平井折算供气半径，m；
r_i——测试过程影响半径，m；
r_M——复合油藏内外区分界半径，m；
r_{MD}——复合油藏内外区无量纲分界半径，$r_{MD}=r_M/r_w$；

r_N——凝析气区半径，m；
r_S——污染半径，m；
r_w——井底半径，m；
r_{we}——井底有效半径，m；
r_{wh}——水平井折算井底半径，m；
R——通用气体常数，(MPa·m^3)/(kmol·K)；
Re_{CK}——渗流时的雷诺数；
S——井壁机械表皮系数，无量纲（van Everdingen–Hurst 定义的表皮系数）；
S_a——视表皮系数或拟表皮系数，$S_a=S+Dq_g$，无量纲；
S_f——压裂井的裂缝表皮系数，无量纲；
S_N——凝析气井的两相流视表皮系数，无量纲；
S_p——部分射开地层的视表皮系数，无量纲；
S_g，S_o，S_w——含气、含油、含水饱和度，小数；
S_{gi}，S_{oi}，S_{wi}——原始含气、含油、含水饱和度，小数；
$SUPF$——时间叠加函数（式 5–20）；
t——时间，h；

t_D——无量纲时间，$t_D=\left(\dfrac{3.6\times10^{-3}Kt}{\mu\phi C_t r_w^2}\right)$；

t_{DA}——无量纲时间，$t_{DA}=\left(\dfrac{3.6\times10^{-3}Kt}{\mu\phi C_t A}\right)$；

t_{De}——无量纲时间，$t_{De}=\left(\dfrac{3.6\times10^{-3}Kt}{\mu\phi C_t r_e^2}\right)$；

t_{DL}——无量纲时间，$t_{DL}=\left(\dfrac{3.6\times10^{-3}Kt}{\mu\phi C_t L^2}\right)$；

t_{Dr_f}——无量纲时间，$t_{Dr_f}=\left(\dfrac{3.6\times10^{-3}Kt}{\mu\phi C_t r_f^2}\right)$；

t_{Dx_f}——无量纲时间，$t_{Dx_f}=\left(\dfrac{3.6\times10^{-3}Kt}{\mu\phi C_t x_f^2}\right)$；

$t_{D_{we}}$——无量纲时间，$t_{D_{we}}=\left(\dfrac{3.6\times10^{-3}Kt}{\mu\phi C_t r_{we}^2}\right)$；

t_f——双对数图上导数峰值时间；
$[t_D/C_D]_M$——图版拟合分析中拟合点无量纲时间坐标；
$(t_D)_{pss}$——拟稳态流开始的无量纲时间；

t_{DG}——重整压力图版中的时间；
t_{Dx_f}——重整压力图版中的无量纲时间；
$[t]_M$——图版拟合分析中拟合点在实测图中的时间坐标；
t_L——用于脉冲试井分析的滞后时间，h；
t_p——关井前生产时间，h；
t_{ps}，t_{pss}——拟稳态流开始时间，h；
t_{ss}——稳态流开始时间，h；
Δt——关井时间，h；
Δt_p——脉冲试井中的脉冲时间，h；
Δt_C——脉冲试井中的脉冲周期时间，h；
$[\Delta t]_M$——拟合点时间，h；
Δt^*——MDH 图中的拐点时间，h；
T——温度或气层温度，K 或℃；
T_r——对比温度；
T_{pr}——拟对比温度；
T_c——临界温度，K；
T_{pc}——拟临界温度，K；
T_{sc}——气体在标准状态下的温度，K 或℃，等于 293.15K 或 20℃；
v——流体的流动速度，m/h；
V——地层的体积，m^3；
V_d——煤层在标准状态下的解吸气体积，m^3；
V_f——裂缝系统体积比；
V_m——基质系统体积比；
V_L——煤层气的 Langmuir 体积，m^3；
V_p——岩石孔隙体积，m^3；
V_R——岩石颗粒体积，m^3；
V_u——单位长度井筒体积，m^3/m；
V_w——井筒体积，m^3；
ΔV_0——地层单元体的临界体积，m^3；
W——压裂裂缝宽度，m；
W_{fD}——无量纲压裂裂缝宽度，$W_{fD}=W/x_f$；
W_c——煤岩层的湿度，小数；
W_p——累计产水量，m^3；
X_e——矩形封闭地层中井横向距边界距离，m；
Y_e——矩形封闭地层中井纵向距边界距离，m；
x_f——垂直压裂裂缝半长，m；
Z——真实气体偏差系数，无量纲；
$\bar{Z}$——平均真实气体偏差系数，无量纲；

Z_w——水平井段距地层底界距离，m；

Z_{wD}——水平井段距地层底界无量纲距离，$Z_{wD}=Z_w/r_w$；

α——煤岩层的灰分；

α——形状因子（用于双重介质地层窜流系数计算）；

α——单点法产能计算公式中的参数，$\alpha=A/(A+Bq_{AOF})$；

β——夹角；

β——气体湍流速度系数，m^{-1}；

β——气体非均质校正系数，$\beta=\sqrt{K_h/K_v}$；

γ——相对密度（液体相对于水，气体相对于空气），无量纲；

γ_g——天然气相对密度；

γ_o——地面原油相对密度；

δ——层流—惯性流—湍流系数；

δ——非达西流系数的校正系数，无量纲；

∇——散度运算符；

η——导压系数，$\eta=K/\mu\phi C_t$；

θ——地层夹角；

λ——流度，$\lambda=K/\mu$ 或双重介质地层的窜流系数；

μ——黏度，mPa·s；

μ_g——地层天然气黏度，mPa·s；

μ_o——地层原油黏度，mPa·s；

μ_w——地层水黏度，mPa·s；

$\bar{\mu}$——平均黏度，mPa·s；

ρ_g，ρ_o，ρ_w——气、油、水密度，g/cm^3 或 kg/m^3；

τ——煤层气的解吸时间调节系数；

ϕ——孔隙度；

ϕC_t——弹性储能系数，MPa^{-1}；

$\psi(p)$——真实气体的拟压力，$MPa^2/(mPa \cdot s)$；

ω——双重介质地层的储容比；

ω_C—复合地层的储容比；

κ（Kappa）——双渗地层的地层系数比。

脚注：

b——表示压力恢复的；

c——表示煤层的；

d——表示压降的；

D——无量纲的；

e——外边界的；

f——表示地层的；
f——表示裂缝的或前缘的；
g——表示气体的；
H——表示水平的；
i——表示初始的或量的序列号；
inj——表示注入的；
L——表示液体的；
m——表示基质的；
max——最大的；
min——最小的；
M——表示图版拟合点；
M——表示复合地层的；
o——表示油的；
R——表示地层的；
S——表示表皮（伤害）区的；
t——表示总体的；
v——表示垂向的；
w——表示井底的或针对水的；
ws——表示关井状态的；
wf——表示开井状态的；
ψ——用拟压力计算的；
2——用压力平方计算的；
ω——双重介质地层的；
1h——表示时间为 1h 的；
法——表示用法定单位计算的。

附录 2　不同单位制下常用量的单位（不包括无量纲量）

参数名称	SI 基本单位	中国法定单位	达西单位	英制矿场单位
压力 p（含 p_e，p_i，p_o，p_R，p_{sc}，p_w，p_{ws}，p_{wf}，p^*，Δp，Δp_s，$[\Delta p]_M$，Δp_{1h} 等）	Pa 或 kPa	MPa	atm	psi
气体的拟压力 ψ	$Pa^2/(Pa \cdot s)$	$MPa^2/(mPa \cdot s)$	atm^2/cP	psi^2/cP
气体产量 q_g（含 q_{AOF}，q_{sc}）	m^3/s 或 m^3/d	$10^4m^3/d$	cm^3/s	MMscfd
液体产量 q（含 q_o，q_w，q_L，q_n，q_N，q_r，q_h，q_f）	m^3/s 或 m^3/d	m^3/d	cm^3/s	bbl/d
油累计产量 N_p	m^3	10^4m^3	cm^3	bbl
气累计产量 G_p	m^3	10^4m^3	cm^3	MMscf
油井控制地质储量 N	m^3	10^8m^3	cm^3	bbl
气井控制地质储量 G	m^3	10^8m^3	cm^3	MMscf
时间 t（含 $[t]_M$，t_p，t_{ps}，t_{ss}，Δt，$[\Delta t]_M$，Δt^*，Δt_P，Δt_C）	s 或 h	h	s	h
厚度 h（含 h_b，h_p，h_{top}）	m	m	cm	ft
距离 L（含 L_b，L_e，r，r_d，r_e，r_i，r_f，r_M，r_N，r_s，r_w，r_{we} 等）	m	m	cm	ft
面积，A	m^2	m^2 或 km^2	cm^2	ft^2
渗透率 K（含 K_h，K_v，K_r，K_f，K_m，K_o 等）	m^2	mD（或 $10^{-3}\mu m^2$）	darcy	mD
孔隙度 ϕ	小数或 %	小数或 %	小数或 %	小数或 %
饱和度 S（含 S_o，S_w，S_g，S_{oi}，S_{gi}，S_{wi} 等）	小数或 %	小数或 %	小数或 %	小数或 %
压缩系数，C（含 C_o，C_w，C_g，C_f，C_t，C_r，C_d 等）	Pa^{-1}	MPa^{-1}	atm^{-1}	psi^{-1}
井筒储集系数，C	m^3/Pa	m^3/MPa	cm^3/atm	bbl/psi
流体黏度 μ（含 μ_o，μ_w，μ_g 等）	Pa·s	mPa·s	cP	cP
温度 T（含 T_f，T_c，T_{pc}，T_{sc} 等）	K	K 或℃	℃	°F 或 °R
不稳定试井单对数直线斜率 m	Pa/cycle	MPa/cycle	atm/cycle	psi/cycle
体积系数 B（含 B_o，B_w，B_g 等）	m^3/m^3	m^3/m^3	cm^3/cm^3	RB/STB（油、水） RB/scf（气）
通用气体常数 R	$J(mol \cdot K)^{-1}$ 或 $Pa \cdot m^3(kmol \cdot K)^{-1}$	$MPa \cdot m^3$ $(kmol \cdot K)^{-1}$	$atm \cdot cm^3$ $(mol \cdot K)^{-1}$	$psi \cdot ft^3$ $(lbmol \cdot °R)^{-1}$
气体非达西流系数 D	$(m^3/s)^{-1}$	$(10^4m^3/d)^{-1}$	$(cm^3/s)^{-1}$	$(MMscfd)^{-1}$
流体密度 ρ（含 ρ_g，ρ_o，ρ_w）	kg/m^3	g/cm^3 或 kg/m^3	g/cm^3	lb/ft^3

附录3　法定单位与其他单位的换算关系

一、长度

$1m=100cm=10^3mm=3.281ft=39.37in$

$1ft=0.3048m=30.48cm=304.8mm=12in$

$1km=0.6214mile$

$1mile=1.609km$

二、面积

$1m^2=10^4cm^2=10.76ft^2=1550in^2$

$1km^2=10^6m^2=100ha=247.1acre$

$1mile^2=2.590km^2=259ha=640acre$

$1acre=4.356\times10^4ft^2=0.4046ha=4046m^2$

三、体积

$1m^3=10^3L=10^6ml=10^6cm^3=35.31ft^3=6.290bbl=264.2gal$

$1L=10^{-3}m^3=3.531\times10^{-2}ft^3=61.02in^3=0.2642gal$

$1ft^3=2.832\times10^{-2}m^3=28.32L=2.832\times10^4cm^3=7.481gal$

$1bbl=5.615ft^3=42gal=0.1590m^3=159L=158988cm^3$

四、质量

$1kg=10^3g=2.205lb$

$1lb=0.4536kg=453.6g$

$1t=10^3kg=2205lb$

五、密度

$1kg/m^3=10^{-3}g/cm^3=10^{-3}t/m^3=6.243\times10^{-2}lb/ft^3$

$1lb/ft^3=16.02kg/m^3=1.602\times10^{-2}g/cm^3$

六、力

$1\ N=10^5dyne=0.1020kgf=0.2248lbf$

$1\ kgf=9.807N=9.807\times10^5dyne=2.205lbf$

$1\ lbf=4.448N=0.4536kgf$

七、压力

1MPa=10^6Pa=9.8692atm=145.04psi=10.197at

1atm=0.101325MPa=14.696psi=760mmHg=1.0332at

1psi=6.8948×10^{-3}MPa=6.8948kPa=6.8046×10^{-2}atm=7.0307×10^{-2}at

八、渗透率

1μm^2=$10^{-12}$$m^2$=$10^{-8}cm^2$=1.0133D=$1.0133\times10^3$mD

1mD=10^{-3}D=0.98692×10^{-3}μm^2=$9.8692\times10^{-16}$$m^2$

九、动力黏度

1mPa·s=10^{-3}Pa·s=10^3μPa·s=1cP

十、温度

（T_C：℃，T_K：K，T_F：°F，T_R：°R）

不同单位下温度量值转化公式：

$$T_C=\frac{T_F-32}{1.8}$$

$$T_K=\frac{T_F+459.67}{1.8}$$

$$T_K=\frac{T_R}{1.8}$$

$$T_R=T_F+459.67$$

$$T_K=T_C+273.15$$

温度单位值转化关系：

1K=1℃ =1.8 °F =1.8°R

1 °F =1°R=0.55556K=0.55556℃

十一、井筒储集系数

1m^3/MPa=4.3367×10^{-2} bbl/psi=$9.8068\times10^{-2}$$m^3$/at

1 bbl/psi=23.059 m^3/MPa=2.2614m^3/at

十二、压缩系数

1 MPa^{-1}=6.8948×10^{-3}psi^{-1}=9.8068×10^{-2}at^{-1}=0.101325atm^{-1}

1 psi^{-1}=145.04MPa^{-1}=14.223at^{-1}=14.696atm^{-1}

$1\ atm^{-1}=6.8046\times10^{-2}psi^{-1}=9.8692MPa^{-1}$

$1\ at^{-1}=7.0307\times10^{-2}psi^{-1}=10.197MPa^{-1}$

十三、产量

$1\ m^3/d=6.2898bbl/d=1.1574\times10^{-5}m^3/s=11.574cm^3/s$

$1\ bbl/d=0.15899m^3/d=1.8401\times10^{-6}m^3/s=1.8401cm^3/s$

$1\ MMscfd=10^6ft^3/d=2.831685\times10^4m^3/d$

十四、地面原油相对密度（γ_o）和 °API

$$°API=\frac{141.5}{\gamma_o}-131.5 \qquad \gamma_o=141.5/(131.5+°API)$$

十五、气油比

$1\ m^3/m^3=5.615scf/STB$

$1\ scf/STB=0.1781m^3/m^3$

附录 4　法定单位下试井常用公式

一、双对数图版分析中的公式

1. 无量纲压力

$$p_{\mathrm{D}}=\frac{2.714\times10^{-5}KhT_{\mathrm{sc}}\Delta\psi}{q_{\mathrm{g}}Tp_{\mathrm{sc}}}$$ （气井拟压力）

$$p_{\mathrm{D}}=\frac{2.714\times10^{-5}KhT_{\mathrm{sc}}\Delta\left(p^{2}\right)}{q_{\mathrm{g}}\overline{\mu}_{\mathrm{g}}\overline{Z}Tp_{\mathrm{sc}}}$$ （气井压力平方）

$$p_{\mathrm{D}}=\frac{0.5428Kh\Delta p}{q\mu B}$$ （油井）

2. 无量纲压力导数

$$p_{\mathrm{D}}'=\frac{2.714\times10^{-5}KhT_{\mathrm{sc}}\Delta\psi'}{q_{\mathrm{g}}Tp_{\mathrm{sc}}}$$ （气井拟压力）

$$p_{\mathrm{D}}'=\frac{0.5428Kh\Delta p'}{q\mu B}$$ （油井）

3. 无量纲时间

$$\frac{t_{\mathrm{D}}}{C_{\mathrm{D}}}=2.262\times10^{-2}\frac{Kh\Delta t}{\mu C}$$ （适用：Gringarten 均质地层图版，Bourdet 均质地层图版）

$$t_{\mathrm{D}}=\frac{3.6\times10^{-3}K}{\phi\mu C_{\mathrm{t}}r_{\mathrm{w}}^{2}}\Delta t$$ （适用：Agarwal 和 Ramey 均质地层图版）

$$\frac{t_{\mathrm{D}}}{r_{\mathrm{D}}^{2}}=\frac{3.6\times10^{-3}K}{\phi\mu C_{\mathrm{t}}r^{2}}\Delta t$$ （适用：均质地层干扰试井图版）

$$\frac{t_{\mathrm{D}}}{r_{\mathrm{D}}^{2}}=\frac{3.6\times10^{-3}K}{\mu\left(\phi C_{\mathrm{t}}\right)_{\mathrm{f}}r^{2}}\Delta t$$ （适用：Gringarten 双重介质地层干扰试井图版）

$$\frac{t_{\mathrm{D}}}{r_{\mathrm{D}}^{2}}=\frac{3.6\times10^{-3}K}{\mu\left[\left(\phi C_{\mathrm{t}}\right)_{\mathrm{f}}+\left(\phi C_{\mathrm{t}}\right)_{\mathrm{m}}\right]r^{2}}\Delta t$$ （适用：庄—朱双重介质地层干扰试井图版）

$$t_{Dx_f}=\frac{3.6\times10^{-3}K}{\phi\mu C_t x_f^2}\Delta t$$（适用：均质地层无限导流和均匀流垂直裂缝试井图版）

$$t_{Dr_e}=\frac{3.6\times10^{-3}K}{\phi\mu C_t r_{we}^2}\Delta t$$（适用：均质地层有限导流垂直裂缝试井图版）

$$t_{Dx_f}=\frac{3.6\times10^{-3}K_r}{\mu\phi C_t r_f^2}\Delta t$$（适用：均质地层水平裂缝均匀流试井图版）

4. 无量纲井储系数

$$C_D=\frac{0.1592C}{\phi hC_t r_w^2}$$

$$C_{Dx_f}=\frac{0.1592C}{\phi hC_t x_f^2}$$

5. 图版拟合计算气井参数

$$K=12.741\frac{q_g T}{h}\frac{[p_D]_M}{[\Delta\psi]_M}$$

$$C=2.262\times10^{-2}\frac{Kh}{\mu}\frac{[t]_M}{[t_D/C_D]_M}$$

$$S=\frac{1}{2}\ln\frac{[C_D e^{2S}]_M}{C_D}$$

6. 图版拟合计算油井参数

$$K=1.842\frac{q\mu B}{h}\frac{[p_D]_M}{[\Delta p]_M}$$

$$K=1.842\frac{q\mu B}{h}\frac{\left[p_D'\frac{t_D}{C_D}\right]_M}{[\Delta p't]_M}$$

$$C=2.262\times10^{-2}\frac{Kh}{\mu}\frac{[t]_M}{[t_D/C_D]_M}$$

$$S=\frac{1}{2}\ln\frac{[C_D e^{2S}]_M}{C_D}$$

二、气井压力单对数图分析中的公式

1. 不稳定的压降方程

$$\psi(p_i)-\psi(p_{wf})=4.242\times10^4\frac{p_{sc}}{T_{sc}}\frac{q_gT}{Kh}\left(\lg\frac{8.091\times10^{-3}Kt}{\phi\mu C_t r_w^2}+0.8686S_a\right)$$

$$p_i^2-p_{wf}^2=4.242\times10^4\frac{p_{sc}}{T_{sc}}\frac{q_g\overline{\mu}_g\overline{Z}T}{Kh}\left(\lg\frac{8.091\times10^{-3}Kt}{\phi\mu C_t r_w^2}+0.8686S_a\right)$$

2. 不稳定的压力恢复方程（MDH）

$$\psi(p_{ws})-\psi(p_{wf})=4.242\times10^4\frac{p_{sc}}{T_{sc}}\frac{q_gT}{Kh}\left(\lg\frac{8.091\times10^{-3}Kt}{\phi\mu C_t r_w^2}+0.8686S_a\right)$$

$$p_{ws}^2-p_{wf}^2=4.242\times10^4\frac{p_{sc}}{T_{sc}}\frac{q_g\overline{\mu}_g\overline{Z}T}{Kh}\left(\lg\frac{8.091\times10^{-3}Kt}{\phi\mu C_t r_w^2}+0.8686S_a\right)$$

3. 不稳定的压力恢复方程（Horner）

$$\psi(p_{ws})=\psi(p_i)-4.242\times10^4\frac{p_{sc}}{T_{sc}}\frac{q_gT}{Kh}\left(\lg\frac{t_p+\Delta t}{\Delta t}\right)$$

$$p_{ws}^2=p_i^2-4.242\times10^4\frac{p_{sc}}{T_{sc}}\frac{q_g\overline{\mu}_g\overline{Z}T}{Kh}\left(\lg\frac{t_p+\Delta t}{\Delta t}\right)$$

4. 用压降曲线斜率计算地层渗透率和表皮系数

$$K=42.42\times10^3\frac{p_{sc}}{T_{sc}}\frac{q_gT}{m_{\psi d}h}=14.67\frac{q_gT}{m_{\psi d}h}$$

$$K=42.42\times10^3\frac{p_{sc}}{T_{sc}}\frac{q_g\overline{\mu}_g\overline{Z}T}{m_{2d}h}=14.67\frac{q_g\overline{\mu}_g\overline{Z}T}{m_{2d}h}$$

$$S_a=1.151\left\{\frac{\psi(p_i)-\psi\left[p_{wf}(1\text{h})\right]}{m_{\psi d}}-\lg\frac{K}{\phi\mu_g C_t r_w^2}-0.9077\right\}$$

$$S_a=1.151\left(\frac{p_i^2-p_{wf}^2(1\text{h})}{m_{2d}}-\lg\frac{K}{\phi\mu_g C_t r_w^2}-0.9077\right)$$

5. 用压力恢复曲线斜率计算地层渗透率和表皮系数

$$K = 42.42 \times 10^3 \frac{q_g T}{m_{\psi b} h} \frac{p_{sc}}{T_{sc}} = 14.67 \frac{q_g T}{m_{\psi b} h}$$

$$K = 42.42 \times 10^3 \frac{\overline{\mu}_g \overline{Z} q_g T}{m_{2b} h} \frac{p_{sc}}{T_{sc}} = 14.67 \frac{\overline{\mu}_g \overline{Z} q_g T}{m_{2b} h}$$

$$S_a = 1.151 \left\{ \frac{\psi\left[p_{ws}(1h)\right] - \psi\left(p_{wf}\right)}{m_{\psi b}} - \lg \frac{K}{\phi \overline{\mu}_g C_t r_w^2} - 0.9077 \right\}$$

$$S_a = 1.151 \left[\frac{p_{ws}^2(1h) - p_{wf}^2}{m_{2b}} - \lg \frac{K}{\phi \overline{\mu}_g C_t r_w^2} - 0.9077 \right]$$

三、气井产量公式

1. 稳定流产量

$$q_g = \frac{2.714 \times 10^{-5} K h T_{sc} \left[\psi\left(p_e\right) - \psi\left(p_{wf}\right)\right]}{p_{sc} T \left(\ln \frac{r_e}{r_w} + S_a \right)}$$

$$q_g = \frac{2.714 \times 10^{-5} K h T_{sc} \left(p_e^2 - p_{wf}^2\right)}{p_{sc} \overline{\mu}_g \overline{Z} T \left(\ln \frac{r_e}{r_w} + S_a \right)}$$

2. 拟稳定流产量

$$q_g = \frac{2.714 \times 10^{-5} K h T_{sc} \left[\psi\left(p_R\right) - \psi\left(p_{wf}\right)\right]}{p_{sc} T \left(\ln \frac{0.472 r_e}{r_w} + S_a \right)}$$

$$q_g = \frac{2.714 \times 10^{-5} K h T_{sc} \left(p_R^2 - p_{wf}^2\right)}{p_{sc} \overline{\mu}_g \overline{Z} T \left(\ln \frac{0.472 r_e}{r_w} + S_a \right)}$$

四、气井产能方程

1. 二项式拟压力产能方程（拟稳定流）

$$\psi\left(p_R\right) - \psi\left(p_{wf}\right) = A_\psi q_g + B_\psi q_g^2$$

$$A_{\psi}=\frac{3.684\times10^{4}p_{sc}T}{KhT_{sc}}\left(\ln\frac{0.472r_{e}}{r_{w}}+S\right)$$

$$B_{\psi}=\frac{3.684\times10^{4}p_{sc}TD}{KhT_{sc}}$$

当 p_{sc}=0.101325 MPa，T_{sc}=293.15K 时：

$$A_{\psi}=\frac{29.22T}{Kh}\left(\lg\frac{0.472r_{e}}{r_{w}}+\frac{S}{2.303}\right)$$

$$B_{\psi}=\frac{12.69T}{Kh}D$$

2. 二项式压力平方产能方程（拟稳定流）

$$p_{R}^{2}-p_{wf}^{2}=A_{2}q_{g}+B_{2}q_{g}^{2}$$

$$A_{2}=\frac{3.684\times10^{4}\overline{\mu}_{g}\overline{Z}Tp_{sc}}{KhT_{sc}}\left(\ln\frac{0.472r_{e}}{r_{w}}+S\right)$$

$$B_{2}=\frac{3.684\times10^{4}\overline{\mu}_{g}\overline{Z}Tp_{sc}D}{KhT_{sc}}$$

当 p_{sc}=0.101325 MPa，T_{sc}=293.15 K 时：

$$A_{2}=\frac{29.22\overline{\mu}_{g}\overline{Z}T}{Kh}\left(\lg\frac{0.472r_{e}}{r_{w}}+\frac{S}{2.303}\right)$$

$$B_{2}=\frac{12.69\overline{\mu}_{g}\overline{Z}T}{Kh}D$$

3. 指数式拟压力产能方程（拟稳定流）

$$q_{g}=C_{\psi}\left[\psi(p_{R})-\psi(p_{wf})\right]^{n}$$

$$C_{\psi}=\frac{2.714\times10^{-5}KhT_{sc}}{p_{sc}T\left(\ln\frac{0.472r_{e}}{r_{w}}+S_{a}\right)}$$

或当 p_{sc}=0.101325MPa，T_{sc}=293.15K 时：

$$C_{\psi}=\frac{3.422\times10^{-2}Kh}{T_{f}\left(\lg\frac{0.472r_{e}}{r_{w}}+\frac{S_{a}}{2.303}\right)}$$

4. 指数式压力平方产能方程（拟稳定流）

$$q_g=C_2\left(p_R^2-p_{wf}^2\right)^n$$

$$C_2=\frac{2.714\times10^{-5}KhT_{sc}}{p_{sc}\overline{\mu}_g\overline{Z}T\left(\ln\frac{0.472r_e}{r_w}+S_a\right)}$$

当 p_{sc}=0.101325MPa，T_{sc}=293.15K 时：

$$C_2=\frac{3.422\times10^{-2}Kh}{\overline{\mu}_g\overline{Z}T\left(\lg\frac{0.472r_e}{r_w}+\frac{S_a}{2.303}\right)}$$

5. 二项式拟压力产能方程（不稳定流）

$$\psi\left(p_R\right)-\psi\left(p_{wf}\right)=Aq_g+Bq_g^2$$

$$A=\frac{4.242\times10^4p_{sc}T}{KhT_{sc}}\left(\lg\frac{8.091\times10^{-3}Kt}{\phi\overline{\mu}_gC_tr_w^2}+0.8686S\right)$$

$$B=\frac{3.684\times10^4Tp_{sc}D}{KhT_{sc}}$$

当 p_{sc}=0.101325MPa，T_{sc}=293.15K 时：

$$A=\frac{14.61T}{Kh}\left(\lg\frac{8.091\times10^{-3}Kt}{\phi\overline{\mu}_gC_tr_w^2}+0.8686S\right)$$

$$B=\frac{12.69TD}{Kh}$$

6. 二项式压力平方产能方程（不稳定流）

$$p_R^2-p_{wf}^2=Aq_g+Bq_g^2$$

$$A=\frac{4.242\times10^4\overline{\mu}_g\overline{Z}Tp_{sc}}{KhT_{sc}}\left(\lg\frac{8.091\times10^{-3}Kt}{\phi\overline{\mu}_gC_tr_w^2}+0.8686S\right)$$

$$B=\frac{3.684\times10^4\overline{\mu}_g\overline{Z}Tp_{sc}D}{KhT_{sc}}$$

当 p_{sc}=0.101325MPa，T_{sc}=293.15K 时：

$$A=\frac{14.61\overline{\mu}_g\overline{Z}T}{Kh}\left(\lg\frac{8.091\times10^{-3}Kt}{\phi\overline{\mu}_gC_tr_w^2}+0.8686S\right)$$

$$B=\frac{12.69\overline{\mu}_{\mathrm{g}}\overline{Z}TD}{Kh}$$

五、脉冲试井公式（Kamal）

1. 无量纲数定义

$$\Delta p_{\mathrm{D}}=\frac{0.5429Kh}{\mu Bq}\Delta p \qquad \text{（油井）}$$

$$\Delta p_{\mathrm{D}}=\frac{2.714\times10^{-5}KhT_{\mathrm{sc}}}{q_{\mathrm{g}}Tp_{\mathrm{sc}}}\Delta\psi \qquad \text{（气井）}$$

$$\left[t_{\mathrm{L}}\right]_{\mathrm{D}}=\frac{3.6\times10^{-3}Kt_{\mathrm{L}}}{\mu\phi C_{\mathrm{t}}r_{\mathrm{w}}^{2}}$$

$$F'=\frac{\Delta t_{\mathrm{p}}}{\Delta t_{\mathrm{C}}}$$

2. 参数计算公式

$$\frac{Kh}{\mu}=\frac{1.842q\left[\Delta p_{\mathrm{D}}\left(t_{\mathrm{L}}/\Delta t_{\mathrm{C}}\right)^{2}\right]_{\text{查图}}}{\Delta p\left[t_{\mathrm{L}}/\Delta t_{\mathrm{C}}\right]^{2}} \qquad \text{（油井）}$$

$$\frac{Kh}{\mu_{\mathrm{g}}}=\frac{3.684\times10^{4}q_{\mathrm{g}}Tp_{\mathrm{sc}}}{T_{\mathrm{sc}}}\frac{\left[\Delta p_{\mathrm{D}}\left(t_{\mathrm{L}}/\Delta t_{\mathrm{C}}\right)^{2}\right]_{\text{查图}}}{\Delta\psi\left[t_{\mathrm{L}}/\Delta t_{\mathrm{C}}\right]^{2}} \qquad \text{（气井）}$$

$$\phi hC_{\mathrm{t}}=3.6\times10^{-3}\frac{Kh}{\mu}\frac{t_{\mathrm{L}}}{r^{2}\left[\left(t_{\mathrm{L}}\right)_{\mathrm{D}}/r_{\mathrm{D}}^{2}\right]_{\text{查图}}}$$

六、其他气井常用公式

1. 影响半径

$$r_{\mathrm{i}}=0.12\sqrt{\frac{Kt}{\phi\mu_{\mathrm{g}}C_{\mathrm{t}}}}$$

2. 断层距离

$$L_{\mathrm{b}}=0.045\sqrt{\frac{K\Delta t_{\mathrm{b}}}{\phi\mu_{\mathrm{g}}C_{\mathrm{t}}}}$$

3. 表皮区附加压降

$$S=\frac{542.8Kh}{qB\mu}\Delta p_{\mathrm{S}}$$

$$\Delta p_{\mathrm{s}}=0.8686mS$$

4. 井底有效半径

$$r_{\mathrm{we}}=r_{\mathrm{w}}\mathrm{e}^{-S}$$

5. 气体渗流的非达西流系数、湍流系数、摩阻系数和雷诺数

$$D=\frac{7.18\times10^{-16}\beta KMp_{\mathrm{sc}}}{hr_{\mathrm{w}}T_{\mathrm{sc}}\mu_{\mathrm{g}}}$$

$$\beta=1.88\times10^{10}K^{-1.47}\phi^{-0.53}$$

$$f_{\mathrm{CK}}=\frac{64\Delta p}{\beta\rho v^{2}\Delta x}$$

$$Re_{\mathrm{CK}}=\frac{\beta K\rho v}{1.0\times10^{9}\mu_{\mathrm{g}}}$$

6. 压裂裂缝井的折算表皮和裂缝表皮

$$S_{\mathrm{a}}=\ln\frac{2r_{\mathrm{w}}}{x_{\mathrm{f}}}$$

$$S_{\mathrm{f}}=\frac{\pi b_{\mathrm{S}}}{2x_{\mathrm{f}}}\left(\frac{K}{K_{\mathrm{S}}}-1\right)$$

7. 地层部分射开的附加表皮

$$S_{\mathrm{c}}=\left(\frac{1}{b}-1\right)\left[\ln\left(h_{\mathrm{D}}\right)-G\left(b\right)\right]$$

其中，$b=\frac{h_{\mathrm{p}}}{h}$，$h_{\mathrm{D}}=\frac{h}{r_{\mathrm{w}}}\sqrt{\frac{K_{\mathrm{h}}}{K_{\mathrm{v}}}}$ 或 $h_{\mathrm{D}}=\frac{h}{2r_{\mathrm{w}}}\sqrt{\frac{K_{\mathrm{h}}}{K_{\mathrm{v}}}}$。

$$G(b)=2.948-7.363b+11.45b^{2}-4.675b^{3}$$

8. 煤层气层解吸压缩系数

$$C_{\mathrm{d}}=\frac{\rho_{\mathrm{g}}^{0}RTZV_{\mathrm{L}}p_{\mathrm{L}}}{\phi M\overline{p}\left(\overline{p}+p_{\mathrm{L}}\right)^{2}\tau}$$

附录5　不同单位制下公式系数的转化方法

不同单位制下的单位转化采用“除法法则”（朱亚东，1991）。现举出两个实例演示转化过程。

一、气井产量公式的变换

将 SI 制基本单位下的气井产量公式转化到法定单位制下。SI 制基本单位下的气井产量公式表达为：

$$q_{\mathrm{g}}=\frac{\pi KhT_{\mathrm{sc}}\left(p_{\mathrm{e}}^{2}-p_{\mathrm{wf}}^{2}\right)}{p_{\mathrm{sc}}\overline{\mu}_{\mathrm{g}}\overline{Z}T\left(\ln\frac{r_{\mathrm{e}}}{r_{\mathrm{w}}}+S_{\mathrm{a}}\right)}$$

公式中各变量，在 SI 基本单位下与法定单位下的数量关系为

q_{g}：$1\mathrm{m^3/s}=8.64\times10^4\mathrm{m^3/d}$；

K：$1\mathrm{m^2}=10^{15}\times10^{-3}\mathrm{\mu m^2}\approx10^{15}\mathrm{mD}$；

h，r：1m=1m；

p：$1\mathrm{Pa}=10^{-6}\mathrm{MPa}$；

μ：$1\mathrm{Pa\cdot s}=10^{3}\mathrm{mPa\cdot s}$；

T：1K=1K。

应用除法法则进行单位换算：

$$\frac{q_{\mathrm{g}}}{8.64}=\frac{\pi\frac{K}{10^{15}}\frac{h}{1}\frac{T_{\mathrm{sc}}}{1}\left[\left(\frac{p_{\mathrm{e}}}{10^{-6}}\right)^{2}-\left(\frac{p_{\mathrm{wf}}}{10^{-6}}\right)^{2}\right]}{\frac{p_{\mathrm{sc}}}{10^{-6}}\frac{\overline{\mu}_{\mathrm{g}}}{10^{3}}\overline{Z}\frac{T}{1}\left(\ln\frac{r_{\mathrm{e}}/1}{r_{\mathrm{w}}/1}+S_{\mathrm{a}}\right)}$$

经整理后得到法定单位下的气井产量公式为：

$$q_{\mathrm{g}}=\frac{2.714\times10^{-5}KhT_{\mathrm{sc}}\left(p_{\mathrm{R}}^{2}-p_{\mathrm{wf}}^{2}\right)}{p_{\mathrm{sc}}\overline{\mu}_{\mathrm{g}}\overline{Z}T\left(\ln\frac{0.472r_{\mathrm{e}}}{r_{\mathrm{w}}}+S_{\mathrm{a}}\right)}$$

二、无量纲时间公式的变换

将英制矿场单位下的无量纲时间公式转化到法定单位制下。英制矿场单位下的无量纲时间公式表示为：

$$t_D = 2.6368\times10^{-4}\frac{K\Delta t}{\phi\mu C_t r_w^2}$$

公式中各变量在英制矿场单位下与法定单位下的数量关系为

t：1 h =1h；

K：1mD=0.98692 × 10^{-3} μ m^2；

h，r_w：1ft=0.3048m；

C_t：1 psi^{-1}= 145.04 MPa^{-1}；

μ：1 cP=1 mPa·s；

T：1K=1K。

应用除法法则进行单位换算：

$$t_D = 2.6368\times10^{-4}\frac{\dfrac{K}{0.98692}\dfrac{\Delta t}{1}}{\dfrac{\mu}{1}\phi\dfrac{C_t}{145.04}\dfrac{r_w^2}{0.3048^2}}$$

经整理后得到法定单位下的无量纲时间公式为：

$$t_D = \frac{3.6\times10^{-3}K}{\phi\mu C_t r_w^2}\Delta t$$